Hermann S. Füeßl, Martin R. F. Middeke
Anamnese und klinische Untersuchung

Die überdurchschnittliche Ausstattung dieses Buches wurde
durch die großzügige Unterstützung von drei Unternehmen ermöglicht,
die sich seit langem als Partner der Mediziner verstehen.

Wir danken der
MLP Marschollek, Lautenschläger & Partner AG,
Alte Leipziger Lebensversicherungsgesellschaft aG,
Hallesche Nationale Krankenversicherung aG

Nähere Informationen hierzu siehe am Ende des Buches.

Duale Reihe

Anamnese und klinische Untersuchung

Hermann S. Füeßl
Martin R. F. Middeke

500 Abbildungen, 147 Tabellen

Hippokrates Verlag Stuttgart

Die Deutsche Bibliothek – CIP-Einheitsaufnahme

Füeßl, Hermann:
Anamnese und klinische Untersuchung : 139 Tabellen / Hermann S. Füeßl ;
Martin R. F. Middeke. – Stuttgart : Hippokrates-Verl., 1998
(Duale Reihe)
ISBN 3-7773-1055-7

Anschrift der Verfasser:

Prof. Dr. med. Hermann Sebastian Füeßl
Internist – Gastroenterologe
Leitender Arzt am Bezirkskrankenhaus
Postfach 11 11
85529 Haar

Prof. Dr. med. Martin R. F. Middeke
Chefarzt Innere Medizin
Reha-Zentrum Spreewald
Klinik für Innere Medizin
03096 Burg/Spreewald

Anschrift der Reihenherausgeber:

Dr. med. Alexander Bob
Weschnitzstraße 4
69469 Weinheim

Dr. med. Konstantin Bob
Weschnitzstraße 4
69469 Weinheim

Redaktion: Dr. med. Thomas Wolffgram, Brigitte Söllner

Zeichnungen: Dr. Katja Dalkowski, Frank Heller, Joachim Hormann, Gerhard Kohnle

Studentische Mitarbeiter dieser Ausgabe: Dr. Birgit Schauder, Heidelberg;
Dr. Beate Schirp, Aachen; Charlotte v. Wilmowsky, Heidelberg

ISBN 3-7773-1055-7

Printed in Germany 1998
Satz: Hofacker Digitale Druckvorbereitung, 73614 Schorndorf-Haubersbronn
Druck: Kohlhammer, 70329 Stuttgart
Schrift: Gulliver & DTL Argo

Inhalt

Vorwort der Reihenherausgeber 12
Vorwort der Bandherausgeber 13

A Allgemeine Aspekte 15

Teil A

1 Allgemeine Aspekte der Begegnung zwischen Arzt und Patient 15

2 Ziele der Begegnung zwischen Arzt und Patient 15

3 Grundregeln der Arzt-Patienten-Kommunikation 17
3.1 Sprache des Arztes – patientenadaptierte Kommunikation 19
3.2 Verhältnis Arzt – Patient 21
3.3 Der Arzt als Ratgeber, Vorbild, Freund 21
3.4 Empathie und Affekt 22
3.5 Äußeres des Arztes (Kleidung, Habitus) 23

4 Einleitung des Gesprächs und Herstellung einer ersten Beziehung 23

5 Technik des Anamnesegesprächs 25
5.1 Verbale Kommunikation (Fragetypen, Zuhören) 26
5.2 Nonverbale Kommunikation (Mimik, Gestik, Körpersprache, Empathie) 30

6 Teile der Anamnese 32
6.1 Leitsymptom, Grund für den Arztbesuch 32
6.2 Frühere Erkrankungen 34
6.3 Systemüberblick 34
6.4 Psychosoziale Aspekte 35
6.5 Familienanamnese, Stammbaum 38
6.6 Medikamentenanamnese 39
6.7 Auslösende Faktoren 40
6.8 Berufsanamnese 40

7 Spezielle Probleme 41
7.1 Der schwierige Patient, Umgang mit Aggressionen 41
7.2 Der traurige Patient 41
7.3 Der hypochondrische Patient 42
7.4 »Heikle Themen« (Sexualität, Alkohol) 42
7.5 Körperliche Behinderung, Schwerhörigkeit, Blindheit 44
7.6 Verordnung von Medikamenten, Beipackzettel, Umgang mit Nebenwirkungen 45

8 Anwesenheit dritter Personen bei der Anamneseerhebung 45

9 Anamnese im Alter 47

10 Gesprächsführung im Krankenhaus 48
10.1 Verhalten bei der Visite 48

11 Einbeziehen des Patienten in diagnostische und therapeutische Entscheidungen 49

12 Der informierte Patient 49
12.1 Mitteilung einer malignen Krankheit 50

13 Epidemiologie 50
13.1 Epidemiologische Grundbegriffe 51
13.2 Alters- und Geschlechtsabhängigkeit von Erkrankungen 52
13.3 Geographische Aspekte 53

Teil A

Teil B

Teil C

13.4 Berufskrankheiten bzw. Krankheiten bei bestimmten Berufsgruppen ... 53
13.5 Chronobiologische Aspekte (tageszeitliche oder saisonale Häufung von Symptomen und Erkrankungen) ... 53
13.6 Konstitution und Erkrankung ... 55

14 Allgemeinsymptome ... 55
14.1 Müdigkeit/Erschöpfung ... 57
14.2 Schlafstörungen ... 59
14.2.1 Altersabhängigkeit der Schlafstruktur ... 59
14.2.2 Formen der Schlaf-wach-Störungen ... 59
14.3 Gewichtsveränderungen ... 61
14.4 Fieber ... 65
14.5 Schwitzen ... 68
14.6 Durst ... 68
14.7 Schwindel (Vertigo) ... 70
14.8 Synkopen ... 72
14.9 Schmerzen ... 74

15 Körperliche Untersuchung und Befund ... 77
15.1 Konstitutionstypen ... 78
15.2 Allgemeinzustand, Ernährungszustand ... 79
15.3 Vigilanz und Sprache ... 80
15.4 Körperhaltung und Gang ... 81
15.5 Gesicht, Mimik und Gestik ... 82
15.6 Geruch des Patienten ... 83
15.7 Entkleidung des Patienten ... 83
15.8 Ergänzung der Anamnese im Ablauf der körperlichen Untersuchung ... 84
15.9 Ausrüstung und Instrumentarium für die körperliche Untersuchung ... 85
15.10 Schematischer Ablauf der Untersuchung ... 85
15.11 Vollständige Untersuchung oder Lokalbefund? ... 85
15.12 Dokumentation von Anamnese und körperlicher Untersuchung ... 86
15.13 Der Notfallpatient ... 86

B Blickdiagnosen ... 91

C Spezieller Teil ... 115

1 Kopf- und Halsbereich ... 115
1.1 Anatomie ... 115
1.2 Untersuchungstechniken ... 116
1.2.1 Inspektion ... 116
1.2.2 Palpation ... 117
1.2.3 Perkussion ... 118
1.2.4 Auskultation ... 118
1.2.5 Funktionsprüfung ... 119
1.3 Schädelform und -größe ... 119
1.4 Haut und Haare ... 119
1.5 Augen ... 120
1.5.1 Anamnese bei Augenkrankheiten ... 120
1.5.2 Instrumentarium für die Augenuntersuchung ... 121
1.5.3 Inspektion der Augen ... 121
1.5.4 Lider, Exophthalmus, Enophthalmus ... 121
1.5.5 Konjunktiven ... 124
1.5.6 Tränenorgan ... 126
1.5.7 Kornea, Sklera, Episklera ... 127
1.5.8 Vordere Augenkammer ... 129
1.5.9 Iris und Pupille ... 129
1.5.10 Linse ... 131
1.5.11 Bulbuspalpation ... 132
1.5.12 Ophthalmoskopie ... 132

1.5.13	Funktionsprüfungen	136
1.6	Nase, Ohren, Mundhöhle, Rachen, Kehlkopf	140
1.6.1	Untersuchung der Nase	142
1.6.2	Untersuchung der Ohren	147
1.6.3	Funktionsprüfungen des Gehörs	149
1.6.4	Gleichgewichtsprüfung	153
1.6.5	Untersuchung von Mund und Rachen	153
1.6.6	Untersuchung des Kehlkopfes	158
1.7	Hals	160
1.7.1	Schilddrüse	161
1.7.2	Halsgefäße	162
1.8	Kopfschmerzen	164
1.8.1	Klassifikation	165
1.8.2	Kopfschmerzanamnese	165
1.8.3	Differenzierung der migräneartigen Kopfschmerzen	166
1.8.4	Klinische Untersuchung bei Kopfschmerzen	168
2	**Thorax**	169
2.1	Untersuchungstechnik von Herz, Kreislauf und Lunge	169
2.1.1	Pulsmessung	169
2.1.2	Blutdruckmessung	172
2.1.3	Herzpalpation	178
2.1.4	Herzauskultation	179
2.1.5	Untersuchung von Thorax und Lunge	192
2.2	Brustschmerz	202
2.2.1	Angina pectoris	203
2.2.2	Herz-, Myokard- oder Koronarinfarkt	205
2.2.3	Hypertensive Herzkrankheit (HHK)	206
2.2.4	Perikarditis/Myokarditis	207
2.2.5	Funktionelle Herzschmerzen (Herzneurose, Herzphobie)	208
2.2.6	Lungenembolie	209
2.2.7	Pleuritis	210
2.2.8	Pneumothorax	211
2.2.9	Dissektion eines Aortenaneurysmas	211
2.2.10	Von der Thoraxwand ausgehende Schmerzen	211
2.2.11	Brustschmerzen durch abdominelle Erkrankungen	212
2.3	Atemnot (Dyspnoe)	212
2.3.1	Asthma bronchiale	213
2.3.2	Herzinsuffizienz	215
2.4	Husten, Auswurf	218
3	**Abdomen**	220
I	**Körperliche Untersuchung**	220
3.1	Anatomie und Physiologie	220
3.2	Vorbereitung zur Untersuchung	222
3.2.1	Anforderungen an den Untersucher	222
3.2.2	Anforderungen an den Patienten	222
3.3	Inspektion des Abdomens	223
3.4	Palpation des Abdomens	225
3.4.1	Probleme der Palpation	226
3.4.2	Altersspezifische Aspekte	227
3.4.3	Untersuchungstechnik	227
3.4.4	Organpalpation	229
3.5	Perkussion des Abdomens	236
3.5.1	Nachweis von Aszites	237
3.6	Auskultation des Abdomens	240
3.7	Untersuchung der Leistenregion	242
3.7.1	Lymphknoten	242
3.7.2	Hernien	243
3.8	Inspektion des Anus und rektale Untersuchung	245
3.8.1	Untersuchungstechnik	245
3.8.2	Inspektion	246
3.8.3	Palpation	247
3.9	Proktoskopie, Rektosigmoideoskopie	249

Teil C

II Anamnese bei abdominellen Beschwerden ... 249
3.10 Bauchschmerzen ... 250
3.11 Sodbrennen (Pyrosis) ... 258
3.12 Dysphagie, Odynophagie ... 259
3.13 Übelkeit und Erbrechen ... 261
3.14 Aufstoßen, Meteorismus und Flatulenz ... 264
3.15 Diarrhö ... 265
3.16 Obstipation ... 268
3.17 Eßstörungen und Anorexie ... 270
3.18 Gastrointestinale Blutung ... 272
3.18.1 Hämatemesis ... 272
3.18.2 Hämatochezie ... 273
3.18.3 Meläna (Teerstuhl) ... 274
3.18.4 Nachweis von okkultem Blut im Stuhl ... 274
3.19 Ikterus ... 275
3.20 Aszites ... 277
3.21 Geschmacks- und Geruchsstörungen ... 278

4 Urogenitaltrakt ... 280
I Untersuchungstechnik ... 280
4.1 Nieren, Harnleiter und Harnblase ... 280
4.1.1 Anatomie ... 280
4.1.2 Vorbereitung zur Untersuchung ... 281
4.1.3 Allgemeinveränderungen bei Nierenkrankheiten ... 281
4.1.4 Inspektion ... 282
4.1.5 Palpation ... 283
4.1.6 Perkussion ... 285
4.1.7 Auskultation ... 286
4.2 Urinuntersuchung ... 286
4.2.1 Uringewinnung ... 286
4.2.2 Urinsediment ... 288
4.2.3 Hämaturie ... 289
4.2.4 Urinverfärbung ... 291
4.3 Untersuchung der Genitalien ... 292
4.3.1 Männliches Genitale ... 292
4.3.2 Weibliches Genitale ... 298

II Anamnese ... 307
4.4 Allgemeine Aspekte ... 307
4.5 Symptomatologie von Krankheiten des Urogenitaltrakts ... 308
4.5.1 Schmerzen ... 308
4.5.2 Miktionsstörungen und Änderungen der Harnmenge ... 314
4.6 Anamnese bei Erkrankungen und Funktionsstörungen des Genitales und der Sexualfunktion beim Mann ... 316
4.6.1 Sexuell übertragbare Krankheiten ... 317
4.6.2 Impotenz und Infertilität ... 318
4.7 Anamnese bei Erkrankungen und Funktionsstörungen des weiblichen Genitales ... 319
4.7.1 Vaginaler Fluor ... 319
4.7.2 Abnorme vaginale Blutungen ... 320
4.7.3 Raumforderungen ... 322
4.7.4 Haut- und Schleimhautläsionen ... 322
4.7.5 Infertilität ... 322

5 Extremitäten und peripheres Gefäßsystem ... 323
5.1 Arterielle Durchblutungsstörungen ... 323
5.1.1 Inspektion ... 323
5.1.2 Palpation und Perkussion ... 323
5.1.3 Gefäßauskultation ... 327
5.1.4 Weitere klinische Tests ... 327
5.1.5 Anamnese ... 329
5.2 Venöse Durchblutungsstörungen ... 330
5.2.1 Inspektion ... 330
5.2.2 Palpation ... 331

5.2.3 Funktionstests ... 331
5.2.4 Anamnese ... 333
5.3 Ödeme ... 334
5.3.1 Inspektion ... 335
5.3.2 Palpation ... 335
5.3.3 Anamnese ... 335

6 Gelenke und Muskulatur ... 336
I Untersuchungstechnik ... 336
6.1 Prinzipien der Gelenkuntersuchung ... 337
6.1.1 Beurteilung von Schwellungen ... 337
6.1.2 Beurteilung von Gelenkdeformitäten ... 339
6.1.3 Beurteilung der Muskulatur ... 341
6.1.4 Inspektion und Palpation der Haut über den Gelenken ... 341
6.1.5 Beweglichkeitsprüfung, Winkel- und Längenmessungen ... 342
6.1.6 Funktionsprüfung ... 345
6.2 Untersuchung der oberen Extremität und des Schultergürtels ... 346
6.2.1 Schultergelenk ... 346
6.2.2 Ellenbogengelenk ... 351
6.2.3 Handgelenk ... 353
6.2.4 Fingergelenke ... 355
6.3 Untersuchung der unteren Extremität ... 362
6.3.1 Hüftgelenk ... 362
6.3.2 Kniegelenk ... 365
6.3.3 Fuß- und Sprunggelenke, Zehengelenke ... 369
6.4 Untersuchung der Wirbelsäule ... 373
6.5 Spezielle Gelenke ... 378
6.5.1 Kiefergelenk ... 378
6.5.2 Kostotransversalgelenke ... 379

II Anamnese ... 379
6.6 Symptomatologie von Gelenk- und Muskelerkrankungen ... 379
6.6.1 Schmerz ... 380
6.6.2 Schwellung ... 380
6.6.3 Steifheit ... 380
6.6.4 Funktionsverlust ... 381
6.7 Prinzipien der Anamnese bei Gelenkkrankheiten ... 382

III Anhang: Wichtige apparative und labordiagnostische Verfahren bei Gelenkkrankheiten ... 387

7 Haut und Hautanhangsgebilde ... 392
7.1 Vorbemerkungen ... 392
7.2 Morphologie und Physiologie der Haut ... 393
7.3 Untersuchungstechnik ... 395
7.4 Inspektion ... 396
7.4.1 Veränderungen der Hautfarbe ... 397
7.4.2 Effloreszenzen ... 404
7.4.3 Nägel ... 409
7.4.4 Haare ... 410
7.4.5 Schweißdrüsen ... 412
7.4.6 Talgdrüsen ... 413
7.5 Palpation ... 413
7.6 Anamnese ... 414
7.6.1 Angeborene Dermatosen ... 414
7.6.2 Erworbene Dermatosen ... 416
7.6.3 Medikamenteninduzierte Hauterscheinungen ... 422
7.6.4 Juckreiz ... 422

8 Lymphknoten ... 424
8.1 Inspektion ... 424
8.2 Palpation ... 424
8.3 Anamnese ... 428

Teil C

9	**Nervensystem und Psyche**	429
9.1	Anatomie und Physiologie	430
9.2	Inspektion und Anamnese	431
9.2.1	Vorbereitung zur Untersuchung	434
9.2.2	Hirnnerven	434
9.2.3	Reflexe	440
9.2.4	Motorik	444
9.2.5	Koordination	446
9.2.6	Sensibilität	451
9.2.7	Vegetative Funktionen	456
9.3	Anamnestisch-klinische Diagnosen ausgewählter Krankheitsbilder	457
9.3.1	Multiple Sklerose	457
9.3.2	Morbus Parkinson	457
9.3.3	Hirnleistungsstörungen	458
9.3.4	Zerebrale Durchblutungsstörungen	458
9.3.5	Anfallsleiden	460
9.4	Psyche	460
10	**Stoffwechsel und Endokrinium**	463
10.1	Diabetes mellitus	463
10.1.1	Anamnese und allgemeine Inspektion	464
10.1.2	Palpation und Auskultation	466
10.1.3	Untersuchung der Augen	467
10.1.4	Neurologische Untersuchung	467
10.2	Fettstoffwechselstörungen	467
10.3	Purinstoffwechselstörungen	469
10.4	Porphyrien	471
10.4.1	Hepatische Formen	471
10.4.2	Erythropoetische Formen	472
10.5	Metallstoffwechselstörungen	472
10.5.1	Kupferspeicherkrankheit (Morbus Wilson)	472
10.5.2	Hämochromatose	472
10.6	Adipositas	472
10.7	Anorexie	474
10.8	Schilddrüsenkrankheiten	476
10.8.1	Hyperthyreose	476
10.8.2	Hypothyreose	477
10.9	Hypophysäre Störungen	477
10.10	Nebennierenkrankheiten	479
10.10.1	Cushing-Syndrom	479
10.10.2	Morbus Addison	480
10.10.3	Conn-Syndrom	480
10.10.4	Phäochromozytom	481
10.11	Störungen des Kalziumstoffwechsels – Nebenschilddrüsendysfunktion	481
10.12	Hoch- und Minderwuchs	482
11	**Untersuchung von Kindern**	483
I	**Körperliche Untersuchung**	483
11.1	Besonderheiten der Untersuchung von Kindern	483
11.1.1	Reihenfolge der Untersuchung	484
11.1.2	Einteilung der Altersklassen von Kindern	485
11.1.3	Größe, Gewicht und Kopfumfang	486
11.2	Untersuchung von Neugeborenen	486
11.3	Untersuchung des Kindes im ersten Lebenshalbjahr (U2-U4)	489
11.3.1	Hautturgor, Muskeltonus	491
11.3.2	Schädel	491
11.3.3	Augen	493
11.3.4	Mund, Nase, Ohren, Hals	493
11.3.5	Extremitäten	493
11.3.6	Thorax	495
11.3.7	Abdomen	495

11.3.8 Genitale ... 496
11.3.9 Neurologische Untersuchung ... 497
11.4 Untersuchung von Kindern im zweiten Lebenshalbjahr (U5, U6) ... 498
11.4.1 Motorisch statische Entwicklung ... 498
11.4.2 Geistig-seelische Entwicklung ... 499
11.4.3 Zahnentwicklung ... 499
11.5 Untersuchung von Kindern im 2. und 3. Lebensjahr (U7, U8) 500
11.5.1 Problem Fieber ... 501
11.5.2 Problem Bauchschmerzen ... 502
11.5.3 Inspektion ... 502
11.5.4 Auskultation und Palpation ... 503
11.6 Untersuchung von Kindern im 4.–10. Lebensjahr ... 504
11.6.1 Problem Mißhandlung ... 504
11.7 Untersuchung von Kindern in der Pubertät ... 505

II Anamnese ... 509
11.8 Besonderheiten bei der Anamnese von Kindern ... 509
11.8.1 Informationsquelle Mutter ... 510
11.8.2 Informationsquelle Kind ... 510
11.8.3 Informationsquelle Vater ... 511
11.9 Technik des Anamnesegesprächs ... 511
11.10 Familienanamnese ... 511
11.11 Persönliche Anamnese ... 512
11.12 Spezielle Anamnese bei häufigen Symptomen im Kindesalter 514
11.12.1 Bauchschmerzen ... 514
11.12.2 Erbrechen ... 515
11.12.3 Fieber ... 515
11.12.4 Husten ... 515
11.12.5 Dyspnoe ... 515
11.12.6 Stridor ... 516
11.12.7 Schnupfen ... 516
11.12.8 Anfälle, Krämpfe ... 516
11.12.9 Rezidivierende Schmerzsyndrome ... 516

12 Untersuchung von Bewußtlosen ... 517
12.1 Untersuchungsgang ... 519
12.2 Anamnese ... 519
12.3 Inspektion ... 519

D Anhang: Wichtige Normalwerte der Laboratoriumsdiagnostik ... 521

Weiterführende Literatur ... 525

Quellenangaben ... 527

Sachverzeichnis ... 529

Vorwort der Reihenherausgeber

Heute gibt es beinahe zu jedem medizinischen Spezialgebiet mehrere Lehrbücher unterschiedlichen Umfanges. Die Lerninhalte, die ein Student bewältigen muß, werden von Jahr zu Jahr umfangreicher, und in demselben Trend bewegen sich auch die meisten Lehrbücher. Dies hat dazu geführt, daß die Studenten während des Semesters ein ausführliches Lehrbuch benutzen, zur Prüfungsvorbereitung aus Zeitgründen aber auf sowohl vom Inhalt wie auch von der Ausstattung her oftmals unbefriedigende »Skripten« zurückgreifen müssen.

In Zusammenarbeit mit dem Hippokrates Verlag haben wir daher ein didaktisches Konzept erstellt, welches gegenüber herkömmlichen Lehrbüchern eindeutige Vorzüge hat. Das Quentchen »mehr und besser« setzt sich zusammen aus dem Repetitorium, der großen Zahl an Abbildungen, den klinischen Fällen, der konsequenten formalen Didaktik und der Überprüfung der Prüfungsrelevanz des Repetitoriums durch Medizinstudenten.

Üppig ausgestattete Bücher sind häufig teuer und nicht selten für Studenten *zu* teuer. Um diesem Dilemma zu entgehen, haben wir uns gemeinsam mit dem Hippokrates Verlag nach einem Sponsor umgesehen. Das war nicht leicht, denn der Partner sollte im Medizinbereich tätig sein, über einen tadellosen Ruf verfügen und erhaben sein über den Verdacht der Einflußnahme auf den Inhalt der Bücher. Wir freuen uns daher, daß es gelungen ist, die Firma MLP und die assoziierten Versicherungen für die Unterstützung der Reihe und mithin der Medizinstudenten zu gewinnen. Die Kooperation mit diesen Unternehmen ermöglichte eine ungeschmälerte Realisation des Konzeptes und einen, aus unserer Sicht, konkurrenzlosen Preis für diese Bücher. Wir verweisen in diesem Zusammenhang gerne auf die Seiten am Ende des Bandes.

Der große Erfolg der Reihe mit inzwischen deutlich über 250 000 verkauften Exemplaren in den klinischen Fachgebieten spricht dafür, daß unser didaktisches System funktioniert und den Lesern wirklich die Vorteile bringt, die es verspricht.

Ein gutes, fürs Studium wirklich nützliches Lehrbuch ist heute meist die Arbeit vieler. Zuallererst möchten wir jedoch den beiden Autoren danken, die es verstanden haben, in ihrem Werk den Patienten als Menschen in den Mittelpunkt zu rücken und gleichzeitig nicht zu versäumen, das vom IMPP immer wieder geforderte Faktenwissen gut verständlich darzulegen. Wir danken auch den Mitarbeitern des Hippokrates Verlages, dem Lektor, Herrn Dr. Thomas Wolffgram, für seine Anregungen und Unterstützung ebenso wie der Verlagsleitung für ihre Geduld in allen Fragen, die wir an sie herangetragen haben.

Angesichts der zunehmenden Wissensfülle, mit der sich die Medizinstudenten konfrontiert sehen, war es uns ein besonderes Anliegen, das Lehrbuch zur Anamnese- und Befunderhebung so anzulegen, daß gerade auch Studenten viele Informationen mit Gewinn aufnehmen können und in diesen grundlegenden Fachgebieten eine ausgezeichnete Basis für die ärztliche Tätigkeit geschaffen wird.

Bitte schreiben Sie uns, wie Sie mit dem Konzept und speziell mit diesem Band zurechtgekommen sind. Nur dann können wir die Bücher in Neuauflagen ständig verbessern. Für Ihr Studium wünschen wir Ihnen das Allerbeste.

Weinheim, Januar 1998

Dr. med. Alexander Bob
Dr. med. Konstantin Bob

Vorwort der Bandherausgeber

Anamnese und körperliche Untersuchung führen im Medizinstudium in Deutschland häufig ein stiefmütterliches Dasein. Die Technik des Anamnesegesprächs wird nur selten systematisch unterrichtet, die Unterweisung in der körperlichen Untersuchung wird an vielen Universitätskliniken als wenig attraktive Aufgabe angesehen. Auch in Versorgungskrankenhäusern delegiert man die Anamneseerhebung gerne an die Studenten im praktischen Jahr, um Zeit für die »höheren« Aufgaben der Erlernung von technischen Untersuchungsverfahren zu haben. Dabei ist jedem erfahrenen Arzt geläufig – und es wird in Festreden auch oft genug betont –, daß etwa 80% der Diagnosen in der Inneren Medizin und Allgemeinmedizin allein durch eine qualifiziert durchgeführte Anamnese gestellt werden können, während technische und Laboruntersuchungen in der Regel nur noch der Bestätigung dienen. Dort, wo die entscheidende Weichenstellung des diagnostischen Plans für einen stationär aufgenommenen Patienten erfolgt, steht somit oft das schwächste Glied in der Kette – mit entsprechenden Folgen. In Zeiten scheinbar unbegrenzter Ressourcen für das Gesundheitswesen schien das keine große Rolle zu spielen. Nachdem in den letzten Jahren sich auch Krankenhäuser und Ärzte der Frage nach der Effizienz stellen müssen, stehen die Chancen für eine Rückbesinnung auf die basalen ärztlichen Techniken aber nicht schlecht. Neben der rein informativen Bedeutung für Diagnose und Therapie hat die Anamnese aber noch eine wichtige interaktive Funktion zwischen Arzt und Patient. Durch Stellen der richtigen Fragen, aktives Zuhören und Eingehen auf die körperlichen und seelischen Empfindungen des Patienten ergibt sich für den Arzt ein umfassendes Bild über dessen körperlich-seelisch-soziale Situation, seine Gefühle, Hoffnungen und Ängste. Gleichzeitig ist die Anamnese ein wichtiges Mittel der Selbstdarstellung des Arztes. Nur wenn es ihm im Anamnesegespräch gelingt, dem Patienten seine Empathie zu vermitteln, wird sich auch ein Vertrauensverhältnis einstellen.

Gesprächsführung und körperliche Untersuchung müssen wie jede Technik erlernt werden. In diesem Buch, in das die Erfahrungen aus vielen Jahren klinischen Unterrichts eingegangen sind, werden Hinweise gegeben, wie man die richtigen Fragen stellt, unscharfe Antworten klärt und aus der Anamnese größtmöglichen Nutzen für die Diagnosestellung zieht.

Um die Brücke zwischen Vorklinik und Klinik zu schlagen, haben wir die Kapitel entgegen der üblichen Praxis so gegliedert, daß zunächst die körperliche Untersuchung auf der Basis der vorhandenen anatomischen Kenntnisse besprochen wird und erst danach Ausführungen zur Anamnese folgen. Trotz der Gliederungen in Organkapitel steht das (oft vielsagende) Symptom des Patienten im Zentrum aller differentialdiagnostischen Überlegungen. Das Buch folgt damit genau dem Ablauf ärztlicher Tätigkeit in der Realität. Daraus folgt, daß vieles vorausgesetzt wird und dieses Buch kein Ersatz für Lehrbücher der Inneren Medizin, Chirurgie, Augenheilkunde usw. sein kann. Gerade bei der Anamneseerhebung ist aber die Trennung in Fachgebiete eher kontraproduktiv, und daher sollte eine fachübergreifende Symptomatologie im Vordergrund stehen. Dies gilt um so mehr, als bei mindestens der Hälfte der Patienten in der Praxis kein »organischer« Befund erhoben werden kann. Das Ziel ist der umfassend ausgebildete Allgemeinarzt, der in der Lage ist, entweder selbst die richtigen Schlüsse zu ziehen oder den Patienten gezielt und qualifiziert zum Spezialisten zu überweisen.

Entsprechend dem bewährten Prinzip der DUALEN REIHE kombiniert das Buch einen übersichtlich gegliederten Lehrbuchtext in den zentralen zwei Dritteln jeder Seite und ein Repetitorium in der Marginalie. Zahlreiche didaktisch aufbereitete Synopsen geben praktische Hinweise zur Frage- und Untersuchungstechnik, zu differentialdiagnostischen Überlegungen und verweisen auf das mögliche weitere Vorgehen. In Kapitel B soll der Leser anhand typischer Blickdiagnosen auf die Fülle von Krankheitsbildern hingewiesen werden, die bei entsprechenden Vorkenntnissen auf Anhieb zu diagnostizieren sind.

Für die hervorragende Ausstattung dieses Lehrbuches möchten wir dem Verlag, insbesondere Herrn Albrecht Hauff, Herrn Bruno Feuerbacher und Herrn Dr. Thomas Wolffgram danken. Mit treffenden Zeichnungen haben Herr Gerhard Kohnle, Schömberg, und mit informativen, aber auch ästhetisch ansprechenden Fotos Herr Michael Ingenweyen, München, wesentlich zum guten optischen Gesamtbild des Buches beigetragen. Viele studentische Mitarbeiter des Hippokrates Verlages, die hier nicht alle namentlich genannt werden können, gaben bereits im Manuskriptstadium wertvolle didaktische und inhaltliche Hinweise. Ohne das scharfe Lektoratsauge und das organisatorische Geschick von Frau Brigitte Söllner wäre es nicht gelungen, dieses komplexe Werk so zügig zum Abschluß zu bringen. Unser besonderer Dank gilt den Herausgebern der DUALEN REIHE, Drs. Alexander und Konstantin Bob, die uns ermutigten, dieses Werk in Angriff zu nehmen, und uns über viele Schwierigkeiten hinweghalfen.

Haar bei München — *Hermann Sebastian Füeßl*
Burg/Spreewald — *Martin R. F. Middeke*

Allgemeine Aspekte

Teil A

1 Allgemeine Aspekte der Begegnung zwischen Arzt und Patient

Die Begegnung zwischen Patient und Arzt in der Sprechstunde stellt eigentlich einen höchst ungewöhnlichen Vorgang dar: Zwei Unbekannte mit meist sehr unterschiedlichen Voraussetzungen treffen sich ohne Zeugen zu einem vertraulichen Gespräch. Der eine lädt seine Last ab und gewährt dabei innerhalb von Sekunden dem anderen Einblicke in sein Innerstes, das er einem anderen Menschen, selbst seinem engsten Angehörigen, vielleicht nie preisgeben würde. Der andere ist professionell daran gewöhnt, Klagen zu hören, und versucht, alle seine natürlichen und erlernten Fähigkeiten zu benützen, um dem Patienten zu helfen. Bei der **Präsentation der Symptome** von seiten des Patienten und bei der Perzeption des Gesagten von seiten des Arztes fließen beider Erlebnisse, Gefühle, Herkommen, Bildungsstand, Gemütslage und Weltanschauungen mit ein. Auch insofern ist die Begegnung einmalig und nicht wiederholbar. Dies ist übrigens einer der Gründe für die schlechte Reproduzierbarkeit von Anamnesen.
Im Idealfall bildet das Verhältnis zwischen Arzt und Patient eine »Insel der Seligen« in der heute mehr denn je ausgeprägten Tendenz des Mißtrauens und Verstellens. Gerade deshalb bringt es für den Arzt ein hohes Maß an Verantwortung mit sich, den ihm entgegengebrachten Vertrauensvorschuß und die Informationen nach bestem Wissen und in integrer Weise zum Wohl des Patienten zu benutzen.
Sei es subjektiv durch vorhandene **Ängste**, sei es objektiv durch eine bedrohliche Krankheit – der Patient befindet sich gegenüber dem Arzt immer in einer unterlegenen Position. Der professionelle Umgang mit solchen Menschen und die institutionalisierte Beziehung zwischen Helfer und Hilfsbedürftigen bergen für den Arzt immanent die Gefahr, sich überlegen zu fühlen. Diese Überlegenheit kann ihren Ausdruck in einem autoritären oder arroganten Verhalten des Arztes finden, das für die Arzt-Patienten-Begegnung negative Folgen haben wird.

> ***Merke.*** Der den Patienten umfassend betreuende Arzt – in einer Zeit zunehmender Spezialisierung nötiger denn je – darf sich nicht nur als kompetenten Fachmann verstehen, sondern muß auch **dem Patienten ein Gefühl von Empathie und Verbundenheit vermitteln.** Nur so wird aus einer Arzt-Patienten-Begegnung eine vielleicht dauerhafte Arzt-Patienten-Beziehung.

1 Allgemeine Aspekte der Begegnung zwischen Arzt und Patient

Die Begegnung zwischen Patient und Arzt in der Sprechstunde stellt einen höchst ungewöhnlichen Vorgang dar: Zwei Unbekannte mit meist sehr unterschiedlichen Voraussetzungen treffen sich ohne Zeugen zu einem vertraulichen Gespräch.
Bei der **Präsentation der Symptome** von seiten des Patienten und bei der Perzeption des Gesagten von seiten des Arztes fließen beider Erlebnisse, Gefühle, Herkommen, Bildungsstand, Gemütslage und Weltanschauungen mit ein.

Im Idealfall bildet das Verhältnis Arzt-Patient eine »Insel der Seligen« in der heute mehr denn je ausgeprägten Tendenz des Mißtrauens und Verstellens.

Sei es subjektiv durch vorhandene **Ängste**, sei es objektiv durch eine bedrohliche Krankheit – der Patient befindet sich gegenüber dem Arzt immer in einer unterlegenen Position.

◄ **Merke**

2 Ziele der Begegnung zwischen Arzt und Patient

Angestrebtes Ziel der Begegnung zwischen Arzt und Patient ist die Befreiung des Patienten von seinen Beschwerden, zumindest aber deren Linderung. Die demographische Entwicklung mit zunehmender Überalterung der Bevölkerung bringt es mit sich, daß eine »Heilung« im eigentlichen

2 Ziele der Begegnung zwischen Arzt und Patient

Angestrebtes Ziel der Begegnung zwischen Arzt und Patient ist die Befreiung des Patienten von seinen Beschwerden, zumindest aber deren Linderung.

Wortsinn gerade im Bereich der Inneren Medizin eher die Ausnahme sein wird. Meist können funktionelle, degenerative und chronische Krankheiten nur in einer Art von temporärer Balance gehalten werden. Dies bedeutet, daß die betroffenen Patienten über viele Jahre hinweg auf ihrem Lebensweg ärztlich begleitet werden müssen, je erfolgreicher die Medizin wird, um so länger.

»Ehe ein fähiger Arzt seinem Patienten eine Arznei verabreicht, macht er sich nicht nur mit der Krankheit, die er zu heilen gedenkt, vertraut, sondern auch mit den Lebensgewohnheiten und der Konstitution des kranken Menschen selbst.« Dieses Wort Ciceros, obwohl mehr als 2000 Jahre alt, ist heute aktueller denn je und beleuchtet schlaglichtartig eines der wichtigsten Probleme der modernen Medizin.

Bei der ersten Begegnung sollte der Arzt eine **erste Beziehung aufbauen**, auf deren Basis ein vertrauensvolles Gespräch möglich ist. Dies wird erreicht durch höfliches, freundliches und zugewandtes Verhalten. Kernpunkt des ersten Gesprächs ist die Gewinnung von Information durch den Arzt im Rahmen der Anamnese.

Bei der ersten Begegnung ist es zunächst Aufgabe des Arztes, eine **erste Beziehung aufzubauen**, auf deren Basis ein vertrauensvolles Gespräch möglich ist. Dies wird erreicht durch höfliches, freundliches und zugewandtes Verhalten (siehe unten). Kernpunkt des ersten Gesprächs ist die Gewinnung von Information durch den Arzt im Rahmen der Anamnese. Sie beginnt mit der Schilderung des führenden Symptoms.

Merke ▶

▶ ***Merke.*** Versuchen Sie, durch gezieltes Nachfragen bei den Angaben des Patienten und durch Fragen zum Systemüberblick dem Patienten die Möglichkeit aufzuzeigen, seine Krankheit in bezug auf seine gesamten Lebensumstände zu sehen.

Konzentriertes Zuhören und Fragen zur früheren Anamnese, Berufs- und Familienanamnese bringen nicht nur wichtige Informationen, sondern vermitteln auch beim Patienten den Eindruck von Gründlichkeit, Sorgfalt und Mitgefühl. Ähnliches gilt für die körperliche Untersuchung.

Konzentriertes Zuhören und Fragen zur früheren Anamnese, Berufs- und Familienanamnese bringen nicht nur wichtige Informationen, sondern vermitteln auch beim Patienten den Eindruck von Gründlichkeit, Sorgfalt und Mitgefühl. Ähnliches gilt für die körperliche Untersuchung, die deshalb auch nicht vernachlässigt werden sollte, selbst wenn der Arzt die Wahrscheinlichkeit für gering hält, dabei entscheidende Hinweise für die Diagnose zu bekommen.

Am Ende der ersten Begegnung sollten Sie die erhobenen **Befunde mit dem Patienten besprechen** und ihm Ihre vorläufigen Überlegungen zum weiteren Vorgehen mitteilen. Gemeinsam müssen das diagnostische Vorgehen, evtl. auch schon die therapeutischen Maßnahmen und Ziele festgelegt werden.
Anhand Ihres Verhaltens wird der Patient auch entscheiden, ob er mit Ihnen eine stillschweigende Übereinkunft erzielen kann oder nicht. Letztlich haben daher die meisten Ärzte die Patienten, die am besten zu ihnen passen.

Am Ende der ersten Begegnung sollten Sie die erhobenen **Befunde mit dem Patienten besprechen** und ihm Ihre vorläufigen Überlegungen zum weiteren Vorgehen mitteilen. Gemeinsam müssen das diagnostische Vorgehen, evtl. auch schon die therapeutischen Maßnahmen und Ziele festgelegt werden. Anhand der Reaktion des Patienten erfahren Sie vieles über dessen Grundeinstellung zur Medizin an sich. Ist er eher kritisch gegenüber medizinischen Maßnahmen eingestellt, läßt er vertrauensvoll alles über sich ergehen, möchte er »letzte Sicherheit« durch apparative Diagnostik, neigt er zur Aggravation oder Dissimulation, bevorzugt er Zuwarten oder möchte er alles am liebsten operativ gelöst haben. Die denkbaren Möglichkeiten sind hier unbegrenzt. Anhand Ihres Verhaltens wird der Patient auch entscheiden, ob er mit Ihnen eine stillschweigende Übereinkunft erzielen kann oder nicht. Letztlich haben daher die meisten Ärzte die Patienten, die am besten zu ihnen passen – ein Phänomen, das beim Wechsel von Praxisinhabern immer wieder zutage tritt.

Die hier geschilderten Gesichtspunkte spielen vor allem beim geplanten Arztbesuch in der Praxis eine Rolle. Sie treffen prinzipiell aber auch auf Patienten im Krankenhaus, in der Notaufnahme oder beim Hausbesuch zu, wenngleich sich die Gewichtung verschiebt: Kommt ein Patient mit starken abdominellen oder Thoraxschmerzen, so wird man sich zunächst auf das akute Problem konzentrieren. Die Variationsbreite der ärztlichen Vorschläge und die Entscheidungsmöglichkeiten des Patienten sind aus begreiflichen Gründen geringer, psychosoziale Aspekte spielen im Gespräch zunächst noch gar keine Rolle.

Das **Ziel der ersten Begegnung** zwischen Arzt und Patient ist erreicht, wenn der Arzt
a) den Patienten so führen konnte, daß er seine Entscheidungen auf brauchbare Informationen stützen kann;

Das **Ziel der ersten Begegnung** zwischen Arzt und Patient ist erreicht, wenn

a) der Arzt den Patienten so weit führen konnte, daß er seine Entscheidungen auf brauchbare Informationen stützen kann;

b) der Arzt Einblick in die Persönlichkeit des Patienten gewinnen konnte;
c) sich zwischen Arzt und Patient ein Vertrauensverhältnis aufzubauen beginnt;
d) der Patient das Gefühl der kompetenten Beratung, der klaren Perspektive, vielleicht auch nur etwas Trost, Hoffnung und Empathie vermittelt bekam;
e) der Patient die Gelegenheit hatte, sich im Sinne einer Katharsis auszusprechen.

Der letzte Punkt leitet bereits zur Therapie über, noch ehe eine spezifisch therapeutische Maßnahme vorgenommen wurde.

b) Einblick in die Persönlichkeit des Patienten gewinnen konnte;
c) zum Patienten ein Vertrauensverhältnis aufzubauen beginnt;
d) dem Patienten das Gefühl kompetenter Beratung, klarer Perspektive, Trost, Hoffnung und Empathie vermitteln konnte;
e) dem Patienten die Gelegenheit gegeben hat, sich auszusprechen.

3 Grundregeln der Arzt-Patienten-Kommunikation

3 Grundregeln der Arzt-Patienten-Kommunikation

Nicht selten beginnt die Beziehung zu einem Patienten mit einer telefonischen oder mündlichen Terminabsprache. Ein möglichst frühzeitiger Termin, der dann auch tatsächlich eingehalten wird, legt den Grundstein für die weitere vertrauensvolle Zusammenarbeit mit dem Patienten.

▶ ***Merke.*** Auch in der Hektik des Alltags sollten Sie sich immer wieder folgendes ins Gedächtnis rufen: Für Sie als den Arzt bedeutet der anstehende Kontakt mit einem Patienten meist nur einen routinemäßigen Vorgang in der langen Kette von Begegnungen, die der »Job« mit sich bringt; für den Patienten kann der Kontakt mit dem Arzt ein ganz außergewöhnliches Ereignis darstellen, das er vielleicht seit langem vor sich herschiebt, da es für ihn mit Ängsten und Ungewißheit beladen ist. Daher seien Sie sich, so schwer es auch manchmal fallen mag, immer wieder der Einmaligkeit dieser Begegnung bewußt!

◀ **Merke**

Ehe Sie das erste Gespräch mit einem Patienten beginnen, sollten Sie sich die verfügbaren Informationen ansehen und einprägen. Dazu gehören z. B. die persönlichen Daten auf dem Krankenschein wie Alter, Geschlecht, Familienstand, Wohnort, Beruf, Krankenkasse usw. Der Erfahrene kann allein aufgrund dieser Daten die möglichen Diagnosen anhand epidemiologischer Grundkenntnisse einengen. Besonders wichtig ist es zu wissen, ob und warum der Patient von einem anderen Arzt überwiesen wurde, welches Ergebnis früher durchgeführte Untersuchungen hatten und welche Diagnosen bereits von anderen Ärzten gestellt wurden. Dadurch sparen Sie nicht nur viel Zeit, sondern vermitteln auch dem Patienten das Gefühl, Sie hätten sich mit »seinem Fall« bereits beschäftigt. Allerdings ist es wichtig, dem Patienten die Quellen Ihrer Vorkenntnisse zu nennen, z. B. den Überweisungsschein, frühere Arztbriefe, Telefonate mit vorbehandelnden Ärzten, unter Umständen auch einmal Angehörige.

Ehe Sie das erste Gespräch mit einem Patienten beginnen, sollten Sie sich die verfügbaren Informationen ansehen und einprägen. Dazu gehören z. B. die persönlichen Daten. Besonders wichtig ist es zu wissen, ob und warum der Patient von einem anderen Arzt überwiesen wurde, welches Ergebnis früher durchgeführte Untersuchungen hatten und welche Diagnosen bereits von anderen Ärzten gestellt wurden.

Zu Beginn des Kontakts sollten Sie den Patienten **mit** einem **Händedruck begrüßen** und sich mit Namen und Funktion vorstellen. Insbesondere Medizinstudenten, Ärzte im Praktikum und Vertreter des ständigen Arztes sollten **keine Unklarheiten über ihre Stellung lassen.** Es klingt banal, doch muß der Arzt sich dazu selbstverständlich von seinem Stuhl erheben. Leider werden die Grundformen der Höflichkeit im Alltag von Kliniken und Praxen nicht immer eingehalten. Als Faustregel kann gelten, den Patienten so zu behandeln, wie der Inhaber eines Geschäfts mit einem guten Kunden umgehen würde. Man stelle sich auch immer wieder vor, wie man selbst behandelt werden möchte, wenn die Rollen einmal vertauscht sind. Die Vorstellung ist beim Arzt-Patienten-Kontakt mehr als eine gesellschaftliche Pflichtübung: Sie versucht vielmehr eine Vertrauenssituation zu schaffen, in der sich der Patient öffnen kann. Es gibt nur wenige Menschen, die sich als Patienten einer Institution, z. B. eines Krankenhauses oder einer Poliklinik empfinden; vielmehr legen die meisten Wert darauf, Patient bei

Zu Beginn des Kontakts sollten Sie den Patienten **mit** einem **Händedruck begrüßen** und sich mit Namen und Funktion vorstellen. Insbesondere Medizinstudenten, Ärzte im Praktikum und Vertreter des ständigen Arztes sollten **keine Unklarheiten über ihre Stellung lassen**. Es klingt banal, doch muß der Arzt sich dazu selbstverständlich von seinem Stuhl erheben.

Dr. XY zu sein. Dieses Verhältnis ist dabei gar nicht an die Qualifikation des Arztes gebunden und kann sich unter Umständen auch schon auf Studenten im Praktischen Jahr oder Ärzte im Praktikum beziehen. Häufig sind es gerade die jüngsten Kollegen, die durch ein zugewandtes, noch durch keinen Dünkel geprägtes Verhalten das besondere Vertrauen von Patienten gewinnen. Daraus wird ersichtlich, welchen wichtigen Beitrag das persönliche Verhalten des Arztes für die Begründung eines vertrauensvollen Verhältnisses leistet.

Zum höflichen und zugewandten Umgang mit dem Patienten gehört es, die **formelle Anrede** wie »Frau Meier« oder »Herr Schmidt« zu **benutzen**. In Ausdrücken wie »Opa« für einen älteren Herrn oder »Mutter« für eine alte Dame liegt ein Moment der Demütigung und Depersonalisation.

Zum höflichen und zugewandten Umgang mit dem Patienten gehört es, die **formelle Anrede** wie »Frau Meier« oder »Herr Schmidt« zu **benutzen**. In Ausdrücken wie »Opa« für einen älteren Herrn oder »Mutter« für eine alte Dame liegt ein Moment der Demütigung und Depersonalisation, das nicht dadurch abgemildert wird, daß viele Patienten sich an diese Redewendungen in langjähriger Erfahrung mit Ärzten gewöhnt haben. Wenn immer möglich, sollten Sie zumindest bei der Vorstellung nicht schon ungleiche Machtverhältnisse andeuten. Bedenken Sie, daß der Patient sich ohnehin durch Offenbarung seiner tiefsten Ängste seinem Arzt gegenüber zumindest vorübergehend in eine untergeordnete, abhängige Position begibt. Wer würde je bei geschäftlichen Verhandlungen eingangs darauf hinweisen, er habe Eheprobleme, oder auf einer Party verkünden, er sei inkontinent.

Die **Atmosphäre**, in der die Anamneseerhebung stattfindet, ist von größter Bedeutung für den **Abbau emotionaler Barrieren**. Ohne sie kommt eine fruchtbare Kommunikation nicht zustande. Dazu gehört, daß Sie **Störungen**, vor allem Telefonate, soweit wie möglich von sich **fernhalten**.
Im allgemeinen werden Sie an einem Schreibtisch dem Patienten gegenübersitzen (siehe ◘ A-**1a**). Der Schreibtisch kann bei entsprechender Größe auch den Charakter einer Barriere zwischen Ihnen und dem Patienten gewinnen. Dann ist es günstiger, wenn der Patient neben dem Schreibtisch sitzt (◘ A-**1b**).

Die **Atmosphäre**, in der die Anamneseerhebung stattfindet, ist von größter Bedeutung für den **Abbau emotionaler Barrieren**. Ohne sie kommt eine fruchtbare Kommunikation nicht zustande. Vermitteln Sie dem Patienten den Eindruck, Sie stünden nun voll zu seiner Verfügung, nichts sei Ihnen im Augenblick wichtiger, als ihm zuzuhören. Dazu gehört, daß Sie **Störungen** des Gesprächs, vor allem Telefonate, soweit wie möglich von sich **fernhalten**. Im allgemeinen werden Sie an einem Schreibtisch dem Patienten gegenübersitzen (siehe ◘ A-**1a**). Diese Stellung hat zwar den Vorteil, daß Sie dem Patienten gut in die Augen sehen können, wenn Sie den Blick kurz von Ihren Notizen erheben. Allerdings kann der Schreibtisch bei entsprechender Größe auch den Charakter einer Barriere zwischen Ihnen und dem Patienten gewinnen. In dieser Hinsicht ist es günstiger, wenn der Patient neben dem Schreibtisch sitzt (◘ A-**1b**).

a

b

◘ A-**1: Mögliche Sitzpositionen beim Anamnesegespräch:**
a Arzt und Patient sitzen sich gegenüber.
b Der Patient sitzt neben dem Schreibtisch.

Vermeiden Sie unbedingt den Eindruck, Sie stünden unter Zeitdruck – obwohl Sie das meistens sein werden. Dazu gehört, daß Sie nicht im Stehen mit dem Patienten sprechen, sich nicht auf die Tür zubewegen, nicht unruhig von einem Fuß auf den anderen treten usw. Seine Ungeduld nicht zu zeigen, kann sehr anstrengend sein, und nicht wenigen Kollegen fällt es schwer, bei umständlichen oder weitschweifigen Patienten über längere Zeit die Contenance zu bewahren. Sie sollten aber dem Patienten auch nicht unbeschränkt Zeit geben, sonst werden Sie evtl. mit irrelevanter Information überschüttet. Manchmal kann es erforderlich sein, den Patienten in seinem Redefluß zu unterbrechen, doch sollten Sie nicht zu oft zu diesem Mittel greifen.

Die ersten Sekunden der Kommunikation zwischen Arzt und Patient einschließlich der korrekten Anrede und Begrüßung entscheiden darüber, wie weit sich der Patient Ihnen gegenüber öffnet, inwieweit er Ihren diagnostischen und therapeutischen Ratschlägen folgen und wie zufrieden er letztlich mit Ihnen als Arzt sein wird.

Zur Einleitung des Gesprächs und zur Technik des Anamnesegesprächs siehe Abschnitt A 4 und A 5.

Vermeiden Sie unbedingt den Eindruck, Sie stünden unter Zeitdruck – obwohl Sie das meistens sein werden.

3.1 Sprache des Arztes – patientenadaptierte Kommunikation

Die Vorinformationen, die der Arzt von einem Patienten hat, und der erste persönliche Eindruck sollten mitbestimmend für die Form der Kommunikation sein. Eine Marktfrau wird an ihren Arzt andere Erwartungen hegen und bedarf anderer Worte als der Direktor eines Unternehmens, zwischen dem 25jährigen Studenten mit Prüfungsangst und einer 75jährigen Witwe mit Typ-II-Diabetes liegen Welten. Höflichkeit, Freundlichkeit und Zugewandtheit des Arztes werden allerdings nicht schichten- oder altersspezifisch, sondern von jedem Menschen als angenehm empfunden. Lassen Sie den Patienten seine Beschwerden in den ersten Minuten des anamnestischen Gesprächs frei und ohne Unterbrechung vortragen. Aus der Art der spontanen Schilderung werden Sie schnell **herausfinden**, wie informiert er ist, **welches Verständnis er selbst von seinen Beschwerden hat**, ob er mehr zur neutralen präzisen Beobachtung, zur fortlaufenden Interpretation oder zur mystisch-okkulten Betrachtungsweise neigt. Sie erhalten Informationen über seinen Bildungshintergrund und seine Artikulationsfähigkeit, so daß Sie Ihre Gesprächsführung und Ihre Formulierungen darauf abstimmen können. Manchmal werden Sie nur aus Untertönen erfahren, ob der Patient voller Zutrauen oder voller Skepsis gegenüber der wissenschaftlichen Medizin ist oder ob er eher alternativen Heilmethoden anhängt.

Bei jungen Medizinern kann man oft erleben, daß sie Hemmungen vor einem direkten Ansprechen der Probleme haben, Zuflucht in einem **falschen Abstraktionsgrad** suchen und damit unverständliche Informationen geben. Was versteht man unter einem relativ geringen Risiko (relativ wozu?), einem optimalen Therapieerfolg (welchen Erfolg konkret?), einem minimalen Eingriff (was geschieht dabei wirklich?). Die **abstrakte Ausdrucksweise** erfordert das ständige Mitdenken des Gesprächspartners, da er ständig die verschiedenen konkreten Möglichkeiten in Betracht ziehen muß, will er den wirklichen Inhalt der Ausführungen erfassen.

Auch eine **zu starke Konkretisierung** kann mehr verwirren als aufklären. Wenn Sie dem Patienten jedes kleinste Detail eines diagnostischen Eingriffs oder einer pathophysiologischen Überlegung erklären, wird er am Ende »den Wald vor lauter Bäumen nicht mehr sehen« können. Es hat sich gezeigt, daß Patienten selbst nach kurzer Zeit nur einen kleinen Anteil dessen wiedergeben können, was ihnen der Arzt mitgeteilt hat.

3.1 Sprache des Arztes – patientenadaptierte Kommunikation

Lassen Sie den Patienten seine Beschwerden in den ersten Minuten des anamnestischen Gesprächs frei und ohne Unterbrechung vortragen. Aus der Art der spontanen Schilderung werden Sie schnell **herausfinden**, wie informiert er ist, **welches Verständnis er selbst von seinen Beschwerden hat**, ob er mehr zur neutralen präzisen Beobachtung, zur fortlaufenden Interpretation oder zur mystisch-okkulten Betrachtungsweise neigt. Sie erhalten Informationen über seinen Bildungshintergrund und seine Artikulationsfähigkeit, so daß Sie Ihre Gesprächsführung und Ihre Formulierungen darauf abstimmen können.

Sowohl eine Zuflucht des Arztes in einen **falschen Abstraktionsgrad** (z. B.: »Was ist ein relativ geringes Risiko«? – relativ wozu?) als auch eine **zu starke Konkretisierung** kann mehr verwirren als aufklären.
Wenn dem Patient z. B. jedes kleinste Detail eines diagnostischen Eingriffs erklärt wird, wird er bald »den Wald vor lauter Bäumen nicht mehr sehen«.

Merke ▶

> ▶ ***Merke.*** Der Mensch ist ein Augenwesen. Versuchen Sie, durch **Vergleiche und Beispiele** möglichst anschaulich zu sein und durch einfache bildliche Darstellungen dem Patienten zu erklären, was Sie sagen wollen. Hinter vermeintlich so komplizierten Wörtern wie einer perkutanen transluminalen Angioplastie oder einer endoskopischen Konkrementextraktion verbirgt sich nichts anderes, als daß verstopfte Rohre wieder durchgängig gemacht werden. Selbst Autoimmunerkrankungen lassen sich mit einfachen Worten erklären.

Vermeiden Sie medizinische Fachtermini und Ausdrücke des Klinikjargons sowie Abkürzungen im Gespräch mit dem Patienten.

Vermeiden Sie medizinische Fachtermini und Ausdrücke des Klinikjargons sowie Abkürzungen im Gespräch mit dem Patienten. Wenn Sie fragen, ob der Test positiv war, denkt mancher Patient genau das Gegenteil dessen, was Sie darunter verstehen. Ausdrücke wie Rezidiv, lokal, intermittierend, Orthostase, BKS etc. werden von den wenigsten Patienten im korrekten medizinischen Sinn aufgenommen.

Der **Gebrauch eines lokalen Dialekts** oder zumindest eines lokalen Sprachkolorits kann **bei bestimmten Patienten** zum Aufbau einer guten Beziehung zwischen Arzt und Patient nützlich sein. Möglicherweise artikuliert der Patient eher seine Sorgen und Nöte, wenn er in seinem vertrauten Dialekt mit einem Arzt spricht, bei dem er sich im wahrsten Sinne des Wortes voll »verstanden« fühlt. Verwenden Sie dieses Mittel, falls sich die Möglichkeit dazu ergibt.

Die Weise, wie Sie mit Patienten sprechen, wird geprägt von Ihrem Eindruck, den Sie von der Persönlichkeit des Patienten haben (**patientenadaptierte Kommunikation**). Autoritätsgläubige, eher infantil strukturierte Patienten mit geringem allgemeinen Informationsgrad empfinden es durchaus als angenehm, wenn sie sich vertrauensvoll in die Hände eines Arztes begeben können. Hier bedarf es keiner langatmigen Erklärungen der eigenen Vorschläge und Entscheidungen. Zunehmend häufiger erlebt der Arzt heute den **gut informierten Patienten**, der sich aus der Presse, anhand von Fachliteratur und durch Gespräche im Bekanntenkreis kundig gemacht hat. Er fordert vom Arzt wesentlich mehr Zeit und Zuwendung, will alles detailliert erklärt haben und neigt eher zu Skepsis und Aggression. Er wünscht Garantien, Sicherheiten, exakte Vorhersagen und konsultiert daher oft mehrere Ärzte wegen desselben Problems. Hinter solchen Verhaltensweisen stehen oft bei weitem größere Ängste als beim vertrauensseligen Typus. Die Kenntnis auch der seltensten Komplikation einer Therapie und die Skepsis gegenüber dem Beruf des Arztes bei gleichzeitig bestehendem Leidensdruck bringt diesen Patienten oft in schwere Konflikte. Er lehnt sich gegen die in jeder Krankheit immanente Tendenz zur Regression auf und reagiert zunächst meist aggressiv. In solchen Fällen ist es für den Arzt zunächst einmal wichtig, mit seinen Vorschlägen wirklich auf der Höhe der derzeitigen medizinischen Erkenntnisse zu sein. Dies stellt die Basis für den Aufbau eines Vertrauensverhältnisses zu diesen Patienten dar.

Die Weise, wie Sie mit Patienten sprechen, wird geprägt von Ihrem Eindruck, den Sie von der Persönlichkeit des Patienten haben (**patientenadaptierte Kommunikation**). Autoritätsgläubige, eher infantil strukturierte Patienten mit geringem allgemeinen Informationsgrad empfinden es durchaus als angenehm, wenn sie sich vertrauensvoll in die Hände eines Arztes begeben können. (»Herr Doktor, Sie werden schon wissen, was für mich am besten ist, schließlich sind Sie der Arzt.«). Bei derart strukturierten Patienten kann man es sich durchaus erlauben, den „großen allwissenden Heiler" zu spielen, und es bedarf keiner langatmigen Erklärungen der eigenen Vorschläge und Entscheidungen. Dieser Typus des Patienten wird aber immer seltener und dürfte vielleicht sogar bald aussterben.

Zunehmend häufiger erlebt der Arzt heute den **gut informierten Patienten**, der sich aus der Presse, anhand von Fachliteratur und durch Gespräche im Bekanntenkreis kundig, oft »pseudokundig« gemacht hat. Er fordert vom Arzt wesentlich mehr Zeit und Zuwendung, will alles detailliert erklärt haben und neigt eher zu Skepsis und Aggression. Dieser Patiententypus tendiert dazu, das aus dem Geschäftsleben gewohnte Verhalten auf das Arzt-Patienten-Verhältnis zu übertragen. Er wünscht Garantien, Sicherheiten, exakte Vorhersagen und konsultiert daher oft mehrere Ärzte wegen desselben Problems. Im Hintergrund steht dabei gelegentlich der Rechtsanwalt. Zwar machen derartige Patienten das Leben des Arztes nicht leichter, jedoch darf man nicht vergessen, daß hinter solchen Verhaltensweisen oft bei weitem größere Ängste stehen als beim vertrauensseligen Typus. Die Kenntnis auch der seltensten Komplikation einer Therapie und die Skepsis gegenüber dem Beruf des Arztes bei gleichzeitig bestehendem Leidensdruck bringt diesen Patienten oft in schwere Konflikte. Er lehnt sich gegen die in jeder Krankheit immanente Tendenz zur Regression auf und reagiert zunächst meist aggressiv.

In solchen Fällen ist es für den Arzt zunächst einmal wichtig, mit seinen Vorschlägen wirklich auf der Höhe der derzeitigen medizinischen Erkenntnisse zu sein. Dies stellt die Basis für den Aufbau eines Vertrauensverhältnisses zu diesen Patienten dar. Die Sprache des Arztes sollte eher technisch und wissenschaftlich orientiert sein. Man hüte sich auch davor, den allwissenden Medizinmann zu spielen, der keine fremden Götter neben sich duldet – im Gegenteil: Hier sollte man eher aktiv vorschlagen, noch mit einem anderen Kollegen zu sprechen, und vielleicht sogar den Weg dazu bahnen, falls der Patient dies wünscht. Patienten mit dieser Grundstruktur wollen aktiv in den Entscheidungsprozeß mit einbezogen werden. Man vergesse aber nie, daß der Patient letztlich der Betroffene ist und sich oft in großer Entscheidungsnot befindet, ob er einem ärztlichen Rat folgen soll oder nicht.

3.2 Verhältnis Arzt – Patient

Das Verhältnis zwischen Arzt und Patient wird durch viele Faktoren beeinflußt. Grundstein für eine fruchtbare Zusammenarbeit ist, **das Vertrauen** des Patienten durch zugewandtes, mitfühlendes Zuhören, individuell angepaßte Beratung und mitmenschliche Begleitung zu **gewinnen**. Diese ideale Vorstellung findet ihre Grenzen in der Persönlichkeit des Arztes und in dessen persönlichen Bedürfnissen. Von keinem Arzt kann man erwarten, sich generell und jederzeit mit den Leiden und Nöten eines Patienten zu identifizieren. Würde er dies tun, so wäre er physisch und psychisch bald nicht mehr in der Lage, seinen Beruf auszuüben. Tatsächlich leiden viele Ärzte unter dem sog. **»Helfer-Syndrom«** (Schmidbauer). Darunter versteht man das ständige Insuffizienzgefühl von medizinischem Personal, nicht allen Patienten in für beide Seiten zufriedenstellender Weise helfen zu können, obwohl viele unter dieser Prämisse ihren Beruf gewählt haben. Möglicherweise deshalb sind Ärzte die Berufsgruppe mit einer der höchsten Raten an Suizid und Alkoholismus.

Die Lösung dieses Problems kann nur darin liegen, daß das potentiell nie endende persönliche Engagement Grenzen finden muß. Aus Gründen der Selbsterhaltung muß der Patient für den Arzt letztlich ein »Fall« sein. Die ärztliche Kunst der Patientenführung besteht darin, den Patienten dieses »Fallsein« nicht spüren zu lassen. Auch das vertraulichste Gespräch muß ein Ende finden, niemand hat unbegrenzt Zeit. Man versäume nicht, das dem Patienten auch klarzumachen, selbst auf die Gefahr hin, den einen oder anderen zu enttäuschen. Patienten, die dafür kein Verständnis haben, wird man früher oder später enttäuschen müssen.

Das Arzt-Patienten-Verhältnis sollte von **zugewandter Distanz** geprägt sein. Durch allzu große Nähe und beliebige Verfügbarkeit beraubt man sich selbst seiner ärztlichen Autorität, die wohlverstanden ein wichtiges Instrument erfolgreicher Patientenführung ist. Nicht zuletzt deshalb enden Behandlungen von nahen Verwandten oft mit einem Mißklang. Bestehen Sie darauf, daß geplante Beratungen mit offizieller Terminanmeldung in der dafür vorgesehenen Sprechzeit stattfinden. Inflationäre Aufblähung läßt eine Ware schnell wertlos werden.

Es wäre fatal, würde der Arzt versuchen, seine eigene Persönlichkeit zu verbiegen oder sich zu verstellen. Sie können keinen Menschen voll verstehen und erfassen, und **mit einigen Patienten werden Sie nie eine vertrauensvolle Basis finden**. Spürt man das, so sollte man das auch dem Patienten mitteilen, falls er die Behandlung nicht von sich aus abbricht. In aller Regel finden aber die meisten Patienten den Arzt, der zu ihnen paßt, und umgekehrt. Dies wird aus mehreren repräsentativen Umfragen der letzten Jahre deutlich. Bei aller öffentlichen Kritik an »der Ärzteschaft« glauben sich doch die meisten Befragten von »ihrem Arzt« gut bis sehr gut betreut.

Das Arzt-Patienten-Verhältnis ist in der pluralistischen Informationsgesellschaft nicht leichter geworden. Der Sturz des »Halbgotts in Weiß« bringt für Ärzte und Patienten ebensoviel neue Probleme mit sich, wie man alte gelöst glaubte.

3.2 Verhältnis Arzt – Patient

Grundstein für eine fruchtbare Zusammenarbeit ist, **das Vertrauen des Patienten** durch zugewandtes, mitfühlendes Zuhören, individuell angepaßte Beratung und mitmenschliche Begleitung zu **gewinnen**. Von keinem Arzt kann man erwarten, sich generell und jederzeit mit den Leiden und Nöten eines Patienten zu identifizieren. Würde er dies tun, so wäre er physisch und psychisch bald nicht mehr in der Lage, seinen Beruf auszuüben. Tatsächlich leiden viele Ärzte unter dem sog. **»Helfer-Syndrom«**, d. h. dem ständigen Insuffizienzgefühl, nicht allen Patienten in für beide Seiten zufriedenstellender Weise helfen zu können. Die Lösung dieses Problems kann nur darin liegen, daß das potentiell nie endende persönliche Engagement Grenzen finden muß. Aus Gründen der Selbsterhaltung muß der Patient für den Arzt letztlich ein »Fall« sein. Die ärztliche Kunst der Patientenführung besteht darin, den Patienten dieses »Fallsein« nicht spüren zu lassen.

Das Arzt-Patienten-Verhältnis sollte von **zugewandter Distanz** geprägt sein. Durch allzu große Nähe und beliebige Verfügbarkeit beraubt man sich selbst seiner ärztlichen Autorität. Nicht zuletzt deshalb enden Behandlungen von nahen Verwandten oft mit einem Mißklang.

Es wäre fatal, würde der Arzt versuchen, seine eigene Persönlichkeit zu verbiegen oder sich zu verstellen. Sie können keinen Menschen voll verstehen und erfassen, und **mit einigen Patienten werden Sie nie eine vertrauensvolle Basis finden**. Spürt man das, so sollte man das auch dem Patienten mitteilen, falls er die Behandlung nicht von sich aus abbricht.

3.3 Der Arzt als Ratgeber, Vorbild, Freund

Ebenso wie Sie den Patienten während des gesamten Anamnesegesprächs beobachten und sich ein Urteil über seine Persönlichkeit bilden, so wird auch er Sie beobachten und einschätzen. Durch Ihre Worte und Ihr Verhalten haben Sie dem Patienten unbewußt eine Fülle von Informationen über sich gegeben. In der Sprechstundensituation, vor allem aber während der Visite im Krankenhaus, stehen Sie für den Patienten im Rampenlicht, und jedes Ihrer Worte, jede Ihrer Gesten wird vom Patienten wahrgenommen, beurteilt und interpretiert. Viele junge Ärzte machen sich nicht bewußt, welche Konsequenzen in den Augen des Patienten die scheinbar unwichtigsten Floskeln haben können. Bedenken Sie, daß der Vorgang, der für Sie professionelle Routine ist, für den Patienten zum zentralen Ereignis der kommenden

3.3 Der Arzt als Ratgeber, Vorbild, Freund

Ebenso wie Sie den Patienten während des gesamten Anamnesegesprächs beobachten und sich ein Urteil über seine Persönlichkeit bilden, so wird auch er Sie beobachten und einschätzen. In der Sprechstundensituation, vor allem aber während der Visite im Krankenhaus, stehen Sie für den Patienten im Rampenlicht, und jedes Ihrer Worte, jede Ihrer Gesten wird vom Patienten wahrgenommen, beurteilt und interpretiert. Bedenken Sie, daß der Vorgang, der für Sie professionelle Routine ist, für den Patienten zum zentralen Ereignis der kommenden Wochen werden kann.

Wochen werden kann. Man hüte sich vor mißverständlichen Formulierungen, gedankenlos ausgesprochenen Sätzen und vor allem vor Formulierungen, die vom Patienten als Spott empfunden werden können.
Sie werden die Akzeptanz Ihrer Ratschläge sicher erhöhen, wenn der Patient den Eindruck bekommt, Sie gestalten Ihr Leben selbst danach. Gerade mit Geboten zur Diätetik im klassischen Sinn einer gesunden Lebensführung werden Sie wenig Gehör finden, wenn Sie selbst offensichtlich dagegen verstoßen. Der Musikkritiker muß zwar das hohe C nicht besser singen können als der Startenor; dennoch wirkt ein Arzt mit 30 % Übergewicht, der seinem Patienten eine Reduktionsdiät erklären soll, leicht unglaubwürdig. Ähnlich, wenngleich weniger für den Patienten offensichtlich, verhält es sich mit Rauchen, Alkoholkonsum oder leichtfertiger Einnahme von Psychopharmaka.

Bedenken Sie, daß Sie mit Ihrer ärztlichen Tätigkeit, ob Sie es wollen oder nicht, auch **indirekt einen Einfluß auf das** engste (Familie) und weitere (Arbeitsplatz) soziale **Umfeld des Patienten** nehmen.

Die Funktion eines Ratgebers in vielen Lebenslagen, vielleicht auch eines Freundes, haben sich viele Ärzte in der Praxis erarbeitet, die »Hausärzte« im besten Sinn des Wortes sind. Noch treffender für dieses sehr vertrauliche Verhältnis ist der amerikanische Begriff des »Family Doctor«. Bedenken Sie, daß Sie mit Ihrer ärztlichen Tätigkeit, ob Sie es wollen oder nicht, auch **indirekt einen Einfluß auf das** engste (Familie) und weitere (Arbeitsplatz) soziale **Umfeld des Patienten** nehmen. So gesehen, hat auch die höchst private Begegnung zwischen Arzt und Patient einen gesamtgesellschaftlichen Einfluß.

3.4 Empathie und Affekt

Unter Empathie versteht man die Bereitschaft und die Fähigkeit, sich in die Einstellung und Probleme anderer Menschen einzufühlen. Der Arzt sollte sich davor hüten, durch ein Versinken in den emotionalen Regungen des Patienten (Freude, Schmerz, Trauer) zu sehr beeinflußt zu werden. Schulen Sie Ihr Einfühlungsvermögen, indem Sie sich fragen, wie Sie selbst in der Lage des Patienten reagieren würden, und zeigen Sie das Ihrem Patienten auch. Das kann durch mitfühlende Gesten oder Worte geschehen. Versuchen Sie nicht, jeden emotionalen Ausbruch des Patienten wie Trauer, Weinen, Schreien usw. gleich zu unterdrücken. Vielleicht kommt der Patient gerade deshalb zu Ihnen.

3.4 Empathie und Affekt

Unter Empathie versteht man die Bereitschaft und die Fähigkeit, sich in die Einstellung und Probleme anderer Menschen einzufühlen. Im Unterschied zur Sympathie vermeidet man bei der Haltung der Empathie eine bewertende Zustimmung zu Einstellungen, Gefühlen, Ideen oder Handlungen eines Menschen. Der Arzt sollte sich davor hüten, in seiner Handlungsweise durch ein Versinken in den emotionalen Regungen des Patienten (Freude, Schmerz, Trauer) zu sehr beeinflußt zu werden. Eine vollständige Trennung zwischen affektiven Regungen beim Arzt und seinen Entscheidungen kann keinem Arzt ganz gelingen. So wird man mit der Indikation zu invasiven Untersuchungen selbst bei objektiver medizinischer Notwendigkeit bei sehr ängstlichen Patienten zurückhaltender sein als bei zuversichtlichen, vielleicht sogar fordernden Patienten. Dennoch empfiehlt es sich, seine medizinische Handlungsfähigkeit durch die Haltung einer mitfühlenden Distanz zu bewahren. Schulen Sie Ihr Einfühlungsvermögen, indem Sie sich fragen, wie Sie selbst in der Lage des Patienten reagieren würden, und zeigen Sie das Ihrem Patienten auch. Das kann durch mitfühlende Gesten oder Worte geschehen. Scheuen Sie sich nicht, Ihren Patienten auch einmal anzufassen, die Hand zu geben oder ihm den Arm auf die Schulter zu legen. Versuchen Sie nicht, jeden emotionalen Ausbruch des Patienten wie Trauer, Weinen, Schreien usw. gleich zu unterdrücken. Vielleicht kommt der Patient gerade deshalb zu Ihnen. Es wäre der falsche Weg, hier nur die technologischen Lösungen der Medizin anzubieten, die in vielen Situationen ohnehin nur Scheinlösungen sein können. Bedenken Sie, daß der Kranke von der Stunde des Auftretens der Beschwerden nicht mehr der gleiche Mensch ist wie zuvor.

Wie jeder Patient Stimmungen, Gefühle und Launen hat, so gilt das auch für den Arzt selbst. Auch seine Reaktion auf das Verhalten von Patienten ist durch seine Tagesform beeinflußt. Je mehr Sie sich der Mechanismen von **Übertragung** und **Gegenübertragung** bewußt sind, um so besser werden Sie in der Lage sein, Ihre Gefühle unter Kontrolle zu halten. Lernen Sie auch die Punkte zu erkennen, über die zu sprechen Ihnen selbst unangenehm ist und auf die Sie

Wie jeder Patient Stimmungen, Gefühle und Launen hat, so gilt das auch für den Arzt selbst. Auch seine Reaktion auf das Verhalten von Patienten ist durch seine Tagesform beeinflußt. Je mehr Sie sich der Mechanismen von **Übertragung** und **Gegenübertragung** bewußt sind, um so besser werden Sie in der Lage sein, Ihre Gefühle unter Kontrolle zu halten. Lernen Sie auch die Punkte zu erkennen, über die zu sprechen Ihnen selbst unangenehm ist und auf die Sie evtl. mit Abwehr, Rückzug, Aggression oder Verlegenheit reagieren. Im Idealfall gelingt es Ihnen sogar, aus den Gefühlen, die ein Patient bei Ihnen hervorruft, diagnostische Schlüsse zu ziehen. Zum Beispiel können Patienten in Ihnen Mitleidsgefühle, Insuffizienzgefühle oder Gefühle des Bewundertwerdens erzeugen und Sie auf diese Weise in

Ihren Entscheidungen zu manipulieren versuchen. Gestehen Sie sich diese Gefühle ein, sprechen Sie auch mit Kollegen darüber, aber lassen Sie sich davon nicht überwältigen. Für ein langfristig fruchtbares Arzt-Patienten-Verhältnis sollten Sie versuchen, in allen Situationen möglichst konsequent eine freundlich-zugewandte, einfühlsame, jedoch sachlich-distanzierte Haltung einzunehmen.

evtl. mit Abwehr, Rückzug, Aggression oder Verlegenheit reagieren.
Für ein langfristig fruchtbares Arzt-Patienten-Verhältnis sollten Sie versuchen, in allen Situationen möglichst konsequent eine freundlich-zugewandte, einfühlsame, jedoch sachlich-distanzierte Haltung einzunehmen.

3.5 Äußeres des Arztes (Kleidung, Habitus)

Wie Sie nicht wissen, welcher Mensch Sie als Ihr nächster Patient erwartet, so wenig weiß der Patient, welcher Mensch ihn als sein Arzt erwartet. Häufig können sich Patienten ihre Ärzte nicht aussuchen, z. B. im Krankenhaus. **Versuchen Sie daher, im Hinblick auf Ihr Äußeres einen neutralen Mittelweg zu gehen**, der von möglichst vielen Patienten akzeptiert werden kann. Peinliche Körperpflege ist unbedingt erforderlich, da man sich bei der körperlichen Untersuchung sehr nahe kommt. Bezüglich der Kleidung empfiehlt sich für das Gespräch mit Erwachsenen konservative, gepflegte Kleidung und ein weißer Kittel. Haben Sie es mit Kindern zu tun, so baut legere Kleidung ohne den weißen Kittel eher Ängste ab.
Ob es wünschenswert ist oder nicht, die Kleidung bestimmt wesentlich den ersten Eindruck, den der Patient von seinem Arzt hat (wie auch Sie den Patienten danach beurteilen). Viele Patienten bereiten sich auf den Arztbesuch mit spezieller Körperpflege vor und ziehen besonders gute Kleidung an. Es wäre ein Ausdruck von Unhöflichkeit, dem Patienten diesbezüglich wesentlich nachzustehen. Bedenken Sie, daß legere Kleidung, obwohl von Ihnen als Ausdruck eines freundlichen, antiautoritären Wesens aufgefaßt, bei Patienten leicht Rückschlüsse auf Sie als Person hervorrufen und Ihre Kompetenz und Sorgfalt bei der Ausübung Ihres Berufs in schiefem Licht erscheinen lassen kann. Kein Arzt soll bei der Ausübung seines Berufs seine Persönlichkeit verbiegen. **Seien Sie sich aber der Wirkung Ihres Äußeren auf den Patienten bewußt.**

3.5 Äußeres des Arztes (Kleidung, Habitus)

Häufig können sich Patienten ihre Ärzte nicht aussuchen, z. B. im Krankenhaus. **Versuchen Sie daher, im Hinblick auf Ihr Äußeres einen neutralen Mittelweg zu gehen**, der von möglichst vielen Patienten akzeptiert werden kann.

Ob es wünschenswert ist oder nicht, die Kleidung bestimmt wesentlich den ersten Eindruck, den der Patient von seinem Arzt hat (wie auch Sie den Patienten danach beurteilen). Kein Arzt soll bei der Ausübung seines Berufs seine Persönlichkeit verbiegen. **Seien Sie sich aber der Wirkung Ihres Äußeren auf den Patienten bewußt.**

4 Einleitung des Gesprächs und Herstellung einer ersten Beziehung

Das Gespräch mit dem Patienten ist zentraler Teil der ärztlichen Tätigkeit. Es beginnt mit der Begrüßung und Vorstellung. Dies ist keinesfalls selbstverständlich. Vor allen Dingen im »Klinikbetrieb« werden oft einfachste Umgangsformen nicht berücksichtigt.

4 Einleitung des Gesprächs und Herstellung einer ersten Beziehung

Das Gespräch mit dem Patienten ist zentraler Teil der ärztlichen Tätigkeit. Es beginnt mit der Begrüßung und Vorstellung.

> ***Praktisches Beispiel:*** *Guten Morgen, Frau Müller, mein Name ist Schneider, ich bin Student im Praktischen Jahr. Ich möchte gern Ihre Krankengeschichte aufnehmen und Sie anschließend untersuchen.*

◄ **Praktisches Beispiel**

Ein Händedruck erleichtert und fördert die Kontaktaufnahme. Erfahrene Untersucher variieren die Art ihres Händedrucks in Anbetracht des Alters, des Schweregrads der Erkrankung, des Temperaments des Patienten usw. Werden Patienten in der Ambulanz oder Praxis aus dem Warteraum aufgerufen, wird man sich zunächst auf einen Händedruck mit kurzer Begrüßung beschränken.

Ein Händedruck erleichtert und fördert die Kontaktaufnahme. Erfahrene Untersucher variieren die Art ihres Händedrucks bei den verschiedenen Patienten.

> ***Praktisches Beispiel:*** *Frau Müller? (nach der entsprechenden Patientin im Warteraum suchend). Guten Morgen. Mein Name ist Schneider. Bitte kommen Sie mit mir in das Untersuchungszimmer.*

◄ **Praktisches Beispiel**

Praktisches Beispiel ▶

Praktisches Beispiel: *Im Untersuchungszimmer wird man fragen: Was führt Sie zu mir (zu uns)?, oder: Welche Beschwerden haben Sie? Weiter: Ich schlage vor, Sie schildern mir zunächst einmal Ihre Beschwerden.*

Der Patient sollte immer darüber informiert werden, was ihn erwartet.

Der Patient sollte immer darüber informiert werden, was ihn erwartet, d. h., die nächsten Schritte sollten möglichst genau und vollständig bekanntgegeben werden.

Praktisches Beispiel ▶

Praktisches Beispiel: *Wenn ich mir ein ausreichendes Bild über Ihre Beschwerden verschafft habe, werde ich Sie untersuchen. Wir haben hierfür genügend Zeit.*

Versuchen Sie, es Ihrem Patienten bereits verbal so angenehm wie möglich zu machen. **Schenken Sie dem Patienten Ihre volle Aufmerksamkeit.** Lassen Sie sich während der Anamnese nicht stören.

Bei der Begrüßung von Ausländern sollten Sie sich Mühe geben, den Namen richtig auszusprechen. Wenn man sich über die korrekte Aussprache des Namens nicht sicher ist, sollte man nachfragen.

Versuchen Sie, es Ihrem Patienten bereits verbal so angenehm wie möglich zu machen. Er wird es Ihnen sehr danken. Man kann hierbei nicht genug auch auf »Kleinigkeiten« achten. **Schenken Sie dem Patienten Ihre volle Aufmerksamkeit.** Lassen Sie sich während der Anamnese möglichst nicht vom Telefon stören (abstellen oder das Personal entsprechend instruieren).

Bei der Begrüßung von Ausländern sollten Sie sich Mühe geben, den Namen richtig auszusprechen. Dies gelingt natürlich nicht immer. Es kann sehr beleidigend sein, wenn man sich über einen Namen »lustig macht«, weil man ihn evtl. nicht richtig aussprechen kann – das Defizit liegt hier beim Arzt und nicht beim Patienten. Deshalb müssen Sie in Zweifelsfällen nach der korrekten Aussprache fragen.

Praktisches Beispiel ▶

Praktisches Beispiel: *Habe ich Ihren Namen korrekt ausgesprochen? Wie wird Ihr Name richtig ausgesprochen?*

Ausländische Patienten sollten Sie nicht – wegen vermeintlich besserer Verständlichkeit – duzen.

Leider kommt es auch immer wieder vor, daß Ausländer geduzt werde . Beim Umgang mit ausländischen Patienten kann man gelegentlich noch andere Absonderlichkeiten beobachten, wie sehr lautes Sprechen oder eine Art Babysprache, was wohl die Sprachbarriere überbrücken soll. Dies sind untaugliche Mittel, die nur von der Gedankenlosigkeit des Untersuchers zeugen.

Patienten bewerten den Arzt nach dem allerersten Eindruck. Der erste Moment der Begegnung entscheidet oft über alles oder nichts in der Arzt-Patienten-Beziehung. Es ist daher sehr wichtig, den Patienten offen, freundlich, aufmerksam, warmherzig und mit persönlichem Interesse zu empfangen und zu begrüßen. Das äußere Erscheinungsbild sollte dem Arztberuf angemessen sein. Hierzu zählen auch Stimme, Diktion, Gesichtsausdruck, Augenkontakt, Gesten und Körperhaltung.
Umgekehrt wird man selbst als Arzt den Patienten aufgrund der genannten Kriterien rasch beurteilen.
Eine Beziehung wird um so eher und um so leichter aufgebaut, wenn man das Interview auch auf persönliche Aspekte des Patienten ausdehnt. Man sollte sich hierfür einige Minuten Zeit nehmen.

Patienten bewerten den Arzt nach dem allerersten Eindruck. Der erste Moment der Begegnung entscheidet oft über alles oder nichts in der Arzt-Patienten-Beziehung. Es ist daher sehr wichtig, den Patienten offen, freundlich, aufmerksam, warmherzig und mit persönlichem Interesse zu empfangen und zu begrüßen. Das äußere Erscheinungsbild (Kleidung, Körperpflege, Haltung) sollte dem Arztberuf angemessen sein. Der Patient nimmt eine Vielzahl von Eindrücken sehr schnell wahr und entscheidet häufig unterbewußt, ob der Arzt »gut« ist oder nicht. Hierzu zählen auch Stimme, Diktion, Gesichtsausdruck, Augenkontakt, Gesten und Körperhaltung. Es sollte Kongruenz bestehen zwischen der nonverbalen und der verbalen Kommunikation.

Umgekehrt wird man selbst als Arzt den Patienten aufgrund der genannten Kriterien rasch beurteilen.

Eine Beziehung wird um so eher und um so leichter aufgebaut, wenn man das Interview auch auf persönliche Aspekte des Patienten ausdehnt. Man sollte sich hierfür einige Minuten Zeit nehmen und neben der rein medizinisch orientierten Anamnese auch etwas »tratschen«. Nach unserer Erfahrung **empfiehlt es sich** jedoch, **nach der Begrüßung zunächst direkt die medizinischen Probleme anzusprechen** und die persönlichen Aspekte (Alter, Beruf, Familienstand, Kinder, Herkunft, Gewohnheiten, spezielle Interessen usw.) im weiteren Verlauf des Gesprächs zu erfragen und somit die persönliche Beziehung zu vertiefen.

Merke ▶

▶ ***Merke.*** Einfachheit und Klarheit im Ausdruck, Interesse und Anteilnahme sind einige Faktoren, die zur Echtheit im Umgang mit dem Patienten gehören und zu wirklichem Vertrauen führen.

Ärzte befinden sich in der außergewöhnlichen, ja einmaligen Situation, daß sie **ohne Tabus alle Patientenbelange erfragen** dürfen. Je mehr vom Patienten und über ihn erfahren wird, um so mehr wird zur Lösung seines medizinischen Problems beigetragen. Das ist zum einen eine große Chance, viel über das Leben und die große Vielfalt von Persönlichkeiten und Erfahrungen zu lernen, bedeutet zum anderen aber auch ein großes Maß an **Verantwortung** im Umgang mit allen Informationen.

Ärzte befinden sich in der außergewöhnlichen, ja einmaligen Situation, daß sie **ohne Tabus alle Patientenbelange erfragen** dürfen. Das bedeutet selbstverständlich auch ein großes Maß an **Verantwortung** im Umgang mit allen Informationen.

> ***Merke.*** Zu vermeiden sind Expertenhaltung, Verallgemeinerungen, Verurteilen, Bagatellisieren, Ungeduld und Langeweile.

◀ **Merke**

Die **Anamnese** (gr. anamnesis = Erinnerung) ist erst perfekt, wenn nicht nur der Patient sich an seine Krankengeschichte erinnert und diese vom Arzt dokumentiert wird, sondern wenn der Arzt sozusagen die **»Essenz« des einzelnen Patienten** erfaßt hat und sich in Zukunft an diese besondere Person erinnert.

Die **Anamnese** (gr. anamnesis = Erinnerung) ist erst perfekt, wenn der Arzt sozusagen die **»Essenz« des einzelnen Patienten** erfaßt hat und sich in Zukunft an diese besondere Person erinnert.

> ***Merke.*** Es ist die Aufgabe des Arztes, neben der rein sachlichen Ebene eine menschliche Beziehung aufzubauen und zu pflegen.

◀ **Merke**

Bereits bei der ersten Begegnung findet zwischen Patient und Arzt auf der emotionalen Ebene eine – z. T. unbewußte – Interaktion statt, die weitgehend durch die eigene Entwicklung und Erfahrung bestimmt wird.

Bereits bei der ersten Begegnung findet auf der emotionalen Ebene eine Interaktion statt.

5 Technik des Anamnesegesprächs

5 Technik des Anamnesegesprächs

Man sollte zunächst zweckmäßigerweise zwischen der stationären und der ambulanten Situation unterscheiden. Gewöhnlich macht der Student seine **ersten Patientenerfahrungen im stationären Bereich**. Es ist oft nicht einfach, im Krankenhaus eine intime Atmosphäre zu schaffen, die eine umfassende Anamnese und klinische Untersuchung erlaubt. Bei schwerkranken Patienten wird man sich auf das aktuell Notwendigste beschränken, insbesondere hinsichtlich der Befragung. Dies gilt auch für sehr erschöpfte Patienten oder bei starken Schmerzen. Bei diesen Patienten ist hingegen die körperliche Zuwendung (z.B. während des Gesprächs den Arm oder die Schulter halten) von großer Bedeutung. Es ist hierbei erlaubt, sich auf den Bettrand zum Patienten zu setzen.

Ist der Patient nicht bettlägerig, kann man zur Anamneseerhebung eine ungestörte Atmosphäre in einem anderen Raum aufsuchen, wenn der Patient in einem Mehrbettzimmer untergebracht ist. Ist dies nicht möglich, so sollten im Krankenzimmer die **Bedingungen für eine ungestörte Anamnese und Untersuchung** geschaffen werden:

Gewöhnlich macht der Student seine **ersten Patientenerfahrungen im stationären Bereich**. Es ist oft nicht einfach, im Krankenhaus eine intime Atmosphäre zu schaffen. Bei schwerkranken Patienten wird man sich auf das aktuell Notwendigste beschränken, insbesondere hinsichtlich der Befragung. Bei diesen Patienten ist die körperliche Zuwendung von großer Bedeutung.

Ist der Patient nicht bettlägerig, kann man zur Anamneseerhebung eine ungestörte Atmosphäre in einem anderen Raum aufsuchen, wenn der Patient in einem Mehrbettzimmer untergebracht ist. Ist dies nicht möglich, so sollten im Krankenzimmer die **Bedingungen für eine ungestörte Anamnese und Untersuchung** geschaffen werden (siehe Kasten).

- Es sollten keine dringenden Untersuchungen anstehen.
- Das nichtärztliche Personal sollte informiert werden, um unnötige Störungen zu vermeiden.
- Man bitte die Besucher (auch von anderen Patienten) draußen zu warten.
- Radio- und Fernsehapparat sollten ausgeschaltet sein.
- Falls vorhanden, kann ein Vorhang oder Wandschirm benutzt werden, um die Intimität zu verbessern.
- Der Patient sollte bequem liegen, mit angehobenem Oberkörper.
- Die Augenhöhe von Untersucher und Patient sollte gleich sein, d. h., der Untersucher sollte neben dem Bett auf einem Stuhl sitzen; falls möglich sollte der Patient ebenfalls auf einem Stuhl sitzen und entweder seine eigene Kleidung tragen oder einen Bademantel (falls er nur ein klinikeigenes Nachthemd anhat).

Aufgabe ▶

Aufgabe: Es ist eine gute Übung, wenn Sie **zu Hause ein Patienteninterview und eine Visite simulieren:** Erfahren Sie, wie es ist, wenn Sie im Bett liegen und jemand (oder eine ganze Gruppe) über Ihnen steht und persönliche Dinge mit Ihnen erörtert. Sie werden schnell zu dem Schluß kommen, daß die natürliche Kongruenz zwischen zwei Individuen durch eine solche Position aufgehoben ist.
Ähnliches können Sie für die Ambulanz oder Praxissituation simulieren. Wenn Sie zwischen sich und dem Patienten einen breiten Schreibtisch aufbauen, halten Sie den Patienten auf Abstand. Die Beziehung ist distanziert, eher autoritär und dominant. Die Möbel sollten bequem sein und so plaziert werden, daß eine angenehme Unterhaltung möglich ist. Hierbei ist wieder auf gleiche Augenhöhe zu achten. Die Position zueinander sollte Augenkontakt ermöglichen, aber nicht unbedingt erzwingen. Der Abstand zum Patienten sollte 1 m nicht überschreiten. Bewährt hat sich das Gespräch über die Schreibtischecke (siehe A-**1**, S. 18). Das Sprechzimmer sollte ruhig und abgeschirmt sein von äußeren Einflüssen (Telefon, Sprechanlage, andere Patienten, Personal usw.).

5.1 Verbale Kommunikation (Fragetypen, Zuhören)

5.1 Verbale Kommunikation (Fragetypen, Zuhören)

Merke ▶

Merke. Fragen sind das Handwerkszeug der Anamnese.

Die **Befragung** sollte **offen beginnen**.

Die **Befragung** sollte **offen beginnen**. Offene oder ungerichtete Fragen zu Beginn des Interviews ermöglichen es dem Patienten, sein Anliegen frei in eigener Sprache zu schildern.

Praktisches Beispiel ▶

Praktisches Beispiel:
- *Schildern Sie mir Ihre Beschwerden!*
- *Wie können wir Ihnen helfen?*
- *Was bedrückt Sie?*
- *Wie ist das passiert?*

Lassen Sie dem Patienten genug Zeit, seine Geschichte zu erzählen. Schenken Sie dem Patienten Ihre **volle Aufmerksamkeit**.

Lassen Sie dem Patienten genug Zeit, seine Geschichte zu erzählen und den Ablauf aus seiner Sicht zu entwickeln. Schenken Sie dem Patienten dabei Ihre **volle Aufmerksamkeit**. Schüchterne oder zurückhaltende Patienten müssen evtl. ermuntert werden, weiterzuerzählen.

Praktisches Beispiel ▶

Praktisches Beispiel:
- *Erzählen Sie mir noch mehr über Ihre Beschwerden, Krankheit usw.*
- *Können Sie das noch etwas ausführlicher schildern?*
- *Wie war das mit den Herzbeschwerden?*

Es ist vorteilhaft, die Schilderung des Patienten zusammenzufassen:
- *Wenn ich Sie richtig verstanden habe, haben Sie die Herzbeschwerden seit ...?*

Durch **Zusammenfassen des Gesagten** demonstrieren Sie dem Patienten, daß Sie ihn richtig verstanden haben.

Sie demonstrieren dem Patienten so, daß Sie ihn richtig verstanden haben, erlauben ihm Korrekturen und notwendige Erläuterungen. **Zusammenfassungen** sind auch ein geeignetes Mittel, um einen evtl. ungehemmten Redefluß »elegant« zu unterbrechen. Sie können dem Patienten dann erneut Gelegenheit für seine Schilderung geben. Werden Sie nicht ungeduldig oder nervös, wenn Pausen bei der Schilderung auftreten.

Die Qualität der Informationen, die Sie durch offenes Fragen erhalten, ist ungetrübt: Die Informationen sind nicht bereits durch direktes Befragen

Die Qualität der Informationen, die Sie durch offenes Fragen erhalten, ist ungetrübt: Die Informationen sind nicht bereits durch direktes Befragen gefiltert. Der Patient wird es sehr zu schätzen wissen, wenn er seine persönliche Geschichte vollständig erzählen kann.

Die Version einer Krankengeschichte kann sehr stark wechseln. Der Anfänger ist von diesem Phänomen überrascht. Aber auch »erfahrene« Ärzte lassen sich noch gelegentlich hiervon verwirren. Die Schilderungen wechseln im Laufe der Zeit und bei wiederholter Befragung, selbst bei ein und demselben Frager. Ein Grund hierfür ist, daß der Patient unweigerlich seine Geschichte an die Bedürfnisse der Frager adaptiert. Ein anderer Grund ist, daß die Krankengeschichte natürlich kontinuierlich fortschreitet und auch frühere Symptome unter neuem Blickwinkel betrachtet werden.

gefiltert. Der Patient wird es sehr zu schätzen wissen, wenn er seine persönliche Geschichte vollständig erzählen kann. Die Version einer Krankengeschichte kann sehr stark wechseln. Die Schilderungen wechseln im Laufe der Zeit und bei wiederholter Befragung.

Bemühen Sie sich um **einfache, klare Formulierungen** und sagen Sie, was Sie meinen. Die medizinische Wissenschaft bedient sich wie jede andere Disziplin einer Fülle von Fachtermini meist griechischen oder lateinischen Ursprungs. Diese sind sehr nützlich im Gespräch mit Kollegen, bauen aber Verständnisbarrieren und Berührungsängste gegenüber Patienten auf. Bedenken Sie, welch langen Weg Sie zurücklegen mußten, um in die Situation zu geraten, in der Sie heute sind. Vor allem bei Patienten der älteren Generation, für die der Arzt noch eine sakrosankte Autoritätsperson darstellt, bestehen häufig Hemmungen, direkt nachzufragen, was mit einem Ausdruck gemeint ist. Versetzen Sie sich in die Lage des Patienten im folgenden Beispiel:

Bemühen Sie sich um **einfache, klare Formulierungen** und sagen Sie, was Sie meinen. Vor allem bei Patienten der älteren Generation, für die der Arzt noch eine sakrosankte Autoritätsperson darstellt, bestehen häufig Hemmungen, direkt nachzufragen, was mit einem Ausdruck gemeint ist. Versetzen Sie sich in die Lage des Patienten im folgenden Beispiel (siehe Kasuistik).

K

Kasuistik. Bei einem 65jährigen Patienten wurden auf dem Röntgenbild des Thorax vergrößerte Hiluslymphknoten festgestellt. Dem Patienten wird dieser Befund mitgeteilt und die Möglichkeit einer malignen Erkrankung diskutiert. »Wir müssen in diesem Fall eine Mediastinoskopie machen, Herr Meier«, sagt der betreuende Arzt. »Ich habe für Sie bereits einen Termin am kommenden Dienstag in der chirurgischen Abteilung vereinbart. Bitte kommen Sie nüchtern. Wenn Sie noch Fragen haben, dann rufen Sie mich an.«

Überfordern Sie den Patienten nicht mit Fragen, bei denen er aus einer langen Reihe von Möglichkeiten die für ihn zutreffende **auswählen muß.** Wenn Sie in rascher Folge aufzählen, ob jemand irgendwann Übelkeit, Erbrechen, Durchfall, Verstopfung, Bauchschmerzen, Aufstoßen, Sodbrennen oder Blut im Stuhl hatte, so werden die meisten Patienten kaum zuverlässige Angaben machen oder vielleicht nur zum letzten, tatsächlich perzipierten Punkt Stellung nehmen. Vergessen Sie nicht, daß der Laie die gängigen Symptome gastrointestinaler Krankheiten nicht ständig in seinem aktiven Wortschatz führt.

Überfordern Sie den Patienten nicht mit Fragen, bei denen er aus einer langen Reihe von Möglichkeiten die für ihn zutreffende **auswählen muß.** Wenn Sie in rascher Folge aufzählen, ob jemand irgendwann Übelkeit, Erbrechen, Durchfall, Verstopfung, Bauchschmerzen, Aufstoßen, Sodbrennen oder Blut im Stuhl hatte, so werden die meisten Patienten kaum zuverlässige Angaben machen.

Vermeiden Sie Suggestivfragen! Die »leading question« kann der Richter im amerikanischen Strafprozeß untersagen, sie sollte auch in der Anamnese keinen Platz haben. Patienten – und nicht nur sie – neigen grundsätzlich dazu, den fragenden Arzt eher zu bestätigen als ihm zu widersprechen. Fragen Sie also nicht: »Hat der Schmerz in den linken Arm und in den Hals ausgestrahlt«, oder schlimmer noch: »Sie erzählen mir von Schmerzen im linken Knie. Aber andere Gelenke waren doch nicht betroffen?« Dies ist schon fast keine Frage mehr, sondern eine latente Drohung des Arztes, die der Patient verneint, aus der Furcht heraus, eine Bejahung könnte möglicherweise seine Krankheit in den Augen des Arztes noch viel schlimmer machen, als sie ohnehin ist.

Vermeiden Sie Suggestivfragen! Die »leading question« sollte auch in der Anamnese keinen Platz haben. Patienten neigen dazu, den fragenden Arzt eher zu bestätigen.

Vermeiden Sie unscharfe und vage Formulierungen bei sich selbst und geben Sie sich auch nicht mit vieldeutigen Auskünften des Patienten zufrieden. Unter dem Begriff »Durchfall« verstehen verschiedene Personen völlig unterschiedliche Phänomene. Auch Begriffe wie Allergie, Magenschmerzen, Gallenkolik, Sehstörungen, Hautausschlag, Kreislaufstörungen, Erkältung, Schwindel, Rheuma oder Herzanfall sollten in einer Anamnese präzisiert werden. Vorsicht auch bei medizinischen Fachausdrücken oder Diagnosen, die der Patient von früheren ärztlichen Behandlungen her kennt und die er übernommen hat. Vertrauen Sie nicht blind auf Angaben des Patienten, er habe eine 2/3-Operation des Magens, eine Kolitis oder einen Herzinfarkt gehabt. Bei der Lektüre der Arztbriefe über frühere stationäre Aufenthalte werden Sie von den Informationen, die der Patient Ihnen gab, oft nichts bestätigt finden. Gibt der Patient medizinische Fach-

Vermeiden Sie unscharfe und vage Formulierungen bei sich selbst und geben Sie sich auch nicht mit vieldeutigen Auskünften des Patienten zufrieden. Unter dem Begriff »Durchfall« verstehen verschiedene Personen völlig unterschiedliche Phänomene. Vertrauen Sie nicht blind auf Angaben des Patienten. Bei der Lektüre der Arztbriefe über frühere stationäre Aufenthalte werden Sie von den Informationen, die der Patient Ihnen gab, oft nichts bestätigt finden.

diagnosen an, so fragen Sie ihn, was er denn dabei verspürt habe. So kommen Sie weg von der vielleicht mißverstandenen Diagnose und hin zur eigentlichen Symptomatik.
Im weiteren Verlauf der Anamnese sollte eine gewisse Strukturierung erfolgen: **Geschlossene Fragen können zur weiteren Klärung beitragen.**

Im weiteren Verlauf sollte eine gewisse Strukturierung erfolgen: **Geschlossene Fragen können zur weiteren Klärung beitragen.**

Praktisches Beispiel ▶

Praktisches Beispiel:
- *Wann traten die Beschwerden zum ersten Mal auf?*
- *Haben Sie auch in der Nacht Durchfall?*
- *Wie häufig kommen die Kopfschmerzen: täglich, einmal pro Woche oder einmal pro Monat?*

Um **gezielte Fragen** richtig stellen zu können, bedarf es einer angemessenen **Kenntnis der Krankheitsbilder**.

Um **gezielte Fragen** richtig stellen zu können, bedarf es natürlich einer angemessenen **Kenntnis der Krankheitsbilder**, die man erfragen möchte. Die spezifischen Fragen zu den einzelnen Erkrankungen werden im speziellen Teil des Buches aufgeführt bzw. ergeben sich aus den entsprechenden Erläuterungen.

Merke ▶

▶ ***Merke.*** Die Erinnerung (Anamnese) des Patienten ist der Schlüssel zur Diagnose. Wenn ich aber das Schloß (die Diagnose) nicht kenne, weiß ich auch nicht, wie ich die Anamnese gezielt anwenden muß. Hierzu muß man die richtigen Fragen stellen können. Es ist daher notwendig, profunde Kenntnisse von den Krankheiten zu haben, die erfragt werden sollen.

Bei älteren, leicht verwirrten oder sehr vergeßlichen Patienten muß das Interview von vornherein sehr strukturiert werden.
Die Frage erhebt sich, inwieweit es erforderlich ist, den Bericht des Patienten mitzuschreiben. Während der ersten Gesprächsminuten muß dem Patienten die volle Aufmerksamkeit zuteil werden. Hierzu gehört auch, daß nicht gleichzeitig geschrieben wird. Nach der Zusammenfassung der Krankengeschichte ist es angebracht zu sagen: *»Ich möchte mir kurz einige **Notizen** hierzu machen.«*

Bei älteren, leicht verwirrten oder sehr vergeßlichen Patienten muß das Interview von vornherein sehr strukturiert werden.

Die Frage erhebt sich, inwieweit es erforderlich ist, den Bericht des Patienten mitzuschreiben. Es ist sehr wichtig, während der ersten Minuten der Schilderung dem Patienten die volle Aufmerksamkeit zu schenken. Hierzu gehört aus der Sicht des Patienten auch, daß nicht gleichzeitig geschrieben wird. Nach der Zusammenfassung der Krankengeschichte durch den Untersucher ist es angebracht zu sagen: *»Ich möchte mir kurz einige **Notizen** hierzu machen.«* Sie können dann stichwortartig in der Diktion des Patienten die Geschichte notieren, um anschließend mit der gezielten Befragung fortzufahren.

Praktisches Beispiel ▶

Praktisches Beispiel:
Seit 2 Tagen Brennen beim Wasserlassen
Schmerzen im linken Bein beim Laufen seit $^1/_2$ Jahr usw.

Die nächste Stufe der Befragung dient der **Präzisierung.**

Die nächste Stufe der Befragung dient der **Präzisierung**, um bestimmte Details einer Erkrankung zu erfassen:

Praktisches Beispiel:
Ich muß Ihnen nun einige gezielte Fragen stellen, damit ich die Beschwerden noch besser beurteilen kann!
- *Wie weit können Sie normal gehen, bevor der Wadenschmerz auftritt?*
- *Läßt der Wadenschmerz nach, wenn Sie stehenbleiben?*
- *Tritt der Schwindel nur bei Anstrengung und nach dem Aufstehen auf oder auch in Ruhe?*
- *Wie war das mit dem Schüttelfrost: fröstelt es Sie, oder wackelt das ganze Bett?*

Es sollte vermieden werden, den Patienten mit komplexen Fragen zu befeuern:
- *»Betreffen die Kopfschmerzen den ganzen Kopf, sind sie von Übelkeit, Lichtempfindlichkeit oder Tränenfluß begleitet?«*

Unpräzise Formulierungen im medizinischen Sinn wie Schwindel, Kopfschmerzen, Rheuma, Müdigkeit, Herzschmerzen, Verstopfung, Atemnot müssen durch gezielte Befragung geklärt werden:
- *Was genau verstehen Sie unter Rheuma?*
- *Wieviel Treppen können Sie steigen, ohne stehenbleiben zu müssen?*
- *Warum müssen Sie stehenbleiben? Ist es wegen Atemnot oder wegen Erschöpfung?*
- *Wo genau sind die Herzschmerzen lokalisiert?*
- *Strahlen die Schmerzen aus?*
- *Wie heißen Ihre Herztabletten?*

◀ **Praktisches Beispiel**

Bei der gezielten Befragung empfiehlt sich eine sehr knappe, evtl. »codierte« Aufzeichnung. Beispiele:
- 35 weibl., Dysurie 1×, ∅ Hämaturie, ∅ Fieber (35jährige Frau mit Beschwerden beim Wasserlassen, ohne Blutbeimengungen im Urin, kein Fieber: V.a. Blasenentzündung).
- 60 männl., Claud. int. nach ca. 250 m, ∅ Ruheschmerz usw. (60jähriger Mann mit Schmerzen, z. B. in der rechten Wade, nach 250 m in Sinne einer Claudicatio intermittens, d.h. rasche Besserung beim Stehenbleiben: V.a. arterielle Verschlußkrankheit).

Zur Dokumentation der Anamnese siehe A 15.12.

Bei der gezielten Befragung empfiehlt sich eine knappe, evtl. »codierte« Aufzeichnung.

In der letzten Stufe wird die Anamnese durch den Systemüberblick (s. S. 34) abgerundet (*Haben wir etwas vergessen? Haben Sie außerdem noch andere Beschwerden?*).

Die Anamnese wird durch den Systemüberblick abgerundet.

Schwierige Fragen und Vertraulichkeit. Nicht jedem Patienten ist klar, warum der Arzt auch nach Alkohol- und Drogenkonsum, Sexualfunktionen, Geburtenkontrolle und anderen »heiklen« Themen fragt. Erklären Sie dem Patienten den Sinn der Befragung und versichern Sie ihn der Vertraulichkeit (zur Alkoholanamnese siehe S. 43f).

Schwierige Fragen und Vertraulichkeit Erklären Sie dem Patienten, weshalb Sie »heikle« Fragen stellen müssen, und versichern Sie ihm, daß Sie seine Angaben vertraulich behandeln.

Praktisches Beispiel:
- *Ich frage deshalb, weil es für Ihre Gesundheit von Belang ist, weil es im Zusammenhang mit Ihrer Erkrankung, Ihren Beschwerden stehen könnte.*
- *Ihre Angaben werde ich selbstverständlich vertraulich behandeln.*
- *Wenn Sie es wünschen, werde ich diese Angaben nicht im Krankenblatt notieren.*

◀ **Praktisches Beispiel**

5.2 Nonverbale Kommunikation (Mimik, Gestik, Körpersprache, Empathie)

Die nonverbale Kommunikation umfaßt Erscheinung, Auftreten, Körpersprache, Gesten, Gesichtsausdruck, Körperkontakt und die Sprachqualität, die den Worten ihre besondere Bedeutung gibt.

Merke ▶

5.2 Nonverbale Kommunikation (Mimik, Gestik, Körpersprache, Empathie)

Die nonverbale Kommunikation umfaßt Erscheinung, Auftreten, Körpersprache, Gesten, Gesichtsausdruck, Körperkontakt und die Sprachqualität, die den Worten ihre besondere Bedeutung gibt – über das geschriebene Wort hinaus.

> ▶ ***Merke.*** Die affektive Beziehung zwischen Arzt und Patient basiert in erster Linie auf der nonverbalen Kommunikation.

Beide Seiten interpretieren (decodieren) ständig das Verhalten des anderen. Die **nonverbale Kommunikation** funktioniert normalerweise unbewußt und unkontrolliert. Der Arzt kann sie aber trainieren und gezielt und effektiv einsetzen.

Aufgabe ▶

Beide Seiten interpretieren (decodieren) ständig das Verhalten des anderen, seine Begrüßung, seinen Stil, seine Kleidung, seine Art zu gehen, zu sitzen, zu sprechen, zu gestikulieren usw. Obwohl die **nonverbale Kommunikation** einen sehr hohen Stellenwert hat, funktioniert sie normalerweise unbewußt und unkontrolliert. Der Arzt kann sie aber trainieren und als ein wichtiges Werkzeug gezielt und effektiv einsetzen.

> ***Aufgabe:*** Wenn Sie im Freundeskreis Körpersprache aufführen und üben, werden Sie wahrscheinlich sehr überrascht sein, wie diese interpretiert wird. Es ist daher sehr hilfreich, wenn man gelegentlich eine Rückmeldung über die eigene Körpersprache erhält.

Man muß von jedem Arzt ein gewisses Quantum an Introspektionsfähigkeit erwarten können. Jeder hat seine eigene individuelle Körpersprache, die nur schwer veränderbar ist. Bei Patientenkontakt sind aversive Gewohnheiten wie Nervosität, Unkonzentriertheit, Fahrigkeit usw. sehr störend.

Dem Patienten kann u. U. seine nonverbale Botschaft rückgemeldet werden, um mehr Informationen zu erhalten.

Praktisches Beispiel ▶

Man muß von jedem Arzt ein gewisses Quantum an Introspektionsfähigkeit erwarten können. Diese sollte sich aber nicht auf gedankliche Inhalte und formale Gesichtspunkte beschränken, sondern die Körpersprache mit einbeziehen. Jeder hat seine eigene individuelle Körpersprache, die nur schwer veränderbar ist. Bei Patientenkontakten sind aversive Gewohnheiten wie Nervosität, Unkonzentriertheit, Fahrigkeit usw. sehr störend. Sie sollten bewußt gemacht und verändert werden. Eine Disziplinierung in diesem Bereich wird vom Patienten honoriert.
Dem Patienten kann unter Umständen seine nonverbale Botschaft rückgemeldet werden, um mehr Informationen zu erhalten.

> ***Praktisches Beispiel:***
> - *Sie sehen sehr traurig aus.*
> - *Was bedrückt Sie?*
> - *Sie scheinen Angst vor der Untersuchung zu haben?*
> - *Sie sind skeptisch, ob das funktioniert?*

Wichtige nonverbale Aspekte und ihre Bedeutung:

- **Körperhaltung**
  An der Körperhaltung erkennt man Gelassenheit, Ruhe, Offenheit oder Anspannung, Abwehr, Verschlossenheit.

- **Körperkontakt**
  Körperkontakt ist ein sehr wichtiges und wirksames Vehikel, um Empathie und Zuneigung auszudrücken.

- **Nähe**
  Die körperliche Distanz zwischen Arzt und Patient spiegelt auch die affektive Beziehung wider.

Wichtige nonverbale Aspekte und ihre Bedeutung:

- **Körperhaltung**
  An der Körperhaltung erkennt man Gelassenheit, Ruhe, Offenheit oder Anspannung, Abwehr, Verschlossenheit. Beobachten Sie, wie sich Ihr Patient verhält, wie er sitzt (bequem, angespannt, unruhig, nervös, gelassen)?

- **Körperkontakt**
  Körperkontakt ist ein sehr wichtiges und wirksames Vehikel, um Empathie (Einfühlungsvermögen) und Zuneigung auszudrücken. Körperkontakt kann natürlich auch mißverstanden und mißbraucht werden im Sinne von Respektlosigkeit, Belästigung oder übertriebener Vertrautheit.

- **Nähe**
  Die körperliche Distanz zwischen Arzt und Patient spiegelt auch die affektive Beziehung wider. Die Distanz kann innerhalb der Anamnese

wechseln, soweit es die Positionierung erlaubt: Der Patient rückt näher, um engeren Kontakt zu haben, oder er geht auf Distanz und lehnt sich weit zurück.

- **Augenkontakt**
  Achten Sie darauf, wenn beim Patienten der Augenkontakt verlorengeht. Geschieht es aus Scham, Verletztheit, Unterwürfigkeit?

- **Gesichtsausdruck**
  Der Gesichtsausdruck verrät am ehesten, ob verbale und nonverbale Kommunikation übereinstimmen oder nicht.

- **Sprache**
  Man achte auf die Intonation: z. B. leises und langsames Sprechen bei depressiven, traurigen Patienten.

- **Augenkontakt**
  Achten Sie darauf, wenn beim Patienten der Augenkontakt verlorengeht.

- **Gesichtsausdruck**
  Der Gesichtsausdruck verrät, ob verbale und nonverbale Kommunikation übereinstimmen.

- **Sprache**
  Man achte auf die Intonation.

Zusammenfassung

Zusammenfassung

Von seiten des Arztes ist zu beachten:
- Begrüßung und Vorstellung
- Den Patienten mit Namen ansprechen
- Augenkontakt halten
- Einfache Worte benutzen
- Dem Patienten erklären, was ihn erwartet (Anamnese, Untersuchung, Zeitaufwand)
- Persönlich sein
- Interesse und Anteilnahme zeigen
- Mitfühlen, Hineinversetzen, Mitdenken und Einfühlen - Empathie
- Ruhige und entspannte Atmosphäre (Störungen vermeiden)
- Zuhören

Der Arzt sollte vermeiden, aber bei sich wahrnehmen:
- Ungeduld und Unlust
- Schnelles Abhandeln
- Langeweile und Anstrengung
- Bagatellisieren, Verurteilen
- Verallgemeinern, Interpretieren
- Monologisieren, Emotionalisieren
- Moralisieren
- Zu nett, zu sachlich sein
- Expertenhaltung

Hinsichtlich der Arzt-Patienten-Beziehung zeigen Untersuchungen, daß 85 % der Patienten in einem Zeitraum von 5 Jahren ihren Arzt gewechselt haben oder daran denken, ihn zu wechseln. Als häufigster Grund hierfür wird die mangelhafte Kommunikation seitens des Arztes genannt. Die Ursache liegt darin, daß viele Ärzte nicht gelernt haben, Empathie im Umgang mit ihren Patienten zu trainieren und einzusetzen. Diejenigen Ärzte, die der Empathie große Aufmerksamkeit schenken und sie kultivieren, werden keine Probleme in der Kommunikation mit ihren Patienten haben, und ihre Beziehung wird auf einer starken emotionalen Basis aufbauen.

6 Teile der Anamnese

Aus unserer Erfahrung hat es sich bewährt, den Patienten nach der Begrüßung und dem ersten »Kennenlernen« rasch nach seinen **aktuellen Symptomen und Problemen** zu befragen. Anschließend sollten die **früheren Erkrankungen** erfragt und dokumentiert werden und ein kurzer Systemüberblick erfolgen. **Familienanamnese** und **psychosoziale Anamnese** runden schließlich die Befragung ab.

6 Teile der Anamnese

Die Anamnese muß nicht immer streng schematisch ablaufen. Verschiedene Ärzte haben unterschiedliche Ansichten über die optimale Struktur der Anamnese. Aus unserer Erfahrung hat es sich bewährt, den Patienten nach der Begrüßung und dem ersten »Kennenlernen« rasch nach seinen **aktuellen Symptomen und Problemen** zu befragen. Anschließend sollten die **früheren Erkrankungen** erfragt und dokumentiert werden und ein kurzer Systemüberblick erfolgen. **Familienanamnese** und **psychosoziale Anamnese** runden schließlich die Befragung ab. Uns erscheint dies als ein logischer Aufbau, der sich zunächst auf die medizinischen Probleme konzentriert, im Verlauf aber andere wichtige Aspekte berücksichtigt.
Der Lernende kann natürlich die Reihenfolge variieren, um auszuprobieren, mit welcher Anamnesestruktur er am besten arbeiten kann.

6.1 Leitsymptom, Grund für den Arztbesuch

Der Grund für den Arztbesuch liegt nicht immer in einer akuten oder chronischen Erkrankung. Es kommen auch Patienten ohne Beschwerden, z. B. zu Kontrolluntersuchungen.

Sie sollten den Grund stichwortartig in der Sprache des Patienten erfassen und dokumentieren.

Praktisches Beispiel ▶

6.1 Leitsymptom, Grund für den Arztbesuch

Der Grund für den Arztbesuch liegt nicht immer in einer akuten oder chronischen Erkrankung. Es kommen auch Patienten ohne Beschwerden, die beispielsweise den Blutdruck oder das Cholesterin kontrollieren lassen möchten.

Sie sollten den Grund stichwortartig in der Sprache des Patienten erfassen und dokumentieren.

Praktisches Beispiel:
Charakterisierung des Symptoms:
Das Ziel der spezifischen Befragung ist es, die Beschwerden so genau wie möglich zu charakterisieren, um eine Diagnose zu erstellen und das weitere Vorgehen planen zu können.
Nachdem man dem Patienten ausreichend Zeit gelassen hat, seine Beschwerden zu schildern (s. o.):

- *Erzählen Sie mir noch etwas mehr über diese Schwellungen, den Durchfall usw.!*
- *Was können Sie mir noch über die Beinschwellungen, den Durchfall usw. berichten?*

müssen gezielte Fragen folgen, betreffend:

1. **Lokalisation und Ausstrahlung**
2. **Qualität**
3. **Schweregrad**
4. **Zeitliches Auftreten**
5. **Verstärkung des Symptoms**
6. **Begleitsymptomatik**
7. **Grad der Behinderung**

Beispiel Beinschwellung (Ödeme):
1. Zur Lokalisation und Ausstrahlung:

- *Wie sehen die Schwellungen aus?*
- *Betreffen sie beide Beine?*
- *Sind beide Beine gleich stark betroffen?*
- *Wo genau treten die Schwellungen auf?*
- *Sind sie nur auf die Knöchelregion begrenzt?*
- *Gehen sie weiter hinauf?*
- *Ist der Fußrücken mit betroffen?*

2. Zur Qualität:

- *Wie fühlen sich die Schwellungen an?*
- *Machen Ihnen die Schwellungen irgendwelche Beschwerden?*
- *Sind die Schwellungen schmerzhaft?*
- *Bis wohin gehen die Schmerzen, wohin strahlen sie aus?*
- *Wo genau verspüren Sie das Druckgefühl?*
- *Sind die Schwellungen sehr weich oder eher derb?*

3. Zum Schweregrad:
- *Sind die Schwellungen sichtbar?*
- *Sind sie sehr ausgeprägt?*
- *Sind sie nur nachweisbar, wenn man hindrückt?*
- *Hinterlassen die Socken oder Strümpfe eine Einkerbung?*
- *Werden die Schuhe zu eng?*

4. Zum zeitlichen Auftreten:
- *Wann haben Sie die Schwellungen zum ersten Mal bemerkt?*
- *Sind die Beschwerden seither konstant?*
- *Sind die Schwellungen zwischenzeitlich einmal ganz verschwunden?*
- *Gibt es Gründe hierfür?*
- *Haben Sie früher schon einmal ähnliche Beschwerden gehabt?*

5. Zur Verstärkung/Abschwächung des Symptoms:
- *Wann sind die Schwellungen besonders ausgeprägt?*
- *Gibt es tageszeitliche Schwankungen?*
- *Haben Sie einen »stehenden« Beruf?*
- *Spielen die Nahrungsaufnahme oder Trinken eine Rolle?*
- *Wie ist es, wenn Sie sich hinlegen oder die Beine hochlagern?*
- *Haben Sie irgendwelche Medikamente genommen?*
- *Haben die Medikamente geholfen?*

6. Zur Begleitsymptomatik:
- *Haben Sie noch weitere Beschwerden?*
- *Haben Sie an Gewicht zugenommen?*
- *Haben Sie Wadenkrämpfe?*
- *Haben Sie Atemnot oder Herzbeschwerden?*
- *Müssen Sie nachts zum Wasserlassen aufstehen?*

7. Zum Grad der Behinderung:
- *Wie stark sind Sie durch die Schwellungen beeinträchtigt?*
- *Können Sie Ihren Beruf ungehindert ausüben?*
- *Haben Sie Probleme am Arbeitsplatz, zu Hause, in der Familie, im Bekanntenkreis?*

Die **spezifischen Fragen** haben den Sinn, die mögliche **Diagnose einzukreisen** und unwahrscheinliche Ursachen auszuschließen. Die richtigen Fragen können natürlich nur gestellt werden, wenn ausreichende Kenntnisse über das zu erfragende Krankheitsbild vorhanden sind.

Der Anfänger wird daher seine Befragung eher breit anlegen und auch einige Fragen stellen, die evtl. irrelevant sind. Das gehört zu einem sich natürlich entwickelnden Lernprozeß. Mit zunehmender Erfahrung wird auch die Anamnese eine Wandlung nehmen. Der erfahrene Arzt kann mit 3 bis 4 Fragen bereits klar differenzieren, ob es sich z. B. um ein Lymphödem, ein venöses Ödem oder Ödeme bei einer Herzinsuffizienz handelt. Die direkte Befragung wird mit zunehmender Erfahrung immer spezifischer. Sie wird damit automatisch auch kürzer. Davon abgesehen, sollte für die Schilderung des Patienten auch vom erfahrenen Arzt genügend Zeit vorgesehen werden. Ein sehr guter und erfahrener Arzt wird der Schilderung des Patienten höchste Aufmerksamkeit schenken und anschließend die gezielte Befragung sehr präzise und relativ kurz (im Vergleich zum Anfänger) durchführen.

Die **spezifischen Fragen** haben den Sinn, die mögliche **Diagnose einzukreisen** und unwahrscheinliche Ursachen auszuschließen.
Mit zunehmender Erfahrung wird auch die Anamnese eine Wandlung nehmen. Die direkte Befragung wird mit zunehmender Erfahrung immer spezifischer. Sie wird damit automatisch auch kürzer. Ein sehr guter und erfahrener Arzt wird der Schilderung des Patienten höchste Aufmerksamkeit schenken und anschließend die gezielte Befragung sehr präzise und relativ kurz durchführen.

Praktisches Beispiel: Kurze stichwortartige Anamnese bei Ödemen: 52jährige Pat. berichtet über Beinschwellungen, rechts ausgeprägter als links, abends stärker, morgens nicht mehr vorhanden usw.

◀ **Praktisches Beispiel**

6.2 Frühere Erkrankungen

Interessant sind frühere Erkrankungen, die in mutmaßlichem oder sicherem Zusammenhang mit der augenblicklichen Erkrankung stehen. Darüber hinaus sollte systematisch nach früheren Krankenhausaufenthalten, Operationen, Unfällen und schwerwiegenden Erkrankungen gefragt werden. Des weiteren ist nach Allergien, früherer Medikamenteneinnahme (s. u.), Berufsgiften, Diäten bzw. speziellen Ernährungsgewohnheiten (z. B. Vegetarier) zu fragen.

6.3 Systemüberblick

Der Systemüberblick dient dazu, mit einigen Fragen auf alle Organsysteme einzugehen.

Praktisches Beispiel ▶

6.2 Frühere Erkrankungen

Von besonderem Interesse sind natürlich frühere Erkrankungen, die in mutmaßlichem oder sicherem Zusammenhang mit der augenblicklichen Erkrankung stehen. Darüber hinaus sollte aber systematisch nach früheren Krankenhausaufenthalten, Operationen, Unfällen und schwerwiegenden Erkrankungen gefragt werden. Die Ereignisse werden stichwortartig mit Angabe der Jahreszahl und der Dauer notiert.
Des weiteren ist nach Allergien (Kontrastmittel, Antibiotika, Nahrungsmittel usw.), früherer Medikamenteneinnahme (s. u.), Berufsgiften, Diäten bzw. speziellen Ernährungsgewohnheiten (z. B. Vegetarier) zu fragen.
Die Fragen nach Alkohol und Nikotin können bereits hier gestellt werden oder im Zusammenhang mit dem Systemüberblick.

6.3 Systemüberblick

Der Systemüberblick dient dazu, neben dem Leitsymptom und seinen Nebenaspekten mit einigen Fragen auf alle Organsysteme einzugehen. Man kann sich hier auf wenige, für das jeweilige Organsystem charakteristische Symptome beschränken.

Praktisches Beispiel:

Allgemeinsymptome (s. S. 55ff.):
- *Wie ist Ihr Appetit, Ihr Durst?*
- *Ist Ihr Gewicht konstant?*
- *Haben Sie Schlafprobleme?*
- *Schwitzen Sie nachts?*
- *Haben Sie gelegentlich Fieber oder Schüttelfrost?*

Kopf und Hals:
- *Haben Sie Kopfschmerzen?*
- *Haben Sie Schwindel?*
- *Riechen, schmecken und hören Sie gut?*
- *Wie ist Ihre Sehkraft?*
- *Tragen Sie eine Brille?*
- *Haben Sie Halsschmerzen?*
- *Haben Sie Schluckbeschwerden?*
- *Gibt es Probleme mit den Zähnen?*
- *Gehen Sie regelmäßig zum Zahnarzt?*

Lymphknoten:
- *Haben Sie Lymphknotenschwellungen bemerkt? Z. B. unter der Achsel, in der Leiste oder am Hals?*

Thorax und Brust:
- *Haben Sie Atemnot? In Ruhe oder bei Belastung?*
- *Haben Sie Herzbeschwerden? Spüren Sie Ihr Herz?*
- *Haben Sie Husten, Auswurf?*
- *Untersuchen Sie selbst Ihre Brust? Haben Sie Knoten festgestellt?*
- *Lassen Sie sich regelmäßig vom Frauenarzt untersuchen?*

Abdomen:
- *Haben Sie Magen- oder Bauchbeschwerden?*
- *Ist der Stuhlgang in Ordnung? Haben Sie Durchfall oder Verstopfung? Übelkeit oder Erbrechen?*
- *Haben Sie schon mal Blut im Stuhl beobachtet?*

Harntrakt:
- *Haben Sie Beschwerden beim Wasserlassen?*
- *Ist der Urin auffällig, z. B. schaumig oder blutig?*
- *Müssen Sie nachts raus zum Wasserlassen?*

Geschlechtsorgane:
- *Ist die Periode regelmäßig? Normal stark?*
- *Haben Sie Beschwerden während der Periode?*
- *Haben Sie Zwischenblutungen?*
- *Haben Sie Probleme im Sexualbereich?*
- *Wie ist die Libido?*
- *Gibt es Erektions- oder Ejakulationsprobleme?*

Skelett:
- *Haben Sie irgendwelche Gelenkbeschwerden?*
- *Haben Sie Kreuzschmerzen? Muskelschmerzen?*

Neurologie:
- *Haben Sie Gefühlsstörungen oder Lähmungserscheinungen?*
- *Haben Sie ein Anfallsleiden?*

Haut:
- *Haben Sie eine Allergie oder Hauterkrankung?*

Schließlich wird man fragen:
- *Habe ich irgend etwas vergessen zu fragen?* oder
- *Gibt es sonst noch etwas von Belang?* oder
- *Was haben wir nicht erwähnt?*

6.4 Psychosoziale Aspekte

Von einigen Ausnahmen abgesehen (s. u.), sollte versucht werden, bei jedem Erstgespräch in einem Arbeitsgang medizinische **und** psychosoziale Informationen zu erhalten. Damit wird die künstliche Trennung von Körper, Seele und Psyche von vornherein vermieden, und alle vom Patienten als wichtig erlebten Empfindungen und Beobachtungen können erfaßt werden.
Die soziale und psychologische Anamnese eröffnen die Möglichkeit, den Patienten besser kennenzulernen und sein medizinisches Problem in einem psychosozialen Zusammenhang zu sehen. So wird dem Patienten die Möglichkeit gegeben, jede Erkrankung in Beziehung zu seiner individuellen Biographie zu sehen.
Der Arzt kann wiederum erkennen, wie der Patient zu seiner Krankheit steht (z. B. gleichgültig oder ängstlich). Welche persönlichen Umstände, bzw. welche normalen Lebensabschnitte können für die Erkrankung von Bedeutung sein: Ablöseproblematik, Beruf, Scheidung, Erkrankung oder Tod des Partners usw.
Dies ist eine wichtige Voraussetzung für alle weiteren diagnostischen, aber insbesondere auch für die therapeutischen Maßnahmen.

Merke. Tatsächlich beginnt die Therapie bereits mit der Anamnese.

Das **Gespräch** mit dem Arzt (Therapeuten) **bringt bereits Erleichterung**. Ist auf seiten des Arztes ausreichend Empathie (Einfühlungsvermögen) vorhanden, so wird der Patient bereits beim Anamnesegespräch Hoffnung schöpfen, daß er verstanden wird und ihm geholfen werden kann.
Manche Probleme und Beschwerden lassen sich hierbei bereits klären und auflösen. Der Arzt wird aufgrund der Krankengeschichte ein bestimmtes Problem erfassen und Zusammenhänge aufdecken. Er wird diese Zusammenhänge dem Patienten erklären. Das ist eine wichtige Voraussetzung für das Verstehen des Patienten. Erst wenn der Patient verstanden hat, ist er zur weiteren Kooperation bei der Diagnosefindung und letztlich bei der Therapie bereit.

6.4 Psychosoziale Aspekte

Es sollte versucht werden, bei jedem Erstgespräch in einem Arbeitsgang medizinische **und** psychosoziale Informationen zu erhalten. Damit wird die künstliche Trennung von Körper, Seele und Psyche von vornherein vermieden.

Die soziale und psychologische Anamnese eröffnen die Möglichkeit, den Patienten besser kennenzulernen und sein medizinisches Problem in einem psychosozialen Zusammenhang zu sehen.

◀ **Merke**

Das **Gespräch** mit dem Arzt **bringt bereits Erleichterung**. Ist auf seiten des Arztes ausreichend Empathie vorhanden, so wird der Patient bereits beim Anamnesegespräch Hoffnung schöpfen, daß er verstanden wird und ihm geholfen werden kann.
Manche Probleme und Beschwerden lassen sich hierbei bereits klären und auflösen. Der Arzt wird aufgrund der Krankengeschichte ein bestimmtes Problem erfassen und Zusammenhänge aufdecken.

Praktisches Beispiel ►

Praktisches Beispiel:
Soziale Anamnese:
- *Ich möchte etwas mehr über Ihr Leben, Ihre Herkunft, Familie usw. wissen!*

Fragen zu Geburt und Herkunft:
- *Wo sind Sie geboren?*
- *Sind Sie auch dort aufgewachsen?*
- *Mit wieviel Jahren sind Sie umgezogen?*
- *Wann haben Sie das Elternhaus verlassen?*

Schulbildung:
- *Welche Schule haben Sie besucht?*
- *Haben Sie die Schule abgeschlossen?*
- *Sie haben studiert? Haben Sie sich auch noch für andere Fächer interessiert?*

Militär:
- *Waren Sie beim Militär?*
- *Was haben Sie dort gemacht?*

Arbeit und Finanzen:
- *Welchen Beruf üben Sie aus?*
- *Haben Sie früher etwas anderes gemacht?*
- *Was ist Ihre genaue Tätigkeit?*
- *Macht Ihnen der Beruf Spaß?*
- *Welchen Beruf haben Sie früher ausgeübt (bei Rentnern)?*
- *Seit wann sind Sie arbeitslos?*
- *Wie ist Ihre finanzielle Situation?*

Familie:
- *Sind Sie verheiratet?*
- *Was macht Ihre Frau / Ihr Mann? Haben Sie Kinder?*
- *Sind Sie zufrieden mit Ihren Kindern?*
- *Sind Ihre Kinder noch zu Hause?*

Wohnung:
- *Wo wohnen Sie?*
- *Sind Sie mit Ihrer Wohnung zufrieden?*
- *Ist dort ausreichend Platz für die ganze Familie?*

Freizeit:
- *Haben Sie ausreichend Freizeit?*
- *Was sind Ihre Hobbys?*
- *Treiben Sie Sport?*
- *Wo verbringen Sie Ihren Urlaub?*
- *Was sind Ihre Interessen?*

Es bleibt dem einzelnen Arzt überlassen, wie weit er bei einem bestimmten Patienten gehen will.

Bei dieser Art der Befragung kommen auch **gesunde Anteile und Stärken** des Patienten zur Sprache, die für sein **Selbstwertgefühl** von großer Bedeutung sind.

Die weitere Exploration der Lebensgeschichte unter Einbeziehung psychologischer/psychiatrischer Aspekte ist von besonderer Bedeutung, wenn der Verdacht auf eine funktionelle Störung, eine psychosomatische oder psychiatrische Erkrankung besteht.

Die Befragung kann natürlich noch erweitert werden auf die Gebiete Religion, Weltanschauung, Politik usw. Es bleibt dem einzelnen Arzt überlassen, wie weit er bei einem bestimmten Patienten gehen will.
Bei dieser Art der Befragung steht nicht nur die Krankheit im Mittelpunkt. Es kommen auch **gesunde Anteile und Stärken** des Patienten zur Sprache, die für sein **Selbstwertgefühl** und letztlich für die Heilung von großer Bedeutung sind.

Die weitere Exploration der Lebensgeschichte unter Einbeziehung psychologischer/psychiatrischer Aspekte ist von besonderer Bedeutung, wenn aufgrund der bisherigen Anamnese der Verdacht besteht, daß eine funktionelle Störung, eine psychosomatische oder psychiatrische Erkrankung vorliegt.

Praktisches Beispiel:
Es gibt Patienten, die von sich aus Erklärungsmöglichkeiten anbieten:
- *Ich glaube, das ist alles psychisch bei mir!*
- *Wahrscheinlich liegt das an meinen Nerven!*
- *Ich kann einfach nicht mehr!*
- *Ich halte den Streß nicht mehr aus!*
- *Der Beruf, die Familie machen mich ganz krank!*
- *Die Belastung ist zu groß!*
- *Ich fühle mich überfordert, überlastet!*

Bei der Mehrzahl der Patienten wird man aber nachfragen müssen:
- *Haben Sie sich schon einmal Gedanken darüber gemacht, was die Ursache Ihrer Beschwerden sein könnte?*
- *Gibt es Probleme am Arbeitsplatz oder in der Familie?*
- *Fühlen Sie sich überfordert?*
- *Haben Sie ausreichend Erholung, Schlaf, Entspannung?*
- *Wie gehen Sie mit Streß um?*

Bedenken Sie, daß einige Patienten bei diesen Fragen denken, daß ihre körperlichen Symptome nicht ernstgenommen werden. Sie werden vielleicht sogar sagen:
- *Denken Sie, daß ich mir die Schmerzen nur einbilde?*
- *Ich habe keine Probleme! Mir geht es psychisch gut!*
- *Ich kann mir nicht vorstellen, daß das psychisch ist!*
- *Ich bin doch nicht geistesgestört! Ich bin doch nicht verrückt!*

Dies ist ein sehr kritischer Punkt. Es ist unbedingt notwendig, darauf hinzuweisen, daß die Beschwerden sehr ernstgenommen werden und daß es keine »eingebildeten« Schmerzen bzw. Beschwerden gibt:
- *Ich denke, wir sollten nicht ausschließen, daß die Psyche auch eine gewisse Rolle spielen kann, selbst wenn Sie diesbezüglich keine Probleme sehen.*

Bei vielen Patienten können weitere Fragen das Bild der Störung verdeutlichen:
- *Wie sind Sie mit diesen Beschwerden umgegangen?*
- *Haben Sie sich Sorgen gemacht?*
- *Konnten Sie weiterarbeiten?*
- *Haben Sie Ihren Alltag noch bewältigen können?*
- *Wie hat die Umgebung reagiert?*
- *Was sagt Ihr Partner, Ihre Familie?*

◀ **Praktisches Beispiel**

Die Art der Befragung ist bereits entscheidend für eine evtl. notwendige psychotherapeutische Beratung bzw. Therapie. Wird der Weg bereits durch eine unsensible Anamneseerhebung verbaut, so ist die Motivation für eine Psychotherapie sicher gering.
Psychosoziale Aspekte können in vielen Fällen vernachlässigt werden, wenn ein »stabiler« Patient wegen eines akuten medizinischen Problems den Arzt aufsucht und ihm einfach und schnell auf der rein medizinischen Ebene geholfen werden kann. Dabei geht es nur um fachlichen Rat und Hilfe. Soziale und psychische Aspekte können evtl. sogar störend wirken.

Die Berücksichtigung psychosozialer Aspekte ermöglicht eine **individuelle Betrachtungsweise**, bei der der Patient und nicht die abstrakte Krankheit im Vordergrund steht. Die Medizin gründet sich zwar auf naturwissenschaftlichen Prinzipien, sie ist aber unvollständig ohne humanwissenschaftliche Akzente.

Die Art der Befragung ist bereits entscheidend für eine evtl. notwendige psychotherapeutische Beratung bzw. Therapie.

Psychosoziale Aspekte können in vielen Fällen vernachlässigt werden, wenn ein »stabiler« Patient wegen eines akuten medizinischen Problems den Arzt aufsucht und ihm einfach und schnell auf der rein medizinischen Ebene geholfen werden kann.

Die Berücksichtigung psychosozialer Aspekte ermöglicht eine **individuelle Betrachtungsweise**, bei der der Patient und nicht die abstrakte Krankheit im Vordergrund steht.

6.5 Familienanamnese, Stammbaum

Die Kenntnis der Erkrankungen, Todesursachen und des Alters der Blutsverwandten läßt **wichtige medizinische Rückschlüsse** auf die Erkrankung des Patienten selbst und seine Prognose zu.
Die Einbeziehung der angeheirateten Verwandtschaft in die Betrachtung ist wichtig für die soziale Anamnese.

Von besonderem medizinischen Interesse sind **genetisch bedingte Erkrankungen**. Zur genauen Erfassung einer genetisch übertragenen Erkrankung ist die Erstellung eines Stammbaumes sehr hilfreich (◘ A-**2**).

6.5 Familienanamnese, Stammbaum

Die Erhebung der Familienanamnese dient verschiedenen Aspekten. Die Kenntnis der Erkrankungen, Todesursachen und des Alters der Blutsverwandten läßt **wichtige medizinische Rückschlüsse** auf die Erkrankung des Patienten selbst und seine Prognose zu.

Die Einbeziehung der angeheirateten Verwandtschaft in die Betrachtung ist wichtig für die soziale Anamnese.

Von besonderem medizinischen Interesse sind **genetisch bedingte Erkrankungen** (z. B. Zystennieren, Polyposis intestinalis, Hypercholesterinämie). Zur genauen Erfassung des Erbganges einer genetisch übertragenen Erkrankung innerhalb einer Familie ist die Erstellung eines Stammbaumes sehr hilfreich (◘ A-**2**).

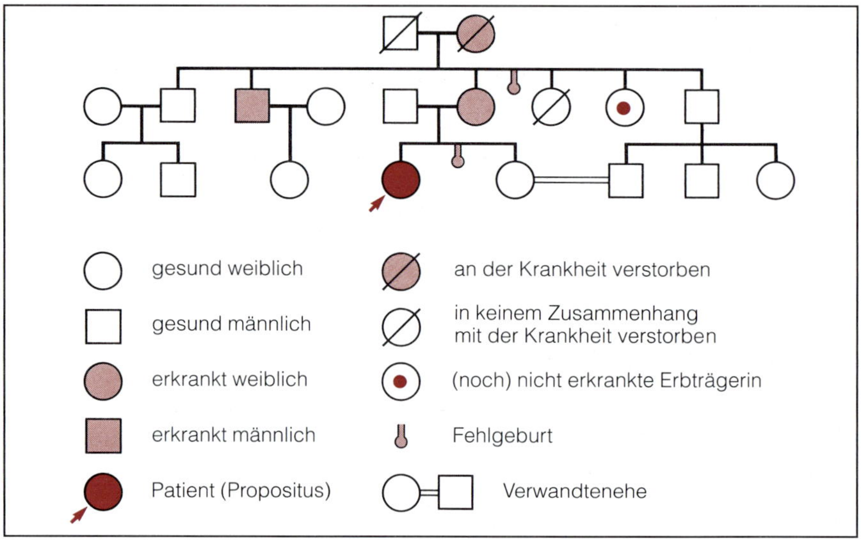

◘ A-**2: Beispiel zur Zeichnung eines Familienstammbaums**

Die häufigsten **Zivilisationskrankheiten** wie Hypertonie und Diabetes mellitus haben eine starke **familiäre Komponente**, d. h., sie kommen in manchen Familien überproportional gehäuft vor. Weitere Beispiele sind Migräne, Atopie, Depression oder bestimmte Krebsarten.

Im Sinne der **Prävention** ist ein besonderes Augenmerk auf die verhütbaren und behandelbaren Erkrankungen zu legen.

Die Familienanamnese dient auch der Erfassung einer möglichen Exposition oder besonderen Gefährdungen.

Die Befragung des Patienten nach den Eltern, Großeltern, Geschwistern und Kindern ist aber nicht nur bei den seltenen rein genetischen Erkrankungen von Bedeutung. Die häufigsten **Zivilisationskrankheiten** wie Hypertonie (hoher Blutdruck) und Diabetes mellitus haben eine starke **familiäre Komponente**, d. h., sie kommen in manchen Familien überproportional gehäuft vor. Weitere Beispiele für häufige und familiär gehäuft auftretende Erkrankungen sind Migräne, Atopie (allergische Diathese = Neigung), Depression oder bestimmte Krebsarten (z. B. Brustkrebs oder Darmkrebs). Der vorzeitige (frühe) Herztod eines Elternteils hat eine große prognostische Bedeutung für den Patienten selbst. Andererseits ist die Langlebigkeit der Eltern eine bedeutende Determinante für die eigene Lebenserwartung.
Im Sinne der **Prävention (Krankheitsverhütung)** ist ein besonderes Augenmerk auf die verhütbaren und behandelbaren Erkrankungen zu legen. Hierbei ist die frühe Erkennung einer potentiellen Gefährdung die entscheidende Voraussetzung dafür, die Erkrankung erst gar nicht manifest werden zu lassen bzw. mit einer frühen Behandlung zu beginnen und damit die Prognose zu verbessern.
Die Familienanamnese dient letztlich auch der Erfassung einer möglichen Exposition (z. B. bei ansteckenden, infektiösen Erkrankungen) oder besonderen Gefährdungen.
Bei der Erhebung der Familienanamnese erhält der Arzt wichtige Einblicke in die Familiengeschichte, die Beziehungen untereinander und andere Aspekte des Sozialgefüges. Dabei kann die genaue Beobachtung auch der

nonverbalen Kommunikation sehr aufschlußreich sein (z. B. bei kritischen Themen wie Tod des Ehegatten, Erkrankung eines Kindes) und wichtige Bezüge zur aktuellen Erkrankung des Patienten liefern.

◀ Praktisches Beispiel

Praktisches Beispiel:
Fragen Sie den Patienten:
- *Leben Ihre Eltern noch?*
- *Woran ist Ihr Vater verstorben?*
- *Wie alt war er?*
- *Ist Ihre Mutter gesund?*
- *Muß Ihre Mutter Medikamente für ihr Herz einnehmen?*
- *Sind Ihre Geschwister gesund?*
- *Wie viele Kinder haben Sie?*
- *Wie ist deren Gesundheit, sind sie schon einmal untersucht worden?*
- *Gibt es sonst irgendwelche Gesundheitsprobleme in Ihrer Familie, z. B. Erbkrankheiten wie Zucker, hoher Blutdruck, Herzleiden?*
- *Hat irgend jemand in Ihrer Familie ähnliche Beschwerden, Probleme, Symptome?*
- *Wie sind die Eßgewohnheiten in Ihrer Familie?*
- *Sind Ihre Eltern auch übergewichtig?*

usw.

Leider wird die Familienanamnese durch Migration, Kontaktverlust und Wandel der Familienstrukturen mehr und mehr erschwert. Die Kenntnis der Erkrankungen von Angehörigen nimmt dadurch deutlich ab.

6.6 Medikamentenanamnese

6.6 Medikamentenanamnese

◀ Praktisches Beispiel

Praktisches Beispiel:
Die Fragen nach der aktuellen Medikation und früherer Medikamenteneinnahme dürfen bei keiner Anamnese ausgelassen werden.
- *Nehmen Sie Medikamente ein?*
- *Welche, wie heißen sie?*
- *Wie lange? Regelmäßig oder bei Bedarf?*
- *Haben Ihnen die Medikamente geholfen?*
- *Spüren Sie irgendeine Wirkung?*
- *Haben Sie Nebenwirkungen beobachtet?*

Bei Frauen im gebärfähigen Alter muß auch nach der **oralen Kontrazeption** (»Pille«) gefragt werden.

Bei Frauen im gebärfähigen Alter muß auch nach der **oralen Kontrazeption** gefragt werden.

◀ Praktisches Beispiel

Praktisches Beispiel:
Regelmäßige Schmerzmitteleinnahme wird häufig verschwiegen. Bei entsprechendem Verdacht sollte man daher eher indirekt fragen:
- *Müssen Sie gelegentlich Schmerzmittel nehmen? Einmal im Monat, wöchentlich, oder täglich?*

Ähnliches gilt für Schlaftabletten und Laxanzien (Abführtabletten):
- *Kommen Sie ohne Schlaftablette aus?*
- *Ist Ihr Stuhlgang auch ohne Abführmittel in Ordnung?*

Sind dem Patienten seine Medikamente nicht erinnerlich, wird man ihn bitten, sie beim nächsten Besuch mitzubringen, bzw. von Angehörigen mitbringen zu lassen (im Krankenhaus).

6.7 Auslösende Faktoren

Die Symptomatik soll vom Patienten im Zusammenhang mit seiner aktuellen Situation betrachtet werden.

Praktisches Beispiel ▶

6.7 Auslösende Faktoren

Die Symptomatik soll vom Patienten im Zusammenhang mit seiner aktuellen Situation, den Lebensumständen, aber auch mit dem Erleben und letztlich mit der eigenen Biographie betrachtet werden.

Praktisches Beispiel:

- *Haben Sie selbst eine Vorstellung über die Ursachen der Erkrankung?*
- *Sie haben sich wahrscheinlich selbst schon Gedanken über die Ursache gemacht?*
- *Sehen Sie einen Zusammenhang zur Ihrer augenblicklichen Berufssituation?*
- *Was ist gestern passiert, bevor die Beschwerden einsetzten?*
- *Gab es Schwierigkeiten zu Hause oder in der Arbeit?*
- *Sind die Beschwerden im Zusammenhang mit einer besonderen Belastung aufgetreten?*
- *Haben Sie sich außergewöhnlich angestrengt?*
- *Haben Sie etwas Außergewöhnliches gegessen?*
- *Was könnte die Beschwerden ausgelöst haben?*
- *Treten die Beschwerden in bestimmten Situationen auf?*

Wenn ein bereits lange bestehendes Gesundheitsproblem vorliegt, wenn es sich um »Befindlichkeitsstörungen« handelt, sollte danach gefragt werden, was den Patienten ausgerechnet jetzt zum Arzt führt:

- *Was hat Sie denn bewegt, jetzt endlich einen Arzt aufzusuchen?*
- *Wie kamen Sie zu dem Entschluß, sich nun doch einmal untersuchen zu lassen?*

Es passiert sehr häufig, daß der Gang zum Arzt selbst bei schweren und ernsten Erkrankungen nicht aus medizinischen Gründen erfolgt, sondern andere Faktoren im Vordergrund stehen. **Persönliche Krisen** führen besonders Frauen eher zum Arzt. Männer gehen häufig erst zum Arzt, wenn sie in ihrer **Leistungsfähigkeit** deutlich **eingeschränkt** sind. **Angst** ist ebenfalls ein wichtiges Motiv für einen Arztbesuch.

Es passiert sehr häufig, daß der Gang zum Arzt selbst bei schweren und ernsten Erkrankungen nicht primär aus medizinischen Gründen erfolgt und vom Patienten entschieden wird, sondern andere Faktoren im Vordergrund stehen. Die Patienten werden von besorgten Verwandten zum Arzt geschickt. Sie wenden sich erst an einen Arzt, wenn sie sich z. B. Rat bei einem Freund geholt haben und dieser zum Arztbesuch rät. **Persönliche Krisen** führen besonders Frauen eher zum Arzt. Männer gehen häufig erst zum Arzt, wenn sie in ihrer **Leistungsfähigkeit** deutlich **eingeschränkt** sind und soziale Folgen befürchten oder die Beschwerden »unerträglich« werden. **Angst** ist ebenfalls ein wichtiges Motiv für einen Arztbesuch. Das gilt insbesondere dann, wenn nahe Verwandte oder Freunde mit ähnlicher Symptomatik schwer erkrankt oder verstorben sind.
Viele Patienten brauchen leider erst einen Anstoß von außen, um ihre schon lange bestehenden Beschwerden einem Arzt zu offenbaren. Bequemlichkeit, mangelnde Eigenliebe, Disziplinlosigkeit und Unwissen sind nicht zuletzt auch wesentliche Hindernisse auf dem Weg zum Arzt.

Die ärztliche Konsultation wird auch häufig von Patienten »benutzt«, um z. B. auf **psychosoziale Probleme** aufmerksam zu machen.

Andererseits wird die ärztliche Konsultation auch häufig von Patienten, die in sozialer Isolation leben, »benutzt«, um z. B. auf **psychosoziale Probleme** aufmerksam zu machen.

6.8 Berufsanamnese

Die Berufsanamnese erfaßt auch evtl. frühere Tätigkeiten, eine mögliche **medizinisch relevante Exposition**, Schichtarbeit, **Streßfaktoren**, Sozialstatus, Ausbildung, Erziehung und Einkommen.
Die Arbeit kann einen hohen **Stellenwert** für den Patienten haben. Sie kommt aber auch häufig als Ursache für Streßreaktionen mit schweren gesundheitlichen Folgen in Betracht. Bestimmte Berufe prädisponieren zu spezifischen Gesundheitsstörungen bzw. Erkrankungen (s. S. 54).

6.8 Berufsanamnese

Die Berufsanamnese soll nicht nur Auskunft über die aktuelle Tätigkeit des Patienten geben. Sie erfaßt darüber hinaus auch evtl. frühere Tätigkeiten, eine mögliche **medizinisch relevante Exposition**, Aspekte wie Schichtarbeit, Zufriedenheit oder **Streßfaktoren** am Arbeitsplatz, den Sozialstatus, die Ausbildung und Erziehung sowie das Einkommen.
Die Arbeit kann sehr befriedigend sein und einen hohen **Stellenwert** für den Patienten haben hinsichtlich seiner persönlichen und sozialen Identifikation und Integration. Sie kommt aber auch häufig als Ursache für Streßreaktionen mit schweren gesundheitlichen Folgen in Betracht. Bestimmte Berufe prädisponieren zu spezifischen Gesundheitsstörungen bzw. Erkrankungen (s. S. 54). Viele Patienten sind sich möglicher Gefahren oder Expositionen am Arbeitsplatz gar nicht bewußt. Einige berufsbedingte

Erkrankungen können akut auftreten, wie z. B. chemische Intoxikationen, Inhalationen oder eine Kontaktdermatitis. Andere Erkrankungen manifestieren sich erst nach langer Latenz, so z. B. Asbestose oder Silikose. **Gesundheitliche Gefährdungen** können natürlich **auch in der Freizeit** auftreten (z. B. Verletzungen beim Sport oder Heimwerken).

Gesundheitliche Gefährdungen können **auch in der Freizeit** auftreten.

> ▶ ***Merke.*** Die Berufsanamnese sollte möglichst genau die Tätigkeit erfassen, die Zufriedenheit mit der Arbeit und die mögliche Gefährdung.

◀ **Merke**

7 Spezielle Probleme

7.1 Der schwierige Patient, Umgang mit Aggressionen

Die Beziehung des Patienten zum Arzt hängt davon ab, wie der Patient **Autorität** erlebt hat und Konflikte mit Autoritätspersonen (meist den Eltern) lösen konnte. Hierdurch können seitens des Patienten unangebrachte Gefühle oder Verhaltensweisen in die Arzt-Patienten-Beziehung eingehen, die nur **im biographischen Kontext** verständlich sind.
Andererseits entstehen beim Arzt Gefühle (Zuneigung, Mitleid, Ekel, Wut, Ärger, Aggression), die wiederum von der persönlichen Entwicklung und Erfahrung des Arztes abhängen. In dieser Situation wird der Arzt selbst zum diagnostischen Instrument, zumal wenn er versucht, seine eigenen Gefühle wahrzunehmen. Dann wird es ihm möglich sein, den Patienten ehrlich und ohne Werturteil anzunehmen und zu behandeln, unabhängig davon, ob er Alkoholiker ist, AIDS hat, Ausländer, Snob, Penner oder Professor usw. ist. Wenn dies gelingt, wird ein vertrauensvolles Arbeitsbündnis – auch mit dem »schwierigen« Patienten – möglich.

Die Beziehung des Patienten zum Arzt hängt davon ab, wie der Patient **Autorität** erlebt hat. Hierdurch können seitens des Patienten Gefühle oder Verhaltensweisen in die Arzt-Patienten-Beziehung eingehen, die nur **im biographischen Kontext** verständlich sind.
Andererseits entstehen beim Arzt Gefühle, die wiederum von der Entwicklung des Arztes abhängen.

Der Umgang mit dem schwierigen Patient stellt eine Herausforderung an den Arzt dar. Er muß den Umgang mit Aggression erlernen. Patienten mit einer aggressiv-paranoiden Persönlichkeitsstruktur bereiten besondere Probleme, weil sie ungern dominiert werden. Häufig wird der Arzt in seinen diagnostischen und therapeutischen Handlungen offen oder latent kritisiert. Nur wenn der **Arzt auf Auseinandersetzungen verzichtet** und dem Patienten das Gefühl vermittelt, daß er Kritik üben kann, wird das **Arbeitsbündnis** erhalten bleiben.
Bei eher passiven und mißtrauischen (»schizoiden«) Patienten besteht die Gefahr der oberflächlichen Untersuchung und Behandlung durch eigene – durch den Patienten induzierte – Interesselosigkeit.

Der Umgang mit dem schwierigen Patient stellt eine Herausforderung an den Arzt dar. Er muß den Umgang mit Aggression erlernen. Nur wenn der **Arzt auf Auseinandersetzungen verzichtet** und dem Patienten das Gefühl vermittelt, daß er Kritik üben kann, wird das **Arbeitsbündnis** erhalten bleiben.

7.2 Der traurige Patient

Krankheit kann uns sehr emotional treffen. Wer selbst einmal krank war, weiß, wie allein man mit Schmerzen sein kann, wie man plötzlich hoffnungslos und traurig werden kann. Es ist daher nicht verwunderlich, daß manchen Patienten zum Heulen zumute ist, selbst wenn die medizinische Seite hierzu »objektiv« keine Veranlassung bietet. Als Arzt sollte man bemüht sein, solche **Gefühle und Gefühlsausbrüche** auszuhalten.

Krankheit kann uns sehr emotional treffen. Es ist daher nicht verwunderlich, daß manchen Patienten zum Heulen zumute ist.

Als Arzt sollte man bemüht sein, solche **Gefühle und Gefühlsausbrüche** auszuhalten.

> ***Praktisches Beispiel:***
> Ablenken oder beschwichtigen ist wenig hilfreich:
> - *Es ist ja nicht so schlimm. Ist ja schon gut. Das wird schon wieder.*
>
> Das Eingehen auf der emotionalen Ebene wirkt bereits als Therapie und löst den Affekt auf natürliche Weise:
> - *Ich kann gut verstehen, daß Sie das traurig macht. Man merkt, daß Sie darüber sehr besorgt sind. Weinen Sie sich nur aus. Es hilft Ihnen sicher, wenn Sie mir Ihre Sorgen, Ängste usw. erzählen. Was bedrückt Sie?*

◀ **Praktisches Beispiel**

Vielen Patienten ist bereits sehr geholfen, wenn sie ihre Emotionen und ihre Geschichte erzählen können.

Vielen Patienten ist bereits sehr geholfen, wenn sie ihre Emotionen und ihre Geschichte erzählen können. Manche Patienten mögen sich aber nicht weiter öffnen. Dann ist es auch nicht angebracht zu insistieren.

7.3 Der hypochondrische Patient

7.3 Der hypochondrische Patient

There were billions of conscientious body cells oxydating away day and night like dumb animals at their complicated job of keeping him alive and healthy, and every one was a potential traitor and foe.

(aus: »Catch 22« von Joseph Heller, 1955)

Bei hypochondrischen Patienten kann es schwierig sein, zwischen funktionellen und typischen medizinischen Symptomen zu differenzieren. Die Schwierigkeit resultiert aus der oft sehr vagen und gleichzeitig voreingenommenen Präsentation der Symptome. Die **eigene Beobachtung wird übertrieben**. Das führt zu einer »ungesunden« Körperwahrnehmung: Selbst normale Körperfunktionen und harmlose Symptome werden als krankhaft interpretiert. Die **Arztbesuche häufen sich**.

Bei hypochondrischen Patienten kann es schwierig sein, zwischen funktionellen und typischen organischen Symptomen zu differenzieren. Die Schwierigkeit resultiert aus der oft sehr vagen und gleichzeitig voreingenommenen Präsentation der Symptome. Trotz intensiver Untersuchung, Aufklärung und Beratung bleibt auf seiten des Patienten die Besorgnis, daß die Diagnose nicht stimmt oder irgendeine ernste Erkrankung übersehen wurde. Die **eigene Beobachtung wird übertrieben**. Das führt zu einer »ungesunden« Körperwahrnehmung: Selbst normale Körperfunktionen und harmlose Symptome wie Schwindel nach raschem Aufrichten aus gebückter Haltung, Herzklopfen bei Anstrengung, Darmtätigkeit, Blähungen oder Muskelkater werden als krankhaft interpretiert und veranlassen den Patienten, einen Arzt aufzusuchen. Die **Arztbesuche häufen sich**, und früher oder später kommt es zum Arztwechsel. Die Patienten haben häufig eine lange »Krankheitskarriere« mit einer Vielzahl von Arztkonsultationen hinter sich.

Hinter den präsentierten Symptomen verbirgt sich sehr häufig eine Depression oder eine andere psychische Störung. Die Patienten beharren auf der organischen Ebene. Es ist daher sehr wichtig, diese Ebene so kurz, präzise und sicher abzuhandeln wie nur möglich (siehe z. B. Herzneurose, S. 208f.).

Hinter den präsentierten Symptomen verbirgt sich sehr häufig eine Depression oder eine andere psychische Störung. Die Patienten akzeptieren aber nur sehr widerwillig diese Sichtweise und sind daher für eine entsprechende Therapie nicht motiviert. Sie beharren auf der organischen Ebene. Je mehr der Arzt darauf eingeht und die Möglichkeit einer organischen Erkrankung offen läßt, um so mehr wird der Patient auf dieser Ebene fixiert sein. Es ist daher sehr wichtig, diese Ebene so kurz, präzise und sicher abzuhandeln wie nur möglich (siehe z. B. Herzneurose, S. 208f.).

7.4 »Heikle« Themen (Sexualität, Alkohol)

7.4 »Heikle« Themen (Sexualität, Alkohol)

Fragen der Sexualität spielen bei vielen medizinischen Problemen eine Rolle, werden aber häufig aus Gefühlen der Scham, Schuld oder Furcht vor Verspottung vom Patienten nicht angesprochen. Sie müssen vom Arzt erfragt werden, z. B. wenn eine Erkrankung Auswirkungen auf das Sexualleben haben kann. Nicht selten bestehen auch auf seiten des Arztes Hemmungen, über sexuelle Dinge zu sprechen. Vermeiden Sie diesen Bereich notorisch, so werden Sie auch nicht lernen, mit Patienten unbefangen über Sexualität zu sprechen.

Fragen der Sexualität spielen bei vielen medizinischen Problemen eine Rolle, werden aber häufig aus Gefühlen der Scham, Schuld oder Furcht vor Verspottung vom Patienten nicht angesprochen. Trotz der in den letzten 20 Jahren lockerer gewordenen Sexualmoral können die meisten Patienten über Masturbation oder Schmerzen beim Koitus nicht so frei sprechen wie über eine Mandelentzündung oder Rückenschmerzen. Daher werden Probleme mit der Sexualität nur selten vom Patienten selbst angesprochen, sie müssen vom Arzt erfragt werden. Allerdings sollte der Arzt sexuelle Fragen nicht um ihrer selbst zur bloßen Vervollständigung der Anamnese stellen, sondern anhand einer konkreten Überlegung, die dem Patienten auch erklärt werden muß. Man vermeide es, den Eindruck von Neugier oder Taktlosigkeit zu erwecken. Fragt man aber nicht nach möglichen Auswirkungen einer Erkrankung auf das Sexualleben, so wird man diese auch nur schwer diagnostizieren können. Nicht selten bestehen auch auf seiten des Arztes Hemmungen, über sexuelle Dinge zu sprechen. Vermeiden Sie diesen Bereich notorisch, so werden Sie auch nicht lernen, mit Patienten unbefangen über Sexualität zu sprechen.

Vergewissern Sie sich, inwieweit der Patient die von Ihnen verwendete **Terminologie** versteht und ob er in der Lage ist, die Genitalien richtig zu benennen.

Eine effiziente Sexualanamnese setzt voraus, daß Arzt und Patient sich auf der Basis einer beiderseits verständlichen **Terminologie** unterhalten. Vergewissern Sie sich, inwieweit der Patient die von Ihnen verwendeten Begriffe versteht und ob er in der Lage ist, die Genitalien mit neutralen, nicht vulgären Ausdrücken zu benennen. Falls dies nicht der Fall ist, fällt Ihnen hier auch eine pädagogische Aufgabe zu. Vermeiden Sie es allerdings, sich auf die Ebene der Vulgärterminologie zu begeben, viele Patienten könnten dadurch abgestoßen oder verunsichert sein (siehe S. 307).

Die Sexualanamnese sollte in einer möglichst angenehmen Atmosphäre und in entspannter Form erhoben werden. Erwarten Sie nicht, daß Patienten auf entsprechende Fragen antworten, wenn sie gerade auf dem gynäkologischen Stuhl liegen oder rektal untersucht werden. Bei der Einleitung des Gesprächs sollten Sie sich vorsichtig vortasten und die Reaktionen des Patienten ins Kalkül ziehen. Erleichtern Sie dem Patienten, über sexuelle Themen zu sprechen, indem Sie die **Wichtigkeit dieser Frage für Ihre vermutete Diagnose erläutern**, vorweg Ihr Mitgefühl und Verständnis für Hemmungen des Patienten äußern oder die möglichen Probleme des Patienten als weitverbreitet darstellen.

Erleichtern Sie dem Patienten, über sexuelle Themen zu sprechen, indem Sie die **Wichtigkeit dieser Frage für Ihre vermutete Diagnose erläutern**, vorweg Ihr Mitgefühl und Verständnis für Hemmungen des Patienten äußern oder die möglichen Probleme des Patienten als weitverbreitet darstellen.

Praktisches Beispiel 1: *Ich erwähnte eben, wie wichtig es für Sie ist, sich in der nächsten Zeit vorübergehend nicht zu stark körperlich zu belasten. Man denkt vielleicht nicht sofort daran, aber zu den Aktivitäten mit starker körperlicher Belastung gehört auch der Geschlechtsverkehr.*

◀ **Praktisches Beispiel 1**

Praktisches Beispiel 2: *Ich kann mir denken, daß Sie vielleicht nicht gewöhnt sind, über sexuelle Dinge zu sprechen, und Sie das peinlich finden. Das geht nicht nur Ihnen so. Wir dürfen aber diesen Bereich nicht ausklammern.*

◀ **Praktisches Beispiel 2**

Praktisches Beispiel 3: *Probleme mit der Sexualität sind enorm verbreitet, und fast jeder hat irgendwann einmal damit zu tun. Wie steht es dabei mit Ihnen?*

◀ **Praktisches Beispiel 3**

Vermeiden Sie es, Ihre persönlichen Vorstellungen, Annahmen und Vorurteile zum Sexualleben anderer, insbesondere auch älterer und sehr junger Menschen, unbedacht in Ihre Fragen einfließen zu lassen. Die sexuelle Präferenz kann hetero-, homo- oder bisexuell sein, Unverheiratete können ein reges Sexualleben haben, während Verheiratete nicht notwendigerweise sexuelle Beziehungen miteinander haben müssen. Der Status einer Ehe oder heterosexuelle Beziehungen schließen eine homosexuelle Orientierung nicht aus. Die Frage »Sind Sie verheiratet?« impliziert einige nicht notwendigerweise zutreffende Annahmen und bringt im Hinblick auf eine Sexualanamnese wenig relevante Informationen. Besser ist es, zunächst **nach einem Partner** zu **fragen**.

Vermeiden Sie es, Ihre persönlichen Vorstellungen, Annahmen und Vorurteile zum Sexualleben anderer in Ihre Fragen einfließen zu lassen.

Fragen zum Thema Sexualität müssen nicht unbedingt bei der ersten Begegnung mit dem Patienten gestellt werden. Lassen Sie sich Zeit und versuchen Sie zunächst, ein Vertrauensverhältnis aufzubauen. Bieten Sie dem Patienten an, seine Angaben zum Thema Sexualität nicht in die Krankengeschichte aufzunehmen, falls er dies möchte.

Fragen zum Thema Sexualität müssen nicht unbedingt bei der ersten Begegnung mit dem Patienten gestellt werden. Versuchen Sie zunächst, ein Vertrauensverhältnis aufzubauen.

Zu den anamnestisch »schwierigen« Themen gehören auch **Fragen zum Alkoholkonsum**. Wegen der weiten Verbreitung und den besonderen anamnestischen Problemen soll auf den Alkoholismus besonders eingegangen werden.

Zu den anamnestisch »schwierigen« Themen gehören auch **Fragen zum Alkoholkonsum**.

So leicht es für den erfahrenen Kliniker ist, die somatischen Folgen einer langjährigen Alkoholkrankheit zu erkennen, so verborgen bleibt der Zustand des Problemtrinkens und der Alkoholabhängigkeit **in frühen Phasen**. Dabei kommt es gerade auf eine Früherkennung an, denn in diesem Stadium sind nicht nur die Aussichten auf eine Heilung wesentlich günstiger, sondern es bestehen auch noch keine irreversiblen organischen Veränderungen. Die Gründe für die Schwierigkeiten einer Früherkennung liegen darin, daß die Alkoholkrankheit in diesem Stadium eine **nur anamnestisch zu diagnostizierende Krankheit** ist, der Alkoholkranke aber bewußt oder unbewußt die Unwahrheit sagt sowie zum Rationalisieren, Negieren und Ignorieren neigt. Ob es sich bei diesen unbewußt ablaufenden Vorgängen um einen psychopathologischen Grundzug oder um die Folgen des Alkoholkonsums auf das Gedächtnis handelt, sei dahingestellt. Die Auswirkungen auf das Anamnesegespräch sind die gleichen. Dazu kommt, daß Alkoholkranke häufig Gefühle von Schuld, Versagen und

So leicht es für den erfahrenen Kliniker ist, die somatischen Folgen einer langjährigen Alkoholkrankheit zu erkennen, so verborgen bleibt der Zustand des Problemtrinkens und der Alkoholabhängigkeit in frühen Phasen. Die Alkoholkrankheit ist **im Frühstadium** eine **nur anamnestisch zu diagnostizierende Krankheit**, der Alkoholkranke sagt aber bewußt oder unbewußt die Unwahrheit, neigt zum Rationalisieren, Negieren und Ignorieren. Dazu kommt, daß Alkoholkranke häufig Gefühle von Schuld, Versagen und moralischer Minderwertigkeit empfinden, wenn sie auf ihren Alkoholkonsum angesprochen werden. Von den Mitmenschen, auch den meisten Ärzten, wird der Alkoholiker weniger als Kranker, sondern als ein Individuum gesehen, das sich aufgrund seiner Charakterschwäche absichtlich selbst zerstört. Mit dieser Einstellung wird man dem Problem nicht gerecht.

Merke ▶

moralischer Minderwertigkeit empfinden, wenn sie auf ihren Alkoholkonsum angesprochen werden. Von den Mitmenschen, auch den meisten Ärzten, wird der Alkoholiker weniger als Kranker, sondern als ein Individuum gesehen, das sich aufgrund seiner Charakterschwäche absichtlich selbst zerstört. Mit dieser Einstellung wird man dem Problem nicht gerecht.

▶ ***Merke.*** Anamnestische Hinweise für Alkoholkrankheit sind eine Reihe von körperlichen und psychosozialen Symptomen wie Krampfanfälle, Tremor, Pankreatitis, Gastritis, Hepatitis, periphere Neuropathie, gehäuft erlebte Unfälle und tätliche Auseinandersetzungen, aggressives Verhalten, Schlafstörungen, depressive Verstimmungen, Eheprobleme und Probleme am Arbeitsplatz sowie der Gebrauch von Psychopharmaka. Typischerweise sieht der Kranke keine Beziehung zwischen dem Alkoholkonsum und diesen Problemen.

Zur Früherkennung bedarf es einer subtilen Anamnesetechnik. Bewährt hat sich der aus der angloamerikanischen Literatur bekannte **CAGE-Test** (▤ A–**1**).

Die einfache Frage »wieviel Alkohol trinken Sie?« führt nur selten zur Diagnose bei Personen, für die der Alkohol zum Problem geworden ist. Zur Früherkennung bedarf es einer subtilen Anamnesetechnik. Bewährt hat sich der aus der angloamerikanischen Literatur bekannte **CAGE-Test** (▤ A–**1**). Das Akronym setzt sich zusammen aus den Anfangsbuchstaben der Kernwörter von vier Fragen (**C**ut, **A**nnoyed, **G**uilty, **E**ye) zum Thema Alkohol.

A-1: CAGE-Test (Cut, Annoyed, Guilty, Eye) zur anamnestischen Früherkennung des Alkoholismus

1. Hatten Sie jemals das Gefühl, Sie müßten Ihren Alkoholkonsum drosseln?
2. Haben Sie sich jemals geärgert, wenn jemand das Trinken von Alkohol kritisiert hat?
3. Hatten Sie jemals Schuldgefühle, wenn Sie an Ihren Alkoholkonsum denken?
4. Brauchten Sie je am Morgen »einen zum Ruhigwerden«?

Frage 1 zielt auf Besorgnisse des Kranken, die Kontrolle über seinen Alkoholkonsum zu verlieren. Bei einer positiven Antwort schließen sich daran zwanglos Folgefragen nach den Gründen an. Frage 2 versucht zu ergründen, ob andere Personen am Trinkverhalten Anstoß nahmen. Frage 3 zielt auf die häufig mit dem Alkoholkonsum vergesellschafteten Schuldgefühle ab, insbesondere wenn die Alkoholkrankheit zu psychosozialen Problemen geführt hat. Frage 4 hebt auf eines der häufigsten Zeichen der physischen Abhängigkeit ab.

Bereits eine positive Antwort im CAGE-Test sollte zu weiteren Fragen über Alkoholprobleme führen, bei zwei positiven Antworten besteht der dringende Verdacht auf eine Alkoholkrankheit. Bei **Abstinenzlern** kann es sich auch um **Alkoholiker in der Remission** handeln.

Bereits eine positive Antwort im CAGE-Test sollte zu weiteren Fragen über Alkoholprobleme führen, bei zwei positiven Antworten besteht der dringende Verdacht auf eine Alkoholkrankheit. Der Test hat einen positiven prädiktiven Wert von 62 % und einen negativen prädiktiven Wert von 98 %. Vergessen Sie nicht, daß sich unter **Patienten, die angeben, niemals Alkohol zu trinken, auch Alkoholiker in der Remission** befinden können. Auch diese Angabe ist somit verdächtig für ein Alkoholproblem.

7.5 Körperliche Behinderung, Schwerhörigkeit, Blindheit

7.5 Körperliche Behinderung, Schwerhörigkeit, Blindheit

Schwerhörigkeit, Blindheit oder Sprachstörungen können die Anamnese behindern oder unmöglich machen.

Merke ▶

Schwerhörigkeit, Blindheit oder Sprachstörungen können die Anamnese behindern oder unmöglich machen.

▶ ***Merke.*** Man hüte sich sehr davor, körperlich behinderte Patienten automatisch auch als geistig defekt zu beurteilen und von einer Intelligenzminderung auszugehen. Behinderte profitieren besonders von der nonverbalen Kommunikation einschließlich des Körperkontakts (Berührung). Schenken Sie den Patienten Ihre volle Aufmerksamkeit und behandeln Sie sie normal.

Schwerhörige oder Taube können evtl. von den Lippen ablesen. Dann müssen Sie langsam und prononciert sprechen. Falls diese Patienten nur Zeichensprache können, brauchen Sie einen Übersetzer. Besteht eine Sprachstörung, ist ebenfalls ein »Übersetzer« hilfreich, der die Sprache des Patienten gewohnt ist, z. B. ein Familienangehöriger oder Freund. Man kann auch schriftlich kommunizieren, z. B. mit Hilfe eines Anamnesefragebogens.

Schwerhörige oder Taube können evtl. von den Lippen ablesen. Falls diese Patienten nur Zeichensprache können, brauchen Sie einen Übersetzer.

Mit **Blinden** kann man natürlich verbal kommunizieren. Es ist aber sehr sorgfältig darauf zu achten, daß man den Ablauf der Untersuchung und die ärztliche Umgebung sehr genau beschreibt, um dem Patienten eine Orientierungshilfe zu geben und ihn nicht unangenehm zu überraschen.

Mit **Blinden** kann man natürlich verbal kommunizieren.

Hilfe (z. B. beim Ent- und Bekleiden) ist evtl. angebracht, sollte aber nicht zu aufdringlich sein, da viele Behinderte mit Recht stolz auf ihre Unabhängigkeit sind.

Hilfe ist evtl. angebracht, sollte aber nicht zu aufdringlich sein.

7.6 Verordnung von Medikamenten, Beipackzettel, Umgang mit Nebenwirkungen

7.6 Verordnung von Medikamenten, Beipackzettel, Umgang mit Nebenwirkungen

Merke. Vor jeder therapeutischen Maßnahme bzw. Empfehlung muß über das Nutzen-Risiko-Aufwand-Verhältnis aufgeklärt werden. Das Gespräch über die potentiellen Nebenwirkungen ist Voraussetzung für jede medikamentöse Therapie und entscheidet oft schon über deren Erfolg oder Mißerfolg.

◀ **Merke**

Es kommt dabei nicht darauf an, jedem Patienten sehr ausführlich alle möglichen Nebenwirkungen aufzuzählen und zu erläutern, sondern der Patient soll das Gefühl bekommen, daß er über evtl. auftretende unangenehme Erscheinungen in einer offenen und vertrauensvollen Atmosphäre mit dem Arzt sprechen kann, so daß er die Therapie nicht von sich aus ohne Arztkonsultation abbricht. Der Patient muß darauf hingewiesen werden, daß er selbstverständlich nicht mit allen in der Packungsbeilage (»Waschzettel«) aufgeführten Nebenwirkungen rechnen muß. Das Problem besteht hierbei, daß in der Packungsbeilage bei den potentiellen Nebenwirkungen aus juristischen Gründen keine Prozent- oder Promilleangaben gemacht werden, die etwas über die zu erwartende Häufigkeit der Nebenwirkungen aussagen. Dies ist dem Patienten natürlich nicht ohne weiteres bekannt.

Es kommt dabei nicht darauf an, jedem Patienten sehr ausführlich alle möglichen Nebenwirkungen aufzuzählen und zu erläutern, sondern der Patient soll das Gefühl bekommen, daß er über evtl. auftretende unangenehme Erscheinungen in einer offenen und vertrauensvollen Atmosphäre mit dem Arzt sprechen kann.

Des weiteren sollte man dem Patienten sagen, daß die meisten subjektiv unangenehmen Nebenwirkungen (z. B. Übelkeit, Schwindel, Bauchbeschwerden) objektiv harmlos sind und meist nach längerer Einnahme verschwinden. Die objektiv gefährlichen Nebenwirkungen hingegen spürt der Patient meistens nicht unmittelbar. Sie müssen durch entsprechende Untersuchungen (Labor, EKG usw.) vom Arzt überprüft werden: z. B. Thrombozytopenie unter Thyreostatika, Hypokaliämie unter Diuretika, AV-Block unter Digitalis usw.

Des weiteren sollte man dem Patienten sagen, daß die meisten subjektiv unangenehmen Nebenwirkungen objektiv harmlos sind und meist nach längerer Einnahme verschwinden.
Gefährliche Nebenwirkungen sind ärztlicherseits zu kontrollieren (Labor, EKG, etc.).

8 Anwesenheit dritter Personen bei der Anamneseerhebung

8 Anwesenheit dritter Personen bei der Anamneseerhebung

Obwohl das Anamnesegespräch grundsätzlich als Begegnung nur zwischen zwei Personen (Arzt und Patient) ohne Zeugen ablaufen sollte, läßt es sich manchmal nicht umgehen, daß dritte Personen anwesend sind. Bemühen Sie sich aber, daß zumindest **bei der ersten Begegnung möglichst keine dritte Person**, auch kein Assistenzpersonal, zugegen ist. Dies wird sich in der Praxis leicht durchführen lassen, im Krankenhaus sollten Sie die Anamnese, wenn immer möglich, nicht im Mehrbettzimmer erheben, sondern

Obwohl das Anamnesegespräch grundsätzlich als Begegnung nur zwischen zwei Personen (Arzt und Patient) ohne Zeugen ablaufen sollte, läßt es sich manchmal nicht umgehen, daß dritte Personen anwesend sind.
Im Krankenhaus sollten Sie die Anamnese, wenn immer möglich, nicht

im Mehrbettzimmer erheben. Wenn **Famuli oder Studenten Zeuge des Gesprächs** sein wollen, so müssen Sie sie **unbedingt vorstellen** und das **Einverständnis des Patienten einholen.** Erklären Sie auch, zu welchem Zweck diese Personen anwesend sind.
In manchen Fällen wird Sie der Patient bitten, ob der Partner oder ein anderer Angehöriger bei dem Gespräch dabei sein darf. Sie sollten diese Bitte keineswegs ausschlagen, sich allerdings darüber bewußt sein, daß Sie nicht selten in mögliche Konflikte zwischen diesen beiden Personen hineingezogen, manchmal sogar als Bündnispartner mißbraucht werden können. **Gehen Sie daher auch bei sehr nah verbundenen Personen (Ehepartner, Eltern, Kinder) nicht automatisch von einem gegenseitigen Wohlwollen aus.** Arztbesuche können auch unter dem Aspekt gesehen werden, der anderen Person Angst einzujagen oder sie zu demütigen.

Sicher wird man **ab dem 14.–16. Lebensjahr** den Wunsch eines Jugendlichen respektieren müssen, ohne Anwesenheit seiner Eltern mit dem Arzt sprechen zu dürfen. In Zweifelsfällen fragen Sie den Jugendlichen, ob Sie bei einer Nachfrage der Eltern frei über seine Probleme sprechen können.
Bei der Anamneseerhebung **alter Patienten mit multiplen Behinderungen** werden Sie meistens dankbar sein, wenn ein naher Angehöriger mit dabei ist. Insbesondere gilt das für mehrfach behinderte Patienten.

Bei **Sprach- oder Verständigungsproblemen** bitten Sie den Patienten, eine Person seines Vertrauens als Dolmetscher mitzubringen. Angehörige werden dabei zwar meist bevorzugt, sind aber nicht optimal geeignet, da sie aufgrund ihres Vorwissens zur Interpretation und Verkürzung neigen. Bedenken Sie außerdem, wie schwierig und oft geradezu unmöglich es z. B. für einen türkischen Vater ist, durch seine Tochter dem Arzt Probleme im sexuellen Bereich zu berichten.
Die meisten Patienten haben **keine Einwände, wenn Assistenzpersonal des Arztes beim Anamnesegespräch anwesend ist.** Sollten Sie jedoch den Eindruck haben, der Patient sei dadurch gehemmt, so fragen Sie, ob man dieses bestimmte Problem nur unter vier Augen besprechen solle.

mit dem Patienten in ein Arzt- oder Untersuchungszimmer gehen. Wenn **Personen in der Ausbildung (Famuli, Studenten)** Zeuge des Gesprächs sein wollen, so müssen Sie unbedingt diese **Personen vorstellen** und das **Einverständnis des Patienten** einholen. Erklären Sie auch, zu welchem Zweck diese Personen anwesend sind, und weisen Sie evtl. auf die ärztliche Schweigepflicht hin, der auch Hilfspersonen unterliegen. In manchen Fällen wird Sie der Patient bitten, ob der Partner oder ein anderer Angehöriger bei dem Gespräch dabei sein darf. Sie sollten diese Bitte keineswegs ausschlagen, sich allerdings darüber bewußt sein, daß Sie nicht selten in mögliche Konflikte zwischen diesen beiden Personen hineingezogen, manchmal sogar als Bündnispartner mißbraucht werden können. **Gehen Sie daher auch bei sehr nah verbundenen Personen (Ehepartner, Eltern, Kinder) nicht automatisch von einem gegenseitigen Wohlwollen aus.** Arztbesuche können auch unter dem Aspekt gesehen werden, der anderen Person Angst einzujagen oder sie zu demütigen. Im Lauf des Gesprächs werden Sie spüren können, in welchem Verhältnis die Anwesenden zueinander stehen, wie glaubwürdig die Angaben des Angehörigen sind und ob er versucht, den Patienten unter einem bestimmten Blickwinkel darzustellen. Unter diesem Eindruck können Sie auch für sich entscheiden, ob Sie dem Partner oder Verwandten guten Gewissens Auskunft über Untersuchungsergebnisse, Befunde und den weiteren Krankheitsverlauf geben können. Seien Sie aber zunächst vorsichtig und bedenken Sie immer, daß nur der Patient selbst Sie von der Schweigepflicht entbinden kann, es sei denn, er wäre aufgrund eingeschränkter Einsichtsfähigkeit dazu nicht in der Lage. In den meisten Fällen, z. B. zwischen Ehepartnern, wird sich die formelle Frage nach dem Einverständnis aber erübrigen.
Bei jüngeren Kindern wird in der Regel eine dritte Person bei der Anamneseerhebung anwesend sein. Problematisch ist die Untersuchung Jugendlicher. Sicher wird man **ab dem 14.–16. Lebensjahr** den Wunsch eines Jugendlichen respektieren müssen, ohne Anwesenheit seiner Eltern mit dem Arzt sprechen zu dürfen. In Zweifelsfällen fragen Sie den Jugendlichen, ob Sie bei einer Nachfrage der Eltern frei über seine Probleme sprechen können.
Bei der Anamneseerhebung **alter Patienten mit multiplen Behinderungen** werden Sie meistens dankbar sein, wenn ein naher Angehöriger mit dabei ist. Insbesondere gilt das für mehrfach behinderte Patienten mit eingeschränkter Beweglichkeit, Schwerhörigkeit, Sehbehinderungen oder reduzierter zerebraler Leistungsfähigkeit. Bei der Anamnese dementer Patienten ist man ausschließlich auf fremdanamnestische Angaben angewiesen.
Bei **Sprach- oder Verständigungsproblemen** bitten Sie den Patienten, eine Person seines Vertrauens als Dolmetscher mitzubringen. Der ideale Dolmetscher sollte beide Sprachen fließend beherrschen und die Angaben des Patienten neutral und sachlich ohne Verkürzung oder Interpretation wiedergeben. Angehörige werden zwar von den meisten ausländischen Patienten bevorzugt, sind aber nicht optimal geeignet, da sie aufgrund ihres Vorwissens zur Interpretation und Verkürzung neigen. Gerade ausländische Arbeiter bringen nicht selten ihre Kinder als Dolmetscher mit. Bedenken Sie aber, wie schwierig und oft geradezu unmöglich es z. B. für einen türkischen Vater ist, durch seine Tochter dem Arzt Probleme im sexuellen Bereich zu berichten.
Die meisten Patienten haben **keine Einwände, wenn Assistenzpersonal des Arztes beim Anamnesegespräch anwesend ist**. Sollten Sie jedoch den Eindruck haben, der Patient sei durch die Anwesenheit einer dritten Person gehemmt, so fragen Sie, ob man dieses bestimmte Problem nur unter vier Augen besprechen solle. Bauen Sie dem Patienten diese Brücke, da es ihm wesentlich leichter fallen wird, auf dieses Angebot einzugehen, als von sich aus den Wunsch danach zu äußern.

9 Anamnese im Alter

Die Anamnese alter Patienten wird geprägt durch die **Probleme Multimorbidität, kommunikative Behinderungen** und **Gedächtnisschwund**. Daher ist es bei alten Patienten besonders wichtig, sich nicht nur viel Zeit für die unmittelbare Befragung zu nehmen, sondern auch alle verfügbaren **fremdanamnestischen Informationsquellen** zu nutzen. In der Regel haben alte Patienten bereits zahlreiche Arztkontakte oder stationäre Aufenthalte hinter sich, so daß Sie Ihr Bild von dem Patienten durch telefonische Erkundigungen oder frühere Arztbriefe vervollständigen können.

Fragen Sie den Patienten, ob es eine Person seines Vertrauens gibt, die beim nächsten Besuch mitkommen kann. Lassen Sie sich **alle Medikamente** bzw. deren leere Schachteln **mitbringen** und versuchen Sie herauszufinden, in welcher Zeit diese eingenommen wurden. Die Multimorbidität bringt es mit sich, daß alte Menschen oft jede Frage zum Systemüberblick positiv beantworten. Aus der Fülle der Angaben während des Gesprächs die wichtigen Informationen herauszufiltern, ohne wesentliche Dinge zu übersehen, gehört zur großen Kunst der Anamneseerhebung, die erst in langjähriger Übung erlernt werden kann.

> ***Merke.*** Vermeiden Sie im Gespräch mit alten Patienten alles, was die Regression des Alters verstärken und sogar lächerlich machen könnte. Dazu gehören herablassende und infantilisierende Redeweisen (»Muttchen«, »Oma«), Verwendung des anzüglichen »pluralis majestatis« (»Jetzt gehen wir aber schön ins Bett«), Duzen und pädagogische Zurechtweisungen (»Wer wird denn da weinen!«).

Die Bedeutung von äußeren Einflüssen und Lebensumständen sollte man zumindest als Kofaktoren bei allen Krankheiten im Hinterkopf haben. Gerade bei älteren Patienten ist das aber besonders schwierig: Die Patienten sprechen weder von sich aus über Kränkungen und Verluste, noch erkennen sie derartige Zusammenhänge. Ärzte sind bei älteren Patienten schneller bereit, eine Gesundheitsstörung als naturgegebenen Altersabbau aufzufassen und geben sich mit dieser Erklärung eher zufrieden, so daß eine sorgfältige Ursachenforschung unterbleibt. Multimorbidität und Altersdepression, somatischer Abbau und äußere Kränkung können sich zu einem nicht entwirrbaren Geflecht verweben, so daß eine Klärung nach Ursache und Wirkung oft unmöglich wird. Versuchen Sie daher, jedem Hinweis nach einer **Änderung der Lebensumstände** (Partnerverlust, Wegziehen eines Kindes, Verlust eines Haustiers oder eines Freundes, Umzug, Kündigung der Wohnung usw.) nachzugehen und einen möglichen zeitlichen Bezug zum Auftreten der Beschwerden herzustellen.
Auch wenn Sie die Grundvoraussetzungen für ein fruchtbares Anamnesegespräch, viel Zeit und Geduld, mitbringen, werden Sie oft doch am Ende etwas ratlos zurückbleiben. Die Fülle der Beschwerden kann Sie erdrücken, Widersprüche bei wiederholten Fragen lassen Sie keinen »roten Faden« finden, Langsamkeit und Umständlichkeit zerren an Ihren Nerven. Alte Menschen stehen den reibungslos funktionierenden Abläufen im Wege und werden in unserer hektischen Betriebsamkeit oft als störend empfunden. Daher sitzt die Aggression bei vielen professionell im Gesundheitswesen Tätigen sehr locker. Nicht zuletzt haben viele Ärzte Angst vor dem eigenen Altwerden und verdrängen die Probleme des Alters.

9 Anamnese im Alter

Die Anamnese alter Patienten wird geprägt durch die **Probleme Multimorbidität, kommunikative Behinderungen** und **Gedächtnisschwund**. Daher ist es bei alten Patienten besonders wichtig, sich nicht nur viel Zeit für die unmittelbare Befragung zu nehmen, sondern auch alle verfügbaren **fremdanamnestischen Informationsquellen** zu nutzen.

Fragen Sie den Patienten, ob es eine Person seines Vertrauens gibt, die beim nächsten Besuch mitkommen kann. Lassen Sie sich **alle Medikamente** bzw. deren leere Schachteln **mitbringen** und versuchen Sie herauszufinden, in welcher Zeit diese eingenommen wurden.

◀ **Merke**

Die Bedeutung von äußeren Einflüssen und Lebensumständen sollte man zumindest als Kofaktoren bei allen Krankheiten im Hinterkopf haben (z. B. Kränkungen, Verluste). Ärzte sind bei älteren Patienten schneller bereit, eine Gesundheitsstörung als naturgegebenen Altersabbau aufzufassen, so daß eine sorgfältige Ursachenforschung unterbleibt. Multimorbidität und Altersdepression, somatischer Abbau und äußere Kränkung können sich zu einem nicht entwirrbaren Geflecht verweben, so daß eine Klärung nach Ursache und Wirkung oft unmöglich wird. Deshalb sollten Sie jedem Hinweis nach **Änderung der Lebensumstände** nachgehen und versuchen, ihn in einen möglichen zeitlichen Bezug zu den Beschwerden zu setzen.

10 Gesprächsführung im Krankenhaus

Merke ▶

Bei dieser ersten Begegnung schaffen Sie die Voraussetzung dafür, daß der Patient Sie als ersten und wichtigsten Ansprechpartner betrachtet, der ihm in der verwirrenden Institution Krankenhaus Orientierung bieten kann. In Zeiten zunehmender Subspezialisierung und interdisziplinärer Betreuung braucht jeder Patient einen »Anwalt«, der seine Interessen vertritt, Befunde und Ergebnisse erklärt und ihm als Ratgeber zur Seite steht.

10.1 Verhalten bei der Visite

So hoch die Bedeutung der Visite und des Visitengesprächs angesehen wird, so gering ist oft der tatsächliche Wert, zumindest für den Patienten.

Merke ▶

Es gibt folgende Möglichkeit, diesen Interessenkonflikt zu entschärfen: Im Stationszimmer wird anhand der Befunde und der Informationen das weitere diagnostische und therapeutische Vorgehen diskutiert und festgelegt. Im Visitengespräch am Krankenbett kann der Visitenführer dem Patienten die geplanten ärztlichen Maßnahmen erläutern und Fragen des Patienten beantworten.

10 Gesprächsführung im Krankenhaus

Die Erstanamnese sollte auch im Krankenhaus möglichst allein mit dem Patienten in ungestörter Atmosphäre erfolgen.

> ▶ ***Merke.*** Leider gibt es diese Möglichkeit aufgrund räumlicher Beschränkung nicht überall. Denken Sie daran: Ein belebter Flur ist zwar keine optimale Lösung, aber immer noch besser für das Anamnesegespräch geeignet als ein Mehrbettzimmer, in dem die Mitpatienten evtl. gierig jedes gesprochene Wort aufsaugen.

Versuchen Sie, trotz aller Hektik dem Patienten das Gefühl zu geben, Sie seien zumindest für kurze Zeit ausschließlich für ihn da. Besser eine konzentrierte, aber kürzere Begegnung als ein Gespräch, bei dem Sie vor lauter Unterbrechungen keinen roten Faden finden können. **Bei dieser ersten Begegnung schaffen Sie die Voraussetzung dafür, daß der Patient Sie als ersten und wichtigsten Ansprechpartner betrachtet**, der ihm in der verwirrenden Institution Krankenhaus Orientierung bieten kann. In Zeiten zunehmender Subspezialisierung und interdisziplinärer Betreuung braucht jeder Patient einen »Anwalt«, der seine Interessen vertritt, Befunde und Ergebnisse erklärt und ihm als Ratgeber zur Seite steht. Diese wichtige Rolle ist nicht unbedingt an Erfahrung, Alter und Stellung in der Hierarchie gebunden, sondern kann durchaus von jungen Kollegen ausgefüllt werden, vorausgesetzt, sie engagieren sich.

10.1 Verhalten bei der Visite

Die traditionelle Visite gilt zumindest in den konservativen Fächern als ein Schwerpunkt des stationären Arbeitsablaufs. So hoch die Bedeutung der Visite und des Visitengesprächs angesehen wird, so gering ist oft der tatsächliche Wert, zumindest für den Patienten.

> ▶ ***Merke.*** Vor allem in der klassischen Form der Chefvisite findet die Visite in der Regel im Klima eines Interessenkonflikts statt: hier der Stationsarzt und das Pflegepersonal, die ihre Fähigkeiten gegenüber dem Vorgesetzten im besten Licht darstellen möchten, dort der Chefarzt, von dem Richtlinien erwartet werden und der sein Image als der Überlegene gegenüber den Nachgeordneten aufrechterhalten muß. **In diesem Interessenkonflikt bleibt der Patient oft auf der Strecke:** Man spricht meistens über ihn und nicht mit ihm, die Fragen sind überwiegend geschlossen, er wird durch die zwischen mehreren Ärzten praktizierte Fachsprache verwirrt und beunruhigt.

Eine Möglichkeit, diesen Interessenkonflikt zu entschärfen, liegt in der **funktionellen Entflechtung des ärztlichen Fachgesprächs über und des persönlichen Visitengesprächs mit dem Patienten.** Im Stationszimmer wird anhand der Befunde und der Informationen, die das Pflegepersonal beiträgt, das weitere diagnostische und therapeutische Vorgehen diskutiert und festgelegt. Im Visitengespräch am Krankenbett sind dann alle Teilnehmer der Visite auf dem neuesten Informationsstand, der Visitenführer kann dem Patienten die geplanten ärztlichen Maßnahmen erläutern und Fragen des Patienten beantworten. Diese Art der Visitenführung stellt allerdings hohe Anforderungen an die Disziplin und das Gedächtnis der Teilnehmer. Daher sollten auch für Zweifelsfälle die Krankenakten mitgeführt werden, um sich bei neu auftauchenden Fragen noch einmal informieren zu können.

Merke. Bedenken Sie, welchen Stellenwert die Visite für einen Patienten haben muß, der 24 Stunden lang nicht aus dem Bett kommt. Während für Sie die Visite eine Pflicht unter vielen im Krankenhaus sein mag, bedeutet sie für den Patienten den Höhepunkt des Tages. **Patienten empfinden jedes gesprochene Wort als sehr wichtig** und denken meist auch viel länger darüber nach, als Sie es tun. Überlegen Sie sich daher genau, was Sie sagen.

◀ Merke

11 Einbeziehung des Patienten in diagnostische und therapeutische Entscheidungen

Ob Sie einen Patienten in jedes Detail Ihrer Überlegungen zum diagnostischen und therapeutischen Vorgehen einbeziehen, hängt davon ab, wie sicher Sie sich Ihrer Entscheidung sind, wieviel Zeit Sie für das Gespräch haben und für wie »anspruchsvoll« Sie den Patienten diesbezüglich halten. Auf der Basis der vorhandenen patientenbezogenen und wissenschaftlichen Informationen und (falls verfügbar) anhand der Ratschläge eines erfahrenen Kollegen sollten Sie sich zunächst selbst ein Urteil bilden und sich festlegen, unabhängig davon, wie Sie die Reaktion des Patienten einschätzen. Dieses Urteil **begründen Sie dem Patienten gegenüber je nach Ansprüchen und Differenzierungsgrad mehr oder weniger ausführlich** anhand der Datenlage und warten dann ohne Emotionen seine Reaktion ab. Im Gespräch wird sich ergeben, was der Patient von Ihren Empfehlungen hält. Versuchen Sie nicht, ihn zu bedrängen, wenn er Ihre Vorschläge ablehnt, und malen Sie bei den möglichen Konsequenzen nicht zu schwarz. Die prognostischen Aussagen der Medizin bezüglich des Risikos diagnostischer Maßnahmen, therapeutischer Eingriffe und prämorbider Zustände sind statistische Größen und müssen im Einzelfall keineswegs zutreffen. Es schadet nicht, wenn Sie sich in die Lage des Patienten versetzen und überlegen, wie Sie an seiner Stelle entscheiden würden.

11 Einbeziehung des Patienten in diagnostische und therapeutische Entscheidungen

Ob Sie einen Patienten in jedes Detail Ihrer Überlegungen zum diagnostischen und therapeutischen Vorgehen einbeziehen, hängt davon ab, wie sicher Sie sich Ihrer Entscheidung sind, wieviel Zeit Sie für das Gespräch haben und für wie »anspruchsvoll« Sie den Patienten diesbezüglich halten. Dieses Urteil **begründen Sie dem Patienten gegenüber je nach Ansprüchen und Differenzierungsgrad mehr oder weniger ausführlich** anhand der Datenlage und warten dann ohne Emotionen seine Reaktion ab. Versuchen Sie nicht, ihn zu bedrängen, wenn er Ihre Vorschläge ablehnt, und malen Sie bei den möglichen Konsequenzen nicht zu schwarz.
Es schadet nicht, wenn Sie sich in die Lage des Patienten versetzen und überlegen, wie Sie an seiner Stelle entscheiden würden.

12 Der informierte Patient

Die Zeiten des »Halbgotts in Weiß« gehen dem Ende zu. **Themen der Medizin** werden heute breit **in den Medien** besprochen, die Pluralität der Meinungen ist so groß, daß man fast für jede Maßnahme einen Fürsprecher findet. Allerdings ist die Information vieler Patienten oft ein »Pseudowissen«, das nicht ausreicht, um darauf für sich eine fundierte Entscheidung in einer medizinischen Frage aufzubauen. Die Entscheidungsnot ist für den Patienten heute wesentlich größer als früher, als die Medizin noch eine weitgehend unangefochtene Stellung innehatte. Die **»zweite Meinung«** mag oft kein schlechter Weg sein; viele Ärzte empfinden es aber als kränkend, wenn ein Patient nicht unbesehen ihrem Rat folgen will. Sie sollten sich durch diese Verhaltensweise weder in Ihrer Empfehlung beirren lassen, noch sie als Angriff auf Ihre professionelle Souveränität sehen. Bedenken Sie, in welcher Entscheidungsnot der »informierte« Patient steckt! Er ist der am meisten Betroffene, Triebfeder seiner Handlungsweise ist letztlich die Angst, einen Fehler zu begehen, der seiner Gesundheit entscheidend schadet.

12 Der informierte Patient

Themen der Medizin werden heute breit **in den Medien** besprochen, die Pluralität der Meinungen ist so groß, daß man fast für jede Maßnahme einen Fürsprecher findet. Die Entscheidungsnot ist für den Patienten heute wesentlich größer als früher. Die **»zweite Meinung«** mag oft kein schlechter Weg sein; viele Ärzte empfinden es aber als kränkend, wenn ein Patient nicht unbesehen ihrem Rat folgen will. Sie sollten sich durch diese Verhaltensweise weder in Ihrer Empfehlung beirren lassen, noch sie als Angriff auf Ihre professionelle Souveränität sehen.

12.1 Mitteilung einer malignen Krankheit

Noch heute gibt es lebhafte Diskussionen darüber, ob der Arzt einem Patienten in allen Fällen die »Wahrheit« über eine maligne Erkrankung mitteilen soll oder nicht. Tatsächlich wissen die meisten Patienten heute um diese Möglichkeit, wenn bestimmte Allgemeinsymptome auftreten, wenn im Rahmen der Diagnostik von Biopsie oder Schnellschnitt die Rede ist oder wenn eine Chemotherapie oder Bestrahlung diskutiert wird.

Sobald die Diagnose »Krebs« zweifelsfrei feststeht, sollten Sie sich mit dem Patienten in einen ruhigen Raum zu einem Gespräch unter vier Augen zurückziehen.

12.1 Mitteilung einer malignen Krankheit

Noch heute gibt es lebhafte Diskussionen darüber, ob der Arzt einem Patienten in allen Fällen die »Wahrheit« über eine maligne Erkrankung mitteilen soll oder der Patient auch ein »Recht auf Nichtwissen« hat. Diese Diskussion geht von der Annahme aus, auf der einen Seite sei der wissende Arzt, auf der anderen der völlig nichtsahnende Patient - eine Konstellation, die es in der klinischen Realität nur sehr selten gibt. Tatsächlich wissen die meisten Patienten heute um diese Möglichkeit, wenn bestimmte Allgemeinsymptome auftreten, wenn im Rahmen der Diagnostik von Biopsie oder Schnellschnitt die Rede ist oder wenn eine Chemotherapie oder Bestrahlung diskutiert wird. Zwar kommt es durchaus vor, daß Patienten das Wort »Krebs« nicht verwenden und vielleicht sogar nicht danach fragen, doch sollte man daraus nicht den Schluß ziehen, sie wüßten nicht, worum es geht.
Sobald die Diagnose »Krebs« zweifelsfrei feststeht, sollten Sie sich mit dem Patienten in einen ruhigen Raum zu einem Gespräch unter vier Augen zurückziehen.

Merke ▶

▶ ***Merke.*** Fragen Sie zunächst den Patienten, welche Gedanken er sich über die Ursache seiner Beschwerden gemacht hat. Aus der Antwort werden Sie ersehen, inwieweit er selbst die Möglichkeit einer malignen Erkrankung bereits in Erwägung zieht.

Beantworten Sie dann Fragen, die der Patient stellt, ohne auf jedes Detail einzugehen. **Zerstören Sie nie vollständig die Hoffnung eines Patienten und lassen Sie sich nicht auf Voraussagen zur Lebensdauer ein.**

Beantworten Sie dann Fragen, die der Patient stellt, ohne auf jedes Detail einzugehen. Wenn der Patient nicht alles wissen möchte, hat er in der Regel seine Gründe. Meistens wird sehr bald die Prognose angesprochen. Halten Sie sich an die wissenschaftlich bekannten Tatsachen, allerdings in dem Bewußtsein, daß es sich um statistische Angaben handelt, die einer großen Variation unterliegen. **Zerstören Sie nie vollständig die Hoffnung eines Patienten und lassen Sie sich nicht auf exakte Voraussagen zur Lebensdauer ein.**

13 Epidemiologie

13 Epidemiologie

Definition ▶

▶ ***Definition.*** Die Epidemiologie beschäftigt sich u. a. mit Häufigkeit, Verteilung, Auftreten, Ursachen und Vermeidung von Krankheiten. Diese Aspekte haben große Bedeutung für die Erkrankung des einzelnen Patienten hinsichtlich Alter, Geschlecht, Herkunft, Rasse, Beruf, Lebensumstände, Konsumgewohnheiten. Werden die biographischen Daten des Patienten bei der Anamnese möglichst vollständig erfaßt und bei den diagnostischen Überlegungen gewürdigt, so kann die Wahrscheinlichkeit für eine bestimmte Erkrankung kalkuliert werden.

Beispielsweise ist ein trockener Husten bei einem 30jährigen Nichtraucher mit großer Wahrscheinlichkeit nicht als Hinweis auf ein Bronchialkarzinom zu betrachten. Hingegen wird diese Verdachtsdiagnose bei einem 60jährigen Raucher ganz oben stehen. Bei dem 30jährigen Patienten hingegen muß auch an eine Pneumocystis-carinii-Pneumonie als Erstmanifestation von AIDS gedacht werden. Diese Betrachtungsweise ist sehr hilfreich, um die Anamnese auf die wahrscheinlichste Ursache zu fokussieren, aber auch um Unwahrscheinliches auszuschließen.

Die Epidemiologie beschreibt die Häufigkeit und Verteilung einer Krankheit, kann aber auch etwas über ihre Ursachen aussagen.

Die Epidemiologie beschreibt die Häufigkeit und Verteilung einer Krankheit, kann aber auch etwas über ihre Ursachen aussagen. Die Assoziation von Zigarettenrauchen und Bronchialkarzinom ist eine kausale Beziehung. Die Assoziation von Bronchialkarzinom und Alkoholkonsum ist hingegen nicht kausal. Hintergrund dieser Beziehung ist, daß starke Raucher häufig auch viel Alkohol trinken. Wichtig ist es, beim einzelnen Patienten zu klären, wieviele Zigaretten über welchen Zeitraum geraucht wurden, denn es besteht eine »Dosis-Wirkungs-Beziehung« zwischen Zigarettenkonsum und dem Risiko für ein Bronchialkarzinom. Natürlich gibt es auch andere Ursachen für ein Bronchialkarzinom, u. a. eine beruflich bedingte Exposition für Asbest (z. B. Fußbodenleger).

13.1 Epidemiologische Grundbegriffe

13.1 Epidemiologische Grundbegriffe

◀ **Definition**

Definition. Die **Prävalenz** gibt die Anzahl der Erkrankungen zu einem bestimmten Zeitpunkt in einer definierten Population an (z. B. 1/100 000 Personen).
Die **Inzidenz** einer Erkrankung beschreibt die Anzahl der Neuerkrankungen in einem bestimmten Zeitraum und in einer definierten Population (z. B. 1/100 000 Personen/Jahr).

Masern haben bei Kindern eine hohe Inzidenz. Da sie aber rasch ausheilen und damit wieder verschwinden, ist der Zeitfaktor unbedeutend, d. h., die Prävalenz ist gering. Diese Beziehung trifft auch für das Bronchialkarzinom zu, das häufig und schnell zum Tode führt und dadurch die Prävalenz gering hält. Chronische »nicht tödliche« Erkrankungen wie die CP (chronische Polyarthritis) oder die Hypertonie haben hingegen eine hohe Prävalenz, aber nur eine relativ geringe Neuerkrankungsrate (Inzidenz).
Die **Krankheitshäufigkeit (Morbidität)** und die **Sterblichkeit (Mortalität)** aufgrund einer bestimmten Erkrankung werden mit der Inzidenzrate ermittelt.

Krankheitshäufigkeit (Morbidität) und **Sterblichkeit (Mortalität)** aufgrund einer bestimmten Erkrankung werden mit der Inzidenzrate ermittelt.

◀ **Definition**

Definition. **Letalität** bezieht sich nicht wie die Mortalität auf die Bevölkerung, sondern definiert die Todesrate in einem bestimmten Zeitraum, bezogen auf die Erkrankten (z. B. Infarktletalität bis zum 5. Tag, oder 5-Tage-Operationsletalität).
Das **relative Risiko** einer Erkrankung in Abhängigkeit von einer bestimmten Exposition ist die Inzidenz der Erkrankung unter den exponierten Personen, geteilt durch die Inzidenz der Erkrankung bei nicht exponierten Personen (A-**2**).

A-2: Relatives Risiko einer Erkrankung am Beispiel der mit Rauchen assoziierten Krankheiten

	Jährliche Todesrate / 100 000		**Risiko**	
	Nichtraucher	**Raucher**	**Relativ**	**Exzeß**
Lungenkrebs	10	251	25,1	241
Chronische Bronchitis und Lungenemphysem	3	114	38,0	111
Koronare Herzkrankheit	413	792	1,9	379

Die Tabelle zeigt, daß Rauchen sehr stark mit Lungenkrebs, chronischer Bronchitis und Lungenemphysem assoziiert ist. Die Beziehung zur koronaren Herzkrankheit ist dagegen sehr viel geringer. Da jedoch Lungenkrebs und Lungenemphysem bei Nichtrauchern sehr viel seltener vorkommen als die koronare Herzkrankheit, ist das Exzeß-Risiko für die koronare Herzkrankheit sehr viel größer.
Das absolute **Exzeß-Risiko** einer Erkrankung in Beziehung zu einer bestimmten Exposition ist definiert als die Inzidenz der Erkrankung bei exponierten Personen minus der Inzidenz bei nichtexponierten Personen. Wenn die Inzidenz einer häufigen Erkrankung nur um das 2- bis 3fache erhöht ist, so kann die absolute Todesrate sehr viel größer sein als bei einer seltenen Erkrankung, die z. B. um das 30fache zunimmt.

Das absolute **Exzeß-Risiko** einer Erkrankung in Beziehung zu einer bestimmten Exposition ist definiert als die Inzidenz der Erkrankung bei exponierten Personen minus der Inzidenz bei nichtexponierten Personen.

Sensitivität und **Spezifität** sagen etwas über die Güte eines diagnostischen Verfahrens aus. Mit Hilfe der **Vierfeldertafel** kann man die Entscheidungsfehler bei der Diagnostik darstellen und die Sensitivität und Spezifität errechnen (▤ A-**3**).

Sensitivität drückt den Anteil der durch das diagnostische Verfahren richtig erkannten Patienten mit der Erkrankung aus. **Spezifität** bezieht sich auf den Anteil der richtig erkannten Gesunden.

13.2 Alters- und Geschlechtsabhängigkeit von Erkrankungen

Viele Erkrankungen haben einen Altersgipfel und sind daher in einem bestimmten Alter wahrscheinlicher oder unwahrscheinlich.

Die **Geschlechtsverteilung** ist für einige Krankheiten sehr einseitig und daher für die Diagnosestellung im Einzelfall von Bedeutung.

Der Anfänger sollte sich bei jeder Erkrankung, insbesondere bevor er eine seltene oder gravierende Verdachtsdiagnose stellt, **vergewissern, ob diese Erkrankung überhaupt mit dem Alter und Geschlecht des Patienten vereinbar** ist.

Sensitivität und **Spezifität** sagen etwas über die Güte eines diagnostischen Verfahrens aus. Mit Hilfe der **Vierfeldertafel** kann man die Entscheidungsfehler bei der Diagnostik darstellen und die Sensitivität und Spezifität errechnen. Ein Beispiel zeigt ▤ A-**3**.

A-3: Vierfeldertafel für die Bedeutung des Belastungs-EKGs in der Diagnostik der koronaren Herzkrankheiten (KHK)

	EKG-Befund		
	Pathologisch (positiv)	**Normal (negativ)**	**Summe**
KHK positiv	245 (a)	15 (b)	260 (a+b)
KHK negativ	40 (c)	150 (d)	190 (c+d)

Sensitivität = a/a + b = 0,94, Spezifität = d/c + d = 0,79

Sensitivität drückt den Anteil der durch das diagnostische Verfahren richtig erkannten Patienten mit der Erkrankung aus. **Spezifität** bezieht sich auf den Anteil der richtig erkannten Gesunden. Die Sensitivität von 0,94 im o. g. Beispiel bedeutet, daß 94 % der Patienten mit KHK mit dem Belastungs-EKG identifiziert werden können. Die Spezifität von 0,79 bedeutet, daß 79 % der Patienten ohne KHK auch ein normales EKG unter Belastung zeigen. Das heißt andererseits, daß 21 % der Patienten ohne KHK („Koronar-Gesunde") ein pathologisches Belastungs-EKG zeigen.

13.2 Alters- und Geschlechtsabhängigkeit von Erkrankungen

Viele Erkrankungen haben einen Altersgipfel und sind daher in einem bestimmten Alter wahrscheinlicher oder unwahrscheinlich.

Eine zervikale Lymphknotenschwellung bei einem 60jährigen Mann mit Fieber ist sicher nicht durch Pfeiffersches Drüsenfieber (infektiöse Mononukleose) bedingt, da diese Erkrankung nach dem 40. Lebensjahr nicht mehr vorkommt. Die CLL (chronisch lymphatische Leukämie) ist hier sehr viel wahrscheinlicher. Sie ist eine typische Erkrankung des Alters und tritt nur sehr selten vor dem 40. Lebensjahr auf. Zwei Drittel der Patienten sind älter als 60 Jahre, Männer erkranken doppelt so häufig wie Frauen.
Die Häufigkeit der Hypertonie soll als weiteres Beispiel dienen. In den westlichen Ländern nimmt die Höhe des Blutdrucks mit dem Lebensalter (durchschnittlich) kontinuierlich zu. Das bedeutet, daß eine Hypertonie bei älteren Patienten sehr viel häufiger ist als im jungen Erwachsenenalter. Darüber hinaus besteht ein deutlicher Geschlechtsunterschied: Frauen im gebärfähigen Alter haben sehr viel seltener eine primäre Hypertonie als altersgleiche Männer. Hat eine Frau im gebärfähigen Alter jedoch einen erhöhten Blutdruck, ist die Einnahme oraler Kontrazeptiva (»Pille«) eine sehr häufige Ursache (Medikamentenanamnese!). Nach der Menopause wird das Verhältnis umgekehrt, und die Hypertonie ist nun bei Frauen häufiger als bei altersgleichen Männern.
Die **Geschlechtsverteilung** bei Erkrankungen, die potentiell beide Geschlechter befallen, ist für einige Krankheiten sehr einseitig und daher für die Diagnosestellung im Einzelfall von Bedeutung. Beispielsweise tritt die Fingerpolyarthrose so gut wie ausschließlich bei Frauen nach der Menopause auf. Eine andere Gelenkerkrankung, die Gicht, ist dagegen bei geschlechtsreifen Frauen eine Rarität. Der Morbus Bechterew (ankylosierende Spondylitis) tritt bei Männern viermal häufiger auf als bei Frauen. Der erfahrene Kliniker tut sich bei den Überlegungen zur Alters- und Geschlechtsverteilung im Vergleich zum Anfänger natürlich leicht. Der Anfänger sollte sich aber bei jeder Erkrankung, insbesondere bevor er eine seltene oder gravierende Verdachtsdiagnose stellt, **vergewissern, ob** diese **Erkrankung überhaupt mit dem Alter und Geschlecht des Patienten vereinbar** ist.

13.3 Geographische Aspekte

Die Balkannephritis ist ein typisches Beispiel für eine endemisch nur in einem begrenzten Gebiet auftretende Erkrankung. Sie wird ausschließlich im Länderdreieck der Balkanstaaten Jugoslawien, Bulgarien und Rumänien beobachtet. Aufgrund der zunehmenden Fluktuation in der modernen westlichen Welt können betroffene Patienten aber auch in Westeuropa diagnostiziert werden. Für die richtige Diagnosestellung ist daher die genaue **Klärung der Herkunft** des Patienten wichtig.
Die Thalassämie (erbliche Form einer hämolytischen Anämie) hat ihre höchste Inzidenz in den Mittelmeerländern (thalassa = griech. für Meer).

13.3 Geographische Aspekte

Für die richtige Diagnosestellung ist die genaue **Klärung der Herkunft** des Patienten wichtig.

13.4 Berufskrankheiten bzw. Krankheiten bei bestimmten Berufsgruppen

Die berufsbedingten Krankheiten können je nach Gefahrstoff bzw. Erreger eine Vielfalt von Organen und Organsystemen treffen (▤ A-**4**). Die Palette reicht von Krebserkrankungen über Infektionen bis zu Durchblutungsstörungen usw.
Der Anteil der durch berufliche Ursachen bedingten Krebserkrankungen wird bis auf 40 % aller Krebserkrankungen geschätzt. Dabei kommt dem Asbest eine besondere Bedeutung zu. Wenn man ganz allgemein Umweltfaktoren und Konsumverhalten – einschließlich Rauchen und Alkoholkonsum – mit einbezieht, so dürfte der Anteil der exogen verursachten Krebserkrankungen bis zu 90 % betragen!

13.4 Berufskrankheiten bzw. Krankheiten bei bestimmten Berufsgruppen

Die berufsbedingten Krankheiten können je nach Gefahrstoff bzw. Erreger eine Vielfalt von Organen und Organsystemen treffen (▤ A-**4**).

Der Anteil der durch berufliche Ursachen bedingten Krebserkrankungen wird bis auf 40 % aller Krebserkrankungen geschätzt. Dabei kommt dem Asbest eine besondere Bedeutung zu.

13.5 Chronobiologische Aspekte (tageszeitliche oder saisonale Häufung von Symptomen und Erkrankungen)

Der zeitliche Faktor hinsichtlich des Auftretens bestimmter Symptome und Erkrankungen ist ein wichtiger Aspekt bei der Diagnosestellung. So sind die tiefsitzenden Kreuzschmerzen beim Morbus Bechterew, einer rheumatischen Erkrankung mit Ileosakralarthritis und Sponylodiszitis, typischerweise nachts am stärksten und lassen den Betroffenen oft nicht schlafen. Diese anamnestische Angabe ist sehr hilfreich bei der Differenzierung gegenüber anderen, insbesondere degenerativen Wirbelsäulenerkrankungen. Bei der Spondylarthrose oder bei Myogelosen verstärken sich die Beschwerden vor allem nach Belastungen, längerem Gehen und Stehen, während sie im Liegen und bei Ruhe (d. h. also nachts) eher abnehmen.
Nächtliche Atemnot ist relativ häufig. Sie kann als Erstsymptom einer Herzinsuffizienz auftreten oder auf ein nächtliches Asthma bronchiale hinweisen. Die Patienten können dabei tagsüber völlig beschwerdefrei sein.
Die Häufung von Herzinfarkten, plötzlichem Herztod und Schlaganfällen in den frühen Morgenstunden wird auf besondere hämodynamische und rheologische (die Fließeigenschaft des Blutes betreffende) Veränderungen zurückgeführt: Am frühen Morgen kommt es zu einem steilen Blutdruckanstieg und gleichzeitig zum Anstieg der Thrombozytenaggregation.
Viele **Viruserkrankungen** zeigen eine **saisonale Häufung**. Ein typisches Beispiel ist die Frühsommer-Meningoenzephalitis (FSME), deren Erreger von Zecken auf den Menschen übertragen werden. Die Frühmanifestation der Lyme-Borreliose, einer bakteriellen Erkrankung, die ebenfalls von Zecken übertragen wird, tritt nur vom späten Frühjahr bis zum Spätherbst auf, gemäß der Aktivität der Zecken: Das Erythema migrans als Hautmanifestation hat eine kurze Latenzphase (bis 14 Tage) nach dem Zeckenstich. Die Gelenkmanifestation (Arthritis) kann erst Monate später auftreten.

13.5 Chronobiologische Aspekte (tageszeitliche oder saisonale Häufung von Symptomen und Erkrankungen)

Der zeitliche Faktor hinsichtlich des Auftretens bestimmter Symptome und Erkrankungen ist ein wichtiger Aspekt bei der Diagnosestellung. So sind die tiefsitzenden Kreuzschmerzen beim Morbus Bechterew typischerweise nachts am stärksten.

Nächtliche Atemnot kann als Erstsymptom einer Herzinsuffizienz auftreten oder auf ein nächtliches Asthma bronchiale hinweisen.

Viele **Viruserkrankungen** zeigen eine **saisonale Häufung**, so z. B. die Frühsommer-Meningoenzephalitis (FSME).

A-4: Liste der Berufskrankheiten

Nr.	Krankheiten
1	**Durch chemische Einwirkungen verursachte Krankheiten**
11	**Metalle und Metalloide**
1101	Erkrankungen durch Blei oder seine Verbindungen
1102	Erkrankungen durch Quecksilber oder seine Verbindungen
1103	Erkrankungen durch Chrom oder seine Verbindungen
1104	Erkrankungen durch Cadmium oder seine Verbindungen
1105	Erkrankungen durch Mangan oder seine Verbindungen
1106	Erkrankungen durch Thallium oder seine Verbindungen
1107	Erkrankungen durch Vanadium oder seine Verbindungen
1108	Erkrankungen durch Arsen oder seine Verbindungen
1109	Erkrankungen durch Phosphor oder seine Verbindungen
1110	Erkrankungen durch Beryllium oder seine Verbindungen
12	**Erstickungsgase**
1201	Erkrankungen durch Kohlenmonoxid
1202	Erkrankungen durch Schwefelwasserstoff
13	**Lösemittel, Schädlingsbekämpfungsmittel (Pestizide) und sonstige chemische Stoffe**
1301	Schleimhautveränderungen, Krebs oder andere Neubildungen der Harnwege durch aromatische Amine
1302	Erkrankungen durch Halogenkohlenwasserstoffe
1303	Erkrankungen durch Benzol oder seine Homologe
1304	Erkrankungen durch Nitro- oder Aminoverbindungen des Benzols oder seiner Homologe oder ihrer Abkömmlinge
1305	Erkrankungen durch Schwefelkohlenstoff
1306	Erkrankungen durch Methylalkohol (Methanol)
1307	Erkrankungen durch organische Phosphorverbindungen
1308	Erkrankungen durch Fluor oder seine Verbindungen
1309	Erkrankungen durch Salpetersäureester
1310	Erkrankungen durch halogenierte Alkyl-, Aryl- oder Alkylaryloxide
1311	Erkrankungen durch halogenierte Alkyl-, Aryl- oder Alkylarylsulfide
1312	Erkrankungen der Zähne durch Säuren
1313	Hornhautschädigungen des Auges durch Benzochinon zu den Nummern 1101 bis 1110, 1201 und 1202, 1203 bis 1309: Ausgenommen sind Hauterkrankungen. Diese gelten als Krankheiten im Sinne dieser Anlage nur insoweit, als sie Erscheinungen einer Allgemeinerkrankung sind, die durch Aufnahme der schädigenden Stoffe in den Körper verursacht werden, oder gemäß Nummer 5101 zu entschädigen sind.
1314	Erkrankungen durch para-tertiär-Butylphenol
2	**Durch physikalische Einwirkungen verursachte Krankheiten**
21	**Mechanische Einwirkungen**
2101	Erkrankungen der Sehnenscheiden oder des Sehnengleitgewebes sowie der Sehnen- oder Muskelansätze, die zur Unterlassung aller Tätigkeiten gezwungen haben, die für die Entstehung, die Verschlimmerung oder das Wiederaufleben der Krankheit ursächlich waren oder sein können
2102	Meniskusschäden nach mehrjährigen andauernden oder häufig wiederkehrenden, die Kniegelenke überdurchschnittlich belastenden Tätigkeiten
2103	Erkrankungen durch Erschütterung bei Arbeit mit Druckluftwerkzeugen oder gleichartig wirkenden Werkzeugen oder Maschinen
2104	Vibrationsbedingte Durchblutungsstörungen an den Händen, die zur Unterlassung aller Tätigkeiten gezwungen haben, die für die Entstehung, die Verschlimmerung oder das Wiederaufleben der Krankheit ursächlich waren oder sein können
2105	Chronische Erkrankungen der Schleimbeutel durch ständigen Druck
2106	Drucklähmungen der Nerven
2107	Abrißbrüche der Wirbelfortsätze
22	**Druckluft**
2201	Erkrankungen durch Arbeit in Druckluft
23	**Lärm**
2301	Lärmschwerhörigkeit
24	**Strahlen**
2401	Grauer Star durch Wärmestrahlung
2402	Erkrankungen durch ionisierende Strahlen
3	**Durch Infektionserreger oder Parasiten verursachte Krankheiten sowie Tropenkrankheiten**
3101	Infektionskrankheiten, wenn der Versicherte im Gesundheitsdienst, in der Wohlfahrtspflege oder in einem Laboratorium tätig oder durch eine andere Tätigkeit der Infektionsgefahr in ähnlichem Maße besonders ausgesetzt war
3102	Von Tieren auf Menschen übertragbare Krankheiten
3103	Wurmkrankheiten der Bergleute, verursacht durch Ankylostoma duodenale oder Strongyloides stercoralis
4	**Erkrankungen der Atemwege und der Lungen, des Rippenfells und Bauchfells**
41	**Erkrankungen durch anorganische Stäube**
4101	Quarzstaublungenerkrankung (Silikose)
4102	Quarzstaublungenerkrankung in Verbindung mit aktiver Lungentuberkulose (Siliko-Tuberkulose)
4103	Asbeststaublungenerkrankung (Asbestose) oder durch Asbeststaub verursachte Erkrankungen der Pleura
4104	Lungenkrebs in Verbindung mit Asbeststaublungenerkrankungen (Asbestose) oder mit durch Asbeststaub verursachter Erkrankung der Pleura
4105	Durch Asbest verursachtes Mesotheliom des Rippenfells und des Bauchfells
4106	Erkrankungen der tieferen Atemwege und der Lungen durch Aluminium oder seine Verbindungen
4107	Erkrankungen der tieferen Atemwege durch Metallstäube bei der Herstellung oder Verarbeitung von Hartmetallen
4108	Erkrankung der tieferen Atemwege und der Lungen durch Thomasmehl (Thomasphosphat)
4109	Bösartige Neubildungen der Atemwege und der Lungen durch Nickel oder seine Verbindungen
4110	Bösartige Neubildungen der Atemwege und der Lungen durch Kokereirohgase
42	**Erkrankungen durch organische Stäube**
4201	Exogen-allergische Alveolitis
4202	Erkrankungen der tieferen Atemwege und der Lungen durch Rohbaumwoll-, Rohflachs- oder Rohhanfstaub (Byssinose)
4203	Adenokarzinome der Nasenhaupt- und Nasennebenhöhlen durch Stäube von Eichen- oder Buchenholz
43	**Obstruktive Atemwegserkrankungen**
4301	Durch allergisierende Stoffe verursachte, obstruktive Atemwegserkrankungen (einschließlich Rhinopathie), die zur Unterlassung aller Tätigkeiten gezwungen haben, die für die Entstehung, die Verschlimmerung oder das Wiederaufleben der Krankheit ursächlich waren oder sein können
4302	Durch chemisch-irritativ oder toxisch wirkende Stoffe verursachte obstruktive Atemwegserkrankungen, die zur Unterlassung aller Tätigkeiten gezwungen haben, die für die Entstehung, die Verschlimmerung oder das Wiederaufleben der Krankheit ursächlich waren oder sein können
5	**Hautkrankheiten**
5101	Schwere oder wiederholt rückfällige Hauterkrankungen, die zur Unterlassung aller Tätigkeiten gezwungen haben, die für die Entstehung, die Verschlimmerung oder das Wiederaufleben der Krankheit ursächlich waren oder sein können
5102	Hautkrebs oder zur Krebsbildung neigende Hautveränderungen durch Ruß, Rohparaffin, Teer, Anthrazen, Pech oder ähnliche Stoffe
6	**Krankheiten sonstiger Ursache**
6101	Augenzittern der Bergleute

13.6 Konstitution und Erkrankung

Der Körperbau gestattet in vielen Fällen Rückschlüsse auf bestimmte Erkrankungen. Zwei relativ häufige Beispiele sollen das verdeutlichen: das **Mitralklappenprolapssyndrom** (MKPS) bei schlanken jungen Frauen und das Schlafapnoesyndrom bei adipösen Männern und Frauen.
Das MKPS tritt vorwiegend **bei sehr schlanken Patientinnen** mit sehr engem Thoraxdurchmesser auf. Die Patientinnen haben eine gestreckte Brustwirbelsäule (»straight back«) mit aufgehobener Kyphosierung.
Die **Schlafapnoe** ist dagegen eine Erkrankung, die vorwiegend **bei übergewichtigen Patienten** (Männer sind viermal häufiger betroffen als Frauen) mittleren Alters auftritt. Diese Patienten haben häufig zusätzlich eine Hypertonie, eine KHK und/oder eine Stoffwechselerkrankung (Diabetes mellitus und Hyperlipidämie).

13.6 Konstitution und Erkrankung

Der Körperbau gestattet in vielen Fällen Rückschlüsse auf bestimmte Erkrankungen. Zwei relativ häufige Beispiele sollen das verdeutlichen.

Das **Mitralklappenprolapssyndrom** tritt vorwiegend **bei sehr schlanken Patientinnen** mit sehr engem Thoraxdurchmesser auf.
Die **Schlafapnoe** ist dagegen eine Erkrankung, die vorwiegend **bei übergewichtigen Patienten** mittleren Alters auftritt.

14 Allgemeinsymptome

14 Allgemeinsymptome

Definition. Allgemeinsymptome oder Allgemeinbeschwerden können nicht einem bestimmten Organsystem zugeordnet werden, sondern müssen an mehrere Systeme denken lassen.

◄ **Definition**

Im ambulanten Bereich ist bei der Anamnese häufig nicht immer ganz klar, warum der Patient zum Arzt kommt. Es kann sein, daß er sich (nur) durchuntersuchen lassen will – dank des gestiegenen Gesundheitsbewußtseins heute immer häufiger. Manche Patienten haben eine übersteigerte Angst um ihre Gesundheit bzw. vor einer bösartigen Erkrankung (Karzinophobie). Dies wird nicht immer spontan geäußert. Häufig werden auch körperliche Beschwerden wegen ihrer höheren Akzeptanz zunächst vorgeschoben, um (unbewußt) die Aufmerksamkeit auf seelische Probleme zu lenken. Dann ist es anfangs schwer, zu beurteilen, ob tatsächlich die Symptome einer (schweren) organischen Erkrankung geschildert werden. Bei den meisten Patienten, die wegen körperlicher Beschwerden kommen, kann man jedoch zunächst davon ausgehen, daß sie eine Klärung der Ursache und eine Therapie erhoffen.

Im ambulanten Bereich ist bei der Anamnese häufig nicht immer ganz klar, warum der Patient zum Arzt kommt. Manche Patienten haben eine übersteigerte Angst um ihre Gesundheit. Dies wird nicht immer spontan geäußert. Häufig werden auch körperliche Beschwerden wegen ihrer höheren Akzeptanz zunächst vorgeschoben, um die Aufmerksamkeit auf seelische Probleme zu lenken. Die meisten Patienten, die wegen körperlicher Beschwerden kommen, erhoffen eine Klärung der Ursache und eine Therapie.

Praktisches Beispiel: Bei Unklarheiten sollte man den Patienten direkt fragen:
- *Wollen Sie sich durchuntersuchen lassen?*
- *Haben Sie Angst vor Krebs?*

◄ **Praktisches Beispiel**

Einerseits kann ein gesundes Interesse an der Gesundheit bestehen – erleichtert die Situation –, andererseits können sich schwere neurotische Störungen offenbaren. Mindestens ein Drittel aller Patienten, die einen Arzt aufsuchen, haben keine organische Erkrankung im engeren Sinne, sondern eine Störung psychischer Ursache. Daher kommt der richtigen Deutung dieser präsentierten Symptome besondere Aufmerksamkeit zu. Insbesondere die **Symptome Schmerz und Erschöpfung** spielen **bei psychosomatischen Erkrankungen** eine große Rolle.

Einerseits kann ein gesundes Interesse an der Gesundheit bestehen – erleichtert die Situation –, andererseits können sich schwere neurotische Störungen offenbaren. Insbesondere die **Symptome Schmerz und Erschöpfung** spielen **bei psychosomatischen Erkrankungen** eine große Rolle.

Merke ▶

Merke. Immer muß auch bei den Allgemeinsymptomen wie bei organbezogenen Symptomen nach
- **dem ersten Auftreten,**
- **der Häufigkeit,**
- **der Stärke,**
- **der Dauer,**
- **den Umständen,**
- **der Lokalisation und**
- **der Art**

der Beschwerden gefragt werden. Nur dadurch wird bereits im ersten Gespräch dem Patienten die Möglichkeit gegeben, seine Beschwerden mit seinem eigenen Erleben in Beziehung zu setzen.

Andererseits können nur so Allgemeinbeschwerden im Zusammenhang mit organbezogenen Beschwerden und Erkrankungen vom Arzt richtig erfaßt und gedeutet werden.
Ob das häufige, aber vieldeutige Symptom **Schwitzen** beispielsweise Ausdruck einer Tuberkulose bei einem untergewichtigen und etwas vorgealterten Arbeiter aus Südosteuropa ist, ob es Ausdruck einer Streßreaktion bei einem übergewichtigen Geschäftsmann oder Ausdruck einer Angstneurose bei einer älteren Witwe ist, kann bei wachem Untersucherauge und gezielter Befragung schon nach der Anamnese beantwortet werden.

Die Anamnese entscheidet darüber, in welche Richtung Allgemeinsymptome weiter abgeklärt werden: Liegt der Verdacht einer Depression vor? Sind die unspezifischen Beschwerden erste Anzeichen einer schweren organischen Erkrankung? Oder sind die Symptome bewußt vorgetäuscht.

Hinter abnormer Müdigkeit und Erschöpfung verbirgt sich häufig eine Depression.

Als **B-Symptomatik** haben die Allgemeinsymptome Gewichtsverlust, Fieber, Nachtschweiß bei malignen Erkrankungen eine wichtige Bedeutung. Jedes dieser Symptome gilt hierbei als zusätzlicher Risikofaktor und ist mitbestimmend für die Stadieneinteilung: **A** = Fehlen des Symptoms, **B** = Vorhandensein.

B-Symptome können auch im Rahmen von Vaskulitiden auftreten.

Die Anamnese entscheidet darüber, in welche Richtung Allgemeinsymptome weiter abgeklärt werden: Liegt der Verdacht einer Depression vor? Sind die unspezifischen Beschwerden möglicherweise erste Anzeichen einer schweren organischen Erkrankung? Oder sind die Symptome bewußt vorgetäuscht, z. B. eine Gewichtsabnahme, Fieber, Schmerzen? Das ist zwar selten, aber daran muß gedacht werden, wenn es bei akuten Beschwerden z. B. um eine Arbeitsunfähigkeitsbescheinigung geht oder bei chronischen Beschwerden um ein Rentenbegehren.
Hinter abnormer Müdigkeit und Erschöpfung verbirgt sich sehr viel häufiger eine Depression als eine Infektion oder eine maligne Erkrankung.

Als **B-Symptomatik** haben die Allgemeinsymptome Gewichtsverlust, Fieber, Nachtschweiß bei malignen Erkrankungen (Lymphom, Karzinom) eine wichtige Bedeutung. Jedes dieser Symptome gilt hierbei als zusätzlicher Risikofaktor und ist mitbestimmend für die Stadieneinteilung: **A** = Fehlen des Symptoms, **B** = Vorhandensein. Bei Verdacht auf eine maligne Erkrankung (»Krebs«) müssen also die Allgemeinsymptome immer systematisch abgefragt werden.

B-Symptome können auch im Rahmen von Vaskulitiden (entzündliche Gefäßerkrankungen) auftreten. Kommen »rheumatische« Beschwerden wie Arthralgien (Gelenkschmerzen), Arthritiden (Gelenkentzündungen), Myalgien (Muskelschmerzen) oder Myositiden (Muskelentzündungen) hinzu, so besteht der Verdacht auf eine Kollagenose (systemische Erkrankung des Bindegewebes, Autoimmunerkrankung).

Jede Einteilung der Allgemeinsymptome (▤ A-**5**) bleibt letztlich willkürlich: Es gibt natürlich auch Überschneidungen bei den Ursachen, z. B. hat das Münchhausen-Syndrom sicher auch einen psychogenen Ursprung.

A-5: Klassifikation der Allgemeinbeschwerden

Ursache	Vorkommen	Anamnese	Untersuchung	Bemerkungen
Organisch: z. B. Infektionen, Tumoren, Kollagenosen usw.	häufig	Fragen nach: • Fieber • Hautveränderungen • Lymphknoten-schwellungen	Gründliche körperliche Untersuchung	Mit dem Alter zunehmend
Psychogen Psychosomatisch Erschöpfungs-syndrom	häufig (ca. 30-50 %)	Fragen nach: • Psychosoziale Anamnese • Psychotherapie • Psychopharmaka • Medikamentenabusus • Alkoholabusus • Drogen	Gründliche körperliche Untersuchung	Vorwiegend im »Berufstätigen-alter«
Vorgetäuscht (z. B. Münch-hausen-Syndrom)	(sehr) selten	Fragen nach: • Psychosoziale Anamnese • Rentenbegehren • Krankschreibungen Hinweisend sind viele und »unplausible« Operationen	**Sehr gründliche körperliche Untersuchung:** • Ungewöhnliche Befunde (z. B. Strangulationen, Selbst-verstümmelung) • Evtl. Gewichts- und Temperatur-kontrollen • Urinunter-suchungen auf Medikamente	Vorwiegend bei jüngeren Erwachsenen

Treten neben Allgemeinbeschwerden zusätzlich Konzentrationsstörungen, Kopfschmerzen und allergische Erscheinungen auf, muß auch daran gedacht werden, daß bestimmte Arbeitsbedingungen (z. B. »Bürosilos«) Ursache dieser Erscheinungen sein können; im Englischen gibt es hierfür die Bezeichnung **»Sick-building-syndrome«** (Syndrom der kranken Gebäude). Symptome wie Augenreizungen, Erkältungen, Übelkeit und Schwindel werden hauptsächlich auf Verunreinigungen der Klimaanlagen mit Pilzbefall zurückgeführt. Weitere Faktoren sind Schwebstäube und zu geringe Luftfeuchtigkeit.

Treten neben Allgemeinbeschwerden zusätzlich Konzentrationsstörungen, Kopfschmerzen und allergische Erscheinungen auf, muß auch daran gedacht werden, daß bestimmte Arbeitsbedingungen (z. B. »Bürosilos«) Ursache dieser Erscheinungen sein können; im Englischen gibt es hierfür die Bezeichnung **»Sick-building-syndrome«** (Syndrom der kranken Gebäude).

14.1 Müdigkeit/Erschöpfung

14.1 Müdigkeit/Erschöpfung

Merke. Abnorme Müdigkeit und Erschöpfung sind wie alle Allgemeinsymptome sehr vieldeutig. Es sind zwar besonders häufig geklagte Symptome, aber sie sind differentialdiagnostisch selten führend, d. h., sie weisen selten auf eine spezifische Diagnose hin.

◄ **Merke**

Meist stehen andere Symptome im Vordergrund, die den Verdacht auf eine organische Ursache lenken. Rasche Ermüdbarkeit kann Folge einer schweren organischen Erkrankung sein (z. B. Anämie bei chronischer Leukämie), aber auch Ausdruck von Angst, Depression und Schlafstörungen.

Meist stehen andere Symptome im Vordergrund, die den Verdacht auf eine organische Ursache lenken.

Müdigkeit und Erschöpfung sind sehr häufig als **Reaktion auf Überforderung** durch sich selbst oder durch die Umgebung zu verstehen. **Ständige Müdigkeit** ist nach respiratorischen Beschwerden das **zweithäufigste Symptom, das Allgemeinärzte von Patienten zu hören bekommen**. Zwei Drittel der betroffenen Patienten sind Frauen. Drei Viertel der Patienten

Müdigkeit und Erschöpfung sind sehr häufig als **Reaktion auf Überforderung** durch sich selbst oder durch die Umgebung zu verstehen. **Ständige Müdigkeit** ist nach respiratorischen Beschwerden **das zweithäufigste**

Symptom, das Allgemeinärzte von Patienten zu hören bekommen.

haben zusätzlich weitere Symptome von psychophysischem Streß (z. B. Angst, Schlafstörungen, Kopfschmerzen usw.).

Merke ▶

> ▶ ***Merke.*** Das **chronische Müdigkeitssyndrom** (CFS = chronic fatigue syndrome) ist definiert als ein über 6 Monate hindurch bestehendes, medizinisch nicht erklärtes Müdigkeitsgefühl in Verbindung mit einer Reihe anderer physischer und psychischer Befindensstörungen, wobei eine Depression ausgeschlossen sein muß. Eine Vielzahl von Ursachen wurde diskutiert, bis hin zur Virusgenese (slow virus infection).

Derzeit bleibt lediglich festzustellen, daß die betroffenen Patienten zwar häufig mehr Zeit im Bett verbringen, aber weniger tief schlafen und eine längere Schlaflatenz (s. u.) im Vergleich zu Personen ohne Müdigkeitssyndrom haben.

Tatsächlich verbirgt sich sehr häufig eine **Depression** hinter der Müdigkeit. Ängstlichkeit ist ein sehr oft verkanntes Symptom und kommt insbesondere im Rahmen einer Depression vor.

Tatsächlich verbirgt sich sehr häufig eine **Depression** hinter der Müdigkeit. Weitere Symptome sind Antriebsarmut, Lustlosigkeit, Leistungsschwäche, Schlafstörungen, Impotenz, aber nicht selten auch organbezogene Beschwerden (z. B. Kopfschmerzen oder Magenschmerzen). Ängstlichkeit ist ein sehr oft verkanntes Symptom und kommt insbesondere im Rahmen einer Depression vor. Der Symptomenkomplex aus Depression, Angst und Schlaflosigkeit steht als Ursache für Müdigkeit und Erschöpfung oben an. Nur etwa 10 % der Patienten haben eine organische Ursache (Anämie, Hypothyreose, Diabetes, Karzinom), die als Ursache der Müdigkeit in Betracht kommt.

Die sog. **»Wetterfühligkeit«** als Ursache von Müdigkeit ist ein bekanntes Phänomen. Konstitutionelle Faktoren spielen eine gewisse Rolle.

Die sog. **»Wetterfühligkeit«** als Ursache von Müdigkeit ist ein bekanntes Phänomen – auch wenn der Mechanismus im einzelnen nicht geklärt ist. Viele Patienten klagen z. B. in den Alpenländern darüber, daß sie unter Föhn (Warmwetterfront) leiden. Ist die Müdigkeit am Morgen stärker, ist eine »vegetative« Ursache wie Wetterfühligkeit, niedriger Blutdruck und allgemeine Verlangsamung des Reaktionsablaufs wahrscheinlicher. Konstitutionelle Faktoren spielen dabei eine gewisse Rolle. Es gibt Menschen, die morgens schon früh munter sind (»Lerche-Typ«), aber abends schnell müde werden. Dagegen brauchen die »Eule-Typen« morgens länger, um munter zu werden, sind aber abends fit. Letztere Konstellation mit einem ausgeprägten »Morgentief« trifft man auch z. B. bei einer Depression an.

Als wichtigsten Punkt muß das Anamnesegespräch klären, ob überhaupt ausreichend **Schlaf,** Erholung und Urlaub gegeben sind.

Als wichtigsten Punkt muß das Anamnesegespräch klären, ob überhaupt ausreichend **Schlaf,** Erholung und Urlaub gegeben sind und ob evtl. eine manifeste Schlafstörung vorliegt (bei älteren Patienten sehr häufig). Als physiologische Ursache der Müdigkeit sind körperliche und geistige Überanstrengung zu nennen.

Organische Ursachen führen zur Verstärkung der Müdigkeitssymptomatik gegen Abend. Die häufigsten **medizinischen Ursachen einer abnormen Ermüdbarkeit** sind Anämie, Herzinsuffizienz, Diabetes mellitus und Hypothyreose. Zur genauen Differenzierung sind weitere klinische und andere Untersuchungen notwendig.

Organische Ursachen führen zur Verstärkung der Müdigkeitssymptomatik gegen Abend. Die häufigsten **medizinischen (organischen) Ursachen einer abnormen Ermüdbarkeit** sind Anämie, Herzinsuffizienz, Diabetes mellitus und Hypothyreose. Zur genauen Differenzierung sind weitere klinische und andere Untersuchungen (Blutbild, Hormonbestimmungen etc.) notwendig. Ein Morbus Addison (Nebennierenrindeninsuffizienz) als Ursache ist sicher die Ausnahme. Es muß auch an Tumoren, Intoxikationen und Suchtverhalten (z. B. Schlafmittel- oder Beruhigungsmittelmißbrauch, Psychopharmaka) gedacht werden. Die häufigste chronische Intoxikation ist zweifellos die CO-Intoxikation der Raucher. Bei einem übergewichtigen Patienten mittleren Alters mit abnormer Müdigkeit ist immer auch an ein Schlafapnoe-Syndrom zu denken (s. S. 60).

14.2 Schlafstörungen

Ein normaler Wechsel von Aktivität und Schlaf verläuft synchron zum 24-Stunden-Tag (zirkadianer Rhythmus). Er ist die Voraussetzung dafür, daß wir unsere täglichen Aufgaben ausgeruht verrichten können. Mit zunehmendem **Alter** verändert sich die Schlafstruktur, und **Schlafstörungen** treten **häufiger** auf.

14.2 Schlafstörungen

Ein normaler Wechsel von Aktivität und Schlaf verläuft synchron zum 24-Stunden-Tag. Mit zunehmendem **Alter** verändert sich die Schlafstruktur, und **Schlafstörungen** treten **häufiger** auf.

14.2.1 Altersabhängigkeit der Schlafstruktur

Die durchschnittliche **Gesamtdauer des Schlafes** beträgt bei 4–6jährigen Kindern 9,5–10 Stunden, bei 20–22jährigen **7–9 Stunden**. Diese Schlafdauer bleibt dann bis zum 60–70. Lebensjahr bestehen. Erst danach nimmt die Schlafdauer stärker ab. Während bei Kleinkindern der Anteil des REM-Schlafes (Rapid Eye Movement), also des »Traumschlafes«, noch ca. 50 % beträgt, sinkt er bei 4–6jährigen auf ca. 25 %. Dieser Prozentsatz bleibt dann bis zum Greisenalter bestehen. Der Anteil des Tiefschlafes sinkt im Laufe des Lebens von ca. 30 % im Kindesalter auf ca. 10 % im Greisenalter.
Schlafstörungen können so gravierend sein, daß sie mit abnormer Müdigkeit am Tage, Abgeschlagenheit, psychischen Problemen (z. B. Depression) einhergehen.

14.2.1 Altersabhängigkeit der Schlafstruktur

Die **durchschnittliche Gesamtdauer des Schlafes** beträgt bei 4–6jährigen Kindern 9,5–10 Stunden, bei 20–22jährigen **7–9 Stunden**. Diese Schlafdauer bleibt dann bis zum 60–70. Lebensjahr bestehen. Erst danach nimmt die Schlafdauer stärker ab.

Schlafstörungen können so gravierend sein, daß sie mit abnormer Müdigkeit am Tage, Abgeschlagenheit, psychischen Problemen (z. B. Depression) einhergehen.

14.2.2 Formen der Schlaf-wach-Störungen

Man unterscheidet folgende Hauptgruppen der Schlaf-wach-Störungen:

1. **Ein- und Durchschlafstörungen (Hypo- oder Insomnien)**
2. **Störungen mit exzessiver Schläfrigkeit am Tage (Hypersomnien)**
3. **Störungen des zirkadianen Schlaf-wach-Rhythmus (z. B. Schichtarbeit, Jet-lag bei Zeitzonenüberschreitung)**
4. **Parasomnien (z. B. Schlafwandeln, Schlaftrunkenheit)**

14.2.2 Formen der Schlaf-wach-Störungen

1. **Ein- und Durchschlafstörungen (Hypo- oder Insomnien)**
2. **Störungen mit exzessiver Schläfrigkeit am Tage (Hypersomnien)**
3. **Störungen des zirkadianen Schlaf-wach-Rhythmus**
4. **Parasomnien (z. B. Schlafwandeln, Schlaftrunkenheit)**

Es gibt natürliche Extreme hinsichtlich der Schlafdauer. Der Kurzschläfer hat sozusagen eine »gesunde« Hyposomnie, der Langschläfer eine »gesunde« Hypersomnie.
Die Schlafenszeiten und damit verbundene Gewohnheiten müssen genau erfragt werden; Sie sollten unbedingt ein **Schlafprotokoll anfertigen lassen!** Häufig halten gerade ältere Menschen einen ausgedehnten Mittagsschlaf und haben hierdurch Schlafprobleme in der Nacht – bei insgesamt geringerem Schlafbedürfnis im Alter.
Hinter Schlafstörungen können sich eine Depression (häufig), ein hirnorganisches Psychosyndrom und andere ernsthafte psychiatrische Störungen (selten) verbergen.

Die Schlafenszeiten und damit verbundene Gewohnheiten müssen genau erfragt werden; Sie sollten unbedingt ein **Schlafprotokoll anfertigen lassen**!

Hinter Schlafstörungen können sich eine Depression (häufig), ein hirnorganisches Psychosyndrom und andere ernsthafte psychiatrische Störungen (selten) verbergen.

Einschlafstörungen sind sehr häufig psychisch bedingt. Die Patienten können sich nicht von den Problemen lösen, nicht »abschalten«. Im Bett steigen alle Sorgen und Ängste wieder vor dem geistigen Auge auf. Die Latenz vom Löschen des Lichtes bis zum Einschlafen ist deutlich verlängert. Insbesondere ältere Menschen, die plötzlich allein leben, weil der Partner verstorben ist, oder weil die Kinder alle aus dem Haus sind, leiden hierunter.

Einschlafstörungen sind sehr häufig psychisch bedingt. Die Patienten können sich nicht von den Problemen lösen, nicht »abschalten«.

Durchschlafstörungen sind gekennzeichnet durch eine normale Einschlafzeit und mehrere längere Episoden von Wachsein während der Nacht. Durchschlafstörungen können bei endogenen Depressionen, Alpträumen, Angstträumen oder Schlafwandeln auftreten. Aber auch ernste Herz- und Lungenerkrankungen können zum nächtlichen Erwachen führen, z. B. Nykturie (nächtliches Wasserlassen) und nächtliche Atemnot bei Herzinsuffizienz oder Asthmaanfall. Ursächlich hierfür sind die veränderte Körperhaltung mit Lungenstauung (nächtliches Lungenödem) oder auch allergische und hormonelle Einflüsse (z. B. beim Asthma).

Durchschlafstörungen: Normale Einschlafzeit, mehrere längere Episoden von Wachsein während der Nacht. Durchschlafstörungen können bei endogenen Depressionen, Alpträumen, Angstträumen oder Schlafwandeln auftreten. Aber auch ernste Herz- und Lungenerkrankungen können zum nächtlichen Erwachen führen.

Schwere **Atemregulationsstörungen** können auch unbemerkt vom Patienten auftreten (Schlafapnoe-Syndrom). Hier hilft nur die Fremdanamnese weiter.

Schwere **Atemregulationsstörungen** können auch unbemerkt vom Patienten auftreten (Schlafapnoe-Syndrom). Hier hilft nur die Fremdanamnese weiter. Der Schlafpartner muß Auskunft geben, ob der Patient laut und unregelmäßig schnarcht, vor allem ob längere Atempausen (Dauer von mindestens 10 Sekunden) auftreten. Die Patienten (Häufigkeit: Männer : Frauen wie 4 : 1) sind deutlich übergewichtig, haben oft einen hohen Blutdruck, sind tagsüber abnorm müde, schlafen tagsüber sogar spontan ein, sind antriebslos und evtl. depressiv. Dieses Syndrom ist relativ häufig und kann über eine gezielte Anamnese erfaßt werden.

Kasuistik. Ein 56jähriger Mann wird von seiner Frau gedrängt, zum Arzt zu gehen, da sie beunruhigt ist, weil er nachts zwischen dem Schnarchen häufig für kurze Zeit nicht mehr atmet. Die Anamnese ergibt, daß der Patient seit einigen Monaten bereits tagsüber abnorm müde und sogar schon mehrfach am Steuer kurz eingenickt ist. Er fühlt sich morgens unausgeschlafen und klagt über morgendliche Kopfschmerzen. Die körperliche Untersuchung ergibt ein Gewicht von 105 kg bei 177 cm Größe. Der Blutdruck ist mit 167/107 mmHg deutlich erhöht. Die weitere Untersuchung zeigt keinen pathologischen Befund; insbesondere ist die Auskultation von Herz und Lunge unauffällig.

Diagnose: Schlafapnoe-Syndrom.

Die Angaben der Ehefrau (Fremdanamnese) haben hier bereits den Schlüssel zur Diagnose geliefert. Bestätigt wird die Diagnose durch die anschließende polysomnographische Messung in der Nacht (Registrierung von O_2-Sättigung, EKG, Schnarchgeräuschen usw.). Übergewicht ist sehr häufig bei der Erkrankung. Die Reduktion des Gewichtes und schlafhygienische Maßnahmen bilden die Basis der Behandlung.

Definition ▶

Definition. Unter **Narkolepsie** versteht man eine abnorme Müdigkeit mit häufigem, plötzlich einsetzendem **Schlafzwang am Tage** (Schlafattacken), wobei gelegentlich ein Tonusverlust der Skelettmuskulatur hinzukommt (Kataplexie), so daß die Betroffenen hinstürzen oder in sich zusammensinken. Die Narkolepsie kommt ebenfalls häufig bei sehr adipösen Patienten (Pickwick-Syndrom) vor. Ursachen wie Epilepsie (zerebrales Krampfleiden) oder Hypoglykämie (Unterzuckerung) müssen differentialdiagnostisch in Betracht gezogen werden.

Zu den Ursachen von Schlafstörungen siehe ▤ A-**6**.

Eine Übersicht über die möglichen Ursachen für Schlafstörungen gibt ▤ A-**6**.

A-6: Ursachen für Schlafstörungen

Ursache	Symptome	Beispiele
Altersbedingt	• Einschlafstörungen (vornehmlich) • Frühes Aufwachen • Ausgedehntes Schlafen am Tage • Durchschlafstörungen	• Bis 2 Stunden Mittagsschlaf • Deutlich reduzierte Schlafdauer nachts
Psychogen: Angst, Depression, psychiatrische Erkrankung	• Einschlaf- und evtl. auch Durchschlafstörungen (bei Angst) • Leichte Ermüdbarkeit und Einschlaf-, gelegentlich auch Durchschlafstörungen (bei Depression)	• Besonders bei Alleinstehenden (z. B. verwitwet) Ursachen: • Existenzangst • Sorgen • Probleme
Medikamente, Alkohol, Drogen	• Einschlafstörungen • Hyposomnie • Abnorme Müdigkeit am Tage	• Zentralnervös anregende Substanzen (Genußmittel, wie Kaffee, Antidepressiva) • Alkohol- oder Schlafmittelentzug • Alkohol, Sedativa, Schlafmittel • Hypnotika
Skelettschmerzen, Wadenkrämpfe	• Muskel- oder Skelettschmerzen • Wadenkrämpfe	• Schmerzen bei Polymyalgia rheumatica • Wadenkrämpfe bei Diuretikaeinnahme wegen Herz- oder Niereninsuffizienz
Neurogen	• Schmerzen, Mißempfindungen, »Unruhe« in den Beinen	• Polyneuropathie (z. B. bei Diabetes) • Radikuläre Schmerzen • Restless legs
Nykturie	• Nächtliches Wasserlassen	• Herz- und Niereninsuffizienz • Inkontinenz • Blasenstörung (Diabetes, Prostatahypertrophie)
Atemnot	• Atemnot im Liegen • Besserung nach Aufstehen und Sauerstoffzufuhr (Fenster öffnen) • Erstickungsanfälle • Plötzliches Erwachen	• Asthma bronchiale • Nächtliches passageres Lungenödem • Paroxysmale nächtliche Dyspnoe (Herzinsuffizienz) • Schlafapnoe-Syndrom
Thoraxschmerzen und epigastrale Schmerzen	• Wiederholtes Erwachen aus dem Schlaf • Epigastrale Schmerzen, Sodbrennen	• Nächtliche Myokardischämie • Ulcus duodeni, ventriculi • Gastroösophagealer Reflux

14.3 Gewichtsveränderungen

14.3 Gewichtsveränderungen

◀ **Definition**

Definition. Das **Sollgewicht (Broca-Index)** errechnet sich aus der Größe (in cm) minus 100; z. B. beträgt das Sollgewicht eines 170 cm großen Mannes 70 kg. Das Idealgewicht liegt beim Mann um 10 %, bei der Frau um 15 % unter dem Sollgewicht (63 kg bei dem 170 cm großen Mann).
Der **Body-Mass-Index** (BMI) beschreibt unter Berücksichtigung des Körperbaus am besten das relative Gewicht und das damit verbundene Risiko. Der BMI bestimmt sich aus dem Quotienten

$$\frac{\text{Körpergewicht in kg}}{(\text{Körpergewicht in m})^2}$$

Der BMI hat eine gute Beziehung zur Körperfettmasse. Er kann mittels eines Nomogramms erstellt werden (A-**3**).

Der BMI hat eine gute Beziehung zur Körperfettmasse. Er kann mittels eines Nomogramms erstellt werden (A-**3**).

- Untergewicht: BMI < 20
- Normalgewicht: BMI 20–25
- Übergewicht: BMI 26–30
- Adipositas: BMI 31–40
- Schwere Adipositas: BMI > 40

Zur Beurteilung des Gesundheitsrisikos ist auch die **Form der Fettverteilung** von Bedeutung: Die androide (»Birnen«-) Form ist mit einem höheren Risiko belastet als die gynoide (»Apfel«-) Form. Ein wichtiges Maß ist dabei der **Taillen-/Hüftumfang.** Ein Verhältnis > 1,0 (Männer) bzw. > 0,85 (Frauen) gilt als pathologisch.

Zur Beurteilung des gesundheitlichen Risikos ist neben dem BMI die **Form der Fettverteilung** von Bedeutung: Die abdominelle oder androide Form ist mit einem höheren Risiko belastet als die glutäal-femorale oder gynoide Form. Man spricht auch von Apfel- und Birnenform. Ein wichtiges Maß ist dabei der **Taillen-/Hüftumfang.** Der Taillenumfang wird in Höhe des unteren Rippenbogens gemessen, der Hüftumfang in Höhe der Trochanter. Ein Verhältnis > 1,0 (Männer) bzw. > 0,85 (Frauen) gilt als pathologisch.

Die genaue Erfragung und Dokumentation von Gewicht und Größe ist aus mehreren Gründen wichtig. Die Adipositas ist ein eigenständiger Risikofaktor für Herz-Kreislauf-Erkrankungen. Bei Patienten mit **Ödemen** ist der Gewichtsverlauf sehr wichtig, da man einerseits über die Aktivität einer Erkrankung Auskunft erhält und andererseits die Wirkung der therapeutischen Maßnahmen abschätzen kann. Bei unbeabsichtigter **Gewichtsabnahme** kommen ernsthafte Erkrankungen wie Tumoren, endokrine Ursachen, Kollagenosen und schwere Infektionskrankheiten in Betracht. Die genaue Befragung des Patienten nach Umstellung der Ernährungsgewohnheiten, **Appetit** und zusätzlichen Symptomen, kann nähere Aufschlüsse über die mögliche Ursache geben (A-**7** und A-**8**).

Gewichtsveränderungen sind nicht nur durch Fettan- und -abbau bedingt, sondern können **auch durch Störungen im Wasserhaushalt** verursacht werden (siehe Ödeme, Kapitel C 5.3). Die genaue Erfragung und Dokumentation von Gewicht und Größe ist aus mehreren Gründen wichtig. Die Adipositas (> 20 % Übergewicht) ist ein eigenständiger Risikofaktor für Herz-Kreislauf-Erkrankungen. Bei Patienten mit **Ödemen** ist der Gewichtsverlauf sehr wichtig, da man einerseits über die Aktivität einer Erkrankung (z. B. bei Herzinsuffizienz) Auskunft erhält und andererseits die Wirkung der therapeutischen Maßnahmen abschätzen kann.

Bei unbeabsichtigter **Gewichtsabnahme** *(wieviel Kilogramm in welchem Zeitraum?)* kommen ernsthafte Erkrankungen wie Tumoren (Tumorkachexie), endokrine Ursachen (insbesondere Diabetes mellitus oder Hyperthyreose), Kollagenosen und schwere Infektionskrankheiten in Betracht; als gastrointestinale Erkrankungen sind zu nennen: Malabsorptionssyndrome, Morbus Crohn, Dünndarmdivertikulitis, Leberzirrhose, Bandwurm, ausgeprägte Hepato- und Splenomegalie bei chronisch lymphatischer Leukämie, Achalasie, Pylorusstenose. Die genaue Befragung des Patienten nach einer Umstellung der Ernährungsgewohnheiten, nach der Reduktion der Kalorienzahl und insbesondere nach dem **Appetit** (A-**7**), Stuhlverhalten und zusätzlichen Symptomen, kann nähere Aufschlüsse über die mögliche Ursache geben (A-**8**).

Definition ▶

Definition. Unter **Kachexie** versteht man eine allgemeine Auszehrung mit einer Gewichtsabnahme um mehr als 20 % des Sollgewichts. Eine hochgradige Abmagerung mit allgemeinem Kräfteverfall wird als **Marasmus** bezeichnet.

A-7: Appetit bei Gewichtsverlust

Appetit	Zusätzliche Symptome?	Verdachtsdiagnose
Gesteigert, Heißhunger	Wärmeintoleranz, Tachykardie	Hyperthyreose (Schilddrüsenüberfunktion)
Normal oder gesteigert	Polyurie, Durst, Müdigkeit	Diabetes mellitus (Anfangsstadium)
Normal oder gesteigert	Keine	Bandwurm
Normal oder vermindert	Durchfall	Enteritis
Vermindert	Oberbauchbeschwerden	Ulcus duodeni, Magenkarzinom
Vermindert	Abnormes Völlegefühl	Hepato-, Splenomegalie (CLL)
Vermindert	Fieber, Müdigkeit, evtl. Haut- und Gelenkerscheinungen	Kollagenosen Vaskulitiden
Vermindert	Müdigkeit, Erschöpfung	Depression

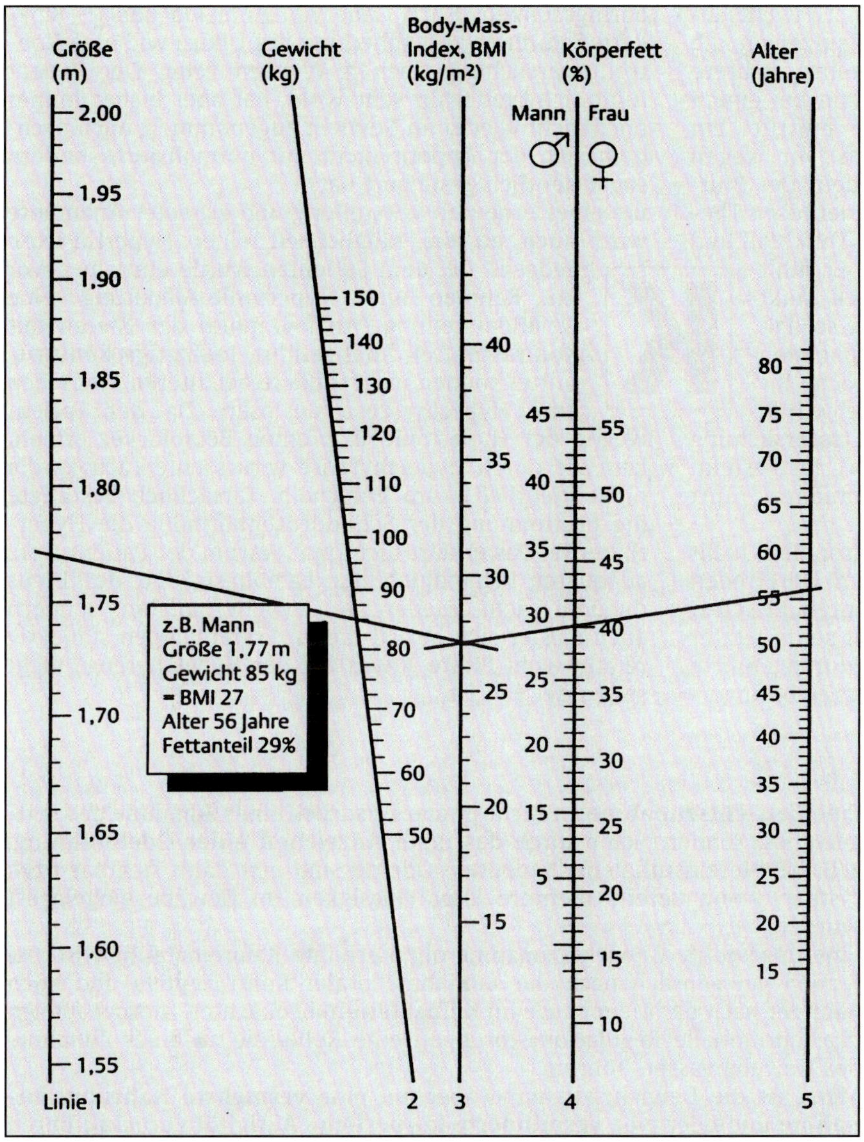

A-3: **Nomogramm.** Zur Ermittlung des BMI verbindet man mit einem Lineal die Größe (Linie 1) mit dem Gewicht (Linie 2). Am Schnittpunkt mit Linie 3 läßt sich der BMI ablesen. Soll zusätzlich der Körperfettanteil abgeschätzt werden, verbindet man den BMI mit dem Alter (Linie 5). Am Schnittpunkt mit Linie 4 erhält man den ungefähren Körperfettanteil in Prozent

A-8: Ursachen für Gewichtsveränderungen

	Erkrankung	Ursache
Gewichtszunahme	• Übergewicht, Adipositas • Herz-, Niereninsuffizienz • Endokrin: Hypothyreose, Morbus Cushing	• Erhöhte Kalorienzufuhr und/oder • Bewegungsmangel • Wassereinlagerung (Ödeme) • Metabolische Störungen und Ödeme
Gewichtsabnahme	• Anorexia nervosa • Tumor • Endokrin: Hyperthyreose	• Fasten, Erbrechen • Inappetenz, erhöhter Katabolismus • Hyperbolismus

Kasuistik. Ein extremes Beispiel einer Gewichtsabnahme soll exemplarisch die Problematik aufzeigen, die insbesondere dann entstehen kann, wenn mehrere Erkrankungen zusammentreffen, bzw. wenn bei einem chronisch Kranken ein neues Symptom auftritt: Ein 64jähriger Patient wird seit etwa einem Jahr wegen eines hohen Blutdrucks ambulant behandelt. Der Blutdruck normalisiert sich unter der medikamentösen Therapie. Der Patient berichtet plötzlich über Durchfall und Gewichtsabnahme (mehrere Kilogramm). Er fühlt sich sonst subjektiv wohl. Der Blutdruck sinkt parallel zur Gewichtsabnahme weiter ab, so daß vom Hausarzt bereits die blutdrucksenkenden Medikamente reduziert wurden. Eine Ursache für den Durchfall und die Gewichtsabnahme wurde nicht gefunden. Bei der bakteriologischen Untersuchung des Stuhls werden Parasiten (Lamblien) festgestellt. Eine entsprechende Therapie mit Metronidazol führt zum Verschwinden des Durchfalls.

Der Patient nimmt aber in der Folgezeit trotzdem nicht wieder an Gewicht zu. Die Nachbarn im Dorf reden schon über den stark abgemagerten Patienten. Er selbst fühlt sich aber ganz wohl, nur der Appetit sei in letzter Zeit etwas schlechter. Eine daraufhin durchgeführte Endoskopie des Magens zeigt ein großes Zwölffingerdarmgeschwür. Nach Gabe von Antazida und H_2-Blokkern kommt es zur Abheilung des Ulkus, wie eine Kontrolluntersuchung nach 4 Wochen zeigt. Der Patient fühlt sich weiterhin sehr wohl, hat aber bisher immer noch nicht wieder an Gewicht zugenommen, auch nachdem sich der Appetit nicht nur normalisiert, sondern sogar deutlich gesteigert hat.

Bei einer erneuten Vorstellung und erneuter Anamnese wird auch an die Möglichkeit einer Hyperthyreose gedacht. Bei dem Patienten wurde ein Jahr zuvor im Rahmen der Hypertonie-Abklärung eine Gefäßdarstellung (Angiographie) der Nieren mit Kontrastmittel durchgeführt. Jodhaltige Kontrastmittel können insbesondere bei älteren Menschen eine Hyperthyreose auslösen. Da der Patient wegen der Hypertonie u. a. einen Betablocker erhielt, kam die durch Hyperthyreose verursachte Tachykardie nicht (deutlich) zum Vorschein. Tatsächlich bestätigte die Bestimmung der Schilddrüsenhormone die Hyperthyreose. Das erklärt nicht nur, warum der Patient trotz adäquater Behandlung der Lambliasis und des Ulcus duodeni nicht wieder an Gewicht zunahm, sondern auch daß er sich bei all diesen Erkrankungen subjektiv relativ wohl fühlte – was bei der Hyperthyreose nicht selten der Fall ist.

Eine **Gewichtszunahme** ist nicht immer Ausdruck einer Zunahme des Fettgewebes, sondern kann **auch** das erste **Anzeichen einer Ödembildung**, z. B. bei Herzinsuffizienz, bedeuten. Ödeme sind erst dann sichtbar bzw. tastbar, wenn bereits mehrere Liter Flüssigkeit im Gewebe eingelagert wurden.

Eine **Gewichtszunahme** ist nicht immer Ausdruck einer Zunahme des Fettgewebes, sondern kann **auch** das erste **Anzeichen einer Ödembildung**, z. B. bei Herzinsuffizienz, bedeuten. Ödeme sind erst dann sichtbar bzw. tastbar, wenn bereits mehrere Liter Flüssigkeit im Gewebe eingelagert wurden.

Eine ungewollte Gewichtszunahme ohne erhöhte Kalorienzufuhr wird bei Frauen gelegentlich nach der Einnahme oraler Kontrazeptiva und noch häufiger nach der Menopause im Klimakterium beobachtet. Hierbei spielen u. a. hormonelle Regulationsstörungen eine Rolle, die zu einer Zunahme des Gewebewassers führen.

Meist ist die Gewichtszunahme aber auf eine **vermehrte Nahrungsaufnahme** und/oder eine **verminderte körperliche Aktivität** zurückzuführen.

Meist ist die Gewichtszunahme aber auf eine **vermehrte Nahrungsaufnahme** und/oder eine **verminderte körperliche Aktivität** zurückzuführen (Fragen nach Ernährungsgewohnheiten, körperlicher Aktivität und Sport; siehe Anamnesebogen, S. 87). Während im mittleren Lebensalter, wenn der Kalorienbedarf und die körperliche Aktivität abnehmen, eher eine Gewichtszunahme vorherrscht, kommt es im höheren Alter oft zu einer (physiologischen) Gewichtsabnahme. Frauen sind häufiger mit Gewichtsproblemen und -veränderungen beschäftigt als Männer, was auf psychokulturellen Hintergründen (Schönheitsideal) basiert.

Extreme Eßverhaltensstörungen sind die **Bulimie** (Freßsucht mit anschließendem Erbrechen) und die **Anorexia nervosa** (Magersucht).

Extreme Eßverhaltensstörungen sind die **Bulimie** (Freßsucht mit anschließendem Erbrechen) und die **Anorexia nervosa** (Magersucht), die zu schwerwiegenden organischen Erkrankungen führen können.

14.4 Fieber

Definition. Die Körpertemperatur zeigt einen zirkadianen (24 Stunden) Rhythmus mit niedrigen Werten in der Nacht (tiefster Wert 6 Uhr) und den höchsten Werten am Nachmittag (16 – 18 Uhr). **Fieber** bedeutet eine abnorme Erhöhung der rektal oder sublingual (0,3 °C tiefer) gemessenen Temperatur über 38,0 °C. Die rektal gemessene Temperatur kann beim Gesunden in einem weiten Bereich noch normal sein: 36,0 bis 38,0 °C.

Da die **axilläre Messung unzuverlässig** ist, sollte sie nur in Ausnahmefällen durchgeführt werden. Angesichts der Breite des Normalbereichs ist es wichtig, den individuellen Normalwert zu kennen. Einige Menschen haben extrem selten oder nie Fieber oder generell eine relativ niedrige Normaltemperatur. Die Temperatur sollte zu regelmäßigen Zeiten morgens und abends, zusätzlich bei Bedarf gemessen werden, und die Werte sollten vom Patienten protokolliert werden.

Fieber kann viele **Ursachen** haben:
- Infektionen durch Bakterien, Viren, Pilze, andere Erreger
- Entzündliche, rheumatologische Erkrankungen
- Kollagenosen, Vaskulitiden, Autoimmunerkrankungen
- Tumoren, Leukosen
- Medikamente (Drug induced fever)
- Selbst induziertes (vorgetäuschtes) Fieber

Wie bei kaum einem anderen Symptom kann sich die Ursachenforschung beim Fieber zur wahrhaft detektivischen Aufgabe ausweiten. Sowohl die Suche nach einem entsprechenden Erreger als auch nach einem Tumor oder einer Kollagenose erfordert immer eine systematische Befragung des Patienten. Die Frage nach der **beruflichen Exposition** (z. B. Metzger, Abdecker, Gerber, Kellner: **Leptospirose**) ist dabei ebenso wichtig wie die Frage nach **Haustierhaltung (Psittakose), früheren Unfällen oder Operationen (Osteomyelitis)**. Auch **Auslandsreisen** kommen als Expositionsmöglichkeit in Betracht (z. B. **Malaria**).
Akute fieberhafte Erkrankungen werden in den meisten Fällen berechtigterweise einer Infektion zugeschrieben. Der Fiebertypus allein läßt allerdings nur in wenigen Fällen direkte Rückschlüsse auf den Erreger zu. Weitere unspezifische Symptome wie Müdigkeit, Frösteln, Muskel- und Kopfschmerzen treten bei vielen Infektionen auf. Bei »echtem« Schüttelfrost kann die Erkrankung schon auf einige schwerwiegende (meist bakterielle) Infektionen eingeengt werden.

Merke. Beim **Schüttelfrost** muß das Bett wackeln.

Wichtige **Hinweise für die richtige Diagnose** liefern weiterhin:
- Beginn des Fiebers (abrupt/schleichend)
- Verlauf des Fiebers (fieberfreie Intervalle, A-**4**)
- Entfieberung unter Therapie auf Verdacht
- Hautausschlag (im zeitlichen Zusammenhang)

14.4 Fieber

◀ Definition

Da die **axilläre Messung unzuverlässig** ist, sollte sie nur in Ausnahmefällen durchgeführt werden.

Fieber kann viele **Ursachen** haben:
- Infektionen
- Entzündliche, rheumatologische Erkrankungen
- Kollagenosen, Vaskulitiden, Autoimmunerkrankungen
- Tumoren, Leukosen
- Medikamente (Drug induced fever)
- Selbst induziertes Fieber

Sowohl die Suche nach einem entsprechenden Erreger als auch nach einem Tumor oder einer Kollagenose erfordert immer eine systematische Befragung des Patienten.

Akute fieberhafte Erkrankungen werden in den meisten Fällen berechtigterweise einer Infektion zugeschrieben. Weitere unspezifische Symptome wie Müdigkeit, Frösteln, Muskel- und Kopfschmerzen treten bei vielen Infektionen auf.

◀ Merke

Wichtige **Hinweise für die richtige Diagnose** liefern:
- Beginn des Fiebers
- Verlauf des Fiebers (A-**4**)
- Entfieberung unter Therapie auf Verdacht
- Hautausschlag

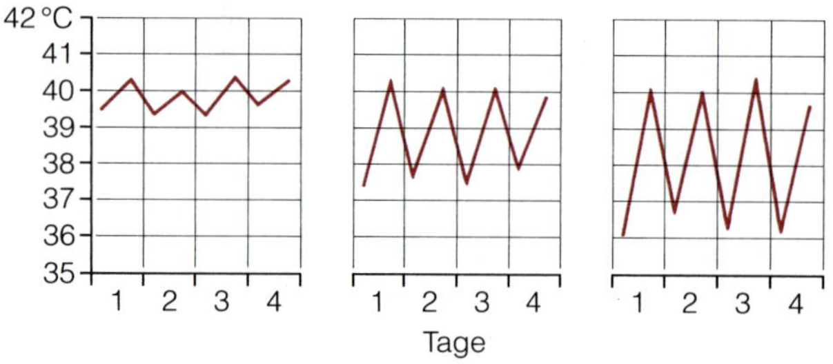

a Definition der Fiebertypen: kontinuierliches, remittierendes und intermittierendes Fieber

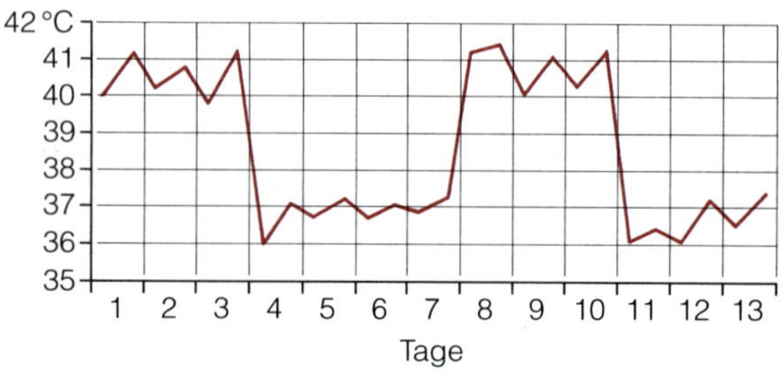

b Rekurrierendes Fieber

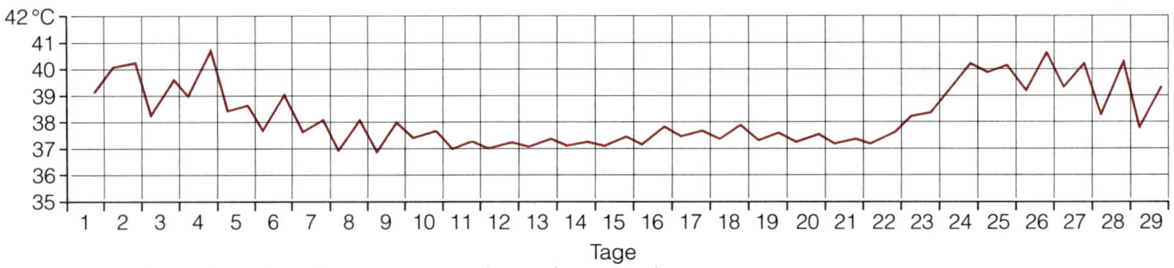

c Undulierendes Fieber (bei Tumoren, insbesondere Lymphomen, aber auch bei chronischen bakteriellen Infekten)

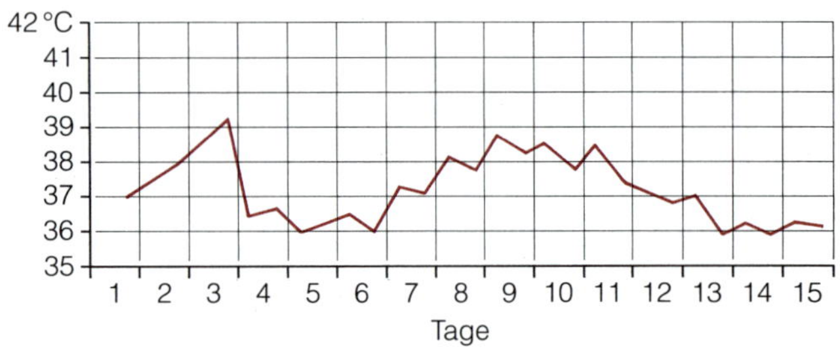

d Typische Dromedarkurve des Fiebers bei Virusinfekten (z. B. bei Masern, Poliomyelitis)

A-**4: Fieberkurven**

Klinische Beispiele ▶

Klinische Beispiele:

1. Hohes Fieber über 3 Tage mit anschließendem Exanthem bei Kleinkindern (Drei-Tage-Fieber oder Exanthema subitum, Ringelröteln).
2. Probatorische Therapie mit Tuberkulostatika bei mäßigem Fieber und Nachtschweiß mit dringendem Verdacht auf Tuberkulose (Erregernachweis in Spezialkultur dauert einige Wochen). Das Ansprechen auf die tuberkulostatische Therapie stützt die Diagnose TBC.
3. »Frieren«, Schüttelfrost und anschließendes Fieber als Ausdruck einer Sepsis einen Tag nach einem Eingriff (z. B. arterielle Angiographie, Blasenpunktion).
4. Periodisches Auftreten von Fieber bei Malaria (z. B. ca. alle 3 Tage), oder verbunden mit Halsschmerzen, Arthralgien und evtl. Hauterscheinungen beim seltenen Felty-Syndrom im Kindesalter bzw. beim noch selteneren Still-Syndrom im Erwachsenenalter.
5. Undulierendes Fieber bei Brucellose.

Definition. Als **Fieber ungeklärter Ursache** (angloamerikanisch: Fever of unknown origin = FUO) wird eine länger als 3 Wochen bestehende Körpertemperatur von über 38,3 °C definiert, deren Ursache auch nach einer Woche stationärer Diagnostik unklar bleibt.

◀ **Definition**

Es ist unmöglich und auch nicht bezahlbar, alle in Frage kommenden Raritäten durch eine entsprechend breite Diagnostik (Labor, Serologie, Kulturen, Biopsien, bildgebende Verfahren etc.) auszuschließen. Der klinische Alltag zeigt, daß die gezielte und wiederholte anamnestische Befragung letztlich doch in den meisten Fällen auf die richtige Spur weist. Immerhin sterben aber 10 % der Patienten mit Fieber ungeklärter Genese, bevor die Diagnose letztlich gestellt werden kann. Es handelt sich dabei vorwiegend um nicht diagnostizierte Tumoren (**Tumorfieber**).
Hinweise für die Diagnostik geben die A-**9** und A-**10**.

Der klinische Alltag zeigt, daß die gezielte und wiederholte anamnestische Befragung letztlich doch in den meisten Fällen auf die richtige Spur weist.

Hinweise für die Diagnostik geben die A-**9** und A-**10**.

A-9: Häufigkeit von Fieber »ungeklärter Ursache« als Leitsymptom bei Erwachsenen und Kindern

	Erwachsene	**Kinder**
Infektionen	35 %	45 %
Tumoren	23 %	10 %
Kollagenosen/Vaskulitiden	10 %	20 %
Verschiedene	18 %	11 %
Keine Diagnose	14 %	14 %

A-10: Häufigkeit bestimmter Diagnosen nach Untersuchungen wegen Fieber »ungeklärter Ursache« im Erwachsenenalter

Häufig (> 5 %)	• Lymphome, Leukosen • Solide Tumoren • Infektion der Gallenwege • Cholezystitis • Tuberkulose	• Abszesse im Abdomen • Endokarditis • Infektionen im Urogenitalbereich • Katheterinfektionen
Weniger häufig (1–4 %)	• Kollagenosen (z. B. SLE) • Vaskulitiden (z. B. Polymyalgia rheumatica, M. Horton) • Morbus Still • Medikamente (Drug fever) • Perikarditis • CMV-Infektion • Osteomyelitis	• Pyelonephritis • Rheumatisches Fieber • Malaria • Morbus Crohn • Lungenembolie • Hepatitis • Hämatome • Selbst induziertes Fieber
Selten (< 1 %)	• Brucellose • Candidiasis • Chronische Meningitis • Chronische Polyarthritis • Colitis ulcerosa • EBV-Infektion • Familiäres Mittelmeerfieber • Felty-Syndrom • Gefäßprothese • Histoplasmose • Leishmaniose • Leptospirose	• Morbus Whipple • Myelofibrose • Myxödem • Pannikulitis (Weber-Christian) • Phlebitis • Psittakose • Sarkoidose • Sinusitis • Thyreoiditis • Tularämie • Zahngranulom

14.5 Schwitzen

14.5 Schwitzen

Aufgrund mangelnder oder völlig fehlender körperlicher Aktivität im Berufsleben schwitzen die meisten Leute in den westlichen Ländern nur noch selten.

Abnormes Schwitzen in Verbindung **mit Fieber** lenkt den **Verdacht auf eine Infektion**.

Aufgrund mangelnder oder völlig fehlender körperlicher Aktivität im Berufsleben schwitzen die meisten Leute in den westlichen Ländern nur noch selten, es sei denn beim Sport oder in der Sauna. Wer körperlich kaum aktiv, untrainiert und zudem noch übergewichtig ist, kommt leicht ins Schwitzen – selbst bei kleinsten Anstrengungen.

Abnormes Schwitzen in Verbindung **mit Fieber** lenkt den **Verdacht auf eine Infektion**, seltener auch auf eine Kollagenose oder einen Tumor oder eine Schilddrüsenüberfunktion (Hyperthyreose). Schwitzen und Herzklopfen sind sichere Anzeichen von Unterzuckerung (Hypoglykämie) bei Diabetikern.

Bei **Nachtschweiß** denkt man sofort an Tuberkulose. Starkes nächtliches Schwitzen kommt gelegentlich auch ohne organische Erkrankung vor. Bei Patienten ohne Fieber und ohne eine chronische Erkrankung kann übermäßiges Schwitzen konstitutionell bedingt sein: Es gibt Patienten, die ihr Leben lang übermäßig schwitzen.

Bei **Nachtschweiß** denkt man sofort an Tuberkulose, die auch in den westlichen Ländern in den letzten Jahren wieder zunimmt (im Rahmen von AIDS). Starkes nächtliches Schwitzen (das zum Wechsel des Schlafanzugs zwingt) kommt gelegentlich auch ohne organische Erkrankung vor, besonders bei adipösen Patienten. Bei Patienten ohne Fieber und ohne eine chronische Erkrankung kann übermäßiges Schwitzen konstitutionell bedingt sein: Es gibt Patienten, die ihr Leben lang übermäßig schwitzen – sowohl tagsüber als auch nachts.

Als gustatorisches Schwitzen bezeichnet man die Schweißneigung bei scharfem oder nach opulentem Essen.

Im Zusammenhang mit organischen Erkrankungen findet man nächtliches Schwitzen (Schlafhyperhidrosis) gelegentlich bei Hyperthyreose, bei einigen zerebralen Erkrankungen (z. B. hypothalamische Läsion, Epilepsie), und beim Schlafapnoe-Syndrom. Natürlich muß auch immer an einen Tumor gedacht werden, insbesondere dann, wenn weitere B-Symptome auftreten (s. S. 56). Als gustatorisches Schwitzen bezeichnet man die Schweißneigung bei scharfem oder nach opulentem Essen.

14.6 Durst

14.6 Durst

Der Mensch kann viele Tage und sogar Wochen ohne Nahrung auskommen, aber er kann nur einige Tage ohne Trinken überleben.

Der Mensch kann viele Tage und sogar Wochen ohne Nahrung auskommen, aber er kann nur einige Tage ohne Trinken überleben. Heute wird gewohnheitsmäßig (meist zum Essen) ausreichend getrunken, so daß ein physiologisches Durstgefühl selten aufkommt, es sei denn nach sehr salzhaltigen Speisen.

Merke ▶

> ▶ ***Merke.*** Im Alter ist der Regelkreis zunehmend gestört: Ältere Menschen haben ein vermindertes Durstgefühl und trinken häufig nicht ausreichend.

Viele **Allgemeinbeschwerden** wie Schwindel, Kopfschmerzen, Konzentrationsstörungen usw. können auf mangelnde Flüssigkeitszufuhr zurückgeführt werden. Zur Prüfung des Hydratationszustandes siehe ◘ A-**5**.

Das kann ernsthafte Folgen haben, besonders in den Sommermonaten, wenn der extrarenale Wasserverlust größer ist und nicht durch vermehrtes Trinken kompensiert wird. Viele **Allgemeinbeschwerden** wie Schwindel, Kopfschmerzen, Konzentrationsstörungen usw. können auf mangelnde Flüssigkeitszufuhr zurückgeführt werden. Die reduzierte Trinkmenge kann aber auch die altersphysiologisch bereits eingeschränkte Nierenfunktion weiter verschlechtern (bis hin zum akuten, reversiblen Nierenversagen) und die Gefahr von Nebenwirkungen renal ausgeschiedener Arzneimittel erhöhen. Zur Prüfung des Hydratationszustandes siehe ◘ A-**5**.

Merke ▶

> ▶ ***Merke.*** Bei Exsikkose finden sich neben einer verminderten Urinproduktion (Oligurie) auch trockene Schleimhäute und ein verminderter Hautturgor.

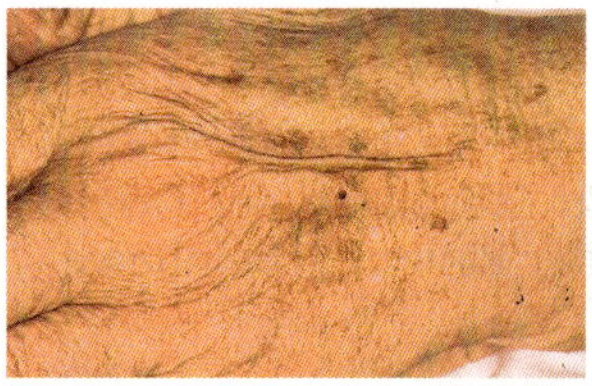

▲
Stehende Hautfalte bei Exsikkose

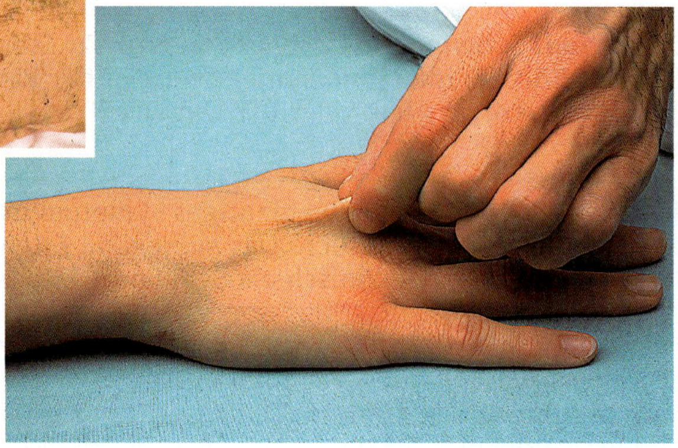

A-5: **Prüfung des Hydratationszustandes durch Anheben der Haut am Handrücken**

Abnormes Durstgefühl trotz reichlichen Trinkens kommt am häufigsten beim Diabetes mellitus vor. Hier bedingt der hohe Wasserverlust (**Polyurie** = pathologisch vermehrte Harnausscheidung) infolge der hohen Zuckerausscheidung (**Glukosurie**) den Durst und die reichliche Trinkmenge (**Polydipsie** = gesteigertes Durstempfinden und vermehrte Flüssigkeitsaufnahme). Eine gestörte Sekretion des antidiuretischen Hormons (ADH) führt beim Diabetes insipidus zu einem z. T. massiven Wasserverlust (bis 10 – 15 Liter/die); im Vergleich zum Diabetes mellitus eine absolute Rarität. Gelegentlich besteht eine gewohnheitsmäßig gesteigerte Trinkmenge, u. a. weil falsche Vorstellungen über den Wasserhaushalt bestehen.

Abnormes Durstgefühl trotz reichlichen Trinkens kommt am häufigsten beim Diabetes mellitus vor. Eine gestörte Sekretion des antidiuretischen Hormons (ADH) führt beim Diabetes insipidus zu einem z. T. massiven Wasserverlust.

Ausdruck einer schweren psychischen Störung ist die **Dipsomanie**. Diese psychogene Polydipsie geht oft mit anderen Suchtproblemen (Drogen, Medikamente, Alkohol) einher.

Ausdruck einer schweren psychischen Störung ist die **Dipsomanie.** Diese psychogene Polydipsie geht oft mit anderen Suchtproblemen einher.

Da Alkohol ein starker Hemmer der ADH-Sekretion ist, haben **Alkoholiker** eine **gesteigerte Diurese und häufig Durst**. Sie können trotz reichlicher Trinkmenge in einen Dehydratationszustand kommen (z. B. bei heißem Wetter oder im Bierzelt, wenn neben der Polyurie noch erheblicher Schweißverlust auftritt). Je mehr Alkohol getrunken wird, desto größer sind die Polyurie und der Durst. Mögliche Ursachen für abnormen Durst stellt A-**11** zusammen.

Da Alkohol ein starker Hemmer der ADH-Sekretion ist, haben **Alkoholiker** eine **gesteigerte Diurese und häufig Durst**.
Zu den Ursachen für abnormen Durst siehe A-**11**.

A-11: Ursachen für abnormen Durst

Extrarenaler Wasserverlust	Renaler Wasserverlust	Polydipsie
• Übermäßiges Schwitzen • Erbrechen, Durchfall • Blutverlust • Punktion von Ergüssen • Ödembildung	• Polyurie bei Diabetes mellitus • Polyurisches Nierenversagen • Hyperkalzämie • Hyperparathyreoidismus • Hyperaldosteronismus • Diabetes insipidus	• Habituell • Dipsomanie • Alkoholiker • Schädelverletzungen

14.7 Schwindel (Vertigo)

Definition ▶

Merke ▶

Es muß geklärt werden, ob es sich um einen **kardiovaskulären Schwindel**, einen **vaskulären/neurogenen Schwindel** oder einen **otologischen Schwindel** handelt.

Praktisches Beispiel ▶

Diese anamnestischen Angaben sind wegweisend für eine entsprechende Kategorisierung (▤ A-**12**).

14.7 Schwindel (Vertigo)

▶ ***Definition.*** Schwindel ist der Oberbegriff für Störungen der Orientierung des Körpers im Raum. Subjektiv erlebt der Patient Scheinbewegungen seines Körpers und/oder der Umwelt.

▶ ***Merke.*** Schwindel ist ein vieldeutiges Symptom und macht eine eingehende Anamnese erforderlich. Das subjektive Erleben kann weit von dem abweichen, das medizinisch als Schwindel klassifiziert wird.

Es muß geklärt werden, ob es sich um einen
- **kardiovaskulären Schwindel** (z. B. bei orthostatischer Hypotonie, Herzrhythmusstörungen),
- **vaskulären/neurogenen Schwindel** (z. B. bei vertebrobasilärer Insuffizienz) oder
- **otologischen Schwindel** (z. B. bei Schädigung des Gleichgewichtsorgans, Morbus Ménière) handelt.

Praktisches Beispiel:
Fragen zum Schwindel:
- *Haben Sie das Gefühl, daß sich die Umgebung dreht (Karussell) oder Sie sich selbst drehen?*
- *Schwanken Sie?*
- *Besteht auch Schwindel in Ruhe?*
- *Bessert sich der Schwindel, wenn Sie Ihre Augen geschlossen haben?*
- *Ist Ihnen zusätzlich übel? Haben Sie erbrochen?*

Diese anamnestischen Angaben sind wegweisend für eine entsprechende Kategorisierung (▤ A-**12**).

A-12: Kategorisierung des Schwindels

Art	**Kardiovaskulärer Schwindel**	**Vestibulärer = otologischer Schwindel**	**Zentraler Schwindel (zerebral, zerebrovaskulär)**
Auftreten	• Nach Aufstehen • Bei Belastung	• Bei Bewegung und in Ruhe	• Bei Belastung und in Ruhe
Störung	• Hypotonie • Niedriges Herzminutenvolumen	• Gleichgewichtsorgan • Labyrinth • VII. Hirnnerv	• Verminderte zerebrovaskuläre Perfusion • Hirnschädigung
Differenzierung	**Schwarzwerden, Flimmern vor den Augen**	**Drehschwindel** (richtungsbezogen)	**Schwankschwindel**
Symptome	• Plötzliche Benommenheit • Schweißausbruch • Übelkeit • Doppeltsehen • Herzklopfen • Schwäche in den Beinen • Herzstolpern • Kollaps, Synkope	• Fallgefühl • Liftgefühl • Evtl. Schwankschwindel • Lateropulsion • Tinnitus (Ohrensausen) • Nystagmus	• Taumeligkeit • Benommenheit • Unsicherheit • Betrunkenheitsgefühl • Evtl. neurologische Symptome
Ursache	• Orthostatische Dysregulation • Herzinsuffizienz • Herzrhythmusstörung • Aortenstenose	• Ototoxische Medikamente (Streptomycin, Gentamicin) • M. Ménière	• Gefäßverschluß • Enzephalitis • Meningitis • Tumor

Jeder hat schon einmal Schwindel erlebt, wenn er sich z. B. nach dem Bükken wieder schnell aufrichtet. Hierbei kommt es zu einer kurzen zerebralen Minderperfusion, da die Adaptation des Blutkreislaufs an die abrupte Änderung der Körperlage mit einer gewissen Verzögerung verlaufen kann, was jedoch nicht krankhaft ist. Auch ein Blutdruckabfall im Stehen (**orthostatische Regulationsstörung**) – wie er insbesondere bei jüngeren Frauen mit niedrigem Blutdruck (Hypotonie) häufig auftritt und zu Schwindel führen kann – ist noch nicht Ausdruck einer Erkrankung, obwohl der Schwindel subjektiv sehr unangenehm empfunden wird und gelegentlich auch zu einem **orthostatischen Kollaps** führt. Die Überbewertung der Hypotonie im deutschen Sprachraum hat im englischen Sprachraum zu der Bezeichnung »german disease« geführt. Bei jüngeren Personen ist die orthostatische Dysregulation eine habituelle (konstitutionelle) Störung. Bei älteren Patienten kann ein orthostatischer Kollaps durch einen abrupten Blutdruckabfall beim Aufrichten ernsthaftere Ursachen (▤ A-**13**) und auch gravierende Folgen (Sturz, Frakturen) haben.
Es sollte aber auch immer **nach Medikamenten gefragt** werden.

Jeder hat schon einmal Schwindel erlebt, wenn er sich z. B. nach dem Bücken wieder schnell aufrichtet. Auch ein Blutdruckabfall im Stehen ist noch nicht Ausdruck einer Erkrankung. Bei jüngeren Personen ist diese **orthostatische Dysregulation** eine habituelle Störung. Bei älteren Patienten kann ein **orthostatischer Kollaps** durch einen abrupten Blutdruckabfall ernsthaftere Ursachen (▤ A-**13**) und auch gravierende Folgen haben.

Es sollte aber auch immer **nach Medikamenten** gefragt werden.

A-13: Ursachen des orthostatischen Schwindels

Versacken des Blutes im venösen System (venöses Pooling)	• Längeres Stehen • Plötzliches Aufrichten • Akute Infektion • Schwere Varikosis • Gestörte Vasomotoren-Aktivität
Verminderter Muskeltonus	• Längere Bettlägerigkeit • Ältere Patienten
Periphere Neuropathie (Diabetes mellitus, Guillain-Barré-Syndrom)	• Sympathektomie (Grenzstrangläsion, z. B. operativ) • Rückenmarksläsion (Syringomyelie, Tabes dorsalis) • Shy-Drager-Syndrom (schwere orthostatische Hypotonie bei fehlender oder stark verminderter Katecholaminsekretion)
Chronische idiopathische orthostatische Hypotonie (medikamenteninduziert?)	• Blutdrucksenkende Medikamente (mit zentralnervöser Wirkung) • Tranquilizer • Levodopa • Phenothiazine • H_2-Blocker (Überdosierung)

Schwindel stellt gelegentlich das erste Symptom einer höhergradigen **Aortenstenose** dar, die plötzlich dekompensieren kann. Die Auskultation (s. S. 179 ff.) ergibt einen typischen Befund, die Echokardiographie (Ultraschalluntersuchung des Herzens) bestätigt anschließend die Diagnose.
Ist Schwindel Ausdruck einer **Herzinsuffizienz**, so sind meist weitere Symptome wie Atemnot (Dyspnoe) oder Ödeme vorhanden.

Schwindel stellt gelegentlich das erste Symptom einer höhergradigen **Aortenstenose** dar. Die Auskultation ergibt einen typischen Befund.

Ist Schwindel Ausdruck einer **Herzinsuffizienz**, so sind meist weitere Symptome vorhanden.

Herzrhythmusstörungen als Ursache von Schwindel (s. S. 177) kommen häufig im Zusammenhang mit einer organischen Herzerkrankung vor, können – jedoch seltener – auch bei sonst herzgesunden Patienten auftreten. Wird der Schwindel (bei älteren Patienten) bei Kopfdrehungen oder überstrecktem Hals bemerkt (z. B. beim Rasieren), so ist an ein **Karotissinus-Syndrom** zu denken: Eine mechanische Reizung des Karotissinus (im Bereich der Karotisgabel) führt bei bestehender Gefäßsklerose zu einer überstarken Senkung der Herzfrequenz (Bradykardie) und des Blutdrucks (Hypotonie). Es kann sogar zur kurzzeitigen Bewußtlosigkeit (Synkope, s. S. 72 f.) kommen – die alten steifen Stehkrägen unserer Großväter hießen Vatermörder (sic)!

Herzrhythmusstörungen als Ursache von Schwindel können auch bei sonst herzgesunden Patienten auftreten. Wird der Schwindel bei Kopfdrehungen oder überstrecktem Hals bemerkt, so ist an ein **Karotissinus-Syndrom** zu denken.

Praktisches Beispiel ▶

Praktisches Beispiel:
- *Wann tritt der Schwindel auf?*
- *Wenn Sie schnell aufstehen?*
- *Beim Kopfdrehen oder Rasieren?*
- *Bei Aufregung?*
- *Bei Lagewechsel?*

Bei **Kompression oder Verschluß der A. subclavia** kann über die A. vertebralis das zerebrale Gefäßbett angezapft werden. So kann es bei Muskelarbeit mit dem linken Arm zu Schwindel kommen **(Subclavian-steal-Syndrom)**. Mögliche Ursachen sind eine Kompression der A. subclavia zwischen M. scalenus medius und anterior, zwischen Klavikula und 1. Rippe, durch eine Halsrippe oder durch einen Prozeß an der Pleurakuppel; am häufigsten aber bei einer Stenose der A. subclavia vor dem Abgang der A. vertebralis.
Bei zerebralem Schwindel mit neurologischer Symptomatik muß an eine schwerwiegende zerebrale Durchblutungsstörung gedacht werden. Sie ist als Vorläufer eines Schlaganfalls **(Apoplexie)** zu deuten. Diese kurzfristigen und vollständig reversiblen Erscheinungen werden **TIA** (transitorische ischämische Attacke) oder **RIND** (reversibles ischämisches neurologisches Defizit) genannt.

Zentraler Schwindel kann ebenfalls im Rahmen einer multiplen Sklerose **(Encephalitis disseminata)** auftreten.

Relativ harmlos ist der Schwindel bei **psychogener Hyperventilation**. Patienten mit Hyperventilationssyndrom atmen sehr schnell, sind agitiert, sehr ängstlich und meinen, sterben zu müssen.
Plötzlich auftretender heftiger Drehschwindel mit Ohrensausen spricht für einen **Morbus Ménière.**
Bei gleichzeitigem **Nystagmus** (Augenzittern) handelt es sich um einen vestibulären Schwindel.

Bei **Kompression oder Verschluß der Arteria subclavia** kann über die Arteria vertebralis das zerebrale Gefäßbett angezapft werden; der Blutstrom fließt dann rückwärts (retrograd). So kann es bei Muskelarbeit (erhöhte Blutzufuhr!) mit dem linken Arm zu Schwindel kommen (Anzapfsyndrom oder **Subclavian-steal-Syndrom**).
Mögliche Ursachen für ein Subclavian-steal-Syndrom sind eine Kompression der A. subclavia zwischen M. scalenus medius und anterior, zwischen Klavikula und 1. Rippe, durch eine Halsrippe oder durch einen Prozeß an der Pleurakuppel, am häufigsten aber bei Arteriosklerose bzw. einer Stenose der A. subclavia vor dem Abgang der A. vertebralis.

Bei zerebralem Schwindel mit neurologischer Symptomatik, z. B. plötzliches minutenlanges Erblinden (Amaurosis fugax), kurzzeitigen Lähmungserscheinungen, Sprachstörungen, Verwirrtheit, Sensibilitätsstörungen oder Doppelbildern muß an eine schwerwiegende zerebrale Durchblutungsstörung gedacht werden. Sie ist als Vorläufer eines Schlaganfalls **(Apoplexie)** zu deuten. Diese kurzfristigen und vollständig reversiblen Erscheinungen werden **TIA** (transitorische ischämische Attacke) oder **RIND** (reversibles ischämisches neurologisches Defizit) genannt. Die Dauer beträgt Minuten bis 24 Stunden bei der TIA, bzw. einige Tage bis maximal 3 Wochen beim RIND.

Zentraler Schwindel kann ebenfalls im Rahmen einer multiplen Sklerose **(Encephalitis disseminata)** auftreten, besonders häufig bei gleichzeitigem Vorliegen von Doppelbildern.
Relativ harmlos ist der Schwindel bei **psychogener Hyperventilation**. Patienten mit Hyperventilationssyndrom suchen meist notfallmäßig einen Arzt auf. Sie atmen sehr schnell, sind agitiert, sehr ängstlich und meinen, sterben zu müssen.

Plötzlich auftretender heftiger Drehschwindel, mit Ohrensausen und evtl. Hörverlust, Übelkeit und Erbrechen, spricht für einen **Morbus Ménière** bzw. – jedoch seltener – auch für eine **Labyrinthitis**.
Ist ein **Nystagmus** (Augenzittern) vorhanden, so handelt es sich um einen vestibulären Schwindel.

14.8 Synkopen

14.8 Synkopen

Definition ▶

▶ ***Definition.*** Eine Synkope ist ein anfallsartiger kurzdauernder Bewußtseinsverlust infolge einer vorübergehenden zerebralen Minderdurchblutung.

Die Ursachen sind z. T. dieselben wie beim Schwindel; insbesondere kardiovaskuläre und zerebrovaskuläre Störungen kommen in Betracht.

Die Ursachen sind z. T. dieselben wie beim Schwindel; insbesondere kardiovaskuläre und zerebrovaskuläre Störungen kommen in Betracht. Die Ursachensuche bleibt trotz intensiver Diagnostik in ca. 50 % ergebnislos. Anamnestische Angaben und Fragen können die möglichen Ursachen am besten einkreisen.

Man unterscheidet folgende Synkopentypen:
- Vagovasal
- Orthostatisch
- Kardiogen
- Karotissinus-Syndrom
- Husten, Niesen, Miktion

Man unterscheidet folgende Synkopentypen:
- Vagovasal
- Orthostatisch
- Kardiogen
- Karotissinus-Syndrom
- Husten, Niesen, Miktion

Am häufigsten ist die **vagovasale Synkope**, ausgelöst durch psychische Faktoren wie Angst oder Schmerz. Sie tritt z. B. auf bei der Blutabnahme, bei einem Unfall oder bei einer unangenehmen Mitteilung. Betroffen sind gesunde, besonders sensible Personen. Die Synkope wird begleitet von Übelkeit, Schwitzen oder Oberbauchbeschwerden. Der vagovasale Reflex (Vasopressorreflex) führt zu einer reflektorischen Gefäßerweiterung (Vasodilatation) mit Blutdruckabfall und evtl. Bradykardie (Pulsfrequenz < 50/min). Diese Art von Synkopen werden vorwiegend durch emotionale und schmerzhafte physische Belastungen hervorgerufen, so vor allem durch Verletzungen, Verbrennungen, Infektionen, Schmerzen, in der Schwangerschaft, während der Menstruation, bei Pleurapunktionen, Bauchtraumen usw. Sie treten häufig bei Jugendlichen und jungen Erwachsenen auf, die sonst vollkommen gesund sind. Gelegentlich können auch Kinder betroffen sein.

Durch entsprechende Fragen muß geklärt werden, unter welchen Umständen und in welcher Situation die Synkope auftritt.

Am häufigsten ist die **vagovasale Synkope**, ausgelöst durch psychische Faktoren wie Angst oder Schmerz. Sie tritt z. B. auf bei der Blutabnahme, bei einem Unfall oder bei einer unangenehmen Mitteilung. Die Synkope wird begleitet von Übelkeit, Schwitzen oder Oberbauchbeschwerden.

> ▶ ***Merke.*** Vagovasale Synkopen treten nur im Stehen oder Sitzen auf, am häufigsten nach dem Aufstehen. Prädisponierend ist eine Schwächung des Organismus beispielsweise nach Schlafentzug und während Fastenperioden.

◀ **Merke**

Kardiale Synkopen treten auf bei Herzrhythmusstörungen, vermindertem Herzschlagvolumen (low output syndrome) und fortgeschrittener valvulärer Aortenstenose. Diese Synkopen kommen dementsprechend eher bei älteren Patienten vor und werden durch körperliche Anstrengung provoziert, wenn die geforderte Steigerung der Auswurffraktion nicht gewährleistet ist. Die »Anfälle« kommen fast immer ohne Vorwarnung »aus heiterem Himmel«. Danach sind die Patienten entweder wieder völlig klar, oder es besteht noch eine gewisse Verwirrtheit. Längere Bewußtlosigkeit spricht eher gegen eine kardiale Synkope. Die Patienten berichten meistens über einen Sturz, weniger über Bewußtlosigkeit.

Kardiale Synkopen treten auf bei Herzrhythmusstörungen, vermindertem Herzschlagvolumen und fortgeschrittener valvulärer Aortenstenose. Die »Anfälle« kommen fast immer ohne Vorwarnung »aus heiterem Himmel«. Längere Bewußtlosigkeit spricht eher gegen eine kardiale Synkope.

Als **Adams-Stokes-Syndrom** wird eine Synkope infolge einer Herzrhythmusstörung, insbesondere bei Blockbildern (höhergradiger AV-Block oder SA-Block), bezeichnet (◘ A-**6**).

Als **Adams-Stokes-Syndrom** wird eine Synkope infolge einer Herzrhythmusstörung, insbesondere bei Blockbildern bezeichnet (◘ A-**6**).

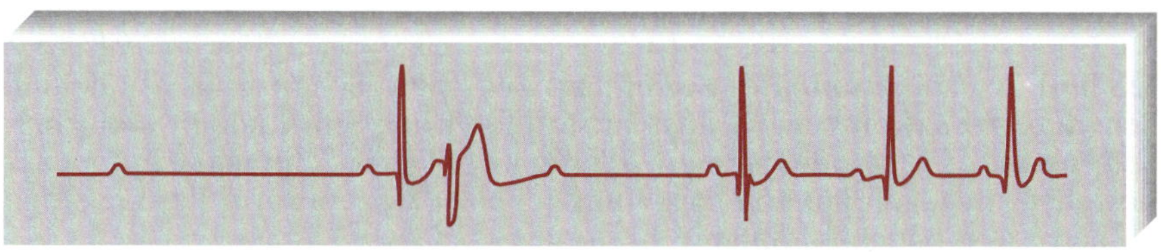

◘ A-**6: AV-Block III. Grades und Asystolie von 2 Sekunden Dauer**

Wie bereits besprochen, kann auch die **orthostatische Dysregulation** neben Schwindel zum Kollaps mit Bewußtlosigkeit, also zur Synkope führen. Hier ist ebenfalls die Anamnese der Schlüssel zur Diagnose.

Wie bereits ausführlich besprochen, kann auch die **orthostatische Dysregulation** neben Schwindel zum Kollaps mit Bewußtlosigkeit, also zur Synkope führen. Hier ist ebenfalls die Anamnese der Schlüssel zur Diagnose: z. B. orthostatische Reflexsynkope bei einer 80jährigen Patientin, die nachts beim Gang zur Toilette auftritt.

Husten-, Nies- und Miktionssynkopen: Hustenattacken führen zur Erhöhung des intrathorakalen Druckes, so daß es zur Synkope kommen kann. Auch Niesen kann zur Synkope führen. Bewußtlosigkeit kann bei sehr voller Blase während der Miktion auftreten. Betroffen sind vor allem Männer (Rarität!).

Husten-, Nies- und Miktionssynkopen: Hustenattacken führen zur Erhöhung des intrathorakalen Druckes. Dadurch werden der venöse Rückstrom zum Herzen und die Ventrikelfüllung kurzfristig vermindert, so daß es zur Synkope kommen kann. Auch Niesen kann – obwohl selten – wahrscheinlich über einen vagalen Reflex – zur Synkope führen. Bewußtlosigkeit kann auch mal bei sehr voller Blase während der Miktion auftreten. Bevorzugt betroffen sind Männer, insbesondere während des nächtlichen Wasserlassens im Stehen: Der Blutdruck fällt ab (Orthostasereaktion) und der venöse Rückstrom zum Herzen ist durch den hohen Blasendruck vermindert; so kann es zur Synkope kommen. Zusätzlich spielen wahrscheinlich noch reflektorische Mechanismen eine Rolle.
Bei Sängern, Trompetern oder Gewichthebern kann der venöse Blutfluß durch gehäufte Quasi-Valsalvamanöver beeinträchtigt werden und zur **respiratorischen Synkope** führen.

14.9 Schmerzen

14.9 Schmerzen

Die subjektive Schmerzempfindung ist durch mehrere Faktoren geprägt. Die nonverbale Präsentation der Schmerzsymptomatik, die Schilderung der Schmerzen, zusätzliche Symptome und Befunde lassen eine Einordnung bereits bei der Anamnese zu.

Die subjektive Schmerzempfindung ist u. a. durch soziale Herkunft, Rasse, Erziehung usw. geprägt. Die nonverbale Präsentation der Schmerzsymptomatik (Mimik und Gestik), die Schilderung der Schmerzen, zusätzliche Symptome und Befunde lassen eine Einordnung bereits bei der Anamnese zu. Die körperliche Untersuchung liefert dann weitere Hinweise und ermöglicht häufig bereits die Diagnosestellung.

Die **systematische Erfassung** von Schmerzen gelingt nur durch gezielte Befragung nach Qualität, Intensität, zeitlichem Auftreten, Lokalisation und Ausstrahlung, der Beziehung zu körperlicher Aktivität oder Ruhe sowie zur Nahrungsaufnahme, nach dem Zusammenhang mit anderen Beschwerden und den Umständen der Schmerzintensivierung bzw. -linderung (▤ A-**14**).
Es besteht keine direkte Beziehung zwischen Schmerzintensität und Schwere der Erkrankung.

Die **systematische Erfassung** von Schmerzen gelingt nur durch gezielte Befragung. Fragen Sie nach Qualität, Intensität, dem zeitlichen Auftreten, der Lokalisation und Ausstrahlung, der Beziehung zu körperlicher Aktivität oder Ruhe sowie zur Nahrungsaufnahme, ob ein Zusammenhang mit anderen Beschwerden besteht und ob der Schmerz durch bestimmte Umstände intensiviert oder gelindert wird (▤ A-**14**).

Es besteht keine direkte Beziehung zwischen Schmerzintensität und Schwere der Erkrankung. Selbst im fortgeschrittenen Stadium kann beispielsweise ein Magenkarzinom häufig ohne jede Schmerzsymptomatik bestehen. Dagegen können sog. »funktionelle« Magen-Darm-Beschwerden zu heftigsten Bauchkrämpfen führen.

Merke ▶

▶ ***Merke.*** Bei Brustschmerzen ist immer ein Infarkt auszuschließen.

Aber auch der Patient mit einer Herzneurose hat so heftige Herzbeschwerden, daß er ständig Angst hat, einen Herzinfarkt zu erleiden.

Merke ▶

▶ ***Merke.*** Schmerzen sind in der Sprechstunde nur schwer objektivierbar und in ihrer Intensität einschätzbar.

A-14: Gezielte Fragen zur Schmerzsymptomatik

Schmerzsymptomatik	Fragen	Beispiele
Qualität	Wie ist der Schmerz? • Brennend • Stechend • Krampfartig • Wellenförmig • Kolikartig • Dumpf	• Wie Muskelkater bei der Polymyalgia rheumatica • Brennend bei gastro-ösophagealem Reflux • Wellenförmig krampfartig bei Nierenkolik • Dumpf, drückend beim Herzinfarkt
Intensität	Wie stark ist der Schmerz? • Analgetikaeinnahme erforderlich • Erträglicher Schmerz • Unerträglicher Schmerz • Vernichtungsschmerz	Vernichtend bei • Herzinfarkt • Dissezierendem Aorten-aneurysma • Pankreatitis (akut)
Zeitliches Auftreten	• Beginn • Dauer und Ende des Schmerzes? • Nur tagsüber • In Intervallen • Rezidivierend • Häufig/selten	• Dauer einer Angina pectoris typischerweise nur Minuten • Radikulärer Schmerz (nachts stärker)
Lokalisation und Ausstrahlung	• Oberflächlich/tief • Punctum maximum • Ausstrahlung, wohin?	• Punktuell ohne Ausstrahlung (funktionelle Herzbeschwerden) • Flächenhaft mit typischer Ausstrahlung in den linken Arm (Angina pectoris) • Wirbelsäulenerkrankungen strahlen häufig als Extremitätenschmerz aus • Segmentäre Lokalisation bei radikulärem Schmerz
Beziehung zu körperlicher Aktivität/Ruhe und Nahrungsaufnahme	• Wird der Schmerz bei körperlicher Anstrengung verstärkt oder verschwindet er? • Hat die Lageänderung einen Einfluß? • Steht der Schmerz im Zusammenhang mit der Nahrungsaufnahme? • Abnahme in Ruhe	• Funktionelle Herzbeschwerden (Verschwinden bei Belastung) • Ulcus duodeni (Nüchternschmerz) • Chronische Gastritis (Besserung nach Nahrungsaufnahme) • Radikulärer Schmerz (stärker durch Husten u. Niesen) • Ischämischer Schmerz
Zusammenhang mit anderen Beschwerden	Zusätzliche Symptome bzw. Erkrankungen: • Chronische Erkrankung (Diabetes)	• Lichtempfindlichkeit oder Übelkeit bei Migränekopfschmerz • Schmerzempfindung abgeschwächt/aufgehoben: »stummer Herzinfarkt« bei diabetischer Neuropathie
Umstände, unter denen sich der Schmerz intensiviert oder mildert	Besserung/Verschlechterung • Am Wochenende • Im Urlaub	Psychogen bedingte oder verstärkte Schmerzen • Verschlechterung am Arbeitsplatz • Besserung in der Freizeit

◄ **Beispiel**

Beispiel Kopfschmerzen: Ein Hirntumor als Ursache von Kopfschmerzen ist eine Rarität. Meist sind diese durch äußerliche und innerliche Verspannungen (Spannungskopfschmerz) bedingt, die sich unter bestimmten Umständen verschlimmern (bei der Arbeit, unter psychischem oder sozialem Druck) oder bessern (z. B. am Wochenende oder im Urlaub). Ebenso wie nicht jeder Herzschmerz auf einen Herzinfarkt hindeutet, ist nicht jeder Kopfschmerz Ausdruck eines Hirntumors und nicht jeder Magenschmerz auf ein Zwölffingerdarmgeschwür zurückzuführen.

Interessant sind die verschiedenen »Zielorgane« der funktionellen Beschwerden. Es ist auf Anhieb nicht einsichtig, warum verschiedene Menschen in derselben Situation körperlich so unterschiedlich reagieren: der eine mit Magenschmerzen oder Durchfall, der andere mit Herz- oder Kopfschmerzen.

Schmerzen im Bereich des Skelettsystems kommen sehr häufig vor. Hier helfen nur die genaue Befragung nach der Lokalisation und die anschließende körperliche Untersuchung weiter.

Schmerzen im Bereich des Skelettsystems kommen sehr häufig vor; die Palette reicht dabei von Arthralgien (Gelenkschmerz) mit einem bestimmten Verteilungsmuster, z. B. bei entzündlicher rheumatischer Erkrankung, bis zu sehr diffusen Schmerzen »am ganzen Körper« (häufig psychogen). Hier helfen nur die genaue Befragung nach der Lokalisation *(Welche Gelenke sind genau befallen? Bestehen muskuläre Beschwerden?)* und die anschließende körperliche Untersuchung weiter.

Schmerzen am ganzen Körper als nicht zu objektivierender Befund sollten richtig verstanden werden: Sie sind möglicherweise Ausdruck einer Depression oder einer neurotischen Störung.

Schmerzen am ganzen Körper als nicht zu objektivierender Befund sollten richtig verstanden werden: Sie sind möglicherweise Ausdruck einer Depression oder einer neurotischen Störung. Auch wenn keine objektivierbaren Befunde vorliegen, sollten Schmerzen nie als »eingebildet« klassifiziert werden. Hierdurch wird der Zugang zum Patienten verbaut. Man bedenke, daß in seltenen Fällen auch eine entzündliche Muskelerkrankung (Myositis oder Dermatomyositis) Schmerzen »am ganzen Körper« hervorrufen kann. Nicht selten erlaubt erst der weitere Verlauf einer chronischen Erkrankung mit Hinzutreten weiterer Symptome eine Diagnosestellung; daher sollte man sich nicht zu früh festlegen. Gezielte Fragen, z. B. nach einer Schmerzverstärkung beim Husten, Niesen oder nachts, können bei Extremitätenschmerzen auf einen radikulären Ursprung hindeuten (z. B. Bandscheibenvorfall mit Kompression der Nervenwurzel).

Bei **Schmerzanfällen** und **Koliken** spielt neben dem Schmerzcharakter die genaue Lokalisation und die Ausstrahlung eine wichtige Rolle.

Ein optimales Bild über die Schmerzen des Patienten erhält man nur, wenn man versucht, seine Sprache zu sprechen, d. h. seine Eigenschaftswörter zu verwenden.

Bei **Schmerzanfällen** und **Koliken** spielen neben dem Schmerzcharakter die genaue Lokalisation und die Ausstrahlung eine wichtige Rolle (exemplarisch siehe ▣ C-**3.26**, S. 252).

Ein optimales Bild über die Schmerzen des Patienten erhält man nur, wenn man versucht, seine Sprache zu sprechen, d. h. seine Eigenschaftswörter zu verwenden. Das ist besonders wichtig bei ausländischen Patienten, deren Sprachkenntnisse nicht für eine differenzierte Schilderung ausreichen. Quantitative und qualitative Vergleiche sind hierbei sehr hilfreich (z. B. schneidender, scharfer Schmerz = Messer, dumpfer Schmerz = Stein etc.).

Die Differenzierung zwischen Schmerzen erfolgt im speziellen Teil dieses Buches bei den einzelnen Organsystemen.

Die Differenzierung zwischen organisch bedingten Schmerzen, z. B. bei mangelnder arterieller Durchblutung (**ischämischer Schmerz**), bei verschiedenen **somatischen** (körperlichen) oder **viszeralen** (die Eingeweide betreffenden) Schmerzen erfolgt im speziellen Teil dieses Buches bei den einzelnen Organsystemen.
Chronische, anfallsweise auftretende brennende Schmerzen bezeichnet man als Kausalgie.

Chronische, anfallsweise auftretende brennende Schmerzen bezeichnet man als Kausalgie.

Beim somatischen Schmerz unterscheidet man den **Oberflächenschmerz** vom **Tiefenschmerz**. Viszerale Schmerzen entstehen in den Eingeweiden.

Beim somatischen Schmerz unterscheidet man den **Oberflächenschmerz**, die Haut betreffend (z. B. Stich, Quetschung, Wunde), vom **Tiefenschmerz**, der Muskeln, Bindegewebe, Gelenke und Knochen betrifft (z. B. Muskelkrampf, Arthroseschmerz). Viszerale Schmerzen entstehen in den Eingeweiden, z. B. Gallenkolik, Ulkusschmerz, oder Schmerzen bei Blinddarmentzündung.

Kasuistik. Wie seelisches Leid zu körperlichen Schmerzen führen kann, und wie der Schmerz wiederum Zuwendung verschafft, soll folgende extreme Krankengeschichte eines 33jährigen Mannes veranschaulichen: Seit 5 Jahren treten multiple Schmerzen im Bereich des Skeletts auf (Rückenschmerzen, Kniegelenksschmerzen, Schmerzen in den Ellenbogengelenken und in der linken Schulter). Seit frühester Jugend bestehen Schmerzen im Bereich beider Handgelenke ohne Hinweis für akut entzündliche Veränderungen. Neben arthroskopischen Operationen beider Kniegelenke wurden in den letzten 2 Jahren insgesamt 6 Zähne wegen Zahnschmerzen gezogen. Wegen Leistenbrüchen und postoperativen Neuralgien wurden beidseits je 3 (!) Herniotomien (Leistenoperationen) bzw. Neurolysen (Nervenoperation) durchgeführt. Seit dem Vorschulalter treten rezidivierende Halbseitenkopfschmerzen auf. Derzeit erfolgt eine Schmerztherapie mit MAO-Hemmern, trizyklischen Antidepressiva und Schmerzmitteln.
Erst die intensive Exploration mit dem Patienten in der psychosomatischen Abteilung förderte die zugrundeliegenden Konflikte in der Familie und mit der Ehefrau an den Tag. Die Beschwerden des Patienten lassen sich nun verständlicher als konversionsneurotische Schmerzen einordnen. Damit wird die Möglichkeit einer gezielten psychotherapeutischen Behandlung eröffnet.

15 Körperliche Untersuchung und Befund

15 Körperliche Untersuchung und Befund

Am Beginn jeder Arzt-Patienten-Beziehung steht die je nach der Situation mehr oder weniger ausführliche Anamnese. Um die richtigen Fragen zu stellen und die Antworten des Patienten interpretieren zu können, sind viel ärztliche und menschliche Erfahrung, differentialdiagnostisches Denken in Wahrscheinlichkeiten und gründliche Kenntnisse von Krankheitsbildern erforderlich. All dies fehlt dem Medizinstudenten am Beginn des klinischen Studienabschnitts. Wohl aber besitzt er ein profundes Wissen in den vorklinischen Fächern wie Anatomie und Physiologie. **Daher haben wir aus didaktischen Gründen den üblichen Ablauf des Arzt-Patienten-Kontakts umgekehrt und beginnen jedes Kapitel zunächst mit der körperlichen Untersuchung. Hier ist das anatomische Wissen gut einsetzbar und die Vorgehensweise fast ausschließlich durch den Untersucher und weniger durch den Patienten zu bestimmen.** So gesehen erscheint die körperliche Untersuchung als der einfachere und auch leichter zu vermittelnde Teil der basalen ärztlichen Techniken. Man kann sie eher aus Büchern und durch Zuschauen lernen. Die Anamneseerhebung kann dagegen bei verschiedenen Patienten nie ganz nach dem gleichen Schema erfolgen, da die Antworten und Reaktionen des Patienten auf gestellte Fragen prinzipiell nicht vorhersehbar sind und viele mögliche Verständnisprobleme auf beiden Seiten schnell ein falsches Bild entstehen lassen können. Vom Arzt ist nicht nur großes klinisches Wissen um die Symptomatologie von Krankheiten, sondern auch Einfühlungsvermögen und Verständnis gefordert. Zudem ist jeder Arzt-Patienten-Kontakt in einen gewissen zeitlichen Rahmen gezwängt. **In einem begrenzten Zeitraum ein Optimum und Maximum an Information vom Patienten zu bekommen und ihm dabei gleichzeitig das Gefühl von Zuwendung und Anteilnahme zu vermitteln, das ist die Kunst der Anamnese und die Grundlage einer erfolgreichen Arzt-Patienten-Beziehung überhaupt.**

15.1 Konstitutionstypen

Der Psychiater **Kretschmer** hat drei wesentliche Körperbautypen definiert,

15.1 Konstitutionstypen

Der Psychiater *Kretschmer* hat drei wesentliche Körperbautypen definiert, denen er typische Charaktereigenschaften zuordnete (A-**7**). Der **leptosome oder asthenische Typ** ist demnach ein magerer, lang aufgeschosse-

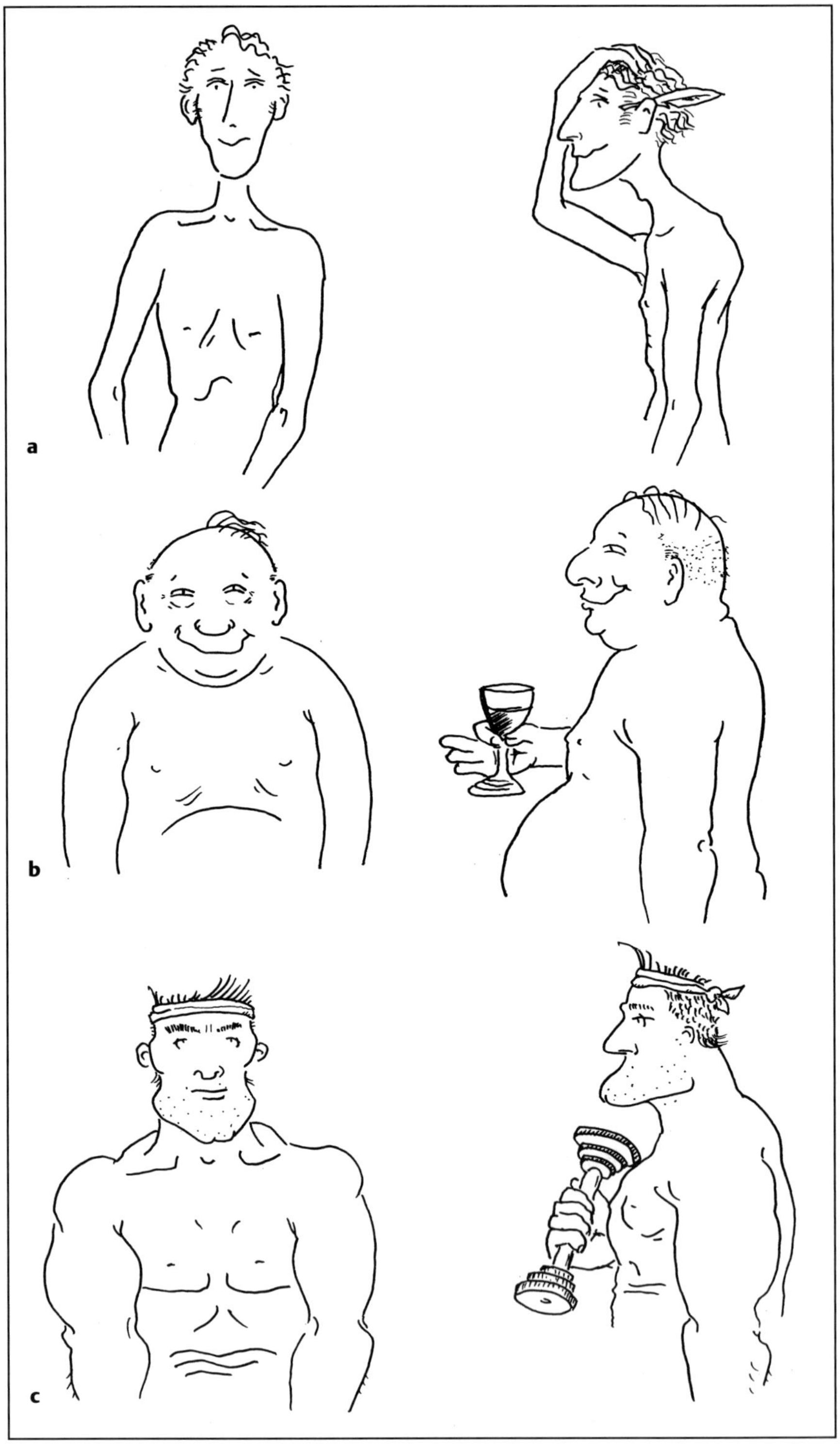

A-**7**: **Konstitutionstypen:**
a asthenischer Typ
b pyknischer Typ
c athletischer Typ

ner Typ mit länglichem Gesicht, schmalen Schultern und flachem Brustkorb (Typ Don Quichote). Somatisch findet man bei diesem Typ eine relative Häufung von Hypotonie, orthostatischer Dysregulation und Ulcus duodeni/ventriculi. Psychisch neigt er zu nüchterner Distanz gegenüber den Mitmenschen und weist Merkmale des Idealisten bis hin zum Fanatismus auf. Der **pyknische Typ** ist eher klein mit bauchbetonter Adipositas, hat ein rundliches Gesicht und schmale Schultern (Typ Sancho Pansa). Somatisch findet man bei ihm gehäuft Hypertonie, koronare Herzkrankheit, Schlaganfall und Gicht. Zu den psychischen Merkmalen gehören eine weltzugewandte Genußfreudigkeit, Geselligkeit und heitere Aufgeschlossenheit gegen Mitmenschen. Der **athletische Typ** hat breite muskulöse Schultern, einen kräftigen Hals, einen gewölbten Thorax mit großem Sagittaldurchmesser und einen eher eckigen Schädel. Besondere somatische Krankheiten werden diesem Typ nicht zugeordnet, psychisch neigt er zu allgemeiner, manchmal fast klebriger Bedächtigkeit.
Da die meisten Menschen nicht vollständig in diese Typologie passen, sollte man ihre Bedeutung mit humorvoller Distanz bewerten. Im Streben nach Typisierung neigt man dazu, Eigenschaften, die nicht in das vorgeformte Bild passen, zu verdrängen. Man sollte die Typisierung aber kennen, da sie auch heute noch gelegentlich in Arztbriefen verwendet wird.

denen er typische Charaktereigenschaften zuordnete (A-7):
- **Leptosomer oder asthenischer Typ**
- **Pyknischer Typ**
- **Athletischer Typ**

Da die meisten Menschen nicht vollständig in diese Typologie passen, sollte man ihre **Bedeutung nicht überbewerten.** Man sollte die Typisierung aber kennen, da sie auch heute noch gelegentlich in Arztbriefen verwendet wird.

Schätzen Sie die Größe eines Patienten und lassen Sie seine Gestalt auf sich wirken. Fällt Ihnen ein dysproportionierter Wuchs auf, sind die Extremitäten besonders lang oder kurz, wie ist die Form des Schädels? **Einige endokrine Erkrankungen** und **angeborenen Skelettanomalien** gehen mit **charakteristischen Proportionsveränderungen** einher (A-**15**).

Schätzen Sie die Größe eines Patienten und lassen Sie seine Gestalt und Proportionen auf sich wirken. Einige **endokrine Erkrankungen** und **angeborenen Skelettanomalien** gehen mit **charakteristischen Proportionsveränderungen** einher (A-**15**).

A-15: Endokrine Störungen und Skeletterkrankungen mit typischem Habitus

Erkrankung	Typische Merkmale
Akromegalie	Grobe Gesichtszüge, große Hände und Füße
Cushing-Syndrom	Stammbetonte Adipositas, Stiernacken
Klinefelter-Syndrom	Hochwuchs, femininer Gesichtsausdruck
Hypophysärer Kleinwuchs	»Proportionierter« Kleinwuchs
Rachitis	»Krumme Beine«
Chondrodystrophie	Normale Rumpflänge, kurze Extremitäten, großer Kopf, starke Lendenlordose
Marfan-Syndrom	Lange, dünne Extremitäten, Hochwuchs
Morbus Paget	Großer Schädel, krumme Unterschenkel

15.2 Allgemeinzustand, Ernährungszustand

In den meisten Untersuchungsbögen findet man die etwas unscharfe Formulierung »Patient in gutem Allgemeinzustand (AZ) und Ernährungszustand (EZ)«. Versuchen Sie, einem Kollegen, der Ihre Aufzeichnungen liest, ein möglichst anschauliches Bild von dem Patienten zu machen, wie er sich für Sie im Moment der ersten Begegnung dargestellt hat. Lassen Sie dabei auch die Parameter des geistig-seelischen Allgemeinzustandes wie Bewußtseinsklarheit, Orientierung, Mitarbeit, depressive Stimmung, Teilnahmslosigkeit oder Aggressivität nicht außer acht. Seien Sie sich aber bewußt, daß Sie sich gerade bei einer kurzen ersten Begegnung manchmal täuschen können. Geben Sie bei älteren, oft stark behinderten Patienten ganz praktische Hinweise auf den Grad der Behinderung.

15.2 Allgemeinzustand, Ernährungszustand

In den meisten Untersuchungsbögen findet man die etwas unscharfe Formulierung »Patient in gutem Allgemeinzustand (AZ) und Ernährungszustand (EZ)«. Versuchen Sie, einem Kollegen, der Ihre Aufzeichnungen liest, ein möglichst anschauliches Bild von dem Patienten zu machen, wie er sich für Sie im Moment der ersten Begegnung dargestellt hat. Seien Sie sich aber bewußt, daß Sie sich gerade bei einer kurzen ersten Begegnung manchmal täuschen können.

Beispiele ▶

Beispiele für exaktere Beschreibungen des Patientenzustandes:

- Untergewichtiger, laut jammernder Patient, der sich vor Schmerzen auf der Liege krümmt und sich den Leib bei angezogenen Beinen hält (akute Pankreatitis).
- Zeitlich und örtlich voll orientierter Patient, Schweiß auf der Stirn, hält sich die linke Flanke, motorisch sehr unruhig, läuft ständig umher und hüpft von einem Bein auf das andere (Nierensteinkolik).
- Nach Luft japsender, untergewichtiger Patient, sitzt mit aufgestützten Armen auf dem Bett (Asthma bronchiale).
- Sehr adipöser Patient mit Lippenzyanose, Tachypnoe und angstvollem Gesichtsausdruck (Lungenembolie).
- Stuporöse Frau mit starrem Blick, reagiert nicht auf Ansprechen, steht nicht aus dem Rollstuhl auf, nestelt ständig mit den Fingern (senile Demenz).
- Muskelkräftiger, tief komatöser Patient, reagiert nicht auf stärkste Schmerzreize, Pupillen träge reagierend (Schädel-Hirn-Trauma).
- Muskelkräftiger Mann mit Tätowierungen an beiden Oberarmen und Alkoholgeruch, der droht, »er würde Anzeige wegen unterlassener Hilfeleistung erstatten und an die Presse gehen, wenn er nicht sofort den Chefarzt sprechen könne« (aus dem Alltag einer Großstadtklinik).

Die **Beschreibung entscheidender Details** gibt mehr Auskunft über den Allgemeinzustand des Patienten als die wenig aussagekräftige Formulierung eines »reduzierten Allgemeinzustandes«.

Den **Ernährungszustand** beurteilen Sie grob durch Inspektion, exakter durch die Faustregel: Körpergröße in cm – 100 = Gewicht in kg. Dieses **Normalgewicht nach Broca** ist allerdings relativ ungenau. Zu weiteren Methoden der Beurteilung des Ernährungszustandes siehe Kapitel 14.3, S. 61f.

Unabhängig vom Gesamtgewicht gelingt eine gute Einschätzung des Ernährungszustandes durch die **Bestimmung der Dicke des subkutanen Fettgewebes.** Für die medizinische Diagnostik ist vor allem der **Verlauf des Körpergewichts in den letzten Monaten** von Interesse. Sehr kurzfristige Gewichtsschwankungen sind nicht durch Änderungen der Fett- oder Muskelmasse, sondern durch Wassereinlagerungen bzw. -verluste bedingt.

Den **Ernährungszustand** beurteilen Sie grob durch Inspektion, exakter durch die Faustregel: Körpergröße in cm – 100 = Gewicht in kg (z. B. 180 cm – 100 = 80 kg). Dieses **Normalgewicht nach Broca** ist allerdings relativ ungenau und eignet sich vorwiegend zur Erfassung der Überernährung. Faktoren wie kräftiger Knochenbau und stark entwickelte Muskulatur werden dabei nicht berücksichtigt. Zu weiteren Methoden der Beurteilung des Ernährungszustandes siehe Kapitel 14.3, S. 61f.

Unabhängig vom Gesamtgewicht gelingt eine gute Einschätzung des Ernährungszustandes durch die **Bestimmung der Dicke des subkutanen Fettgewebes.** Heben Sie dazu eine Hautfalte in der hinteren Axillarlinie ab und prüfen Sie die Dicke zwischen Daumen und Zeigefinger. Der Normalbereich des Körpergewichts umfaßt, abhängig vom Knochenbau, Muskelmasse, Wassereinlagerungen und konstitutionellen Faktoren, einen relativ weiten Bereich. Für die medizinische Diagnostik ist vor allem der **Verlauf des Körpergewichts in den letzten Monaten** von Interesse. Sehr kurzfristige Gewichtsschwankungen innerhalb weniger Tage sind nicht durch Änderung der Fett- oder Muskelmasse, sondern durch Wassereinlagerungen bzw. -verluste bedingt.

15.3 Vigilanz und Sprache

15.3 Vigilanz und Sprache

Definition ▶

Definition. Unter **Vigilanz** versteht man die Wachheit, Aufmerksamkeit bzw. Erregbarkeit eines Patienten.
Zu den Vigilanzstörungen gehören:

- **Somnolenz:** Abnorme Schläfrigkeit bei erhaltener akustischer Weckreaktion; Patient öffnet die Augen und wendet sich beim Ansprechen zu.
- **Sopor:** Es fehlen spontane Bewegungen; bei Anruf kurzzeitiges Blickwenden in Richtung der Geräuschquelle; erhaltene Fluchtreaktion auf Schmerzreize, z. B. Waden kneifen.
- **Koma:** Keine Reaktion auf akustische oder optische Reize, ungezielte Abwehrbewegungen bei Schmerzreizen; im tiefen Koma keine Schmerzreaktion.

Vigilanzstörungen können bei allen traumatischen, vaskulären, entzündlichen oder tumorösen Hirnprozessen, bei Intoxikationen und bei metabolischen Entgleisungen auftreten.
Haben Sie beim ersten Kontakt mit dem Patienten den Eindruck, er leide an einer **Orientierungsstörung**, so sollten Sie die örtliche, zeitliche, situative und personale Orientierung durch einfache Fragen nach Datum, Wochentag, Jahreszeit, Ort des Gesprächs, Name einer bekannten Persönlichkeit usw. prüfen. Stellen Sie bewußt zweimal dieselbe Frage, um sich von der Reproduzierbarkeit und damit Validität der Angaben zu überzeugen.

Vigilanzstörungen können bei allen traumatischen, vaskulären, entzündlichen oder tumorösen Hirnprozessen, bei Intoxikationen und bei metabolischen Entgleisungen auftreten.
Haben Sie beim ersten Kontakt mit dem Patienten den Eindruck, er leide an einer **Orientierungsstörung**, so sollten Sie die örtliche, zeitliche, situative und personale Orientierung durch einfache Fragen prüfen.

Eigenarten des Sprechens sind ein wertvolles diagnostisches Hilfsmittel. Dabei soll hier nicht auf den Inhalt dessen eingegangen werden, was der Patient sagt, sondern nur, **wie er spricht**. Sprechen ist ein einfacher Test für eine **Dyspnoe**. Wenn der Patient beim Sprechen längerer Sätze immer zum Luftholen unterbrechen muß, so deutet das auf eine Abnahme des Atemvolumens hin, z. B. bei Lungenemphysem. Ungenaue Lautbildung (**Dysarthrie**), vor allem der Konsonanten, kloßiges Sprechen, abgehackter Sprechrhythmus oder monotone Intonation sind Indizien für eine zentrale Läsion im Bereich der Großhirnhemisphären, des Hirnstamms oder der Stammganglien. Störungen der Stimmbildung (**Dysphonie**) wie Heiserkeit, Einschränkung der Höhe, Dynamik und Stabilität der Stimme sollten Anlaß zur Inspektion der Stimmbänder geben, kommen aber auch beim Myxödem oder beim Morbus Parkinson vor.
Vermerken Sie im Krankenblatt Ihren Eindruck und dokumentieren Sie praktische Beispiele. Bedenken Sie, daß auch ein lückenhaftes Gebiß, Veränderungen der Zunge, schmerzhafte Aphthen und Gaumenfehler Probleme beim klaren Sprechen machen können. Zu den motorischen und sensorischen Aphasien siehe Kapitel C 9 Nervensystem und Psyche.

Eigenarten des Sprechens sind ein wertvolles diagnostisches Hilfsmittel. Dabei soll hier nicht auf den Inhalt dessen eingegangen werden, was der Patient sagt, sondern nur, **wie er spricht**. Sprechen ist ein einfacher Test für eine **Dyspnoe**. Ungenaue Lautbildung (**Dysarthrie**) ist ein Indiz für eine zentrale Läsion.
Störungen der Stimmbildung (**Dysphonie**) sollten Anlaß zur Inspektion der Stimmbänder geben.

15.4 Körperhaltung und Gang

15.4 Körperhaltung und Gang

Die **Körperhaltung** wird im wesentlichen durch die Form der Wirbelsäule und des Thorax, die Symmetrie der Extremitäten sowie die Entwicklung und Innervation der Muskulatur bestimmt. Sie spiegelt auch die psychische Verfassung des Patienten wider. **Der allgemeine Eindruck**, den Sie von einem Patienten haben, **wird wesentlich durch seine Körperhaltung geprägt**. Beobachten Sie den Patienten vor allem in den ersten Sekunden der Begegnung, wenn er sich noch nicht formell untersucht fühlt, z. B. wenn er bei der Begrüßung auf Sie zukommt oder Ihnen den Rücken zukehrt, um sich auszukleiden. Manche Haltungsformen sind nahezu diagnostisch wegweisend, z. B. die leicht seitlich und nach vorne gebeugte Schonhaltung von Patienten mit akuter Lumbago oder die vorgebeugte starre Haltung von Patienten mit Morbus Bechterew (▣ A-**8**). Parkinson-Kranke, Depressive oder Patienten unter dem Einfluß von Neuroleptika haben häufig eine schlaffe, gebeugte Haltung mit hängenden und wenig mitbewegten Armen.
Auch bei bettlägerigen Patienten ergeben sich aus der Haltung diagnostische Rückschlüsse. Herz- und Lungenkranke bevorzugen im Bett die fast sitzende Stellung, Patienten mit schwerer Dyspnoe stützen im Sitzen zusätzlich die Arme auf die Unterlage und bringen so ihre auxiliäre Atemmuskulatur effektiver zum Einsatz. Schmerzende Körperteile werden gerne mit beiden Händen gehalten. Patienten mit peritonitischer Reizung liegen meist still im Bett und haben in Seitenlage die Beine angezogen, dagegen sind Patienten mit Koliken unruhig, wühlen mit den Fäusten das Kissen und bewegen die Beine. Wer eine Pleuritis hat, liegt in der Regel auf der kranken Seite, um die Atemexkursionen auf dieser Seite möglichst gering zu halten.
Die **Beurteilung des Ganges ist** eine einfache, aber sehr effektive Methode, um den **Bewegungsablauf** und die **Koordination der Bewegungen** zu studieren. Bestimmte Gangmuster erlauben eine Diagnose durch bloße Beobachtung. Der Hemiplegiker führt das gelähmte Bein im Halb-

Die **Körperhaltung** wird im wesentlichen durch die Form der Wirbelsäule und des Thorax, die Symmetrie der Extremitäten sowie die Entwicklung und Innervation der Muskulatur bestimmt. Sie spiegelt auch die psychische Verfassung des Patienten wider. **Der allgemeine Eindruck**, den Sie von einem Patienten haben, **wird wesentlich durch seine Körperhaltung geprägt**.
Manche Haltungsformen sind nahezu diagnostisch wegweisend, z. B. die leicht seitlich und nach vorne gebeugte Schonhaltung von Patienten mit akuter Lumbago.

Auch bei bettlägerigen Patienten ergeben sich aus der Haltung diagnostische Rückschlüsse. Beispielsweise bevorzugen Herz- und Lungenkranke im Bett die fast sitzende Stellung, Patienten mit schwerer Dyspnoe stützen im Sitzen zusätzlich die Arme auf die Unterlage und bringen so ihre auxiliäre Atemmuskulatur effektiver zum Einsatz.

Die **Beurteilung des Ganges** ist eine einfache, aber sehr effektive Methode, um den **Bewegungsablauf** und die **Koordination der Bewegungen** zu studieren. Der Hemiplegiker z. B. führt

das gelähmte Bein im Halbkreis herum, da er es in Gangrichtung nicht hoch genug anheben kann, wobei der gleichseitige Arm nicht mitbewegt wird.
Bei der Peronäusparese wird der Unterschenkel abnorm hoch angehoben und der schlaff herabhängende Fuß mit der Spitze zuerst aufgesetzt (Steppergang).

kreis herum, da er es in Gangrichtung nicht hoch genug anheben kann, wobei der gleichseitige Arm nicht mitbewegt wird. Patienten mit Morbus Parkinson oder zerebraler Arteriosklerose haben einen kleinschrittigen schlurfenden Trippelgang. Paraspastiker schieben beide Füße hörbar schleifend nach vorne, Patienten mit zerebellärer Ataxie setzen sie stampfend und unharmonisch auf. Bei der Peronäusparese wird der Unterschenkel abnorm hoch angehoben und der schlaff herabhängende Fuß mit der Spitze zuerst aufgesetzt (Steppergang), bei beidseitiger Lähmung des M. glutaeus medius im Rahmen einer Muskeldystrophie entsteht der sog. Watschelgang durch Absinken des Beckens auf der Seite des Schwungbeins.

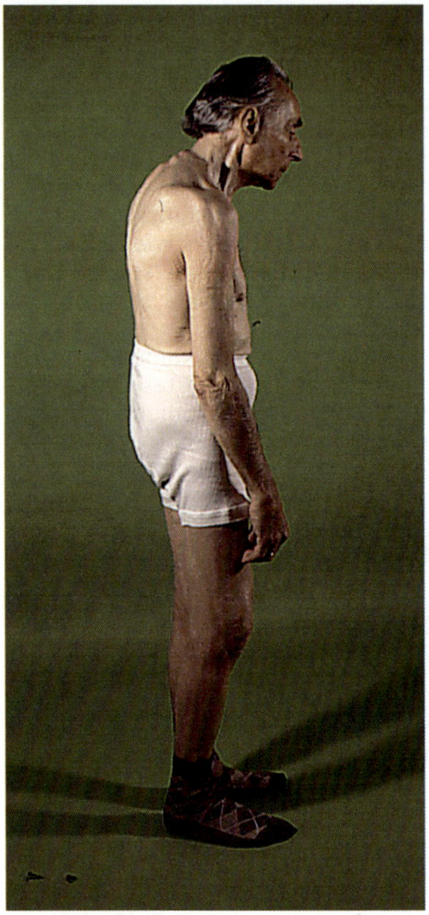

A-8: Typische Haltung bei einem Patienten mit Morbus Bechterew

15.5 Gesicht, Mimik und Gestik

Da viele Erkrankungen mit **charakteristischen Gesichtsveränderungen** einhergehen, sollten Sie bereits während des Anamnesegesprächs das Gesicht des Patienten studieren. Starke Raucher mit chronischer Bronchitis haben oft sehr **grobe Gesichtsfalten** und wirken dadurch vorgealtert. Patienten mit chronischer Niereninsuffizienz weisen dagegen nicht selten ein **schmutzig-braunes Hautkolorit** auf. Beim Myxödem wirken die Gesichtszüge verquollen (A-**9**).

15.5 Gesicht, Mimik und Gestik

Da viele Erkrankungen mit **charakteristischen Gesichtsveränderungen** einhergehen, sollten Sie bereits während des Anamnesegesprächs das Gesicht des Patienten studieren. Starke Raucher mit chronischer Bronchitis haben oft sehr **grobe Gesichtsfalten** und wirken dadurch vorgealtert, Frauen mit Diabetes mellitus sehen durch gerötete Bäckchen manchmal geradezu »rosig« aus. **Teleangiektasien** an den Wangen findet man vor allem bei Menschen, die viel im Freien arbeiten (Landwirte), ebenso grobe rautenförmige Hautlinien am Nacken (Nuchen rhomboidalis). Alkoholkranke haben häufig eine beidseitige **Parotisschwellung**, ein aufgedunsenes Gesicht, Teleangiektasien und eine gerötete Nase. Bei Polycythaemia vera ist das ganze Gesicht gerötet, die Akren weisen zusätzlich eine gewisse Zyanose auf. Starke Blässe kann konstitutionell bedingt sein, tritt aber auch bei Anämie oder Nephrose auf, im letzten Fall kombiniert mit einem Gesichtsödem. Patienten mit chronischer Niereninsuffizienz weisen dagegen nicht selten ein **schmutzig-braunes Hautkolorit** auf. Die Akromegalie führt zu **vergröberten Gesichtszügen** mit hervorspringenden Augenwülsten und großem Kinn. Besonders typisch ist das Gesicht bei der Sklerodermie mit **schmalen Lippen und perioraler Fältelung** sowie spitzer Nase. Beim Myxödem wirken die Gesichtszüge verquollen (◘ A-**10**). Betrachten Sie die **Gesichtsbehaarung**: Bei Männern mit Leberzirrhose, kontrasexueller Therapie, aber auch Hypogonadismus kommt es zu einer Verweiblichung mit geringem Bartwuchs und glatter, zarter Haut. Frauen mit adrenogenitalem Syndrom oder polyzystischen Ovarien bekommen eine übermäßige Gesichtsbehaarung.

Betrachten Sie auch die **Gesichtsbehaarung**.

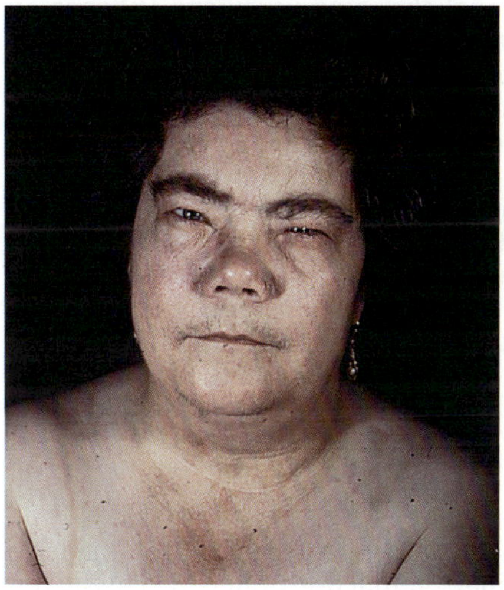

◘ A-**9: Gesichtszüge einer Patientin mit Hypothyreose (Myxödem)**

Achten Sie darauf, mit welcher **Mimik** der Patient seine Beschwerden berichtet. Bei Morbus Parkinson kommt es zu **mimischer Bewegungsarmut**. Depressive haben häufig einen **weinerlichen** oder wie **versteinert wirkenden Gesichtsausdruck**. Auch bei der Untersuchung des Abdomens ist die Mimik des Patienten ein diagnostisches Hilfsmittel: Patienten mit funktionellen Beschwerden schließen häufig bei der Palpation die Augen, was Patienten mit einer peritonitischen Reizung nie tun würden. Fehlende oder sehr spärliche Gesten des Patienten können im Rahmen des Normalen gesehen werden, aber auch Hinweise auf Störungen des Antriebs und des Affektes sein.

Achten Sie darauf, mit welcher **Mimik** der Patient seine Beschwerden berichtet. Bei Morbus Parkinson kommt es zu **mimischer Bewegungsarmut**. Depressive haben häufig einen **weinerlichen** oder wie **versteinert wirkenden Gesichtsausdruck**.

15.6 Geruch des Patienten

Der Geruch eines Patienten wie auch seine Kleidung geben Hinweise auf die Sorgfalt, die er bei der **Körperpflege** aufwendet, und auf seine **allgemeinen Lebensbedingungen** und **Ernährungsgewohnheiten**. Spezifische diagnostische Bedeutung haben der süßliche Azetongeruch beim Coma diabeticum, der üble Mundgeruch bei Karies und mangelnder Zahnpflege und der Fäkalgeruch bei einer gastrokolischen Fistel. Besonders häufig bemerkt man bei älteren Patienten einen Uringeruch, der meist durch eine Inkontinenz bedingt ist. Im Stadium der Urämie riecht auch die Ausatmungsluft und die Körperausdünstung nach Urin. Riecht ein bewußtseinsgestörter Patient nach Alkohol, so deutet dieser Befund zwar auf eine Alkoholintoxikation hin, allerdings sind damit andere Ursachen der Bewußtseinsstörung keineswegs ausgeschlossen.

15.6 Geruch des Patienten

Der Geruch eines Patienten wie auch seine Kleidung geben Hinweise auf die Sorgfalt, die er bei der **Körperpflege** aufwendet, und auf seine **allgemeinen Lebensbedingungen**. Spezifische diagnostische Bedeutung haben der süßliche Azetongeruch beim Coma diabeticum, der üble Mundgeruch bei Karies und mangelnder Zahnpflege sowie der Uringeruch bei Inkontinenz.

15.7 Entkleidung des Patienten

Kommt der Patient ambulant in die Sprechstunde, so sollte er einen abgeschirmten Raum zur unbeobachteten Entkleidung haben. Dazu genügt ein Paravent, noch besser ist eine verschließbare Umkleidekabine.

15.7 Entkleidung des Patienten

Kommt der Patient ambulant in die Sprechstunde, so sollte er einen abgeschirmten Raum zur unbeobachteten Entkleidung haben.

Merke ▶

▶ *Merke.* Wenn Sie einen Patienten wegen unklarer Beschwerden zum ersten Mal sehen, empfiehlt es sich, ihn bis auf leichte Unterwäsche entkleiden zu lassen.

Für die Auskultation des Herzens, eine eventuelle rektale oder genitale Untersuchung braucht die Unterwäsche erst auf der Untersuchungsliege ausgezogen werden.
Bei der Untersuchung vor allem jüngerer weiblicher Patientinnen sollte möglichst eine weibliche Hilfsperson anwesend sein.
In bestimmten Fällen müssen Sie dem Patienten **erklären, warum eine vollständige Untersuchung bei einem (scheinbar) lokalen Geschehen erforderlich ist**. So ist es für die meisten Patienten primär nicht verständlich, warum der Arzt bei einer Kniegelenksarthritis das gesamte Integument, inklusive Glans penis sehen oder die Lunge auskultieren möchte.

Frauen können, wenn sie es wünschen, zunächst den Büstenhalter anbehalten. Für die Auskultation des Herzens, eine eventuelle rektale oder genitale Untersuchung kann die Unterwäsche dann auf der Untersuchungsliege ausgezogen werden. Sorgen Sie dafür, daß Sie während der Untersuchung nicht gestört werden. Bei der Untersuchung vor allem jüngerer weiblicher Patientinnen sollte möglichst eine weibliche Hilfsperson anwesend sein. Ältere Patienten benötigen häufig zum Aus- und Ankleiden wegen Unbeweglichkeit oder Gebrechlichkeit eine Hilfsperson. In bestimmten Fällen müssen Sie dem Patienten **erklären, warum eine vollständige Untersuchung bei einem (scheinbar) lokalen Geschehen erforderlich ist**. So ist es für die meisten Patienten primär nicht verständlich, warum der Arzt bei einer Kniegelenksarthritis das gesamte Integument inklusive Glans penis sehen oder die Lunge auskultieren möchte. Bei kleinen Verletzungen von Extremitäten oder bei der Kontrolle bekannter Patienten wird man sich natürlich auf den Lokalbefund beschränken. Besonders bei dermatologischen Problemen ist eine vollständige Inspektion der gesamten Haut inklusive der intertriginösen Areale und des Genitales erforderlich. Denken Sie auch an die Bereiche hinter den Ohren, in der Rima ani und den behaarten Kopf.

Kasuistik. Eine 62jährige Bäuerin wird vom Hausarzt wegen eines schwer einstellbaren Blutdrucks in eine Spezialambulanz überwiesen. Dort wird allerdings nicht nur der Blutdruck gemessen, sondern die Patientin vollständig untersucht. Die Frau möchte aber den Büstenhalter nicht abnehmen, da sie dort ein »kleines Geschwür« habe. Erst nach einiger Überredung erklärt sie sich bereit, das »Geschwür« zu zeigen. Sie entfernt den BH inklusive eines mit einer gelblich-grünlichen Flüssigkeit getränkten Lappens. Zum Vorschein kommt ein tiefes, schmierig belegtes Ulkus mit derbem Randwall an der linken Mamma, das bereits makroskopisch unschwer als Karzinom auszumachen ist.

15.8 Ergänzung der Anamnese im Ablauf der körperlichen Untersuchung

Im Anamnesegespräch fragen Sie außer nach den aktuellen Beschwerden auch systematisch nach allen Organsystemen.
Falls der Befund ein längeres ergänzendes Gespräch erfordert, lassen Sie den Patienten nicht entkleidet auf der Untersuchungsliege liegen, sondern geben ihm Gelegenheit, sich zunächst anzukleiden.

15.8 Ergänzung der Anamnese im Ablauf der körperlichen Untersuchung

Im Anamnesegespräch fragen Sie außer nach den aktuellen Beschwerden auch systematisch nach allen Organsystemen. Dennoch werden Sie nicht alle möglichen Probleme gleich intensiv abhandeln können. Zudem stoßen Sie bei der körperlichen Untersuchung nicht selten auf Befunde, die nicht angesprochen wurden, z. B. einen Hautbefund, eine kleine Hernie oder eine Gelenkveränderung. Sie sollten dann während der Untersuchung den Patienten auf den Befund ansprechen und gezielte Fragen nach Dauer, Symptomatik, familiärer Häufung und gesundheitlicher Beeinträchtigung stellen. Falls der Befund ein längeres ergänzendes Gespräch erfordert, lassen Sie den Patienten nicht entkleidet auf der Untersuchungsliege liegen, sondern geben ihm Gelegenheit, sich zunächst anzukleiden.

15.9 Ausrüstung und Instrumentarium für die körperliche Untersuchung

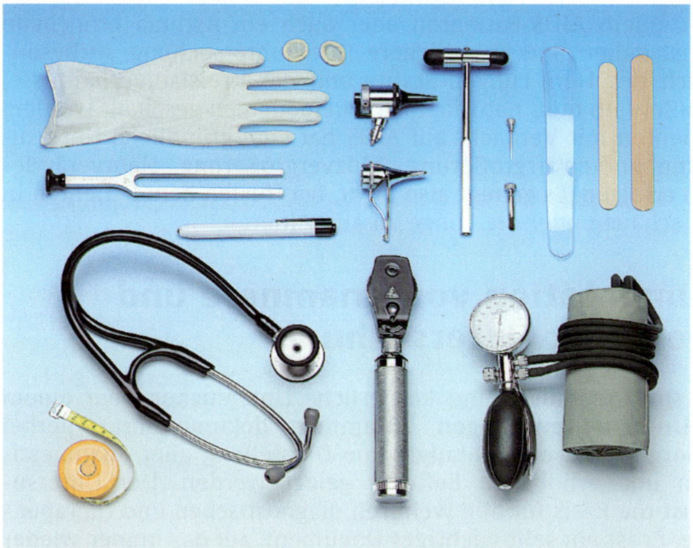

A-10: **Instrumentarium für die körperliche Untersuchung:**

Obere Abbildungshälfte (von links nach rechts):
Latex-Handschuhe, Stimmgabel, Stablampe, Fingerlinge (mit Vaseline), Otoskop, Rhinoskop, Reflexhammer, Nadel, Pinsel, Glasspatel, Spatel, Mundspatel

Untere Abbildungshälfte (von links nach rechts):
Maßband, Stethoskop, Augenspiegel, Blutdruckapparat

15.10 Schematischer Ablauf der Untersuchung

Man soll sich möglichst rasch einen geordneten und schematischen Ablauf für die körperliche Untersuchung angewöhnen.
Nachdem Größe und Gewicht, Body-mass-Index (BMI) und evtl. Taillen-/Hüftumfang sowie Gesamteindruck (gesund, akut krank, chronisch krank) und allgemeine Beobachtungen zum biologischen Alter, Aspekt, Haltung, Gangverhalten, Vigilanz usw. dokumentiert wurden, sollte man z. B. mit der Untersuchung des Kopfes beginnen. Während man Augen und Mundhöhle untersucht, können Fragen zum Sehvermögen, Hören und Geruchssinn gestellt werden. Es schließt sich die Untersuchung von Hals, Brustkorb und Abdomen an, des weiteren Extremitäten, Gefäßstatus, neurologische Untersuchung und zum Schluß die Untersuchung des Urogenitaltraktes. Ein festes Untersuchungsschema prägt sich relativ rasch ein und gewährleistet dadurch bei jedem Patienten eine komplette Untersuchung.
Muß nun tatsächlich jeder Patient vollständig untersucht werden, oder reicht die Erhebung eines Lokalbefundes?

15.11 Vollständige Untersuchung oder Lokalbefund?

Prinzipiell sollte jeder Patient bei der ersten Konsultation vollständig untersucht werden, auch wenn er »nur« wegen eines geschwollenen Großzehs, Halsschmerzen oder Husten zum Arzt kommt.
Bei dem geschwollenen Großzeh kann es sich um einen Gichtanfall (Podagra) handeln, der eine weitere Untersuchung erforderlich macht, da z. B. nach Gichttophi an der Ohrmuschel gesucht werden sollte. Häufig kommt die Gicht bei adipösen Patienten vor, die darüber hinaus eine Fettleber haben, erhöhten Blutdruck und vielleicht andere Stoffwechselerkrankungen, die akut keine Beschwerden machen, aber insgesamt ein kardiovasku-

15.9 Ausrüstung und Instrumentarium für die körperliche Untersuchung

15.10 Schematischer Ablauf der Untersuchung

Man soll sich möglichst rasch einen geordneten und schematischen Ablauf für die körperliche Untersuchung angewöhnen.
Die Reihenfolge Kopf, Hals, Thorax, Abdomen, Extremitäten, Gefäßstatus, neurologischer Status und Urogenitaltrakt läßt sich als Schema gut einprägen und dokumentieren.

15.11 Vollständige Untersuchung oder Lokalbefund?

Prinzipiell sollte jeder Patient bei der ersten Konsultation vollständig untersucht werden, auch wenn er »nur« wegen eines geschwollenen Großzehs, Halsschmerzen oder Husten zum Arzt kommt.

läres Risiko darstellen. Es ergeben sich also aus einer Podagra Konsequenzen für verschiedene weitere Untersuchungen.
Hinter dem Symptom »Husten« – als Leitsymptom der Bronchitis – kann sich eine dekompensierte Herzinsuffizienz, eine Pneumocystis-carinii-Pneumonie bei einem AIDS-Patienten oder auch ein Asthma bronchiale verbergen. Es ist daher eine gründlichere Durchuntersuchung, insbesondere hinsichtlich des Herz-Lungen-Status und der Kreislaufverhältnisse, erforderlich. Außerdem muß natürlich nach Beinödemen geschaut werden. Bei jungen Patienten mit Verdacht auf AIDS hat eine gründliche Untersuchung auf Lymphknotenvergrößerung, Milzvergrößerung, Hautveränderungen usw. zu erfolgen. Es genügt also nicht, bei Husten dem Patienten in den Rachen zu schauen oder die Lunge zu auskultieren.

15.12 Dokumentation von Anamnese und körperlicher Untersuchung

Üblicherweise sind Anamnese und körperliche Untersuchung auf einem sogenannten **Untersuchungsbogen** zusammen dokumentiert (▣ A-**11**).

15.12 Dokumentation von Anamnese und körperlicher Untersuchung

Üblicherweise sind Anamnese und körperliche Untersuchung auf einem sogenannten **Untersuchungsbogen** zusammen dokumentiert. Hierbei sollte größte Sorgfalt auf eine detailgetreue Darstellung aller anamnestischen Angaben und erhobenen Befunde gelegt werden. Der Untersuchungsbefund ist die Basis für alle weiteren diagnostischen und therapeutischen Schritte. Er ist ein sehr wichtiges Dokument, auf das immer wieder im Verlauf der Krankengeschichte zurückgegriffen werden muß. ▣ A-**11** stellt den Untersuchungsbefund eines exemplarischen Patienten dar.

15.13 Der Notfallpatient

Grundsätzlich gilt: Je akut lebensbedrohlicher die Erkrankung, um so kürzer die Anamnese und die Untersuchung! In Fällen von vitaler Bedrohung spielt die Anamnese zunächst gar keine Rolle, die Untersuchung beschränkt sich auf die Vitalparameter wie Puls und Atmung bzw. den Lokalbefund (▤ A-**16**). Die lebensrettenden Maßnahmen (▣ A-**12**) müssen sofort eingeleitet werden, da nach ca. 3 – 5 Minuten Kreislaufstillstand mit irreversiblen Hirnschäden zu rechnen ist.

15.13 Der Notfallpatient

Grundsätzlich gilt: Je akut lebensbedrohlicher die Erkrankung, um so kürzer die Anamnese und die Untersuchung! In Fällen von vitaler Bedrohung, z. B. Herz-Kreislauf-Stillstand, akuter Verlegung der Atemwege oder spritzender Blutung, spielt die Anamnese zunächst gar keine Rolle, die Untersuchung beschränkt sich auf die Vitalparameter wie Puls und Atmung bzw. den Lokalbefund (▤ A-**16**). Die lebensrettenden Maßnahmen müssen sofort eingeleitet werden, da nach ca. 3 – 5 Minuten Kreislaufstillstand mit irreversiblen Hirnschäden zu rechnen ist. Untersuchung und Sofortmaßnahmen bei einem pulslosen Patienten sind im Flußdiagramm der ▣ A-**12** aufgeführt.

A-16: Untersuchungsparameter, die bei Notfallpatienten erhoben werden

1. Grad der Bewußtlosigkeit:	Reaktion auf Ansprechen, auf Berührung und Schmerzreize zur Beurteilung der Komatiefe
2. Atmung:	Atemfrequenz, Atemtyp, Stridor, Atemgeräusche, Auskultation der Lunge (Rasselgeräusche, einseitig fehlendes Atemgeräusch)
3. Herz-Kreislauf:	Pulsfrequenz und Pulsfüllung, Arrhythmie, Herzgeräusche, Blutdruck
4. Aussehen, Geruch:	Zyanose, Blässe, rosige Hautfarbe, Hautturgor; Verletzungen; Alkohol, Urämie, Ketonkörper
5. ZNS:	Pupillenform, Pupillenreaktion auf Licht, Stauungspapille (Fundoskopie), Meningismus, Paresen, Tonus, Reflexe
6. Abdomen:	Druckschmerz, Abwehrspannung, Darmgeräusche, Organvergrößerungen
7. Weiterführende Untersuchungen	Blutzucker (Stix), Ketonkörper (Stix), EKG, Blutgase, Elektrolyte, Hb, Schädel-CT, Röntgen-Thorax, Urin-Drogenscreening

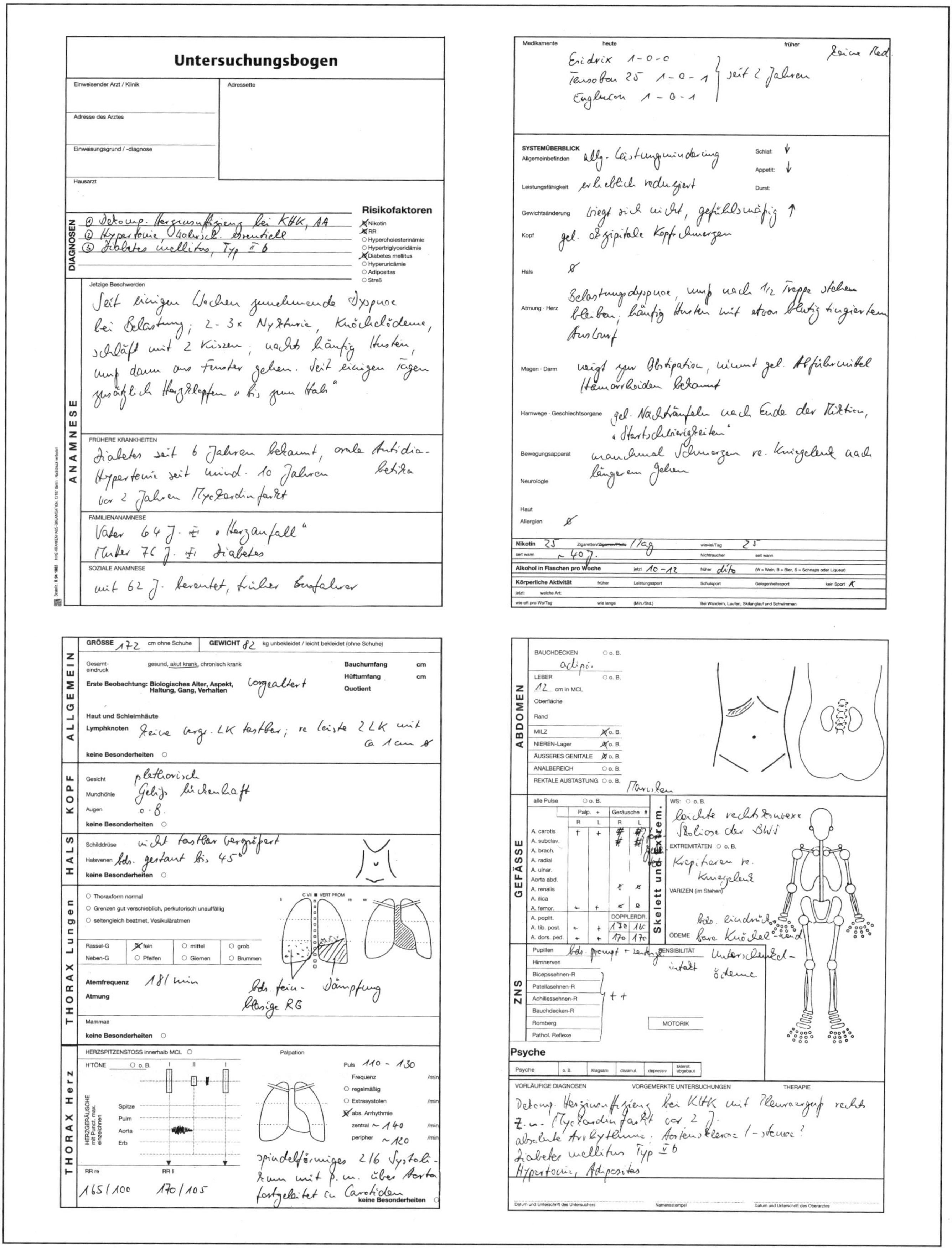

Untersuchungsbogen

Einweisender Arzt / Klinik

Adressette

Adresse des Arztes

Einweisungsgrund / -diagnose

Hausarzt

DIAGNOSEN

① Dekomp. Herzinsuffizienz bei KHK, AA
② Hypertonie, Ursache: essentiell
③ Diabetes mellitus, Typ II b

Risikofaktoren
☒ Nikotin
☒ RR
○ Hypercholesterinämie
○ Hypertriglyceridämie
☒ Diabetes mellitus
○ Hyperuricämie
○ Adipositas
○ Streß

ANAMNESE

Jetzige Beschwerden

Seit einigen Wochen zunehmende Dyspnoe bei Belastung; 2–3× Nykturie, Knöchelödeme, schläft mit 2 Kissen; nachts häufig Husten, muß dann ans Fenster gehen. Seit einigen Tagen zusätzlich „Herzklopfen bis zum Hals"

FRÜHERE KRANKHEITEN

Diabetes seit 6 Jahren bekannt, orale Antidiabetika
Hypertonie seit mind. 10 Jahren
vor 2 Jahren Myokardinfarkt

FAMILIENANAMNESE

Vater 64 J. † „Herzanfall"
Mutter 76 J. † Diabetes

SOZIALE ANAMNESE

mit 62 J. berentet, früher Busfahrer

Bestellz.: R 94 1082 HINZ-KRANKENHAUS-ORGANISATION, 12107 Berlin · Nachdruck verboten!

Medikamente heute | früher: keine Med.

Esidrix 1–0–0
Tensobon 25 1–0–1
Euglucon 1–0–1
} seit 2 Jahren

SYSTEMÜBERBLICK

Allgemeinbefinden: allg. Leistungsminderung — Schlaf: ↓ Appetit: ↓ Durst:
Leistungsfähigkeit: erheblich reduziert
Gewichtsänderung: wiegt sich nicht, gefühlsmäßig ↑
Kopf: gel. okzipitale Kopfschmerzen
Hals: ∅
Atmung · Herz: Belastungsdyspnoe, muß nach 1/2 Treppe stehen bleiben; häufig Husten mit etwas blutig tingiertem Auswurf
Magen · Darm: neigt zur Obstipation, nimmt gel. Abführmittel; Hämorrhoiden bekannt
Harnwege · Geschlechtsorgane: gel. Nachträufeln nach Ende der Miktion, „Startschwierigkeiten"
Bewegungsapparat: manchmal Schmerzen re. Kniegelenk nach längerem Gehen
Neurologie
Haut
Allergien: ∅

Nikotin 25 Zigaretten/~~Zigarren/Pfeife~~ /Tag — wieviel/Tag 25
seit wann ~40 J. — Nichtraucher — seit wann
Alkohol in Flaschen pro Woche — jetzt 10–12 — früher dito (W = Wein, B = Bier, S = Schnaps oder Liqueur)
Körperliche Aktivität — früher — Leistungssport — Schulsport — Gelegenheitssport — kein Sport ☒
jetzt: welche Art:
wie oft pro Wo/Tag — wie lange (Min./Std.) — Bei Wandern, Laufen, Skilanglauf und Schwimmen

ALLGEMEIN

GRÖSSE 172 cm ohne Schuhe — GEWICHT 82 kg unbekleidet / leicht bekleidet (ohne Schuhe)
Gesamteindruck: gesund, akut krank, chronisch krank
Bauchumfang cm — Hüftumfang cm — Quotient
Erste Beobachtung: Biologisches Alter, Aspekt, Haltung, Gang, Verhalten: vorgealtert
Haut und Schleimhäute
Lymphknoten: keine vergr. LK tastbar; re Leiste 2 LK mit ca 1 cm ∅
keine Besonderheiten ○

KOPF

Gesicht: plethorisch
Mundhöhle: Gebiß lückenhaft
Augen: o. B.
keine Besonderheiten ○

HALS

Schilddrüse: nicht tastbar vergrößert
Halsvenen: bds. gestaut bis 45°
keine Besonderheiten ○

THORAX Lungen

○ Thoraxform normal
○ Grenzen gut verschieblich, perkutorisch unauffällig
○ seitengleich beatmet, Vesikuläratmen

Rassel-G	☒ fein	○ mittel	○ grob
Neben-G	○ Pfeifen	○ Giemen	○ Brummen

C VII ■ VERT PROM — li — re
bds. feinblasige RG — Dämpfung

Atemfrequenz 18/min
Atmung
Mammae
keine Besonderheiten ○

THORAX Herz

HERZSPITZENSTOSS innerhalb MCL ○
H'TÖNE ○ o. B. — I II I
HERZGERÄUSCHE mit Punct. max. einzeichnen: Spitze, Pulm, Aorta, Erb
Palpation
Puls 110–130 Frequenz /min
○ regelmäßig
○ Extrasystolen /min
☒ abs. Arrhythmie
zentral ~140 /min
peripher ~120 /min
spindelförmiges 2/6 Systolikum mit P. m. über Aorta fortgeleitet in Carotiden
RR re 165/100 — RR li 170/105
keine Besonderheiten ○

ABDOMEN

BAUCHDECKEN ○ o. B. — adipös
LEBER ○ o. B. — 12 cm in MCL
Oberfläche
Rand
MILZ ☒ o. B.
NIEREN-Lager ☒ o. B.
ÄUSSERES GENITALE ☒ o. B.
ANALBERICH ○ o. B.
REKTALE AUSTASTUNG ○ o. B. — Mariskeln

GEFÄSSE

alle Pulse ○ o. B.

	Palp. + R	Palp. + L	Geräusche # R	Geräusche # L
A. carotis	+	+	#	#
A. subclav.			#	#
A. brach.				
A. radial				
A. ulnar.				
Aorta abd.				
A. renalis			∅	∅
A. ilica				
A. femor.	+	+	∅	∅
A. poplit.			DOPPLERDR.	
A. tib. post.	+	+	170	160
A. dors. ped.	+	+	170	170

fortgeleitet

Skelett und Extrem.

WS: ○ o. B. — leichte rechtskonvexe Skoliose der BWS
EXTREMITÄTEN ○ o. B. — Krepitieren re. Kniegelenk
VARIZEN (im Stehen)
ÖDEME: bds. eindrückbare Knöchel- und Unterschenkelödeme

ZNS

Pupillen: bds. prompt + konsensuell
Hirnnerven
Bicepssehnen-R, Patellasehnen-R, Achillessehnen-R: ++
Bauchdecken-R
Romberg
Pathol. Reflexe
SENSIBILITÄT: intakt
MOTORIK

Psyche

Psyche	o. B.	Klagsam	dissimul.	depressiv	sklerot. abgebaut

VORLÄUFIGE DIAGNOSEN — VORGEMERKTE UNTERSUCHUNGEN — THERAPIE

Dekomp. Herzinsuffizienz bei KHK mit Pleuraerguß rechts
Z. n. Myokardinfarkt vor 2 J.
absolute Arrhythmie. Aortensklerose/-stenose?
Diabetes mellitus Typ II b
Hypertonie, Adipositas

Datum und Unterschrift des Untersuchers — Namensstempel — Datum und Unterschrift des Oberarztes

A-11: Beispiel eines Untersuchungsbogens zur Dokumentation von Anamnese und klinischer Untersuchung

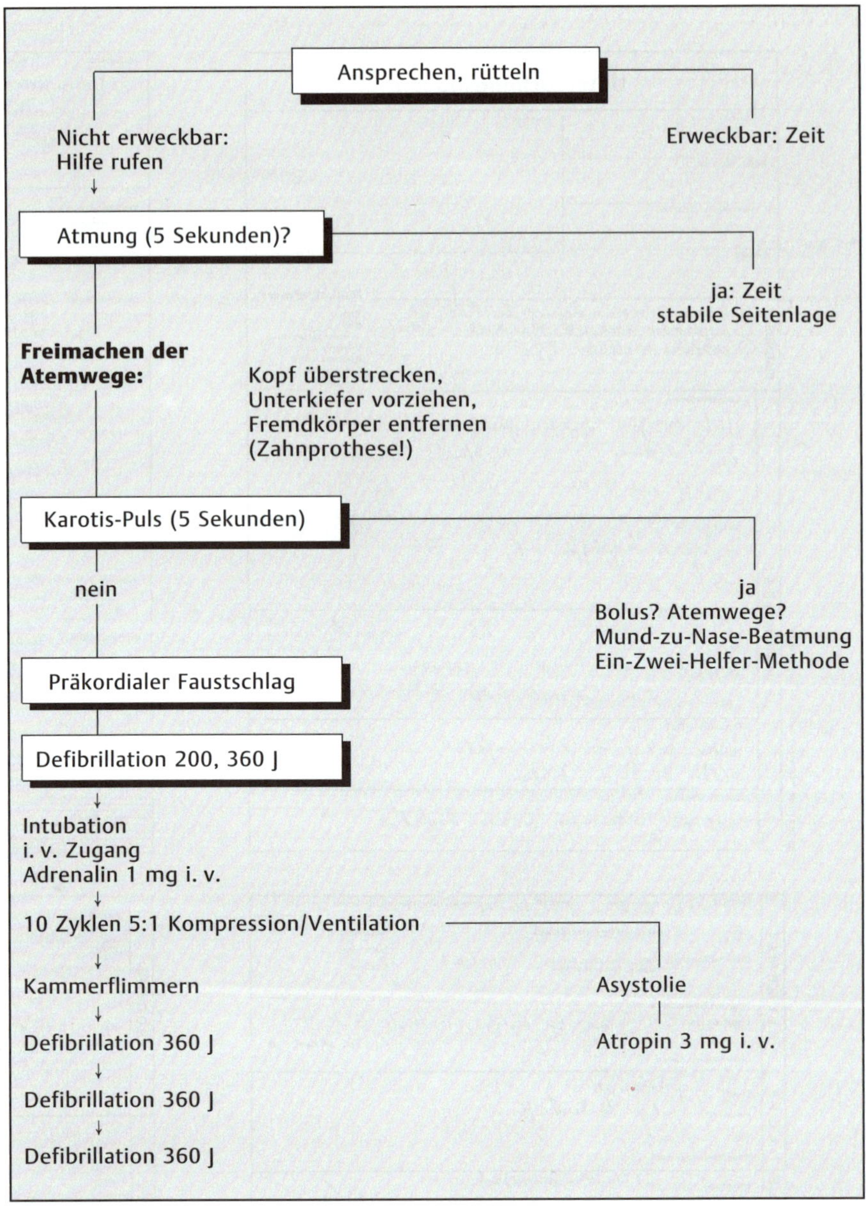

A-12: Vorgehen bei einem pulslosen Patienten

Hinweise auf die Genese der Bewußtlosigkeit können auch Dritte geben (Beispiele in A-**17**).

Falls dritte Personen Zeugen des Beginns der Bewußtlosigkeit waren, fragen Sie kurz nach den Begleitumständen, unter denen die Bewußtlosigkeit begann, nach der Symptomatik, Vorerkrankungen und Medikamenten (Beispiele in A-**17**). Bei lebensbedrohlichen Zuständen durch Trauma (Blutungen, Verbrennungen, Stromunfälle) ergeben sich die Sofortmaßnahmen

A-17: Hinweise auf die Genese der Bewußtlosigkeit

Patient	Zyanose, Blässe, Trauma, Blutung; Verwahrlosung
Umstände	Lage der Bewußtlosen: Bett, Toilette, Boden, Telefon; Zustand der Wohnung: leere Flaschen, Abschiedsbrief; Befragung von evtl. vorhandenen Zeugen
Medikamente	Insulin, orale Antidiabetika, Nitrate, Digitalis, weitere Herzmedikamente, Antiepileptika, Tranquilizer, Drogen-Utensilien

aus dem Lokalbefund und den Umständen: Unterbindung der Blutung, stabile Seitenlagerung, Freimachen der Atemwege, Schockbekämpfung durch venösen Zugang und Plasmaexpander, Abschalten des Stromes, rascher Transport in eine Klinik.
Sind Puls und Atmung vorhanden und erkennen Sie nicht schon auf den ersten Blick einen Anhaltspunkt für den Grund der Bewußtlosigkeit, so haben Sie für weitere klärende Untersuchungen und Befragung von Zeugen Zeit.
Notieren Sie alle vor und während des Transportes in ein Krankenhaus erhobenen Befunde mit Datum und Uhrzeit, da es für die weitere Diagnostik und Therapie oft entscheidend ist, in welcher Zeit sich die Befunde entwickelt haben.

Notieren Sie alle vor und während des Transportes in ein Krankenhaus erhobenen Befunde mit Datum und Uhrzeit, da es für die weitere Diagnostik und Therapie oft entscheidend ist, in welcher Zeit sich die Befunde entwickelt haben.

Teil B

Blickdiagnosen

Was ist das Schwerste von allem?
Was dir das Leichteste dünket:
Mit den Augen zu sehen, was vor den Augen dir liegt.

Goethe

Die Stellung einer ärztlichen Diagnose ist in der Regel ein langwieriger Prozeß, der, ausgehend von der Anamnese und der körperlichen Untersuchung, über Laboruntersuchungen und evtl. technische Untersuchungsverfahren zum Ziel kommt. Körperliche Symptome sind meist vieldeutig. Als Beispiel sei eine ungewöhnliche Gesichtsblässe genannt. Dieses Symptom kann nur eine harmlose Normvariante sein, es kann sich aber auch um die Begleiterscheinung einer schweren Nierenerkrankung bzw. eine Anämie handeln. Bestimmte körperliche Symptome sind allerdings für gewisse Erkrankungen so charakteristisch, daß sich bei deren Auftreten fast auf den ersten Blick eine Diagnose stellen läßt. Zumindest können sie die Differentialdiagnosen erheblich einengen. Es genügt dann manchmal ein weiterer Befund, eine entscheidende, positiv beantwortete anamnestische Frage oder die Erkennung der Gesamtkonstellation zur richtigen Diagnosestellung. Die Blickdiagnose kann somit den Weg zur endgültigen Diagnose entscheidend verkürzen, da weiterführende Untersuchungen gezielter, ökonomischer und für den Patienten weniger belastend eingesetzt werden können. Voraussetzung dafür ist die Kenntnis der pathognomonischen, charakteristischen oder zumindest wegweisenden Symptome, **da man in der Regel nur das sieht, was man auch kennt.** Bei allen Fortschritten der Medizin behält die unmittelbare Krankenbeobachtung auch in Zukunft ihren hohen Stellenwert.

Die folgenden Abbildungen zeigen eine – naturgemäß unvollständige – Auswahl von Befunden, bei denen der Erfahrene unmittelbar eine hochwahrscheinliche Diagnose stellen kann. Für den Anfänger sind es reizvolle Aufgaben, deren Auflösung jeweils am rechten Bildrand steht.

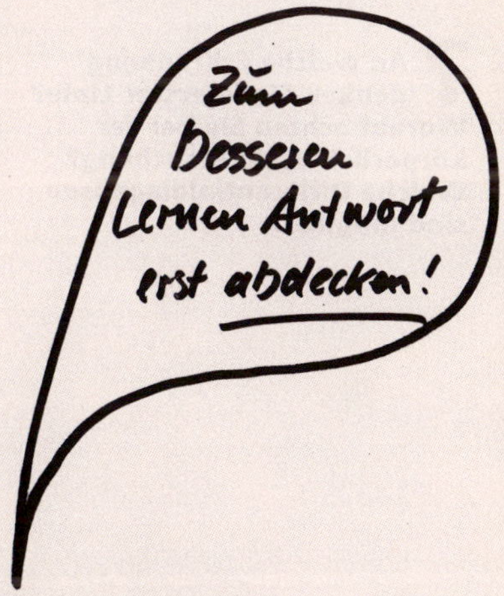

B-1: Das Abdomen des Patienten ist ballonartig aufgetrieben, bei der Perkussion spürt man ein typisches Undulationsphänomen. Der Patient hat eine alkoholische Leberzirrhose.

? Wie heißt der Befund? Welche weiteren klinischen Zeichen der Leberzirrhose kennen Sie?

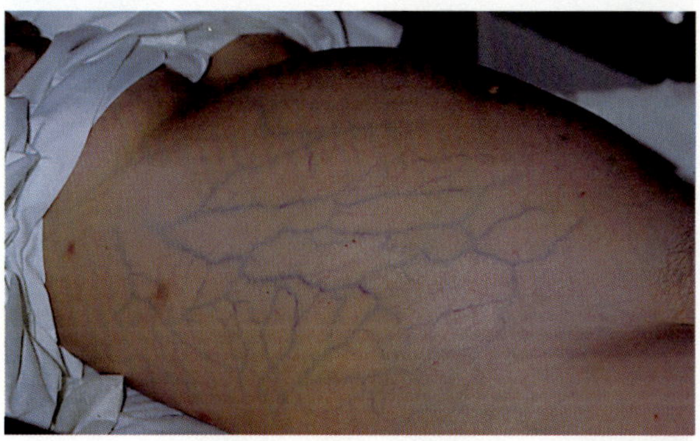

Antwort B-1

Diagnose: Aszites bei alkoholtoxisch bedingter Leberzirrhose

Weitere klinische Zeichen der Leberzirrhose: Spider-Nävi, Bauchglatze, Palmarerythem, Gynäkomastie, Lackzunge.

B-2: Die Veränderungen bei diesem Patienten haben sich über Jahre hinweg entwickelt.

? Wie heißt die Erkrankung, und welche anamnestischen Angaben tragen die Patienten meistens vor?

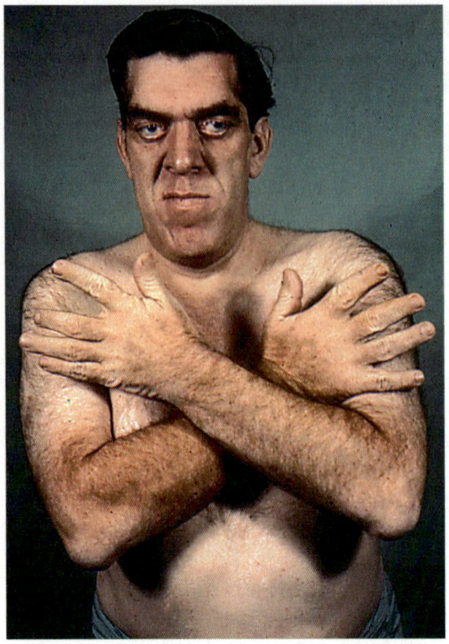

Antwort B-2

Diagnose: Akromegalie

Bei der Akromegalie nehmen die Akren, vor allem Kinn, Orbitalwülste, Nase und Hände, an Größe zu. Diese Veränderungen entwickeln sich meist langsam über Jahre hinweg und werden daher vom Patienten lange nicht bemerkt. Die Patienten tragen meistens folgende anamnestischen Angaben vor: Ringe werden zu klein, Handschuhe passen nicht mehr, Kopfschmerzen, Sehstörungen.

B-3: Am Irisrand erkennt man bei dem 55jährigen Patienten kreisförmige weißlich-graue Einlagerungen. Er hat bereits mehrere koronare Bypass-Operationen hinter sich.

? An welche Erkrankung denken Sie in erster Linie? Worauf achten Sie bei der körperlichen Untersuchung? Welche Differentialdiagnosen sind möglich?

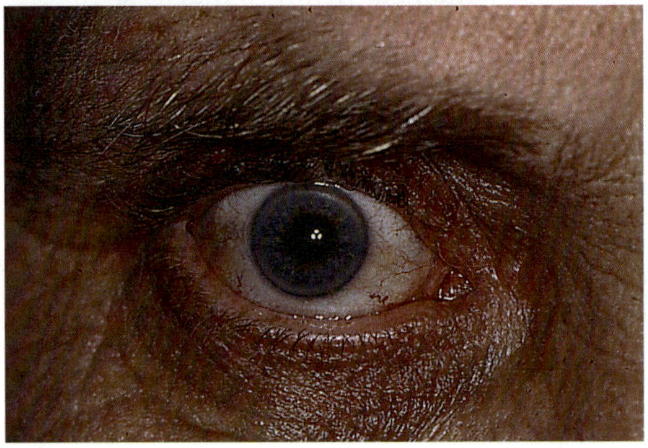

Antwort B-3

Diagnose: Arcus lipoides corneae bei familiärer Hypercholesterinämie

Am Irisrand erkennt man den Arcus lipoides als ringförmige weißlich-graue Einlagerungen als Folge der massiven Hypercholesterinämie. Bei der körperlichen Untersuchung sollte eine besonders sorgfältige Herzauskultation erfolgen, bei der Sie auf Rhythmusstörungen, Gefäßgeräusche und periphere Durchblutungsstörungen achten sollten. Weiterhin werden fakultativ beobachtet: Sehnen- und Handlinienxanthome

Differentialdiagnosen des Augenbefundes: Kayser-Fleischer-Kornealring bei Morbus Wilson, idiopathische Veränderung, Arcus senilis bei Patienten über 70 Jahre.

B-4: Es besteht eine ungleiche Pupillenweite bei intensiver direkter Beleuchtung.

? Welches ist die kranke, welches die gesunde Seite? Nennen Sie einige Möglichkeiten der Entstehung dieser Veränderung.

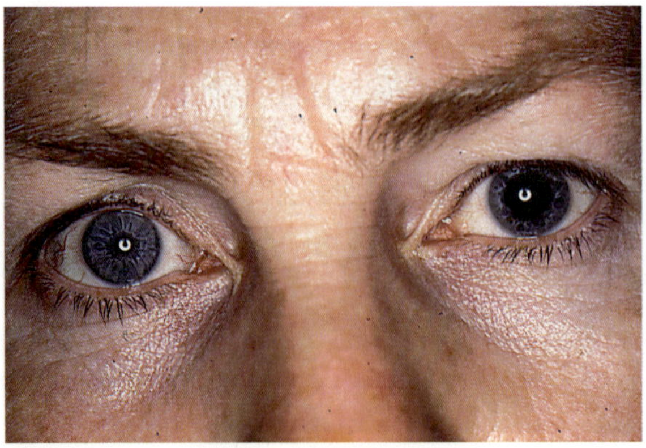

Antwort B-4

Diagnose: Anisokorie bei Hypophysenadenom

Grundsätzlich läßt sich durch bloßes Betrachten nicht sicher entscheiden, welches die kranke Seite ist. Im vorliegenden Fall ist die rechte Pupille normal weit, die linke erweitert. Die Patientin hat ein Hypophysenadenom mit Kompression des N. oculomotorius (= innere Okulomotoriusparese) und hierdurch verursachter einseitiger Mydriasis.

Differentialdiagnosen: amaurotische Pupillenstarre, einseitige Anwendung eines Mydriatikums, Pupillotonie.

B-**5:** Der wegen einer Oberschenkelamputation bettlägerige Patient hatte eine dekompensierte Herzinsuffizienz mit feinblasigen Rasselgeräuschen über den basalen Lungenabschnitten, aber keine Knöchelödeme am verbliebenen Bein.

? Worauf beruht die lange bestehenbleibende Einschnürung durch den Hosengummi an der unteren Flanke? Was sollte man hier beachten?

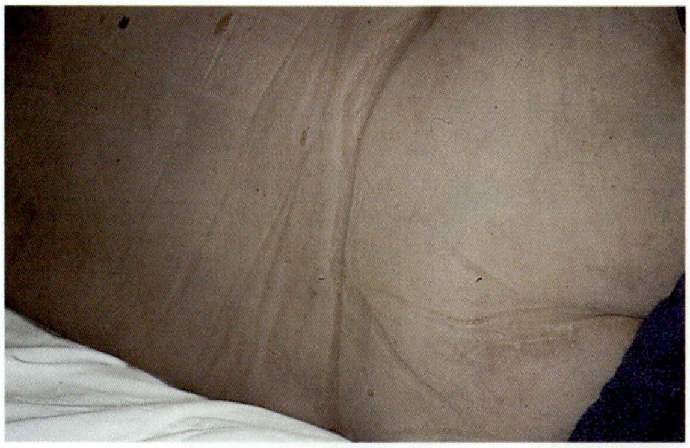

Antwort B-5

Diagnose: Anasarka bei dekompensierter Herzinsuffizienz

Bei der Anasarka handelt es sich um ein ausgeprägtes lagerungsabhängiges Ödem (= Wasseransammlung) infolge eines Herz- oder Nierenversagens, und sie gilt daher als ein prognostisch ungünstiges Zeichen.
Der Hosengummi hinterläßt eine Einschnürung im ödematösen Bereich, die lange bestehen bleibt. Bei bettlägerigen Patienten darf man sich zur Feststellung von Ödemen nicht auf die Inspektion der Füße und Unterschenkel beschränken.

B-**6:** Bei der 32jährigen Frau haben sich diese Veränderungen innerhalb weniger Wochen ausgebildet.

? Was liegt vor? Welche Befunde erwarten Sie bei der Augenuntersuchung?

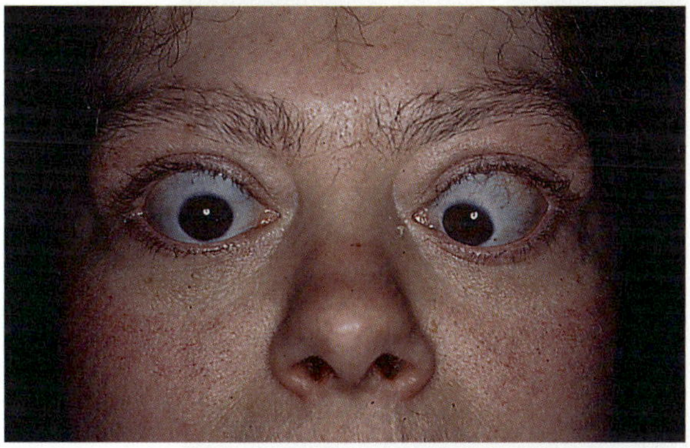

Antwort B-6

Diagnose: Exophthalmus bei Morbus Basedow

Bei M. Basedow handelt es sich um eine Autoimmunthyreoiditis mit Beteiligung der Orbita. Klinisch imponiert die sog. Merseburger Trias mit Struma, Exophthalmus und Tachykardie. Weitere fakultative Augensymptome sind das Stellwag-Zeichen (langsamer, seltener Lidschlag), Graefe-Zeichen (Zurückbleiben des Oberlids mit sichtbarer Sklera über der Iris bei Bewegung des Auges nach unten) und Möbius-Zeichen (Konvergenzschwäche, bei der nur ein Auge einer schnellen Naheinstellung z. B. auf die Nasenspitze folgt, das andere aber nach außen ausweicht).

Differentialdiagnosen: idiopathischer Exophthalmus, Strabismus durch Augenmuskellähmung.

B-**7:** Der 54jährige Mann ist deutlich vorgealtert, sein erkrankungstypisches Gesicht fällt u. a. durch eine verdickte, sehr faltenreiche Haut vor allem der Stirn auf. Er hat jahrzehntelang ca. 30 Zigaretten pro Tag geraucht, beim Gespräch fällt ein hochfrequent klingender Husten auf.

? Was liegt vor? Welchen Auskultationsbefund erwarten Sie? Welche Differentialdiagnosen liegen nahe?

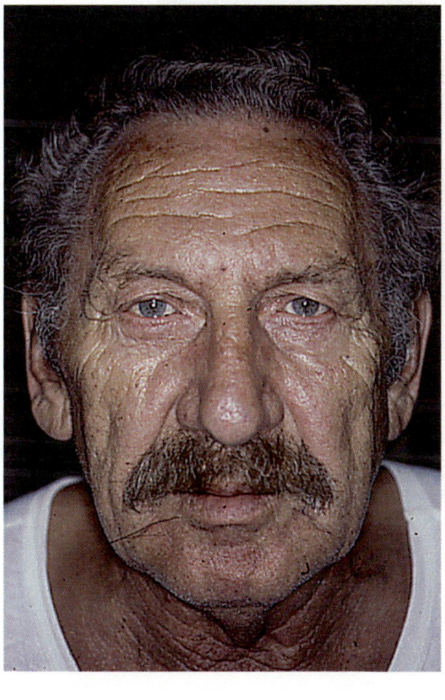

Antwort B-7

Diagnose: Chronische Bronchitis

Insgesamt typisches Erscheinungsbild nach langjährigem Nikotinabusus. Bei der klinischen Untersuchung ist besonders auf den Auskultationsbefund zu achten. Hierbei werden Sie auf ein verschärftes, »bronchiales« Atemgeräusch und trockene oder feuchte Rasselgeräusche stoßen. Bei ausgeprägter obstruktiver bzw. spastischer Bronchitis werden Sie auch Giemen und Brummen auskultieren können.

Differentialdiagnosen: sekundäre Bronchitis bei Bronchialkarzinom, Tuberkulose, Bronchiektasen, Asthma bronchiale.

B-8: Der ca. 165 cm große Patient ist nicht in der Lage, durch Streckung der Halswirbelsäule seinem größeren Gesprächspartner in die Augen zu sehen. Dazu muß er die Knie beugen und den Oberkörper nach hinten bewegen. Es besteht eine völlige Versteifung der HWS und BWS, die Atemexkursion der Rippen ist weitgehend eingeschränkt.

? Um welche chronische Erkrankung handelt es sich, und welchen typischen Röntgenbefund erwarten Sie bei diesem Patienten?

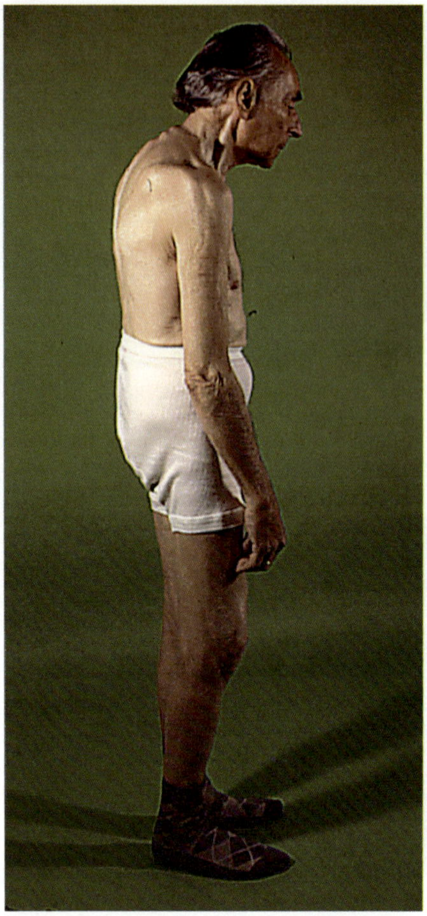

Antwort B-8

Diagnose: Morbus Bechterew

Diese entzündlich-rheumatische Erkrankung ist mit dem HLA-Typ B 27 assoziiert und wird wahrscheinlich von zusätzlichen exogenen Faktoren (Infekte) ausgelöst. Sie befällt im Frühstadium die Sakroiliakalgelenke und einzelne periphere Gelenke. In späteren Stadien folgt eine von kaudal nach kranial zunehmende Einsteifung der gesamten Wirbelsäule.
In diesem Stadium zeigt sich radiologisch eine sog. »Bambusstab«-Wirbelsäule mit überbrückenden Syndesmophyten zwischen den Wirbelkörpern.

B-9: Die 35jährige Frau wurde über einen längeren Zeitraum mit Kortisonanaloga behandelt. Sie zeigt das für dieses Krankheitsbild typische Vollmondgesicht.

? Worum handelt es sich, und welche weiteren Befunde erwarten Sie?

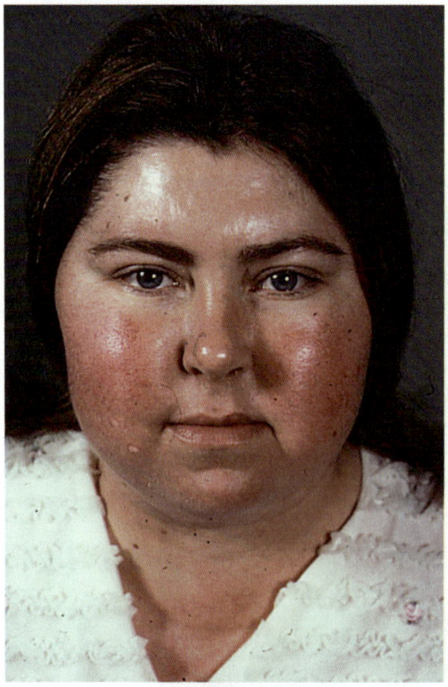

Antwort B-9

Diagnose: Morbus Cushing I (exogene bzw. iatrogene Form)

Weitere klinische Befunde sind: Büffelnacken, Stammfettsucht mit relativ dünnen Beinen wegen der begleitenden Muskelatrophie, Bluthochdruck, Akne, Striae rubrae (rote Streifen der Haut), bei Frauen vermehrte Virilisierung mit Hirsutismus und Zyklusstörungen.

B-**10:** Bei diesem Patienten haben sich an der seitlichen Bauchwand rote Streifen ausgebildet. Die Veränderungen sind noch relativ frisch, später nehmen sie eine weiße Farbe an und sind irreversibel.

? Welche Stoffwechselstörung tritt bei dieser Grunderkrankung häufig auf?

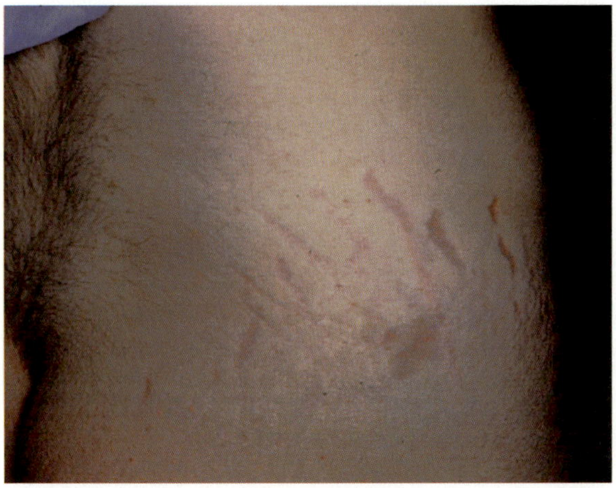

Antwort B-10

Diagnose: Morbus Cushing II (endogene Form, hier durch Nebennierenrinden-Adenom)

Bei M. Cushing besteht eine diabetogene Stoffwechsellage mit verminderter Glukosetoleranz bis hin zum manifesten Diabetes mellitus. Typischer Hautbefund sind die Striae rubrae.

B-**11:** Diese krankhafte Veränderung der Hohlhand tritt vor allem bei Männern ab dem 40. Lebensjahr auf. Hier ist der 4. Strahl betroffen, zu beachten ist aber auch das Streckdefizit des Ringfingers.

? Wie heißt diese Erkrankung, und wo kann sie sich noch manifestieren?

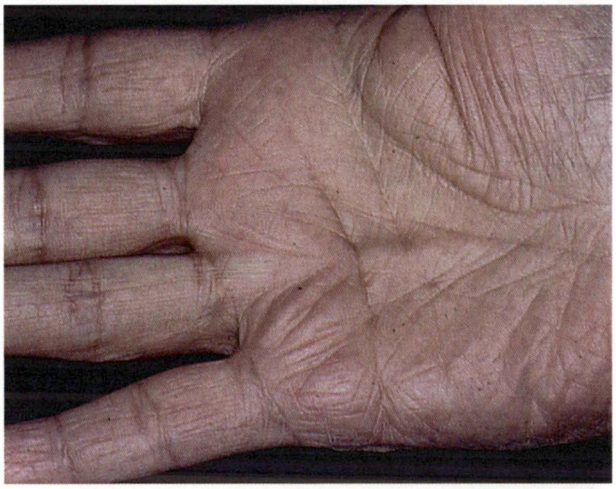

Antwort B-11

Diagnose: Dupuytrensche Kontraktur

Es liegt eine Beugekontraktur des 4. Fingers rechts vor durch Schrumpfung der hypertrophierten Palmaraponeurose einschließlich der Sehnenscheide der Beugesehne und der Haut. Es können alle Finger betroffen sein, am häufigsten aber der 4. Strahl. Die Ursache dieser Veränderung ist unbekannt. Eine weitere Manifestationsform am Penis ist die Induratio penis plastica.

B-**12:** Bei der 72jährigen Patientin besteht seit vielen Jahren ein Diabetes mellitus II. Nun liegt eine trockene Gangrän der zweiten Zehe links vor, die aber kaum schmerzhaft ist. Die Rötung und Dyshidrosis der übrigen Zehen sind ebenfalls Ausdruck eines Folgeschadens.

? Welche Störungen liegen diesen Befunden zugrunde? Welchen vergleichsweise harmlosen Nebenbefund erkennen Sie noch?

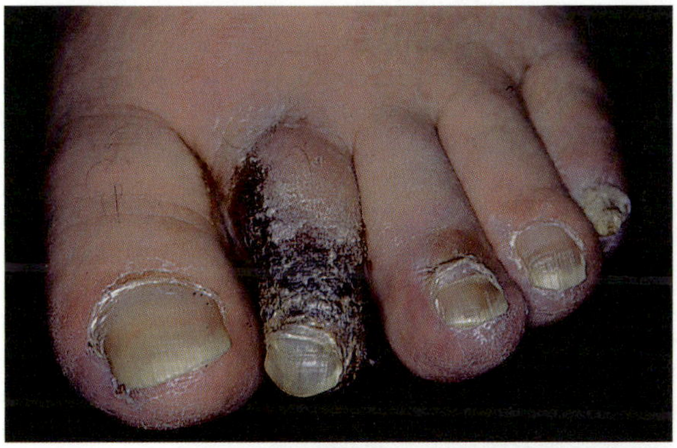

Antwort B-12

Diagnose: Angiopathie und Polyneuropathie bei Diabetes mellitus I

Die trockene Gangrän ist Folge der Makroangiopathie, die relative Indolenz hingegen beruht auf der diabetischen Polyneuropathie. Die Rötung und Dyshidrosis der übrigen Zehen sind ebenfalls typische Zeichen der Polyneuropathie.
Der relativ harmlose Nebenbefund ist eine Onychomykose (Nagelpilzerkankung) an der fünften Zehe.

B-13: Die 56jährige Patientin mit Typ-II-Diabetes weist an den Streckseiten der Ober- und Unterschenkel polyzyklisch begrenzte, bis handtellergoße konfluierende Plaques ohne Schmerzen und Juckreiz auf.

? Wie heißt die Erkrankung, und welche Differentialdiagnosen gibt es?

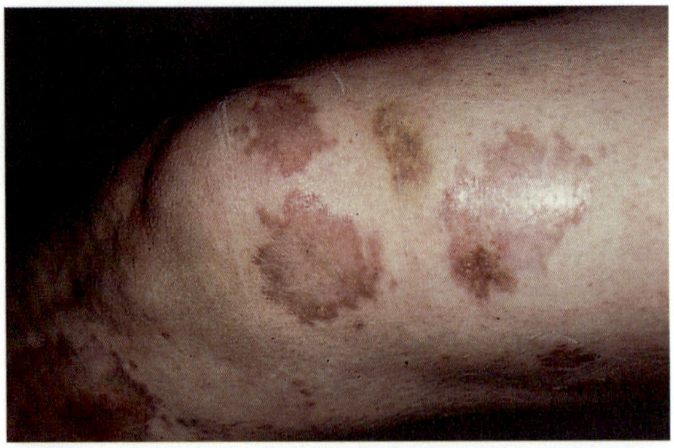

Antwort B-13

Diagnose: Necrobiosis lipoidica bei Diabetes mellitus II

Die Necrobiosis lipoidica ist in ca. 50% der Fälle mit einem Diabetes mellitus assoziiert und geht diesem auch gelegentlich voraus. Es handelt sich um eine granulomatöse Hauterkrankung in Form von polyzyklisch begrenzten, bis handtellergoßen konfluierenden Plaques. In Spätstadien wird die Haut im Zentrum atrophisch und verletzlich, es bilden sich Teleangiektasien aus. Manchmal kommt es auch zu hartnäckigen Ulzera.

Differentialdiagnosen: Granuloma anulare, Sclerodermia circumscripta, Sarkoidose, rheumatische Hautmanifestationen.

B-14: Der 32jährige Patient kommt wegen einer sehr druckschmerzhaften Schwellung und Rötung am linken Unterschenkel in die Praxis. Zusätzlich bestehen Zeichen einer Sprunggelenksarthritis.

? Welche Verdachtsdiagnose haben Sie?
Welche Untersuchung ordnen Sie an?
Wie wird dieses möglicherweise vorliegende Syndrom genannt?

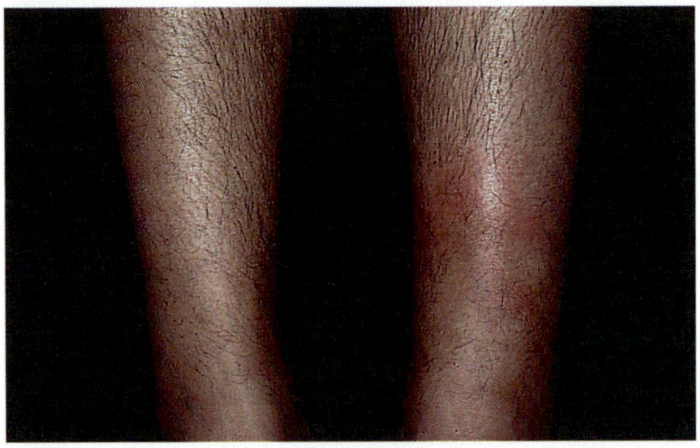

Antwort B-14

Diagnose: Erythema nodosum

Es findet sich bevorzugt an den Unterschenkelstreckseiten und tritt bei vielerlei Erkrankungen auf, z. B. bei Sarkoidose, Streptokokkeninfekten, Yersiniose, Tuberkulose, Morbus Crohn.
In Kombination mit der genannten Sprunggelenksarthritis handelt es sich wahrscheinlich um eine Form der Sarkoidose, einer granulomatösen Systemerkrankung.
Wegen der möglichen Lungenbeteiligung mit polyzyklischen Hilusvergrößerungen sollte zur Diagnosesicherung und Stadieneinteilung eine Röntgenaufnahme des Thorax erfolgen. Bestätigt sich der Sarkoidose-Verdacht, handelt es sich wahrscheinlich um ein Löfgren-Syndrom.

B-15: Der 28jährige Mann wurde bei einem Waldspaziergang im Sommer am linken Oberarm von einer Zecke gebissen, die er selbständig entfernte. Der Leib der Zecke war bereits angeschwollen. 2 Tage später entwickelte sich diese Hautrötung (Erythem).

? Wie heißt diese Veränderung?
Wodurch kommt sie zustande?
Wie wird der Patient behandelt?
Welcher andere gefährliche Erreger wird ebenfalls durch Zeckenbisse übertragen?

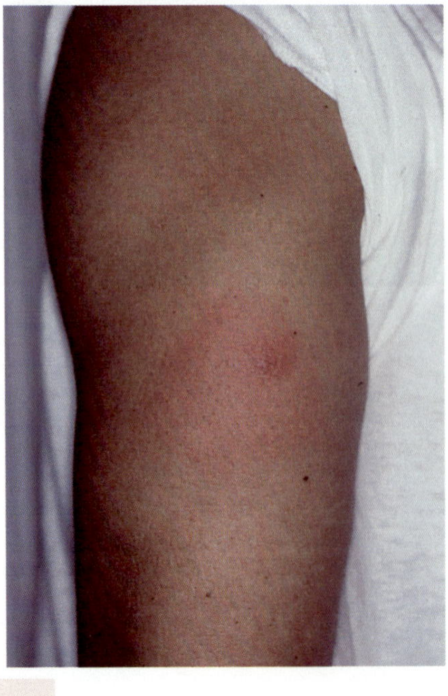

Antwort B-15

Diagnose: Erythema migrans durch Infektion mit dem Bakterium Borrelia burgdorferi

Nach der Borrelienübertragung durch den infizierten Zeckenspeichel tritt ein zentrifugal wachsendes Erythem (Hautrötung) auf, das später zentral abblaßt. Bei einem Teil der Infizierten kommt es dann zur eigentlichen Lyme-Borreliose, die u. a. mit Arthralgien, Myalgien, Karditiden und Neuritiden einhergehen kann.
Im Frühstadium behandelt man Erwachsene mit Tetracyclinen, Kinder mit Amoxycillin.
In den Endemiegebieten, z. B. Baden-Württemberg oder der Steiermark, kann auch der Erreger der Frühsommer-Meningoenzephalitis (FSME-Virus) durch Zeckenbiß übertragen werden.

B-16: Eine 78jährige, allein lebende Frau lag wegen eines Verwirrtheitszustandes längere Zeit in ihrer Wohnung und wurde nach Wohnungseröffnung ins Krankenhaus gebracht. Bei der Aufnahmeuntersuchung stellt man u. a. diesen Befund fest.

? Was liegt vor?
Welche Laborbefunde spiegeln diesen Befund wider?
Welche Behandlung erfolgt?

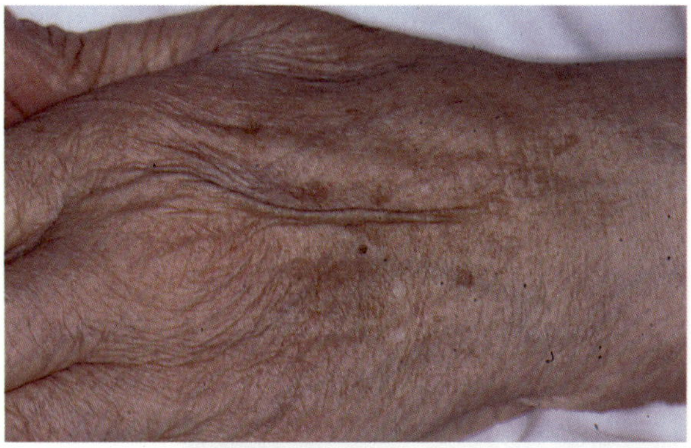

Antwort B-16

Diagnose: Exsikkose

Stehende Hautfalten zeigen einen massiven Flüssigkeitsmangel (Exsikkose = Austrocknung) an. Der Anstieg folgender Laborwerte bestätigt den Befund: Serum-Natrium, Kreatinin, Harnstoff. Weiterhin ist eine arterielle Hypotonie zu erwarten.
Die Behandlung wird auf eine vorsichtige intravenöse Rehydratisierung unter Kontrolle der genannten Laborwerte und der Herzfunktion (cave Überwässerung!) abzielen.

B-17: Ein 42jähriger Mann ohne festen Wohnsitz sucht wegen Fieber, Schüttelfrost und Schmerzen im rechten Unterschenkel die Nothilfe einer großstädtischen Poliklinik auf.

? Welche Verdachtsdiagnose stellen Sie?
Welcher Laborbefund erhärtet die Diagnose?
Welche Therapie schlagen Sie vor?

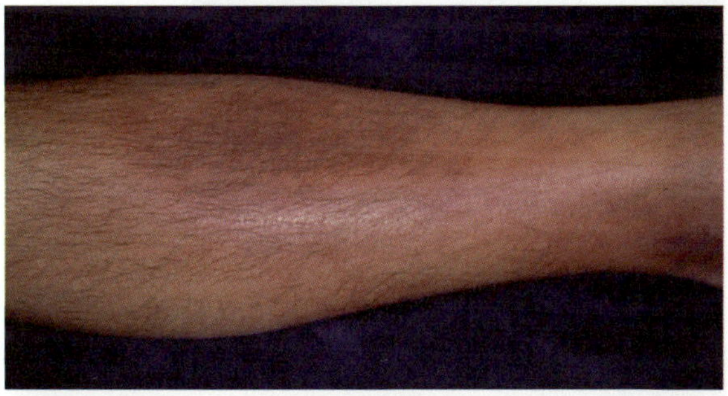

Antwort B-17

Diagnose: Erysipel

Die Kombination der flächigen Hautrötung mit den entzündlichen Allgemeinsymptomen Fieber und Schmerzen legt die Diagnose Erysipel nahe. Die Bestimmung der Anti-Streptolysin-O-Reaktion (ASL-Titer) kann parallel zur sofortigen (intravenösen) Antibiotikatherpie mit Penicillin veranlaßt werden.

B-18: Die 56jährige Hausfrau wird wegen der Schwellungen an den Fingerendgliedern unter der Verdachtsdiagnose chronische Polyarthritis zum Rheumatologen überwiesen.

? Welche Diagnose liegt vor?
Warum kann die Diagnose chronische Polyarthritis nicht zutreffen?

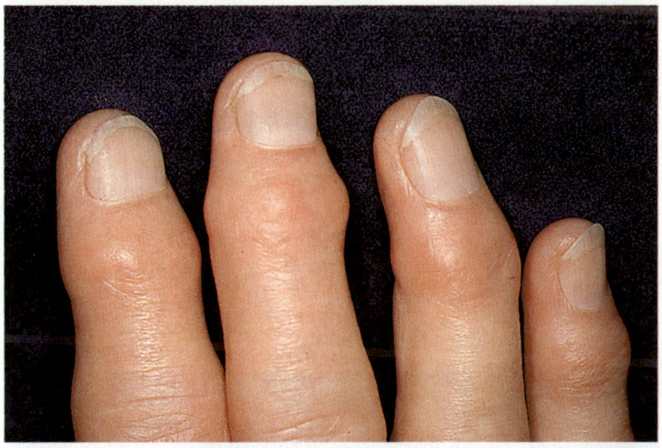

Antwort B-18

Diagnose: Fingerpolyarthrose (Heberden-Arthrose)

Typisch ist der zumeist regelmäßige Befall mehrerer distaler Interphalangealgelenke mit Ausbildung von »Heberden-Knötchen«. Bei der chronischen Polyarthritis sind dagegen die Fingergrund- und Mittelgelenke betroffen, die Endgelenke bleiben ausgespart.

B-19: Der 48jährige Patient bietet folgenden Befund: verstrichene Stirnfalten links, hängendes Oberlid, hängender Mundwinkel.

? Wie lautet Ihre Diagnose, und welche Manöver lassen Sie den Patienten zur Diagnosesicherung ausführen?

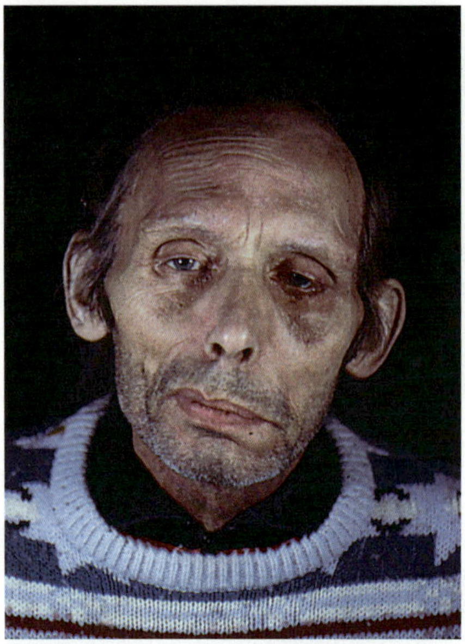

Antwort B-19

Diagnose: idiopathische periphere Fazialisparese links (alle 3 Äste betroffen)

Zur Diagnosesicherung fordern Sie den Patienten zu folgenden mimischen Bewegungen auf: Stirnrunzeln, Augen zukneifen, Backen aufblasen, Nase rümpfen, Mund spitzen, Zähne zeigen. Sie werden beobachten, daß die mimische Motorik der betroffenen Gesichtshälfte deutlich reduziert oder aufgehoben ist, das Backenaufblasen gelingt wegen entweichender Luft meist überhaupt nicht.

B-20: Der 46jährige übergewichtige Mann hat seit der letzten Nacht plötzlich spontan aufgetretene, sehr heftige Schmerzen im rechten Großzehengrundgelenk. Die Schmerzen traten nach einer Weihnachtsfeier auf.

? Welche Verdachtsdiagnose haben Sie?
Warum nach einer Feier?
Welche diagnostische Maßnahmen schlagen Sie vor?

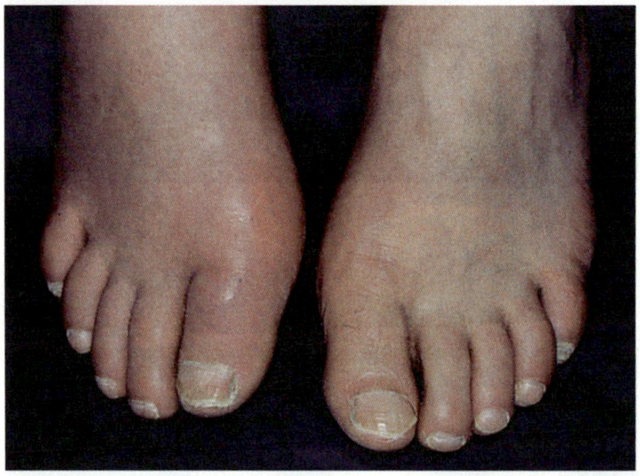

Antwort B-20

Diagnose: Akute Gichtarthritis (Arthritis urica, Podagra)

Hier handelt es sich mit größter Wahrscheinlichkeit um einen akuten Gichtanfall. Eine grundsätzliche Disposition für die Erkrankung ist anzunehmen, der Zeitpunkt des Anfalls erklärt sich durch die alkoholbedingte Hemmung (Feier!) der renalen Harnsäureausscheidung mit Anstieg der Serum-Harnsäure über einen kritischen Wert, der zur massiven Ausfällung von Uratkristallen im Gelenk führt und den Schmerzanfall auslöst. Die Anamnese ist hier diagnostisch wegweisend und erlaubt kaum andere Differentialdiagnosen, daher sind keine weiteren Untersuchungen erforderlich.

B-21: Diese perlartigen Ablagerungen an der Ohrmuschel eines 62jährigen Mannes haben sich im Verlauf einer langjährigen, unbehandelten Stoffwechselerkrankung entwickelt.

? Worum handelt es sich?

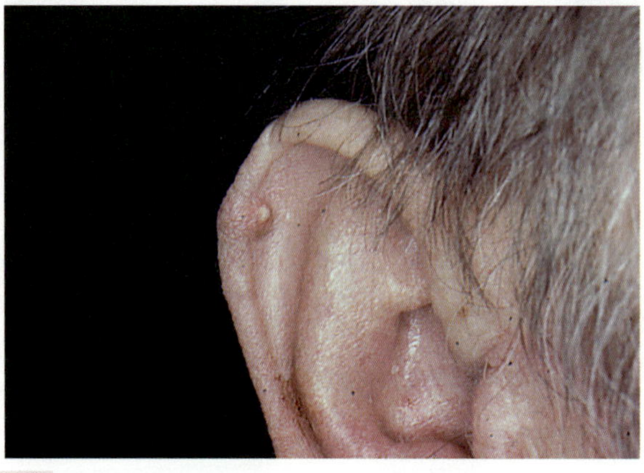

Antwort B-21

Diagnose: Gichttophus

Besteht eine Gicht jahrelang unbehandelt fort, so kann es zu weißlichen Harnsäureablagerungen in den bradytrophen Geweben (Sehnen, Knorpel, Knochen), sog. Tophi, kommen. Typisch sind »Gichtperlen« am Ohr, wie bei diesem 62jährigen Mann mit einer seit vielen Jahren bestehenden, nicht behandelten Hyperurikämie.

B-22: Der 72jährige Mann wurde wegen eines Prostatakarzinoms zunächst operiert, anschließend mit einem Gonadotropin-Antagonisten behandelt.

? Wie heißt die Brustveränderung, und wie erklärt sie sich?
Welche weiteren möglichen Ursachen kennen Sie?

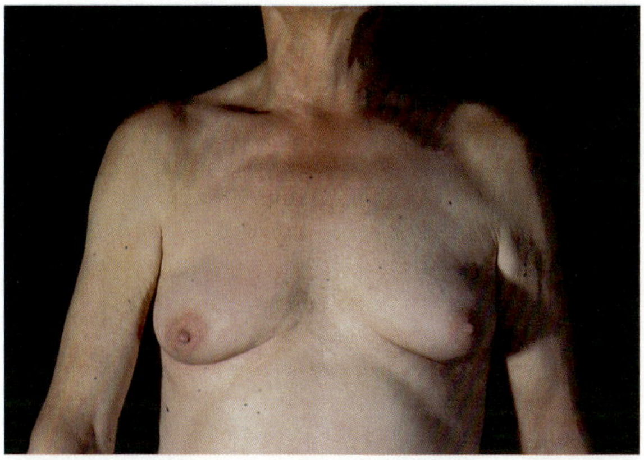

Antwort B-22

Diagnose: pharmakogene Gynäkomastie

Wegen des antiandrogenen Effekts der Gonadotropin-Antagonisten bildete sich eine beidseitige Gynäkomastie aus. Weitere mögliche Ursachen einer Gynäkomastie sind: Physiologisch: bei Neugeborenen, in der Pubertät bei Jungen; Testosteronmangel: primärer Hypogonadismus (z. B. Klinefelter-Syndrom), sekundärer Hypogonadismus (Hodenkrankheiten, Mumps, Tbc, hormonelle Störungen); Östrogenüberschuß: Östrogen- und HCG-bildende Tumoren, Leberzirrhose; Medikamente: Hormone, Spironolacton, Cimetidin, trizyklische Antidepressiva.

B-23: Bei der 62jährigen Patientin wurde 2 Jahre vor dieser Aufnahme ein Non-Hodgkin-Lymphom diagnostiziert und mittels Chemotherapie behandelt.

? Welcher Befund liegt vor? Sehen Sie einen Zusammenhang zwischen dem Befund und der bekannten Vorerkrankung?

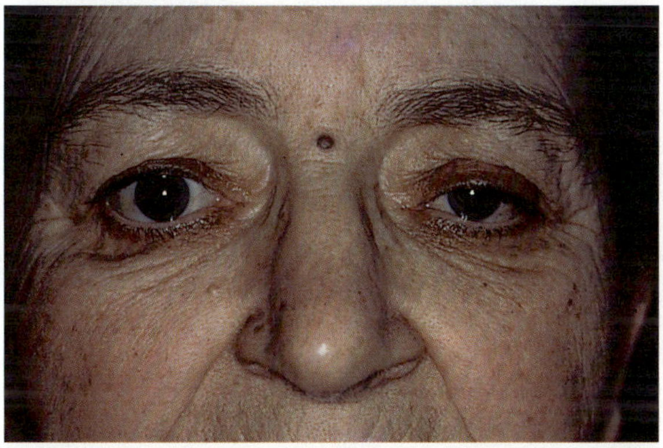

Antwort B-23

Diagnose: Horner-Syndrom

Die Patientin zeigt alle Symptome der Trias: Ptosis des linken Oberlides, Enophthalmus; eine gleichzeitig vorliegende Miosis ist im Bild nicht erkennbar. Es handelt sich um ein Horner-Syndrom infolge Infiltration des zervikalen Sympathikus-Plexus durch ein Lymphom-Rezidiv.

B-24: Der 35jährige Mann hat eine seit 6 Jahren bekannte HIV-Infektion. An den Zungenrändern fallen weißliche verruköse Plaques mit samtartiger Oberfläche auf. Der Zungenbefund wird durch einen sekundären Viruserreger verursacht und ist pathognomonisch für die AIDS-Erkrankung.

? Wie heißt diese Erkrankung und ihr Erreger?

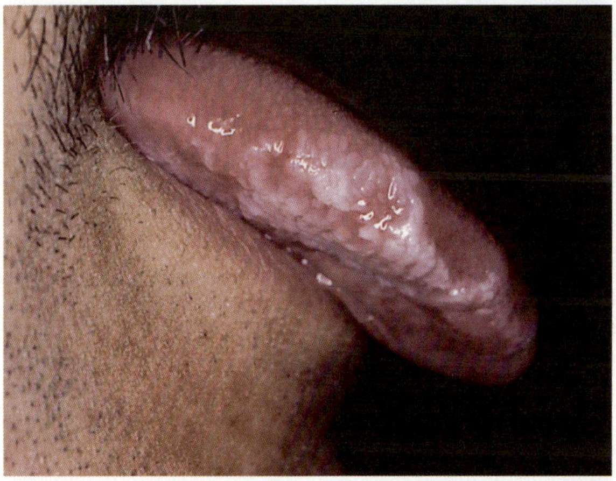

Antwort B-24

Diagnose: Haarleukoplakie bei AIDS

Die orale Haarleukoplakie wird durch eine Epstein-Barr-Virus-Infektion verursacht und ist pathognomonisch für die HIV-Infektion. Sie gehört mit zu den klinischen Definitionskriterien für AIDS.

? B-25: Wie lautet die Fachbezeichnung für die auffällige Behaarung bei dieser Frau, und welche Ursachen kommen dafür in Frage?

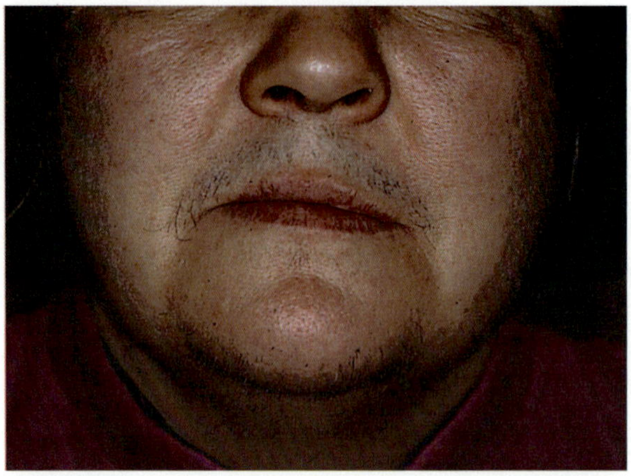

Antwort B-25

Diagnose: Hirsutismus (idiopathisch)

In Zonen mit hoher Dichte von Androgenrezeptordichte kommt es vor allem bei Frauen in der Postmenopause zu einer Umwandlung von pigmentfreiem Vellushaar in dickeres, pigmentiertes Terminalhaar. In 85% der Fälle läßt sich trotz eines ausgedehnten Untersuchungsprogramms keine spezifische Ursache für den Hirsutismus finden. Organische Ursachen sind u. a. hormonbildende Tumoren, polyzystische Ovarien und eine Reihe von Medikamenten.

B-26: Die 42jährige Frau bemerkte nach einem Skiurlaub im Hochgebirge zunächst ein Jucken an der Oberlippe, dann bildeten sich Bläschen an der Grenze zum Lippenrot aus, die im Lauf von 2 Wochen verkrusteten.

? Worum handelt es sich, und welche Therapie kann Besserung verschaffen?

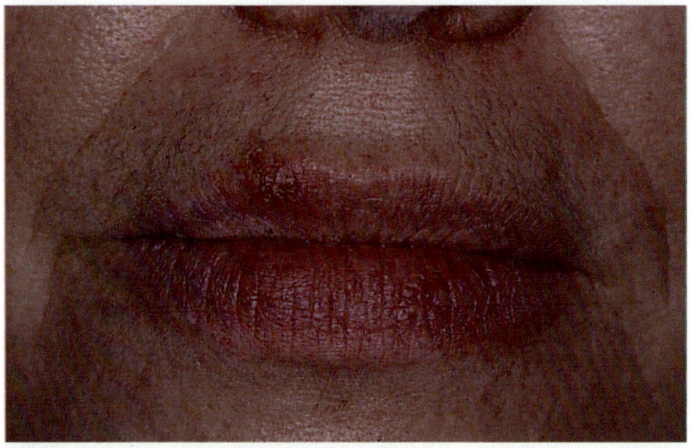

Antwort B-26

Diagnose: Herpes simplex labialis

Typisch ist das gehäufte Auftreten dieser persistierenden Herpes-simplex-Virus-(HSV-)Infektion bei lokalen Schädigungen der Haut (z. B. UV-Bestrahlung) oder vorübergehenden (z. B. durch fieberhafte Infekte) bzw. andauernden Immundefekten (z. B. HIV-Infektion). Eine symptomatische Behandlung mit Aciclovir-Creme verbessert die Kosmetik und verkürzt die Dauer der Hauterscheinungen.

B-27: Der 52jährige Patient hat eine bekannte alkoholische Leberzirrhose. Im Rahmen eines erneuten Alkoholexzesses kam es zu einem Anstieg der Transaminasen und des Serum-Bilirubins bis auf einen Wert von 6,5 mg/dl.

? Was liegt vor?

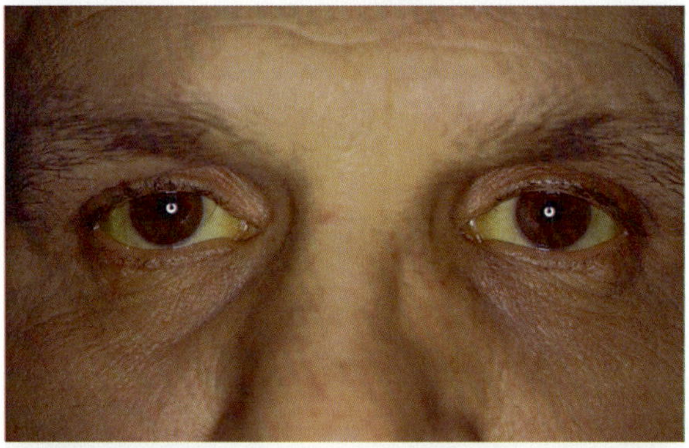

Antwort B-27

Diagnose: Ikterus bei alkoholtoxischer Hepatitis

Die Anamnese und der Befund der ikterisch verfärbten Konjunktiven bei einem Serumbilirubin von über 6,5 mg/dl machen eine akute hepatische Cholestase wahrscheinlich, die durch den Alkoholexzeß ausgelöst wurde. Die Gelbfärbung der Konjunktiven über den weißen Skleren ist ab einem Bilirubinwert von ca. 2,5 mg/dl sichtbar und wird am besten bei Tageslicht erkannt.

B-28: Bei dem 45jährigen Patienten wurde vor 10 Jahren vor Aufnahme dieses Bildes ein Morbus Hodgkin, initial im Stadium IIb, diagnostiziert. Im Lauf der Jahre erfolgten 12 Chemotherapiezyklen mit COPP bzw. COPBLAM und eine Mantelfeldbestrahlung. Der Patient stellt sich nun in einem deutlich reduzierten Ernährungs- und Allgemeinzustand vor: Körpergröße 176 cm, Körpergewicht 42 kg.

? Wie würden Sie das Erscheinungsbild bezeichnen, und welche Ursache liegt hier nahe?

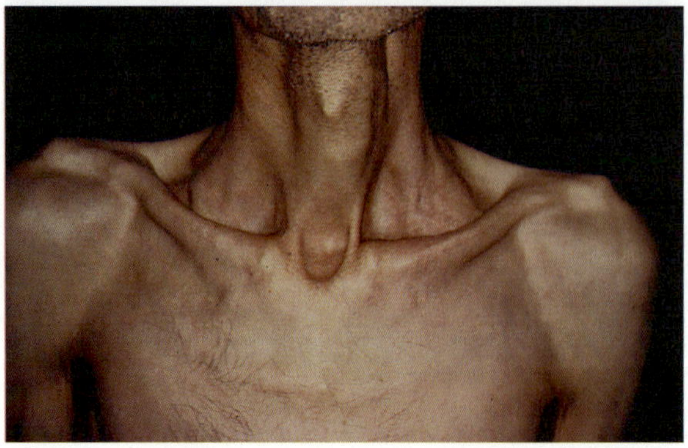

Antwort B-28

Diagnose: tumorbedingte Kachexie bei Rezidiv eines Morbus Hodgkin

B-29: Man erkennt überwiegend horizontal und parallel verlaufende Exkoriationen in der Lumbalregion. Bei der Patientin liegt eine primär biliäre Zirrhose mit Cholestasezeichen vor.

? Wie erklären Sie sich die Hauterscheinungen?

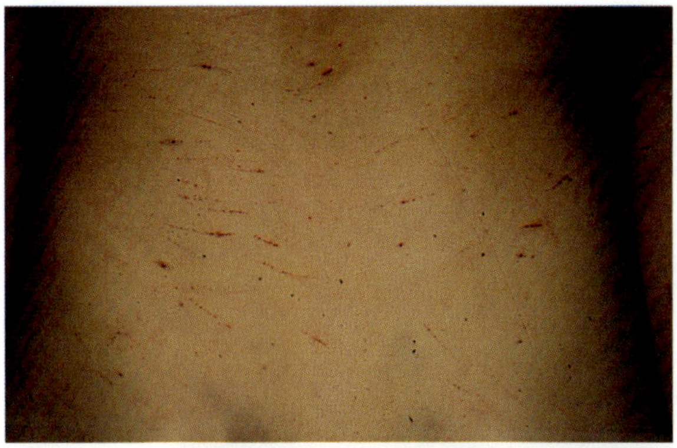

Antwort B-29

Diagnose: Kratzspuren der Fingernägel bei Juckreiz durch Cholestase

Wahrscheinlich sind in die Haut eingelagerte Gallensäuren Ursache des Juckreizes.

B-30: Am Unterschenkel finden sich ausgedehnte, zirkulär wachsende und konfluierende rötlich-livide Flecken. Der Patient ist HIV-infiziert.

? Wie heißt diese Hauterkrankung, und welche Schlüsse lassen sich dadurch auf das Stadium der HIV-Infektion ziehen?
Welche Organe können noch betroffen sein?

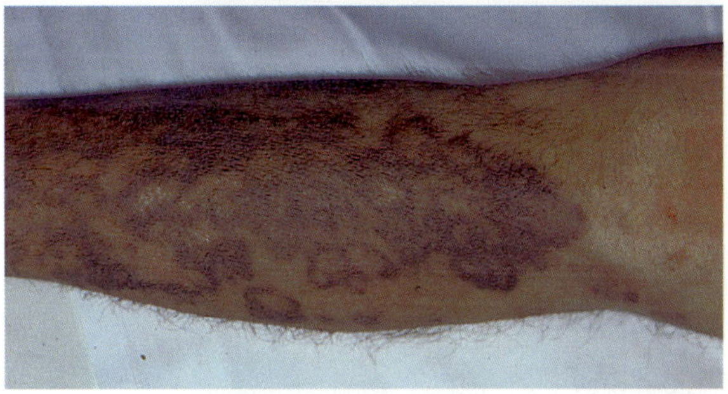

Antwort B-30

Diagnose: Kaposi-Sarkom bei AIDS

Kaposi-Sarkome sind von undifferenzierten mesenchymalen Zellen des Gefäßendothels ausgehende Tumoren, die per definitionem beim Vorliegen einer HIV-Infektion das Vollbild von AIDS anzeigen. Neben Haut und Schleimhäuten können auch der gesamte tubuläre Magen-Darm-Trakt und innere Organe (Lunge, Leber) befallen sein.

? B-31: Welche Hernie liegt hier vor und wie läßt sich die direkte von der indirekten Form unterscheiden?

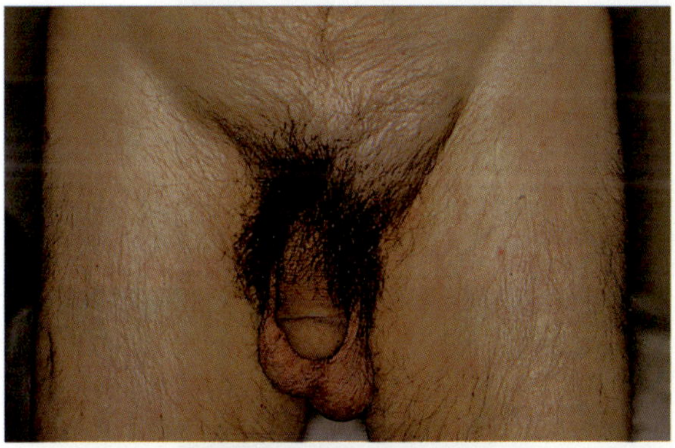

Antwort B-31

Diagnose: direkte Leistenhernie links

Die direkte Hernie liegt immer kranial des Leistenbandes in Höhe der Symphyse in kugeliger Form und geht nicht über die Wurzel des Hodensacks hinaus. Die indirekte Hernie liegt immer kaudal des Leistenbandes, manchmal bis ins Skrotum reichend.

B-32: Die 17jährige Patientin stellte sich wegen symmetrischer Arthritiden der Fingergrund- und Mittelgelenke, allgemeinem Krankheitsgefühl und einem schmetterlingsförmigen Gesichtserythem vor.

? Wie heißt die zugrundeliegende Autoimmunerkrankung, und welcher Laborbefund ist diagnostisch beweisend?

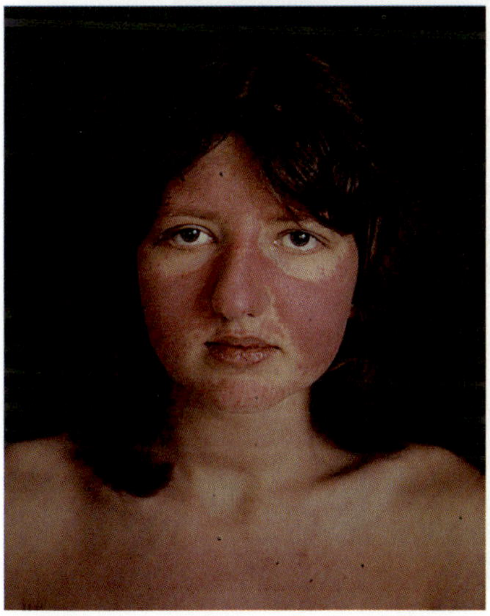

Antwort B-32

Diagnose: systemischer Lupus erythematodes

Der Laborbefund von antinukleären Antikörpern, u. a. gegen Doppelstrang-DNA, ist bei dieser Autoimmunerkrankung diagnostisch beweisend. Weitere klinische Befunde können sein: generalisierte Lymphknotenschwellung, diffuser Haarausfall, Pleuritis, Perikarditis, Nephritis.

B-**33:** Die Patientin stellt sich mit einem Ödem im Bereich des linken Fußes vor.

? Um welche Form des Ödems handelt es sich? Begründen Sie Ihre Diagnose!

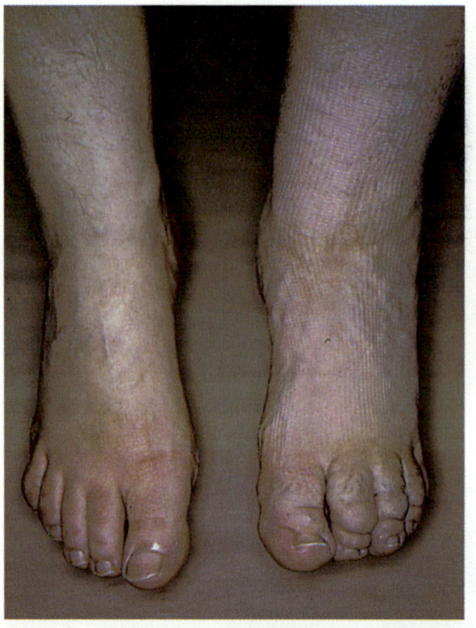

Antwort B-**33**

Diagnose: primäres Lymphödem

Im Gegensatz zum hydropischen Ödem bei Herzinsuffizienz, beim nephrotischen Syndrom oder bei der chronisch venösen Insuffizienz sind beim Lymphödem auch die Zehen mit einbezogen. Über den Zehengelenken sind Abschnürungen der Schwellungen sichtbar. Ödeme bei Herz- oder Niereninsuffizienz treten immer symmetrisch, d. h. nicht einseitig, auf.

? B-34: Wie heißt diese atrophische Zungenveränderung, und auf welche Grunderkrankung weist diese hin? Welche anderen sichtbaren Veränderungen erwarten Sie?

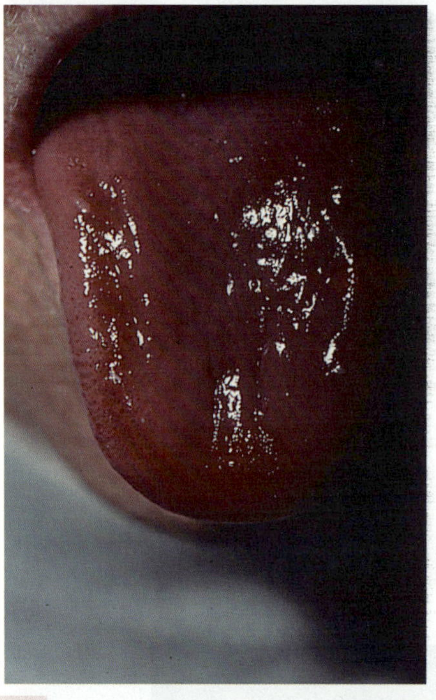

Antwort B-**34**

Diagnose: Lackzunge bei Leberzirrhose

Bei Patienten mit Leberzirrhose kommt es aus ungeklärten Gründen zu einer chronischen Glossitis mit allmählicher Atrophie der Zungenpapillen. Dadurch erscheint die Zunge hochrot und glänzend (Lackzunge).
Weitere typische Symptome der Leberzirrhose sind: Spider-Nävi (netzartige Kapillarerweiterungen auf der Haut des Oberkörpers), Palmarerythem (Rötung der Handinnenflächen), Weißnägel, Dupuytren-Kontraktur, Ikterus und ggf. Caput medusae (Pfortaderstauung mit venösem Umgehungskreislauf über oberflächliche Bauchvenen, gleichzeitig liegen häufig Ösophagusvarizen vor).

B-**35:** Die 28jährige Patientin ist vor einigen Monaten an einer mesangioproliferativen Glomerulonephritis erkrankt. Das Serum-Kreatinin beträgt 5,2 mg/dl, die Eiweißausscheidung 3,6 g/die. Sie wird derzeit mit Steroiden behandelt. Vor allem am Morgen treten Lidödeme auf, das Hautkolorit ist schmutzig-blaß.

? Welche anderen Ursachen der Lidödeme kommen differentialdiagnostisch in Frage?

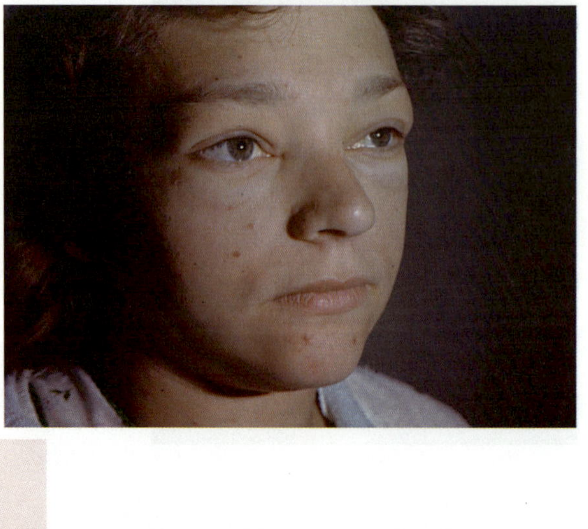

Antwort B-**35**

Diagnose: Lidödeme bei Glomerulonephritis

Mögliche **Differentialdiagnosen** der Lidödeme sind: endokrine Orbitopathie bei Hyperthyreose, Myxödem bei Hypothyreose, allergische Konjunktivitis, Quincke-Ödem.

B-**36:** Diese bösartige Hautveränderung ist in Australien und Neuseeland die häufigste tumorbedingte Todesursache junger Erwachsener. Neben der Sonnenexposition (in vulnerablen Entwicklungsphasen) besteht eine genetische Disposition zu dieser Erkrankung.

? Worum handelt es sich? Kennen Sie (gutartige) Differentialdiagnosen?

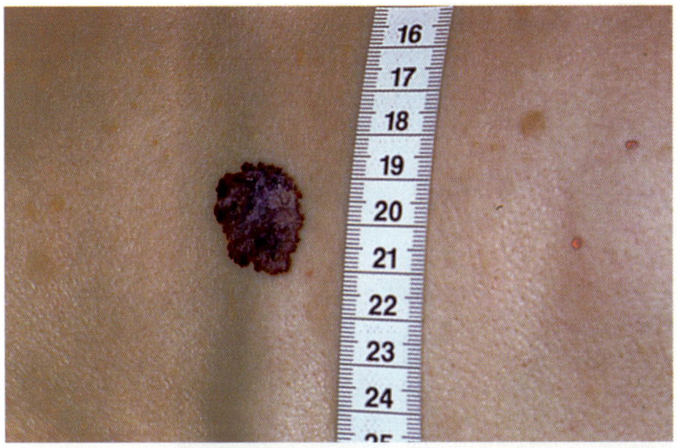

Antwort B-36

Diagnose: malignes Melanom

Hier handelt es sich um ein oberflächlich spreitendes malignes Melanom am Rücken eines 84jährigen Mannes. Typische Merkmale, die eine Bösartigkeit vermuten lassen, sind dunkle, unregelmäßige Pigmentierung und ausgefranste Ränder.

Differentialdiagnosen: Naevus pigmentosus (Leberfleck), seborrhoische Warze, Histiozytome u. v. m.

B-**37:** Das 11jährige Mädchen erkrankte mit Fieber bis 39,6 °C, allgemeinem Krankheitsgefühl, tränenden Augen und laufender Nase. Ab dem 5. Krankheitstag trat zunächst nur auf der Stirn und in der Retroaurikulärregion ein grobfleckiges, konfluierendes Exanthem auf, das sich im Verlauf von Tagen bis zu den unteren Extremitäten ausbreitete.

? Wodurch unterscheidet sich dieses Masern-Exanthem von den Hautveränderungen bei Röteln und Scharlach?

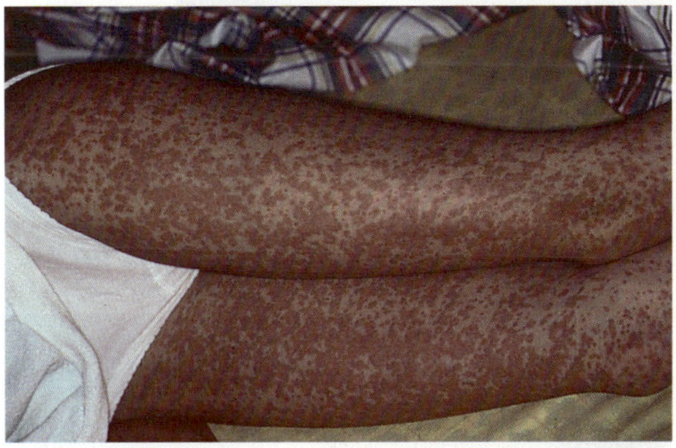

Antwort B-37

Diagnose: Masern-Exanthem

Bei Röteln zeigt sich keine Konfluenz der makulopapulösen Effloreszenzen, während bei Scharlach das Exanthem in den Beugen (vor allem Leisten) beginnt und den Mund ausspart (periorale Blässe = »Munddreieck«).

B-**38:** Der sehr große und schlanke Patient mit einem Marfan-Syndrom hat überaus lange und dünne Finger (»Madonnenfinger«).

? Worum handelt es sich beim Marfan-Syndrom? Welche inneren Organe sind oft mit betroffen?

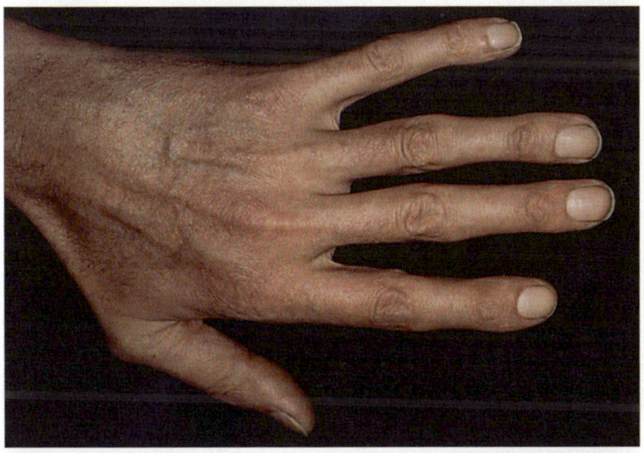

Antwort B-38

Diagnose: Marfan-Syndrom

Das Marfan-Syndrom ist eine autosomal-dominant vererbte Erkrankung des Bindegewebes mit Skelettveränderungen (Hochwuchs des Oberkörpers, lange schlanke Finger, Trichterbrust), kardiovaskulären Veränderungen (Mitralklappenprolaps, Aortendilatation mit Aorteninsuffizienz) und Augenveränderungen (Linsensubluxation, Myopie, Netzhautablösung).

B-**39:** Bei der 82jährigen Patientin mit einer Demenz vom Alzheimer-Typ fiel bei der Untersuchung eine deutliche Einziehung der Haut an der rechten Mamma auf. Es handelte sich um ein etwa hühnereigroßes Mammakarzinom. Auf eine Therapie wurde verzichtet.

? Worauf würden Sie bei einer klinischen Untersuchung neben dem Mammabefund besonders achten?

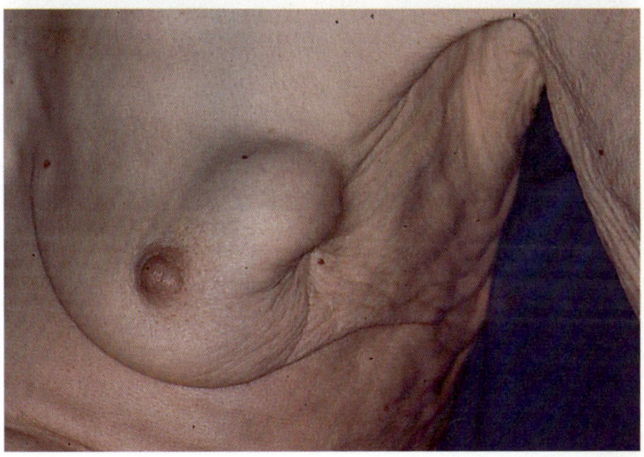

Antwort B-39

Diagnose: Mammakarzinom, Spätstadium

Bei klinischem Verdacht auf ein Mammakarzinom sollte eine sorgfältige Untersuchung auf verdickte = tastbare axilläre und supraklavikuläre Lymphknoten erfolgen.

B-40: Es fällt eine teigige Gesichtsschwellung auf, die Patientin war allgemein verlangsamt und hatte im Lauf der letzten 2 Jahre ca. 15 kg an Gewicht zugenommen. Am Hals erkennt man eine Narbe nach Kocherschem Kragenschnitt, die Strumektomie war vor etwa 8 Jahren durchgeführt worden.

? Welcher Laborbefund beweist die Diagnose? Wie kam es zu dieser Erkrankung?

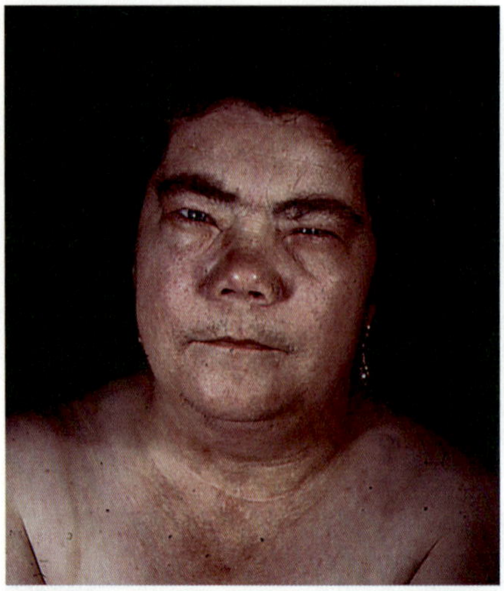

Antwort B-40

Diagnose: Myxödem bei Hypothyreose nach subtotaler Strumektomie

Gewichtszunahme, Schwellungen und allgemeine Verlangsamung sind typische Zeichen einer Hypothyreose. Weitere Symptome sind Apathie, rauhe Stimme, Obstipation, kalte trockene Haut, trockene brüchige Haare, Hypercholesterinämie, Hyporeflexie.
Die Bestimmung des massiv erhöhten TSH ist beweisend für die Schilddrüsenunterfunktion nach der Strumektomie; das verbliebene Restgewebe konnte die Hormonproduktion nicht ausreichend gewährleisten. Die fehlende Substitution mit Schilddrüsenhormonen führte dann zur manifesten Hypothyreose.

B-41: Palpation und Ultraschalluntersuchung zeigen große, polyzyklisch begrenzte Lymphknotenpakete in beiden Leisten.

? Welche Verdachtsdiagnose haben Sie? Wie wird die Diagnose gesichert?

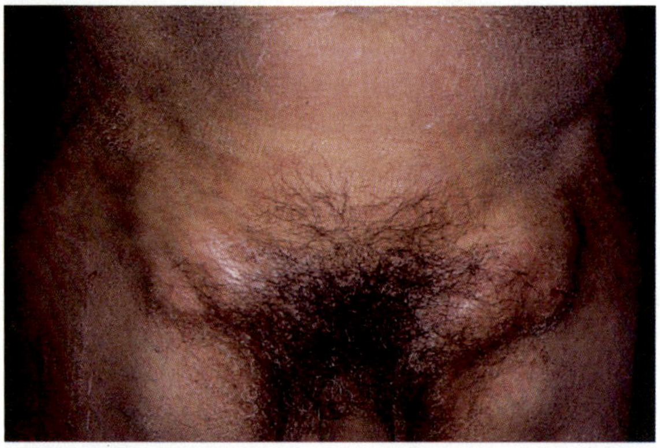

Antwort B-41

Diagnose: Non-Hodgkin-Lymphom

Die weitere Untersuchung umfaßt andere Lymphknotenstationen (z. B. durch CT, MRT und Sonographie) und eine Biopsie aus den Leistenlymphknoten zur Klärung der histologischen Dignität.

B-42: Der 72jährige Patient kommt wegen einer Eisenmangelanämie regelmäßig alle 4 Wochen zur Bluttransfusion. Sein Hb ist vor der Transfusion jeweils auf Werte zwischen 6,8 und 7,5 g/dl abgefallen. An Zunge, Lippen und Ohrläppchen fallen Teleangiektasien auf.

? Welche vererbliche Grunderkrankung verursacht die Anämie?

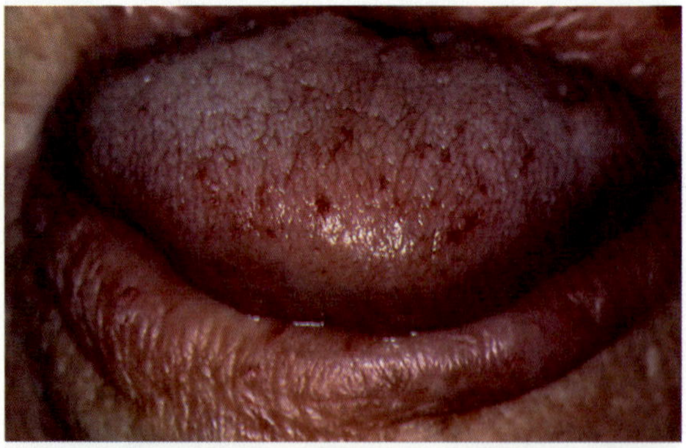

Antwort B-42

Diagnose: Zungenteleangiektasien bei Morbus Osler

Bei der Oslerschen Erkrankung (hereditäre hämorrhagische Teleangiektasie) befinden sich meistens im gesamten Magen-Darm-Trakt Teleangiektasien (Gefäßerweiterungen), die chronisch bluten. Eine operative Behandlung ist wegen der Ausdehnung der Herde nicht möglich.

B-43: Bei diesem Patienten liegt ein septisches Krankheitsbild vor, wonach es zu diesen Splitterblutungen unter den Fingernägeln gekommen ist.

? Welche Diagnose ist wahrscheinlich, und wie entstehen diese Blutungen?

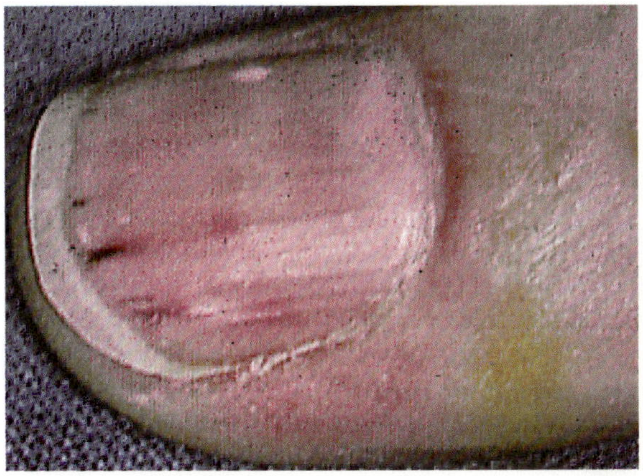

Antwort B-43

Diagnose: bakterielle Endokarditis

Bei bakterieller Endokarditis kann es zu Mikroembolien von Klappenauflagerungen in akrale Gefäße kommen. Möglicherweise handelt es sich auch um eine Immunkomplexvaskulitis. An den Finger- und Zehenkuppen treten rötliche Papeln von wenigen Millimetern Durchmesser auf (Osler-Knötchen). Unter den Fingernägeln kann es zu Splitterblutungen kommen.

B-44: Bei der 72jährigen Patientin ist im Personalausweis eine Körpergröße von 166 cm vermerkt. Nun mißt sie 156 cm. Im Stehen fallen beidseits Hautfalten in der Lumbalregion auf.

? Wie erklären Sie diese Veränderung? Welche Pathogenese liegt dieser »Volkskrankheit« zugrunde?

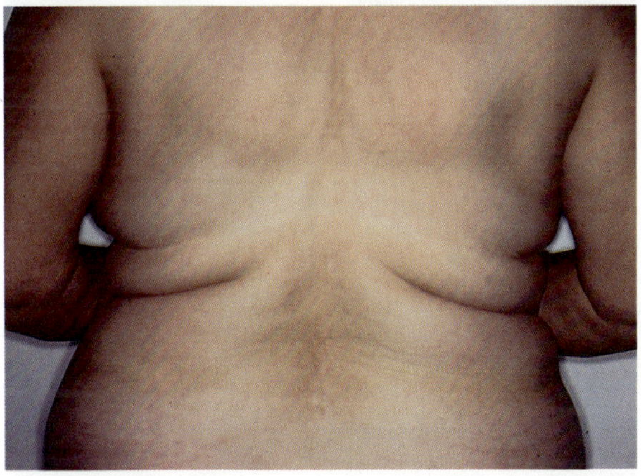

Antwort B-44

Diagnose: postmenopausale Osteoporose

Die Ursachen liegen in einer vorwiegend sexualhormonellen Mangelsituation in der Postmenopause, wodurch eine katabole Knochenstoffwechsellage entsteht, die durch weitere Faktoren begünstigt wird (Bewegungsmangel, Kalziummangel in der Nahrung u. v. m.). Die Knochendichte nimmt so weit ab, daß es zu Spontanfrakturen und Einbrüchen der Wirbelkörper kommt, die hierdurch deutlich an Höhe verlieren und bei dieser Patientin zu einer ausgeprägten Verminderung der Körpergröße sowie hierdurch bedingten Falten im Lendenbereich (= Bartelheimsche Falten) geführt haben.

B-45: Drückt man mit dem Finger kräftig auf den distalen Unterschenkel dieser Patientin, so bleiben für einige Minuten Dellen stehen.

? Worum handelt es sich, und welche Ursache könnte dieser Befund haben?

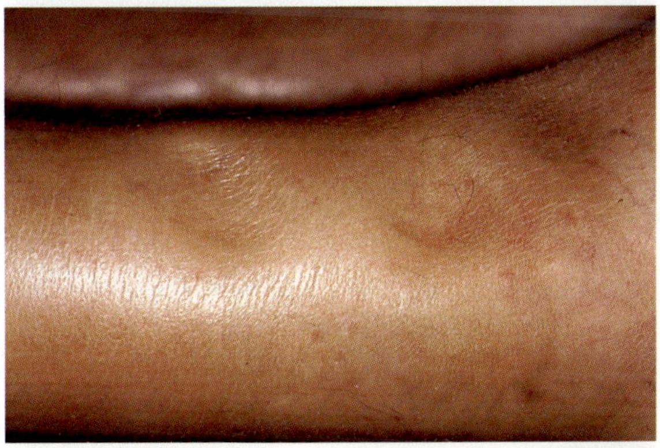

Antwort B-45

Diagnose: Ödem bei dekompensierter Herzinsuffizienz

Eindrückbare Dellen sprechen für ein vor nicht allzu langer Zeit (Tage bis Wochen) entstandenes hydropisches Ödem, in diesem Fall bei dekompensierter Herzinsuffizienz. Bleiben Ödeme über lange Zeit bestehen, so induriert das subkutane Gewebe und wird zunehmend weniger eindrückbar.

B-**46:** Bei diesem Patienten ist die Backenkontur vorgewölbt, die Ohrläppchen stehen dadurch leicht ab.

? Welche Erkrankung vermuten Sie? Was ist die wahrscheinlichste Ursache?

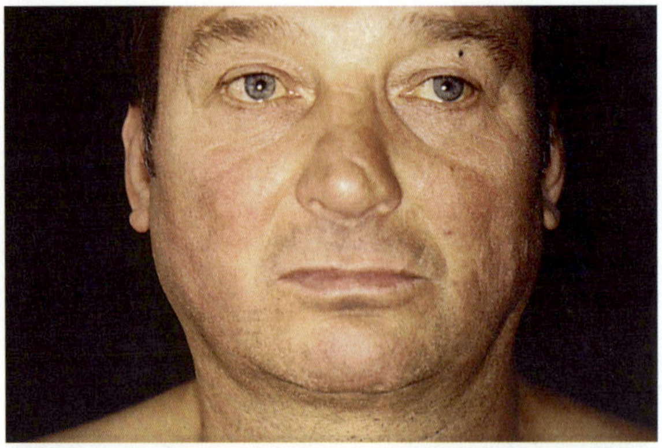

Antwort B-**46**

Diagnose: Parotisschwellung bei chronischer Parotitis

Die chronische Parotitis wird begünstigt durch verminderte Nahrungsaufnahme und damit reduzierten Speichelfluß. Am häufigsten kommt sie bei Personen mit Alkoholabusus vor.

? B-**47:** Nennen Sie mindestens zwei häufige Erkrankungen, bei denen ein Palmarerythem auftreten kann.

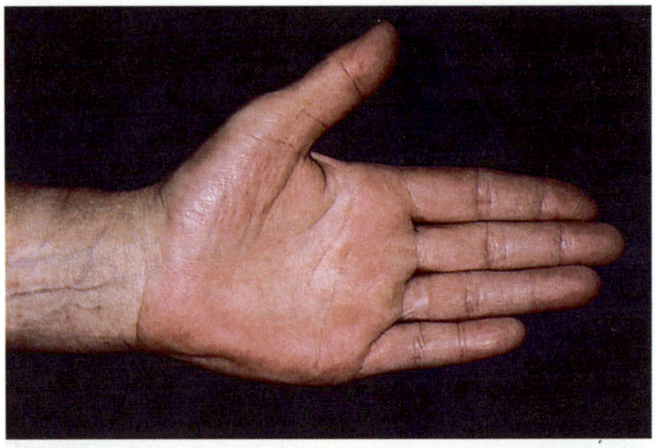

Antwort B-**47**

Diagnose: Palmarerythem bei alkoholtoxischer Leberzirrhose

Ein Palmarerythem kann bei vielen Erkrankungen auftreten (z. B. Diabetes mellitus, Colitis ulcerosa, Herzinsuffizienz, Hyperthyreose). In diesem Fall hatte der Patient eine alkoholische Leberzirrhose. Weitere klinische Zeichen der Leberzirrhose siehe unter Abb. B-**34**.

B-**48:** Hier sehen Sie als Folge einer Gefäßerkrankung eine dunkelbraune Pigmentierung kranial des Sprunggelenks und ein geringgradiges Ödem, erkennbar an der Schnürfurche durch den Sockengummi.

? Welche Erkrankung hat zu diesen Veränderungen geführt?

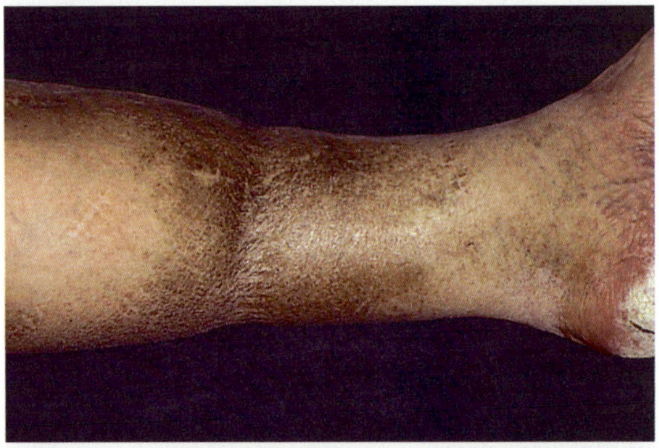

Antwort B-**48**

Diagnose: postthrombotisches Syndrom mit Purpura jaune d'ocre

Nach einer tiefen Beinvenenthrombose ist es zu einer chronischen venösen Insuffizienz gekommen, die sich durch Stauung und hierdurch bedingte Hämosiderineinlagerungen über den Vv. perforantes manifestiert. Die bräunliche Hautverfärbung heißt Purpura jaune d'ocre. Im weiteren Verlauf kommt es zur Hautatrophie und zu einem Ulcus cruris (siehe B-**65**).

B-**49:** Am Handrücken (chronisch lichtexponiertes Hautareal) befinden sich nebeneinander frische Erosionen (Daumengrundglied), Blasen, hämorrhagisch-krustige Läsionen und hyperpigmentierte Narben.

? Welches innere Organ ist in der Regel mit betroffen? Was beweist die Diagnose?

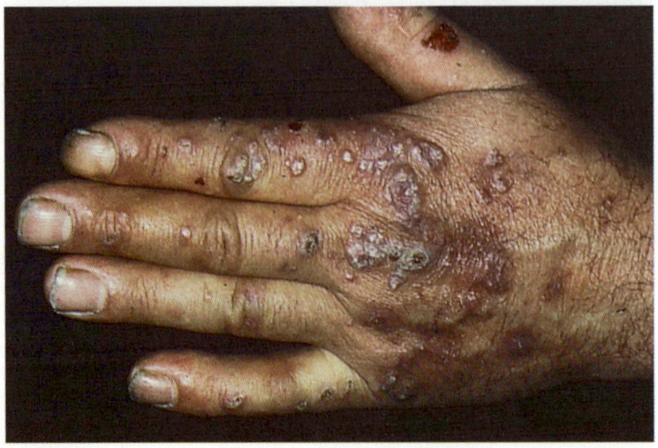

Antwort B-**49**

Diagnose: Porphyria cutanea tarda

Die Porphyria cutanea tarda ist symptomatisch für einen zumeist alkoholtoxisch bedingten Leberschaden und tritt bei immerhin 1 % der Bevölkerung zwischen dem 40. und 70. Lebensjahr auf. Der bierbraune, im Woodlicht (UV-Licht) rot fluoreszierende Urin mit deutlich erhöhter Pophyrinkonzentration beweist die Diagnose.

B-**50:** Der 57jährige Patient bemerkte, daß seine Hutgröße im Lauf der letzten Monate zugenommen hat. Die Stirn ist auffallend vorgewölbt.

? Welche Knochenerkrankung liegt hier vor und welchen auffälligen Laborbefund erwarten Sie?

Antwort B-**50**

Diagnose: Morbus Paget

Diese Knochenerkrankung geht mit einem bis zu 20fach erhöhten Knochenstoffwechsel einher, wobei in der Bilanz ein Knochenanbau resultiert (zu kleiner Hut!). Der Knochen ist qualitativ minderwertig (Faserknochen) und neigt zu pathologischen Frakturen. Das Labor zeigt eine Erhöhung der alkalischen Phosphatase im Serum und eine erhöhte Ausscheidung von Hydroxyprolin (Kollagenabbaumetabolit) im Urin. Im Röntgenbild fällt die unregelmäßige Knochenstruktur auf, äußerlich ist teilweise eine Deformität der Tibia (Säbelscheidentibia) zu erkennen.

B-**51:** Bei der 36jährigen Frau bestehen seit einigen Wochen starke Schmerzen in den spindelförmig geschwollenen Fingergrund- und Mittelgelenken vor allem am Morgen.

? Welche Verdachtsdiagnose liegt hier nahe?
Welche Diagnostik ist sinnvoll?

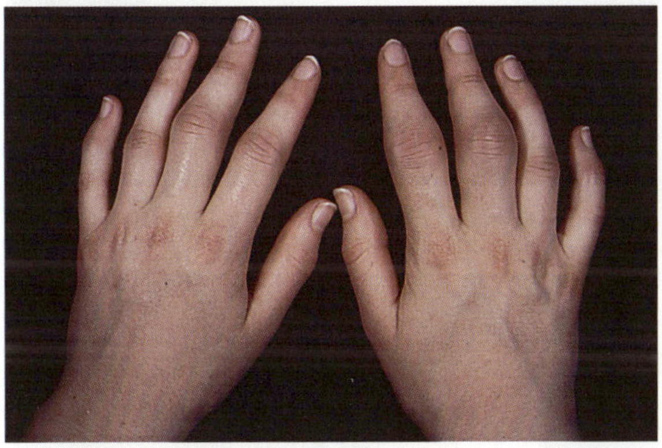

Antwort B-**51**

Diagnose: chronische Polyarthritis

Zur Erhärtung der Verdachtsdiagnose sollten zunächst folgende Untersuchungen erfolgen: der Nachweis eines positiven Gänsslen-Zeichens (Schmerz bei seitlicher Kompression der Metakarpophalangealgelenke), Laborwerte (fakultativ erhöht sind Rheumafaktor, antinukleäre Antikörper, CRP, BSG) und eine Röntgenuntersuchung (gelenknahe Osteoporose, Zysten, Usuren in späteren Stadien).

B-**52:** Die Weißfärbung der Fingerendglieder wird durch einen anfallsartig auftretenden Vasospasmus, insbesondere bei Kälteexposition und emotionaler Belastung, hervorgerufen. Die Veränderungen sind immer beidseitig, die Arterienpulse erhalten, es entsteht keine Gangrän, die Durchuntersuchung erbringt keine zugrundeliegende Erkrankung.

? Welche möglichen Grundkrankheiten müssen ausgeschlossen werden?
Nach welchen Medikamenten ist zu fragen?

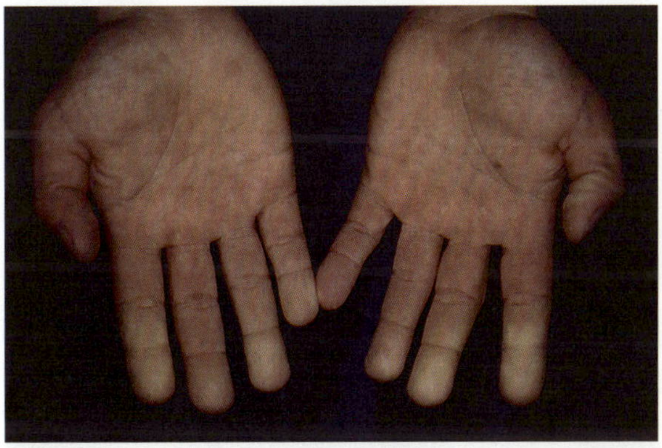

Antwort B-**52**

Diagnose: Raynaud-Phänomen

Differentialdiagnostisch sind vor allem Sklerodermie und Lupus erythematodes auszuschließen (positiver Nachweis antinukleärer Antikörper). Betablocker und ergotaminhaltige Präparate können ebenfalls eine Raynaud-Symptomatik auslösen.

? B-53: Was fällt Ihnen an dieser durch eine lange bestehende chronische Polyarthritis veränderten Hand auf?

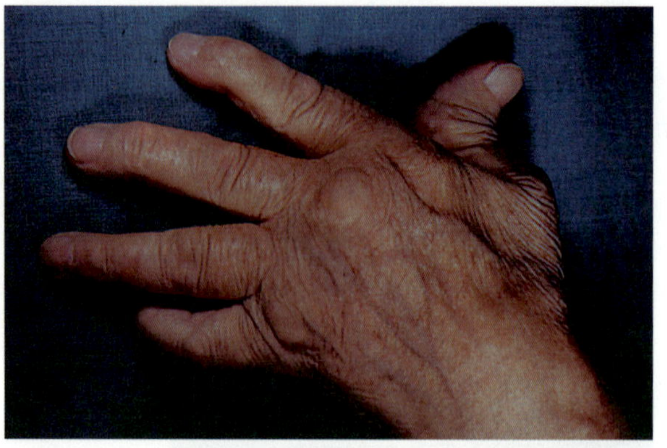

Antwort B-53

Diagnose: Rheumaknoten bei chronischer Polyarthritis

Bei dieser durch eine lange bestehende chronische Polyarthritis veränderten Hand fallen vor allem ein Rheumaknoten über dem Grundgelenk D III, eine Ulnardeviation der Langfinger und eine Überstreckung des Daumenendgliedes auf.

B-54: Diese Patientin zeigt eine Mikrostomie (kleiner Mund) und periorale Hautfältelung (»Tabaksbeutelmund«).

? Für welche Autoimmunerkrankung sind diese Merkmale typisch, und welche weiteren klinischen Zeichen kennen Sie?
Welche inneren Organe sind beteiligt?

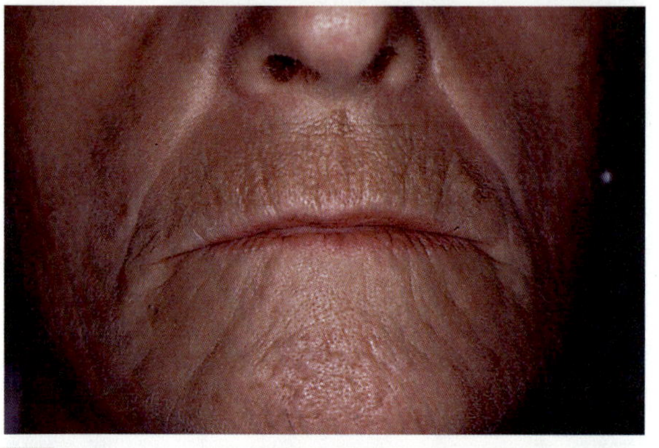

Antwort B-54

Diagnose: progressive systemische Sklerodermie I

Weitere klinische Zeichen sind Nagelfalzhyperkeratose (siehe B-**55**), Sklerodaktylie, Teleangiektasien, sklerosiertes und verdicktes Zungenbändchen, Hautverkalkungen und Raynaud-Symptomatik. Folgende innere Organe sind fakultativ mitbetroffen: Ösophagus (Dysphagie, Reflux), Lunge (Fibrose), Herz (Myokardfibrose, Perikarditis) und Nieren (Glomerulosklerose).

? B-55: Welche Differentialdiagnose des Raynaud-Syndroms (Weißfärbung der Fingerendglieder durch anfallsartig auftretenden Vasospasmus, insbesondere bei Kälteexposition und emotionaler Belastung, die Arterienpulse sind erhalten) kommt bei diesem Befund am ehesten in Frage?

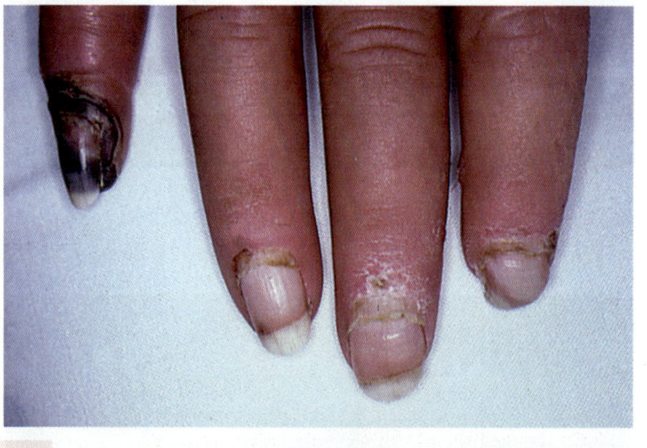

Antwort B-55

Diagnose: Sklerodermie II (Akrosklerodermie)

Erkennbar sind bei dieser Sklerodermie im ödematösen Stadium: diffuse Schwellung der Finger, Nagelfalzhyperkeratosen und Onychodystrophien, Fingerkuppennekrose des 5. Fingers.

B-56: Stuhldiagnostik mit zwei charakteristischen pathologischen Befunden. Links: Teerstuhl, rechts: acholischer Stuhl.

? Welche Ursachen sind jeweils wahrscheinlich?

Antwort B-56

Diagnose: Teerstuhl bei oberer gastrointestinaler Blutung, acholischer Stuhl bei Gallengangverschluß

Die teerschwarze Farbe und der Fettglanz beim Teerstuhl erklären sich infolge der Hämatinbildung durch Kontakt von Blut mit der Salzsäure des Magens. Die normale braune Stuhlfarbe beruht hauptsächlich auf den Gallenfarbstoffen (konjugiertes Bilirubin und Gallensäuren) und deren intestinalen Abbauprodukten. Beim Verschluß des Ductus choledochus fehlen die Gallenfarbstoffe im Darminhalt.

? B-57: Worum handelt es sich bei diesen weißlichen Belägen der Mundschleimhaut? Wie heißt der Erreger? Welche Grunderkrankungen disponieren für diese Infektion?

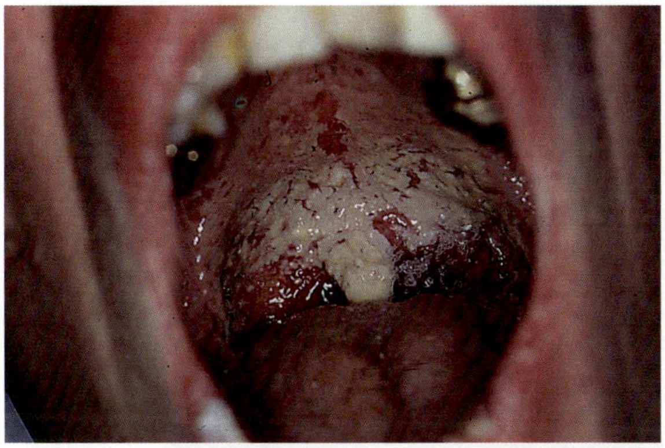

Antwort B-57

Diagnose: Soor (Candida-Mykose der Mundschleimhaut)

Hier liegt ein ausgedehnter Befall des Gaumens (Candida-Stomatitis) bei einem Patienten mit AIDS vor; in diesem Fall war auch der Ösophagus beteiligt. Der Erreger ist die Hefe Candida albicans, die bei vielen asymptomatischen Menschen im Speichel nachgewiesen werden kann, aber nur bei Patienten mit einem Immundefekt (z. B. HIV-Infektion, hohes Alter, zytostatische Therapie, Diabetes mellitus) als Soor in Erscheinung tritt.

? B-58: Wie lautet Ihre Diagnose bei dieser häufigen Halsschwellung?

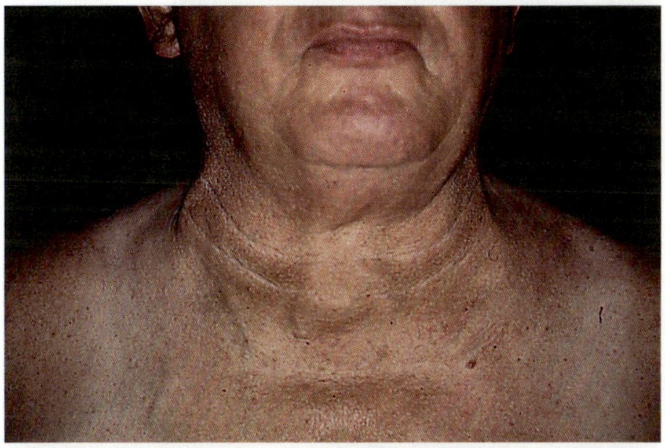

Antwort B-58

Diagnose: retrosternale Struma Grad III mit oberer Einflußstauung

Man erkennt deutlich die gestaute V. jugularis externa. Bei der klinischen Inspektion fallen rein retrosternale Strumen kaum auf, daher sollten Sie den Patienten schlucken lassen und gleichzeitig Zeige- und Mittelfinger von hinten locker in das Jugulum legen. Hierbei können Sie dann die hochkommende Struma meist tasten.

B-59: 27jährige Patientin mit im Verlauf von wenigen Monaten entstandener Schwellung an der linken Halsseite. Es handelte sich um ein solitäres autonomes Adenom im linken Schilddrüsenlappen.

? Welche Differentialdiagnosen sind möglich?

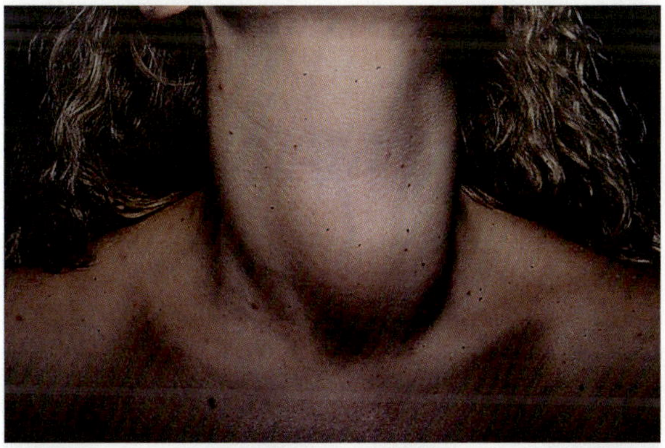

Antwort B-59

Diagnose: solitäres autonomes Adenom im linken Schilddrüsenlappen

Mögliche **Differentialdiagnosen** sind Thyreoiditis, Schilddrüsenzyste (evtl. mit Einblutung), Schilddrüsenkarzinom, seitliche Halszyste.

? B-60: Wie heißt diese Hauterscheinung an der rechten Klavikula bei einem Patienten mit alkoholischer Leberzirrhose?

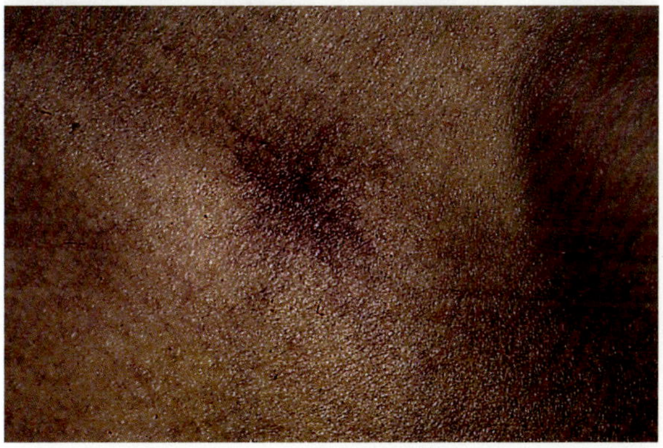

Antwort B-60

Diagnose: Spider-Nävus

Bei Druck mit dem Glasspatel läßt sich das zentrale Gefäß ausdrücken, der Nävus verschwindet. Läßt man den Druck nach, so füllt sich der arteriell-kapilläre Spinnennävus von zentral nach peripher erneut und wird wieder rot.

B-61: Hier sehen Sie eine häufige Hautpilzinfektion im Zehenzwischenraum, die allgemein feuchte, intertriginöse Regionen bevorzugt.

? Nennen Sie weitere Beispiele für solche Hautareale!

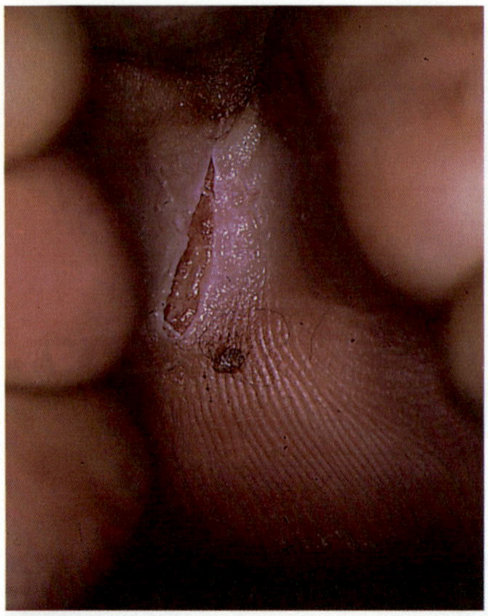

Antwort B-61

Diagnose: Tinea pedis (Fußpilz)

Hautpilzinfektionen manifestieren sich vor allem an den intertriginösen Stellen wie Zehenzwischenräumen, Inguinalfalten, Submammärregion, Rima ani, Achselhöhlen.

B-62: Beschreiben Sie diesen Gaumenbefund und nennen Sie die Diagnose.

? Welche gefährliche Differentialdiagnose fällt Ihnen hierzu ein?

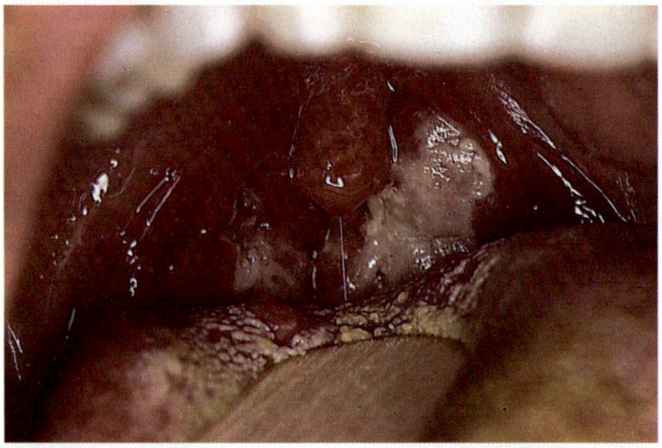

Antwort B-62

Diagnose: akute Tonsillitis

Starke Vergrößerung, Rötung und ausgedehnte Fibrinbeläge der Gaumenmandeln.
Bei der **Differentialdiagnose** einer Diphtherie würde man eher grauweiße Beläge der Tonsillen sehen.

B-63: Bei dem 62jährigen Patienten (starker Raucher) entstanden innerhalb weniger Wochen Trommelschlegelfinger und Uhrglasnägel.

? An welche Erkrankung denken Sie?
Welche Differentialdiagnosen kommen in Frage?
Welche Untersuchung veranlassen Sie?

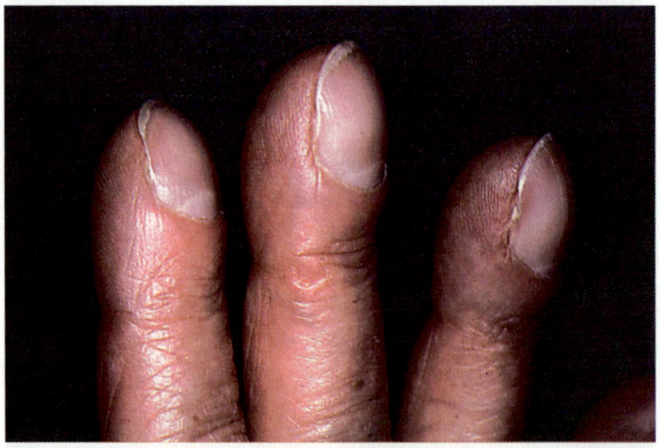

Antwort B-63

Diagnose: Trommelschlegelfinger bei Bronchialkarzinom

Trommelschlegelfinger sind ein unspezifisches Zeichen für das Vorliegen einer Lungenerkrankung.
Differentialdiagnostisch kommen hier auch in Frage: Exazerbation einer chronischen Bronchitis, respiratorische Insuffizienz durch progressive Emphysementwicklung.
Die erste Untersuchung sollte eine Röntgenaufnahme der Lunge sein. Konventionelle Röntgenschichtaufnahmen, Kernspintomographie und CT können tumorverdächtige Areale genauer darstellen.

B-**64:** Die A. temporalis ist stark geschlängelt und kann als verdickter, stark druckdolenter Strang palpiert werden.

? Was liegt hier vor?
Welche weiteren Symptome können vorhanden sein? Welche Laboruntersuchung veranlassen Sie?
Welche schwerwiegende Komplikation muß man befürchten?

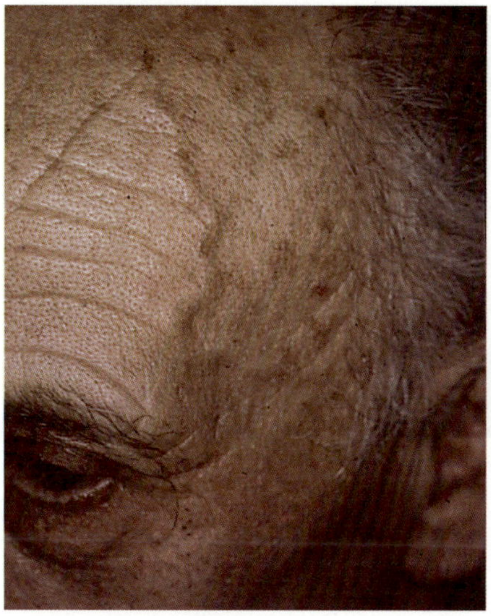

Antwort B-**64**

Diagnose: Riesenzellarteriitis der Temporalarterie (Morbus Horton)

Weitere Symptome sind Kopfschmerzen, Schmerzen beim Kauen, Augenschmerzen, Sehstörungen, Muskelschmerzen im Sinne einer Polymyalgia rheumatica, Abgeschlagenheit.
Die Blutkörperchensenkungsgeschwindigkeit (BKS) ist typischerweise massiv beschleunigt (> 50 mm/in der 1. Stunde = Sturzsenkung).
Die Erblindung ist eine mögliche schwere Komplikation, wenn nicht rechtzeitig mit Glukokortikoiden behandelt wird.

B-**65:** Diesem Unterschenkelbefund eines Ulcus cruris liegt eine frühere tiefe Beinvenenthrombose zugrunde.

? Wie erklären Sie die Lokalisation dieser Hautveränderungen?

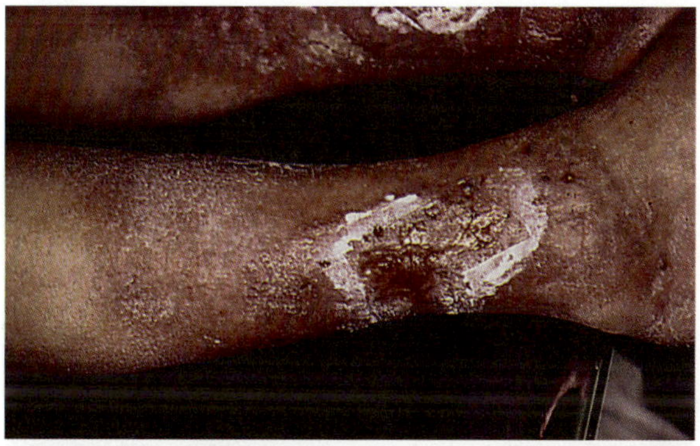

Antwort B-**65**

Diagnose: Ulcus cruris bei chronischer venöser Insuffizienz

Über dem Innen- bzw. Außenknöchel befinden sich die Vv. perforantes, die eine Verbindung zwischen dem tiefen und oberflächlichen Venensystem herstellen. Hier kommt es beim postthrombotischen Syndrom durch den mangelhaften venösen Rückfluß über die tiefen Beinvenen zu einer chronischen Stauung mit daraus resultierenden Ernährungsstörungen der Haut, Hämosiderineinlagerungen und schließlich Ulzera.

B-**66:** Vor allem bei Männern im vorgerückten Alter finden sich auf normaler Haut an Rumpf und Armen, im Gesichts- und Halsbereich diese scharf abgesetzten, hautfarbenen bis bräunlichen oder schmutzig schwarzgrauen Papeln, die sich weich und fettig anfühlen. Trotz der dunklen Färbung und der Hauterhabenheit entarten diese Veränderungen nur selten maligne.

? Benennen Sie den Befund, und geben Sie Differentialdiagnosen an.
Welche Behandlung erfolgt hier?

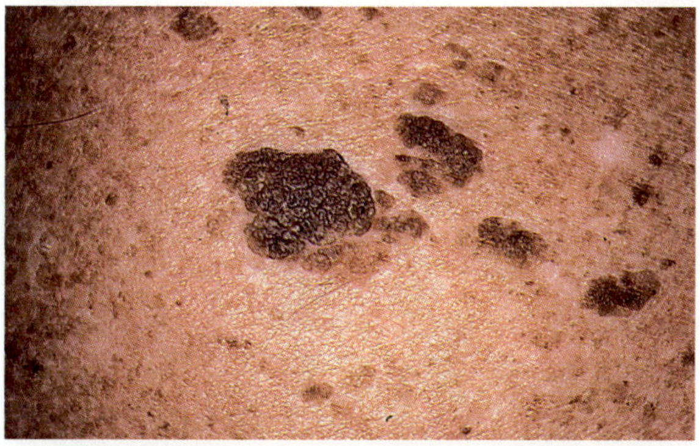

Antwort B-**66**

Diagnose: Verrucae seborrhoicae (Alterswarzen)

Mögliche **Differentialdiagnosen** sind eine Keratosis senilis (Präkanzerose) und Pigmentnävi.
Die Behandlung erfolgt durch Kürettage in Vereisung oder Lokalanästhesie.

B-**67:** Sie sehen multiple Petechien an beiden Unterschenkeln, die auf Glasspateldruck nicht wegdrückbar sind. Es handelt sich um eine Hypersensitivitätsvaskulitis bei Kryoglobulinämie, d.h., monoklonales IgM reagiert mit polyklonalem IgG zu Immunkomplexen, die sich an der Gefäßwand ablagern. Im Verlauf dieser pathogenen Immunreaktion vom Typ III nach Coombs und Gell werden Granulozyten attrahiert, deren lysosomale Enzyme den Gefäßschaden setzen. Es kommt zur Diapedese von Erythrozyten und zu Gewebsnekrosen. Ursache der Kryoglobulinämie ist meistens eine chronische Hepatitis C.

? Welche anderen Ursachen einer Kryoglobulinämie kommen noch in Frage?

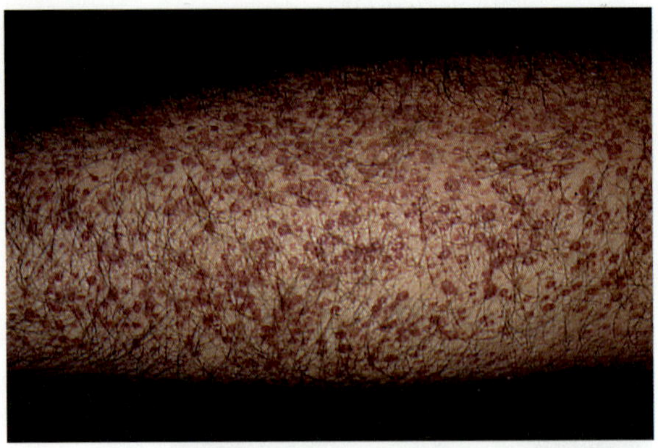

Antwort B-67

Diagnose: Hypersensitivitätsangiitis bei Kryoglobulinämie

Weitere mögliche Ursachen einer Kryoglobulinämie sind das Plasmozytom und der Morbus Waldenström, bei denen es zu einer pathologisch vermehrten (monoklonalen) Produktion von IgG bzw. IgM kommt.

B-**68:** Diesen weißen Hautarealen liegt eine genetisch mitbedingte Antikörperbildung gegen Melanozyten zugrunde, die zu einer vollständigen Depigmentierung führt. Die nicht betroffene Haut neigt zu besonders deutlicher Pigmentierung (siehe Sprunggelenkbereich in der Abbildung).

? Wie heißt die Erkrankung, und welche anderen Krankheiten sind mit ihr assoziiert?

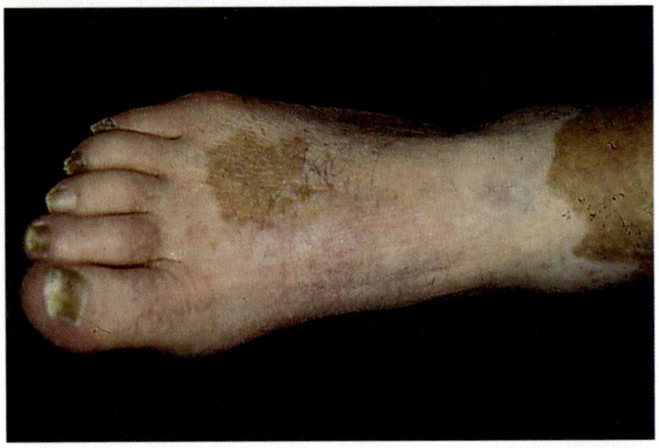

Antwort B-68

Diagnose: Vitiligo (Weißfleckenkrankheit)

Eine Assoziation mit Vitamin-B_{12}-Mangelanämie, Schilddrüsenkrankheiten und Leberfunktionsstörungen wird beobachtet.

B-**69:** Bei der 28jährigen Patientin traten bei voller Gesundheit im Verlauf einiger Tage an beiden Unterschenkeln flohstichartige Blutungen auf. Es handelt sich um Petechien bei einem Morbus Werlhof.

? Welcher Laborbefund ist charakteristisch?

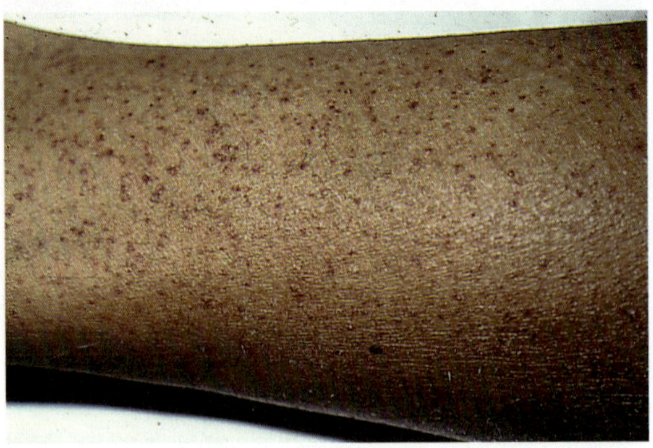

Antwort B-69

Diagnose: Morbus Werlhof

Eine Thrombozytopenie (aufgrund antithrombozytärer Antikörper) ist charakteristisch (Morbus Werlhof = idiopathische thrombozytopenische Purpura). Ursache sind wahrscheinlich Autoantikörper, die in etwa 80 % der Fälle nachgewiesen werden können.

B-70: Die junge Frau bekam im Verlauf von Monaten eine Sattelnase infolge Zerstörung des Nasenknorpels.

? Für welche Erkrankung ist dieser Verlauf typisch? Welche zusätzlichen Befunde können vorliegen? Wie wird die Diagnose gestellt?

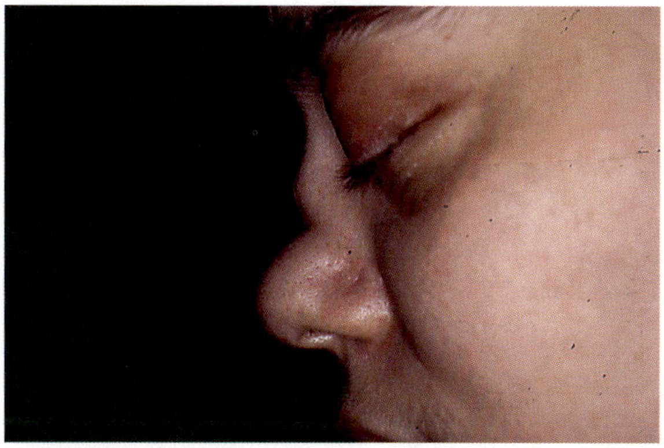

Antwort B-70

Diagnose: Wegenersche Granulomatose

Die Wegenersche Granulomatose ist eine Vaskulitis unbekannter Ursache mit ulzerierenden Granulomen. Zusätzliche Befunde können sein: Ulzerationen im Mund; Lungeninfiltrate und Nephritis. Die Diagnosestellung erfolgt histologisch, fakultativ auffällige Laborwerte sind BSG, Kreatinin und Autoantikörper (c-ANCA). Im Röntgenbild der Nasennebenhöhlen sieht man Verschattungen. Rundherde und Einschmelzungen der Lunge sind möglich.

B-71: Die Hand des 12jährigen Jungen zeigt typische Veränderungen, die mit einer heterozygoten Stoffwechselerkrankung einhergehen. Der Cholesterinwert beträgt unbehandelt 480 mg/dl; mehrere Verwandte haben im Alter von unter 40 Jahren einen Myokardinfarkt erlitten.

? Wie heißen diese Sehnenveränderungen und die zugrundeliegende Stoffwechselerkrankung? Welche anderen Symptome kennen Sie?

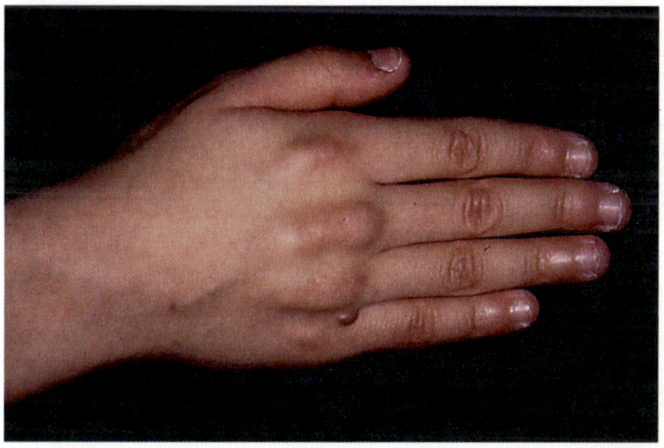

Antwort B-71

Diagnose: Xanthome der Fingerstrecksehnen bei heterozygoter familiärer Hypercholesterinämie

Weitere Symptome sind Xanthelasmen der Augenlider oder plantare Xanthome in den Zwischenfingerfalten.

B-72: Die Finger des Patienten (links) mit einem Lungenemphysem weisen eine ausgeprägte akrale Zyanose auf; rechts: Normalbefund zum Vergleich.

? Ab welcher Höhe reduzierten Hämoglobins wird eine Zyanose sichtbar? Welche Körperpartien sind primär betroffen?

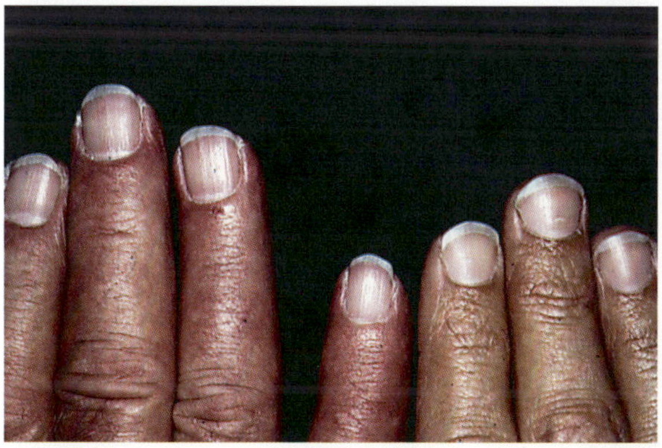

Antwort B-72

Diagnose: Zyanose der Akren bei Lungenemphysem

Der klinische Eindruck einer Zyanose entsteht, wenn der Gehalt an reduziertem Hämoglobin mindestens 5 g/dl beträgt. Normalerweise sind im venösen Blut nicht mehr als 4 g/dl reduziertes Hämoglobin vorhanden. Betroffen sind vor allem die Akren (Finger, Nasenspitze, Wangen, Kinn).

B-73: Im Bereich der unteren Thorakalsegmente rechts finden sich bei dieser 76jährigen Frau nebeneinander bläschenförmige, erythematöse und hämorrhagische Effloreszenzen. Zu beachten ist die strenge Begrenzung zur Mittellinie hin. Nach der Abheilung blieben über lange Zeit starke Schmerzen im befallenen Hautareal bestehen.

? Worum handelt es sich und welche Pathogenese liegt zugrunde?

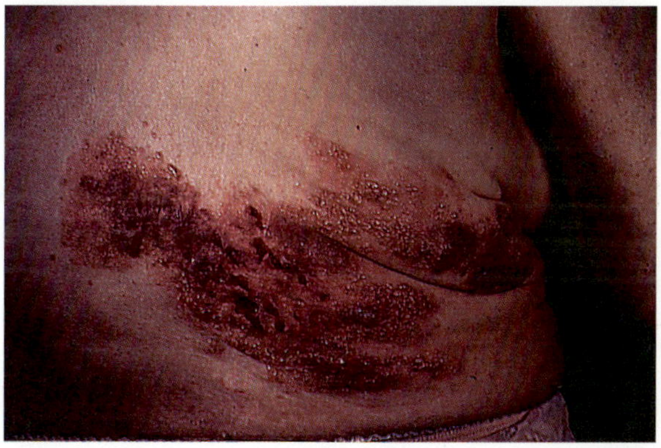

Antwort B-73

Diagnose: Zoster (Gürtelrose)

Der Zoster ist eine Zweitinfektion mit dem Varicella-zoster-Virus, der die Windpocken verursacht. Es kommt dabei entweder zu einer endogenen Aktivierung latenter Varicella-Viren (in Ganglien, daher die segmentale Ausbreitung!) oder zu einer exogenen Reinfektion.

Spezieller Teil

Teil C

1 Kopf- und Halsbereich

Das Gesicht des Patienten gibt Auskunft über Alter, Gesundheitszustand, Stimmung, Schmerzen, Leiden und über vieles mehr. Der erste allgemeine Eindruck des Untersuchers basiert auf dem Gesichtsausdruck des Patienten. Mit Intuition und Erfahrung kann man viele Aspekte, die den gesamten Organismus und Menschen betreffen, in seinem Gesicht erkennen.

Das folgende Kapitel beschränkt sich auf organische Veränderungen im Kopf- und Halsbereich sowie die Anamnese bei Kopfschmerzen. Da diese Region so viele verschiedene Strukturen und Funktionen verbindet, erscheint die Untersuchung von Kopf und Hals für den Anfänger als besonders schwer. Wenn gewisse Kenntnisse aus Anatomie und Physiologie jedoch vorhanden sind und eine konsequente Untersuchungsreihenfolge eingehalten wird, bleiben auch dem aufmerksamen Anfänger die pathologischen Veränderungen nicht verborgen.

1 Kopf- und Halsbereich

Das Gesicht des Patienten gibt Auskunft über Alter, Gesundheitszustand, Stimmung, Schmerzen und Leiden. Der erste allgemeine Eindruck des Untersuchers basiert auf dem Gesichtsausdruck des Patienten.

Das folgende Kapitel beschränkt sich auf organische Veränderungen im Kopf- und Halsbereich sowie die Anamnese bei Kopfschmerzen.

1.1 Anatomie

Die Orientierung erfolgt bei der Untersuchung des Kopfes anhand der Schädelknochen, z. B. frontal, temporal usw. (C-**1.1**).

1.1 Anatomie

Die Orientierung erfolgt bei der Untersuchung des Kopfes anhand der Schädelknochen, z. B. frontal, temporal usw. (C-**1.1**).

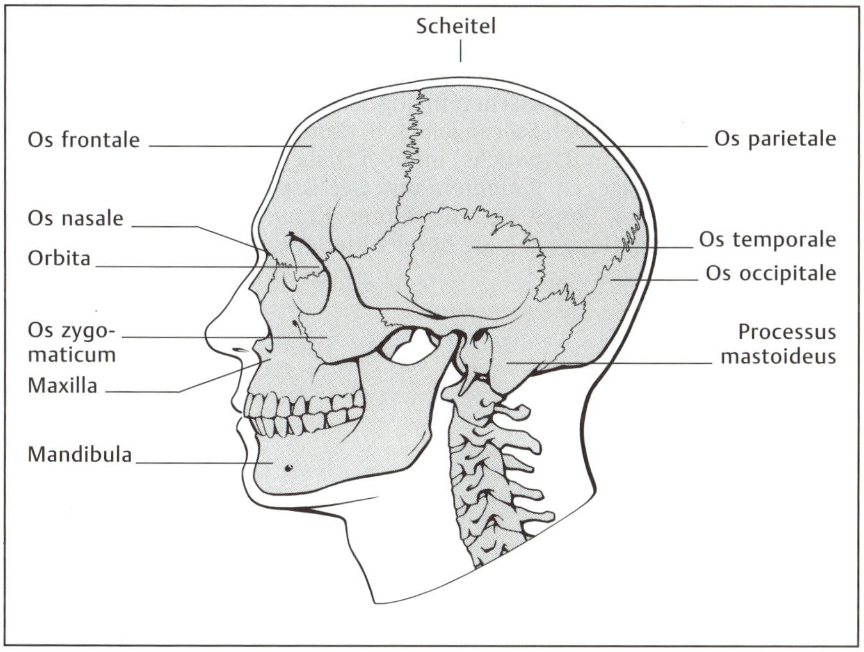

C-**1.1**: **Wichtige Schädelknochen**

1.2 Untersuchungstechniken

Es ist ratsam, eine gleichbleibende Reihenfolge einzuhalten.

1.2.1 Inspektion

Die genaue Betrachtung ermöglicht bereits wichtige Blickdiagnosen.

Veränderungen der Gesichtsfarbe sehen wir bei einer Anämie, beim Ikterus, bei der Zyanose, bei der Polyglobulie oder beim seltenen Morbus Addison.
Endokrine Störungen sind sehr häufig im Gesicht erkennbar. Das Vollmondgesicht ist typisch für den Morbus Cushing. Bei der Schilddrüsenunterfunktion (Hypothyreose) ist das Gesicht aufgedunsen, die Haut trocken, die Haare stumpf und spröde. Bei Überfunktion der Schilddrüse (Hyperthyreose) findet man häufig einen Exophthalmus.

Das Gesicht des Parkinson-Patienten erscheint starr und wächsern; man bezeichnet es als Maskengesicht.

Eine auffällige Diskrepanz zwischen biologischem und kalendarischem Alter findet man bei hormonellen Störungen.

1.2 Untersuchungstechniken

Es ist ratsam, bei jeder körperlichen Untersuchung eine gleichbleibende Reihenfolge des Untersuchungsganges einzuhalten. Dies gilt auch für den Kopf- und Halsbereich.

1.2.1 Inspektion

Die genaue Betrachtung ermöglicht bereits wichtige Blickdiagnosen, beispielsweise Alopezie (Haarausfall), Struma Grad III (= sichtbare Schilddrüsenvergrößerung), Lidödeme, Akromegalie (s. u.).
Veränderungen der Gesichtsfarbe sehen wir bei einer Anämie (blasse Haut), beim Ikterus (gelb), bei der Zyanose (blau), bei der Polyglobulie (rot-blau) oder beim seltenen Morbus Addison (braun). Näheres siehe Kapitel C 7.4.1.
Endokrine Störungen sind sehr häufig im Gesicht erkennbar. Das Vollmondgesicht ist typisch für den Morbus Cushing (Überfunktion der Nebennierenrinde mit Überproduktion von Cortisol). Sehr viel häufiger ist der M. Cushing iatrogen (»durch den Arzt verursacht«) infolge einer Cortisontherapie. An Kinn, Oberlippe und Wangen kommt es zu verstärktem Haarwachstum. Bei der Schilddrüsenunterfunktion (Hypothyreose) ist das Gesicht aufgedunsen, die Haut trocken, die Haare stumpf und spröde. Bei Überfunktion der Schilddrüse (Hyperthyreose) findet man häufig einen Exophthalmus (die Augen treten hervor und glänzen, sie werden scheinbar größer); er verleiht dem Gesicht einen unruhigen oder ängstlichen Ausdruck. Bei der seltenen Akromegalie vergröbern sich die Gesichtszüge durch Wachstum der Akren (Nase, Kinn) infolge der Überproduktion von Wachstumshormon.
Das Gesicht des Parkinson-Patienten erscheint starr und wächsern; man bezeichnet es als Maskengesicht.
Zur Bedeutung der Lidödeme siehe Seite 122.
Die Augenbrauen sind ebenso wie die übrigen Körperhaare hormonellen Einflüssen unterworfen.
Tiefschwarze Verfärbung der Augenbrauen kommt bei der chronischen Porphyrie vor.
Eine knöcherne Wucherung des Stirnbeins beobachtet man beim Morbus Paget (selten!): Der Patient braucht eine größere Hutnummer.
Eine auffällige Diskrepanz zwischen biologischem und kalendarischem Alter findet man bei hormonellen Störungen (z. B. Klinefelter-Syndrom mit glatter Haut und vermindertem Bartwuchs) und bei Diabetikern (rosa Haut). Vorgealtert erscheinen dagegen Patienten mit Gefäßsklerose (Koronarsklerose, Zerebralsklerose etc.). Einige extrem seltene Krankheitsbilder zeigen eine vorschnelle Alterung (Progerie), die bereits Kinder wie Greise aussehen läßt.

Synopsis C-1.1: Palpation der Nervenaustrittspunkte

Vorgehensweise

Die Nervenaustrittspunkte werden mittels Daumendruck geprüft:

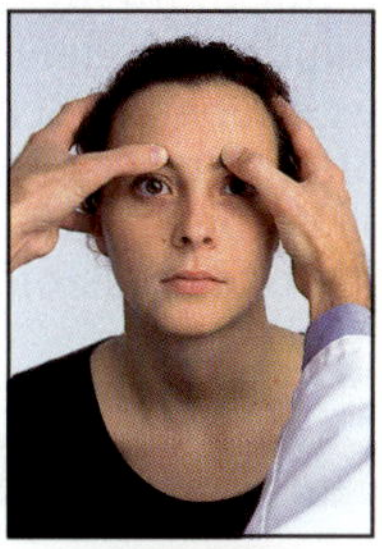

- in der Mitte der Augenbrauen (Foramen supraorbitale).

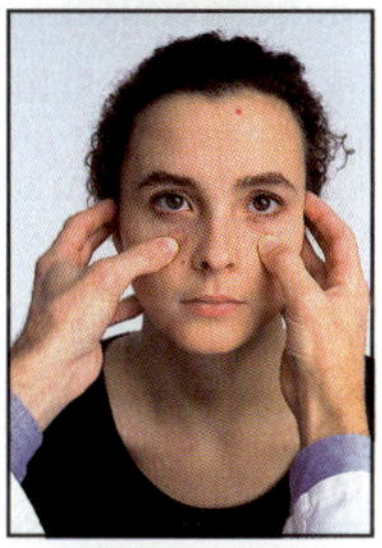

- unterhalb der Unterlider (Foramen infraorbitale) und

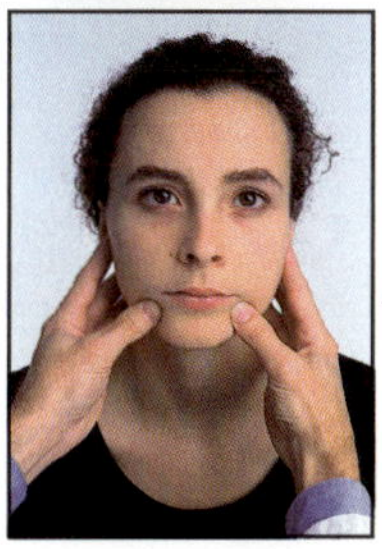

- am Kinn (Foramen mentale).

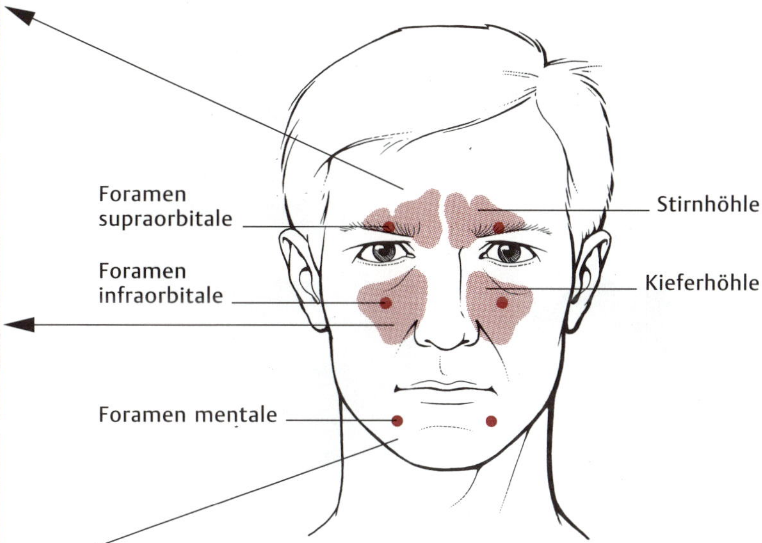

1.2.2 Palpation

Die Betastung des Kopfes erfolgt mit beiden Händen. Man tastet durch die Haare und achtet auf Unebenheiten, Vorwölbungen (z. B. »Grützbeutel«) oder Eindellungen, wie sie beispielsweise beim Plasmozytom auftreten können, wenn die Schädeldecke durch Plasmazellinfiltrate infiltriert bzw. durchlöchert ist.

Die Nervenaustrittspunkte werden mittels Daumendruck geprüft (S C-**1.1**):

- Foramen supraorbitale
- Foramen infraorbitale
- Foramen mentale

Die Palpation der Lymphknoten wird weiter unten (S. 425 f.) beschrieben. Bei älteren Patienten sollte immer auch die Arteria temporalis getastet werden (M. Horton) (C-**1.2**).

1.2.2 Palpation

Die Betastung des Kopfes erfolgt mit beiden Händen. Man tastet durch die Haare und achtet auf Unebenheiten, Vorwölbungen (z. B. »Grützbeutel«) oder Eindellungen.

Memo:
Bei älteren Patienten sollte auch immer die A. temporalis getastet werden (C-**1.2**).

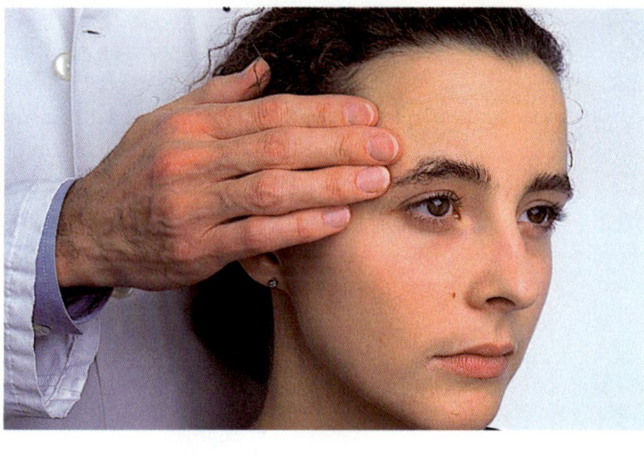

C-**1.2: Palpation der Arteria temporalis**

1.2.3 Perkussion

Das Beklopfen der Schädelkalotte mit den Fingerspitzen erfolgt locker aus dem Handgelenk. Dabei wird erkundet, ob der Patient einen über die Erschütterung hinausgehenden umschriebenen Schmerz angeben kann (S C-1.2).

1.2.3 Perkussion

Das Beklopfen der Schädelkalotte mit den Fingerspitzen erfolgt locker aus dem Handgelenk. Dabei wird erkundet, ob der Patient einen über die Erschütterung hinausgehenden umschriebenen Schmerz angeben kann. Wichtig ist vor allem das Beklopfen der Nasenebenhöhlen über der Stirn (Sinus frontalis) und über den Wangen (Sinus maxillaris) sowie des Mastoids bei Verdacht auf Sinusitis oder Mastoiditis (S C-1.2).

S Synopsis C-1.2: Perkussion der Schädelkalotte und des Mastoids

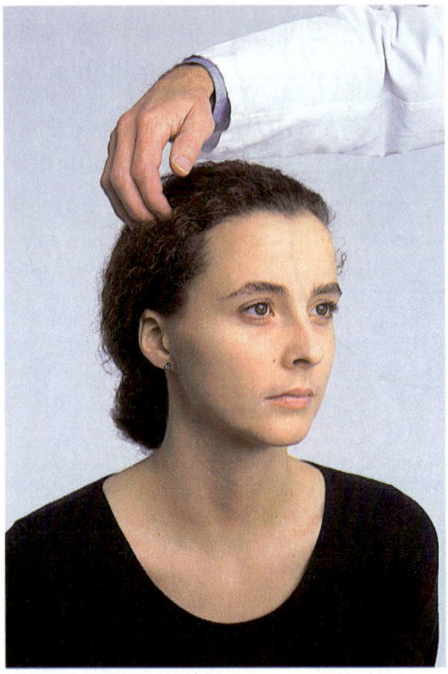

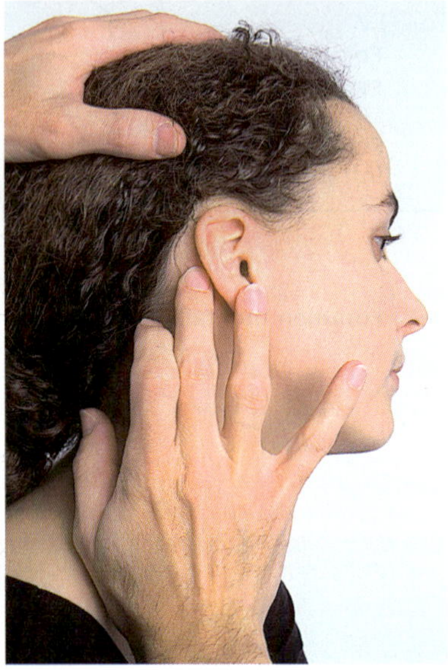

Vorgehensweise:

- Beklopfen der Schädelkalotte über der Stirn (Sinus frontalis) und
- des Mastoids bei Verdacht auf Sinusitis oder Mastoiditis.

1.2.4 Auskultation

Die Auskultation spielt bei der Untersuchung des Halses eine wichtige Rolle (C-1.3).

1.2.4 Auskultation

Die Auskultation spielt bei der Untersuchung des Halses eine wichtige Rolle (C-1.3). Hier können Gefäßgeräusche der hirnversorgenden Gefäße (A. carotis) oder fortgeleitete Geräusche von der Aortenklappe gehört werden.

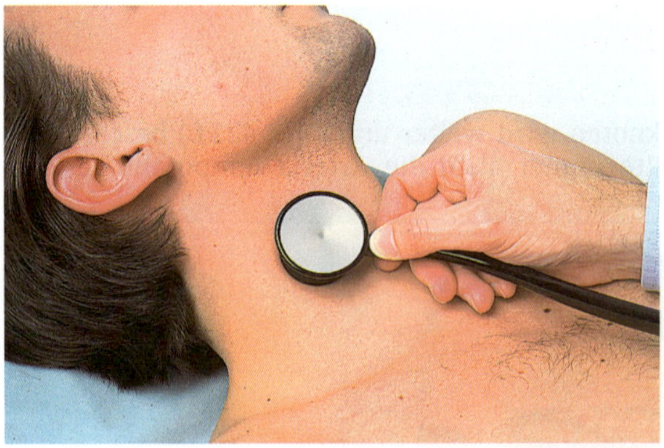

C-1.3: Auskultation der Arteria carotis

1.2.5 Funktionsprüfung

Verschiedene Funktionsbereiche können geprüft werden. Die Prüfung der Sinnesfunktionen (Geruch, Geschmack, Gehör, Sehen), der Innervation und der Motorik steht dabei im Vordergrund (s. S. 136 ff.).

> **Merke.** Dem Patienten sollte jeweils angekündigt werden, was untersucht wird. Dies ist besonders wichtig bei der Untersuchung des Kopfes.

1.2.5 Funktionsprüfung

Verschiedene Funktionsbereiche können geprüft werden. Die Prüfung der Sinnesfunktionen, der Innervation und der Motorik steht dabei im Vordergrund.

◀ **Merke**

1.3 Schädelform und -größe

Besonders beim Kind wird man auf die altersentsprechende Größe des Kopfes achten. Der Kopf des Kindes ist in Relation zum Körper größer als beim Erwachsenen – besonders ausgeprägt beim Frühgeborenen (Megazephalus). Eine pathologische Vergrößerung (**Makrozephalie**) ist am häufigsten durch einen Wasserkopf (**Hydrozephalus**) bedingt. Die angeborene Form ist durch intrakranielle Mißbildungen oder intrauterine Infektionen (z. B. Toxoplasmose oder Zytomegalie) bedingt, die erworbene Form entsteht ebenfalls durch Entzündungen (Meningitis, Enzephalitis), durch Traumen oder Tumoren. Ursache des Hydrozephalus ist in allen Fällen eine Vermehrung der zerebrospinalen Flüssigkeit (Liquor) und/oder ein Abflußhindernis in den Hirnkammern (Hydrocephalus internus) und/oder im Subarachnoidalraum (Hydrocephalus externus).

Bei der Untersuchung des Kopfes fallen folgende klinische Zeichen auf:

- Abnorm weite Fontanellen
- Dünne und weiche Schädelknochen, die beim Betasten evtl. pergamentartig knistern
- Klaffende Schädelnähte
- Mißverhältnis zwischen Gesichts- und Gehirnschädel
- »Sonnenuntergangsphänomen«: Die Pupille wird z. T. vom Unterlid überdeckt, der Bulbus wird verdrängt.

Sind die Schädelnähte bereits geschlossen, so entwickelt der Hydrozephalus einen Turmschädel (**Turrizephalus**). Diese Form der Kopfmißbildung (Dyskranie) tritt in Zusammenhang mit weiteren Mißbildungen (Schwerhörigkeit, Strabismus, Schwachsinn usw.) auf. Turmschädel findet man auch beim familiären hämolytischen Ikterus.

Viel seltener tritt eine pathologische Verkleinerung des Schädels (**Mikrozephalie**) auf. Die primäre Form ist angeboren, familiär gehäuft, ohne Krankheitswert. Die sekundäre Mikrozephalie kann durch Unterentwicklung oder Schwund des Gehirns infolge prä-, peri- oder postnataler Erkrankungen (Infektionen, vorzeitige Synostose, d. h. Verknöcherung der Schädelnähte) entstehen.

Beim Erwachsenen gibt es nur eine wichtige Erkrankung, die durch eine Vergrößerung und Vergröberung des Schädels charakterisiert ist: Die Akromegalie führt zum Knochenwachstum der Akren (Kinn, Nase, Finger, Hände, Füße). Ursache ist eine gesteigerte Produktion von Wachstumshormon im Hypophysenvorderlappen. Die Gesichtszüge der Patienten werden sehr grob. Weitere Symptome der **Akromegalie** sind Diabetes mellitus, Hypertonie, Herzinsuffizienz.

1.3 Schädelform und -größe

Besonders beim Kind wird man auf die altersentsprechende Größe des Kopfes achten. Der Kopf des Kindes ist in Relation zum Körper größer als beim Erwachsenen. Eine pathologische Vergrößerung (**Makrozephalie**) ist am häufigsten durch einen Wasserkopf (**Hydrozephalus**) bedingt.

Bei der Untersuchung des Kopfes fallen folgende klinische Zeichen auf:
- Abnorm weite Fontanellen
- Dünne und weiche Schädelknochen, die beim Betasten evtl. pergamentartig knistern
- Klaffende Schädelnähte
- Mißverhältnis zwischen Gesichts- und Gehirnschädel
- »Sonnenuntergangsphänomen«: Die Pupille wird z. T. vom Unterlid überdeckt, der Bulbus wird verdrängt.

Viel seltener tritt eine pathologische Verkleinerung des Schädels (**Mikrozephalie**) auf.

Beim Erwachsenen gibt es nur eine wichtige Erkrankung, die durch eine Vergrößerung und Vergröberung des Schädels charakterisiert ist: Die **Akromegalie** führt zum Knochenwachstum der Akren. Ursache ist eine gesteigerte Produktion von Wachstumshormon im Hypophysenvorderlappen.

1.4 Haut und Haare

Die Beschaffenheit der Gesichtshaut gibt Auskunft über das Alter des Patienten, über den Stand der Körperpflege allgemein. Sie zeigt auch früher oder später, ob der Patient raucht: Chronischer Nikotinkonsum zerstört das Bindegewebe und läßt die Haut vorzeitig altern. Sie wird dünner und sehr kleinfaltig.

Die Kopfhaut sollte auf Schuppung und evtl. verborgene Psoriasisherde untersucht werden. Tophi (Knötchen) an der Ohrmuschel sind ein sicherer

1.4 Haut und Haare

Die Beschaffenheit der Gesichtshaut gibt Auskunft über das Alter des Patienten, über den Stand der Körperpflege allgemein und zeigt, ob der Patient raucht.

Die Kopfhaut sollte auf Schuppung und evtl. verborgene Psoriasisherde unter-

sucht werden. Tophi (Knötchen) an der Ohrmuschel sind ein sicherer Hinweis auf Gicht. **Xanthelasmen** kommen bei Fettstoffwechselstörungen vor.
Haarausfall (Effluvium) ist bis zu einem gewissen Grad physiologisch. Die androgenetische Alopezie des Mannes ist mit 95% die häufigste Form des Haarausfalls. Bei Frauen kann es besonders im Scheitelbereich zur Ausdünnung kommen (C-**1.4**).

Weitere Aspekte zum Haarausfall s. S. 411.

Hinweis auf Gicht. **Xanthelasmen** (gelblich verfärbte Auflagerungen) im Bereich der Augenwinkel oder der Oberlider sollten Anlaß geben, nach einer Hyperlipoproteinämie (Fettstoffwechselstörung) zu fahnden.
Man achte auf die Haarfülle, die Beschaffenheit des Haares (stumpf, trokken etc.) und das Haarausfallmuster. **Haarausfall** (Effluvium) ist bis zu einem gewissen Grad physiologisch. Tritt er verstärkt und ausreichend lange auf, so kommt es zur sichtbaren Haarverminderung (Alopezie). Die androgenetische Alopezie des Mannes ist mit 95 % die häufigste Form des Haarausfalls. Hierbei spielen Vererbung, Lebensalter und Androgene eine wichtige Rolle. Auch bei Frauen kann es zu einer androgenetischen Alopezie kommen. Allerdings unterscheidet sich das Muster des Haarausfalls dabei von demjenigen der Männer. Es kommt insbesondere im Scheitelbereich zur Ausdünnung der Haare (C-**1.4**). Frontal bleibt gewöhnlich ein 2 cm breiter Streifen mit normaler Haardichte stehen.
Ein kreisrunder Haarausfall (Alopecia areata) tritt häufig in Verbindung mit anderen dermatologischen Erkrankungen (z. B. atopisches Ekzem) und Nagelveränderungen auf. Psychische Faktoren spielen ebenfalls eine bedeutende Rolle. Weitere Aspekte zum Haarausfall siehe Seite 411.

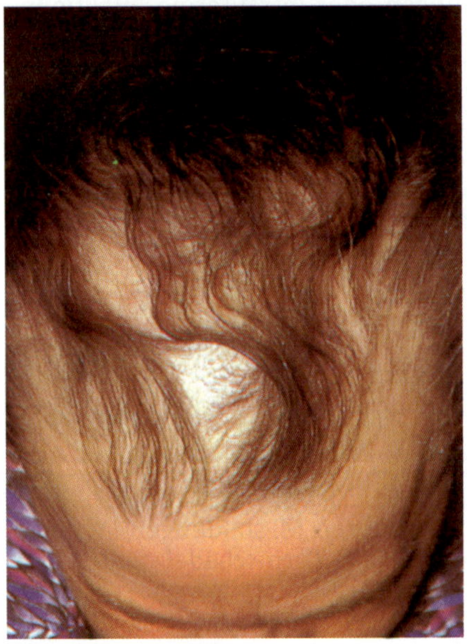

C-**1.4: Alopecia androgenetica Grad II bei einer 55jährigen Frau.** Beachte, daß die Haare an der Stirnhaargrenze saumartig stehenbleiben.

1.5 Augen

Auch Allgemeinärzte sollten die wichtigsten Grundzüge der Augenuntersuchung beherrschen.

1.5 Augen

Aus mehreren Gründen sollten auch Allgemeinärzte die wichtigsten Grundzüge der Augenuntersuchung beherrschen:
Für viele Patienten ist der Hausarzt auch bei Augenkrankheiten immer noch der erste Ansprechpartner.
Zahlreiche Erkrankungen (neurologische, Stoffwechsel- und Herz-Kreislaufkrankheiten) manifestieren sich am Auge oder gehen mit Augenkomplikationen einher.
Bei Augenverletzungen muß jeder Arzt Kenntnisse in Notfalldiagnostik und -therapie des Auges haben.

1.5.1 Anamnese bei Augenkrankheiten

Sie fragen nach Art und Dauer von Sehstörungen bzw. Beschwerden im Augenbereich, früheren Augenkrankheiten, Brillen oder Kontaktlinsen, Schielen in der Jugend oder Augenoperationen, nach den wichtigsten Allge-

1.5.1 Anamnese bei Augenkrankheiten

Die Anamnese bei Augenkrankheiten ist im Vergleich zu anderen Organsystemen relativ kurz. Sie fragen nach Art und Dauer von Sehstörungen bzw. Beschwerden im Augenbereich, früheren Augenkrankheiten, Brillen- oder Kontaktlinsen, Schielen in der Jugend oder Augenoperationen. Weiterhin gehören Fragen nach den wichtigsten Allgemeinerkrankungen, die sich häufig am Auge manifestieren, zur ophthalmologischen Anamnese: Hypertonie, Diabetes mellitus, Infektionskrankheiten, die der Patient selbst durchgemacht hat, oder Infektionen der Mutter während der Schwangerschaft.

meinerkrankungen, die sich häufig am Auge manifestieren: Hypertonie, Diabetes mellitus, Infektionskrankheiten.

1.5.2 Instrumentarium für die Augenuntersuchung

Die komplette augenärztliche Untersuchung ist sehr »geräteintensiv«. Für den Bedarf des Allgemeinarztes genügt jedoch der elektrische Augenspiegel (◘ C-**1.5**), der als Lichtquelle, als Spaltlampe, als Leuchtlupe, zur Untersuchung der brechenden Medien, als Ophthalmoskop zur Beurteilung des Augenhintergrundes und zur Prüfung der zentralen Fixation verwendet werden kann. Weitere wichtige Hilfsmittel sind Watteträger, eine 12–16 Dioptrien starke Lupe und Gummihandschuhe. Zur Visusbestimmung werden Nah- und Fernvisustafeln, zur Prüfung der Farbtüchtigkeit Farbtafeln und zur Prüfung des räumlichen Sehens polarisierende Testtafeln mit polarisierenden Gläsern verwendet.

1.5.2 Instrumentarium für die Augenuntersuchung

Für den Bedarf des Allgemeinarztes genügt der elektrische Augenspiegel (◘ C-**1.5**). Weitere wichtige Hilfsmittel sind Watteträger, eine 12–16 Dioptrien starke Lupe und Gummihandschuhe. Zur Visusbestimmung werden Nah- und Fernvisustafeln, zur Prüfung der Farbtüchtigkeit Farbtafeln und zur Prüfung des räumlichen Sehens polarisierende Testtafeln mit polarisierenden Gläsern verwendet.

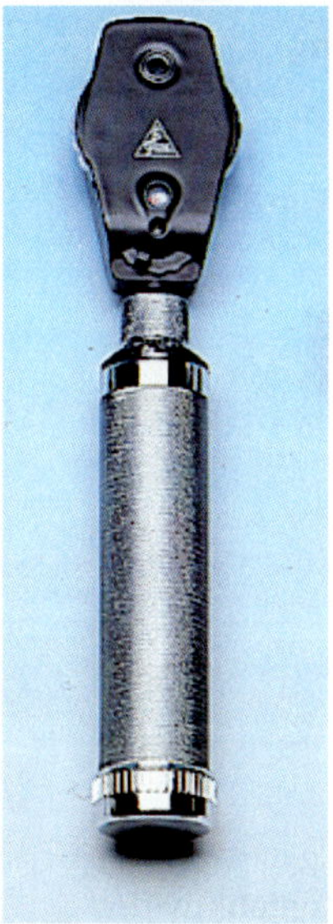

◘ C-**1.5: Augenspiegel**

1.5.3 Inspektion der Augen

Ihr Patient sollte Ihnen in gleicher Augenhöhe gegenübersitzen. Lassen Sie eine Brille abnehmen, Kontaktlinsen sollte der Patient immer selbst entfernen. Denken Sie auch daran, daß der Patient eine Augenprothese tragen kann, die zur Inspektion der darunter liegenden Bindehaut herausgenommen werden muß.

1.5.3 Inspektion der Augen

Ihr Patient sollte Ihnen in gleicher Augenhöhe gegenübersitzen.

K

Kasuistik. In einer inneren Abteilung eines großen Lehrkrankenhauses fällt dem Studenten im praktischen Jahr bei der körperlichen Untersuchung eines 72jährigen Patienten, der wegen unklarer Schwindelsymptomatik aufgenommen wurde, eine lichtstarre Pupille links auf. Er teilt diesen Befund seinem Stationsarzt mit, worauf eine Computertomographie des Schädels angeordnet wird. Am nächsten Morgen weist der Radiologe in der Röntgendemonstration süffisant auf eine Augenprothese links hin.

1.5.4 Lider, Exophthalmus, Enophthalmus

Beurteilen Sie nun bei guter Beleuchtung die Symmetrie der äußeren Augenabschnitte, die Lidbeschaffenheit (Schwellung, Rötung, Schuppung, Ulzeration; siehe ▤ C-**1.1**), die Lidstellung, Lidspaltenweite und die Häufigkeit des Lidschlages. Die Lidspalten sind streng horizontal angeordnet. Normalerweise bedeckt das Oberlid etwa 3 mm des durch die Hornhaut

1.5.4 Lider, Exophthalmus, Enophthalmus

Beurteilen Sie nun bei guter Beleuchtung die Symmetrie der äußeren Augenabschnitte, die Lidbeschaffenheit (Schwellung, Rötung, Schuppung, Ulzeration; s. ▤ C-**1.1**), die Lidstellung,

Lidspaltenweite und die Häufigkeit des Lidschlages. Zum Beispiel können Sie das Ausmaß des Exophthalmus grob quantitativ im Seitenvergleich am sitzenden Patienten von hinten oben feststellen (S C-1.3).

sichtbaren Irisanteils, das Unterlid reicht bis an den unteren Irisrand. Ein Herabhängen des Oberlides kann konstitutionell, aber auch durch ein **Horner-Syndrom** (Schädigung des N. sympathicus zwischen Hypothalamus und Grenzstrang, z. B. durch ein Bronchialkarzinom) bedingt sein. Sind Bulbus- und Tarsus-Bindehaut miteinander verwachsen (**Symblepharon**) oder besteht ein **Blepharospasmus,** so können die Lidspalten verengt sein. Weite Lidspalten treten bei der **peripheren Fazialisparese (Lagophthalmus)** sowie bei Exophthalmus im Rahmen eines Morbus Basedow oder einer anderweitigen entzündlichen oder tumorösen Vermehrung des retroorbitalen Bindegewebes auf. Sie können das Ausmaß des Exophthalmus grob quantitativ im Seitenvergleich am sitzenden Patienten von hinten oben feststellen (S C-1.3).
Versucht der Patient mit Lagophthalmus die Augen zu schließen, so erkennt man durch den unvollständigen Lidschluß eine Drehung des Bulbus nach oben und zur Schläfe hin (**Bell-Phänomen**).

C-1.1: Differentialdiagnose bei Lidbefunden

Befund	Mögliche Erkrankung
Diffuse Schwellung, Rötung, Schmerz	Blepharitis, Erysipel, Pyodermie
Umschriebene Rötung und Schwellung am Lidrand, umschriebene Druckdolenz	Hordeolum (Gerstenkorn)
Linsengroßer, derber **indolenter** Knoten einige mm vom Lidrand entfernt	Chalazion (Hagelkorn)
Schwellung innerer Lidwinkel	Dakryozystitis
Schwellung äußerer Lidwinkel	Dakryoadenitis
Lilafärbung	Dermatomyositis
Indolente Geschwürbildung	Lues, Tuberkulose, Herpes simplex
Rötung, Fältelung, Bläschenbildung, Nässen	Lidekzem: allergisch, toxisch
Ödembildung	Hordeolum, Lidabszeß, entzündlich-eitrige Konjunktivitis, Orbitalphlegmone Lokale Lymphstauung; nephrotisches Syndrom, Myxödem, angioneurotisches Ödem (Quincke-Ödem), Allergie
Buttergelbe, scharf begrenzte Einlagerungen	Xanthelasmen
Hämatom	Direkte Verletzung, Nasen- oder Schädelfraktur
Polsterartige Schwellung	Hautemphysem (Siebbeinverletzung)
Tumoren, benigne	Dermoidzysten, Atherome, Hämangiome, Fibrome, Neurofibrome
Tumoren, maligne	Basaliom, Spinaliom, Melanom

S Synopsis C-**1.3: Ausmaß des Exophthalmus im Seitenvergleich**

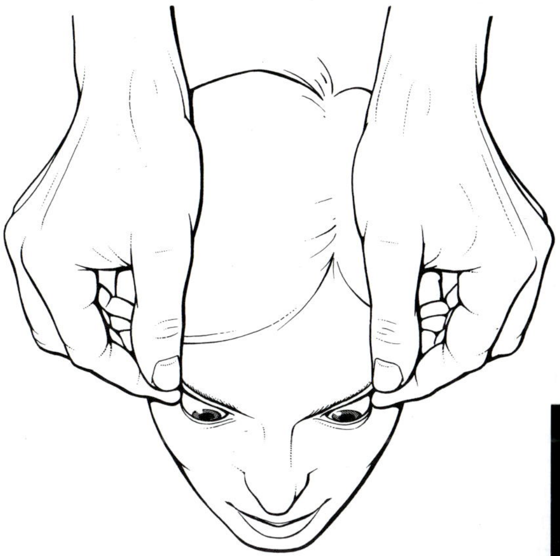

Vorgehensweise:

- Sie können das Ausmaß des Exophthalmus grob quantitativ im Seitenvergleich am sitzenden Patienten von hinten oben feststellen.

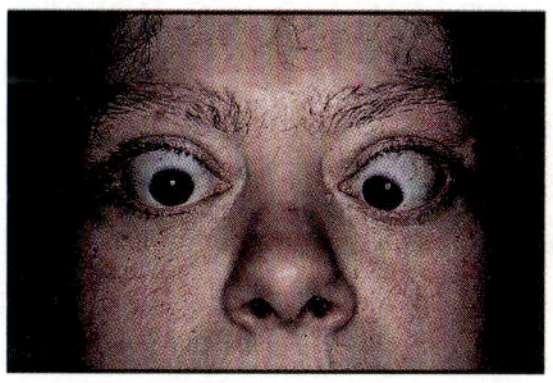

Exophthalmus bei Morbus Basedow

Für Verlaufsbeobachtungen sollte der Exophthalmus genauer gemessen werden. Dazu setzen Sie ein durchsichtiges Plastiklineal auf den äußeren Orbitarand auf und projizieren den Hornhautscheitel durch senkrechten Blick von der Seite auf das Lineal. Eine beidseitige Protrusio bulbi spricht am wahrscheinlichsten für eine endokrine Orbitopathie, einseitige Befunde eher für Tumoren, Metastasen oder Entzündungen, pulsierende Vorwölbungen sprechen für Gefäßtumoren oder arteriovenöse Shunts. Im letztgenannten Fall sollten Sie auch über Orbita, Bulbus, Temporalregion und A. carotis auskultieren, ob ein Shuntgeräusch vorliegt.

Lidschlag: Im Normalfall erfolgt etwa alle 2–3 Sekunden ein Lidschlag. Der seltene Lidschlag (**Stellwag-Zeichen**) ist ein weiteres, allerdings wenig verläßliches Augensymptom des Morbus Basedow. Sehr häufiger Lidschlag wird als Tic, aber auch bei Hypothyreose beobachtet.

Lidschlag: Im Normalfall erfolgt etwa alle 2–3 Sekunden ein Lidschlag. Der seltene Lidschlag (Stellwag-Zeichen) ist ein weiteres Zeichen des M. Basedow.

Entropium, Ektropium: Dreht sich das Lid nach innen (Entropium), so schleifen die Wimpern auf Binde- und Hornhaut und können Entzündungen und sogar Erosionen hervorrufen.
Lidverdrehungen nach außen (**Ektropium**) kommen fast nur am Unterlid vor und führen zu erhöhtem Tränenfluß (**Epiphora**) und ekzematösen Veränderungen der Haut des Unterlides. Am häufigsten tritt dies bei alten Menschen (seniles Ektropium, ◘ C-**1.6**) im Bereich des Unterlides auf.

Entropium, Ektropium: Dreht sich das Lid nach innen (**Entropium**), resultieren Entzündungen und sogar Erosionen. Lidverdrehungen nach außen (**Ektropium**) kommen fast nur am Unterlid vor und führen zu erhöhtem Tränenfluß (**Epiphora**) und ekzematösen Veränderungen (◘ C-**1.6**).

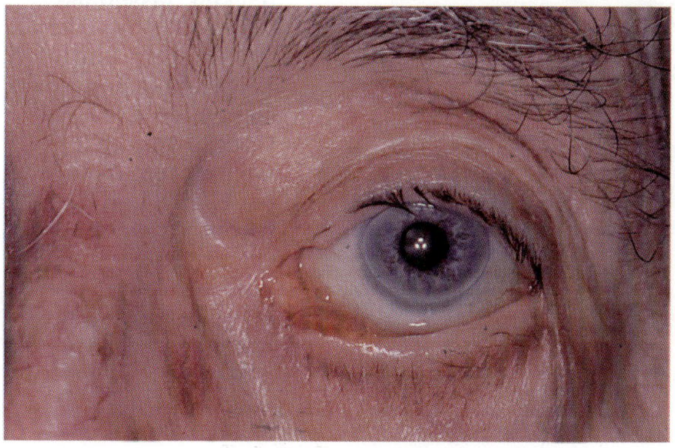

◘ C-**1.6: Ectropium senile**

1.5.5 Konjunktiven

Typische Beschwerden bei Erkrankungen der Bindehaut sind:
- **Jucken:** Reiz, die Augen zu reiben (ohne Schmerzen)
- **Brennen:** oberflächlicher Schmerz
- **Fremdkörpergefühl:** Gefühl »etwas im Auge zu haben« (vermeintlich oder tatsächlich)
- **Pathologische Sekretion:** vermehrter Tränenfluß, schleimiges und/oder eitriges Sekret;
- **Lichtscheu:** Licht wird als unangenehm empfunden.

Inspektion Die vollständige Beurteilung der Conjunctiva tarsi gelingt nur durch das sog. **Ektropionieren** (S C-**1.4**). Für therapeutische Sofortmaßnahmen (Entfernung von Fremdkörperpartikeln, Spülungen bei Laugen- oder Säureverätzungen) ist das Ektropionieren unbedingt erforderlich.

1.5.5 Konjunktiven

Die Bindehaut überzieht als durchsichtige glänzende Schleimhaut mit sichtbaren Gefäßen den Bulbus (ausgenommen Kornealbereich), die Lidinnenflächen und das Septum orbitale. Typische Beschwerden bei Erkrankungen der Bindehaut sind:
- **Jucken:** Reiz, die Augen zu reiben (ohne Schmerzen)
- **Brennen:** oberflächlicher Schmerz
- **Fremdkörpergefühl:** Gefühl »etwas im Auge zu haben« (vermeintlich oder tatsächlich)
- **Pathologische Sekretion:** vermehrter Tränenfluß, schleimiges und/oder eitriges Sekret;
- **Lichtscheu:** Licht wird als unangenehm empfunden, Augen werden geschlossen, dunkle Brille.

Inspektion. Ziehen Sie die Unterlider mit leichtem Druck so weit nach unten, bis Sie die untere Umschlagsfalte einsehen können (S C-**1.4**). Der obere Bindehautsack wird beim Blick des Patienten nach unten durch Hochziehen des Oberlides mit dem Daumen inspiziert, jedoch gelingt die vollständige Beurteilung der Conjunctiva tarsi nur durch das sog. **Ektropionieren (S C-1.4** unten). Nach einigen Sekunden wird der Patient einen Lidschlag ausführen, die ektropionierte Lidstellung kann jedoch beim Blick nach unten und Halten des Lides beibehalten werden. Für therapeutische Sofortmaßnahmen (Entfernung von Fremdkörperpartikeln, Spülungen bei Laugen- oder Säureverätzungen) ist das Ektropionieren unbedingt erforderlich.

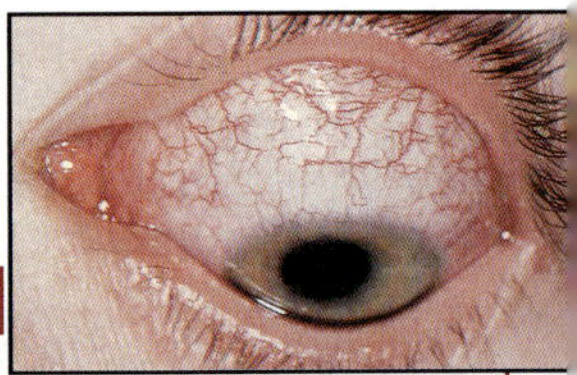

Konjunktivale oberflächliche Injektion mit dilatierten ziegelroten Bindehautgefäßen

S Synopsis C-1.4: Untersuchung der Konjunktiva

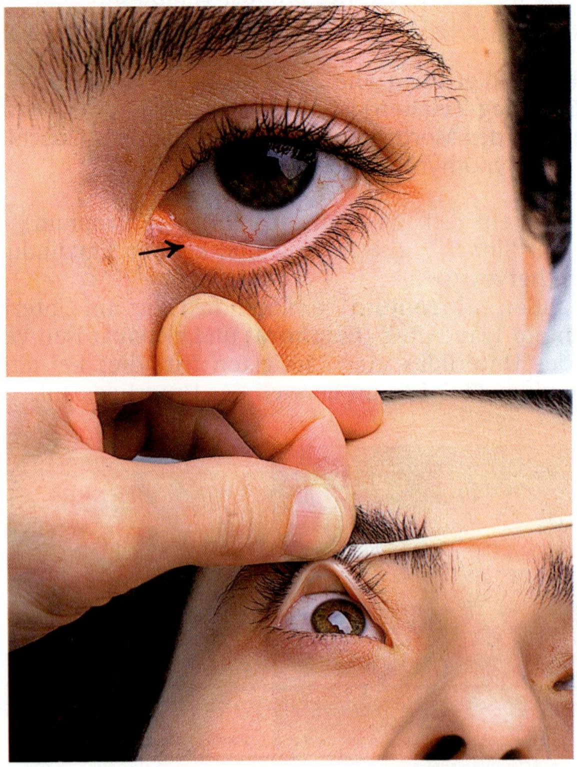

Vorgehensweise:
- Ziehen Sie die Unterlider mit leichtem Druck so weit nach unten, bis Sie die untere Umschlagfalte einsehen können (→ Tränenpünktchen).
- Lassen Sie den Patienten nach unten blicken, fassen Sie einige Oberlid-Zilien mit Daumen und Zeigefinger und ziehen Sie das Oberlid zunächst nach unten, dann nach vorn und oben, wobei Sie einen Glasstab oder auch nur den Zeigefinger als Hypomochlion benutzen (= Ektropionieren).

Normalbefunde. Die Konjunktiva der Bulbusvorderfläche ist durchsichtig farblos, vereinzelt erkennt man konjunktivale Gefäße, je älter der Mensch, um so mehr. Die Conjunctiva tarsi ist ein gewisses Spiegelbild für den Blutgehalt: im Normalfall ist sie hellrot, bei Anämie blaßt sie ab, bei Polyglobulie wird sie dunkelrot.

Pathologische Befunde. Am häufigsten ist eine diffuse Rötung und Schwellung der Konjunktiven, der vieldeutige Befund des »roten Auges«. Ursachen sind vor allem Entzündungen aufgrund von aktinischen (»Verblitzen«), korpuskulären (Staub, Fremdkörper) oder infektiösen (Bakterien, Viren) Schäden. Unterscheiden Sie anhand der in ▤ C-**1.2** aufgeführten Kriterien, ob es sich um eine **konjunktivale**, eine **ziliare** oder um eine **gemischte Injektion** handelt. Patienten mit akuter Konjunktivitis haben nur geringe Schmerzen, bei akuter Iritis, Keratitis und akutem Glaukom sind die Schmerzen massiv.

▶ ***Merke.*** Beim »roten Auge« kann es sich um eine Infektionskrankheit handeln: Schützen Sie sich, andere Patienten und das noch nicht betroffene Auge des Patienten durch Tragen von Gummihandschuhen bei der Untersuchung und anschließende Händedesinfektion.

▤ C-**1.2**: **Differentialdiagnose des »roten Auges«**

	Befund	Entstehung	Diagnostische Bedeutung
Konjunktivale Injektion	Hellrot, Gefäße einzeln erkennbar, verschieblich	Hyperämie der oberflächlichen Bindehautgefäße	Konjunktivitis
Ziliare Injektion	Bläulich-rötlich, livide, Gefäße nur mit Lupe differenzierbar, nicht verschieblich, kranzförmig perikorneal	Hyperämie der episkleralen Gefäße	Schwere Entzündung des Auges; Keratitis, Iritis, Zyklitis
Gemischte Injektion	Überwiegend hellrot, Gefäße nicht klar erkennbar	Hyperämie der konjunktivalen und der ziliaren Gefäße	Akute Iritis, akutes Glaukom
Stauungshyperämie	Dunkelrot, keine Gefäßdifferenzierung möglich	Episklerale Venen gestaut	Akutes Glaukom, intraokulärer Tumor
Hyposphagma	Hellrot, später gelblich-rot	Blutung in/unter Bindehaut	Harmlos; Trauma, hämorrhagische Diathese

Farbveränderungen von Konjunktiven und Skleren. Bei Ikterus (ab einem Bilirubin von 2 mg/dl erkennbar) ist die Konjunktiva gelblich verfärbt. Blaue Skleren sind typisch für eine Osteogenesis imperfecta. Naevi pigmentosi, maligne Melanome, rostende Eisenfremdkörper und Ochronosen bei Alkaptonurie führen zu bräunlichen Einlagerungen (▣ C-**1.7**). Graue Pigmentierungen können bei Argyrose vorkommen.

Normalbefunde Die Konjunktiva der Bulbusvorderfläche ist durchsichtig farblos, vereinzelt erkennt man konjunktivale Gefäße. Die Conjunctiva tarsi ist ein gewisses Spiegelbild für den Blutgehalt: im Normalfall ist sie hellrot, bei Anämie blaßt sie ab, bei Polyglobulie wird sie dunkelrot.

Pathologische Befunde Unterscheiden Sie beim »roten Auge« anhand der in ▤ C-**1.2** aufgeführten Kriterien, ob es sich um eine **konjunktivale**, eine **ziliare** oder um eine **gemischte Injektion** handelt. Patienten mit akuter Konjunktivitis haben nur geringe Schmerzen, bei akuter Iritis, Keratitis und akutem Glaukom sind die Schmerzen massiv.

◀ **Merke**

Farbveränderungen von Konjunktiven und Skleren Beim Ikterus (ab einem Bilirubin von 2 mg/dl erkennbar) ist die Konjunktiva gelblich verfärbt. Diagnostische Hinweise geben auch blaue, bräunliche und graue Verfärbungen (▣ C-**1.7**).

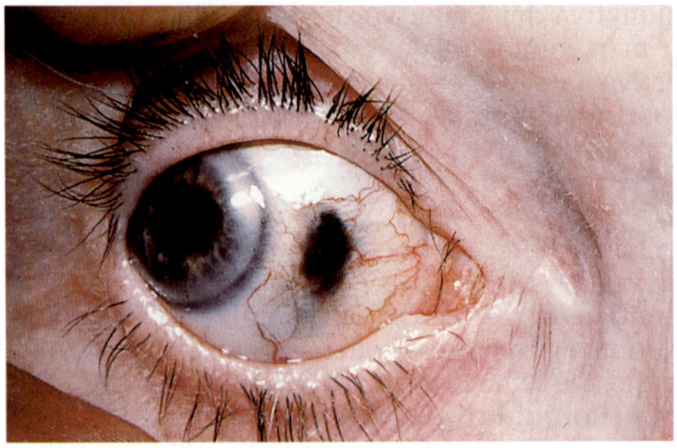

C-**1.7: Alkaptonurie**

1.5.6 Tränenorgan

1.5.6 Tränenorgan

Das Tränenorgan besteht aus einer Tränendrüse, dem oberen und unteren Tränenpünktchen, dem oberen und unteren Tränenkanälchen, Tränensack und Tränennasengang, der zwischen unterer Nasenmuschel und lateraler Nasenwand mündet.

Typische Beschwerden:
- Zu geringer Tränenfluß
- Zu starker Tränenfluß
- »Verklebte« Augen
- Schmerzen

Typische Beschwerden:
- **Zu geringer Tränenfluß:** idiopathisch im Alter, Sjögren-Syndrom; nach Verbrennungen
- **Zu starker Tränenfluß:** lokale Reizung, Stenosen der Tränenkanälchen, Abheben der Tränenpünktchen, z. B. posttraumatisch, Ektropium
- **»Verklebte« Augen:** Konjunktivitis, Dakryozystitis
- **Schmerzen:** äußere Lidwinkel: Dakryoadenitis, innerer Lidwinkel: Dakryozystitis

Inspektion und Palpation Normalerweise ist die Tränendrüse nicht tastbar. Bei Entzündungen (**Dakryoadenitis**) besteht ein lokaler Druckschmerz unter dem äußeren oberen Orbitarand. Drücken Sie auf den Tränensack und beobachten Sie, ob sich schleimiges oder eitriges Sekret aus dem Tränenpünktchen entleert oder der Patient dabei Schmerzen empfindet (**Dakryozystitis**).

Inspektion und Palpation. Der palpebrale Anteil der Tränendrüsen wird sichtbar, wenn man das Oberlid nach oben temporal zieht und den Patienten nach nasal unten blicken läßt. Normalerweise ist die Tränendrüse nicht tastbar. Bei Entzündungen (**Dakryoadenitis**) besteht ein lokaler Druckschmerz unter dem äußeren oberen Orbitarand. Prüfen Sie, ob die Tränenpünktchen an der nasalen Kante des Unterlides symmetrisch auf beiden Seiten in den Tränensee eintauchen, wenn der Patient nach oben blickt. Drücken Sie auf den Tränensack und beobachten Sie, ob sich schleimiges oder eitriges Sekret aus dem Tränenpünktchen entleert oder der Patient dabei Schmerzen empfindet (**Dakryozystitis**).

Einfache Funktionstests Der Verdacht auf verminderte Tränensekretion läßt sich durch den **Schirmer-Test** erhärten (C-**1.8**).

Einfache Funktionstests. Der Verdacht auf verminderte Tränensekretion läßt sich durch den **Schirmer-Test** erhärten. Knicken Sie dazu ein 0,5 cm langes, rund zugeschnittenes Ende eines 3,5 cm langen Lackmusstreifens ab und hängen den Streifen am Übergang vom mittleren zum äußeren Drittel des Unterlids über die Unterlidkante in den Bindehautsack ein. Die leicht alkalische Tränenflüssigkeit (pH = 7,35) färbt das Papier blau. Nach 5 Minuten soll eine 1,5 cm lange Strecke feucht und blau verfärbt sein (C-**1.8**). Der Test korreliert schlecht mit klinischen Symptomen: Bei älteren Patienten sind oft nur 5–6 mm befeuchtet, ohne daß Beschwerden durch Augentrockenheit bestehen.

Die Durchgängigkeit der ableitenden Tränenwege wird mit dem **Targesin-Test** geprüft.

Die Durchgängigkeit der ableitenden Tränenwege wird mit dem **Targesin-Test** geprüft. Dazu träufeln Sie einen Tropfen einer 2%igen Targesin- oder Fluoreszein-Lösung in den Bindehautsack und führen einen Wattetupfer in den unteren Nasengang der gleichen Seite ein. Ist nach 5 Minuten die Farblösung aus dem Bindehautsack verschwunden und der Wattetupfer angefärbt, so sind die ableitenden Tränenwege durchgängig.

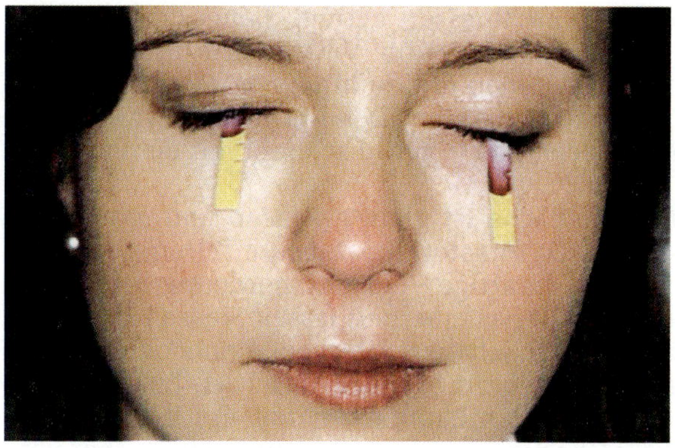

C-**1.8: Schirmer-Test:** Die eingehängten Streifen sollen nach 5 Minuten etwa 1,5 cm weit feucht sein

1.5.7 Kornea, Sklera, Episklera

Typische Beschwerden und Veränderungen:

- **Affektionen** der Hornhaut gehen mit oberflächlichen, brennenden Schmerzen, Fremdkörpergefühl und Lichtempfindlichkeit einher und beeinträchtigen frühzeitig das Sehvermögen.
- **Entzündungen** der zwischen Sklera und Konjunktiva gelegenen Episklera (Episkleritis) und der eigentlichen Sklera (Skleritis) führen meist zu einer umschriebenen Druckschmerzhaftigkeit ohne wesentliche Visusminderung.

Zur Untersuchungstechnik siehe S C-**1.5**.

1.5.7 Kornea, Sklera, Episklera

Typische Beschwerden und Veränderungen:

- Affektionen **der Hornhaut** gehen mit brennenden Schmerzen, Fremdkörpergefühl und Lichtempfindlichkeit einher und beeinträchtigen frühzeitig das Sehvermögen.
- **Entzündungen der Episklera** und der eigentlichen Sklera führen meist zu einer umschriebenen Druckschmerzhaftigkeit ohne wesentliche Visusminderung.

Synopsis C-**1.5: Hornhautuntersuchung**

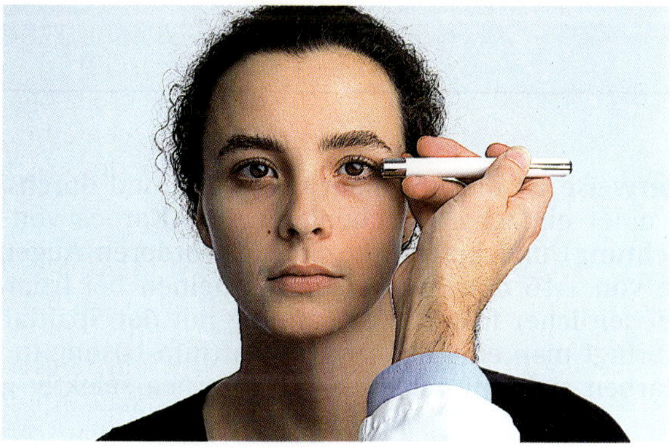

Vorgehensweise:

- Beurteilen Sie die Hornhaut bei seitlicher fokaler Beleuchtung mit der Handspaltlampe nach Durchmesser, Oberfläche, Transparenz, Farbveränderungen und Sensibilität.

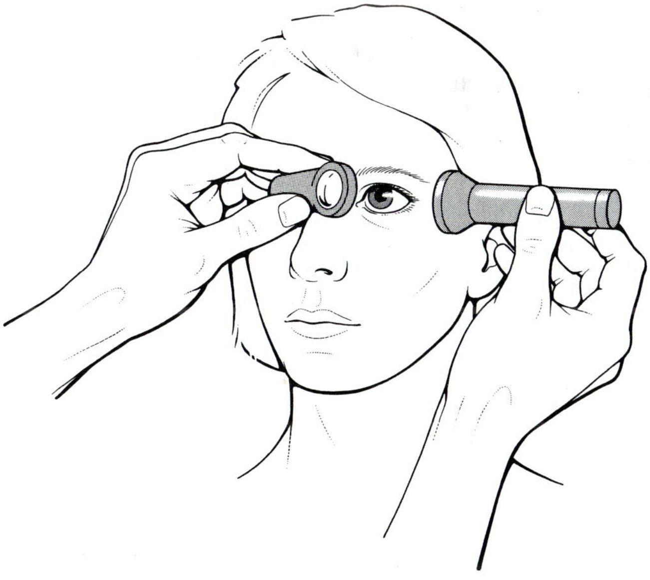

- **Durchmesser**
Der Hornhautdurchmesser beträgt 11 – 12 mm.

- **Durchmesser:** Der Hornhautdurchmesser beträgt beim Erwachsenen 11 – 12 mm mit erstaunlich geringer Variation. Verkleinerte Durchmesser kommen im Rahmen eines angeborenen Mikrophthalmus, vergrößerte bei frühkindlichem Glaukom (Buphthalmus) vor. Der Hornhautoberrand wird 1 – 3 mm weit vom Oberlid bedeckt, das Unterlid schließt mit dem unteren Hornhautrand ab.

- **Oberfläche**
Die normale Oberfläche ist glatt, glänzend und annähernd kugelförmig geformt (S C-**1.6**).

- **Oberfläche:** Die normale Oberfläche ist glatt, glänzend und annähernd kugelförmig gewölbt (S C-**1.6**). Da Fensterkreuze heute selten geworden sind, können Sie sich selbst eine derartige Versuchsanordnung herstellen: Kleben Sie Heftpflaster auf eine Glasscheibe und lassen Sie den Patienten durch diese Scheibe auf das Fenster schauen. Über entzündlichen Infiltraten erscheint das Spiegelbild matt, bei Erosionen unscharf, bei Ulkusbildung matt und verzerrt und bei Hornhautnarben mit epithelialisierter, aber unregelmäßig gewölbter Oberfläche (Astigmatismus) scharf, aber verzerrt.

S Synopsis C-**1.6: Beurteilung der Hornhautoberfläche**

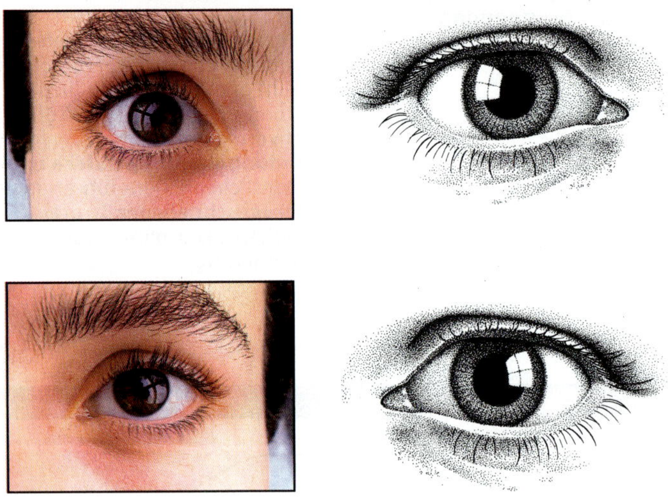

Vorgehensweise:

- Spiegeln sich Fensterkreuze ohne Konturunterbrechung beidseits an korrespondierender Stelle, so spricht dieser Befund für eine intakte Oberfläche.

- **Transparenz**
Normalerweise ist die Hornhaut völlig klar und durchsichtig. Trübungen erscheinen bei frontaler Inspektion als graue, bei seitlicher lokaler Beleuchtung mit der Spaltlampe als grauweiße Flecken.

- **Transparenz:** Normalerweise ist die Hornhaut völlig klar und durchsichtig. Beleuchten Sie mit einer einfachen Taschenlampe die Kornea von der Seite her (fokale Beleuchtung) und betrachten Sie die vorderen Augenabschnitte mit einer Lupe von + 16 dpt. Trübungen erscheinen bei frontaler Inspektion als graue, bei seitlicher fokaler Beleuchtung mit der Spaltlampe als grauweiße Flecken. Bringt man eine Fluoreszein-Natrium-Lösung in den Bindehautsack ein, so färben sich Epitheldefekte der Kornea selektiv grün an.

- **Farbveränderungen**
Sichelförmige grau-weißliche gelbliche Einlagerungen am oberen und unteren Hornhautrand, die vom Limbus durch eine schmale Zone klaren Gewebes abgetrennt sind, sprechen bei älteren Patienten für einen harmlosen Arcus senilis, bei jüngeren Patienten für eine familiäre Hypercholesterinämie.

- **Farbveränderungen:** Ältere Blutaustritte färben sich zunächst grünlichbraun, später dunkelbraun. Sichelförmige grau-weißliche gelbliche Einlagerungen am oberen und unteren Hornhautrand, die vom Limbus durch eine schmale Zone klaren Gewebes abgetrennt sind, sprechen bei älteren Patienten für einen harmlosen Arcus senilis, bei jüngeren Patienten für eine familiäre Hypercholesterinämie. Ein olivgrüner bis brauner Ring am Hornhautrand ist pathognomonisch für die hepatolentikuläre Degeneration (**Morbus Wilson: Kayser-Fleischer-Kornealring**). Sehr selten werden auch bei der Gicht kleine Kristalle in der Hornhaut beobachtet.

- **Sensibilität**
Die Hornhaut wird sensibel vom 1. Ast des N. trigeminus versorgt, eine Berührung führt normalerweise zum Lidschlußreflex. Der Patient sollte dabei nach oben blicken (S C-**1.7**).

- **Sensibilität:** Die Hornhaut wird sensibel vom 1. Ast des N. trigeminus versorgt, eine Berührung führt normalerweise zum Lidschlußreflex. Der Patient sollte dabei nach oben blicken (S C-**1.7**).

Synopsis C-1.7: Beurteilung der Hornhautsensibilität

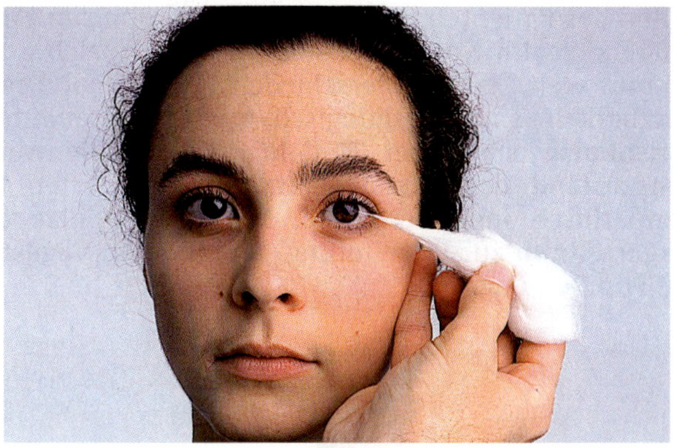

Vorgehensweise:

- Berühren Sie die Hornhaut von der Seite her kommend mit einem fein ausgezogenen Wattetupfer an mehreren Stellen und im Seitenvergleich, um einen partiellen Sensibilitätsverlust herauszufinden.

1.5.8 Vordere Augenkammer

Die vordere Augenkammer wird von der Hornhautrückfläche, der Iris und der Linsenvorderfläche begrenzt. Ihre normale Tiefe beträgt 3,1 – 3,6 mm. Sie ist mit Kammerwasser gefüllt, das vom Ziliarkörper produziert wird und aus der hinteren Augenkammer durch die Pupille in die vordere Augenkammer fließt. Der Kammerwasser-Abfluß erfolgt über den im Kammerwinkel gelegenen **Schlemmschen Kanal**. Die Tiefe der Vorderkammer und die Weite des Kammerwinkels spielen bei der Glaukom-Diagnostik eine wichtige Rolle.
Der Augeninnendruck beträgt bei Intaktheit der Abflußwege im Kammerwinkel und Schlemmschen Kanal bei ungestörter Regulation ca. 10 – 20 mmHg.

Untersuchungstechnik und pathologische Befunde. Die exakte Messung der Vorderkammertiefe erfordert ein Spezialgerät, mit Hilfe der Spaltlampentechnik läßt sie sich aber zumindest abschätzen. Man läßt das Licht tangential von **temporal** in die Vorderkammer einfallen und kann damit die Weite der Kammerbucht und den Kammerwinkel beurteilen. Fällt dabei ein Schatten auf die **nasalen** Irisabschnitte, spricht das für eine Vorwölbung der Iris. Dabei ist mit einem engen Kammerwinkel zu rechnen. In diesem Fall sollte man keine medikamentöse Pupillenerweiterung vornehmen, denn es besteht die Gefahr des akuten Glaukomanfalls!

Merke. Keine medikamentöse Mydriasis ohne **zuvor** den Patienten nach einem Glaukom gefragt und die Tiefe der Vorderkammer beurteilt zu haben!

Bei Linsenquellung ist die Vorderkammertiefe abgeflacht, bei Linsenluxation vertieft. Insbesondere bei seitlicher Beleuchtung können am Boden der Vorderkammer Spiegel von sedimentierten Leukozyten (**Hypopyon**) oder Blut (**Hyphäma**) erkannt werden.

1.5.9 Iris und Pupille

Iris und Pupille werden durch direkte Inspektion und bei fokaler seitlicher Beleuchtung untersucht. Achten Sie auf Farbe und Schärfe der Irisstrukturen:
Pigmentunregelmäßigkeiten (**Heterochromie**) sind kein pathologischer Befund, Gefäße dürfen aber auf der normalen Iris nicht sichtbar sein. Bei der Geburt ist die Iris dunkelblau, die individuelle Irisfarbe entwickelt sich erst im zweiten Lebensjahr. Schlotterbewegungen der Iris beim Umherblicken sprechen für ein Fehlen der Linse (**Aphakie**, z. B. nach Katarakt-Operation) oder eine Linsenluxation. Ödeme lassen das Relief der Iris verwaschen erscheinen. Spalte oder Lücken in der normalen Ringform der Iris

1.5.8 Vordere Augenkammer

Sie ist mit Kammerwasser gefüllt, das vom Ziliarkörper produziert wird und aus der hinteren Augenkammer durch die Pupille einströmt. Der Kammerwasser-Abfluß erfolgt über den im Kammerwinkel gelegenen **Schlemmschen Kanal**. Tiefe der Vorderkammer und Weite des Kammerwinkels spielen bei der Glaukom-Diagnostik eine wichtige Rolle.

Untersuchungstechnik und pathologische Befunde Die exakte Messung der Vorderkammertiefe erfordert ein Spezialgerät, mit Hilfe der Spaltlampentechnik läßt sie sich aber zumindest abschätzen.

◀ **Merke**

1.5.9 Iris und Pupille

Iris und Pupille werden durch direkte Inspektion und bei fokaler seitlicher Beleuchtung untersucht. Achten Sie auf Farbe und Schärfe der Irisstrukturen: Pigmentunregelmäßigkeiten (**Heterochromie**) sind kein pathologischer Befund. Schlotterbewegungen der Iris beim Umherblicken sprechen für ein Fehlen der Linse (**Aphakie**, z. B. nach Katarakt-Operation) oder eine Linsenluxation. Spalte oder Lücken in der normalen Ringform der Iris (**Kolo-**

bome) können angeboren (nach unten gerichtet) oder postoperativ (nach oben gerichtet) auftreten.
Seitenunterschiede in der Pupillenweite bis maximal 1 mm sind physiologisch, größere Seitenunterschiede werden als **Anisokorie** bezeichnet (C-**1.9**).

(**Kolobome**) können angeboren (nach unten gerichtet) oder postoperativ (nach oben gerichtet) auftreten.
Betrachten Sie die Pupillen des Patienten, wenn er Ihnen bei üblicher Zimmerbeleuchtung gegenübersitzt. Im Normalfall sind sie rund, gleich groß und zwischen 2 und 5 mm weit. Seitenunterschiede bis maximal 1 mm (die Grenze der Abschätzbarkeit) sind physiologisch, größere Seitenunterschiede werden als **Anisokorie** bezeichnet (C-**1.9**). Die Pupillenweite hängt vom Innervationszustand des parasympathisch innervierten M. sphincter und des sympathisch innervierten M. dilatator pupillae ab. Freude, Schreck oder Ärger führen zur Erweiterung, im erhöhten Vagustonus des Schlafs sind die Pupillen eng.

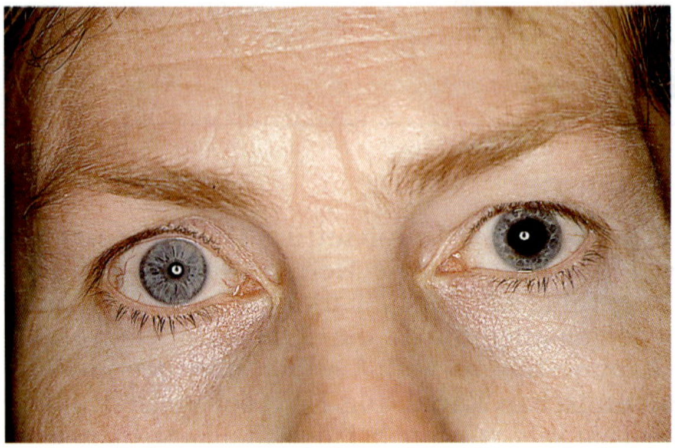

C-**1.9: Anisokorie:** Unterschiedliche Pupillenweite bei gleicher Beleuchtung

Zur **Prüfung der Lichtreaktion** lassen Sie den Patienten die Augen voneinander abschirmen und beleuchten jedes Auge getrennt mit der Taschenlampe. Dabei achten Sie sowohl auf die Reaktion des beleuchteten, als auch auf die des nicht beleuchteten Auges. Normalerweise ist die Reaktion **konsensuell**.

Zur **Prüfung der Lichtreaktion** lassen Sie den Patienten einen Punkt in der Ferne fixieren, schirmen mit der flachen Hand auf dem Nasenrücken des Patienten die Augen voneinander ab und beleuchten jedes Auge getrennt mit der Taschenlampe. Dabei achten Sie sowohl auf die Reaktion des beleuchteten, als auch auf die des nicht beleuchteten Auges. Normalerweise ist die Reaktion **konsensuell**. Wegen der teilweisen Kreuzung der afferenten Fasern der **Pupillenreflexbahn** im **Chiasma opticum** reagieren beide Pupillen in gleicher Weise. Haben Sie keine Lampe zur Verfügung, decken Sie einfach jeweils ein Auge mit der Hand ab und beobachten die Reaktion nach dem Wegnehmen der Hand.

Zur Konvergenzreaktion siehe S C-**1.8**.

Bei Akkommodation auf ein Objekt in der Nähe kommt es zur **Konvergenzreaktion** (S C-**1.8**).

S Synopsis C-**1.8: Naheinstellungsreaktion mit Engerwerden beider Pupillen und gleichzeitiger Konvergenz der Bulbi**

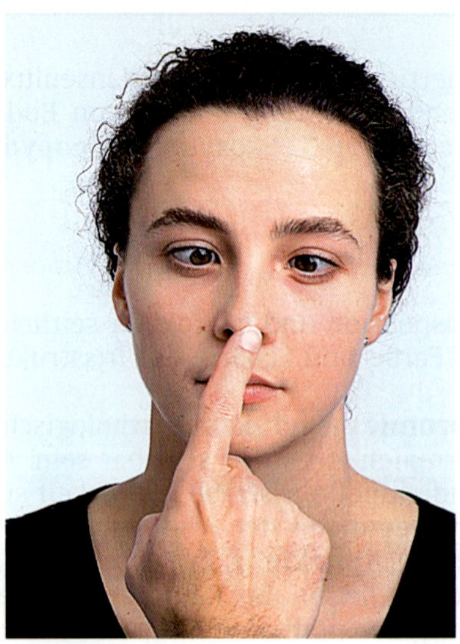

Vorgehensweise:

- Halten Sie dem Patienten ca. 15 cm von der Nasenwurzel entfernt einen Finger vor die Augen. Wenn er nun den Blick aus der Ferne plötzlich auf den Finger richtet, so verengen sich die Pupillen beidseits. Beim erneuten Blick in die Ferne werden sie wieder weiter.

Wichtige pathologische Befunde. Beobachten Sie bei einem Patienten eine starke **Miosis** (»stecknadelendige« Pupillen), so sollten Sie an eine **Glaukomtherapie** mit einem Miotikum oder an einen **Morphinabusus** denken. Bei Meningitis, in Narkose und beim Horner-Syndrom werden ebenfalls miotische Pupillen angetroffen. Sehr alte Menschen haben oft eine extreme Miosis, ohne daß ein pathologischer Prozeß dahintersteckt. Eine abnorme **Mydriasis** kann medikamentös (Mydriatikum) oder durch einen **Glaukomanfall** hervorgerufen werden (▤ C-**1.3**).

Wichtige pathologische Befunde
Beobachten Sie bei einem Patienten eine starke **Miosis** (»stecknadelendige« Pupillen), so sollten Sie an eine **Glaukomtherapie** mit einem Miotikum oder an einen **Morphinabusus** denken.

Eine abnorme **Mydriasis** kann medikamentös (Mydriatikum) oder durch einen **Glaukomanfall** (▤ C-**1.3**) hervorgerufen werden.

C-1.3: Ursachen für Miosis und Mydriasis

Miosis:	• Miotika • Horner-Syndrom • Iritis • Lues • Morphinabusus • Pontine Läsion
Mydriasis:	• Mydriatikum • Okulomotorius-Parese • Migräneanfall • Adie-Syndrom • Glaukomanfall • Läsion im Mittelhirn

▶ ***Merke.*** Die Pupillenreaktion ist ein wichtiges diagnostisches Merkmal bei vielen Erkrankungen des ZNS und bei Schädel-Hirn-Verletzten.

◀ **Merke**

Reagiert eine Pupille weder direkt noch konsensuell auf Licht und Naheinstellung (**absolute Pupillenstarre, Ophthalmoplegia interna**), befindet sich die Störung im efferenten Schenkel der Pupillenreflexbahn (Sphinkterkern, N. oculomotorius oder Sphincter pupillae), was auf eine schwerwiegende Erkrankung des ZNS (Enzephalitis, Meningitis) hinweist. Das gesunde Auge reagiert dabei aber auf Belichtung des kranken Auges. Fällt dagegen auch die konsensuelle Reaktion am gesunden Auge aus, ist das kranke Auge blind (**amaurotische Pupillenstarre**), es liegt eine Störung im afferenten Schenkel der Pupillenreflexbahn (Netzhaut, Sehnerv, Sehbahn) vor. Allerdings kann die Pupille des kranken Auges konsensuell auf Licht oder Nahreize reagieren, die das gesunde betreffen, die Naheinstellungsreaktion beider Augen bleibt erhalten. Liegen mittelweite, etwas entrundete Pupillen vor, deren direkte und konsensuelle Lichtreaktion nur sehr zögernd abläuft, so handelt es sich am ehesten um die sog. **Pupillotonie**, eine harmlose angeborene Anomalie unklarer Genese. Ihre Hauptbedeutung liegt in der Verwechslungsmöglichkeit mit der absoluten Pupillenstarre.

Reagiert eine Pupille weder direkt noch konsensuell auf Licht und Naheinstellung (**absolute Pupillenstarre, Ophthalmoplegia interna**), so befindet sich die Störung im efferenten Schenkel der Pupillenreflexbahn, was auf eine schwerwiegende Erkrankung des ZNS (Enzephalitis, Meningitis) hinweist. Das gesunde Auge reagiert dabei aber auf Belichtung des kranken Auges. Fällt dagegen auch die konsensuelle Reaktion am gesunden Auge aus, ist das kranke Auge blind (**amaurotische Pupillenstarre**), es liegt eine Störung im afferenten Schenkel der Pupillenreflexbahn (Netzhaut, Sehnerv, Sehbahn) vor. Die **Pupillotonie** ist eine harmlose angeborene Anomalie, die mit der absoluten Pupillenstarre verwechselt werden kann.

▶ ***Merke.*** Jede Störung der Pupillenreaktion sollte Anlaß zu einer ausführlichen ophthalmologischen und neurologischen Untersuchung sein!

◀ **Merke**

Aufgabe: Untersuchen Sie gegenseitig Ihre Pupillenreaktion auf Licht und Konvergenz durch den Abdecktest und durch die Naheinstellungsreaktion (Fixieren eines an die Nasenwurzel angenäherten Zeigefingers).

◀ **Aufgabe**

1.5.10 Linse

Bei einfacher Inspektion erscheint die Pupille bei klarer Linse schwarz. Trübungen im Bereich der vorderen Linse führen zu einer diffusen grauweißen Verfärbung im Pupillenbereich. Eine genaue Beurteilung der Form und Ausdehnung von Linsentrübungen (**Katarakt**, ◘ C-**1.10**) ist nur mit der Spaltlampe möglich. Im durchfallenden Licht bei der Untersuchung mit

1.5.10 Linse

Eine genaue Beurteilung der Form und Ausdehnung von Linsentrübungen (**Katarakt**, ◘ C-**1.10**) ist nur mit der Spaltlampe möglich. Eine gewisse Linsentrübung ist im höheren Alter normal, nur bei stärkerer Ausprägung

tritt eine Beeinträchtigung des Sehvermögens auf.
Fehlt die Linse (**Aphakie**), z. B. nach einer Staroperation, beobachtet man ein Schlottern der Iris bei Blickbewegungen.

dem Augenspiegel führen Linsentrübungen zu dunklen Schatten auf der roten Netzhaut. Sie können den Grad der Visusminderung bei einer Linsentrübung grob beurteilen, wenn Sie eine Lampe unter Ihr eigenes Auge halten und den Patienten auffordern, aus einer Entfernung von ca. 50 cm in das Licht zu blicken. Sehen Sie in der Pupille des Patienten keinen roten Reflex, spricht das für eine dichte Katarakt, die den Fundus völlig abdeckt. Eine gewisse Linsentrübung ist im höheren Alter normal, nur bei stärkerer Ausprägung tritt eine Beeinträchtigung des Sehvermögens auf. Fehlt die Linse (**Aphakie**), z. B. bei Zustand nach Staroperation, beobachtet man ein Schlottern der Iris bei Blickbewegungen.

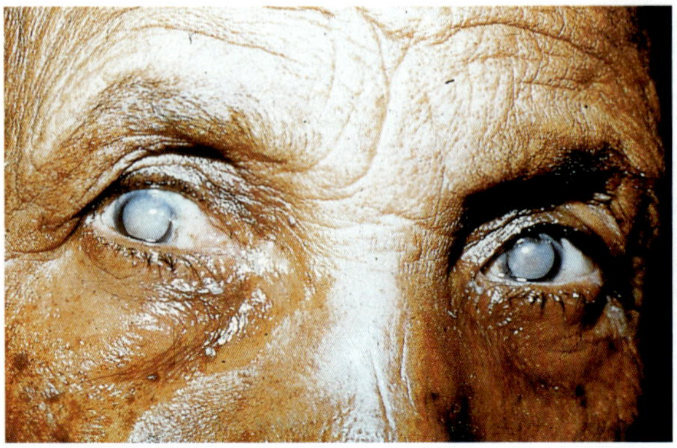

C-1.10: Bilaterale hypermature Katarakt

1.5.11 Bulbuspalpation

Zur digitalen Tonometrie siehe **S** C-**1.9**. Hierbei fühlt man die normale Fluktuation und Imprimierbarkeit des Bulbus. Im Seitenvergleich beider Augen und durch Vergleich mit den eigenen Augen kann man Anhaltspunkte für den intraokularen Druck gewinnen. Bei Zunahme dieses Drucks (**Glaukomanfall**) wird der Bulbus sehr hart, die Fluktuation verschwindet. Zur genauen Beurteilung und quantitativen Druckmessung ist ein Tonometer erforderlich.

1.5.11 Bulbuspalpation

Der Patient blickt nach unten. Palpieren Sie mit den Fingerkuppen beider Zeigefinger vorsichtig jeden Bulbus durch das Oberlid. Stützen Sie dabei die Hand mit den übrigen Fingern an der Stirn des Patienten ab (**digitale Tonometrie**, **S** C-**1.9**). Man fühlt die normale Fluktuation und Imprimierbarkeit des Bulbus. Im Seitenvergleich beider Augen und durch Vergleich mit den eigenen Augen kann man Anhaltspunkte für den intraokularen Druck gewinnen. Bei Zunahme dieses Drucks (**Glaukomanfall**) wird der Bulbus sehr hart, die Fluktuation verschwindet. Zur genauen Beurteilung und quantitativen Druckmessung ist ein Tonometer erforderlich. Bei vermindertem Druck sollte die Palpation äußerst vorsichtig erfolgen, da wahrscheinlich eine perforierende Augenverletzung vorliegt.

S Synopsis C-**1.9: Bulbuspalpation: digitale Tonometrie**

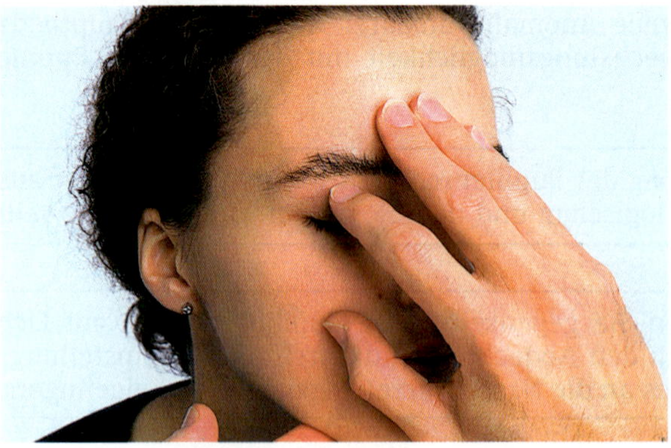

Vorgehensweise:

- Palpieren Sie mit den Fingerkuppen beider Zeigefinger vorsichtig jeden Bulbus durch das Oberlid. Stützen Sie dabei die Hand mit den übrigen Fingern an der Stirn des Patienten ab.

1.5.12 Ophthalmoskopie

Indikationen für eine Untersuchung des Fundus sind alle Visusminderungen, die nicht durch eine Untersuchung der vorderen Augenabschnitte geklärt werden können. Dazu gehört vor allem die schmerzlose plötzliche Sehverschlechterung. Nachdem der Augenfundus die einzige Stelle des Körpers ist, an der Blutgefäße nichtinvasiv direkt inspiziert werden können, hat die Ophthalmoskopie auch für den Allgemeinarzt und den Internisten große Bedeutung: Vor allem bei Hypertonie und Diabetes mellitus kann man pathologische Befunde erwarten.

Untersuchungstechnik. Bei der **direkten Ophthalmoskopie** (Spiegeln im aufrechten Bild) mit dem elektrischen Augenspiegel beurteilen Sie die Papille und die angrenzenden zentralen Anteile der Netzhaut mit den Gefäßen in 16facher Vergrößerung (S C-**1.10**).
Wenn Sie sich aus einer Richtung ca. 15° nach lateral abweichend dem Auge nähern, sehen Sie die Pupille rot aufleuchten. Ist das nicht der Fall, so liegt eine Trübung der brechenden Medien, z. B. eine ausgeprägte Katarakt vor. Nach einigen Änderungen der Winkelstellung des Gerätes sind schließlich die Papille und die umliegenden Gefäße scharf zu erkennen, sofern Arzt und Patient emmetrop sind. Erscheinen die Strukturen unscharf, so schalten Sie durch Drehen an der **Recoss-Scheibe** so lange Konvex- oder Konkavlinsen dazwischen, bis sich ein scharfes Bild ergibt. Sollte das mit keiner Linse gelingen, so könnte eine Trübung der Medien oder ein Astigmatismus vorliegen.
Die **indirekte Ophthalmoskopie** wird mit einer Sammellinse durchgeführt.

1.5.12 Ophthalmoskopie

Indikationen für eine Untersuchung des Fundus sind alle Visusminderungen, die nicht durch eine Untersuchung der vorderen Augenabschnitte geklärt werden können, so vor allem die schmerzlose plötzliche Sehverschlechterung. Auch bei Hypertonie und Diabetes mellitus kann man pathologische Befunde erwarten.

Untersuchungstechnik Bei der **direkten Ophthalmoskopie** (Spiegeln im aufrechten Bild) mit dem elektrischen Augenspiegel beurteilen Sie die Papille und die angrenzenden zentralen Anteile der Netzhaut mit den Gefäßen in 16facher Vergrößerung (S C-**1.10**).
Bei der direkten Ophthalmoskopie nähern sich die Augen von Arzt und Patient bis auf wenige Zentimeter.

Die **indirekte Ophthalmoskopie** wird mit einer Sammellinse durchgeführt.

S Synopsis C-**1.10: Ophthalmoskopie**

1. Spiegelung im aufrechten Bild
(= direkte Ophthalmoskopie)

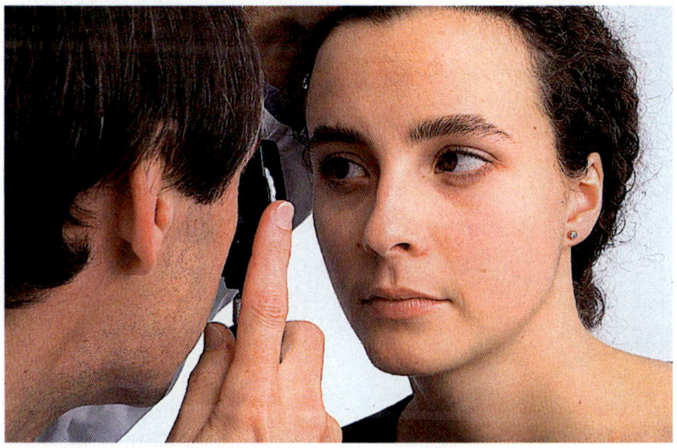

2. Spiegelung im umgekehrten Bild
(= indirekte Ophthalmoskopie)

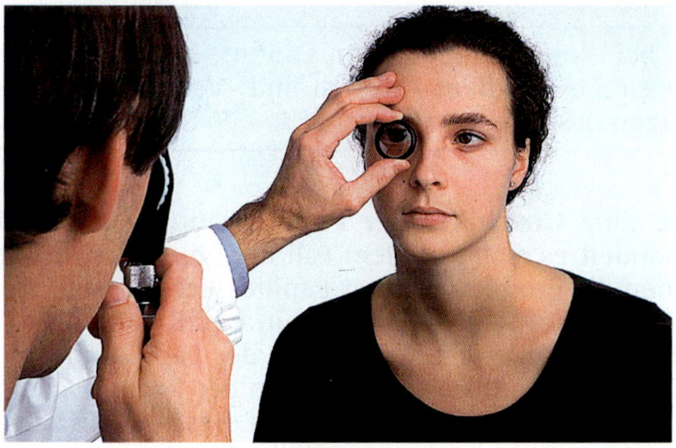

Vorgehensweise:

- Nehmen Sie (falls vorhanden) Ihre eigene und die Brille des Patienten ab und stellen Sie die Recoss-Scheibe des Ophthalmoskops zunächst auf Linse 0 ein. Halten Sie das Gerät mit der rechten bzw. linken Hand senkrecht so dicht vor Ihr Auge, daß es Ihren Orbitarand berührt, und nähern Sie sich nun dem Auge des Patienten bis auf wenige Zentimeter an.
- Damit keine Probleme mit den Nasen entstehen, untersuchen Sie das rechte Patientenauge mit Ihrem rechten Auge und umgekehrt.
- Fordern Sie den Patienten auf, mit beidseits geöffneten Augen streng geradeaus, aber nicht in die Lichtquelle zu blicken.
- Wenn Sie sich nun aus einer Richtung ca. 15° nach lateral abweichend dem Auge nähern, sehen Sie die Pupille rot aufleuchten. Ist das nicht der Fall, so liegt eine Trübung der brechenden Medien, z. B. eine ausgeprägte Katarakt vor.
- Nach einigen Änderungen der Winkelstellung des Gerätes sind schließlich die Papille und die umliegenden Gefäße scharf zu erkennen.
- Für die **indirekte Ophthalmoskopie** wird eine Sammellinse von +12 bis +30 dpt benutzt. Dies führt zu einer deutlich geringeren Vergrößerung von 2–6fach und ermöglicht einen besseren Überblick über den gesamten Fundus.

Bei nicht notfallmäßiger Ophthalmoskopie erleichtern Sie sich die Beurteilung der peripheren Fundusgefäße durch eine medikamentöse Erweiterung der Pupille. Zumindest die Papille muß allerdings auch bei nicht erweiterter Pupille eingesehen werden, da man sich z. B. bei Schädel-Hirn-Verletzten die Beurteilung der Pupillenreaktion nicht durch eine medikamentöse Mydriasis verbauen darf.

Bei nicht notfallmäßiger Ophthalmoskopie erleichtern Sie sich die Beurteilung vor allem der peripheren Fundusgefäße durch eine medikamentöse Erweiterung der Pupille. Zumindest die Papille muß allerdings auch bei nicht erweiterter Pupille eingesehen werden, da man sich z. B. bei Schädel-Hirn-Verletzten die Beurteilung der Pupillenreaktion nicht durch eine medikamentöse Mydriasis verbauen darf.

Merke ▶

Merke. Nach einer medikamentösen Weitstellung der Pupille dürfen Patienten nicht mehr selbst ein Kraftfahrzeug lenken.

Normale Befunde Die normale Sehnervpapille ist rotgelb, rund bis leicht oval und weist einen Durchmesser von 1,5 mm auf. Sie liegt im Niveau der Netzhaut und grenzt sich scharf von dieser ab. Aus der etwas aufgehellten Mitte treten die Zentralgefäße der Netzhaut aus (C-**1.11**). Die **Makula** erscheint im rotfreien Licht als gelber Fleck. Die Einziehung in ihrem Zentrum ist die **Fovea centralis**. Die Fovea centralis liegt anatomisch lateral (temporal) der Sehnervpapille.

Normale Befunde. Die normale Sehnervpapille ist rotgelb, rund bis leicht oval und weist einen Durchmesser von 1,5 mm auf. Sie liegt im Niveau der Netzhaut und grenzt sich scharf von dieser ab. Aus der etwas aufgehellten Mitte treten die Zentralgefäße der Netzhaut aus. Arterien erscheinen hellrot mit hellen Reflexen, Venen sind etwas breiter, dunkelrot und weniger reflexreich (C-**1.11**). Die Breite des Reflexbandes auf den Gefäßen beträgt normalerweise etwa ein Drittel der gesamten Gefäßbreite. Lassen Sie den Patienten genau in die Lichtquelle schauen, so blicken Sie auf die Makula, eine gefäßfreie flache Vertiefung, die im rotfreien Licht (Grünfilter des Augenspiegels vorschlagen) als gelber Fleck erscheint (**Macula lutea**). In ihrem Zentrum erkennt man eine kleine dunklere Einziehung, **die Fovea centralis, welche genau in der Sehachse liegt.** Die Fovea centralis liegt anatomisch lateral (temporal) der Sehnervpapille. Zur Inspektion der gesamten einsehbaren Netzhaut lassen Sie den Patienten seitlich, nach oben und nach unten blicken.

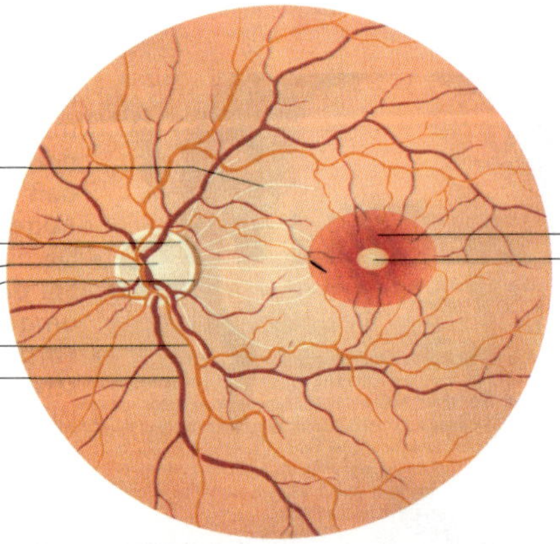

C-**1.11: Normaler Fundus**

Aufgabe ▶

Aufgabe: Spiegeln Sie bei einem Kollegen den Fundus, bestimmen Sie die Papille, differenzieren Sie Netzhaut-Arterien und -Venen sowie die Makula durch Vorschlagen des Grünfilters!

Pathologische Befunde Eine **Unschärfe der Papille** kann viele Gründe haben (C-**1.4**), doch handelt es sich in jedem Fall um einen schwerwiegenden Befund.

Pathologische Befunde. Eine **Unschärfe der Papille** kann viele Gründe haben (C-**1.4**), doch handelt es sich in jedem Fall um einen schwerwiegenden Befund. Sie können die Prominenz einer Papille auch messen. Stellen Sie dazu durch Drehen an der Recoss-Scheibe ein Gefäß an der Papillenoberfläche scharf ein. Suchen Sie dann ein neben der Papille im Netzhautniveau gelegenes Gefäß auf und drehen weiter an der Recoss-Scheibe des Ophthalmoskops in den Minusbereich, bis Sie auch dieses Gefäß scharf sehen. Die Differenz zwischen beiden Werten ergibt die Papillenprominenz in Dioptrien, wobei gilt: 3 Dioptrien = 1 mm.

C-1.4: Differenzierung der unscharfen Papille

Befunde	**Verdachtsdiagnose**
Beidseitige Stauungspapille, zentrale Sehschärfe normal, blinder Fleck vergrößert	Hirntumor, Retinopathia angiospastica, Aneurysma, Sinusvenenthrombose, Hydrozephalus
Einseitige Stauungspapille	Orbitatumoren, Sehnervtumoren, Zentralvenenthrombose
Zentralskotom	Papillitis
Venenstauung, Blutungen, höheres Alter, Hypertonie	Apoplexia papillae
BKS-Beschleunigung, Schläfenkopfschmerz	Arteriitis temporalis mit Optikomalazie
Maligne Hypertonie, Netzhautgefäße verändert	Fundus hypertonicus IV

Eine schüsselförmige Auswölbung und Abblassung der Papille (**Exkavation**) spricht für eine Sehnervatrophie (mit Verdacht auf erhöhten intraokulären Druck).
Vor allem bei Diabetes und Hypertonie kommt es zu zwei charakteristischen Fundusveränderungen aufgrund von Nervenfaserschwellungen bzw. lipidhaltigen retinalen Einlagerungen: weiße bis hellgraue, unscharf begrenzte **Flecken** auf dem rot erscheinenden Fundus (»**weiche Exsudate**«, **Cotton-wool-Herde**) und scharf begrenzte, sternförmig-streifig angeordnete gelbliche Flecken (»**harte Exsudate**«, C-**1.12**). Kapillare Mikroaneurysmen als Frühveränderungen einer diabetischen Retinopathie stellen sich als kleine rote Flecken meist in der mittleren Funduperipherie dar.

Eine schüsselförmige Auswölbung und Abblassung der Papille (**Exkavation**) spricht für eine Sehnervatrophie (mit Verdacht auf erhöhten intraokulären Druck).
Vor allem bei Diabetes und Hypertonie kommt es zu zwei charakteristischen Fundusveränderungen: weiße bis hellgraue, unscharf begrenzte **Flecken** auf dem rot erscheinenden Fundus und scharf begrenzte gelbliche Flecken (C-**1.12**).

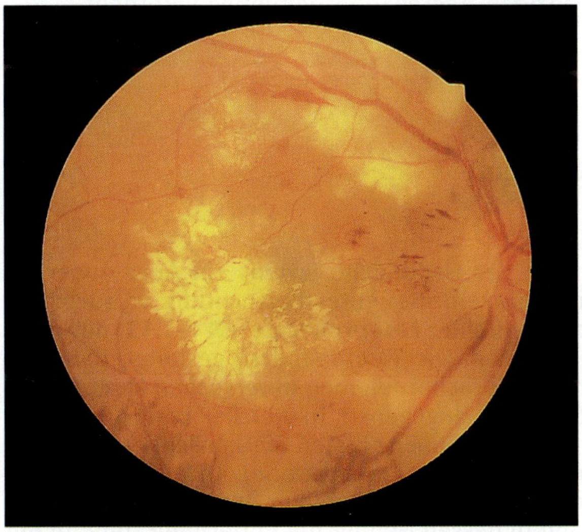

C-**1.12: Fundusveränderungen bei diabetischer Retinopathie:** gelbliche, harte Exsudate, Punktblutungen, spritzerförmige Blutungen und diffuses Netzhautödem am hinteren Pol

Kaliberschwankungen der Fundusarterien, Schlängelung der Venen und **Kreuzungszeichen** sind Zeichen einer Arteriosklerose. Dabei werden die Venen durch kreuzende Arterien sanduhrförmig eingeengt.

Fundusblutungen sind eines der Kriterien einer hypertensiven Krise bzw. malignen Hypertonie. Die Fundusveränderungen im Rahmen einer Hypertonie werden gemäß C-**1.5** in vier Stadien eingeteilt.

Kaliberschwankungen der Fundusarterien, Schlängelung der Venen und **Kreuzungszeichen** sind Zeichen einer Arteriosklerose.

Fundusblutungen sind eines der Kriterien einer hypertensiven Krise bzw. malignen Hypertonie (C-**1.5**).

C-1.5: Stadieneinteilung des Fundus hypertonicus

Stadium	Befund
I	Gering verengte Netzhautgefäße Etwas verbreiterte Reflexe der großen Arterien Papille scharf
II	Erweiterte, gelblich-rote Reflexe (Kupferdrahtarterien) Kreuzungszeichen Einzelne punktförmige Blutungen in der Netzhaut
III	Papillenunschärfe Netzhautödem Venolen geschlängelt Schmale Arterien mit hellen Reflexen Einzelne Blutungen Cotton-wool-Herde
IV	Stauungspapille, extreme Reflexverschmälerung (Silberdrahtarterien) Ausgedehnte Blutungen Cotton-wool-Exsudate Lipoidablagerungen

Kasuistik. Ein 77jähriger Mann mit einer seit 15 Jahren bekannten Hypertonie bemerkt an einem Freitag gegen 13 Uhr einen plötzlichen Visusverlust am rechten Auge ohne Schmerzen. Er sucht seinen Hausarzt auf, der einen Blutdruck von 210/120 mmHg feststellt und den Patienten in die Ambulanz der Universitäts-Augenklinik überweist. Dort diagnostiziert man ein ausgeprägtes Netzhautödem mit einem kirschroten Fleck der Makula. Der Patient wird dem internistischen Konsiliarius vorgestellt. Dieser stellt bei dem Patienten eine allgemeine Arteriosklerose und eine Polyglobulie (Hb 17,4 g/dl; Hkt 58 %) bei Lungenemphysem fest. Eine isovolämische Hämodilution wird versucht. Am nächsten Tag treten zusätzlich Fundusblutungen auf. Wahrscheinlich aufgrund eines thrombembolischen Verschlusses der Zentralarterie ist es zu einer Apoplexia papillae gekommen. Der Visus auf diesem Auge bessert sich nur noch minimal. Zur Verhinderung eines Rezidivs am noch gesunden Auge wird Aspirin® zur Thrombozyten-Aggregationshemmung verordnet.

1.5.13 Funktionsprüfungen

Zentrale Sehschärfe (Visus)

Lassen Sie den Patienten mit der Handfläche jeweils ein Auge zudecken und **prüfen Sie jedes Auge einzeln**. Bei guter Beleuchtung versucht der Patient, Zeichen oder Zahlen auf einer **Leseprobetafel** (C-**1.13**) aus einer Entfernung von 5 m zu erkennen.

1.5.13 Funktionsprüfungen

Zentrale Sehschärfe (Visus)

Lassen Sie den Patienten mit der Handfläche jeweils ein Auge zudecken und **prüfen Sie jedes Auge einzeln**. Bei guter Beleuchtung versucht der Patient, Zeichen oder Zahlen auf einer **Leseprobetafel** (C-**1.13**) aus einer Entfernung von 5 m zu erkennen. Die Tafeln sind so gestaltet, daß man auch Kinder und Personen mit Sprachproblemen untersuchen kann. Neben den Zeichen ist auf den Sehtafeln angegeben, in welcher Entfernung Normalsichtige diese noch erkennen können. Testen Sie zunächst ohne Brille (Visus naturalis), dann mit Brille (cum correctione). Die erreichte Sehschärfe wird in Form eines Bruchs, in dessen Zähler der Untersuchungsabstand (»Ist-Entfernung«) und in dessen Nenner die Entfernung steht, in der ein Normalsichtiger das Sehzeichen eben noch erkennen müßte (»Sollentfernung«), errechnet. Die Größe der kleinsten Zeichen ist so gestaltet, daß sie in einer Entfernung von 5 m unter einem Sehwinkel von 1 Bogenminute erscheinen (Snellen-Prinzip). Dieser Sehwinkel entspricht etwa der Zäpfchenbreite. Zwei Punkte können nur dann diskriminiert werden, wenn zwischen zwei gereizten Zäpfchen mindestens ein nicht gereiztes liegt.

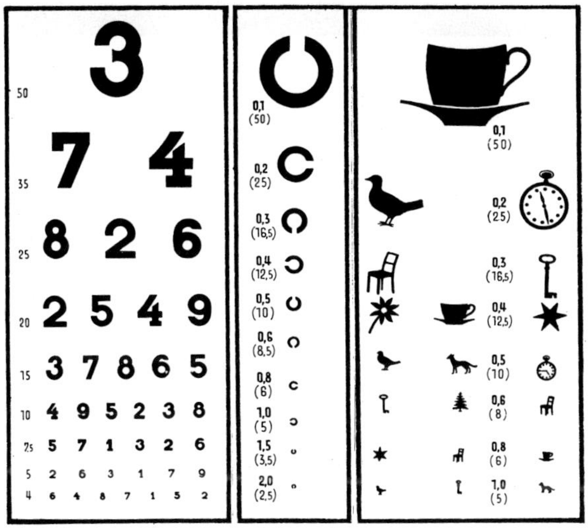

C-**1.13: Sehprobetafel mit Zahlen, Landoltschen Ringen und bildhaften Optotypen**

Erkennt ein Patient aus 5 m Entfernung alle Zeichen, so beträgt seine Sehschärfe 5/5 (oder 1,0; voller Visus). Kann er die Zeichen nur bis zur dritten Zeile erkennen, so hat er einen Visus von 5/25 = 1/5 oder 0,20 des normalen Sehvermögens. Werte unter 1/10 der normalen Sehschärfe werden in kürzeren Prüfabständen näher untersucht, bei noch schlechterer Sehleistung läßt man in 6, 3 und 1 m Abstand Finger zählen. Wenn auch beim Fingerzählen oder der Feststellung der Bewegungsrichtung einer Hand keine korrekten Angaben zu erhalten sind, prüft man, ob der Patient die Einfallsrichtung eines hellen Lichts in einem abgedunkelten Raum angeben kann. Wird auch helles Licht nicht erkannt, so liegt eine vollständige Blindheit des untersuchten Auges (**Amaurose**) vor.

Bei sehr schlechter Sehleistung prüfen Sie, ob der Patient die Einfallsrichtung eines hellen Lichts in einem abgedunkelten Raum angeben kann (Ausschluß einer völligen Blindheit = **Amaurose**).

Merke. Eine einseitige Blindheit (Amaurose) bei unauffälligem Sehvermögen des anderen Auges spricht für eine isolierte Schädigung des N. opticus der betroffenen Seite.

◄ **Merke**

Die Nahsehschärfe beurteilt man üblicherweise mit den Tafeln nach *Nieden* oder *Birkhäuser*. Als Untersuchungsergebnis dokumentiert man, welche Textnummer in einer Entfernung von 30 cm noch gelesen werden kann (»Nieden 1 in 30 cm«).

Gesichtsfeldprüfung

Gesichtsfeldprüfung

Definition. Das Gesichtsfeld ist die Summe der mit unbewegten Augen und unbewegtem Kopf von der Netzhaut erfaßten Reize, die von Leitungsbahnen übermittelt und kortikal wahrgenommen werden können.

◄ **Definition**

Eine grobe Beurteilung ist mit dem einfachen Konfrontations- oder Parallelversuch möglich. Dabei wird das Gesichtsfeld des Patienten mit dem des Untersuchers verglichen (C-**1.11**).
Normalerweise reicht das Gesichtsfeld temporal bis 90°, unten bis 70°, nasal und oben bis 60°. Die Methode ist allerdings sehr grob und nur bei Quadrantenausfall oder einer Hemianopsie positiv. Wegen der großen diagnostischen und prognostischen Bedeutung von Gesichtsfeldausfällen (C-**1.6**) sollte man schon beim Verdacht auf Gesichtsfeldausfall eine **Perimetrie** beim Facharzt vornehmen lassen.

Normalerweise reicht das Gesichtsfeld temporal bis 90°, unten bis 70°, nasal und oben bis 60°. Wegen der großen diagnostischen und prognostischen Bedeutung von Gesichtsfeldausfällen (siehe C-**1.6**) sollte man schon beim Verdacht auf Gesichtsfeldausfall eine **Perimetrie** beim Facharzt vornehmen lassen.

Synopsis C-**1.11: Gesichtsfeldprüfung**

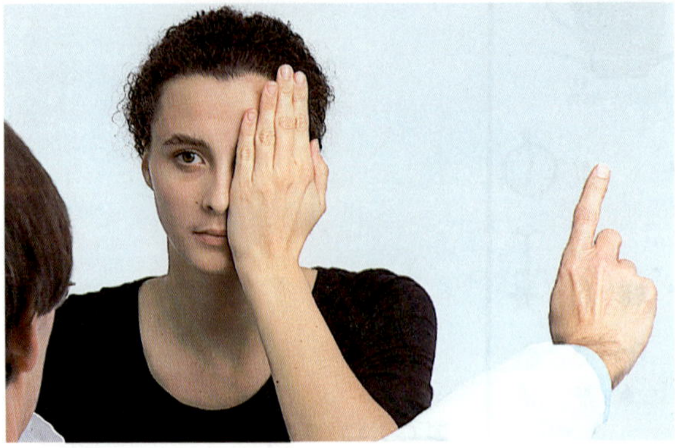

Vorgehensweise:

- Der Patient deckt ein Auge ab und fixiert mit dem anderen das gegenüberliegende, nicht abgedeckte Auge des Untersuchers, dessen Kopf sich auf gleicher Höhe in 1 m Entfernung befinden sollte.
- Nun bewegt der Arzt seinen ausgestreckten Arm mit erhobenem Zeigefinger in alle Quadranten von peripher nach zentral.
- Bemerkt der Patient den Finger, so gibt er ein Zeichen.

C-**1.6: Gesichtsfeldausfälle und diagnostische Bedeutung**

Befund	Läsion
Beidseitige Hemianopsie	Chiasma, Tractus opticus, Gehirn
Homonyme Hemianopsie (ohne Pupillenreflex)	Tractus opticus
Homonyme Hemianopsie (mit Pupillenreflex)	Rechte Hemisphäre
Gekreuzte Hemianopsie (bitemporale Ausfälle)	Im Chiasma kreuzende Fasern
Gekreuzte Hemianopsie (binasale Ausfälle)	Im Chiasma nicht kreuzende Fasern
Konzentrische Gesichtsausfälle beidseits	Glaukom
Einseitige Gesichtsausfälle	N. opticus, Retina
Einseitige Blindheit	N. opticus

Schielen (Strabismus)

Vergleichen Sie die Lokalisation der Lichtreflexe auf den beiden spiegelnden Korneae, die normalerweise beim Blick geradeaus beidseits genau zentral liegen. Beim Schielen sind die Gesichtslinien beider Augen nicht auf den fixierten Punkt gerichtet. Den Winkel, den die Gesichtslinie des fixierenden mit der des schielenden Auges bildet, nennt man Schielwinkel.

Schielen (Strabismus)

Vergleichen Sie die Lokalisation der Lichtreflexe auf den beiden spiegelnden Korneae, die normalerweise beim Blick geradeaus beidseits genau zentral liegen. Schielen bedeutet, daß die Gesichtslinien beider Augen nicht auf den fixierten Punkt gerichtet sind. Den Winkel, den die Gesichtslinie des fixierenden mit der des schielenden Auges bildet, nennt man Schielwinkel.
Bei den meisten Menschen stehen die Augen in Ruhelage beim Blick in die Ferne nicht parallel, sondern leicht divergent oder konvergent, es besteht latentes Schielen (**Heterophorie**). Ein Fusionszentrum im Gehirn sendet jedoch ständig motorische Einstellimpulse, so daß stets eine Abbildung auf korrespondierenden Netzhautpunkten erfolgt.

Eine einfache Methode zur Feststellung eines latenten Schielens ist der **Aufdecktest** (S C-**1.12**). Fordern Sie den Patienten auf, einen Gegenstand hinter Ihnen zu fixieren. Decken Sie dann ein Auge mit der flachen Hand ab, wodurch die Fusion aufgehoben wird und das Auge unter der Hand nach innen oder außen abweicht. Beim Freigeben des Auges beobachten Sie eine blitzschnelle **Einstellbewegung**. Je nach der Richtung der Einstellbewegung läßt sich entscheiden, ob ein latentes Divergenz- (**Exophorie**) oder Konvergenz- (**Esophorie**) Schielen vorliegt.

Eine einfache Methode zur Feststellung eines latenten Schielens ist der **Aufdecktest** (S C-**1.12**).

S Synopsis C-1.12: Aufdecktest zur Feststellung des latenten Schielens

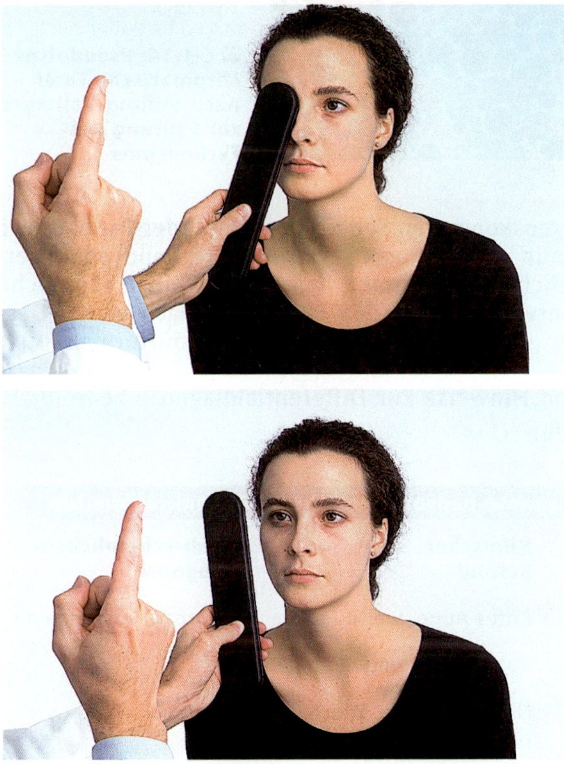

Vorgehensweise:

- Fordern Sie den Patienten auf, einen Gegenstand hinter Ihnen zu fixieren.
- Decken Sie dann ein Auge ab (Aufheben der Fusion).
- Beim Freigeben des Auges beobachten Sie eine blitzschnelle Einstellbewegung.

Zur Differenzierung zwischen einem scheinbaren Schielen (**Pseudostrabismus**), das durch eine Abweichung der Gesichtslinie von der anatomischen Achse des Auges entsteht, und einem echten Strabismus machen Sie den **Abdecktest**. Fordern Sie den Patienten auf, einen Gegenstand hinter Ihnen zu fixieren. Decken Sie dann ein Auge ab und beobachten das freie Auge. Macht es eine Einstellbewegung, liegt ein echter Strabismus vor: bei einer Bewegung nach temporal ein Strabismus convergens, bei einer Bewegung nach nasal ein Strabismus divergens. Wiederholen Sie den Test mit dem anderen Auge. Wenn mehrfach eine reproduzierbare Einstellbewegung eines Auges beobachtet wird, so ist ein echter Strabismus gesichert.

Zur Differenzierung zwischen einem scheinbaren Schielen (**Pseudostrabismus**), das durch eine Abweichung der Gesichtslinie von der anatomischen Achse des Auges entsteht, und einem echten Strabismus machen Sie den **Abdecktest**.

Prüfung des Farbensinns und des stereoskopischen Sehens

Farbtüchtiges Sehen ist für die Ausübung mancher Berufe unbedingt erforderlich. Die Rot- oder Grünschwäche wird mit den **Farbtafeln nach Ishihara oder Stilling-Velhagen** (C-**1.14**) geprüft, bei denen Farbpunkte so verteilt sind, daß der Normalsichtige eine Zahl lesen kann, der Farbenfehlsichtige dagegen nicht. Die wichtigsten Formen des eingeschränkten Farbensinns sind die **Protanopie** (Rotblindheit), **Deuteranopie** (Grünblindheit) und **Achromasie** (totale Farbenblindheit). Unter Protanomalie und Deuteranomalie versteht man abgeschwächte Formen.

Prüfung des Farbensinns und des stereoskopischen Sehens

Die Rot- oder Grünschwäche wird mit den **Farbtafeln nach Ishihara oder Stilling-Velhagen** (C-**1.14**) geprüft. Die wichtigsten Formen des eingeschränkten Farbensinns sind die **Protanopie** (Rotblindheit), **Deuteranopie** (Grünblindheit) und **Achromasie** (totale Farbenblindheit).

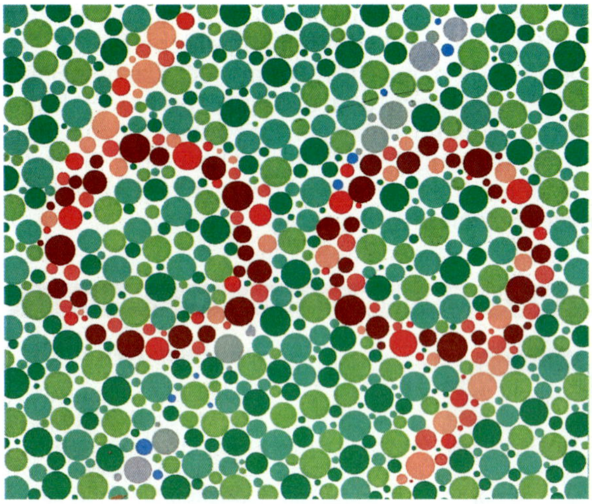

C-1.14: **Pseudoisochromatische Tafel nach Stilling-Velhagen zur Prüfung des Farbensinns**

Zur Überprüfung des stereoskopischen Sehens betrachtet der Patient durch eine polarisierte Brille mit beiden Augen zwei entsprechend polarisierte Halbbilder. Ist das räumliche Sehen intakt, hat er dabei einen räumlichen Eindruck.

Zur Überprüfung des stereoskopischen Sehens betrachtet der Patient durch eine polarisierte Brille mit beiden Augen zwei entsprechend polarisierte Halbbilder. Ist das räumliche Sehen intakt, hat er dabei einen räumlichen Eindruck. Bei Kindern verwendet man den Fliegentest nach Wirth. Dabei wird die Abbildung einer großen Fliege verwendet, die im Normalfall plastisch erscheint.

C-**1.7** gibt abschließend Hinweise zur Differentialdiagnose bedrohlicher akuter Augenkrankheiten.

C-1.7: Differentialdiagnose bedrohlicher akuter Augenkrankheiten

Beschwerden	Klinischer Befund	Wahrscheinlichste Diagnose
Schmerz, rotes Auge	Rotes Auge, weite Pupille	Akuter Glaukomanfall
Schmerz, rotes Auge	Rotes Auge, enge Pupille	Iritis
Akuter Visusverlust, keine Schmerzen, älterer Patient	Netzhautödem, kirschroter Fleck	Gefäßverschluß
Akuter Visusverlust, keine/leichte Schmerzen	Unscharfe Pupille / kein Befund	Neuritis, Retrobulbärneuritis

1.6 Nase, Ohren, Mundhöhle, Rachen, Kehlkopf

Der Einblick in die Organe des Hals-Nasen-Ohrenbereichs wird vom Patienten oft nur kurz gewährt, ehe Würgereflex, ein Hustenstoß oder eine schmerzhafte Fluchtreaktion die Untersuchung beenden. Erklären Sie, was geschieht, kündigen Sie dem Patienten die Unannehmlichkeiten an und zeigen Sie ihm die verwendeten Instrumente vor deren Anwendung.

1.6 Nase, Ohren, Mundhöhle, Rachen, Kehlkopf

Die Untersuchung von Nase, Ohren, Rachen und Kehlkopf ist technisch relativ anspruchsvoll. Untersucht werden überwiegend lange enge Röhren, in die mit einem Instrument einzudringen von den meisten Patienten als sehr unangenehm, manchmal sogar lebensbedrohlich empfunden wird. Vor allem Kinder leisten nicht selten so große Widerstände, daß die Untersuchung überhaupt unmöglich ist. Der Einblick in die Organe des Hals-Nasen-Ohrenbereichs wird daher oft nur sehr kurz gewährt, ehe Würgereflex, ein Hustenstoß oder eine schmerzhafte Fluchtreaktion die Untersuchung beenden. Erklären Sie, was geschieht, kündigen Sie dem Patienten die Unannehmlichkeiten an und zeigen Sie ihm die verwendeten Instrumente vor deren Anwendung. Je sicherer man die Instrumente führt, um so weniger unangenehm wird die Untersuchung für den Patienten sein.

Spiegeltechnik. Setzen Sie sich dem Patienten leicht nach rechts versetzt etwa in »bequemer Armlänge« (30 – 40 cm) gegenüber und schauen Sie ihn frontal an, wobei die Köpfe von Arzt und Patient sich etwa in gleicher Höhe befinden. Wenn Sie mit dem Stirnreflektor untersuchen, sollte beim Blick geradeaus die Blickachse Ihres linken Auges in der medianen Sagittallinie des Patienten liegen. Etwa 10 – 15 cm rechts vom Kopf des Patienten befindet sich in Scheitelhöhe eine homogene Lichtquelle von 60 W. Der konkave Spiegel des Stirnreflektors bündelt die Lichtstrahlen, durch das zentrale Loch blicken Sie mit dem linken Auge auf den Patienten (◘ C-**1.15**). Licht- und Sehachse müssen kongruent sein. Schließen Sie das rechte Auge zur Kontrolle und korrigieren Sie den Lichtstrahl ggf. durch Drehen und Kippen des Spiegels. Bei Instrumenten mit eingebauter Lichtquelle, wie sie überwiegend von Allgemeinärzten verwendet werden, brauchen Sie keinen Stirnreflektor, es kommt dabei auch weniger auf die korrekte Sitzposition an. Sie eignen sich für den Notfalleinsatz und Hausbesuch, allerdings ist die Lichtausbeute dieser Geräte schlechter.

Spiegeltechnik Setzen Sie sich dem Patienten leicht nach rechts versetzt etwa in »bequemer Armlänge« (30 – 40 cm) gegenüber und schauen Sie ihn frontal an. ◘ C-**1.15** zeigt die Untersuchungstechnik. Ca. 10 – 15 cm rechts vom Kopf des Patienten befindet sich in Scheitelhöhe eine homogene Lichtquelle von 60 W. Der konkave Spiegel des Stirnreflektors bündelt die Lichtstrahlen, durch das zentrale Loch blicken Sie mit dem linken Auge auf den Patienten. Licht- und Sehachse müssen kongruent sein.

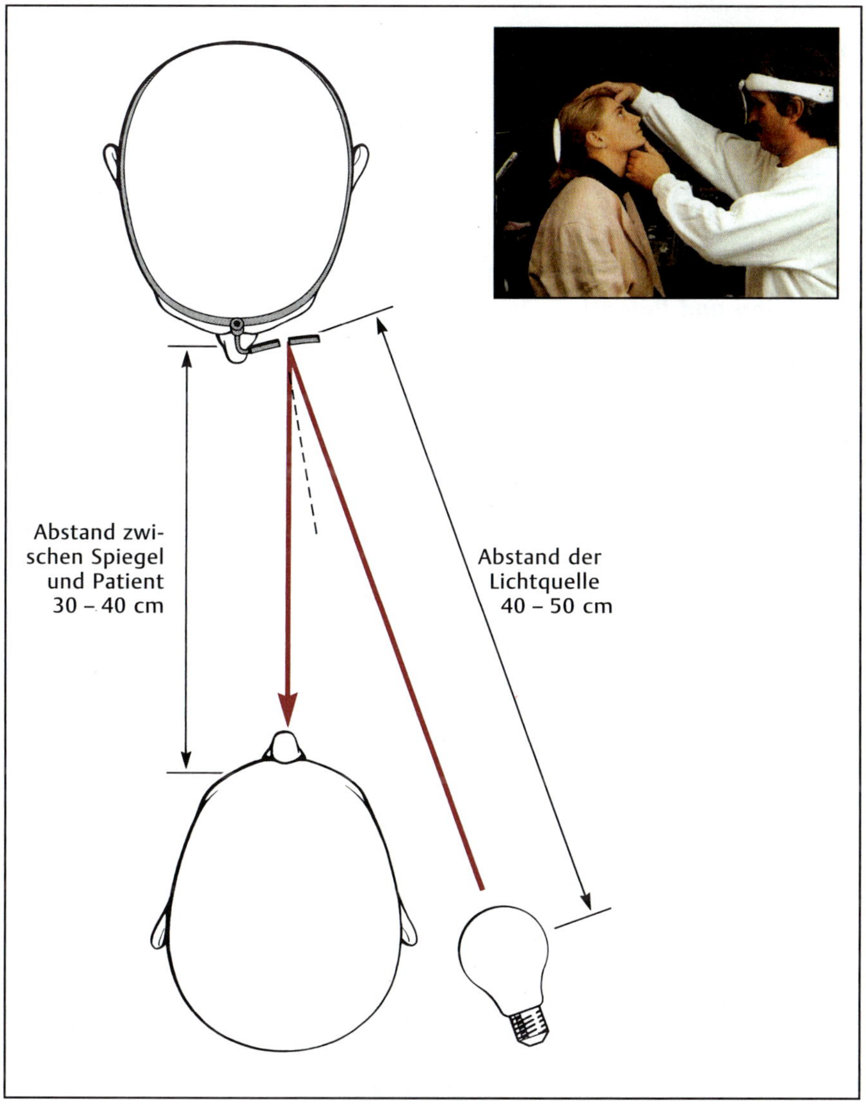

◘ C-1.15: Räumliche Verhältnisse bei der HNO-ärztlichen Spiegeltechnik

Mit Ihrer rechten Hand fixieren und führen Sie den Kopf des Patienten. Zungenspatel, Nasenspekulum und Ohrtrichter werden mit der linken Hand gehalten, nur bei der Spiegelung von Kehlkopf und Nasen-Rachen-Raum führt die rechte Hand den jeweiligen Spiegel, da die linke die Zunge bzw. den Zungenspatel hält (▤ C-**1.8**).

Fassen Sie den Kopf des Patienten kräftig mit den Fingerspitzen der rechten Hand am Scheitel an. Diese Hand fixiert und führt den Kopf. Sie selbst verändern Ihre Position während der Untersuchung nicht, bewegt wird nur der Kopf des Patienten. Zungenspatel, Nasenspekulum und Ohrtrichter werden mit der linken Hand gehalten; nur bei der Spiegelung von Kehlkopf und Nasen-Rachen-Raum führt die rechte Hand den jeweiligen Spiegel, da die linke die Zunge bzw. den Zungenspatel hält (▤ C-**1.8**).

▤ C-1.8: Einsatz der Hände bei der HNO-Spiegeluntersuchung

Untersuchte Region	**Linke Hand hält**	**Rechte Hand hält**
Ohren	Ohrtrichter in Endstellung	Kopf des Patienten
Rechte Nasenhöhle	Nasenspekulum	Kopf des Patienten
Linke Nasenhöhle	Kopf des Patienten	Nasenspekulum
Mundhöhle	Zungenspatel	Kopf des Patienten
Kehlkopf	Zunge	Kehlkopfspiegel
Nasen-Rachen-Raum	Zungenspatel	Nasen-Rachen-Spiegel

1.6.1 Untersuchung der Nase

Inspektion und Palpation Achten Sie auf den äußeren Aspekt der Nase: Form, Stellung, Beschaffenheit und Farbe der Haut über der Nase und in der Umgebung. Bestehen Schmerzen, Schwellungen und Rötungen, oder ist die Nase schmerzfrei knollig aufgetrieben (**Rhinophym,** siehe ◘ C-**1.16**)? Prüfen Sie die Durchgängigkeit der Nasengänge. Ein- oder beidseitige chronische Behinderung der Nasenatmung kann durch Nasenpolypen, Septumdeviation, Adenoide oder Fremdkörper bedingt sein. Besteht Sekretfluß aus einem/beiden Nasenlöchern, und wie sieht das Sekret aus? Wäßrig-klar, eitrig, schleimig, blutig (▤ C-**1.9**)? Eine näselnde Sprache (**Rhinolalia clausa**) kommt beim Verschluß der Nase vor, klanglose Sprache bei fehlendem Rachenabschluß (Gaumenspalte, Gaumensegellähmung) (**Rhinolalia aperta**).

Inspektion und Palpation. Achten Sie auf den äußeren Aspekt der Nase: Form, Stellung, Beschaffenheit und Farbe der Haut über der Nase und in der Umgebung. Sind Mißbildungen und Deformierungen durch Traumen, spontan und in welchem Zeitraum entstanden? Bestehen Schmerzen, Schwellungen und Rötungen im Bereich des Nasenrückens (phlegmonöse Entzündung) oder am Nasenloch (Naseneingangsfurunkel), oder ist die Nase schmerzfrei knollig aufgetrieben (**Rhinophym**, siehe ◘ C-**1.16**)? Prüfen Sie die Durchgängigkeit der Nasengänge, indem Sie dem Patienten jeweils ein Nasenloch zuhalten und ihn Luft ausblasen lassen. Fragen Sie nach Mundatmung und Schnarchen. Ein- oder beidseitige chronische Behinderung der Nasenatmung kann durch Nasenpolypen, Septumdeviation, Adenoide oder Fremdkörper bedingt sein. Besteht Sekretfluß aus einem/beiden Nasenlöchern, und wie sieht das Sekret aus? Wäßrig-klar, eitrig, schleimig, blutig (▤ C-**1.9**)? Spricht der Patient näselnd oder klanglos? Eine näselnde Sprache (**Rhinolalia clausa**) kommt beim Verschluß der Nase vor, klanglose Sprache tritt bei fehlendem Rachenabschluß (z. B. bei Gaumenspalte oder Gaumensegellähmung) auf (**Rhinolalia aperta**).

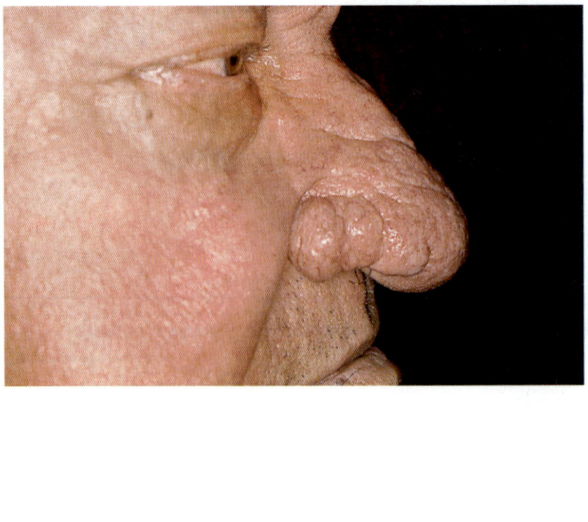

◘ C-**1.16: Rhinophym**

C-1.9: Nasensekret und diagnostische Bedeutung

Art des Sekrets	Bedeutung	Zusatzinformation
Wäßrig-klar	Schnupfen, allergische Rhinitis	Jahreszeit?
Schleimig	Nasenpolypen	Nasenatmung?
Eitrig-dick	Nebenhöhlenentzündung	Dauer? Schmerzen?
Wäßrig/blutig	Zerebrospinale Rhinorrhö	Schädeltrauma? Verstärkung bei Stauung der Halsvenen
Blutig (beidseitig)	Wegenersche Granulomatose	Lungenbefund?
Blutig (einseitig)	Malignom	
Rezidivierendes Nasenbluten	Locus-Kiesselbachi-Hypertonie, hämorrhagische Diathese, Morbus Osler	Anämie? Blutdruck? Sonstige Blutungsneigung? Teerstuhl

Palpieren Sie den Nasenrücken zwischen Daumen und Zeigefinger beider Hände zur Suche nach Knochen- oder Weichteiltumoren oder bei Verdacht auf eine Nasenbeinfraktur. Inspizieren Sie die vorderen Abschnitte des Vestibulum nasi (S C-**1.13**). Manchmal können bereits in dieser Technik Polypen, Mukozelen oder Malignome erkannt werden. Die Perkussion der Nasennebenhöhlen und der Nervenaustrittspunkte erbringt gelegentlich Hinweise auf die Genese chronischer Kopfschmerzen, z. B. bei Sinusitis maxillaris/frontalis oder Trigeminusneuralgie.

Inspizieren Sie die vorderen Abschnitte des Vestibulum nasi (S C-**1.13**). Die Perkussion der Nasennebenhöhlen und der Nervenaustrittspunkte erbringt gelegentlich Hinweise auf die Genese chronischer Kopfschmerzen, z. B. bei Sinusitis maxillaris/frontalis oder Trigeminusneuralgie.

Synopsis C-**1.13: Inspektion der vorderen Abschnitte des Vestibulum nasi**

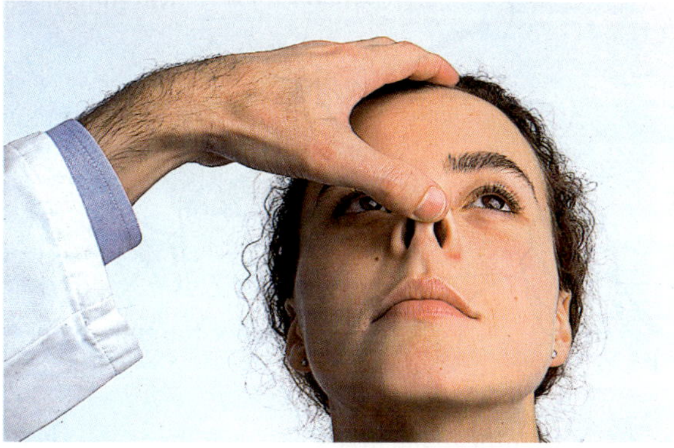

Vorgehensweise:

- Drücken Sie mit dem Daumen die Nasenspitze leicht nach oben und stützen Sie sich dabei mit den übrigen vier Fingern auf der Stirn des Patienten ab.

Vordere Rhinoskopie (Rhinoscopia anterior). Legen Sie das Nasenspekulum so in die geöffnete linke Hand, daß das Gelenk des mit den Branchen nach unten zeigenden Instruments auf dem Mittelglied des Mittelfingers zu liegen kommt und der Zeigefinger die linke Branche hält. Führen Sie nun das Instrument mit geschlossenen Branchen etwa 1 cm parallel zum Nasenboden ein, legen den linken Zeigefinger auf die Außenseite der Nasenwand und öffnen die Branchen in vertikaler Richtung bis zu einem fühlbaren Widerstand (S C-**1.14**). Der Patient soll dabei keine Schmerzen haben. Lassen Sie die Vorderkante der Branchen etwas vom Septum wegzeigen, um keine Verletzungen zu verursachen.

Vordere Rhinoskopie (Rhinoscopia anterior) Die S C-**1.14** zeigt Ihnen, wie Sie das Nasenspekulum halten und in die Nase einführen müssen. Lassen Sie die Vorderkante der Branchen etwas vom Septum wegzeigen, um keine Verletzungen zu verursachen.

Synopsis C-1.14: Handhabung des Nasenspekulums und Blickfeld bei den verschiedenen Untersuchungspositionen bei der Rhinoscopia anterior

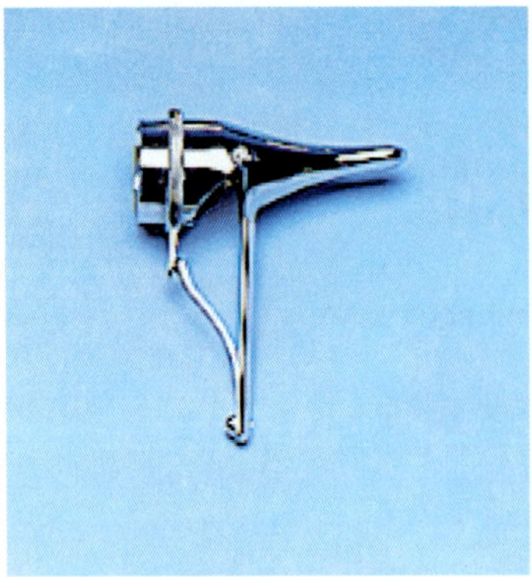

Nasenspekulum

Untersuchung mit dem Nasenspekulum mit eingebauter Lichtquelle

Vorgehensweise:

- Das Nasenspekulum wird in der linken Hand gehalten. Das Gelenk des Instruments liegt auf dem Mittelglied des Mittelfingers, der Zeigefinger hält die linke Branche.
- Mit geschlossenen Branchen wird das Spekulum etwa 1 cm parallel zum Nasenboden eingeführt.
- Öffnen Sie nun die Branchen bis zu einem fühlbaren Widerstand.

Blickfeld bei den verschiedenen Untersuchungspositionen:

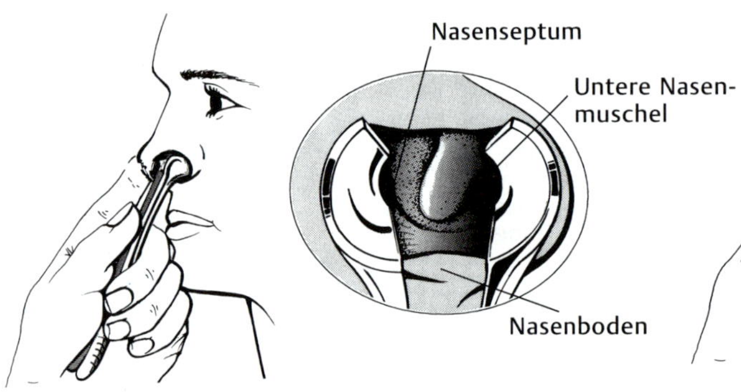

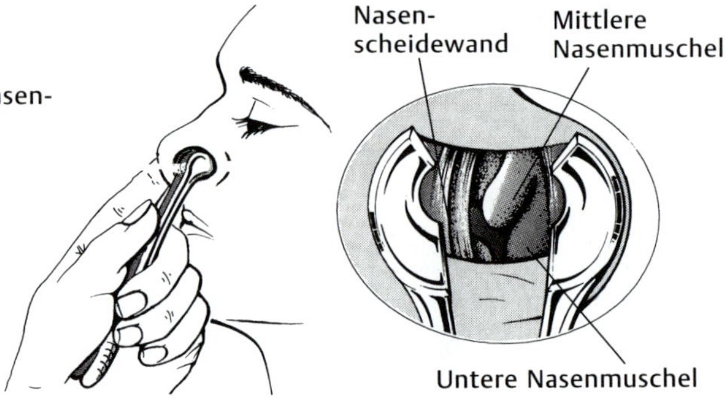

- In **Position 1** (leicht nach vorn geneigter Kopf) sieht man beim Blick parallel zum Nasenboden auf den Kopf der unteren Nasenmuschel.
- In **Position 2** (zurückgeneigter Kopf) sind die Nasenscheidewand sowie untere und mittlere Nasenmuschel im Blickfeld.

Neigen Sie mit der rechten Hand den Kopf des Patienten nach vorn in die sog. **erste Position:** Sie können nun den Nasenboden, den unteren Nasengang, die untere Muschel, medial die unteren Septumanteile mit dem Locus Kiesselbachi und die Hinterwand des Nasen-Rachen-Raums inspizieren. Bewegen Sie den Kopf des Patienten in seinen Nacken (**zweite Position**), so können Sie den klinisch wichtigen mittleren Nasengang und die mittlere Muschel sowie die oberen Septumanteile einsehen (vgl. **S** C-**1.14**). Bei maximaler Rückwärtsneigung des Kopfes (horizontal stehender Nasenrücken, **dritte Position**) blicken Sie auf das Nasendach mit der Riechspalte, die zwischen Nasenseptum und oberer Muschel liegt. Sollte der Einblick durch eine Schwellung der Nasenschleimhaut behindert sein, können Sie abschwellende Nasentropfen (Privin) anwenden und die Untersuchung nach einigen Minuten wiederholen.
Es ist zweckmäßig, das Spekulum zur Untersuchung der rechten Nasenhöhle mit der linken Hand, zur Untersuchung der linken Nasenhöhle mit der rechten Hand zu halten.

In der **ersten Position** können Sie den Nasenboden, den unteren Nasengang, die untere Muschel, medial die unteren Septumanteile mit dem Locus Kiesselbachi und die Hinterwand des Nasenrachenraums inspizieren. In der **zweiten Position** können Sie den mittleren Nasengang und die mittlere Muschel sowie die oberen Septumanteile einsehen (vgl. **S** C-**1.14**). Bei maximaler Rückwärtsneigung des Kopfes (horizontal stehender Nasenrücken, **dritte Position**) blicken Sie auf das Nasendach mit der Riechspalte, die zwischen Nasenseptum und oberer Muschel liegt. Bei Bedarf können Sie abschwellende Nasentropfen verabreichen.

Die **normale Nasenschleimhaut** ist blaßrot, glänzend und feucht. Die häufigsten **pathologischen Befunde** sind Septumdeviation, Schleimhautschwellung, Leistenbildung, Muschelschwellung, Polypen und Borkenbildung. Eitriges Sekret im mittleren Nasengang stammt in der Regel aus einer oder mehreren Nasennebenhöhlen, Sekret in der Riechspalte aus den Siebbeinzellen oder aus der Keilbeinhöhle.
Wenn Sie das Spekulum mit vollständig geschlossenen Branchen herausnehmen, wird ihnen der Patient böse sein: Sie klemmen dann nämlich Haare ein, deren langsames Herausziehen sehr schmerzhaft ist.

Die **normale Nasenschleimhaut** ist blaßrot, glänzend und feucht. Die häufigsten **pathologischen Befunde** sind Septumdeviation, Schleimhautschwellung, Leistenbildung, Muschelschwellung, Polypen und Borkenbildung.
Nehmen Sie das Spekulum mit leicht geöffneten Branchen heraus.

Aufgabe. Führen Sie bei sich selbst eine Rhinoskopie vor dem Spiegel durch und studieren Sie die Anatomie der eingesehenen Bereiche; üben Sie an Kommilitonen die vordere Rhinoskopie und erklären Sie die Untersuchungsposition und den erhobenen Befund.

◄ **Aufgabe**

Hintere Rhinoskopie (Rhinoscopia posterior). Mit der hinteren Rhinoskopie wird der Nasen-Rachen-Raum (Nasopharynx) untersucht. Sie brauchen dazu einen Zungenspatel und einen Nasen-Rachen-Spiegel, den Sie gegen Beschlagen mit dem Spiritusbrenner angewärmt haben (cave: Verbrennungen! Temperatur des Gerätes erst bei sich selbst am Handrücken prüfen!). Die Spiegelfläche ist gegenüber dem Stiel um 100° geknickt. Lassen Sie den Patienten den Kopf an eine Stütze oder an die Wand lehnen, da Sie keine Hand zur Fixierung des Kopfes frei haben. Mit dem Mundspatel in der linken Hand drücken Sie die vorderen zwei Drittel der Zunge nach unten. Der Spiegel wird, gehalten wie ein Bleistift, horizontal bis vor die Rachenwand geführt, die ebensowenig wie die Uvula berührt werden soll. Stützen Sie Ihre rechte Hand am Unterkiefer des Patienten ab. Durch Dreh- und Kippbewegungen des Spiegels wird der Nasen-Rachen-Raum sektorförmig und systematisch abgesucht (**S** C-**1.15**).

Hintere Rhinoskopie (Rhinoscopia posterior) Mit der hinteren Rhinoskopie wird der Nasen-Rachen-Raum (Nasopharynx) untersucht. Sie brauchen dazu einen Zungenspatel und einen Nasen-Rachen-Spiegel, den Sie gegen Beschlagen mit dem Spiritusbrenner angewärmt haben (cave: Verbrennungen! Temperatur des Gerätes erst bei sich selbst am Handrücken prüfen!). **S** C-**1.15** zeigt die Untersuchungstechnik. Durch Dreh- und Kippbewegungen des Spiegels wird der Nasen-Rachen-Raum sektorförmig und systematisch abgesucht.

Mit der konventionellen hinteren Rhinoskopie können nur jeweils begrenzte Abschnitte eingesehen werden. Einen besseren Gesamtüberblick erhält man mit starren oder flexiblen Endoskopen, die mit einer Winkeloptik und der Möglichkeit zur Vergrößerung des Bildes ausgestattet sind.

Die konventionelle hintere Rhinoskopie erfordert viel Übung und Erfahrung. Vor allem bei Kindern kann sie das Verhältnis zwischen dem Arzt und dem kleinen Patienten so gründlich zerstören, daß man sich weitere Kontaktmöglichkeiten auf absehbare Zeit verbaut. Überlegen Sie daher gut, ob Sie diese Technik selbst anwenden wollen oder sie nicht lieber einem erfahrenen Facharzt überlassen, der apparativ besser ausgestattet ist und der auch das Kind nur vorübergehend betreut.

S Synopsis C-**1.15: Inspektion des Nasen-Rachen-Raumes (Rhinoscopia posterior)**

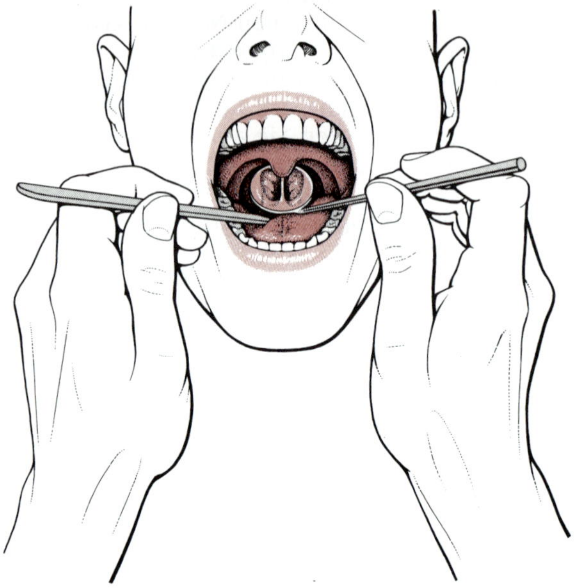

Vorgehensweise:

- Mit dem Mundspatel drücken Sie die vorderen zwei Drittel der Zunge nach unten.
- Der Spiegel wird horizontal bis vor die Rachenwand geführt.
- Rachenwand und Uvula sollten Sie nicht berühren.

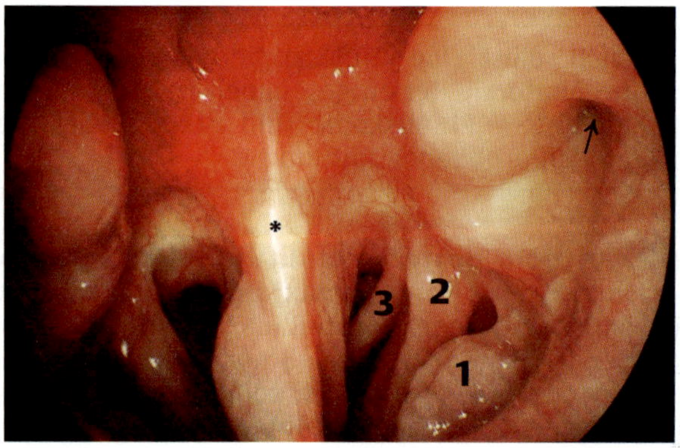

Der Einblick zeigt den linken Tubuswulst mit der Öffnung zur Eustachischen Röhre (→), oben das Rachendach und in Bildmitte vertikal die Hinterkante des Vomers (*) sowie in der Choane die posterioren Ansätze der drei Nasenmuscheln (**1** = untere, **2** = mittlere, **3** = obere Muschel).

Pathologisches Sekret zwischen der mittleren und unteren Muschel stammt aus dem mittleren Nasengang, Sekret zwischen der oberen und mittleren Muschel aus dem hinteren Drittel der Siebbeinzellen. Lateral der Nasenmuscheln erkennen Sie den Tubenwulst und die Öffnung der **Eustachischen Röhre.**

Stellt sich der Vomer nicht dar, spricht das bei Kindern am wahrscheinlichsten für **Adenoide**, bei Erwachsenen eher für einen Tumor.

Orientieren Sie sich an der hinteren **Vomerkante**, die zwischen den beiden **Choanen** liegt. Zu beiden Seiten des Vomers erkennen Sie die untere, mittlere und obere Nasenmuschel. Pathologisches Sekret zwischen der mittleren und unteren Muschel stammt aus dem mittleren Nasengang, während Sekret zwischen der oberen und mittleren Muschel aus dem hinteren Drittel der Siebbeinzellen stammt. Lateral der Nasenmuscheln erkennen Sie den Tubenwulst und die Öffnung der **Eustachischen Röhre**.

Wenn sich der Vomer bei der hinteren Rhinoskopie nicht darstellt, so spricht das bei Kindern am wahrscheinlichsten für **Adenoide**, bei Erwachsenen eher für einen Tumor.

Praxistip ▶

Praxistip. Kommen Sie mit dem Spiegel nicht hinter das Gaumensegel, so drücken Sie die Zunge tiefer nach unten oder fordern Sie den Patienten auf, heftig zu »riechen«, wobei das Gaumensegel erschlafft. Wenn die Untersuchung wegen eines ausgeprägten Würgereizes nicht gelingt, kann die Rachenhinterwand mit einem Oberflächenanästhetikum (z. B. Xylocain®-Spray) vorübergehend unempfindlich gemacht werden. Die hintere Rhinoskopie gehört zu den anspruchsvollsten Techniken und erfordert viel Übung und Erfahrung.

Charakteristische Beschwerden. Beschwerden, die ihren Ursprung in einer Erkrankung der Nase und der Nasennebenhöhlen haben können, sind vor allem Schmerzen im Gesichts- und Stirnbereich, jede Art von Sekretfluß aus der Nase (wäßrig, schleimig, eitrig, fötide, blutig) sowie Behinderungen der Nasenatmung. Eine Behinderung der Nasenatmung kann weitreichende, zunächst nicht selten fehlgedeutete Folgen haben. Kinder mit vergrößerten Rachenmandeln (**Adenoide**) bekommen durch die Nase ungenügend Luft, sie fallen durch einen andauernd geöffneten Mund auf. Das durch die Adenoide hervorgerufene nächtliche Schnarchen führt zu Schlafstörungen, aus denen Verhaltensstörungen und Leistungsminderung in der Schule resultieren können.

Die Nasenschleimhaut ist ein häufiger Manifestationsort von **allergischen Erkrankungen** (allergische Rhinitis). Bei **Geruchsstörungen** kann eine periphere Verlegung des Riechspaltes durch Polypen oder Tumoren bestehen, denken Sie aber auch an eine Erkrankung des ZNS.

Charakteristische Beschwerden
Beschwerden, die ihren Ursprung in einer Erkrankung der Nase und der Nasennebenhöhlen haben können, sind vor allem Schmerzen im Gesichts- und Stirnbereich, jede Art von Sekretfluß aus der Nase (wäßrig, schleimig, eitrig, fötide, blutig) sowie Behinderungen der Nasenatmung. Kinder mit vergrößerten Rachenmandeln (**Adenoide**) bekommen durch die Nase ungenügend Luft. Das durch die Adenoide hervorgerufene nächtliche Schnarchen führt zu Schlafstörungen.
Die Nasenschleimhaut ist ein häufiger Manifestationsort von **allergischen Erkrankungen** (allergische Rhinitis). Bei **Geruchsstörungen** kann der Riechspalt durch Polypen oder Tumoren verlegt sein.

1.6.2 Untersuchung der Ohren

Inspektion und Palpation. Betrachten Sie die Ohrmuschelform, den äußeren Gehörgang und die Umgebung des Ohres. Liegen angeborene Mißbildungen vor, bestehen Entzündungszeichen (Rötung, Schwellung, Pusteln), Ausfluß oder Blutungen aus dem Gehörgang oder retroaurikuläre Narben? Stellen Sie Einlagerungen in der Haut der Ohrmuschel fest, z. B. weißliche Harnsäureansammlungen bei Gicht (**Tophi**, siehe ◘ B-21) oder braunschwarze Einlagerungen bei **Ochronose**.

Palpieren Sie dann Ohrmuschel, Tragus, Mastoid und retroaurikuläre, präaurikuläre und Kieferwinkellymphknoten. Ein Druckschmerz im Bereich des Tragus spricht beim Säugling für eine akute Otitis media, beim Erwachsenen für eine Otitis externa oder einen Gehörgangsfurunkel. Abstehende Ohrläppchen sind Zeichen einer Parotitis, die bei Kindern auf eine **Parotitis epidemica** (Mumps), bei Erwachsenen am häufigsten auf eine Parotisschwellung aufgrund eines erhöhten Alkoholkonsums hinweisen. Durch leichten Zug an der Ohrmuschel nach hinten oben und Spannen der Haut vor dem Tragus begradigen Sie den Gehörgang und gewinnen dadurch auch ohne Trichter etwas mehr Einblick. Stützen Sie dabei die übrigen Finger beider Hände am Kopf des Patienten ab, um plötzliche unwillkürliche Kopfbewegungen abzufangen.

1.6.2 Untersuchung der Ohren

Inspektion und Palpation
Betrachten Sie die Ohrmuschelform, den äußeren Gehörgang und die Umgebung des Ohres. Achten Sie auf Mißbildungen, Entzündungszeichen, Ausfluß oder Blutungen aus dem Gehörgang. Weißliche Harnsäureansammlungen (**Tophi**) finden Sie bei Gicht, braun-schwarze Einlagerungen bei **Ochronose**.

Palpieren Sie dann Ohrmuschel, Tragus, Mastoid und retroaurikuläre, präaurikuläre und Kieferwinkellymphknoten. Ein Druckschmerz im Bereich des Tragus spricht beim Säugling für eine akute Otitis media, beim Erwachsenen für eine Otitis externa oder einen Gehörgangsfurunkel. Abstehende Ohrläppchen sind Zeichen einer Parotitis, die bei Kindern auf eine **Parotitis epidemica** (Mumps) hinweisen.

Charakteristische Beschwerden. Die wesentlichen Beschwerden, welche für eine Ohrenerkrankung sprechen, sind Druckgefühl und/oder Schmerzen im Ohr oder dessen Umgebung, Sekretion aus dem Ohr, Schwerhörigkeit, Ohrgeräusche und Schwindel. Wird der Schmerz durch eine Bewegung der Ohrmuschel verstärkt, so spricht das für eine Erkrankung des äußeren Gehörgangs. Klopfende Schmerzen mit Hörminderung und Fieber lassen eine Otitis media vermuten. Bedenken Sie, daß auch Affektionen umgebender Strukturen wie Temporomandibulargelenk, Parotis, Zähne, N. trigeminus, Halslymphknoten und Tonsillen in die Ohrgegend ausstrahlen können.

Charakteristische Beschwerden
Druckgefühl und/oder Schmerzen im Ohr oder dessen Umgebung, Sekretion aus dem Ohr, Schwerhörigkeit, Ohrgeräusche und Schwindel. Wird der Schmerz durch eine Bewegung der Ohrmuschel verstärkt, spricht das für eine Erkrankung des äußeren Gehörgangs. Klopfende Schmerzen mit Hörminderung und Fieber lassen eine Otitis media vermuten.

Spiegeltechnik. Es sollte immer zunächst das gesunde Ohr untersucht werden. Bei Verwendung des Stirnreflektors und einer festen Lichtquelle drehen Sie den Kopf des Patienten so, daß der Lichtstrahl des zu untersuchenden Ohres dem Gehörgang folgt. Benutzen Sie einen elektrischen Ohrenspiegel mit Batterie, so können Sie sich dem Patienten von beiden Seiten nähern. Neigen Sie nun den Kopf von sich weg in Richtung auf die gegenüberliegende Schulter. Zur Untersuchung des **rechten Ohres** ziehen Sie die Ohrmuschel mit der linken Hand nach hinten oben und schieben den Ohrtrichter mit Daumen, Zeige- und Mittelfinger rechts unter leichten Drehbewegungen in den knorpeligen Gehörgang. Ist der Trichter in situ, so

Spiegeltechnik Es sollte immer zunächst das gesunde Ohr untersucht werden. Zur Untersuchung des **rechten Ohres** ziehen Sie die Ohrmuschel mit der linken Hand nach hinten oben und schieben den Ohrtrichter mit Daumen, Zeige- und Mittelfinger rechts unter leichten Drehbewegungen in den knorpeligen Gehörgang. Ist der Trichter in situ, so übernehmen ihn der linke Daumen und Zeigefinger, während Mittel- und Ringfinger die Ohrmuschel weiter nach hinten oben ziehen (S C-**1.16**).

übernehmen ihn der linke Daumen und Zeigefinger, während Mittel- und Ringfinger die Ohrmuschel weiter nach hinten oben ziehen (S C-**1.16**). Die rechte Hand führt den Kopf des Patienten.

S Synopsis C-**1.16: Ohrspiegelung und Inspektion des Trommelfells**

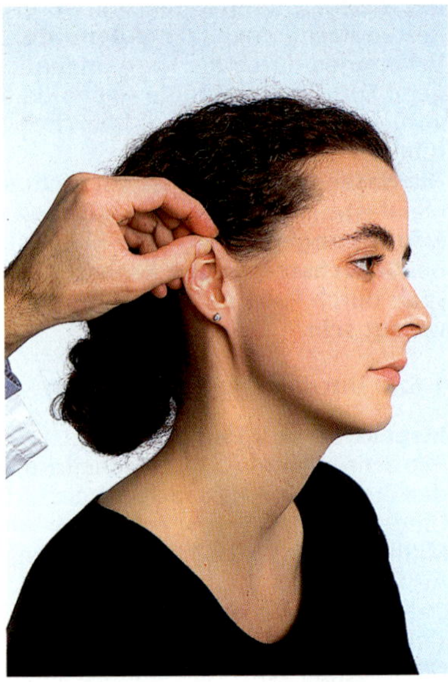

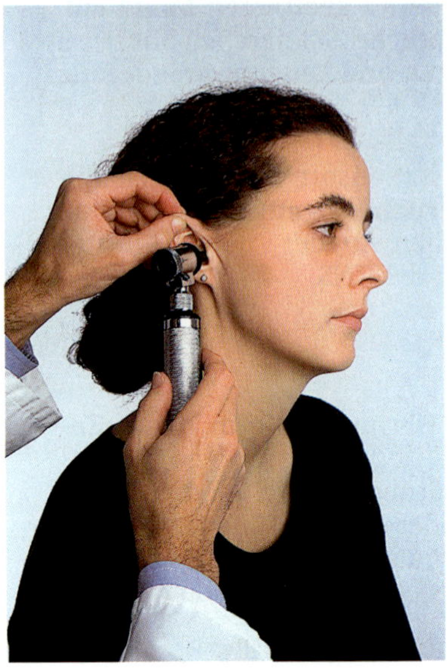

Vorgehensweise:

- Ziehen Sie die Ohrmuschel nach hinten oben und schieben Sie den Ohrtrichter unter leichten Drehbewegungen in den Gehörgang.
- Schieben Sie den Ohrtrichter nicht weiter als bis zur Grenze der Gehörgangshaare.

Inspektion des Trommelfells:

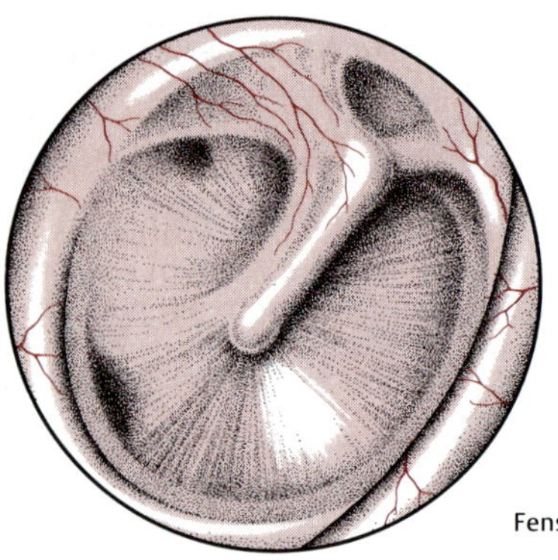

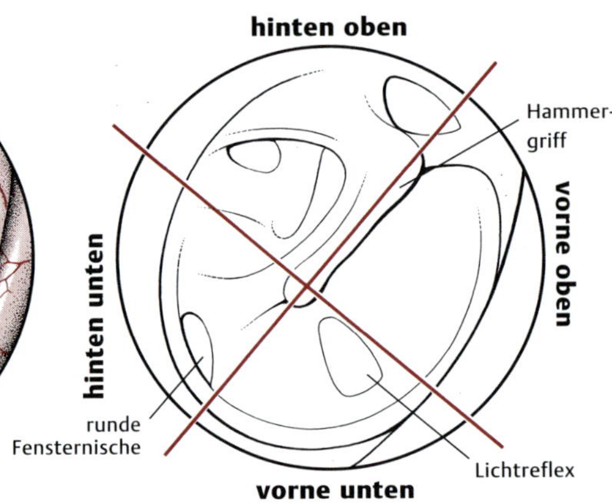

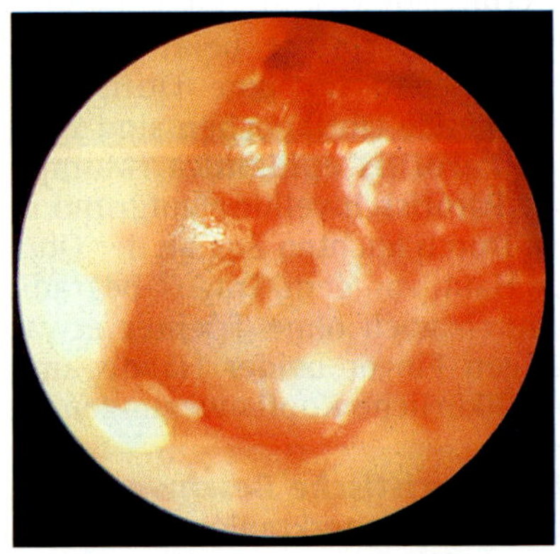

- Der normale Lichtreflex liegt im vorderen unteren Quadranten.
- Zur Befundbeschreibung teilt man das Trommelfell in 4 Quadranten ein.
- Trommelfellbefund bei Otitis media acuta: Vorwölbung, Rötung und Gefäßinjektion.

Bei der Spiegelung des **linken Ohres** ziehen Sie mit der rechten Hand die Ohrmuschel nach hinten oben und führen mit der linken Hand den Trichter ein.

Schieben Sie den Ohrtrichter nicht weiter in den Gehörgang als bis zur Grenze der Gehörgangshaare.

Bei der Spiegelung des **linken Ohres** ziehen Sie mit der rechten Hand die Ohrmuschel nach hinten oben und führen mit der linken Hand den Trichter ein. Um die rechte Hand zur Führung des Kopfes frei zu bekommen, drücken Sie die Kuppe des linken Mittelfingers in die Koncha und schieben damit die Ohrmuschel in die Richtung hinten oben.
Schieben Sie den Ohrtrichter nicht weiter in den Gehörgang als bis zur Grenze der Gehörgangshaare: Hier endet der knorpelige und beginnt der knöcherne Teil des Gehörgangs. Die Gehörgangshaut würde durch den Trichter auf den Knochen gepreßt, was für den Patienten sehr schmerzhaft ist.

Inspektion des Trommelfells. Das normale Trommelfell stellt sich als teils glänzend-spiegelnde, teils durchscheinende, blaß- bis hellgraue Membran dar, die trichterförmig im Gehörgang ausgespannt ist. Den tiefsten Punkt dieses Trichters bildet der **Umbo** (Nabel), der dem Ende des Hammergriffs entspricht. Hält der Patient den Kopf gerade, so sehen Sie nach dem Einführen des Ohrtrichters meist den hinteren Teil des Trommelfells. Für das Einsehen des vorderen Teils muß der Kopf mit dem Gesicht vom Untersucher weggedreht werden, für die Inspektion des oberen Teils zur gegenüberliegenden Schulter geneigt und für das Betrachten des unteren Teils zum Untersucher geneigt werden.
Inspizieren Sie das gesamte Trommelfell in einer frei gewählten, aber individuell feststehenden Reihenfolge, um keinen Befund zu übersehen. Der normale Lichtreflex des Trommelfells liegt im vorderen unteren Quadranten (vgl. S C-**1.16**). Das bedeutet, daß nur auf diesen Teil des Trommelfells das Licht senkrecht auftrifft. Da jede Veränderung dieses Reflexes auf Einziehungen oder Vorwölbungen hinweist, ist er ein wichtiges diagnostisches Zeichen.

Zur Befundbeschreibung teilt man das Trommelfell durch zwei Linien in vier Quadranten ein: Eine gedachte Linie wird durch den Verlauf des Hammergriffs gelegt, eine zweite steht darauf senkrecht, der Schnittpunkt liegt über dem Umbo (vgl. S C-**1.16**). Halten Sie eine Lupe vor den Ohrtrichter, um Trommelfellbefunde genauer beurteilen zu können. Bei elektrischen Ohrenspiegeln ist die Lupe bereits fest angebracht.

Pathologische Befunde. Die wichtigsten pathologischen Befunde sind:
- Rötung und Vorwölbung: Otitis media
- Retraktion (durch Unterdruck in der Paukenhöhle): Tubenmittelohrkatarrh
- Ergußlinie: Paukenerguß (Serom)
- Perforation (frisch blutend): Traumen
- Zentraler (mesotympanaler) Defekt: chronische Otitis media, Schleimhauteiterung
- Randständiger (epitympanaler) Defekt: Cholesteatom

Probleme bei der Ohrspiegelung. Gelegentlich verhindert reichlich Ohrenschmalz (**Zerumen**) den Blick auf das Trommelfell. Spülen Sie den Gehörgang mit der Ohrspritze, wobei körperwarmes Wasser verwendet werden muß, um nicht durch eine thermische Reizung des Labyrinths beim Patienten Schwindel hervorzurufen. Ist eine Trommelfellperforation bekannt, darf nicht gespült werden. Instrumentelle Manipulationen am Gehörgang sollten nur vom Facharzt vorgenommen werden.

Inspektion des Trommelfells Das normale Trommelfell stellt sich als teils glänzend-spiegelnde, teils durchscheinende, blaß- bis hellgraue Membran dar, die trichterförmig im Gehörgang ausgespannt ist. Den tiefsten Punkt dieses Trichters bildet der **Umbo** (Nabel), der dem Ende des Hammergriffs entspricht.

Inspizieren Sie das gesamte Trommelfell. Der normale Lichtreflex des Trommelfells liegt im vorderen unteren Quadranten (vgl. S C-**1.16**). Da jede Veränderung dieses Reflexes auf Einziehungen oder Vorwölbungen hinweist, ist er ein wichtiges diagnostisches Zeichen.

Zur Befundbeschreibung teilt man das Trommelfell durch zwei Linien in vier Quadranten ein (vgl. S C-**1.16**). Halten Sie eine Lupe vor den Ohrtrichter, um Trommelfellbefunde genauer beurteilen zu können.

Pathologische Befunde
- Rötung und Vorwölbung: Otitis media
- Retraktion: Tubenmittelohrkatarrh
- Ergußlinie: Paukenerguß (Serom)
- Perforation: Traumen
- Zentraler (mesotympanaler) Defekt: chronische Otitis media, Schleimhauteiterung
- Randständiger (epitympanaler) Defekt: Cholesteatom

Probleme bei der Ohrspiegelung Gelegentlich verhindert reichlich Ohrenschmalz (**Zerumen**) den Blick auf das Trommelfell. Ist eine Trommelfellperforation bekannt, darf nicht gespült werden.

1.6.3 Funktionsprüfungen des Gehörs

Für die **Hörweiteprüfung** lassen Sie den Patienten mit abgewandtem Gesicht das jeweils nicht untersuchte Ohr mit dem Zeigefinger zuhalten und flüstern dann viersilbige Zahlenwörter in einer Entfernung von 6 m, die der Patient wiederholen soll. Bei Kindern verwenden Sie einfache, kindgerechte Wörter. Zur Prüfung des **Hörvermögens** für Umgangssprache muß der Patient den Tragus des nicht untersuchten Ohres kräftig rhythmisch eindrücken (**Schüttelvertäubung**). Grob klinisch läßt sich die Schwerhörigkeit nach ▤ C-**1.10** einstufen. Geringgradige Schwerhörigkeiten können mit der Hörweitenprüfung nicht festgestellt werden, da ein gut Hörender in stiller Umgebung Flüstersprache bis zu 20 m weit hören kann. Eine genauere Analyse gelingt nur mit der apparativen **Audiometrie** oder **Impedanzaudiometrie**.

1.6.3 Funktionsprüfungen des Gehörs

Für die **Hörweiteprüfung** flüstern Sie viersilbige Zahlenwörter in einer Entfernung von 6 m, die der Patient wiederholen soll. Zur Prüfung des **Hörvermögens** für Umgangssprache muß der Patient den Tragus des nicht untersuchten Ohres kräftig rhythmisch eindrücken (**Schüttelvertäubung**). Grob klinisch läßt sich die Schwerhörigkeit nach ▤ C-**1.10** einstufen. Geringgradige Schwerhörigkeiten können mit der Hörweitenprüfung nicht festgestellt werden. Eine genauere Analyse gelingt nur mit der apparativen **Audiometrie** oder **Impedanzaudiometrie**.

C-1.10: Einstufung des Grades der Schwerhörigkeit nach der Hörweite für Umgangssprache

Befund	Schwerhörigkeit
Bis 4 m Umgangssprache	Geringgradig
1–4 m Umgangssprache	Mittelgradig
0,25–1 m Umgangssprache	Hochgradig
Unter 0,25 m	An Taubheit grenzend
Keine Hörwahrnehmung	Taubheit

Klassische Hörprüfungen

Gesunde hören den Luftleitungston (Stimmgabel vor das Ohr) einer **Stimmgabel** länger und lauter als den Knochenleitungston (Stimmgabel auf das Mastoid).

Beim **Rinne-Versuch** wird das Hörvermögen jedes Ohres für Luft- und Knochenleitung verglichen (S C-**1.17**). Im Normalfall (»Rinne-positiv«) hört der Patient den luftvermittelten Ton länger als den knochenvermittelten. Bei Mittelohr-(= Schalleitungs-)Schwerhörigkeit ist der Rinne-Versuch negativ. Das Verhalten des Rinne-Versuchs bei häufigen Krankheiten des Ohres gibt ▤ C-**1.11** wieder.

Klassische Hörprüfungen

Für diese Prüfungen benötigen Sie eine **Stimmgabel** mit 440 Hz (= a^1), zur Klärung einer Hochtonschwerhörigkeit auch eine Stimmgabel mit 4096 Hz (= c^5). Gesunde hören den Luftleitungston (Stimmgabel vor das Ohr) einer Stimmgabel länger und lauter als den Knochenleitungston (Stimmgabel auf das Mastoid).

Beim **Rinne-Versuch** wird das Hörvermögen jedes Ohres für Luft- und Knochenleitung verglichen (S C-**1.17**). Schlagen Sie die Stimmgabel an und setzen Sie sie auf das Mastoid. Sobald der Patient nichts mehr hört, halten Sie die Stimmgabel dicht vor das Ohr. Im Normalfall (»Rinne-positiv«) soll der Patient in dieser Position wieder etwas hören. Bei Mittelohr-(= Schalleitungs-)Schwerhörigkeit hört der Patient den knochenvermittelten Ton länger als den luftvermittelten (»Rinne-negativ«). Bei Innenohrschwerhörigkeit ist sowohl die Luft- als auch die Knochenleitung beeinträchtigt, allerdings hört der Patient die vor das Ohr gehaltene Stimmgabel immer noch länger als die aufgesetzte. Das Verhalten des Rinne-Versuchs bei häufigen Krankheiten des Ohres gibt ▤ C-**1.11** wieder.

C-1.11: Rinne-Versuch bei einigen häufigen Ohrkrankheiten

Rinne negativ

- Otitis media (akut/chronisch)
- Otosklerose
- Tubenventilationsstörung
- Gehörknöchelchenluxation

Rinne positiv

- Lärmschwerhörigkeit
- Altersschwerhörigkeit
- Hörsturz
- Morbus Ménière
- Labyrinthitis
- Toxisch: Aminoglykoside, Salicylate

S Synopsis C-1.17: Rinne-Versuch

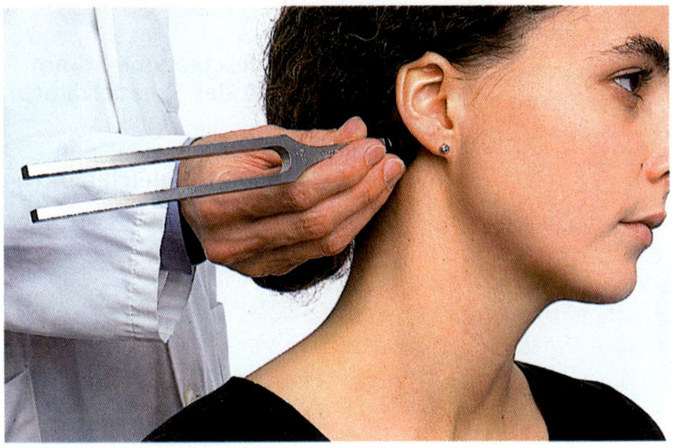

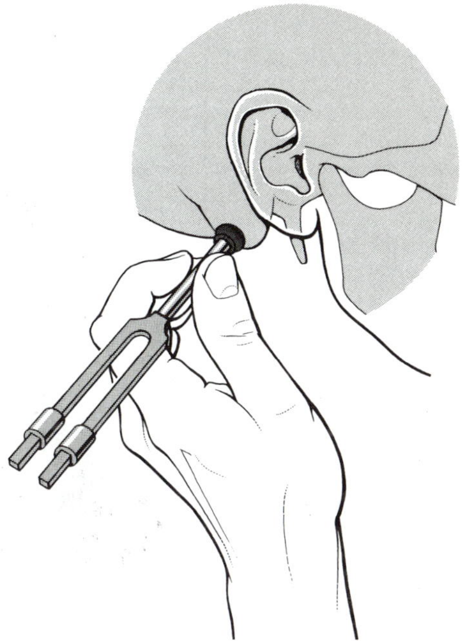

Vorgehensweise:

- Schlagen Sie die Stimmgabel an und setzen Sie sie auf das Mastoid.

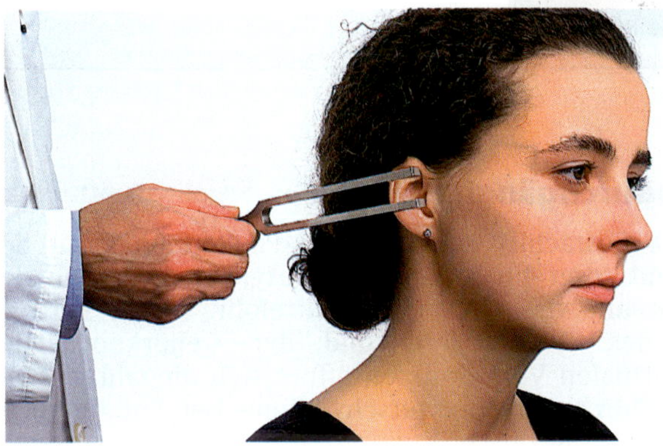

- Sobald der Patient nichts mehr hört, halten Sie die Stimmgabel dicht vor das Ohr.
- Im Normalfall sollte der Patient in dieser Position wieder etwas hören.

Mit Hilfe des **Weber-Versuchs** vergleicht man das Hörvermögen beider Ohren bei der Knochenleitung. Setzen Sie die angeschlagene Stimmgabel auf die Mitte der Schädelkalotte auf (S C-**1.18**). Im Normalfall hört der Patient den Schall auf beiden Ohren gleich laut, d. h., die Tonempfindung wird nicht lateralisiert. Bei einseitigen Mittelohrerkrankungen (Schalleitungs-Schwerhörigkeit) hört der Patient den Ton auf dem kranken Ohr, bei einseitigen Innenohrkrankheiten auf dem gesunden Ohr lauter (Lateralisation in das kranke bzw. das gesunde Ohr).

Mit Hilfe des **Weber-Versuchs** vergleicht man das Hörvermögen beider Ohren bei der Knochenleitung (S C-**1.18**). Im Normalfall hört der Patient den Schall auf beiden Ohren gleich laut. Bei einseitigen Mittelohrerkrankungen hört der Patient den Ton auf dem kranken Ohr, bei einseitigen Innenohrkrankheiten auf dem gesunden Ohr lauter.

Synopsis C-1.18: Weber-Versuch

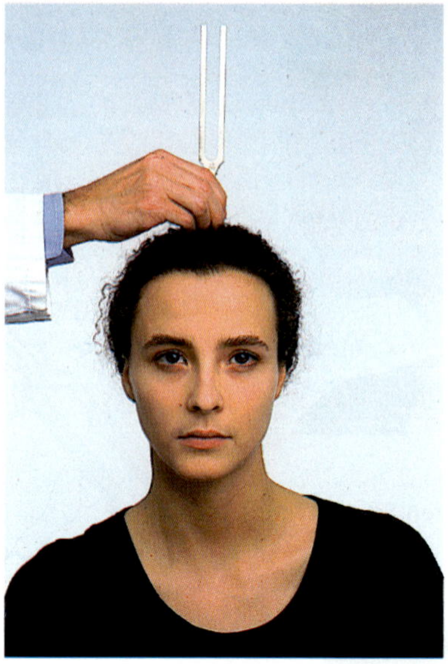

Vorgehensweise:

- Setzen Sie die angeschlagene Stimmgabel auf die Mitte der Schädelkalotte auf.
- Im Normalfall hört der Patient den Schall auf beiden Ohren gleich laut.

Prüfung der Tubendurchgängigkeit

Die Ohrtrompete (Tuba Eustachii) verbindet die Paukenhöhle mit dem Nasen-Rachen-Raum und sorgt für einen Druckausgleich zwischen dem atmosphärischen Druck und dem Druck im Mittelohr. Damit wird die Schwingungsfähigkeit des Trommelfells und der Gehörknöchelchen gewährleistet. Die Tubendurchgängigkeit wird mit drei Untersuchungsverfahren geprüft:

1. **Valsalva-Versuch:** Preßt der Patient mit geschlossenem Mund und zugehaltener Nase Luft aus der Mundhöhle durch die Ohrtrompete, können Sie otoskopisch eine Vorwölbung des Trommelfells beobachten.

2. **Toynbee-Versuch:** Schluckt der Patient mit zugehaltener Nase, bewirkt der Unterdruck in der Paukenhöhle eine Einziehung.

3. **Politzer-Versuch:** Führen Sie einen Gummiballon mit aufgesetzter durchbohrter Metallolive in ein Nasenloch ein und verschließen Sie das andere Nasenloch luftdicht. Ist der Nasen-Rachen-Raum abgeschlossen (z. B. durch »Kuckuck«-Sagen), so empfindet der Patient bei Druck auf den Ballon ein Knacken im Ohr.

Bei eitrigem Schnupfen dürfen die Tests nicht durchgeführt werden.

Prüfung der Tubendurchgängigkeit

Die Ohrtrompete (Tuba Eustachii) verbindet die Paukenhöhle mit dem Nasen-Rachen-Raum und sorgt für einen Druckausgleich zwischen dem atmosphärischen Druck und dem Druck im Mittelohr. Damit wird die Schwingungsfähigkeit des Trommelfells und der Gehörknöchelchen gewährleistet. Unter normalen Verhältnissen öffnet sich die Ohrtrompete bei jedem Schluckakt. Durch Schleimhautschwellung bei Entzündungen oder aufgrund einer Verlegung durch Tumoren kann der Druckausgleich behindert sein. Die Tubendurchgängigkeit wird mit drei Untersuchungsverfahren geprüft:

1. **Valsalva-Versuch:** Lassen Sie den Patienten mit geschlossenem Mund und zugehaltener Nase Luft aus der Mundhöhle durch die Ohrtrompete in die Paukenhöhle pressen. Dabei verspürt er ein Knacken in beiden Ohren. Otoskopisch kann man eine Vorwölbung des Trommelfells, zumindest eine Bewegung des Lichtreflexes beobachten.

2. **Toynbee-Versuch:** Fordern Sie den Patienten auf, mit zugehaltener Nase zu schlucken, und beobachten Sie dabei das Trommelfell. Der Unterdruck in der Paukenhöhle bewirkt eine Einziehung (Lichtreflex beachten!).

3. **Politzer-Versuch:** Führen Sie einen Gummiballon mit aufgesetzter durchbohrter Metallolive in ein Nasenloch ein und verschließen Sie das andere Nasenloch luftdicht. Beim Druck auf den Ballon fordern Sie den Patienten auf, vorher in den Mund genommenes Wasser zu schlucken oder »Kuckuck« zu sagen. Dadurch wird der weiche Gaumen angehoben und der Nasen-Rachen-Raum abgeschlossen, der Patient empfindet ein Knacken im Ohr.

Inspizieren Sie vor Durchführung der Tubenfunktionsprüfungen Nase und Rachenraum. Bei eitrigem Schnupfen dürfen die Tests nicht durchgeführt werden.

1.6.4 Gleichgewichtsprüfung

Gleichgewicht und räumliche Orientierung beziehen das visuelle, propriozeptive und vestibuläre System ein. Daher überschneiden sich bei der Abklärung des Symptoms »Schwindel« ophthalmologische, neurologische und otologische Untersuchung. Der Begriff Schwindel wird von Patienten in ganz unterschiedlicher Bedeutung verwendet. Versuchen Sie anamnestisch zu klären, ob es sich um Benommenheit, Taumeligkeit, Übelkeit, Kraftlosigkeit in den Beinen, Schwarzwerden vor den Augen im Sinn einer orthostatischen Kreislauf-Dysregulation oder tatsächlich um einen systematischen Dreh- oder Schwankschwindel handelt. Besteht der Schwindel nur kurzdauernd (Durchblutungsstörung des Labyrinths), anfallsartig (Morbus Ménière) oder andauernd (Labyrinthitis)? Tritt Schwindel nur bei Lageänderung bzw. Bewegungen auf? Bestehen zusätzlich Hörminderung und Erbrechen, Gangabweichung oder sogar Fallneigung? Einfache Untersuchungsverfahren sind:

Abweichreaktion. Lassen Sie den Patienten mit geschlossenen Augen (Ausschaltung einer visuellen Korrektur) auf der Stelle gehen (**Unterberger-Tretversuch**). Abweichen nach einer Seite oder Fallneigung läßt auf ein einseitiges Überwiegen des Vestibularistonus schließen, z. B. beim einseitigen Labyrinthausfall. Im **Romberg-Versuch** steht der Patient mit geschlossenen Augen und parallel nebeneinander stehenden Füßen und hebt dabei die Arme bis in die Horizontale. Seien Sie darauf gefaßt, daß Patienten mit Gleichgewichtsstörungen umfallen können! Lassen Sie den Patienten mit geschlossenen Augen auf einer imaginären Linie gehen (Seiltänzergang) und verfolgen Sie eventuelle Abweichungen.

Nystagmusprüfung. Unter Nystagmus versteht man die raschen, ruckartigen, unwillkürlichen und anhaltenden Augenbewegungen, die in horizontaler, vertikaler oder rotatorischer Richtung ablaufen können. Die Bewegung hat eine rasche Schlagkomponente und eine langsamere Rückholkomponente. Benannt wird der Nystagmus (rechts, links, oben, unten) nach der schnellen Komponente. **Nystagmus ist immer Zeichen einer Vestibularisschädigung.** Eine genaue Analyse des Nystagmus ermöglicht Hinweise darauf, ob es sich um eine **zentrale oder periphere Vestibularisläsion** (Symptomatik: Drehschwindel und Schwankschwindel [Lateropulsion] beim Blindgang) handelt. Beim Gesunden finden sich weder ein spontaner Nystagmus noch ein Provokationsnystagmus, z. B. durch Kopfschütteln.

Die Nystagmusprüfung erfolgt in einem abgedunkelten Raum, der Patient trägt eine sog. **Frenzel-Brille**. Es handelt sich um ein brillenartiges Gerät mit zwei Linsen von 15 Dioptrien und kleinen Lämpchen an beiden Seiten. Der Patient wird dadurch fehlsichtig gemacht, um eine optische Fixation zu verhindern. Durch die Linsen und die Beleuchtung kann der Untersucher die stark vergrößerten Augen gut beobachten.

1.6.5 Untersuchung von Mund und Rachen

Inspektion. Im Bereich der Mundhöhle sind wichtige Anteile des Verdauungsapparates (Mundschleimhaut, Speicheldrüsen, Zähne), der Luftwege (Nasen, Rachen, Kehlkopf), des retikuloendothelialen Systems (Tonsillen) und der peripheren Sprechwerkzeuge (Lippen, Zunge, Gaumen) einer direkten Inspektion zugänglich. Darüber hinaus ist die Mundhöhle ein gutes Spiegelbild von Gewohnheiten (Rauchen, Alkohol) und allgemeiner Körperpflege (Zahnstatus) eines Patienten.

Lippen: Die Farbe der Lippen sollte möglichst bei Tageslicht beurteilt werden, zur gründlichen Inspektion von Mundhöhle und Rachen benötigen Sie eine Untersuchungslampe und einen Spatel. Für eine mögliche Palpation

1.6.4 Gleichgewichtsprüfung

Gleichgewicht und räumliche Orientierung beziehen das visuelle, propriozeptive und vestibuläre System ein. Versuchen Sie anamnestisch zu klären, ob es sich um Benommenheit, Taumeligkeit, Übelkeit, Kraftlosigkeit in den Beinen, Schwarzwerden vor den Augen im Sinn einer orthostatischen Kreislauf-Dysregulation oder tatsächlich um einen systematischen Dreh- oder Schwankschwindel handelt. Besteht der Schwindel nur kurzdauernd (Durchblutungsstörung des Labyrinths), anfallsartig (Morbus Ménière) oder andauernd (Labyrinthitis)? Einfache Untersuchungsverfahren sind:

Abweichreaktion Lassen Sie den Patienten mit geschlossenen Augen auf der Stelle gehen (**Unterberger-Tretversuch**). Abweichen nach einer Seite oder Fallneigung lassen auf ein einseitiges Überwiegen des Vestibularistonus schließen, z. B. beim einseitigen Labyrinthausfall. Im **Romberg-Versuch** lassen Sie den Patienten mit geschlossenen Augen auf einer imaginären Linie gehen und verfolgen Sie eventuelle Abweichungen.

Nystagmusprüfung Unter Nystagmus versteht man die raschen, ruckartigen, unwillkürlichen und anhaltenden Augenbewegungen, die in horizontaler, vertikaler oder rotatorischer Richtung ablaufen können.
Benannt wird der Nystagmus (rechts, links, oben, unten) nach seiner schnellen Schlagkomponente. **Nystagmus ist immer Zeichen einer Vestibularisschädigung** (Symptomatik: Drehschwindel und Schwankschwindel [Lateropulsion] beim Blindgang).
Beim Gesunden finden sich weder ein spontaner Nystagmus noch ein Provokationsnystagmus.
Die Nystagmusprüfung erfolgt in einem abgedunkelten Raum, der Patient trägt eine sog. **Frenzel-Brille**. Der Patient wird dadurch fehlsichtig gemacht, um eine optische Fixation zu verhindern.

1.6.5 Untersuchung von Mund und Rachen

Inspektion Die Mundhöhle ist ein gutes Spiegelbild von Gewohnheiten (Rauchen, Alkohol) und allgemeiner Körperpflege (Zahnstatus) eines Patienten.

Lippen: Die Farbe der Lippen sollte möglichst bei Tageslicht beurteilt werden, zur gründlichen Inspektion von Mundhöhle und Rachen benötigen Sie eine Untersuchungslampe und einen Spatel.

Inspizieren Sie die Lippen hinsichtlich Farbe, Form und Stellung, achten Sie auf Bläschen, Ulzerationen, Mundwinkelrhagaden und Verhärtungen. Bei **Fazialisparese** gelingt der Lippenschluß nur unvollständig oder schwach.

Zunge, Zähne, Schleimhaut: Lassen Sie den Patienten den Mund öffnen. Inspizieren Sie nun Zähne, Zahnfleisch, Wangenschleimhaut und Zunge. Sind die Zähne vollständig, lückenhaft oder vollständig fehlend, kariös, saniert oder verfärbt? Ein eventuell vorhandener Mundgeruch (Nikotin, Alkohol) läßt Schlüsse auf anamnestisch vielleicht verschwiegene Gewohnheiten zu.

Lassen Sie den Patienten die **Zunge** herausstrecken, achten Sie dabei auf die Größe, die Oberfläche und eine evtl. Abweichung von der Mittellinie. Beurteilen Sie den weichen Gaumen, die Ausführungsgänge der Speicheldrüsen (C-**1.17a**) und das Zungenbändchen.

von Befunden in der Mundhöhle sollten Gummihandschuhe bereit liegen. Falls der Patient eine Zahnprothese trägt, geben Sie ihm ein Papiertuch und eine Schale und bitten ihn, die Prothese zu entfernen.
Inspizieren Sie die Lippen hinsichtlich Farbe, Form und Stellung, achten Sie auf Bläschen, Ulzerationen, Mundwinkelrhagaden und Verhärtungen. Lassen Sie den Patienten die Backen aufblasen oder pfeifen und prüfen Sie die Verschlußkraft durch beidseitigen Druck auf die Backen. Bei **Fazialisparese** gelingt der Lippenschluß nur unvollständig oder schwach.

Zunge, Zähne, Schleimhaut: Lassen Sie den Patienten den Mund öffnen. Wie weit ist das möglich, hat er dabei Schmerzen? Inspizieren Sie nun Zähne, Zahnfleisch, Wangenschleimhaut und Zunge. Sind die Zähne vollständig, lückenhaft oder vollständig fehlend, kariös, saniert oder verfärbt? Ist das Zahnfleisch geschwunden oder hyperplasiert, besteht eine saumartige Verfärbung am Zahnfleisch? Bei dieser Gelegenheit können Sie sich ein Bild über den generellen Hygienezustand eines Patienten machen. Auch ein eventuell vorhandener Mundgeruch (Nikotin, Alkohol) läßt Schlüsse auf anamnestisch vielleicht verschwiegene Gewohnheiten zu.

Lassen Sie den Patienten die **Zunge** herausstrecken, achten Sie dabei auf die Größe, die Oberfläche und eine evtl. Abweichung von der Mittellinie. Fordern Sie den Patienten auf, die Zunge nach hinten an den weichen Gaumen und nach beiden Seiten zu bewegen. Dabei werden die Ausführungsgänge der Glandulae sublinguales und submandibulares freigelegt, die auf kleinen Schleimhauthöckern des Mundbodens in die Mundhöhle münden (C-**1.17a**). Außerdem können Sie in dieser Zungenstellung das Zungenbändchen beurteilen. Lassen Sie die Zunge nach beiden Seiten bewegen, und inspizieren Sie die seitlichen Zungenflächen.

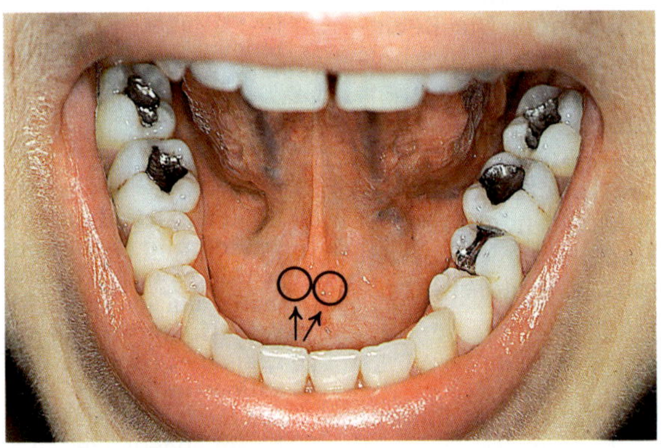

C-1.17a: Mündung der Ausfuhrgänge der Glandulae sublinguales auf kleinen Schleimhauthöckern des Mundbodens

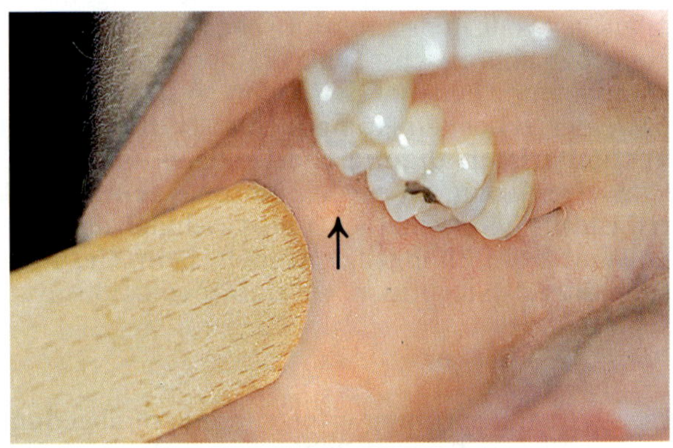

C-1.17b: Der Ausfuhrgang der Parotis mündet gegenüber dem zweiten oberen Molaren

Mit der linken Hand nehmen Sie nun einen Mundspatel, mit der rechten die Untersuchungslampe. Tiefer gelegene **Strukturen der Mundhöhle** sind meist schwierig zu untersuchen. Stellt sich ein massiver Würgereiz ein, können Sie ein Oberflächenanästhetikum applizieren.
Beurteilen Sie die Schleimhaut, den Ausführungsgang der Parotis, die **Tonsillen** und die Rachenhinterwand. Vergessen Sie auch nicht, den harten und weichen Gaumen vollständig zu mustern.

Mit der linken Hand nehmen Sie nun einen Mundspatel, mit der rechten die Untersuchungslampe. Erklären Sie dem Patienten, der Angst vor dem Würgereiz hat, Sie würden besonders vorsichtig sein. Allerdings lassen sich tiefer gelegene **Strukturen der Mundhöhle** bei manchen Patienten, vor allem Kindern, kaum untersuchen, da sich sofort massiver Würgereiz einstellt. In diesen Fällen können Sie ein Oberflächenanästhetikum applizieren. Mit dem Spatel halten Sie die Wangen von der Zahnreihe ab und lassen den Patienten den Kopf zur Seite drehen, um die Schleimhaut besser einsehen zu können. Gegenüber dem zweiten oberen Molaren mündet der Ausführungsgang der Parotis, der als kleiner dunkler Punkt in der Wangenschleimhaut erkennbar ist (C-**1.17b**). Wenn Sie die Parotis massieren, so können Sie den Speichelaustritt sehen. Dann drücken Sie die Zunge mit dem Spatel nach unten und inspizieren die **Tonsillen** und die Rachenhinterwand. Lassen Sie den Patienten »A« phonieren: Im Normalfall hebt sich der weiche Gaumen symmetrisch an und Sie sehen einen größeren Anteil der Rachenhinterwand ein. Falls Sie wegen einer ausgeprägten Würgereaktion den Rachen nicht einsehen können, machen Sie eine Pause und versuchen es noch einmal. Vergessen Sie auch nicht, den harten und weichen Gaumen vollständig zu mustern.

Tonsillen (Tonsilla palatina): In den meisten Fällen genügt die Inspektion der Tonsillen nach Größe, Farbe und Oberfläche in der gleichen Technik wie die Inspektion der übrigen Mundhöhle. Für die instrumentelle »Palpation« benötigen Sie allerdings zwei Spatel, die Lichtquelle muß über den Stirnreflektor eingespiegelt werden, da Sie keine Hand mehr frei haben. Der eine Spatel dient zur Fixierung der Zunge, den anderen setzen Sie am lateralen vorderen Gaumenbogen an und führen ihn nach hinten und oben (S C-**1.19**). Dadurch kann die Tonsille nach medial luxiert werden. Bei chronischen Entzündungen tritt aus den Tonsillen Sekret (Detritus) aus, der Patient empfindet Schmerzen. Die Untersuchung der Tonsillen verursacht regelmäßig starken Würgereiz und sollte daher am Ende der Untersuchung im HNO-Bereich stehen.

Tonsillen (Tonsilla palatina): In den meisten Fällen genügt die Inspektion der Tonsillen nach Größe, Farbe und Oberfläche. Für die instrumentelle »Palpation« benötigen Sie zwei Spatel (S C-**1.19**). Bei chronischen Entzündungen tritt aus den Tonsillen Sekret (Detritus) aus, der Patient empfindet Schmerzen.

S Synopsis C-**1.19: Instrumentelle Palpation der Tonsillen**

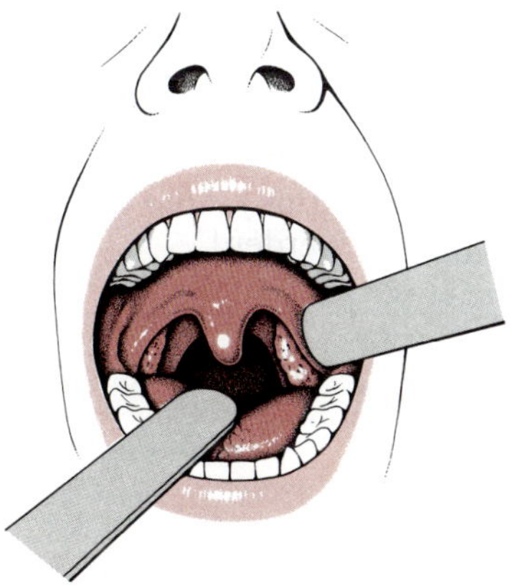

Vorgehensweise:

- Mit einem Spatel fixieren Sie die Zunge, den anderen Spatel setzen Sie am lateralen Gaumenbogen an und führen ihn nach hinten und oben.

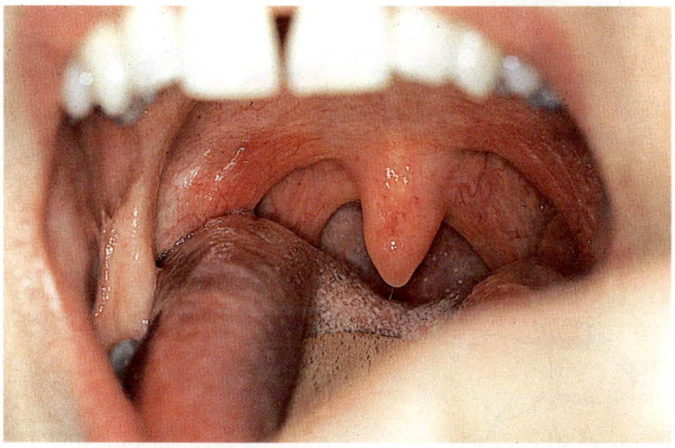

Normalbefund

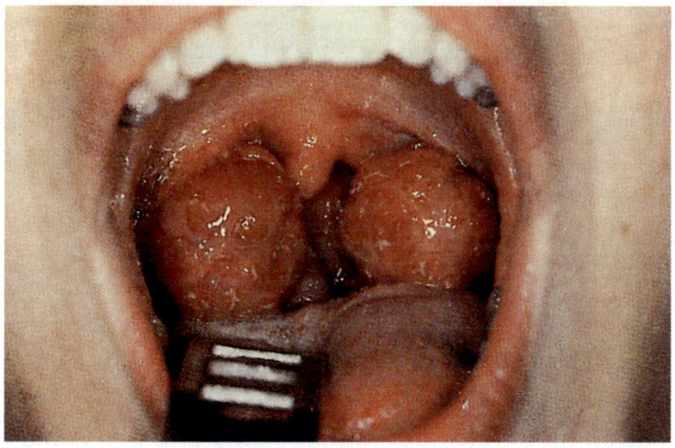

Tonsillenhyperplasie

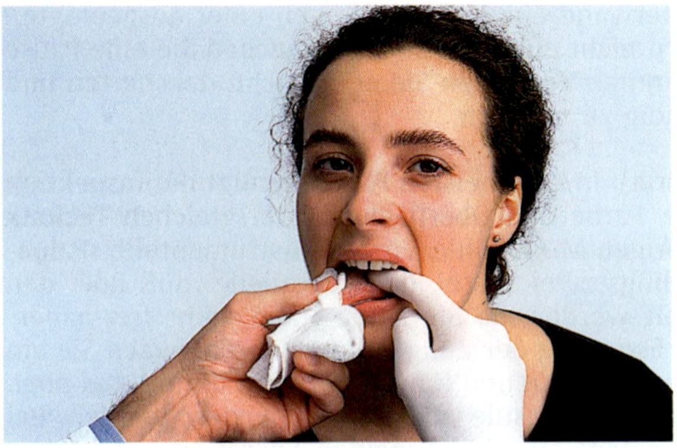

C-**1.18: Palpation der Zunge**

Palpation Jede Unregelmäßigkeit oder Farbveränderung der Schleimhaut an Zunge, Mundboden oder Wange bedarf der Palpation, um Informationen über die Konsistenz, Ausdehnung und Druckdolenz zu erhalten. Befunde im Mundboden- oder Wangenbereich werden bimanuell von innen und außen gleichzeitig palpiert (C-**1.19**).

Jede **Schleimhautunregelmäßigkeit** (Knoten, Ulzeration) sollte unter dem Verdacht auf ein Malignom palpiert und abgeklärt werden!

Palpation. Jede Unregelmäßigkeit oder Farbveränderung der Schleimhaut an Zunge, Mundboden oder Wange bedarf der Palpation, um Informationen über die Konsistenz, Ausdehnung und Druckdolenz zu erhalten. Ist der Befund im Gaumen- oder Rachenbereich lokalisiert, so müssen Sie meist ein Oberflächenanästhetikum einsetzen, um heftige Würgereaktionen zu vermeiden. Ziehen Sie Gummihandschuhe an und palpieren Sie Zungenbefunde zwischen Daumen und Zeigefinger, indem Sie die Zunge mit der anderen Hand fixieren (C-**1.18**). Befunde im Mundboden- oder Wangenbereich werden bimanuell von innen und außen gleichzeitig palpiert (C-**1.19**).
Jede **Schleimhautunregelmäßigkeit** (Knoten, Ulzeration) sollte unter dem Verdacht auf ein Malignom palpiert und abgeklärt werden!

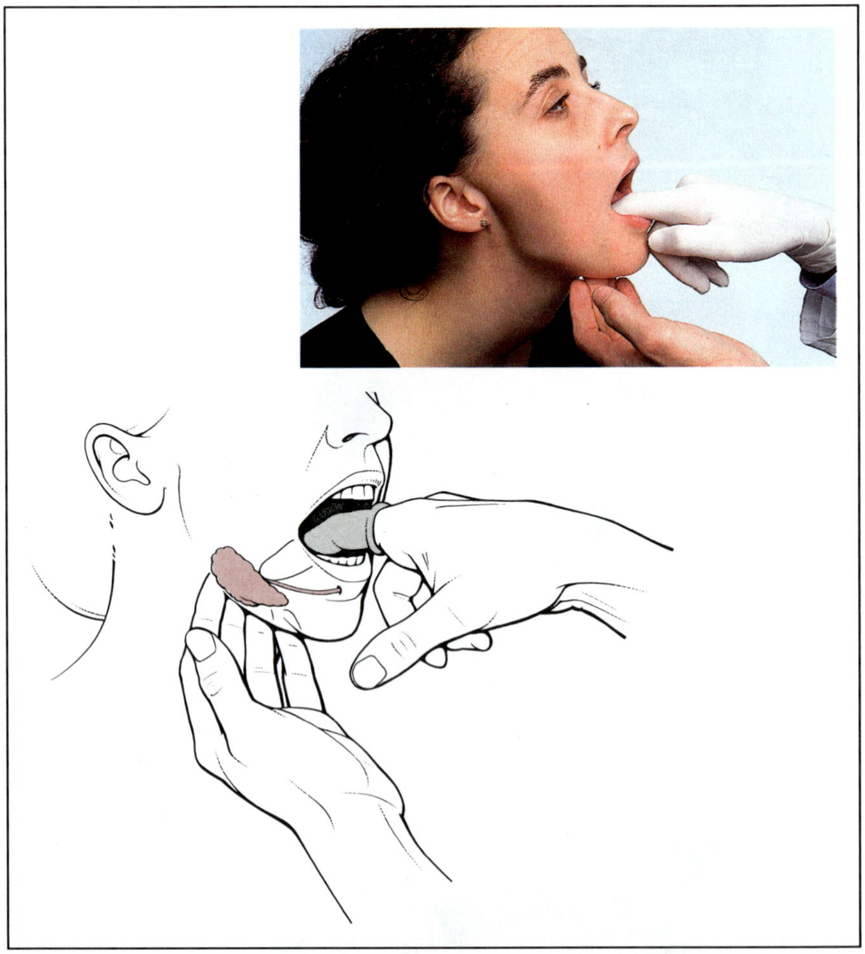

C-**1.19: Bimanuelle Palpation im Bereich des Mundbodens und der Wangen**

Häufige pathologische Befunde. Strichförmige schmale Lippen und ein verdicktes Zungenbändchen sind typisch für eine **Sklerodermie**, dicke wulstige Lippen können beim **angioneurotischen Ödem** auftreten. **Herpesbläschen** sind typischerweise an der Grenze zwischen Lippenrot und Haut lokalisiert. An der Wangenschleimhaut findet man weißlich-gelbliche, meist sehr schmerzhafte Läsionen (**Aphthen**) bei **Stomatitis aphthosa** (C-**1.20**). Leicht erhabene, scharf begrenzte weißliche Flecken an der Wangenschleimhaut und am harten Gaumen sind verdächtig für eine **Leukoplakie**, die als Präkanzerose anzusehen ist. Bei einigen Infektionskrankheiten (Scharlach, Lues) und allergischen Reaktionen kommt es zu rötlichen **Enanthemen** an der Schleimhaut. C-**1.12** zeigt die wichtigsten Befunde im Bereich der Zunge und ihre klinische Bedeutung.
Entleeren sich bei Druck mit dem Spatel feste gelbliche Bröckchen aus den Tonsillen (»Tonsillenpfröpfe«), so handelt es sich um einen physiologischen Befund. Zeichen einer chronischen Tonsillitis sind vielmehr zerklüftete, vernarbte und schlecht luxierbare Tonsillen, aus denen bei Spateldruck gelbliches, flüssig-eitriges Sekret austritt. Tasten Sie in diesen Fällen auch die Kieferwinkellymphknoten. Die normale Rachenhinterwand ist glatt und feucht. Kleine rundliche Erhebungen entsprechen vergrößerten Lymphfollikeln, schleimiges Sekret deutet auf einen entzündlichen Prozeß im Nasen-Rachen-Raum hin.

Häufige pathologische Befunde
Herpesbläschen sind typischerweise an der Grenze zwischen Lippenrot und Haut lokalisiert. An der Wangenschleimhaut findet man weißlich-gelbliche, meist sehr schmerzhafte Läsionen (**Aphthen**) bei **Stomatitis aphthosa** (C-**1.20**). Leicht erhabene, scharf begrenzte weißliche Flecken an der Wangenschleimhaut und am harten Gaumen sind verdächtig für eine **Leukoplakie**, die als Präkanzerose anzusehen ist. Bei einigen Infektionskrankheiten (Scharlach, Lues) und allergischen Reaktionen kommt es zu rötlichen **Enanthemen** an der Schleimhaut.
C-**1.12** zeigt die wichtigsten Befunde im Bereich der Zunge und ihre klinische Bedeutung.
Zeichen einer chronischen Tonsillitis sind zerklüftete, vernarbte und schlecht luxierbare Tonsillen, aus denen bei Spateldruck gelbliches, flüssig-eitriges Sekret austritt.

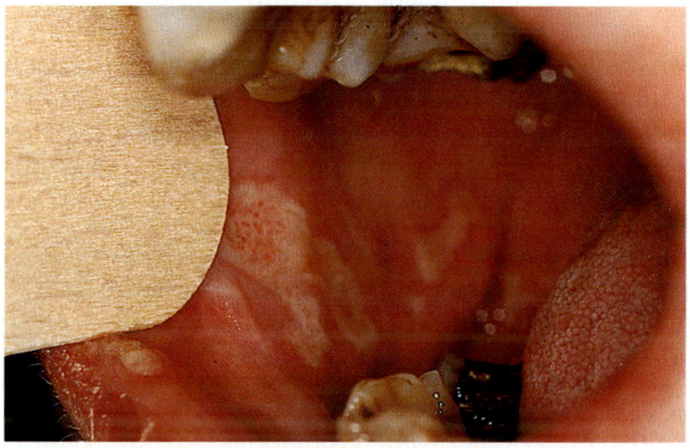

C-1.20: Stomatitis aphthosa

C-1.12: Zungenveränderungen und ihre mögliche diagnostische Bedeutung

Bezeichnung	Befund	Bedeutung
Belegte Zunge	Weißlich-gelblicher Belag	Meist Normalbefund
Trockene Zunge	Fehlender Glanz	Exsikkose, Urämie
Glatte Zunge (Lingua glabra)	Glatt, lackartig-rot (Papillenverlust)	Vitamin-B_{12}-, Eisenmangel, Leberzirrhose
Vergrößerte Zunge	Evtl. offener Mund	Hypothyreose, Akromegalie, Amyloidose
Schwarze Haarzunge (Lingua villosa nigra)	Gelb-braune bis schwarze Färbung (elongierte Papillen)	Nach Antibiotika, unbekannte Ursache, harmlos
Landkartenzunge (Lingua geographica)	Unregelmäßig verteilte rote Flecken (partieller Papillenverlust)	Harmlose Normvariante
Faltenzunge (Lingua scrotalis)	Tiefe Furchen auf der Zungenoberfläche	Gehäuft im Alter, keine pathologische Bedeutung
Leukoplakie	Verdickter weißlicher anhaftender Fleck auf Zunge oder Mundschleimhaut	Präkanzerose
Himbeerzunge	Scharlachrot	Scharlach
Haarleukoplakie	Weißliche Beläge am seitlichen Zungenrand	Typisch für HIV-Infektion
Candida (Soor)	Weißliche, abwischbare Beläge auf Zungenoberfläche, Gaumen und Rachen	Hinweis auf Immundefekt

Aufgabe ▶

> ***Aufgabe.*** Suchen Sie mit Hilfe eines Spiegels und eines Spatels bei sich selbst die Mündungen der Glandula sublingualis und der Parotis auf! Führen Sie bei Kommilitonen Mund- und Rachenuntersuchungen durch und lassen Sie diese Untersuchung bei sich selbst vornehmen! Versuchen Sie zunächst, möglichst keinen Würgereiz auszulösen. Erfahren Sie danach aber das Gefühl, wenn massiv Würgereiz ausgelöst wird!

Charakteristische Beschwerden – anamnestische Angaben Hautläsionen im Bereich der Lippen sind häufig, vor allem Bläschenbildung nach Sonnenexposition (**Herpes simplex labialis**) und **Mundwinkelrhagaden**. Rauchen, übermäßiger Alkoholgenuß und ungenügende Oralhygiene sind die wichtigsten Risikofaktoren für Karzinome im Lippen-, Zungen- und Mundbodenbereich.

Mundgeruch (**Fötor**) kann durch kariöse Zähne, Parodontose, chronische Tonsillitis und Magenerkrankungen bedingt sein.

Nicht selten werden karzinomatöse Frühveränderungen als Folgen einer schlecht sitzenden Zahnprothese, Bißverletzungen oder bestimmten Gewohnheiten fehlgedeutet.

Charakteristische Beschwerden – anamnestische Angaben. Hautläsionen im Bereich der Lippen sind häufig, vor allem Bläschenbildung nach Sonnenexposition (**Herpes simplex labialis**) und **Mundwinkelrhagaden**. Fragen Sie nach entsprechender Exposition, Dauer der Veränderung, Begleiterkrankungen und Rezidivneigung. Denken Sie daran, daß Lippen und Mundhöhle auch Manifestationsort sexuell übertragbarer Erkrankungen (Lues, Gonorrhö) sein können. Rauchen, übermäßiger Alkoholgenuß und ungenügende Oralhygiene sind die wichtigsten Risikofaktoren für Karzinome im Lippen-, Zungen- und Mundbodenbereich.

Mundgeruch (**Fötor**) tritt bei fast jedem Menschen nach längerer Nahrungskarenz auf. Er hat zwar unangenehme soziale Folgen, ist aber meist kein Zeichen einer Erkrankung. Gelegentlich kann Mundgeruch jedoch durch kariöse Zähne, Parodontose, chronische Tonsillitis und Magenerkrankungen bedingt sein.
Die Zunge ist extrem sensibel versorgt. Daher bemerken die meisten Patienten von sich aus Schleimhautveränderungen in der Mundhöhle. Allerdings werden nicht selten karzinomatöse Frühveränderungen als Folgen einer schlecht sitzenden Zahnprothese, Bißverletzungen oder bestimmten Gewohnheiten fehlgedeutet.

Merke ▶

> ▶ ***Merke.*** Nehmen Sie Angaben von Patienten über Schleimhautveränderungen ernst und gehen Sie jedem Verdacht durch gründliche Inspektion, Palpation und evtl. Überweisung zur Probebiopsie nach.

Bei Störungen der Speichelsekretion oder bei Zungenbrennen sollten Sie an rheumatologische Systemerkrankungen, neurologisch-psychiatrische Störungen oder an Medikamenteneinnahme denken.

Schmerzen im Rachen, verstärkt beim Schlucken, sind typisch für Pharyngitis oder Tonsillitis.

Klagen über mangelnde oder überschießende Speichelsekretion, Mundtrockenheit und Zungenbrennen haben oft kein morphologisches Korrelat. Denken Sie in diesen Fällen auch an rheumatologische Systemerkrankungen sowie neurologisch-psychiatrische Störungen und fragen Sie nach der Einnahme von Medikamenten.

Schmerzen im Rachen, verstärkt beim Schlucken, sind typisch für Pharyngitis oder Tonsillitis. Erkundigen Sie sich nach Begleiterscheinungen wie Fieber, Hautausschläge und Gelenkschmerzen.
Zu Schluckbeschwerden siehe Kapitel C 1.7.

1.6.6 Untersuchung des Kehlkopfes

Der Larynx ist beim Mann durch den prominenten »Adamsapfel« (Prominentia laryngea) leicht erkennbar. Palpieren Sie den Larynx von außen bei vorgebeugtem Kopf des Patienten und hören Sie, ob bei der Atmung ein in- und/oder exspiratorischer **Stridor** vorhanden ist. Achten Sie auf eventuell vergrößerte Lymphknoten.

1.6.6 Untersuchung des Kehlkopfes

Der Larynx ist beim Mann durch den prominenten »Adamsapfel« (Prominentia laryngea) leicht erkennbar. Lassen Sie den Patienten schlucken und verfolgen Sie die Bewegung des Larynx nach oben. Palpieren Sie den Larynx von außen bei vorgebeugtem Kopf des Patienten und hören Sie, ob bei der Atmung ein in- und/oder exspiratorischer **Stridor** vorhanden ist. Palpieren Sie mit den Fingerkuppen von Zeige- und Mittelfinger entlang des M. sternocleidomastoideus, vor dem Schildknorpel und in den Supraklavikulargruben. Achten Sie auf eventuell vergrößerte Lymphknoten und charakterisieren Sie diese nach Größe, Lage, Konsistenz und Druckdolenz. Das Zungenbein sollte nicht mit einem harten Tumor verwechselt werden.

Kehlkopfspiegelung Neben Lichtquelle und Stirnreflektor benötigen Sie zur Kehlkopfspiegelung ein Zungenläppchen bzw. Kreppapier, einen Kehlkopfspiegel und einen nicht rußenden Spiritusbrenner. Die Untersuchungs-

Kehlkopfspiegelung. Neben Lichtquelle und Stirnreflektor (siehe Abschnitt 1.6, S. 141) benötigen Sie zur Kehlkopfspiegelung ein Zungenläppchen bzw. Kreppapier, einen Kehlkopfspiegel und einen nicht rußenden Spiritusbrenner. Der Spiegel wird wie ein Bleistift mit der rechten Hand gehalten, die Spiegelfläche gegen Beschlagen kurz am Brenner angewärmt.

Prüfen Sie vor dem Einführen des Spiegels in den Mund des Patienten die Temperatur des Instruments an Ihrem Handrücken. Die Untersuchungstechnik ist in S C-**1.20** dargestellt. Führen Sie nun den Larynxspiegel flach über den Zungenrücken bis vor die Uvula und heben Sie diese leicht an. Nun muß der Patient ein langgezogenes »hiii...« oder »hääă...« singen. Dabei steigt der Larynx nach kranial und die **Epiglottis** klappt nach vorne. Bei einem Neigungswinkel des Spiegels von 45° werden die Stimmbänder sichtbar. Im Spiegel erscheint der anatomisch dorsale Anteil des Larynx seitenverkehrt unten.
Studieren Sie die **Phonationsstellung** (geschlossen) und die **Respirationsstellung** (offen) der Stimmbänder, indem Sie den Patienten abwechselnd atmen und »hiii...« singen lassen. Die Stimmbänder erscheinen als gelblich-weiße, glatt begrenzte Bänder (S C-**1.20**).

Neben der direkten Inspektion der Stimmbänder erlaubt die Spiegelung auch eine funktionelle Untersuchung des X. Hirnnervs (**N. vagus**), der über den N. recurrens sämtliche Kehlkopfmuskeln versorgt.

technik ist in S C-**1.20** dargestellt.

Studieren Sie die **Phonationsstellung** (geschlossen) und die **Respirationsstellung** (offen) der Stimmbänder.
Die Stimmbänder erscheinen als gelblich-weiße, glatt begrenzte Bänder (S C-**1.20**).
Die Spiegelung erlaubt auch eine funktionelle Untersuchung des X. Hirnnervs (**N. vagus**).

S Synopsis C-1.20: Untersuchungstechnik bei der Kehlkopfspiegelung und Stimmbandbefund

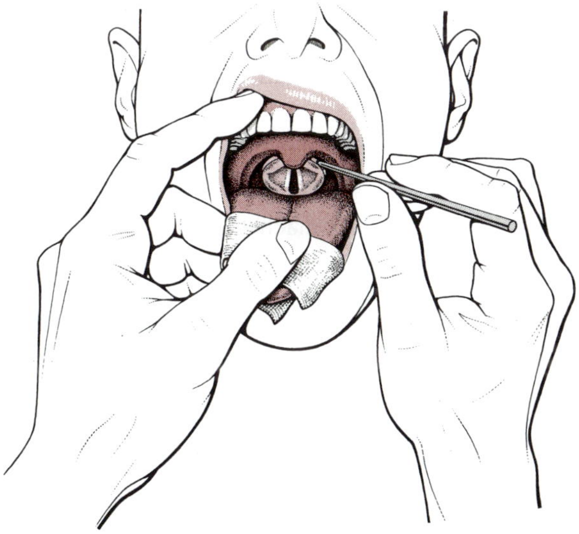

Vorgehensweise:

- Die herausgestreckte Zunge des Patienten wird mit Zungenpapier umwickelt und zwischen Daumen und Mittelfinger der linken Hand festgehalten, der Zeigefinger stützt sich dabei an der Oberlippe des Patienten ab und hält diese nach oben weg.
- Ziehen Sie nicht zu kräftig an der Zunge, das verschlechtert die Bedingungen eher!
- Führen Sie nun den Larynxspiegel flach über den Zungenrücken bis vor die Uvula und heben Sie diese leicht an. Nun muß der Patient ein langgezogenes »hiii...« oder »häää...« singen.
- Bei einem Neigungswinkel des Spiegels von 45° werden die Stimmbänder sichtbar.

Der Larynx im Kehlkopfspiegel:

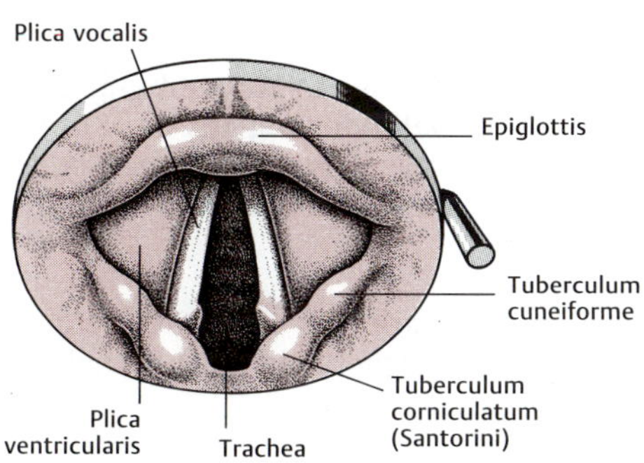

Im Spiegel erscheint der anatomisch dorsale Teil des Larynx seitenverkehrt unten.

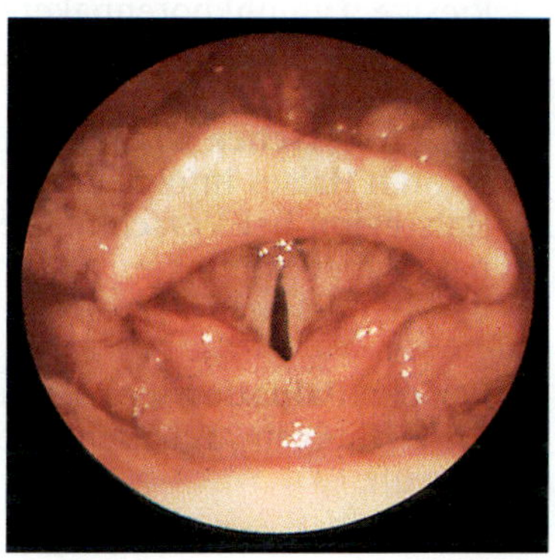

Spiegelbild bei Phonation (»hii...«).

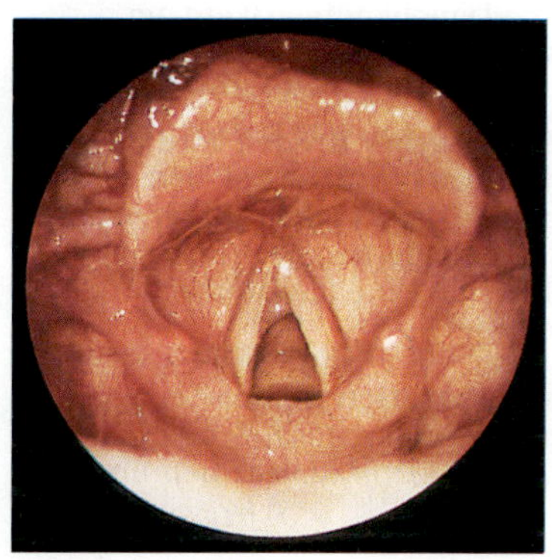

Spiegelbild bei Respiration.

Pathologische Befunde Rötung und Schwellung der Stimmbänder und der Epiglottis bei Laryngitis, Ulzerationen, Stimmbandpolypen und bizarre Tumoren der Stimmbänder (Karzinome), paramediane Stimmbandposition (**Rekurrensparese**).

Pathologische Befunde. Beispiele sind Rötung und Schwellung der Stimmbänder und der Epiglottis bei Laryngitis; Ulzerationen und Fremdkörper; »Sängerknötchen«, Stimmbandpolypen und bizarre Tumoren der Stimmbänder (Karzinome); Bewegungseinschränkungen der Stimmbänder: andauernd paramediane Stellung eines oder beider Stimmbänder bei ein- oder beidseitiger **Rekurrensparese** (z. B. nach Strumektomie).

Charakteristische Beschwerden – anamnestische Angaben Führendes Symptom von Larynxerkrankungen ist die **Heiserkeit** in den graduellen Abstufungen »belegte Stimme«, heisere Stimme und **Aphonie**, aber auch Fremdkörpergefühl und Räusperzwang. Plötzlich aufgetretene Heiserkeit spricht für eine **akute Laryngitis** oder eine **Stimmbandlähmung**. Eine chronisch gleichbleibende oder allmählich zunehmende Heiserkeit tritt beim **Larynxkarzinom**, beim **Myxödem**, bei Kompression des **N. recurrens** (z. B. Bronchialkarzinom) und bei der **Myasthenia gravis** auf.

Charakteristische Beschwerden – anamnestische Angaben. Führendes Symptom von Larynxerkrankungen ist die **Heiserkeit** in den graduellen Abstufungen »belegte Stimme«, heisere Stimme und **Aphonie**. Gelegentlich schildern die Patienten keine ausgesprochene Heiserkeit, sondern Fremdkörpergefühl und Räusperzwang. Fragen Sie nach der Dauer und dem zeitlichen Ablauf sowie nach Begleiterkrankungen. Plötzlich aufgetretene Heiserkeit spricht für eine **akute Laryngitis** oder eine **Stimmbandlähmung**. Eine chronisch gleichbleibende oder allmählich zunehmende Heiserkeit tritt beim **Larynxkarzinom**, beim **Myxödem**, bei Kompression des **N. recurrens** (z. B. Bronchialkarzinom) und bei der **Myasthenia gravis** auf. Eine besonders leise Stimme trifft man bei M. Parkinson oder bei Depression. Bei Frauen gehört eine tiefe und heisere Stimme zu den Virilisierungszeichen und sollte an androgenbildende Tumoren, Einnahme von Steroiden oder Myxödem denken lassen.

Merke ▶

▶ ***Merke.*** Jede Heiserkeit, die länger als drei Wochen besteht, bedarf der Abklärung durch den HNO-Arzt – cave Larynxkarzinom!

1.7 Hals

1.7 Hals

Bei der **Inspektion** des Halses achte man zunächst auf Form, Symmetrie, Schwellungen, abnorme Pulsationen usw.

Eine besondere Halsdeformität ist das **Pterygium colli**. Der Hals erscheint hier an beiden Seiten faltenartig ausgezogen.

Beim **Schiefhals** tritt der M. sternocleidomastoideus deutlich hervor. Der **M. Bechterew** führt im fortgeschrittenen Stadium zur extremen Einschränkung der Wirbelsäulenbeweglichkeit.

Bei der **Inspektion** des Halses achte man zunächst auf Form, Symmetrie, Schwellungen, abnorme Pulsationen usw.

Eine besondere Halsdeformität, die im Zusammenhang mit einer Unterfunktion oder dem Ausfall der Ovarien einhergeht, ist das **Pterygium colli** (Flügelfelle) beim Turner-Syndrom. Der Hals erscheint hier an beiden Seiten faltenartig ausgezogen.
Ein **Schiefhals** (Torticollis) fällt auch dem Ungeübten auf. Der M. sternocleidomastoideus tritt hierbei deutlich hervor. Der **M. Bechterew** (s. ▣ **B-8**) führt im fortgeschrittenen Stadium zur extremen Einschränkung der Wirbelsäulenbeweglichkeit. Im Halsbereich ist dies besonders auffällig, da bei den betroffenen Patienten das Kinn sich immer mehr der Brust nähert; Kopfdrehungen sind nicht mehr möglich. Die Patienten müssen ihren gesamten Oberkörper drehen, um ihre Blickrichtung zu ändern. Normalerweise geht die seitliche Kopfdrehung bis 90° mühelos, ebenso die Seitneigung des Kopfes bis 45°.

Riesige Lymphknotenpakete am Hals findet man bei **Lymphomen.**

Riesige Lymphknotenpakete am Hals findet man bei **Lymphomen** (zur Inspektion der Halslymphknoten s. S. 424).

Als **Stokesscher Kragen** wird die starke ödematöse Auftreibung des gesamten Halses infolge einer venösen Abflußbehinderung bei Verschluß der oberen Hohlvene (Cavathrombose) bezeichnet.

Als **Stokesscher Kragen** wird die starke ödematöse Auftreibung des gesamten Halses infolge einer venösen Abflußbehinderung aus der Kopf- und Halsregion bei Verschluß der oberen Hohlvene (Cavathrombose) bezeichnet. Dabei kommt es außerdem zum Gesichtsödem und zur Schwellung von Händen und Armen.

Bei der **Palpation** werden Schwellungen auf Konsistenz, Größe, Beweglichkeit und Druckdolenz geprüft.

Bei der **Palpation** des Halses werden sichtbare und evtl. nicht sichtbare Schwellungen auf Konsistenz, Größe, Beweglichkeit und Druckdolenz geprüft.

1.7.1 Schilddrüse

Anatomie. Die Schilddrüse ist die größte endokrine Drüse des Menschen (Normalgewicht 30–50 g). Sie hat die Form eines Schmetterlings und besteht aus zwei Lappen, die sich zu beiden Seiten der Trachea befinden und kaudal durch den **Isthmus** verbunden sind. Darunter versteht man eine prätracheal gelegene Brücke von Schilddrüsengewebe zwischen den beiden Lappen in Höhe des zweiten Trachealrings.
Als Anomalie kann sich in Richtung auf das Zungenbein ein **Lobus pyramidalis** erstrecken oder zusätzliches Schilddrüsengewebe an der Zungenbasis auftreten.

Untersuchungstechnik. Außer bei extrem dünnem Hals kann die normale Schilddrüse weder gesehen noch palpiert werden. Eine sichtbare und palpable Drüse bezeichnet man als **Struma**.

Lassen Sie den sitzenden Patienten den Kopf zurückneigen und betrachten Sie den Hals von vorne. Ist eine eventuell vorhandene Vergrößerung ein- oder beidseitig, liegt eine generalisierte Vergrößerung vor oder zeichnen sich einzelne Knoten im Bereich der Schilddrüse ab? Bemerken Sie eine Stauung der Halsvenen, besteht ein Stridor?
Stellen Sie sich dann hinter den sitzenden Patienten und palpieren sie die Schilddrüse bimanuell (C-**1.21**). Der Patient hält den Kopf in natürlicher Haltung, das Kinn nicht angehoben. Legen Sie die Daumen an den Nacken des Patienten und palpieren mit den übrigen Fingern ausgehend vom Isthmus über dem Ringknorpel nach lateral.

1.7.1 Schilddrüse

Anatomie Die Schilddrüse ist die größte endokrine Drüse des Menschen (Normalgewicht 30–50 g). Sie hat die Form eines Schmetterlings und besteht aus zwei Lappen, die sich zu beiden Seiten der Trachea befinden und kaudal durch den **Isthmus** verbunden sind.

Untersuchungstechnik Außer bei extrem dünnem Hals kann die normale Schilddrüse weder gesehen noch palpiert werden. Eine sichtbare und palpable Drüse bezeichnet man als **Struma**.
Lassen Sie den sitzenden Patienten den Kopf zurückneigen und betrachten Sie den Hals von vorne. Ist eine eventuell vorhandene Vergrößerung ein- oder beidseitig, liegt eine generalisierte Vergrößerung vor oder zeichnen sich einzelne Knoten im Bereich der Schilddrüse ab? Bemerken Sie eine Stauung der Halsvenen, besteht ein Stridor? Stellen Sie sich dann hinter den sitzenden Patienten und palpieren sie die Schilddrüse bimanuell (C-**1.21**).

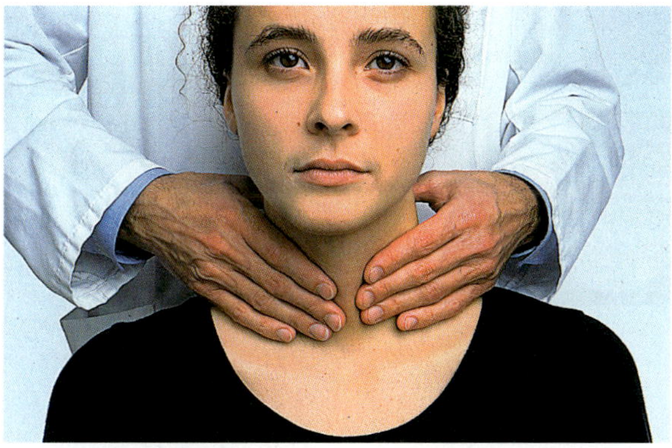

C-**1.21: Bimanuelle Palpation von dorsal**

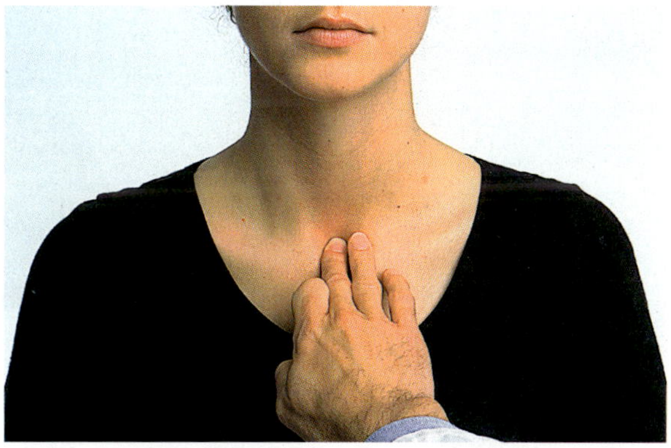

Palpation einer Retrosternalstruma, wobei der Patient aufgefordert wird zu schlucken

> ***Merke.*** Fordern Sie den Patienten zum Schlucken auf, und prüfen Sie die Schluckbeweglichkeit der Schilddrüse. Durch die feste Verbindung mit dem Larynx macht die Schilddrüse die Kranialbewegung des Larynx mit, ein Befund, der eine Struma von anderen Gewebsvermehrungen im Halsbereich unterscheidet.

◄ **Merke**

Falls der Patient nicht schlucken kann, geben Sie ihm ein Glas Wasser. Nur in den seltenen Fällen eines Schilddrüsenkarzinoms, das in die umgebenden Weichteile infiltriert ist, fehlt die Mitbewegung der Schilddrüse beim Schlucken.
Können Sie die Struma nicht nach kaudal begrenzen, besteht der Verdacht auf eine **retrosternale Ausdehnung**. Es kann vorkommen, daß sich eine Struma ausschließlich nach retrosternal ausdehnt und die Schilddrüse im Halsbereich eine normale Größe aufweist.

Läßt sich eine Struma nicht nach kaudal abgrenzen, besteht der Verdacht auf eine **retrosternale Ausdehnung**.

Wie bei jeder Schwellung oder jedem Tumor registrieren Sie Größe, Form, Lage, Konsistenz, Verschieblichkeit und Druckdolenz des Gewebes. Ein Spontan- oder Druckschmerz spricht für einen akuten entzündlichen Prozeß, z. B. eine **Thyreoiditis**.

Wie bei jeder Schwellung oder jedem Tumor registrieren Sie Größe, Form, Lage, Konsistenz, Verschieblichkeit und Druckdolenz des Gewebes. Die normale Schilddrüse ist homogen weich, was allerdings auch für die diffuse Struma zutrifft. Falls Sie umschriebene Knoten tasten, versuchen Sie, deren Konsistenz isoliert zu palpieren. Eine Fluktuation tritt bei zystischen Schilddrüsenveränderungen auf. Liegt ein Spontan- oder Druckschmerz der Schilddrüse vor, so spricht das für einen akuten entzündlichen Prozeß, z. B. eine virale oder bakterielle **Thyreoiditis**. Eine chronische Thyreoiditis oder ein Schilddrüsenmalignom gehen meist mit einer sehr derben Schwellung einher, Jodmangelstrumen sind überwiegend weich.

Strömungsgeräusche und Schwirren deuten auf eine Hyperthyreose hin. Die beste Reproduzierbarkeit der Strumagröße erreicht man mit der sonographischen Volumenbestimmung der beiden Schilddrüsenlappen.

Sind bei der Auskultation der Struma (C-**1.22**) Strömungsgeräusche hörbar oder ist ein Schwirren tastbar, so deutet das auf eine Hyperthyreose hin, bei der die Durchblutung der Schilddrüse um den Faktor 4–5 gesteigert sein kann.
Die Messung des Halsumfangs mit dem Bandmaß waagrecht über der Schilddrüse kann als Verlaufsparameter für eine Änderung der Strumagröße unter Therapie herangezogen werden, ist aber wenig genau. Bessere Reproduzierbarkeit erreicht man mit der sonographischen Volumenbestimmung der beiden Schilddrüsenlappen.

Versäumen Sie nicht, den Halsbereich auch nach vergrößerten Lymphknoten (siehe dort) abzutasten.

Versäumen Sie nicht, den Halsbereich auch nach vergrößerten Lymphknoten (siehe dort) abzutasten.

Zur Größeneinteilung der Struma und der diagnostischen Bedeutung der erhobenen Befunde siehe auch Kapitel C 10.8 Schilddrüsenkrankheiten.

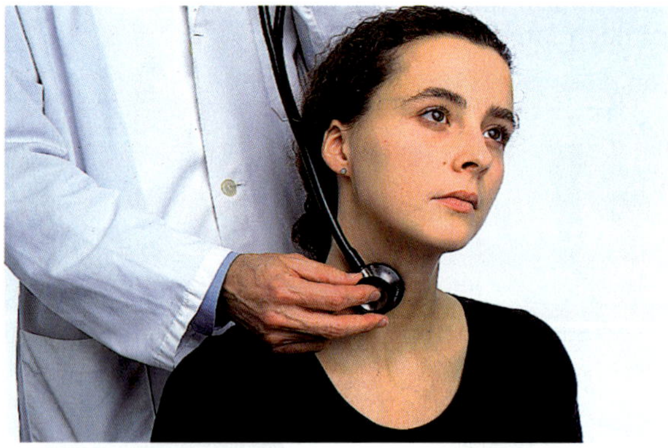

C-1.22: Auskultation der Schilddrüse

1.7.2 Halsgefäße

Die am Hals verlaufenden Arterien und Venen sind die dem Herzen und dem Gehirn am nächsten gelegenen Gefäße, die einer unmittelbaren Untersuchung zugängig sind. Diese ist fester Bestandteil jeder klinischen Untersuchung.
Bei der **Inspektion** ist auf eine abnorme Füllung oder Pulsation der Venen zu achten.

1.7.2 Halsgefäße

Die am Hals verlaufenden Arterien und Venen sind die dem Herzen und dem Gehirn am nächsten gelegenen Gefäße, die einer unmittelbaren Untersuchung zugängig sind. Daher kommt ihrer Untersuchung ein besonderer Stellenwert zu. Sie ist fester Bestandteil jeder klinischen Untersuchung und muß immer in Beziehung mit der Herzauskultation (s. S. 179 ff.) und der Anamnese (kardiale oder zerebrovaskuläre Symptome, wie Schwindel, »TIA« usw., s. S. 69 ff.) interpretiert werden.
Bei der **Inspektion** ist auf eine abnorme Füllung oder Pulsation der Venen zu achten. Der Füllungszustand der Venen ist natürlich in erster Linie von der Körperlage (größere Füllung bei Flachlagerung), der Atmung und dem intrathorakalen Druck abhängig. Der zentrale Venendruck kann mit einfachen Manövern abgeschätzt werden (s. S. 194).

Merke ▶

Merke. Eine obere Einflußstauung ist ein wichtiges klinisches Zeichen bei der Rechtsherzinsuffizienz.

Wegen der unmittelbaren Nachbarschaft der Vena jugularis zur A. carotis können sich die arteriellen Pulsationen

Wegen der unmittelbaren Nachbarschaft der Vena jugularis zur A. carotis können sich die arteriellen Pulsationen der Karotis auf die Venen übertragen. Eine sehr ausgeprägte »Venenpulsation« ist bei der Aorteninsuffizienz zu beobachten. Tatsächlich gibt es aber auch eine normale **Venenpulskurve**, die im Gegensatz zur Arterienpulskurve mindestens doppelgipflig verläuft: Die erste Welle ist Folge der aktiven Drucksteigerung bei der Vorhofkontraktion, die zweite Welle ist Ausdruck des passiven Druckanstiegs vor der in der Ventrikelsystole geschlossenen Trikuspidalklappe. Auf die positiven Volumen- bzw. Druckwellen folgt jeweils ein Druckabfall. Die normale Venenpulskurve weist einen systolischen Kollaps auf. Der Venenpuls ist also immer im Zusammenhang mit der Herzaktion zu beurteilen.

der Karotis auf die Venen übertragen. Die normale **Venenpulskurve** verläuft im Gegensatz zur Arterienpulskurve mindestens doppelgipflig: Die erste Welle ist Folge der aktiven Drucksteigerung bei der Vorhofkontraktion, die zweite Welle ist Ausdruck des passiven Druckanstiegs vor der in der Ventrikelsystole geschlossenen Trikuspidalklappe. Die normale Venenpulskurve zeigt einen systolischen Kollaps.

Eine inspiratorische Zunahme des Venendrucks und ein fehlender Kollaps kommen bei der Trikuspidalinsuffizienz und bei der Pericarditis constrictiva vor. Hierbei fließt das Blut während der Systole aus dem rechten Ventrikel in die Vena cava superior und die V. jugularis zurück. So füllen sich der Vorhof und die herznahen Venen systolisch auf, wodurch es zur Auswärtsbewegung der Venenwand kommt. Dies ist bei gleichzeitigem Vorhofflimmern, bei dem die koordinierte Dilatation des Vorhofs nicht mehr gegeben ist, noch ausgeprägter als bei Sinusrhythmus. Beide genannten Herzerkrankungen sind heute jedoch sehr selten.

Inspiratorische Zunahme des Venendrucks und fehlender Kollaps kommen bei der Trikuspidalinsuffizienz und bei der Pericarditis constrictiva vor.

Der arterielle Puls der A. carotis muß ertastet werden (C-**1.23**). Die **Palpation** der Karotis spielt bei der Beurteilung des Pulsdefizits (s. S. 171) und im Schock eine wichtige Rolle. Man tastet den Puls medial des M. sternocleidomastoideus mit den Fingerspitzen. Die Untersuchung kann von vorn, sollte besser aber von hinten erfolgen. Man achte auf Seitenunterschiede der Pulsqualität.

Der arterielle Puls der A. carotis muß ertastet werden (C-**1.23**). Die **Palpation** der Karotis spielt bei der Beurteilung des Pulsdefizits und im Schock eine wichtige Rolle. Man tastet den Puls medial des M. sternocleidomastoideus mit den Fingerspitzen.

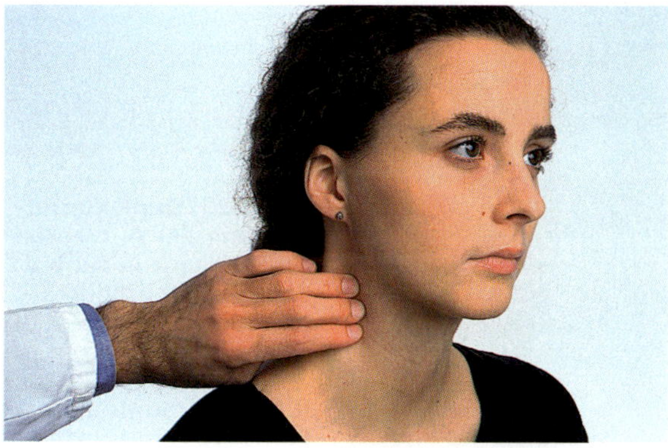

C-1.23: Tasten des Karotispulses

Merke. Die Palpation **darf nur mit geringem Druck und nur von einer Seite** erfolgen, da bei hypersensitivem Karotissinus eine Bradykardie mit Herzstillstand und Synkope ausgelöst werden kann und bei simultaner Palpation evtl. eine zerebrale Durchblutungsstörung provoziert wird.

◀ **Merke**

Ein Verschluß der A. carotis interna, der typischerweise zum Schlaganfall führt, aber auch gelegentlich asymptomatisch erfolgen kann, ist nicht palpabel, da eine Differenzierung zwischen A. carotis interna und externa palpatorisch nicht möglich ist.
Bei der **Auskultation** der A. carotis (C-**1.24**) wird das Stethoskop nur leicht ohne Druck aufgesetzt. Wird mit dem Stethoskop zu starker Druck ausgeübt, kann ein Stenosegeräusch vorgetäuscht werden. Die Lautstärke eines Stenosegeräusches läßt keine Rückschlüsse auf den Schweregrad der Einengung zu. Die Auskultation sollte erst nach mindestens 10–15 Minuten körperlicher Ruhe erfolgen, da bei gesteigertem Herzminutenvolumen unter körperlicher Anstrengung physiologische Strömungsgeräusche auftreten können.

Bei der **Auskultation** der A. carotis (C-**1.24**) wird das Stethoskop nur leicht ohne Druck aufgesetzt. Die Lautstärke eines Stenosegeräusches läßt keine Rückschlüsse auf den Schweregrad der Einengung zu.

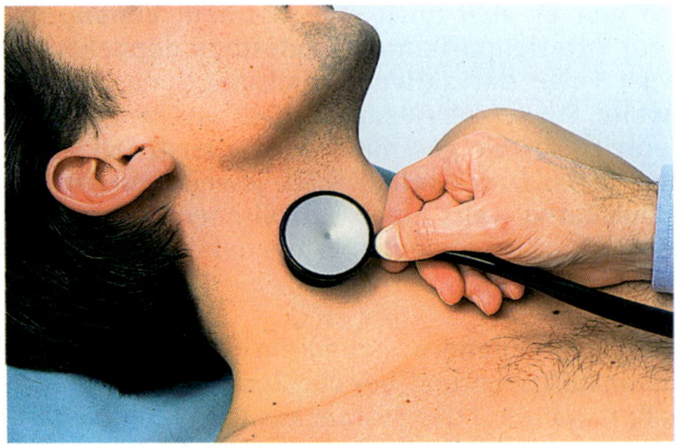

C-**1.24: Auskultation der Arteria carotis**

Die **Ultraschalluntersuchung** der hirnversorgenden Arterien erlaubt eine exakte Beurteilung von Gefäßwänden, Lumen und Strömung (C-**1.25**).

Die **Ultraschalluntersuchung** (Doppler und Duplex) der extrakraniellen hirnversorgenden Arterien erlaubt heute eine sehr exakte Beurteilung der Gefäßwände, des Lumens und der Strömung (C-**1.25**).

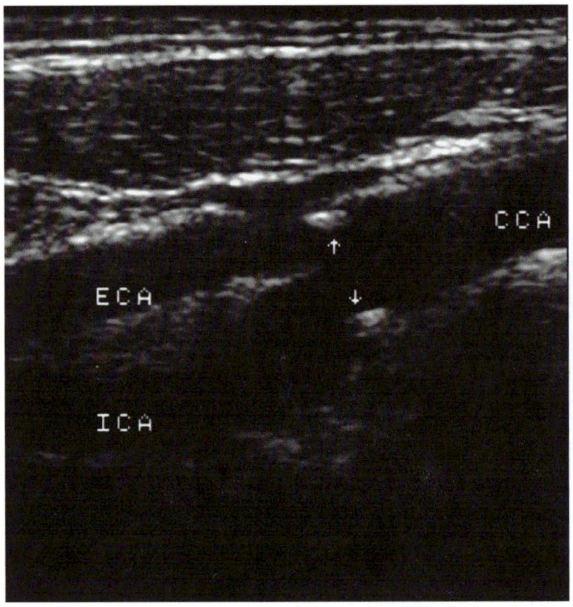

C-**1.25: Duplexuntersuchung der A. carotis:** Große Plaque in der ICA und der Karotisbifurkation
CAA = A. carotis communis,
ICA = A. carotis interna,
ECA = A. carotis externa

1.8 Kopfschmerzen

Rund 30 % der Frauen und 20 % der Männer leiden mindestens einmal in ihrem Leben an Kopfschmerzen vom **Migränetyp. Spannungskopfschmerzen** sind mit ca. 40 % noch häufiger.
Nur in einem ganz geringen Prozentsatz handelt es sich bei Kopfschmerzen um eine lebensbedrohliche Erkrankung. Hinter dem Symptom Kopfschmerz (**Zephalgie**) verbergen sich ganz unterschiedliche Erkrankungen.

Kopfschmerz ist ein sehr häufiges Symptom, mit dem jeder Arzt – gleich welcher Fachrichtung – konfrontiert wird. Rund 30 % der Frauen und 20 % der Männer leiden mindestens einmal in ihrem Leben an Kopfschmerzen vom **Migränetyp. Spannungskopfschmerzen** sind mit ca. 40 % noch häufiger.
Nur in einem ganz geringen Prozentsatz handelt es sich bei Kopfschmerzen um eine lebensbedrohliche Erkrankung, wie Hirntumor oder intrakranielle Blutung, die einen sofortigen Einsatz aller modernen diagnostischen Verfahren (kraniale Computertomographie, Kernspintomographie und Karotisangiographie) erfordert. Hinter dem Symptom Kopfschmerz (**Zephalgie**) verbergen sich ganz unterschiedliche Erkrankungen. Die häufigsten Ursachen sind Muskelverspannungen, vertebragene (von der Halswirbelsäule ausgehend), vaskuläre (gefäßbedingt) oder entzündliche Prozesse, Gesichtsneuralgien und Medikamente.

1.8.1 Klassifikation

Die International Headache Society hat folgende Kopfschmerz-Klassifikation vorgeschlagen:

1. Migräne
2. Spannungskopfschmerz
3. Clusterkopfschmerz und chronisch paroxysmale Hemikranie (Halbseitenkopfschmerz)
4. Kopfschmerzen, die nicht mit strukturellen Läsionen verknüpft sind
5. Posttraumatische Kopfschmerzen
6. Kopfschmerzen, die mit vaskulären Störungen verknüpft sind
7. Kopfschmerzen, die mit nichtvaskulären intrakraniellen Störungen verknüpft sind
8. Medikamentös bedingte Kopfschmerzen bzw. Kopfschmerzen bei Medikamentenentzug
9. Kopfschmerzen, die mit nicht zephalgischen Infektionen verknüpft sind
10. Kopf- oder Gesichtsschmerzen, die mit metabolischen Störungen verbunden sind
11. Kopf- oder Gesichtsschmerzen bei Störungen bzw. Erkrankungen des Schädels, der Augen, der Ohren, der Nase und der Nasennebenhöhlen, des Mundes, der Zähne und anderen kraniellen Strukturen
12. Kranielle Neuralgien und Neuritiden
13. Nicht klassifizierbare Kopfschmerzen

1.8.1 Klassifikation

Kopfschmerz-Klassifikation der International Headache Society

1.8.2 Kopfschmerzanamnese

Die Anamnese ist in jedem Fall der Schlüssel zur Diagnose von Kopfschmerzen.
Der sog. **Spannungskopfschmerz** und die Migräne sind die weitaus häufigsten Formen des Kopfschmerzes. Den Spannungskopfschmerz schildert der Patient als »Schraubstock«, »Eisenring um den Kopf« oder als »schwere Last auf dem Kopf«. Der **Migränekopfschmerz** ist dagegen typischerweise halbseitig, von stärkerer Intensität, tritt attackenartig bzw. periodisch auf und ist von vegetativen Symptomen (Übelkeit, Erbrechen, Flimmerskotom, Licht- und Geräuschempfindlichkeit) begleitet. Die anamnestische Befragung des Patienten muß all diese Faktoren berücksichtigen.
Der Begriff Spannungskopfschmerz ist mißverständlich und wird daher auch mißverständlich gebraucht. Er wird einerseits auf muskuläre Verspannungen im Nacken-, Kau-, und Stirnmuskelbereich bezogen, andererseits wird er als Ausdruck erhöhter psychischer Spannung verstanden. Er tritt typischerweise in Konfliktsituationen und als Reaktion auf Überforderung auf. Man sollte den **vertebragenen Kopfschmerz mit okzipitaler Betonung** vom Spannungskopfschmerz trennen (▤ C-**1.13**). Typischerweise sind hierbei die schmerzhaften Verspannungen der Nackenmuskulatur nachweisbar. Letztlich sind natürlich auch diese Nackenmyogelosen häufig auf psychische Spannungen zurückzuführen. Nach auslösenden Faktoren aus dem psychosozialen Bereich ist bei jedem Kopfschmerzpatient ebenso zu fragen, wie nach den Lebensumständen, dem Beruf und nach Freizeitaktivitäten.

1.8.2 Kopfschmerzanamnese

Die Anamnese ist immer der Schlüssel zur Diagnose von Kopfschmerzen.

Den **Spannungskopfschmerz** schildert der Patient als »Schraubstock« oder als »schwere Last auf dem Kopf«.
Der **Migränekopfschmerz** ist dagegen typischerweise halbseitig, von stärkerer Intensität, tritt attackenartig bzw. periodisch auf und ist von vegetativen Symptomen begleitet.

Vom Spannungskopfschmerz zu trennen ist der **zervikogene Kopfschmerz** (▤ C-**1.13**).

C-1.13: Differenzierung zwischen Migräne, Spannungskopfschmerz und zervikogenem Kopfschmerz

	Migräne	Spannungs-kopfschmerz	Zervikogener Kopfschmerz
Lokalisation	• Temporofrontal • Unilateral (wechselnd)	• Okzipital • Frontal • Bilateral	• Okzipital • Unilateral (konstant)
Charakter	• Pochend • Pulsierend	• Dumpf • Drückend	• Bohrend • Ziehend
Intensität	• Schwer	• Leicht bis mittel	• Mittel bis schwer
Attacken	• Obligat	• Anfangs	• Anfangs
Begleit-symptome	Sehr häufig: • Übelkeit • Flimmerskotom	• Selten	• Gelegentlich
Provokation	• Körperliche Belastung • Psychische Belastung	• Unspezifisch • Psychisch	• »Mechanisch«
Myogelosen	• Gelegentlich • Ipsi-/bilateral	• Gelegentlich • Beidseits	• Oft ipsilateral

1.8.3 Differenzierung der migräneartigen Kopfschmerzen

Die Migräne ist von zwei selteneren – wahrscheinlich ebenfalls gefäßbedingten – Kopfschmerzformen abzugrenzen (▤ C-**1.14**):
Der **Cluster-Kopfschmerz** hat seinen Namen von dem Auftreten als »Bündel« über einige Wochen. Die Differenzierung von Migräne und **Hemikranie** gelingt allein aufgrund der gezielten Befragung des Patienten.

1.8.3 Differenzierung der migräneartigen Kopfschmerzen

Die Migräne ist von zwei selteneren – wahrscheinlich ebenfalls gefäßbedingten – Kopfschmerzformen abzugrenzen (▤ C-**1.14**): Der **Cluster-Kopfschmerz** hat seinen Namen von dem Auftreten als »Bündel« (= Cluster) über einige Wochen, jeweils zur gleichen Uhrzeit in der Nacht (»fahrplanmäßig«). Die Differenzierung von Migräne und **Hemikranie** gelingt allein aufgrund der gezielten Befragung des Patienten. Charakteristisch für die Hemikranie ist darüber hinaus das selektive Ansprechen auf Indometacin (Prostaglandin-Inhibitor).
Die Erscheinungsform der Migräne reicht von sehr leichten Kopfschmerzen ohne Begleitsymptome bis zur schweren fokalen Form, die mit neurologischen Ausfällen wie Hemiparese, Aphasie und Hemianopsie einhergehen kann. Treten neurologische Ausfälle und heftige Kopfschmerzen plötzlich und erstmalig auf, so ist natürlich in erster Linie an eine Hirnblutung, einen Hirntumor oder auch an eine Enzephalitis zu denken und eine schnelle weiterführende Diagnostik einzuleiten. Die Migräne kommt sehr viel häufiger bei Frauen als bei Männern vor. Da sie familiär gehäuft auftritt, ist immer auch nach dem Vorkommen bei den Eltern, insbesondere der Mutter, zu fragen.

C-1.14: Differenzierung der migräneartigen Kopfschmerzen

	Migräne	Cluster-Kopfschmerz (Bing-Horton-Syndrom)	Chronisch paroxysmale Hemikranie
Lokalisation	Unilateral	Unilateral	Unilateral
Begleit-symptome	• Übelkeit • Erbrechen • Licht- und • Geräusch-empfindlichkeit	Ipsilateral: • Gesichtsrötung • Tränensekretion • Nasensekretion • Nasenschleimhaut-schwellung	Ipsilateral • Bindehautrötung • Tränensekretion • Nasensekretion • Ptosis • Miosis
Tageszeit	Beginn oft frühmorgens	2. Nachthälfte, »fahrplanmäßig«	Mehrmals am Tage
Dauer	Stunden bis Tage	Halbstündig	Einige Minuten

An eine sehr leichte Form der Migräne erinnern die Beschwerden beim häufigen **vasomotorischen Kopfschmerz**. Die Übergänge sind fließend. Es fehlen aber die typischen Begleitsymptome. Als auslösende Ursachen werden angegeben bzw. können erfragt werden: Alkohol, Schlafentzug, Streßfaktoren, »Wetterfühligkeit«. Die Patienten haben meist einen normalen bis niedrigen Blutdruck. Ein erhöhter Blutdruck kann alleinige Ursache von Kopfschmerz sein. Entgegen der weitverbreiteten Meinung haben jedoch die meisten Patienten mit **Hypertonie** keine Kopfschmerzen. Bei starken, schnellen und krisenhaften Blutdruckanstiegen kann es zu dumpfen, drückenden oder auch stechenden Kopfschmerzen kommen. Zusätzlich können Schwindel, Benommenheit und abnorme Schläfrigkeit auftreten. In diesem Zusammenhang ist auch der morgendliche Kopfschmerz bei Patienten mit **Schlafapnoesyndrom** zu nennen, der in der Klassifikation der International Headache Society noch keine besondere Berücksichtigung gefunden hat. Näheres zur Anamnese dieses relativ häufigen Syndroms siehe Seite 60.

An eine sehr leichte Form der Migräne erinnern die Beschwerden beim häufigen **vasomotorischen Kopfschmerz**. Die Übergänge sind fließend. Die Patienten haben meist einen normalen bis niedrigen Blutdruck. Ein erhöhter Blutdruck kann alleinige Ursache von Kopfschmerz sein. Entgegen der weitverbreiteten Meinung haben jedoch die meisten Patienten mit **Hypertonie** keine Kopfschmerzen.

Von Nerven ausgehende Schmerzen (**Neuralgien**) sind durch blitzartige Schmerzattacken gekennzeichnet. Das wichtigste Beispiel ist die Trigeminusneuralgie. Sie beginnt typischerweise in der zweiten Lebenshälfte und befällt meist den 2. und/oder 3. Trigeminus-Ast (s. S. 437). Die Patienten können zwischen den Attacken völlig schmerzfrei sein. Neuralgien können seltener auch im Bereich anderer Hirnnerven auftreten, z. B. die Glossopharyngeus-Neuralgie mit Schmerzlokalisation im Bereich des Zungengrundes, der Tonsillen und des Hypopharynx mit Ausstrahlung ins Ohr.

Von Nerven ausgehende Schmerzen (**Neuralgien**) sind durch blitzartige Schmerzattacken gekennzeichnet. Das wichtigste Beispiel ist die Trigeminusneuralgie. Sie beginnt typischerweise in der zweiten Lebenshälfte und befällt meist den 2. und/oder 3. Trigeminus-Ast (s. S. 437). Die Patienten können zwischen den Attacken völlig schmerzfrei sein.

Ein **Glaukomanfall** kann zu heftigen, meist einseitigen bohrenden Kopfschmerzen führen, die nicht immer nur auf das betroffene Auge projiziert werden. Die Diagnose wird erleichtert, wenn der Patient gleichzeitig über eine Sehverschlechterung und das Sehen von Farbringen klagt. Erbrechen kommt auch beim Glaukomanfall vor.

Ein **Glaukomanfall** kann zu heftigen, meist einseitigen bohrenden Kopfschmerzen führen, die nicht immer nur auf das betroffene Auge projiziert werden.

◀ **Merke**

> ***Merke.*** Plötzlicher Beginn des Kopfschmerzes evtl. nach einem Trauma, mit Bewußtseinstrübung, evtl. neurologischen Ausfällen, Meningismus ohne Fieber sind charakteristisch für eine intrakranielle Blutung (z. B. subdurales Hämatom, Aneurysmablutung).

Kopfschmerzen, Fieber und Bewußtseinstrübung sind typisch für intrakranielle Entzündungen (**Meningitis und Enzephalitis**). Die Patienten können aber auch agitiert sein. Vegetative Symptome wie Übelkeit, Erbrechen und Lichtscheu sind häufig zu beobachten.
Eine **Arteriitis temporalis** (Morbus Horton) kann alleine oder im Rahmen einer Polymyalgia rheumatica auftreten. Sie kommt fast nur bei älteren Patienten vor, kann zu heftigen Kopfschmerzen und Sehstörungen bis zur Erblindung führen. Daher ist bei dieser Erkrankung eine rasche Diagnosestellung wichtig, um durch entsprechende Therapie die Erblindung zu vermeiden.

Kopfschmerzen, Fieber und Bewußtseinstrübung sind typisch für intrakranielle Entzündungen (**Meningitis und Enzephalitis**).

Eine **Arteriitis temporalis** (Morbus Horton) kann alleine oder im Rahmen einer Polymyalgia rheumatica auftreten.

Die Kopfschmerzanamnese ist nicht vollständig, wenn nicht auch nach **Medikamenten** und **Suchtmitteln** gefragt wird. Kopfschmerzen sind eine klassische Nebenwirkung von Kalziumantagonisten vom Dihydropyridintyp, die bei Hypertonie und koronarer Herzkrankheit (KHK) häufig eingesetzt werden. Auch bei Nitraten, die ebenfalls bei der KHK angewandt werden, sind Kopfschmerzen die Hauptnebenwirkung. Wenn Schmerzmittel über lange Zeit ständig eingenommen werden, kann es beim Absetzen zu Entzugserscheinungen kommen, die mit schweren Kopfschmerzen einhergehen können. Betroffen sind meistens Patienten, die bereits eine sehr lange Kopfschmerzanamnese haben.
Auf den Katerkopfschmerz nach Alkoholexzeß soll hier nicht weiter eingegangen werden. Im Zusammenhang mit Essen und Trinken wird gelegentlich das sog. »China-Restaurant-Syndrom« beobachtet. Die betroffenen

Die Kopfschmerzanamnese ist nicht vollständig, wenn nicht auch nach **Medikamenten** und **Suchtmitteln** gefragt wird.

Patienten berichten über migräneartige Kopfschmerzen, die wahrscheinlich auf eine Überempfindlichkeit auf Natriumglutamat beruht, das in der chinesischen Küche häufig verwandt wird. Prädisponierte Patienten bekommen auch nach dem Genuß von Käse, Rotwein, Bierhefe und Schokolade Kopfschmerzen, insbesondere wenn diese Nahrungsmittel kombiniert werden. Diese Nahrungsmittel enthalten viel Tyramin und andere biogene Amine, die für die Kopfschmerzen verantwortlich gemacht werden.

1.8.4 Klinische Untersuchung bei Kopfschmerzen

Werden bei der **Inspektion** im Anfall klassische Begleitsymptome wie Nasen- und Tränensekretion, Gesichtsröte, Ptosis und Miosis gefunden, ist die Diagnosestellung einfach (siehe ▤ C-**1.13**). Bei einer Arteriitis temporalis können die Gefäße (Aa. temporalis) evtl. verdickt hervortreten. Bei der **Palpation** ist auf die Druckempfindlichkeit und Infiltration der A. temporalis zu achten. Der Spannungszustand der Nackenmuskulatur der HWS sollte geprüft werden.

Die Nervenaustrittspunkte (s. S. 117) sind zu prüfen, und die **Nasennebenhöhlen** sollten leicht mit einem Finger beklopft werden. Bei entsprechendem Verdacht muß auch geprüft werden, ob ein Meningismus vorliegt.

Bei Verdacht auf einen Glaukomanfall kann ein erhöhter Augeninnendruck durch leichten Druck auf den Bulbus mit dem Daumen diagnostiziert werden.

Eine Blutdruckmessung ist bei jedem Kopfschmerzpatienten erforderlich.

1.8.4 Klinische Untersuchung bei Kopfschmerzen

Nach der Schilderung der Symptomatik durch den Patienten und der anamnestischen Befragung, die für die weitere Diagnostik richtungweisend sind, erfolgt die gezielte klinische Untersuchung.
Werden bei der **Inspektion** im Anfall klassische Begleitsymptome wie Nasen- und Tränensekretion, Gesichtsröte, Ptosis und Miosis gefunden, ist die Diagnosestellung einfach (siehe ▤ C-**1.13**). Bei einer Arteriitis temporalis können die Gefäße (Aa. temporalis) evtl. verdickt und geschlängelt hervortreten. Bei der **Palpation** ist auf die Druckempfindlichkeit und Infiltration (Verdickung und Verhärtung) der A. temporalis zu achten (siehe ◘ C-**1.2**). Der Spannungszustand der Nackenmuskulatur und die Beweglichkeit des Kopfes bzw. der HWS sollte geprüft werden. Sind Verhärtungen (Myogelosen) der Nackenmuskulatur vorhanden, die bei fester Palpation sehr schmerzhaft sein können?

Die **Nervenaustrittspunkte** (s. S. 117) sind zu prüfen, und die **Nasennebenhöhlen** sollten leicht mit einem Finger beklopft werden, um entzündliche Prozesse zu erkennen. Bei entsprechendem Verdacht muß auch geprüft werden, ob ein Meningismus vorliegt. Meningismus ist das Leitsymptom bei entzündlichen intrakraniellen Erkrankungen, der Meningitis und der Enzephalitis. Ohne Fieber kann ein Meningismus auch bei einer intrakraniellen Blutung auftreten.
Bei Verdacht auf einen Glaukomanfall kann ein erhöhter Augeninnendruck durch leichten Druck auf den Bulbus mit dem Daumen (Seitenvergleich!) diagnostiziert werden.

Eine Blutdruckmessung ist bei jedem Kopfschmerzpatienten erforderlich.

2 Thorax

2.1 Untersuchungstechnik von Herz, Kreislauf und Lunge

Die Beurteilung von Kreislauf und Atmung steht bei Störungen der Vitalfunktionen (lebensbedrohlich) ganz im Vordergrund. Aber nicht nur im Notfall sollte sich der Arzt bei der ersten Inspektion eines Patienten einen Überblick über die Funktionen von Atmung, Herz und Kreislauf verschaffen. Die Beurteilung der Bewußtseinslage, von Atemtiefe, -rhythmus und -frequenz sowie die Puls- und Blutdruckmessung müssen bei jedem Patienten erfolgen. Sie haben im Notfall höchste Priorität.

2 Thorax

2.1 Untersuchungstechnik von Herz, Kreislauf und Lunge

Die Beurteilung von Kreislauf und Atmung steht bei Störungen der Vitalfunktionen im Vordergrund.
Die Überprüfung von Bewußtseinslage, Atemtiefe, -rhythmus und -frequenz sowie die Puls- und Blutdruckmessung müssen bei jedem Patienten erfolgen. Sie haben im Notfall höchste Priorität.

Aufgabe: Messen Sie die Pulsfrequenz (Schläge/min), den Blutdruck und die Atemfrequenz (Atemzüge/min) bei sich selbst und bei einem Freund/in. Falls Sie kein Blutdruckmeßgerät zur Verfügung haben, können Sie evtl. in einem medizinischen Fachgeschäft ein Gerät ausprobieren. Führen Sie zuerst die Messungen in Ruhe (Sitzen oder Liegen) durch und dann nach einer körperlichen Belastung (z. B. Treppenlaufen, Fahrradfahren). So bekommen Sie einen ersten Einblick in die Dynamik der Blutzirkulation (Hämodynamik). Anschließend palpieren Sie den Herzspitzenstoß und auskultieren die Herztöne!
Anmerkung: Messen Sie zunächst routinemäßig bei jeder Gelegenheit bei jedem Patienten Puls, Blutdruck und Atemfrequenz, um die Variationsbreite dieser drei Parameter zu erfahren.

◄ **Aufgabe**

2.1.1 Pulsmessung

Die Tastung des Pulses leitet in den meisten Fällen den Beginn der Untersuchung ein und eröffnet den unmittelbaren Kontakt zwischen Arzt und Patient. Die Pulstastung hat daher auch eine sehr starke symbolische Bedeutung.
Die **Palpation** des Pulses läßt vielfältige Rückschlüsse auf die Herzfunktion und die Beschaffenheit der Gefäße zu. Überragende Bedeutung hat die Beurteilung von Herzfrequenz und -rhythmus. Die Pulsationen sind gelegentlich sichtbar, z. B. der Karotispuls am Hals oder der Aortenpuls an der Bauchdecke bei schlanken Patienten. Bei schwerer Aorteninsuffizienz kann die vom Herzen fortgeleitete Druckwelle evtl. sogar im Nagelbett als **Kapillarpuls** sichtbar werden.
Der **Radialispuls** wird auf der Daumenseite des Unterarms ca. 3 – 5 cm distal des Handgelenks mit dem 2. – 4. Finger palpiert. Der Ulnarispuls wird entsprechend auf der Gegenseite getastet (S C-**2.1**, ⑤).
Im Kreislaufschock ist der Radialispuls häufig nicht mehr tastbar. In diesem Fall muß der Puls der A. carotis oder der A. femoralis zur Beurteilung palpiert werden (S C-**2.1**, ①, ⑦).

2.1.1 Pulsmessung

Die Tastung des Pulses leitet meistens den Beginn der Untersuchung ein und eröffnet den unmittelbaren Kontakt zwischen Arzt und Patient.

Die **Palpation** des Pulses läßt vielfältige Rückschlüsse auf die Herzfunktion und die Beschaffenheit der Gefäße zu.

Der **Radialispuls** wird auf der Daumenseite des Unterarms ca. 3 – 5 cm distal des Handgelenks mit dem 2. – 4. Finger palpiert (S C-**2.1**, ⑤).
Im Kreislaufschock ist der Radialispuls häufig nicht mehr tastbar. In diesem Fall muß der Puls der A. carotis oder der A. femoralis zu Beurteilung palpiert werden (S C-**2.1**, ①, ⑦).

Synopsis C-2.1: Tastbare Gefäßpulse

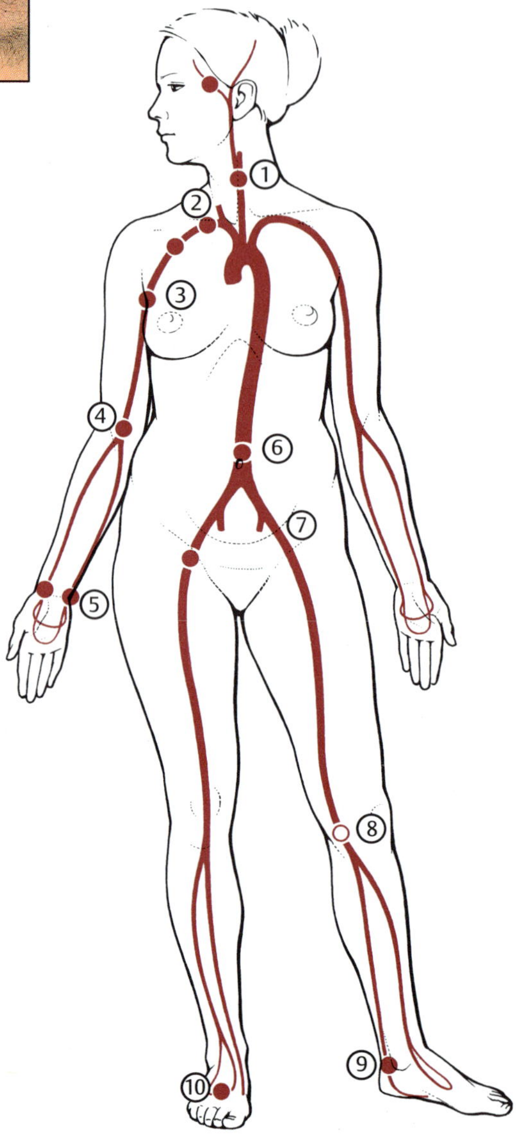

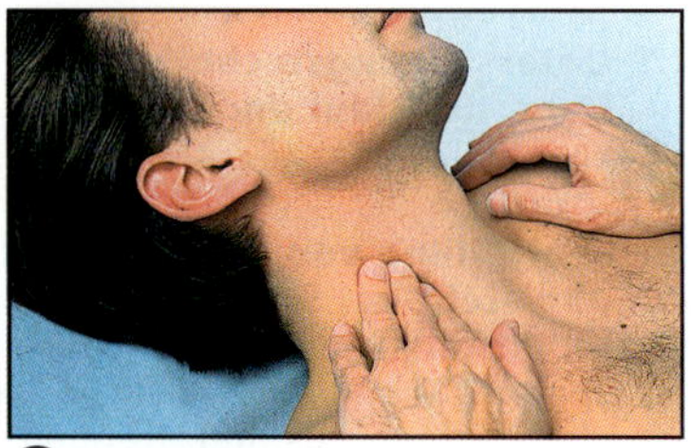

① A. carotis

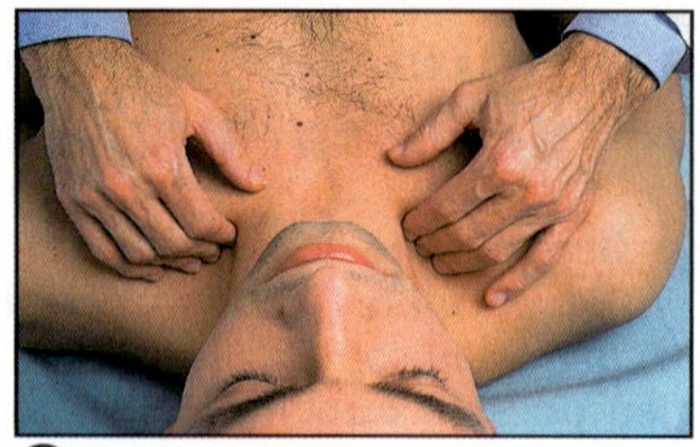

② A. subclavia

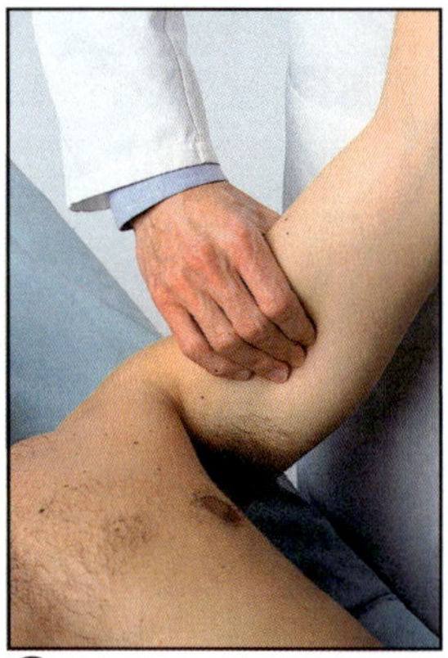

③ A. axillaris

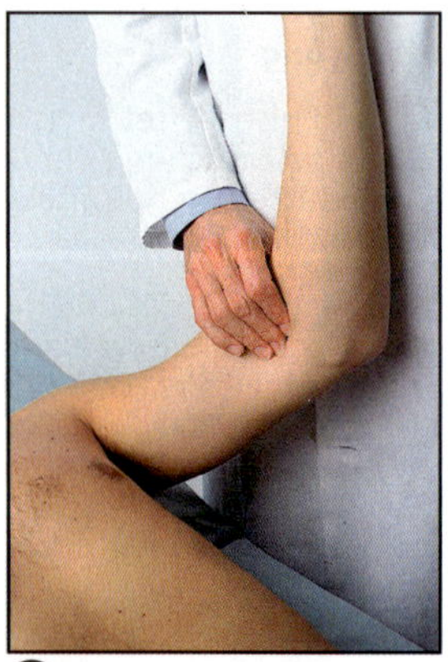

④ A. brachialis

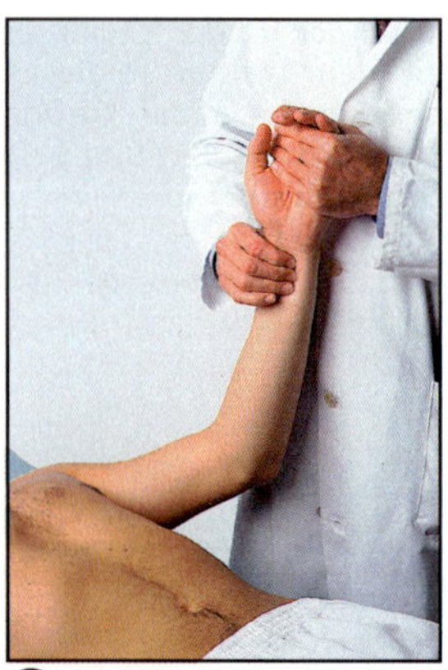

⑤ A. ulnaris/radialis

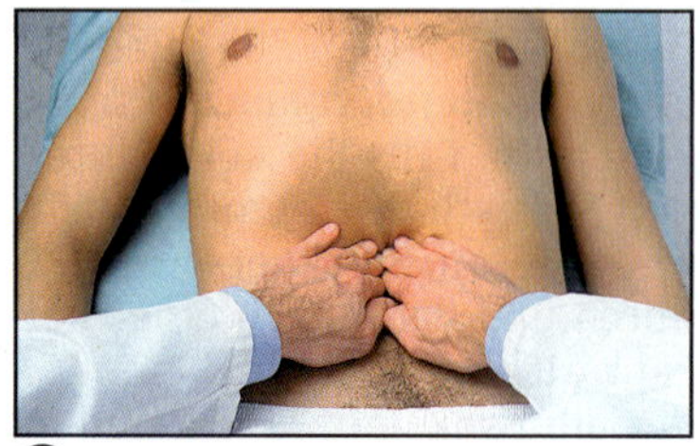

⑥ Aorta abdominalis

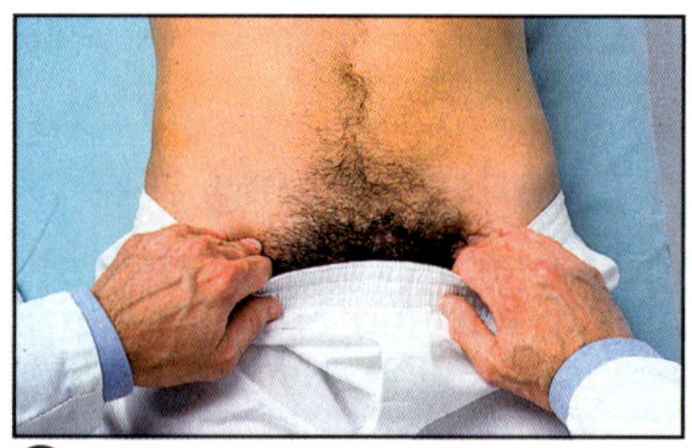

⑦ A. femoralis

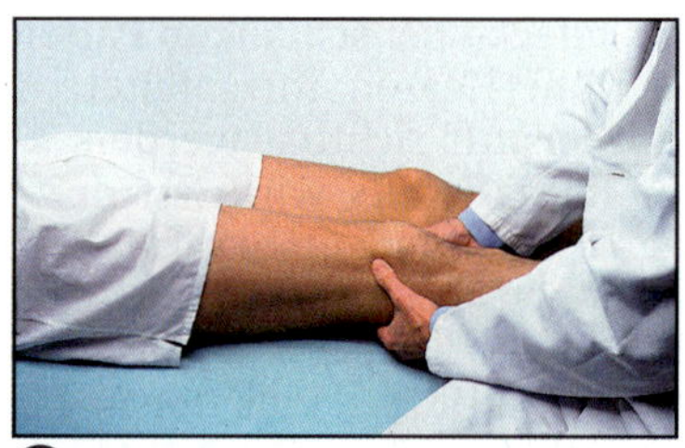

⑧ A. poplitea

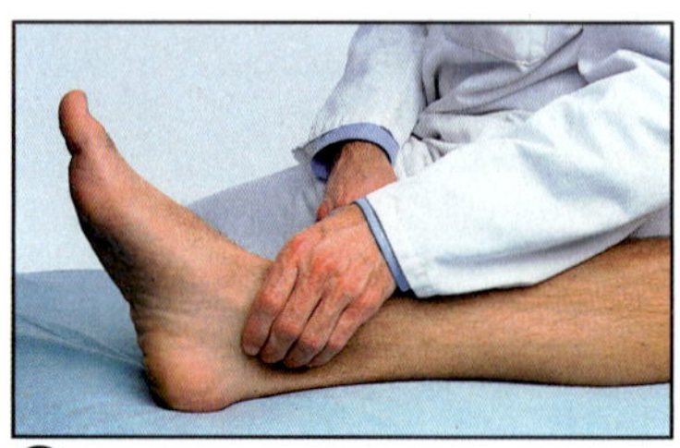

⑨ A. tibialis posterior

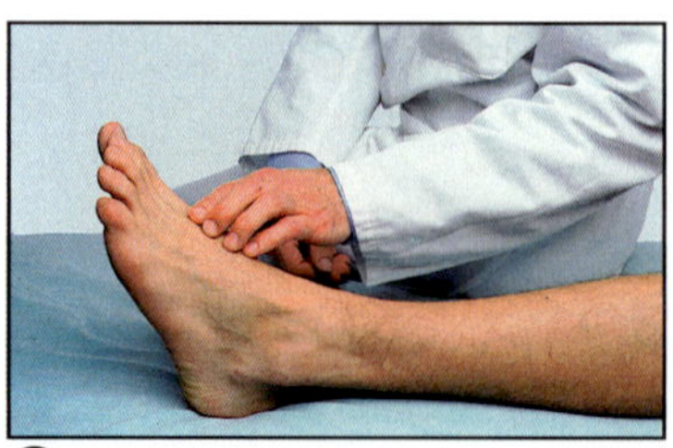

⑩ A. dorsalis pedis

- **Pulsfrequenz**

Bei regelmäßigem Puls genügen zur Ermittlung der Frequenz die Palpation und Zählung über eine viertel Minute. Bei Unregelmäßigkeit (Arrhythmie) und bei stark verlangsamtem Puls (Bradykardie) <50/min sollte länger ($^1/_2$–1 Minute) palpiert werden, um die Art der Rhythmusstörung und die genaue Frequenz besser erfassen zu können. Die Herzfrequenz in Ruhe und nach körperlicher Belastung ist **sehr vom Trainingszustand**, d. h. der körperlichen Fitneß des Patienten, **abhängig**. Ein Ruhepuls von 45/min kann bei einem Leistungssportler normal sein (Jan Ulrichs Ruheherzfrequenz 36/min!); jedoch bei einem älteren Patienten, der evtl. über Schwindel klagt oder sogar eine Synkope erlitten hat, bedeutet dies eine ernstzunehmende bradykarde Rhythmusstörung. Von Tachykardie spricht man bei einem Ruhepuls >80–100/min, von Bradykardie bei Frequenzen <50–60/min. Diese Bereiche werden physiologischerweise von Sportlern häufig unterschritten und von Kindern überschritten.

- **Pulsfrequenz**

Die Herzfrequenz in Ruhe und nach körperlicher Belastung ist **sehr vom Trainingszustand**, d. h. der körperlichen Fitneß, des Patienten **abhängig**. Von Tachykardie spricht man bei einem Ruhepuls > 80–100/min, von Bradykardie bei Frequenzen < 50–60 pro min.

- **Rhythmus**

Ist der Puls nicht regelmäßig, sollte zunächst eine **respiratorische Arrhythmie** ausgeschlossen werden. Sie ist durch eine **Pulsbeschleunigung bei der Einatmung** (Inspiration) und einen relativ abrupten **Abfall der Frequenz nach Beginn der Ausatmung** gekennzeichnet. Die respiratorische Arrhythmie ist physiologisch besonders ausgeprägt im Kindes- und Jugendalter sowie bei Sportlern mit niedriger Herzfrequenz.

Als Ursache einer »echten« Arrhythmie kommen Extrasystolen (Extrasystolie) und Vorhofflimmern in Betracht. Besteht eine gewisse »Regelmäßigkeit« in der Unregelmäßigkeit (z. B. Extraschläge alle 2 oder 3 Herzaktionen), so ist eine **Extrasystolie** wahrscheinlich; man bezeichnet diese Art der Rhythmusstörung als Bigeminie bzw. Trigeminie.

Sind jedoch die Pulsintervalle von Schlag zu Schlag sehr unterschiedlich, spricht man von einer **absoluten Arrhythmie**, deren Ursache in der Regel ein **Vorhofflimmern** ist.

- **Rhythmus**

Ist der Puls nicht regelmäßig, sollte zunächst eine **respiratorische Arrhythmie** ausgeschlossen werden. Sie ist durch eine **Pulsbeschleunigung bei der Einatmung** und einen relativ abrupten **Abfall der Frequenz nach Beginn der Ausatmung** gekennzeichnet.

Als Ursache einer „echten“ Arrhythmie kommen Extrasystolen und Vorhofflimmern in Betracht. Besteht eine gewisse »Regelmäßigkeit« in der Unregelmäßigkeit, ist eine **Extrasystolie** wahrscheinlich.

Sind jedoch die Pulsintervalle von Schlag zu Schlag sehr unterschiedlich, spricht man von einer **absoluten Arrhythmie**, deren Ursache in der Regel ein **Vorhofflimmern** ist.

Extrasystolen können monotop sein und ihren Ursprung im Vorhof, AV-Knoten, Ventrikel oder aus mehreren Stellen (polytop) haben. Extrasystolen führen zum Ausfall der regulären Systole. Die relativ große Zeitspanne zwischen der Extrasystole und der nächsten effektiven Systole des Herzmuskels ist als **kompensatorische Pause** bei der Palpation bemerkbar. Die postextrasystolische Pause beschreibt das Intervall zwischen einer Extrasystole und der nächsten normalen Kammeraktion. Eine präautomatische Pause entsteht bei Ausfall des Sinusknotens bis zur Übernahme der Schrittmacherfunktion durch ein tiefer gelegenes Zentrum. Extrasystolen können auch zwischen zwei normalen Pulsen interponiert sein. Fällt eine Arrhythmie nicht durch Extraschläge und kompensatorische Pause, sondern nur durch einzelne Pausen auf, so kann es sich z. B. um Reizleitungsstörungen mit Blockierung handeln. Der Verdacht besteht besonders, wenn die Pause ungefähr doppelt so lang ist wie das normale Pulsintervall. Dabei kann der Block entweder zwischen Sinusknoten und Vorhof (SA-Block) oder zwischen Vorhof und Ventrikel (AV-Block) liegen.

Extrasystolen können monotop sein und ihren Ursprung aus mehreren Stellen (polytop) haben. Extrasystolen führen zum Ausfall der regulären Systole. Die relativ große Zeitspanne zwischen der Extrasystole und der nächsten effektiven Systole des Herzmuskels ist als **kompensatorische Pause** bei der Palpation bemerkbar.

Bei der absoluten Arrhythmie besteht in der Regel ein Vorhofflimmern oder -flattern. Die ständig wechselnden Intervalle der AV-Überleitung führen zu unterschiedlicher Pulsstärke aufgrund der unterschiedlichen Ventrikelfüllung: Abschwächung bei kürzeren Intervallen mit Zunahme der Herzfrequenz und Verstärkung bei längeren Intervallen mit Abnahme der Herzfrequenz.

Bei der absoluten Arrhythmie besteht in der Regel ein Vorhofflimmern oder -flattern.

Eine absolute Arrhythmie ist immer ein schwerwiegender Befund und häufig Ausdruck einer **Herzinsuffizienz**. Nimmt die Herzfrequenz zu (tachykardes Vorhofflimmern) und werden die Intervalle immer kürzer, kann die verminderte Kammerfüllung nicht bei jeder Herzaktion eine periphere Pulsation erzeugen. Die Differenz der mit dem Stethoskop hörbaren

Eine absolute Arrhythmie ist immer ein schwerwiegender Befund und häufig Ausdruck einer **Herzinsuffizienz**. Nimmt die Herzfrequenz zu und werden die Intervalle immer kürzer, kann die verminderte Kammerfüllung

nicht bei jeder Herzaktion eine periphere Pulsation erzeugen. Die Differenz der mit dem Stethoskop hörbaren Ventrikelaktion und dem tastbaren Puls wird als **peripheres Pulsdefizit** bezeichnet.
Eine exakte Diagnose der Herzrhythmusstörung ist nur mit dem EKG möglich.

Ventrikelaktion und dem tastbaren Puls wird als **peripheres Pulsdefizit bezeichnet. Beispiel: Herzfrequenz 135/min, Pulsfrequenz 120/min bedeutet ein Pulsdefizit von 15.**

Eine exakte Diagnose der Herzrhythmusstörung ist nur mit dem EKG möglich. Beim Ruhe-EKG wird hierzu ein Rhythmusstreifen über mindestens 1 min (über mehrere Minuten mit größerer Genauigkeit) geschrieben. Sehr viel aufwendiger ist eine Langzeit-EKG-Registrierung über mehrere Stunden (meist ca. 18 Stunden), was z. B. bei Verdacht auf schwere, lebensbedrohliche Herzrhythmusstörungen oder bei Synkopen (s. S. 173 f.) notwendig ist.

Aufgabe ▶

Aufgabe: Tasten Sie den Puls der A. radialis durch Palpation mittels Zeige- und Mittelfinger (Fingerkuppen!) direkt proximal des Handgelenks »daumenseitig«. Achten Sie auf den Rhythmus (regelmäßig oder unregelmäßig?) und ermitteln Sie die Herzfrequenz. Hierzu wird der Puls über eine viertel Minute gezählt und mit vier multipliziert: Schläge/Minute.
Achten Sie auf die Steigerung der Herzfrequenz nach körperlicher Belastung (z. B. Kniebeugen)!
Tasten Sie anschließend ebenfalls den Puls der A. carotis am Hals *vor* dem M. sternocleidomastoideus. Dies ist wichtig bei Patienten, deren Radialispuls nicht tastbar ist.

- **Pulsqualität**

Die Beurteilung der Pulsqualität hat heute nur noch eine untergeordnete Bedeutung. S C-**2.2** gibt Auskunft über die verschiedenen Pulsqualitäten und deren klinische Bedeutung.

- **Pulsqualität**

Im Vergleich zur Beurteilung der Frequenz und des Rhythmus hat die Beurteilung der **Pulsqualität** heute nur noch eine untergeordnete Bedeutung. S C-**2.2** gibt Auskunft über die verschiedenen Pulsqualitäten und deren klinische Bedeutung.

2.1.2 Blutdruckmessung

Das Prinzip besteht in der indirekten auskultatorischen Messung mittels Oberarmmanschette über der A. brachialis.

2.1.2 Blutdruckmessung

Das Prinzip besteht in der indirekten auskultatorischen Messung mittels Oberarmmanschette über der A. brachialis. Die indirekte Blutdruckmessung mittels Oberarmmanschette wurde 1896 von dem italienischen Kinderarzt Scipione Riva-Rocci beschrieben. Daher rührt die Abkürzung **RR** für den Blutdruck. Wichtig ist die exakte Anpassung der Manschette an den Oberarm.

Merke ▶

▶ ***Merke.*** Die Standardmanschette ist 12–13 cm breit und kann für einen Oberarmumfang bis maximal 35 cm verwendet werden. Bei dickeren Oberarmen muß eine breitere und längere (sog. Oberschenkelmanschette) verwendet werden, weil hier mit der normalen Manschette zu hohe Drücke benötigt werden, um die A. brachialis zu verschließen, was zu falsch hohen Blutdruckwerten führt. Entsprechend muß bei Kindern und evtl. älteren Patienten mit Atrophie (Schwund) der Oberarmmuskulatur eine kleinere (sog. Kindermanschette) verwendet werden.

Synopsis C-2.2: Pulsqualitäten und ihre klinische Bedeutung

Normalbefund

Pulsus celer, altus, durus

- »Wasserhammerpuls« – schneller (celer), hoher (altus) und harter (durus) Puls
- Typisch bei Aorteninsuffizienz bei großer Blutdruckamplitude (z.B. auch im Alter) – auch ohne Pulsbeschleunigung (celer)

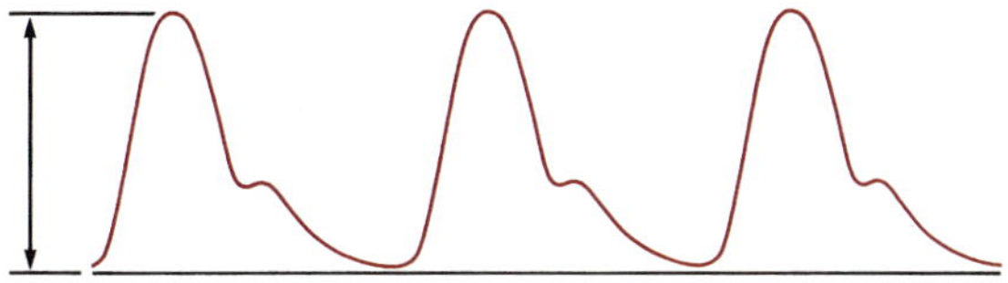

P. tardus, parvus, mollis

- Langsamer (tardus), kleiner (parvus) und weicher (mollis) Puls
- Typisch bei Aortenstenose (umgekehrt wie bei Aorteninsuffizienz)

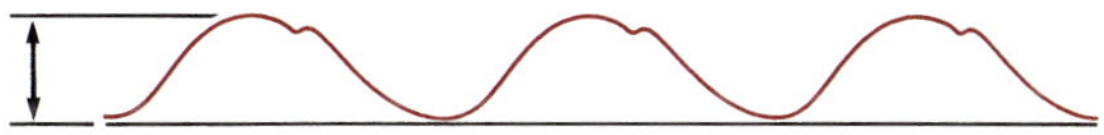

P. bisferiens

- Doppelgipfel der Pulswelle (»Dromedartyp«), auch P. dicrotus genannt
- Typisch bei hypertropher obstruktiver Kardiomyopathie (HOCM), subvalvulärer Aortenstenose, kombiniertem Aortenvitium

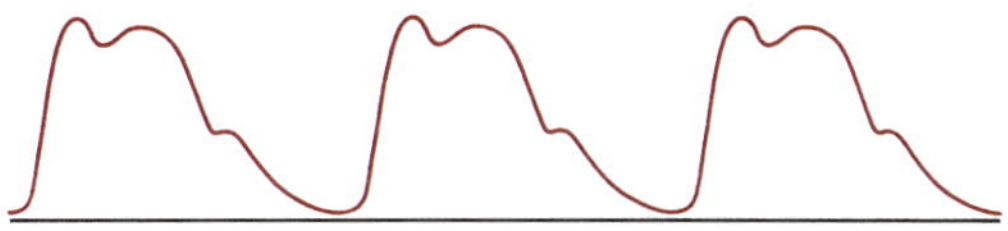

P. alternans

- Wechsel von stärkerem und schwächerem Puls
- Evtl. bei Herzinsuffizienz feststellbar

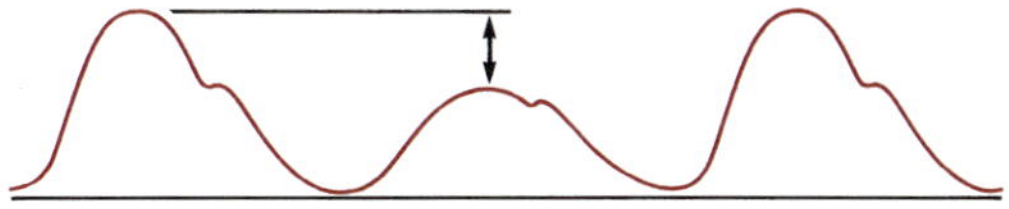

P. bigeminus

- Ähnlich wie bei P. alternans, regelmäßiger Wechsel von hartem und weichem Puls
- Typisch für ventrikuläre Extrasystolie (Bigeminie)

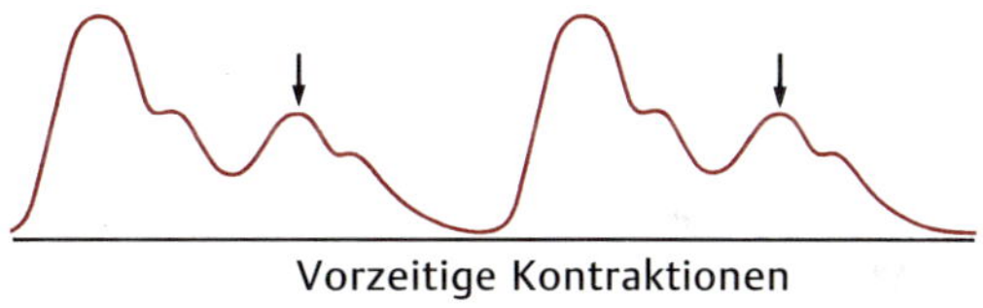

P. anacrotus

- Zusätzliche Pulswelle im aufsteigenden Schenkel der Pulskurve (einfach unterbrochen)
- Typisch bei Aortenstenose

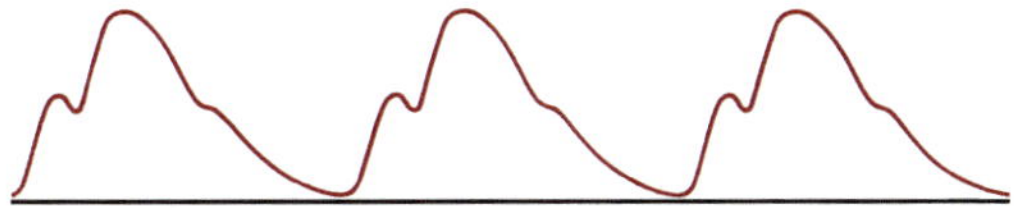

P. vibrans

- Schwirrender Puls (wie P. anacrotus, aber mehrfach unterbrochen) mit Schwirren der Gefäßwand (Carotispuls)
- Typisch bei Aortenstenose

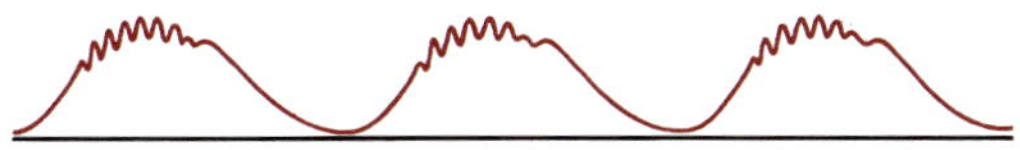

Paradoxer Puls

- Der Puls wird im Inspirium kleiner oder verschwindet ganz. Eigentlich besteht kein Grund, dieses Verhalten als paradox zu bezeichnen, da der Puls ja normalerweise seine Größe in den Atemphasen nicht wesentlich ändert. Die Tatsache aber, daß die Frequenz bei der häufig auftretenden respiratorischen Arrhythmie im Inspirium zunimmt, hat zu dieser nicht ganz korrekten Namensgebung geführt.
- Typisch bei Pericarditis constrictiva bzw. Concretio pericardii oder Panzerherz: Durch die Perikardverwachsungen mit der Umgebung ist die Füllung des linken Ventrikels im Inspirium stärker gehemmt als im Exspirium.

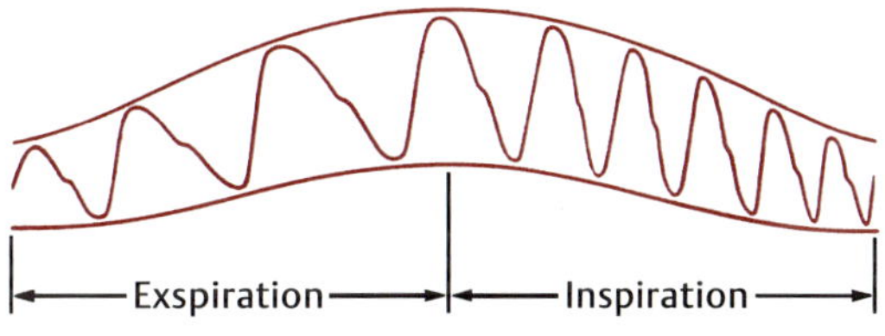

Die Bestimmung von systolischem und diastolischem Blutdruck erfolgt auskultatorisch (s. o.) über der A. brachialis beim Auftreten (Phase I) bzw. Verschwinden (Phase V) der Korotkow-Geräusche (S C-**2.3**).

Die Bestimmung von systolischem und diastolischem Blutdruck erfolgt auskultatorisch (s. o.) über der A. brachialis beim Auftreten (Phase I) bzw. Verschwinden (Phase V) der Korotkow-Geräusche (S C-**2.3**).

Synopsis C-2.3: Bestimmung des systolischen und diastolischen Blutdrucks

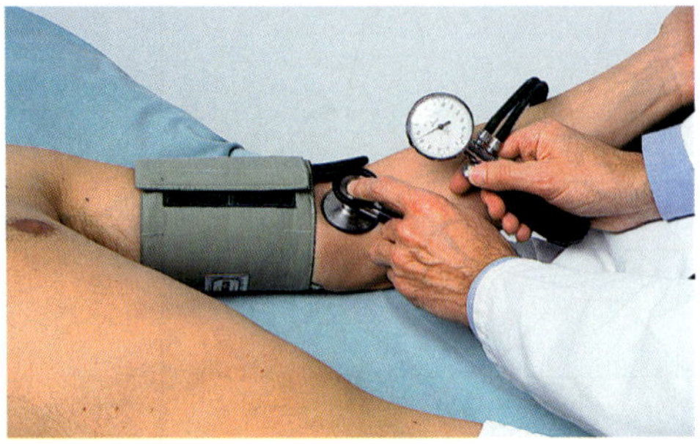

Auskultatorische Bestimmung anhand der Korotkow-Geräusche

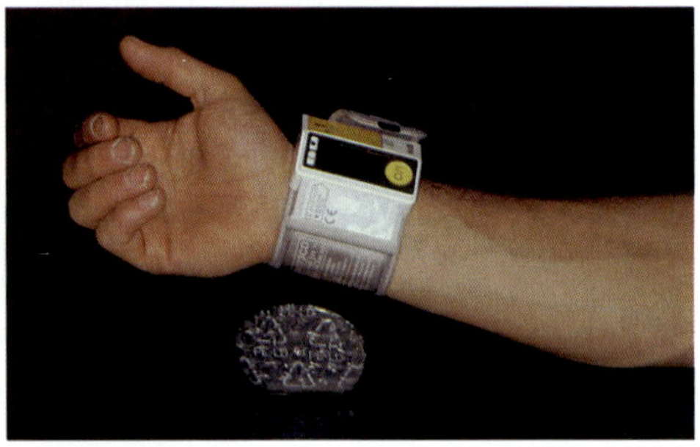

Oszillometrische Blutdruckmessung am Handgelenk

Vorgehensweise:

- Die Blutdruckmessung sollte immer in Ruhe (im Sitzen oder Liegen) erfolgen. Der Unterarm soll enspannt ungefähr in Herzhöhe aufliegen.
- Die Manschette des Blutdruckmeßgerätes soll eng dem Oberarm anliegen, mit dem Unterrand ca. 2 Querfinger oberhalb der Ellenbeuge. Der aufblasbare Teil der Manschette muß die ganze Innenseite des Oberarms umfassen, damit die A. brachialis komprimiert werden kann.
- Tasten Sie die A. brachialis medial direkt oberhalb der Ellenbeuge. Sie sollten auch beim Aufpumpen der Manschette den Brachialispuls weiter tasten und nach dem Verschwinden des Pulses noch bis zu 20 mmHg weiter aufpumpen. Setzen Sie dann die Stethoskopmembran auf die Stelle der maximalen Pulsation der A. brachialis. Das Stethoskop sollte flach aufliegen unter mäßigem Druck, und es sollte den Manschettenrand nicht berühren.
- Lassen Sie nun den Manschettendruck über das Ablaßventil langsam ab, d. h. um ca. 3 – 4 mmHg pro Sekunde bzw. ungefähr 4 mmHg pro Pulsschlag.
- Beim ersten Auftreten der Pulsationsgeräusche (Korotkow-Geräusche) bestimmen Sie den systolischen Blutdruck; mit dem völligen Verschwinden dieser Geräusche bestimmen Sie den diastolischen Wert.

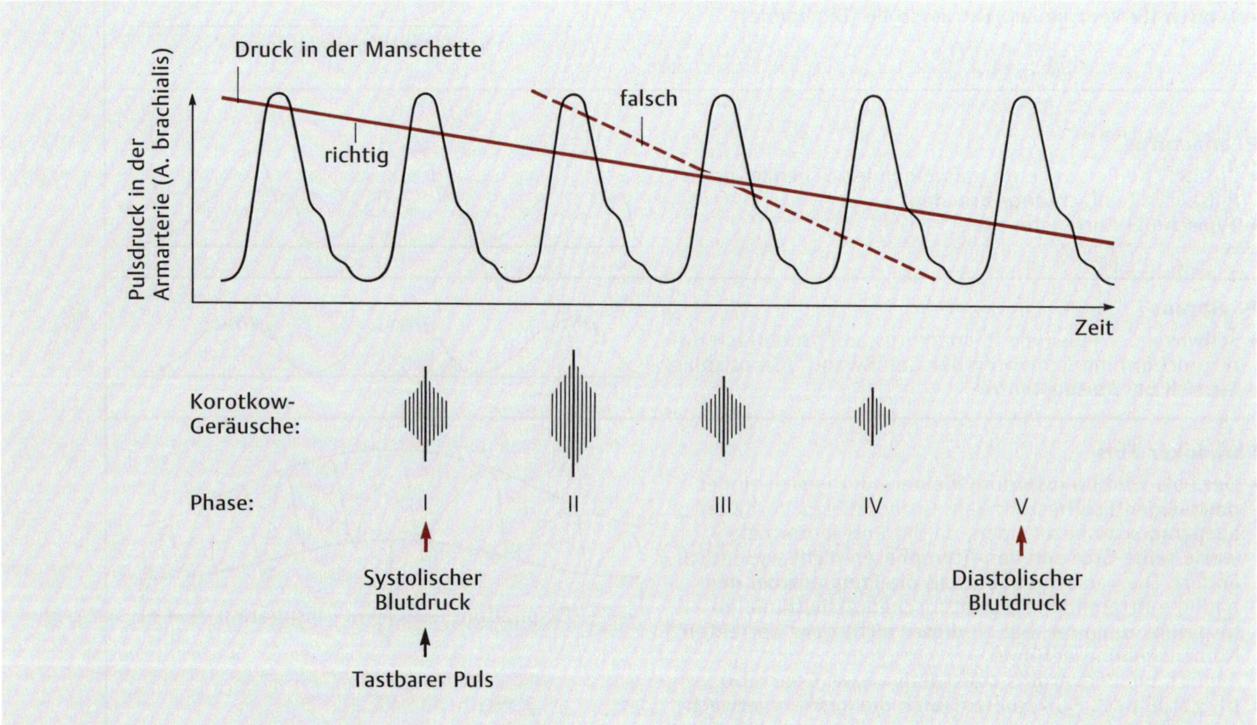

Gelegentlich verschwinden diese nicht vollständig beim Ablassen des Manschettendrucks, was besonders häufig bei Kindern und in der Schwangerschaft zu beobachten ist. In diesen Fällen ist es erlaubt, den diastolischen Blutdruck beim Leiserwerden (Phase IV) der Töne zu bestimmen. Dies muß jedoch in der Krankenakte vermerkt werden.
In letzter Zeit wird häufiger die oszillometrische Blutdruckmessung bei automatischen Geräten angewendet. Hierbei wird der Blutdruck aufgrund der Oszillationen der Pulsdruckwelle bestimmt. Die Meßgenauigkeit unterscheidet sich nicht von der auskultatorischen Methode.
Alle Blutdruckmeßgeräte müssen 2jährlich geeicht werden. Für die manuelle Blutdruckmessung (auskultatorische Methode) stehen Quecksilbermanometer oder Anaeroid-(Feder-)manometer zur Verfügung. Der Blutdruck kann mit diesen beiden Geräten sehr genau auf Einerstellen abgelesen werden.

Automatische Geräte arbeiten heute häufig mit der oszillometrischen Methode, wobei der Blutdruck aufgrund der Oszillation der Pulsdruckwelle bestimmt wird.

Aufgabe: Üben Sie die Blutdruckmessung im Freundeskreis. Messen Sie den Blutdruck auch direkt nach einer körperlichen Belastung, und achten Sie auf die Veränderung.
Anmerkung: Der Blutdruck normalisiert sich wieder relativ schnell nach körperlicher Belastung; er kann sogar den zuvor in Ruhe ermittelten Ausgangswert noch unterschreiten. Die Pulsfrequenz bleibt dagegen etwas länger erhöht.

◀ **Aufgabe**

Merke. Ein Blutdruck von systolisch <140 und diastolisch <90 mmHg ($<140/<90$) ist normal.

◀ **Merke**

Anmerkung: Es gibt keinen Grund dafür, bei der Blutdruckbestimmung Meßgenauigkeit dadurch zu verschenken, daß der Wert auf 0 oder 5 ab- oder aufgerundet wird (sog. Endziffernpräferenz). Es sollten möglichst immer mehrere Blutdruckwerte in 1–2minütigem Abstand bestimmt und evtl. ein Mittelwert errechnet werden, da der Blutdruck auch kurzfristig sehr schwankt. Ursache hierfür sind emotionale und körperliche Belastungen, aber auch tageszeitliche Schwankungen. Daher gewinnt die Blutdrucklangzeitmessung über 24 Stunden (s. u.) immer größere Bedeutung.
Bei jedem Patienten sollte zu Beginn der Untersuchung der Blutdruck einmal an beiden Armen gemessen werden, um größere Seitendifferenzen auszuschließen, die evtl. auf eine Arterienstenose (z. B. A. subclavia) zurückzuführen sind; am besten erfolgt dies simultan durch 2 Personen mit 2 Blutdruckmeßgeräten. Wird nur von einem Untersucher gemessen, so wird zunächst links und dann rechts gemessen (oder umgekehrt), anschließend sollte stets nochmal wieder zur ersten Seite gewechselt werden. Seitendifferenzen können nämlich allein durch normale Blutdruckschwankungen während der Zeit des Manschettenwechsels von einem zum anderen Arm auftreten. Bei einer reproduzierbaren Seitendifferenz von 10–15 mmHg muß an eine Einengung der Strombahn auf der Seite mit niedrigem Druck gedacht werden. Besteht eine konstante Differenz, muß immer auf der Seite des höheren Drucks gemessen werden.
Als **auskultatorische Lücke** bezeichnet man ein kurzzeitiges Verschwinden der Korotkow-Geräusche gerade unterhalb des systolischen Blutdruckwerts. Die Ursache hierfür ist nicht bekannt.

Merke. Bei der RR-Messung ist folgendes zu beachten:
- Ruhige, entspannte Situation im Sitzen oder Liegen
- Keine Unterhaltung während der Messung
- Richtige Manschettenlage und -größe
- Pulspalpation (A. brachialis)
- Ruhige Armlage in Herzhöhe
- Ablaßgeschwindigkeit ca. 3–5 mmHg pro Sekunde
- **Richtiges (Korotkow-Phase!) und genaues Ablesen der Blutdruckwerte**

◀ **Merke**

Erhöhter Blutdruck (**Hypertonie**) wird nach der WHO folgendermaßen klassifiziert:
- **Grenzwerthypertonie:** diastolisch 90 – 94 mmHg
- **Leichte Hypertonie:** diastolisch 90 – 104 mmHg
- **Mittelschwere Hypertonie:** diastolisch 105 – 114 mmHg
- **Schwere Hypertonie:** diastolisch > 115 mmHg

Erhöhter Blutdruck (**Hypertonie**) wird nach der WHO auf der Basis der diastolischen Werte folgendermaßen klassifiziert:
- **Grenzwerthypertonie:** diastolisch 90 – 94 mmHg
- **Leichte Hypertonie:** diastolisch 90 – 104 mmHg (schließt die Grenzwerthypertonie mit ein)
- **Mittelschwere Hypertonie:** diastolisch 105 – 114 mmHg
- **Schwere Hypertonie:** diastolisch > 115 mmHg

Eine neuere amerikanische Klassifikation berücksichtigt auch die systolischen Blutdruckwerte: 140 – 159 mmHg (leichte Hypertonie), 160 – 179 (mittlere Hypertonie), 180 – 209 mmHg (schwere Hypertonie) und > 210 mmHg (sehr schwere Hypertonie).

Die leichte Hypertonie ist mit 75 % am häufigsten. **Hypertensive Krisen** sind relativ starke Blutdrucksteigerungen, die bei symptomatischem Verlauf zum hypertensiven Notfall werden können. Verschlechtern sich Herz-, Nieren- oder Zerebralfunktionen im Rahmen einer schweren Hypertonie rasch, spricht man von einer **malignen Hypertonie**.

Die leichte oder milde Hypertonie ist mit 75 % am häufigsten. **Hypertensive Krisen** sind relativ starke Blutdrucksteigerungen, die bei symptomatischem Verlauf zum hypertensiven Notfall werden können, z. B. bei Angina pectoris, Enzephalopathie oder Herzinsuffizienz. Verschlechtern sich Herz-, Nieren- oder Zerebralfunktionen im Rahmen einer schweren Hypertonie rasch, so spricht man von einer **malignen Hypertonie**. Diese ist heute aufgrund der guten therapeutischen Möglichkeiten nur noch sehr selten.

Über 90 % der Hypertoniker haben eine sog. **essentielle oder primäre Hypertonie**, die z. T. auf einer familiären Anlage basiert. Nur wenige Patienten haben dagegen eine **sekundäre Hypertonie**, z. B. aufgrund einer hormonellen Störung.
Der Blutdruck steigt gewöhnlich mit zunehmendem Lebensalter etwas an. Bei älteren Patienten mit Arteriosklerose kommt es zur isolierten Erhöhung des systolischen Blutdrucks. Eine große Blutdruckamplitude ist daher charakteristisch für die Hypertonie im Alter. Eine große RR-Amplitude kommt jedoch auch z. B. bei der Aorteninsuffizienz vor. Die Altershypertonie ist nach WHO definiert als ein Blutdruck von systolisch > 160 und/oder diastolisch < 90 mmHg.
Der Blutdruck zeigt über 24 Stunden einen typischen zirkadianen Verlauf: Beim Aufstehen am Morgen steigt der Druck steil an bis vormittags, am frühen Nachmittag kommt es zu einem geringen Abfall und anschließend wieder zu einem deutlichen Anstieg am späten Nachmittag bzw. frühen Abend. In der Nacht, insbesondere während des Schlafs, fällt der Blutdruck stark ab (▣ C-**2.1**).

Über 90 % der Hypertoniker haben eine sog. **essentielle oder primäre Hypertonie**, die z. T. auf einer familiären Anlage basiert (Hypertonie bei den Eltern, Geschwistern). Nur wenige Patienten haben dagegen eine **sekundäre Hypertonie**, z. B. aufgrund einer hormonellen Störung (endokrine Form) oder einer Nierenerkrankung (renale Form).

Der Blutdruck steigt gewöhnlich mit zunehmendem Lebensalter etwas an. Bei älteren Patienten mit Arteriosklerose kommt es aufgrund des Elastizitätsverlustes der Gefäße zur isolierten oder überwiegenden Erhöhung des systolischen Blutdrucks. Eine große Blutdruckamplitude (Differenz zwischen systolischem und diastolischem Wert) ist daher charakteristisch für die Hypertonie im Alter. Eine große RR-Amplitude kommt jedoch auch z. B. bei der Aorteninsuffizienz vor. Von einer Hypertonie im Alter (jenseits des 65. Lebensjahres) spricht man nach der Definition der WHO, wenn ein Blutdruck von systolisch 160 und/oder diastolisch 95 mmHg und darüber vorliegt. Eine isolierte systolische Hypertonie kommt fast ausschließlich in höherem Alter vor. Sie ist definiert als ein systolischer Blutdruck > 160 mmHg und diastolisch < 90 mmHg.
Der Blutdruck zeigt über 24 Stunden einen typischen zirkadianen Verlauf: Beim Aufstehen am Morgen steigt der Druck steil an bis vormittags, am frühen Nachmittag kommt es zu einem geringen Abfall und anschließend wieder zu einem deutlichen Anstieg am späten Nachmittag bzw. frühen Abend. In der Nacht, insbesondere während des Schlafs, fällt der Blutdruck stark ab. Dieses zirkadiane Blutdruckprofil ist bei bestimmten sekundären Hochdruckformen (renale und endokrine Hypertonie) oder auch bei der Schwangerschaftshypertonie häufig aufgehoben. Die 24-Stunden-Messung kann heute mit modernen Geräten ambulant durchgeführt werden (▣ C-**2.1**).

Niedriger Blutdruck (**Hypotonie**) ist meist eine harmlose Störung, die konstitutionell bedingt ist. Eine akute Hypotonie kann aber auch schwere Erkrankungen bis hin zum lebensbedrohlichen Schock anzeigen.

Niedriger Blutdruck (**Hypotonie**) ist meist eine harmlose Störung, die konstitutionell bedingt ist und häufiger in der Adoleszenz auftritt. Eine akute Hypotonie kann aber auch schwere Erkrankungen bis hin zum lebensbedrohlichen Schock anzeigen. Im Kreislaufschock fällt der Blutdruck in Ruhe stark ab (< 90 mmHg systolisch), bei gleichzeitig kompensatorisch starkem Anstieg der Herzfrequenz (> 120/min). Der Patient wird unruhig und trübt ein. Aufgrund der Kreislaufzentralisation ist der systolische Blutdruck im Schock oft nur noch sehr schwer, der diastolische gar nicht mehr meßbar.

Ein starker Blutdruckabfall beim Aufstehen (**orthostatische Dysregulation**) kann besonders bei älteren Leuten zu Schwindel und Kollaps, in

Ein starker Blutdruckabfall beim Aufstehen (**orthostatische Dysregulation**) kann besonders bei älteren Leuten zu Schwindel und Kollaps, in schwereren Fällen auch zur Synkope, führen. Als einfacher diagnostischer Test kann diesbezüglich ein **Schellong-Test** durchgeführt werden: Blut-

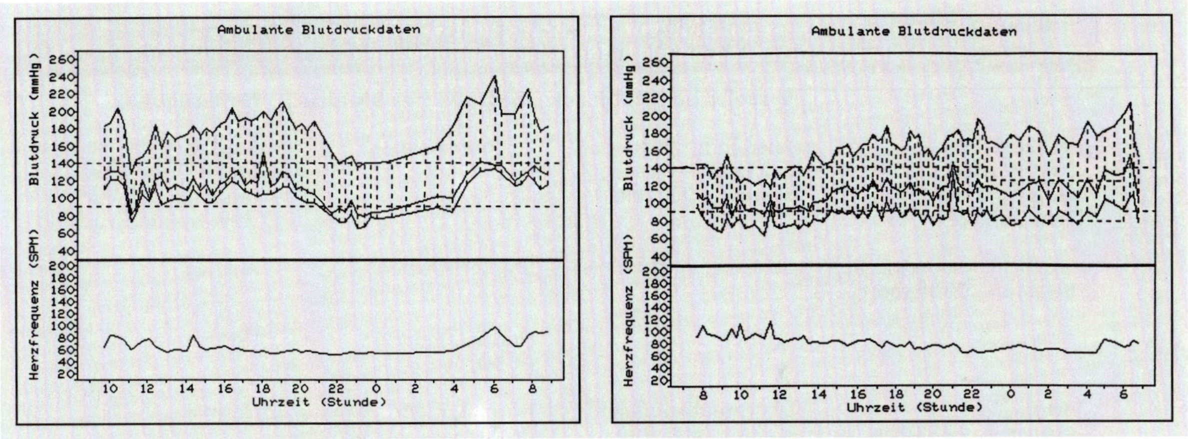

C-2.1: Original-Computerausdrucke einer ambulanten Blutdruck-Langzeitmessung über 24 Stunden von zwei Patienten mit manifester Hypertonie

a Schwere primäre (essentielle) systolische und diastolische Hypertonie mit erhaltenem Tag-Nacht-Rhythmus und sehr ausgeprägtem frühmorgendlichem Blutdruckanstieg

b Sekundäre, vorwiegend systolische Hypertonie bei einem Patienten mit diabetischer Nephropathie: inverser Blutdruckrhythmus mit höheren Werten in der Nacht im Vergleich zum Tage

druck und Puls werden im Liegen und nach abruptem Aufstehen (sofort und dann minütlich bis zu ca. 5–10 Minuten) gemessen; ein automatisches Gerät mit Anzeige von Blutdruck und Pulsfrequenz ist hierbei sehr hilfreich.

Normale Reaktion: Anstieg der Herzfrequenz um nicht mehr als 20, Abfall um nicht mehr als 5 Schläge/min und Blutdruckänderung (systolisch) um nicht mehr als ± 10 mmHg.
Stehtest-Resultate müssen mit Vorsicht interpretiert werden und können für sich genommen keine Diagnose ersetzen (▤ C-**2.1**).
Beispiele für die Regulation von Blutdruck und Herzfrequenz unter physiologischen und pathologischen Bedingungen siehe ▤ C-**2.2**.

schwereren Fällen auch zur Synkope, führen. Als einfacher diagnostischer Test kann ein **Schellong-Test** durchgeführt werden: Blutdruck und Puls werden im Liegen und nach abruptem Aufstehen gemessen.
Normale Reaktion: Anstieg der Herzfrequenz um nicht mehr als 20, Abfall um nicht mehr als 5 Schläge/min und Blutdruckänderung (systolisch) um nicht mehr als ± 10 mmHg (▤ C-**2.1**).

C-2.1: Reaktionen im Orthostase-Versuch; 10 min Liegen, danach abruptes Aufstehen

Typ	Blutdruck	Puls	Beschwerden	Erkrankung
Normale Reaktion	Anstieg oder Abfall	Anstieg	Keine	Physiologisch
Sympathikotone Reaktion	• Geringer systolischer Abfall • Anstieg diastolisch • Verringerung der RR-Amplitude	Starker Anstieg	• Schwindel • Herzklopfen	Noch physiologisch (Trainingsmangel)
Hyposympathikotone (vasovagale) Reaktion	Abfall systolisch und diastolisch	Abfall	• Kollaps • Synkope • Müdigkeit • Erschöpfung • Schwindel	»Klassischer« Ohnmachtsanfall bei • Schmerzen (Venenpunktion) • Emotionaler Erregung
Asympathikotone Reaktion	Deutlicher Abfall systolisch und diastolisch	Unverändert	• Kollaps, evtl. • Synkopen	• Arteriosklerose • Neuropathie • Endokrinopathie

C-2.2: Beispiele für die Regulation von Blutdruck und Herzfrequenz unter physiologischen und pathologischen Bedingungen

	Systolischer Blutdruck	Diastolischer Blutdruck	Herzfrequenz
Dynamische (isotonische) Belastung (Laufen, Fahrradfahren ...)	Anstieg proportional zur Leistung Systole > Diastole	Leichter Anstieg	Starker Anstieg proportional zur Leistung, abhängig vom Trainingszustand
Statische (isometrische) Belastung (Kraftsport ...)	Stärkerer Anstieg	Starker Anstieg	Anstieg
Alter	Anstieg (z. B. 160)	Normal, niedrig (< 90)	Normal
Arteriosklerose (isolierte systolische Hypertonie)	Überproportionaler Anstieg (z. B. 180)	Normal, niedrig (< 90)	Normal
Aorteninsuffizienz	Anstieg (z. B. 165)	Niedrig (z. B. 60)	Erhöht (z. B. 90)
Schock	Niedrig (z. B. < 90)	Niedrig bzw. nicht meßbar	Hoch (z. B. > 120)

2.1.3 Herzpalpation

Die größte Bedeutung der tastbaren herzaktionssychronen Pulsationen kommt dem **Herzspitzenstoß** zu. Seine Intensität und Lokalisation hängen ab von Herzgröße, Schlagvolumen, Austreibungsgeschwindigkeit, Thoraxwanddicke und Lungenüberlagerung (C-**2.3**).
Den Herzspitzenstoß tasten Sie in der Medioklavikularlinie, etwa im 5. ICR (S C-**2.4**).

2.1.3 Herzpalpation

Über verschiedenen Arealen der Brustwand können herzaktionssynchrone Pulsationen auftreten und getastet werden. Besondere Bedeutung kommt der Palpation des **Herzspitzenstoßes** zu. Dieser entsteht in der frühen Systole (isovolumetrische Kontraktion) durch das Anschlagen des linken Ventrikels gegen die Brustwand. Intensität und Lokalisation sind abhängig von der Herzgröße, dem Schlagvolumen, der Austreibungsgeschwindigkeit, der Thoraxwanddicke und Lungenüberlagerung (C-**2.3**).
Den Herzspitzenstoß tasten Sie in der Medioklavikularlinie, etwa im fünften Interkostalraum (ICR, S C-**2.4**). In Rückenlage kann der Herzspitzenstoß abgeschwächt und nach oben und lateral verlagert sein. Eine Verstärkung des Herzspitzenstoßes läßt sich durch Linksseitenlage bzw. durch Palpation im Sitzen mit Vorbeugung erreichen.

C-2.3: Qualitäten des Herzspitzenstoßes

Beschreibung	Impulsqualität	Vorkommen
Normal	Schwach, kurz	Jugendliche, schlanke Personen
Hypokinetisch	Sehr schwach oder fehlend	Adipositas, Faßthorax, Lungenemphysem, Perikardergruß, Schock
Hyperkinetisch (schleudernd)	Kräftig, aber kurz	Aorteninsuffizienz (große Amplitude), Hyperthyreose, Anämie, VSD, Mitralinsuffizienz
Hebend	Kräftig, länger, oft verbreitert (nach links verlagert)	Linksherzhypertrophie, Hypertonie, Aortenstenose, HOCM
Hebend	Evtl. mehrgipflig, evtl. schwirrend	Subvalvuläre Aortenstenose
Systolische Einwärtsbewegung	Besser sichtbar als tastbar	Pericarditis constrictiva, Vorderwandaneurysma (Dyskinesie)

S Synopsis C-**2.4: Palpation des Herzspitzenstoßes**

Vorgehensweise:

- Den Herzspitzenstoß tasten Sie in der Medioklavikularlinie, etwa im 5. ICR
- Läßt sich der Herzspitzenstoß im Liegen nicht tasten, ändern Sie die Position, z.B. Linksseitenlage oder sitzend nach vorne geneigt

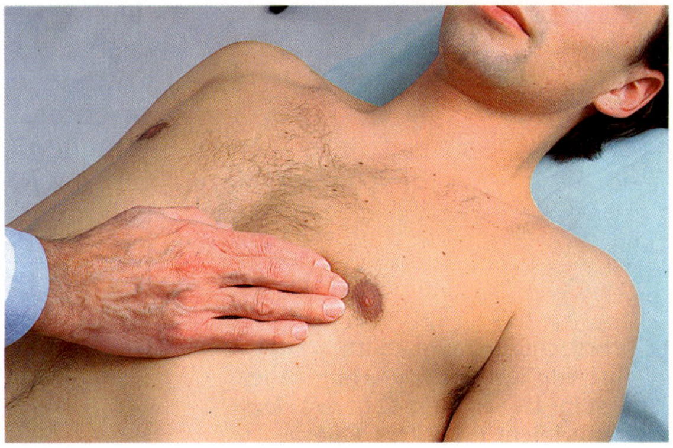

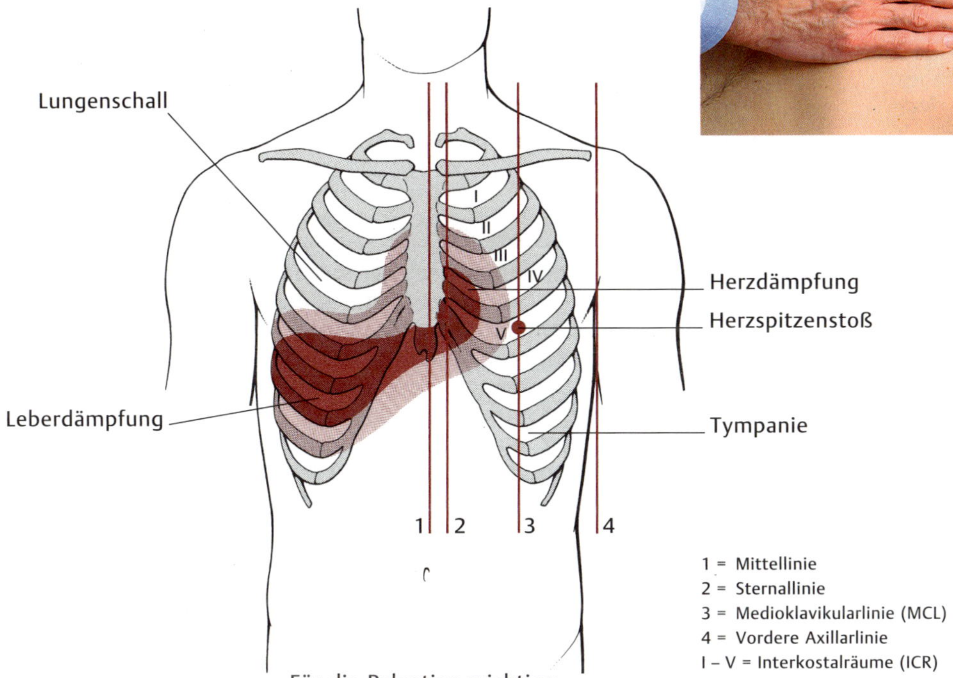

Für die Palpation wichtige Orientierungslinien

Als **»Schwirren«** bezeichnet man intensive tastbare Vibrationen, die durch ein lautes Herzgeräusch (4/6 oder lauter) entstehen. Im 2. und 3. ICR links parasternal können eine systolische Pulsation, ein systolisches Schwirren und ein endsystolisch kurzes Anschlagen (Pulmonalklappenschluß) bei pulmonaler Hypertonie tastbar sein. Ein mit der flach aufgelegten Hand tastbares Schwirren kann bei der Pulmonalstenose vorkommen. Schwirren kann besser mit der Handinnenfläche als mit den Fingerspitzen erfaßt werden.
Ebenfalls mit der Handinnenfläche kann präkardial ein **»Reiben oder Schaben«** palpiert werden, z.B. bei einer trockenen Perikarditis aufgrund des Perikardreibens.

Tastbares **Schwirren** entsteht durch ein lautes (4/6 oder lauter) Herzgeräusch, z.B. bei pulmonaler Hypertonie oder Pulmonalstenose.

Ein präkardiales **Reiben** kann z.B. bei der trockenen Perikarditis palpiert werden.

2.1.4 Herzauskultation

Die Auskultation des Herzens ist der erste und entscheidende diagnostische Schritt bei der Feststellung von Herzklappenfehlern (Stenose oder Insuffizienz der Aorten-, Pulmonal-, Mitral- oder Trikuspidalklappe), Kurzschlußverbindungen (Shunts) zwischen Vorhöfen und Kammern und von Perikarderkrankungen (Perikardreiben bei Perikarditis).
Als Instrument dient das Stethoskop; üblicherweise hat es einen Membranteil für höhere Frequenzen und einen Trichter ohne Membran für tiefere Frequenzen. Man kann sich einen Eindruck der Frequenzselektion von Glocke (Trichter) und Membran verschaffen, wenn man in flachem Winkel

2.1.4 Herzauskultation

Die Auskultation des Herzens ist der erste und entscheidende diagnostische Schritt bei der Feststellung von Herzklappenfehlern, Kurzschlußverbindungen und Perikarderkrankungen.

Als Instrument dient das Stethoskop.

über die Teile haucht oder sie gegen Stoff, Haare oder Haut streicht. Mit der Glocke kann auch an unebenen Stellen (sehr knochiger Thorax) auskultiert werden, ohne den Auflagedruck zu sehr zu verstärken. Probieren Sie auch aus, wie sich die Schallphänomene durch unterschiedlichen Auflagedruck verändern. Die äußeren Untersuchungsbedingungen sind optimal zu gestalten, und der Patient ist – falls möglich – hinsichtlich Lage und Atmung richtig zu instruieren. Das Stethoskop basiert auf den Beobachtungen von *René Laennec* (1816): Er wollte nicht – wie damals üblich zur Auskultation – sein Ohr an die Brust einer großbusigen Patientin legen; daher nahm er ein zusammengerolltes Blatt Papier und band es mit einem Faden zu einer Röhre. Zu seiner Überraschung hörte Laennec die Geräuschphänomene bzw. Herztöne nicht schlechter, sondern besser!

Der Untersuchungsraum sollte möglichst von Nebengeräuschen abgeschirmt sein. Der Patient liegt auf dem Rücken mit leicht erhöhtem Oberkörper.

Der Untersuchungsraum sollte möglichst von Nebengeräuschen abgeschirmt sein. Der Patient liegt auf dem Rücken mit leicht erhöhtem Oberkörper (ca. 30 Grad). Nach längerer Ruhe können Herztöne und -geräusche leiser werden. Eine kurze körperliche Anstrengung (z.B. mehrmaliges Aufrichten des Oberkörpers) führt zu einer Verstärkung der Töne und Geräusche.

Merke ►

► ***Merke.*** Zur Verstärkung der Geräuschphänomene, die von der Mitralklappe ausgehen, kann der Patient in die Linksseitenlage gebracht werden. Die Geräuschphänomene, die von der Aortenklappe ausgehen, werden im Sitzen bei vorgebeugtem Oberkörper verstärkt.

Herztöne und -geräusche sind ohne Überlagerung der Atemgeräusche besser zu hören – insbesondere für Anfänger. Es sollte daher in Atemruhelage auskultiert werden. Vergessen Sie nicht, den Patienten zwischenzeitlich wieder zum Atmen aufzufordern!

Herztöne und -geräusche sind ohne Überlagerung der Atemgeräusche besser zu hören – insbesondere für Anfänger. Es sollte daher in Atemruhelage auskultiert werden. Dazu bittet man den Patienten, am Ende der Exspirationsphase den Atem kurzfristig anzuhalten; das ist angenehmer als in der Inspirationsphase. Vergessen Sie nicht, den Patienten wieder zum Atmen aufzufordern!

Gehen Sie bei jeder Herzauskultation nach einem festen Schema vor: Sie können mit der Auskultation am linken Sternalrand beginnen **(Erbscher Punkt)** und dann in Richtung Herzspitze und Trikuspidalisareal auskultieren (S C-**2.5**). Sodann sollte in Richtung Pulmonalisareal und Aortenareal auskultiert werden. Es bietet sich an, sofort die Auskultation der Halsgefäße (A. carotis) anzuschließen. Geräusche, die von der Aortenklappe ausgehen, strahlen typischerweise in die Halsgefäße aus.

Für jeden verdächtigen Herzton und jedes Geräusch müssen der Ort der größten Lautstärke (**Punctum maximum = p. m.**), die Ausstrahlung, die Lautstärke (1/6 bis 6/6), die zeitliche Zuordnung (zum 1. und 2. Herzton), der Klangcharakter und der zeitliche Verlauf angegeben werden. Zur Klärung abnormer Befunde sind verschiedene Manöver (Lagerung, Belastung, Valsalva-Versuch) erforderlich.

Gehen Sie bei jeder Herzauskultation systematisch nach einem festen Schema vor: Sie können mit der Auskultation am linken Sternalrand beginnen **(Erbscher Punkt)** und dann zunächst in Richtung Herzspitze (Mitralisareal) und Trikuspidalisareal auskultieren (S C-**2.5**). Sodann sollte in Richtung Pulmonalisareal und Aortenareal auskultiert werden. Es bietet sich an, sofort die Auskultation der Halsgefäße (A. carotis) anzuschließen. Geräusche, die von der Aortenklappe ausgehen, strahlen typischerweise in die Halsgefäße aus. Bei einem systolischen Geräusch ist dieses Phänomen ein wichtiges Unterscheidungskriterium.

Für jeden verdächtigen Herzton und jedes Geräusch müssen sowohl der Ort der größten Lautstärke (**Punctum maximum = p. m.**) als auch die Ausstrahlung bzw. Ausbreitung, die Lautstärke (1/6 bis 6/6), die zeitliche Zuordnung (zum 1. und 2. Herzton), der Klangcharakter (hoch- oder tieffrequent, rauh oder weich) und der zeitliche Verlauf (bandförmig oder spindelförmig) angegeben werden.

Mit der Glocke (Trichterseite) sollte zumindest über dem Mitral- und Trikuspidalareal auskultiert werden. Zur Klärung abnormer Auskultationsbefunde sind verschiedene Manöver (Lagerung, körperliche Belastung und Valsalva-Versuch) und die Einbeziehung von Inspektion, Palpation, Blutdruck- und Pulsmessung sowie Anamnese erforderlich.

Auf diese Weise sind mit einiger Erfahrung die meisten Herzvitien bereits ohne weitere Untersuchungen zu diagnostizieren (S C-**2.6**). Weiterführende technische Untersuchungen wie EKG, Echokardiographie, Phonokardiographie (Aufzeichnung der Geräuschphänomene), Röntgenuntersuchungen und evtl. Herzkatheteruntersuchungen müssen nach der Anamnese und der körperlichen Untersuchung gezielt eingesetzt werden.

S Synopsis C-**2.5: Herzauskultation**

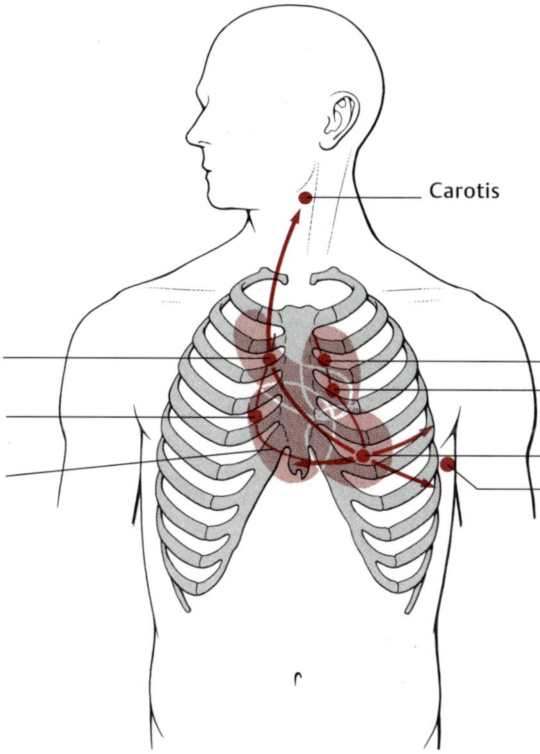

Vorgehensweise:

- Beginnen Sie am besten am linken Sternalrand (Erbscher Punkt)
- Auskultieren Sie dann in Richtung Herzspitze (Mitralisareal), Trikuspidalisareal, schließlich in Richtung Pulmonalis- und Aortenareal
- Auskultieren Sie auch in Linksseitenlage und im Sitzen bei vorgebeugtem Oberkörper

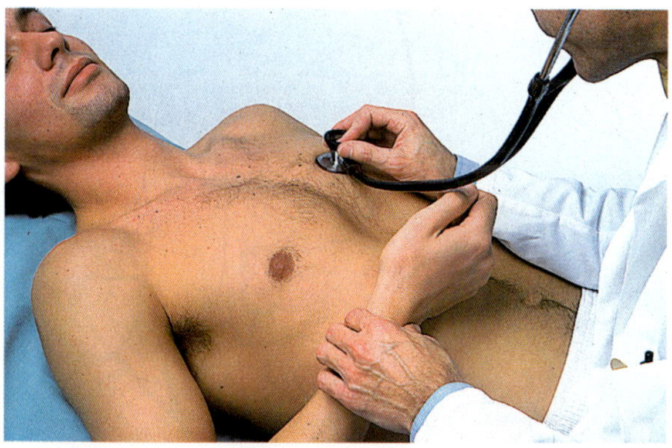

1. Auskultation in Rückenlage: Erbscher Punkt

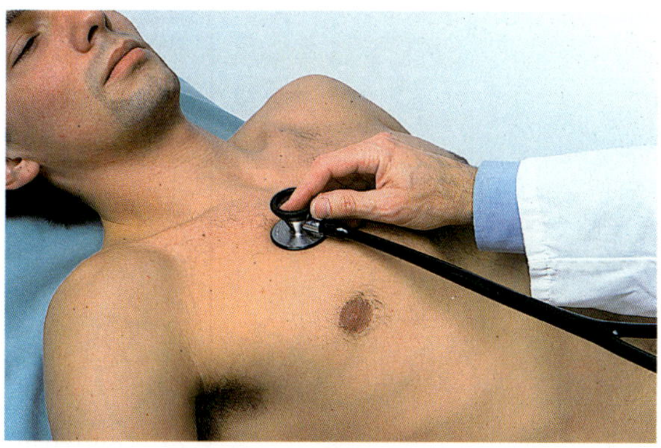

Aortenpunkt

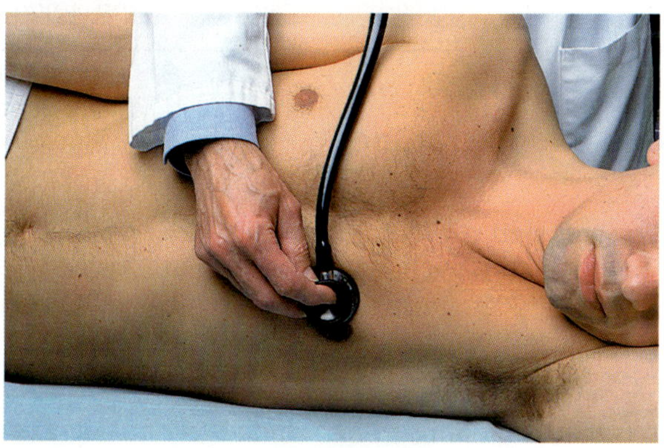

2. Auskultation in Linksseitenlage

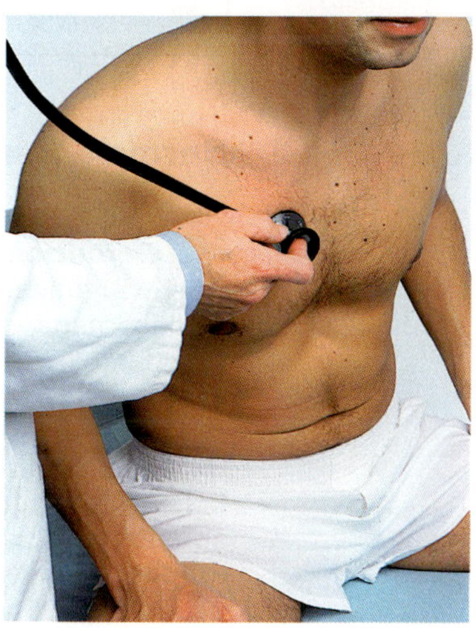

3. Auskultation bei vorgebeugtem Oberkörper

Synopsis C-2.6: Auskultationspunkte der wichtigsten Herzklappenfehler

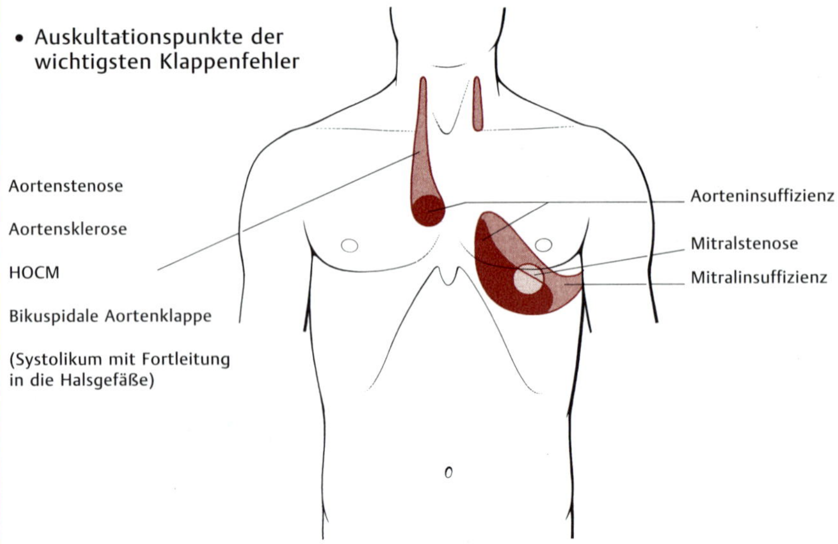

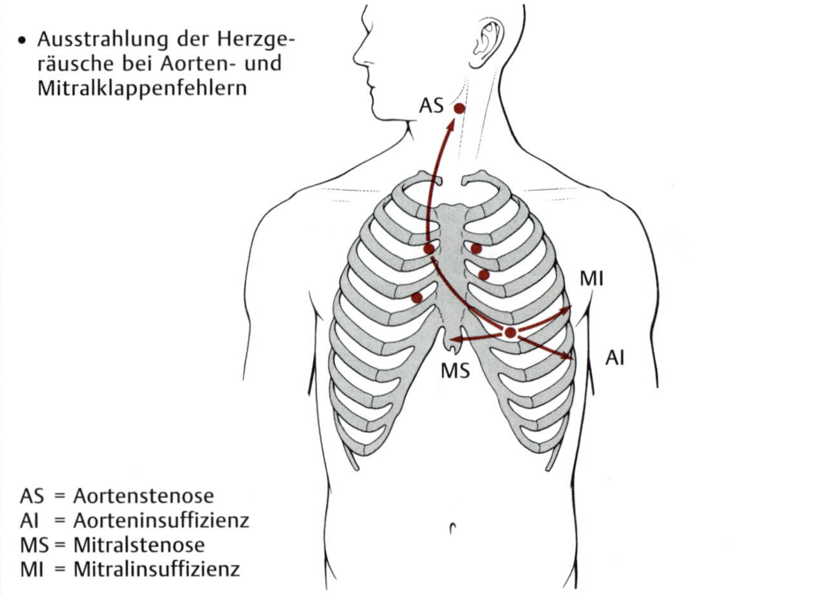

Normale Herztöne und Extratöne

Definition ▶

▶ ***Definition.*** Herztöne sind die bei der normalen Herzaktion durch Schwingungen v. a. der Herzklappen entstehenden kurzzeitigen Schallphänomene, die normalerweise nur als 1. und 2. Herzton auskultierbar sind.

Herztöne sind im musikalischen Sinn keine reinen Töne mit einer einheitlichen Schwingung, sondern kurze Geräusche mit verschiedenen Frequenzanteilen. Die Herztöne sind Klappenschlußtöne; die Klappenöffnung erfolgt normalerweise lautlos.

Der **1. Herzton** entsteht beim Schluß der Atrioventrikularklappen (Mitral- und Trikuspidalklappen) *zu Beginn* der Ventrikelsystole, der **2. Herzton** beim Schließen der Semilunarklappen (Aorten- und Pulmonalklappen) *am Ende* der Ventrikelsystole. Die Identifizierung gelingt über die zeitlichen Abstände der Töne: Bei normaler Herzfrequenz ist die auskultatorische Systole (Abstand vom 1. zum 2. Herzton) *kürzer* als die Diastole (Abstand vom 2. zum nächsten 1. Herzton).
Auskultieren Sie erneut nach körperlicher Belastung, bei der die Herzfrequenz deutlich ansteigt, und achten Sie darauf, wie sich die Abstände zwischen den Herztönen verkürzen und angleichen! Tasten Sie immer gleichzeitig den Radialispuls und achten Sie auf das Zusammenspiel von Herztönen (Rhythmus) und Puls.

Der **1. Herzton** entsteht beim Schluß der Atrioventrikularklappen zu Beginn der Ventrikelsystole, der **2. Herzton** beim Schließen der Semilunarklappen am Ende der Ventrikelsystole.

Die Intensität der Herztöne kann durch Adipositas, Lungenemphysem oder einen Perikarderguß abgeschwächt sein. Die Dämpfung kommt dabei entweder durch ein Fettpolster über der knöchernen Thoraxwand oder durch erhöhten Luftgehalt der Lunge bzw. Flüssigkeit im Herzbeutel (Perikarderguß) zustande. Die Unterscheidung der beiden Herztöne ist für den Anfänger gelegentlich nicht einfach. Deshalb hier noch ein paar Tips:

- Wie oben bereits beschrieben, ist der Abstand zwischen dem 1. und 2. Ton (Systole) kürzer als zwischen dem 2. und 1. Ton (Diastole).
- Die Pulswelle der A. carotis ist unmittelbar nach dem 1. Ton zu tasten.
- Der Beginn des Herzspitzenstoßes ist fast synchron mit dem 1. Ton.
- Der 1. Ton ist über dem Erbschen Punkt und der Herzspitze meist lauter als der 2. Ton.
- Der 2. Ton ist über der Herzbasis lauter.
- Beim AV-Block III. Grades findet sich ein verstärkter 1. Herzton (Bruit de canon, Kanonenschlagphänomen).

Die Unterscheidung der beiden Herztöne ist gelegentlich nicht einfach. Deshalb hier noch ein paar Tips:

- Der Abstand zwischen dem 1. und 2. Ton (Systole) ist kürzer als zwischen dem 2. und 1. Ton (Diastole).
- Die Pulswelle der A. carotis ist unmittelbar nach dem 1. Ton zu tasten.
- Der Beginn des Herzspitzenstoßes ist fast synchron mit dem 1. Ton.
- Der 1. Ton ist über dem Erbschen Punkt und der Herzspitze meist lauter als der 2. Ton.
- Der 2. Ton ist über der Herzbasis lauter.
- Beim AV-Block III. Grades findet sich ein verstärkter 1. Herzton (Bruit de canon, Kanonenschlagphänomen).

Die **Spaltung der Herztöne** in 2 Komponenten kann noch physiologisch sein, gelegentlich jedoch schon pathologische Bedeutung haben (▣ C-**2.2**). Die Kontraktionen von linkem und rechtem Ventrikel verlaufen nicht immer absolut synchron, und damit sind auch die Tonkomponenten des Mitral- und Trikuspidalklappenschlusses innerhalb des 1. Tons manchmal (besonders bei Jugendlichen) voneinander zu unterscheiden. Die Spaltung des 1. Tons ist meist akzidentell (funktionell), kommt aber auch bei pulmonaler Hypertonie (Drucksteigerung im Lungenkreislauf) und bei Rechtsschenkelblock im EKG (unterschiedliche Erregung der Kammern) vor.
Der 2. Ton setzt sich aus den beiden Komponenten des Aortenklappen- und Pulmonalklappenschlusses zusammen, wobei ersterer in der Regel letzterem etwas (um 0,04 s) vorauseilt. Diese physiologische Spaltung variiert vor allen Dingen bei der Atmung: Zunahme bei tiefer Inspiration, Abnahme bei Exspiration. Die Spaltung ist pathologisch, wenn sie weit und fixiert, d. h. atemunabhängig ist. Die Übergänge zwischen physiologischer und pathologischer Spaltung sind allerdings fließend; die Spaltung ist immer pathologisch, wenn sie weit und fixiert ist, z. B. bei Erkrankungen mit erhöhtem rechtsventrikulärem Schlagvolumen (Vorhofseptumdefekt).

Die **Spaltung der Herztöne** in 2 Komponenten kann noch physiologisch sein, gelegentlich jedoch schon pathologische Bedeutung haben (▣ C-**2.2**). Die Spaltung des 1. Tons ist meist akzidentell, kommt aber auch bei pulmonaler Hypertonie und bei Rechtsschenkelblock im EKG vor.

Der 2. Ton setzt sich aus den beiden Komponenten des Aortenklappen- und Pulmonalklappenschlusses zusammen, wobei ersterer in der Regel letzterem etwas vorauseilt. Diese physiologische Spaltung variiert vor allem bei der Atmung: Zunahme bei tiefer Inspiration. Die Spaltung ist pathologisch, wenn sie weit und fixiert, d. h. atemunabhängig ist.

Systolische Extratöne: Extratöne oder Clicks in der Systole können viele Ursachen haben. Am bedeutendsten und häufigsten ist ein Click in der Mitte der Systole (**midsystolic click**) beim Mitralklappenprolaps (s. S. 192). Hierbei kommt es in der mittleren Systole zu einem Ausstülpen (Prolaps) eines oder beider Mitralsegel in den linken Vorhof. Dabei entsteht ein Anspannungston, sehr hochfrequent und kurz (der Prolaps des Trikuspidalsegels ist dagegen eine Rarität). Der Click kann durch Manöver (Aufstehen, in die Hocke gehen) verstärkt werden. Er ist meistens verbunden mit einem spätsystolischen Geräusch (**late systolic murmur**). Beweisend für den Mitralklappenprolaps ist die Echokardiographie. Vor Einführung des Echos wurde das Syndrom auch als »mid systolic click and late systolic murmur« phänomenologisch beschrieben.

Systolische Extratöne: Extratöne oder Clicks in der Systole können viele Ursachen haben. Am bedeutendsten und häufigsten ist ein Click in der Mitte der Systole (**midsystolic click**) beim Mitralklappenprolaps. Beweisend für den Mitralklappenprolaps ist die Echokardiographie.

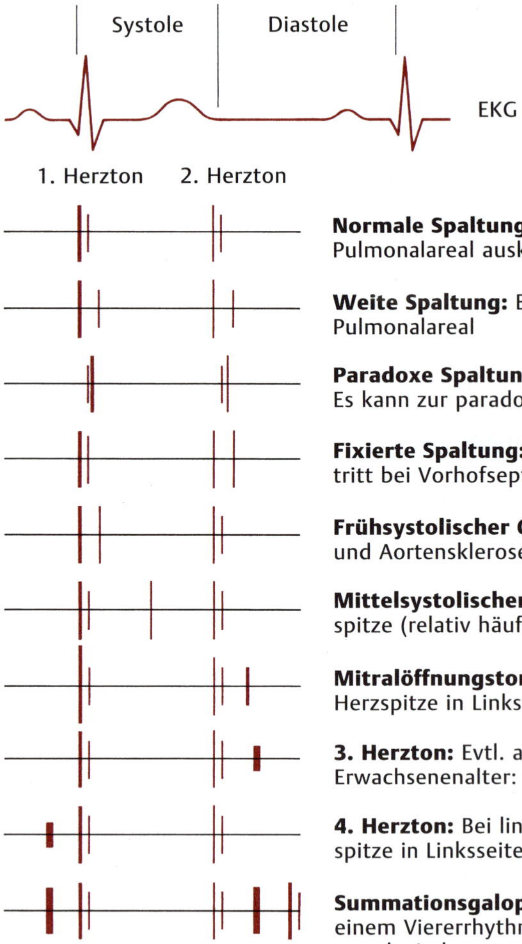

Normale Spaltung: Häufig bei Jüngeren während der Inspiration über Trikuspidal- und Pulmonalareal auskultierbar

Weite Spaltung: Bei Rechtsschenkelblock auskultierbar, ebenfalls über Trikuspidal- und Pulmonalareal

Paradoxe Spaltung: Beim Linksschenkelblock kann eine umgekehrte Spaltung auftreten: Es kann zur paradoxen Reihenfolge von Klappenöffnung und Klappenschließung kommen

Fixierte Spaltung: Eine weite Spaltung, die durch die Atmung nicht beeinflußt wird; sie tritt bei Vorhofseptumdefekt und pulmonaler Hypertonie auf

Frühsystolischer Click: Hochfrequenter Extraton bei Aortenstenose, Aortendilatation und Aortensklerose, p.m.: Aortenareal

Mittelsystolischer Click: Hochfrequenter Extraton bei Mitralklappenprolaps, p.m.: Herzspitze (relativ häufig), Trikuspidalklappenprolaps (selten)

Mitralöffnungston: Paukender Ton bei leichter bis mittelgradiger Mitralstenose, p.m.: Herzspitze in Linksseitenlage

3. Herzton: Evtl. als Normalbefund bei Kindern und Jugendlichen, pathologisch im Erwachsenenalter: Herzinsuffizienz und Dilatation des linken Ventrikels

4. Herzton: Bei linksventrikulärer Hypertrophie, p.m. wie beim 3. Herzton über der Herzspitze in Linksseitenlage

Summationsgalopp: Bei Herzinsuffizienz mit Tachykardie können 3. und 4. Herzton zu einem Viererrhythmus verschmelzen. Kann bei rascher Herzfrequenzabnahme wieder verschwinden

◙ C-**2.2: Herztöne und Extratöne**

Austreibungstöne (Ejektionsclick) in der frühen Systole können von der Aortenklappe und von der Pulmonalklappe ausgehen.

Austreibungstöne (Ejektionsclick) in der frühen Systole können von der Aortenklappe (bei Aortenvitien, -aneurysma und -isthmusstenose) und von der Pulmonalklappe (bei pulmonaler Hypertonie) ausgehen.

Diastolische Extratöne: Die wichtigsten diastolischen Töne sind der **Mitralöffnungston** (MÖT) bei Mitralstenose und die **Kammerfüllungstöne** (3. und 4. Herzton). Der MÖT ist frühdiastolisch, hochfrequent (siehe ◙ C-**2.2**), und er entsteht am Ende der Mitralklappenöffnungsbewegung bei verdickter Klappe: Punctum maximum ist über der Herzspitze und Erbschem Punkt.

Diastolische Extratöne: Die wichtigsten diastolischen Töne sind der **Mitralöffnungston** (MÖT) bei Mitralstenose und die **Kammerfüllungstöne** (3. und 4. Herzton). Der MÖT ist frühdiastolisch, hochfrequent (siehe ◙ C-**2.2**), und er entsteht am Ende der Mitralklappenöffnungsbewegung bei verdickter Klappe: Punctum maximum ist über der Herzspitze und Erbschem Punkt. Bei leichteren Formen der Mitralstenose kann der MÖT noch fehlen, ebenfalls bei schwereren wieder verschwinden (»stumme Mitralstenose«). Mit zunehmendem Schweregrad der Stenose wird der Abstand zum 2. Herzton kürzer.

Die Kammerfüllungstöne sind nur schwer hörbar. Der **3. Herzton** führt z. B. nach Anstrengung zum Klangbild eines Galopprhythmus (da-da-dub). Bei Jugendlichen hat der 3. Herzton meist keinen Krankheitswert, ist ansonsten aber ein wichtiger Hinweis auf eine Herzinsuffizienz.

Im Gegensatz zum MÖT sind die Kammerfüllungstöne nur schwer hörbar. Der **3. Herzton (protodiastolischer Galopp)** ist am besten nach Anstrengung (Manöver) über der Herzspitze zu hören; wobei das Klangbild eines Galopprhythmus (da-da-dub) entsteht. Er tritt bei Jugendlichen ohne Krankheitswert auf. Ursache des 3. Herztons ist eine abrupte Beendigung einer raschen und starken Ventrikelfüllung (bei Sportlern, bei erhöhtem Schlagvolumen, z. B. Anämie oder Hyperthyreose). Weiterhin kann dieser auch bei einer Volumenbelastung (Mitralinsuffizienz, Vorhofseptumdefekt,

Herzinsuffizienz und Dilatation des linken Ventrikels) auftreten. Ein 3. Herzton ist ein wichtiger Hinweis auf eine Herzinsuffizienz.

Der **4. Herzton (präsystolischer Galopp)** – immer pathologisch – ist Ausdruck einer verminderten Ventrikeldehnbarkeit (Hypertrophie bei Hypertonie oder Aortenstenose). Er entsteht durch das Auftreffen des Blutes auf eine gespannte (»steife«) Ventrikelwand nach verstärkter Vorhofkontraktion.

Der **4. Herzton** – immer pathologisch – ist Ausdruck einer verminderten Ventrikeldehnbarkeit. Er entsteht durch das Auftreffen des Blutes auf eine gespannte Ventrikelwand nach verstärkter Vorhofkontraktion.

Töne bei Klappenprothesen: Kugel- oder Ballprothesen haben laute, hell und metallisch klingende Öffnungs- und Schließungstöne. Sie werden durch das Anschlagen des Balls in der Käfigspitze bzw. die Setzbewegungen im Ring hervorgerufen. Die Töne können bei einigen Prothesen eine Lautstärke erreichen, die sogar aus einem Meter Entfernung wahrgenommen werden kann (»Prothesen-Click«). Bei Kippscheibenprothesen sind ebenfalls helle und clickartige, jedoch leisere Töne als bei Kugelklappen, auskultierbar. Die Bioprothesen (z. B. Schweine-Aortenklappe) sind der menschlichen Herzklappe morphologisch und funktionell ähnlich. Sie produzieren keinen oder nur einen sehr leisen Öffnungston. Der Schlußton ist gewöhnlich betont, hat aber nicht den clickartigen Charakter der Metallprothesen.

Töne bei Klappenprothesen: Kugel- oder Ballprothesen haben laute, hell und metallisch klingende Öffnungs- und Schließungstöne. Sie werden durch das Anschlagen des Balls in der Käfigspitze bzw. die Setzbewegungen im Ring hervorgerufen.

Herzgeräusche

Im Gegensatz zu den Herztönen, sind die Herzgeräusche länger anhaltende Schallphänomene, die nur in besonderen Situationen oder bei besonderen Herzerkrankungen in der Systole bzw. Diastole auftreten (C-**2.3**).

Die häufigsten systolischen Herzgeräusche sind nicht organisch bedingt, d. h. nicht auf Herzklappenfehler oder Shuntvitien zurückzuführen, sondern sie sind funktionell bzw. akzidentell bei erhöhtem Schlagvolumen (Anämie, Hypertonie, Hyperthyreose ...) oder auf eine Verkalkung der Klappe (Aortenklappensklerose ohne Stenose) zurückzuführen.

Herzgeräusche

Herzgeräusche sind länger anhaltende Schallphänomene, die nur in besonderen Situationen oder bei besonderen Herzerkrankungen in der Systole bzw. Diastole auftreten (C-**2.3**).
Die häufigsten systolischen Herzgeräusche sind nicht organisch bedingt, sondern sie sind funktionell bzw. akzidentell bei erhöhtem Schlagvolumen oder auf eine Verkalkung der Klappe zurückzuführen.

> ***Merke.*** Diastolische Geräusche sind immer pathologisch.

◀ **Merke**

Zunächst ist ein normales von einem abnormen Herzgeräusch zu unterscheiden. Geräusche dauern länger als die Herztöne und haben einen anderen Klangcharakter. Manchmal sind die Töne von den Geräuschen nicht mehr klar abgesetzt, z. B. das holosystolische Geräusch bei Mitralinsuffizienz: Es beginnt mit dem 1. Herzton und reicht bis an den zweiten heran.

Zunächst ist ein normales von einem abnormen Herzgeräusch zu unterscheiden. Geräusche dauern länger als die Herztöne und haben einen anderen Klangcharakter.

Zur Differenzierung organischer und funktioneller Geräusche müssen Alter, Konstitution, Anamnese und Beschwerdebild des Patienten mit herangezogen werden (Näheres hierzu später). Um zu entscheiden, ob es sich um eine Verengung (Stenose) oder Schlußunfähigkeit (Insuffizienz) einer der vier Klappenapparate handelt (C-**2.4**), müssen **Punctum maximum, Ausstrahlung** und **Lautstärke** des Geräusches sowie **Verstärkung** bzw. **Abschwächung** durch verschiedene Manöver beschrieben werden. Potentiell kommen 8 Herzklappenfehler in Betracht. Der Häufigkeit und damit der Wahrscheinlichkeit folgend sind Aorten- und Mitralklappenfehler weit führend vor Pulmonalklappenfehlern. Trikuspidalklappenfehler sind sehr selten.

Zur Differenzierung organischer und funktioneller Geräusche müssen Alter, Konstitution, Anamnese und Beschwerdebild des Patienten mit herangezogen werden. Um zu entscheiden, ob es sich um eine Verengung oder Schlußunfähigkeit einer der vier Klappenapparate handelt (C-**2.4**), müssen **Punctum maximum, Ausstrahlung** und **Lautstärke** des Geräusches, sowie **Verstärkung** bzw. **Abschwächung** durch verschiedene Manöver beschrieben werden.

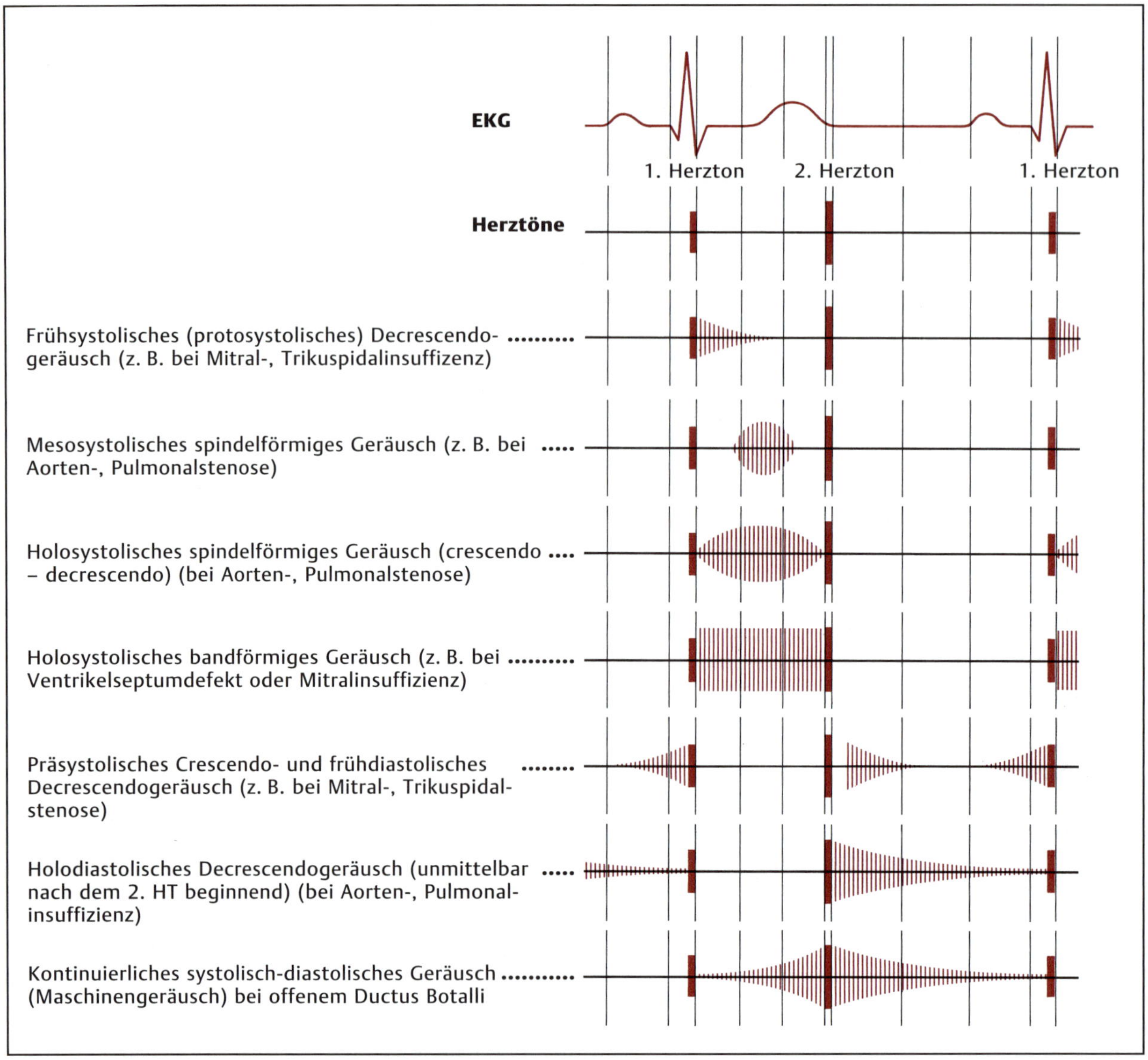

C-2.3: Herzgeräusche

Voraussetzung für die Erklärung der Geräuschphänomene bei den Vitien ist eine genaue Vorstellung des Blutflusses bzw. der kardialen Hämodynamik in Systole und Diastole.

Voraussetzung für die Erklärung der Geräuschphänomene bei den Vitien ist eine genaue Vorstellung des Blutflusses bzw. der kardialen Hämodynamik in Systole und Diastole. So kann man sich sehr einfach die Entstehung systolischer und diastolischer Geräusche immer wieder klarmachen. Die Analyse und Beschreibung der Herzgeräusche erfolgen nach Art, Dauer und zeitlichem Auftreten, Ort, Ausstrahlung und Lautstärke.

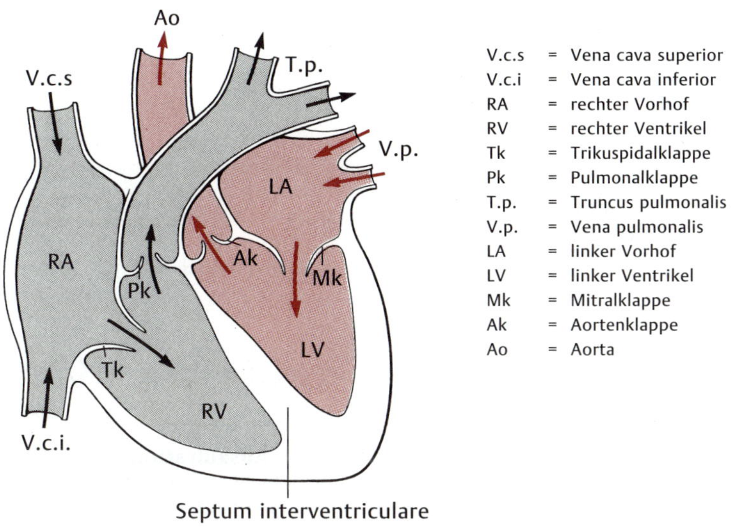

a Übersicht über die Anatomie des Herzens mit Klappen und Strömungsverhältnissen

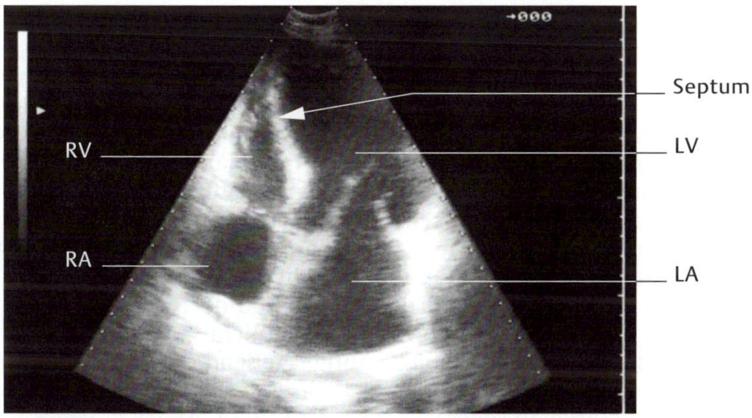

b Echokardiographie: Sog. Vierkammerblick (Herzspitze ist oben, Herzbasis unten): auf der rechten Seite linker Ventrikel (LV) und linker Vorhof (LA) mit offener Mitralklappe (Diastole); auf der linken Seite rechter Ventrikel (RV) und rechter Vorhof (RA) mit Trikuspidalklappe

C-2.4: Anatomie des Herzens mit Klappen und Strömungsverhältnissen

Abklärung von Herzgeräuschen

Folgende Fragen sind zu klären:

1. Handelt es sich um ein Systolikum oder Diastolikum?
2. Ist das Geräusch spindelförmig, anschwellend (crescendo), abschwellend (decrescendo) oder bandförmig? Beginn und Ende des Geräusches in Beziehung zu den Herztönen: früh-, mitt-, spät- und holosystolisch oder früh- und spätdiastolisch ...? extrakardiales Geräusch (z. B. Perikard- oder Pleurareiben)?
3. Ort der größten Intensität (Punctum maximum)?
4. Lautstärke:
   - 1/6 = kaum hörbar
   - 2/6 = leise
   - 3/6 = mittellaut
   - 4/6 = laut
   - 5/6 = sehr laut
   - 6/6 = ohne Stethoskop hörbar
   - Distanzgeräusch; evtl. als Schwirren zu tasten
5. Frequenz und Klangcharakter (tief-murmelnd, hoch-klingend, »Maschinengeräusch«, gießend)?

Für die Dokumentation des Auskultationsbefundes gibt es eine verbindliche »Zeichensprache« (C-**2.5**).

Für die Dokumentation der Auskultation im Befundbericht dient die in C-**2.5** gezeigte verbindliche »Zeichensprache«.

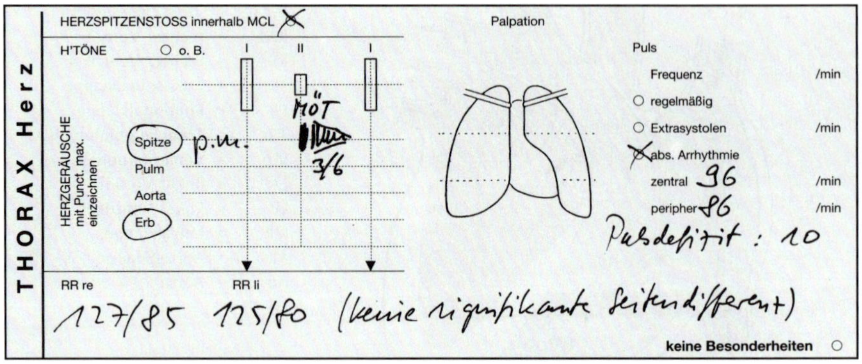

C-**2.5: Handschriftliche Dokumentation der Auskultationsbefunde:** Es handelt sich um einen Patienten mit einem Mitralvitium: Mitralöffnungston (MÖT) und diastolisches Decrescendogeräusch (3/6-Lautstärke) mit p. m. über der Herzspitze

Systolische Geräusche: Entsprechend der kardialen Hämodynamik kommen systolische Austreibungsgeräusche von der Aortenklappe oder der Pulmonalklappe. Rückstromgeräusche in der Systole stammen von der Mitralklappe oder der Trikuspidalklappe.

Systolische Geräusche: Entsprechend der kardialen Hämodynamik kommen systolische Austreibungsgeräusche (Stenose- oder Ejektionsgeräusche) von der Aortenklappe (Aortenstenose) oder seltener der Pulmonalklappe (Pulmonalstenose); siehe aortaler und pulmonaler Ausflußtrakt. Rückstromgeräusche (Insuffizienz- oder Refluxgeräusche) in der Systole stammen demnach von der Mitralklappe (Mitralinsuffizienz) oder sehr viel seltener von der Trikuspidalklappe (Trikuspidalinsuffizienz).
Allerdings kommt es bei der schweren Aortenklappeninsuffizienz typischerweise durch das vermehrte Schlagvolumen zu einer relativen Aortenstenose und damit ebenfalls zu einem systolischen Herzgeräusch.

Stenosegeräusche sind spindelförmig (crescendo-decrescendo), Insuffizienzgeräusche häufig gießend (C-**2.7 a–e**).

Stenosegeräusche sind spindelförmig (crescendo-decrescendo), sind vom 1. Herzton abgesetzt und reichen in der Regel nicht bis an den 2. Herzton heran. Insuffizienzgeräusche sind häufig gießend, beginnen mit dem 1. Herzton und verlaufen bandförmig während der ganzen Systole oder nehmen an Lautstärke ab (decrescendo) (C-**2.7 a–e**).

Merke ▶

Merke. Das häufigste systolische Geräusch ist ein Austreibungsgeräusch im Alter bei Sklerose des Aortenklappenapparates (auch ohne Stenose) bzw. der aortalen Ausflußbahn und bei Aortendilatation.

Funktionelle Austreibungsgeräusche bei normaler Strömungsgeschwindigkeit des Blutes treten vorwiegend bei Kindern, Jugendlichen und schlanken Erwachsenen auf. Funktionelle Austreibungsgeräusche bei Hyperzirkulation kommen bei Anämie, Fieber, Hyperthyreose und Hypertonie vor.

Entsprechendes gilt für die Pulmonalsklerose. Dann folgen der Häufigkeit nach die funktionellen Austreibungsgeräusche. Sie beruhen nicht auf anatomischen Klappenveränderungen und sind nicht organisch bedingt. Funktionelle Austreibungsgeräusche bei normaler Strömungsgeschwindigkeit des Blutes (akzidentelle Geräusche) treten vorwiegend bei Kindern, Jugendlichen und schlanken (asthenischen) Erwachsenen auf. Funktionelle Austreibungsgeräusche bei Hyperzirkulation und erhöhtem Herzschlagvolumen kommen bei Anämie, Fieber, Hyperthyreose, Hypertonie und Schwangerschaft vor.

Systolische Shuntgeräusche entstehen beim Vorhofseptumdefekt und beim Ventrikelseptumdefekt.

Systolische Shuntgeräusche entstehen beim Vorhofseptumdefekt und beim Ventrikelseptumdefekt (selten).

S Synopsis C-**2.7: Systolische (a–e) und diastolische Geräusche (f–h) bei verschiedenen Vitien**

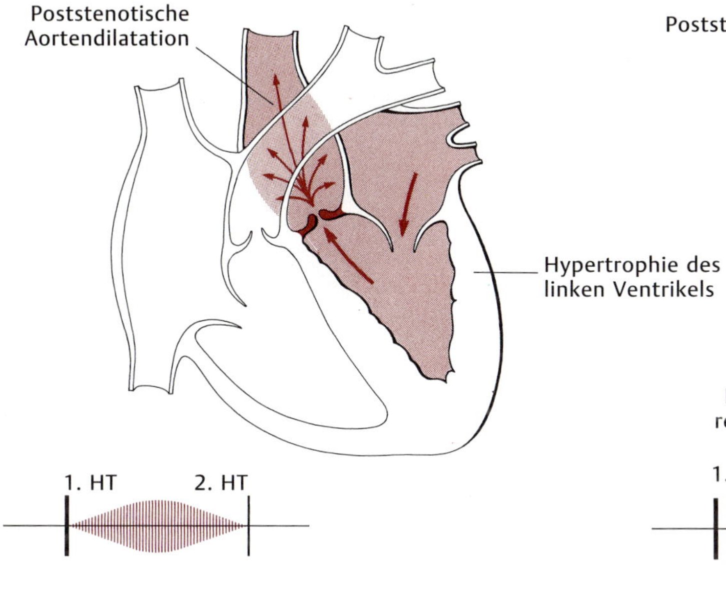

a Aortenstenose: Die verminderte Öffnungsfläche der Aortenklappe führt zu einer Mehrarbeit des linken Ventrikels durch Druckbelastung. So kommt es mittel- bis langfristig zu einer Hypertrophie des linken Ventrikels. Die erhöhte Verwirbelung des Blutstromes nach der Stenose führt zu einer poststenotischen Dilatation der Aortenwurzel. Über dem Aortenareal ist ein meso- bis holosystolisches spindelförmiges Geräusch auskultierbar.

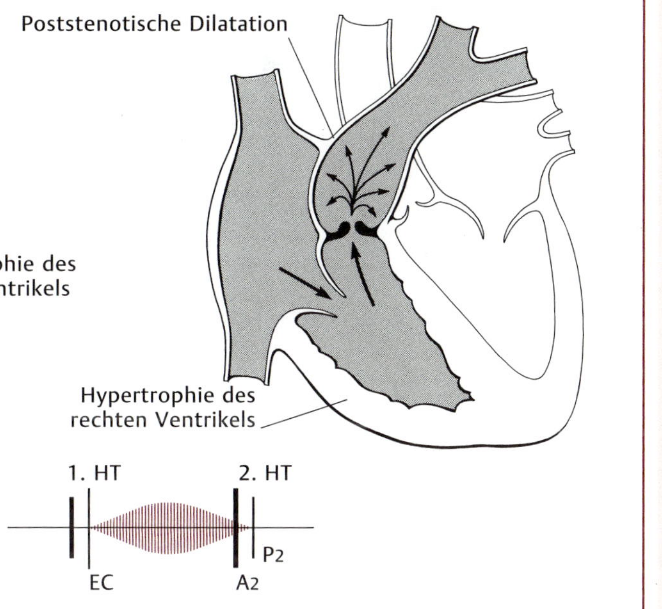

b Pulmonalstenose: Entsprechend den Verhältnissen bei der Aortenstenose kommt es zu einer erhöhten Druckbelastung des rechten Ventrikels. Eine poststenotische Dilatation der Pulmonalis kann auftreten. Über dem Pulmonalisareal ist ein Holosystolikum (spindelförmig) auskultierbar.

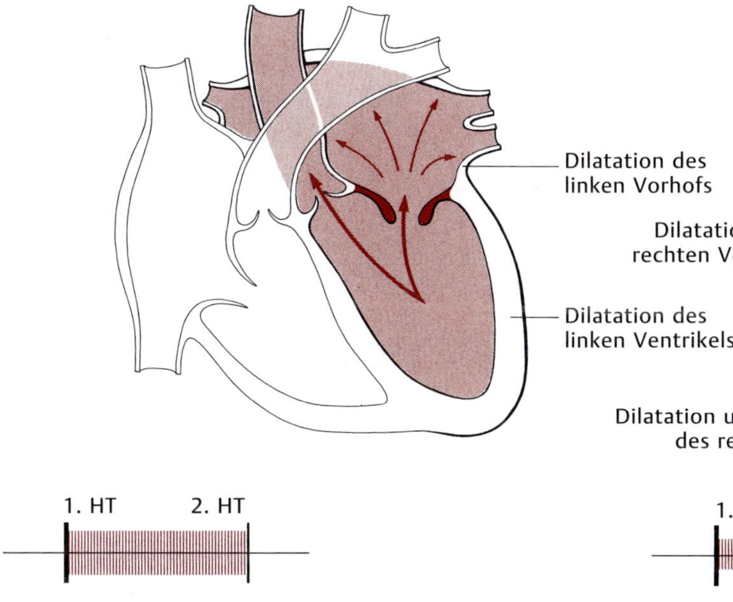

c Mitralinsuffizienz: Aufgrund der unzureichenden Schließung der Mitralklappe in der Systole kommt es zu einer zusätzlichen Volumenbelastung des linken Ventrikels, die auf Dauer zu einer Dilatation führt. Der linke Vorhof kann insbesondere bei zusätzlicher Stenose ebenfalls dilatiert sein. Über dem Mitralisareal ist ein bandförmiges Holosystolikum auskultierbar.

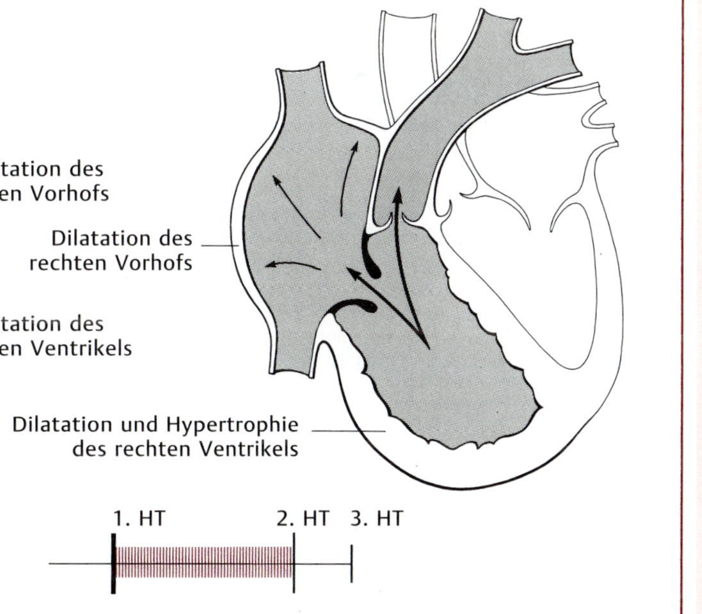

d Trikuspidalinsuffizienz: Entsprechende Veränderungen wie bei Mitralinsuffizienz.

... Fortsetzung C-2.7

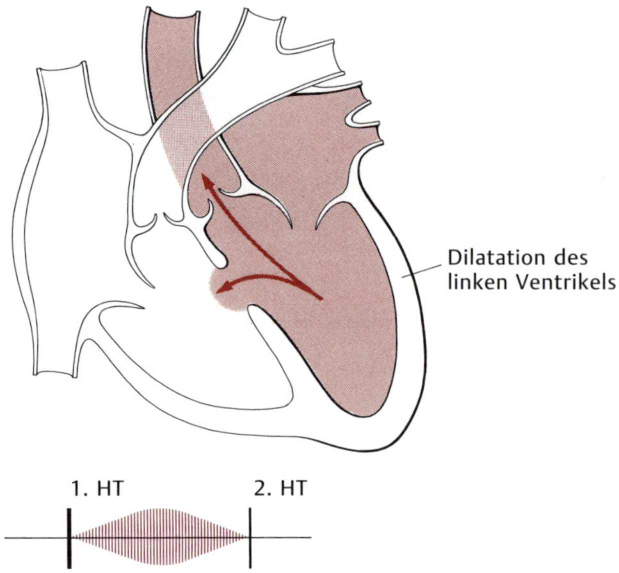

e Ventrikelseptumdefekt: Der Ventrikelseptumdefekt führt ebenfalls zu einer vermehrten Volumenbelastung des linken Ventrikels mit der Folge einer Dilatation. Am linken Sternalrand ist ein sehr lautes Systolikum auskultierbar.

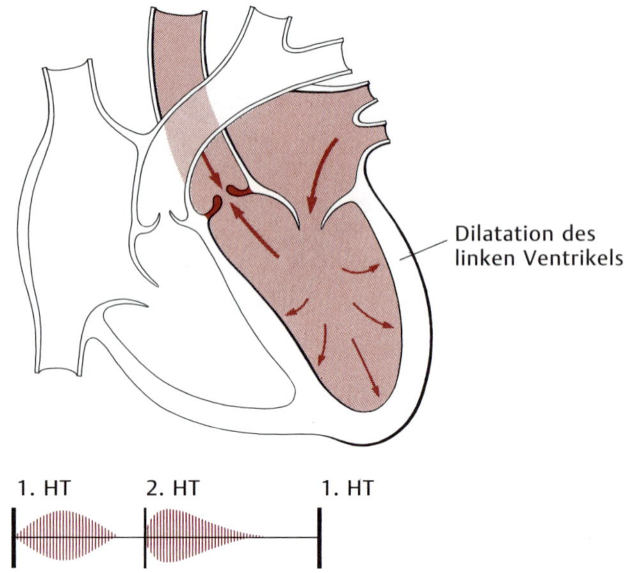

f Aorteninsuffizienz: Die unzureichende Schließung der Aortenklappe in der Diastole führt zu einer Regurgitation des Blutstromes aus der Aorta und zu einer Volumenbelastung des linken Ventrikels mit der Folge einer Dilatation. In Kombination mit einer Aortenstenose sind über dem Aortenareal ein spindelförmiges Holosystolikum und ein diastolisches Decrescendogeräusch auskultierbar.

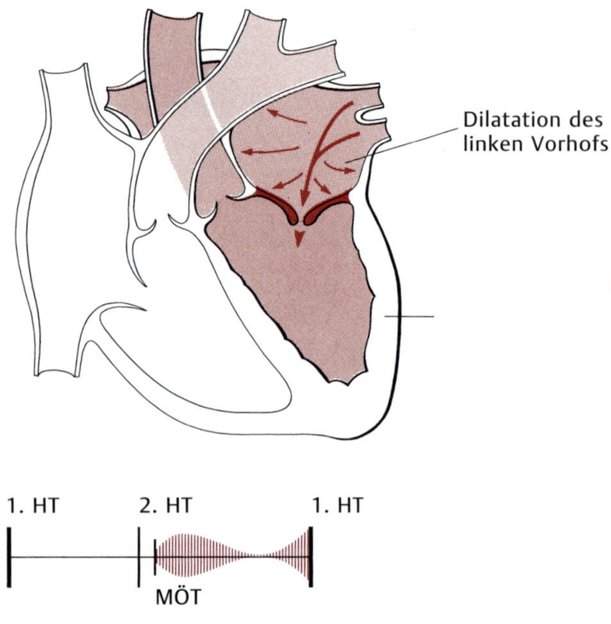

g Mitralstenose: Durch Einengung der Mitralklappe kann der Vorhofdruck auf ein Mehrfaches der Norm ansteigen. Es kommt zur ausgeprägten Dilatation des linken Vorhofes. Über dem Mitralisareal ist ein Mitralöffnungston (bei leichter Mitralstenose) mit einem anschließenden diastolischen Geräusch auskultierbar.

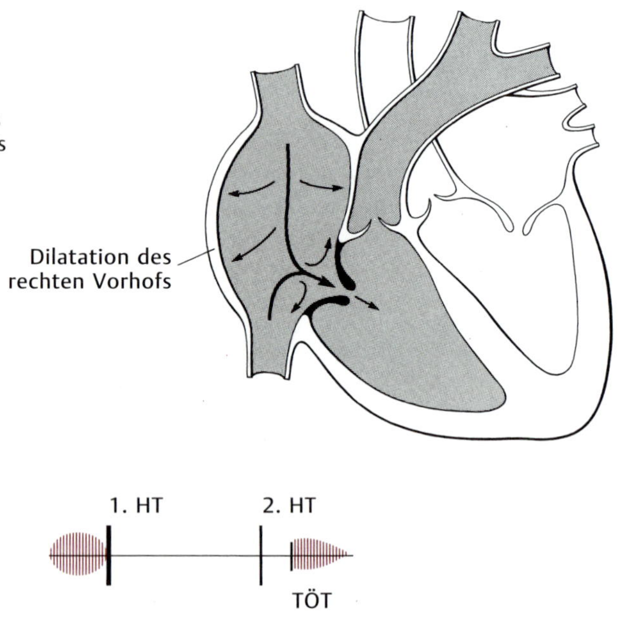

h Trikuspidalstenose: Ähnliche Veränderungen wie bei der Mitralstenose. Auskultierbar ist evtl. ein Trikuspidalöffnungston mit einem anschließenden Diastolikum (seltene Diagnose). Eine isolierte Trikuspidalstenose ist selten; meist tritt sie in Kombination mit einer Mitralstenose auf (s. o.).

Diastolische Geräusche: Da diastolische Herzgeräusche immer pathologisch sind, muß diesen besondere Aufmerksamkeit gewidmet werden. **Diastolika sind leiser als systolische Geräusche** und vom Anfänger nur sehr schwer wahrnehmbar. Entsprechend der kardialen Hämodynamik unterscheiden wir **Füllungs-** oder **Einströmungsgeräusche**, die bei Füllung des Ventrikels durch Turbulenzbildung an den atrioventrikulären Segelklappen der Mitralis und Trikupidalis entstehen, und **Refluxgeräusche**, die nach Schluß einer undichten Taschenklappe (Aorta oder Pulmonalis) durch den Regurgitationsstrom entstehen. Ähnlich wie bei den systolischen Geräuschen sind die Rückstromgeräusche hochfrequent und die Einflußgeräusche tieffrequent (S C-**2.7f–h**).
Strömungsturbulenzen entstehen bei jedem Blutstrom im Herzen. Diese sind jedoch bei normaler Ventrikelfüllung so leise, daß sie mit dem Stethoskop nicht hörbar sind. Erst bei Behinderung der Ventrikelfüllung durch Einengungen, oder wenn das Klappenostium durch ein erhöhtes Füllungsvolumen (z. B. bei Shuntvitien) relativ zu eng wird, übersteigen die Turbulenzen eine bestimmte Größe; dann werden die dadurch entstehenden Schwingungen als Geräusch wahrnehmbar. Es ist einleuchtend, daß die Geräusche nach einer körperlichen Belastung durch Erhöhung des Herzminutenvolumens (HZV) deutlicher hörbar werden.

Diastolische Geräusche: Da diastolische Herzgeräusche immer pathologisch sind, muß diesen besondere Aufmerksamkeit gewidmet werden. **Diastolika sind leiser als systolische Geräusche** und schwer wahrnehmbar. Entsprechend der kardialen Hämodynamik unterscheiden wir tieffrequente **Füllungs-** oder **Einströmungsgeräusche** und hochfrequente **Refluxgeräusche** (S C-**2.7f–h**).

▶ ***Merke.*** Die Lautstärke des Diastolikums bei Mitral- und Trikuspidalstenose ist nicht eng korreliert mit dem klinischen und hämodynamischen Schweregrad, da sie auch vom aktuellen Herzminutenvolumen abhängig ist.

◀ **Merke**

Eine isolierte Trikuspidalstenose (TS) mit typischem Auskultationsbefund ist eine große Rarität. Meistens sind die Geräusche der begleitenden Mitral- oder Aortenvitien lauter und überlagern das TS-Geräusch.

Relativ häufig ist die Mitralstenose (MS). Man unterscheidet eine organische und eine relative Form. Die diastolische Kammerfüllung erfolgt im Gegensatz zur Systole auch bei Zuständen mit erhöhtem HZV (Anämie, Hyperthyreose, Hypertonie, Hyperkinesie) lautlos. Erst wenn eine deutliche zusätzliche Volumenbelastung der AV-Klappen (durch Shunt oder Regurgitationsblut) auftritt, kann auch ohne Vorliegen einer organischen Stenose (Klappenveränderung) ein Mitral- oder Trikuspidalströmungsgeräusch auftreten. Das diastolische Geräusch unterscheidet sich von dem bei organischer Stenose (vgl. ▤ C-**2.4**).

Relativ häufig ist die Mitralstenose (MS). Man unterscheidet eine organische und eine relative Form, die sich anhand des diastolischen Geräusches differenzieren lassen (▤ C-**2.4**).

C-2.4: Differenzierung zwischen organischer und relativer Mitralstenose anhand von Herzgeräuschen und Herztönen

	Organische Mitralstenose	Relative Stenose
Beginn	Sofort nach dem Intervall zwischen 2. HT und MÖT	Später in der mittleren Diastole
Klangcharakter	Tieffrequentes Rumpeln	Schärfer, lauter
Dauer	Abhängig vom Stenosegrad	Relativ kurz
Präsystolikum	Crescendoförmig zum 1. HT, nur bei Sinusrhythmus	Selten
Herztöne	Häufig MÖT, nie 3. HT	Nie MÖT, oft 3. HT

Beim Präsystolikum handelt es sich um ein spätsystolisches atriales Austreibungsgeräusch, das durch den Beginn der ventrikulären Systole abrupt unterbrochen wird.

Man darf nicht bei jeder organischen Mitralstenose alle klassischen Geräuschphänomene erwarten. Bei sehr leichter Stenose kann es erst unter Belastung zum Auftreten eines Geräusches kommen. Andererseits kann auch bei schwerer Stenose mit niedrigem HZV sowohl das Diastolikum als auch der MÖT fehlen (stumme MS).
Bei Vorhofflimmern oder nur schwacher Vorhofkontraktion besteht kein Präsystolikum. Dieses diastolische Geräusch hat seine Bezeichnung wegen der engen zeitlichen Beziehung zum 1. HT. Es handelt sich um ein spätsystolisches atriales Austreibungsgeräusch (Crescendokomponente), welches durch den Beginn der ventrikulären Systole (1. HT) abrupt unterbrochen wird.

2.1.5 Untersuchung von Thorax und Lunge

2.1.5 Untersuchung von Thorax und Lunge

Die klinische Untersuchung von Thorax und Lunge beinhaltet die Betrachtung (Inspektion) und Beurteilung von Form, Funktion und Farbe, die Betastung (Palpation) sowie das Beklopfen (Perkussion).

Inspektion Die Inspektion des Patienten läßt in einigen Fällen bereits weitgehende Schlüsse auf zugrundeliegende kardiopulmonale Erkrankungen zu (▤ C-**2.5**). Ist bereits ein **Faßthorax** aufgrund eines länger bestehenden Lungenemphysems vorhanden, so kann man davon ausgehen, daß eine Lungenfunktionsstörung (respiratorische Insuffizienz) vorliegt. Häufig ist eine Sahlische Gefäßgirlande zu beobachten.

Inspektion. Die Inspektion des Patienten läßt in einigen Fällen bereits weitgehende Schlüsse auf zugrundeliegende kardiopulmonale Erkrankungen zu (▤ C-**2.5**). Ist bereits ein **Faßthorax** aufgrund eines länger bestehenden Lungenemphysems (Lungenüberblähung) vorhanden, so kann man davon ausgehen, daß eine Lungenfunktionsstörung (respiratorische Insuffizienz) vorliegt und sich früher oder später auch eine Beeinträchtigung des »rechten« Herzens (Cor pulmonale) einstellt. Weiterhin haben Patienten mit Faßthorax häufig auch eine Sahlische Gefäßgirlande: rötlich-blaue Erweiterung kleinster Hautgefäße im Bereich der Rippenbögen mit einem girlandenförmigen Verlauf.

Die häufigste Herzklappenanomalie ist der Mitralklappenprolaps. Er kommt besonders häufig bei jungen schlanken Frauen vor. Charakteristisch hierfür ist ein extremer **Flachthorax.** Wegweisend sind ein systolischer Click und ein spätsystolisches Geräusch.

Die häufigste Herzklappenanomalie ist der Mitralklappenprolaps (MKP): Bei ca. 5 % der erwachsenen Bevölkerung läßt sich echokardiographisch ein MKP nachweisen. Frauen sind dreimal so häufig betroffen (7,5 %) wie Männer (2,5 %). Er kommt besonders häufig bei jungen schlanken Frauen vor: Altersgipfel in der 3. Lebensdekade. Charakteristisch hierfür ist ein extremer **Flachthorax**. Sind bei der Auskultation ein systolischer Click und ein spätsystolisches Geräusch zu hören, so ist die Diagnose nahezu sicher!

Die p. a. Thoraxaufnahme bei **Trichterbrust** kann eine Herzvergrößerung vortäuschen (▣ C-**2.6**).

Die p. a. Thoraxaufnahme bei **Trichterbrust** (Einziehung des Brustbeins) kann eine Herzvergrößerung (Kardiomegalie) vortäuschen (▣ C-**2.6**). Im EKG findet sich ein abnormer Lagetyp.

Eine ausgeprägte **Kyphoskoliose** der BWS führt zu einer deutlichen Beeinträchtigung der Atemexkursion der Lunge mit resultierender respiratorischer Insuffizienz und Cor pulmonale.

Eine ausgeprägte **Kyphoskoliose** der BWS führt zu einer deutlichen Beeinträchtigung der Atemexkursion der Lunge durch teilweise Kompression bzw. Überdehnung. Die Folge ist eine restriktive Ventilationsstörung mit respiratorischer Insuffizienz und Cor pulmonale im weiteren Verlauf.
Ein **angeborener Herzfehler,** z.B. bei Fallot-Tetralogie, mit Vergrößerung der Ventrikel kann den kindlichen Thorax verformen und zu einem **Herzbuckel (Voussure)** führen. Im Zeitalter der Kinder-Kardiochirurgie ist dieser Befund selten geworden.

Eine **Zyanose** ist ein wichtiger Hinweis auf eine Herz- oder Lungenerkrankung. Haut und Schleimhäute werden dabei bläulich bis tiefblau verfärbt.

Eine **Zyanose** ist ein wichtiger Hinweis auf eine Herz- oder Lungenerkrankung. Bei einem Patienten mit normalem Hämoglobingehalt muß die Sauerstoffsättigung auf mindestens 85 % abfallen, bevor eine Zyanose bemerkbar wird. Haut und Schleimhäute werden dabei bläulich bis tiefblau verfärbt. Am deutlichsten zu sehen ist die Zyanose an den Akren (Ohrläppchen, Nase, Finger) als **Akrozyanose** oder an den Schleimhäuten (Lippen, Zunge, Mundhöhle).

C-2.5: Thoraxdeformitäten und ihre Bedeutung

	Faßthorax	Flachthorax	Trichterbrust	Kyphoskoliose
Charakteristika	• Großer Tiefendurchmesser • Tiefstehende Lungengrenzen • Verminderte Atemexkursion • Hypersonorer Klopfschall • Geblähte Supraklavikulargruben Ursache: • Asthma bronchiale • Lungenemphysem	• Sehr kleiner Tiefendurchmesser • Gerade BW-Säule (straight back) oder BWS-Lordose	Einziehung des unteren Sternums mit Verkleinerung des Raumes zur BWS Ursache: • Angeboren • Rachitis • Osteomalazie	Seitliche (Skoliose) und dorsale (Kyphose) Verkrümmung der BWS, sog. Gibbus oder Buckel Ursache: • Rachitis • Poliomyelitis • Traumatisch bedingt
Krankheitsbilder	• Respiratorische Insuffizienz • Cor pulmonale • Chronisch obstruktive Lungenerkrankung (COLD)	Häufig bei Patienten mit Mitralklappenprolaps-Syndrom	Kein Krankheitswert	Respiratorische Insuffizienz durch Beeinträchtigung der Lungenfunktion (Folge: Cor pulmonale)
Besonderheiten	Männer > Frauen	Frauen > Männer	Abnormer Lagetyp im EKG durch Verdrängung des Herzens: siehe Röntgenbild in C-**2.6**	

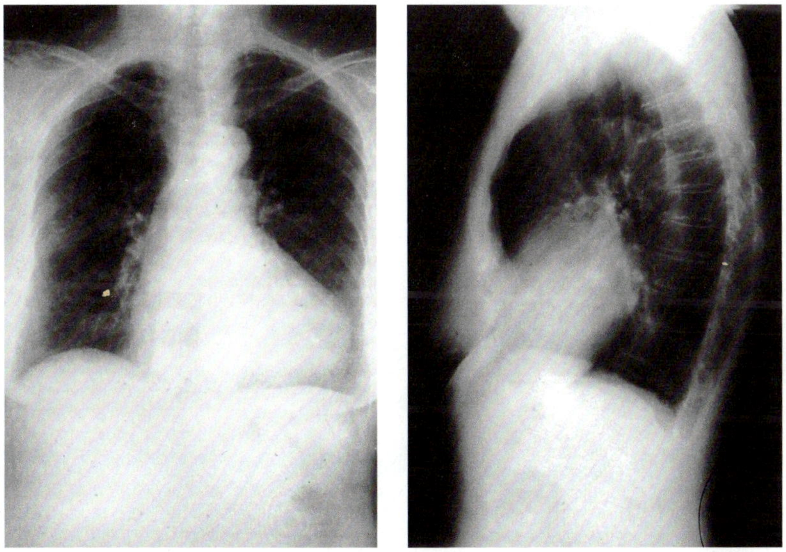

C-2.6: Röntgen-Thoraxaufnahme (p. a. und seitlich) bei Trichterbrust: In der p. a.-Aufnahme (posterior-anteriorer Strahlengang) erscheint die Herzsilhouette deutlich nach links verbreitert. Die seitliche Aufnahme zeigt, daß die Einziehung des Brustbeins im Sinne einer Trichterbrust zu einer Kompression des Herzens mit Verlagerung zur Wirbelsäule und seitlichen Ausdehnung führt. Ohne den Patienten tatsächlich klinisch untersucht zu haben bzw. ohne seitliche Röntgenaufnahme hätte die p. a. Aufnahme des Thorax alleine zu einer eklatanten Fehleinschätzung der tatsächlichen Herzgröße geführt.

Eine **obere Einflußstauung (gestaute Halsvenen) ist ein sicheres Zeichen für eine Rechtsherzinsuffizienz**. Sie entsteht durch Druckerhöhung infolge einer Einstrombehinderung in das rechte Herz. Treten die Halsvenen bereits im Stehen oder Sitzen deutlich hervor, so liegt eine Stauung vor. Besteht die Stauung nur im Liegen, so richtet man den Oberkörper des Patienten langsam auf und beobachtet, in welcher Stellung sie verschwindet. Diese Position wird dokumentiert, z. B.: **Halsvenenstauung bis 60°** (S **C-2.8**).

Eine **obere Einflußstauung (gestaute Halsvenen) ist ein sicheres Zeichen für eine Rechtsherzinsuffizienz**. Sie entsteht durch Druckerhöhung infolge einer Einstrombehinderung in das rechte Herz bei Insuffizienz oder Pericarditis constrictiva (Verwachsung des Herzbeutels) oder durch Kompression der oberen Hohlvene (V. cava). Treten die Halsvenen bereits im Stehen oder Sitzen deutlich hervor, so liegt eine Stauung vor. Besteht die Stauung nur im Liegen, so richtet man den Oberkörper des Patienten langsam auf und beobachtet, in welcher Stellung sie verschwindet. Bei halb aufgerichtetem (30°) Oberkörper darf in Atemmittellage keine Stauung mehr nachweisbar sein. So wird die Position bestimmt, bei der ein erkennbarer Venenkollaps erreicht wird. Diese Position wird dokumentiert, z. B.: **Halsvenenstauung bis 60°** (S **C-2.8**).

S Synopsis C-2.8: Unblutige Messung des Jugularvenendrucks

Lagerung: 45°-Lage des Oberkörpers

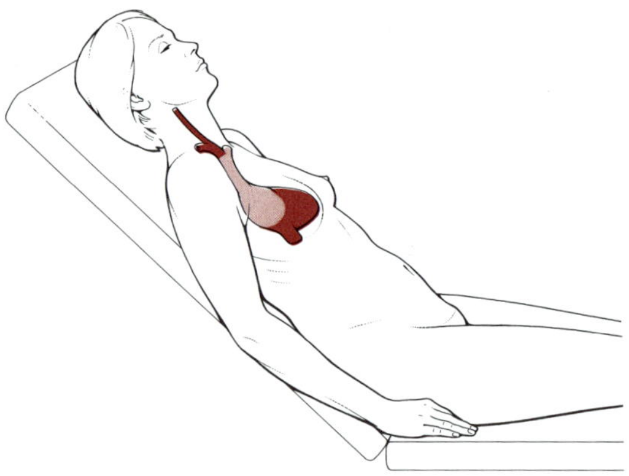

Vorgehensweise:

- In 45°-Lage des Oberkörpers muß die Jugularvene am Jugulum kollabiert sein; das entspricht einem normalen Druck von 8 cm Wassersäule bzw. 5 – 6 mm Quecksilbersäule vor dem rechten Vorhof.
- Mit Hilfe der Skalierung kann eine Jugularvenenstauung im pathologischen Bereich annäherungsweise quantifiziert werden (entspricht ungefähr dem zentralen Venendruck).

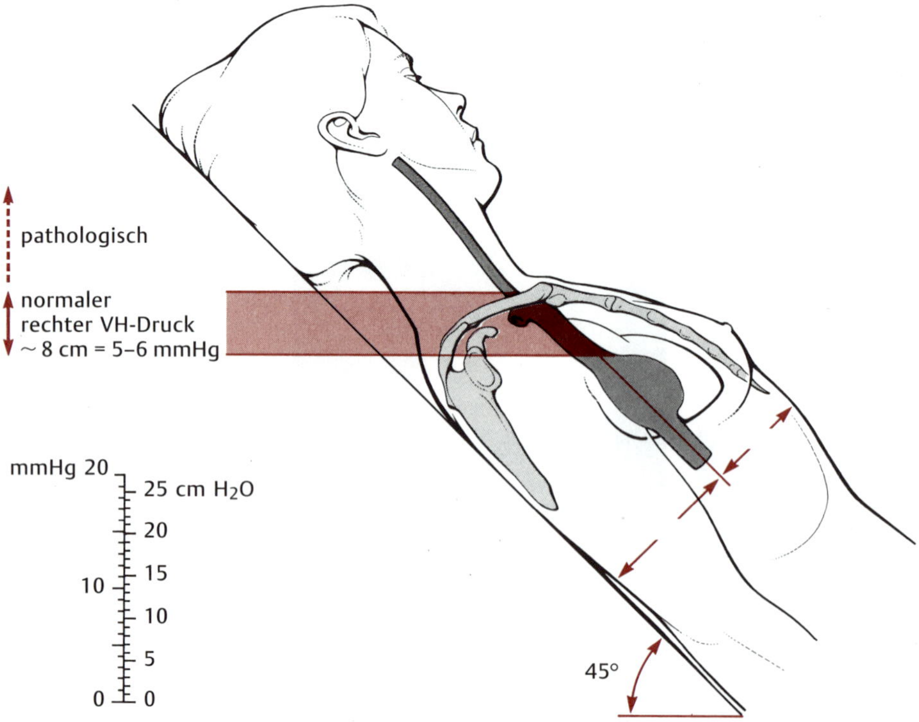

Sind die Venen am Handrücken ebenfalls gestaut und entleeren sich auch beim Anheben nicht, so ist dies ein weiteres Zeichen für eine Stauung im oberen Kreislauf. Die äußeren Stauungszeichen lassen gewisse Rückschlüsse auf den zentralvenösen Mitteldruck in der V. cava vor dem rechten Herzen zu.
Ist die Halsvenenstauung nur einseitig und besteht z. B. ein Kropf (Struma), ist eine lokale Ursache der Stauung anzunehmen. Hierbei besteht auch keine Handvenenstauung.

Eine konstante Handvenenstauung ist ein weiteres Zeichen für eine obere Einflußstauung.
Die äußeren Stauungszeichen lassen Rückschlüsse auf den zentralen Venendruck zu.

Beurteilung der Atmung. Atemfrequenz und Atemtyp sollten bei der ersten Inspektion jedes Patienten sofort beurteilt werden. Sie können wichtige Hinweise auf kardiopulmonale Erkrankungen liefern, jedoch auch schwere Störungen der zentralen Atemregulation anzeigen.
Achten Sie auf die Atemtiefe (Bewegungen von Thorax und/oder Abdomen) und zählen Sie die **Atemfrequenz** (Züge pro Minute). Beim Patienten sollten Sie »unbemerkt« die Frequenz bestimmen, da sonst häufig schneller geatmet wird. Normal ist eine Atemfrequenz von 12–16 Atemzüge/Minute.

Beurteilung der Atmung Atemfrequenz und Atemtyp können wichtige Hinweise auf kardiopulmonale Erkrankungen liefern.

Achten Sie auf Atemtiefe und bestimmen Sie die **Atemfrequenz** (normal 12–16 Atemzüge/Minute).

Palpation. Die Palpation des Thorax beinhaltet die Beurteilung der Herzpulsation des Herzspitzenstoßes (s. S. 178) und der Atemexkursionen sowie die Lokalisation umschriebener Schmerzen, z. B. bei Rippen- oder Brustwirbelfraktur (▣ C-**2.7**), Interkostalneuralgie und muskulären Verspannungen (Myogelosen) im Schultergürtel- und BWS-Bereich. Myogelosen sind der häufigste pathologische Befund. Sie können Ursache vielseitiger Beschwerden sein, beispielsweise von Thorax-, Rücken- oder okzipitalen Kopfschmerzen.

Palpation Die Palpation des Thorax beinhaltet die Beurteilung der Herzpulsation des Herzspitzenstoßes und der Atemexkursionen sowie die Lokalisation umschriebener Schmerzen (▣ C-**2.7**).

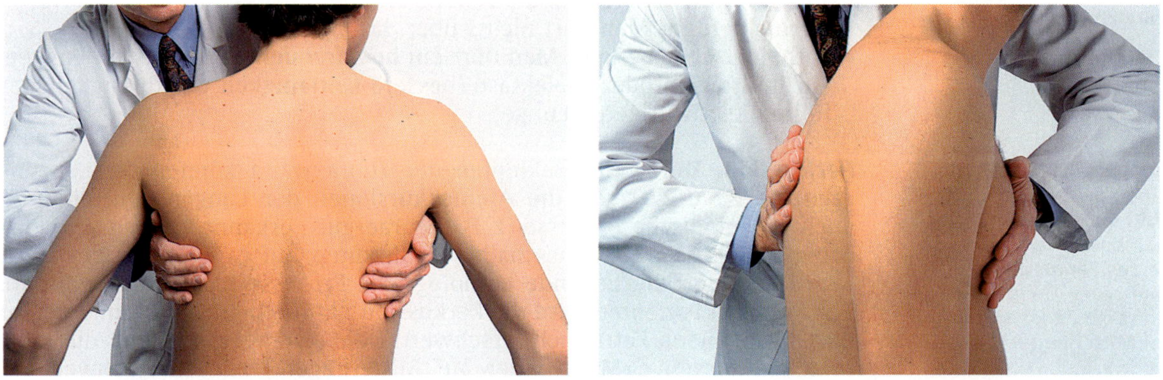

▣ C-2.7: Die Thoraxkompression in der Frontalebene (links) und in der Sagittalebene (rechts) dient als Provokationsmanöver zur Schmerzauslösung bei Rippenfrakturen oder Thoraxinstabilitäten anderer Ursache

Zur **Prüfung des Stimmfremitus** legt man beide Handflächen auf die Thoraxwand des Patienten (▣ C-**2.8**) und fordert ihn auf, die Zahl 99 (tiefe Frequenzen) zu sagen.

Bei der Untersuchung des **Stimmfremitus** bzw. der **Bronchophonie** nützt man die unterschiedlichen Schalleitungsqualitäten des Lungengewebes für hohe und niedrige Frequenzen aus. Zur **Prüfung des Stimmfremitus** legt man beide Handflächen links und rechts auf die hintere Thoraxwand des sitzenden Patienten zwischen hinterer Axillarlinie und Skapularlinie (▣ C-**2.8**) in Höhe der 8.–10. Rippe. Dann fordert man den Patienten auf, die Zahl 99 (tiefe Frequenzen) zu sagen.

- Normalbefund: Beidseits seitengleiche Vibration.
- Pathologischer Befund: Unterschiedliche Vibration, d. h. Abschwächung durch Pleuraerguß, Pleuraschwarte, Atelektase oder Pneumothorax.

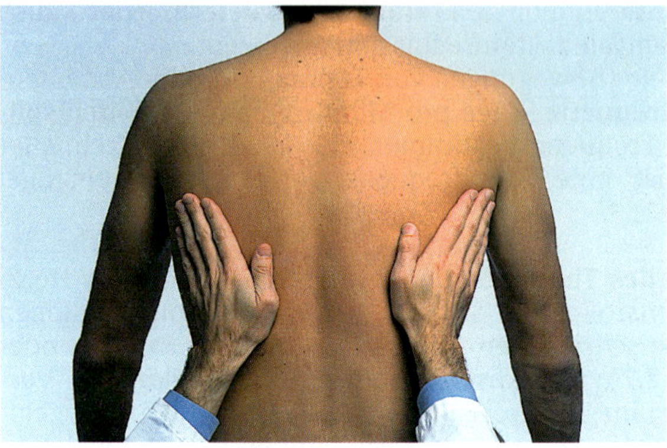

▣ C-2.8: Zur Prüfung des Stimmfremitus legt man beide Handflächen links und rechts auf die Thoraxwand zwischen hinterer Axillarlinie und Skapularlinie in Höhe der 8. – 10. Rippe

Bei der **Prüfung der Bronchophonie** setzt man das Stethoskop auf die hintere Thoraxwand auf und läßt den Patienten 66 (hohe Frequenzen) flüstern.

Bei der **Prüfung der Bronchophonie** setzt man das Stethoskop nacheinander der beidseits vergleichend auf die hintere Thoraxwand auf und läßt den Patienten mit Flüsterstimme 66 (hohe Frequenzen) sagen.

- Normalbefund: Man hört nichts über das Stethoskop.
- Pathologischer Befund: Man hört ein hochfrequentes Geräusch; Hinweis auf Infiltration oder Atelektase (bessere Leitfähigkeit der flüssigkeitsgefüllten, d.h. luftleeren Lunge).

Perkussion Durch das Beklopfen der Thoraxwand können die Lungengrenzen (▣ C-**2.9**) und die Atemexkursionen der Lungen beurteilt werden. Die Eindringtiefe des Perkussionsschalls ist aber auf ca. 5 – 6 cm begrenzt. Die indirekte Perkussion (»Mittelfinger auf Mittelfinger«) demonstriert ▣ C-**2.9**.

Perkussion. Durch das Beklopfen der Thoraxwand können die Lungengrenzen (▣ C-**2.9**) und die Atemexkursionen der Lungen beurteilt und auch pathologische Prozesse (z. B. Pleuraerguß) erkannt werden. Die Eindringtiefe des Perkussionsschalls ist allerdings auf ca. 5 – 6 cm begrenzt. Somit können tieferliegende pathologische Prozesse nicht erfaßt werden. Bei adipösen Patienten wird die Perkussion natürlich auch aufgrund der zu durchdringenden Fettschicht erschwert. Dem Anfänger erscheint die indirekte Perkussion (»Mittelfinger auf Mittelfinger«) zunächst schwer. Sie sollten daher die Perkussion an sich selbst oder einem Kommilitonen üben und diese gut beherrschen, bevor Sie einen Patienten untersuchen! ▣ C-**2.9** demonstriert die indirekte Perkussion.

Die Perkussion sollte stets im Seitenvergleich von oben nach unten entlang der Medioklavikularlinie erfolgen; sie kann anschließend über den gesamten Thorax vorn und hinten ausgedehnt werden.

Synopsis C-**2.9: Lungengrenzen und Atemexkursionen der Lunge**

Hilfslinien

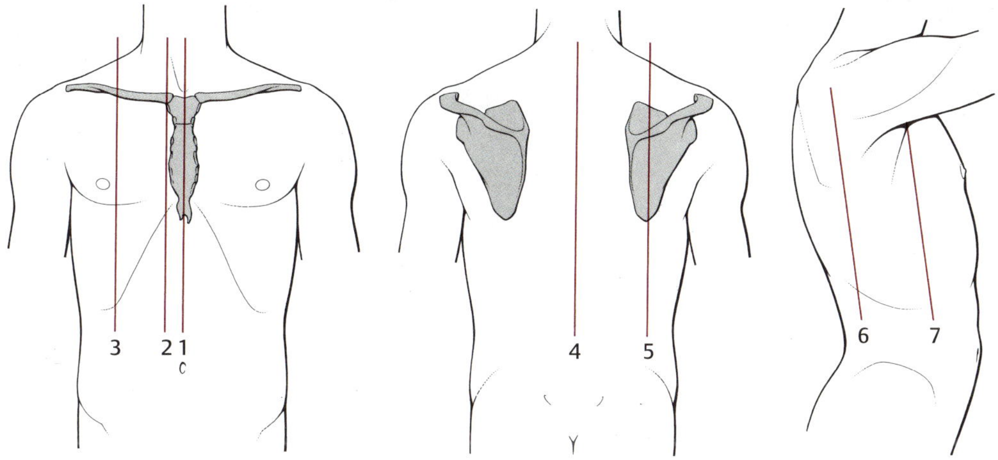

1 = Mittellinie
2 = Sternallinie
3 = Medioklavikularlinie
4 = Vertebrallinie
5 = Skapularlinie
6 = Hintere Axillarlinie
7 = Vordere Axillarlinie

Projektion der Lungengrenzen auf die Thoraxwand

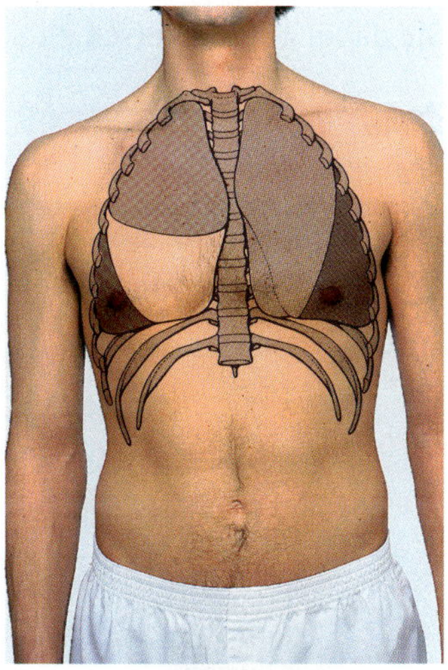

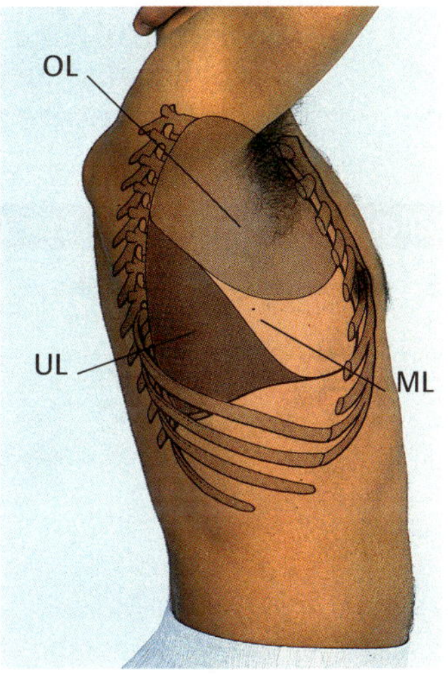

rechts

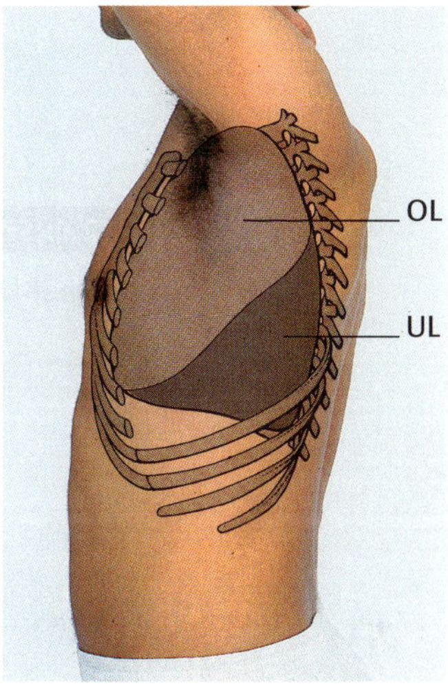

links

OL = Lungenoberlappen
ML = Lungenmittellappen
UL = Lungenunterlappen

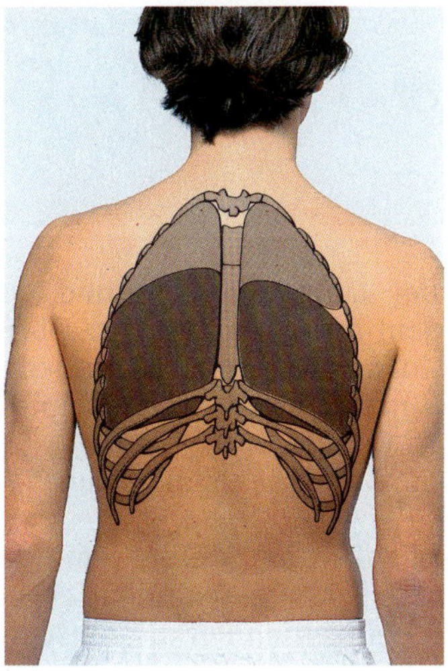

Lungengrenzen bei maximaler In- (A) und Exspiration (B)

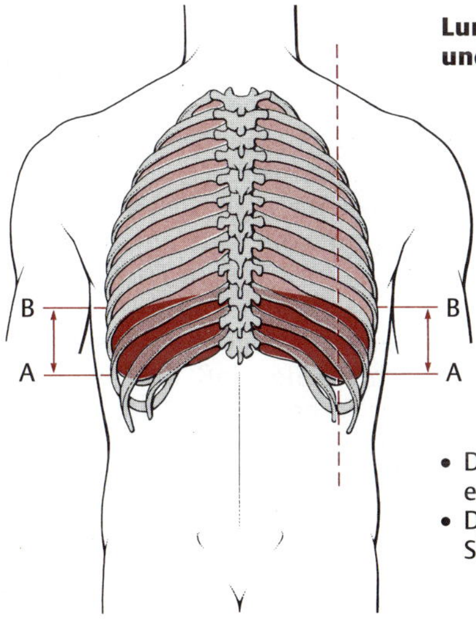

- Der Bereich zwischen A und B entspricht dem Komplementärraum
- Die Verschieblichkeit sollte in der Skapularlinie 5 – 6 cm betragen

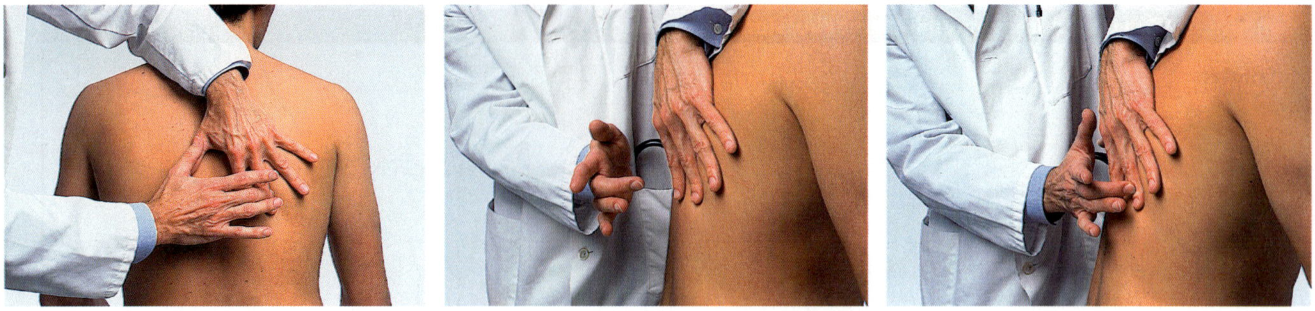

C-2.9: **Indirekte Perkussion: Mittelfinger auf Mittelfinger**

Aufgabe ►

Aufgabe: Da es anfangs Schwierigkeiten bereitet, den eigenen Finger als Plessimeter (»Klopfplättchen«, auf dem perkutiert wird) einzusetzen, kann man zunächst mit einem Mundspatel üben. Setzen Sie einen Mundspatel bei einem Freund/in fest anliegend auf den Thorax und beklopfen ihn locker aus dem Handgelenk mit einer schnellen, kurzen, aber entspannten Bewegung des Endglieds des Mittelfingers. Achten Sie auf den so erzeugten Klopfschall. Beklopfen Sie dann den Oberschenkel (Schenkelschall) und das Abdomen. Achten Sie dabei auf die verschiedenen Schallqualitäten (C-**2.6**).

C-2.6: Schallqualitäten bei der Perkussion

Schallqualität	Intensität	Tonhöhe	Dauer	Beispiel	Gewebeeigenschaft
Verkürzt (Schenkel-schall)	Gedämpft schwach	Hoch	Kurz	• Parenchymatöse Organe (z. B. Leber) • Muskel • Infiltrationen	Dichtes Gewebe
Sonor	Laut	Niedrig	Lang	Normaler Lungenschall	Lufthaltiges Gewebe
Hypersonor	Lauter	Niedriger	Länger	Lungen-emphysem	Stark lufthaltiges Gewebe
Tympanitisch	Laut	Niedriger	Länger	• Magenblase • Darmschlingen (luftgefüllt)	Luft im Magen-Darm-Trakt

Bei der Lungenperkussion zur Ermittlung der Lungengrenzen und der Atemverschieblichkeit der Lunge sitzt der Patient mit vorgebeugtem Oberkörper. Sie perkutieren von oben nach unten im Seitenvergleich. Auf jeder Thoraxseite wird die untere Lungengrenze bestimmt. Markieren Sie die Grenzen und messen Sie die Verschieblichkeit. Sie ist bei einem Lungenemphysem stark eingeschränkt. Zur Topographie der Perkussionsqualitäten siehe C-**2.10** und C-**2.11**.

Bei der Lungenperkussion zur Ermittlung der Lungengrenzen und der Atemverschieblichkeit der Lunge sitzt der Patient mit vorgebeugtem Oberkörper. Sie perkutieren von oben nach unten im Seitenvergleich. Auf jeder Thoraxseite wird die untere Lungengrenze bei maximaler In- und Exspiration (kurz die Luft anhalten lassen) bestimmt. Markieren Sie anfangs die Grenzen mit einem Filzstift und messen Sie die Verschieblichkeit aus, die in der Skapularlinie 5 – 6 cm betragen sollte.
Bei einem Lungenemphysem ist die Verschieblichkeit stark eingeschränkt. Beachten Sie, daß die rechte Lunge wegen der Leber gewöhnlich etwas höher steht. In C-**2.10** ist die Topographie der einzelnen Perkussionsqualitäten dargestellt.
Bei einem linksseitigen Pleuraerguß (C-**2.11**) erfolgt die Dämpfung auf der linken Seite mehrere Zentimeter über der Dämpfung rechts.

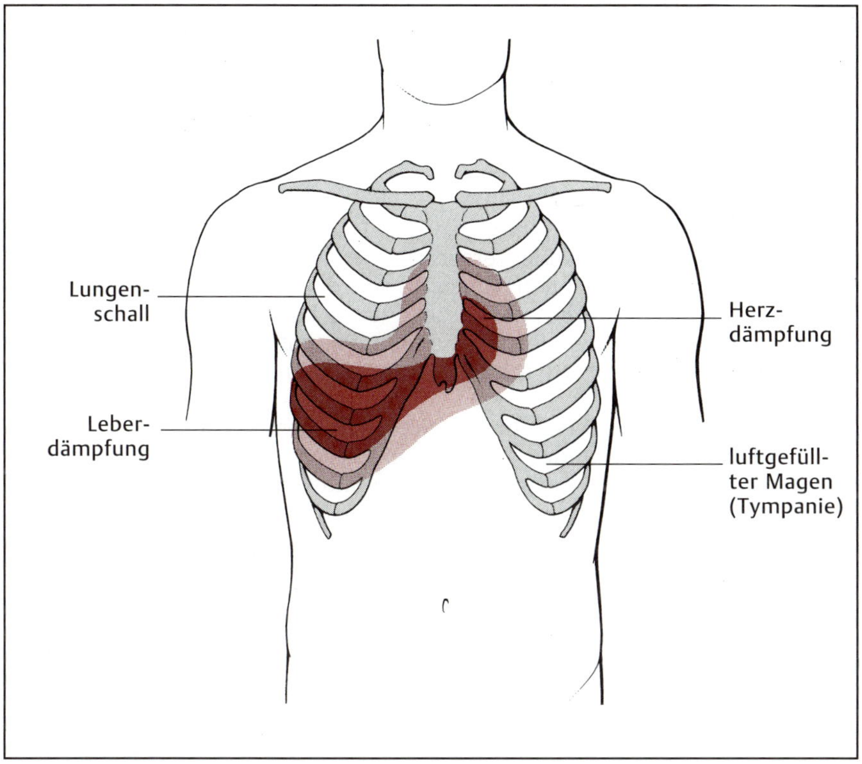

C-2.10: Perkussionsqualitäten im Bereich des Thorax

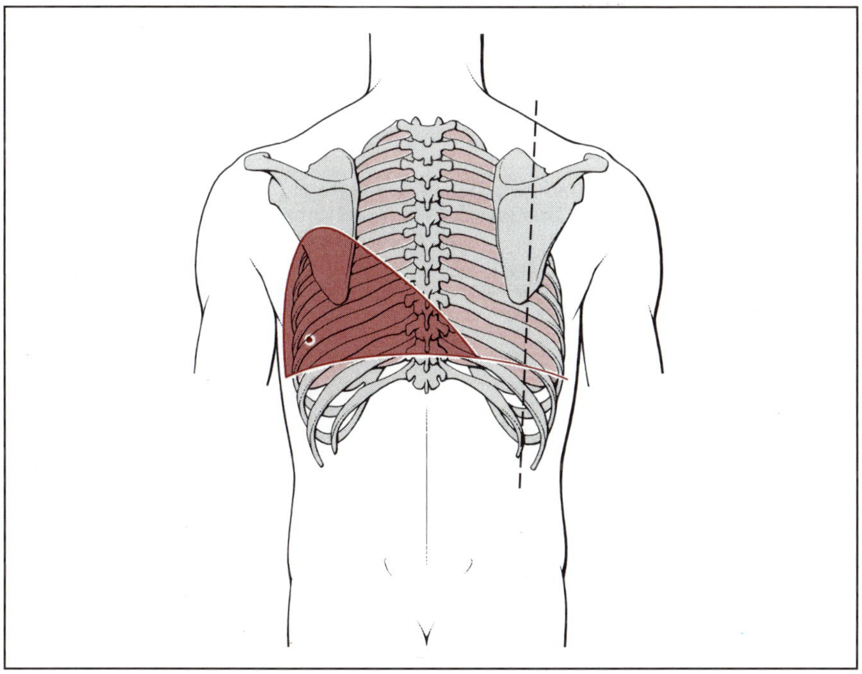

C-2.11: Dämpfung bei linksseitigem Pleuraerguß

Auskultation der Lunge. Da Perkutieren und Auskultieren der Lunge eine Einheit bilden, sollten Sie nach der Perkussion direkt die Auskultation anschließen, entweder in der gleichen Reihenfolge wie die Perkussion oder in der umgekehrten Reihenfolge von unten nach oben – immer im Seitenvergleich.

Vergessen Sie nicht, die Seiten (Axillarlinie) und auch die vordere Thoraxwand zu auskultieren! Nur so können Infiltrate, z. B. eine Oberlappenpneumonie, in dieser Region erkannt werden.

Auskultation der Lunge Da Perkutieren und Auskultieren der Lunge eine Einheit bilden, sollten Sie nach der Perkussion direkt die Auskultation anschließen – immer im Seitenvergleich).

Vergessen Sie nicht, die Seiten und auch die vordere Thoraxwand zu auskultieren!

Aufgabe ▶

Aufgabe: Setzen Sie das Stethoskop bei sich oder einem Freund/in am Rücken auf und atmen **leicht hauchend** tief durch den **geöffneten Mund**. Beachten Sie genau das Atemgeräusch bei der Inspiration und der Exspiration. Auskultieren Sie nach festem Schema von oben nach unten, im Seitenvergleich und in gleicher Weise vorn.

Wirbelbildungen in den Atemwegen des Tracheobronchialbaums und die Dehnung der Alveolarwände versetzen die Atemluft bei Inspiration und Exspiration in Schwingungen. Einengungen der Atemwege und Veränderungen des Lungengewebes sowie des Pleuraraumes können mittels Auskultation erfaßt werden. Bitten Sie den Patienten, mit offenem Mund regelmäßig, aber nicht zu schnell (cave: Alkalose und Schwindel!) tief durchzuatmen!

Das normale Atemgeräusch bezeichnet man als vesikulär oder alveolär. Es ist ein leises rauschendes Geräusch mit einem Crescendo-decrescendo-Charakter während der Inspirationsphase und kürzer und leiser während der Exspiration (▤ C-**2.7**).

Das normale Atemgeräusch bezeichnet man als vesikulär oder alveolär. Es ist ein leises rauschendes Geräusch mit einem Crescendo-decrescendo-Charakter während der Inspirationsphase und kürzer und leiser während der Exspiration (▤ C-**2.7**).

C-2.7: Atemgeräusche und ihre Bedeutung

	Charakteristik	**Entstehungsort**	**Vorkommen**
Vesikuläratmen	• Niedrigfrequent und leise • Inspirationsgeräusch > Exspirationsgeräusch	Alveolarraum	• Normal • Über dem größten Teil der Lunge • In einiger Entfernung von Trachea und großen Bronchien
Bronchialatmen (Röhrenatmen)	• Hochfrequent und laut • Exspirationsgeräusch > Inspirationsgeräusch	• Trachea • Große Bronchien	• Normal (in der Nähe der großen Luftwege) • Abnorm (über der Lunge bei Infiltrationen)
Bronchovesikulär	Wie Bronchialatmen, beide Atemphasen gleich lang	Geringer Abstand zwischen Bronchien und Brustwand	• Normal (neben dem Sternum) • Abnorm (über der Lunge bei Infiltrationen)
Trockene Nebengeräusche (NG)	• Giemen • Brummen • Pfeifen, besonders im Exspirium	Bronchien verlegt bzw. eingeengt durch • Zähes Sekret • Schleimfäden • Schwellung	• Asthma bronchiale • Asthmoide Bronchitis
Feuchte Rasselgeräusche	Vorwiegend im Inspirium • Feinblasig • Mittelblasig • Grobblasig	Blasenbildung bei dünnflüssigem Sekret in den • Alveolen • Kleinen Bronchien • Größeren Bronchien, Bronchiektasen	• Herzinsuffizienz • Pneumonie • Bronchopneumonie • Bronchitis • Alveolitis • Lungenödem • Bronchiektasen
Abgeschwächtes Atemgeräusch (einseitig)	Abgeschwächtes oder aufgehobenes Atemgeräusch	• Minderbelüftung bzw. • Aufgehobene Belüftung eines Lungensegments	Atelektase (Verlegung eines Bronchus) bei • Tumor • Fremdkörper • Pleuraerguß • Pneumothorax
Stridor	Lautes (ohne Stethoskop hörbar) inspiratorisches Geräusch	Luftröhre, große Bronchien	Fremdkörperaspiration, Pseudokrupp, Krupp Tracheomalazie

Einengungen der Luftwege im oberen Bereich (Stimmbänder, Trachea) führen zu pfeifenden oder juchzenden Nebengeräuschen (**Stridor**).
Bei weitem häufiger sind Einengungen der unteren Luftwege (Bronchiolen), z. B. beim Asthma bronchiale, die zum typischen exspiratorischen **Pfeifen, Brummen oder Giemen** führen. Ursache ist eine Schwellung der Bronchialmuskulatur oder eine Verlegung durch zähe Schleimfäden, die in dem Atemstrom vibrieren. Oft kann der Schleim abgehustet werden, so daß die **Nebengeräusche** (NG) verschwinden. Man sollte daher bei der Auskultation von NG den Patienten stets bitten zu husten und danach erneut auskultieren. NG sind oft auch ohne Stethoskop hörbar.

Einengungen der Luftwege im oberen Bereich führen zu **Stridor.**
Häufiger sind Einengungen der unteren Luftwege, die zum typischen exspiratorischen **Pfeifen, Brummen oder Giemen** führen.

▶ ***Merke.*** Die Exspirationsphase ist bei einer Bronchialobstruktion in der Regel deutlich verlängert: Die Patienten haben Mühe, die Luft auszuatmen.

◀ **Merke**

Die beschriebenen Nebengeräusche bezeichnet man als »trocken«. Im Gegensatz dazu entstehen **feuchte Rasselgeräusche**, wenn die Atemluft dünnflüssiges Sekret (»Wasser«) unter Blasenbildung durchströmt, was besonders deutlich während der Inspirationsphase zu hören ist. Ursache ist z. B. eine Lungenstauung oder ein Lungenödem bei Herzinsuffizienz sowie auch eine Pneumonie. Wenn man 2 Haarsträhnen vor dem Ohr aneinanderreibt, bekommt man einen sehr guten Eindruck von Rasselgeräuschen.

Die beschriebenen Nebengeräusche bezeichnet man als »trocken«. Im Gegensatz dazu entstehen **feuchte Rasselgeräusche**, wenn die Atemluft dünnflüssiges Sekret durchströmt. Ursache ist z. B. eine Lungenstauung oder ein Lungenödem sowie eine Pneumonie.

Die Tonhöhe und der Klangcharakter lassen sowohl Rückschlüsse auf den Entstehungsort bzw. die Tiefe der Entstehung als auch auf die zugrundeliegende Erkrankung zu. Mit Hilfe einer einfachen Methode wie der Lungenauskultation ist nach einiger Erfahrung ein Lungenödem von einer Bronchospastik, einer Pneumonie oder von Bronchiektasen (große Lungenblasen beim Emphysem) gut zu unterscheiden.

Die Tonhöhe und der Klangcharakter lassen sowohl Rückschlüsse auf den Entstehungsort bzw. die Tiefe der Entstehung als auch auf die zugrundeliegende Erkrankung zu.

Ein ganz besonders charakteristisches Geräusch findet man bei der Lungenfibrose. Es wird als Fibroseknistern oder **Siderophonie** bezeichnet und ist besonders gut gegen Ende der Inspiration zu hören.

Ein ganz besonders charakteristisches Geräusch findet man bei der Lungenfibrose.

C-2.8: Synopsis der Inspektion, Perkussion und Auskultation bei verschiedenen Krankheitsbildern

Erkrankung	Inspektion	Perkussion	Auskultation
Lungenemphysem	Faßthorax	Hypersonorer Klopfschall	Allg. abgeschwächtes Atemgeräusch
Asthmaanfall	• Dyspnoe • Orthopnoe • Atemhilfsmuskulatur wird eingesetzt	Bei Emphysem evtl. hypersonor	Trockene Nebengeräusche: • Giemen • Brummen • Pfeifen • Exspiration verlängert
Lungenödem	• Dyspnoe • Orthopnoe • Zyanose	Normal	• Grobblasige, feuchte Rasselgeräusche • Evtl. auch trockene Nebengeräusche
Pneumothorax	• Nachschleppen der Atmung auf der erkrankten Seite • Paradoxe Atmung	Hypersonor	• Aufgehobenes Atemgeräusch! • Keine Nebengeräusche
Pneumonie	• Evtl. Dyspnoe	Normal oder gedämpft	• Bronchialatmen • Feinblasige Rasselgeräusche • »Knisterrasseln«
Pleuraerguß	• Nachschleppen der Atmung	Dämpfung (zu Beginn nur in Axillarlinie, C-2.11)	• Abgeschwächtes Atemgeräusch • Fein- bis mittelblasige Rasselgeräusche
Pleuritis	• Nachschleppen der Atmung • Schonhaltung (Schmerzen)	Normal	• Trocken: Pleurareiben (»Lederknarren«)
Atelektase (Bronchusverschluß)	• Kranke Seite erscheint evtl. eingefallen	Dämpfung	• Aufgehobenes Atemgeräusch! • Keine Nebengeräusche
Lungenfibrose	• Tachypnoe • Zyanose	Klopfschall normal	• Endinspiratorische Siderophonie (feines Fibroseknistern)

2.2 Brustschmerz

Thoraxschmerzen sind sehr häufig und können viele Ursachen haben. Differentialdiagnostisch sind alle im Thorax liegenden Organe in Betracht zu ziehen.

Meist sind vom Herzen, der Lunge, der Pleura, dem Mediastinum, dem knöchernen Thorax und der Aorta ausgehende Schmerzen verantwortlich für den Thoraxschmerz; in ca. 20% der Fälle kommen ursächlich Ösophagus oder Kardia in Betracht.

2.2 Brustschmerz

Thoraxschmerzen sind sehr häufig und können viele Ursachen haben. Differentialdiagnostisch sind alle im Thorax liegenden Organe in Betracht zu ziehen. Sehr wichtig ist es, bereits durch die anamnestische Differenzierung (gezielte Fragestellung) lebensbedrohliche Erkrankungen wie Herzinfarkt, Lungenembolie, Aortendissektion usw. von harmloseren Störungen abzugrenzen. Insbesondere die punktuell auf die Herzgegend projizierten Schmerzen sind häufig nicht durch eine myokardiale Ischämie (Mangeldurchblutung des Herzmuskels, z. B. bei koronarer Herzkrankheit) bedingt, sondern »funktionell«. Eine gezielte Befragung kann die beiden Formen sehr gut voneinander trennen (s. u.).
Meist sind vom Herzen, der Lunge, der Pleura, dem Mediastinum, dem knöchernen Thorax und der Aorta ausgehende Schmerzen verantwortlich für den Thoraxschmerz; in ca. 20 % der Fälle kommen ursächlich Ösophagus oder Kardia in Betracht.

Akut auftretende starke Brustschmerzen erfordern eine schnelle und gezielte Diagnostik (EKG, Laboruntersuchungen wie Herzmuskelenzyme, Röntgen-Thorax, Echokardiographie), um lebensbedrohliche kardiale und pulmonale Erkrankungen (neuaufgetretene Angina pectoris, Herzinfarkt, Lungenembolie, Aortenaneurysma-Dissektion) zu erkennen. Es handelt sich meist um tiefe Schmerzen vom **viszeralen Typ**. Insbesondere bei sehr starken Schmerzen (Vernichtungsschmerz) ist an eine schwerwiegende kardiopulmonale Erkrankung zu denken.
Im folgenden sollen die wichtigsten Ursachen für Brustschmerzen diskutiert werden.

Akut auftretende starke Brustschmerzen erfordern eine schnelle und gezielte Diagnostik, um lebensbedrohliche Erkrankungen zu erkennen.

Im folgenden sollen die wichtigsten Ursachen für Brustschmerzen diskutiert werden.

2.2.1 Angina pectoris

▶ *Definition.* Durch myokardiale Ischämie bedingte Schmerzen, die meist anfallsweise auftreten, retrosternal (hinter dem Brustbein) oder präkordial (vor dem Herzen) lokalisiert sind und als Einengungs- oder Druckgefühl empfunden werden (Angina = Enge).

◀ **Definition**

Die Angina pectoris (Brustenge) weist als wichtigstes Symptom auf die Verdachtsdiagnose »koronare Herzkrankheit« hin, welche die häufigste Ursache einer Myokardischämie darstellt! Weitere Ursachen einer myokardialen Mangeldurchblutung sind die Hypertonie, Herzrhythmusstörungen, Aortenstenose usw.
Die »Diagnose« des Symptoms Angina pectoris wird anhand der Anamnese gestellt; dabei sollten folgende sechs Fragen genauestens beantwortet werden:

1. Lage des Schmerzes
2. Schmerzcharakter
3. Ausstrahlung
4. Dauer
5. Provokation
6. Nitratversuch

Die Angina pectoris (Brustenge) weist als wichtigstes Symptom auf die Verdachtsdiagnose »koronare Herzkrankheit« hin.

Die »Diagnose« des Symptoms Angina pectoris wird anhand der Anamnese gestellt.

Typisch für Angina pectoris sind die in ▤ C-**2.9** aufgelisteten Befunde.

Typisch für Angina pectoris sind die in ▤ C-**2.9** aufgelisteten Befunde.

C-2.9: Für Angina pectoris typische Befunde

1. Lage des Schmerzes	Retrosternal, Herzgegend, flächenhaft, reifenförmig
2. Schmerzcharakter	Druck, Enge, Angst
3. Ausstrahlung	Linker Arm (Innenseite, selten Außenseite), rechter Thorax, Hals, Kiefer, »Ring um die Brust«
4. Dauer	Minuten
5. Provokation	Körperliche Anstrengung, Aufregung, Kälte
6. Nitratversuch	Schmerzlinderung bzw. -beseitigung (1 – 2 Minuten nach Gabe von Nitroglycerin als Spray oder Zerbeißkapsel)

Ab vier positiven Antworten liegt sehr wahrscheinlich eine Angina pectoris vor. Ist bisher kein Nitratversuch erfolgt, so sollte dieser bei akutem Thoraxschmerz sofort durchgeführt werden. Als weitere Symptome kommen evtl. Atemnot und Schwindel vor. Die Patienten haben oft ein Gefühl der Atemnot mit oder ohne Thoraxschmerzen, auch wenn eine Dyspnoe nicht objektiviert werden kann.

Ab vier positiven Antworten liegt sehr wahrscheinlich eine Angina pectoris vor. Als weitere Symptome kommen evtl. Atemnot und Schwindel vor.

Nitratversuch: Der Patient bekommt eine Nitrokapsel zum Zerbeißen oder einen Hub Nitrospray oral aus der Spraydose. Der ischämische Thoraxschmerz läßt üblicherweise rasch (innerhalb von 1 – 2 Minuten) an Intensität nach bzw. verschwindet vollständig. Bei funktionellen Herzschmerzen erlebt der Patient keine Erleichterung, sondern beklagt vor allen Dingen die auftretenden Kopfschmerzen (typische Nitratnebenwirkung).

Nitratversuch: Der Patient bekommt eine Nitrokapsel zum Zerbeißen oder einen Hub Nitrospray oral aus der Spraydose. Der Thoraxschmerz läßt üblicherweise rasch nach.

Levine-Zeichen: Der Patient legt bei Schilderung der Brustschmerzen intuitiv seine Faust vor das untere Ende des Brustbeins.

Levine-Zeichen: Der Patient legt bei Schilderung der Brustschmerzen intuitiv seine Faust vor das untere Ende des Brustbeins; bei Vorliegen einer Angina pectoris erfolgt typischerweise diese Geste.
Eine atypische Angina pectoris kann sich als Belastungsdyspnoe, Hals-, Zahn- oder Nackenschmerzen; seltener auch als Schmerz zwischen den Schulterblättern äußern. C-**2.12** zeigt die typische Lokalisation und Ausstrahlung der Schmerzen bei Angina pectoris und Herzinfarkt.

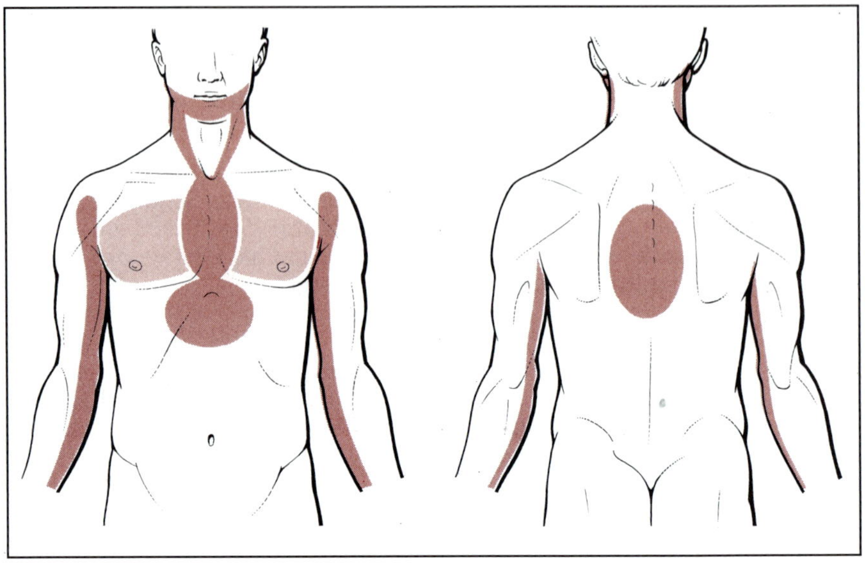

C-**2.12: Lokalisation und Ausstrahlen der Schmerzen bei Angina pectoris**

Definition ▶

Definition der verschiedenen Angina-pectoris-Typen:

Stabile Angina pectoris
Unverändert in den letzten 2 Monaten sind:
- Schmerzcharakter
- Intensität
- Frequenz
- Dauer
- Belastungsabhängigkeit
- Ausstrahlung

Instabile Angina pectoris
Zunahme der Symptomatik; Schmerzen bereits in Ruhe auftretend.

Prinzmetal- oder Variant-Angina (selten)
Besonders in Ruhe auftretende Symptomatik bei Koronarspasmus (auch ohne Koronarsklerose); kann zum Infarkt oder plötzlichen Herztod führen.

Dekubitus-Angina
Angina im Liegen, beim Niederlegen, vor dem Schlafen.

Die verschiedenen Erscheinungsformen der Angina pectoris haben unterschiedliche prognostische Bedeutung. Ändert sich die Schmerzsymptomatik, ist erhöhte Aufmerksamkeit geboten, da ein Infarkt droht. Man spricht daher bei schwerer instabiler Angina pectoris von einem **Präinfarkt-Syndrom**. Es muß umgehend ein EKG geschrieben werden und eine Blutabnahme zur Bestimmung der Enzyme erfolgen; der Patient muß stationär aufgenommen werden.

Die verschiedenen Erscheinungsformen der Angina pectoris haben unterschiedliche prognostische Bedeutung, daher ist die genaue Charakterisierung wichtig. Ändert sich die Schmerzsymptomatik in Stärke, Häufigkeit und Charakter, so ist erhöhte Aufmerksamkeit geboten, da ein Infarkt droht. Man spricht daher bei schwerer instabiler Angina pectoris und anhaltender Schmerzsymptomatik ($>$ 30 Minuten) von einem **Präinfarkt-Syndrom.** Hier besteht die Chance, einen drohenden Infarkt durch geeignete Maßnahmen (z. B. Acetylsalicylsäure, Heparin, Betablocker, Nitrate) zu verhindern. Es muß umgehend ein EKG geschrieben werden und eine Blutabnahme zur Bestimmung der Herzmuskelenzyme (Troponin, CK, CK-MB, LDH usw.) erfolgen; der Patient muß stationär aufgenommen werden.

Die **Medikamentenanamnese** darf besonders bei Angina pectoris nicht vergessen werden. Zumeist werden Nitrate, Betablocker, Kalziumantagonisten, Aspirin® und Marcumar® eingenommen. Dies ist wichtig für die einzuschlagende Therapie und zur Deutung pathologischer Befunde (z. B. Bradykardie unter Betablockade oder Verapamil).

Die **Medikamentenanamnese** darf besonders bei Angina pectoris nicht vergessen werden. Sie ist wichtig für die einzuschlagende Therapie und zur Deutung pathologischer Befunde.

> ***Merke.*** Über die Hälfte der Patienten denkt bei den ersten Symptomen nicht an einen Herzinfarkt, insbesondere wenn die Symptome »uncharakteristisch« sind.

◀ **Merke**

Risikofaktoren. Die Wahrscheinlichkeit einer Angina pectoris wird durch das Vorhandensein klassischer Risikofaktoren (positive Familienanamnese, Rauchen, Hypercholesterinämie, Hypertonie, Adipositas, Streßfaktoren, Diabetes mellitus, männliches Geschlecht) erhöht. Treten mehrere kardiovaskuläre Risikofaktoren gleichzeitig auf, so addiert sich das Risiko für eine KHK nicht nur, sondern es wird potenziert.

Familienanamnese: Vorzeitiger Herztod (z. B. Herzinfarkt, plötzlicher Herztod vor dem 60. Lebensjahr) in der Familie ist ein sehr wichtiger Hinweis auf eine familiäre Prädisposition für eine koronare Herzkrankheit. Risikofaktoren in der Familie (Hypertonie, Hypercholesterinämie), die potentiell erblich sind, sollten erfragt werden.

Alter und Geschlecht: Die koronare Herzkrankheit mit ihrem Hauptsymptom Angina pectoris manifestiert sich typischerweise bei Männern mittleren Alters. Frauen im gebärfähigen Alter sind aufgrund der hohen HDL-Cholesterinkonzentrationen und der niedrigen Prävalenz von Hypertonie vor einem Herzinfarkt relativ »geschützt«; dies gilt jedoch nicht, wenn klassische Risikofaktoren vorliegen und/oder Frauen rauchen und gleichzeitig orale Kontrazeptiva einnehmen.

Die Wahrscheinlichkeit einer koronaren Herzkrankheit nimmt mit steigendem Alter ständig zu. Allein im Rahmen des Alterungsprozesses kann es zu einer Koronarsklerose kommen; wobei zu berücksichtigen ist, daß erst eine Einengung des Gefäßlumens auf > 80 % zur Angina pectoris führt.

Berichtet z. B. eine jüngere Frau ohne kardiale Risikofaktoren (s. o.) über Thoraxschmerzen, ist eine koronare Herzkrankheit sehr unwahrscheinlich (max. 5 %). Dagegen steigt die Wahrscheinlichkeit bei einem Mann mittleren Alters mit Risikofaktoren (z. B. Raucher) und typischer Angina pectoris auf 90 % an! Ab dem 65. Lebensjahr besteht kein Unterschied mehr in der Infarkthäufigkeit bei Frauen und Männern.

Risikofaktoren
Die Wahrscheinlichkeit einer Angina pectoris wird durch das Vorhandensein klassischer Risikofaktoren erhöht.

Familienanamnese: Vorzeitiger Herztod in der Familie ist ein sehr wichtiger Hinweis auf eine familiäre Prädisposition für eine koronare Herzkrankheit.

Alter und Geschlecht: Die koronare Herzkrankheit mit ihrem Hauptsymptom Angina pectoris manifestiert sich typischerweise bei Männern mittleren Alters. Frauen im gebärfähigen Alter sind vor einem Herzinfarkt relativ »geschützt«; das gilt jedoch nicht, wenn Frauen rauchen und gleichzeitig orale Kontrazeptiva einnehmen.

2.2.2 Herz-, Myokard- oder Koronarinfarkt

2.2.2 Herz-, Myokard- oder Koronarinfarkt

> ***Definition.*** Umschriebene, ischämische Myokardnekrose, ausgelöst durch eine regionale Drosselung der koronaren Blutzufuhr.

◀ **Definition**

In den meisten Fällen liegt eine akute Ulzeration (Aufbrechen) einer atherosklerotischen Plaque mit thrombotischem Verschluß zugrunde. Selten sind dagegen entzündliche Veränderungen der Koronarien, ein Koronarspasmus, eine echte Embolie in ein Kranzgefäß, Blutungen in die Gefäßwand oder Traumen. Häufig gehen physische und psychische Überlastungen als Auslöser voraus. Die Infarkthäufigkeit zeigt einen Gipfel in den frühen Morgenstunden. Ursächlich hierfür sind sehr wahrscheinlich hämodynamische und rheologische Veränderungen: Der Blutdruck steigt nach einem Tief während der Schlafphase am frühen Morgen, insbesondere mit dem Aufstehen, steil an. Gleichzeitig ist die Thrombozytenaggregation deutlich gesteigert und die Fibrinolyse vermindert.

In den meisten Fällen liegt eine akute Ulzeration einer Plaque mit thrombotischem Verschluß zugrunde. Häufig gehen physische und psychische Überlastungen als Auslöser voraus. Die Infarkthäufigkeit zeigt einen Gipfel in den frühen Morgenstunden.

Das klinische Bild ist sehr unterschiedlich. Der charakteristische starke Brustschmerz (Vernichtungsschmerz) tritt nur in ca. 30 % der Fälle auf. Ein Drittel der Patienten hat nur leichte Thoraxschmerzen oder uncharakteristische Beschwerden wie Hals- oder Oberbauchbeschwerden (Hinterwand-

Das klinische Bild ist sehr unterschiedlich. Der charakteristische starke Brustschmerz tritt nur in ca. 30 % auf. Der Infarkt kommt meistens aus »heiterem Himmel« oder nach nur geringen uncharakteristischen Beschwerden.

Die plötzlich einsetzenden Infarktschmerzen sind mit normalen Nitratdosen nicht mehr beherrschbar. Die Ausstrahlung der Schmerzen erfolgt wie bei der Angina pectoris (vgl. ◙ C-**2.12**). Allerdings ist die Ausstrahlung in den rechten Arm häufiger. Die Schmerzen können sehr intensiv sein und von Todesangst begleitet werden. Häufig gehen sie mit vegetativen Symptomem wie Übelkeit, Erbrechen, Schwitzen und Blässe sowie mit Dyspnoe einher. Ein Blutdruckabfall und ein Herzfrequenzanstieg, evtl. mit Rhythmusstörungen, weisen auf einen schweren Verlauf hin. In etwa 30 % der Fälle führt der Infarkt bereits in wenigen Stunden zum Tod. Jede Änderung einer vorbestehenden Angina pectoris in Richtung Instabilität und jede neu auftretende Symptomatik im Brust- und Oberbauchbereich muß daher sehr ernst genommen werden und bis zum sicheren Ausschluß als Infarktverdacht gelten.

infarkt!); ein weiteres Drittel hat keine Beschwerden. Sehr häufig sind vegetative Begleiterscheinungen, insbesondere Schwitzen. Typische Angina-pectoris-Beschwerden gehen nur in der Hälfte der Fälle längere Zeit einem Infarkt voraus. Der Infarkt kommt meistens aus »heiterem Himmel«, d. h. ohne Vorboten, oder nach nur geringen uncharakteristischen Beschwerden. Die plötzlich einsetzenden Infarktschmerzen sind mit normalen Nitratdosen (Spray oder Kapsel) nicht mehr beherrschbar. Die Ausstrahlung der Schmerzen erfolgt wie bei der Angina pectoris (vgl. ◙ C-**2.12**). Die Schmerzen können sehr intensiv sein und von Todesangst begleitet werden. Häufig gehen sie mit vegetativen Symptomen wie Übelkeit, Erbrechen, Schwitzen und Blässe sowie mit Dyspnoe einher. Gelegentlich kommt es auch zu Fieber. Der Blutdruck kann zunächst stabil sein oder sogar ansteigen. Ein Blutdruckabfall und ein Herzfrequenzanstieg, evtl. mit Rhythmusstörungen, weisen auf einen schweren Verlauf hin. In etwa 30 % der Fälle führt der Infarkt bereits in wenigen Stunden zum Tod. Daher ist es so wichtig, die Verdachtsdiagnose sehr schnell klinisch zu stellen und dann mittels EKG und Blutanalyse zu bestätigen. Jede Änderung einer vorbestehenden Angina pectoris (s. o.) in Richtung Instabilität und jede neu auftretende Symptomatik im Brust- und Oberbauchbereich muß daher sehr ernst genommen werden und bis zum sicheren Ausschluß als Infarktverdacht gelten.

Merke ▶

▶ ***Merke.*** Über die Hälfte der Patienten denkt bei den ersten Symptomen nicht an einen Herzinfarkt, insbesondere wenn die Symptome »uncharakteristisch« sind.

Wichtige Fragen ▶

Wichtige Fragen:
- *Wann sind die Schmerzen zum ersten Mal aufgetreten?*
- *Wo genau sind die Schmerzen lokalisiert?*
- *Wohin strahlen sie aus?*
- *Wie lange halten sie an?*
- *Haben sie sich auf Nitro gebessert?*

Merke ▶

▶ ***Merke.*** Vor allem bei Diabetikern kann eine koronare Herzkrankheit einschließlich eines akuten Myokardinfarktes ohne typische Angina pectoris auftreten, d. h. »stumm« verlaufen. Ursächlich hierfür ist die sensible diabetische Neuropathie. Abzuklären ist, ob weitere Zeichen für eine Neuropathie bzw. Polyneuropathie bestehen, beispielsweise Kribbelparästhesien oder Gefühlsstörungen in den Beinen.

Insgesamt verlaufen 25 % aller elektrokardiographisch nachgewiesenen Infarkte symptomlos.

Insgesamt verlaufen 25 % aller elektrokardiographisch nachgewiesenen Infarkte symptomlos.
Mit zunehmendem Alter verlaufen die Infarkte »stummer«, d. h., sie ereignen sich ohne vorausgehende Symptomatik (Prodromi): 80 % mit Prodromi bei 40–50jährigen, nur noch 50 % mit Prodromi bei 70jährigen. Im Alter kommen häufiger atypische Symptome vor wie plötzliche Dyspnoe, Herzinsuffizienzzeichen, Herzrhythmusstörungen, Kreislaufkollaps usw.

2.2.3 Hypertensive Herzkrankheit (HHK)

Bei der hypertensiven Herzkrankheit besteht ein Mißverhältnis zwischen Myokarddicke und koronarem Blutfluß, so daß es zu einem ischämischen Schmerz kommen kann. Daraus ergibt sich, daß typische pektanginöse Beschwerden auch ohne KHK auftreten können.

2.2.3 Hypertensive Herzkrankheit (HHK)

Bei der hypertensiven Herzkrankheit besteht ein Mißverhältnis zwischen Myokarddicke und koronarem Blutfluß, so daß es insbesondere unter Belastung zu einem ischämischen Schmerz kommen kann (die Koronarreserve ist eingeschränkt, die großen Koronargefäße können selbst unauffällig sein). Daraus ergibt sich, daß typische pektanginöse Beschwerden auch ohne KHK auftreten können. Möglicherweise sind mikroangiopathische Veränderungen vorhanden, die insbesondere dann, wenn auch eine linksventrikuläre Hypertrophie vorliegt, zu den typischen Beschwerden unter Belastung führen können.

Die Diagnose erfolgt echokardiographisch (linksventrikuläre Hypertrophie) bzw. als Ausschlußdiagnose durch ein normales Koronarangiogramm. Die Diagnose HHK wird im Vergleich zur KHK zu wenig beachtet.

2.2.4 Perikarditis/Myokarditis

Der Brustschmerz bei **Perikarditis** ist ähnlich stark dem ischämischen Brustschmerz bei Angina pectoris, jedoch erfolgt die Ausstrahlung häufiger in die Schulter oder den Rücken. Er ist zumeist bewegungs- und besonders atemabhängig und wird durch Husten, Niesen oder Schlucken verstärkt; Erleichterung kann Vornüberbeugen bringen. Der Perikarditisschmerz wird oft als dumpf und retrosternal empfunden. Eine vorausgegangene Infektion (z. B. grippaler Infekt) und Fieber sind weitere Hinweise auf eine Perikarditis.

Die Auskultation eines Perikardreibens bestätigt die Verdachtsdiagnose. Fehlendes Perikardreiben schließt hingegen eine Perikarditis nicht aus, besonders wenn diese mit einem **Perikarderguß** einhergeht und dadurch die Perikardblätter so weit voneinander separiert werden, daß ein Reiben nicht mehr zustande kommt. In der Knie-Ellenbogen-Lage ist Perikardreiben dennoch häufig trotz Perikarderguß auskultierbar. Der Nachweis eines Perikardergusses erfolgt mit der Echokardiographie (C-**2.13**).

2.2.4 Perikarditis/Myokarditis

Der Brustschmerz bei **Perikarditis** ist ähnlich stark dem ischämischen Brustschmerz bei Angina pectoris, jedoch erfolgt die Ausstrahlung häufiger in die Schulter oder den Rücken.

Die Auskultation eines Perikardreibens bestätigt die Verdachtsdiagnose. Fehlendes Perikardreiben schließt hingegen eine Perikarditis nicht aus, besonders wenn diese mit einem **Perikarderguß** einhergeht.
Der Nachweis des Perikardergusses erfolgt mittels Echokardiographie (C-**2.13**).

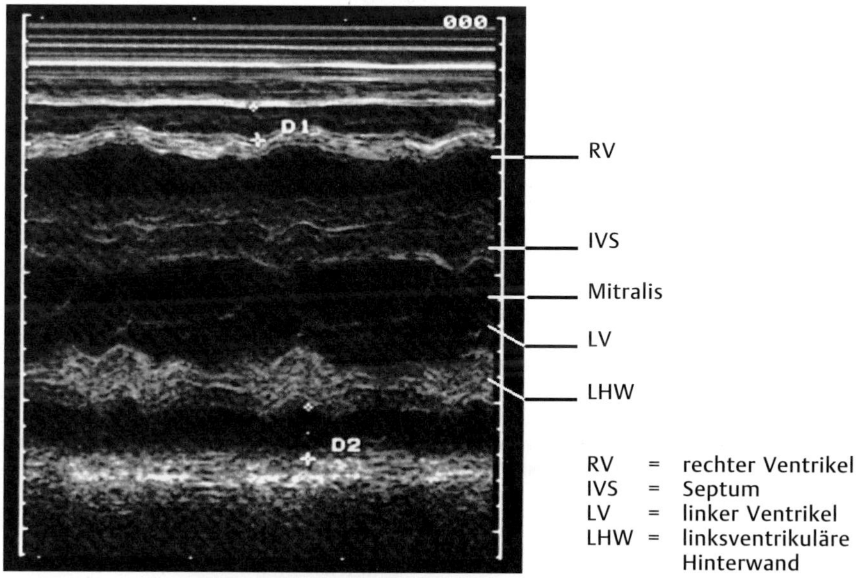

C-**2.13: Ausgeprägter Perikarderguß** von 12,9 mm im Vorderwandbereich (D1) und 21,1 mm im Hinterwandbereich (D2) im Echokardiogramm (M-Mode) bei einem 52jährigen Patienten mit Perikarditis

Eine Perikarditis kann auch im Zusammenhang mit einem Herzinfarkt auftreten (meist 2 bis 4 Wochen danach) oder nach einer offenen Herzoperation, genannt Dressler-Syndrom. Hierbei handelt es sich wahrscheinlich um eine immunologisch bedingte Perikarditis.

Das Echokardiogramm kann nähere Aufschlüsse liefern. Ein Perikarderguß kann gelegentlich sehr massiv werden und zur **Herztamponade** führen, das bedeutet eine mechanische Behinderung der Ventrikelfüllung. Es kommt zur Abnahme des Herzschlagvolumens, der Puls wird sehr schwach und evtl. peripher nicht mehr tastbar, Schocksymptome können auftreten.

Die häufigste Form der Perikarditis ist die sog. **akute benigne Perikarditis.** Sie tritt in der Regel im Rahmen einer Virusinfektion auf (Coxsackie- oder Influenzaviren). Sehr viel seltener sind andere Ursachen wie Tuberkulose, urämische Perikarditis im späten Stadium einer Niereninsuffizienz, rheumatische Genese (besonders bei Kindern) und Lupus erythematodes sowie Tumoren bzw. Metastasen.

Die häufigste Form der Perikarditis ist die sog. **akute benigne Perikarditis.** Sie tritt in der Regel im Rahmen einer Virusinfektion auf.

Eine uncharakteristische fieberhafte Erkrankung, Herzinsuffizienzzeichen, Herzrhythmusstörungen und Thoraxschmerzen sind die wichtigsten Symptome einer **Myokarditis**. Die Virusmyokarditis ist die bei weitem häufigste Form. Charakteristisch ist der plötzliche Beginn entweder mit Thoraxschmerzen oder mit Rhythmusstörungen. Bevorzugt betroffen sind jüngere Patienten.

Eine uncharakteristische fieberhafte Erkrankung (meist der oberen Luftwege), Herzinsuffizienzzeichen, Herzrhythmusstörungen und Thoraxschmerzen sind die wichtigsten Symptome einer **Myokarditis.** Die Virusmyokarditis ist die bei weitem häufigste Form. Charakteristisch ist der plötzliche Beginn der kardialen Erkrankung entweder mit Thoraxschmerzen infolge der akuten Perikarditis oder mit Rhythmusstörungen. Bevorzugt betroffen sind jüngere Patienten. Häufig treten die ersten Symptome nach einer starken körperlichen Belastung auf, beispielsweise ein totaler AV-Block mit einem Adams-Stokes-Anfall (bradykarde Rhythmusstörung) oder eine Tachykardie.

Die Thoraxschmerzen können sehr milde sein. Oft ist eine ventrikuläre Extrasystolie einziger Ausdruck einer Myokarditis.

Die Thoraxschmerzen können sehr milde sein oder sogar gänzlich fehlen. Oft zeigt sich nur eine ventrikuläre Extrasystolie im Anschluß an einen Infekt als einziger Ausdruck einer Myokarditis. Nicht jede Myokarditis macht Beschwerden, und daher sieht man leider oft nur die Spätfolgen einer früheren Myokarditis als Herzerweiterung und Herzinsuffizienz.

2.2.5 Funktionelle Herzschmerzen (Herzneurose, Herzphobie)

Die häufigsten Herzschmerzen sind »funktioneller« Art.

Die häufigsten Herzschmerzen sind nicht organisch bedingt, sondern »funktioneller« Art. Sie treten eher bei jüngeren Patienten auf. Jenseits der 4. Lebensdekade nimmt die Häufigkeit abrupt ab. Die Geschlechtsverteilung ist etwa gleich.

Die betroffenen Patienten klagen über Herzschmerzen, -klopfen und -jagen. Es besteht ein subjektiv starkes Stechen in der Brust. Des weiteren wird über Herzstolpern berichtet. Weitere Beschwerden aus dem kardiovaskulären, pulmonalen und vegetativen Bereich können hinzutreten.

Die betroffenen Patienten klagen über Herzschmerzen, -klopfen und -jagen. Die Schmerzen werden als Stechen in der Brust geschildert. Sie sind subjektiv so stark, daß sie auch an einen Infarkt denken lassen. Tatsächlich haben Patienten mit funktionellen Herzbeschwerden (Synonym: Herzneurose, Herzphobie) größere Angst vor dem Infarkt und geben »mehr« Herzbeschwerden an als tatsächliche Infarktpatienten. Des weiteren wird über Herzstolpern als Folge von Extrasystolen berichtet. Weitere Beschwerden aus dem kardiovaskulären, pulmonalen und vegetativen Bereich können hinzutreten: Schwindel, Schwarzwerden vor den Augen, Atemnot, Schwitzen, Schlaflosigkeit, Ängstlichkeit usw. Wichtig ist die exakte Differenzierung von der organisch bedingten Angina pectoris (C-**2.10**).

Wichtig ist die exakte Differenzierung von der organisch bedingten Angina pectoris (C-**2.10**).

C-2.10: Differenzierung zwischen funktionellen Herzschmerzen und Angina pectoris

	Funktionelle Herzschmerzen	**Angina pectoris**
Lage	• Punktuell oder • Flächig an der Herzspitze	• Flächig • Retrosternal • Präkordial
Ausstrahlung	Kaum oder wie bei Angina pectoris	Typisch in den linken Arm (s. o)
Dauer	• Oft über Stunden, sogar Tage oder • Sekunden bis Minuten	Einige Minuten
Charakter	Stechen, Brennen, Druck	Druck, Enge
Risikofaktoren	Meist keine	Vorhanden (Rauchen, Diabetes usw.)
Alter	Jüngere Patienten (< 45 Jahre)	Mittleres und höheres Lebensalter
Provokation	»Untypisch«: • In Ruhe auftretend • Nach inadäquater Anstrengung • Häufig Besserung bei körperlicher Belastung	Typisch: • Körperliche Anstrengung • Kälte • Aufregung, Streß

Neben den typischen Patientencharakteristika sind Schmerzcharakter und -dauer die besten Unterscheidungsmerkmale. Beim funktionellen Syndrom können zwei Beschwerdetypen unterschieden werden:

- Dumpfer Druck oder Brennen in der Herzgegend, punktuell bis kleinflächig. Dauer: Stunden bis Tage. Häufig besteht eine Überempfindlichkeit (Hyperalgesie) der linken Brustseite, die sogar das Stethoskop als schmerzhaft empfindet.
- Ein heftiger, stechender Schmerz punktuell in der Herzgegend, der maximal 2–3 Minuten dauert und evtl. atemabhängig ist. Er wird oft von den Patienten als sehr bedrohlich empfunden und läßt sie an einen Herzinfarkt bzw. eine Angina pectoris denken. Der Schmerz bessert sich spontan durch flaches Atmen und ruhige, etwas gekrümmte Thoraxhaltung. Nach Sekunden bis Minuten ist ein tiefes Durchatmen wieder möglich und der Schmerz ist verschwunden. Diese Schmerzen treten häufig bereits bei Jugendlichen auf.

Die funktionellen Herzbeschwerden treten häufig im Zusammenhang mit »Streßsituationen« auf. Die genaue Ursache ist nicht bekannt; möglicherweise handelt es sich um abnorme Muskelkontraktionen.

Beim funktionellen Syndrom können zwei Beschwerdetypen unterschieden werden:

- Dumpfer Druck oder Brennen in der Herzgegend, Stunden bis Tage andauernd.
- Heftiger, stechender Schmerz punktuell in der Herzgegend, der maximal 2–3 Minuten dauert.

Die funktionellen Herzbeschwerden treten häufig im Zusammenhang mit »Streßsituationen« auf.

K

Kasuistik. Ein 52jähriger Mann leidet seit ca. 15 Jahren unter Herzbeschwerden. Wiederholte Untersuchungen (Ruhe- und Belastungs-EKG, Echokardiographie) erbrachten keinen pathologischen Befund. Da keinerlei Risikofaktoren für eine koronare Herzkrankheit bestehen und die Beschwerden untypisch für eine Angina pectoris sind (vorwiegend in Ruhe, Besserung bei körperlicher Belastung), wurde die Diagnose funktionelle Herzbeschwerden bzw. Herzneurose gestellt. Bei der jetzigen Vorstellung hat sich der Charakter der Thoraxschmerzen jedoch entscheidend geändert: Die Beschwerden treten insbesondere bei körperlicher Belastung auf und sind begleitet von Atemnot und Palpitationen. Dieses Beschwerdebild trat erstmalig vor einer Woche im Anschluß an einen fieberhaften Infekt auf. Die körperliche Untersuchung ergab eine regelmäßige Tachykardie (110/min) in Ruhe und geringgradige Unterschenkelödeme; ansonsten unauffälliger Untersuchungsbefund. Im EKG zeigten sich eine Sinustachykardie und ein Rechtsschenkelblock, der in den früheren EKGs nicht bestand. Es wurde die Verdachtsdiagnose einer Myokarditis gestellt und durch weitere Untersuchungen (Echokardiographie, Labor) bestätigt.

2.2.6 Lungenembolie

Die Lungenembolie stellt leider immer noch ein sehr häufig übersehenes Krankheitsbild dar, da die klinische Symptomatik allein meist nicht zur Diagnosestellung ausreicht. Die Symptome können nur sehr schwach ausgeprägt oder uncharakteristisch sein. Jeder Verdacht auf eine Lungenembolie muß eingehend abgeklärt werden, denn in der Hälfte aller Fälle verläuft sie tödlich.

Führende Symptome sind Atemnot und Thoraxschmerzen. Besteht ein Anhalt für eine tiefe Beinvenenthrombose (schmerzhafte Schwellung einer Wade bzw. des Unterschenkels), aus der der Embolus in der Regel stammt, ist die Diagnose schon sehr wahrscheinlich. Wird dann bei der körperlichen Untersuchung noch ein Pleurareiben festgestellt und im EKG eine typische Konstellation (Rechtsbelastungszeichen, S1–Q3), so ist die Diagnose fast sicher.

Sehr häufig bestehen aber gar keine EKG-Veränderungen; daher ist die genaue Anamnese um so wichtiger. Wichtige Fragen sind: Bestehen **prädisponierende Faktoren** für eine Lungenembolie bzw. eine tiefe Beinvenenthrombose? Sind Bettlägerigkeit oder längere Immobilisation (auch bei Autofahrt oder Flugreise) vorausgegangen? So kann durchaus auch bei sonst gesunden, jüngeren Leuten eine Lungenembolie entstehen. Am häufigsten kommt die Lungenembolie jedoch nach einer Operation vor, insbesondere nach Hüftgelenkersatz oder anderen Operationen, die eine längere **Ruhigstellung der Beine** erfordern. Bei diesen prädisponierten Patienten muß sehr genau nach Anzeichen einer tiefen Beinvenenthrombose gesucht werden, da diese auch symptomlos verlaufen kann (s. S. 331).

2.2.6 Lungenembolie

Die Lungenembolie stellt ein sehr häufig übersehenes Krankheitsbild dar. Die Symptome können nur sehr schwach ausgeprägt oder uncharakteristisch sein: Jeder Verdacht muß abgeklärt werden.

Führende Symptome sind Atemnot und Thoraxschmerzen. Besteht ein Anhalt für eine tiefe Beinvenenthrombose, ist die Diagnose schon sehr wahrscheinlich. Wird ein Pleurareiben festgestellt und im EKG eine typische Konstellation, so ist die Diagnose fast sicher.

Die genaue Anamnese ist sehr wichtig. Bestehen **prädisponierende Faktoren**, sind Bettlägerigkeit oder Immobilisation vorausgegangen? Am häufigsten kommt die Lungenembolie nach einer Operation vor.

Die Atemnot kann nur intermittierend auftreten. Der **Thoraxschmerz ist atemabhängig**. Beim ausgedehnten Lungeninfarkt ist der Pleuraschmerz fast immer vorhanden.

Die Atemnot kann nur intermittierend auftreten. Der **Thoraxschmerz ist atemabhängig** (Verstärkung durch tiefe Respiration), teilweise auch lageabhängig. Beim ausgedehnten Lungeninfarkt (Folge der Embolie) ist der Pleuraschmerz (atemabhängig) fast immer vorhanden. Besteht ausgeprägte Atemnot, verbunden mit einer Tachykardie, so ist eine Lungenembolie sehr wahrscheinlich. In schweren Fällen sinkt der Blutdruck, und die Patienten sehen blaß-zyanotisch aus.

Das Röntgenbild der Lunge ist meist normal. Die sichere Diagnose wird mit einem Perfusionsszintigramm der Lunge gestellt (◘ C-**2.14**).

Das Röntgenbild der Lunge ist meist normal. Die sichere Diagnose wird mit einem Perfusionsszintigramm der Lunge (◘ C-**2.14**) (evtl. auch Pulmonalisangiographie) gestellt.
Eine große Lungenembolie ist meist klinisch faßbar. Rezidivierende kleinere Embolien werden oft nicht erfaßt.

◘ C-2.14: Perfusionsszintigramm zum Nachweis einer Lungenembolie: kompletter Ausfall des linken Unterlappens und massiver Ausfall im rechten Mittellappen bei einer 78jährigen Patientin

Wichtige Fragen ▶

Wichtige Fragen:
- *Werden die Schmerzen bei tiefer Atmung verstärkt?*
- *Traten die Schmerzen plötzlich oder allmählich auf?*
- *Haben Sie zuvor eine längere Bus- oder Flugreise unternommen?*
- *Haben Sie einen Unfall gehabt?*
- *Haben Sie Schmerzen oder Schwellungen im Bereich der Waden bemerkt?*

2.2.7 Pleuritis

Der typische pleuritische Schmerz ist atemabhängig wie bei der Lungenembolie. Die Schmerzen sind bei geringgradigem Pleuraerguß am stärksten und verschwinden mit zunehmender Ergußbildung. Bei der trockenen Pleuritis (**Pleuritis sicca**) ist das typische Lederknarren zu auskultieren.

Der typische pleuritische Schmerz ist atemabhängig wie bei der Lungenembolie. Die Schmerzen sind bei geringgradigem Pleuraerguß am stärksten und verschwinden mit zunehmender Ergußbildung, die ein Reiben der Pleurablätter gegeneinander verhindert. Bei der trockenen Pleuritis (**Pleuritis sicca**) ist das typische Lederknarren zu auskultieren: Es hört sich an, wie wenn steifes Leder gebogen wird. Im Extremfall ist dieses Reiben sogar als Schaben tastbar.
Eine Pleuritis kann im Rahmen eines harmlosen Atemwegsinfektes auftreten und wieder spontan verschwinden. Sie kann aber auch Ausdruck einer schweren Erkrankung sein – von der Tuberkulose bis zum Lungenkarzinom.

Ist ein Pleuraerguß vorhanden, ist eine diagnostische Punktion zwecks Analyse angezeigt. Die Eiweißkonzentration gibt Auskunft darüber, ob es sich um ein **Exsudat (> 30 g Eiweiß/l)** oder ein **Transsudat (< 30 g/l)** handelt. Transsudate kommen z. B. bei Herzinsuffizienz, dekompensierter Leberzirrhose oder nephrotischem Syndrom vor. Exsudate findet man bei Infektionen, Tumoren, immunologischen und rheumatologischen Erkrankungen.

Ist ein Pleuraerguß vorhanden – neben Perkussion am einfachsten durch Ultraschalluntersuchung nachgewiesen –, so ist eine diagnostische Punktion zwecks Analyse angezeigt. Die Eiweißkonzentration gibt Auskunft darüber, ob es sich um ein **Exsudat (> 30 g Eiweiß/l)** oder ein **Transsudat (< 30 g/l)** handelt. Eiweißärmere Ergüsse (Transsudate) kommen beispielsweise bei Herzinsuffizienz, dekompensierter Leberzirrhose oder nephrotischem Syndrom vor. Exsudate findet man bei Infektionen, Tumoren, immunologischen und rheumatologischen Erkrankungen (z. B. Lupus erythematodes, Still-Syndrom).
Die Ergußflüssigkeit wird des weiteren zytologisch (maligne Zellen oder Entzündungszellen?) und bakteriologisch (Krankheitserreger) untersucht.

2.2.8 Pneumothorax

2.2.8 Pneumothorax

▶ *Definition.* Beim Pneumothorax befindet sich Luft im Raum zwischen den Pleurablättern, der sonst von einem dünnen Flüssigkeitsfilm ausgefüllt ist. Das führt zum Kollaps der Lunge, die ja normalerweise durch den Unterdruck im Pleuraspalt entfaltet bleibt.

◀ **Definition**

Eigenartigerweise sind am häufigsten junge, schlanke, große Männer betroffen. Es kommt bei diesen Personen zu einem **spontanen Pneumothorax.** Die Ursache ist bisher nicht bekannt, möglicherweise platzt eine angeborene Pleuraschwachstelle. Charakteristisch sind plötzlicher Thoraxschmerz (meist lateral mit Ausstrahlung in die Schulter), Atemnot und trockener Husten. Die Diagnose wird durch Auskultation (**fehlendes Atemgeräusch**) und Perkussion (**hypersonorer = verstärkter Klopfschall**) gestellt und durch ein typisches Röntgenbild bestätigt.
Andere Ursachen für einen Pneumothorax sind ein geschlossenes oder offenes Thoraxtrauma oder prädisponierende Lungen- und Bronchialerkrankungen (z. B. bullöses Lungenemphysem, Bronchiektasen, Asthma bronchiale, Tuberkulose, zystische Lungenfibrose, kongenitale Zysten, Honigwabenlunge). Beim posttraumatischen Pneumothorax kann sich als gefürchtete Komplikation ein **Spannungspneu** entwickeln (C-**2.15**). Dabei dringt über die Verletzung im Sinne eines Einwegventils inspiratorisch Luft in den Pleuraraum, während es bei der Exspiration zum Verschluß der Wunde kommt. Dadurch wird die gesunde Lunge weiter komprimiert.

Am häufigsten sind junge, schlanke, große Männer betroffen. Es kommt bei diesen Personen zu einem **spontanen Pneumothorax**. Charakteristisch sind plötzlicher Thoraxschmerz, Atemnot und trockener Husten. Die Diagnose wird durch Auskultation (**fehlendes Atemgeräusch**) und Perkussion (**hypersonorer Klopfschall**) gestellt und durch ein Röntgenbild bestätigt.
Andere Ursachen für einen Pneumothorax sind ein geschlossenes oder offenes Thoraxtrauma oder Lungen- und Bronchialerkrankungen. Beim posttraumatischen Pneumothorax kann sich als gefürchtete Komplikation ein **Spannungspneu** entwickeln (C-**2.15**), dabei dringt über die Verletzung in Sinne eines Einwegventils inspiratorisch Luft in den Pleuraraum, während es bei der Exspiration zum Verschluß der Wunde kommt.

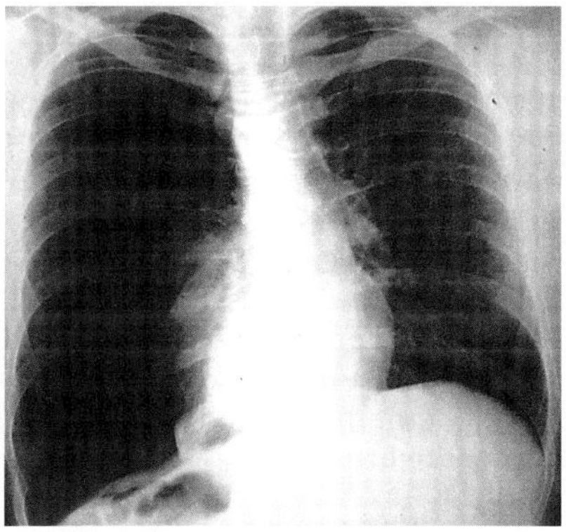

C-2.15: Linksseitiger Spannungspneumothorax mit Verlagerung des Mediastinums zur gesunden Seite hin

2.2.9 Dissektion eines Aortenaneurysmas

Die Ruptur eines Aortenaneurysmas verläuft immer tödlich. Eine Dissektion (»gedeckte Perforation«) wird aber in der Hälfte aller Fälle überlebt. Charakteristisch ist ein tiefsitzender Vernichtungsschmerz, der am ehesten an einen Herzinfarkt erinnert, und als bohrend empfunden wird. Er strahlt evtl. zwischen die Schulterblätter oder in den rechten Thorax aus, kann jedoch auch ausschließlich rechtsthorakal lokalisiert sein.
Differentialdiagnostisch muß ein Herzinfarkt ausgeschlossen werden durch Enzymbestimmungen, Röntgen-Thorax in 2 Ebenen, evtl. CT, Echokardiographie.

2.2.9 Dissektion eines Aortenaneurysmas

Die Ruptur eines Aortenaneurysmas verläuft immer tödlich. Eine – sehr seltene – Dissektion wird aber in der Hälfte aller Fälle überlebt. Charakteristisch ist ein tiefsitzender Vernichtungsschmerz.
Differentialdiagnostisch muß ein Herzinfarkt ausgeschlossen werden.

2.2.10 Von der Thoraxwand ausgehende Schmerzen

Schmerzen im Gebiet eines Thoraxdermatoms gehen beim **Herpes zoster** der Bläschenbildung meistens voraus. Entzündliche, degenerative oder bösartige Erkrankungen der Brustwirbelsäule können zu **radikulären Thoraxschmerzen** führen, die oft als brennend empfunden werden. Umschriebene Brustwandschmerzen und muskuläre Mitbeteiligung (besonders des Zwerchfells) lenken den Verdacht auf eine **Coxsackie-B-Virusinfektion**

2.2.10 Von der Thoraxwand ausgehende Schmerzen

Schmerzen im Gebiet eines Thoraxdermatoms gehen beim **Herpes zoster** der Bläschenbildung meistens voraus. Entzündliche, degenerative oder bösartige Erkrankungen der Brustwirbelsäule können zu **radikulären Thorax-**

schmerzen führen. Brustwandschmerzen und muskuläre Mitbeteiligung lenken den Verdacht auf eine **Coxsackie-B-Virusinfektion (Bornholmer Krankheit)**.
Patienten mit **chronischem Husten** und Dyspnoe haben häufig muskuläre Thoraxschmerzen.

Unter **Tietze-Syndrom** versteht man eine schmerzhafte Entzündung mit Schwellung am Kostosternalgelenk einer oder mehrerer Rippen.

Die Diagnose **Interkostalneuralgie** ist meist eine Verlegenheitsdiagnose. Druckschmerzhafte Interkostalräume neben dem Brustbein gelten als typische Zeichen.

Eine **Periarthritis humeroscapularis** kann sich als Thoraxschmerz bemerkbar machen.

(Bornholmer Krankheit). Ein endemisches Auftreten der Beschwerden stützt die Diagnose. Bei schweren Verläufen können auch pleuritische Symptome auftreten. Häufig sind muskuläre Verspannungen (Myogelosen) die Ursache für nicht kardial bedingte Thoraxschmerzen.
Patienten mit chronischem Husten (**chronischer Bronchitis**) und Dyspnoe haben häufig muskuläre Thoraxschmerzen. Heftiger Husten kann gelegentlich auch zur **Rippenfraktur** führen, insbesondere wenn eine Osteoporose oder Rippenmetastasen vorliegen. Betroffen sind vorwiegend die mittleren posteriolateralen Rippen.
Unter **Tietze-Syndrom** versteht man eine schmerzhafte Entzündung mit Schwellung am Kostosternalgelenk einer oder mehrerer Rippen (Rippe 1–4), ein- oder beidseitig. Weitere Ursachen von Thoraxschmerzen können ein Morbus Uehlinger sowie eine Sternoklavikular-Arthritis sein.
Die Diagnose **Interkostalneuralgie** ist meist eine Verlegenheitsdiagnose und wird wahrscheinlich viel zu häufig gestellt, z. B. wenn funktionelle Herzbeschwerden nicht richtig gedeutet werden. Druckschmerzhafte Interkostalräume neben dem Brustbein (Knorpel-Knochen-Übergang) entlang dem Rippenverlauf oder in der Axillarlinie gelten als typische Zeichen. Allerdings sind diese Beschwerden relativ häufig und nicht beweisend für eine Interkostalneuralgie. Manche Autoren verneinen die Existenz des Krankheitsbildes überhaupt.
Eine **Periarthritis humeroscapularis** kann sich als Thoraxschmerz bemerkbar machen und bei linksseitiger Lokalisation evtl. mit der Ausstrahlung einer Angina pectoris verwechselt werden. Eine gezielte Palpation mit Druck auf die Schultergelenkkapsel im Bereich des Korakoids oder des Oberarmkopfes löst einen stechenden Schmerz aus.

2.2.11 Brustschmerzen durch abdominelle Erkrankungen

In ca. 30 % der Fälle sind Thoraxschmerzen intestinal bedingt. Am häufigsten kommen Ösophagus und Magenöffner (Kardia) als Schmerzquelle in Betracht. Nach Sodbrennen (Refluxkrankheit) und Zeichen einer **paraösophagealen Gleithernie** sollte immer gefragt werden.

Seltener kann sich eine **Cholezystitis** nur durch Ausstrahlung in die rechte Schulter bemerkbar machen. Ein **Ulkusschmerz** wird gelegentlich in den unteren Thoraxbereich projiziert.

2.2.11 Brustschmerzen durch abdominelle Erkrankungen

In ca. 30 % der Fälle sind Thoraxschmerzen intestinal bedingt. Am häufigsten kommen Ösophagus und Magenöffner (Kardia) als Schmerzquelle in Betracht. Dabei löst ein Rückfluß von Magensaft akute Thoraxschmerzen aus, auch wenn keine Ösophagitis vorliegt. Nach Sodbrennen als weiterem Symptom eines gastroösophagealen Refluxes und Zeichen einer **paraösophagealen Gleithernie** sollte immer gefragt werden. Die Refluxkrankheit kann zu retrosternalen Schmerzen und Brennen in der Herzgegend führen. Beschwerden durch eine Gleithernie machen sich beim Bücken oder Liegen bemerkbar. Retrosternale Schmerzen bei einem Ösophagusspasmus können sich auf Nitrate bessern. Dies ist sehr wichtig für die Differentialdiagnose der Angina pectoris.
Seltener kann sich eine **Cholezystitis** nur durch Ausstrahlung in die rechte Schulter bemerkbar machen. Ein **Ulkusschmerz** beim Magengeschwür wird gelegentlich in den unteren Thoraxbereich projiziert.
Chronische Thoraxschmerzen sind meist nicht kardiopulmonal bedingt, sondern eher »funktioneller« Natur oder verursacht durch das Thoraxskelett. Bei Frauen muß darüber hinaus immer an einen Erkrankungsprozeß der Brustdrüsen gedacht werden.

2.3 Atemnot (Dyspnoe)

2.3 Atemnot (Dyspnoe)

Definition ▶

Definition. Atemnot ist die subjektive Empfindung, nicht genug Luft zu bekommen und daher die Atemtätigkeit steigern zu müssen.

Wichtige Fragen ▶

Dyspnoe ist objektivierbar durch anamnestische Fragen nach der Leistungsfähigkeit:
- *Wie viele Stufen, Treppen können Sie ohne Luftnot steigen?*
- *Wann müssen Sie wegen Luftnot stehen bleiben?*
- *Besteht bereits Luftnot in Ruhe (**Ruhedyspnoe**)?*
- *Nimmt die Luftnot im Liegen zu bzw. bessert sie sich bei aufrechtem Sitzen mit aufgestütztem Thorax (**Orthopnoe**)?*

Die Belastbarkeit und das Auftreten von Atemnot hängen natürlich individuell vom Alter, Körpergewicht und Trainingszustand ab. Tatsächlich sind Übergewicht und Trainingsmangel die häufigste Ursache für eine Belastungsdyspnoe. Bei **psychogen bedingter Luftnot** klagen die Patienten darüber, nicht richtig einatmen zu können, um die Lungen ausreichend zu füllen, und über die Unmöglichkeit, tief durchzuatmen. Diese Patienten sind zwar in Ruhe meist kurzatmig, haben aber bei körperlicher Belastung normalerweise keine Probleme.

Die meisten Formen und Ursachen der Dyspnoe sind durch Anamnese und klinische Untersuchung gut zu charakterisieren. Eine **paroxysmale (anfallsweise) nächtliche Dyspnoe** tritt typischerweise beim nächtlichen passageren **Lungenödem** im Rahmen einer schweren Herzinsuffizienz auf (sog. »Asthma cardiale«): Der Patient erwacht wegen Atemnot; Aufsitzen bringt Erleichterung. Oft müssen die Betroffenen am Fenster zusätzlich nach Luft schnappen. Unter Orthostasebedingungen am Tage kann das Lungenödem vollständig verschwunden sein, aber in der kommenden Nacht erneut Beschwerden verursachen. Der Begriff Asthma cardiale ist heutzutage nicht mehr üblich.

Beim **Asthma bronchiale** treten ebenfalls häufig nächtliche Atemnotanfälle auf, die mit hörbarem Pfeifen und Giemen aufgrund der **Bronchospastik** (Einengung der Bronchialwege) einhergehen. Die pathologischen Atemgeräusche sind beim Asthma oder bei anderen bronchospastischen Erkrankungen (**Lungenemphysem, chronisch asthmoide Bronchitis**) überwiegend während der Exspirationsphase zu hören.

Treten diese vorwiegend in der Inspirationsphase auf, ist an einen **Stridor** zu denken, der bedingt sein kann durch ein **Larynxödem**, eine **Trachealstenose** oder einen **Tumor** im Bereich von Larynx bis Hauptbronchus.

Das Auftreten von Atemnot hängt natürlich individuell vom Alter, Körpergewicht und Trainingszustand ab. Tatsächlich sind Übergewicht und Trainingsmangel die häufigste Ursache für eine Belastungsdyspnoe.

Die meisten Formen und Ursachen der Dyspnoe sind gut zu charakterisieren. Eine **paroxysmale (anfallsweise) nächtliche Dyspnoe** tritt typischerweise beim nächtlichen passageren **Lungenödem** auf (sog. »Asthma cardiale«).

Beim **Asthma bronchiale** treten ebenfalls häufig nächtliche Atemnotanfälle auf, die mit hörbarem Pfeifen und Giemen aufgrund der **Bronchospastik** einhergehen.

2.3.1 Asthma bronchiale

Die Diagnose **Asthma** wird anamnestisch-klinisch gestellt: Asthma ist schon durch **einen** vorkommenden Atemnotanfall charakterisiert, begleitet von den Zeichen einer Bronchialobstruktion. Diese können zwischen den Anfällen ganz oder teilweise verschwinden. Die Bronchialobstruktion ist gekennzeichnet durch anamnestisch berichtete oder bei der Auskultation festgestellte Nebengeräusche wie Pfeifen, Giemen oder Brummen. Ist das Asthma anamnestisch durch ein Allergen hervorgerufen (hyperreaktives Bronchialsystem), so sprechen wir von einem exogen-allergischen Asthma. Ein intrinsic Asthma wird in den meisten Fällen durch eine akute Bronchitis ausgelöst. Differentialdiagnostisch zu beachten ist, daß ein Lungenödem (z. B. bei schwerer Linksherzinsuffizienz) durchaus mit bronchospastischen Symptomen (Giemen und Brummen) einhergehen kann.

Phänomenologisch kann man zwei Typen von Asthmatikern unterscheiden: den »pink puffer« und den »blue bloater« (◘ C-**2.16**). Der **»pink puffer«** hat einen typischen Faßthorax, der in Inspirationsstellung fixiert erscheint, ist kachektisch, setzt sehr stark die Atemhilfsmuskulatur ein, hat ein blaß-rosafarbenes Hautkolorit und benutzt die Lippenbremse: Ausatmen durch die gespitzten Lippen und Verkleinerung der Mundöffnung, um den intrapulmonalen Druck nicht abrupt abfallen zu lassen und einen Bronchialkollaps zu verhindern. Der »pink puffer« ist gekennzeichnet durch vermehrte Atemarbeit, Tachypnoe und Hyperventilation: pO_2 mäßig erniedrigt, pCO_2 normal. Dagegen ist der **»blue bloater«** dick (pyknisch-adipöser Typ) mit aufgedunsenem Gesicht. Er kompensiert den Sauerstoffmangel über eine Polyglobulie (Vermehrung der roten Blutkörperchen), was zur rosa-zyanotischen Gesichtsfarbe führt. Der pCO_2 ist erhöht.

2.3.1 Asthma bronchiale

Die Diagnose **Asthma** wird anamnestisch-klinisch gestellt: Asthma ist schon durch **einen** vorkommenden Atemnotanfall charakterisiert. Die Bronchialobstruktion ist gekennzeichnet durch anamnestisch berichtete oder bei der Auskultation festgestellte Nebengeräusche wie Pfeifen, Giemen oder Brummen. Ist das Asthma durch ein Allergen hervorgerufen, so sprechen wir von einem exogen-allergischen Asthma. Ein intrinsic Asthma wird in den meisten Fällen durch eine akute Bronchitis ausgelöst.

Phänomenologisch kann man zwei Typen von Asthmatikern unterscheiden: den »pink puffer« und den »blue bloater« (◘ C-**2.16**). Der **»pink puffer«** hat einen typischen Faßthorax, ein blaß-rosafarbenes Hautkolorit und benutzt die Lippenbremse. Er ist gekennzeichnet durch vermehrte Atemarbeit, Tachypnoe und Hyperventilation. Dagegen ist der **»blue bloater«** dick mit aufgedunsenem Gesicht. Er kompensiert den Sauerstoffmangel über eine Polyglobulie, was zur rosa-zyanotischen Gesichtsfarbe führt.

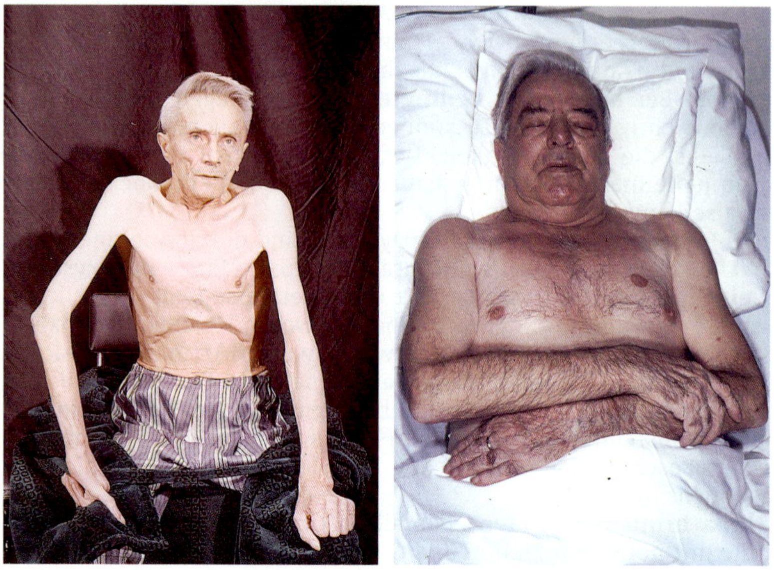

C-2.16: **Phänomenologisch lassen sich zwei Typen von Asthmatikern unterscheiden: a) der »pink puffer« und b) der »blue bloater«.**

Der zeitliche Ablauf bis zum Auftreten der Atemnot ist für die Therapie ganz entscheidend (C-**2.11**).

Der zeitliche Ablauf bis zum Auftreten der Atemnot ist für die Dringlichkeit der Diagnosestellung und der daraus abzuleitenden Therapie ganz entscheidend (C-**2.11**).

C-2.11: Differenzierung der Dyspnoe nach dem zeitlichen Ablauf

Akute Dyspnoe	Chronische Dyspnoe
Plötzlich: • Pneumothorax • Lungenembolie • Lungenödem • Herzrhythmusstörungen • Aspiration, ARDS • Hyperventilation • Asthmaanfall • Larynxödem	**Einige Wochen:** • Anämie • Herzinsuffizienz • Pleuraerguß • Hyperthyreose
Stunden bis Tage:	**Monate bis Jahre:**
• Pneumonie • Linksherzinsuffizienz • Asthma bronchiale • Metabolische Störungen (z. B. Coma diabeticum)	• Tumor • Lungenfibrose • Pulmonale Hypertonie • Thoraxwandaffektionen

Die Atemfrequenz sollte bestimmt werden. Die Beurteilung des Atemtypus läßt darüber hinaus wichtige Rückschlüsse auf die zugrundeliegende Störung zu (C-**2.12**).

Bei der klinischen Untersuchung ist die erste Aufgabe, die Dyspnoe zu verifizieren. Die Atemfrequenz (normal 12–16/min) sollte ohne Wissen des Patienten bestimmt werden, da sonst bewußt schneller geatmet wird. Eine beschleunigte Atemfrequenz (**Tachypnoe**) sollte mit Zahlenangabe dokumentiert werden. Die Beurteilung des Atemtypus läßt darüber hinaus wichtige Rückschlüsse auf die zugrundeliegende Störung zu (C-**2.12**). Weiterführende Untersuchungen: Blutgase, Röntgen-Thorax (C-**2.17**), Lungenfunktionsprüfung.

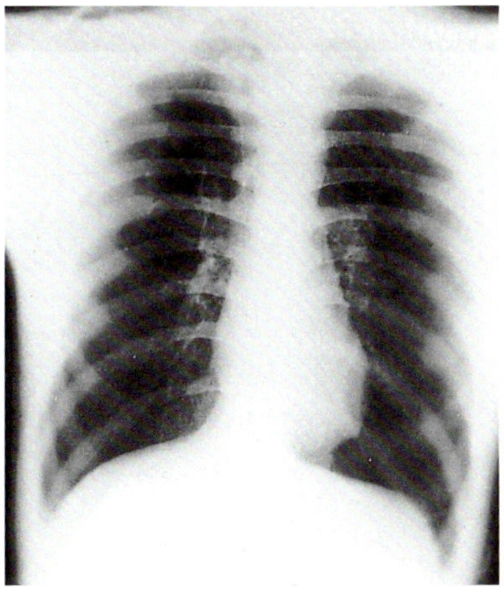

C-2.17: **Verminderte Lungengefäßzeichnung, überblähte Lunge und tiefstehendes Zwerchfell bei Status asthmaticus**

C-2.12: Die Beurteilung des Atemtypus erlaubt Rückschlüsse auf die zugrundeliegende Störung

Atemtypus	**Zugrundeliegende Störung**
• Frequent (Tachypnoe), oberflächlich • Tiefe Atmung, frequent (Hyperpnoe)	• Herzinsuffizienz • Respiratorische Insuffizienz • Sauerstoffmangel • Asthma bronchiale • Hyperventilation (Pfötchenstellung)
Große, tiefe Atmung (Kussmaulsche Atmung)	Azidose bei: • Coma diabeticum • Coma uraemicum
Cheyne-Stokes-Atmung (periodische Atmung)	• Zentralnervöse Läsion (schlechte Prognose)
Biot-Atmung (unregelmäßige Atmung)	• Hirndruck • Meningitis (schlechte Prognose)
Bradypnoe (langsame Atmung)	• Drogeninduzierte Atemdepression
Seufzer-Atmung (von Seufzern unterbrochen)	• Psychogen • Evtl. auch bei Hyperventilationssyndrom

2.3.2 Herzinsuffizienz

2.3.2 Herzinsuffizienz

Definition. Unter Herzinsuffizienz versteht man ein Mißverhältnis zwischen dem Blutbedarf im Kreislauf und der Peripherie und dem Blutangebot durch das Herz, welches zu Symptomen führt.

◄ **Definition**

Die häufigste Ursache der Herzinsuffizienz sind primäre Herzerkrankungen, wie koronare oder hypertensive Herzkrankheit, die zur Koronar- bzw. Myokardinsuffizienz führen. Es folgen in der Häufigkeit die Klappenerkrankungen. Man unterscheidet zwischen einer akut auftretenden Herzinsuffizienz und einem chronischen Verlauf. Ursachen für ein akutes Auftreten sind insbesondere Herzinfarkt, Rhythmusstörungen und Lungenembolie (C-**2.13**). Eine Herzinsuffizienz kann aber auch nur in bestimmten Situationen auftreten, beispielsweise unter erhöhter körperlicher Belastung, im Rahmen von Operationen, Blutverlusten, Fieber oder z. B. einer Pneumonie.
Meistens entwickelt sich eine Herzinsuffizienz jedoch schleichend und nimmt einen chronischen Verlauf.

Die häufigste Ursache der Herzinsuffizienz sind primäre Herzerkrankungen, wie koronare und hypertensive Herzkrankheit. Es folgen in der Häufigkeit die Klappenerkrankungen (C-**2.13**). Man unterscheidet zwischen einer akut auftretenden Herzinsuffizienz und einem chronischen Verlauf.

C-2.13: Auslösende Faktoren einer Herzinsuffizienz

Druck- und Volumenbelastung • Hypertonie: Linksherzinsuffizienz • Klappenvitien (angeboren oder erworben) • Shuntvitien • Chronische Lungenerkrankungen: Rechtsherzinsuffizienz • Lungenembolie, pulmonale Hypertonie: Rechtsherzinsuffizienz • Kardiomyopathie
Myokardschädigung • Koronare Herzkrankheit • Hypertensive Herzkrankheit • Myokarditis
Rhythmusstörungen • Tachykardie, Tachyarrhythmie (Vorhofflimmern, -flattern), ventrikuläre Tachykardie • Bradykardie, AV-Dissoziation
Metabolische Störungen • Hyperthyreose • Amyloidose • Sarkoidose
Perikarderkrankungen • Anämie/Hypoxie

Die klassische Symptomatik mit Dyspnoe, Ödemen, Zyanose, Tachykardie und Leistungsminderung ergibt sich aus dem pathophysiologischen Ablauf. Die verminderte Pumpleistung des Herzens führt zur Aktivierung wichtiger neurohumoraler Kompensationsmechanismen:
1. Stimulation des Renin-Angiotensin-Aldosteron-Systems
2. Stimulation des Sympathikus und der Katecholaminsekretion
3. Stimulation des ADH

Die klassische Symptomatik mit Dyspnoe, Ödemen, Zyanose, Tachykardie und Leistungsminderung ergibt sich aus dem pathophysiologischen Ablauf. Die verminderte Pumpleistung des Herzens führt zur Aktivierung wichtiger neurohumoraler Kompensationsmechanismen:
1. Stimulation des Renin-Angiotensin-Aldosteron-Systems zur Erhaltung eines ausreichenden Füllungsdruckes über Vasokonstriktion und Vermehrung des Blutvolumens (Angiotensin: Vasokonstriktion, Aldosteron: Wasser- und Natriumretention)
2. Stimulation des Sympathikus und der Katecholaminsekretion erhöht die Kontraktionskraft des Herzens, die Herzfrequenz und den peripheren Gefäßwiderstand
3. Stimulation des ADH (antidiuretischen Hormons): Wasserretention und Vasokonstriktion

Diese sinnvollen Mechanismen können im Anfangsstadium eine Herzinsuffizienz voll kompensieren. Mit fortschreitender Insuffizienz führt die weitere Stimulation der o. g. Systeme jedoch in einen Circulus vitiosus.

Diese sinnvollen Mechanismen können im Anfangsstadium eine Herzinsuffizienz voll kompensieren und die Herzleistung einem erhöhten Bedarf anpassen. Mit fortschreitender Insuffizienz führt die weitere Stimulation der o. g. Systeme jedoch in einen Circulus vitiosus: Die Wasser- und Salzretention führt zu einer kritischen Erhöhung der **Vorlast** und zur Stauungsinsuffizienz (Beinödeme, Aszites, Lungenödem). Der erhöhte periphere Widerstand führt zu einer kritischen Steigerung der **Nachlast** (erhöhter Blutdruck). Gleichzeitig kommt es zur Tachykardie. All diese Faktoren führen zu einer drastischen Erhöhung der erforderlichen Herzarbeit und des myokardialen Sauerstoffbedarfs.

Die Diagnose Herzinsuffizienz stützt sich an erster Stelle auf Anamnese und Klinik. Man unterscheidet aus klinischen und pathopysiologischen Gesichtspunkten zwischen Linksherz-, Rechtsherz- und Globalinsuffizienz. Das Leitsymptom der **Linksherzinsuffizienz** ist die Atemnot.
Leitsymptom der **Rechtsherzinsuffizienz** sind die Stauungszeichen.
Bei **Globalinsuffizienz** finden sich die Symptome sowohl der Links- als auch der Rechtsherzinsuffizienz.

Die Diagnose Herzinsuffizienz stützt sich an erster Stelle auf Anamnese und Klinik. Man unterscheidet aus klinischen und pathopysiologischen Gesichtspunkten zwischen Linksherz-, Rechtsherz- und Globalinsuffizienz. Das Leitsymptom der **Linksherzinsuffizienz** ist die Atemnot (Ruhedyspnoe, Belastungsdyspnoe, Orthopnoe usw. siehe S. 212). Im fortgeschrittenen Stadium finden sich auch die Nykturie (nächtlicher Harndrang) und die zerebrale Symptomatik aufgrund der verminderten Gehirnperfusion: Verwirrtheit, Konzentrationsschwäche, Schwindel, Schlafstörungen. Leitsymptom der **Rechtsherzinsuffizienz** sind die Stauungszeichen (Ödeme, Aszites, obere Einflußstauung). Bei der **globalen Herzinsuffizienz** findet man die Symptome sowohl der Links- als auch der Rechtsherzinsuffizienz.

Der Schweregrad wird nach der New York Heart Association (**NYHA-Klassifikation**) folgendermaßen eingeteilt:

- **Stadium 1:** Keine erkennbare Einschränkung; bei normaler körperlicher Aktivität keine Herzinsuffizienzsymptome.
- **Stadium 2:** Keine Beschwerden in Ruhe; gewöhnliche körperliche Aktivität (z. B. Spaziergang über 5 km) führt zu leichter Symptomatik: abnorme Ermüdbarkeit, Dyspnoe, Herzbeschwerden.
- **Stadium 3:** Keine Beschwerden in Ruhe; leichte körperliche Aktivität (z. B. leichte Hausarbeit) führt bereits zu deutlichen Symptomen.
- **Stadium 4:** Herzinsuffizienzzeichen bereits in Ruhe; körperliche Aktivität ist selbst in geringstem Maße nicht ohne Beschwerden möglich, vorwiegend wird Bettruhe eingehalten.

Diese Einteilung ist zwar einerseits sehr klar und eindeutig, andererseits jedoch auch sehr grob und wird daher nicht allen Formen der Herzinsuffizienz gerecht.

Zu Anamnese und klinischem Befund bei Herzinsuffizienz siehe ▤ C-**2.14**.

Der Schweregrad wird nach der New York Heart Association (**NYHA-Klassifikation**) folgendermaßen eingeteilt:

- **Stadium 1:** Keine Einschränkung; bei normaler körperlicher Aktivität keine Herzinsuffizienzsymptome.
- **Stadium 2:** Keine Beschwerden in Ruhe; gewöhnliche körperliche Aktivität führt zu leichter Symptomatik: abnorme Ermüdbarkeit, Dyspnoe, Herzbeschwerden.
- **Stadium 3:** Keine Beschwerden in Ruhe; leichte körperliche Aktivität (z. B. leichte Hausarbeit) führt bereits zu deutlichen Symptomen.
- **Stadium 4:** Herzinsuffizienzzeichen bereits in Ruhe; körperliche Aktivität ist selbst in geringstem Maße nicht ohne Beschwerden möglich, vorwiegend wird Bettruhe eingehalten.

Zu Anamnese und klinischem Befund siehe ▤ C-**2.14**.

C-2.14: Anamnese und klinischer Befund bei Herzinsuffizienz

	Anamnese und subjektive Symptome	**Klinische Zeichen**
Linksherzinsuffizienz	• Atemnot • Flachlagerung unmöglich • Husten bei Belastung • Schlafstörungen • Schwindel • Nächtliche Atemnot	• Dyspnoe • Orthopnoe • Galopprhythmus • Pulsus alternans • Pulmonale Stauungsgeräusche • Lungenödem • Pleuraerguß (◙ C-**2.18**)
Rechtsherzinsuffizienz	• Dicke, schwere Beine • Rasche Gewichtszunahme • Nykturie • Gastrointestinale Beschwerden	• Periphere Ödeme • Obere Einflußstauung • Aszites • Pleuraerguß • Kachexie
Beide Formen	• Müdigkeit • Leistungsschwäche • Gewichtszunahme	• Tachykardie • Herzrhythmusstörungen • Zyanose • Kalte Akren

Die Diagnose Herzinsuffizienz ist bei schleichendem Beginn und chronischem Verlauf nicht einfach zu stellen. Eine Belastungsdyspnoe wird tatsächlich sehr häufig fälschlicherweise als Symptom einer Herzinsuffizienz interpretiert. Die häufigsten Ursachen sind allerdings Übergewicht und Trainingsmangel. Es muß daher sehr genau nach dem zeitlichen Verlauf und den Begleitumständen (Gewichtszunahme, Immobilisation usw.) gefragt werden. Treten zusätzlich andere Symptome wie Ödeme, Zyanose und Nykturie auf, ist die Diagnosestellung schon sehr viel leichter. Welche klinischen Zeichen auftreten, wird entscheidend davon bestimmt, ob eine Links- oder Rechtsherzinsuffizienz im Vordergrund steht.

Die Diagnose einer chronischen Herzinsuffizienz ist nicht einfach zu stellen. Eine Belastungsdyspnoe wird sehr häufig fälschlicherweise als Symptom einer Herzinsuffizienz interpretiert. Die häufigsten Ursachen sind Übergewicht und Trainingsmangel. Es muß daher sehr genau nach dem zeitlichen Verlauf gefragt werden. Welche klinischen Zeichen auftreten, wird entscheidend davon bestimmt, ob eine Links- oder Rechtsherzinsuffizienz im Vordergrund steht.

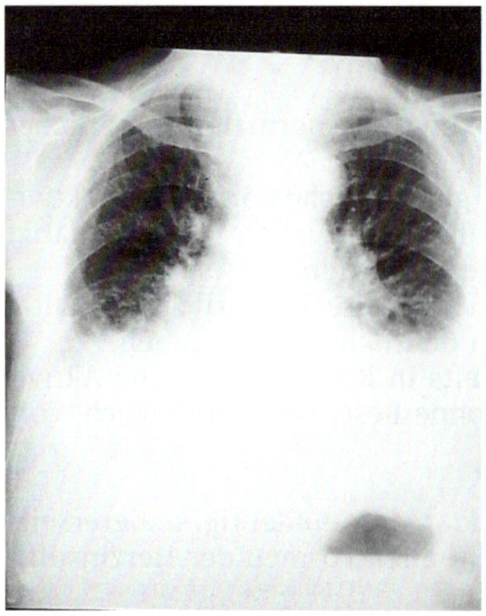

C-2.18: **Beidseitige Pleuraergüsse bei dekompensierter Linksherzinsuffizienz; Herzgröße wegen der Ergüsse nicht genau beurteilbar**

Bei der akuten Herzinsuffizienz treten dagegen alle Symptome sehr ausgeprägt auf.

Die akute Herzinsuffizienz ist dagegen relativ einfach zu diagnostizieren, da alle Symptome sehr ausgeprägt auftreten. Es handelt sich um einen lebensbedrohlichen Zustand.

Wichtige Fragen ▶

Wichtige Fragen:
- *Können Sie flach schlafen?*
- *Wieviele Kopfkissen benötigen Sie?*
- *Müssen Sie nachts raus zum Wasserlassen?*
- *Wann müssen Sie Wasserlassen?*
- *Wieviel Wasser?*
- *Müssen Sie aufstehen, weil Sie keine Luft bekommen?*
- *Was machen Sie dann?*
- *Öffnen Sie das Fenster?*
- *Schwellen Ihre Beine abends an?*
- *Sind die Schwellungen am Morgen wieder verschwunden?*
- *Haben Sie Husten?*

2.4 Husten, Auswurf

2.4 Husten, Auswurf

Husten ist das häufigste Symptom bei Erkrankungen des Respirationstraktes. Raucherhusten ist die häufigste Hustenform. Charakteristischerweise kommt es dabei zu morgendlichen Hustenattacken.

Husten ist das häufigste Symptom bei Erkrankungen des Respirationstraktes, er kann aber auch kardial bedingt sein (s. o.). Der Hustenreflex wird normalerweise ausgelöst zur Säuberung des Bronchialsystems, d. h. um Schleim und Fremdkörper nach außen zu befördern. Bei vorgeschädigter Bronchialschleimhaut (Raucher, Asthmatiker) kann der Hustenreiz bereits durch kalte Luft ausgelöst werden. Raucherhusten ist sicherlich die häufigste Hustenform. Charakteristischerweise kommt es dabei zu morgendlichen Hustenattacken direkt nach dem Aufstehen.

Es handelt sich um einen **trockenen Reizhusten ohne Auswurf.**

Es handelt sich um einen **trockenen Reizhusten ohne Auswurf (unproduktiv)**, nur mit geringer Schleimbeimengung. Unproduktiver Husten kommt auch bei der Laryngitis, evtl. auch bei einem Larynxkarzinom vor.

Produktiver Husten mit Auswurf kann bei einer akuten Bronchitis auftreten. Am häufigsten ist der produktive Husten bei **chronischer Bronchitis** und **Lungenemphysem.**

Produktiver Husten mit Auswurf kann bei einer akuten Bronchitis auftreten und ist meist mit retrosternalen Schmerzen verbunden. Am häufigsten ist der produktive Husten bei **chronischer Bronchitis** und **Lungenemphysem** – beides Erkrankungen, die durch Nikotinabusus und Asthma bronchiale entstehen.

Definition ▶

Definition. Chronische Bronchitis: Husten mit Schleimsekretion an den meisten Tagen, mindestens aber drei Monate lang in zwei aufeinanderfolgenden Jahren.

Diese Definition ist etwas holprig und wird sicher nicht immer der Formenvielfalt chronisch-obstruktiver Lungenerkrankungen gerecht.

Große Mengen Auswurf deuten auf **Bronchiektasen** (massive Erweiterung und Blasenbildung der Alveolen) hin. Normalerweise werden ca. 100 ml Sputum am Tag produziert. Bei Bronchiektasen, zystischer Lungenfibrose und Lungenabszeß kann der spontane Auswurf bei einem Hustenstoß 20 ml (Mokkatasse) und mehr betragen. Die Beschaffenheit des Sputums erlaubt gewisse differentialdiagnostische Rückschlüsse (unbedingt Sputummenge genau beschreiben lassen bzw. Sputum selbst beurteilen!):

- **Curschmann-Spiralen:** gedrehte spiralförmige Schleimpfröpfe (Lichtmikroskop) bei Asthma bronchiale
- **Charcot-Leyden-Kristalle:** Abbauprodukte von Granulozyten und Mastzellen: farblose, spitzwinklige, doppelpyramidenförmige Kristalle (lichtmikroskopisch) bei Asthma bronchiale
- **Dittrich-Pfröpfe:** Klümpchen aus Fettsäurenadeln, Myelintropfen und Bakterien bei Lungenabszessen und Bronchiektasen
- **Dyskrinie oder Hyperkrinie:** Verstärkte Produktion eines pathologisch veränderten Bronchialsekrets

Große Mengen Auswurf deuten auf **Bronchiektasen** hin.

Die Beschaffenheit des Sputums erlaubt differentialdiagnostische Rückschlüsse:

- **Curschmann-Spiralen**
- **Charcot-Leyden-Kristalle**
- **Dittrich-Pfröpfe**
- **Dyskrinie oder Hyperkrinie**

Bei der **Hämoptyse** kommen nur kleine Blutbeimengungen im Sputum vor (oft nur Blutflecken oder blutige Fäden im Taschentuch). Als **Hämoptoe** bezeichnet man blutiges Sputum, also größere Blutbeimengungen oder das Abhusten von reinem Blut. In nahezu der Hälfte der Fälle liegen chronisch-obstruktive Atemwegserkrankungen wie Bronchitis, Asthma bronchiale oder Bronchiektasen zugrunde. Zu je etwa 20 % wird das blutvermischte Sputum durch Bronchialtumoren bzw. Lungeninfektionen (Pneumonie, Bronchopneumonie, TB, Lungenabszeß) verursacht, etwa 10 % gehen auf kardiale Erkrankungen (Herzinsuffizienz) und Lungenembolie zurück.

Berichtet ein Patient über blutigen Auswurf, so muß zunächst abgeklärt werden, ob das Blut wirklich aus dem Respirationstrakt stammt oder alternativ aus dem Magen (Bluterbrechen oder **Hämatemesis,** ▤ C-**2.15**).

Bei der Hämoptyse kommen nur kleine Blutbeimengungen im Sputum vor. Als **Hämoptoe** bezeichnet man blutiges Sputum. In nahezu der Hälfte der Fälle liegen chronisch-obstruktive Atemwegserkrankungen wie Bronchitis, Asthma bronchiale oder Bronchiektasen zugrunde.

Differentialdiagnostisch muß eine **Hämatemesis** ausgeschlossen werden (▤ C-**2.15**).

C-2.15: Differenzierung zwischen Hämoptoe und Hämatemesis

Hämoptoe (Lunge)	Hämatemesis (Magen)
• Blut ausgehustet • Blut oft hellrot • Blut gelegentlich schaumig • Hustenanamnese (z. B. grippaler Infekt) • Blut mit Eiter vermischt	• Blut erbrochen • Blut dunkelrot • Blut nie schaumig • Magenanamnese • Blut mit Nahrungsresten vermischt

3 Abdomen

I Körperliche Untersuchung

3.1 Anatomie und Physiologie

Für die Beschreibung und Dokumentation von Befunden wird das Abdomen üblicherweise in vier Quadranten und neun Regionen eingeteilt (◘ C-**3.1a** und **b**). Die klassischen Bezeichnungen dieser Regionen ermöglichen eine weitere Differenzierung der Lokalisation von Befunden. Die Projektion der Organe des Abdomens zu den vier Quadranten und in Relation zum Rippenbogen zeigen die ◘ C-**3.2a–c**.

3 Abdomen

I Körperliche Untersuchung

3.1 Anatomie und Physiologie

Für die Beschreibung und Dokumentation von Befunden wird das Abdomen üblicherweise durch zwei gedachte Linien, die im Nabel senkrecht zueinander stehen, in vier Quadranten eingeteilt (◘ C-**3.1a**). Die klassischen Bezeichnungen der neun Regionen, wie sie durch je zwei senkrechte und zwei waagrechte gedachte Linien entstehen, ermöglichen eine weitere Differenzierung der Lokalisation von Befunden (◘ C-**3.1b**). Anfänger in der klinischen Untersuchung vergessen oft, daß die wichtigsten Organe der Bauchhöhle, zumindest in der Exspiration, vom knöchernen Thorax umschlossen werden. Die Projektion der Organe des Abdomens zu den vier Quadranten und in Relation zum Rippenbogen zeigen die ◘ C-**3.2a–c**.

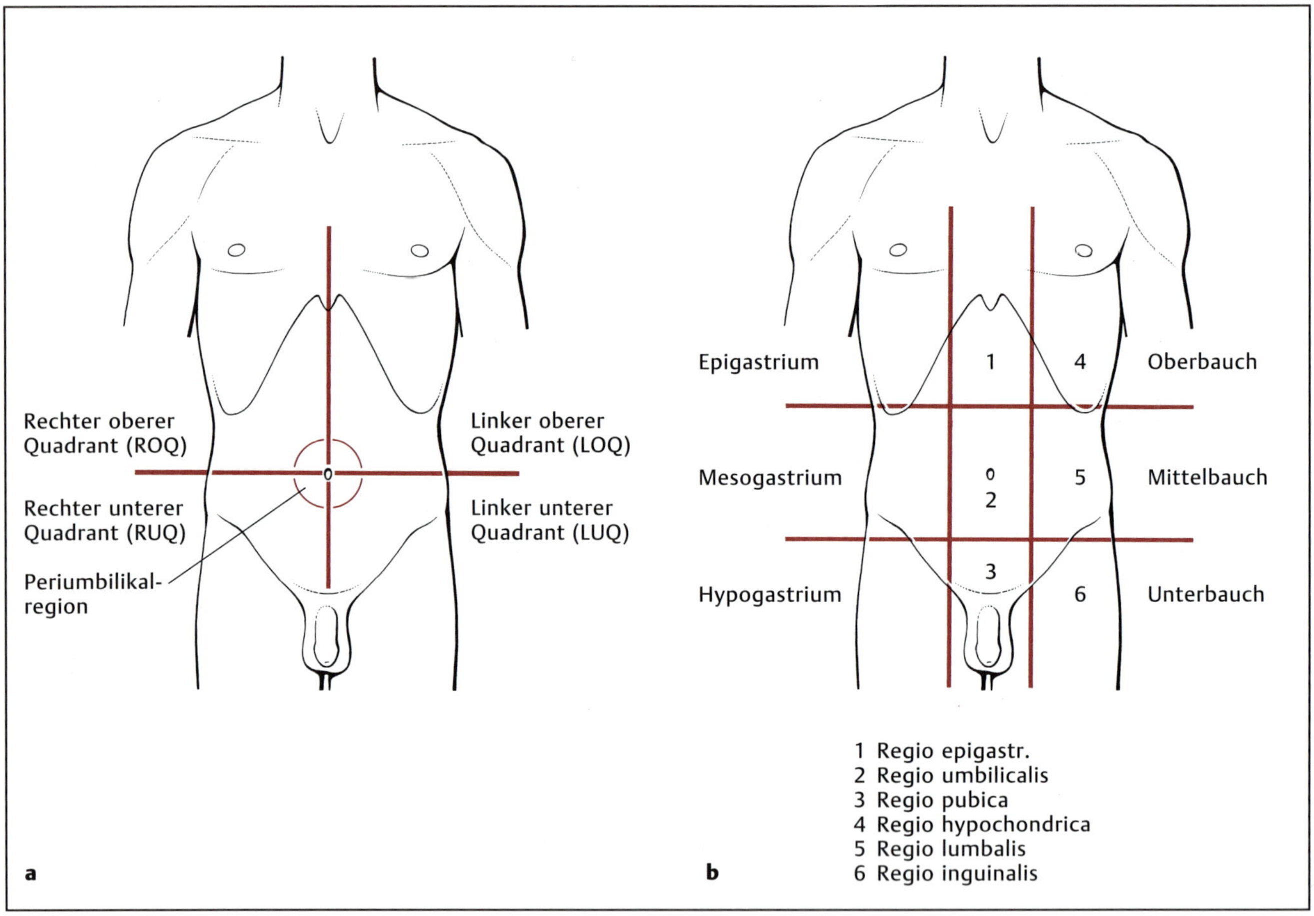

◘ C-3.1: Einteilung des Abdomens in Quadranten

Für die klinische Befunddokumentation begnügt man sich gerne mit einer schematischen Darstellung, dem sog. »Sechseck« des Abdomens (◘ C-**3.3a**).

Für die klinische Befunddokumentation begnügt man sich gerne mit einer schematischen Darstellung, dem sog. »Sechseck« des Abdomens. Es wird kranial von den beiden Rippenbögen, lateral von den Flanken und kaudal von den beiden Leistenbändern begrenzt, in seinem Zentrum befindet sich der Nabel (◘ C-**3.3a**).

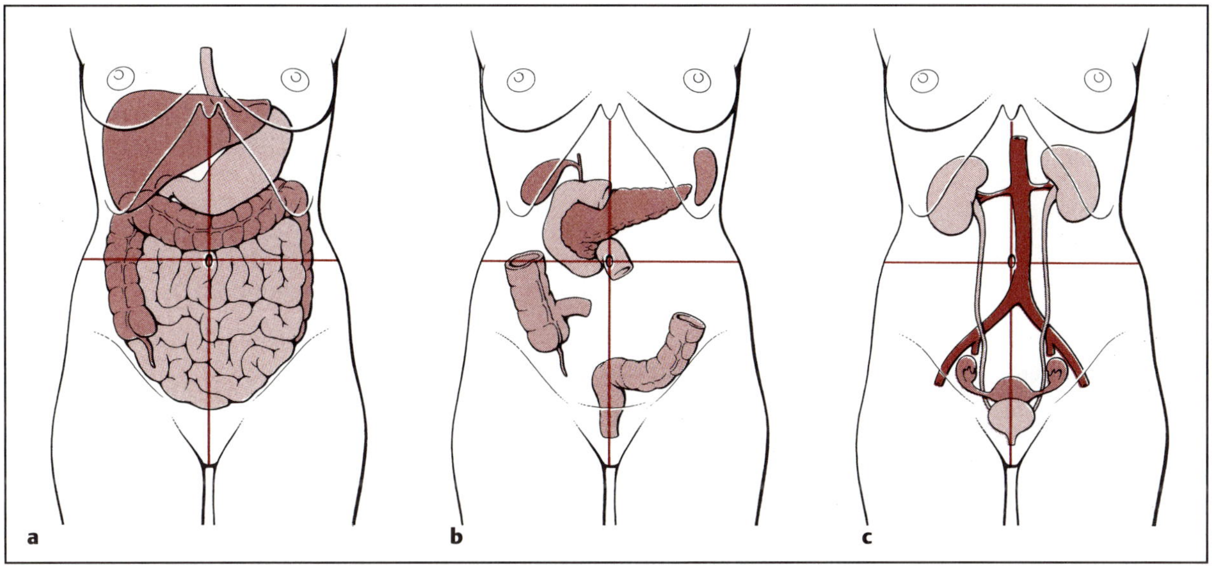

C-3.2: **Projektion der Organe zu den vier Quadranten**

Praktisch-klinisch wichtige Bezugspunkte für den Druck- und Loslaßschmerz bei der akuten Appendizitis (C-**3.3b**) sind:

- **McBurney-Punkt:** Mitte der Verbindungslinie zwischen Spina iliaca ant. sup. und Nabel
- **Lanz-Punkt:** Grenze zwischen dem rechten und mittleren Drittel der Verbindungslinie zwischen beiden Spinae iliacae ant. sup.

Praktisch-klinisch wichtige Bezugspunkte für den Druck- und Loslaßschmerz bei der akuten Appendizitis (C-**3.3b**) sind:

- **McBurney-Punkt** und
- **Lanz-Punkt**.

Aufgabe:
a) Zeichnen Sie die vier wichtigsten Linien mit einem abwaschbaren Stift auf den Bauch eines Kollegen und benennen Sie die dabei entstehenden neun Regionen des Abdomens.
b) Zeichnen Sie den McBurney- und den Lanz-Punkt auf dem Bauch ein!

◀ **Aufgabe**

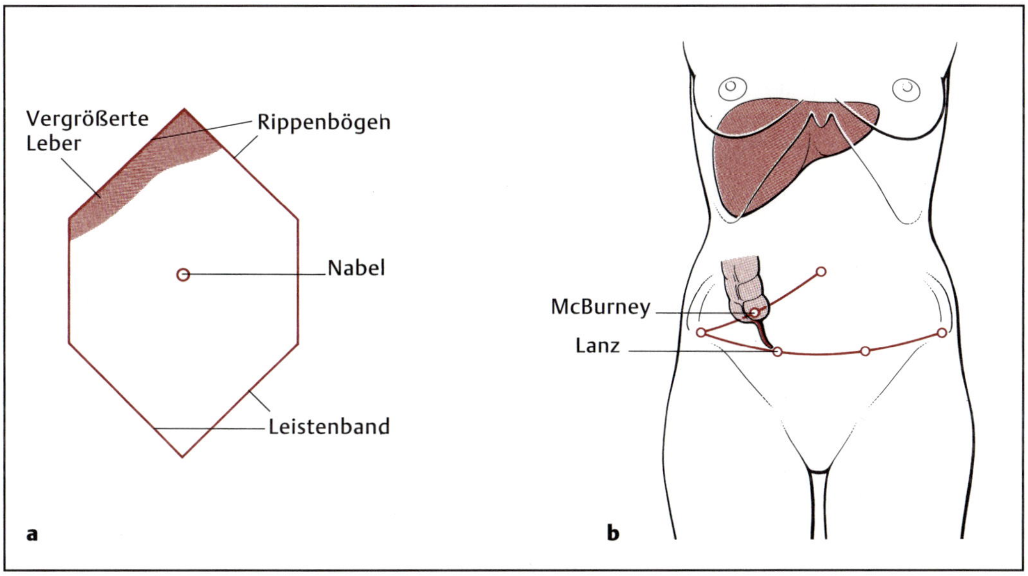

C-3.3: **»Sechseck« des Abdomens (a) und Druckpunkte (b).**

3.2 Vorbereitung zur Untersuchung

3.2.1 Anforderungen an den Untersucher

Vermitteln Sie dem Patienten das Gefühl, Sie seien jetzt nur für ihn da. Kurzgeschnittene Fingernägel und warme Hände sind wichtig.

3.2.2 Anforderungen an den Patienten

Der Patient sollte mit entleerter Blase entspannt auf der Liege liegen. Ein kleines Kissen unter dem Kopf, die Beine angewinkelt und die Arme neben dem Oberkörper entspannen die Bauchdecke.

Beurteilen Sie zunächst die Zunge, den Zahnstatus, die Schleimhäute, die Parotis, die Haut und die Skleren. Achten Sie auf Mundgeruch (▤ C-**3.1** und ▤ C-**3.2**).

3.2 Vorbereitung zur Untersuchung

3.2.1 Anforderungen an den Untersucher

Vermitteln Sie dem Patienten das Gefühl, Sie seien jetzt nur für ihn da. Sauberkeit der Hände versteht sich von selbst! Gerade für die Untersuchung des Abdomens, bei der manchmal tief palpiert werden muß, sollten Sie auf kurzgeschnittene Fingernägel achten, um dem Patienten nicht weh zu tun. Setzen Sie sich auf die Bettkante oder die Untersuchungsliege, damit Sie eine entspannte Körperhaltung haben. Untersuchen Sie möglichst mit warmen Händen (evtl. durch Reiben anwärmen!).

3.2.2 Anforderungen an den Patienten

Der Patient sollte die Blase entleert haben. Bitten Sie ihn, sich auf eine Liege zu legen oder entspannt im Bett zu liegen, und lassen Sie ihn den Bauch freimachen. Die Leistenregion sollte entblößt sein, Brust und Genitale bleiben zunächst bedeckt. Zur Entspannung der Bauchmuskeln sollte der Patient ein kleines Kissen unter dem Kopf haben und die Beine anwinkeln. Die Arme sollte er entspannt neben den Oberkörper legen (nicht unter dem Kopf verschränkt, da dies die Bauchdecken dehnt und die Palpation erschwert).

Sie lassen den Patienten als erstes die Zunge herausstrecken. In wenigen Sekunden haben Sie bereits folgende Dinge außerhalb des Abdomens, aber mit enger Verbindung dazu wahrgenommen:

- Zunge feucht/trocken (Exsikkose), borkig/glatt (Sjögren-Syndrom), Papillenatrophie (perniziöse Anämie, Eisenmangel, Leberzirrhose), belegt (lange Nahrungskarenz, Urämie, Soor)
- Mundgeruch? (Zeichen für Alkoholgenuß, Ketoazidose, Urämie, ▤ C-**3.1**)
- Zahnstatus?
- Schleimhäute blaß oder rosig? Anämie, z. B. bei chronischer Blutung
- Ein- oder beidseitige Parotis-Vergrößerung? Alkohol, Malnutrition (▤ C-**3.2**)
- Haut- oder Sklerenikterus? Hepatitis, Gallenwegsobstruktion

▤ C-3.1: Foetor ex ore

Ursachen	Geruchscharakter
• Alkoholgenuß	Alkoholisch
• Schlechte Mundhygiene, faule Zähne	Stinkend
• Längere Nahrungskarenz	Stinkend
• Gastritis	Säuerlich
• Ulzeröse Gingivitis	
• Eitrige Tonsillitis, Diphtherie	Stinkend
• Diabetische Ketoazidose	Fruchtartig
• Coma hepaticum	Wie frische Leber, süßlich
• Urämie	Wie Urin, ammoniakartig
• Ileus	Fäkalgeruch
• Lungengangrän	Stinkend

▤ C-3.2: Mögliche Bedeutung einer Parotis-Vergrößerung

Beidseitig
- Alkoholassoziierte Parotitis
- Malnutrition
- Schwere Exsikkose (Infektionen, Nierenversagen, Koma)
- Mumps
- Lymphom, Sarkoidose
- Sjögren-Syndrom

Einseitig
- Verlegung des Parotis-Ausführungsgangs (Speichelstein)
- Tumorinfiltration der Parotis

3.3 Inspektion des Abdomens

3.3 Inspektion des Abdomens

> ▶ ***Merke.*** »Stürzen« Sie sich nicht sofort mit den Händen auf das Abdomen, sondern widmen Sie der Inspektion ausreichend Zeit.

◀ **Merke**

Narben am Abdomen. Welche Narben hat der Patient, die Hinweise auf eine frühere Operation oder ein Trauma sein können (S C-**3.1**)? Sind diese Narben reizfrei?

Narben am Abdomen Narben können Hinweise auf frühere Operationen oder ein Trauma sein (S C-**3.1**).

Synopsis C-3.1: Narben als Hinweise auf frühere Operationen

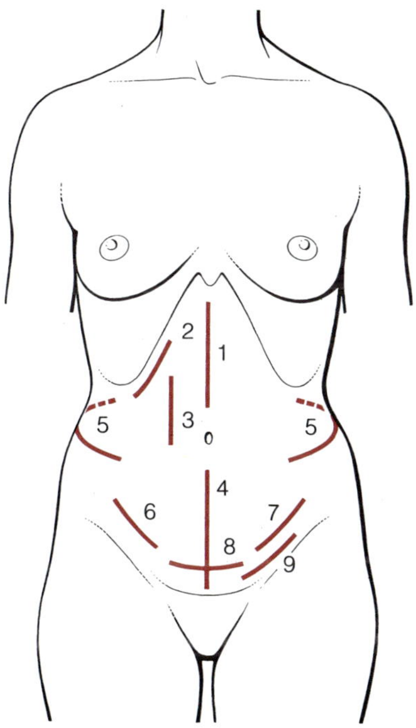

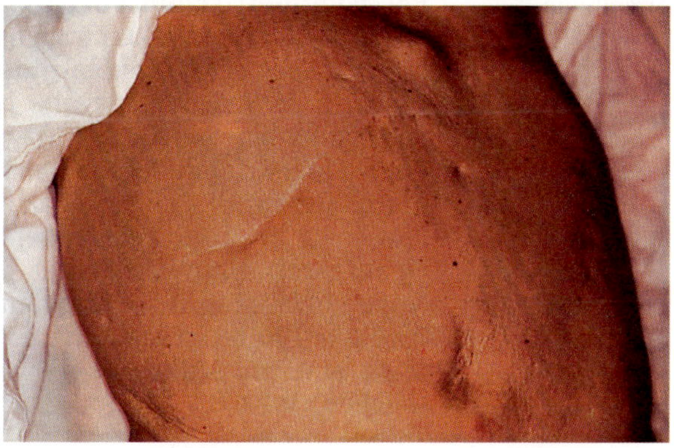

Beispiel: Narbe nach Cholezystektomie bei einer 78jährigen Frau

Schnitt, Narbe	Operation
1 Medianer Oberbauchschnitt	Magen
2 rechter Subkostalschnitt	Gallenblase
3 rechter Paramedianschnitt	Gallenblase
4 medianer Unterbauchschnitt	Kolektomie
5 re./li. Flankenschnitt	Nephrektomie re./li.
6 rechter Unterbauch lateral	Appendektomie
7 linker Unterbauch lateral	Varikozele, transplantierte Niere
8 suprapubischer Querschnitt	gynäkologische Operation, Kaiserschnitt
9 links inguinal	Leistenhernie

> ***Aufgabe.*** Stellen Sie sich vor, Sie wären Chirurg und müßten die Schnittführung bei einer Appendektomie, Cholezystektomie, Magenoperation und einer Nierenoperation festlegen. Zeichnen Sie entsprechende Linien mit einem Stift auf den Bauch eines Kollegen!

◀ **Aufgabe**

Vorwölbungen am Abdomen. Spannt der Patient die geraden Bauchmuskeln an (z. B. beim Hinlegen oder Aufrichten), so weichen bei der sog. **Rektusdiastase** die beiden Anteile des M. rectus auseinander, und zwischen beiden wölben sich der hervortretende Darm und das Mesenterium vor. Dieses Phänomen beobachtet man vor allem bei Frauen, die mehrere Kinder geboren haben, oder bei älteren Menschen.
Achten Sie auf:
- Ernährungszustand
- Dicke des subkutanen Fettgewebes
- Tonus der Muskulatur
- Hautturgor.

Wenn Vorwölbungen bestehen, so ist die Frage wichtig, ob diese symmetrisch im Sinne eines aufgetriebenen Bauches oder lokal umschrieben sind.

Vorwölbungen am Abdomen Bei der **Rektusdiastase** weichen die beiden Anteile des M. rectus auseinander, dazwischen wölben sich der Darm und das Mesenterium hervor.

Achten Sie auf Ernährungszustand, Dicke des subkutanen Fettgewebes, Tonus der Muskulatur und Hautturgor.

Mit der Ausnahme von Tumoren beginnen die wesentlichen Gründe für

Vorwölbungen bzw. ein aufgetriebenes Abdomen mit F:
- Fett
- Flüssigkeit (z. B. Aszites)
- Fötus (Schwangerschaft)
- Fäzes
- Flatus

Mit der Ausnahme von Tumoren beginnen die wesentlichen Gründe für Vorwölbungen bzw. ein aufgetriebenes Abdomen mit F:
- Fett
- Flüssigkeit (z. B. Aszites)
- Fötus (Schwangerschaft)
- Fäzes
- Flatus.

Die Form des Bauches und des Nabels geben Hinweise auf die Ursache der Vorwölbung.

Fettbauch und der **Bauch bei Aszites** haben eine unterschiedliche Form: Der Bauch bei Aszites lädt in den Flanken aus (»Froschbauch«), der Fettbauch steht nach oben (beim liegenden Patienten). Achten Sie auf die Form des Nabels. Ist er eingezogen, so liegt meist eine Adipositas vor. Bei Aszites ist er flach oder sogar vorgewölbt, Lage nach kaudal. In der Schwangerschaft wird er dagegen nach kranial verschoben.

Je nach Lokalisation der Vorwölbung kommen verschiedene Ursachen in Betracht (im linken und rechten oberen Quadranten z. B. entzündliche und neoplastische Vergrößerungen von Milz, Leber und Gallenblase).

Bei **asymmetrischen Vorwölbungen** im linken und rechten oberen Quadranten kommen entzündliche und neoplastische Vergrößerungen von Milz, Leber und Gallenblase oder ein stark flüssigkeitsgefüllter Magen in Betracht (z. B. Splenomegalie bei lymphatischer Leukämie, Lebermetastasen, Gallenblasenhydrops, Magenausgangsstenose). Im Bereich des Unterbauchs denkt man bei medialer Lokalisation an eine massiv gefüllte Harnblase, deren Ursache ein Harnverhalt sein kann, oder – bei jüngeren Frauen – an eine Schwangerschaft. Vorwölbungen im rechten unteren Quadranten sind verdächtig für entzündliche Konglomerattumoren bei Appendizitis, Morbus Crohn, einem Zökumtumor oder einem Adnextumor. Im linken unteren Quadranten können sich neben einem Kolonkarzinom auch eine Divertikulitis mit Abszeßbildung als Vorwölbung bemerkbar machen.

Pulsationen im Bereich des Abdomens Bei Pulsationen im Bereich des Abdomens sollten Sie an ein Aortenaneurysma oder eine Hufeisenniere denken. Bei sehr schlanken Menschen kann man manchmal auch die normale Aorta durch die Bauchdecke pulsieren sehen.

Pulsationen im Bereich des Abdomens. Bemerken Sie bei der Betrachtung des Abdomens von der Seite Pulsationen? Dann sollten Sie an das Vorliegen eines Aortenaneurysmas oder einer Hufeisenniere denken. Bei sehr schlanken Menschen kann man manchmal auch die normale Aorta durch die Bauchdecke pulsieren sehen. Bedenken Sie, daß sich die Aorta in Höhe des Nabels bei schlanken Personen nur in 3–4 cm Tiefe befinden kann.

Sichtbare Peristaltik Bei sichtbarer Peristaltik kann es sich um einen Normalbefund oder aber um ein Zeichen für eine intestinale Obstruktion handeln.

Sichtbare Peristaltik. Manchmal werden Sie auch bei längerer Inspektion peristaltische Wellen durch die Bauchhaut sehen. Es kann sich um einen Normalbefund (bei schlanken Menschen), aber auch um ein Zeichen für eine intestinale Obstruktion (Dünndarmileus oder Pylorusstenose) handeln.

Behaarung Bei Männern läuft die Schambehaarung keilförmig zum Nabel hin, ein Fehlen bezeichnet man als **Bauchglatze**. Bei Frauen ist die Schambehaarung horizontal begrenzt. Läuft sie nach kranial zu weiter, so kann das ein Hinweis für eine Virilisierung (= Vermännlichung) sein.

Behaarung. Wie ist die Behaarung des Abdomens? Bei Männern läuft die Schambehaarung keilförmig zum Nabel hin, ein Fehlen bezeichnet man als **Bauchglatze**, was für die Leberzirrhose typisch ist. Bei Frauen ist die Schambehaarung horizontal begrenzt. Läuft sie nach kranial zu weiter, so kann das ein Hinweis auf eine **Virilisierung** (= Vermännlichung) sein. Beiden Vorgängen liegt ein gestörter Stoffwechsel der Sexualhormone zugrunde.

Verfärbungen Verfärbungen der Haut geben Hinweise auf verschiedenste Erkrankungen (z. B. fleckige Marmorierung der Bauchhaut bei Mesenterialarterienverschluß, Roseolen bei Typhus).

Verfärbungen. Bestehen Verfärbungen der Haut? Blaue Flecken können als Hämatome Hinweise für Verletzungen, die Anwendung subkutaner Injektionen oder eine Gerinnungsstörung sein. Eine fleckige Marmorierung der Bauchhaut ist typisch für einen Mesenterialarterienverschluß, Roseolen (0,5 cm große blaßrosa Flecken) kommen beim Typhus vor.

Striae Striae, die durch Risse der elastischen Fasern der Haut entstehen, kommen bei M. Cushing, aber auch als Folge von Überdehnung der Bauchdecke, z. B. nach einer Schwangerschaft, vor (▣ C-**3.4**).

Striae. Stellen Sie Striae fest? Dabei handelt es sich um 0,1–1 cm breite, geriffelte Streifen, die durch Risse der elastischen Fasern der Haut entstehen (▣ C-**3.4**). Besonders breite und rötlich gefärbte Striae lassen an eine krankhafte Überproduktion von Nebennierenrindenhormonen (Morbus Cushing) denken. Weißlich gefärbte Striae kommen als Folge von Überdehnung der Bauchdecken nach der Schwangerschaft, starker Gewichtsabnahme und bei Aszites vor.

Gefäßzeichnung. Besteht eine vermehrte Gefäßzeichnung? Verdickte, geschlängelte, durch die Haut scheinende Venen sind Ausdruck eines Umgehungskreislaufs zwischen Pfortader und V. cava inf. bei Leberzirrhose oder Pfortaderthrombose (»Caput medusae«, so genannt nach den Schlangen, die Minerva der Medusa anstelle von Haaren auf das Haupt zauberte) (◙ C-**3.5**).

Gefäßzeichnung Verdickte, geschlängelte, durch die Haut scheinende Venen sind Ausdruck eines Umgehungskreislaufs zwischen Pfortader und V. cava inf. bei Leberzirrhose oder Pfortaderthrombose (»Caput medusae«) (◙ C-**3.5**).

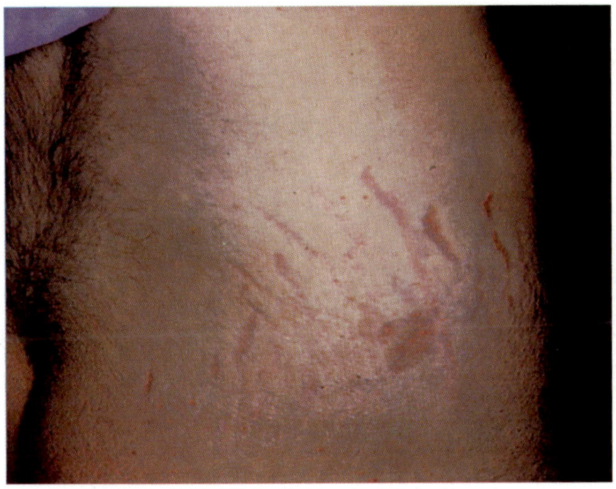

◙ C-**3.4: Striae**

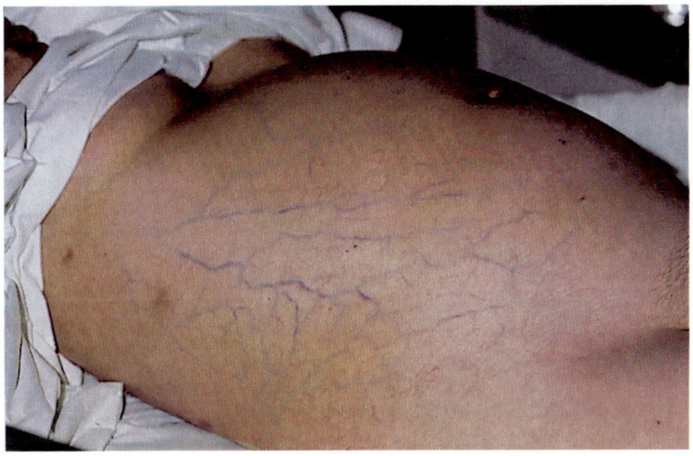

◙ C-**3.5: Caput medusae**

Seitliche Inspektion. Zum Abschluß der Inspektion sollten Sie sich so klein machen, daß sich Ihre Augen auf dem Niveau des Abdomens befinden. Fordern Sie den Patienten nun zu tiefer Atmung auf und beobachten Sie dabei die Bauchkontur. Oft bemerkt man erst in dieser Position eine **asymmetrische Bewegung als Hinweis auf eine Raumforderung** im Abdomen. Frauen atmen eher mit dem Brustkorb, Männer mehr mit dem Bauch.

Seitliche Inspektion Bei seitlicher Inspektion während tiefer Atmung kann manchmal eine **asymmetrische Bewegung als Hinweis für eine Raumforderung** im Abdomen erkannt werden.

3.4 Palpation des Abdomens

3.4 Palpation des Abdomens

Rekapitulieren Sie Ihre Kenntnisse in topographischer Anatomie, ehe Sie mit der Palpation beginnen.
Bedenken Sie, daß sich die wichtigsten Organe des Abdomens nicht auf den in der Laiensprache sogenannten Bauch projizieren, sondern im Bereich des knöchernen Thorax liegen (◙ C-**3.6**) und erst bei tiefer Inspiration sich zum Teil aus dem knöchernen Brustkorb nach kaudal zu bewegen.
Manche Menschen, Frauen häufiger als Männer, sind nicht in der Lage, durch eine entsprechende tiefe Brustatmung die Organe des Oberbauches so tief nach kaudal treten zu lassen, daß sie der Palpation zugänglich werden. Dies kann z. B. für die Leber und die Gallenblase zutreffen. Im Extremfall kann man die Technik der Organpalpation dann gar nicht aussagekräftig anwenden.

Die wichtigsten Organe des Abdomens liegen im Bereich des knöchernen Thorax (◙ C-**3.6**) und bewegen sich erst bei tiefer Inspiration zum Teil aus dem knöchernen Brustkorb.

Manche Menschen, Frauen häufiger als Männer, sind nicht in der Lage, durch eine entsprechende tiefe Brustatmung die Organe des Oberbauches so tief nach kaudal treten zu lassen, daß sie der Palpation zugänglich werden.

> ***Aufgabe:*** Markieren Sie mit einem abwaschbaren Stift die Organe des Abdomens auf die Bauchhaut eines Kollegen entsprechend der ◙ C-**3.6**! Verwenden Sie dabei die Techniken der Palpation und Perkussion!

◄ **Aufgabe**

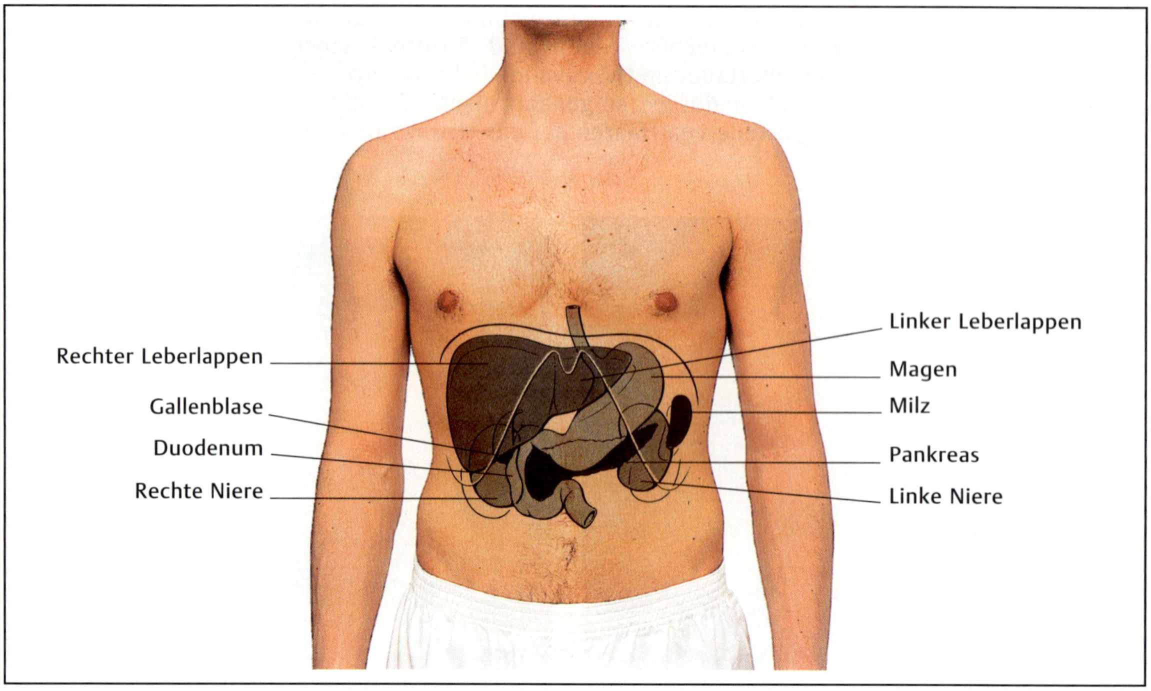

C-3.6: **Topographie der Organe des Abdomens**

3.4.1 Probleme der Palpation

Bei sehr fettleibigen Menschen können selbst große Befunde der tastenden Hand entgehen, umgekehrt können bei sehr schlanken Patienten Inspektions- und Palpationsbefunde pathologisch erscheinen, die normalen anatomischen Strukturen entsprechen, z. B. eine kotgefüllte Sigmaschlinge (Skybala) oder eine Intersectio tendinea des Musculus rectus (C-**3.7**).

3.4.1 Probleme der Palpation

Ob ein Organ durch die Bauchdecke getastet werden kann, hängt unter anderem entscheidend von deren Beschaffenheit ab. So können bei sehr fettleibigen Menschen selbst große Befunde der tastenden Hand entgehen, da sie im Fett »ertrinken«. Umgekehrt werden Sie bei sehr schlanken oder muskulösen Patienten nicht selten Inspektions- und Palpationsbefunde als auffällig oder sogar pathologisch erheben, die normalen anatomischen Strukturen entsprechen. Beispiele dafür sind:

- eine kotgefüllte Sigmaschlinge (Skybala),
- der rechte untere Nierenpol,
- die Aorta abdominalis,
- der Musculus psoas
- eine Intersectio tendinea des Musculus rectus (C-**3.7**)

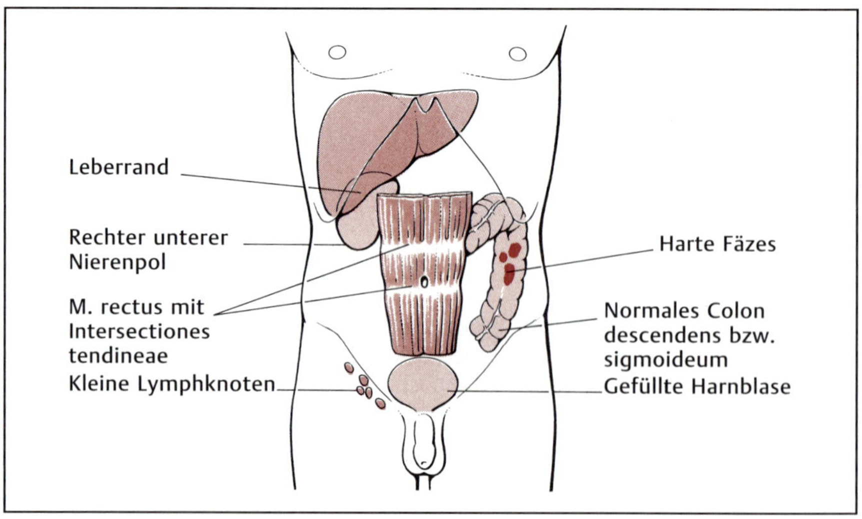

C-3.7: **Normalbefund als »Resistenz«**

Wie an allen anderen Stellen des Körpers, so kann es auch in der Haut und Muskulatur des Abdomens zu Knotenbildung oder Verhärtungen kommen, z. B. durch Lipome, Dermoidzysten, Metastasen oder Hämatome. Um diese von intraabdominellen Resistenzen unterscheiden zu können, gibt es einen einfachen Trick:

Um z. B. Lipome, Dermoidzysten, Metastasen etc. in der Haut und Muskulatur von intraabdominellen Resistenzen unterscheiden zu können, gibt es einen einfachen Trick.

> ***Praxistip:*** Lassen Sie den liegenden Patienten den Kopf heben. Dadurch spannen sich die Bauchmuskeln an. Eine intraabdominelle Raumforderung ist bei angespannten Bauchmuskeln schlechter tastbar, eine intrakutan oder in der Muskulatur gelegene Resistenz bleibt gleich gut palpabel.

◀ **Praxistip**

3.4.2 Altersspezifische Aspekte

Auch altersspezifische Aspekte sind bei der Untersuchung des Abdomens zu berücksichtigen. Junge Menschen sind häufig nicht nur muskelkräftiger, sondern auch sehr empfindlich und kitzlig, wenn der Arzt den Bauch berührt. Manchmal kann deshalb überhaupt kein Befund erhoben werden.
Hier behilft man sich mit Ablenkung oder durch einen kleinen Trick: Lassen Sie zunächst den Patienten seine eigene Hand auf den Bauch legen und legen Sie Ihre Hand darauf. Nach einiger Zeit der Gewöhnung gestattet Ihnen dann der Patient, seinen Bauch anzufassen.
Bei älteren Menschen ergeben sich andere Probleme. Mit zunehmendem Alter kommt es bei den meisten Menschen, auch unabhängig von einer allgemeinen Gewichtszunahme, zu einer lokalen Vermehrung des Fettgewebes im Bereich der Bauchdecke und des Mesenteriums bei gleichzeitiger Erschlaffung der Bauchmuskulatur. Mit Erstarrung des Thorax nimmt die Atemverschieblichkeit der inneren Organe ab. Die Palpation wird durch diese Veränderungen meistens erschwert.

3.4.2 Altersspezifische Aspekte

Mit zunehmendem Alter kommt es bei den meisten Menschen, auch unabhängig von einer allgemeinen Gewichtszunahme, zu einer lokalen Vermehrung des Fettgewebes im Bereich der Bauchdecken und des Mesenteriums bei gleichzeitiger Erschlaffung der Bauchmuskulatur. Mit Erstarrung des Thorax nimmt die Atemverschieblichkeit der inneren Organe ab. Die Palpation wird dadurch meistens erschwert.

3.4.3 Untersuchungstechnik

Setzen Sie sich entspannt auf einen Stuhl in Höhe der Untersuchungsliege oder auf das Bett des Patienten (denken Sie auch an Ihren Rücken!) und überzeugen Sie den Patienten, daß Sie besonders vorsichtig sein werden, um ihm keine Schmerzen zuzufügen. Bitten Sie den Patienten, mit seinen eigenen Händen zu zeigen, wo er Schmerzen hat. Sie beginnen die Palpation an einer davon weit entfernten Stelle, um dem Patienten nicht gleich zu Beginn der Untersuchung weh zu tun.

3.4.3 Untersuchungstechnik

Beginnen Sie die Palpation an einer Stelle, an der der Patient keine Schmerzen angibt, um ihm nicht gleich zu Beginn der Untersuchung wehzutun.

Leichte Palpation. Legen Sie Ihre Hände auf das Abdomen des Patienten und tasten Sie leicht und oberflächlich. Auf diese Weise informieren Sie sich über die **Dicke und den Muskeltonus der Bauchwand** sowie **oberflächlich gelegene Prozesse**, z. B. intra- oder subkutan gelegene Knoten (Tumormetastasen?) oder Lücken in der Bauchwand (Hernien). Gleichzeitig gewinnen Sie das Vertrauen des Patienten und schaffen damit die Voraussetzung für eine maximale Entspannung. Während der Palpation sollte der Patient durch Fortführung des Gesprächs abgelenkt werden. Mit fortschreitender Übung sind Sie in der Lage, die Anamnese dabei befundadaptiert zu ergänzen oder auch nur über das Wetter zu plaudern.

Leichte Palpation Durch leichte Palpation werden zunächst **Dicke und Muskeltonus der Bauchwand** sowie **oberflächlich gelegene Prozesse** beurteilt. Mit fortschreitender Übung sind Sie in der Lage, die Anamnese dabei befundadaptiert zu ergänzen.

Ablenkung des Patienten. Äußert der Patient an einer Stelle Schmerzen, so sollten Sie zunächst darüber sprechen und gezielt oberflächlich und – falls der Patient es zuläßt – tief palpieren. Später palpieren Sie noch einmal die gleiche Stelle, sprechen aber über etwas anderes oder lenken den Patienten durch Palpation mit der zweiten Hand an einer anderen Stelle ab. Patienten mit organischen Befunden wie einer Appendizitis oder Adnexitis werden reproduzierbar unabhängig von der suggestiven Beeinflussung Schmerzen angeben. Wechselnde Schmerzangaben sprechen dagegen für sog. funktionelle Beschwerden (siehe unten) ohne organisches Korrelat.
Achten Sie bei der Auslösung von Schmerzen auf das Gesicht!

Ablenkung des Patienten Patienten mit organischen Befunden wie einer Appendizitis oder Adnexitis werden reproduzierbar unabhängig von der suggestiven Beeinflussung Schmerzen angeben. Wechselnde Schmerzangaben sprechen dagegen für sog. funktionelle Beschwerden (siehe unten) ohne organisches Korrelat.

Achten Sie bei der Auslösung von Schmerzen auf das Gesicht!

Merke ▶

> **Merke.** »Zeichen der geschlossenen Augen«:
> Patienten mit Schmerzangaben ohne organischen Befund schließen häufig die Augen, so als ob sie die Untersuchung und das Auslösen der Schmerzempfindung »genießen«.

Eine anfänglich bewußte Abwehrspannung geht mit Fortschreiten der Entzündung in eine **unwillkürliche Abwehrspannung** über (»akutes Abdomen«).

Der Patient mit organischem Befund wird die Hände des Untersuchers peinlich genau beobachten, um nötigenfalls rechtzeitig eine **Abwehrbewegung** zu machen, falls der Schmerz an der besagten Stelle zu groß wird. Eine anfänglich bewußte Abwehrspannung geht mit Fortschreiten der Entzündung in eine **unwillkürliche Abwehrspannung** über (»akutes Abdomen«).

Loslaßschmerz, Appendizitis, Peritonitis-Zeichen Bei Schmerzangaben sollten Sie auch den sog. **Loslaßschmerz** überprüfen.

Loslaßschmerz, Appendizitis, Peritonitis-Zeichen. Bei Schmerzangaben sollten Sie auch den sog. **Loslaßschmerz** überprüfen. Dazu drücken Sie die Bauchwand für mindestens 30 Sekunden ein. Der dabei auftretende Druckschmerz wird im Laufe der Zeit nachlassen. Lenken Sie den Patienten ab, und lassen Sie dann ohne Vorwarnung mit einer schnellen Bewegung plötzlich los. Achten Sie dabei auf die Mimik des Patienten.

Nur eine Zunahme der Schmerzen beim Loslassen ist im Sinne eines peritonitischen Zeichens anzusehen! Dieser Befund muß Anlaß zur fortlaufenden Beobachtung des Patienten und zur Verständigung des Chirurgen geben.

Nur eine Zunahme der Schmerzen beim Loslassen ist als Loslaßschmerz im Sinne eines peritonitischen Zeichens anzusehen! Dieser Befund muß Anlaß zur fortlaufenden Beobachtung des Patienten und zur Verständigung des Chirurgen geben. Hat der Patient bereits eine Abwehrspannung, so sollte man ihm den Test des Loslaßschmerzes ersparen. Vergleichen Sie auch den Loslaßschmerz an korrespondierenden Stellen rechts und links.

Praktische Tips ▶

> ***Praktische Tips:***
> - Bei einer Peritonitis ist die Spannungsänderung des Peritoneums schmerzhaft, gleichgültig, ob diese an der Stelle der auslösenden Ursache oder entfernt davon ausgelöst wird (**gekreuzter Loslaßschmerz**).
> - Schmerzen im rechten Unterbauch bei linksseitigem Druck sprechen für eine Appendizitis (**Rovsing-Zeichen**).
> - Man kann peritonitische Schmerzen auch durch die sog. **Stoßpalpation** auslösen, indem man mit den Fingerkuppen kurz gegen das Abdomen stößt.
> - Im Stehen verstärkt sich der Schmerz, wenn sich der Patient aus dem Zehenstand auf die Fersen fallen läßt.

Psoaszeichen, Obturatoriustest Manchmal ist die Appendix nach retrozökal geschlagen, liegt auf dem Musculus psoas und verursacht dort eine retroperitoneale Entzündung. Ein positives Psoaszeichen (▣ C-**3.8**) oder ein positiver Obturatoriustest deutet auf eine Affektion der retrozökal geschlagenen Appendix hin.

Psoaszeichen, Obturatoriustest. Manchmal ist die Appendix nach retrozökal geschlagen, liegt auf dem Musculus psoas und verursacht dort eine retroperitoneale Entzündung. Überprüfen Sie daher die **Psoaszeichen!** Dazu drücken Sie das rechte Knie auf die Unterlage und fordern den Patienten auf, das Bein anzuziehen (▣ C-**3.8**). Verstärkt sich hierbei der Schmerz, so deutet das auf eine Affektion der retrozökal geschlagenen Appendix hin. Alternativ lassen Sie den Patienten sich auf die linke Seite legen und fordern ihn auf, das rechte Bein in der Hüfte zu überstrecken. Beim **Obturatoriustest** beugen Sie das rechte Hüft- und Kniegelenk und rotieren das Bein in der Hüfte einwärts.

Kutane Hyperästhesie Patienten mit peritonealer Reizung, z. B. bei Appendizitis, haben oft eine kutane Hyperästhesie.

Kutane Hyperästhesie. Patienten mit peritonealer Reizung, z. B. bei Appendizitis, haben oft eine kutane Hyperästhesie. Fassen Sie an verschiedenen Stellen eine Hautfalte (ohne zu kneifen) und fragen Sie nach Schmerzen. Normalerweise tut das dem Patienten nicht weh.

Aufgabe ▶

> ***Aufgabe:*** Lassen Sie sich von einem Kollegen das Abdomen palpieren, um zu erfahren, was Sie später einmal Ihren Patienten antun werden!

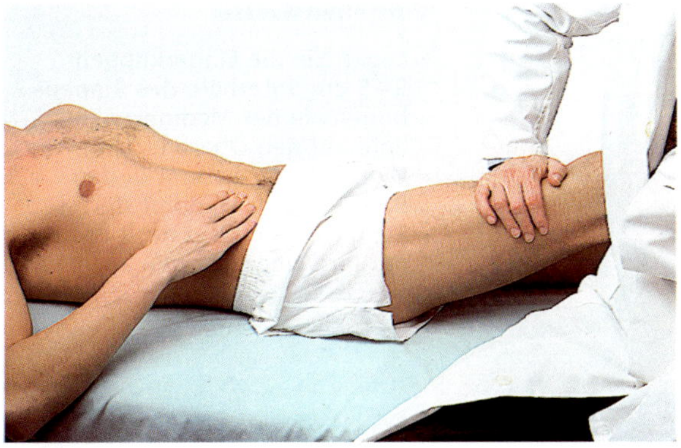

Vorgehensweise:

- Drücken Sie das rechte Knie des Patienten auf die Unterlage und fordern Sie den Patienten auf, das Bein anzuziehen

C-**3.8**: **Auslösen des Psoas-Dehnungsschmerzes**

Normalbefunde als »Resistenz«. Unter »Resistenz« versteht man jeden Widerstand im Abdomen, auf den die palpierende Hand stößt. Vorsicht ist geboten, damit nicht Normalbefunde als pathologische Resistenz gedeutet werden! Bei der tiefen Palpation, wie sie zur Erfassung der Organgrößen und Konsistenz erforderlich ist, lassen sich gelegentlich Normalbefunde tasten, die mit Resistenzen und Tumoren verwechselt werden können (vgl. C-**3.7**). Die Unterscheidung kann manchmal Probleme machen und gelingt erst durch eine sonographische Untersuchung. Alle Tastbefunde sollten nach den in C-**3.3** angegebenen Punkten beschrieben werden.

Normalbefunde als »Resistenz«
Unter »Resistenz« versteht man jeden Widerstand im Abdomen, auf den die palpierende Hand stößt. Bei der tiefen Palpation können Sie gelegentlich Normalbefunde tasten, die mit Resistenzen und Tumoren verwechselt werden können (vgl. C-**3.7**). Alle Tastbefunde sollten nach den in C-**3.3** angegebenen Punkten beschrieben werden.

C-**3.3**: **Wie beschreibe ich einen abdominellen Tastbefund?**

1. Lokalisation:	Quadrant, Region (siehe C-**3.1** und C-**3.2**)
2. Größe:	Gemessen in cm, vergleichend geschätzt (Walnuß, Hühnerei, Orange, Kinderkopf)
3. Oberfläche:	Glatt, grob-, feinhöckrig
4. Begrenzung:	Scharf, diffus, nicht abgrenzbar
5. Konsistenz:	Hart, weich, fluktuierend
6. Veschieblichkeit:	Ja, nein (manuell, Atmung)
7. Druckdolenz:	Ja, nein
8. Pulsation:	Ja, nein

3.4.4 Organpalpation

Palpation der Leber

Untersuchungstechnik. Zur Untersuchung der Leber legen Sie die Fingerkuppen beider Hände 3–5 cm unterhalb des Rippenbogens in der Medioklavikularlinie (MCL) auf den Oberbauch (C-**3.9**). Hier befinden Sie sich lateral des Musculus rectus. Fordern Sie dann den Patienten auf, so einzuatmen, daß sich sein Bauch vorwölbt (»Bauchatmung«) und dabei der kaudale Leberrand nach unten auf Ihre Fingerkuppen zuwandert (normalerweise 1–3 cm). Kurz vor dem Inspirationsmaximum bewegen Sie die Fingerkuppen etwas nach kranial auf den Rippenbogen zu. Mit jeder Inspiration wandern Sie mit dem Ausgangspunkt Ihrer Finger näher zum Rippenbogen und weichen suchend etwas nach lateral oder medial der MCL ab. Oft läßt sich der Leberrand nur in der Phase der Bewegung tasten, wenn er über die Fingerkuppen gleitet (**Gleitpalpation**). Gelingt es nicht, die Leber zu tasten, so muß das kein pathologischer Befund sein. Die normale Leber ist in der MCL nur gerade eben oder gar nicht tastbar.

3.4.4 Organpalpation

Palpation der Leber

Zur Untersuchungstechnik siehe C-**3.9**. Oft läßt sich der Leberrand nur in der Phase der Bewegung tasten, wenn er über die Fingerkuppen gleitet (**Gleitpalpation**).
Gelingt es nicht, die Leber zu tasten, so muß das kein pathologischer Befund sein. Die normale Leber ist in der MCL nur gerade eben oder gar nicht tastbar.

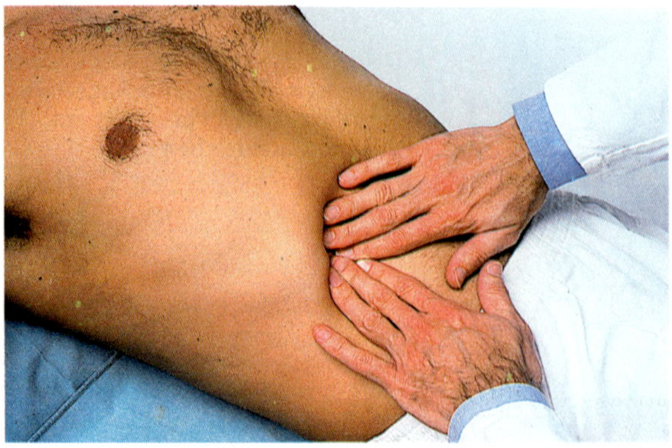

Vorgehensweise:

- Legen Sie die Fingerkuppen 3–5 cm unterhalb des Rippenbogens in der Medioklavikularlinie auf den Oberbauch
- Während der Patient in den Bauch atmet, wandert der kaudale Leberrand nach unten auf Ihre Fingerkuppen zu

C-3.9: Palpation der Leber

Merke ▶

Merke. Beginnen Sie die Palpation aber nicht zu knapp am Rippenbogen, eine sehr stark vergrößerte Leber könnte sonst Ihrem tastenden Finger entgehen.

Haben Sie mit der konventionellen Technik keinen Erfolg, so können Sie die Leber bimanuell palpieren (C-**3.10**).

Haben Sie mit der konventionellen Technik keinen Erfolg, so können Sie die Leber bimanuell palpieren, indem Sie rechts neben dem Patienten stehen, ihm den Rücken zudrehen und seine Füße ansehen. Die Finger werden dann nach dorsal und kranial unter den Rippenbogen eingedrückt (C-**3.10**). Bitten Sie den Patienten nun, tief einzuatmen, und versuchen Sie, mit den Fingerkuppen den Leberrand zu tasten.

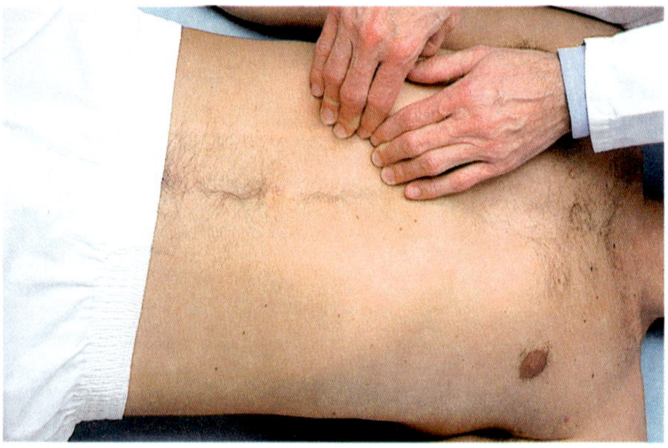

Vorgehensweise:

- Sie stehen mit dem Rücken zum Kopf des Patienten
- Drücken Sie die Finger beider Hände nach dorsal und kranial unter den Ripenbogen
- Lassen Sie den Patienten tief einatmen und tasten Sie mit den Fingerkuppen den Leberrand

C-3.10: Bimanuelle Palpation der Leber

Die **Stoßpalpation** kann bei Vorliegen eines großen Aszites mit entsprechender Bauchdeckenspannung erfolgreicher sein als die Standardtechnik (C-**3.11**).

Bei der **Stoßpalpation** drückt man die aufgestellten Finger beider Hände stoßartig auf die Bauchdecke und versucht, den Leberrand mit den Fingerkuppen zu tasten. Diese Technik kann bei Vorliegen eines großen Aszites mit entsprechender Bauchdeckenspannung erfolgreicher sein als die Standardtechnik (C-**3.11**).

Anschließend bestimmen Sie die kraniale Grenze der Leber durch eine mittellaute **Perkussion** in der MCL. Der Übergang vom sonoren Klopfschall der Lunge zur Dämpfung durch den oberen Leberrand befindet sich normalerweise in Höhe der sechsten Rippe in der MCL (S C-**3.2**).

Anschließend bestimmen Sie die kraniale Grenze der Leber durch eine mittellaute **Perkussion** (siehe Abschnitt Perkussion) in der MCL. Achten Sie auf den Übergang vom sonoren Klopfschall der Lunge zur Dämpfung durch den oberen Leberrand und markieren Sie diese Stelle mit einem Stift (S C-**3.2**). In Inspiration befindet er sich normalerweise in Höhe der sechsten Rippe in der MCL.

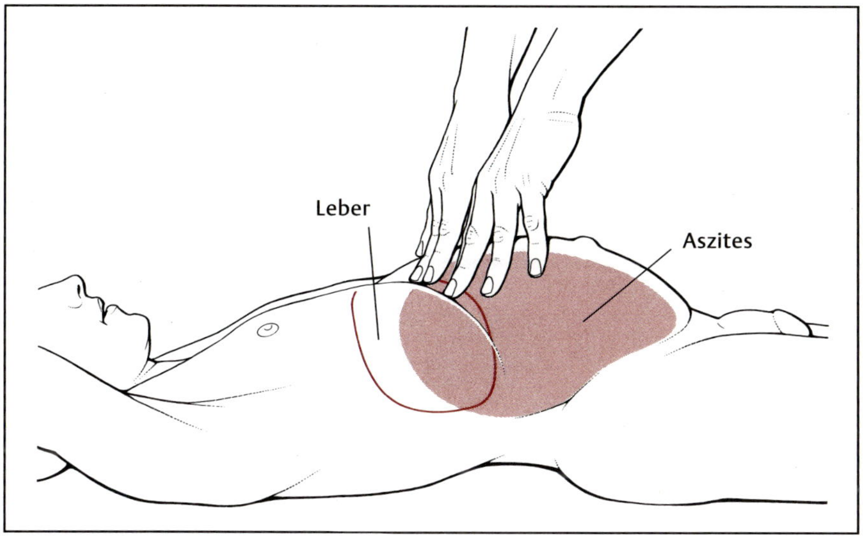

C-**3.11: Stoßpalpation des Leberrandes**

Synopsis C-**3.2: Perkussion zur Bestimmung der kranialen Grenze der Leber**

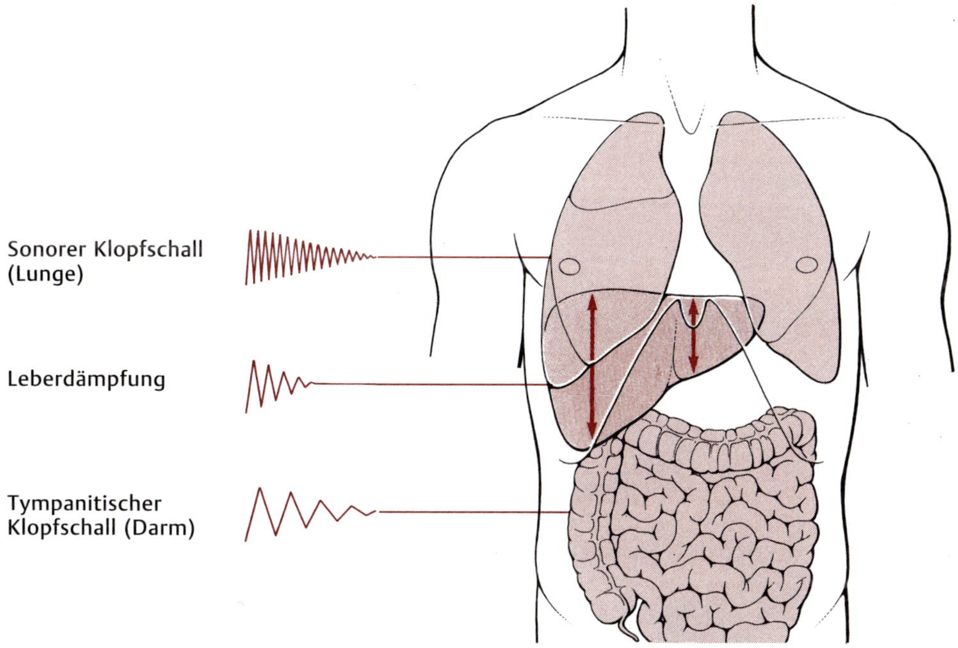

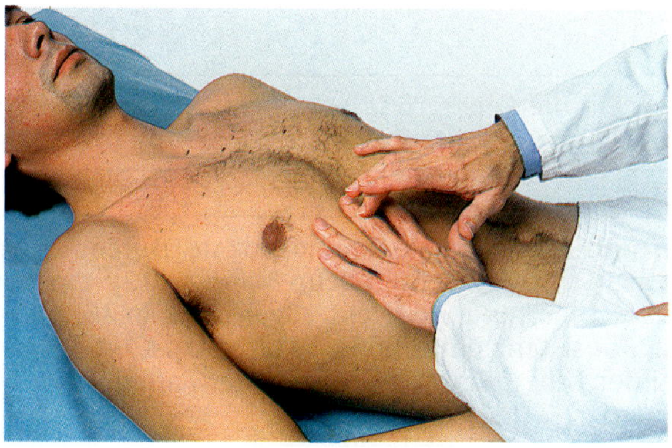

Vorgehensweise:

- Setzen Sie die Hände in der MCL auf, wie im Bild gezeigt
- Bei der mittellauten Perkussion achten Sie auf den Übergang vom sonoren Klopfschall der Lunge zur Dämpfung durch den oberen Leberrand

Alternativ kann die Lebergröße durch die **Kratzauskultation** gemessen werden (S C-3.3). Befindet sich der Spatel über der Leber, so können Sie das Kratzen über das Stethoskop hören. Kranial und kaudal der Leber hört man nichts.

Alternativ kann die Lebergröße durch die **Kratzauskultation** gemessen werden. Dazu setzen Sie das Stethoskop auf den Processus xiphoideus und kratzen mit einem Holzspatel, beginnend in Höhe der fünften Rippe, in engen Abständen entlang der MCL auf der Haut (S C-**3.3**). Befindet sich der Spatel über der Leber, so können Sie das Kratzen über das Stethoskop hören. Kranial und kaudal der Leber hört man nichts.

S Synopsis C-3.3: Bestimmung der Lebergröße durch Kratzauskultation

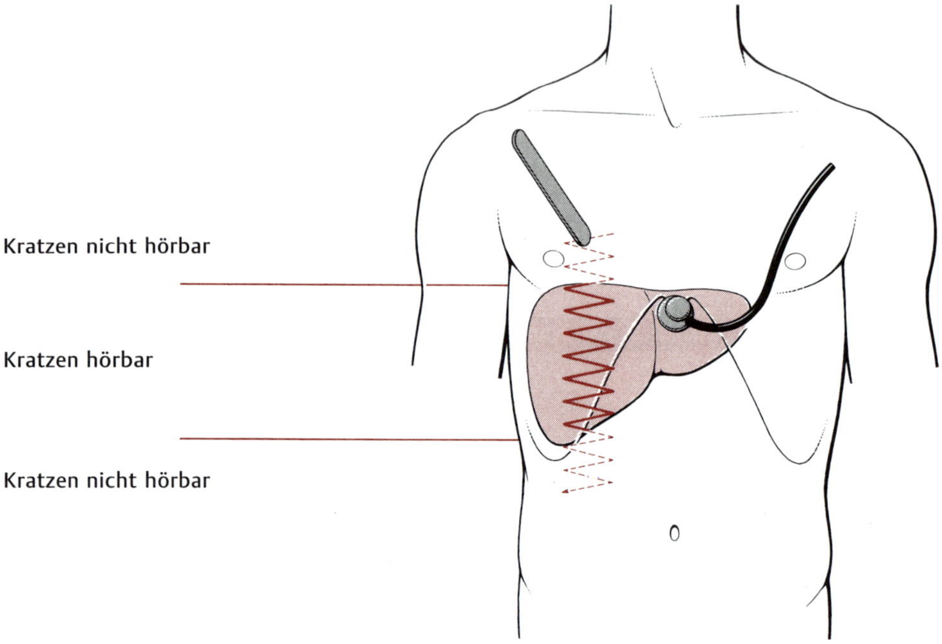

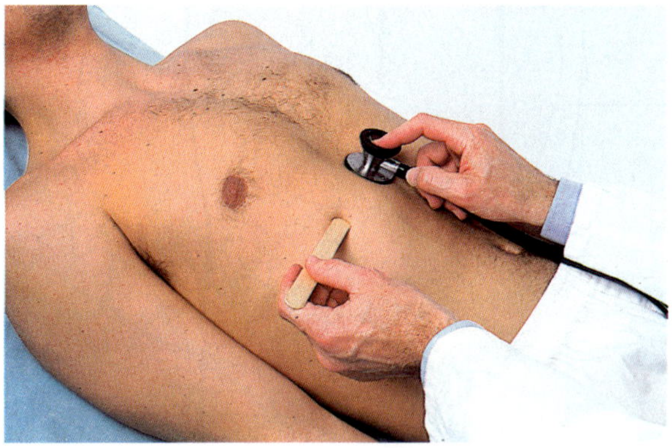

Vorgehensweise:

- Setzen Sie das Stethoskop auf den Processus xiphoideus
- Kratzen Sie mit einem Holzspatel, beginnend in Höhe der 5. Rippe, in engen Abständen entlang der MCL auf der Hand
- Sie können das Kratzen über das Stethoskop hören, wenn sich der Spatel über der Leber befindet

Aufgabe ▶

Aufgabe: Versuchen Sie die Lebergröße bei einem Kollegen durch Palpation, Perkussion und Kratzauskultation zu bestimmen!

Merke ▶

Merke. **Normalbefund:** Der normale kraniokaudale Durchmesser des rechten Leberlappens in der MCL beträgt beim Mann 8 – 12,5 cm, bei der Frau 7 – 11,5 cm. Der Leberrand ist leicht abgerundet, mäßig elastisch und hat etwa die Konsistenz eines prallen Luftballons. Die Leberoberfläche ist glatt. Bei der Leberpalpation verspürt der Patient normalerweise keine Schmerzen!

Normvarianten. Bei Lungenemphysem oder anderen Ursachen für einen Zwerchfelltiefstand kann die Leber manchmal weit nach kaudal reichen, ohne daß ein pathologischer Organbefund vorliegt. Man sollte daher die im klinischen Alltag häufig verwendete Größenangabe der Leber in „Querfinger unterhalb des Rippenbogens" nicht mehr verwenden. Eine sehr große Gallenblase kann mit dem Leberrand verwechselt werden.

Befundbeschreibung. Alle Tastbefunde an der Leber werden nach den in ▦ C-**3.3** angegebenen Kriterien Größe, Konsistenz, Rand, Oberfläche und Druckschmerzhaftigkeit beschrieben und im Krankenblatt dokumentiert. Der Tastbefund einer vergrößerten Leber läßt gewisse Rückschlüsse auf die Ursache der Lebervergrößerung zu. Typische Befunde sind in ▦ C-**3.4** zusammengefaßt.

Normvarianten Bei Lungenemphysem oder anderen Ursachen für einen Zwerchfelltiefstand kann die Leber manchmal weit nach kaudal reichen, ohne daß ein pathologischer Organbefund vorliegt. Eine sehr große Gallenblase kann mit dem Leberrand verwechselt werden.

Befundbeschreibung Alle Tastbefunde an der Leber werden nach den in ▦ C-**3.3** angegebenen Kriterien Größe, Konsistenz, Rand, Oberfläche und Druckschmerzhaftigkeit beschrieben. Typische Tastbefunde sind in ▦ C-**3.4** zusammengefaßt.

C-3.4: Ursachen und Befunde einer Lebervergrößerung

Ursache	Befund
Fettleber	Abgerundeter Rand, weich, teigig
Leberzirrhose	Abgerundeter Rand, Oberfläche manchmal höckrig, sehr hart
Virushepatitis	Druckdolent, scharfrandig; Milz nicht tastbar
Rechtsherzinsuffizienz	Druckdolent, scharfrandig
Metastasenleber	Steinhart, häufig höckrig oder knotig
Infektiöse Mononukleose	Druckdolent, scharfrandig; zusätzlich Milzvergrößerung
Pulsierende Leber	Trikuspidalinsuffizienz

Palpation der Gallenblase

Die normale Gallenblase ist nicht tastbar. Je nach Funktionszustand überragt sie mit dem Fundus gerade eben den kaudalen Rand des rechten Leberlappens in der MCL (siehe ◘ C-**3.6**).
Bei vergrößerter Gallenblase durch Flüssigkeitsansammlungen (Hydrops, Empyem), Konkremente oder ein Karzinom kann sie als weiche, abgerundete Resistenz etwas medial der MCL getastet werden.

Courvoisier*-Zeichen: Tastbare, prall-elastische, **nicht** druckdolente Gallenblase mit Ikterus; auftretend bei tumorösem Verschluß des Ductus choledochus, z. B. durch ein Pankreaskopfkarzinom oder bei Papillenstenose (Gallenblasenhydrops).

Murphy-Zeichen:** Man drückt am sitzenden Patienten die leicht gekrümmten Finger etwas medial der MCL unter den rechten Rippenbogen und läßt den Patienten tief einatmen. Klagt der Patient über eng umschriebene Schmerzen in diesem Bereich und unterbricht er reflektorisch die Inspiration, so ist das Murphy-Zeichen positiv. Dieser Befund spricht für eine Cholezystitis. Aufgrund der variablen Lage der Gallenblasen ist das **sonographische Murphy-Zeichen** zuverlässiger: Nach sonographischer Lokalisation der Gallenblase drückt man mit einem Finger direkt auf das Organ, erkennt die Wandverformung und fragt den Patienten nach einem Druckschmerz.
Die klinische Untersuchung der Gallenblase und die Differenzierung zwischen Cholezystitis, Hydrops oder Empyem ist seit Einführung der Sonographie in den Hintergrund getreten. Mit dieser einfachen und den Patienten nicht belastenden Untersuchungsmethode gelingt der Nachweis von Konkrementen, Wandverdickungen, Hydrops oder Polypen mit großer Zuverlässigkeit (◘ C-**3.12**).

Palpation der Gallenblase

Die normale Gallenblase ist nicht tastbar. Je nach Funktionszustand überragt sie mit dem Fundus gerade eben den kaudalen Rand des rechten Leberlappens in der MCL (siehe ◘ C-**3.6**). Eine vergrößerte Gallenblase kann als weiche, abgerundete Resistenz etwas medial der MCL getastet werden.

Courvoisier*-Zeichen: Tastbare, prallelastische, **nicht** druckdolente Gallenblase mit Ikterus bei tumorösem Verschluß des Ductus choledochus.

Murphy-Zeichen:** Ein positives Murphy-Zeichen (umschriebener Schmerz bei Druck mit dem Finger auf die Gallenblase) spricht für eine Cholezystitis.

Die klinische Untersuchung der Gallenblase ist seit Einführung der Sonographie in den Hintergrund getreten. Mit dieser Methode gelingt der Nachweis von Konkrementen, Wandverdickungen, Hydrops oder Polypen mit großer Zuverlässigkeit (◘ C-**3.12**).

* Ludwig Courvoisier (1843–1918), Schweizer Chirurg.
** John Murphy (1857–1916), amerikanischer Chirurg.

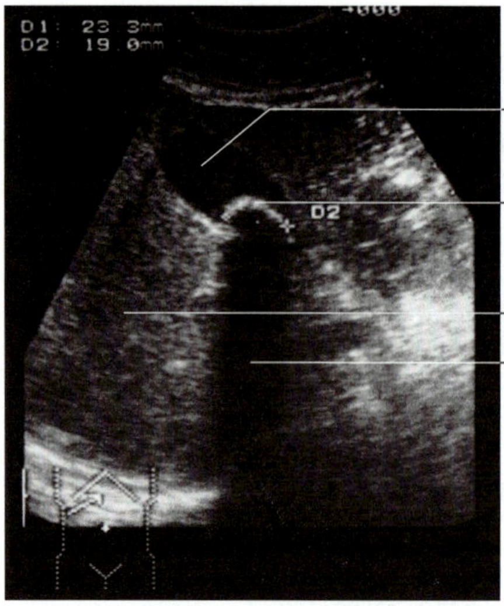

C-3.12: **Gallenblase im Subkostalschnitt mit großem Konkrement; helles Eintrittsecho und Schallschatten**

Palpation der Milz

Die normale Milz liegt der posterolateralen Wand der Abdominalhöhle an, ihre Längsachse erstreckt sich etwa entlang der 10. Rippe, ihr Vorderrand erreicht eben die linke mittlere Axillarlinie (siehe C-**3.6**). Die Milz wird im allgemeinen erst bei einer Vergrößerung um das Doppelte der Palpation zugänglich. **Eine palpable Milz ist immer ein pathologischer Befund**. Die möglichen Ursachen einer Milzvergrößerung sind in C-**3.5** zusammengefaßt.

Palpation der Milz

Die normale Milz liegt der posterolateralen Wand der Abdominalhöhle an, ihre Längsachse erstreckt sich etwa entlang der 10. Rippe, ihr Vorderrand erreicht eben die linke mittlere Axillarlinie (siehe C-**3.6**). Bei der Inspiration verschiebt sich der untere Milzpol nach kaudal und medial, auch Milzvergrößerungen erstrecken sich in diese Richtung. Die normal große Milz ist allenfalls bei Kindern tastbar. Die Milz wird im allgemeinen erst bei einer Vergrößerung um das Doppelte der Palpation zugänglich. Die Methode ist zwar relativ insensitiv, bedeutet aber, daß eine **palpable Milz immer ein pathologischer Befund** ist. Die möglichen Ursachen einer Milzvergrößerung sind in C-**3.5** zusammengefaßt.

C-3.5: Ursachen einer Milzvergrößerung

1. **Geringe Vergrößerung**
   - Polycythaemia vera
   - Hämolytische Anämien
   - Virusinfekte (Mononukleose, Hepatitis, HIV-Infektion)
   - Bakterielle Infekte (Endokarditis, Sepsis)
   - Kollagenosen (Lupus erythematodes, chronische Polyarthritis)
   - Infiltrationen: Amyloidose, Sarkoidose, Tuberkulose
2. **Mäßige Vergrößerung**
   - Portale Hypertension (z. B. bei Leberzirrhose)
   - Thalassämie
   - Speicherkrankheiten (z. B. M. Niemann-Pick, M. Gaucher)
   - Weitere Ursachen wie unter 3.
3. **Starke Vergrößerung**
   - Chronisch myeloische Leukämie
   - Chronisch lymphatische Leukämie
   - Osteomyelofibrose
   - Malaria
   - Malignes Lymphom

Untersuchungstechnik Mit der im Text beschriebenen Untersuchungstechnik können Sie bei tiefer Inspiration den kaudalen Milzrand über die Fingerspitzen gleiten fühlen. Bei septischen Prozessen ist die Milz eher weich.
Feste und derbe Milzen sprechen eher für einen chronischen neoplastischen

Untersuchungstechnik. Sie sitzen rechts vom liegenden Patienten, führen die rechte Hand unter die linke Flanke des Patienten und üben damit einen Druck nach ventral aus. Nun lassen Sie den Patienten tief einatmen und palpieren mit den Fingern der linken Hand in der MCL unter dem Rippenbogen. Kurz vor dem Ende der Inspiration lockern Sie den Druck der Finger der linken Hand etwas und können so den kaudalen Milzrand über die Fingerspitzen gleiten fühlen. Bei septischen Prozessen ist die Milz eher weich. Feste und derbe Milzen sprechen eher für einen chronischen neoplastischen Prozeß, z. B. chronische lymphatische oder myeloische Leukämie. Bei Milzinfarkten oder einer Perisplenitis (siehe Auskultation) kann die Palpation der Milz auch schmerzhaft sein.

Prozeß. Bei Milzinfarkten oder einer Perisplenitis kann die Palpation der Milz auch schmerzhaft sein.

Tasten Sie mit der ersten Methode nichts, so wiederholen Sie die Palpation in Rechtsseitenlage des Patienten von rechts und auch von links her (C-**3.13**).

Ggf. wiederholen Sie die Palpation in Rechtsseitenlage des Patienten von rechts und auch von links her (C-**3.13**).

Sehr große Milzen können mit einer vergrößerten linken Niere verwechselt werden. Große Milzen dehnen sich allerdings häufig in Richtung auf die rechte Fossa iliaca aus und überschreiten dabei die Mittellinie. Eine vergrößerte linke Niere bleibt dagegen meist auf den linken unteren Quadranten beschränkt.

Sehr große Milzen können mit einer vergrößerten linken Niere verwechselt werden.

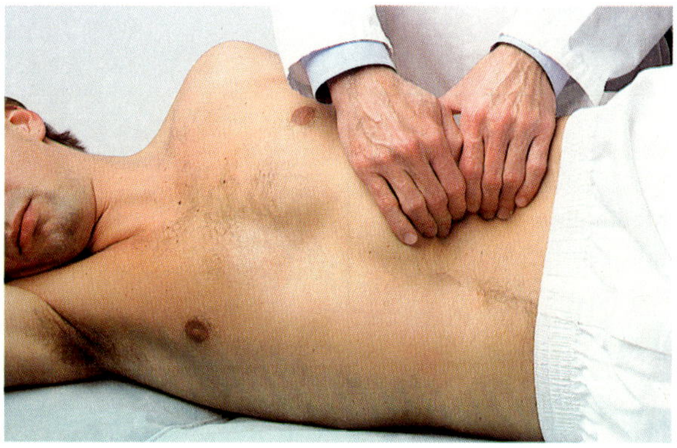

C-3-13: Bimanuelle Palpation der Milz in Rechtsseitenlage des Patienten; der Untersucher steht auf der linken Seite des Patienten

Palpation des Pankreas

Ein normales Pankreas ist nicht zu tasten, und selbst große Pankreastumoren entgehen wegen der versteckten Lage meist der palpierenden Hand.
Der bei einer Pankreatitis auszulösende Druckschmerz im mittleren Epigastrium besitzt wegen der Überlagerung durch andere Organe (Magen, Duodenum, Colon transversum) nur eine geringe Sensitivität und Spezifität. Daher sind in der Pankreasdiagnostik vor allem laborchemische und bildgebende Verfahren (Sonographie, Computertomographie, endoskopisch-retrograde Pankreatikocholangiographie [ERCP], Magnetresonanz-Tomographie) wichtig.

Palpation des Pankreas

Ein normales Pankreas ist nicht zu tasten, und selbst große Pankreastumoren entgehen wegen der versteckten Lage meist der palpierenden Hand.
Der bei einer Pankreatitis auszulösende Druckschmerz im mittleren Epigastrium besitzt wegen der Überlagerung durch andere Organe nur eine geringe Sensitivität und Spezifität. Daher sind in der Pankreasdiagnostik vor allem laborchemische und bildgebende Verfahren wichtig.

Palpation von Dünn- und Dickdarm

Im Normalfall sind weder Dünn- noch Dickdarm palpabel. Bei sehr schlanken Personen können Skybala vor allem im Colon descendes und im Sigma eine Resistenz vortäuschen. In unklaren Fällen empfiehlt es sich, den Palpationsbefund ad hoc durch einen sonographischen Befund zu ergänzen.

Palpation von Dünn- und Dickdarm

Im Normalfall sind weder Dünn- noch Dickdarm palpabel. Bei sehr schlanken Personen können Skybala eine Resistenz vortäuschen. Bei unklaren Palpationsbefunden sollte die Sonographie eingesetzt werden.

Palpation der Aorta abdominalis

Bei schlanken Menschen kann die Bauchaorta im gesamten Verlauf palpiert werden. Der Bauchwand am nächsten liegt sie in Nabelhöhe kurz vor der Bifurkation vor dem Promontorium. Versuchen Sie die Weite der Bauchaorta durch eine bimanuelle Palpation ihrer beiden Wandkonturen zu erfassen (C-**3.14**). Vor allem bei älteren Personen sind Aneurysmen der Bauchaorta kein seltener Befund. Der Verdacht auf ein Aneurysma kann bereits palpatorisch gestellt werden. Ältere Patienten mit ausgeprägter Arteriosklerose haben häufig auch ein sog. **»Kinking« der Aorta abdominalis** (C-**3.15**). Darunter versteht man einen deutlich geschlängelten Verlauf, so als ob die Aorta für die Größe ihres Besitzers zu lang geworden wäre. Bei der Palpation macht sich dies durch ein Abweichen der Aorta aus der Medianlinie bemerkbar.

Palpation der Aorta abdominalis

Bei schlanken Menschen kann die Bauchaorta im gesamten Verlauf palpiert werden (C-**3.14**). Vor allem bei älteren Personen sind Aneurysmen der Bauchaorta kein seltener Befund. Der Verdacht auf ein Aneurysma kann bereits palpatorisch gestellt werden. Ältere Patienten mit ausgeprägter Arteriosklerose haben häufig auch ein sog. **»Kinking« der Aorta abdominalis** (C-**3.15**).

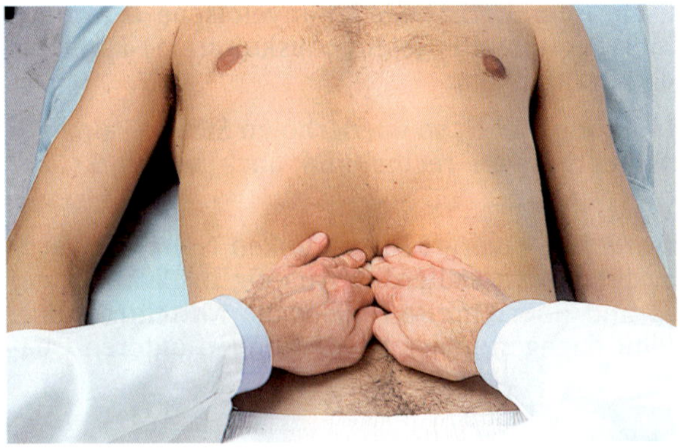

C-3.15: **Palpation der Aorta abdominalis**

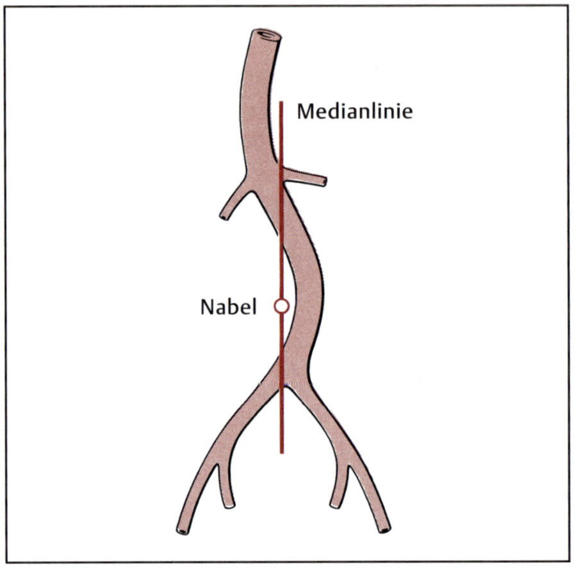

C-3.14: **»Kinking« der Aorta abdominalis**

3.5 Perkussion des Abdomens

Die Perkussion des Abdomens dient zur Feststellung des Luftgehalts der Darmschlingen (»Tympanie«), zur Bestimmung der Lebergröße und zur weiteren Charakterisierung von Tastbefunden. Zur allgemeinen Technik der Perkussion siehe Kapitel Thorax. Routinemäßig sollten Sie die Perkussion in der Medianlinie kranial des Nabels beginnen und sich dann orientierend nach beiden Seiten bis in die Flanken vorarbeiten.

Typische Klangphänomene im Bereich des Abdomens sind **Tympanie** und **Schenkelschall** (C-**3.6**).

3.5 Perkussion des Abdomens

Die Perkussion des Abdomens dient zur Feststellung des Luftgehalts der Darmschlingen (»Tympanie«), zur Bestimmung der Lebergröße und zur weiteren Charakterisierung von Tastbefunden. Zur allgemeinen Technik der Perkussion siehe Kapitel Thorax. Das Mittelglied des linken Mittelfingers (bei Rechtshändern) liegt stramm der Bauchwand an, Mittel- und Ringfinger der rechten Hand klopfen kräftig darauf. Routinemäßig sollten Sie die Perkussion in der Medianlinie kranial des Nabels beginnen und sich dann orientierend nach beiden Seiten bis in die Flanken vorarbeiten. Wegen der praktisch immer vorhandenen partiellen Luftfüllung des Magens werden Sie zunächst tympanitischen Klopfschall hören. Achten Sie auf mögliche Dämpfungen.
Typische Klangphänomene im Bereich des Abdomens sind **Tympanie** und **Schenkelschall** (C-**3.6**).

C-3.6: Typische Klangphänomene im Bereich des Abdomens

Klangphänomen	Klangcharakter	Vorkommen
Tympanie	»Dumpfe Pauke«	Luftgefüllte Abschnitte des Magen-Darm-Trakts
Schenkelschall	Gedämpfter Klopfschall	Solide Organe, große Tumoren, freie Flüssigkeit

Die **Tympanie** klingt ähnlich einer dumpfen Pauke und tritt bei der Perkussion luftgefüllter Abschnitte des tubulären Magen-Darm-Trakts auf. Je mehr die Wand des Hohlorgans gespannt ist (z. B. bei Meteorismus), um so hochfrequenter klingt der Perkussionsschall. Über soliden Organen, großen Tumoren oder Flüssigkeitsansammlungen kommt es zur Dämpfung des Klopfschalls (**Schenkelschall**). Dieses Phänomen benützt man zur Größenbestimmung der Leber. Der kaudale Leberrand ist durch leise Perkussion als Dämpfung auszumachen (siehe Leberuntersuchung), zur Festlegung des kranialen Randes führt man eine mittellaute Perkussion durch. Die Milzperkussion wird wegen der unzuverlässigen Ergebnisse im klinischen Alltag kaum durchgeführt.

Die **Tympanie** klingt ähnlich einer dumpfen Pauke und tritt bei der Perkussion luftgefüllter Abschnitte des tubulären Magen-Darm-Trakts auf. Je mehr die Wand des Hohlorgans gespannt ist, um so hochfrequenter klingt der Perkussionsschall. Über soliden Organen, großen Tumoren oder Flüssigkeitsansammlungen kommt es zur Dämpfung des Klopfschalls (**Schenkelschall**). Dieses Phänomen benützt man zur Größenbestimmung der Leber. Die Milzperkussion bringt unzuverlässige Ergebnisse.

3.5.1 Nachweis von Aszites

Das wichtigste Perkussionsphänomen ist der Nachweis von Aszites. Kleine Aszitesmengen weisen Sie nach, indem Sie den Patienten auffordern, sich in Knie-Ellenbogen-Lage zu begeben. Die Flüssigkeit sammelt sich dann am tiefsten Punkt in der Nabelgegend (◘ C-**3.16**) und verursacht dort eine Dämpfung. In Rückenlage des Patienten hört man an dieser Stelle dagegen tympanitischen Klopfschall. Größere Aszitesmengen führen dagegen in Rückenlage zu einer Flankendämpfung, die auf dem Erguß schwimmenden luftgefüllten Darmschlingen bedingen eine Tympanie in der Nabelgegend (◘ C-**3.17**). Sie markieren die Stelle der Flankendämpfung mit einem Stift, lassen dann den Patienten auf der Seite liegen und perkutieren erneut. Die Dämpfung muß nun, beim Vorliegen von Aszites, gewandert sein, die Tympanie ist in der rechten oder linken Flanke hörbar.

3.5.1 Nachweis von Aszites

Das wichtigste Perkussionsphänomen ist der Nachweis von Aszites. Kleine Aszitesmengen führen in Knie-Ellenbogen-Lage zu einer Dämpfung am tiefsten Punkt in der Nabelgegend (◘ C-**3.16**), die in Rückenlage des Patienten verschwindet. Größere Aszitesmengen führen in Rückenlage zu einer Flankendämpfung (◘ C-**3.17**), die in Seitenlage des Patienten nicht mehr nachweisbar ist.

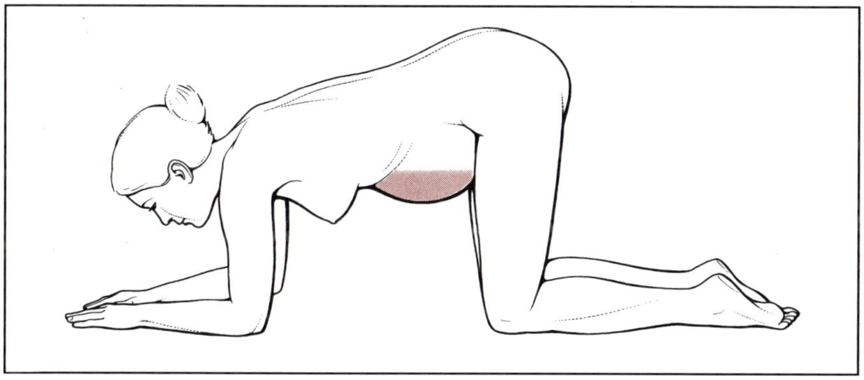

◘ C-3.16: Nachweis von kleinen Aszitesmengen in der Knie-Ellenbogen-Lage: Die Flüssigkeit bewirkt eine Dämpfung in der Nabelgegend, die in Rückenlage des Patienten verschwindet

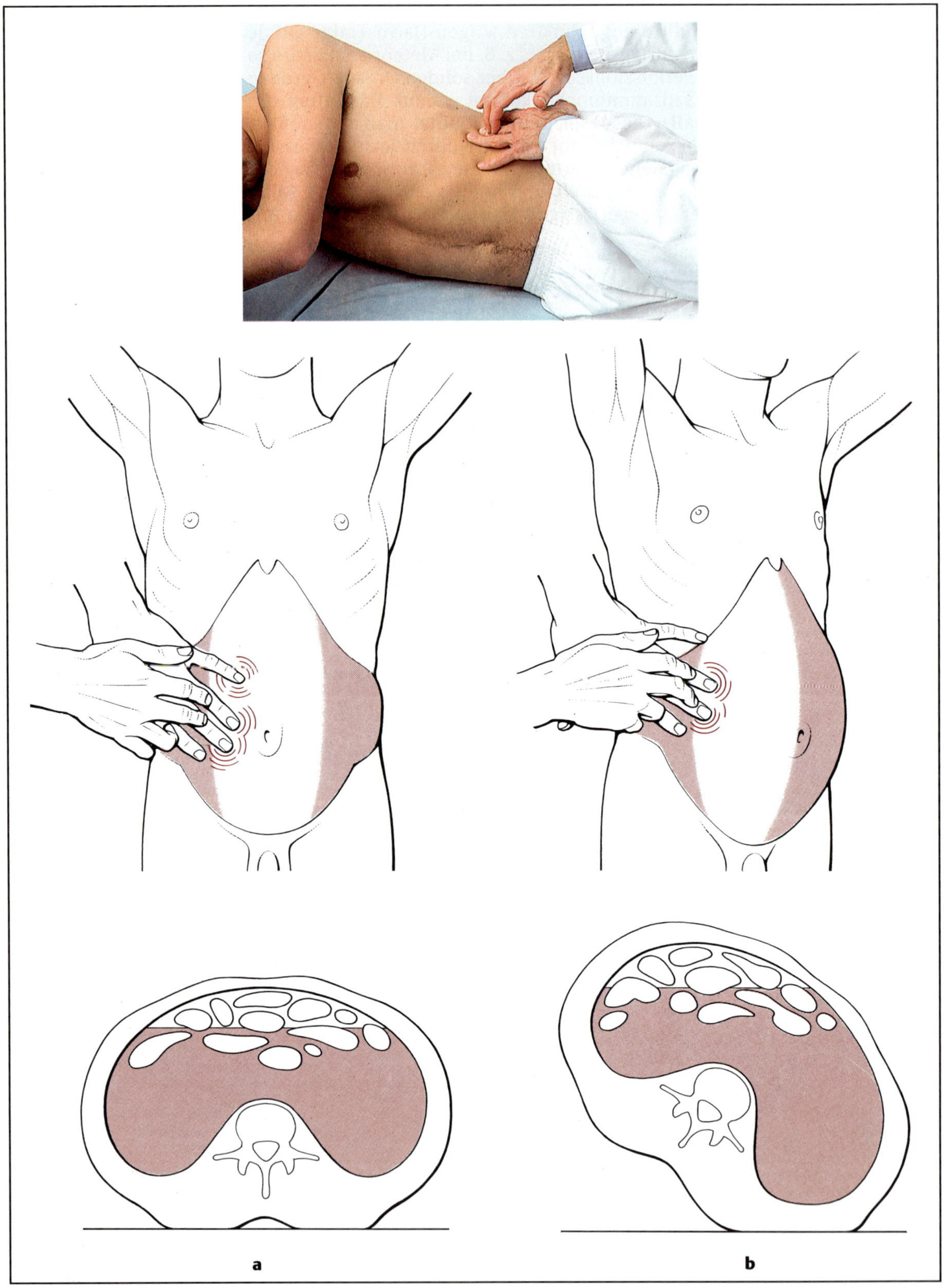

C-3.17: Nachweis von größeren Aszitesmengen in der Rückenlage:
Größere Flüssigkeitsmengen bewirken eine Flankendämpfung (**a**), die in Seitenlage wandert (**b**)

Eine zweite, weniger zuverlässige Methode ist die Auslösung des **Undulationsphänomens**. Sie legen dazu eine Hand auf eine Flanke des Patienten und klopfen mit den Fingerkuppen der andern Hand kurz und scharf auf die Flanke der Gegenseite (S C-**3.4**). Spüren Sie das Anschlagen einer Flüssigkeitswelle an der tastenden Hand, so liegt Aszites vor.
Der klinische Nachweis von Aszites mittels Flankendämpfung und Undulation gelingt erst ab etwa 2 Liter Aszitesflüssigkeit. Sonographisch können dagegen bereits geringste Mengen (ca. 100 ml) freier Flüssigkeit im Abdomen festgestellt werden. Aszites kann als eiweißarmes Transsudat am häufigsten bei Leberzirrhose und Herzinsuffizienz auftreten über eine Druckerhöhung in der Pfortader bzw. einen venösen Rückstau in die Mesenterialvenen. Diffus in das Peritoneum metastasierte maligne Tumoren und entzündliche Prozesse führen dagegen zu einem eiweißreichen Exsudat. Die wichtigsten Ursachen für Aszites (Exsudat und Transsudat) sind in ▤ C-**3.7** zusammengestellt.

Eine zweite, weniger zuverlässige Methode ist die Auslösung des **Undulationsphänomens** (S C-**3.4**). Spüren Sie das Anschlagen einer Flüssigkeitswelle an der tastenden Hand, so liegt Aszites vor. Der klinische Nachweis von Aszites mittels Flankendämpfung und Undulation gelingt erst ab ca. 2 Liter Aszitesflüssigkeit. Sonographisch können dagegen bereits geringste Mengen (ca. 100 ml) freier Flüssigkeit im Abdomen festgestellt werden. Die wichtigsten Ursachen für Aszites (Exsudat und Transsudat) sind in ▤ C-**3.7** zusammengestellt.

S Synopsis C-**3.4: Auslösung des Undulationsphänomens**

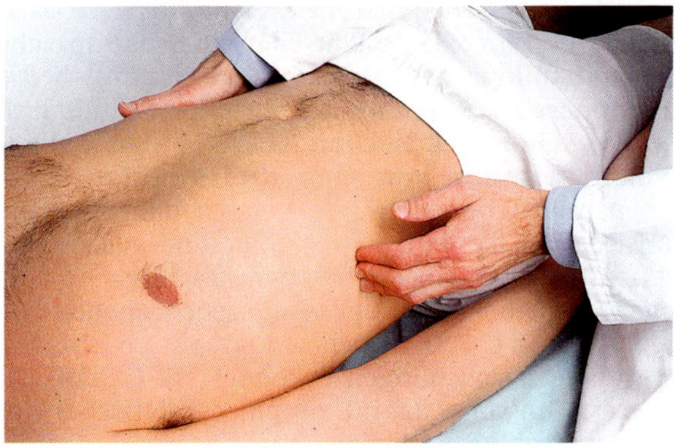

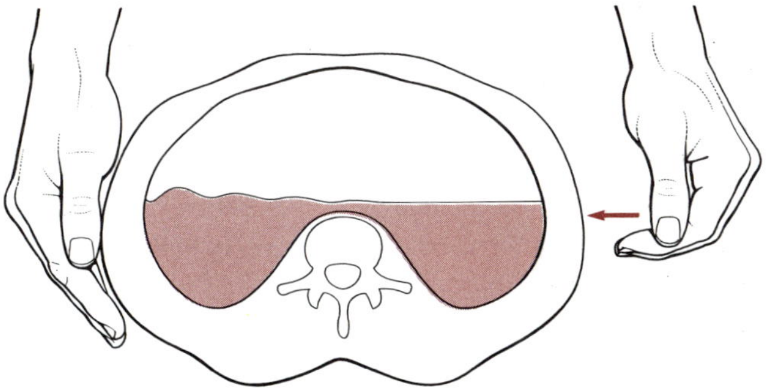

Vorgehensweise:

- Legen Sie eine Hand auf die Flanke des Patienten und klopfen Sie mit den Fingerkuppen der anderen Hand kurz und scharf auf die Flanke der Gegenseite
- Spüren Sie das Anschlagen der Flüssigkeitswelle an der tastenden Hand, liegt Aszites vor

▤ C-**3.7: Ursachen von Aszites**

Transsudat (Proteingehalt < 3g/dl)
- Leberzirrhose, portale Hypertension
- Dekompensierte Herzinsuffizienz
- Hypoalbuminämie, z. B. nephrotisches Syndrom
- Budd-Chiari-Syndrom (Lebervenenthrombose)
- Meigs-Syndrom (Aszites bei Ovarialfibrom)

Exsudat (Proteingehalt > 3g/dl)
- Lymphangiosis carcinomatosa
- Infektiös, z. B. Tuberkulose, Chlamydien
- Obstruktion des Ductus thoracicus (chylöser Aszites)
- Pankreatitis
- Myxödem

3.6 Auskultation des Abdomens

Die Peristaltik des Dünndarms erzeugt charakteristische gurgelnde Geräusche. Mit dem Stethoskop hören Sie etwa alle 5–10 Sekunden glucksende, gurgelnde oder knarrende Geräusche. Die Peristaltik kann durch Druck mit dem Stethoskop auf das Abdomen angeregt werden.

Hochfrequente, metallisch klingende Geräusche deuten auf einen beginnenden mechanischen Ileus hin. Leise Plätschergeräusche können in der Frühphase eines paralytischen Ileus nachgewiesen werden. Das Fehlen jeglicher Darmgeräusche über einen Zeitraum von über drei Minuten spricht für einen paralytischen Ileus (»Grabesstille«, s. ▤ C-**3.8**). Für die Diagnose wichtig sind Röntgenaufnahmen des Abdomens im Stehen, auf der waagrecht stehende Flüssigkeitsspiegel zur erkennen sind (◘ C-**3.18**). Auch sonographisch kann man massiv mit Flüssigkeit gefüllte Darmschlingen erkennen (◘ C-**3.19**).

Die Peristaltik des Dünndarms erzeugt charakteristische gurgelnde Geräusche, die manchmal schon mit dem bloßen Ohr auf Distanz zu hören sind. Sie entstehen durch die Propulsion von flüssigem, z. T. mit Gas vermischtem Darminhalt durch die Peristaltik. Setzen Sie das Stethoskop mit der Trichterseite auf verschiedene Punkte des Abdomens auf und verharren Sie einige Zeit an derselben Stelle. Im Normalfall hören Sie etwa alle 5–10 Sekunden glucksende, gurgelnde oder knarrende Geräusche. Hören Sie längere Zeit nichts, so können Sie versuchen, die Peristaltik durch Druck mit dem Stethoskop auf das Abdomen anzuregen.
Bei verstärkter Peristaltik, wie sie im Hungerzustand, bei Enteritis oder Zuständen von Malabsorption auftreten kann, sind die Geräusche praktisch andauernd in erhöhter Lautstärke zu hören (**Borborygmi**). Werden die Darmschlingen durch vermehrte Gasbildung gebläht, so entstehen hochfrequente, metallisch klingende Geräusche (Zunahme der Spannung des »Trommelfells«). Dieser Befund deutet auf einen beginnenden mechanischen Ileus hin, bei dem die Peristaltik ein Hindernis überwinden muß. Dabei können auch spritzende Geräusche entstehen, wenn flüssiger Darminhalt durch eine Stenose gepreßt wird. Leise Plätschergeräusche sprechen für eine vermehrte Flüssigkeitsfüllung des Darms ohne besonders heftige Bewegung, z. B. in der Frühphase eines paralytischen Ileus (Lähmung der Darmmotorik). **Ein besonders schlechtes Zeichen ist das Fehlen jeglicher Darmgeräusche über einen Zeitraum von über drei Minuten.** Dieser Befund spricht für einen paralytischen Ileus. Da es sich dabei um eine lebensbedrohliche Notfallsituation handelt, wird der Befund auch blumig als »Grabesstille« bezeichnet (▤ C-**3.8**). Für die Diagnose wichtig sind Röntgenaufnahmen des Adomens im Stehen, auf der waagrecht stehende Flüssigkeitsspiegel zu erkennen sind (◘ C-**3.18**). Auch sonographisch kann man massiv mit Flüssigkeit gefüllte Darmschlingen erkennen (◘ C-**3.19**). Das Studium der Peristaltik liefert Hinweise darauf, ob ein paralytischer Ileus oder ein mechanischer Darmverschluß vorliegt.

C-3.8: Symptomenorientierte Differentialdiagnose der Ileusformen

	Paralytischer Ileus	Obturations-Ileus	Strangulations-Ileus
Anamnese	Erkrankung mit Peritonitis	Karzinom, Gallensteine, Askariden	Frühere Laparotomien
Beginn	Plötzlich: Perforation Allmählich: nach Laparotomie	Allmählich	Plötzlich ohne Vorboten
Allgemeinzustand	Schwerstkrank, oft Schock	Anfangs wenig krank	Schwerkrank Schock
Schmerz	Evtl. fehlend	Meist kolikartig	Heftig, kolikartig
Meteorismus	Ausgeprägt diffus »Trommelbauch«	Gering	Umschrieben
Peristaltik	Fehlend (»Grabesstille«)	Verstärkt, sichtbar	Initial vorhanden, später fehlend

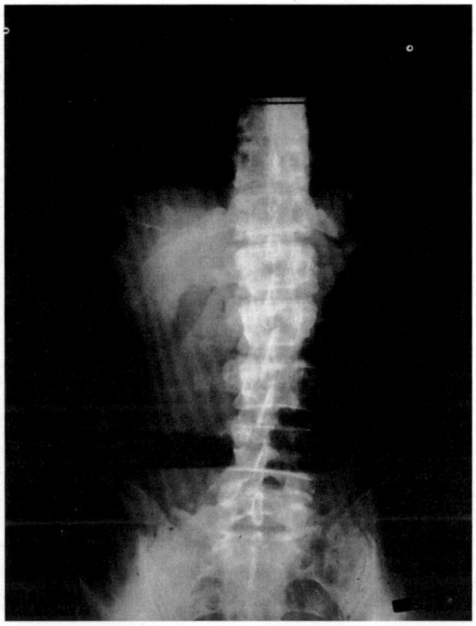

C-3.18: **Dickdarmileus, Röntgenbefund:** Massiv luftgefülltes Colon transversum und Ausbildung von Flüssigkeitsspiegeln

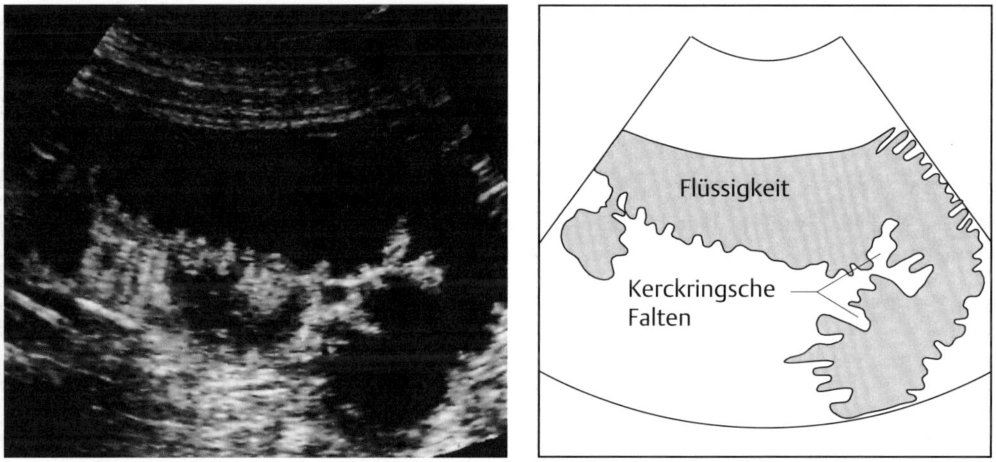

C-3.19: **Dünndarmileus, sonographischer Befund:** Ausgeprägte Flüssigkeitsfüllung von Dünndarmschlingen, wodurch die Kerckringschen Falten deutlich sichtbar werden

Auskultation abdomineller Gefäße. Zur Feststellung von Geräuschen, die von abdominellen Gefäßen ausgehen, muß das Stethoskop tief eingedrückt werden. Die Aorta wird in der Median- oder Paramedianlinie vom Epigastrium bis zum Nabel auskultiert. Die Nierenarterien lassen sich am besten direkt kranial des Nabels etwa 2 cm rechts und links der Medianlinie auskultieren. Die meisten arteriellen Geräusche gehen von der Aorta aus. Stenosen der Nieren- oder Mesenterialarterien sind nur unter besonders günstigen Umständen hörbar und können mit dieser einfachen Methode keineswegs ausgeschlossen werden.

Auskultation abdomineller Gefäße
Zur Feststellung von Geräuschen, die von abdominellen Gefäßen ausgehen, muß das Stethoskop tief eingedrückt werden. Die Aorta wird in der Median- oder Paramedianlinie vom Epigastrium bis zum Nabel auskultiert. Die Nierenarterien lassen sich am besten direkt kranial des Nabels etwa 2 cm rechts und links der Medianlinie auskultieren.

Reibegeräusche. Achten Sie besonders bei umschriebenen, atemabhängigen Schmerzangaben des Patienten auf atemabhängiges Reiben, ähnlich Sandpapier. In frühen Stadien einer Perisplenitis (z. B. nach Milzinfarkten) oder Perihepatitis kann es durch Fibrinbeläge zu Rauhigkeiten des Peritoneums kommen.

Reibegeräusche Achten Sie besonders bei umschriebenen, atemabhängigen Schmerzangaben auf atemabhängiges Reiben, ähnlich Sandpapier. Eine beginnende Perisplenitis oder Perihepatitis kann durch Fibrinbeläge Rauhigkeiten des Peritoneums verursachen.

3.7 Untersuchung der Leistenregion

Die wesentlichen Befunde der Leistenregion (C-3.20) sind Hernien, Lymphknoten, Varixknoten und die Pulse der A. femoralis.

3.7 Untersuchung der Leistenregion

Wichtige anatomische Leitstruktur der Leistenregion ist das sehnige Leistenband, das von der Spina iliaca anterior superior zum Tuberculum pubicum zieht. Kranial des Leistenbandes und fast parallel dazu liegt der Leistenkanal, der beim Mann den Samenstrang, bei der Frau das runde Mutterband enthält (C-**3.20**). Die wesentlichen Befunde der Leistenregion sind Hernien, Lymphknoten, Varixknoten und die Pulse der A. femoralis.

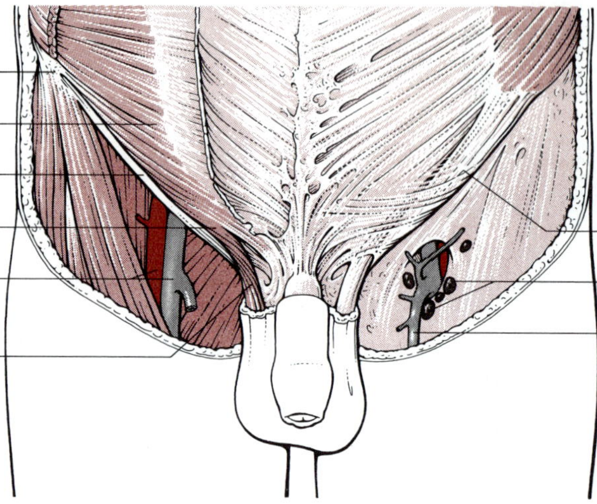

C-**3.20: Klinisch wichtige Strukturen der Leistenregion**

3.7.1 Lymphknoten

Bei der Palpation der Leisten wird man immer einige, bis maximal erbsgroße und nicht druckdolente Lymphknoten tasten können (kein pathologischer Befund). Bei Lymphknoten über 1 cm sollten Sie nach durchgemachten Infektionen, vor allem venerischen Infekten, fragen.

3.7.1 Lymphknoten

Ziehen Sie Untersuchungshandschuhe an, und palpieren Sie beide Leisten beim liegenden Patienten nach vergrößerten Lymphknoten. Bei schlanken Personen wird man immer einige, bis maximal erbsgroße und nicht druckdolente Lymphknoten tasten können (kein pathologischer Befund). Stellen Sie Lymphknoten über 1 cm Durchmesser fest, so fragen Sie den Patienten nach durchgemachten Infektionen, insbesondere venerische Infekte. Die Patienten wissen meistens selbst, ob eine Lymphknotenvergrößerung schon lange besteht oder neu aufgetreten ist. Überprüfen Sie, ob die Lymphknoten druckdolent, verschieblich, ein- oder beidseitig vergrößert sind.

Merke ▶

Merke. Über dem Leistenband gelegene Lymphknoten drainieren die Lymphe aus dem äußeren Genitale, dem Damm, der Analregion und der Bauchhaut unterhalb des Nabels, der Haut der Hüft- und Gesäßregion und teilweise auch des inneren Genitales. Vertikal entlang der Vena femoralis liegende Lymphknoten drainieren den oberflächlichen Lymphstrom der unteren Extremität. Der wichtigste ist der Rosenmüllersche* Lymphknoten auf dem Septum femorale zwischen V. femoralis und Ligamentum lacunare.

Aufgabe ▶

Aufgabe: Tasten Sie bei sich selbst beide Leisten ab und stellen Sie die Größe evtl. vorhandener Lymphknoten fest! Tasten Sie die Spina iliaca anterior superior, das Tuberculum pubicum und das Leistenband in seinem Verlauf zwischen diesen beiden Punkten!

* Johann Christian Rosenmüller (1771 – 1820), Anatom in Leipzig

3.7.2 Hernien

Alle Hernien haben drei gemeinsame Merkmale:

- Sie treten an »schwachen Stellen« der Bauchwand auf.
- Sie treten hervor, wenn sich der intraabdominelle Druck erhöht (Husten, Niesen, Pressen).
- Sie gehen beim liegenden Patienten zurück.

Die Untersuchung von Hernien muß daher beim stehenden Patienten erfolgen! Fordern Sie den Patienten auf, zu husten, und beobachten Sie dabei die Bauchdecke und die Leistenregion von ventral und von lateral. Treten Vorwölbungen auf, liegt der Verdacht auf eine Hernie nahe.
Die häufigsten Lokalisationen von Hernien sind in C-**3.21** dargestellt.

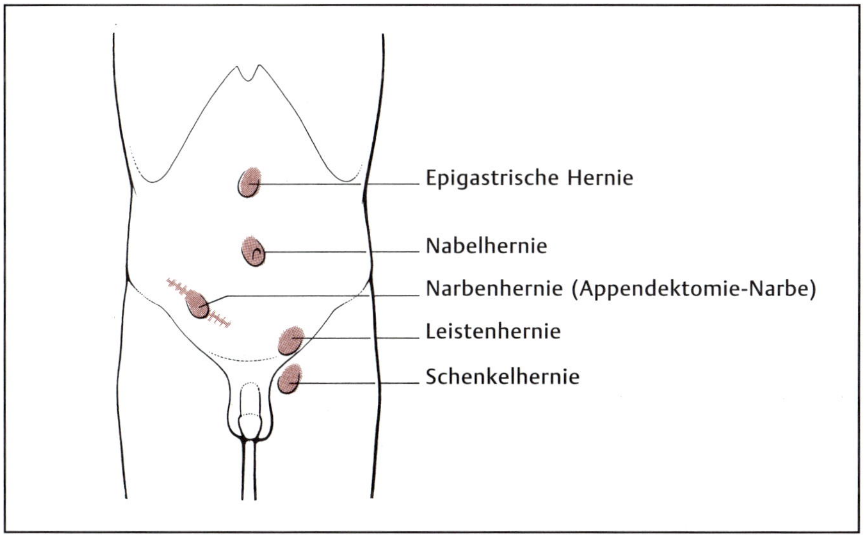

C-3.21: Die häufigsten Lokalisationen von Hernien

▶ ***Merke.*** Leistenhernien treten immer kranial, Schenkelhernien immer kaudal des Leistenbandes, etwa 2 cm medial des Pulses der A. femoralis auf! (C-**3.22**).

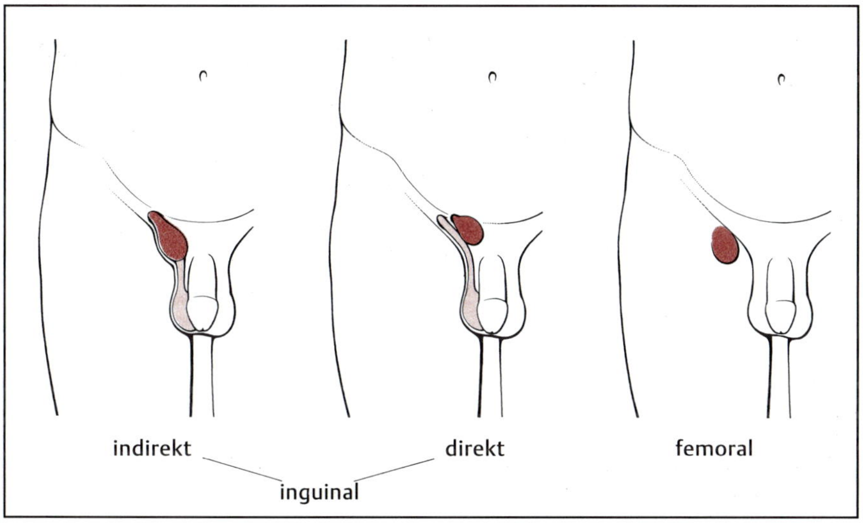

C-3.22: Topographische Lage von Leisten- und Schenkelhernien

3.7.2 Hernien

Alle Hernien haben drei gemeinsame Merkmale:

- Sie treten an »schwachen Stellen« der Bauchwand auf.
- Sie treten hervor, wenn sich der intraabdominelle Druck erhöht.
- Sie gehen beim liegenden Patienten zurück.

Die Untersuchung von Hernien muß daher beim stehenden Patienten erfolgen!

Die häufigsten Lokalisationen von Hernien sind in C-**3.21** dargestellt.

◀ **Merke**

Kleine Hernien werden (bei Männern) besser vom Skrotum aus diagnostiziert (C-**3.23**).
Mit dem **Bailey-Anstoßtest** können Sie eine indirekte Hernie von einer direkten unterscheiden. Große Hernien, indirekte wie direkte, können sich beim Mann bis in das Skrotum, bei der Frau bis in die großen Labien erstrecken. Nicht immer sind Hernien klinisch sicher zu diagnostizieren. Allerdings machen Alter und Geschlecht des Patienten bestimmte Diagnosen a priori wahrscheinlich (C-**3.9**).

Kleine Hernien werden (bei Männern) besser vom Skrotum aus diagnostiziert. Stülpen Sie beim stehenden Patienten reichlich Skrotalhaut mit dem rechten Kleinfinger (bei Untersuchung der rechten Seite) ein und tasten Sie sich entlang des Samenstrangs bis zum äußeren Leistenring vor, so daß die Fingerbeere die dorsale Wand des Leistenkanals berührt (C-**3.23**). Wenn der Patient nun hustet, so spüren Sie eine kleine indirekte Hernie gegen die Fingerspitze, eine direkte Hernie gegen die Fingerbeere schlagen (**Bailey-Anstoßtest**). Große Hernien, indirekte wie direkte, können sich beim Mann bis in das Skrotum, bei der Frau bis in die großen Labien erstrecken. Vergessen Sie nicht, Vorwölbungen im Bereich von Hernien zu auskultieren! Darmgeräusche sind nur über Hernien zu hören. Nicht immer sind Hernien klinisch sicher zu diagnostizieren. Allerdings machen Alter und Geschlecht des Patienten bestimmte Diagnosen a priori wahrscheinlich (C-**3.9**).

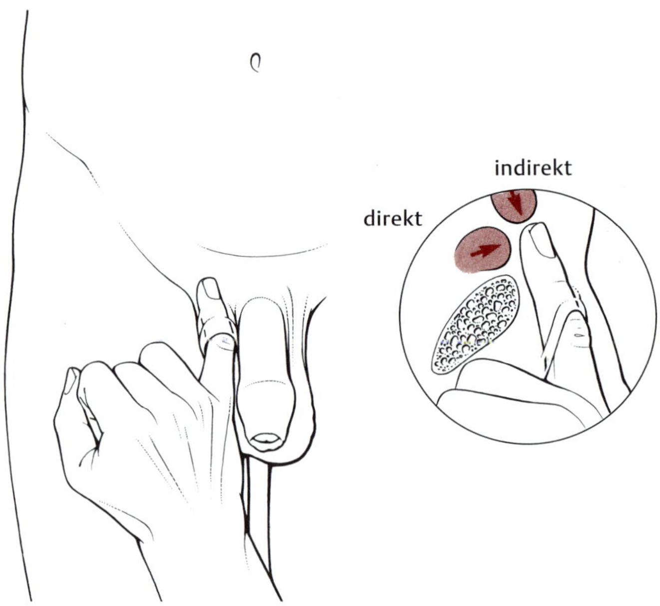

Vorgehensweise:

- Stülpen Sie beim stehenden Patienten reichlich Skrotalhaut mit dem Kleinfinger ein
- Tasten Sie sich entlang des Samenstrangs bis zum äußeren Leistenring vor, bis die Fingerbeere die dorsale Wand des Leistenkanals berührt
- Wenn der Patient hustet, spüren Sie eine direkte Hernie gegen die Fingerbeere, eine indirekte Hernie gegen die Fingerspitze schlagen

C-3.23: Palpation kleiner Hernien vom Skrotum aus

C-3.9: Differentialdiagnostische Merkmale von Hernien im Inguinalbereich

Merkmal	Indirekte Leistenhernie	Direkte Leistenhernie	Schenkelhernie
Häufigkeit	Am häufigsten	Weniger häufig	Selten
Alter, Geschlecht	Oft bei Kindern	Meist Männer über 40 Jahre	Meist Frauen
Lokalisation	Kranial des Leistenbandes, lateral	Kranial des Leistenbandes, medial	Kaudal des Leistenbandes, 2 cm medial des Femoralpulses
Ausdehnung in das Skrotum	Oft	Selten	Nie
Palpation im Inguinalkanal	Fingerspitze	Fingerbeere	Inguinalkanal leer

Bei Vorwölbungen im Bereich der Leiste und bei Raumforderungen im Skrotum müssen Sie differentialdiagnostisch denken an:
- Hydrozelen
- Varikozelen
- Nicht deszendierte Hoden
- Tumoren des Hodens und Nebenhodens
- Lipome im Leistenkanal.

Differentialdiagnostisch kommen Hydrozelen, Varikozelen, nicht deszendierte Hoden, Tumoren und Lipome in Frage.

Läßt sich eine Hernie manuell in den Bauchraum zurückdrängen, so ist sie reponibel; jedoch sollten derartige Versuche unterlassen werden, wenn dieses Manöver sehr schmerzhaft ist. Oft demonstrieren die Patienten selbst, wie die Schwellung in der Leiste zum Verschwinden gebracht werden kann. Nicht reponible Hernien sind eingeklemmt und jederzeit durch eine Strangulation der Gefäßversorgung gefährdet mit der Folge einer Gangrän und Peritonitis.

Läßt sich eine Hernie manuell in den Bauchraum zurückdrängen, so ist sie reponibel. Nicht reponible Hernien sind eingeklemmt und jederzeit durch eine Strangulation der Gefäßversorgung gefährdet mit der Folge einer Gangrän und Peritonitis.

Merke. Unterlassen Sie Reponierversuche, wenn diese sehr schmerzhaft sind.

◀ **Merke**

3.8 Inspektion des Anus und rektale Untersuchung

3.8 Inspektion des Anus und rektale Untersuchung

Merke. Die Untersuchung des Abdomens ist unvollständig ohne rektale Untersuchung.

◀ **Merke**

Zumindest bei stationär in ein Krankenhaus aufgenommenen Patienten über 45 Jahre sollte die rektale Untersuchung immer durchgeführt werden, es sei denn ein akutes Krankheitsbild (z. B. Myokardinfarkt) bildete eine vorübergehende Kontraindikation. Wenngleich die rektale Untersuchung epidemiologisch betrachtet wahrscheinlich nur wenig zur Verminderung der Mortalität am Rektumkarzinom beitragen kann, so sollte doch jedem einzelnen Patienten die Chance einer möglichen Früherkennung eines Rektum- oder Prostatakarzinoms gegeben werden. Immerhin entwickeln sich ca. 20–30 % aller Karzinome des Dickdarms in einem dem palpierenden Finger zugänglichen Bereich.

20–30 % aller Karzinome des Dickdarms entwickeln sich in einem dem palpierenden Finger zugänglichen Bereich.

3.8.1 Untersuchungstechnik

3.8.1 Untersuchungstechnik

Der Patient sollte die Harnblase entleert haben. Die rektal-digitale Untersuchung kann in drei verschiedenen Körperpositionen des Patienten vorgenommen werden (C-**3.24**). Bei Rechtshändern empfiehlt sich die **Linksseitenlage** des Patienten mit leicht angezogenen Beinen (Gesäß möglichst nahe an der Bettkante). Die **Knie-Ellenbogen-Lage** auf der Liege oder stehend vornüber gebeugt verschafft zwar einen guten Zugang zum Anus, wird aber von vielen Patienten als sehr unangenehm empfunden. Steht ein gynäkologischer Untersuchungsstuhl zur Verfügung, kann in **Steinschnittlage** untersucht werden. Diese Stellung ermöglicht die gleichzeitige Palpation des Abdomens mit der linken Hand. Am schonendsten für den Patienten ist sicher die Linksseitenlage.

Der Patient sollte die Harnblase entleert haben. Die rektal-digitale Untersuchung kann in drei verschiedenen Körperpositionen des Patienten vorgenommen werden (C-**3.24**): Linksseitenlage, Knie-Ellenbogen-Lage und Steinschnittlage. Am schonendsten für den Patienten ist sicher die Linksseitenlage.

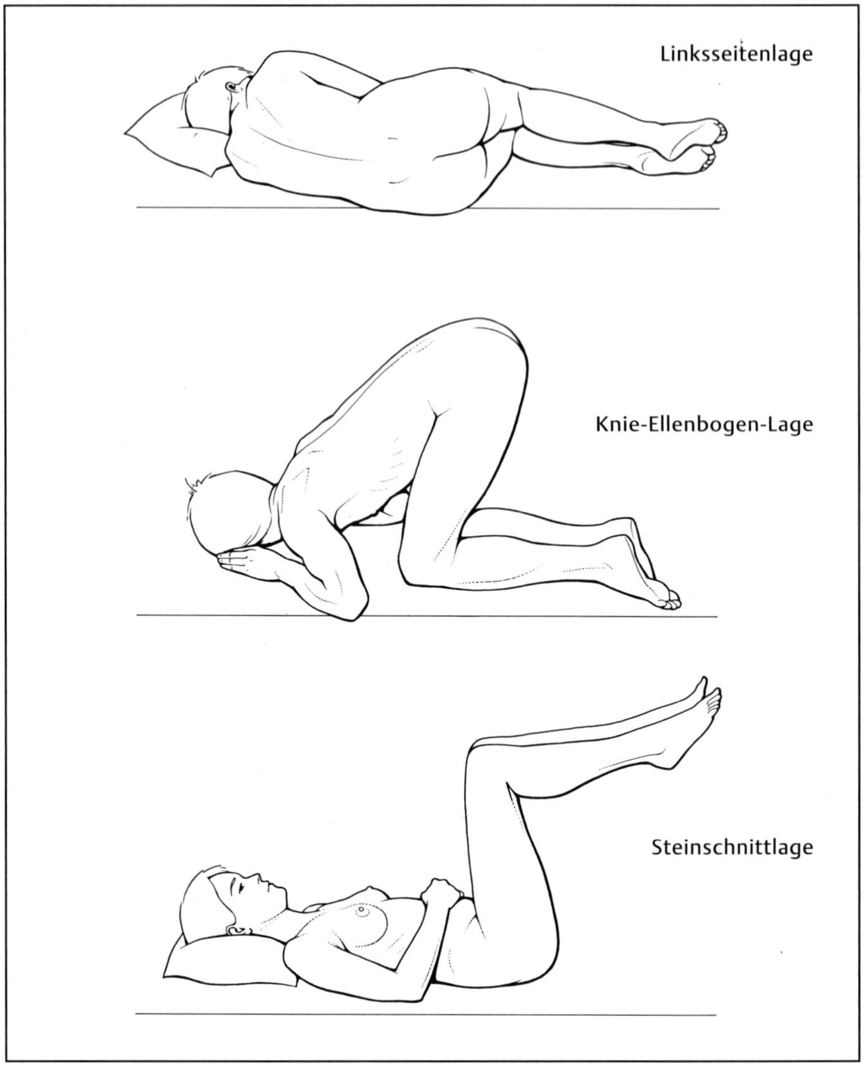

C-3.24: **Körperpositionen für die digitale rektale Untersuchung**

3.8.2 Inspektion

Erklären Sie dem Patienten die Prozedur. Lassen Sie den Patienten pressen, um ein mögliches Prolabieren von Hämorrhoiden oder einen Analprolaps zu provozieren. Achten Sie auf Marisken, Rötungen und Nässen als Ausdruck eines Analekzems auf Kondylome, Fisteln und Fissuren, Perianalthrombosen und Hämorrhoiden (C-**3.25**).

Hämorrhoiden Hämorrhoiden sind hyperplastische Gefäße des arteriell gespeisten, proximal der Linea dentata gelegenen Corpus cavernosum recti. Da es sich um arterielles Blut handelt, ist die Hämorrhoidalblutung hellrot! Die drei typischen Prädilektionsstellen der Hämorrhoidalknoten befinden sich bei 3, 7 und 11 Uhr in Steinschnittlage.

3.8.2 Inspektion

Ziehen Sie Untersuchungshandschuhe an und erklären Sie dem Patienten die Prozedur, die zwar unangenehm, jedoch nicht schmerzhaft ist. Bei Untersuchung in Linksseitenlage heben Sie mit der linken Hand die rechte Gesäßbacke an und inspizieren die Analregion bei gutem Licht. Lassen Sie den Patienten pressen, um ein mögliches Prolabieren von Hämorrhoiden oder einen Analprolaps zu provozieren. Achten Sie auf Marisken, Rötungen und Nässen als Ausdruck eines Analekzems, auf Kondylome, Fisteln und Fissuren, Perianalthrombosen und Hämorrhoiden (C-**3.25**). Denken Sie an die Möglichkeit sexuell übertragbarer Infektionen im Analbereich).

Hämorrhoiden. Hämorrhoiden sind hyperplastische Gefäße des arteriell gespeisten, proximal der Linea dentata gelegenen Corpus cavernosum recti. Da es sich um arterielles Blut handelt, ist die Hämorrhoidalblutung hellrot! Dieser Schwellkörper wird aus drei Ästen der A. rectalis sup. gespeist. An deren Durchtrittsstellen durch die Darmwand liegen die drei typischen Prädilektionsstellen der Hämorrhoidalknoten (3 Uhr, 7 Uhr und 11 Uhr in Steinschnittlage, 2 Uhr, 5 Uhr und 9 Uhr in Knie-Ellenbogen-Lage).

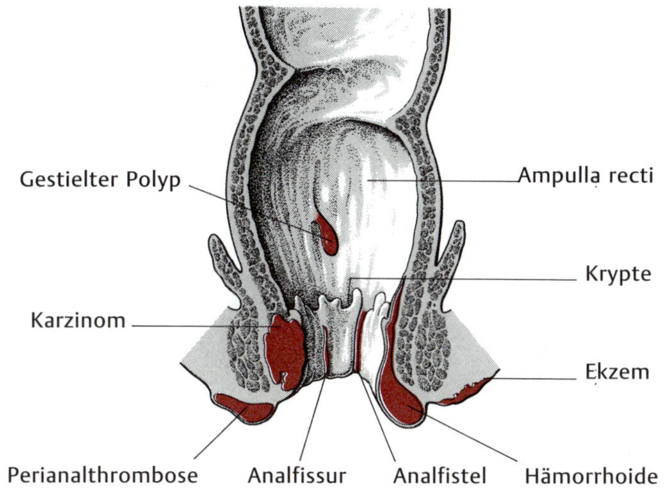

C-3.25: **Schematische Darstellung häufiger Analerkrankungen**

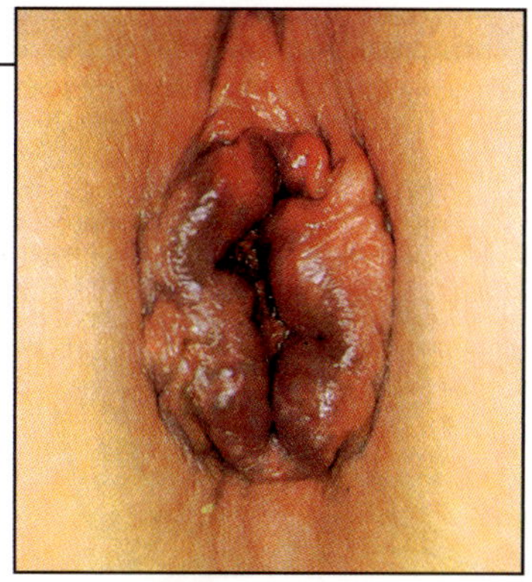

Hämorrhoiden II. Grades

Etwa 70 % der Erwachsenen über 30 Jahre haben Hämorrhoiden, allerdings nur eine Minderheit davon Beschwerden wie Juckreiz, Schmerzen oder Blutungen! Das Hämorrhoidalleiden wird in vier Schweregrade eingeteilt:

- **Grad I:** Der Knoten kann nicht palpiert, sondern nur proktoskopisch festgestellt werden.
- **Grad II:** Die Knoten prolabieren beim Pressen und verschwinden danach wieder spontan.
- **Grad III:** Die Knoten sind fixiert prolabiert und nur digital zu reponieren.
- **Grad IV:** Hämorrhoiden mit Analprolaps.

Ca. 70 % der Erwachsenen über 30 Jahre haben Hämorrhoiden. Das Hämorrhoidalleiden wird in vier Schweregrade eingeteilt.

3.8.3 Palpation

Berühren Sie mit dem Finger die perianale Haut und lösen den Analreflex (Zusammenziehen des Sphincter ani externus bei Berührung) aus. Streifen Sie nun einen Fingerling über den rechten Zeigefinger, geben etwas Vaseline auf die Fingerspitze und führen den Finger unter sanftem Druck in den Anus ein. Sollte der Patient das Eingehen des Fingers durch einen Spasmus des äußeren Analsphinkters erschweren, so fordern Sie ihn auf, wie zum Stuhlgang zu pressen. Registrieren Sie den spontanen und willkürlichen Tonus des sich um den palpierenden Finger schließenden Sphincter ani, indem Sie den Patienten auffordern, den Anus zusammenzukneifen. Der Sphinktertonus ist bei älteren Patienten, bei Analprolaps, Proktitis, einer neurogenen Harninkontinenz oder auch bei sexueller Aktivität im Analbereich vermindert. Führen Sie den Finger unter Palpation der gesamten Zirkumferenz der Rektumwand weiter ein (S C-**3.5**).

3.8.3 Palpation

Streifen Sie nun einen Fingerling über den rechten Zeigefinger, geben etwas Vaseline auf die Fingerspitze und führen den Finger unter sanftem Druck in den Anus ein (S C-**3.5**). Beurteilen Sie bei der Rektumpalpation den spontanen und willkürlichen Sphinktertonus. Dieser ist bei älteren Patienten, bei Analprolaps, Proktitis, einer neurogenen Harninkontinenz oder auch bei sexueller Aktivität im Analbereich vermindert.

S Synopsis C-**3.5: Rektumpalpation**

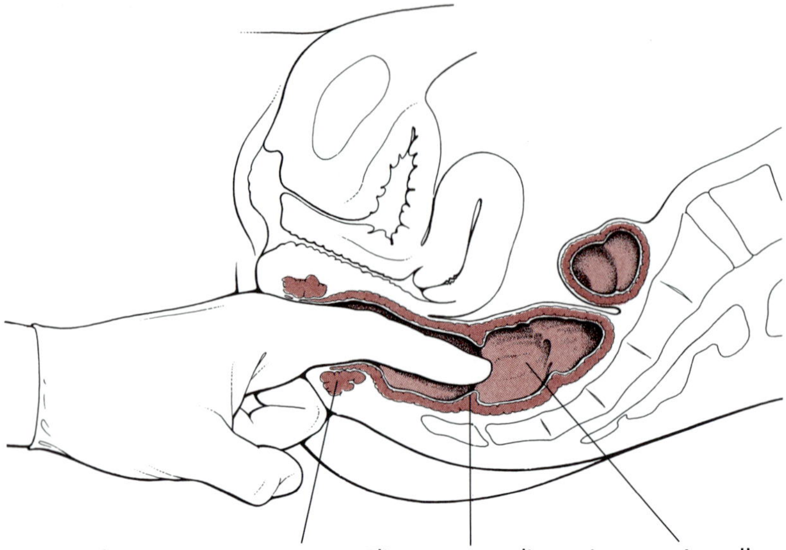

Vorgehensweise:

- Führen Sie den Finger unter sanftem Druck in den Anus ein
- Registrieren Sie den spontanen und willkürlichen Sphinktertonus

Achten Sie auf folgende Tastbefunde:

- Derber, höckriger Tumor mit wallartigen Rändern: V. a. Rektumkarzinom
- Mehrere weiche Vorwölbungen: V. a. Hämorrhoiden
- Weiche, gut verschiebliche Tumoren, evtl. gestielt: V. a. Polypen
- Harte Skybala bei habitueller Obstipation
- Extraluminale Befunde (Myome, Zystozelen, Pessare, Tampons etc.)

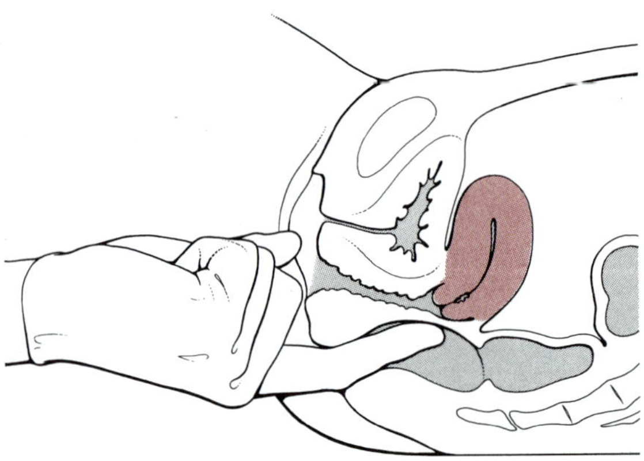

Bei der Frau tasten Sie die Cervix uteri. Im Bereich der Parametrien läßt sich bei entzündlichen Prozessen der Portioschiebeschmerz auslösen.

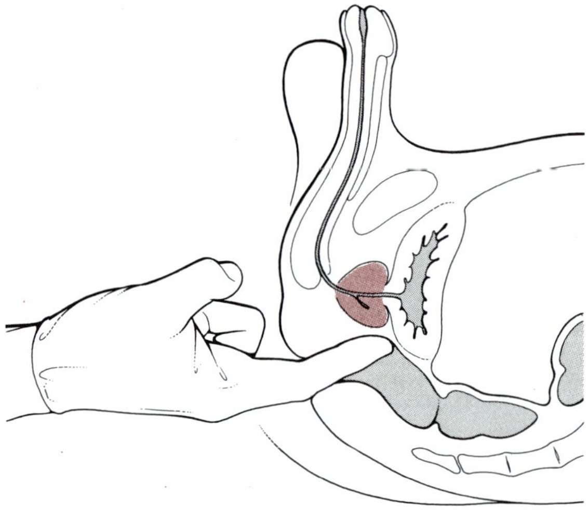

Beim Mann tasten Sie die Prostata. Beurteilen Sie deren Größe, Konsistenz, Abgrenzbarkeit sowie Verschieblichkeit der Schleimhaut.

Merke ▶

▶ *Merke.* Schmerzen bei Druck auf die Rektumwände sprechen für einen entzündlichen, evtl. abszedierenden Prozeß im Bereich von Adnexe, Appendix, Parametrien oder im Douglasschen* Raum.

In ca. 7–8 cm Tiefe tasten Sie beim Mann an der Rektumvorderwand die **Prostata**. Beurteilen Sie **Größe** und **Konsistenz** beider Lappen, die Verschieblichkeit der Schleimhaut und die **Abgrenzbarkeit** gegenüber dem umgebenden Gewebe. Die normale Prostata ist etwa kastaniengroß und hat die Konsistenz eines angespannten Daumenballens. Beim Prostata-

In ca. 7–8 cm Tiefe tasten Sie beim Mann an der Rektumvorderwand die **Prostata**. Beurteilen Sie **Größe** und **Konsistenz** beider Lappen, die **Verschieblichkeit** der Schleimhaut und die **Abgrenzbarkeit** gegenüber dem umgebenden Gewebe. Die normale Prostata ist etwa kastaniengroß und weist die Konsistenz eines angespannten Daumenballens auf; sie ist in der Mitte durch einen Sulkus getrennt. Umfahren Sie mit dem Finger die gesamte Zirkumferenz. Bei einer massiven benignen Prostatahyperplasie gelingt dies manchmal nicht mehr, die Schleimhaut des Rektums ist aber gut gegen die Prostata verschieblich. Beim Prostatakarzinom fühlt sich die

* James D. Douglas (1675 – 1742), Anatom und Chirurg aus London

Prostata knochenhart an, die Rektumschleimhaut kann verbacken sein. Eine weiche, schlecht abgrenzbare und druckschmerzhafte Prostata spricht für eine akute oder chronische Entzündung.
Die kranial und lateral der Prostata gelegenen Samenblasen sind nur bei chronisch-entzündlichen Prozessen, Tuberkulose oder beim Vorliegen von Verkalkungen tastbar.
Bei der Frau läßt sich rektal die **Cervix uteri** fühlen. Hier kann man bei entzündlichen Prozessen im Bereich der Parametrien den sog. **Portioschiebeschmerz** auslösen und in der Spätschwangerschaft den Stand des kindlichen Kopfes im Bereich des äußeren Muttermundes feststellen.

Nach der rektalen Untersuchung betrachten Sie die Reste von Stuhl, Blut, Schleim oder Eiter am Fingerling. Frisches hellrotes Blut spricht für eine stattgehabte Hämorrhoidalblutung, aber auch für eine Kontaktblutung bei einem Karzinom. Pechschwarzer Stuhl (»Teerstuhl«) deutet auf eine obere gastrointestinale Blutung hin. Verwenden Sie die Stuhlreste am Fingerling, um auf okkultes Blut zu testen (**Haemoccult-Test**). Dieser Test wird zur Diagnose eines Kolonkarzinoms eingesetzt und von den Krankenkassen als Früherkennungsmaßnahme bei Personen über 40 Jahren propagiert (siehe auch Seite 274).
Bieten Sie dem Patienten nach der Untersuchung Zellstoff an, damit er sich den After von der Vaseline reinigen kann.

3.9 Proktoskopie, Rektosigmoideoskopie

Bei jedem Patienten mit einer Symptomatik im Anorektalbereich bzw. mit neu aufgetretenen Stuhlgangsunregelmäßigkeiten ist die Proktoskopie essentieller Bestandteil der körperlichen Untersuchung. Der Nachweis von Hämorrhoiden Grad I gelingt nur mit diesem Untersuchungsverfahren. Der Patient liegt dabei in leichter Kopftieflage auf einem Spezialstuhl oder kniet auf der Untersuchungsliege. In dieser Stellung entfaltet sich der Enddarm am besten. Schwerkranke Patienten können auch in Linksseitenlage untersucht werden. Nach Inspektion und digitaler Untersuchung wird das Proktoskop vorsichtig zunächst mit Zielrichtung auf die Liege, dann nach dorsal auf das Os sacrum zu vorgeschoben. Die Inspektion der Schleimhaut erfolgt unter ständigen Kreisbewegungen beim Rückzug des Proktoskops. Über das Proktoskop läßt sich die konservative Behandlung von Hämorrhoiden (Sklerosierung durch Injektion, Infrarotkoagulation) durchführen.
Mit längeren starren Geräten oder flexiblen Fiberendoskopen gelingt eine Inspektion der Schleimhaut des Colon sigmoideum (Rektosigmoideoskopie) maximal bis etwa 40 cm vom Anus entfernt. Diese Untersuchung ist bei Patienten über 45 Jahre als wichtiges Verfahren zur Karzinomfrüherkennung anzusehen, da in diesem Darmabschnitt 60–70 % der kolorektalen Tumoren lokalisiert sind.

II Anamnese bei abdominellen Beschwerden

Nach einer mit Genuß verbundenen Nahrungsaufnahme ist der ungestörte und unbemerkte Ablauf der Verdauung eine wesentliche Basis für körperliches und psychisches Wohlbefinden. Etwa 30 % der Patienten einer allgemeinmedizinischen, internistischen oder pädiatrischen Praxis suchen den Arzt wegen abdomineller Beschwerden auf. Bei ca. 70 % dieser Patienten kann dabei auch nach dem mehr oder weniger intensiven Einsatz von Labor- und apparativen Untersuchungen kein organischer Befund erhoben werden. Gastrointestinale Symptome wie Übelkeit, Erbrechen, Bauchschmerzen oder Obstipation sind besonders vieldeutig und können sowohl durch eine spezifische Magen-Darm-Erkrankung, aber auch durch eine

karzinom fühlt sich die Prostata knochenhart an, die Rektumschleimhaut kann verbacken sein. Eine weiche, schlecht abgrenzbare und druckschmerzhafte Prostata spricht für eine akute oder chronische Entzündung.

Bei der Frau läßt sich rektal die **Cervix uteri** fühlen. Hier kann man bei entzündlichen Prozessen im Bereich der Parametrien den sog. **Portioschiebeschmerz** auslösen.

Nach der rektalen Untersuchung betrachten Sie die Reste von Stuhl, Blut, Schleim oder Eiter am Fingerling. Frisches hellrotes Blut spricht für eine stattgehabte Hämorrhoidalblutung, aber auch eine Kontaktblutung bei einem Karzinom. Pechschwarzer Stuhl (»Teerstuhl«) deutet auf eine obere gastrointestinale Blutung hin. Verwenden Sie die Stuhlreste am Fingerling, um auf okkultes Blut zu testen (**Haemoccult-Test**, siehe auch S. 274).

3.9 Proktoskopie, Rektosigmoideoskopie

Bei jedem Patienten mit einer Symptomatik im Anorektalbereich bzw. mit neu aufgetretenen Stuhlgangsunregelmäßigkeiten ist die Proktoskopie essentieller Bestandteil der körperlichen Untersuchung. Der Nachweis von Hämorrhoiden Grad I gelingt nur mit diesem Untersuchungsverfahren.
Nach Inspektion und digitaler Untersuchung wird das Proktoskop vorsichtig zunächst mit Zielrichtung auf die Liege, dann nach dorsal auf das Os sacrum zu vorgeschoben. Die Inspektion der Schleimhaut erfolgt unter ständigen Kreisbewegungen beim Rückzug des Proktoskops.
Mit längeren starren Geräten oder flexiblen Fiberendoskopen gelingt eine Inspektion der Schleimhaut des Colon sigmoideum (Rektosigmoideoskopie) maximal bis etwa 40 cm vom Anus entfernt. Hier sind ca. 60–70 % der kolorektalen Tumoren lokalisiert.

II Anamnese bei abdominellen Beschwerden

Etwa 30 % der Patienten einer allgemeinmedizinischen, internistischen oder pädiatrischen Praxis suchen den Arzt wegen abdomineller Beschwerden auf. Bei ca. 70 % dieser Patienten kann dabei auch nach dem mehr oder weniger intensiven Einsatz von Labor- und apparativen Untersuchungen kein organischer Befund erhoben werden. Gastrointestinale Symptome sind besonders vieldeutig und können sowohl durch eine spezifische Magen-Darm-Erkrankung, aber auch durch eine Systemkrankheit bedingt sein. Das Abdomen, insbesondere der tubuläre Magen-Darm-Trakt, ist zudem eines der häufigsten Manifestationsorgane körperlicher Funktions- und Befindensstörungen sowie psychosomatischer Erkrankungen. Die vielfältige und häufig wechselnde Symptomatik sowie die oft unpräzisen, wertenden und interpretierenden Angaben des Patienten stellen hohe Anforderungen an die Kunst der anamnestischen Fragetechnik des Arztes.

Systemkrankheit bedingt sein. Das Abdomen, insbesondere der tubuläre Magen-Darm-Trakt, ist zudem eines der häufigsten Manifestationsorgane körperlicher Funktions- und Befindensstörungen sowie psychosomatischer Erkrankungen, die sich in einer Fülle von Symptomen äußern können. Andererseits können organische Krankheiten im Bauchraum weit fortgeschritten sein, ehe sie Beschwerden verursachen. Abdominelle Symptome werden von vielen Patienten als besonders bedrohlich, rätselhaft und oft schwer definierbar empfunden. Die vielfältige und häufig wechselnde Symptomatik sowie die oft unpräzisen, wertenden und interpretierenden Angaben des Patienten stellen hohe Anforderungen an die Kunst der anamnestischen Fragetechnik des Arztes. Gerade für die rasche und ökonomische Diagnostik abdomineller Beschwerden sind eine subtile Untersuchungstechnik und umfassende differentialdiagnostische Kenntnisse erforderlich.

3.10 Bauchschmerzen

Schildert ein Patient Bauchschmerzen, so wenden Sie die gleiche Technik der Analyse an, wie sie im Kapitel A **6** dargestellt ist. Hat der Patient die spontane Schilderung seiner Beschwerden beendet, versuchen Sie durch gezieltes Fragen anhand der folgenden acht Punkte den Schmerz zu charakterisieren:

1. Lokalisation
2. Ausstrahlung
3. Dauer
4. Schmerzbeginn
5. Häufigkeit und Periodik
6. Intensität
7. Charakter
8. Auslösende, verstärkende und lindernde Faktoren.

3.10 Bauchschmerzen

Schildert ein Patient Bauchschmerzen, so wenden Sie die gleiche Technik der Analyse an, wie sie im Kapitel A **6** dargestellt ist. Spezifisch für das Abdomen ist lediglich die Assoziation des Schmerzereignisses mit den Funktionen der Bauchorgane wie Nahrungsaufnahme oder Stuhlgang. Hat der Patient die spontane Schilderung seiner Beschwerden beendet, versuchen Sie durch gezieltes Fragen anhand der folgenden acht Punkte den Schmerz zu charakterisieren:

1. **Lokalisation:** Wo sind die Schmerzen? am gleichen Ort? wandernd?
2. **Ausstrahlung:** Wohin strahlen sie aus?
3. **Dauer:** Wie lange? Sekunden? Minuten? Stunden? Tage? Wochen?
4. **Schmerzbeginn:** Wann? unter welchen Umständen? plötzlich? allmählich?
5. **Häufigkeit und Periodik:** Kommen und Gehen? wellenförmig? kontinuierlich? wie oft?
6. **Intensität:** leicht, mittel, schwer, unerträglich; vernichtend; Begleitsymptome (Schweißausbruch, Zittern, Schwindel etc.)
7. **Charakter:** dumpf, drückend, bohrend, brennend
8. **Auslösende, verstärkende und lindernde Faktoren:** Nahrung, Stuhlgang, Flatus, Erbrechen, Körperlage, Streß, Ereignisse, Stimmungen, Jahreszeiten.

1. Lokalisation

Patienten mit funktionellen Beschwerden weisen oft mit der flachen Hand auf das gesamte Abdomen, während Patienten mit einem organischen Befund gezielt mit dem Zeige- oder Mittelfinger auf eine Stelle deuten. Die wichtigsten Verdachtsdiagnosen in Abhängigkeit zur Schmerzlokalisation sind in ▤ C-**3.10** dargestellt.

1. Lokalisation

Fordern Sie den Patienten auf, mit seinen eigenen Händen auf den Punkt oder die Region zu zeigen, in der er Schmerzen empfindet. Patienten mit funktionellen Beschwerden weisen oft mit der flachen Hand auf das gesamte Abdomen, während Patienten mit einem organischen Befund gezielt mit dem Zeige- oder Mittelfinger auf eine Stelle deuten, z. B. bei einer Cholezystitis präzise auf den rechten Oberbauch. Die wichtigsten Verdachtsdiagnosen in Abhängigkeit zur Schmerzlokalisation sind in ▤ C-**3.10** dargestellt.

Merke ▶

▶ ***Merke.*** Denken Sie daran, daß die Schmerzlokalisation letztlich durch die Empfindung des Patienten bestimmt wird und durch eine anatomische Variante (hochgeschlagene Appendix, Senkniere) oder durch Schmerzprojektionen anhand der Headschen Zonen irreführend sein kann.

C-3-10: Schmerzlokalisation und mögliche Diagnosen

Rechts oben	Links oben
Cholezystitis	Ulcus ventriculi/duodeni
Gallensteinkolik	Milzinfarkt, Perisplenitis
Ulcus duodeni	Pankreatitis
Pankreatitis	Nierenstein, Pyelonephritis
Hepatitis	Aortenaneurysma (Dissekation)
Nierenstein	Kolitis, Morbus Crohn
Kolitis, Morbus Crohn	Mesenterialinfarkt
Mesenterialinfarkt	Herzinfarkt
	Lungenembolie

Oben Mitte	Unten Mitte
Herzinfarkt	Zystitis
Aortenaneurysma	Mesenterialembolie
Pankreaspseudozyste	Aortenaneurysma
Mallory-Weiss-Syndrom	
Ösophagusdivertikel	
Hiatushernie	
Ösophagitis	

Rechts unten	Links unten
Appendizitis	Divertikulitis
Ileozökalabszeß	Adnexitis
Adnexitis	Extrauteringravidität
Extrauteringravidität	Ureterstein links
Ureterstein rechts	Nierensteinkolik
Kolitis	Kolitis, Morbus Crohn
Nierensteinkolik	
Niereninfarkt	

Schmerzen, die ausschließlich über die viszeralen Afferenzen geleitet werden, können meist nicht gut lokalisiert werden und werden vom Patienten in der Medianlinie empfunden, unabhängig davon, wo sich der Entstehungsort befindet. Als Faustregel kann gelten, daß Schmerzen, die von der Leber und den Gallenwegen sowie vom Magen-Darm-Trakt oral des Treitzschen Bandes ausgehen, im Epigastrium lokalisiert werden. Vom Dünndarm ausgehende Schmerzen werden periumbilikal, am Kolon entstehende Schmerzen in den Unterbauch projiziert.

Die Patienten sind meist in der Lage, zwischen einem oberflächlichen, kutanen Schmerz (z. B. bei einem Zoster) und einem tiefen viszeralen Schmerz zu unterscheiden. Allerdings treten bei Läsionen innerer Organe auch Hyperästhesien der Haut auf.

Als Faustregel kann gelten, daß Schmerzen, die von der Leber und den Gallenwegen sowie vom Magen-Darm-Trakt oral des Treitzschen Bandes ausgehen, im Epigastrium lokalisiert werden. Vom Dünndarm ausgehende Schmerzen werden periumbilikal, am Kolon entstehende Schmerzen in den Unterbauch projiziert.

2. Ausstrahlung
Schmerzen, deren Ursache im Abdomen liegt, können in weit entfernt liegende Körperregionen ausstrahlen (◘ C-**3.26**).

2. Ausstrahlung

Schmerzen, deren Ursache im Abdomen liegt, können in weit entfernt liegende Körperregionen ausstrahlen (◘ C-**3.26**). Selbst bei Schmerzphänomenen im Bereich des Nackens und der Oberschenkel ist an eine abdominelle Ursache zu denken.

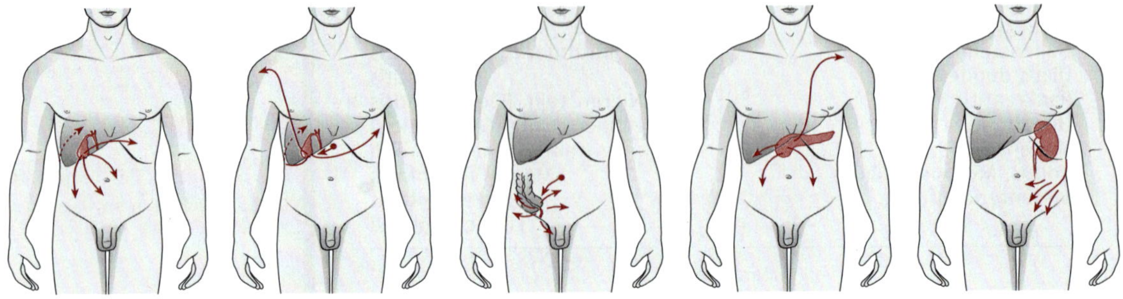

◘ C-**3.26: Schmerzausstrahlung bei verschiedenen abdominellen Erkrankungen**

Bei der **Appendizitis** beginnt der Schmerz meist periumbilikal und verlagert sich zunehmend in den rechten Unterbauch. Das Maximum des Druckschmerzes befindet sich am McBurney-Punkt (s. ◘ C-**3.3b**).

Bei der **Appendizitis** beginnt der Schmerz meist periumbilikal und konzentriert sich mit Fortschreiten der Entzündung auf den rechten Unterbauch. Das Maximum des Druckschmerzes findet sich am McBurney-Punkt in der Mitte einer Verbindungslinie zwischen Spina iliaca anterior superior und Nabel (siehe ◘ C-**3.3b**).

Schmerzen bei der akuten **Pankreatitis** und bei **Pankreaskarzinom** strahlen meist gürtelförmig um den Leib, in die linke Flanke und in die linke Schulterblattregion aus.

Schmerzen bei der akuten **Pankreatitis** und bei **Pankreaskarzinom** strahlen meist gürtelförmig um den Leib, in die linke Flanke und in die linke Schulterblattregion aus. Daher suchen Patienten mit einem Pankreaskarzinom oft unter der Verdachtsdiagnose von vertebragenen Schmerzen einen Orthopäden oder Rheumatologen auf. Im Rahmen einer Pankreatitis kann es zur proteolytischen Andauung weit entfernter retroperitonealer Strukturen kommen, was mit Rückenschmerzen oder Schmerzen im Bereich des Skrotums verbunden sein kann.

Bei der **Cholezystitis** und **Gallensteinkoliken** liegt das Schmerzmaximum im rechten Oberbauch.

Bei der **Cholezystitis** und **Gallensteinkoliken** liegt das Schmerzmaximum zwar im rechten Oberbauch, allerdings können die Schmerzen nach rechts bis in den Rücken in Höhe des 12. Brustwirbelkörpers und in die rechte Schulterblattregion ausstrahlen (**Eiselsbergsches Phänomen**).

Vom **Magen** herrührende Schmerzen strahlen dagegen mehr nach links bis in die linke Schulter aus.

Schmerzen bei **Nieren- und Ureterkolik** werden manchmal nicht nur in den Flanken, sondern in der ipsilateralen Leiste, im Skrotum, den großen Labien oder im Kreuzbein empfunden.

Vom **Magen** herrührende Schmerzen strahlen dagegen mehr nach links bis in die linke Schulter aus und können sogar kaudal und medial der Skapula zu einem Druckschmerz führen.

Schmerzen bei der **Nieren- und Ureterkolik** werden manchmal nicht nur im Bereich der Flanken, sondern in der ipsilateralen Leiste, im Skrotum, den großen Labien oder im Kreuzbein empfunden.

Merke. Eine der häufigsten Fehlerquellen in der ärztlichen Diagnostik sind **extraabdominelle Krankheiten**, die Schmerzen im Bereich des Abdomens hervorrufen können, wie z. B. basale Pneumonien, Läsionen im Bereich der Wirbelsäule (Spondylitis, Spondylodiszitis, paraspinale Abszesse), inferiorer Myokardinfarkt, Myokarditis.

◄ Merke

Kasuistik. Ein 46jähriger, sportlich aktiver Mann empfindet beim Tennisspielen am Nachmittag plötzlich heftige Schmerzen im Epigastrium. Er hatte bereits früher ähnliche, wenn auch weniger starke Beschwerden, die als Gastritis erfolgreich mit Antazida behandelt wurden. Als er die Praxis seines Hausarztes aufsucht, möchte er gar nicht untersucht werden, sondern verlangt und erhält dort ein Rezept für ein Aluminiumhydroxid-Gel. Die Schmerzen bessern sich nach Einnahme des Gels nur geringfügig. Im Laufe der Nacht nehmen die epigastrischen Schmerzen derart zu, daß der Mann die Nothilfe eines Krankenhauses aufsuchen muß. Auf dem dort angefertigten EKG sind die Zeichen eines frischen inferioren Infarkts zu sehen. Der Patient wird stationär aufgenommen und übersteht den Infarkt komplikationslos.

3. Schmerzdauer

Angaben über die Dauer eines Schmerzphänomens leisten oft den wichtigsten Beitrag zur Diagnosefindung. Wie bei den meisten Symptomen wird es mit zunehmender Dauer der Schmerzen immer unwahrscheinlicher, daß der Schmerz einer bestimmten organischen Krankheit zugeordnet werden kann.

3. Schmerzdauer

Angaben über die Dauer eines Schmerzphänomens leisten oft den wichtigsten Beitrag zur Diagnosefindung.

Merke. Je länger eine Schmerzsymptomatik besteht, um so unwahrscheinlicher ist es, daß sie je geklärt wird!

◄ Merke

Erstmals und akut aufgetretene Schmerzen, die nicht länger als Stunden oder einen Tag bestehen, sind diagnostisch wesentlich ergiebiger als Schmerzen, von denen der Patient sagt, er habe sie »eigentlich schon immer« gehabt. Die letztere Angabe spricht a priori eher für eine funktionelle Ursache der Beschwerden. Das bedeutet aber keineswegs, daß derartige Schmerzangaben des Patienten als unwichtig abgetan werden dürfen! Besteht der Bauchschmerz dagegen weniger als sechs Tage und ist er heftig genug, um den Patienten zum Arzt zu führen, so sollte man die Symptomatik zumindest engmaschig kontrollieren, vielleicht sogar den Patienten ins Krankenhaus einweisen.

Schmerzen, von denen der Patient sagt, er habe sie »eigentlich schon immer gehabt«, sprechen eher für funktionelle Beschwerden. Besteht der Bauchschmerz weniger als sechs Tage und ist er heftig genug, um den Patienten zum Arzt zu führen, so sollte man die Symptomatik zumindest engmaschig kontrollieren, vielleicht sogar den Patienten ins Krankenhaus einweisen.

4. Schmerzbeginn

Ein starker, plötzlich einsetzender Schmerz deutet auf eine schwerwiegende organische Erkrankung hin. Dazu gehören vor allem die Perforation (z. B. bei einem Ulkus) oder Obstruktion (z. B. bei Ileus) eines Hohlorgans oder ein Verschluß eines arteriellen Gefäßes (z. B. Mesenterialarterienembolie). Im Fall der Embolisierung in eine viszerale Arterie werden Arzt und Patient oft durch eine spontane Besserung der Schmerzen in falscher Sicherheit gewiegt (schmerzfreies oder schmerzarmes »faules« Intervall), ehe die Katastrophe ihren Lauf nimmt und die Schmerzen einer Peritonitis einsetzen.
Häufiger ist der allmähliche Schmerzbeginn, wobei Patienten mit einer kontinuierlichen Zunahme der Schmerzen der besonderen Aufmerksamkeit bedürfen.

4. Schmerzbeginn

Ein starker, plötzlich einsetzender Schmerz deutet auf eine schwerwiegende organische Erkrankung hin: Perforation, Obstruktion oder ein Verschluß eines arteriellen Gefäßes. Cave schmerzfreies Intervall bei Mesenterialarterienverschluß!

5. Häufigkeit und Periodik

Die meisten funktionsabhängigen abdominellen Schmerzen haben einen **intermittierenden Verlauf**, d. h., mehr oder weniger lange schmerzfreie

5. Häufigkeit und Periodik

Die meisten funktionsabhängigen abdominellen Schmerzen haben einen

intermittierenden Verlauf, d. h., mehr oder weniger lange schmerzfreie Perioden wechseln mit kurzdauernden Schmerzattacken (C-**3.27**). Fragen Sie den Patienten nach einer zirkadianen Periodik seiner Schmerzen auch unabhängig von den jeweiligen Mahlzeiten!

Perioden wechseln mit kurzdauernden Schmerzattacken (C-**3.27**). Dazu gehören vor allem das Colon irritabile, Gallenwegsdyskinesien und die Angina abdominalis bei einer Stenose der Mesenterialgefäße. Fragen Sie den Patienten nach einer zirkadianen Periodik seiner Schmerzen auch unabhängig von den jeweiligen Mahlzeiten! Nächtliche Schmerzen sprechen eher für eine organische als für eine funktionelle Ursache.

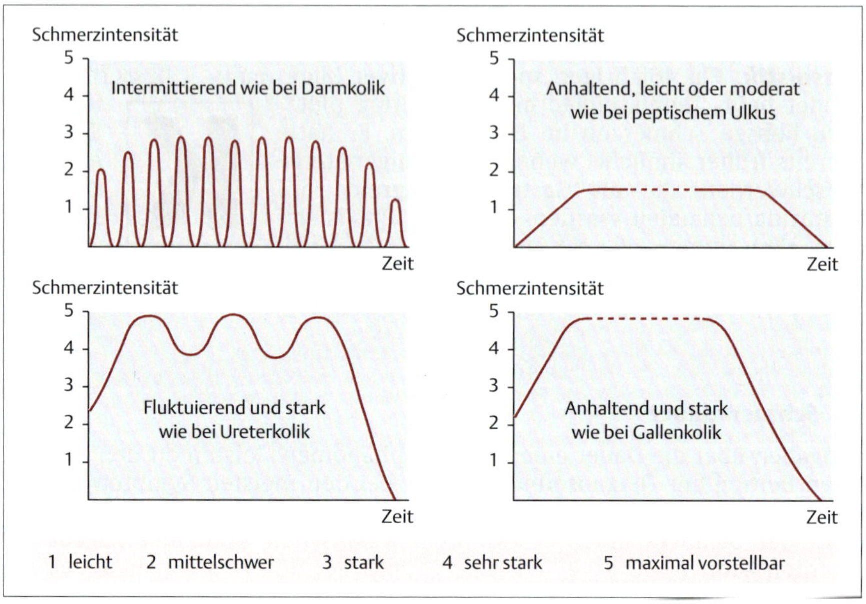

C-**3.27: Beispiele für die Graduierung und Periodik von Schmerzen**

Merke ▶

Merke. Nächtliche Bauchschmerzen haben eher eine organische als eine funktionelle Ursache!

Wellenförmige krampfartige Bauchschmerzen im Sinne von Koliken weisen auf eine Überdehnung von Hohlorganen (Magen, Gallenblase, Harnleiter, Uterus) oder Organkapseln hin. Sie haben zwar einen fluktuierenden Verlauf, behalten aber stets ein gewisses Grundschmerzniveau bei. Völlig regellos verlaufen die Zustände von »Pseudoperitonitis«. Dazu gehören die Pseudoperitonitis diabetica, die urämische Peritonitis, Bauchschmerzen bei der akuten intermittierenden Porphyrie usw. Die Symptomatik ähnelt so sehr einem akuten Abdomen, daß diese Patienten fast durchweg im Rahmen einer dieser Bauchschmerzattacken laparotomiert werden.

Wacht der Patient durch die Schmerzen auf oder hindert ihn ein vorher bestehender Schmerz am Einschlafen? Der sog. »Mittelschmerz« bei der Ovulation und die Beschwerden bei der Endometriose folgen einer annähernden Monatsperiodik. Wellenförmige krampfartige Bauchschmerzen im Sinne von Koliken weisen auf eine Überdehnung von Hohlorganen (Magen, Gallenblase, Harnleiter, Uterus) oder Organkapseln hin. Sie haben zwar einen fluktuierenden Verlauf, behalten aber stets ein gewisses Grundschmerzniveau bei. Völlig regellos verlaufen die Zustände von »Pseudoperitonitis«. Darunter versteht man rasch einsetzende Bauchschmerzen, die zunächst an ein akutes Abdomen denken lassen, jedoch keine der üblichen Ursachen haben. Dazu gehören die Pseudoperitonitis diabetica, die urämische Peritonitis, Bauchschmerzen bei der akuten intermittierenden Porphyrie, im Rahmen von hämolytischen Krisen, beim familiären Mittelmeerfieber und sog. »Bleikoliken« bei der Bleiintoxikation. Die Symptomatik ähnelt so sehr einem akuten Abdomen, daß diese Patienten fast durchweg im Rahmen einer dieser Bauchschmerzattacken laparotomiert werden.

6. Intensität

Bei einem Patienten mit akutem Abdomen ist die Intensität der Bauchschmerzen anhand der Stellung des Patienten, seiner Reaktion auf Berührung oder Palpation und vor allem anhand der nicht willkürlich gesteuerten Abwehrspannung der Bauchmuskulatur für jeden zu erkennen und

6. Intensität

Bei einem Patienten mit akutem Abdomen ist die Intensität der Bauchschmerzen anhand der Stellung des Patienten, seiner Reaktion auf Berührung oder Palpation und vor allem anhand der nicht willkürlich gesteuerten Abwehrspannung der Bauchmuskulatur für jeden zu erkennen und nachzuvollziehen. Probleme der Interpretation ergeben sich bei anamnestisch berichteten Bauchschmerzen. Die Intensität eines Schmerzzustandes ist subjektiv und damit für den Arzt nur anhand der Angaben des Patienten oft schwer zu beurteilen. Zwar müssen Sie zunächst bei der Anamnese die Angaben so hinnehmen, wie sie der Patient macht. Es gibt allerdings einige Techniken, wie Sie objektive Informationen über die Intensität der Schmerzempfindung eines Patienten erhalten können. Fragen Sie den Patienten, wie er sich in der Schmerzsituation verhalten hat. Mußte er seine Tätigkeit unterbrechen, herumgehen, sich hinlegen, sich krümmen, den Bauch halten; oder konnte er unbemerkt von der Umgebung weiter arbeiten. Frauen, die ihre Schmerzen mit Wehen oder Geburtsschmerzen vergleichen, haben wahrscheinlich intensive Schmerzen. Formulierungen wie »ich dachte, ich müsse sterben«, »es war, als wenn ein Messer in meinen Bauch gerammt wurde« oder »die Schmerzen waren so wie damals, als ich die Nierenkolik hatte« sprechen ebenfalls für schwere Schmerzen. Beim Vergleich verschiedener Schmerzepisoden miteinander lassen Sie den Patienten seine Schmerzerlebnisse auf einer Skala zwischen 1 und 10 einstufen. Die Intensität von Schmerzerlebnissen läßt kaum Rückschlüsse auf die Genese zu: Patienten mit funktionellen Schmerzen erleben ihren Schmerz oft stärker als Patienten z. B. mit einer Divertikulitis. Aufgrund ihrer nicht selten extrovertierten und eher hysterischen Persönlichkeitsstruktur schildern sie ihre Schmerzen blumiger und weitschweifiger, wodurch der unerfahrene Arzt stärker beeindruckt wird als von der manchmal stilleren Klage eines Patienten mit organisch bedingtem Schmerz.

nachzuvollziehen. Probleme ergeben sich bei anamnestisch berichteten Bauchschmerzen, da die Intensität von Schmerzen subjektiv ist. Fragen Sie den Patienten, wie er sich in der Schmerzsituation verhalten hat. Beim Vergleich verschiedener Schmerzepisoden lassen Sie den Patienten seine Schmerzerlebnisse auf einer Skala zwischen 1 und 10 einstufen. Die Intensität von Schmerzerlebnissen läßt kaum Rückschlüsse auf die Genese zu: Patienten mit funktionellen Schmerzen erleben ihren Schmerz aufgrund ihrer nicht selten extrovertierten und eher hysterischen Persönlichkeitsstruktur oft stärker als Patienten z. B. mit einer Divertikulitis.

7. Charakter

Abdominelle Schmerzen werden im wesentlichen über **drei Leitungswege** vermittelt:
- über viszerale oder splanchnische Leitungsbahnen, deren Nozizeptoren vor allem in den Wänden und im Parenchym der Organe lokalisiert sind,
- über somatische oder parietale Leitungsbahnen, die von Nozizeptoren des parietalen Peritoneums und der angrenzenden Gewebe aktiviert werden,
- über Querverbindungen zwischen beiden, die starke viszerale Schmerzen auf somatische afferente Neuronen desselben Spinalsegments fortleiten können (»Überlaufphänomen«).

7. Charakter

Abdominelle Schmerzen werden im wesentlichen über **drei Leitungswege** vermittelt:
- über viszerale oder splanchnische Leitungsbahnen,
- über somatische oder parietale Leitungsbahnen,
- über Querverbindungen zwischen beiden.

Viszerale Schmerzen werden als dumpf, in der Intensität wechselnd und schlecht lokalisierbar empfunden. Patienten beschreiben sie als drückend, krampfartig oder nagend, das Gefühl »es gehe nun dahin«, ähnlich wie bei schwerer Übelkeit herrscht vor. Der Patient kann sich durch Bewegung oder Umhergehen Erleichterung verschaffen. **Somatische** oder **parietale Schmerzen** sind eher akut einsetzend, intensiver, scharf, brennend und werden umschrieben lokalisiert. Im Vergleich zum viszeralen Schmerz steht die Lokalisation in engerem Zusammenhang mit dem Situs des betroffenen Organs. Patienten mit somatischem Schmerz erfahren durch Bewegung eine Schmerzverstärkung und neigen deshalb dazu, sich ruhig zu halten oder hinzulegen. **Fortgeleitete** oder **projizierte Schmerzen** stehen vom Charakter her zwischen viszeralem und somatischem Schmerz, können auch umschrieben lokalisiert werden, wobei aber die Schmerzempfindung weit vom erkrankten Organ entfernt sein kann. Häufig sind auch Haut und Muskulatur der betroffenen Region schmerzhaft.

Viszerale Schmerzen werden als dumpf, in der Intensität wechselnd und schlecht lokalisierbar empfunden. Der Patient kann sich durch Bewegung oder Umhergehen Erleichterung verschaffen. **Somatische** oder **parietale Schmerzen** sind eher akut einsetzend, intensiver, scharf, brennend und werden umschrieben lokalisiert. Patienten mit somatischem Schmerz erfahren durch Bewegung eine Schmerzverstärkung. **Fortgeleitete** oder **projizierte Schmerzen** stehen vom Charakter her zwischen viszeralem und somatischem Schmerz.

Sie sollten den Patienten auffordern, die empfundenen Schmerzen in seinen eigenen Worten zu beschreiben. Allerdings reichen das Vokabular und die Phantasie der meisten Patienten nicht für eine adäquate Beschreibung aus. Eine verbale Hilfestellung von seiten des Arztes kann leicht zu Suggestivfragen führen. Viele Patienten schildern ihre Schmerzen mit Ausdrükken, die eine Diagnose beinhalten, z. B. »da kam wieder mein Gallenschmerz« (bei Schmerzen im rechten Oberbauch) oder »meine Nierenschmerzen dauerten zwei Wochen« (bei Flankenschmerz). Widerstehen Sie der Versuchung, die Annahmen des Patienten als Diagnosen zu übernehmen, ehe Sie nicht die jeweilige Schmerzangabe sorgfältig analysiert haben!

Sie sollten den Patienten auffordern, die empfundenen Schmerzen in seinen eigenen Worten zu beschreiben. Viele Patienten schildern ihre Schmerzen mit Ausdrücken, die eine Diagnose beinhalten, z. B. »da kam wieder mein Gallenschmerz«.

> **Merke.** Widerstehen Sie der Versuchung, die Angaben des Patienten als Diagnosen zu übernehmen!

8. Auslösende, verstärkende und lindernde Faktoren

Fragen nach auslösenden, verstärkenden und lindernden Faktoren gehören zu den wertvollsten Informationshilfen bei der Analyse von Schmerzen im Bereich des Abdomens.

8. Auslösende, verstärkende und lindernde Faktoren

Fragen nach auslösenden, verstärkenden und lindernden Faktoren gehören zu den wertvollsten Informationshilfen bei der Analyse von Schmerzen im Bereich des Abdomens. Beginnen Sie mit Fragen, bei denen der Zusammenhang mit dem Abdomen für jeden Patienten ersichtlich ist, im wesentlichen also zum Bereich von Nahrungszufuhr, Stuhlgang, Erbrechen und Miktion.

• Nahrungsaufnahme

Die Schmerzauslösung durch bestimmte Nahrungsmittel als diagnostisches Hilfsmittel wird im allgemeinen überbewertet. Diagnostisch wichtiger ist der zeitliche Zusammenhang zwischen Schmerzen und Nahrungsaufnahme.

Schmerzen, die **wenige Minuten nach dem Essen** auftreten, lassen an Gastritis, Hiatushernie oder Magentumor denken. Die Schmerzen bei **Angina intestinalis** treten meist **20–60 Minuten** nach einem reichlichen Essen auf.

Beim **Ulcus duodeni** liegt der Schmerzbeginn zwischen **1 und 4 Stunden nach dem Essen** (Nüchternschmerz).

Gallenkoliken beginnen **typischerweise 3-5 Stunden nach schweren Mahlzeiten.**

- **Nahrungsaufnahme**

Die Schmerzauslösung durch bestimmte Nahrungsmittel als diagnostisches Hilfsmittel wird im allgemeinen überbewertet. Die früher häufig als Hinweis auf ein Ulcus duodeni oder ventriculi angesehene Schmerzauslösung durch scharfe, gewürzte Speisen, durch Alkohol oder Kaffee ist sehr unzuverlässig, wenngleich viele Patienten diesen Zusammenhängen gerne breiten Raum geben. Auch Angaben über eine Schmerzauslösung durch fette Mahlzeiten lassen keine verläßlichen Schlüsse auf eine biliäre Genese der Schmerzen zu. Diagnostisch wichtiger ist der zeitliche Zusammenhang zwischen Schmerzen und Nahrungsaufnahme. Epigastrische oder umbilikale Schmerzen, die **wenige Minuten nach dem Essen** auftreten, lassen an Gastritis, Hiatushernie, Magentumor oder Kaskadenmagen denken. Die Schmerzen bei **Angina intestinalis** treten meist **20–60 Minuten** nach einem reichlichen Essen auf.
Beim **Ulcus duodeni** liegt der Schmerzbeginn zwischen **1 und 4 Stunden nach dem Essen** (Nüchternschmerz), wenn die puffernde Wirkung der Nahrung nachgelassen hat. Die Aufnahme einer kleinen Mahlzeit oder von Antazida lindert die Schmerzen. **Gallenkoliken** beginnen **typischerweise 3–5 Stunden nach schweren Mahlzeiten.** Patienten mit nichtulzeröser Dyspepsie berichten oft, es gehe ihnen am besten, wenn sie gar nichts essen (»Wenn ich nichts esse, habe ich keine Bauchkrämpfe«).

Der zeitliche Zusammenhang zwischen Nahrungsaufnahme und Schmerz ist den Patienten oft nicht bewußt oder kann nicht exakt angegeben werden. In diesen Fällen empfiehlt sich die Führung eines **Symptomen-Tagebuches** über einige Wochen (◘ C-3.28).

Der zeitliche Zusammenhang zwischen Nahrungsaufnahme und Schmerz ist den Patienten oft nicht bewußt oder kann nicht exakt angegeben werden. In diesen Fällen empfiehlt sich die Führung eines **Symptomen-Tagebuches** über einige Wochen. Lassen Sie den Patienten einen Kalender anlegen, in den er Zeitpunkt und Art des Essens, des Schmerzbeginns und evtl. eine Graduierung der Schmerzen anhand einer Zahl von 1–10 oder einer visuellen Analogskala dokumentiert (◘ C-**3.28**). Dieses Vorgehen empfiehlt sich vor allem bei schon lange bestehenden, unregelmäßig auftretenden abdominellen Beschwerden insbesondere funktioneller Natur und ist auch zur Therapiekontrolle sehr nützlich.

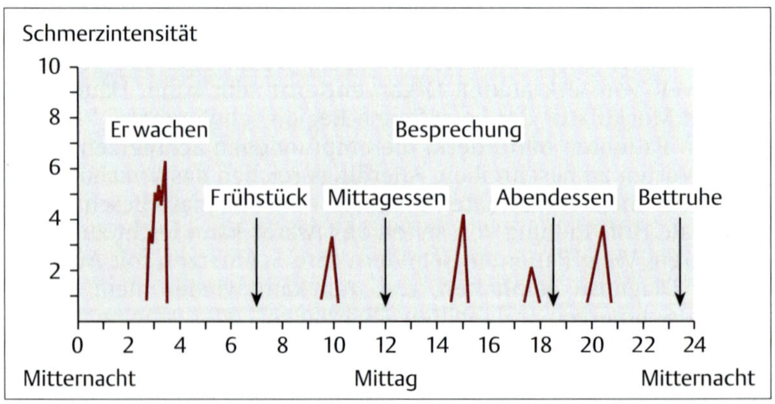

◘ C-3.28: Einfaches Diagramm zur Dokumentation von Intensität und zeitlicher Lage von Schmerzen im Symptomentagebuch

> **Merke.** Ein Symptomen-Tagebuch hilft bei der Evaluierung chronischer Schmerzen und erlaubt eine Kontrolle des Therapieerfolgs.

◀ **Merke**

Bei Schluckschmerzen (**Odynophagie**) fragen Sie nach einem Schmerzunterschied zwischen der Aufnahme von festen und flüssigen Speisen. Organische Stenosen oder Entzündungen, z. B. bei Ösophaguskarzinom oder Candida-Ösophagitis, verursachen mehr Schmerzen bei der Aufnahme von festen als von flüssigen Speisen; bei funktionellen Störungen des Schluckaktes besteht kein Unterschied zwischen fester und flüssiger Nahrung.

Bei Schluckschmerzen (**Odynophagie**) fragen Sie nach einem Schmerzunterschied zwischen der Aufnahme von festen und flüssigen Speisen. Organische Stenosen oder Entzündungen verursachen mehr Schmerzen bei der Aufnahme von festen als von flüssigen Speisen; bei funktionellen Störungen besteht kein Unterschied.

- **Stuhlgang und Flatus**

Patienten mit Colon irritabile empfinden oft Erleichterung ihrer Bauchschmerzen, wenn sie Stuhlgang haben. Beim Meteorismus wird der Abgang von Winden meist als eine Linderung des abdominellen Druck- und Völlegefühls empfunden. Schmerzen im Unterleib unmittelbar beim Stuhlgang (Tenesmen) treten bei entzündlichen und infektiösen Kolitiden auf, z. B. bei Colitis ulcerosa, Morbus Crohn oder Dysenterie. Bei Analfissuren, ulzerösen Erkrankungen des Rektums oder Proktitis kann der Durchtritt des Stuhles extrem schmerzhaft sein, insbesondere wenn es sich um harten Stuhl handelt.

- **Stuhlgang und Flatus**

Patienten mit Colon irritabile empfinden oft Erleichterung ihrer Bauchschmerzen, wenn sie Stuhlgang haben. Schmerzen im Unterleib beim Stuhlgang (Tenesmen) treten bei entzündlichen und infektiösen Kolitiden auf, z. B. bei Colitis ulcerosa. Bei Analfissuren kann der Durchtritt des Stuhles extrem schmerzhaft sein.

- **Erbrechen**

Patienten mit stenosierenden Prozessen im oberen Gastrointestinaltrakt empfinden Erbrechen als Erleichterung. Dies kann sie sogar zur Induktion von Erbrechen veranlassen, indem sie den Finger in den Rachen stecken. Am häufigsten beobachtet man dieses Phänomen beim Retentionsmagen aufgrund einer Magenausgangsstenose und – wesentlich seltener – bei der diabetischen Gastroparese. Beim Mallory-Weiss-Syndrom führt heftiges Erbrechen zu einem Einriß der Schleimhaut am gastroösophagealen Übergang. Dieses Ereignis kann einen heftigen epigastrischen Schmerz, manchmal auch eine Blutung hervorrufen.

- **Erbrechen**

Bei stenosierenden Prozessen im oberen Gastrointestinaltrakt wird Erbrechen als Erleichterung empfunden. Beim Mallory-Weiss-Syndrom führt heftiges Erbrechen zu einem Einriß der Schleimhaut. Dieses Ereignis kann einen heftigen epigastrischen Schmerz, manchmal auch eine Blutung hervorrufen.

- **Miktion**

Bei entzündlichen Erkrankungen der ableitenden Harnwege, gelegentlich auch bei Raumforderungen im Bereich des kleinen Beckens (Uterus- oder Ovarialtumoren) kann die Miktion einen Schmerz im Unterbauch auslösen oder verstärken.

- **Miktion**

Bei entzündlichen Erkrankungen der ableitenden Harnwege kann die Miktion einen Schmerz im Unterbauch auslösen oder verstärken.

- **Körperlage und -haltung**

Patienten mit **Hiatushernie** empfinden beim flachen Liegen nach dem Essen oft vermehrt Druck- und Völlegefühl oder Sodbrennen (siehe dort). Zur Erleichterung der Beschwerden bevorzugen sie es, mehrere Kissen unter den Oberkörper und Kopf zu legen. Die Schmerzen bei der **Pankreatitis** werden durch eine gekrümmte, zusammengekauerte Haltung gelindert, der Patient hält sich mit verschränkten Armen den Oberbauch. Dagegen verstärkt eine Überstreckung in der LWS den Schmerz. Der Patient mit **akuter Peritonitis** findet eine gewisse Linderung seiner Schmerzen durch völlige Bewegungslosigkeit. Kolikartige Schmerzen bei der **Gallen- oder Nierensteinkolik** oder beim mechanischen Ileus zwingen den Patienten, ständig herumzugehen oder sich zu bewegen. Durch die Verschiebung der entzündeten Peritonealblätter bei der Atmung können Schmerzen bei **Appendizitis, Cholezystitis** oder **Perihepatitis** von tiefen Atemexkursionen abhängig sein.

- **Körperlage und -haltung**

Patienten mit **Hiatushernie** empfinden beim flachen Liegen nach dem Essen oft vermehrt Druck- und Völlegefühl oder Sodbrennen. Die Schmerzen bei der **Pankreatitis** werden durch eine gekrümmte, zusammengekauerte Haltung gelindert. Der Patient mit **akuter Peritonitis** findet eine gewisse Linderung seiner Schmerzen durch völlige Bewegungslosigkeit. **Kolikartige Schmerzen** zwingen den Patienten, ständig herumzugehen oder sich zu bewegen.

- **Schmerzbeeinflussung durch extraintestinale Faktoren**

Bei der vollständigen Anamnese von abdominellen Schmerzen darf die Frage nach auslösenden oder lindernden extraintestinalen Faktoren nicht fehlen. Dazu gehören die mögliche Beziehung zu Körperlage und -haltung, zur Atmung, zu Anstrengungen, aber auch zu äußeren Umständen, Ereignissen und Stimmungen. Versuchen Sie, möglichst viel Informationen über

- **Schmerzbeeinflussung durch extraintestinale Faktoren**

Bei der vollständigen Anamnese von abdominellen Schmerzen darf die Frage nach auslösenden oder lindernden extraintestinalen Faktoren nicht fehlen. Dazu gehören die mögliche Beziehung zu Körperlage und -haltung, zur Atmung, zu Anstrengungen, aber auch zu äußeren Umständen, Ereignissen und Stimmungen. Fragen Sie nach einem möglichen Zusammenhang mit der Einnahme von Medikamenten, bestimmten Tätigkeiten (Arbeitsplatz, Freizeit, Sport) oder dem Menstruationszyklus. Auftreten der Schmerzen vor allem am Wochenende oder völlige Schmerzfreiheit im Urlaub sprechen für eine Auslösung durch psychische Faktoren. Fragen Sie, ob seit Auftreten der Beschwerden oder in den Monaten davor eine Änderung der Lebensverhältnisse eingetreten ist.

extraabdominelle auslösende Faktoren der Bauchschmerzen zu erhalten, gerade darin kann der Schlüssel zur Diagnose liegen! Hierzu gehören auch Fragen nach einem möglichen Zusammenhang mit der Einnahme von Medikamenten , bestimmten Tätigkeiten (Arbeitsplatz, Freizeit, Sport) oder dem Menstruationszyklus. Erkundigen Sie sich, ob der Patient seine Schmerzen zu bestimmten Zeiten hat, und wann sie nicht auftreten. Das Auftreten der Schmerzen vor allem am Wochenende oder völlige Schmerzfreiheit im Urlaub sprechen für eine Auslösung durch psychische Faktoren. Letzteres Phänomen ist besonders bei ausländischen Arbeitnehmern häufig anzutreffen. Zur Ursachenklärung bei allen längere Zeit bestehenden Bauchschmerzen ist es erforderlich, nach Änderungen der persönlichen Lebensumstände zu fragen. Orientierend kann man sich zunächst erkundigen, ob seit Auftreten der Beschwerden oder in den Monaten davor eine Änderung der Lebensverhältnisse eingetreten ist. Dazu gehören bei beiden Geschlechtern partnerbezogene Probleme wie Freundschaft, Verlobung, Heirat, Untreue, Scheidung, Tod eines Partners oder nahen Angehörigen.

Bei Männern spielen berufliche Probleme sowie finanzielle Probleme die größte Rolle. Frauen sind eher durch Partnerprobleme, Überforderung durch die Doppelbelastung als Hausfrau und berufstätige Frau oder Erschöpfung durch die Betreuung von Kleinkindern betroffen.

Bei Männern spielen berufliche Probleme durch Wechsel des Arbeitsplatzes oder des Vorgesetzten, Schichtarbeit, berufliche Kränkungen und Frustrationen sowie finanzielle Probleme die größte Rolle. Frauen sind eher durch Partnerprobleme, Wechsel der Wohnung oder des Wohnorts, Überforderung durch die Doppelbelastung als Hausfrau und berufstätige Frau oder Erschöpfung durch die Betreuung von Kleinkindern betroffen.
Sensible Patienten, die zunächst noch keinen Zusammenhang zwischen ihren körperlichen Problemen und äußeren Umständen sehen, fühlen sich überfallen, wenn Sie gleich beim ersten Gespräch derartige Probleme ansprechen. Tasten Sie sich in diesen Fällen zunächst einmal behutsam an mögliche auslösende psychische Faktoren heran.

Kasuistik. Eine 24jährige, bis dahin gesunde Frau, stellt sich wegen seit drei Monaten bestehender, stechender Schmerzen im linken Unterbauch vor. Die Schmerzen sind auf einem gewissen Grundniveau dauernd vorhanden, verstärken sich aber mehrmals pro Woche plötzlich. Es besteht keine Abhängigkeit von der Nahrungsaufnahme oder vom Stuhlgang, das Gewicht ist konstant, Durchfälle werden nicht angegeben. Die Patientin berichtet, daß während eines zweiwöchigen Mallorca-Urlaubs mit ihrer Mutter die Schmerzen völlig verschwunden waren, jedoch unmittelbar nach der Rückkehr wieder auftraten. Mehrfache Untersuchungen und Behandlungen bei verschiedenen Ärzten seien ohne Erfolg geblieben. Bei der dritten Konsultation berichtet die Patientin, die Schmerzen hätten begonnen, seit sie das Abendgymnasium besuche. Außer körperlicher Untersuchung, Blutbild und Sonographie erfolgen keine Untersuchungen. In einem Gespräch wird der Patientin versichert, daß es sich bei den Schmerzen zwar um einen unangenehmen, jedoch im Prinzip harmlosen Zustand mit günstiger Prognose handle. Zusätzlich wird Weizenkleie als Diätetikum verordnet. Bei einem Telefongespräch nach etwa drei Monaten berichtet die Frau, daß die Schmerzen mittlerweile verschwunden seien.

3.11 Sodbrennen (Pyrosis)

Unter Sodbrennen versteht man einen brennenden Schmerz, der von der Gegend des Processus xiphoideus ausgeht und sich nach oben zu bis in die Gegend der Fossa jugularis erstrecken kann. Als Ursache für den Schmerz wird der Reflux von saurem Mageninhalt in die Speiseröhre angesehen. Gemeinsame Ursache eines Refluxes ist der ungenügende Schluß des unteren Ösophagussphinkters. Erst wenn der Reflux mit Beschwerden einhergeht, spricht man von einer **Refluxkrankheit.** Führt der Reflux zu einer Läsion des Ösophagusepithels, so liegt eine Refluxösophagitis vor.

3.11 Sodbrennen (Pyrosis)

Unter Sodbrennen versteht man einen brennenden Schmerz, der von der Gegend des Processus xiphoideus ausgeht und sich nach oben zu bis in die Gegend der Fossa jugularis erstrecken kann. Als Ursache für den Schmerz wird der Reflux von saurem Mageninhalt in die Speiseröhre angesehen, deren Epithel nicht wie das des Magens durch eine Schleimschicht gegen den Einfluß der Säure geschützt ist. Daher gehen manche Episoden von Sodbrennen auch mit einem sauren oder bitteren Geschmack im Mund einher. Gemeinsame Ursache eines Refluxes ist der ungenügende Schluß des unteren Ösophagussphinkters, doch genügt dies allein nicht, um ein klinisches Krankheitsbild hervorzurufen. Die meisten Refluxepisoden sind nämlich asymptomatisch. Erst wenn der Reflux mit Beschwerden einhergeht, spricht man von einer **Refluxkrankhei**t. Führt der Reflux zu einer Läsion des Ösophagusepithels, so liegt eine Refluxösophagitis vor. Daraus folgt, daß die Diagnose einer Refluxkrankheit vorwiegend anamnestisch, die einer Refluxösophagitis streng genommen nur endoskopisch gestellt werden kann. Nur etwa ein Viertel der Patienten, die wegen einer Refluxsymptomatik endoskopiert werden, haben auch erosive Schleimhautveränderungen des Ösophagus.

Fünf anamnestische Angaben sprechen für eine Refluxkrankheit:
- Schmerzcharakter
- Lokalisation
- Ausstrahlung
- Auslösende Faktoren
- Erleichternde Faktoren

Fünf anamnestische Angaben sprechen für eine Refluxkrankheit: Schmerzcharakter, Lokalisation, Ausstrahlung, auslösende Faktoren, erleichternde Faktoren.

Der Schmerzcharakter wird von den meisten Patienten als brennend wie Feuer oder scharf wie Senf beschrieben. Gelegentlich tritt auch eine Art von Druck- oder Engegefühl in der Brust auf, wodurch das Beschwerdebild gelegentlich an eine Angina pectoris denken läßt. Der Schmerz beginnt hinter dem Processus xiphoideus (nicht im Epigastrium) und erstreckt sich nach kranial bis in die Fossa jugularis. Manchmal strahlt die Schmerzsensation auch in den Hals, die Zähne, die Oberarme oder in den Rücken aus. Die Schmerzauslösung erfolgt durch »Belastungstest« für den unteren Ösophagussphinkter wie beim Bücken oder beim Hinlegen. Typische Situationen sind Schmerzen kurz nach dem Zu-Bett-Gehen, wenn spät noch eine größere Mahlzeit eingenommen wurde. Viele Patienten, die bereits längere Zeit unter Refluxbeschwerden leiden, können auch bestimmte Nahrungsmittel angeben, die auslösend wirken. Dazu gehören trockene Weine (weiß oder rot durchaus unterschiedlich), scharfe und stark gewürzte Speisen, fette Speisen und Schokolade. Erleichternd wirken dagegen die aufrechte Lage nach dem Essen und die Einnahme von Antazida.

Der Schmerzcharakter wird von den meisten Patienten als brennend wie Feuer oder scharf wie Senf beschrieben. Gelegentlich tritt auch eine Art von Druck- oder Engegefühl in der Brust auf. Der Schmerz beginnt hinter dem Processus xiphoideus (nicht im Epigastrium) und erstreckt sich nach kranial bis in die Fossa jugularis. Die Schmerzauslösung erfolgt durch »Belastungstests« für den unteren Ösophagussphinkter wie beim Bücken oder beim Hinlegen. Nahrungsmittel, wie trockene Weine, scharfe und stark gewürzte Speisen etc., wirken auslösend. Erleichternd wirken dagegen die aufrechte Lage nach dem Essen und die Einnahme von Antazida.

Sodbrennen und saure Regurgitation sind die diagnostisch hochwertigsten anamnestischen Angaben für das Vorliegen einer Refluxkrankheit. Da die Diagnose weitgehend aus der Anamnese gestellt wird, sollte der Arzt gut zuhören, die Beschreibungen des Patienten sorgfältig analysieren und die richtigen Fragen stellen – hier wie generell bei der Anamneseerhebung.

Sodbrennen und saure Regurgitation sind die diagnostisch hochwertigsten anamnestischen Angaben für das Vorliegen einer Refluxkrankheit.

K

Kasuistik. Ein 27jähriger Lehrer kommt in die Sprechstunde und klagt über Minuten bis Stunden anhaltende Episoden von Sodbrennen sowohl nach dem Essen, aber auch nachts im Bett. Er wacht manchmal davon auf. Bei der Frage nach der Schmerzlokalisation zeigt er mit dem Finger auf eine Strecke vom Proc. xiphoideus zur Mitte des Sternums. »Weiße Milch im Beutel« würde ihm meist Erleichterung schaffen, manchmal nähme er mehr als zehn Beutel pro Tag. Auslösende Speisen seien vor allem gebratene Zwiebeln, Rotwein und auch Schokolade. Es besteht ein deutlicher Zusammenhang mit psychischen und beruflichen Belastungen. Vor kurzem sei es auch beim Jogging zu Sodbrennen und saurem Aufstoßen gekommen. In letzter Zeit wirken Antazida kaum noch. Schmerzen beim Schlucken bestehen nicht.
Bei der Endoskopie erkennt man mehrere streifenförmige Schleimhautrötungen mit Fibrinbelägen im Bereich des distalen Ösophagus unmittelbar oral der Kardia bei einer kleinen Hiatusgleithernie. Der Patient wird diätetisch beraten und sechs Wochen lang mit Omeprazol behandelt, einem Protonenpumpen-Inhibitor, der die Säuresekretion des Magens weitgehend lahmlegt. Daraufhin verschwinden die Beschwerden rasch, treten aber nach Absetzen des Medikaments bald wieder auf. Der Patient stimmt einer vorgeschlagenen Operation seiner Hiatusgleithernie bislang nicht zu.

3.12 Dysphagie, Odynophagie

Der unspezifische Ausdruck »Dysphagie« bedeutet, daß »Probleme« beim Schlucken bestehen, mit dem spezifischeren Ausdruck Odynophagie sind Schmerzen beim Schlucken belegt. Eine Dysphagie geht selten mit einer Odynophagie einher, während die Odynophagie immer auch eine gewisse dysphagische Komponente beinhaltet. Wenngleich auch eine Entzündung im Rachenbereich (z. B. bei Tonsillitis) von einer Odynophagie begleitet ist, bezieht sich der Ausdruck doch nur auf den Schluckakt, soweit er den Ösophagus mit einbezieht. Die Dysphagie ist eines der wenigen Symptome, die eindeutig auf ein Organ bezogen werden können.

3.12 Dysphagie, Odynophagie

Der unspezifische Ausdruck »Dysphagie« bedeutet, daß »Probleme« beim Schlucken bestehen, mit dem spezifischeren Ausdruck Odynophagie sind Schmerzen beim Schlucken belegt. Der Ausdruck Odynophagie bezieht sich nur auf den Schluckakt, soweit er den Ösophagus mit einbezieht.

Jeder Patient mit Dysphagie oder Odynophagie sollte nach folgendem **Stufenschema** untersucht werden:

1. Sorgfältige Anamnese
2. Inspektion des Halses und Rachenraums, Beobachtung des Schluckakts
3. Radiologische Untersuchung des Schluckakts
4. Ösophagogastroskopie
5. Ösophagusmanometrie.

Jeder Patient mit Dysphagie oder Odynophagie sollte nach folgendem **Stufenschema** untersucht werden, wobei sich auf jeder der Stufen eine abschließende Diagnose ergeben kann:

1. Sorgfältige Anamnese
2. Inspektion des Halses und Rachenraums, Beobachtung des Schluckakts
3. Radiologische Untersuchung des Schluckakts
4. Ösophagogastroskopie
5. Ösophagusmanometrie.

C-3.11: Fragen bei Dysphagie – der Ablauf des Schluckakts

- Symptome bei Aufnahme fester oder flüssiger Speisen oder bei beidem?
- Beschwerden beim Leerschlucken?
- Kau- und Eßgewohnheiten?
- Druckgefühl am Hals von außen – Kragen zu eng?
- Stopp am Hals oder tiefer?
- Verschlucken oder nasopharyngeale Regurgitation?
- Anamnese von Sodbrennen?
- Ungewollte Gewichtsabnahme?
- Langsamer oder plötzlicher Beginn?
- Wechsel oder Konstanz?
- Langfristiger Verlauf? (Vergleich gestern/vor 2 Jahren)
- Auslösende Umstände – Maßnahmen zur Erleichterung?

Bei der Befragung führt man am besten den Patienten durch den gesamten Schluckakt (▤ C-**3.11**) und beginnt mit der Art der Speisen, bei denen die Symptomatik auftritt. Organische Stenosen (z. B. durch Karzinom) führen zunächst nur bei festen Speisen, zunehmend auch bei flüssigen Speisen zur Dysphagie. Störungen der motorischen Ösophagusfunktion, z. B. beim Ösophagospasmus, führen bei Aufnahme von festen **und** flüssigen Speisen zu Schluckbeschwerden. Bei Läsionen im Bereich des Pharynx, z. B Gaumsegellähmung infolge Bulbärparalyse, entstehen Probleme vor allem beim Schlucken von Flüssigkeiten.

Schmerzen sogar beim bloßen Schlucken von Speichel sprechen für eine massive Ösophagitis. Schwerste Schluckschmerzen können Patienten mit »Tabletten-Ösophagitis« empfinden. Diese entsteht, wenn Pillen an der physiologischen Engstelle des Ösophagus stecken bleiben – ein Ereignis, von dem meist ältere Patienten betroffen sind.

Bei der Befragung führt man am besten den Patienten durch den gesamten Schluckakt (▤ C-**3.11**) und beginnt mit der Art der Speisen, bei denen die Symptomatik auftritt. Als Faustregel kann gelten, daß organische Stenosen wie narbige Strikturen, Kompression von außen oder Stenosen durch Karzinome zunächst nur bei festen Speisen, im fortgeschrittenen Stadium auch bei flüssigen Speisen eine Dysphagie hervorrufen. Störungen der motorischen Ösophagusfunktion, z. B. beim Ösophagospasmus, bei der Achalasie oder beim Verlust der peristaltischen Funktion im Rahmen einer progressiven systemischen Sklerodermie, führen bei Aufnahme von festen **und** flüssigen Speisen zu Schluckbeschwerden. Bei Läsionen im Bereich des Pharynx, z. B. Gaumensegellähmung infolge Bulbärparalyse, entstehen Probleme vor allem beim Schlucken von Flüssigkeiten: Der Patient neigt zum »Verschlucken«, d. h., er bekommt Flüssigkeiten »in die falsche Röhre«, da der Larynx nicht ausreichend abgedichtet werden kann. Es kann auch zur nasopharyngealen Regurgitation kommen.
Schmerzen sogar beim bloßen Schlucken von Speichel sprechen für eine massive Ösophagitis, z. B. einer generalisierten Candida-Ösophagitis oder sogar ulzerierenden Schleimhautschäden, wie sie bei Säure- oder Laugenverätzungen, Herpes- oder Zytomegalie-Ösophagitis auftreten können. Schwerste Schluckschmerzen können Patienten mit »Tabletten-Ösophagitis« empfinden. Diese entsteht, wenn Pillen an der physiologischen Engstelle des Ösophagus stecken bleiben – ein Ereignis, von dem meist ältere Patienten betroffen sind. Auch bestimmte Anomalien (Falten und Ringe) des Ösophagus erschweren gelegentlich die Einnahme großer Tabletten und erhöhen das Risiko für ein Steckenbleiben.
Denken Sie auch an abnorme Kau- oder Eßgewohnheiten des Patienten: Ißt er immer unter Zeitdruck? Wie sieht der Zahnstatus aus? Hindern ihn Schmerzen im Kiefergelenk am richtigen Kauen?

In welcher Höhe lokalisiert der Patient den Stopp eines Bissens?

In welcher Höhe lokalisiert der Patient den Stopp eines Bissens? Manche spüren ziemlich genau die Stelle einer Ösophagusstenose hinter dem Brustbein, in welcher ein Bissen stecken bleibt.

Patienten mit dem sog. **Globusgefühl** (»Globus hystericus«) berichten, es sei, als ob »eine Hand sich um den Hals legen würde«, als ob »ein Kloß im Hals stecke« und manchmal ein Bissen einfach nicht »hinunterginge«. Oft, aber nicht immer, handelt es sich um ängstliche Personen mit hysterischen Zügen.

Sehr häufig berichten vor allem jüngere Patienten über ein Kloß- oder Engegefühl am Hals. Dieses Problem hat zwar nur am Rande einen Bezug zur Dysphagie, soll aber hier kurz angesprochen werden. Patienten mit dem sog. **Globusgefühl** (»Globus hystericus«) berichten, es sei, als ob »eine Hand sich um den Hals legen würde«, als ob »ein Kloß im Hals stecke« und manchmal ein Bissen einfach nicht »hinunterginge«. Meistens wird von den Patienten eine vermeintlich vergrößerte Schilddrüse angeschuldigt, was dann auch häufig zur Durchführung eines Schilddrüsenszintigramms führt. Oft, aber nicht immer, handelt es sich um ängstliche Personen mit hysterischen Zügen. Merkwürdigerweise schafft oft gerade ein Schluck Wasser (zumindest vorübergehend) Erleichterung.

> ▶ ***Cave:*** Hinter der Angabe eines Globusgefühls kann auch einmal ein organisches Leiden, z. B. eine Innervationsstörung der Schlundmuskulatur stecken!

◀ **Cave**

Achten Sie in diesen Fällen auch auf eine Änderung der Stimme, Verschlucken und Hustenreiz beim Trinken und denken Sie an einen Tumor im Mittelhirn, eine degenerative neurologische Erkrankung oder eine Myasthenie!

Denken Sie bei Verschlucken und Hustenreiz auch an einen Tumor im Mittelhirn, eine degenerative neurologische Erkrankung oder eine Myasthenie.

Hatte der Patient eine lange Anamnese von Sodbrennen, das sich in letzter Zeit bei gleichzeitiger Zunahme der Dysphagie vielleicht sogar gebessert hat? Dahinter kann ein **»Barrett-Ösophagus«** stecken. Diese Zylinderzellmetaplasie der Schleimhaut des distalen Ösophagus gilt als Präkanzerose. Auf ihrem Boden könnte sich ein Karzinom entwickelt haben, das nun mit einer Dysphagie einhergeht.

Eine lange Anamnese von Sodbrennen bei gleichzeitiger Zunahme der Dysphagie sollte an einen **»Barrett-Ösophagus«**, eine Zylinderzellmetaplasie der Schleimhaut des distalen Ösophagus, denken lassen.

Ein langsamer Beginn der Dysphagie mit kontinuierlicher Zunahme ist immer verdächtig auf eine mechanische Stenose, insbesondere ein Karzinom. Hier ist unbedingt auch die Frage nach einer eventuellen Gewichtsabnahme zu stellen! Funktionelle Störungen können relativ rasch wechseln und sind durch verschiedene, dem Patienten meistens bekannte Maßnahmen beeinflußbar. Achalasie-Patienten nehmen gerne mit jedem Bissen einen kleinen Schluck Wasser, versuchen, durch Aufstehen, Zurückneigen des Kopfes oder Heben der Arme den Bissen durch die Engstelle zu befördern; sie können nicht mehr richtig und befreiend aufstoßen. Patienten mit Ösophagospasmus erfahren ihre Beschwerden am schlimmsten bei den ersten Bissen einer Mahlzeit; oft nehmen die Schluckprobleme zu, wenn sie ein kaltes Getränk zu sich nehmen.

Ein langsamer Beginn der Dysphagie mit kontinuierlicher Zunahme ist immer verdächtig auf eine mechanische Stenose, insbesondere ein Karzinom. Achalasie-Patienten nehmen gerne mit jedem Bissen einen kleinen Schluck Wasser, versuchen, durch Aufstehen, Zurückneigen des Kopfes oder Heben der Arme den Bissen durch die Engstelle zu befördern. Patienten mit Ösophagospasmus erfahren ihre Beschwerden am schlimmsten bei den ersten Bissen einer Mahlzeit.

3.13 Übelkeit und Erbrechen

3.13 Übelkeit und Erbrechen

Erbrechen wird ausgelöst durch Reizung des Brechzentrums am Boden des vierten Ventrikels. Das Brechzentrum befindet sich in enger Nachbarschaft zum Atemzentrum, zu Zentren der vestibulären und vasomotorischen Regulation und verschiedener vegetativer Funktionen wie Speichelfluß oder Defäkation. Daraus ergibt sich, daß das Brechzentrum durch ganz verschiedenartige Reize stimuliert werden kann. Dazu gehören psychogene, zentralnervöse, infektiös-toxische und reflektorische Reize. Beim Vorgang des Erbrechens kommt es zu einer tiefen Inspiration, zum Verschluß der Glottis und des Pylorus, zur Entspannung des unteren Ösophagussphinkters und zur Kontraktion des Magens bzw. der Bauchmuskulatur. Dadurch entleert sich der Mageninhalt nach retrograd. Soweit bekannt, gibt es jedoch kein zentralnervöses Zentrum für die Auslösung von Übelkeit. Möglicherweise ist Übelkeit eine milde Form der Stimulation des Brechzentrums.
Die verschiedenen Formen und Ursachen von Erbrechen sind durch eine sorgfältige Anamnese und eine Analyse der Begleitumstände näher zu differenzieren.

Erbrechen wird ausgelöst durch Reizung des Brechzentrums am Boden des vierten Ventrikels. Das Brechzentrum kann durch psychogene, zentralnervöse, infektiös-toxische und reflektorische Reize stimuliert werden. Soweit bekannt, gibt es jedoch kein zentralnervöses Zentrum für die Auslösung von Übelkeit. Möglicherweise ist Übelkeit eine milde Form der Stimulation des Brechzentrums.

Unter »Übelkeit« verstehen durchaus nicht alle Patienten das gleiche. Die häufig gebrauchten Begriffe wie »mir ist schlecht«, »ich fühlte mich, als ob es dahinginge«, »mir war elend zumute«, »mir wurde flau (im Magen)« sind unscharf und nicht immer gleichbedeutend mit Nausea. Versuchen Sie herauszufinden, ob der Patient tatsächlich ein Gefühl verspürte, als ob er demnächst erbrechen müßte. Nausea als eigenständiges Symptom, ohne daß Erbrechen auftritt, spricht eher für einen zerebralen Prozeß oder eine

Unter »Übelkeit« verstehen durchaus nicht alle Patienten das gleiche. Versuchen Sie herauszufinden, ob der Patient tatsächlich ein Gefühl verspürte, als ob er demnächst erbrechen müßte. Nausea als eigenständiges Symptom, ohne daß Erbrechen auftritt, spricht eher für einen zerebralen

Prozeß oder eine metabolische Störung als für eine gastrointestinale Genese. Die diagnostische Bedeutung des Bezugs zur Nahrungsaufnahme, von zusätzlich auftretenden abdominellen Schmerzen und der Qualitiät des Erbrochenen sind in ▤ C-**3.12** aufgeführt.

metabolische Störung als für eine gastrointestinale Genese. Umgekehrt kann auch Erbrechen ohne vorangehende Übelkeit (»aus heiterem Himmel«) auftreten, z. B. bei erhöhtem Hirndruck oder bei der kindlichen hypertrophen Pylorusstenose. Die diagnostische Bedeutung des Bezugs zur Nahrungsaufnahme, von zusätzlich auftretenden abdominellen Schmerzen und der Qualität des Erbrochenen sind in ▤ C-**3.12** aufgeführt.

▤ C-3.12: Erbrechen und Begleitsymptome – diagnostische Bedeutung

Erbrechen/ Nahrungsaufnahme	Erbrechen/ Bauchschmerzen	Qualität des Erbrochenen	Begleitsymptome	Wahrscheinlichste Diagnose
Sofort danach	Vor epigastrischem Schmerz	Saurer Schleim, Speisereste	Saures Aufstoßen	Gastritis
Danach	Vor diffusem Bauchschmerz	Nahrungsreste	Durchfall, Fieber	Infektiöse Gastroenteritis
Bald danach	Nach epigastrischem Schmerz	Flüssig, wenig Speisereste	Antazida wirken	Ulcus ventriculi
Danach	Nach epigastrischem Schmerz	Viel Flüssigkeit, viel Speisereste	Nüchternschmerz	Ulcus duodeni
Lange danach	Danach epigastrischer Schmerz	Massig, übelriechend	Erbrechen im Schwall, keine Nausea	Pylorusstenose
Danach	Vor epigastrischem Schmerz	Speisereste	Bewußtseinsstörung, urämischer Geruch	Lebensmittelintoxikation, Urämie
Uneinheitlich	Epigastrischer Dauerschmerz	Speisereste	Gewichtsabnahme, Anämie	Magenkarzinom
Nach schwerem Essen	Sofort nach Gürtelschmerz	Nahrungsreste	Gürtelschmerz, Meteorismus	Akute Pankreatitis
Nach schwerem Essen	Nach kolikartigen Schmerzen rechts	Unbestimmt	Murphy-Zeichen	Akute Cholezystitis
Unabhängig	Unterbauch, Flanken	Unbestimmt	Leukozyturie, Hämaturie, Dysurie	Harnwegssteine
Unabhängig	Nach Bauchschmerz	Gallig, fäkulent	Ileuszeichen	Ileus
Unabhängig	Kurz nach Beginn	Nahrungsreste	Peritonitiszeichen	Perforation
Unabhängig	Kein Bauchschmerz	Wäßrig, morgens	Fötor	Azidose, Alkoholismus
Unabhängig	Kein Bauchschmerz	Uneinheitlich	Liquorveränderungen, Bradykardie	Hirndruck
Unabhängig	Kein Bauchschmerz	Uneinheitlich	Lageabhängiger Schwindel	Labyrintherkrankung

Merke ▶

▶ ***Merke.*** Eine wichtige Schlüsselfrage ist: Ging dem Erbrechen Übelkeit voraus?

Kasuistik. Ein 48jähriger jugoslawischer Arbeiter stellt sich wegen täglich mehrfachen Erbrechens vor, das seit etwa zwei Wochen besteht. Er hat Völlegefühl und Rumination, jedoch keine starken abdominellen Schmerzen. Das Erbrechen tritt regelhaft ca. eine Stunde nach der Nahrungsaufnahme auf, im Erbrochenen erkennt man unverdaute Speisen. Bis vor einigen Jahren hatte der Patient etwa 1- bis 2mal pro Jahr Oberbauchschmerzen, wobei einmal ein Ulcus duodeni diagnostiziert worden war. Bei der Untersuchung ist der Leib aufgetrieben und leicht druckdolent, die Peristaltik plätschernd. Die sonographische Untersuchung zeigt einen riesigen Retentionsmagen, der mehrere Liter Flüssigkeit enthält. Nach Absaugen des Mageninhalts wird eine Barium-Kontrastmitteluntersuchung durchgeführt, die eine fadenförmige Pylorusstenose ergibt. Der Patient wird operiert, es zeigt sich eine narbige Stenose des Pylorus, wahrscheinlich bei rezidivierenden Ulzera, die eine Gastroenterostomie erforderlich macht.

Die wichtigsten anamnestischen Fragen und mögliche Erkrankungen bei Übelkeit und Erbrechen sind in ▤ C-**3.13** zusammengestellt.

Die wichtigsten anamnestischen Fragen und mögliche Erkrankungen bei Übelkeit und Erbrechen sind in ▤ C-**3.13** zusammengestellt.

C-3.13: Wichtige anamnestische Fragen bei Übelkeit und Erbrechen

- **Nahrung** in den letzten Tagen – Nahrungsmittelvergiftung;
  - Tischgenossen betroffen? Restaurant?
  - Neues ungewohntes Gericht?
  - Aufgewärmte Speisen?
- **Schwindel, Hörminderung?**
  - Morbus Ménière
- **Schwangerschaft?**
  - Vomitus matutinus
- **Medikamente**
  - Intoxikation, Gastritis
  - Analgetika, Opiate, Digitalis, Chinidin
  - Chemotherapie
- **Alkohol?**
  - Alkoholische Gastritis
- **Stoffwechselkrankheiten**
  - Chronische Niereninsuffizienz
  - Hyperparathyreoidismus
  - Hyperthyreose
  - Nebennierenrindeninsuffizienz
- **Herzinsuffizienz**
  - Rechtsherzinsuffizienz (Stauungsgastritis)
  - Angina pectoris
- **Atemwegserkrankungen**
  - Asthma bronchiale
  - Krupp
- **Schädel-Hirn-Traumen, Tumoren mit Hirndruckerhöhung**
- **Psychische Probleme**
  - Traumatisierende Erlebnisse
  - Panikattacken
  - Anorexie, Bulimie

Es kann vorkommen, daß Erbrechen völlig isoliert besteht. Da es für sich genommen ein unspezifisches und vielsagendes Symptom ist, kann die Ursachenfindung nicht leicht sein. Denken Sie in solchen Fällen vor allem an **Medikamente**, insbesondere an eine Digitalis-Überdosierung bei alten Patienten (▤ C-**3.14**). Meistens sind aber Begleitsymptome vorhanden, welche die Diagnose der zugrundeliegenden Krankheit und die Entscheidung über weitere diagnostische Maßnahmen bestimmen (siehe ▤ C-**3.12**).

Besteht Erbrechen völlig isoliert, sollten Sie an **Medikamente** (z. B. Digitalis) denken (▤ C-**3.14**).

C-3.14: Gängige Medikamente, bei denen Übelkeit und Erbrechen als Nebenwirkung auftreten kann

ACE-Hemmer	Benzodiazepine
Allopurinol	Chinidin
alpha-1-Blocker	Cumarine
Antibiotika (Penicilline, Co-trimoxazol, Cephalosporine)	Digitalis (zentrales Erbrechen)
	H_2-Blocker
Antidepressiva, trizyklische	Kalziumantagonisten
Benzbromaron	Theophyllin
	Zytostatika

3.14 Aufstoßen, Meteorismus und Flatulenz

Aufstoßen und Flatulenz sind normale Ereignisse, die aber – zumindest in unserer Gesellschaft – als unschicklich gelten. Ob Gasansammlungen von einem Patienten als krankhaft oder zumindest unangenehm empfunden werden, hängt daher weitgehend von der individuellen Akzeptanz ab.

3.14 Aufstoßen, Meteorismus und Flatulenz

Bei jedem Menschen ist im Magen-Darm-Trakt Gas vorhanden, das verschluckt wird oder bei der Verdauung entsteht. Es handelt sich überwiegend um Stickstoff, Kohlendioxid, Wasserstoff und Methan, wobei bezüglich Zusammensetzung und Menge erhebliche individuelle Unterschiede bestehen. **Aufstoßen und Flatulenz sind normale Ereignisse**, die aber – zumindest in unserer Gesellschaft – als unschicklich gelten. Ob Gasansammlungen von einem Patienten als krankhaft oder zumindest unangenehm empfunden werden, hängt daher weitgehend von der individuellen Akzeptanz ab. Treten diese Symptome allerdings weitaus häufiger als im Durchschnitt bei gesunden Personen auf, so muß man auch an eine möglicherweise schwerwiegende Grundkrankheit denken.

Aufstoßen (Eruktation)

Fragen Sie nach den Gelegenheiten, wann Aufstoßen vor allem auftritt. Patienten mit ständigem Aufstoßen haben in den meisten Fällen die Angewohnheit der **Aerophagie**. Beim Sprechen und Essen schlucken sie große Mengen von Luft, die nach kurzer Zeit regelmäßig entleert werden muß. Die Luft kann nicht nur nach oben, sondern auch in den aboralen Darmtrakt abwandern und dort dem Patienten das Gefühl eines geblähten Abdomens, des Unbehagens bis hin zu krampfartigen abdominellen Schmerzen bereiten.

Aufstoßen (Eruktation)

Fragen Sie nach den Gelegenheiten, wann Aufstoßen vor allem auftritt. Es ist normal nach dem Genuß von kohlensäurehaltigen Getränken oder einem geschlagenen Soufflé, nach einem reichlichen oder besonders hastig genossenen Essen. Patienten mit ständigem Aufstoßen haben in den meisten Fällen die Angewohnheit der **Aerophagie**. Beim Sprechen und Essen schlucken sie große Mengen von Luft, die nach kurzer Zeit regelmäßig entleert werden muß. Beobachten Sie den Patienten beim Sprechen, ob er den Mund vor dem Schlucken öffnet! Lassen Sie ihn auf etwas beißen, z. B. einen Korken, und sehen dann, ob er weiter aufstoßen muß! In den meisten Fällen verhindert kräftiges Beißen das Luftschlucken. Die Luft kann nicht nur nach oben, sondern auch in den aboralen Darmtrakt abwandern und dort dem Patienten das Gefühl eines geblähten Abdomens, des Unbehagens bis hin zu krampfartigen abdominellen Schmerzen bereiten.

Meteorismus

Klagen über »zu viel Luft im Bauch«, »Magendrücken«, Völlegefühl, Blähungen, manchmal verbunden mit krampfartigen Bauchschmerzen, gehören zu den häufigsten Gründen, warum Patienten einen Arzt aufsuchen. Häufig handelt es sich um Motilitätsstörungen oder eine erhöhte Sensibilität für normale Spannungen des Darmes. Allerdings hat die objektiv feststellbare Luftfüllung nur wenig mit den subjektiv empfundenen Beschwerden zu tun.

Meteorismus

Klagen über »zu viel Luft im Bauch«, »Magendrücken«, Völlegefühl, Blähungen, manchmal verbunden mit krampfartigen Bauchschmerzen, gehören zu den häufigsten Gründen, warum Patienten einen Arzt aufsuchen. Vor allem jüngere Frauen sind oft der Ansicht, ihr Leib sei von Gasen aufgetrieben. Diese Beschwerden haben nur selten etwas mit einem tatsächlichen abnormen Gasgehalt des Magen-Darm-Trakts zu tun. Viel häufiger handelt es sich um Motilitätsstörungen oder eine erhöhte Sensibilität für normale Spannungen des Darmes, wie sie im Zuge des Verdauungsablaufs auftreten. In Versuchen mit kontrollierter Luftinsufflation oder Dehnung bestimmter Darmabschnitte mit Ballons konnte gezeigt werden, daß die Sensibilität für eine Erhöhung der Darmwandspannung individuell sehr verschieden ausgeprägt ist. Die Luftfüllung des Darmes läßt sich auf Röntgen-Übersichtsaufnahmen des Abdomens gut abschätzen. Allerdings hat die objektiv feststellbare Luftfüllung nur wenig mit den subjektiv empfundenen Beschwerden zu tun. Patienten mit reichlich Luftfüllung können nicht die geringsten meteoristischen Beschwerden haben, während andere mit ausgesprochen geringer Luftfüllung ständig klagen.

> **Merke.** Klagen über Blähungen und Völlegefühl korrelieren nicht mit dem objektiv festgestellten Gasgehalt des Darms.

◀ **Merke**

Lange bestehender Meteorismus bei Patienten unter 40 Jahren beruht in den meisten Fällen auf einer veränderten Perzeption des normalen Luftgehalts. Die Ausnahmen bilden ein Laktasemangel, reichlicher Genuß von blähenden Nahrungsmitteln wie Hülsenfrüchten, Kohlgemüse oder frischem Brot, eine vorangegangene Enteritis sowie eine Therapie mit Antibiotika oder Resorptionshemmern wie Guar oder Acarbose. In allen Fällen hilft die Anamnese weiter. Fragen Sie den Patienten, ob er selbst Nahrungsmittel oder Medikamente kennt, deren Genuß bzw. Einnahme die Beschwerden verschlimmern! Die meisten Patienten haben solche Zusammenhänge schon herausgefunden.

Die Ursache für Meteorismus können auch ein Laktasemangel, eine vorausgegangene Enteritis sowie eine Therapie mit Antibiotika, Guar oder Acarbose sein.

Neu aufgetretener Meteorismus bei älteren Patienten sollte Anlaß zu einer Durchuntersuchung geben, vor allem wenn zusätzlich Gewichtsverlust, Erbrechen, Diarrhö oder Blut im Stuhl berichtet wird. Denken Sie an eine Leberzirrhose mit portaler Hypertension, eine Pankreasinsuffizienz oder ein Malignom.

Neu aufgetretener Meteorismus bei älteren Patienten sollte Anlaß zu einer Durchuntersuchung geben. Denken Sie an eine Leberzirrhose mit portaler Hypertension, eine Pankreasinsuffizienz oder ein Malignom.

Flatulenz (mit Inkontinenz)

Wenngleich nur wenige Daten zu diesem gerne ausgesparten Problem vorliegen, so dürften 25 Gasaustritte aus dem Rektum pro Tag normal sein. Rücken Sie hier falsche Vorstellungen zurecht und lassen Sie den Patienten vielleicht ein Symptomen-Tagebuch führen! Für die Einschätzung und Klärung einer Flatulenz gelten im übrigen dieselben anamnestischen Überlegungen wie für den Meteorismus.

Ein besonders heikles Thema bildet die **von Stuhlinkontinenz begleitete Flatulenz**. Alte Ärzte sprachen gerne vom „falschen Freund“: Der Patient glaubt, es würde sich eine gasförmige Entleerung ankündigen, tatsächlich kommt es aber zu einer Verschmutzung der Wäsche. Wenn Sie von sich aus das Problem ansprechen, fällt es dem Patienten leichter, darüber zu reden. Leichte Formen kommen auch bei Gesunden vor. Bei älteren Patienten kann dieses Symptom Zeichen einer beginnenden Demenz sein. Weiterhin sind Störungen im Bereich des Frontalhirns, des limbischen Systems, des spinalen Mastdarmzentrums, der Cauda equina bis hin zu den intramuralen Ganglien in Betracht zu ziehen. Es kommen aber auch eine Reihe von lokalen Erkrankungen in Betracht wie entzündliche kolorektale Prozesse (M. Crohn, Colitis ulcerosa), Analfisteln, Rektumprolaps, Traumen und ein Analkarzinom, so daß diese Angabe immer Anlaß zu einer rektalen Untersuchung bzw. einer Rektoskopie geben sollte.

Flatulenz (mit Inkontinenz)

Wenngleich nur wenige Daten zu diesem gerne ausgesparten Problem vorliegen, so dürften 25 Gasaustritte aus dem Rektum pro Tag normal sein.

Ein besonders heikles Thema bildet die **von Stuhlinkontinenz begleitete Flatulenz**. Bei älteren Patienten kann dieses Symptom Zeichen einer beginnenden Demenz sein. Weiterhin sind Störungen im Bereich des Frontalhirns, des limbischen Systems, des spinalen Mastdarmzentrums, der Cauda equina bis hin zu den intramuralen Ganglien in Betracht zu ziehen. Es kommen aber auch eine Reihe von lokalen Erkrankungen in Betracht, z. B. M. Crohn, Analfisteln, Traumen.

3.15 Diarrhö

3.15 Diarrhö

Definition. Im medizinischen Sinn spricht man von einer Diarrhö, wenn
- Stuhlgewicht > 250g/Tag
- Stuhlfrequenz > 4 x/Tag
- Stuhlkonsistenz flüssig

◀ **Definition**

Nicht so in der Sprache der meisten Patienten! Der Begriff »Durchfall« ist stark subjektiv geprägt, und die wenigsten Patienten, die deshalb zum Arzt gehen, erfüllen die oben genannten Kriterien. Versuchen Sie daher erst zu klären, wie häufig der Patient seinen Darm entleert, wie die Konsistenz des Stuhls ist und welche Menge entleert wird. Fragen Sie den Patienten immer, ob er seinen Stuhl auch angesehen hat!

Der Begriff »Durchfall« ist stark subjektiv geprägt, und die wenigsten Patienten, die deshalb zum Arzt gehen, erfüllen die oben genannten Kriterien. Fragen Sie den Patienten immer, ob er seinen Stuhl auch angesehen hat!

Praktisches Beispiel ▶

Dialog, wie er in der Praxis häufig vorkommt:
Arzt: *»War Ihr Stuhl hell oder dunkel?«*
Patient: *»Der Stuhl hatte normale Farbe.«*
Arzt: *»War der Stuhl fest oder flüssig?«*
Patient: *»Er war normal.«*
Arzt: *»Hatten Sie je Blut im Stuhl?«*
Patient: *»Nein, nie.«*
Arzt: *»Haben Sie Ihren Stuhl denn angesehen?«*
Patient: *»Um ehrlich zu sein, Herr Doktor, ich schaue da eigentlich nie hin.«*
Die letzte Antwort spricht für sich!

Über die normale Stuhlfrequenz bestehen unterschiedliche Ansichten. Abhängig vom Fasergehalt der zugeführten Nahrung und von individuellen Unterschieden der Darmflora ist unter den Ernährungsbedingungen der westlichen Länder alles zwischen 3x pro Tag und 1x jeden dritten Tag normal.

Über die normale Stuhlfrequenz bestehen unterschiedliche Ansichten. Manche Patienten stellen diesbezüglich sehr hohe Anforderungen und glauben, es sei krankhaft, wenn sie nicht jeden Tag Stuhlgang hätten. Abhängig vom Fasergehalt der zugeführten Nahrung und von individuellen Unterschieden der Darmflora ist unter den Ernährungsbedingungen der westlichen Länder alles zwischen dreimal pro Tag und einmal jeden dritten Tag normal. Versuchen Sie hier, falsche Vorstellungen zurechtzurücken.

Das unscharfe und vielsagende Symptom Diarrhö sollte dann nach den in ▦ C-**3.15** angeführten Punkten näher charakterisiert werden.

Das unscharfe und vielsagende Symptom Diarrhö sollte dann nach den in ▦ C-**3.15** angeführten Punkten näher charakterisiert werden.

C-3.15: Anamnestische Fragen bei Diarrhö

1. Ist der Durchfall **vor kurzem** (< 7 Tage) und plötzlich aufgetreten? Wenn ja:
   a) Waren Sie im Ausland (nicht Österreich!)? Hat der Durchfall bereits dort begonnen?
   b) Haben Sie in einem Restaurant gegessen? Ein neues, unbekanntes Gericht? Rohes Fleisch? Fisch? Wasser aus zweifelhafter Quelle?
   c) Haben andere mit Ihnen gegessen und wurden sie auch krank?
   d) Haben Sie Medikamente eingenommen, vor allem Antibiotika?
   e) Haben Sie Haustiere? Sind diese gesund?
   f) Ist die Stuhlentleerung explosionsartig? Haben Sie dabei Bauchschmerzen?
   g) Haben oder hatten Sie noch andere Symptome? Fieber, Kopfschmerzen, Übelkeit, Erbrechen, Hautausschläge?
2. Haben Sie den Durchfall **schon lange**? Wenn ja:
   a) Wie lange schon?
   b) Andauernd oder gelegentlich mit Unterbrechungen?
   c) Haben Sie nach einer Durchfallperiode Verstopfung?
   d) Haben Sie Gewicht abgenommen, fühlen Sie sich geschwächt?
   e) Haben Sie über längere Zeit Abführmittel eingenommen?
   f) Hatten Sie je eine Bauchoperation oder Bestrahlung?
   g) Glauben Sie, der Durchfall könnte etwas mit einer Änderung Ihrer Lebensgewohnheiten oder der äußeren Verhältnisse zu tun haben? Ernährung? Medikamente? Streß?
   h) Wie ist es im Urlaub?
3. Wie sieht der **Stuhl** aus?
   a) Konsistenz: Wasser, Suppe, Apfelmus?
   Geformte (Wurst, Schafsboller) und flüssige Anteile? Was zuerst?
   b) Stuhlfrequenz und Volumen:
   Häufig – groß?
   Häufig – gering?
   Selten – groß?
   c) Haben Sie unverdaute Nahrungsbestandteile im Stuhl bemerkt?
   d) Klebt der Stuhl an der Toilettenschüssel? Glänzt er? Sind Fetttropfen im Wasser?
   e) Erscheint der Stuhl schaumig? Haben Sie Schleimbeimengungen bemerkt?
   f) Welche Farbe hat der Stuhl?
   g) War Blut im oder auf dem Stuhl?
   h) Hatten Sie Abgang von Schleim ohne Stuhl?
   i) Riecht der Stuhl sehr unangenehm?
   j) Werden Sie nachts vom Stuhldrang geweckt?

Akute Diarrhö. Die in ▤ C-**3.15** unter 1. aufgeführten Fragen zielen nach der Ätiologie und versuchen insbesondere Infektionen, Vergiftungen und Nebenwirkungen von Medikamenten zu erfassen.
Frage 1.g) soll einen Hinweis erbringen, ob es sich um ein lokales Problem des Darmes, um eine Infektionskrankheit mit systemischen Effekten, z. B. durch toxinbildende Erreger, oder um eine Systemerkrankung mit Manifestation im Magen-Darm-Trakt handelt. Hautsymptome können z. B. auftreten beim Karzinoid als Flush-Symptomatik, bei Typhus als Roseolen oder beim Glukagonom als nekrotisierende Dermatitis.

Akute Diarrhö Die Fragen zielen nach der Ätiologie und versuchen insbesondere Infektionen, Vergiftungen und Nebenwirkungen von Medikamenten zu erfassen. Hautsymptome können z. B. auftreten beim Karzinoid als Flush-Symptomatik, bei Typhus als Roseolen oder beim Glukagonom als nekrotisierende Dermatitis.

Chronische Diarrhö. Mit den in ▤ C-**3.15** unter Punkt 2 genannten Fragen sollen die Dauer des Geschehens und eine möglicherweise zugrundeliegende chronische Darmerkrankung, die eventuell zu einem Malabsorptionssyndrom geführt hat, eruiert werden. Auch die Einnahme von Laxanzien oder Schädigungen des Magen-Darm-Trakts durch Operationen, Antibiotika oder Bestrahlungen sind zu bedenken. Einflüsse von Lebensumständen und Gewohnheiten sowie lange Phasen von Diarrhö, die sich mit Neigung zur Obstipation abwechseln, kennzeichnen den irritablen Darm. Der Urlaub ist als Zeitraum ohne aktuelle berufliche Belastung anamnestisch wichtig, da er eine Änderung des üblichen Lebensrhythmus bedeutet und Hinweise auf Umgebungseinflüsse als Auslöser funktioneller Beschwerden bringt. Bei selten auftretenden Perioden von Diarrhö empfiehlt es sich, ein Tagebuch führen zu lassen.

Chronische Diarrhö Mit den unter Punkt 2 genannten Fragen sollen die Dauer des Geschehens und eine möglicherweise zugrundeliegende chronische Darmerkrankung, die eventuell zu einem Malabsorptionssyndrom geführt hat, eruiert werden. Auch die Einnahme von Laxanzien oder Schädigungen des Magen-Darm-Trakts durch Operationen, Antibiotika oder Bestrahlungen sind zu bedenken. Bei selten auftretenden Perioden von Diarrhö empfiehlt es sich, ein Tagebuch führen zu lassen.

Stuhlvolumen. Es wäre wünschenswert, wüßte man die tägliche Stuhlmenge eines Patienten exakt. Die Messung der Stuhlmenge ist jedoch selbst unter stationären Bedingungen gleichermaßen unzuverlässig wie unbeliebt. Geschätzte Angaben von Patienten sind fast immer übertrieben. Sind Sie also skeptisch, wenn Sie hören, jemand habe liter- oder kiloweise Stuhl abgesetzt. Dennoch ist zur ätiopathogenetischen Klärung die Angabe hilfreich, ob eine großvolumige oder eine kleinvolumige Diarrhö vorliegt. Als Faustregel gilt: Großvolumige, breiige Stühle sprechen eher für eine Malabsorption im Dünndarmbereich, z. B. infolge Pankreasinsuffizienz oder Zöliakie, wäßrige, spritzende Stühle eher für eine Affektion des Dickdarms.

Stuhlvolumen Als Faustregel gilt: Großvolumige, breiige Stühle sprechen eher für eine Malabsorption im Dünndarmbereich, z. B. infolge Pankreasinsuffizienz oder Zöliakie, wäßrige, spritzende Stühle eher für eine Affektion des Dickdarms.

Steatorrhö. Unverdaute Nahrung, insbesondere Fettbeimengungen, deuten ebenfalls auf eine Verdauungs- bzw. Absorptionsstörung im Dünndarm hin. Fragen Sie nach Fetttropfen auf dem Wasser, wie sie auch in modernen Tiefspültoiletten beobachtet werden können. Typischerweise klebt fetthaltiger Stuhl auch sehr stark an der Toilette und muß mit der Bürste entfernt werden. Fetthaltige Stühle riechen meist sehr unangenehm.

Steatorrhö Unverdaute Nahrung, insbesondere Fettbeimengungen, deuten ebenfalls auf eine Verdauungs- bzw. Absorptionsstörung im Dünndarm hin. Fragen Sie nach Fetttropfen auf dem Wasser. Fetthaltige Stühle riechen meist sehr unangenehm.

Hat ein älterer Patient häufig feste Anteile in Form von **Skybala** im Stuhl, setzt aber gleichzeitig am Ende der Defäkation flüssigen Stuhl ab, so sollte man auch an einen stenosierenden Kolontumor denken.

Schleimabgang, wenn er beobachtet wird, ist für das irritable Kolon charakteristisch, kann aber auch bei einem villösen Adenom des Rektums vorkommen. Häufiger Stuhldrang mit Absetzen von nur kleinen Mengen Stuhl spricht für eine Proktitis oder einen Tumor im Bereich des Rektums.

Hat ein älterer Patient häufig **Skybala** im Stuhl, setzt aber gleichzeitig am Ende der Defäkation flüssigen Stuhl ab, so sollte man auch an einen stenosierenden Kolontumor denken.
Schleimabgang ist für das irritable Kolon charakteristisch, häufiger Stuhldrang mit Absetzen von nur kleinen Mengen Stuhl für eine Proktitis oder einen Tumor im Bereich des Rektums.

Stuhlfarbe. Die diagnostische Bedeutung der Stuhlfarbe ist in ▤ C-**3.16** zusammengefaßt. Grundsätzlich macht eine rasche Darmpassage den Stuhl heller, eine chronische Obstipation dunkler. Versuchen Sie, anhand von Gegenständen, die Sie dem Patienten zeigen, Farbvergleiche herbeizuführen. Vor allem im Hinblick auf den wirklich schwarzen Stuhl bestehen häufig unrichtige Vorstellungen. Zur Beschreibung von Blut im Stuhl siehe Abschnitt »Gastrointestinale Blutung«.

Stuhlfarbe Die diagnostische Bedeutung der Stuhlfarbe ist in ▤ C-**3.16** zusammengefaßt. Grundsätzlich macht eine rasche Darmpassage den Stuhl heller, eine chronische Obstipation dunkler. Zur Beschreibung von Blut im Stuhl siehe Abschnitt »Gastrointestinale Blutung«.

C-3.16: Stuhlfarbe und diagnostische Bedeutung

Sehr hell (Haferschleim)	Diarrhö, z. B. infektiöse Gastroenteritis
Dunkel (bittere Schokolade)	Fleischreiche Nahrung, Obstipation
Hell, gelblich, fettglänzend	Steatorrhö, Malabsorption
Grau, lehmfarben	Verschlußikterus (Stein, Papillenkarzinom)
Schwarz	Blutbeimengung oberer GI-Trakt (»Teerstuhl«), Einnahme von Wismut- oder Eisenpräparaten
Blutig-dunkelrot	Polypen, Karzinome, Ulzera, Angiodysplasien im Kolon oder Rektum
Blutig-hellrot	Hämorrhoiden (»Nachbluten«)
Schleimig-blutig	Colitis ulcerosa, Morbus Crohn
Schleimig	Colon irritabile

Merke ▶

▶ ***Merke.*** Wenn immer möglich, sollten Sie sich den Stuhl eines Patienten mit Diarrhö zeigen lassen!

Patienten mit irritablem Darm haben nachts meist keine Durchfälle, Kolitis-Patienten dagegen sehr wohl.

Die Frage nach den nächtlichen Entleerungen erlaubt bis zu einem gewissen Grad die Zuordnung zu funktionellen und organischen Ursachen einer Diarrhö. Patienten mit irritablem Darm haben nachts meist keine Durchfälle, Kolitis-Patienten dagegen sehr wohl.
Die Bedeutung einer subtilen Ernährungsanamnese zeigt folgende Kasuistik:

Kasuistik. Eine 24jährige Studentin stellt sich wegen seit zwei Monaten bestehender wäßriger Diarrhö mit bis zu acht Entleerungen täglich beim Hausarzt vor. Abdominelle Schmerzen hat sie nicht, klagt aber über ständiges Glucksen und Plätschern im Bauch, Meteorismus und Flatulenz. Sie war bislang nicht krank, war im letzten Jahr nicht im Ausland und ernährt sich normal. Auch die Familienanamnese ist leer. Die körperliche Untersuchung der normalgewichtigen Frau ist bis auf sehr lebhafte Peristaltik unauffällig. Nachdem Laborbefunde, Oberbauchsonographie und totale Koloskopie nicht weiterhelfen, kehrt der behandelnde Arzt noch einmal zur Anamnese zurück. Bei erneutem Nachfragen zu Details der Ernährung ergibt sich, daß die Studentin vor zwei Monaten mit dem Rauchen aufgehört hat und seitdem täglich ca. 20 Streifen einer bestimmten Kaugummimarke kaut. Die Lektüre der Packungsaufschrift bringt die Lösung: Der »zuckerfreie« Kaugummi enthält Sorbit. Nach »Umsetzen« auf einen anderen Kaugummi verschwindet die Diarrhö innerhalb von Tagen.

Fabula docet:
1. Eine von Anfang an sorgfältige und ausführliche Erhebung der Anamnese spart riskante und teuere Untersuchungen!
2. Hat man die »erste Runde« von laborchemischer und apparativer Diagnostik hinter sich und immer noch keine Diagnose, schreite man auf diesem Weg nicht fort, sondern kehre zur Anamnese zurück!

3.16 Obstipation

Die Ausdrücke »schlechter Stuhlgang«, »Verstopfung«, »träge Verdauung«, »Darmträgheit« gehören zu den häufigsten Angaben bei der anamnestischen Befragung von Patienten, wobei Frauen weitaus häufiger betroffen sind. Eine exakte Definition von Verstopfung im medizinischen Sinne gibt es nicht, so daß man zunächst einmal klären muß, was den Patienten genau stört. Chronisch obstipierte Patienten klagen aber zusätzlich über zu harten Stuhl, die Notwendigkeit des Pressens und das Gefühl der unvollständigen Entleerung. Wegen der großen Variation des

3.16 Obstipation

Die Ausdrücke »schlechter Stuhlgang«, »Verstopfung«, »träge Verdauung«, »Darmträgheit« gehören zu den häufigsten Angaben bei der anamnestischen Befragung von Patienten, wobei Frauen weitaus häufiger betroffen sind. Bei Befragungen bezeichnen sich 10 – 30 % aller Frauen als »chronisch verstopft«, nur eine Minderheit sucht aber deshalb einen Arzt auf, sondern findet sich entweder mit dem Zustand ab oder verwendet ein Präparat aus der großen Palette von Laxanzien, die in der Apotheke erhältlich sind. Eine exakte Definition von Verstopfung im medizinischen Sinne gibt es nicht, so daß man zunächst einmal klären muß, was den Patienten genau stört. Nicht selten haben Patienten zu hohe Ansprüche an die Stuhlfrequenz. Unter den Bedingungen einer omnivoren, reichlich Fleisch enthaltenden Diät ist eine Stuhlgangsfrequenz zwischen dreimal pro Tag bis einmal alle drei Tage normal. Chronisch obstipierte Patienten klagen aber zusätzlich über zu harten Stuhl, die Notwendigkeit des Pressens und das Gefühl der unvollständigen Entleerung. Wegen der großen Variation des Normalen sollte die Anamnese daher weniger auf den Vergleich mit anderen Patienten, sondern auf eine intraindividuelle Änderung der Stuhlgewohnheiten im Lauf der Zeit abheben.

Normalen sollte die Anamnese auf eine intraindividuelle Änderung der Stuhlgewohnheiten im Lauf der Zeit abheben.

Merke. Stuhlentleerungen zwischen dreimal täglich und einmal alle drei Tage sind normal.

◀ **Merke**

In ▤ C-**3.17** finden sich wichtige Fragen zur diagnostischen Klärung des Symptoms Obstipation. Besteht die Obstipation »schon immer«, »von Kindheit an« oder »über viele Jahre«, so kann man mit großer Wahrscheinlichkeit von einer spastischen **habituellen Obstipation** ausgehen und wird den Patienten im weitesten Sinne diätetisch beraten.

In ▤ C-**3.17** finden sich wichtige Fragen zur diagnostischen Klärung des Symptoms Obstipation. Besteht die Obstipation »schon immer«, so kann man mit großer Wahrscheinlichkeit von einer spastischen **habituellen Obstipation** ausgehen.

C-3.17: Fragen bei Obstipation

- Frequenz? Wie häufig?
- Was halten Sie für normal?
- Änderungen gegenüber früher? Immer schon obstipiert?
- Kein spontaner Stuhldrang?
- Einnahme von Laxanzien? Welche? Wie lange? Welche Dosis?
- Stuhl zu hart? Oder weich, aber zu selten?
- Notwendigkeit des Pressens?
- Gefühl der unvollkommenen Entleerung?
- Schmerzen beim Durchtritt des Stuhls (Tenesmen)?
- Besondere Diät?
- Einnahme von Medikamenten? (Antazida, Antidepressiva, Anticholinergika, Diuretika, Opiate)
- Begleitsymptome?
- Operationen? Geburten?

Merke. Ist die Verstopfung neu aufgetreten oder hat sich überhaupt eine Änderung der Stuhlgewohnheiten ergeben, die vom Üblichen abweicht, so ist eine Abklärung erforderlich, insbesondere wenn noch zusätzliche Symptome wie Bauchschmerzen, Meteorismus oder Blut im Stuhl bestehen.

◀ **Merke**

Vor allem bei älteren Menschen wirken sich Bettlägrigkeit, neoplastische Erkrankungen, neurologisch-psychiatrische Krankheiten und Operationen häufig auf die Stuhlgewohnheiten aus. Die Obstipation kann solche Ausmaße annehmen, daß es zur Ausbildung von Koprolithen (Kotsteinen) kommt, die anal-manuell oder sogar operativ entfernt werden müssen.

Die **wichtigsten Ursachen einer Obstipation** sind diätetische Einflüsse, Nebenwirkungen von Medikamenten, funktionsbedingte Faktoren, lokale organische sowie systemische Erkrankungen. Beispiele für diese vier Gruppen zeigt ▤ C-**3.18**.

Die **wichtigsten Ursachen einer Obstipation** sind diätetische Einflüsse, Nebenwirkungen von Medikamenten, funktionsbedingte Faktoren, lokale organische sowie systemische Erkrankungen (▤ C-**3.18**).

C-3.18: Ursachen einer Obstipation

A Diätetische Ursachen
- Faserarme Kost
- Fastenperiode
- Zu geringe Flüssigkeitszufuhr

B Medikamente (siehe C-**3.17**)

C Funktionelle Ursachen
- Allgemeine Schwäche
- Bettlägrigkeit, Immobilität
- Depression
- Verwirrtheit
- Reisen, schlechte hygienische Verhältnisse

D Grundkrankheiten
- Obstruktion des Kolons
- Endokrine/metabolische Erkrankungen
- Kollagenosen
- Neuromuskuläre Krankheiten

3.17 Eßstörungen und Anorexie

Essen ist lebensnotwendig zur Erhaltung der physischen Gesundheit (organische Ebene), ist aber für einen gesunden Menschen auch mit Lust verbunden (psychische Ebene). Aus dieser Ambivalenz ergibt sich ein sehr breites Ursachenspektrum für Störungen der Nahrungsaufnahme.

3.17 Eßstörungen und Anorexie

Essen ist lebensnotwendig zur Erhaltung der physischen Gesundheit (organische Ebene), ist aber für einen gesunden Menschen auch mit Lust verbunden (psychische Ebene). Aus dieser Ambivalenz ergibt sich ein sehr breites Ursachenspektrum für Störungen der Nahrungsaufnahme: Es reicht vom rein mechanischen Problem des verengten Rohres, z. B. bei einer Ösophagusstenose, bis zu den vielschichtigen psychopathologischen Veränderungen, wie sie bei dem Formenkreis Anorexia nervosa/Bulimie vorliegen. Die Folgen sind jedoch in allen Fällen die gleichen, nämlich Gewichtsabnahme bis hin zur Kachexie.

Kasuistik. Ein 72jähriger Mann wird wegen Gewichtsabnahme von ca. vier Kilogramm in sechs Wochen überwiesen. Er hatte immer Freude am Essen, doch in den letzten zwei Monaten stört ihn ein Völlegefühl, das sich bereits nach den ersten Bissen einstellt. Selbst von seinen Leibspeisen läßt er den halben Teller stehen, was ihm früher nie passiert wäre. Die körperliche Untersuchung ist bis auf eine leichte Prostatahypertrophie völlig unauffällig, man stellt nur fest, daß der Patient »nicht gut aussieht«. Die Laboruntersuchung ergibt eine leichte hypochrome Anämie von 11,8 g/dl, ansonsten keine pathologischen Befunde. Vor allem wegen des Alters und wegen einer sonographisch auf 7 mm verdickten Magenwand entschließt man sich zu einer vollen Diagnostik und beginnt mit einer Magen-Dünndarm-Passage. Es stellt sich ein kleiner, wenig entfaltungsfähiger Magen dar, die Verdachtsdiagnose ist szirrhöses Karzinom. Endoskopisch ist die Magenschleimhaut ohne Befund. Nur in einer tiefen Biopsie findet man Zellen mit großen Kernen und reichlich Mitosen, die verdächtig sind für ein Karzinom. Der Mann wird daraufhin laparotomiert. Mehrere gastrische Lymphknoten sind vergrößert, im Schnellschnitt ergibt sich ein Adenokarzinom des Magens. Es erfolgt eine totale Gastrektomie. Der Patient erholt sich, ißt wieder mit Appetit und nimmt fünf Kilogramm an Gewicht zu. Drei Jahre später bekommt er Lymphknotenmetastasen im Bereich der Supraklavikulargrube links sowie Lebermetastasen und verstirbt vier Jahre nach der Operation in der Tumorkachexie.

Eine verminderte Nahrungsaufnahme läuft über drei wesentliche Mechanismen ab, die in C-**3.19** dargestellt sind.

Eine verminderte Nahrungsaufnahme läuft über drei wesentliche Mechanismen ab, die in C-**3.19** dargestellt sind. Der Mann in der Kasuistik gehört in die zweite Gruppe: Sein Appetit war erhalten, doch schränkte er das Essen wegen der zu erwartenden Beschwerden weitgehend ein.

C-3.19: Gründe für die verminderte Nahrungsaufnahme

Appetitverlust	Sitophobie*	Frühe Sättigung
Abneigung gegen alle Speisen	Essen bereitet Schmerzen	Frühzeitiges Völlegefühl, dadurch weniger Essen
	Typische Bemerkungen	
»Ich habe auf nichts Lust, das Essen ekelt mich fast an.«	»Ich hätte schon Hunger und Appetit, habe aber Angst zu essen wegen der Schmerzen.«	»Nach ein paar Bissen reicht's mir schon wieder."
	Beispiele	
Neoplasien Infektionskrankheiten Depression	Ulkus im Ösophagus Intestinale Ischämie Dündarmobstruktion	Magenkarzinom Magenpolypen Magenausgangsstenose

* Sitophobie: sitos = Nahrung; phobein = fürchten.

Versuchen Sie, durch eine genaue Befragung herauszufinden, worauf der Patient selbst seine Abneigung gegen das Essen zurückführt!

Versuchen Sie, durch eine genaue Befragung herauszufinden, worauf der Patient selbst seine Abneigung gegen das Essen zurückführt!

◄ **Wichtige Fragen**

Schlüsselfragen:
1. *Macht Ihnen das Essen immer noch Freude?*
2. *Bereitet Ihnen das Essen selbst Beschwerden?*
3. *Trat die Gewichtsabnahme bei gutem Appetit oder bei Abneigung gegen das Essen auf?*

Bedenken Sie, daß gerade Patienten mit Eßstörungen zur Dissimulation und Negierung neigen. Daher ist es oft nicht leicht, eine Gewichtsabnahme sicher festzustellen, da sich die wenigsten Menschen regelmäßig wiegen, zumindest nicht diejenigen, bei denen das Gewicht ungewollt zurückgeht.

Bedenken Sie, daß gerade Patienten mit Eßstörungen zur Dissimulation und Negierung neigen.

◄ **Merke**

Merke. Eine Anorexie besteht oft bereits über längere Zeit, ehe eine organische Erkrankung diagnostiziert wird!

Fragen Sie nach dem letzten dokumentierten Körpergewicht, um eine Vorstellung zu bekommen, in welcher Zeit der Patient abgenommen hat! Hilfsfragen sind, ob sich die Kleidergröße oder Kragenweite geändert hat oder ob man den Gürtel ein Loch enger schnallen mußte. Ging das Gewicht konstant zurück oder gab es Schwankungen nach oben und unten? Ist die Gewichtsabnahme das einzige Symptom oder gibt es noch andere Hinweise auf eine Erkrankung? Haben sich die Eßgewohnheiten des Patienten geändert, z. B. durch einen neuen Arbeitsplatz? Wieviel Zeit nimmt sich der Patient täglich für das Essen?

Fragen Sie nach dem letzten dokumentierten Körpergewicht, um eine Vorstellung zu bekommen, in welcher Zeit der Patient abgenommen hat! Hilfsfragen sind, ob sich die Kleidergröße oder Kragenweite geändert hat. Haben sich die Eßgewohnheiten des Patienten geändert?

◄ **Merke**

Merke. Rasche Gewichtsänderungen innerhalb von Tagen sprechen für eine Störung des Wasserhaushalts; langsame Gewichtsänderungen sprechen für eine Zu- oder Abnahme von Körpergewebe!

Anorexia nervosa und Bulimie

Bei der Anorexia nervosa handelt es sich um eine **psychogene Eßstörung**, von der fast ausschließlich junge Mädchen und Frauen betroffen sind. Die wichtigsten Kriterien sind fehlende Gewichtszunahme im Laufe der normalen Entwicklung oder sogar Gewichtsabnahme von mehr als 15 %. Weitere Symptome bestehen in Amenorrhö, Muskelschmerzen, dauerndem Kältegefühl, Bradykardie, niedrigem Blutdruck und trockener Haut. Die Patientinnen lehnen wahrscheinlich ihre Rolle als Frau ab. Es kommt oft auch zu polyphagischen Exzessen und anschließendem induziertem Erbrechen (**Bulimie**).

Typisches Verhalten bei Anorexia nervosa: betont langsames Essen, Zerschneiden der Nahrung in Ministücke, Herumstochern auf dem Teller, Verstecken von nicht genossener Nahrung.

Anorexia nervosa und Bulimie

Bei der Anorexia nervosa handelt es sich um eine **psychogene Eßstörung**, von der fast ausschließlich junge Mädchen und Frauen betroffen sind. Die wichtigsten Kriterien sind fehlende Gewichtszunahme im Laufe der normalen Entwicklung oder sogar Gewichtsabnahme von mehr als 15 %. Weitere Symptome bestehen in Amenorrhö, Muskelschmerzen, dauerndem Kältegefühl, Bradykardie, niedrigem Blutdruck und trockener Haut. Die Patientinnen haben eine abnorme Vorstellung von ihrer Figur, fühlen sich ständig zu dick und lehnen wahrscheinlich ihre Rolle als Frau überhaupt ab. Gleichzeitig kommt es aber bei derselben Person oft zu polyphagischen Exzessen, bei denen bis zu 20 000 Kalorien auf einmal zugeführt und anschließend durch induziertes Erbrechen meist wieder entleert werden (**Bulimie**). Diese Exzesse geschehen meist allein und heimlich und können sogar von einer Nahrungsmittel-Kleptomanie begleitet sein. Diese schwere psychische Störung entgeht den Eltern und Angehörigen oft lange Zeit. Zumindest die Verdachtsdiagnose kann von jedem Arzt durch eine subtile Anamnese gestellt werden.

Typisches Verhalten bei Anorexia nervosa:
- Betont langsames Essen
- Zerschneiden der Nahrung in Ministücke
- Herumstochern auf dem Teller
- Verstecken von nicht genossener Nahrung.

3.18 Gastrointestinale Blutung

Eine gastrointestinale Blutung kann sich entweder als Bluterbrechen (Hämatemesis), analer Blutabgang (Hämatochezie) oder Teerstuhl (Meläna) manifestieren. **Sie ist immer ein beunruhigendes Ereignis und sollte Anlaß zu einer vollständigen Untersuchung sein.**

3.18 Gastrointestinale Blutung

Eine gastrointestinale Blutung kann sich entweder als Bluterbrechen (Hämatemesis), analer Blutabgang (Hämatochezie) oder Teerstuhl (Meläna) manifestieren. **Sie ist immer ein beunruhigendes Ereignis und sollte Anlaß zu einer vollständigen Untersuchung sein.** Versuchen Sie, das Erbrochene oder den Stuhl selbst in Augenschein zu nehmen, das sagt mehr aus als alle Beschreibungen durch den Patienten!

3.18.1 Hämatemesis

Hämatemesis ist das **Erbrechen größerer Mengen von deutlich sichtbarem Blut**. Nicht gemeint sind dabei blutige Fäden auf dem Sputum (Hämoptyse) oder das Aushusten von größeren Blutmengen (Hämoptoe).

Das aus dem oberen Gastrointestinaltrakt stammende Blut kann entweder rot oder fast schwarz (wie Kaffeesatz) sein. Im letzteren Fall wurde durch den Kontakt mit Salzsäure Hämatin gebildet.

Fragen Sie nach Oberbauchschmerzen (Ulkusleiden), Gewichtsabnahme und Appetitlosigkeit (Magenkarzinom) sowie Risikofaktoren für eine Leberzirrhose (Alkohol, Hepatitis).

3.18.1 Hämatemesis

Hämatemesis ist das **Erbrechen größerer Mengen von deutlich sichtbarem Blut**. Nicht gemeint sind dabei blutige Fäden auf dem Sputum (Hämoptyse) oder das Aushusten von größeren Blutmengen (Hämoptoe). Die Unterscheidung zwischen Hämatemesis und Hämoptoe ist anamnestisch nur schwer und oft sogar dann kaum möglich, wenn man Zeuge des akuten Geschehens wird.

Das aus dem oberen Gastrointestinaltrakt stammende Blut kann entweder rot oder fast schwarz (wie Kaffeesatz) sein. Im letzteren Fall wurde durch den Kontakt mit Salzsäure Hämatin gebildet. Die Blutungsquelle bei Hämatemesis befindet sich im Ösophagus, Magen oder Duodenum proximal des Treitzschen Bandes.

Liegt das Ereignis bereits längere Zeit zurück, so fragen Sie nach Oberbauchschmerzen (Ulkusleiden), Gewichtsabnahme und Appetitlosigkeit (Magenkarzinom) sowie Risikofaktoren für eine Leberzirrhose (Alkohol, Hepatitis). Zumindest im Fall der Ösophagusvarizenblutung bei portaler Hypertension bleibt aber für eine Anamnese keine Zeit mehr, da sofortiges Handeln erforderlich ist.

Merke ▶

> ▶ ***Merke.*** Die Quelle für eine Hämatemesis liegt fast immer im Ösophagus, Magen oder Duodenum.

3.18.2 Hämatochezie

Als Hämatochezie bezeichnet man **jede rektale Entleerung von deutlich sichtbarem, hell- oder dunkelrotem Blut**. Sitzt die Blutungsquelle im distalen Kolon, Rektum oder Anus, so erscheint das Blut meistens hellrot, Blutungen aus dem Colon ascendens sind dagegen eher dunkelrot. Bei schneller Transitzeit und großen Blutmengen kann auch Blut aus proximalen Darmabschnitten noch deutlich rot rektal entleert werden. Die wichtigsten Gründe für eine Hämatochezie sind in ▤ C-**3.20** aufgeführt.

Hämatochezie

Als Hämatochezie bezeichnet man **jede rektale Entleerung von deutlich sichtbarem, hell- oder dunkelrotem Blut**. Sitzt die Blutungsquelle im distalen Kolon, Rektum oder Anus, so erscheint das Blut meistens hellrot, Blutungen aus dem Colon ascendens sind dagegen eher dunkelrot. Die wichtigsten Gründe für eine Hämatochezie sind in ▤ C-**3.20** aufgeführt.

C-3.20: Ursachen für Hämatochezie

Analkanal • Hämorrhoiden • Fissuren • Tumoren • Analprolaps • Proktitis	Tumoren • Karzinome • Polypen (Adenome)
	Divertikulose und Divertikulitis
	Angiodysplasien (Morbus Osler)
Rektum und Kolon • Colitis ulcerosa • Morbus Crohn • Infektiöse Kolitis • Pseudomembranöse Kolitis • Ischämische Kolitis • Strahleninduzierte Kolitis	Selten: • Blutungen aus dem Dünndarm • Blutende Ulzera aus dem oberen Magen-Darm-Trakt

Die anamnestischen Fragen bei dieser Symptomatik müssen notgedrungen sehr ins Detail der Toilettengewohnheiten gehen. Bei aller anamnestischen Kunst sollte man aber bei jeder rektalen Blutung eine diagnostische Klärung anstreben, zu der immer eine rektale Untersuchung, möglichst eine Proktoskopie, ab dem 45. Lebensjahr eine Sigmoidoskopie und bei positiver Familienanamnese eines kolorektalen Karzinoms auch eine Koloskopie gehören.

Bei jeder rektalen Blutung sollte immer eine rektale Untersuchung, möglichst eine Proktoskopie, ab dem 45. Lebensjahr eine Sigmoidoskopie und bei positiver Familienanamnese eines kolorektalen Karzinoms auch eine Koloskopie gehören.

◄ **Wichtige Fragen**

Schlüsselfragen:

- *Ist schon einmal eine Blutung aufgetreten?*
  Hat sich die gleiche Art der Blutung schon einmal vor vielen Jahren ereignet, so ist ein maligner Prozeß sehr unwahrscheinlich.
- *Ist das meiste Blut auf dem Toilettenpapier?*
  Frisches Blut, das sich überwiegend auf dem Papier befindet, spricht mit einiger Wahrscheinlichkeit für eine Hämorrhoidalblutung.
- *Ist das Wasser in der Schüssel rot vom Blut?*
  Falls ja, so tropfte das Blut wahrscheinlich vom Anus, auch dies ein typisches Ereignis bei Hämorrhoiden. Nachdem einige Tropfen genügen, um das Wasser deutlich rot zu färben, wird in den meisten Fällen die Blutmenge vom Patienten überschätzt.
- *Ist das Blut hell- oder dunkelrot?*
  Hellrotes Blut spricht für eine Blutung aus dem arteriell gespeisten Plexus haemorrhoidalis, etwas dunkleres aus dem distalen Sigmoid, dunkelrotes Blut aus dem proximalen Kolon.
- *War der Stuhl bei der Blutentleerung hart oder weich? Mußten Sie besonders stark pressen?*
  Blutungen im Zusammenhang mit starkem Pressen oder bei sehr hartem Stuhl sind am ehesten durch Hämorrhoiden oder Analfissuren bedingt.
- *Besteht eine Stuhlinkontinenz? Ist die Unterwäsche voller Blut?*
  Auch hier denken Sie an Hämorrhoiden, aber auch an einen Analprolaps oder ein Karzinom des Anus.

Schlüsselfragen:

- *Wie verteilte sich das Blut auf dem Stuhl?*
  Blut an der Oberfläche des Stuhls, unter Umständen in Streifen, stammt aus dem Analkanal oder dem unteren Rektum. Kleine Blutflecken auf dem geformten Stuhl sind typisch für blutende Polypen des Kolons.
- *Ist das Blut mit dem Stuhl vermischt?*
  Würde diese Frage richtig positiv beantwortet, so spräche das für eine Blutungsquelle proximal der linken Flexur. Die wenigsten Patienten können aber solche Details exakt angeben.
- *Hatten Sie Schmerzen beim Stuhlgang oder Bauchschmerzen?*
  Wir fahnden nach Analfissuren, einer Proktitis und einer Neoplasie sowie z. B. einer Divertikulitis.

3.18.3 Meläna (Teerstuhl)

Eine Sonderform ist der Teerstuhl (Meläna, siehe B-**56**). Teerstuhl entsteht, wenn sich Blut mit der Salzsäure des Magens vermischt und Hämatin gebildet wird. Für das Auftreten von Teerstuhl ist es erforderlich, daß die **Blutungsquelle im oberen Magen-Darm-Trakt** liegt, ein **Blutvolumen von ca. 80 ml** anfällt und die **Verweildauer des Blutes im Darm etwa sechs Stunden** beträgt.

Die anamnestische Angabe von Teerstuhl sollte immer Anlaß zu einer vollständigen Durchuntersuchung inklusive Ösophago-Gastro-Duodenoskopie geben. Denken Sie auch an die Möglichkeit der Schwarzfärbung des Stuhls durch Nahrung und Medikamente.

3.18.3 Meläna (Teerstuhl)

Eine Sonderform ist der Teerstuhl (Meläna, siehe B-**56**). Teerstuhl entsteht, wenn sich Blut mit der Salzsäure des Magens vermischt und Hämatin gebildet wird. Für das Auftreten von Teerstuhl ist es erforderlich, daß die **Blutungsquelle im oberen Magen-Darm-Trakt** liegt (meist proximal des Treitzschen Bandes), ein **Blutvolumen von ca. 80 ml** anfällt und die **Verweildauer des Blutes im Darm etwa sechs Stunden** beträgt. Teerstuhl ist nicht nur pechschwarz, sondern auch glänzend, klebrig und hat einen fauligen Geruch, ganz anders als übliche Fäzes. Blut, das aus dem Bereich des unteren Dünndarms stammt, kann auch sehr dunkel werden, ist aber im Gegensatz zum echten Teerstuhl nicht glänzend und klebrig (Pseudomeläna).
Die anamnestische Angabe von Teerstuhl, wenn es wirklich einer war, ist beunruhigend und sollte immer Anlaß zu einer vollständigen Durchuntersuchung inklusive Ösophago-Gastro-Duodenoskopie geben. Denken Sie auch an die Möglichkeit der Schwarzfärbung des Stuhls durch Nahrung und Medikamente. Nach reichlichem Genuß von roter Bete und Heidelbeeren oder der Einnahme von Eisentabletten kann es zur dunklen Verfärbung des Stuhl kommen, allerdings ohne den für Teerstuhl typischen Glanz. Versuchen Sie, dem Patienten Farbvergleiche anhand von schwarzen Gegenständen zu ermöglichen!

3.18.4 Nachweis von okkultem Blut im Stuhl

Bestehen aufgrund der Angaben des Patienten Zweifel, ob Blut im Stuhl auftrat, oder ist es aufgrund der geringen Menge zu keiner Verfärbung des Stuhls gekommen, so kann man einen Test auf okkultes Blut mit Hilfe vorbereiteter Testbriefchen anwenden.

Testprinzip
Der Test bedient sich der Peroxidaseaktivität des Hämoglobins. Aus H_2O_2 wird Sauerstoff frei, das ein mit Guajakharz imprägniertes Filterpapier blau färbt.

Testablauf
Der Patient sollte sich in den Tagen vor dem Test möglichst schlackenreich ernähren. Von mehreren Stellen des Stuhls werden mit einem Spatel Stuhl-

3.18.4 Nachweis von okkultem Blut im Stuhl

Bestehen aufgrund der Angaben des Patienten Zweifel, ob Blut im Stuhl auftrat, oder ist es aufgrund der geringen Menge zu keiner Verfärbung des Stuhls gekommen, so kann man einen Test auf okkultes Blut mit Hilfe vorbereiteter Testbriefchen anwenden. Dieser Test wird in der medizinischen Literatur häufig pars pro toto »Haemoccult-Test« genannt, obwohl sich dieser Name eigentlich auf ein bestimmtes Handelspräparat bezieht. Wegen der Blutungsneigung von kolorektalen Karzinomen wird der Blutnachweis im Stuhl als Test zur Früherkennung dieser Karzinome verwendet.

Testprinzip: Das Testbriefchen besteht aus mit Guajakharz imprägniertem Filterpapier. Ist im Stuhl Hämoglobin vorhanden, so kommt es beim Auftropfen der H_2O_2-haltigen Entwicklerlösung durch die Peroxidaseaktivität des Hämoglobins zur Spaltung von H_2O_2. Der entstehende Sauerstoff führt zu einer Blaufärbung des Guajakharzes.

Testablauf: Der Patient sollte sich in den Tagen vor dem Test möglichst schlackenreich ernähren. Von mehreren Stellen des Stuhls werden mit einem Spatel Stuhlproben entnommen und dünn auf dem Filterpapier des Testbriefchens ausgestrichen. Das verschlossene Briefchen kann dem Arzt per Post zugeschickt werden. Im Praxislabor tropft man auf die Rückseite des Filterpapiers Entwicklerlösung. Kommt es innerhalb von 30 Sekunden zur Blaufärbung, so ist Blut in mikroskopischen Mengen im Stuhl vorhanden. Der Test soll an drei aufeinanderfolgenden Tagen bzw. mit drei sukzessiven Stuhlportionen durchgeführt werden. Wenn mindestens eine der Proben positiv ist, gilt der Test als positiv.

proben entnommen und dünn auf dem Filterpapier des Testbriefchens ausgestrichen. Der Test soll an drei aufeinanderfolgenden Tagen bzw. mit drei sukzessiven Stuhlportionen durchgeführt werden. Ist mindestens eine der Proben positiv, gilt der Test als positiv.

Testbewertung: Die diagnostische Sensitivität des Tests im Hinblick auf die Erkennung von kolorektalen Karzinomen wird in der Literatur sehr unterschiedlich zwischen 50 % und 76 % angegeben. Die Werte hängen davon ab, welches Kollektiv man untersucht bzw. wie hoch die Prävalenz und damit die A-priori-Wahrscheinlichkeit der Erkrankung in diesem Kollektiv ist. Gleiches gilt für den positiven prädiktiven Wert des Tests. Anhand von Literaturdaten ergeben sich Werte für kolorektale Karzinome zwischen 5 % beim Screening asymptomatischer Personen und 20 % bei Patienten mit Verdachtssymptomen. Daraus folgt, daß sich 19 von 20 Patienten mit positivem Test einer ausgiebigen Durchuntersuchung (rektal-digitale Untersuchung, Sigmoidoskopie, Koloskopie, evtl. Kolonkontrasteinlauf) unterziehen, ohne daß bei ihnen ein Karzinom vorliegt. So zuverlässig der Blutnachweis mit dem Okkultblut-Test ist, die Verwendung im Rahmen der Früherkennung kolorektaler Karzinome ist problematisch. Daher plädieren viele Gastroenterologen für eine wiederholte routinemäßige Sigmoidoskopie auch bei asymptomatischen und familiär nicht vorbelasteten Patienten über 45 Jahren, wobei man sich über die Zeitabstände noch uneins ist.

Testbewertung

Die diagnostische Sensitivität des Tests im Hinblick auf die Erkennung von kolorektalen Karzinomen wird in der Literatur sehr unterschiedlich zwischen 50 % und 76 % angegeben. Der positive prädiktive Wert des Tests für kolorektale Karzinome liegt zwischen 5 und 20%. Daraus folgt, daß sich 19 von 20 Patienten mit positivem Test einer ausgiebigen Durchuntersuchung (rektal-digitale Untersuchung, Sigmoidoskopie, Koloskopie, evtl. Kolonkontrasteinlauf) unterziehen, ohne daß bei ihnen ein Karzinom vorliegt.

K

Kasuistik. Ein 74jähriger Patient, der seit vielen Jahren wegen Hämorrhoidalbeschwerden in ärztlicher Behandlung ist, berichtet über eine Änderung der Stuhlgewohnheiten. Die früher nur bei der Entleerung von hartem Stuhl bekannten Blutauflagerungen seien in letzter Zeit fast täglich vorhanden. Außerdem erwähnt der Patient, er würde oft ungewöhnlich »dünne Würstchen« absetzen. Bei der rektalen Untersuchung und der Proktoskopie ergeben sich nur die bekannten Hämorrhoiden, worauf der Hausarzt eine Salbenbehandlung verordnet. Nach einer kurzfristigen Abnahme der Blutungshäufigkeit bekommt der Patient etwa drei Monate später plötzlich heftige Bauchschmerzen und wird vom Notarzt unter der Verdachtsdiagnose eines Subileus ins Krankenhaus eingewiesen. Das Einführen eines Darmrohres gelingt nicht, eine Sigmoidoskopie ergibt ein stenosierendes Sigmakarzinom 20 cm vom Anus entfernt, das bereits in das Mesenterium infiltriert ist und regionäre Lymphknotenmetastasen gesetzt hat. Man legt zunächst eine Entlastungskolostomie an und reseziert den Darmabschnitt im Intervall. Trotz einer adjuvanten Chemotherapie verstirbt der Patient nach neun Monaten an einem metastasierenden Tumorleiden.

3.19 Ikterus

Als Ikterus wird die **Gelbfärbung von Geweben und Körperflüssigkeiten durch eine erhöhte Bilirubinkonzentration** bezeichnet. Klinisch erkennt man die Gelbfärbung der Konjunktiven über der Sklera (man liest häufig »Sklerenikterus«, obwohl nicht die Skleren, sondern die Konjunktiven gelb gefärbt sind) bei gutem Tageslicht ab einem **Bilirubinwert im Serum von 1,5 – 2,0 mg/dl**. Bei höheren Bilirubinkonzentrationen ab 3 – 4 mg/dl färben sich auch die Haut und sämtliche Körperflüssigkeiten gelb. Ein Ikterus der Konjunktiven wird oft eher von der Umgebung als vom betroffenen Patienten selbst bemerkt und ist immer ein beunruhigendes Symptom. Die meisten Patienten verwenden den Ausdruck »Gelbsucht«.

3.19 Ikterus

Als Ikterus wird die **Gelbfärbung von Geweben oder Körperflüssigkeiten durch eine erhöhte Bilirubinkonzentration** bezeichnet. Ab einem **Serum-Bilirubin von 1,5 – 2,0 mg/dl** sind die Konjunktiven sichtbar gelb gefärbt, ab 3 – 4 mg/dl auch die Haut und sämtliche Körperflüssigkeiten.

Bilirubin ist ein Abbauprodukt des Häms, das aus zugrundegegangenen Erythrozyten stammt. Es wird in die Leber aufgenommen, gespeichert, konjugiert (glukuronidiert), mit der Galle in den Dünndarm entleert, z. T. mit dem Stuhl ausgeschieden, z. T. aber rückresorbiert (»enterohepatischer Kreislauf«) und über die Nieren ausgeschieden.

Pathogenetisch unterscheidet man einen **prä-, intra- und posthepatischen Ikterus**. Oft genügt es, aus der Farbnuance auf die Ursache des Ikterus zurückzuschließen:

- **Flavinikterus** (blaßgelb): prähepatische Genese infolge Hämolyse, Thalassämie oder toxischer Ursachen.
- **Rubinikterus** (gelbrot): Einlagerung von direktem Bilirubin in die Haut bei Leberzellschäden (Hepatitis, Zirrhose).
- **Verdinikterus** (grüngelb): bei Verschluß des Gallenganges.

Pathogenetisch unterscheidet man einen **prä-, intra- und posthepatischen Ikterus**. Bei gutem Tageslicht lassen sich die Farbnuancen Blaßgelb, Gelbrot und Gelbgrün differenzieren. Mit einigen Einschränkungen gelingt es, aus der Farbe auf die Ursache des Ikterus zurückzuschließen. Der blasse **Flavinikterus** spricht für eine prähepatische Genese infolge Hämolyse, z. B. bei Autoimmunkrankheiten, Thalassämie oder toxischer Ursachen. Der gelbrote **Rubinikterus** entsteht durch Einlagerung von direktem Bilirubin in die Haut bei Leberzellschäden, z. B. im Rahmen einer Hepatitis, Leberzirrhose oder medikamentösen Leberschädigung. Einen grüngelben **Verdinikterus** kann man bei Patienten mit Verschluß des Gallengangs durch Gallensteine, Cholangitis oder Tumoren im Pankreaskopf sehen. Daneben gibt es auch pseudoikterische Verfärbungen der Haut beim übermäßigen Genuß von Karotten, Orangen oder Aprikosen, meist aus Gründen der übergroßen Besorgtheit um die eigene Gesundheit. Diese Art der Gelbfärbung betrifft insbesondere den Gesichtsbereich und die Handflächen, nicht jedoch die Konjunktiven.

Die Klärung der Ursache eines Ikterus gelingt durch die gezielte Anamnese. Aus den A-priori-Bedingungen und den Angaben des Patienten lassen sich die Differentialdiagnosen anamnestisch eingrenzen oder sogar bereits klären (▤ C-**3.21**).

Die Klärung der Ursache eines Ikterus stellt hohe Anforderungen an die differentialdiagnostischen Kenntnisse des Arztes. Dennoch erweist sich auch bei diesem Problem die Anamnese als der entscheidende Schlüssel zum Erfolg. Wie lange besteht der Ikterus schon? War er intermittierend vorhanden? Hat der Patient einen Tropenaufenthalt hinter sich, besteht ein Risiko für eine Virushepatitis (häufig wechselnde Sexualpartner, Bluttransfusionen, i. v. Drogen, medizinisches Personal)? Bestanden Begleitsymptome, z. B. Oberbauch- oder Rückenschmerzen (kolikartig? anhaltend? wo lokalisiert?), Fieber, allgemeines Krankheitsgefühl, Gewichtsverlust, Übelkeit und Erbrechen, Dunkelfärbung des Urins, Entfärbung des Stuhls, Juckreiz? Ist ein Gallensteinleiden bekannt, wurden Operationen an der Gallenblase oder den Gallenwegen vorgenommen? Waren bislang Oberbauchschmerzen oder Übelkeit durch fettreiche Nahrungsmittel auslösbar? Wurden in den Tagen bis Wochen vor Auftreten des Ikterus Medikamente eingenommen? Aus den A-priori-Bedingungen und den Angaben des Patienten lassen sich die Differentialdiagnosen anamnestisch eingrenzen oder sogar bereits klären (▤ C-**3.21**).

C-3.21: Diagnosen bei Ikterus und wahrscheinliche anamnestische Angaben und Bedingungen

Diagnose	Wahrscheinliche Angaben/Bedingungen
Leberschaden, vor allem alkoholisch	Männlicher Patient, hoher Alkoholkonsum
Leberzirrhose	Alkoholismus, Hepatitis anamnestisch, Leberhautzeichen, Feminisierung
Leberschaden, toxisch	Drogen- und Medikamentenanamnese, vor allem orale Kontrazeptiva, Psychopharmaka
Gallengangssteine	Weiblicher Patient, kolikartige Schmerzen, evtl. Fieber, Erbrechen, dunkler Urin vor dem Ikterus, anamnestisch bekanntes Steinleiden
Hepatitis	Junger Patient, Transfusionen, wechselnde Sexualpartner, Tropenaufenthalt, i. v. Drogen, allgemeines Krankheitsgefühl
Primär biliäre Zirrhose	Weibliches Geschlecht, Juckreiz vor Ikterus
Cholangitis	Fieber, Schmerzen rechter Oberbauch, bekannte Cholelithiasis
Tumor (z. B. Papille Pankreaskopf), Metastasen	Älterer Patient, keine Schmerzen, Gewichtsverlust, acholischer Stuhl
Hämolyse	Keine Schmerzen, intermittierender Ikterus
Morbus Gilbert-Meulengracht	Keine Schmerzen, kein Krankheitsgefühl, schlanker junger Patient, familiäre Häufung, Bilirubinanstieg bei Nahrungskarenz
Hyperkarotinämie	»Ikterische Haut«, Konjuktiven nicht gelb

Wegen der relativ klaren pathophysiologischen Zusammenhänge läßt sich die diagnostische Abklärung eines Ikterus weitgehend schematisch handhaben (S C-**3.6**). Als diskriminierende technische Untersuchung zwischen einem invasiv-endoskopischen bzw. chirurgischen Vorgehen bei Verschlußikterus und der abwartenden Haltung bei einer infektiösen oder parenchymatösen Ursache des Ikterus gilt dabei die Oberbauchsonographie.

Die diagnostische Abklärung läßt sich weitgehend schematisch handhaben (S C-**3.6**). Zur Abgrenzung eines Verschlußikterus eignet sich die Oberbauchsonographie.

S Synopsis C-**3.6: Diagnostisches Flußdiagramm bei Ikterus**

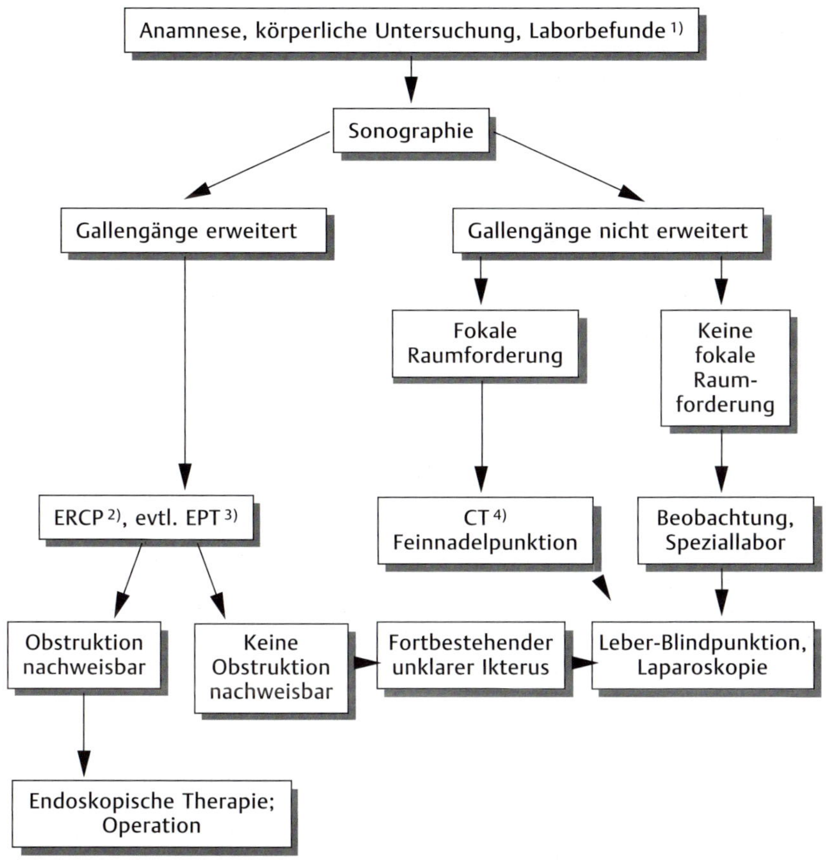

1) Cholestase- und Lebersyntheseparameter, Hepatitis-Serologie
2) Endoskopisch-retrograde Cholangiopankreatikographie
3) Endoskopische Papillotomie
4) Computertomographie

3.20 Aszites

Die spontan geäußerten Beschwerden von Patienten mit Aszites sind in der Regel eine Zunahme des Leibesumfangs und eine Gewichtszunahme. Lediglich in Fällen von malignem Aszites berichten Patienten in der Regel, sie hätten Gewicht abgenommen, obwohl der Leibesumfang zugenommen habe. Nachdem die mit Abstand häufigste Ursache für einen Aszites eine Lebererkrankung ist (C-**3.22**), sollte man zunächst nach einschlägigen Risiken (z. B. Alkohol) und Vorerkrankungen (Hepatitis, Ikterus) fragen. Bei den seltenen Ursachen von Aszites wie Rechtsherzinsuffizienz, Infektionen (Tuberkulose, Chlamydien), Pankreatitis, nephrotischem Syndrom, exsudativer Enteropathie oder Myxödem äußern die Patienten meist spontan

3.20 Aszites

Typische Beschwerden sind eine Zunahme des Leibesumfangs und eine Gewichtszunahme. Die häufigste Ursache für einen Aszites ist eine Lebererkrankung (C-**3.22**). Entsprechend sollte man zunächst nach einschlägigen Risiken (Alkohol) und Vorerkrankungen (Hepatitis, Ikterus) fragen.

weitere Krankheitszeichen wie Dyspnoe, Fieber, Bauchschmerzen, generalisierte Ödemneigung, Durchfälle oder allgemeine Adynamie. In diesen Fällen wird man die Anamnese entsprechend erweitern müssen.

C-3.22: Ursachen für Aszites (geordnet nach der Häufigkeit)

Erkrankung	Relative Häufigkeit (%)
Chronische Lebererkrankung	83
Maligne Erkrankung	10
– Lebermetastasen	3
– Peritonealkarzinose	7
Herzinsuffizienz	3
Tuberkulose	1
Nephrotisches Syndrom	1
Serositis bei Kollagenosen	<1
Budd-Chiari-Syndrom	<1
Chylöser Aszites	<1
Myxödem	<1

Die Pathogenese des Aszites bei Leberzirrhose ist noch nicht vollständig geklärt.

Die Pathogenese des Aszites bei Leberzirrhose ist noch nicht vollständig geklärt. Es handelt sich nicht um einen einfachen Flüssigkeitsaustritt aus dem Pfortadersystem infolge einer portalen Hypertenion, da Aszites bereits in frühen Stadien der Leberzirrhose noch unter normalen hämodynamischen Verhältnissen auftreten kann. Vielmehr liegt eine gestörte Natriumreabsorption in den proximalen Nierentubuli mit Natriumretention vor, wahrscheinlich durch geringeres Ansprechen auf den atrialen natriuretischen Faktor (ANF) oder eine Synthesesteigerung des hepatischen ANF (hepatorenales Syndrom).

Aszites kann rasch auftreten bei akuter alkoholischer Hepatitis, Gefäßverschlüssen der Lebervenen (Budd-Chiari-Syndrom), Pfortaderthrombose, akuter Pankreatitis oder Peritonitis. Häufiger ist jedoch die langsame Zunahme nach einer Phase mit ausgeprägtem Meteorismus und Flatulenz.

Aszites kann rasch auftreten bei akuter alkoholischer Hepatitis, Gefäßverschlüssen der Lebervenen (Budd-Chiari-Syndrom) oder Pfortaderthrombose, akuter Pankreatitis oder Peritonitis. Häufiger ist jedoch die langsame Zunahme nach einer Phase mit ausgeprägtem Meteorismus und Flatulenz (»Nach dem Wind kommt der Regen«). Tritt bei bekannter Leberzirrhose Aszites auf, so ist dies ein schlechtes prognostisches Zeichen. Zur klinischen Untersuchung von Patienten mit Aszites siehe Kapitel C-**3.5.1**.

3.21 Geschmacks- und Geruchsstörungen

Die Geschmacksempfindung setzt sich aus den Qualitäten süß, sauer, salzig und bitter zusammen; diese können ganz oder teilweise verlorengehen. Treten neue unangenehme Geschmacksempfindungen auf, spricht man von **Parageusie**.

Der Verlust der Geruchsempfindung (**Anosmie**) wird oft als fehlender Geschmack bezeichnet.

3.21 Geschmacks- und Geruchsstörungen

Geschmacks- und Geruchsfunktion sind aufs engste mit der ungestörten Nahrungsaufnahme verknüpft und sollen daher an dieser Stelle kurz besprochen werden. Obwohl es sich um anatomisch und physiologisch getrennte Funktionen handelt, werden beide Begriffe von den Patienten häufig vermengt. Versuchen Sie also zunächst durch gezieltes Befragen klar herauszuarbeiten, welche der beiden Empfindungen gestört oder verändert ist. Die Geschmacksempfindung setzt sich aus den vier Qualitäten süß, sauer, salzig und bitter zusammen. Diese Empfindungen können ganz oder teilweise verlorengehen, oder es können, intermittierend oder anhaltend, neue unangenehme Geschmacksempfindungen auftreten (**Parageusie**).
Der Verlust der Geruchsempfindung (**Anosmie**) wird oft von den Betroffenen auch als fehlender Geschmack bezeichnet. Abnorme Geruchsempfindungen können halluziniert sein, z. B. im Rahmen einer Psychose (**Phantosmie**) oder tatsächlich bewußt als solche empfunden werden (**Parosmie**), z. B. bei Läsionen im Bereich des N. olfactorius (Schädel-Hirn-Trauma, frontobasale Meningeome).

Berichtet ein Patient, der Kaffee rieche nach Kaffee, aber die Zugabe von Zucker würde ihn nicht süß machen, so liegt eine Störung der Geschmacksempfindung vor. Äußert er dagegen, Vanille- und Schokoladeneis wären zwar beide süß, würden aber sonst gleich schmecken, so handelt es sich um eine Geruchsstörung. Entsprechend der anatomischen Verteilung der Geschmacksempfindung in der Mundhöhle sprechen Probleme bei der Differenzierung von salzig/sauer für eine Störung im Bereich der Zunge, z. B. bei Glossitis, Lichen planus oder Schädigung des N. facialis, Unvermögen der Unterscheidung sauer/bitter für eine Läsion im Gaumenbereich, z. B. bei einer irritierenden Zahnprothese.

Geschmacks- und Geruchsstörungen mögen für den Arzt auf den ersten Blick ein relativ banales Problem darstellen, sind aber für den betroffenen Patienten meist sehr belastend. Die vielfältigen Ursachen von Geschmacks- und Geruchsstörungen können durch eine sorgfältige Anamnese diagnostisch weitgehend eingeengt werden. Dazu gehören auch Fragen nach diätetischen Gewohnheiten, Einnahme von Medikamenten, sonstigen Symptomen und die Berücksichtigung von eventuell vorliegenden psychischen Erkrankungen und Störungen. Die wichtigsten Möglichkeiten sind in ▤ C-**3.23** zusammengefaßt. Man darf dabei auch nicht vergessen, daß die Geschmacks- und Geruchsempfindungen physiologisch im Alter abnehmen.

Die Ursachen von Geschmacks- und Geruchsstörungen können durch eine sorgfältige Anamnese diagnostisch weitgehend eingeengt werden. Die wichtigsten Möglichkeiten sind in ▤ C-**3.23** zusammengefaßt.

C-3.23: Ursachen von Geschmacks- und Geruchsstörungen

Geschmack	
Verhalten	Mangelnde Mundpflege, Tabak- und Alkoholgenuß, Knoblauch, Zwiebeln
Medikamente	Tetrazykline, Biguanide, Allopurinol, Wismuth (metallischer Geschmack), Sulfasalazin, Metronidazol, Carbamazepin
Lokale Ursachen	Zahnprothesen, Aphthen, Glossitis (Vitamin-B_{12}-, Folsäuremangel)
Neurologisch-psychiatrische Erkrankungen	Temporallappenepilepsie, Korsakow-Syndrom, Morbus Parkinson, Morbus Alzheimer, Depression, Schizophrenie
Paraneoplastisch	Karzinome von Lunge, Ovar, Mamma
Geruch	
Lokale Ursachen	Rhinitis, Nasenpolypen
Traumatisch	Schädel-Hirn-Trauma
Psychogen	Schwangerschaft, Psychosen
Neoplastisch	Tumor im Stirnhirnbereich (z. B. Menigeom)
Toxisch	Urämie

Manche Patienten sprechen von Geschmacksstörungen und meinen tatsächlich eine bestehende Mundtrockenheit. In erster Linie ist dabei an die Nebenwirkung von Medikamenten zu denken, vor allem Antihistaminika, trizyklische Antidepressiva und Neuroleptika. Auch bei Sjögren-Syndrom und als Sicca-Syndrom bei Kollagenosen kann Mundtrockenheit im Vordergrund der Beschwerden stehen. Während die Speichelproduktion nur schlecht zu überprüfen ist, gelingt es leichter, eine meist gleichzeitig bestehende verringerte Tränensekretion mit Hilfe des Schirmer-Tests (siehe S. 127) zu objektivieren.

Manche Patienten klagen über Geschmacksstörungen und meinen aber eine Mundtrockenheit, die z. B. auf Medikamentennebenwirkung (Antihistamika, trizyklische Antidepressiva, Neuroleptika) auftreten kann.

Mundgeruch (Halitosis)

Foetor ex ore kann durch Alkohol-, Knoblauch-, Zwiebelgenuß, Rauchen, Tabakkauen, mangelnde Mundhygiene, aber auch durch Erkrankungen im Bereich der Mundhöhle bedingt sein (Peridontopathien, Karies, Aphthen, Tonsillitis). Übler Geruch der durch die Nase ausgeatmeten Luft kommt vor bei bakterieller Bronchitis, Lungenabszessen und nekrotisierenden Lungentumoren.

Mundgeruch (Halitosis)

Hinter schlecht riechendem Atem steckt meist kein gravierendes medizinisches Problem, doch kann dieses Symptom zu einer erheblichen sozialen Beeinträchtigung des Betroffenen führen. Vergewissern Sie sich zunächst, ob tatsächlich ein Foetor ex ore vorliegt oder ob der Patient dies nur selbst empfindet. Vergleichen Sie den Geruch der durch den Mund und durch die Nase ausgeatmeten Luft zur Differenzierung der Quelle des üblen Geruchs. Mundgeruch kann durch bestimmte Gewohnheiten wie Alkoholgenuß, Rauchen und Tabakkauen, Genuß von Knoblauch oder Zwiebeln und mangelnde Mundhygiene, aber auch durch Erkrankungen im Bereich der Mundhöhle bedingt sein. Dazu gehören Peridontopathien, kariöse Zähne, Aphthen oder eine Tonsillitis. Übler Geruch der durch die Nase ausgeatmeten Luft kommt vor bei bakterieller Bronchitis, Lungenabszessen und nekrotisierenden Lungentumoren.

4 Urogenitaltrakt

I Untersuchungstechnik

4.1 Nieren, Harnleiter und Harnblase

4.1.1 Anatomie

Nieren und obere Harnwege liegen **retroperitoneal**, die Harnblase und das innere weibliche Genitale extraperitoneal. Durch die geschützte Lage sind die Nieren einer direkten Untersuchung nicht zugänglich, Raumforderungen werden erst in fortgeschrittenen Stadien durch eine Vorwölbung nach außen sichtbar. Die linke Niere erstreckt sich in Atemmittellage von BWK 12 bis LWK 2, die rechte Niere steht wegen des Raumbedarfs der Leber 2–3 cm tiefer (C-**4.1**).

4 Urogenitaltrakt

I Untersuchungstechnik

4.1 Nieren, Harnleiter und Harnblase

4.1.1 Anatomie

Nieren und obere Harnwege liegen **retroperitoneal**, die Harnblase und das innere weibliche Genitale extraperitoneal. Von dorsal her werden die **Nieren** von der Rückenmuskulatur, lateral und ventral von der 11. und 12. Rippe und den Bauchorganen überlagert. Durch die geschützte Lage sind die Nieren einer direkten Untersuchung nicht zugänglich, Raumforderungen werden erst in fortgeschrittenen Stadien durch eine Vorwölbung nach außen sichtbar. Die linke Niere erstreckt sich in Atemmittellage von BWK 12 bis LWK 2, die rechte Niere steht wegen des Raumbedarfs der Leber 2–3 cm tiefer (C-**4.1**). Selbst von erfahrenen Ärzten werden die Nieren oft tiefer vermutet: Was gemeinhin unter Flanke oder »Nierenlager« verstanden wird, projiziert sich links nur auf den unteren Nierenpol, rechts auf die kaudale Nierenhälfte.

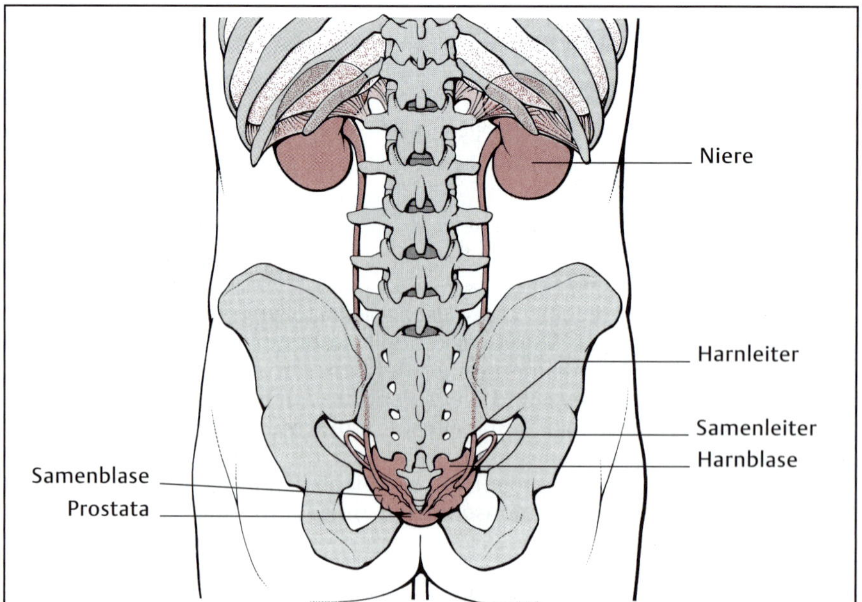

C-**4.1**: **Topographie der Nieren,** dorsale Ansicht

Aufgabe: Zeichnen Sie bei einem Kommilitonen die Nierenkonturen mit einem Filzstift auf den Rücken entsprechend C-**4.1**. Benutzen Sie die Konturen der 11. und 12. Rippe als Leitlinie! Der Nierenlängsdurchmesser beträgt 10–12 cm.

◀ **Aufgabe**

Die etwa 30 cm langen **Ureteren** liegen voll retroperitoneal und weisen drei physiologische Engstellen auf, die ein bevorzugter Ort für die Einklemmung von Uretersteinen sind:
1. am Nierenbeckenausgang
2. an der Überkreuzungsstelle der Iliakalgefäße
3. an der Stelle des Durchtritts durch die Harnblasenwand.

Die **Harnblase** verschwindet im nicht gefüllten Zustand vollständig hinter der Symphyse und kann dann gar nicht getastet werden. Ab einer Füllung von ca. 200 ml ist sie palpabel, bei maximaler Füllung (ca. 500 ml) befindet sich ihr Oberrand in Nabelhöhe. Das Blasendach wird je nach Füllungszustand von einer peritonealen Umschlagsfalte mit variabler Ausdehnung überdeckt. Bei leerer Blase liegen zwischen Symphyse und Peritoneum nur wenige Zentimeter freie Blasenvorderwand, bei voller Blase beträgt der Abstand mehr als eine Handbreit. Dieser Umstand ist wichtig für eine evtl. Punktion der Harnblase, bei der das Peritoneum nicht verletzt werden darf (C-**4.2a, b**).

Die etwa 30 cm langen **Ureteren** liegen voll retroperitoneal und weisen drei physiologische Engstellen auf:
1. am Nierenbeckenausgang,
2. an der Überkreuzungsstelle der Iliakalgefäße,
3. an der Stelle des Durchtritts durch die Harnblasenwand.

Die **Harnblase** verschwindet im nicht gefüllten Zustand vollständig hinter der Symphyse, bei maximaler Füllung (ca. 500 ml) befindet sich ihr Oberrand in Nabelhöhe. Bei leerer Blase liegen zwischen Symphyse und Peritoneum nur wenige Zentimeter freie Blasenvorderwand, bei voller Blase beträgt der Abstand mehr als eine Handbreit, was bei einer Punktion der Harnblase beachtet werden muß (C-**4.2a, b**).

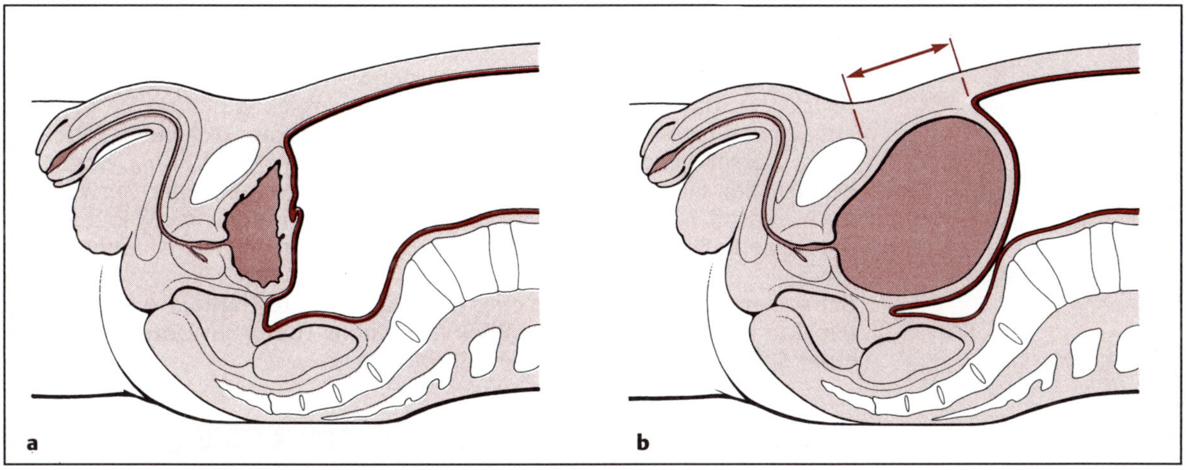

C-4.2: Stand des Blasenoberrandes bzw. des Peritoneums
a bei fast leerer Harnblase,
b bei maximal gefüllter Harnblase

4.1.2 Vorbereitung zur Untersuchung

Nieren und Harnblase werden meist im Rahmen der Untersuchung des Abdomens mit erfaßt. Für den Untersucher und den Patienten gelten daher dieselben Voraussetzungen, wie sie im Kapitel Abdomen dargestellt sind.

4.1.2 Vorbereitung zur Untersuchung

Nieren und Harnblase werden meist bei der Untersuchung des Abdomens mituntersucht.

4.1.3 Allgemeinveränderungen bei Nierenkrankheiten

Betrachten Sie das **Hautkolorit** und den **Hautturgor** Ihres Patienten. Bei **chronischer Niereninsuffizienz** tritt aufgrund der Kombination aus Ablagerung von Urochromen in der Haut und der Blässe infolge Anämie eine »schmutzig« grau-braune Hautverfärbung auf. Die Atemluft kann urinös riechen, der Patient ist meist dyspnoisch. Eine mögliche **Exsikkose** erkennen Sie an stehenden Hautfalten und einer trockenen Zunge. **Ödeme** treten nicht nur an den Beinen auf – denken Sie auch an **Lidödeme**, ein Lungenödem, Penis- und Skrotalödeme sowie Anasarka über dem Os sacrum bei bettlägerigen Patienten. Finden sich Spuren von Kratzeffloreszenzen, die auf einen **urämischen Juckreiz** hinweisen, oder hat der Patient **Hautblu-**

4.1.3 Allgemeinveränderungen bei Nierenkrankheiten

Betrachten Sie das **Hautkolorit** und den **Hautturgor** Ihres Patienten. Bei **chronischer Niereninsuffizienz** tritt eine »schmutzig« grau-braune Hautverfärbung auf. Die Atemluft kann urinös riechen. Eine mögliche **Exsikkose** erkennen Sie an stehenden Hautfalten und einer trockenen Zunge. Achten Sie auf **Ödeme**, vor allem auch auf **Lidödeme**. Kratzeffloreszenzen können auf einen **urämischen Juckreiz** hinweisen.

tungen? Betrachten Sie die Handgelenke: Hat der Patient Narben an der Beugeseite, die auf einen arteriovenösen Shunt hindeuten? Erhielt der Patient eine Niere transplantiert, die sich normalerweise in der Leistenregion tasten läßt?

Merke ▶

▶ ***Merke.*** Klinische Zeichen der chronischen Niereninsuffizienz sind:
- Graubraunes Hautkolorit
- Juckreiz/Kratzspuren
- Foetor uraemicus
- Hautblutungen
- Exsikkose/Ödeme

Achten Sie auf Mißbildungen, die gehäuft mit Nierenmißbildungen einhergehen, so vor allem Harnröhrenmißbildungen, Mißbildungen der Ohrmuscheln, Verlagerung der Mamillen. Mißbildungen und Anomalien der Nieren und Harnwege gehören zu den häufigsten Fehlbildungen überhaupt (**Aplasie, Hypoplasie, Doppelniere, Hufeisenniere, malrotierte Niere, Hydronephrose**).

Achten Sie auf Hautveränderungen als mögliche Hinweise auf eine Mißbildung der Nieren. Dazu gehören behaarte Nävi, eine auffällige Behaarung über dem Os sacrum, aber auch Mißbildungen der Ohrmuscheln, Verlagerung der Mamillen, Harnröhrenmißbildungen und Kryptorchismus (siehe männliches Genitale). Mißbildungen und Anomalien der Nieren und Harnwege gehören zu den häufigsten Fehlbildungen überhaupt (**Aplasie, Hypoplasie, Doppelniere, Hufeisenniere, malrotierte Niere, Hydronephrose**) und sind selten nur auf die Nieren beschränkt. Hat der Patient eine Narbe im Bereich der Flanke?

4.1.4 Inspektion

Nieren, Harnleiter und Harnblase werden von anderen Organen bzw. Fett überlagert. Daher ist die Inspektion meist unergiebig. Ursachen für Vorwölbungen im Bereich der Flanke sind in ▦ C-**4.1** zusammengestellt.
- Vorwölbung nach ventral: Nierentumoren
- Vorwölbung nach dorsal: Abszesse, Hydronephrose

4.1.4 Inspektion

Nieren, Harnleiter und Harnblase werden von anderen Organen bzw. Fett überlagert. Daher ist die Inspektion meist unergiebig. Achten Sie dennoch auf Schwellungen im Bereich der Flanken, die sich am stehenden Patienten meist besser abzeichnen als im Liegen. Ursachen für Vorwölbungen im Bereich der Flanke sind in ▦ C-**4.1** zusammengestellt. Eine Vorwölbung nach ventral ist ein Hinweis auf Nierentumoren, eine Vorwölbung nach dorsal deutet auf Abszesse oder eine Hydronephrose (Harnstauungsniere) hin.
Bei schlanken Menschen ist eine maximal gefüllte Harnblase sogar sichtbar und kann auf den ersten Blick mit einem Tumor im Unterbauch oder einer Schwangerschaft verwechselt werden.

C-4.1: Differentialdiagnose der Vorwölbung im Bereich der Flanken

- Große Nierenzysten
- Perirenale Hämatome
- Zystennieren, polyzystische Nierendegeneration
- Paranephritische Abszesse
- Harnstauungsnieren und Hydronephrosen
- Nierentumoren
- Dystope Nieren
- Splenomegalie (links)
- Gallenblasenhydrops (rechts)
- Pankreaspseudozyste

Liegt ein **paranephritischer** Abszeß vor, so gibt der Patient beim Beugen zur gesunden Seite Schmerzen an, nicht aber beim Beugen zur kranken Seite.

Zur Diagnose bei Verdacht auf einen **paranephritischen Abszeß** wird ein kleiner Trick angewandt: Lassen Sie den stehenden Patienten seitliche Rumpfbeugungen durchführen. Handelt es sich um einen Abszeß, gibt der Patient beim Beugen zur gesunden Seite Schmerzen an, nicht aber beim Beugen zur kranken Seite.

Merke ▶

▶ ***Merke.*** Zeichen des paranephritischen Abszesses: Schmerzen beim Beugen zur gesunden Seite, aber keine Schmerzen beim Beugen zur kranken Seite hin.

4.1.5 Palpation

Die **Nieren** werden beidseits **bimanuell** untersucht.
Rechte Niere: Sie stehen rechts vom flach liegenden Patienten und drükken mit der linken Hand die rechte Lendengegend des Patienten nach ventral. Die Fingerkuppen der rechten Hand legen Sie unterhalb des rechten Rippenbogens auf das Abdomen. Während der Inspiration des Patienten drücken Sie beide Hände kräftig gegeneinander und versuchen mit den Fingerspitzen der rechten Hand den rechten unteren Nierenpol zu tasten (C-**4.3a**). Alternativ können Sie auch versuchen, die rechte Niere zu »fangen«. Dazu drücken Sie bei maximaler Inspirationsstellung des Patienten die Finger beider Hände sehr kräftig gegeneinander und lassen den Patienten ausatmen. Wenn Sie nun den Druck der Hände lockern, können Sie fühlen, wie die Niere nach kranial zurückrutscht, und dabei Aussagen zur Größe und Oberflächenbeschaffenheit machen. In der Regel tastet man von einer nicht vergrößerten rechten Niere nur den unteren Pol, häufig ist die Niere gar nicht palpabel.
Linke Niere: Die Palpation der linken Niere erfolgt analog zur rechten, wobei man zweckmäßigerweise von der linken Seite des Patienten aus untersucht (C-**4.3b**). Die normale linke Niere ist nur selten palpabel, da sie höher steht als die rechte.
Bei der Palpation leicht zu erreichende Nieren sprechen für eine **Senk- oder Wanderniere**. Pathologische Vergrößerungen finden sich bei Nierenzysten, Zystennieren, Nierentumoren (**hypernephroide Karzinome**) oder **Hydronephrose** (Harnstauungsnieren mit Parenchymverlust). Bedenken Sie, daß Nierenmißbildungen zu den häufigsten Anomalien gehören. Insbesondere **Hufeisennieren** (C-**4.4a**), große **Doppelnieren** und **einseitige Verschmelzungsnieren** (C-**4-4b**) können bei der Palpation den Verdacht auf einen Tumor hervorrufen.

4.1.5 Palpation

Die **Nieren** werden beidseits **bimanuell** untersucht.
Rechte Niere: Die Untersuchung der rechten Niere ist in C-**4.3a** dargestellt. Versuchen Sie, Aussagen zur Größe und Oberflächenbeschaffenheit zu machen. In der Regel tastet man von einer nicht vergrößerten rechten Niere nur den unteren Pol, häufig ist die Niere gar nicht palpabel.

Linke Niere: Die Palpation der linken Niere erfolgt analog zur rechten (C-**4.3b**). Die normale linke Niere ist nur selten palpabel, da sie höher steht als die rechte.
Bei der Palpation leicht zu erreichende Nieren sprechen für eine **Senk- oder Wanderniere**. Pathologische Vergrößerungen finden sich bei Nierenzysten, Zystennieren, Nierentumoren (**hypernephroide Karzinome**) oder **Hydronephrose. Hufeisennieren** (C-**4.4a**), große **Doppelnieren** und **einseitige Verschmelzungsnieren** (C-**4.4b**) können bei der Palpation den Verdacht auf einen Tumor hervorrufen.

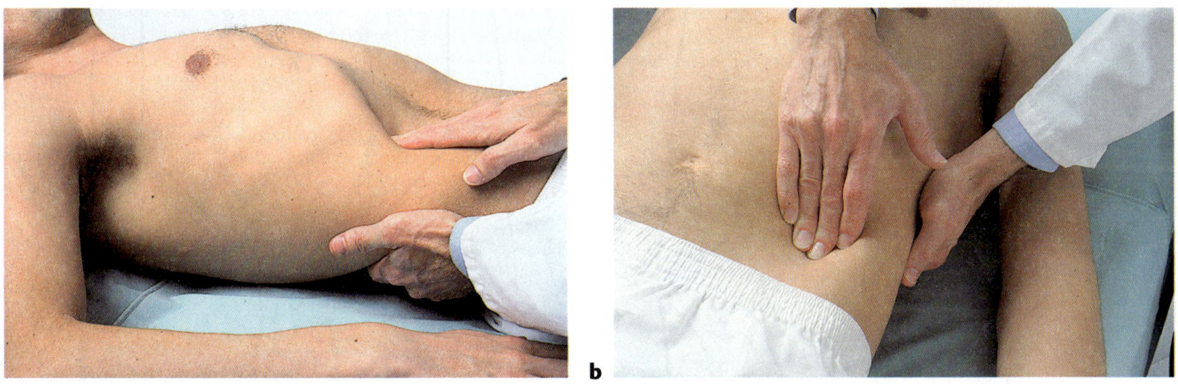

C-**4.3: Palpation der Nieren, a** rechte Niere, **b** linke Niere

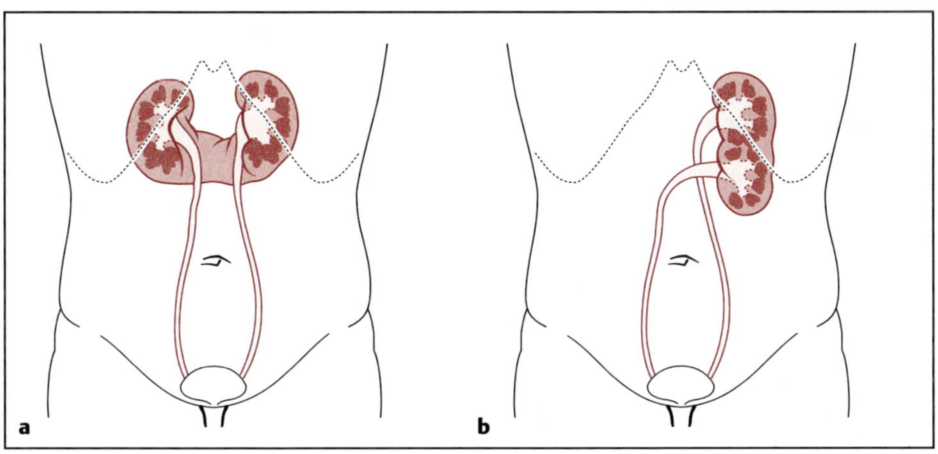

C-**4.4: Häufige Nierenanomalien**
a Hufeisennieren: Beide Nierenpole sind durch eine Gewebsbrücke verbunden;
b unilaterale Verschmelzungsniere mit gekreuzten Harnleitern

Kasuistik. Eine 25jährige, bislang immer gesunde Studentin, stellt sich wegen abdomineller Schmerzen beim Hausarzt vor. Dieser tastet einen »pulsierenden Tumor im Mittelbauch« und überweist die Patientin in eine Klinik. Dort bestätigt man den Palpationsbefund. Die sonographische Untersuchung ergibt den typischen Befund einer Hufeisenniere.

Normale **Ureteren** und selbst ausgedehnte organische Veränderungen des Ureters können nicht palpiert werden. An den physiologischen Engen der Ureteren bleiben oft Konkremente stecken (C-**4.5**).

Normale **Ureteren** und selbst ausgedehnte organische Veränderungen des Ureters können nicht palpiert werden. Allerdings sollte man sich drei klinisch wichtige Druckpunkte einprägen, die den physiologischen Engen der Ureteren (siehe oben) entsprechen und an denen oft Konkremente stecken bleiben (C-**4.5**):

- **Druckpunkt 1:** 2.–3. Lendenwirbelkörper, 2–3 Querfinger medial vom Psoasrand (Enge am Nierenabgang)
- **Druckpunkt 2:** 2–3 Querfinger medial der Spina iliaca ant. sup. (Enge an der Überkreuzung der Iliakalgefäße)
- **Druckpunkt 3:** 2–3 Querfinger medial des Leistenbandes, lateral der Blase (Eintritt in die Harnblasenwand)

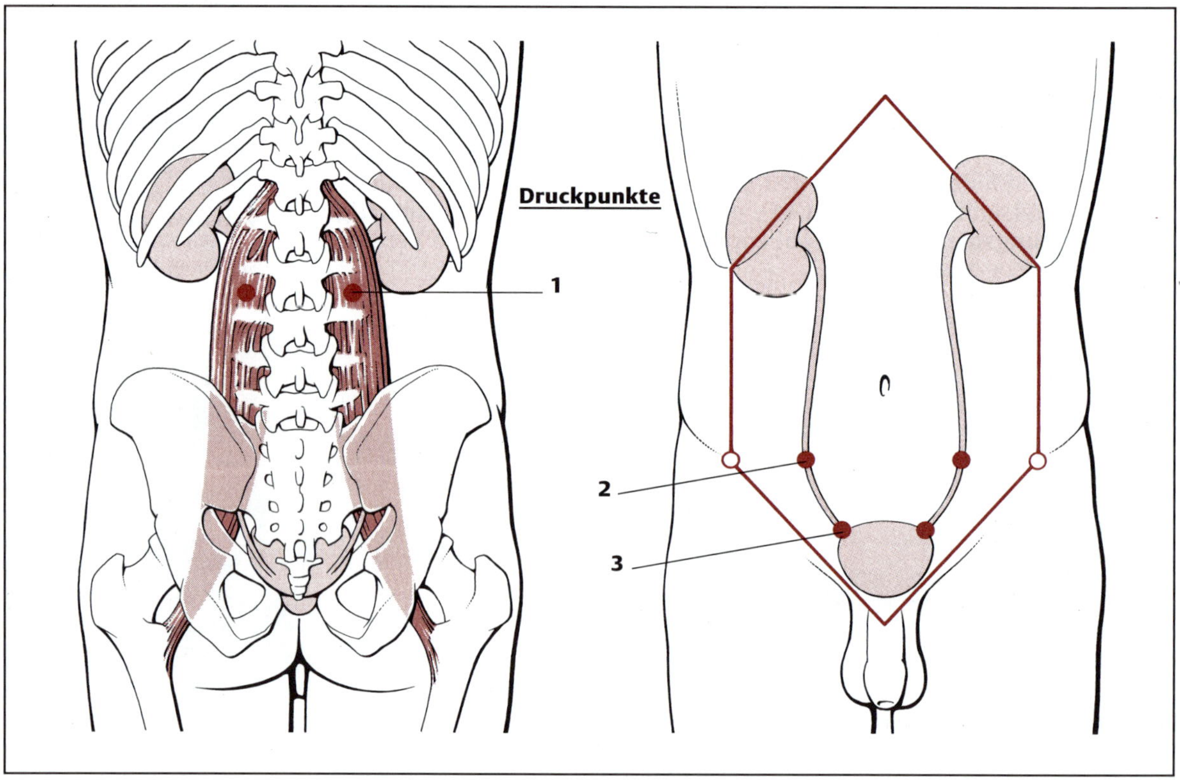

C-**4.5: Palpation der Ureteren: drei wichtige Druckpunkte**

Zur Palpation der **Harnblase** legen Sie die gestreckten Finger einer Hand direkt kranial der Symphyse auf den Unterbauch und üben Sie einen kurzen Druck auf die Harnblasenregion aus. Der Harnblasenrand kann als Resistenz gespürt werden, wenn die Bauchdecken nicht zu adipös sind. Ist die Harnblase sehr voll, so umfassen Sie den Blasenoberrand mit beiden Händen und tasten mit den ulnaren Handkanten, analog der Größenbestimmung des schwangeren Uterus. Die nicht oder schwach gefüllte Harnblase ist beim Erwachsenen nicht tastbar.

Zur Palpation der **Harnblase** liegt der Patient mit entblößtem Oberkörper und geöffnetem Gürtel flach auf der Untersuchungsliege, die Arme zur Entspannung der Bauchdecken neben sich. Der Untersucher sitzt auf der Liege oder steht neben dem Patienten. Legen Sie die gestreckten Finger einer Hand direkt kranial der Symphyse auf den Unterbauch und üben Sie einen kurzen Druck auf die Harnblasenregion aus. Der Harnblasenrand kann als Resistenz gespürt werden, wenn die Bauchdecken nicht zu adipös sind. Ist die Harnblase sehr voll, so umfassen Sie den Blasenoberrand mit beiden Händen und tasten mit den ulnaren Handkanten, analog der Größenbestimmung des schwangeren Uterus.
Die nicht oder schwach gefüllte Harnblase ist beim Erwachsenen nicht tastbar.

> **Merke.** Die Palpation der akut überdehnten und maximal gefüllten Harnblase ist schmerzhaft, die chronisch überdehnte Harnblase ist dagegen indolent.

◀ Merke

C-**4.2** gibt Anhaltspunkte zur Abschätzung des ungefähren Füllungszustands der Harnblase analog zum Tastbefund.

C-**4.2** gibt Anhaltspunkte zur Abschätzung des ungefähren Füllungszustands.

C-4.2: Abschätzung des ungefähren Harnblaseninhalts anhand des Palpationsbefundes

Nicht tastbar	< 200 ml
Fundus 3 Querfinger über Symphyse	200 – 300 ml
Nabelhöhe oder höher	400 – 500 ml

4.1.6 Perkussion

Wichtig ist auch die Untersuchung der **Klopfschmerzhaftigkeit der Nierenlager** bzw. des kostovertebralen Winkels (C-**4.6a**). Um überflüssige Lageänderungen des Patienten zu vermeiden, nimmt man sie am besten während der Rückenuntersuchung (siehe dort) vor. Der Patient sitzt dazu auf dem Bett, und Sie beklopfen mit der Faust oder der Handkante beide Flanken, zunächst vorsichtig und orientierend, bei negativer Reaktion nochmals etwas stärker. Normalerweise soll der Patient eine Erschütterung, aber keinen Schmerz bemerken. Patienten mit **Pyelonephritis** haben bereits bei der leisesten Erschütterung in dieser Gegend starke Schmerzen; klopfen Sie in diesem Fall auf Ihre aufgelegte Hand (C-**4.6b**) oder benutzen Sie nur die Fingerkuppen! Perkutieren Sie stets beide Nierenlager und beginnen Sie bei einseitigen Schmerzen auf der gesunden Seite, damit der Patient sieht, was ihn erwartet. Oft können Sie aufgrund der Angaben des Patienten nicht sicher entscheiden, ob der Schmerz von der Wirbelsäule, von der paravertebralen Muskulatur oder vom Nierenlager ausgeht. Prüfen Sie in jedem Fall auch die Beweglichkeit und Klopfempfindlichkeit der Wirbelsäule, eine mögliche Schmerzauslösung durch Beugung der Wirbelsäule nach ventral und seitwärts und den Tonus der paravertebralen Muskulatur.
Eine Schmerzreaktion beim Beklopfen der Nierenlager weist auf entzündliche Prozesse (Pyelonephritis, Abszeß) oder einen Harnstau hin.

4.1.6 Perkussion

Wichtig ist auch die Untersuchung der **Klopfschmerzhaftigkeit der Nierenlager** bzw. des kostovertebralen Winkels (C-**4.6**). Sie beklopfen mit der Faust oder der Handkante beide Flanken, zunächst vorsichtig und orientierend, bei negativer Reaktion nochmals etwas stärker. Normalerweise soll der Patient eine Erschütterung, aber keinen Schmerz bemerken. Patienten mit **Pyelonephritis** haben bereits bei der leisesten Erschütterung in dieser Gegend starke Schmerzen. Oft können Sie aufgrund der Angaben des Patienten nicht sicher entscheiden, ob der Schmerz von der Wirbelsäule, von der paravertebralen Muskulatur oder vom Nierenlager ausgeht. Prüfen Sie in jedem Fall auch die Beweglichkeit und Klopfempfindlichkeit der Wirbelsäule.

Eine Schmerzreaktion beim Beklopfen der Nierenlager weist auf entzündliche Prozesse (Pyelonephritis, Abszeß) oder einen Harnstau hin.

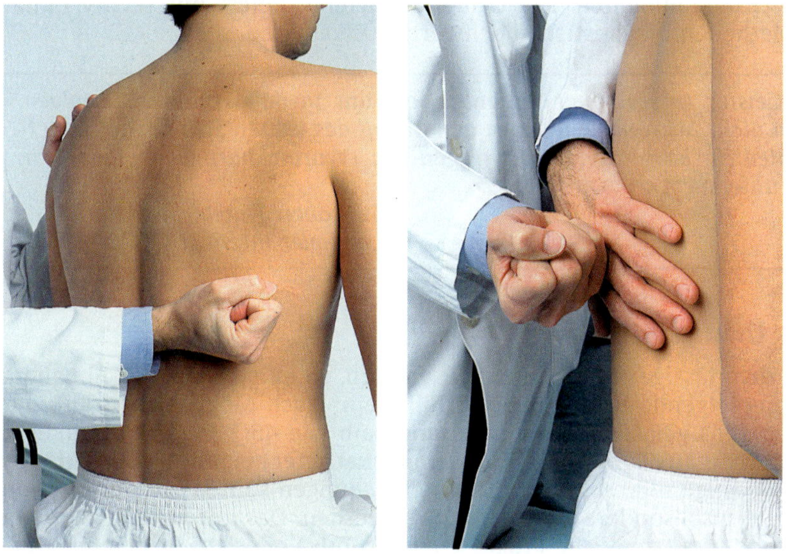

a b

C-4.6: Überprüfung der Klopfschmerzhaftigkeit des Nierenlagers in Höhe des kostovertebralen Winkels.
a Routineperkussion mit der Faust;
b vorsichtige Perkussion bei Patienten mit Pyelonephritis mit aufgelegter Hand

Unter den manuellen Untersuchungstechniken eignet sich die Perkussion am besten zur **Größenbestimmung der Harnblase**. Der flüssigkeitsgefüllte Hohlraum erzeugt im Vergleich zum tympanitischen Klopfschall der Darmschlingen eine Dämpfung. Dieses Phänomen tritt allerdings erst ab einem Füllungsvolumen von ca. 150 ml auf. Im Gegensatz zum Aszites ändert sich die Dämpfung bei Umlagerung des Patienten nicht.

Unter den manuellen Untersuchungstechniken eignet sich die Perkussion am besten zur **Größenbestimmung der Harnblase**. Legen Sie das Mittelglied des linken Mittelfingers auf die Gegend direkt über der Symphyse und klopfen Sie leicht mit dem Mittelfinger der rechten Hand darauf. Der flüssigkeitsgefüllte Hohlraum erzeugt im Vergleich zum tympanitischen Klopfschall der Darmschlingen eine Dämpfung. Dieses Phänomen tritt allerdings erst ab einem Füllungsvolumen von ca. 150 ml auf. Nach einer ersten Orientierung beginnen Sie die Perkussion im Epigastrium und fahren kaudalwärts fort. Anschließend versuchen Sie die seitliche Begrenzung der Harnblase perkutorisch festzulegen. Im Gegensatz zum Aszites ändert sich die Dämpfung bei Umlagerung des Patienten nicht.

4.1.7 Auskultation

Bei **Nierenarterienstenosen, Aneurysmen der Nierenarterien** oder **arteriovenösen Shunts** kann manchmal ein Strömungsgeräusch rechts oder links am Rippenbogen, unmittelbar kranial des Nabels, 2 cm von der Medianlinie entfernt oder beim sitzenden Patienten in beiden Flanken auskultiert werden.

4.1.7 Auskultation

Die Auskultation spielt bei der Untersuchung des Urogenitaltrakts nur eine untergeordnete Rolle, von zwei Ausnahmen abgesehen. Bei **Nierenarterienstenosen, Aneurysmen der Nierenarterien** oder **arteriovenösen Shunts** kann manchmal ein Strömungsgeräusch rechts oder links am Rippenbogen, unmittelbar kranial des Nabels, 2 cm von der Medianlinie entfernt oder beim sitzenden Patienten in beiden Flanken auskultiert werden. Achten Sie darauf, ob ein systolisches, ein diastolisches oder ein systolisch-diastolisches Geräusch vorliegt. Diastolische Geräusche sind diagnostisch aussagekräftiger und sprechen eher für eine hämodynamisch relevante Gefäßverengung. Diese Untersuchungstechnik ist jedoch wenig sensitiv, auch die Lokalisation der Gefäßerkrankung kann auskultatorisch nur annäherungsweise bestimmt werden.

Bei der Differentialdiagnose der **Ureterkolik** kommt der Auskultation des Abdomens dagegen große indirekte Bedeutung zu. Eine lebhafte Darmperistaltik schließt eine Ureterkolik nahezu aus.

Merke ▶

Bei der Differentialdiagnose der **Ureterkolik** kommt der Auskultation des Abdomens dagegen große indirekte Bedeutung zu. Eine lebhafte Darmperistaltik schließt eine Ureterkolik nahezu aus; typisch ist vielmehr eine reflektorische Darmlähmung bis zum Bild des paralytischen Ileus.

> ▶ ***Merke.*** Eine Nierensteinkolik geht typischerweise mit einer Verminderung oder Aufhebung der Darmperistaltik einher.

4.2 Urinuntersuchung

Das wichtigste Produkt des Harntrakts, der **Harn**, hat gleichzeitig größte Bedeutung für die medizinische Diagnostik. Dies gilt nicht nur für Erkrankungen des Urogenitalsystems, sondern auch für viele andere Organ- und Stoffwechselkrankheiten.

Zitat ▶

4.2 Urinuntersuchung

Das wichtigste Produkt des Harntrakts, der **Harn**, hat gleichzeitig größte Bedeutung für die medizinische Diagnostik. Dies gilt nicht nur für Erkrankungen des Urogenitalsystems, sondern auch für viele andere Organ- und Stoffwechselkrankheiten. Die Urinuntersuchung liefert mit relativ einfachen Methoden diagnostisch hochwertige Ergebnisse.

> *»Die Geister verstorbener Patienten, die uns in den Träumen verfolgen, fragen nicht, warum sie nicht in den Genuß des letzten Schreis der modernen Medizin kamen; vielmehr fragen sie: ›Warum hast du meinen Urin nicht untersucht?‹ «*
>
> *Sir Robert Hutchison,*
> *Londoner Internist (1871 – 1943)*

4.2.1 Uringewinnung

Sollen zuverlässige Resultate erzielt werden, so müssen bei der Abnahme des Urins folgende Bedingungen erfüllt sein: Nach Möglichkeit sollte der Urin morgens gelassen und rasch (innerhalb von 45 Minuten) untersucht werden. **Urin aus Sammelbeuteln (Dauerkatheter) eignet sich nicht!**

4.2.1 Uringewinnung

Sollen zuverlässige Resultate erzielt werden, so müssen bei der Abnahme des Urins folgende Bedingungen erfüllt sein: Nach Möglichkeit sollte der Urin morgens gelassen und rasch (innerhalb von 45 Minuten) untersucht werden. **Urin aus Sammelbeuteln (Dauerkatheter) eignet sich nicht!** Für aussagekräftige mikrobiologische Untersuchungen sollten vor der Miktion Penis und insbesondere Vulva gereinigt werden. Das gilt vor allem, wenn Ausfluß oder entzündliche Prozesse an der Vulva oder am Orificium externum der Harnröhre vorliegen. Bei bettlägerigen oder älteren Patienten kann dazu die Mithilfe von Pflegepersonal erforderlich sein.

Die erste Urinportion wird verworfen, die mittlere gesammelt (**Mittelstrahlurin**). In bestimmten Fällen kann die Uringewinnung mittels **Zwei-Gläserprobe** (siehe C-**4.8**) oder durch Katheter bzw. Blasenpunktion erforderlich sein. In C-**4.3** sind die Arten der Uringewinnung und Urinsammlung zusammengestellt.

C-4.3: Methoden der Uringewinnung und Urinsammlung

Bezeichnung	Technik
Strahlurin, Spontanurin	Spontan gelassener Harn, der nach Reinigung der äußeren Harnröhrenmündung in einem sauberen, evtl. sterilen Gefäß aufgefangen wird
Mittelstrahlurin	Harnsammlung während der Mitte des Miktionsvorgangs
Morgenurin	Erste Entleerung des während der Nacht in der Blase angesammelten Harns
Konzentrierter Morgenurin	Morgenurin nach einer Durstperiode von 12 Stunden
24-Stunden-Sammelurin	Gesamte im Verlauf von 24 Stunden ausgeschiedene Harnmenge (erster Urin am Morgen verworfen, dann komplette Sammlung inklusive Morgenurin des folgenden Tages)
Zwei-Gläserprobe	Siehe C-**4.8**
Katheterurin	Mittels Einmalkatheter gewonnener Urin aus der Harnblase
Blasenpunktionsurin	Durch Blasenpunktion mittels Kanüle gewonnener Urin aus der Harnblase

Wesentliche Aussagen gewinnt man mit **Urinteststreifen** (»Stix«), die zwar simpel aussehen, bei denen jedoch eine Fülle raffinierter chemischer Methoden angewandt wird. Durch Farbänderungen und Vergleich mit einer Referenzskala (C-**4.7**) können semiquantitativ folgende Parameter bestimmt werden:

- pH-Wert
- Spezifisches Gewicht
- Glukose
- Protein
- Keton
- Urobilinogen
- Bilirubin
- Nitrit
- Leukozyten
- Erythrozyten

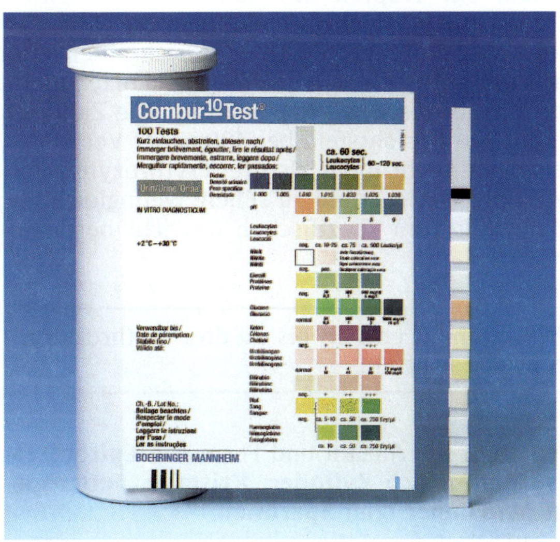

C-4.7: Referenzskala für Urinteststreifen

Die erste Urinportion wird verworfen, die mittlere gesammelt (**Mittelstrahlurin**). In bestimmten Fällen kann die Uringewinnung mittels **Zwei-Gläserprobe** oder durch Katheter bzw. Blasenpunktion erforderlich sein. In C-**4.3** sind die Arten der Uringewinnung und Urinsammlung zusammengestellt.

Wesentliche Aussagen gewinnt man mit **Urinteststreifen** (»Stix«). Durch Farbänderungen und Vergleich mit einer Referenzskala (C-**4.7**) können semiquantitativ folgende Parameter bestimmt werden:

- pH-Wert
- Spezifisches Gewicht
- Glukose
- Protein
- Keton
- Urobilinogen
- Bilirubin
- Nitrit
- Leukozyten
- Erythrozyten

Zur Bedeutung der einzelnen Parameter siehe ▤ C-**4.4**. Eine Untersuchung mit Teststreifen reicht in der Regel für ein Screening aus.

Zur Bedeutung der einzelnen Parameter siehe ▤ C-**4.4**. Eine Untersuchung mit Teststreifen reicht in der Regel für ein Screening aus. Nur bei spezieller klinischer Indikation sind weiterführende Untersuchungen wie Mikroskopie des Urinsediments oder quantitative und qualitative Proteinbestimmung erforderlich.

▤ C-4.4: Parameter von Urinteststreifen (»Stix«) und ihre diagnostische Bedeutung

Test	Normalbefund	Bedeutung des pathologischen Befundes
Spezifisches Gewicht	1002–1025	Chronisches Nierenversagen, Diabetes insipidus, Dehydrierung, Diabetes mellitus
pH-Wert	5–7	> 7: Renal-tubuläre Azidose, Harnwegsinfekt, therapeutisch bei Calciumphosphat-Steinen < 5: Therapeutische Ansäuerung bei Harnsäuresteinen
Glukose	negativ	Diabetes mellitus, renale Glukosurie
Keton	negativ	Diabetische Ketoazidose, Hungerzustand
Protein	negativ, schwach positiv	Jede Nierenkrankheit, Fieber, körperliche Anstrengung, Herzinsuffizienz, Hypertonie, Alkohol
Urobilinogen	negativ	Hämolyse, evtl. Hepatitis
Bilirubin	negativ	Verschlußikterus, evtl. Hepatitis
Nitrit	negativ	Harnwegsinfekt (nicht beweisend)
Leukozyten	> 20/µl	Harnwegsinfekt, Tuberkulose
Erythrozyten	> 10/µl	Renal: Glomerulonephritis, Nierenkarzinom, Niereninfarkt, Blutungsübel Extrarenal: Zystitis, Blasentumor, Prostatakarzinom

4.2.2 Urinsediment

Mit der schwachen Vergrößerung des Mikroskops verschafft man sich einen groben Überblick über die **Anzahl der geformten Zellelemente**, danach identifiziert und zählt man diese mit der starken Vergrößerung. Die Zahl der Zellen wird auch häufig als Zahl pro Gesichtsfeld bei 400facher Vergrößerung geschätzt.

4.2.2 Urinsediment

Bei entsprechender Erfahrung kann die Untersuchung des Urinsediments wichtige Hinweise auf Erkrankungen von Nieren und Harnwegen geben. Bei Patienten mit Verdacht auf Nierenerkrankungen werden ca. 10 ml frisch produzierter Urin bei 3000 U/min zehn Minuten lang zentrifugiert, der Überstand wird verworfen, ein Tropfen des Sediments auf einen Objektträger gebracht und mit einem Deckgläschen bedeckt. Mit der schwachen Vergrößerung des Mikroskops verschafft man sich einen groben Überblick über die **Anzahl der geformten Zellelemente**, danach identifiziert und zählt man diese mit der starken Vergrößerung. Die Zahl der Zellen wird auch häufig als Zahl pro Gesichtsfeld bei 400facher Vergrößerung geschätzt. Normalerweise sind nicht mehr als drei Erythrozyten und nicht mehr als fünf Leukozyten pro Gesichtsfeld zu sehen, wenngleich die Schwankungsbreite in Abhängigkeit vom spezifischen Gewicht beträchtlich ist.

Merke ▶

▶ ***Merke.*** Das normale Urinsediment enthält bis zu drei Erythrozyten und bis zu fünf Leukozyten pro Gesichtfeld.

Weiterhin werden die Anzahl und Form von **Epithelzellen** beurteilt. Möglicherweise finden sich **Zylinder, Kristalle, Fetttröpfchen, Pilze, Trichomonaden, Wurmeier** oder **Spermien.**

Weiterhin werden im Urinsediment die Anzahl und Form von **Epithelzellen** beurteilt. Möglicherweise finden sich **Zylinder, Kristalle, Fetttröpfchen, Pilze, Trichomonaden, Wurmeier** oder **Spermien**.

Die Diagnose eines bakteriellen Harnwegsinfekts setzt den Nachweis einer signifikanten **Bakteriurie** (d. h. $> 10^5$ Keime pro ml Urin) voraus. Mit der **Urikult-Methode**, bei der ein mit einem Nährboden beschichteter Objektträger in frischen und korrekt gewonnenen Urin kurz eingetaucht wird, lassen sich Erreger schnell und einfach nachweisen.

Mit der **Urikult-Methode**, bei der ein mit einem Nährboden beschichteter Objektträger in frischen und korrekt gewonnenen Urin kurz eingetaucht wird, lassen sich Erreger schnell und einfach nachweisen.

Merke. Nur die bakteriologische Untersuchung des frischen Mittelstrahlurins mit Keimzahlbestimmung ($> 10^5$/ml) beweist eine Harnwegsinfektion.

◄ **Merke**

4.2.3 Hämaturie

Eine Hämaturie kann viele harmlose Ursachen haben (C-**4.5**), jedoch muß man immer auch an eine maligne Erkrankung denken. Sie kann als makroskopisch nicht erkennbare **Mikrohämaturie** im Streifentest bzw. mikroskopisch im Sediment entdeckt werden oder als **Makrohämaturie** den Patienten sehr beunruhigen. Geringe Blutbeimengungen bewirken eine opaleszente Trübung des Urins, größere Mengen eine Rötung von Weißherbst bis Beaujolais. Eine Hämaturie kann bei allen Formen der Glomerulo- und Pyelonephritis auftreten, durch Steine bedingt sein oder Zeichen entzündlicher oder tumoröser Erkrankungen von Nierenbecken, Ureter, Harnblase oder Prostata sein.
Mit Hilfe der **Zwei-Gläserprobe** (C-**4.8**) gelingt eine gewisse Einengung der Lokalisation der Blutungsquelle. Wenn Sie die Miktion des Patienten bei dieser Gelegenheit beobachten, gewinnen Sie gleich wertvolle Aufschlüsse über die Reichweite und Qualität des Harnstrahls (siehe C-**4.9**).

4.2.3 Hämaturie

Eine Hämaturie kann viele Ursachen haben (C-**4.5**). Sie kann als makroskopisch nicht erkennbare **Mikrohämaturie** im Streifentest bzw. mikroskopisch im Sediment entdeckt werden oder als **Makrohämaturie** den Patienten sehr beunruhigen. Eine Hämaturie kann bei allen Formen der Glomerulo- und Pyelonephritis auftreten, durch Steine bedingt sein oder Zeichen entzündlicher oder tumoröser Erkrankungen von Nierenbecken, Ureter, Harnblase oder Prostata sein.
Mit Hilfe der **Zwei-Gläserprobe** (C-**4.8**) gelingt eine gewisse Einengung der Lokalisation der Blutungsquelle. Beurteilen Sie auch Reichweite und Qualität des Harnstrahls (C-**4.9**).

C-4.5: Begleitsymptome bei Hämaturie – mögliche Diagnosen

Nierenkoliken	Nierensteine, Uretersteine, Blasensteine
Flankenschmerz, Fieber	Pyelonephritis
Lidödeme, Hypertonie, Proteinurie	Glomerulonephritis
Hauterytheme, Pleuritis	Lupus erythematodes
Trauma	Nierenruptur
Plötzlicher Flankenschmerz Herzrhythmusstörungen	Niereninfarkt
Hämatome, Ekchymosen, Petechien	Blutungsübel, Antikoagulanzien
Schmerzen, Gewichtsabnahme	Nierenzellkarzinom
Schmerzhafte Miktion, Schmerzen im Unterbauch	Urethritis, Zystitis, Prostatitis
Harnträufeln, »Startprobleme« bei der Miktion	Prostataadenom, Prostatakarzinom
Unbestimmte Allgemeinsymptome	»Idiopathische« Hämaturie, IgA-Nephropathie
Harmlose, anamnestisch zu klärende Ursachen	Menstruation, »Jogger-Hämaturie«

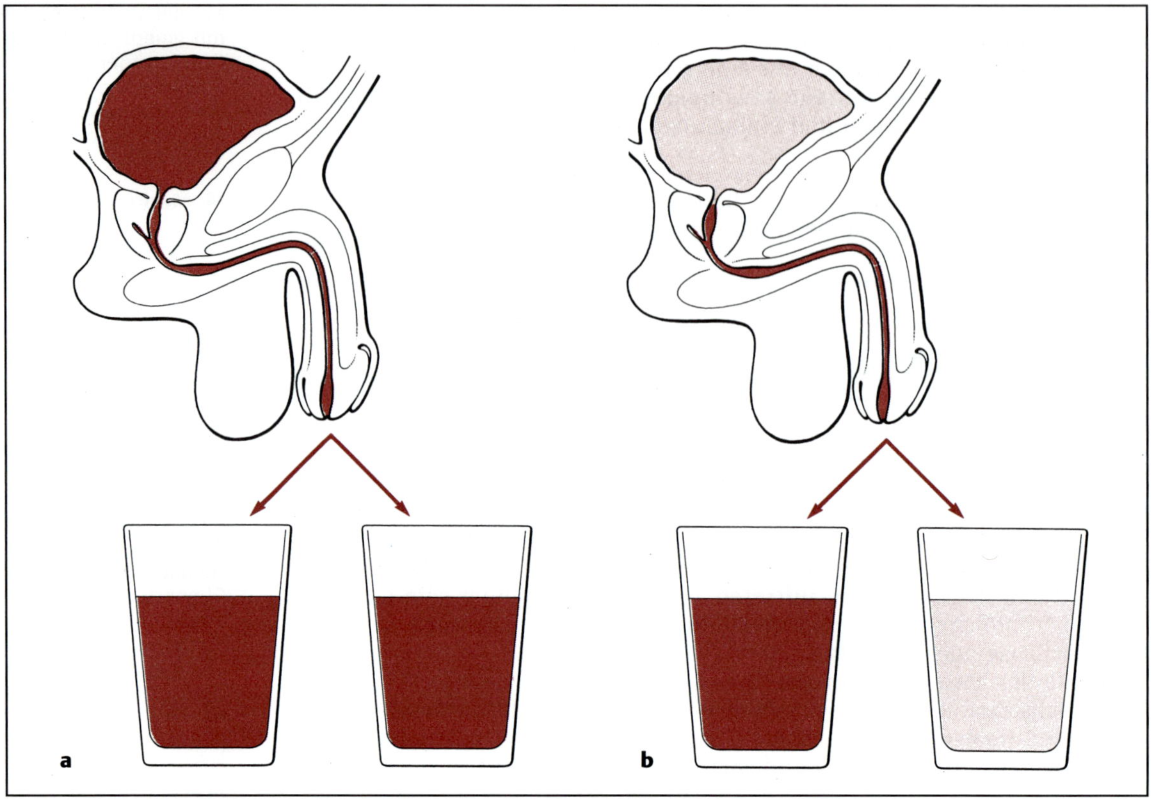

C-4.8: **Zwei-Gläserprobe:**
a Nieren- oder Blasenblutung – beide Harnportionen sind gleichmäßig gefärbt;
b bei Harnröhrenblutung – 1. Portion verfärbt, 2. Portion klar

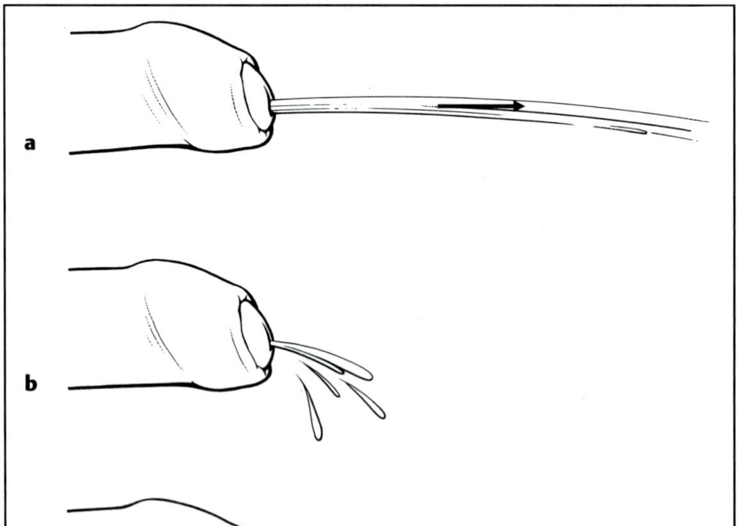

C-4.9: **Reichweite und Qualität des Harnstrahls:**
a Normalbefund;
b schwacher Strahl und Harnträufeln bei Entleerungsstörungen (z. B. Prostataadenom);
c gespaltener und gedrehter Harnstrahl bei Harnröhrenstriktur

Wichtig sind auch die mikroskopische Untersuchung des Urinsediments und die Beurteilung der Erythrozytenmorphologie, am besten im Phasenkontrastmikroskop. **Erythrozytenzylinder** und ein hoher Anteil **dysmorpher Erythrozyten** sprechen für eine glomeruläre Blutungsquelle, regelrecht geformte Erythrozyten machen eine Blutungsquelle in den ableitenden Harnwegen wahrscheinlicher.

Erythrozytenzylinder und ein hoher Anteil **dysmorpher Erythrozyten** sprechen für eine glomeruläre Blutungsquelle, regelrecht geformte Erythrozyten machen eine Blutungsquelle in den ableitenden Harnwegen wahrscheinlicher.

Merke. Bei jeder Hämaturie, auch wenn sie spontan sistiert, ist an ein Karzinom von Niere, Harnblase oder Prostata zu denken!

◀ **Merke**

4.2.4 Urinverfärbung

Eine Verfärbung des Urins, vor allem in rote oder braune Farbtöne, ist für viele Patienten ein sehr beunruhigendes Ereignis. Dahinter muß aber nicht immer eine schwere Erkrankung stehen, und die Urinverfärbung kann eine durchaus harmlose Ursache haben, die bei entsprechenden Kenntnissen überwiegend anamnestisch geklärt werden kann. Die wichtigsten Farbveränderungen des Urins und ihre diagnostische Bedeutung sind in C-**4.6** zusammengefaßt.

4.2.4 Urinverfärbung

Eine Verfärbung des Urins, vor allem in rote oder braune Farbtöne, ist für viele Patienten ein sehr beunruhigendes Ereignis. Die wichtigsten Farbveränderungen des Urins und ihre diagnostische Bedeutung sind in C-**4.6** zusammengefaßt.

C-4.6: Farbveränderungen des Urins, Pigmente und diagnostische Bedeutung

Farbe	Pigment	Mögliche Ursache(n)
Hellgelb, farblos	---	Verdünnter Urin (Überwässerung, reichlicher Biergenuß)
Gelb	Tetrazykline, Riboflavin	Antibiotika-Behandlung, Vitamin-B-Therapie
Gelb-orange	Urobilin	Hämolyse, Hepatitis, konzentrierter Urin
Braun bis grün	Bilirubin	Cholestatischer Ikterus
Rosa, hellrot	Farbstoff von roter Bete Porphyrine Medikamente	Genuß von roten Beten Porphyrie Phenolphthalein-haltige Laxanzien
Rot	Hämoglobin/Erythrozyten Myoglobin Porphyrine	Hämolyse, Blasenblutung Menses Rhabdomyolyse, Porphyrie
Braun-schwarz	Methämoglobin Homogentisinsäure Melanin	Schwere Hämolyse (Malaria) Alkaptonurie Metastasierendes Melanom
Grün	Methylenblau	Farbstoff in Süßigkeiten
Milchig	Leukozyten Chylomikronen	Harnwegsinfekt Chylurie

Kasuistik. Ein 72jähriger Mann berichtet, er habe gestern abend plötzlich starke, nicht bewegungsabhängige Schmerzen in der rechten Flanke bekommen. Unter der Annahme einer Nierenbeckenentzündung, die er bereits einmal vor einigen Jahren hatte, legte er sich mit einer Wärmflasche ins Bett. Die Schmerzen hätten etwas abgenommen. Der Urin am nächsten Morgen sei »rot wie Blut« gewesen. Die Untersuchung ergibt folgenden Befund: klopfschmerzhafte Flanke rechts, Blutdruck 170/110 mmHg, absolute Arrhythmie, im EKG Vorhofflimmern. Im Urinsediment massenhaft Erythrozyten. Die beim Hausarzt durchgeführte Ultraschalluntersuchung der Nieren ist unauffällig, in einem drei Tage später angefertigten Computertomogramm mit Kontrastmittel erkennt man einen keilförmigen Defekt am lateralen Parenchym der rechten Niere.

Diagnose: Niereninfarkt, wahrscheinlich embolischer Genese bei Thrombusbildung im linken Vorhof und embolischer Verschleppung. Die Hämaturie bildet sich im Verlauf von zehn Tagen zurück, ebenso die Schmerzen. Die Nierenfunktion bleibt unbeeinflußt. Der Blutdruck des Patienten wird mit Kalziumantagonisten und Diuretika gesenkt. Zur Prophylaxe weiterer Embolien bei unverändert bestehender absoluter Arrhythmie wird der Patient mit Antikoagulanzien behandelt.

4.3 Untersuchung der Genitalien

Die Genitalien sollten nicht routinemäßig, sondern nur bei Beschwerden oder auf Wunsch des Patienten untersucht werden. Denken Sie bei der Untersuchung daran, daß die Genitalregion schon im gesunden Zustand sehr schmerzempfindlich ist. Gewinnen Sie das Vertrauen des Patienten, indem Sie ihm genau erklären, was Sie jeweils tun. Bei **gynäkologischen Untersuchungen** sollte aus forensischen Gründen unbedingt eine **dritte Person**, am besten eine Schwester oder Sprechstundenhilfe, **anwesend** sein.

4.3 Untersuchung der Genitalien

Berichten Patienten spontan oder bei Nachfragen (siehe Abschnitt Anamnese) nicht über Beschwerden, die sich auf das Genitale beziehen, so wird man im Rahmen der allgemeinen ärztlichen Untersuchung weder bei einem Mann noch bei einer Frau eine Untersuchung der Geschlechtsorgane vornehmen. Gelegentlich wird der Arzt auch um eine Stellungnahme zu normalen Befunden oder Variationen des Normalen gebeten, die der Patient bei sich selbst gesehen oder getastet hat, z. B. einen normalen Nebenhoden.

Die Genitalien sollten nicht routinemäßig, sondern nur bei Beschwerden oder auf Wunsch des Patienten untersucht werden.

Bedenken Sie, daß es vielen Patienten nicht leicht fällt, sich vor dem Arzt zu entblößen, und bewahren Sie einen absolut sachlichen und neutralen Ton. Denken Sie bei der Untersuchung daran, daß die Genitalregion schon im gesunden Zustand sehr schmerzempfindlich ist, um so mehr, wenn Erkrankungen vorliegen. Gewinnen Sie das Vertrauen des Patienten, indem Sie ihm genau erklären, was Sie jeweils tun. Meistens kann er bei dieser Gelegenheit Ihre Hände nicht sehen. Gehen Sie bei der Palpation äußerst behutsam vor! Es ist nicht nötig, daß der Patient oder die Patientin vollständig entkleidet ist. Halten Sie ein Tuch bereit, um den Patienten bei Unterbrechungen der Untersuchung – die nicht vorkommen sollten – bedecken zu können. Bei **gynäkologischen Untersuchungen** sollte aus forensischen Gründen unbedingt eine **dritte Person,** am besten eine Schwester oder Sprechstundenhilfe, **anwesend** sein.

4.3.1 Männliches Genitale

Inspektion und Palpation

Die Untersuchung des männlichen Genitales muß **im Liegen und im Stehen** erfolgen. Aus hygienischen Gründen und zum Schutz vor Infektionen ziehen Sie zur Untersuchung der Genitalien **Latex-Handschuhe** an.

Beginnen Sie zunächst beim liegenden Patienten und inspizieren Sie die **Haut** und die **Behaarung.** Eine sogenannte Bauchglatze ist ein Hinweis auf eine Feminisierung, z. B. bei Leberzirrhose. Achten Sie auf Kratzspuren, Parasiten (**Filzläuse**) und Milbengänge in der Haut (**Skabies**).

4.3.1 Männliches Genitale

Inspektion und Palpation

Die Untersuchung des männlichen Genitales muß **im Liegen und im Stehen** erfolgen. Inspektion und Palpation lassen sich nicht streng trennen, da wegen der anatomischen Gegebenheiten eine vollständige Inspektion nur unter gleichzeitiger Palpation möglich ist. Aus hygienischen Gründen und zum Schutz vor Infektionen ziehen Sie zur Untersuchung der Genitalien **Latex-Handschuhe** an.

Beginnen Sie zunächst beim liegenden Patienten und inspizieren Sie die **Haut** und die **Behaarung**. Hat der Patient einen normalen männlichen Behaarungstyp, d. h. ein dreiecksförmiges Auslaufen der Schambehaarung bis zum Nabel? Oder liegt eine mangelhafte oder fehlende Sekundärbehaarung vor, eine sogenannte Bauchglatze als Hinweis auf eine Feminisierung, z. B. bei Leberzirrhose. Achten Sie auf Kratzspuren, Parasiten (**Filzläuse**), Nissen im Schamhaar und auf Milbengänge in der Haut (**Skabies**). Sehen Sie sich die Leistenregion nach Schwellungen und Hautausschlägen an, z. B. Pilzinfektionen wie ein **Erythrasma**.

Penis

Beurteilen Sie Form und Größe des Penis und achten Sie auf die Vorhaut (**Präputium**). Bedeckt die Vorhaut die Glans, oder liegt diese frei? Ist der Patient beschnitten? Ist das Präputium rüsselförmig verlängert? Liegt eine generalisierte Schwellung des Penis vor, z. B. ein Penisödem (C-**4.10**)? Untersuchen Sie die Penishaut nach Verletzungen oder Ulzerationen. Sodann schieben Sie die Vorhaut vorsichtig zurück und beurteilen dabei, wie eng sie sich um die Glans schließt. Versuchen Sie nicht, das Präputium gegen einen Widerstand zurückzuschieben (Verletzungsgefahr!), und reponieren Sie es nach Abschluß der Untersuchung wieder. Sie könnten sonst eine Einklemmung der Glans (**Paraphimose**) herbeiführen. Auch heute noch gibt es junge Männer, die noch nie selbst versucht haben, die Vorhaut nach hinten zu streifen. Kann die Vorhaut nicht zurückgestreift werden, so liegt eine **Phimose** vor. Führen Sie diese Manöver nicht bei Säuglingen und Kleinkindern durch, da hier noch eine physiologische Verklebung der Präputialblätter vorliegt.

Penis

Beurteilen Sie Form und Größe des Penis und achten Sie auf die Vorhaut (**Präputium**). Liegt eine generalisierte Schwellung des Penis vor, z. B. ein Penisödem (C-**4.10**)? Schieben Sie die Vorhaut vorsichtig zurück und beurteilen dabei, wie eng sie sich um die Glans schließt. Kann die Vorhaut nicht zurückgestreift werden, so liegt eine **Phimose** vor. Führen Sie diese Manöver nicht bei Säuglingen und Kleinkindern durch, da hier noch eine physiologische Verklebung der Präputialblätter vorliegt.

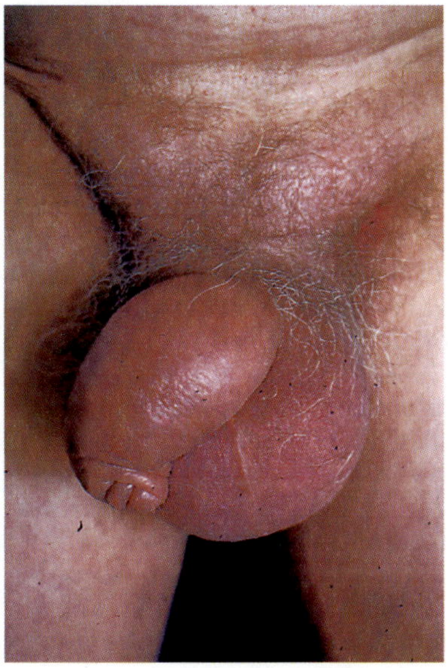

C-**4.10: Penisödem**

Merke. Kein Zurückstreifen des Präputiums gegen Widerstand! Keine Versuche bei Säuglingen und Kleinkindern!

◀ **Merke**

Kasuistik. Ein 68jähriger Bauer wird von seiner Frau zum Arzt geschickt. Ihr fiel auf, daß sich Blut in der Unterhose des Mannes befand, für das man keine Erklärung fand. Weder bei der Inspektion der Analregion noch der Genitalregion im Stehen konnte ein pathologischer Befund erhoben werden. Erst als der Arzt bei der Untersuchung im Liegen das Skrotum des Mannes anhebt, findet sich an der Rückseite ein etwa pfenniggroßes Geschwür mit unscharf begrenztem, aufgeworfenem Rand und schmierigem Belag im Ulkusgrund. Die histologische Untersuchung ergibt ein Plattenepithelkarzinom der Skrotalhaut.

Fabula docet: 1. Die Inspektion muß gründlich und vollständig sein. 2. Mangelhafte Körperhygiene gibt es auch heute noch.

Sobald die Vorhaut zurückgestreift ist, liegt die **Glans penis** zur Inspektion frei. Im **Sulcus coronarius** findet sich meist eine weißlich-gelbliche, käsige Masse, das sog. **Smegma.** Es handelt sich zwar um einen normalen Befund, doch spricht reichlich Smegma für eine ungenügende Körperpflege. Im Fall einer Phimose kann das Smegma nicht entfernt werden; es treten dann häufig entzündliche Reaktionen an der Glans und am Präputium auf, eine sog. **Balanoposthitis**. Inspizieren Sie die freigelegte Glans nach Entzün-

Im **Sulcus coronarius** der **Glans penis** findet sich meist eine weißlich-gelbliche, käsige Masse, das sog. **Smegma**. Bei Phimose kann das Smegma nicht entfernt werden; es treten dann häufig entzündliche Reaktionen an der Glans und am Präputium auf, eine sog. **Balanoposthitis**. Inspizieren Sie die

freigelegte Glans nach Entzündungszeichen, Ulzera, Warzen, Knötchen und Narben. Besonders bei promiskuitiv lebenden Personen finden sich gehäuft **Condylomata acuminata**. Wenn Sie Geschwüre feststellen, sollten Sie die Leisten nach vergrößerten Lymphknoten palpieren.
Achten Sie auf die Lage der vertikalen spaltförmigen äußeren Harnröhrenöffnung (**Orificium externum urethrae**). Im Normalfall sollte sie ventral auf der Spitze der Glans liegen. Bei Lokalisation weiter unten am Penis liegt eine **Hypospadie**, bei Lokalisation am Penisrücken eine **Epispadie** vor.

dungszeichen, Ulzera, Warzen, Knötchen und Narben. Besonders bei promiskuitiv lebenden Personen finden sich gehäuft **Condylomata acuminata**, insbesondere auf der Glans, aber auch am Penisschaft, am Damm oder am Anus. Ihre warzenartige Oberflächenstruktur erinnert an einen Blumenkohl. Vor allem wenn Sie Geschwüre feststellen, sollten Sie unbedingt die Leisten nach vergrößerten Lymphknoten palpieren.

Achten Sie nun auf die Lage der vertikalen spaltförmigen äußeren Harnröhrenöffnung (**Orificium externum urethrae**). Im Normalfall sollte sie ventral auf der Spitze der Glans liegen. Bei Lokalisation weiter unten am Penis liegt eine **Hypospadie**, bei Lokalisation am Penisrücken eine **Epispadie** vor. Diese meist angeborenen Mißbildungen können mit konvexen oder konkaven Penisverkrümmungen während der Erektion einhergehen und bringen Kohabitationsprobleme mit sich. Suchen Sie in diesem Fall nach weiteren Mißbildungen im Urogenitaltrakt.

Merke ▶

Merke. Die häufigsten Anomalien des Penis sind Phimose, Hypospadie und Epispadie.

Inspizieren Sie die Harnröhrenöffnung und achten Sie dabei auf das Vorliegen einer **Meatusstenose**. Besteht ein Ausfluß, sollte ein Abstrich mit anschließender mikroskopischer und bakteriologischer Untersuchung erfolgen. Denken Sie in diesen Fällen an eine unspezifische Urethritis, eine Gonorrhö oder an Manipulationen an der Urethra.

Durch leichten Druck auf die Glans von proximal nach distal können Sie die Harnröhrenöffnung zum Klaffen bringen und inspizieren. Besteht eine **Meatusstenose**, befindet sich ein Fremdkörper oder ein eingeklemmter Stein in der Harnröhre? Entleert sich aus der Harnröhre weißlicher, dicker gelblicher oder braungrau-blutiger Ausfluß? Falls ja, sollte ein Abstrich mit anschließender mikroskopischer und bakteriologischer Untersuchung vorgenommen werden. Denken Sie in diesen Fällen an eine unspezifische Urethritis, eine Gonorrhö oder an Manipulationen an der Urethra.

Palpieren Sie den Penis zunächst medial entlang des **Corpus spongiosum** und der Harnröhre, dann lateral entlang der **Corpora cavernosa**. Achten Sie dabei auf Verhärtungen, wie sie am häufigsten bei der **Induratio penis plastica** auftreten. Dabei handelt es sich um eine Bindegewebsverhärtung.

Fixieren Sie nun den Penis mit den Fingern beider Hände und palpieren Sie den Penisschaft von der Glans in Richtung Penisbasis, zunächst medial entlang des **Corpus spongiosum** und der Harnröhre, dann lateral entlang der **Corpora cavernosa**. Achten Sie dabei auf Verhärtungen, wie sie am häufigsten bei der **Induratio penis plastica** auftreten. Dabei handelt es sich um eine Bindegewebsverhärtung, die zu Schwierigkeiten bei der Kohabitation führen kann. Die Urethra läßt sich durch Einstülpung der Skrotalhaut mit dem Zeigefinger der einen Hand und Anheben des Penis mit der anderen Hand bis fast zur Prostata hin palpieren.

Skrotum, Hoden, Nebenhoden

Stellen Sie fest, ob eine Vergrößerung des Skrotums im Vergleich zum liegenden Patienten als Hinweis auf eine Hernie (siehe unten) besteht. Das Skrotum muß immer beim liegenden und **stehenden Patienten** untersucht werden.

Die **Hoden** sind beim Erwachsenen zwischen 3,5 und 5,5 cm lang. Der linke Hoden steht normalerweise etwas tiefer als der rechte. ◘ C-**4.11** zeigt die Untersuchung der Hoden. Versuchen Sie sich ein exaktes Bild von der Anatomie entsprechend ◘ C-**4.12** zu machen. Vergleichen Sie Größe und Konsistenz der beiden Hoden untereinander und absolut. Stellen Sie am Hoden eine Verhärtung, Vorwölbung oder druckdolente Stelle fest? Noch immer ist die Palpation das wichtigste Instrument zur Diagnose von Hodentumoren.

Skrotum, Hoden, Nebenhoden

Nun lassen Sie den Patienten aufstehen und inspizieren das Skrotum **im Stehen**. Bei diesem Untersuchungsgang ist es wichtig, daß das Skrotum weich und schlaff ist. Hat der Patient zu lange in kalter Umgebung gelegen, so ist eine ausreichende Beurteilung des Skrotalinhalts infolge der Retraktion nicht möglich. Stellen Sie fest, ob eine Vergrößerung des Skrotums im Vergleich zum liegenden Patienten als Hinweis auf eine Hernie (siehe unten) besteht. Das Skrotum muß immer beim liegenden und stehenden Patienten untersucht werden.
Die **Hoden** sind beim Erwachsenen zwischen 3,5 und 5,5 cm lang und besitzen eine gummiartige Konsistenz. Der linke Hoden steht normalerweise etwas tiefer als der rechte. Sind zwei Hoden im Skrotum vorhanden? Palpieren Sie die beiden Hoden einzeln von kranial nach kaudal. Fixieren Sie dabei jeden Hoden am oberen und unteren Pol zwischen Daumen und Zeigefinger der linken Hand und tasten die Ventral- und Dorsalfäche mit Daumen und Zeigefinger der rechten Hand ab (◘ C-**4.11**). Versuchen Sie sich ein exaktes Bild von der Anatomie entsprechend ◘ C-**4.12** zu machen. Die Zeichnung kann auch als Vorlage für die Befunddokumentation im Krankenblatt dienen. Vergleichen Sie die Größe und Konsistenz der beiden Hoden untereinander und absolut. Stellen Sie am Hoden eine Verhärtung, Vorwölbung oder druckdolente Stelle fest? Noch immer ist die Palpation das wichtigste Instrument zur Diagnose von Hodentumoren.

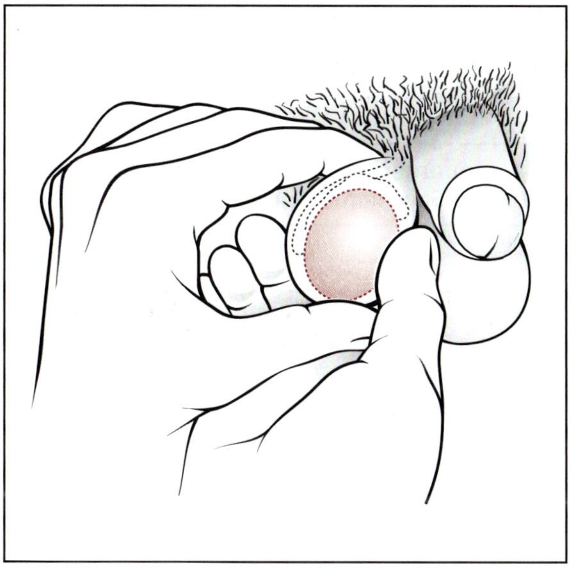

C-4.11: **Bimanuelle Untersuchung der Hoden**

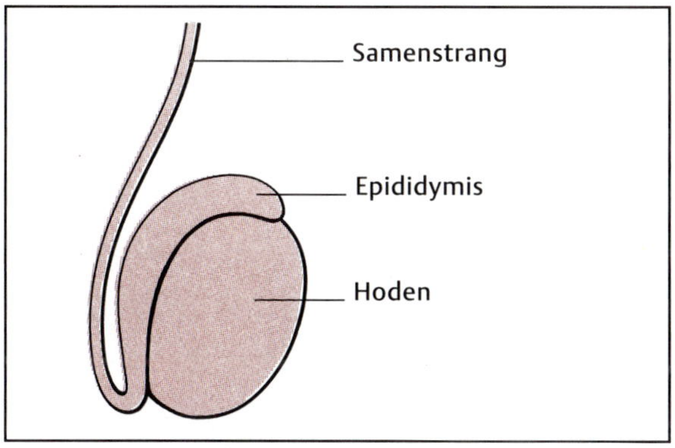

C-4.12: **Schema für die Befunddokumentation**

Der **Nebenhodenkopf** sitzt dem Hoden auf, verjüngt sich dann kommaförmig an der Dorsolateralseite des Hodens und geht am unteren Hodenpol in den Samenstrang über. Suchen Sie auch hier mit dem palpierenden Finger nach druckdolenten Stellen, Knötchen oder Raumforderungen. Nun bitten Sie den Patienten, den Penis leicht anzuheben, und palpieren mit beiden Händen gleichzeitig zwischen Daumen und Zeigefinger die etwa stricknadeldicken **Samenstränge**. Sie fühlen im Samenstrang den **Ductus deferens**, der einen Durchmesser von 2–4 mm und die Konsistenz einer ungenügend gekochten Spaghetti-Nudel hat. Verfolgen Sie den Samenstrang bis zum äußeren Leistenring. Bei dieser Gelegenheit können Sie auch gleich mit dem kleinen Finger überprüfen, ob eine Leistenhernie vorliegt (siehe C-**3.23**, S. 244).

Der **Nebenhodenkopf** sitzt dem Hoden auf. Suchen Sie auch hier mit dem palpierenden Finger nach druckdolenten Stellen, Knötchen oder Raumforderungen. Palpieren Sie die **Samenstränge** und den **Ductus deferens**. Verfolgen Sie den Samenstrang bis zum äußeren Leistenring.

Wenn Sie am stehenden Patienten eine **Raumforderung im Skrotum** bemerken, die Ihnen am liegenden Patienten nicht aufgefallen ist, so überprüfen Sie folgende Punkte:

- Ist die Raumforderung auf das Skrotum beschränkt, d. h., können Sie eine kraniale Begrenzung innerhalb des Skrotums palpieren?
- Bemerken Sie eine kurzzeitige Zunahme der Raumforderung, wenn Sie den Patienten husten lassen?
- Können Sie Hoden und Nebenhoden differenzieren?
- Ist die Raumforderung bei der **Diaphanoskopie** durchscheinend oder nicht?
- Ist die Raumforderung druckdolent?

Wenn Sie am stehenden Patienten eine **Raumforderung im Skrotum** bemerken, die Ihnen am liegenden Patienten nicht aufgefallen ist, so überprüfen Sie folgende Punkte:

- Begrenzung der Raumforderung
- Zunahme der Raumforderung beim Husten
- Differenzierbarkeit von Hoden und Nebenhoden
- Diaphanoskopie
- Druckdolenz

Die verschiedenen Kombinationsmöglichkeiten und die wahrscheinlichsten Diagnosen sind in C-**4.7** zusammengestellt. Für die Diaphanoskopie

Die verschiedenen Kombinationsmöglichkeiten und die wahrscheinlichsten

Diagnosen sind in ▤ C-**4.7** zusammengestellt. ◘ C-**4.13** zeigt schematisch die wichtigsten Erkrankungen, die eine Schwellung des Skrotalinhalts hervorrufen können (siehe auch ▤ C-**4.8**).

benutzen Sie am besten eine Kaltlichtquelle, notfalls geht auch eine starke Taschenlampe in einem abgedunkelten Raum. ◘ C-**4.13** zeigt schematisch die wichtigsten Erkrankungen, die eine Schwellung des Skrotalinhalts hervorrufen können (siehe auch ▤ C-**4.8**).

Merke ▶

▶ ***Merke.*** Die häufigsten Raumforderungen innerhalb des Skrotums sind Hydrozelen, Varikozelen und Spermatozelen.

C-4.7: Diagnostisches Flußdiagramm bei skrotalen Raumforderungen (RF) (H = Hoden, NH = Nebenhoden)

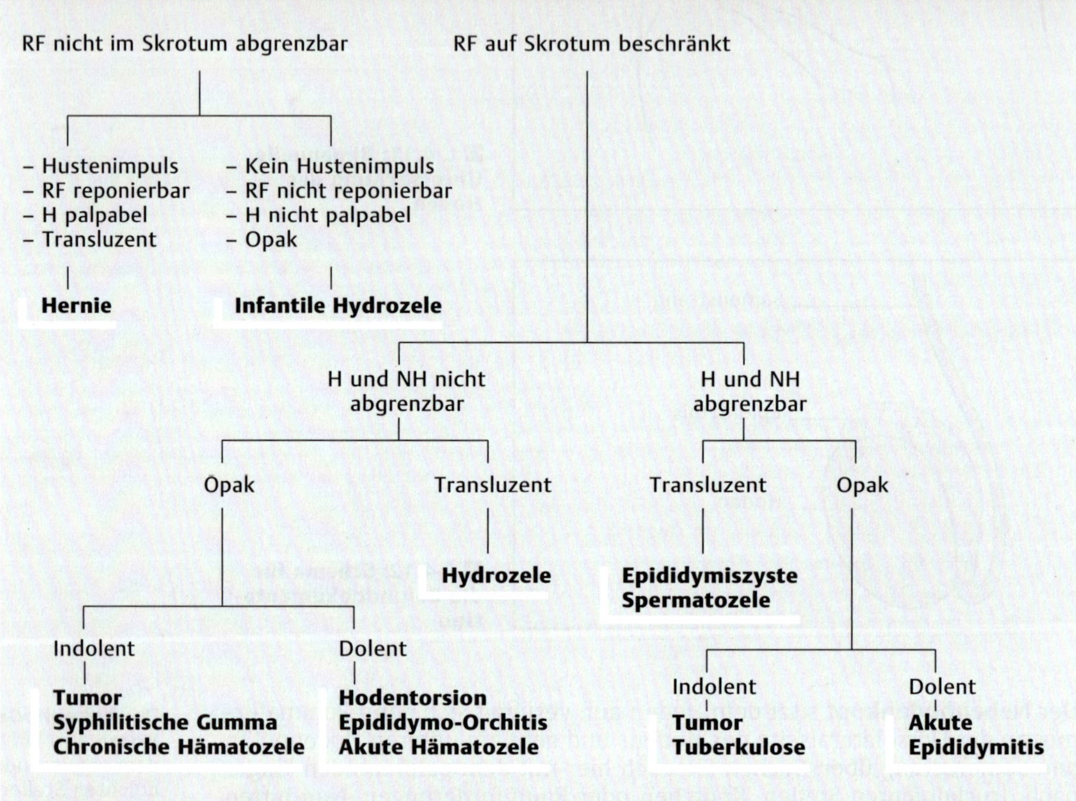

C-4.8: Einige typische Diagnosekriterien bei Schwellungen des Skrotums

Diagnose	Schmerz	Skrotalerythem	Diaphanoskopie	Altersgipfel
Hydrozele	–	–	+	Jedes Alter
Spermatozele	–	–	+	Jedes Alter
Varikozele	–	–	–	> 15 Jahre
Hernie	–/+*	–	–	Jedes Alter
Hodentumor	–/+	–	–	< 35 Jahre
Epididymitis	++	+	–	Jedes Alter
Hodentorsion	++	+	–	< 35 Jahre

* soweit nicht inkarzeriert

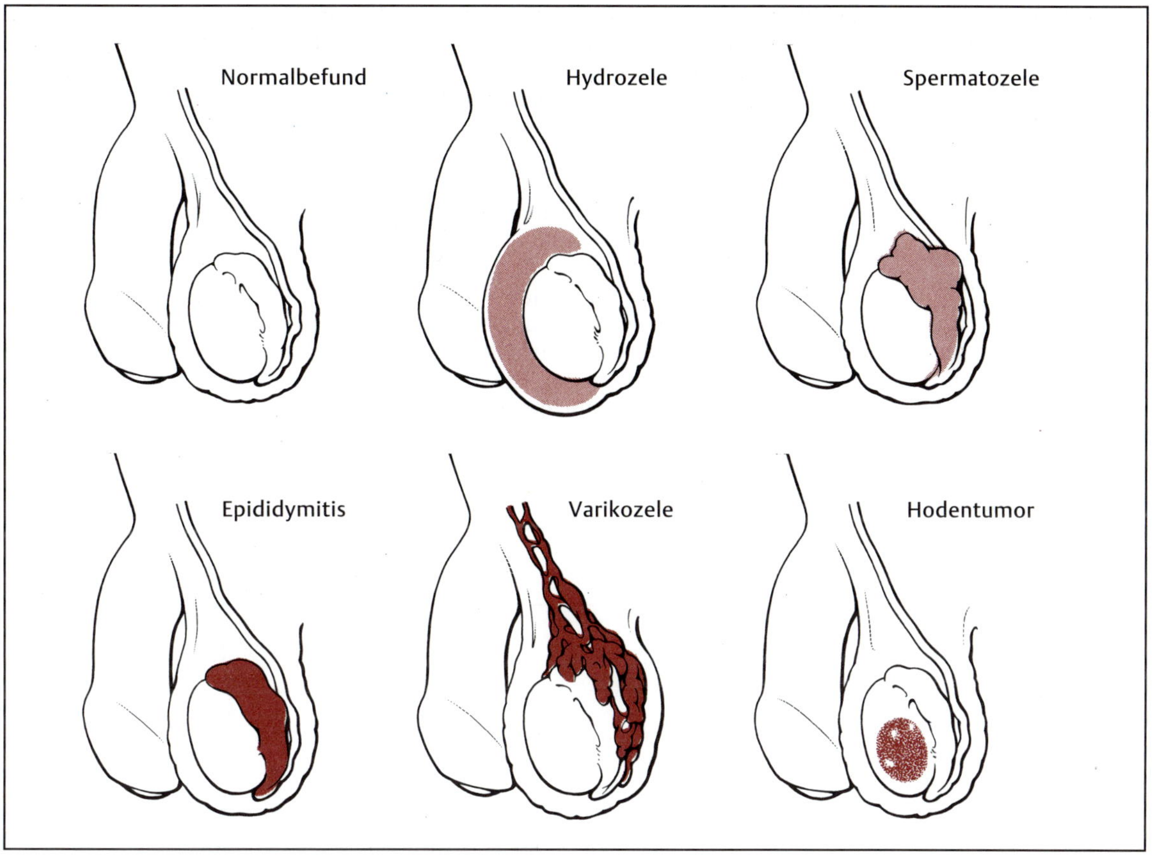

C-4.13: Erkrankungen, die eine Schwellung des Skrotalinhalts hervorrufen können

Ein prall gefülltes, nicht berührungsempfindliches Skrotum, in dem Sie Fluktuationen spüren, enthält wahrscheinlich eine **Hydrozele**. Dabei handelt es sich um eine vermehrte Flüssigkeitsansammlung in der **Tunica vaginalis testis**. Typischerweise kann der Hoden selbst in diesen Fällen nicht getastet werden, da er weitgehend von der Flüssigkeit umgeben ist. Ein ausdrückbares Venenkonvolut entlang des Samenstrangs, das sich häufig durch die Skrotalhaut abzeichnet, entspricht einer **Varikozele**. Diese variköse Erweiterung des venösen **Plexus pampiniformis** tritt überwiegend linksseitig auf, füllt sich im Stehen und entleert sich im Liegen. Sie kann Ursache einer Infertilität sein. Palpieren Sie eine schmerzlose, fluktuierende, innerhalb des Skrotums gelegene Schwellung kraniodorsal des Hodens in der Größe von wenigen Millimetern bis maximal 5 cm Durchmesser, so handelt es sich wahrscheinlich um eine **Epididymiszyste** oder **Spermatozele**. Im Unterschied zur Hydrozele ist der Hoden selbst dabei tastbar.

Ein prall gefülltes, nicht berührungsempfindliches Skrotum, in dem Sie Fluktuationen spüren, enthält wahrscheinlich eine **Hydrozele**. Ein ausdrückbares Venenkonvolut entlang des Samenstrangs, das sich häufig durch die Skrotalhaut abzeichnet, entspricht einer **Varikozele** (variköse Erweiterung des venösen **Plexus pampiniformis**). Palpieren Sie eine schmerzlose, fluktuierende, innerhalb des Skrotums gelegene Schwellung kraniodorsal des Hodens, so handelt es sich wahrscheinlich um eine **Epididymiszyste** oder **Spermatozele**.

Merke. Bei der Hydrozele tastet man den Hoden selbst nicht, bei der Spermatozele bleibt er tastbar.

◀ **Merke**

Entscheidender Befund bei der Diagnostik von Hernien ist die fehlende Abgrenzbarkeit der Schwellung nach kranial (siehe C-**4.7**). Näheres dazu siehe Kapitel C 3.7.2.

Entscheidender Befund bei der Diagnostik von Hernien ist die fehlende Abgrenzbarkeit der Schwellung nach kranial (siehe C-**4.7**).

Ektope Testes Tasten Sie nur einen oder gar keinen Hoden im Skrotalsack, liegt wahrscheinlich eine **Hodenretention** vor. Manchmal gelingt es, den im Leistenkanal retinierten Hoden in das Skrotum »auszustreichen«. Die Hoden deszendieren in den letzten Fetalmonaten von der Bauchwand durch den Leistenkanal in das Skrotum. Bei der Geburt ist bei etwa 90 % aller Knaben der Deszensus abgeschlossen, jedoch ist der Hoden noch sehr mobil und schlüpft leicht zurück in den Leistenkanal (**Testis mobilis**). Je nach Lokalisation unterscheidet man einen Bauchhoden oder Leistenhoden, auch Hoden an der Peniswurzel, im Femoralkanal und am Damm kommen vor (C-**4.14**). Diese Hoden müssen entweder medikamentös zum Deszendieren gebracht oder operativ entfernt werden, da sie ein hohes Risiko für eine maligne Entartung bergen.

Ektope Testes. Tasten Sie nur einen oder gar keinen Hoden im Skrotalsack, so liegt wahrscheinlich eine **Hodenretention** vor. Meist ist auch die Seite des Skrotums, auf welche der Hoden fehlt, mangelhaft entwickelt. Drängen Sie das leere Skrotum mit leicht geöffneten Fingern der einen Hand kranialwärts gegen den Leistenkanal, während sie mit der anderen Hand das Fettgewebe des Leistenkanals nach kaudal zu ausstreichen. Manchmal gelingt es, den im Leistenkanal retinierten Hoden auf diese Weise in das Skrotum zu »melken«. Aber Vorsicht: Sie können dem Patienten dabei ziemlich weh tun.
Die Hoden deszendieren in den letzten Fetalmonaten von der Bauchwand durch den Leistenkanal in das Skrotum. Bei der Geburt ist bei etwa 90 % aller Knaben der Deszensus abgeschlossen, jedoch ist der Hoden noch sehr mobil und schlüpft leicht zurück in den Leistenkanal (**Testis mobilis**). Mit etwa einem Jahr sollte der Hoden permanent im Skrotum sein, was bei etwa 2 % der Jungen nicht der Fall ist. Je nach der Lokalisation unterscheidet man einen Bauchhoden oder Leistenhoden, auch Hoden an der Peniswurzel, im Femoralkanal und am Damm kommen vor (C-**4.14**). Diese Hoden müssen entweder medikamentös zum Deszendieren gebracht oder operativ entfernt werden, da sie ein hohes Risiko für eine maligne Entartung bergen.

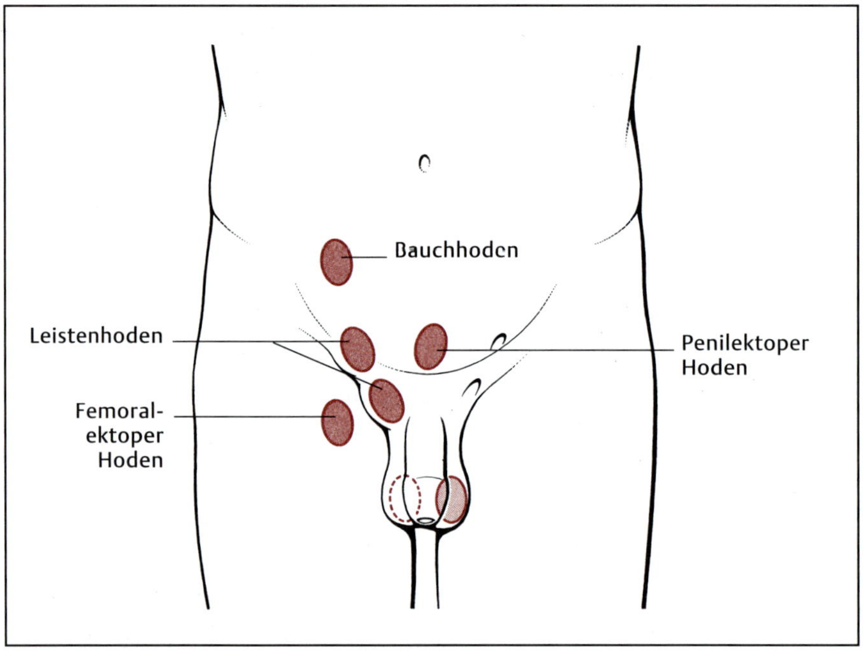

C-4.14: Häufigste Lokalisationen retinierter Hoden

Prostata

Zur Untersuchungstechnik der Prostata siehe Kapitel C 3.8.3.

Prostata

Zur Untersuchungstechnik der Prostata siehe Kapitel C 3.8.3.

4.3.2 Weibliches Genitale

Gerade bei **akuten abdominellen Schmerzen** ist häufig eine gynäkologische Ursache mit in die differentialdiagnostischen Überlegungen einzubeziehen. Die Untersuchung der Mammae hat im Rahmen der Karzinomfrüherkennung große Bedeutung und sollte von jedem Allgemeinarzt beherrscht werden.

4.3.2 Weibliches Genitale

Der Allgemeinarzt wird heute nur noch in seltenen Fällen gynäkologisch untersuchen und Frauen für diese Untersuchung normalerweise zum Gynäkologen überweisen. Dennoch sollte jeder Arzt gewisse Grundkenntnisse der gynäkologischen Untersuchungstechnik besitzen, da er in Notfällen oder im Nachtdienst durchaus damit konfrontiert werden kann. Gerade bei **akuten abdominellen Schmerzen** ist häufig eine gynäkologische Ursache mit in die differentialdiagnostischen Überlegungen einzubeziehen. Die Untersuchung der Mammae hat im Rahmen der Karzinomfrüherkennung große Bedeutung und sollte von jedem Allgemeinarzt beherrscht werden.

Allgemeine Vorbemerkungen

Die gynäkologische Untersuchung ist für viele Frauen mit Ängsten und Unbehagen besetzt. Nicht selten hatten Frauen traumatisierende Erlebnisse oder empfinden die Stellung auf dem gynäkologischen Untersuchungsstuhl allgemein als erniedrigend. Taktlosigkeit oder einfach nur Ungeschicklichkeit können ein Arzt-Patientinnen-Verhältnis gründlich zerstören. Umgekehrt kann dieses Verhältnis durch langsames und behutsames Vorgehen, ständiges Sprechen über die Vorgänge und konstanten Blickkontakt während der Untersuchung auf eine besonders gute und vertrauensvolle Basis gestellt werden. Je entspannter die Patientin ist, um so einfacher und gleichzeitig informativer wird die Untersuchung sein!

Für den Medizinstudenten und jungen Arzt kann die gynäkologische Untersuchung ebenfalls mit Ängsten, wenn auch anderer Art, verbunden sein. Dazu gehören die Sorge, die Patientin zu verletzen oder ihr Schmerzen zuzufügen, nicht sachlich-professionell und kompetent genug zu wirken, sexuelle Erregung zu erleben oder zu erzeugen oder aus ästhetischen Gründen Abneigungen gegen die Untersuchung und das weibliche Genitale überhaupt zu entwickeln. Derartige Befürchtungen sollten in Gesprächen mit erfahrenen Ärzten und in studentischen Gruppen diskutiert, offen ausgesprochen und aufgearbeitet werden.

Allgemeine Vorbemerkungen

Die gynäkologische Untersuchung ist für viele Frauen mit Ängsten und Unbehagen besetzt. Taktlosigkeit oder einfach nur Ungeschicklichkeit können ein Arzt-Patientinnen-Verhältnis gründlich zerstören. Je entspannter die Patientin ist, um so einfacher und gleichzeitig informativer wird die Untersuchung sein!

Für den Medizinstudenten und jungen Arzt kann die gynäkologische Untersuchung ebenfalls mit Ängsten, wenn auch anderer Art, verbunden sein. Befürchtungen sollten in Gesprächen mit erfahrenen Ärzten und in studentischen Gruppen offen ausgesprochen, diskutiert und aufgearbeitet werden.

> ***Merke.*** Wichtige Bedingungen für eine erfolgreiche gynäkologische Untersuchung sind: Takt, Behutsamkeit, Sprechen, Blickkontakt und bei männlichen Ärzten eine dritte Person aus forensischen Gründen.

◄ **Merke**

Vorbereitung zur Untersuchung

Das anamnestische (siehe Teil II) bzw. vorbereitende Gespräch sollte in einem Raum stattfinden, der zumindest optisch vom Untersuchungsraum getrennt ist. Nur wenn Ihnen die Patientin voll bekleidet gegenüber sitzt, fühlt sie sich als gleichwertige Gesprächspartnerin, nicht auf dem Untersuchungsstuhl. Bei der gynäkologischen Untersuchung sollte aus forensischen Gründen und zur **Assistenz** immer eine Krankenschwester oder Arzthelferin anwesend sein, bei Kindern oder Jugendlichen, falls keine Einwände von seiten der Patientin bestehen, die Eltern. Harnblase und Rektum sollten entleert sein.

Bitten Sie nun die Patientin, sich auf die **gynäkologische Untersuchungsliege** zu legen, das Gesäß möglichst nahe am Rand. Das Genitale bleibt bis zur eigentlichen Untersuchung mit einem Tuch bedeckt. Nun legt die Patientin ihre Kniekehlen auf die Beinstützen, die ebenfalls mit einem Tuch gepolstert und angewärmt werden sollten. Der Kopf sollte leicht anteflektiert bzw. das Kopfende der Liege angehoben, die Lendenlordose möglichst ausgeglichen werden. Dadurch sind nicht nur die Bauchdecken entspannt, sondern es wird auch der Blickkontakt erleichtert. Fragen Sie die Patientin, ob die Lage bequem ist. Die Patientin sollte nicht in grelles Licht blicken, dafür ist eine gute Ausleuchtung des Genitalbereichs um so wichtiger.

Ziehen Sie nun Latex-Handschuhe an und nehmen Sie auf einem Hocker zwischen den Beinen der Patientin Platz. Die Untersuchung des weiblichen Genitales erfolgt in der Reihenfolge:

1. Inspektion und Palpation des äußeren Genitales
2. Spekulum-Untersuchung
3. Bimanuelle Palpation
4. Rektovaginale Palpation.

Vorbereitung zur Untersuchung

Bei der gynäkologischen Untersuchung sollte aus forensischen Gründen und zur **Assistenz** immer eine Krankenschwester oder Arzthelferin anwesend sein, bei Kindern oder Jugendlichen, falls keine Einwände von seiten der Patientin bestehen, die Eltern.

Bitten Sie nun die Patientin, sich auf die **gynäkologische Untersuchungsliege** zu legen, das Gesäß möglichst nahe am Rand. Der Kopf sollte leicht anteflektiert bzw. das Kopfende der Liege angehoben, die Lendenlordose möglichst ausgeglichen werden.

Die Untersuchung des weiblichen Genitales erfolgt in der Reihenfolge:

1. Inspektion und Palpation des äußeren Genitales
2. Spekulum-Untersuchung
3. Bimanuelle Palpation
4. Rektovaginale Palpation.

Inspektion und Palpation des äußeren Genitales

Beachten Sie die Verteilung des Schamhaars (normalerweise zum Nabel hin horizontal begrenzt) und inspizieren Sie es auf Parasiten oder Nissen. Liegen Schwellungen, Ulzerationen oder Hämatome im Bereich des Mons pubis vor? Besteht eine Vergrößerung inguinaler Lymphknoten? Weist die

Inspektion und Palpation des äußeren Genitales

Bei älteren Frauen findet sich nicht selten eine spröde, blasse und dünne Haut (**Craurosis vulvae**), die als Präkanzerose gilt. Auch weißliche hyperkeratotische Flecken an den Labien und am Damm (**Leukoplakie**) sind als solche zu betrachten. Bestehen blumenkohlartige Papillome an den Labien oder im Analbereich (**Condylomata acuminata**)? Gruppenförmig angeordnete Bläschen sind typisch für einen **Herpes genitalis**.

Inspizieren Sie den Introitus auf Veränderungen (Ulzera, Ausfluß, Kondylome etc.). Lassen Sie nun die Patientin wie zum Stuhlgang pressen und beobachten dabei die Vaginalwände: Ein Hervortreten der vorderen Vaginalwand vor den Introitus spricht für eine **Zystozele**, tritt die hintere Vaginalwand hervor, so liegt eine **Rektozele** vor.

Haut der Vulva Rötungen, Ulzerationen, vermehrte oder verminderte Pigmentierungen auf? Bei älteren Frauen findet sich nicht selten eine spröde, blasse und dünne Haut (**Craurosis vulvae**), die als Präkanzerose gilt. Auch weißliche hyperkeratotische Flecken an den Labien und am Damm (**Leukoplakie**) sind als solche zu betrachten. Bestehen blumenkohlartige Papillome an den Labien oder im Analbereich (**Condylomata acuminata**)? Gruppenförmig angeordnete Bläschen sind typisch für einen **Herpes genitalis**.

Nun erklären Sie der Patientin, daß Sie die Labien mit den Fingern spreizen und den Introitus auf Veränderungen (Ulzera, Ausfluß, Narben, Kondylome, Raumforderungen) inspizieren. Sollte Ausfluß vorhanden sein, so tauchen Sie ein Wattestäbchen ein und streichen es auf einem Objektträger aus. Liegt eine Rötung der äußeren Mündung der Harnröhre vor? Palpieren Sie nun die Bartholin-Drüsen der Labien. Achten Sie dabei durch Blickkontakt mit der Patientin auf Schmerzreaktionen! Lassen Sie nun die Patientin wie zum Stuhlgang pressen und beobachten dabei die Vaginalwände: Ein Hervortreten der vorderen Vaginalwand vor den Introitus spricht für eine **Zystozele**, tritt die hintere Vaginalwand hervor, so liegt eine **Rektozele** vor. Vermeiden Sie es, die Klitoris zu berühren!

Spekulumuntersuchung

Zur Inspektion von Vaginalwänden und Portio benötigt man ein Spekulum. Es stehen zwei Typen von Spekula zur Verfügung: das zweiblättrige **Rinnenspekulum** und das selbsthaltende Spekulum (**Entenschnabelspekulum**) (▣ C-**4.15**). Rinnenspekula haben zwar den Vorteil, daß sie einen größeren Einblick ermöglichen, allerdings benötigt man eine zweite Person zur Assistenz. Sie werden daher überwiegend in der Klinik verwendet. Die Untersuchungstechnik mit dem Entenschnabelspekulum ist in ▣ C-**4.16** dargestellt.

Spekulumuntersuchung

Zur Inspektion von Vaginalwänden und Portio benötigt man ein Spekulum. Im Unterschied zu den meisten übrigen Untersuchungsgängen geht bei gynäkologischen Untersuchungen die instrumentelle Untersuchung der Palpation voraus. Es stehen zwei Typen von Spekula zur Verfügung: das zweiblättrige **Rinnenspekulum** und das selbsthaltende Spekulum (**Entenschnabelspekulum**) (▣ C-**4.15**). Bei intaktem Hymen verbietet sich die Anwendung normaler Spekula, und man benutzt sehr kleine Spekula bzw. ein Vaginoskop. Rinnenspekula haben zwar den Vorteil, daß sie einen größeren Einblick ermöglichen, allerdings benötigt man eine zweite Person zur Assistenz. Sie werden daher überwiegend in der Klinik verwendet. Hier soll nur die Technik des Entenschnabelspekulums besprochen werden (▣ C-**4.16**).

▣ C-**4.15: Gebräuchliche Vaginalspekula:**
a Rinnenspekulum (oben vorderes Blatt, unten hinteres Blatt),
b selbsthaltendes Spekulum (Entenschnabelspekulum)

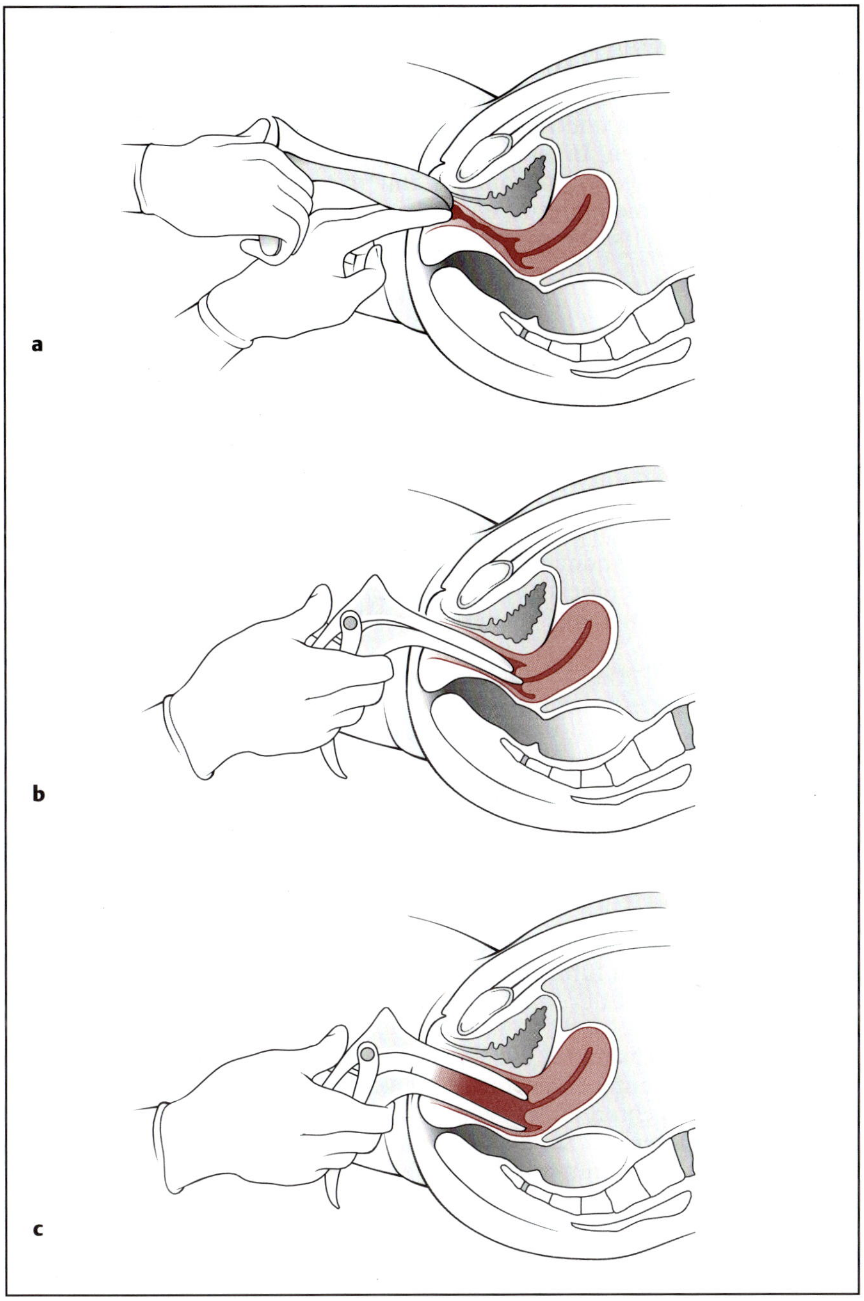

C-4.16: **Einführen des Entenschnabelspekulums:**
a Spreizen der Labien mit den Fingern der linken Hand; Handgriff bei 4 Uhr;
b Vorschieben des geschlossenen Gerätes bis zur Zervix und Drehen des Handgriffs nach 6 Uhr;
c geöffnetes Spekulum in situ

Machen Sie sich mit der Funktion des Spekulums vor dem Einführen vertraut. Das Instrument sollte in warmem Wasser auf ca. 35 °C angewärmt werden. Prüfen Sie die Temperatur vor dem Einführen mit dem Handrükken. Zeigefinger und Mittelfinger der linken Hand spreizen die Labien und drücken in Richtung Damm, die rechte Hand führt das Spekulum in Schrägstellung (Handgriff bei 4 Uhr) langsam und vorsichtig ein. Bei senkrechter Stellung des Instruments könnten Verletzungen der Harnröhre auftreten! Eine Dehnung der Scheide sollte immer in Richtung Damm, nicht in Richtung Symphyse vorgenommen werden.

Eine Dehnung der Scheide sollte immer in Richtung Damm, nicht in Richtung Symphyse vorgenommen werden.

Inspizieren Sie die Portio nach Farbe, Erosionen, Ulzerationen, Ausfluß, Leukoplakien oder Wucherungen. Die Form des Muttermundes ändert sich bei Frauen, die geboren haben: Bei Nulliparae ist der Muttermund eine kreisrunde Vertiefung, bei Frauen mit vaginalen Geburten schlitzförmig quer.

Nun wird das Spekulum so weit wie möglich vorgeschoben, der Griff nach 6 Uhr gedreht und die Branchen **langsam** geöffnet. Die Zervix sollte vollständig zwischen den Spekulumblättern liegen. Durch Anziehen der Schraube kann das Instrument in situ gehalten werden. Jetzt können Sie die Portio inspizieren und Abstriche entnehmen. Inspizieren Sie die Portio nach Farbe, Erosionen, Ulzerationen, Ausfluß, Leukoplakien oder Wucherungen. Die Form des Muttermundes ändert sich bei Frauen, die geboren haben: Bei Nulliparae bildet er eine kreisrunde Vertiefung, bei Frauen mit vaginalen Geburten ist der Muttermund schlitzförmig quer.

Abstrichtechnik

Der zytologische **Portio- und Zervikalkanalabstrich** nach **Papanicolaou** ist die wichtigste Maßnahme zur Früherkennung des Zervixkarzinoms. Kleinste Zonen mit Anomalien des Plattenepithels können mit der **Schiller-Jodprobe** entdeckt werden, wobei man eine Vergrößerungsoptik zur genauen Inspektion verwendet (**Kolposkopie**).

Abstrichtechnik

Der zytologische **Portio- und Zervikalkanalabstrich** nach **Papanicolaou** ist die wichtigste Maßnahme zur Früherkennung des Zervixkarzinoms. Größere Schleimmengen müssen vorsichtig entfernt werden. Dann wird die Portiooberfläche mit einem Watteträger oder einem speziellen Spatel kräftig abgestrichen und das noch feuchte Material auf einem Objektträger ausgerollt und sofort mit einem Fixierspray fixiert. Ein zweiter Abstrich wird vom Zervikalkanal entnommen.
Kleinste Zonen mit Anomalien des Plattenepithels können mit Hilfe der **Schiller-Jodprobe** entdeckt werden, wobei man eine Vergrößerungsoptik zur genauen Inspektion verwendet (**Kolposkopie**).

Beim Zurückziehen des Spekulums dürfen keinesfalls Hautfalten zwischen den Branchen des Spekulums eingeklemmt werden, da dies sehr schmerzhaft ist.

Nun sagen Sie der Patientin, daß Sie das Spekulum zurückziehen. Lösen Sie die Schraube mit dem rechten Zeigefinger und drehen Sie das Instrument wieder in Richtung 4 Uhr. Während des Rückzugs inspizieren Sie die Vaginalwände nach Veränderungen. Keinesfalls dürfen Hautfalten zwischen den Branchen des Spekulums eingeklemmt werden, da dies sehr schmerzhaft ist.

Palpation von Uterus und Adnexe

Im allgemeinen führt man bimanuell Zeige- und Mittelfinger der rechten Hand in die Vagina ein, mit der linken Hand palpiert man das Abdomen.

Sagen Sie der Patientin, daß Sie nun mit der »inneren Untersuchung« fortfahren. Beobachten Sie dabei das Gesicht der Frau, damit Sie sofort erkennen, ob die Untersuchung schmerzhaft ist.

Die Zervix kann meist einige Zentimeter in jede Richtung bewegt werden.
Bei normaler anteflektierter Lage des Uterus fühlen Sie den Uterus zwischen den Fingern beider Hände (C-**4.17**). Ist er retroflektiert, so fühlen Sie zwischen dem vorderen Scheidengewölbe und der Bauchdecke nichts. Beurteilen Sie Lage, Größe, Form, Position, Oberfläche, Konsistenz und Beweglichkeit von Zervix, Uterus und Parametrien. Anschließend palpieren Sie die beiden Adnexe (C-**4.18**).

Palpation von Uterus und Adnexe

Mit Hilfe der **bimanuellen Palpation** werden Uterus und Adnexe untersucht. Im allgemeinen führt man Zeige- und Mittelfinger der rechten Hand in die Vagina ein, mit der linken Hand palpiert man das Abdomen.

Stehen Sie auf, wechseln Sie die Handschuhe und stellen Sie sich zwischen die Beine der Patienten. Den rechten Fuß stellen Sie auf einen Schemel, damit Sie Ihren rechten Ellenbogen auf dem eigenen rechten Knie abstützen können. Verwenden Sie für die rechte Hand ein Gleitmittel. Sagen Sie der Patientin, daß Sie nun mit der »inneren Untersuchung« fortfahren.

Mit Daumen und Zeigefinger der linken Hand spreizen Sie die Labien und führen Zeige- und Mittelfinger der rechten Hand vorsichtig ein. Beobachten Sie dabei das Gesicht der Frau, damit Sie sofort erkennen, ob die Untersuchung schmerzhaft ist. Vermeiden Sie Kontakt mit der Klitoris! Nun drehen Sie die beiden Finger in der Vagina um 90° im Uhrzeigersinn, so daß die Handfläche nach oben schaut. Die Fingerkuppen der linken Hand ruhen auf der Bauchhaut an einem Punkt etwas kaudal der Hälfte der Strecke zwischen Symphyse und Nabel. Die Finger der rechten Hand drücken den Uterus nun nach ventral und stabilisieren ihn, die linke Hand palpiert durch die Bauchdecke. Die Zervix kann meist einige Zentimeter in jede Richtung bewegt werden, wobei Sie registrieren, ob dies für die Patientin schmerzhaft ist. Bei normaler anteflektierter Lage des Uterus fühlen Sie, vorausgesetzt die Patientin ist nicht zu adipös, den Uterus zwischen den Fingern beider Hände (C-**4.17**). Ist er retroflektiert, so fühlen Sie zwischen dem vorderen Scheidengewölbe und der Bauchdecke nichts. Beurteilen Sie Lage, Größe, Form, Position, Oberfläche, Konsistenz und Beweglichkeit von Zervix, Uterus und Parametrien. Anschließend palpieren Sie die beiden Adnexe, indem Sie die Finger der rechten intravaginalen Hand jeweils in das rechte und linke Scheidengewölbe positionieren und mit der linken Hand den rechten und linken unteren Quadranten des Abdomens palpieren (◘ C-**4.18**). Die walnußgroßen Ovarien sind bei vielen Frauen nicht tastbar; **tastbare Tuben sind immer ein pathologischer Befund**. Abschließend palpieren Sie das hintere Scheidengewölbe und stellen fest, ob der Douglassche Raum und die sakrouterinen Bänder druckschmerzhaft sind.

Die walnußgroßen Ovarien sind bei vielen Frauen nicht tastbar; **tastbare Tuben sind immer ein pathologischer Befund.** Abschließend palpieren Sie das hintere Scheidengewölbe und stellen fest, ob der Douglassche Raum und die sakrouterinen Bänder druckschmerzhaft sind.

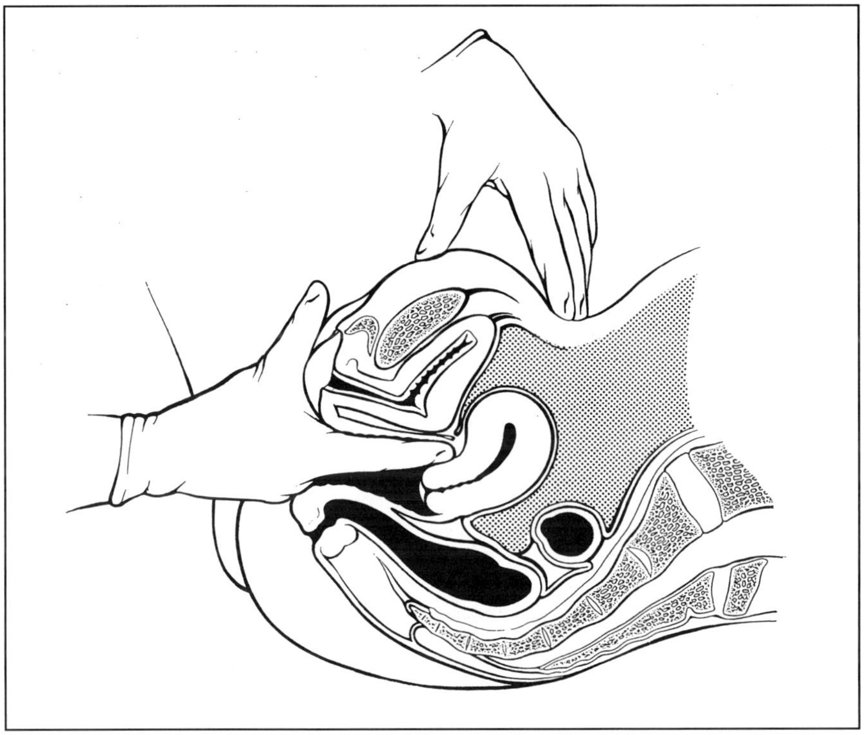

◘ C-**4.17: Bimanuelle Uteruspalpation:** Uterus anteflektiert, Normalbefund

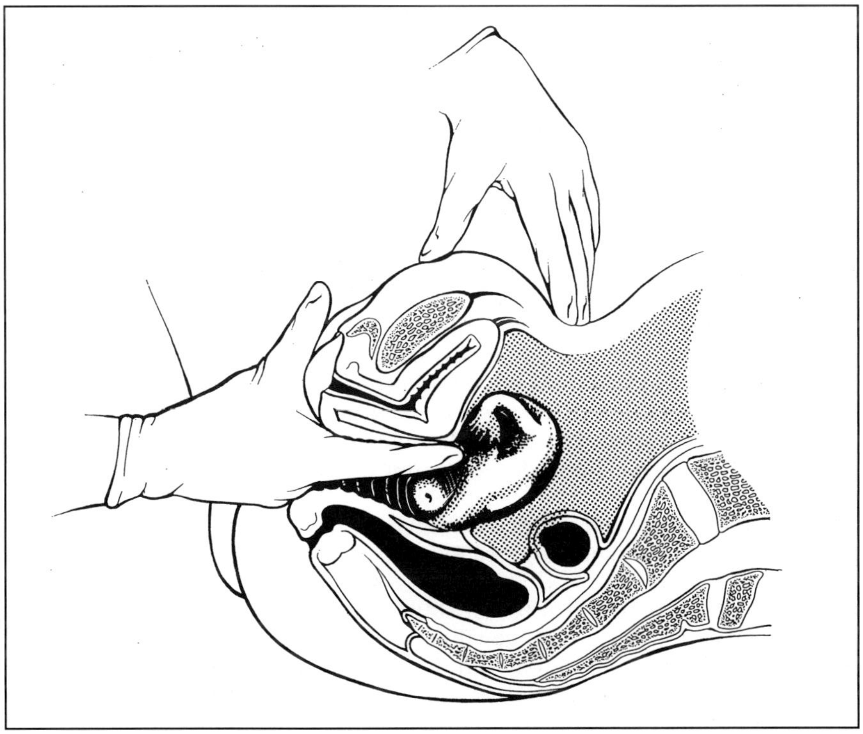

◘ C-**4.18: Bimanuelle Palpation der linken Adnexe:** Ovar und Tuben zwischen den palpierenden Händen

Retrovaginale Palpation Erklären Sie der Patientin, daß Sie nun noch gleichzeitig Vagina und Rektum untersuchen wollen. Dabei palpieren Sie das rektovaginale Septum und den Douglasschen Raum, registrieren Verdickungen, Schmerzen oder Raumforderungen (◘ C-**4.19**).

Retrovaginale Palpation. Erklären Sie der Patientin, daß Sie nun noch gleichzeitig Vagina und Rektum untersuchen wollen. Ziehen Sie die rechte Hand so weit aus der Vagina, daß der Mittelfinger frei wird. Fordern Sie zum Pressen auf und schieben den Mittelfinger langsam so weit wie möglich in das Rektum. Dabei palpieren Sie das rektovaginale Septum und den Douglasschen Raum, registrieren Verdickungen, Schmerzen oder Raumforderungen (◘ C-**4.19**).

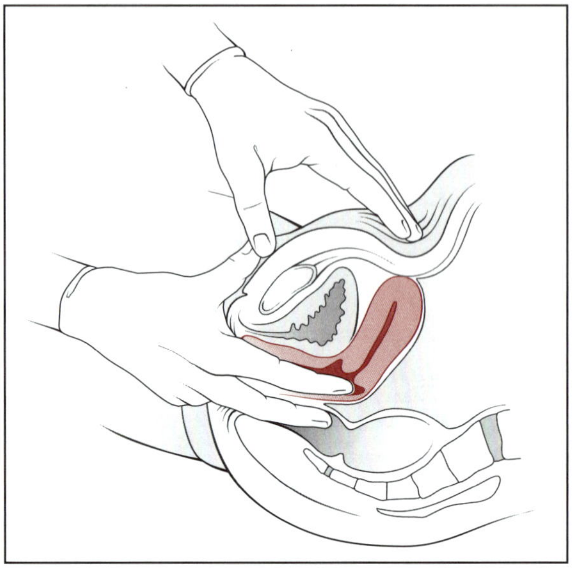

◘ C-**4.19: Rektovaginale Untersuchung** mit Zeigefinger in der Vagina und Mittelfinger im Rektum

Erklären Sie nun, daß die »innere Untersuchung« beendet sei und Sie nun die Finger herausziehen würden. **Beachten Sie,** ob sich an Ihren Fingern gefärbter **Ausfluß oder Blut** befindet.

Erklären Sie nun, daß die »innere Untersuchung« beendet sei und Sie nun die Finger herausziehen würden. **Beachten Sie,** ob sich an Ihren Fingern gefärbter **Ausfluß oder Blut** befindet.
Die Assistenz stellt die Fußstützen tiefer und hilft der Patientin unter Unterstützung des Kopfes zum Sitzen auf. Bedenken Sie, daß die gynäkologische Untersuchung für manche Frauen eine Anstrengung bedeuten kann. Bieten Sie der Patientin ein Tuch an, um sich von Gleitmittel und Sekret reinigen zu können.

Besprechen Sie das Ergebnis der gynäkologischen Untersuchung unmittelbar danach mit der Patientin!

Besprechen Sie das Ergebnis der gynäkologischen Untersuchung unmittelbar danach mit der Patientin!

Untersuchung der Mammae

Unterweisen Sie die Patientin in der Selbstuntersuchung. Wegen der zyklusabhängigen Schwankungen des Drüsengewebes ist der günstigste Termin für die **Selbstuntersuchung** der Zeitraum unmittelbar nach der Menstruation.

Die ärztliche Untersuchung der weiblichen Brust umfaßt: Inspektion, Palpation und Untersuchung der Achselhöhle.

Untersuchung der Mammae

Die Untersuchung der Mammae sollte zwar im Rahmen der gynäkologischen Untersuchung erfolgen, jedoch ist es vor allem wichtig, die Patientin in der **Selbstuntersuchung** zu unterweisen und sie dazu anzuhalten. Es hat sich gezeigt, daß die Früherkennung des häufigsten Karzinoms der Frau durch die Kombination aus regelmäßigen Selbstuntersuchungen und Mammographien wesentlich verbessert werden kann. Wegen der zyklusabhängigen Schwankungen des Drüsengewebes ist der günstigste Termin für die Selbstuntersuchung der Zeitraum unmittelbar nach der Menstruation.
Die ärztliche Untersuchung der weiblichen Brust umfaßt: Inspektion, Palpation und die Untersuchung der Achselhöhle.

Inspektion
Hinweise auf ein Mammakarzinom sind folgende klinische Zeichen:
- Neu aufgetretene Größendifferenzen
- Neu aufgetretene Einziehungen der Mamille (viele Frauen haben kongenital eingezogene Mamillen)

Inspektion. Die bis zur Hüfte vollständig entkleidete Patientin sitzt oder steht in entspannter Haltung vor Ihnen. Achten Sie auf Größendifferenzen, Asymmetrien, Vorwölbungen und Einziehungen, Hautverfärbungen und ödematöse Schwellungen. Gleiches gilt für die Mamillen, wobei besonders Einziehungen und Sekretabgang aus den Brustwarzen von Bedeutung sind.
Hinweise auf ein Mammakarzinom sind folgende klinische Zeichen:
- Neu aufgetretene Größendifferenzen

- Neu aufgetretene Einziehungen der Mamille (viele Frauen haben kongenital eingezogene Mamillen)
- Einseitige, blutige oder dunkel gefärbte Mamillensekretion
- Einseitige Hauteinziehungen
- Verwachsung der Haut mit der Subkutis
- »Orangenhaut« (Aussehen der Haut wie die einer Orange durch sichtbare Schweißdrüsenöffnungen in ödematöser Haut).

Die Inspektion sollte in folgenden verschiedenen Arm- bzw. Körperstellungen der Frau durchgeführt werden (C-**4.20**), die als Provokationsmanöver dienen, um zunächst nicht erkennbare Veränderungen doch noch zum Vorschein zu bringen:

- Mit herabhängenden Armen im Sitzen oder Stehen
- Mit in die Hüfte gestützten Armen und angespanntem Musculus pectoralis major
- Mit angehobenen Armen
- Mit nach vorne geneigtem Oberkörper und frei hängenden Brüsten
- Im Liegen
- Im Nackengriff.

- Einseitige, blutige oder dunkel gefärbte Mamillensekretion
- Einseitige Hauteinziehungen
- Verwachsung der Haut mit der Subkutis
- »Orangenhaut«

Die Inspektion sollte in verschiedenen Arm- bzw. Körperstellungen der Frau durchgeführt werden (C-**4.20**), die als Provokationsmanöver dienen, um zunächst nicht erkennbare Veränderungen doch noch zum Vorschein zu bringen.

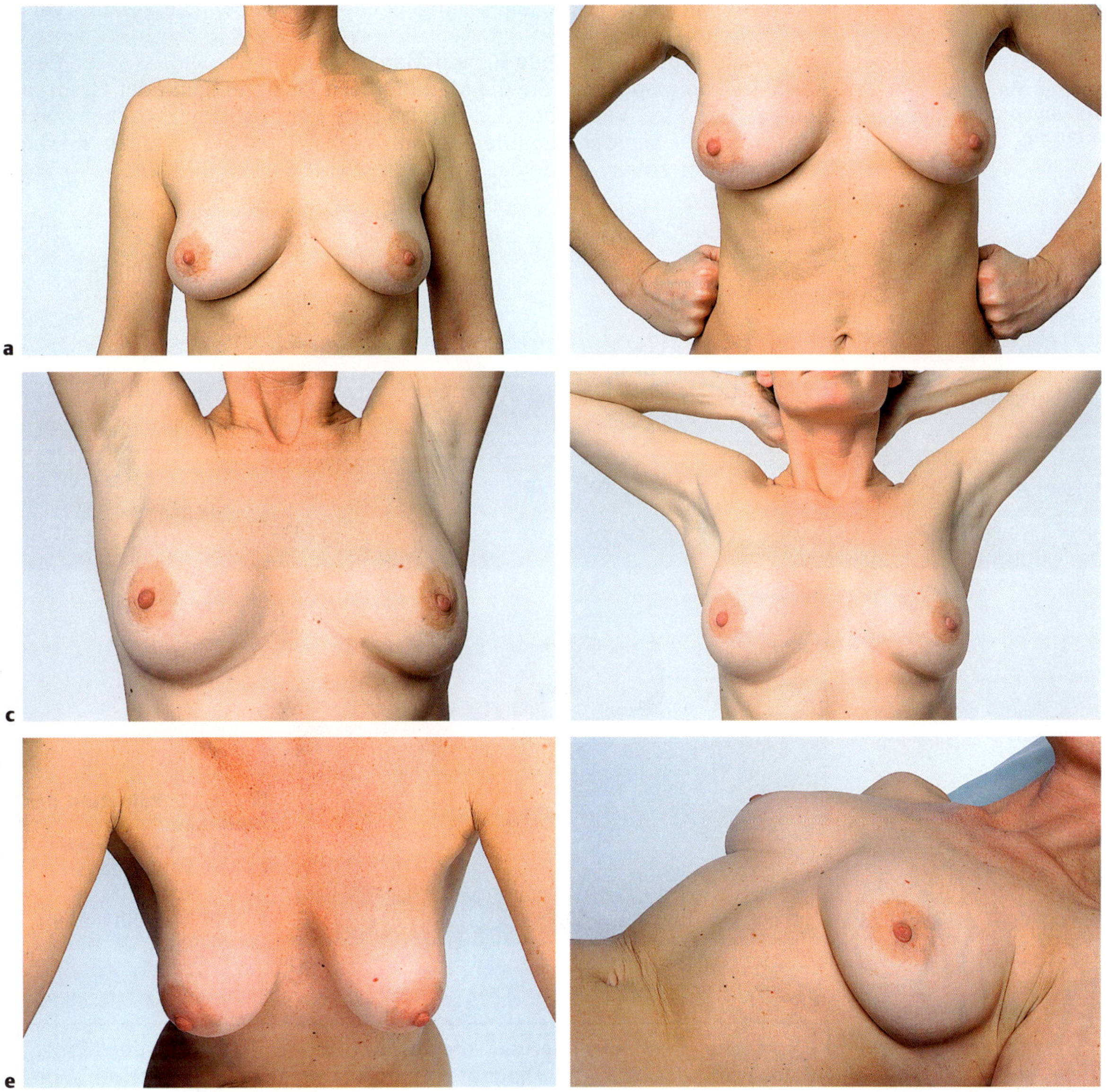

C-**4.20: Inspektion der Mammae:**
a mit herabhängenden Armen, **b** mit in die Hüfte gestützten Armen, **c** mit angehobenen Armen, **d** im Nackengriff, **e** mit nach vorn geneigtem Oberkörper, **f** im Liegen

Palpation der Achselhöhlen Sie halten mit der einen Hand den Unterarm auf der untersuchten Seite, um den Musculus pectoralis major zu entspannen und palpieren mit den Fingerkuppen der anderen Hand die Achselhöhle. Bis zu 5 mm große, frei bewegliche Lymphknoten in den Achselhöhlen sind normal.

Palpation der Achselhöhlen. Sie halten mit der einen Hand den Unterarm auf der untersuchten Seite, um den Musculus pectoralis major zu entspannen, und palpieren mit den Fingerkuppen der anderen Hand die Achselhöhle. Beginnen Sie weit kaudal in Höhe der 7.–8. Rippe und tasten Sie so weit es geht in die Tiefe der Axilla. Vergessen Sie nicht die Pektoralisränder und die Supra- und Infraklavikulargruben. Führen Sie mit den Fingern kleine kreisförmige Bewegungen aus. Bis zu 5 mm große, frei bewegliche Lymphknoten in den Achselhöhlen sind normal.

Palpation der Mammae Palpieren Sie an der liegenden Patientin mit den Fingern beider Hände die Mammae nach Gewebsverhärtungen oder Knoten (◙ C-**4.21a, b**). Gehen Sie dabei systematisch vor. Zur Befundbeschreibung wird die Mamma in vier Quadranten eingeteilt (unten außen, unten innen, oben außen, oben innen). Beschreiben Sie den Tastbefund nach:
- Größe in Zentimetern
- Form
- Abgrenzung zur Umgebung
- Konsistenz
- Verschieblichkeit

Abschließend inspizieren Sie die Mamille nach Einziehungen oder Fissuren und palpieren sie.

Palpation der Mammae. Bitten Sie nun die Patientin, sich auf die Liege zu legen. Sie setzen sich an den Liegenrand und palpieren mit den Fingern beider Hände die Mammae nach Gewebsverhärtungen oder Knoten (◙ C-**4.21a, b**). Gehen Sie dabei systematisch vor. Zur Befundbeschreibung wird die Mamma in vier Quadranten eingeteilt (unten außen, unten innen, oben außen, oben innen). Beschreiben Sie den Tastbefund nach:
- Größe in Zentimetern (»5 cm«)
- Form (»unregelmäßig geformt«)
- Abgrenzung zur Umgebung (»nicht abgrenzbar«)
- Konsistenz (»knorpelhart«)
- Verschieblichkeit (»mit dem umgebenden Gewebe, z. B. Haut, verbacken«)

(»...«) sind typische Befunde für ein Mammakarzinom!
Abschließend inspizieren Sie die Mamille nach Einziehungen oder Fissuren und palpieren sie. Versuchen Sie, durch sanfte Kompression zwischen zwei Fingern Sekret aus der Mamille auszudrücken (◙ C-**4.21c**). Fragen Sie die Patientin aber zuvor, ob sie das nicht selbst vornehmen möchte.

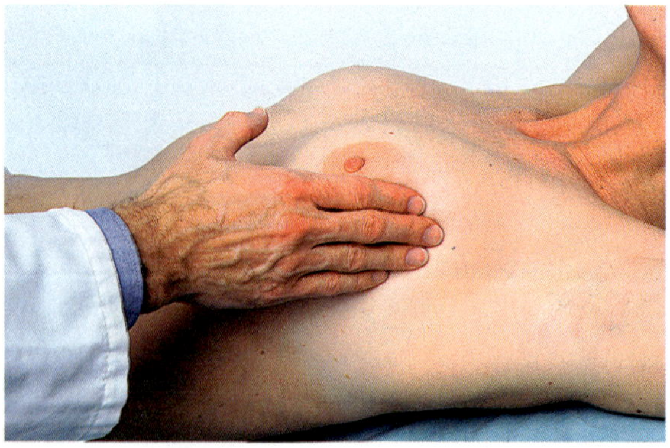

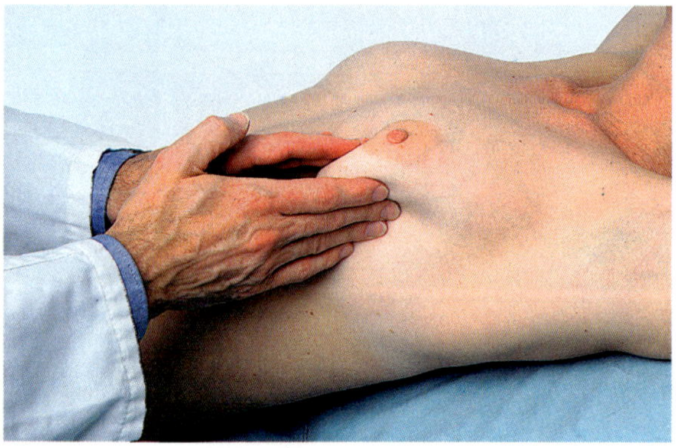

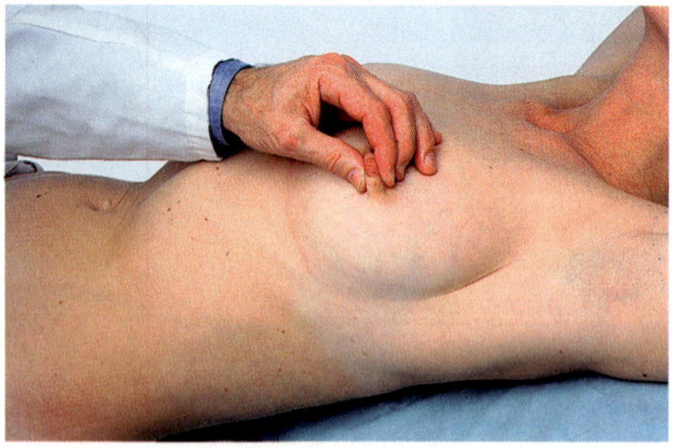

◙ C-**4.21: Palpation der Mammae:**
a und **b** Tasten nach Gewebsverhärtungen oder Knoten;
c sanfte Kompression der Mamille

Merke ▶

▶ ***Merke.*** Bedenken Sie, daß die Inspektion und Palpation der Mammae zumindest für die Diagnose eines Mammakarzinoms keine sehr sensitive Untersuchungsmethode ist. Jede Auffälligkeit sollte daher Anlaß zu weiterführenden Untersuchungen geben.

II Anamnese

4.4 Allgemeine Aspekte

Akute Nierenerkrankungen machen sich meist nur durch wenige Symptome bemerkbar: Schmerzen im Bereich der Flanken, Fieber und Ödeme können isoliert oder auch in Kombination Hinweise auf eine Nierenkrankheit sein. Nicht selten verlaufen sie auch völlig asymptomatisch und machen sich erst im Endzustand der chronischen Niereninsuffizienz aufgrund metabolischer Folgeerscheinungen bemerkbar.

II Anamnese

4.4 Allgemeine Aspekte

Akute Nierenerkrankungen machen sich meist nur durch wenige Symptome bemerkbar, so z. B. Flankenschmerzen, Fieber und Ödeme. Nicht selten verlaufen sie völlig asymptomatisch bis zum Endzustand der chronischen Niereninsuffizienz mit seinen metabolischen Folgeerscheinungen.

Merke. Akute und chronische Krankheiten des Nierenparenchyms verlaufen oft mit sehr blander Symptomatik.

◄ Merke

Die Anamnese ist bei chronischer Niereninsuffizienz oft »leer«, d. h., der Patient kann keine Angaben über frühere Nierenerkrankungen machen. Für die Anamnese von Schmerzen im Genitalbereich, Störungen der Miktion und Veränderungen der Urinfarbe sollten Sie große Mühe aufwenden, da gerade auf diesen Gebieten der Schlüssel zur Diagnose in der Anamnese liegt.

Die Anamnese von Schmerzen im Genitalbereich, Störungen der Miktion und Veränderungen der Urinfarbe sollte sehr sorgfältig aufgenommen werden, da gerade auf diesen Gebieten der Schlüssel zur Diagnose in der Anamnese liegt.

Bei Krankheiten und Funktionsstörungen im Genitalbereich spielt das Alter des Patienten die größte Rolle für die A-priori-Wahrscheinlichkeit einer bestimmten Diagnose.

- **Säuglinge und Kleinkinder** werden meist wegen Mißbildungen und Anomalien (z. B. Phimosen) dem Arzt vorgestellt.
- **Junge Erwachsene** suchen den Arzt überwiegend wegen Problemen auf, welche die Sexualität betreffen: Sexuell übertragene Infektionskrankheiten, mechanische oder psychische Beeinträchtigung des Geschlechtsverkehrs und Fertilitätsfragen stehen in dieser Altersgruppe im Vordergrund.
- **Alte Menschen** sind vor allem von Erkrankungen betroffen, die zu Miktionsstörungen führen. Die Prostatahypertrophie älterer Männer äußert sich als Nachträufeln und Harnverhalt, ältere Frauen leiden eher unter Inkontinenzproblemen.

Bestimmte Krankheiten treten in den verschiedenen Altersklassen gehäuft auf:

- Mißbildungen und Anomalien bei Säuglingen und Kleinkindern
- Sexuelle Probleme bei jungen Erwachsenen
- Miktionsstörungen und Inkontinenzprobleme bei älteren Menschen.

Trotz der freizügigen Behandlung sexueller Themen in den Medien, wie sie im Lauf der letzten Jahrzehnte üblich wurde, haben viele Patienten nach wie vor Probleme, über sexuelle Themen, insbesondere über eigene Störungen und Erkrankungen in diesem Bereich zu sprechen und sich dem Arzt anzuvertrauen (siehe auch Kapitel A 1.7.4). Das beginnt bereits bei der Schwierigkeit, die rechten Worte zu finden. Oft müssen Sie als Arzt dem Patienten entsprechende Termini in den Mund legen, ohne ihn aber bezüglich des sachlichen Inhalts der Anamnese festzulegen. Bemühen Sie sich um eine klare Sprache, von der Sie sicher sind, daß Sie der Patient auch versteht, vermeiden Sie dabei aber Vulgärausdrücke (▤ C-**4.9**). In den Praktika der Anamneseerhebung sollten Sie üben, auch über sexuelle Themen mit der nötigen Distanz und Neutralität ohne Hemmungen sprechen zu können.

Trotz der freizügigen Behandlung sexueller Themen in den Medien haben viele Patienten nach wie vor Probleme, über sexuelle Störungen und Erkrankungen in diesem Bereich zu sprechen und sich dem Arzt anzuvertrauen. Bemühen Sie sich um eine klare Sprache, von der Sie sicher sind, daß Sie der Patient auch versteht, vermeiden Sie dabei aber Vulgärausdrücke (▤ C-**4.9**).

C-4.9: Kompendium allgemein verständlicher, nicht vulgärer Ausdrücke für Sexualorgane und Sexualfunktion

Glied	Scheide
Hodensack	Kitzler
Hoden	Schamlippen
Vorhaut	Erregung
Schwellkörper	Höhepunkt
Gliedsteife, Erregung	Regel, Monatsblutung, Periode
Geschlechtsverkehr	
Samenerguß (erstmaliger, vorzeitiger)	
Selbstbefriedigung	

4.5 Symptomatologie von Krankheiten des Urogenitaltrakts

Häufigste Symptome im Bereich des Urogenitaltrakts sind:
- Schmerzen
- Miktionsstörungen
- Abnorme Veränderungen der Urinmenge
- Hautläsionen und Lymphknotenschwellungen
- Störungen der Sexualfunktion

4.5 Symptomatologie von Krankheiten des Urogenitaltrakts

Häufigste Symptome im Bereich des Urogenitaltrakts sind:
- Schmerzen
- Miktionsstörungen
- Abnorme Veränderungen der Urinmenge
- Hautläsionen und Lymphknotenschwellungen
- Störungen der Sexualfunktion

Die ersten drei Punkte werden für beide Geschlechter gemeinsam abgehandelt, Punkt 3 und 4 werden wegen der spezifischen Besonderheit für Mann und Frau getrennt besprochen.

4.5.1 Schmerzen

Lokalisation, Dauer, Art und Ausstrahlung von Schmerzen im Bereich des Urogenitalsystems sind z. T. so charakteristisch, daß sich daraus wegweisende diagnostische Schlüsse ziehen lassen. Versuchen Sie, die Schmerzen nach den in ▤ C-**4.10** angegebenen acht Punkten zu charakterisieren.
Im Urogenitaltrakt können drei Schmerzformen auftreten:
- Organschmerz
- Kolik
- Tast- oder Druckschmerz

4.5.1 Schmerzen

Lokalisation, Dauer, Art und Ausstrahlung von Schmerzen im Bereich des Urogenitalsystems sind manchmal so charakteristisch, daß ihre genaue Kenntnis und Interpretation wichtige diagnostische Rückschlüsse zuläßt. Versuchen Sie die Schmerzen nach den in ▤ C-**4.10** angegebenen acht Punkten zu charakterisieren.
Nachdem der Urogenitaltrakt auch muskuläre Hohlorgane einschließt, können prinzipiell drei Schmerzformen auftreten:
- Organschmerz: gleichbleibend, dumpf
- Kolik: wellenförmig, sehr heftig
- Tast- oder Druckschmerz: regelmäßig auslösbar

- **Lokalisation und Ausstrahlung**

Von den Nieren ausgehende Schmerzen werden meist in der Lumbalgegend unterhalb des Rippenbogens angegeben (Angulus costovertebralis, ◙ C-**4.22**) und als dumpf, gleichbleibend, in der Tiefe liegend und erträglich geschildert. Typischerweise treten diese Schmerzen einseitig auf.

- **Lokalisation und Ausstrahlung**

Schmerzen, die von den Nieren ausgehen, werden meist in der Lumbalgegend unterhalb des Rippenbogens angegeben (**Angulus costovertebralis**, ◙ C-**4.22**). Sie entstehen durch eine Spannung der Capsula fibrosa infolge Volumenzunahme des Organs bei Entzündungen, Tumoren oder Kelchektasien im Gefolge eines Harnstaus. Überwiegend werden sie als dumpf, gleichbleibend und in der Tiefe liegend geschildert; ihre Intensität ist erträglich. Typischerweise treten diese Schmerzen einseitig auf.

Merke ▶

> ▶ ***Merke.*** Nierenschmerzen werden im kostovertebralen Winkel angegeben und treten meist einseitig auf.

Wegen der Ausstrahlung der Nierenschmerzen nach dorsal geben manche Patienten zunächst Rückenschmerzen oder Kreuzschmerzen an. Häufiger trifft man aber das Umgekehrte an: Patienten mit Lumbago denken primär an die Nieren.

Wenn Sie Patienten nach der Lokalisation von Nierenschmerzen fragen, legen sie meistens die Hand der betroffenen Seite so auf den Angulus costovertebralis, daß der Daumen kranial der Spina iliaca anterior superior zu liegen kommt. Wegen der Ausstrahlung der Schmerzen nach dorsal geben manche Patienten mit Nierenschmerzen zunächst Rückenschmerzen oder Kreuzschmerzen an. Häufiger trifft man aber das Umgekehrte an: Patienten mit Lumbago denken primär an die Nieren. Dies mag daran liegen, daß die Nieren von den meisten Patienten als lebenswichtige Organe eingestuft werden, denen höchste Aufmerksamkeit gilt.

C-4.10: Charakterisierung von Schmerzen im Bereich des Urogenitaltrakts und mögliche Diagnosen

Lokalisation	Lumbalgegend	Nierenaffektion
	Leiste	Hernie, Harnleiterkolik
	Tiefer Rücken	Prostatitis, weibliche Adnexe
	Unterbauch, Symphyse	Harnblase (Steine, Fremdkörper), Harnverhalten, Adnexitis, Extrauteringravidität, Endometriose
	Harnröhre, Penis	Zystitis, Urethritis
	Hoden, Nebenhoden	Orchitis, Epididymitis
Ausstrahlung	Leiste, Hoden, Labien, Oberschenkel	Ureterkolik
Intensität	Leicht bis mittel	Glomerulonephritis, Hufeisen-, Beckenniere, Hydronephrose, Prostatitis
	Mittel bis schwer	Pyelonephritis, Zystitis, Adnexitis
	Schwerst	Steinkoliken, Harnverhaltung, Hodentorsion
Dauer	Minuten bis Stunden	Steinkolik, Harnverhaltung
	Tage bis Wochen	Nephritis, Zystitis
	Monate bis Jahre	Chronische Prostatitis
Häufigkeit und Periodik	Monatlich	Menses, Endometriose
	Mehrfach pro Jahr	Zystitis bei Mißbildungen
Charakter	Dumpf, drückend	»Organschmerz«, z. B. Glomerulonephritis
	Hell, scharf	Steinkolik
	Brennend	Zystitis, Miktionsschmerz
Auslösende Faktoren	Miktion	Zystitis, Urethritis
	Stehen	Senk-, Wanderniere, Varikozele
	Langes Sitzen	Prostatitis
	Erschütterungen	Ureterkolik
	Defäkation	Prostatitis
	Menses	Endometriose
	Geschlechtsverkehr	Dyspareunie
	Perkussion	Pyelonephritis
	Palpation	Orchitis, Epididymitis
	Anheben des Skrotums	Hodentorsion
	Rektale Untersuchung	Prostataabszeß
Lindernde Faktoren	Horizontale Lage	Wander-, Senkniere
	Anheben des Skrotums	Epididymitis
	Anziehen des Beines	Paranephritischer Abszeß

Ziehen die Schmerzen vom kostovertebralen Winkel weiter nach kaudal in **Leiste, Symphyse, Penisbasis, Hoden, Labien** bis auf die **Innenseite des Oberschenkels**, so läßt das eine Affektion des Ureters vermuten (C-**4.22**). Der Punkt, an dem der Schmerz begann, entspricht meist der Stelle, an der ein Fremdkörper im Ureter feststeckt, z. B. ein Konkrement oder Koagel.

Ziehen die Schmerzen vom kostovertebralen Winkel weiter nach kaudal in **Leiste, Symphyse, Penisbasis, Hoden, Labien** bis auf die **Innenseite des Oberschenkels**, so läßt das eine Affektion des Ureters vermuten (C-**4.22**).

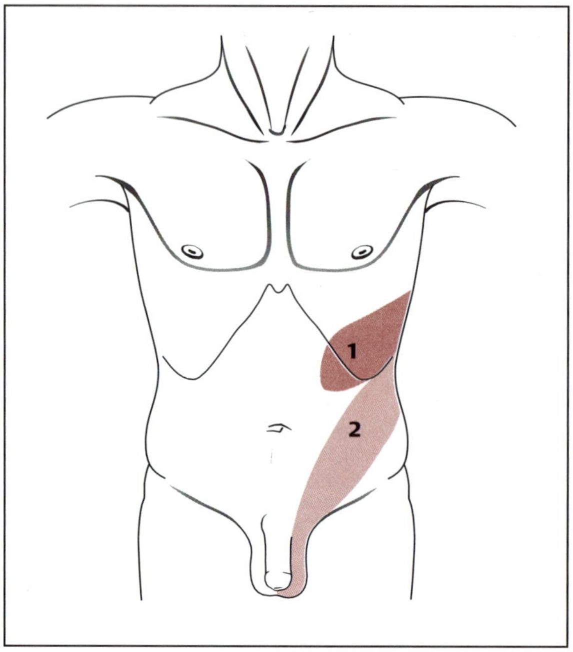

C-4.22: **Schmerzausstrahlung bei Nierenerkrankungen (1) und Ureteraffektionen (2)**

Schmerzen in **Unterbauchmitte** sollten an eine Zystitis, Harnverhaltung, Steine und Fremdkörper in der Harnblase oder an eine Lageabweichung des Uterus denken lassen. Bei Schmerzen im **Bereich des Damms** oder **tief im Kreuz** liegt wahrscheinlich eine Prostatitis oder eine Adnexitis vor. Aufgrund der exponierten Lage sind Schmerzen in **Harnröhre, Penis** sowie in **Hoden und Nebenhoden** relativ leicht zuzuordnen.

Schmerzen in **Unterbauchmitte** sollten an eine Zystitis, Harnverhaltung, Steine und Fremdkörper in der Harnblase oder an eine Lageabweichung des Uterus (retroflektierter Uterus) denken lassen. Gibt der Patient den Schmerz im **Bereich des Damms** oder **tief im Kreuz** an, so liegt wahrscheinlich eine Prostatitis oder eine Adnexitis vor. Wegen der exponierten Lage sind Schmerzen in der **Harnröhre**, im **Penis** sowie in **Hoden und Nebenhoden** relativ leicht zuzuordnen. Es kommt allerdings vor, daß die Patienten bei Entzündungen von Hoden oder Nebenhoden den Schmerz auf die Leiste oder den Unterbauch projizieren, so daß der Schmerzursprung im Bereich des Skrotalinhalts verschleiert wird.

- **Schmerzintensität, Schmerzdauer und Schmerzcharakter**

Von der Niere ausgehende Schmerzen werden als dumpf und in der Tiefe liegend empfunden. Sie sind bewegungsunabhängig, ihre Intensität meist erträglich. Bei akuter Pyelonephritis dagegen beginnen die Schmerzen in der Lumbalregion meist akut und können sehr heftig werden.

- **Schmerzintensität, Schmerzdauer und Schmerzcharakter**

Von der Niere ausgehende Schmerzen werden als dumpf und in der Tiefe liegend empfunden. Sie sind gleichbleibend vorhanden und nicht von Bewegungen abhängig; ihre Intensität ist bei Glomerulonephritiden, Hydronephrosen und Nierenkarzinomen erträglich. Diese Schmerzen beginnen allmählich und bestehen wegen des schleichenden Charakters oft schon lange Zeit, ehe der Patient zum Arzt kommt. Bei akuter Pyelonephritis dagegen beginnen die Schmerzen in der Lumbalregion meist akut und können sehr heftig werden.

Merke ▶

Merke. Symptome der akuten Pyelonephritis: akuter Schmerzbeginn im Angulus costovertebralis, Fieber und Schüttelfrost; Kopfschmerzen, Übelkeit und Erbrechen können dem Schmerz vorausgehen.

Schwere Schmerzen in der suprapubischen Region entwickeln sich im Verlauf weniger Stunden auch bei Adnexitis, Zystitis oder Urethritis. Bei der akuten Zystitis empfindet der Patient v. a. **brennende Schmerzen** bei und am Ende der Miktion (**End- oder Terminalschmerz**).

Bis auf den Prostataabszeß sind die meisten Affektionen der Prostata nur gering schmerzhaft. Schwere Schmerzen in der suprapubischen Region entwickeln sich im Verlauf weniger Stunden auch bei Adnexitis, Zystitis oder Urethritis. Im Fall der akuten Zystitis empfindet der Patient vor allem **brennende Schmerzen** bei und am Ende der Miktion (**End- oder Terminalschmerz**). Diese Schmerzen können so heftig sein, daß es zur reflektorischen Blasensperre kommt. Aus Furcht vor den schweren Schmerzen tritt ein Spasmus des Blasensphinkters ein, und die Miktion wird unmöglich.

> **▶ *Merke.*** Bei einer schweren Zystitis kann es aus Furcht vor den Schmerzen bei der Miktion zu einem Harnverhalt kommen.

◀ **Merke**

Mit zu den schwersten Schmerzen, die überhaupt auftreten können, gehören im Bereich des Urogenitaltrakts **Ureterkoliken**, Schmerzen bei **akuter Harnverhaltung** und bei **Hodentorsion**. Patienten mit **Ureterkoliken** sind meist unruhig, sie versuchen sich durch Umhergehen und Herumrollen im Bett eine gewisse Erleichterung zu verschaffen. Als Begleitphänomen können Übelkeit und Erbrechen auftreten. Typischerweise verläuft der Schmerz ähnlich wie der Geburtsvorgang (Kontraktion glatter Muskulatur!) wellenförmig mit fast schmerzfreien Perioden zwischen den Attacken. Der **akute Harnverhalt** führt zu schweren Schmerzen in Unterbauch, nicht jedoch die chronische Harnsperre. Die Patienten fühlen die Überdehnung der Blase deutlich und können entsprechende Angaben machen.
Außerdem helfen in diesen Fällen die Anamnese einer seit vielen Stunden nicht stattgefundenen Miktion und die einfache Blasenpalpation und Perkussion.

Schwerste Schmerzen im Bereich des Urogenitaltrakts verursachen **Ureterkoliken, akute Harnverhaltung** und **Hodentorsion**. Begleitend können Übelkeit und Erbrechen auftreten. Typischerweise verläuft der Kolikschmerz ähnlich wie beim Geburtsvorgang (Kontraktion glatter Muskulatur!) wellenförmig mit intermittierenden fast schmerzfreien Perioden.

> **▶ *Merke.*** Die akute Harnverhaltung ist sehr schmerzhaft, die chronische Überdehnung der Harnblase verursacht keine Schmerzen.

◀ **Merke**

Kasuistik. Eine 32jährige australische Krankenschwester befindet sich seit vier Wochen auf »Rucksacktour« durch Europa. Sie hat die letzte Nacht in einem Zeltlager verbracht und leidet seit dem Morgen unter heftigen Schmerzen im Unterbauch. Bei der morgendlichen Miktion empfand sie einen brennenden Schmerz im Bereich der Harnröhre, fühlt sich aber nicht allgemein krank. Die Untersuchung ergibt einen Druckschmerz im Unterbauch ohne Abwehrspannung, die Lumbalregion ist nicht klopfschmerzhaft. Die Patientin stellt die Diagnose einer akuten Zystitis selbst, da sie exakt dieselben Beschwerden vor zwei Jahren schon einmal hatte. Dennoch wird eine Urinuntersuchung vorgenommen, die massenhaft Leukozyten und viele Erythrozyten im Urinsediment ergibt. Bereits zwölf Stunden nach Beginn einer antibiotischen Behandlung ist die Patientin annähernd beschwerdefrei.

- **Häufigkeit und Periodik**

Zu den wichtigsten anamnestischen Fragen gehört, ob Krankheiten bislang einmalig oder bereits wiederholt aufgetreten sind. Gerade im Bereich der ableitenden Harnwege sind rezidivierende Infektionen und Entzündungen Hinweis auf eine möglicherweise vorliegende **Mißbildung** oder Anomalie. Daher sollten die anatomischen Verhältnisse mittels Sonographie und Röntgendarstellung abgeklärt werden, wenn Harnwegsinfekte öfter als zweimal aufgetreten sind. Fragen Sie auch nach den Begleitumständen, unter denen die Erkrankung begann.

- **Häufigkeit und Periodik**

Rezidivierende Infektionen und Entzündungen der ableitenden Harnwege können Hinweis auf eine **Mißbildung** oder Anomalie sein. Daher sollten die anatomischen Verhältnisse mittels Sonographie und Röntgendarstellung abgeklärt werden, wenn Harnwegsinfekte öfter als zweimal aufgetreten sind.

> **▶ *Merke.*** Faustregel zur diagnostischen Abklärung von Harnwegsinfekten: bei Männern nach der ersten Episode, bei Frauen nach dem ersten Rezidiv.

◀ **Merke**

Schmerzen, die bei Frauen **regelmäßig** in monatlichen Abständen auftreten, lassen an einen Zusammenhang mit dem **Menstruationszyklus** denken. Versuchen Sie, die Lage des Schmerzereignisses innerhalb des Zyklus festzulegen. Falls das auf Anhieb nicht gelingt, empfehlen Sie der Patientin, ein Symptomentagebuch zu führen. Beschwerden um den Zeitpunkt der Menstruation sind einfache Regelschmerzen, können aber auch auf eine **Endometriose** zurückgehen. Dabei handelt es sich um versprengtes Endometriumgewebe in der Uteruswand, im Bereich der Adnexe oder an der Darmwand, das den Menstruationszyklus mitmacht und durch lokale Blutungen Schmerzen verursacht. Manche Frauen empfinden zum Zeitpunkt

Bei Frauen regelmäßig um den Zeitpunkt der Menstruation auftretende Schmerzen können auch auf eine **Endometriose** zurückgehen. Dabei macht versprengtes Endometriumgewebe in der Uteruswand, im Bereich der Adnexe oder an der Darmwand den Menstruationszyklus mit und verursacht durch lokale Blutungen Schmerzen. Manche Frauen empfinden zum Zeitpunkt der Ovulation in der

Zyklusmitte einen mäßig starken, kurzdauernden Schmerz in Unterbauchmitte, den sog. Mittelschmerz.

der Ovulation in der Zyklusmitte einen mäßig starken, kurzdauernden Schmerz in Unterbauchmitte, den sog. Mittelschmerz.

Merke ▶

▶ ***Merke.*** Typische Beispiele für regelhaft auftretende Unterbauchschmerzen sind Endometriose und Mittelschmerz.

- **Auslösende Faktoren**

Fragen Sie den Patienten, ob er einen Zusammenhang zwischen dem Auftreten der Schmerzen und anderen Körperfunktionen oder Umständen bemerkt hat (z. B. bei der Miktion).

- **Auslösende Faktoren**

Fragen Sie den Patienten, ob er einen Zusammenhang zwischen dem Auftreten der Schmerzen und anderen Körperfunktionen oder Umständen bemerkt hat.
Besonders typisch ist die Verstärkung der brennenden Schmerzen im Bereich der Harnröhre bei der **Miktion**, insbesondere an deren Ende (**Terminalschmerz**). Diese Angabe spricht mit größter Wahrscheinlichkeit für eine Zystitis oder Urethritis.

Merke ▶

▶ ***Merke.*** Brennende Schmerzen im Bereich der Harnröhre bei der Miktion, die sich gegen Ende der Miktion noch verstärken (Terminalschmerz), sind fast beweisend für eine Zystitis.

Leichte bis mäßige Schmerzen im Unterbauch nach langem Stehen sind verdächtig für das Vorliegen einer **Senk- oder Wanderniere**. Auch bei einer **Varikozele** können nach langem Stehen Schmerzen in Hoden und Nebenhoden auftreten. Schmerzen bei **chronischer Prostatitis** können wegen der engen Nachbarschaft der Prostata zum Rektum auch **Schmerzen bei der Defäkation** verursachen.

Leichte bis mäßige Schmerzen im rechten oder linken Unterbauch nach langem Stehen sind verdächtig für das Vorliegen einer **Senk- oder Wanderniere**. Auch bei einer **Varikozele** können nach langem Stehen Schmerzen in Hoden und Nebenhoden auftreten. Stundenlanges **Sitzen**, womöglich auf kalter Unterlage, provoziert Schmerzen bei **chronischer Prostatitis**. Wegen der engen Nachbarschaft der Prostata zum Rektum kann diese Erkrankung auch **Schmerzen bei der Defäkation** verursachen. Fragen Sie Patienten mit Verdacht auf eine Ureterkolik, ob sie in den Stunden zuvor großen **Erschütterungen**, z. B. Fahren in einem Geländewagen auf schlechter Straße, Reiten etc. ausgesetzt waren.

Merke ▶

▶ ***Merke.*** Ureterkoliken werden oft durch Erschütterungen (z. B. Fahren im Geländewagen, Reiten etc.) ausgelöst, da sich Konkremente aus den Nierenkelchen lösen und im Ureter steckenbleiben.

Empfinden Frauen Schmerzen beim Geschlechtsverkehr (**Dyspareunie**), so ist an ein mechanisches Hindernis z. B. durch anatomische Anomalien oder Kolpitis, aber auch an psychische Ursachen (z. B. latente Abneigung gegen die Sexualität) zu denken.

Schmerzphänomene, die durch die ärztliche Untersuchung ausgelöst werden können, geben wertvolle diagnostische Hinweise.

Starke Schmerzen im Zusammenhang mit der Menstruationsblutung sind verdächtig auf eine **Endometriose**. Empfinden Frauen Schmerzen beim Geschlechtsverkehr (**Dyspareunie**), so ist an ein mechanisches Hindernis, z. B. durch anatomische Anomalien, eine entzündliche Erkrankung im Vaginalbereich oder auch an psychische Ursachen (z. B. latente Abneigung gegen die Sexualität an sich) zu denken.

Auch Schmerzphänomene, die durch die ärztliche Untersuchung ausgelöst werden können, erlauben wertvolle diagnostische Schlüsse. So werden Schmerzen, die von der Niere ausgehen, durch die Perkussion im kostovertebralen Winkel verstärkt.

Merke ▶

▶ ***Merke.*** Vorsicht: Bei Patienten mit Pyelonephritis genügt schon ein ganz leichtes Klopfen, um schwerste Schmerzen zu erzeugen!

Die Palpation von Hoden und Nebenhoden ist bei Hodentorsion, akuter Orchitis oder Epididymitis nahezu unmöglich, da der Patient bereits leichte Berührungen kaum toleriert.

Die Palpation von Hoden und Nebenhoden ist bei einer Hodentorsion, akuter Orchitis oder Epididymitis nahezu unmöglich, da der Patient bereits leichte Berührungen kaum toleriert. Insbesondere das Anheben des Skrotums löst bei Hodentorsion schwerste Schmerzen aus (**Prehn-Zeichen**, s. u.). Gleiches gilt für die rektale Untersuchung bei einem Prostataabszeß.

Merke. Als Differentialdiagnose zwischen akuter Epididymitis und Hodentorsion gilt das sog. **Prehn-Zeichen**: Hebt man das Skrotum symphysenwärts an, so verschlimmert sich der Schmerz bei der Hodentorsion, er verringert sich jedoch bei der Epididymitis.

◀ **Merke**

Die Schmerzauslösung durch den Arzt als diagnostisches Mittel muß sparsam eingesetzt werden, da sie das Arzt-Patienten-Verhältnis gründlich zerstören kann. Vor allem in der Klinik sollte nicht jeder Arzt (in aufsteigender Hierarchie) diesen Versuch machen, sondern ihn dem kompetentesten Kollegen überlassen, der auch die therapeutischen Entscheidungen trifft.

Denken Sie auch daran, daß **Mißempfindungen und Schmerzen** im Bereich **des Unterbauchs** (bei Frauen) oder **des Genitales** (bei Männern) **Ausdruck psychischer Probleme** sein können. Versuchen Sie daher bei Beschwerden ohne Lokalbefund mögliche auslösende Lebenssituationen in der Anamnese zu erfragen. Dazu gehört auch, sich ein Bild von den jetzigen und früheren Lebensumständen des Patienten zu machen (biographische Anamnese). Fragen Sie sich, ob dem Patienten aus seinen Beschwerden nicht auch Vorteile entstehen, z. B. durch vermehrte Zuwendung oder im Sinne einer Entschuldigung für nicht erreichte Leistungen (sekundärer Krankheitsgewinn).

Denken Sie auch daran, daß **Mißempfindungen und Schmerzen** im Bereich **des Unterbauchs** (bei Frauen) oder **des Genitales** (bei Männern) **Ausdruck psychischer Probleme** sein können. Versuchen Sie daher, bei Beschwerden ohne Lokalbefund mögliche auslösende Situationen zu erfragen und eine biographische Anamnese zu erheben.

- **Lindernde Faktoren**

Bei einigen wenigen Erkrankungen des Urogenitaltrakts kann die Erleichterung, die sich Patienten durch bestimmte Stellungen verschaffen, diagnostische Hinweise liefern. Die Beschwerden bei Senk- oder Wanderniere werden durch Hinlegen gemindert. Patienten mit einem paranephritischen Abszeß verschaffen sich eine gewisse Schmerzfreiheit durch Anziehen des Beines auf der betroffenen Seite. Bei Epididymitis wird das Anheben des Skrotums als angenehm empfunden. Dieses Phänomen nützt man therapeutisch durch das Tragen eines Suspensoriums.

- **Lindernde Faktoren**

Die Beschwerden bei Senk- oder Wanderniere werden durch Hinlegen gemindert. Patienten mit einem paranephritischen Abszeß verschaffen sich eine gewisse Schmerzfreiheit durch Anziehen des Beines auf der betroffenen Seite. Bei Epididymitis wird das Anheben des Skrotums als angenehm empfunden.

Anamnestische Fragen an den Patienten mit Flankenschmerzen:
- *Wann begannen die Schmerzen?*
- *Wo begannen die Schmerzen?*
- *Können Sie auf die Stelle zeigen?*
- *War der Schmerz nur an dieser Stelle oder strahlte er aus?*
- *Begannen die Schmerzen plötzlich oder allmählich?*
- *Hatten Sie derartige Schmerzen schon einmal?*
- *Ist der Schmerz dauernd vorhanden?*
- *Gibt es Stellungen, Bewegungen oder Maßnahmen, welche die Schmerzen verschlimmern oder erleichtern?*
- *Haben Sie eine Verfärbung des Urins bemerkt?*
- *Hatten Sie nur Schmerzen oder auch andere Krankheitszeichen, z. B. Fieber, Schüttelfrost, Übelkeit, Erbrechen, Bauchschmerzen, Brennen beim Wasserlassen?*
- *Sind bei Ihnen Nierensteine bekannt?*
- *Hat jemand in Ihrer Familie eine Nierenerkrankung?*

◀ **Wichtige Fragen**

Aufgabe: Versuchen Sie, anhand Ihrer Kenntnisse aus dem *Abschnitt I Untersuchung* und aus den Angaben in ▤ C-**4.10** den Sinn dieser Fragen zu interpretieren!

◀ **Aufgabe**

4.5.2 Miktionsstörungen und Änderungen der Harnmenge

Miktionsstörungen können durch Erkrankungen auf der Ebene von Harnblase und ableitenden Harnwegen, aber auch durch Läsionen im Bereich des Rückenmarks oder des Gehirns bedingt sein. Auch psychische Faktoren beeinflussen die Miktion.

Strangurie (Algurie)

Kennzeichnend sind brennende Schmerzen, die bei der Miktion im Bereich von Harnröhre und Harnblase auftreten, am intensivsten gegen Ende des Miktionsvorgangs. Sie sind fast beweisend für eine **Zystitis** oder **Urethritis** und u. U. Ursache für einen Harnverhalt.

Bei der **Reizblase** hat der Patient oft das Gefühl, er müsse Wasser lassen, auf der Toilette geht aber fast kein Urin ab. Meist besteht keine organische, sondern eine psychische Ursache (Aufregung, anderweitige psychische Belastung).

Dysurie

Als »Dysurie« werden alle Formen von Miktionsstörungen bezeichnet, auch die Algurie.
Besser ist eine exakte Benennung der Symptome (vgl. hierzu ▤ C-**4.11**). So sprechen ein schwacher Harnstrahl (siehe ◙ C-**4.9**), Harnträufeln, »Harnstottern«, langes Warten auf den Beginn der Miktion trotz Harndrangs und die Notwendigkeit, bei der Miktion die Bauchpresse zu betätigen, für eine Einengung der Urethra oder eine Störung der Innervation der Blasenmuskulatur (z. B. bei Prostataadenom).

Harnverhaltung

Bei **akuter Harnverhaltung** empfinden die Patienten starke Unterbauchschmerzen und **imperativen Harndrang**. Sie können nicht mehr still sitzen, laufen ständig umher. Eine **chronische Harnverhaltung** entwickelt sich über mehrere Jahre hinweg bei Patienten, die (meist wegen eines Prostataadenoms) die Harnblase nicht vollständig entleeren können. Es kommt zur Bildung von **Restharn** mit Urinaufstau in Ureteren sowie Nierenbecken und daraus resultierender Nierenparenchymschädigung.

4.5.2 Miktionsstörungen und Änderungen der Harnmenge

Die Miktion ist ein komplexer neuromuskulärer Vorgang, an dessen Steuerung drei nervale Zentren beteiligt sind: ein zerebrales und ein spinales Blasenzentrum sowie ein vesikales Innervationszentrum. Für den ungestörten Ablauf der Miktion bei gleichzeitiger Erhaltung der Kontinenz ist ein kompliziertes Zusammenspiel der zwei Hauptmuskeln, M. detrusor vesicae und M. sphincter externus, erforderlich.
Miktionsstörungen können durch Erkrankungen auf der Ebene der Harnblase und ableitenden Harnwege, aber auch durch Läsionen im Bereich des Rückenmarks oder des Gehirns bedingt sein. Auch psychische Faktoren beeinflussen die Miktion.

Strangurie (Algurie)

Unter Strangurie versteht man brennende Schmerzen, die bei der Miktion im Bereich von Harnröhre und Harnblase auftreten, am intensivsten gegen Ende des Miktionsvorgangs, wenn sich die entzündeten Schleimhäute nach Durchtritt des Urin wieder berühren. Sie sind fast beweisend für eine **Zystitis** oder **Urethritis**. Die Schmerzen können so stark sein, daß der Patient aus Furcht vor Schmerzen die Miktion zurückhält und sogar einen Harnverhalt aufgrund einer Spastik des M. sphincter externus bekommt.

Bei der **Reizblase** wird der Patient sehr häufig von dem Gefühl geplagt, er müsse Wasser lassen. Begibt er sich auf die Toilette, so geht fast kein Urin ab. Eine organische Ursache läßt sich oft nicht finden, meist besteht ein Zusammenhang mit Aufregungen oder anderweitigen psychischen Belastungen. Die Symptomatik gehört in die Gruppe der vegetativen urogenitalen Symptome.

Dysurie

Für alle Formen von Miktionsstörungen, auch für die Algurie, wird häufig der Ausdruck »Dysurie« verwendet. Diese Bezeichnung ist wenig aussagekräftig und sollte durch eine exakte Benennung der Symptomatik ersetzt werden. Was liegt genau vor, welches Problem schildert der Patient? Die wichtigsten Symptome und ihre mögliche Bedeutung sind in ▤ C-**4.11** zusammengefaßt. Ein schwacher Harnstrahl (siehe ◙ C-**4.9**), Harnträufeln, »kraftloses Wasserlassen« (»Harnstottern«), das in kleinen Stößen oder sogar nur in Tropfen erfolgt, langes Warten auf den Beginn der Miktion trotz Harndrangs und die Notwendigkeit, bei der Miktion die Bauchpresse zu betätigen, sprechen für eine Einengung der Urethra oder eine Störung der Innervation der Blasenmuskulatur. Am häufigsten berichten Patienten mit einem Prostataadenom über diese Symptomatik.

Harnverhaltung

Als Harnverhaltung bezeichnet man das völlige Unvermögen, Wasser zu lassen. Bei **akuter Harnverhaltung** empfinden die Patienten starke Unterbauchschmerzen und einen **imperativen Harndrang**. Sie können nicht mehr still sitzen, laufen ständig umher und versuchen, unter Betätigung der Bauchpresse und Auflegen der Hände die Blase zu entleeren. Die akute Harnverhaltung verläuft zwar für den Patienten dramatisch, ist aber objektiv weniger gefährlich als die **chronische Harnverhaltung**. Diese entwickelt sich über mehrere Jahre hinweg bei Patienten, die – meist wegen eines Prostataadenoms – die Harnblase nicht vollständig entleeren können. Es kommt zu Bildung von **Restharn** in der Harnblase mit Urinaufstau in den Ureteren und im Nierenbecken, woraus eine Schädigung des Nierenparenchyms resultiert. Manchmal suchen die Patienten erst den Arzt auf, wenn die allgemeinen Symptome der Urämie unerträglich werden.

C-4.11: Typische Symptome für Behinderung des Harnflusses in der Urethra und häufige Ursachen

Warten auf Miktion	Psychogen; Prostataadenom
Schwacher Harnstrahl (»bis zur Schuhspitze«)	Neurologisch: Querschnittsläsion, Rückenmarkstumoren, multiple Sklerose Urologisch: Prostataadenom, Steine, Gerinnsel
Verdrehter oder gespaltener Harnstrahl	Harnröhrenstriktur
Harntröpfeln	Prostataadenom, Striktur, Innervationsstörung
Harnstottern (stoßweise Miktion)	Prostataadenom, Blasensteine
Bauchpresse	Prostataadenom, Sphinktersklerose
Pollakisurie (Zunahme der Miktionsfrequenz)	Prostataadenom
Nykturie (DD Herzinsuffizienz!)	Prostataadenom
Gefühl der unvollständigen Entleerung	Restharnbildung, meist bei Prostataadenom

Harninkontinenz

Patienten mit Urininkontinenz können auch ohne Harndrang das Wasser nicht mehr halten, es erfolgt ein unwillkürlicher Urinabgang. Zunächst ist dieser Vorgang auf sog. Streßsituationen beschränkt, bei denen ein erhöhter intraabdomineller Druck entsteht, z. B. Husten, Niesen, Lachen, schweres Heben usw. Die meisten Patienten empfinden derartige Symptome als peinlich und verschweigen sie in der Anamnese. Fragen Sie mit Verständnis und Mitgefühl! Versuchen Sie dem Patienten zu vermitteln, daß es sich um ein häufiges Symptom handelt, das Ihnen von anderen Patienten her wohl geläufig ist!

Die Harninkontinenz ist **überwiegend ein Problem älterer Menschen, bei Frauen wesentlich häufiger** als bei Männern. Meist beruht sie auf Lockerungen des Stütz- und Bindegewebes im Beckenbereich, vor allem bei Frauen, die mehrere Kinder geboren haben (Deszensus des Beckenbodens). Andere Ursachen sind iatrogene Zerstörung des Blasensphinkters, z. B. bei Operationen, neurologische Funktionsstörungen (multiple Sklerose) oder ein Prostatakarzinom. Vorübergehend kann es auch bei jungen Frauen nach einer Geburt zu Inkontinenz kommen.

Nicht unter den Begiff Inkontinenz fällt die Miktion im Rahmen eines epileptischen Anfalls.

Harninkontinenz

Patienten mit Urininkontinenz können auch ohne Harndrang das Wasser nicht mehr halten, es kommt zum unwillkürlichen Urinabgang. Dieser ist zunächst auf Streßsituationen beschränkt, bei denen ein erhöhter intraabdomineller Druck entsteht (z. B. Husten, Niesen, Lachen, schweres Heben).

Die meisten Patienten verschweigen in der Anamnese derartige Symptome.

Die Harninkontinenz ist **überwiegend ein Problem älterer Menschen, bei Frauen wesentlich häufiger** als bei Männern. Meist beruht sie auf Lockerungen des Stütz- und Bindegewebes im Beckenbereich, vor allem bei Multipara (Deszensus des Beckenbodens).

Nicht unter den Begiff Inkontinenz fällt die Miktion im Rahmen eines epileptischen Anfalls.

Pollakisurie, Polyurie, Nykturie

Merke.

Polyurie:	Große Urinmenge (auch nachts) bei häufigem Wasserlassen.
Pollakisurie:	Häufiges Wasserlassen mit jeweils kleinerer Urinmenge als es dem Harndrang entspricht.

Anamnestisch ist es nicht immer möglich, zwischen häufigem Wasserlassen bei normaler Urinmenge (< 2 Liter/Tag) (= **Pollakisurie**) und häufiger Miktion infolge Ausscheidung großer Urinmengen (= **Polyurie**) zu unterscheiden. Eine exakte Aussage können Sie letztlich nur gewinnen, wenn

Pollakisurie, Polyurie, Nykturie

◀ **Merke**

Anamnestisch ist es nicht immer möglich, zwischen häufigem Wasserlassen bei normaler Urinmenge (< 2 Liter/Tag) (= **Pollakisurie**) und häufiger Miktion infolge Ausscheidung großer Urinmengen (= **Polyurie**) zu unterscheiden. Eine exakte Aussage ermöglicht letztlich nur die Bestimmung des 24-Stunden-Urins. Patienten mit Polyurie haben auch nachts eine große Miktion. Ein Spezialfall ist die Herzinsuffizienz, bei der in horizontaler Lage Ödeme ausgeschwemmt und ausgeschieden werden (**Nykturie**). Patienten mit Pollakisurie haben zwar auch häufig Harndrang, jedoch produzieren sie pro Miktion nur relativ wenig Urin.

der Patient seinen Urin 24 Stunden lang sammelt, doch ist diese Methode relativ aufwendig. Fragen Sie zunächst, ob sich die Urinmenge und die Miktionsfrequenz nach dem persönlichen Eindruck des Patienten verändert haben.
Zur anamnestischen Unterscheidungshilfe kann auch das Miktionsverhalten bei Nacht herangezogen werden. Patienten mit Polyurie haben auch während der Nacht eine große Miktion. Ein Spezialfall ist die Herzinsuffizienz, bei der in der horizontalen Lage Ödeme ausgeschwemmt und ausgeschieden werden (**Nykturie**). Patienten mit Pollakisurie haben zwar auch häufig Harndrang, jedoch produzieren sie pro Miktion nur relativ wenig Urin, zumindest nicht so viel, als es ihrem Harndrang im Normalfall entspricht.

Eine Pollakisurie kann durch Urethritis, Zystitis, Blasensteine sowie durch **Überlaufblase** bei Prostataadenom bedingt sein, aber auch funktionell im Rahmen des Reizblasensyndroms auftreten. Die häufigsten Ursachen der Polyurie sind die Aufnahme großer Flüssigkeitsmengen, v. a. von diuretisch wirksamen Substanzen wie Alkohol und Koffein, ein entgleister Diabetes mellitus und ein Diabetes insipidus. Letzterer kann als Autoimmunerkrankung auftreten oder als Begleitsymptom bei Schädel-Hirn-Traumen und Hirnoperationen. Bei **habitueller Polydipsie** bestehen psychische Störungen, die sich anamnestisch erfassen lassen.

Eine Pollakisurie kann durch Urethritis, Zystitis, Blasensteine sowie durch **Überlaufblase** bei Prostataadenom bedingt sein, aber auch funktionell im Rahmen des sog. Reizblasensyndroms auftreten. Die häufigsten Ursachen der Polyurie sind die Aufnahme großer Flüssigkeitsmengen, insbesondere von diuretisch wirksamen Substanzen wie Alkohol und Koffein, ein entgleister Diabetes mellitus und ein Diabetes insipidus. Bei schlecht eingestelltem Diabetes mellitus scheidet der Patient über die Niere reichlich osmotisch wirksame Glukose aus; beim Diabetes insipidus besteht ein Mangel an Vasopressin (auch antidiuretisches Hormon [ADH] genannt), das im Hypothalamus produziert und im Hypophysenhinterlappen gespeichert wird. Der Diabetes insipidus kann als Autoimmunerkrankung auftreten oder Begleitsymptom bei Schädel-Hirn-Traumen oder Hirnoperationen sein. Noch häufiger als der echte hormonell bedingte Diabetes insipidus ist die **habituelle Polydipsie** bei Patienten mit psychischen Störungen. Die beiden Formen können mit einiger Sicherheit anamnestisch unterschieden werden.

Merke ▶

> **▶ *Merke.*** Patienten mit habitueller Polydipsie trinken alles, was sie bekommen können. Patienten mit echtem Diabetes insipidus bevorzugen dagegen Wasser.

Oligurie

Die Ausscheidung von < als 500 ml Urin pro Tag bezeichnet man als Oligurie. Bestehen sonst keine weiteren Symptome, liegt am ehesten eine parenchymatöse Nierenkrankheit zugrunde. Bei Verlegungen der Harnröhre bestehen meist zusätzlich Miktionsstörungen oder Beschwerden im Harnblasenbereich.

Oligurie

Die Ausscheidung von weniger als 500 ml Urin pro Tag bezeichnet man als Oligurie. Berichtet der Patient über sonst keine weiteren Symptome, so handelt es sich am ehesten um eine parenchymatöse Nierenkrankheit, z. B. eine Glomerulonephritis oder eine postrenale Abflußbehinderung. Bei Hindernissen im Bereich der Harnröhre (Strikturen, Steine, Tumoren) bemerkt der Patient meistens zusätzlich eine Störung der Miktion oder Beschwerden im Harnblasenbereich.

4.6 Anamnese bei Erkrankungen und Funktionsstörungen des Genitales und der Sexualfunktion beim Mann

Da das männliche Genitale der Untersuchung durch den Arzt gut zugänglich ist, läßt sich die Anamnese bei den meisten Krankheiten kurz halten. Ausnahmen bilden die sexuell übertragbaren Krankheiten.

4.6 Anamnese bei Erkrankungen und Funktionsstörungen des Genitales und der Sexualfunktion beim Mann

Das männliche Genitale ist der Selbstuntersuchung durch den Patienten und der unmittelbaren Untersuchung durch den Arzt gut zugänglich. Daher kann man die Anamnese bei den meisten Krankheiten kurz halten und rasch den klinischen Befund erheben. Ausnahmen bilden die sexuell übertragbaren Krankheiten.
Häufigste Symptome sind:

- Urethraler Ausfluß
- Hautläsionen am Genitale
- Impotenz
- Infertilität

4.6.1 Sexuell übertragbare Krankheiten

Im Sinne des Gesetzes zur Bekämpfung der Geschlechtskrankheiten fallen darunter **Gonorrhö, Lues, weicher Schanker** und **Lymphogranuloma inguinale**, im weiteren Sinn auch überwiegend sexuell übertragene Infektionskrankheiten wie **Chlamydien- und Mykoplasmeninfektionen, HIV-Infektion, Herpes genitalis** und **Condylomata acuminata**.
Bei allen Formen des **urethralen Fluors, bei Haut- und Schleimhautläsionen im Genitalbereich** und bei **Lymphknotenschwellungen in den Leisten**, aber auch bei unklaren extragenitalen Hautläsionen sollten Sie an die Möglichkeit einer sexuell übertragenen Krankheit denken und eine Sexualanamnese erheben. Fragen Sie nach »risikoträchtigen« Sexualkontakten in den letzten vier Wochen. Dazu gehören ungeschützter Geschlechtsverkehr mit Prostituierten oder anderen Personen mit häufigem Partnerwechsel sowie mit weitgehend unbekannten Personen oder homosexuelle Kontakte. Bedenken Sie, daß bei jeder Geschlechtskrankheit immer auch der ständige Partner des Patienten in die Anamnese mit einbezogen werden muß, sei es als Überträger oder als Empfänger einer Geschlechtskrankheit. Daraus ergeben sich oft schwere Belastungen für eine Beziehung, die der Patient unter Umständen durch falsche Angaben zu vermeiden sucht.

4.6.1 Sexuell übertragbare Krankheiten
Hierzu zählen **Gonorrhö, Lues, weicher Schanker** und **Lymphogranuloma inguinale**, im weiteren Sinn auch überwiegend sexuell übertragene Infektionskrankheiten wie **Chlamydien- und Mykoplasmeninfektionen, HIV-Infektion, Herpes genitalis und Condylomata acuminata.**
Bei allen Formen des **urethralen Fluors, bei Haut- und Schleimhautläsionen im Genitalbereich** und **Lymphknotenschwellungen in den Leisten**, aber auch bei unklaren extragenitalen Hautläsionen sollten Sie an die Möglichkeit einer sexuell übertragenen Krankheit denken. Bedenken Sie, daß bei jeder Geschlechtskrankheit immer auch der ständige Partner des Patienten in die Anamnese mit einbezogen werden muß, sei es als Überträger oder als Empfänger der Infektion.

> ▶ ***Merke.*** Bei jeder sexuell übertragbaren Erkrankung muß der Patient angehalten werden, seine(n) Sexualpartner über die Möglichkeit einer Infektion zu informieren und ihn/sie zu einer Untersuchung zu veranlassen.

◀ **Merke**

Lassen Sie sich nicht durch Alter, Beruf oder soziale Stellung des Patienten beeinflussen, sondern erheben Sie die Anamnese vorurteilsfrei. Tasten Sie sich aber taktvoll an den Problemkreis heran, Sie könnten manche Patienten vor den Kopf stoßen (siehe Kapitel A 1.7.4). Fragen Sie auch nach früher durchgemachten Geschlechtskrankheiten.

Fragen Sie auch nach früher durchgemachten Geschlechtskrankheiten.

Liegen unklare Haut- oder Schleimhautbefunde vor, die im Zusammenhang mit einer sexuell übertragbaren Erkrankung stehen könnten, so ist es bei der Anamneseerhebung erforderlich, detailliert auf die sexuelle Orientierung und eventuell ausgeübte Sexualpraktiken einzugehen. Vermeiden Sie bei dem Patienten aber den Eindruck, Sie würden diese Fragen aus neugierigem Interesse stellen! Vielmehr geht es darum, das weitere Untersuchungsprogramm, z. B. mikrobiologische Untersuchungen, festzulegen.

Bei unklaren Haut- oder Schleimhautbefunden, die im Zusammenhang mit einer sexuell übertragbaren Erkrankung stehen könnten, ist es erforderlich, detailliert auf die sexuelle Orientierung und die ausgeübten Sexualpraktiken einzugehen.

> ▶ ***Merke.*** Der Patient muß sicher sein, daß Sie es mit der ärztlichen Schweigepflicht sehr ernst nehmen und nichts ohne seine Information und sein Einverständnis geschieht.

◀ **Merke**

Kasuistik. Ein 26jähriger Mann kommt wegen Brennens bei der Miktion und gelblichem Ausfluß aus der Harnröhre in die Sprechstunde. Anamnestisch hatte er vor drei Tagen ungeschützten Geschlechtsverkehr mit einem Mädchen, von dem er nur den Vornamen weiß. Beim Ausstreifen der Harnröhre quillt ein dicker gelber Eitertropfen aus dem Orificium externum. An Hoden, Nebenhoden, Rektum und Prostata ist kein pathologischer Tastbefund zu erheben. Im mit Methylenblau gefärbten Ausstrich finden sich massenhaft Leukozyten, in deren Zytoplasma reichlich Diplokokken eingelagert sind. Bereits am zweiten Tag einer dreitägigen Penicillinbehandlung ist der Patient beschwerdefrei, im Ausstrich werden keine Gonokokken mehr gefunden.

4.6.2 Impotenz und Infertilität

Reicht die Erektion nicht aus, um den Geschlechtsakt auszuführen, so spricht man von einer **Impotentia coeundi**; ist der Mann nicht fähig, Nachkommen zu zeugen, so liegt eine **Impotentia generandi** vor. Mit zunehmendem Alter kommt es zu einer physiologischen Abnahme von Potenz und Libido, was aber nicht von allen Männern ohne weiteres akzeptiert wird.
Erkundigen Sie sich zunächst mit Fragen nach nichtpsychischen Gründen für eine Impotenz, z. B. früher durchgemachte Krankheiten oder ärztliche Eingriffe, Geschlechtskrankheiten oder chronische Erkrankungen sowie die Einnahme von Medikamenten. Denken Sie hierbei vor allem an einen Diabetes mellitus, arterielle Durchblutungsstörungen, multiple Sklerose, Rückenmarkstumoren und Traumata im Beckenbereich.

4.6.2 Impotenz und Infertilität

Bei der Abklärung von Potenzstörungen spielt die Anamnese eine entscheidende Rolle. Reicht die Erektion nicht aus, um den Geschlechtsakt auszuführen, so spricht man von einer **Impotentia coeundi**; ist der Mann nicht fähig, Nachkommen zu zeugen, so liegt eine **Impotentia generandi** vor. Beide Probleme sind sehr verbreitet und können zu erheblichen psychischen Belastungen führen. Impotenz tritt zwar in allen Altersgruppen auf, ist aber bei älteren Männern wesentlich häufiger als bei jungen. Mit zunehmendem Alter kommt es zu einer physiologischen Abnahme von Potenz und Libido, was aber nicht von allen Männern ohne weiteres akzeptiert wird. Häufig bestehen, gefördert durch die Medien – überzogene Vorstellungen vom Normalen, die Sie erst zurechtrücken müssen. Ehe Sie eine detaillierte Sexualanamnese erheben, erkundigen Sie sich zunächst mit Fragen nach nichtpsychischen Gründen für eine Impotenz, für die der Patient eher zugänglich ist und die weniger in seine Intimsphäre eindringen. Dazu gehören früher durchgemachte Krankheiten oder ärztliche Eingriffe, Geschlechtskrankheiten oder chronische Erkrankungen sowie die Einnahme von Medikamenten. Denken Sie dabei vor allem an einen Diabetes mellitus, arterielle Durchblutungsstörungen, multiple Sklerose, Rückenmarkstumoren und Traumata im Beckenbereich.

Merke ▶

▶ ***Merke.*** Medikamente, bei denen eine Impotenz als Nebenwirkung auftreten kann, sind Betablocker, Clonidin, α-Methyldopa, Thiazidiuretika.

Der Auslöser einer **psychogenen Impotenz** gründet in der intimsten Sphäre des Patienten und wirft eine Reihe von existentiellen Fragen auf. Sollten Sie bemerken, daß der Patient beim ersten Besuch noch nicht über sein Problem offen mit Ihnen sprechen kann, so können Sie ihm zunächst einen Fragebogen mitgeben (▤ C-**4.12**).

Der Auslöser einer **psychogenen Impotenz** gründet in der intimsten Sphäre des Patienten und wirft eine Reihe von existentiellen Fragen auf. Sollten Sie bemerken, daß der Patient beim ersten Besuch noch nicht über sein Problem offen mit Ihnen sprechen kann, so können Sie ihm zunächst einen Fragebogen mitgeben, den er bis zum nächsten Termin beantworten kann (▤ C-**4.12**). Auf dieser Basis kann das Gespräch möglicherweise begonnen werden, und Sie vermeiden Fragen, die für den Patienten ohnehin irrelevant sind. Der Fragebogen hebt darauf ab, ob nicht falsche Vorstellungen von Normalität vorliegen, ob anatomische Hindernisse bestehen, welches konkrete Problem beim Sexualakt vorliegt und ob eine generelle oder eine partnerbezogene Impotenz vorliegen könnte.

Entwickelt sich kein Vertrauensverhältnis, werden Sie im Gespräch mit dem Patienten gar nicht zu den entscheidenden Punkten kommen.

Zur Klärung einer möglichen **Impotentia generandi** fragen Sie zunächst nach der Häufigkeit des Geschlechtsverkehrs, dem Gefühl bei der Ejakulation, früher durchgemachten Erkrankungen oder Operationen und eventuell vorhandenen Nachkommen aus anderen Partnerschaften.

Falls überhaupt eine erfolgreiche Behandlung möglich ist, so hängt sie entscheidend von der Vertrauensbasis zwischen Arzt und Patient ab. Entwickelt sich kein Vertrauensverhältnis, werden Sie im Gespräch mit dem Patienten gar nicht zu den entscheidenden Punkten kommen.
Zur Klärung einer möglichen **Impotentia generandi** fragen Sie zunächst nach der Häufigkeit des Geschlechtsverkehrs, dem Gefühl bei der Ejakulation, früher durchgemachten Erkrankungen (z. B. Mumps-Orchitis, Traumen, Geschlechtskrankheiten) oder Operationen (z. B. Varikozele) und eventuell vorhandenen Nachkommen aus anderen Partnerschaften. Die Anamnese sollte auch Fragen nach den Lebens- und Arbeitsgewohnheiten, dem Alkoholkonsum und dem Schlafverhalten mit einbeziehen.

Merke ▶

▶ ***Merke.*** Etwa 10–15 % aller Ehen bleiben ungewollt kinderlos, wobei die Ursache zu 35–40 % beim Mann, zu 45–50 % bei der Frau liegt und in 10–20 % der Fälle ungeklärt bleibt.

C-4.12: Fragen zur Sexualanamnese beim Mann

Allgemeines
1. Empfinden Sie Ihr Sexualleben als befriedigend?
2. Wie oft versuchen Sie, im Durchschnitt, Geschlechtsverkehr auszuüben?
3. Haben Sie Anomalien an den Geschlechtsorganen oder Schmerzen, die Sie am Vollzug des Geschlechtsverkehrs hindern?

Erektion
1. Haben Sie eine ausreichende Erektion für den Geschlechtsverkehr?
   Falls nein, kreuzen Sie die Aussage an, die Ihrem Problem am nächsten kommt:
   - ☐ Niemals Erektionen
   - ☐ Gelegentliche schwache Erektionen, aber zu geringe Gliedsteife für den Verkehr
   - ☐ Kräftige Erektion zu Beginn, aber nicht lange genug anhaltend zum vollständigen Vollzug des Sexualakts
   - ☐ Kräftige Erektionen am Morgen oder bei Träumen, aber keine Erektion beim Versuch des Verkehrs mit dem Partner
   - ☐ Kräftige Erektion, aber Abknickung des Penis
2. Wann hatten Sie zum letzten Mal eine für den Verkehr ausreichende Erektion?
3. Haben Sie Erektionen am Morgen?

Ejakulation
1. Haben Sie eine befriedigende Ejakulation?
   Falls nein, beantworten Sie folgende Fragen:
   - Ist Ihre Ejakulation normal, wenn Sie Verkehr mit Ihrem Partner haben?
   - Ist Ihre Ejakulation normal bei der Masturbation?
   - Haben Sie Ejakulationen während Träumen?
2. Haben Sie das Gefühl, daß der Samen in die falsche Richtung geht, der Samenerguß zu früh erfolgt, überhaupt kein Samenerguß erfolgt?

Psychische Probleme
Glauben Sie, daß Ihr Problem mit emotionalen oder psychischen Schwierigkeiten zusammenhängt?
Falls ja, schildern Sie diese bitte kurz.

4.7 Anamnese bei Erkrankungen und Funktionsstörungen des weiblichen Genitales

Die häufigsten Symptome sind:
- Vaginaler Fluor und Juckreiz
- Abnorme vaginale Blutung
- Raumforderungen
- Haut- und Schleimhautläsionen
- Infertilität

Mit der Abklärung dieser Probleme ist zwar hauptsächlich der Gynäkologe befaßt, jedoch bestehen zahlreiche Querverbindungen zu extragenitalen Erkrankungen, so daß jeder Arzt über entsprechende Grundkenntnisse verfügen sollte.

4.7.1 Vaginaler Fluor

Geringer vaginaler Fluor ist physiologisch. Manche Frauen haben allerdings übersteigerte Vorstellung vom Normalen, die Sie u. U. zurechtrücken müssen. Ein fischiger oder fauliger Geruch des Fluors, vor allem in Verbindung mit vaginalem Juckreiz, weist auf eine abnorme Keimbesiedelung der Vagina hin, z. B. auf eine Candida- oder Trichomonaden-Infektion. Fragen Sie nach der Einnahme von Medikamenten (Antibiotika!) und nach der Anwendung und Häufigkeit von Scheidenspülungen. Oft wird die physiologische Vaginalflora durch übertriebene Hygienemaßnahmen zerstört und so das Problem erst induziert. Frauen mit häufig wechselnden Partner-

4.7 Anamnese bei Erkrankungen und Funktionsstörungen des weiblichen Genitales

Die häufigsten Symptome sind:
- Vaginaler Fluor und Juckreiz
- Abnorme vaginale Blutung
- Raumforderungen
- Haut- und Schleimhautläsionen
- Infertilität

4.7.1 Vaginaler Fluor

Geringer vaginaler Fluor ist physiologisch. Ein fischiger oder fauliger Geruch des Fluors, vor allem in Verbindung mit vaginalem Juckreiz, weist auf eine abnorme Keimbesiedelung der Vagina hin, z. B. auf eine Candida- oder Trichomonaden-Infektion. Fragen Sie nach der Einnahme von Medikamenten (Antibiotika!) und nach der Anwendung und Häufigkeit von Scheidenspülungen. Begleitsymptome wie Inkontinenz, Strangurie, Hämaturie oder Pollakisurie können wichtige Hinweise auf die Ursache des Fluors geben. Erheben Sie auch eine Regelanamnese und fragen Sie z. B. nach Geschlechtskrankheiten, Adnexitis, Tuberkulose oder Diabetes mellitus.

schaften haben eher eine abnorme Vaginalflora oder vaginale Infektionen als Frauen in monogamer Beziehung. Begleitsymptome wie Inkontinenz, Strangurie, Hämaturie oder Pollakisurie können wichtige Hinweise auf die Ursache des Fluors geben. Erheben Sie auch eine Regelanamnese (Frühschwangerschaft!) und fragen Sie nach durchgemachten oder bestehenden Erkrankungen, z. B. Geschlechtskrankheiten, Adnexitis, Tuberkulose oder Diabetes mellitus.

Merke ▶

▶ ***Merke.*** Jeder starke Fluor bedarf der diagnostischen Abklärung, wobei man in den meisten Fällen mit Anamnese und vaginaler Spiegelung auskommt. Findet man bis zur Portio keine sichtbare Ursache, so ist eine Abrasio angezeigt.

Zu den wichtigsten Ursachen von vaginalem Fluor siehe C-**4.13**.

Die wichtigsten Ursachen von vaginalem Fluor mit hinweisenden Begleitsymptomen sind in C-**4.13** zusammengestellt.

C-4.13: Vaginaler Fluor und Begleitsymptome: mögliche diagnostische Bedeutung

Konsistenz	**Geruch/Aussehen**	**Begleitsymptome**	**Verdachtsdiagnose**
Dickflüssig	Gelblich/fötide	Brennende Schmerzen	Bakterielle Vulvitis/Kolpitis, Rötung der Vulva
Dickflüssig	Käsig	Juckreiz	Candida-Kolpitis
Schaumig-dünn	Fischig, weißlich	Juckreiz	Trichomonaden
Flüssig	Fötide	Wundgefühl, Juckreiz, Wucherungen	Vulvakarzinom
Flüssig	Fötide, blutig	Vaginaler Blutaustritt	Zervixkarzinom
Flüssig	Fötide, dunkel	Zwischen- und Schmierblutungen	Myom, Korpuskarzinom

4.7.2 Abnorme vaginale Blutungen

Bleibt die Periodenblutung nach der Pubertät aus, ohne je eingetreten zu sein, spricht man von einer **primären Amenorrhö**. Die **sekundäre Amenorrhö** bezeichnet ein Ausbleiben der Blutung nach einer Phase des regelmäßigen Eintretens. Die erste Frage bei Amenorrhö muß also lauten: »War die Periode je vorhanden und regelmäßig?«.

Häufiger als durch eine faßbare endokrine Störung ist eine Amenorrhö durch die Lebensumstände und Allgemeinkrankheiten bedingt. Bei Krankheiten des Hypothalamus, der Hypophyse, der Schilddrüse und der Ovarien ist die Amenorrhö oft das Erstsymptom. Fragen Sie nach einer milchigen Sekretion aus den Mamillen (Galaktorrhö), wie sie bei Prolaktin produzierenden Hypophysentumoren beobachtet wird.

Verstärkte Blutungen zum Zeitpunkt der regulären Menstruation werden als

4.7.2 Abnorme vaginale Blutungen

Unbeeinflußt von hormonhaltigen Medikamenten (z. B. Ovulationshemmern) ist eine normale und regelmäßige Menstruationsblutung eines der wichtigsten Zeichen für einen intakten Zyklus und die Fruchtbarkeit der Frau. Bleibt die Periodenblutung nach der Pubertät aus, ohne je eingetreten zu sein, so spricht man von einer **primären Amenorrhö**. Die **sekundäre Amenorrhö** bezeichnet ein Ausbleiben der Blutung nach einer Phase des regelmäßigen Eintretens. Physiologische Zustände der Amenorrhö sind vor der Pubertät, in der Schwangerschaft und in der Postmenopause vorhanden. Die erste Frage bei Amenorrhö muß also lauten: »War die Periode je vorhanden und regelmäßig?«.

Häufiger als durch eine faßbare endokrine Störung ist eine Amenorrhö durch die Lebensumstände und Allgemeinkrankheiten bedingt. Für die normale Periodenblutung ist ein gewisser Fettanteil des weiblichen Körpers erforderlich. Daher haben Patientinnen mit Anorexie aufgrund einer schweren Eßstörung faßt regelhaft eine Amenorrhö. Ein ähnlicher Mechanismus liegt bei Leistungssportlerinnen (z. B. Langstreckenläuferinnen oder Ballettänzerinnen) und bei schweren konsumierenden Krankheiten (Tumorerkrankungen, Kollagenosen) vor. Bei Krankheiten des Hypothalamus, der Hypophyse, der Schilddrüse und der Ovarien ist die Amenorrhö oft das Erstsymptom. Fragen Sie nach einer milchigen Sekretion aus den Mamillen (Galaktorrhö), wie sie bei Prolaktin produzierenden Tumoren der Hypophyse beobachtet wird.

Verstärkte Blutungen zum Zeitpunkt der regulären Menstruation werden als **Menorrhagien** bezeichnet. Dabei kann die Blutungsstärke normal, aber die Dauer verlängert (> 5 Tage) oder bei normaler Blutungsdauer der Blutfluß verstärkt sein. Zur Quantifizierung fragen Sie die Patientin nach der Dauer der Periodenblutung und nach der Zahl der verwendeten Binden/Tampons. Menorrhagien können physiologisch kurz nach der Menarche oder vor der Menopause auftreten. Sie können aber auch Symptom einer Endometriose des Uterus oder Hinweis auf eine allgemeine Blutungsneigung, z. B. im Rahmen einer Hämophilie, einer Thrombozytopenie oder einer Leukose, sein.

Menorrhagien bezeichnet. Dabei kann die Blutungsstärke normal, aber die Dauer verlängert (> 5 Tage) oder bei normaler Blutungsdauer der Blutfluß verstärkt sein. Menorrhagien können physiologisch kurz nach der Menarche oder vor der Menopause auftreten, aber auch Symptom einer Endometriose des Uterus oder Hinweis auf eine allgemeine Blutungsneigung sein.

Metrorrhagien (Zwischen- oder Zusatzblutungen) sind Blutungen von normaler Stärke, aber zu unregelmäßigen Zeitpunkten. Ergeben sich keine naheliegenden Erklärungen, wie z. B. das Tragen eines Intrauterinpessars (IUP), so sind Metrorrhagien immer verdächtig auf eine schwerwiegende organische Erkrankung (Korpus- oder Zervixkarzinom) und bedürfen der gründlichen gynäkologischen Abklärung.

Metrorrhagien (Zwischen- oder Zusatzblutungen) sind Blutungen von normaler Stärke, aber zu unregelmäßigen Zeitpunkten. Sie sind verdächtig auf eine schwerwiegende organische Erkrankung (Korpus- oder Zervixkarzinom).

Fragen Sie die Patientin nach der Zyklusdauer, nach der Stärke der Periodenblutung, eventuell auftretenden Schmerzen mit der Periode und vor allem nach Zwischenblutungen. Tragen Sie die Befunde in ein Schema nach dem Beispiel der ◘ C-**4.23** ein.
Besonders verdächtig auf Neoplasien sind **Postmenopausenblutungen**. Jede Blutung, die nach einer einjährigen Amenorrhöperiode bei Frauen im Menopausenalter auftritt, muß abgeklärt werden.

Fragen Sie nach Zyklusdauer, nach der Stärke der Periodenblutung, eventuell auftretenden Schmerzen mit der Periode und nach Zwischenblutungen (siehe ◘ C-**4.23**). Besonders verdächtig auf Neoplasien sind **Postmenopausenblutungen**.

▶ ***Merke.*** Jede Postmenopausenblutung ist verdächtig auf ein Uteruskarzinom und muß abgeklärt werden.

◀ **Merke**

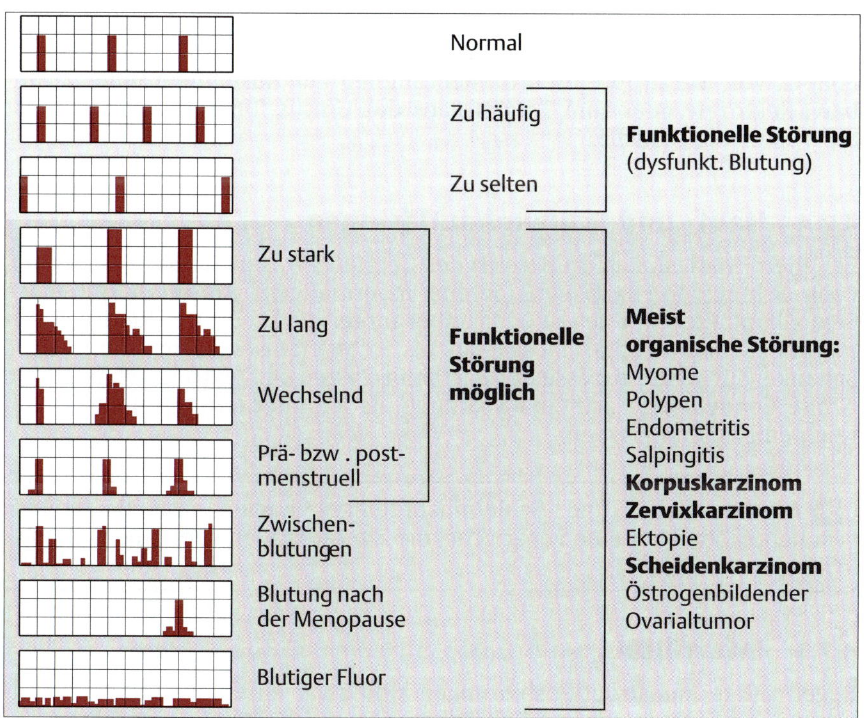

◘ C-**4.23: Befundschema bei Zyklusstörungen**

Mögliche Ursachen und Lokalisationen von abnormen Blutungen aus dem weiblichen Genitaltrakt und die diagnostischen Verfahren zur Abklärung sind in ◘ C-**4.24** dargestellt.

Mögliche Ursachen und Lokalisationen von abnormen Blutungen aus dem weiblichen Genitaltrakt sind in ◘ C-**4.24** dargestellt.

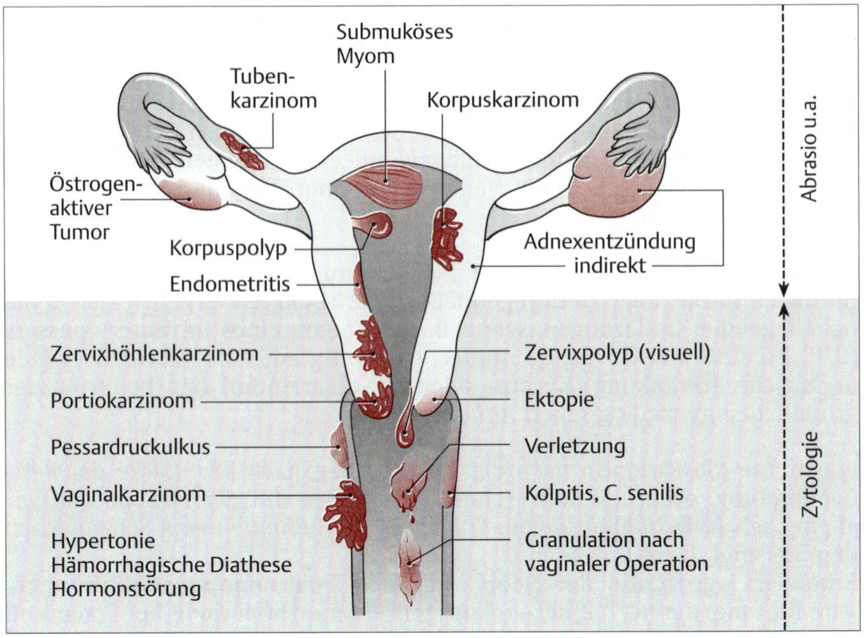

C-4-24: Blutungen aus dem weiblichen Genitaltrakt: Ursachen, Lokalisation und Diagnose

4.7.3 Raumforderungen

Es besteht ein Gefühl, als ob sich etwas im Unterbauch oder im Genitalbereich befindet, was dort nicht hingehört und nach unten drückt. Fragen Sie nach der Anzahl der Geburten und nach Begleitsymptomen. Meistens liegt eine Erschlaffung des Beckenbodens vor, die zur Ausbildung einer Zysto- bzw. Rektozele oder zum Totalprolaps des Uterus führen kann. Selten ist ein Tumor die Ursache.

4.7.3 Raumforderungen

Vor allem ältere Patientinnen berichten über ein Gefühl, als ob sich etwas im Unterbauch oder im Genitalbereich befindet, was dort nicht hingehört und nach unten drückt. Fragen Sie nach der Anzahl der Geburten und nach Begleitsymptomen wie Urin- oder Stuhlinkontinenz, neu aufgetretener Obstipation oder Tenesmen. Meistens liegt eine Erschlaffung des Beckenbodens vor, die in fortgeschrittenen Stadien zur Ausbildung einer Zysto- bzw. Rektozele oder zum Totalprolaps des Uterus führen kann. Selten ist ein Tumor die Ursache.

4.7.4 Haut- und Schleimhautläsionen

Bei allen Hautläsionen im Bereich des Genitales fragen Sie nach der Dauer, nach Schmerzen, nach evtl. bereits mehrmaligem Auftreten und nach Sexualkontakten mit neuen oder unbekannten Partnern.

4.7.4 Haut- und Schleimhautläsionen

Bei allen Hautläsionen im Bereich des Genitales fragen Sie nach der Dauer, nach Schmerzen, nach evtl. bereits mehrmaligem Auftreten und nach Sexualkontakten mit neuen oder unbekannten Partnern. Der luetische Primäraffekt ist ein scharf ausgestanztes, schmerzloses Ulkus, der weiche Schanker tut weh. Abszesse der Bartholin-Zysten sind extrem schmerzhaft. Große Condylomata acuminata können als Raumforderung im Genitalbereich empfunden werden.

Merke ►

Merke. Haut- und Schleimhautdefekte junger, sexuell aktiver Frauen haben eher eine venerische, die älterer Frauen eher eine maligne Genese.

4.7.5 Infertilität

Zu Beginn der Abklärung erheben Sie daher eine Regelanamnese und fragen nach der Basaltemperatur. Wichtige anamnestische Angaben beziehen sich auf frühere venerische Infektionen, bislang durchgeführte Verhütungsmaßnahmen (z. B. orale Ovulationshemmer, Intrauterinpessar) und die Frequenz des Sexualverkehrs.

4.7.5 Infertilität

Regelmäßige Menstruationsblutungen sind zwar eine notwendige, wenngleich keine hinreichende Bedingung für die Fertilität einer Frau. Zu Beginn der Abklärung erheben Sie daher eine Regelanamnese und fragen nach der Basaltemperatur, die von den meisten Frauen mit Fertilitätsproblemen bereits verfolgt wurde, ehe sie sich erstmals beim Arzt vorstellen. Wichtige anamnestische Angaben beziehen sich auf frühere venerische Infektionen, bislang durchgeführte Verhütungsmaßnahmen (z. B. orale Ovulationshemmer, Intrauterinpessar) und die Frequenz des Sexualverkehrs. Der nächste diagnostische Schritt ist die systematische Aufzeichnung der Basaltemperatur, um festzustellen, ob eine Ovulation stattfindet.

5 Extremitäten und peripheres Gefäßsystem

Die Untersuchung der Extremitäten konzentriert sich auf Gelenke und Muskulatur, Haut, peripheres Gefäßsystem und neurologische Auffälligkeiten. In diesem Kapitel wird das periphere Gefäßsystem abgehandelt. Die anderen Aspekte der Extremitätenuntersuchung sind in den speziellen Kapiteln zu finden.
Eine Gangrän (ischämische Nekrose) als schwerste Folge einer **arteriellen Durchblutungsstörung**, kann ebenso wie das Ulcus cruris (Unterschenkelgeschwür) – die schwerste Manifestation einer chronisch **venösen Insuffizienz** – als Blickdiagnose bei der Inspektion erkannt werden. Zusammen mit den typischen anamnestischen Angaben und weiteren klinischen Zeichen sind arterielle und venöse Durchblutungsstörungen eindeutig voneinander zu differenzieren. Nur in seltenen Fällen liegen Mischformen vor, die zu sog. gemischten Ulzerationen führen. Auch hierbei haben Anamnese und klinische Untersuchung die größte Bedeutung für die Diagnosestellung.
Es ist ohne weitere technische Untersuchung möglich, sogar die Lokalisation eines arteriellen Verschlusses bzw. einer venösen Thrombose allein aufgrund der Anamnese und der körperlichen Untersuchung festzustellen.

> **Merke.** Arterielle Durchblutungsstörungen und venöse Insuffizienz sind sehr häufige Erkrankungen, die relativ einfach klinisch diagnostiziert werden können, wenn man einige wichtige Regeln beachtet.

5.1 Arterielle Durchblutungsstörungen

5.1.1 Inspektion

Bei der Inspektion fallen minderdurchblutete Hände und Füße durch ihre Hautverfärbung auf. Weiße oder bläulich verfärbte Finger oder Zehen sind typisch für arterielle Durchblutungsstörungen. Da die Veränderungen meist einseitig beginnen bzw. auf einer Seite stärker ausgeprägt sind, ist stets ein direkter Seitenvergleich vorzunehmen. Bestehen Hautdefekte, z. B. Zehen- oder Fingerkuppennekrosen, ist bereits ein fortgeschrittenes Stadium der peripheren arteriellen Verschlußkrankheit (pAVK) erreicht. Wichtig ist auch, genau die Zehenzwischenräume zu inspizieren. Hier verbergen sich oft – selbst vom Patienten nicht beachtete – Hautläsionen, die z. B. Folge einer diabetischen Angiopathie oder einer Mykose (Pilzinfektion) sein können und zum Ausgangspunkt für schwere bakterielle Infektionen werden können.
Arterielle Ulzera sitzen im Gegensatz zu venösen Ulzera immer ganz peripher (Zehen, siehe B-**12**) und schreiten im weiteren Verlauf nach proximal fort.

5.1.2 Palpation und Perkussion

Bei Verdacht auf eine arterielle Durchblutungsstörung sollte die Beurteilung der Hauttemperatur am Anfang der angiologischen Untersuchung stehen. Ist beispielsweise ein Fuß deutlich kälter und evtl. blasser als der andere, so ist eine Minderperfusion sehr wahrscheinlich. Die nachfolgende Palpation der Fußpulse wird den Verdacht erhärten.

5 Extremitäten und peripheres Gefäßsystem

Eine Gangrän kann ebenso wie das Ulcus cruris (Unterschenkelgeschwür) als Blickdiagnose bei der Inspektion erkannt werden. Zusammen mit den typischen anamnestischen Angaben sind arterielle und venöse **Durchblutungsstörungen** eindeutig voneinander zu differenzieren.

Die Lokalisation eines arteriellen Verschlusses bzw. einer venösen Thrombose läßt sich allein aufgrund der Anamnese und der körperlichen Untersuchung feststellen.

◀ **Merke**

5.1 Arterielle Durchblutungsstörungen

5.1.1 Inspektion

Bei der Inspektion fallen minderdurchblutete Hände und Füße durch ihre Hautverfärbung auf. Weiße oder bläulich verfärbte Finger oder Zehen sind typisch. Bestehen Hautdefekte, ist bereits ein fortgeschrittenes Stadium der peripheren arteriellen Verschlußkrankheit erreicht.

Arterielle Ulzera sitzen im Gegensatz zu venösen Ulzera immer ganz peripher (Zehen, siehe B-**12**) und schreiten im weiteren Verlauf nach proximal.

5.1.2 Palpation und Perkussion

Bei Verdacht auf eine arterielle Durchblutungsstörung sollte die Beurteilung der Hauttemperatur die angiologische Untersuchung einleiten. Ist z. B. ein Fuß deutlich kälter und evtl. blasser als der andere, ist eine Minderperfusion sehr wahrscheinlich.

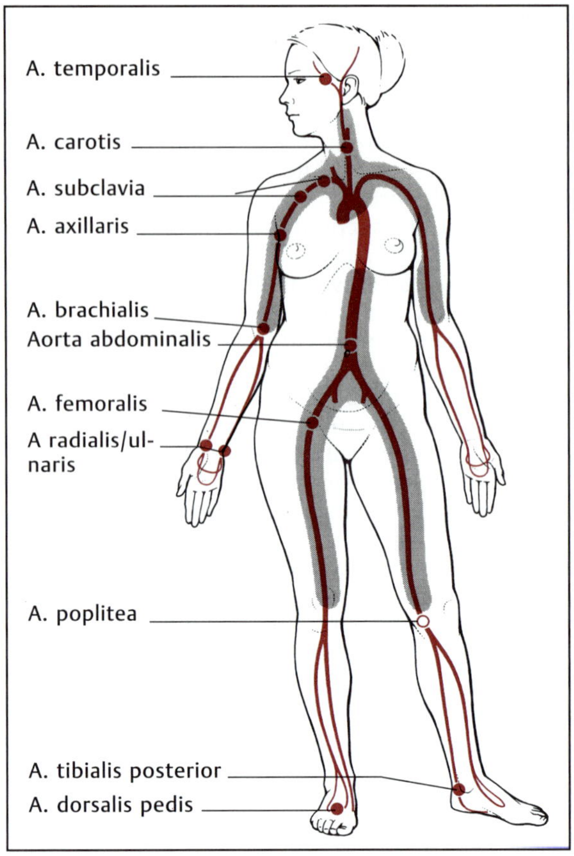

C-5.1: Lokalisationen zur Palpation der peripheren Pulse

Die **typischen Stellen zur Palpation** der peripheren Pulse sind in C-**5.1** dargestellt. Bei Verdacht auf eine pAVK ist es unerläßlich, die Pulse stets seitenvergleichend zu palpieren. Man sollte sich ein **systematisches Untersuchungsschema** angewöhnen, z. B. an den Beinen von der Leistenbeuge (A. femoralis) über die Kniekehle (A. poplitea) bis zum Innenknöchel (A. tibialis posterior) und Fußrücken (A. dorsalis pedis). So kann evtl. schon die Palpation allein Aufschluß darüber geben, in welcher Höhe sich ein Arterienverschluß befindet.

Die **typischen Stellen zur Palpation** der peripheren Pulse sind in C-**5.1** dargestellt. Die Pulspalpation erscheint für den Anfänger an einigen Stellen, beispielsweise der A. poplitea, sehr schwer. Am besten üben Anfänger die Palpationen gegenseitig untereinander. Anfänger sind sich oft nicht sicher, ob sie bei der Patientenuntersuchung nicht ihren eigenen Puls tasten. Dann ist es hilfreich, den eigenen Puls zur Unterscheidung zu beschleunigen, z. B. durch ein paar Kniebeugen. Die anschließende vergleichende Palpation (eine Hand am Puls des Patienten, die andere am eigenen Puls) bringt Klarheit. Bei Verdacht auf eine pAVK ist es unerläßlich, die Pulse stets seitenvergleichend zu palpieren. Dies ist mit Ausnahme der A. poplitea bei allen Pulsen simultan möglich. Die A. poplitea muß mit beiden Händen bei leicht gebeugtem Knie in der Kniekehle getastet werden. Man sollte sich ein **systematisches Untersuchungsschema** angewöhnen, z. B. an den Beinen von der Leistenbeuge (A. femoralis) über die Kniekehle (A. poplitea) bis zum Innenknöchel (A. tibialis posterior) und Fußrücken (A. dorsalis pedis). So kann evtl. schon die Palpation allein Aufschluß darüber geben, in welcher Höhe sich ein Arterienverschluß befindet (z. B. seitengleiche kräftige Femoralispulse, rechtsseitig fehlender Popliteapuls und abgeschwächte Fußpulse rechts: Verschluß im Bereich des rechten Oberschenkels).

Die **A. femoralis** wird direkt unterhalb des Leistenbandes getastet. Bei der Palpation der **A. poplitea** müssen die Fingerkuppen tief in der Kniekehle tasten. Die A. tibialis posterior wird hinter dem medialen Knöchel getastet. Die **A. dorsalis pedis** verläuft am Fußrücken zwischen der Verlängerung der ersten und zweiten Zehe. Die **Aa. dorsalis pedis** und **tibilias posterior** werden am besten beim liegenden Patienten untersucht. Die Fußpulse sind bei Ödemen nur schwer oder gar nicht tastbar.

Die **A. femoralis** wird direkt unterhalb des Leistenbandes getastet. Die Palpation erfolgt wie bei allen anderen Pulsen mit den Fingern 2 bis 4 unter leichtem Druck. Bei der Palpation der **A. poplitea** müssen die Fingerkuppen evtl. tief in der Kniekehle tasten, insbesondere bei adipösen Patienten. Man muß sich für diese Untersuchung Zeit lassen und die Palpationsstelle nicht zu schnell wechseln. Ein Seitenvergleich ist möglich, wenn der Patient auf dem Bauch liegt (Unterschenkel durch ein Kissen anheben!) und die Palpation beidseits jeweils mit dem Daumen erfolgt. Die A. tibialis posterior wird hinter dem medialen Knöchel getastet. Die Untersucherfinger müssen tief und evtl. mit größerem Druck hinter den Knöchel greifen. Die **A. dorsalis pedis** verläuft am Fußrücken zwischen der Verlängerung der ersten und zweiten Zehe. Der Verlauf ist häufig atypisch! Die Aa. dorsalis pedis und tibilias posterior werden am besten beim liegenden Patienten untersucht, wobei darauf zu achten ist, daß die Muskulatur entspannt ist und der Fuß nicht überstreckt wird (S C-**5.1**). Die Fußpulse sind bei Ödemen nur schwer oder gar nicht tastbar.

S Synopsis C-5.1: Palpation der Arterienpulse im Bereich der unteren Extremität

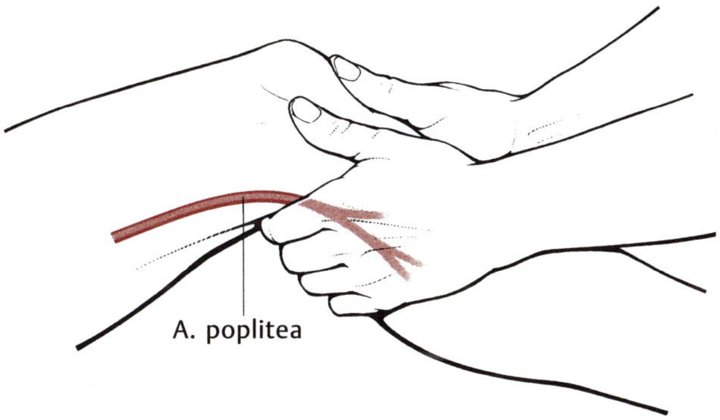

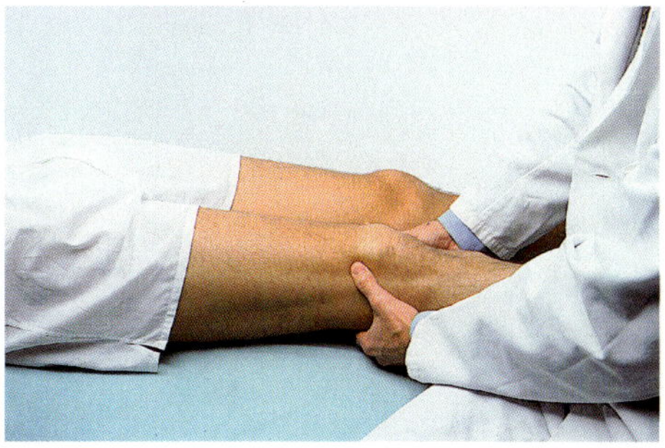

Vorgehensweise:

Zur **Palpation der A. poplitea** werden beide Hände auf die Tibiakondylen gelegt. Mit gebeugten Fingern kann der Puls zwischen den Gastrocnemiusköpfen ertastet werden. Schwierigkeiten können bei der Palpation dieser Arterie bei gestrecktem Knie entstehen, da das Gefäß von der gespannten Fascia poplitea und einem dicken Fettgewebskörper überlagert ist.

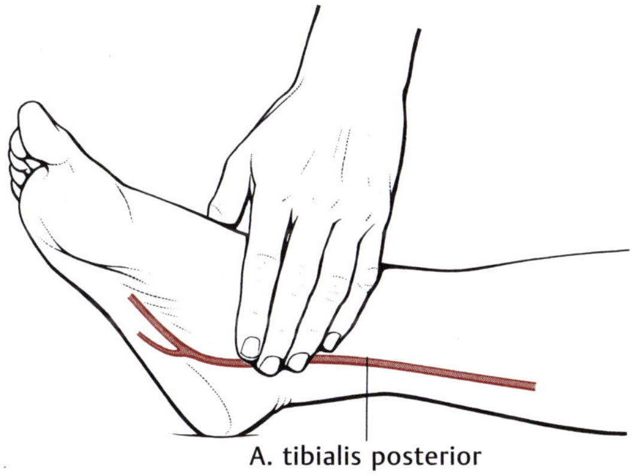

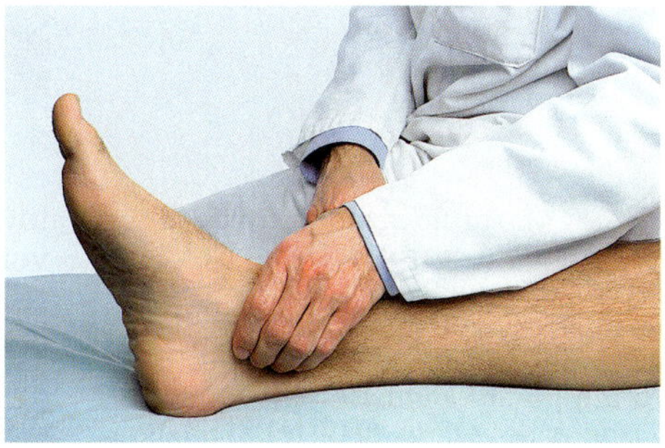

Vorgehensweise:

Die **A. tibialis posterior** kann im medialen Knöchelbereich getastet werden.

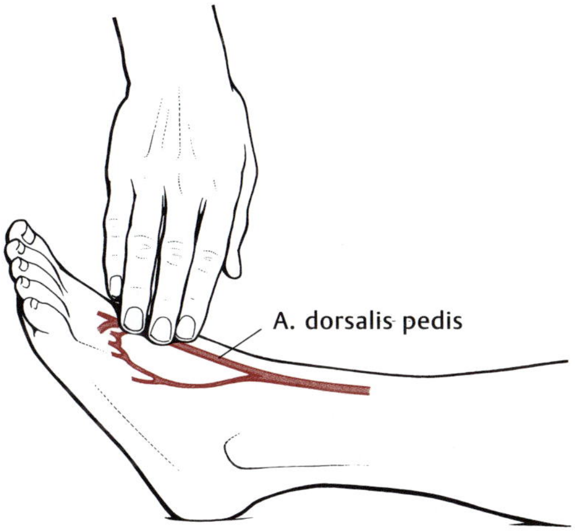

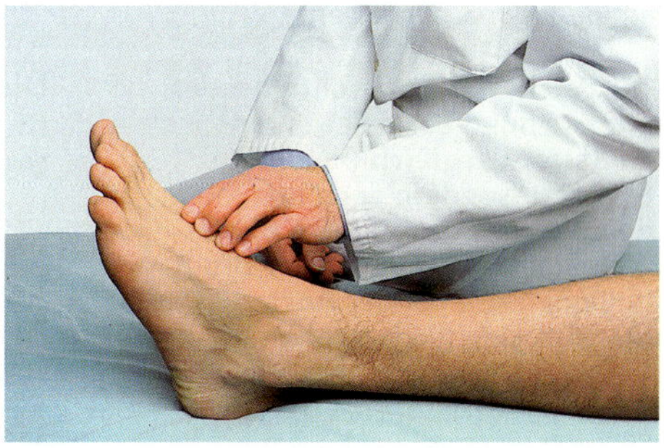

Vorgehenweise:

Die **A. dorsalis pedis** ist am dorsalen Fußrücken lateral der Sehne des M. extensor hallucis longus tastbar.

Die **A. ulnaris** wird in der »Begrüßungsstellung« getastet, die **A. brachialis** kurz oberhalb der Ellenbeuge medialseits in der Tiefe (◙ C-**5.2**).

Die Pulse der oberen Extremität sind für den Anfänger leichter zu tasten. Die **A. ulnaris** wird entweder in der »Begrüßungsstellung« getastet oder für einen Seitenvergleich ohne »Händeschütteln«. Die **A. brachialis** wird kurz oberhalb der Ellenbeuge medialseits in der Tiefe getastet (◙ C-**5.2**). Sie sollte vor **jeder** auskultatorischen Blutdruckmessung am Arm getastet werden, da für eine optimale Blutdruckmessung das Stethoskop/Mikrophon auf den Punkt der maximalen Pulsation aufzusetzen ist.

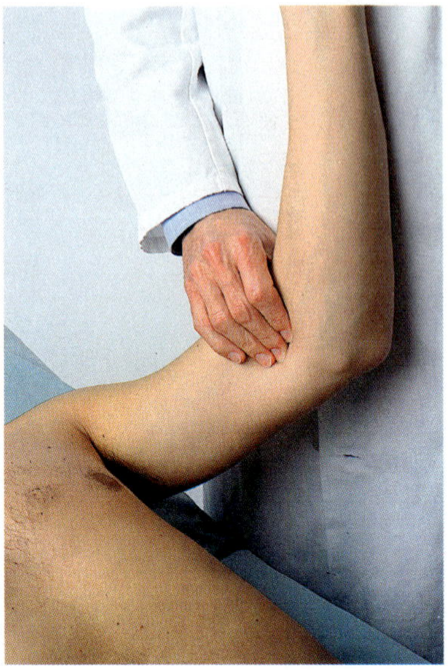

◙ C-**5.2: Palpation der A. brachialis**

Medial des M. sternocleidomastoideus tastet man die **A. carotis**. Dabei ist größerer Druck unbedingt zu vermeiden (cave: Bradykardie bzw. Asystolie bei sensitivem Karotissinus!). Die A. temporalis kann 1–2 cm vor dem Tragus des Ohres getastet werden.

Medial des M. sternocleidomastoideus tastet man die **A. carotis**. Im Seitenvergleich palpiert man hinter dem Patienten stehend mit den Fingerspitzen beider Hände. Dabei ist größerer Druck unbedingt zu vermeiden (cave: Bradykardie bzw. Asystolie bei sensitivem Karotissinus!). Der Seitenvergleich sollte nicht simultan, sondern wegen der Gefahr zerebraler Durchblutungsstörungen nacheinander durchgeführt werden. Die A. temporalis kann 1–2 cm vor dem Tragus des Ohres getastet werden. Der Ramus frontalis der A. temporalis superficialis ist seitlich an der Stirn entlang dem Haaransatz zu tasten.

Die Pulsation der **Aorta abdominalis** kann bei tiefer Palpation des Abdomens ertastet werden. Eine verbreiterte und kräftige Pulsation, die bereits beim vorsichtigen Berühren der Bauchdecken spürbar ist, kann auf ein Aortenaneurysma hinweisen.

Die Pulsation der **Aorta abdominalis** kann bei tiefer Palpation des Abdomens ertastet werden. Eine verbreiterte und kräftige Pulsation, die bereits beim vorsichtigen Berühren der Bauchdecken spürbar ist, kann auf ein Aortenaneurysma hinweisen. Bei sehr schlanken Patienten ist die Pulsation der Bauchaorta durch die Übertragung auf die Bauchdecken sichtbar, insbesondere bei erhöhtem Herzminutenvolumen, z. B. nach körperlicher Anstrengung.

Die **Blutdruckmessung** sollte bei der Erstuntersuchung eines Patienten nicht nur **im Seitenvergleich** (linker und rechter Arm), sondern auch im **Vergleich obere und untere Extremität** erfolgen. Bei AVK ist der Druck in den Beinen wie bei der **Aortenisthmusstenose** signifikant erniedrigt.

Die **Blutdruckmessung** sollte bei der Erstuntersuchung eines Patienten nicht nur **im Seitenvergleich** (linker und rechter Arm), sondern auch im **Vergleich obere und untere Extremität** erfolgen. Dies ist besonders wichtig bei Kindern und Jugendlichen, um eine **Aortenisthmusstenose** nicht zu übersehen: Typisch hierfür sind die abgeschwächten Fußpulse. Normalerweise ist der Blutdruck in den Beinen etwas höher als der Druck in den Armen. Bei peripherer AVK ist der Druck in den Beinen wie bei der Aortenisthmusstenose signifikant erniedrigt.

Die Messung des Blutdrucks an den Beinen erfolgt durch Anlegen der Manschette im unteren Drittel des Unterschenkels und die **palpatorische Ermittlung des systolischen Druckes an der A. tibialis posterior** oder **A. dorsalis pedis**.

Am einfachsten erfolgt die Messung des Blutdruckes an den Beinen durch Anlegen der Blutdruckmanschette im unteren Drittel des Unterschenkels und die **palpatorische Ermittlung des systolischen Blutdruckes an der A. tibilias posterior** oder **A. dorsalis pedis**: Man achtet beim Aufblasen der Blutdruckmanschette und beim Ablassen auf das Verschwinden bzw. das Wiederauftreten der Pulsation.

5.1.3 Gefäßauskultation

Normalerweise hört man keine Geräuschphänomene über den Arterien. Man kann aber auch beim Gesunden durch Druck mit dem Stethoskop eine künstliche Gefäßeinengung produzieren und so ein Strömungsgeräusch entstehen lassen (z. B. über der Femoralarterie). Jede geringgradige Einengung kann bereits zur Wirbelbildung und Turbulenz führen und ein Stenosegeräusch erzeugen. Die Auskultation der Gefäße gibt daher wichtige Hinweise auf Gefäßerkrankungen. Dies ist besonders wichtig, wenn noch keine Symptome auf eine schwere Durchblutungsstörung schließen lassen, z. B. bei einem Strömungsgeräusch über der A. carotis (Frühdiagnose einer Karotisstenose). Es sollten stets beide Karotiden, die A. subclavia (über der Supraklavikulargrube) und die Aorta abdominalis auskultiert werden. Bei peripherer AVK wird darüber hinaus über der A. femoralis und der A. poplitea sowie im Bereich des Adduktorenkanals (in der Mitte des Oberschenkels medialwärts) auskultiert (◘ C-**5.3**).

5.1.3 Gefäßauskultation

Beim Gesunden hört man normalerweise keine Geräuschphänomene über den Arterien. Jede geringgradige Einengung kann bereits zur Wirbelbildung und Turbulenz führen und ein Stenosegeräusch erzeugen. Die Auskultation der Gefäße gibt daher wichtige Hinweise auf Gefäßerkrankungen. Es sollten stets beide Karotiden, die A. subclavia und die Aorta abdominalis auskultiert werden, bei pAVK auch über der A. femoralis und der A. poplitea sowie im Bereich des Adduktorenkanals (◘ C-**5.3**).

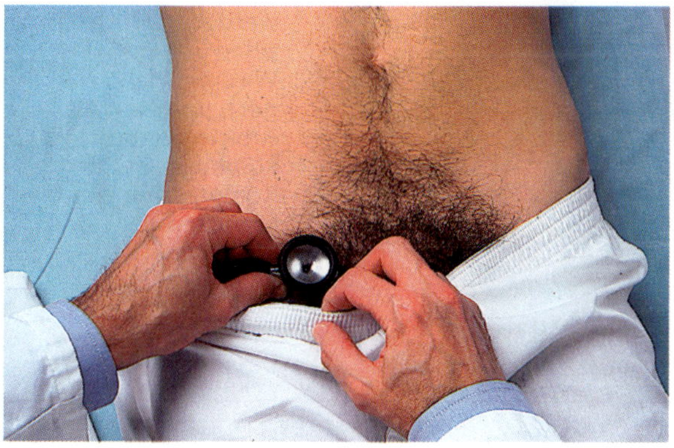

◘ C-**5.3**: **Auskultation der A. femoralis**

5.1.4 Weitere klinische Tests

Ratschow-Test

Ergibt der Gefäßstatus keinen sicheren Befund, so kann zur Provokation einer sichtbaren Durchblutungsstörung die Lagerungsprobe nach Ratschow durchgeführt werden. Der Patient hebt in Rückenlage die Beine (bei älteren Patienten müssen die Beine evtl. gestützt werden, siehe ◘ C-**5.4**) und führt für ca. 2–5 Minuten kreisende Bewegungen in den Sprunggelenken aus (siehe ◘ C-**5.4**). Anschließend setzt sich der Patient auf und läßt die Beine herunterhängen.
Normalerweise erfolgt die reaktive Hyperämie (Rötung und Überwärmung) im Vorfußbereich nach 5 Sekunden und die sichtbare Füllung der Fußrückenvenen nach 10–15 Sekunden. Treten Hyperämie und Venenfüllung auf einer Seite später ein, so ist auf eine arterielle Angiopathie zu schließen.

5.1.4 Weitere klinische Tests

Ratschow-Test

Der Patient hebt in Rückenlage die Beine und führt für ca. 2–5 min kreisende Bewegungen in den Sprunggelenken aus. Anschließend setzt sich der Patient auf und läßt die Beine herunterhängen. Normalerweise erfolgt die reaktive Hyperämie im Vorfußbereich nach 5 Sekunden und die sichtbare Füllung der Fußrückenvenen nach 10–15 Sekunden. Treten Hyperämie und Venenfüllung auf einer Seite später ein, so ist auf eine arterielle Angiopathie zu schließen.

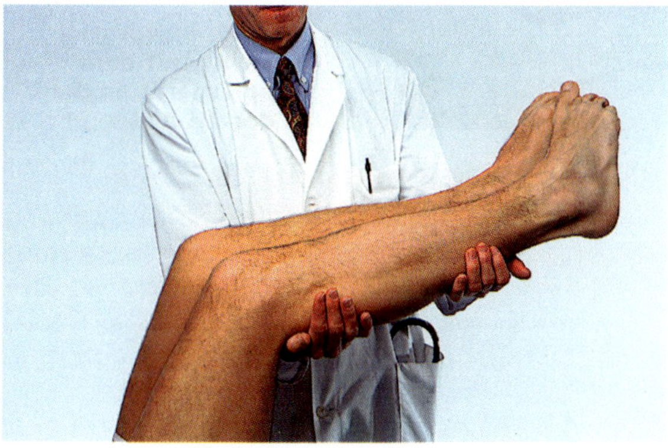

◘ C-**5.4**: **Ratschow-Test**

Allen-Test

Die Erkennung von Verschlüssen der A. ulnaris oder radialis bereitet Schwierigkeiten. Der Allen-Test läßt eine Differenzierung zwischen den beiden Stromgebieten zu (S C-**5.2**).

Allen-Test

Die Erkennung von Verschlüssen der A. ulnaris oder radialis bereitet Schwierigkeiten, da beim Verschluß nur einer Arterie über den Hohlhandbogen eine gute Kollateralisierung durch das nicht betroffene Gefäß erfolgt. Der Allen-Test läßt eine Differenzierung zwischen den beiden Stromgebieten zu. Beide Arterien werden abwechselnd komprimiert. Wird die Hand nur noch von einer Arterie versorgt, so kommt es bei deren Kompression zum Erblassen der Hand (S C-**5.2**).
Verstärkt wird die Symptomatik dadurch, daß man den Patienten während der Kompression mit erhobenen Armen Faustschlüsse durchführen läßt.

S Synopsis C-5.2: Allen-Test zur Erkennung von Verschlüssen der A. ulnaris oder radialis

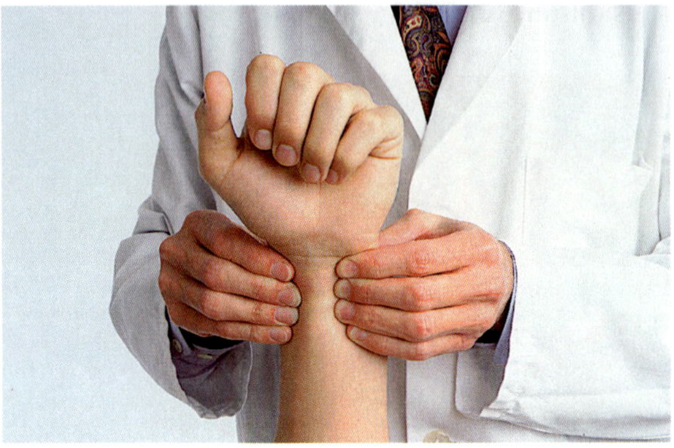

Vorgehensweise:

- Beide Arterien werden abwechselnd komprimiert. Wird die Hand nur noch von einer Arterie versorgt, so kommt es bei deren Kompression zum Erblassen der Hand.

Doppleruntersuchung

Die Doppleruntersuchung erlaubt den Nachweis und die genaue Lokalisation der Pulsation (C-**5.5**), die Duplexsonographie sogar eine morphologische Beurteilung.

Doppleruntersuchung

Die Doppleruntersuchung peripherer Gefäße ermöglicht den Nachweis und die genaue Lokalisation der Pulsation sowie eine exaktere Blutdruckmessung. Sie ist eine einfache Methode, die sofort nach der körperlichen Untersuchung durchgeführt werden sollte (C-**5.5**). Die Ultraschalldarstellung der Gefäße (Duplexsonographie) läßt sogar eine morphologische Beurteilung zu.

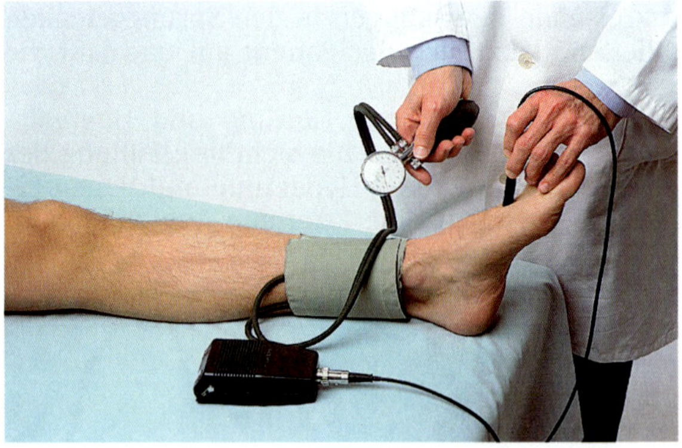

C-5.5: Blutdruckmessung mit dem Dopplergerät an der A. dosalis pedis

5.1.5 Anamnese

Die Anamnese gibt nicht nur Aufschluß über die Art der Durchblutungsstörung, sondern auch bereits über die Lokalisation eines Gefäßverschlusses.

> ***Merke.*** Der ischämische Schmerz als Leitsymptom einer arteriellen Durchblutungsstörung tritt typischerweise erst nach körperlicher Belastung auf. Es muß daher genau nach der Art des Schmerzes und seinem Beginn gefragt werden.

Die klassische **Claudicatio intermittens (intermittierendes Hinken)** tritt typischerweise nach einer gewissen Gehstrecke auf und zwingt den Patienten zum Stehenbleiben. Der Schmerz läßt dann in Ruhe rasch nach, um nach einer weiteren Gehstrecke erneut aufzutreten. Die Patienten kaschieren die Erholungsphase häufig dadurch, daß sie sich Schaufenster anschauen, bis der Schmerz abgeklungen ist, daher die Bezeichnung »Schaufensterkrankheit«. Die schmerzfreie Gehstrecke wird mit zunehmender Erkrankung immer kürzer. Im späteren Stadium kommt es zum Ruheschmerz, der besonders in der Nacht auftritt. Man sollte immer fragen, ob der Schmerz nachläßt, wenn das Bein aus dem Bett gehängt wird. Dies ist ebenfalls typisch für den ischämischen Schmerz. Da der Verschluß eines Gefäßes immer eine Etage oberhalb des schmerzhaften Gebietes liegt, deuten z. B. Wadenschmerzen auf einen Verschluß im Bereich des Oberschenkels hin. Tritt der Schmerz im Oberschenkel oder Gesäß auf, so liegt der Verschluß im Bereich der Beckenstrombahn.

Wichtig ist die Frage nach dem **Zeitraum der Schmerzentstehung**. Eine lange Anamnese mit langsam zunehmender Verschlechterung (Abnahme der schmerzfreien Gehstrecke) spricht für einen **arteriosklerotischen Gefäßverschluß**. Es ist immer auch nach entsprechenden Risikofaktoren zu fragen (z. B. Nikotin, Diabetes mellitus?). Tritt die Schmerzsymptomatik sehr plötzlich auf, z. B. auch bei jungen Patienten oder bei Patienten ohne Risikofaktoren, handelt es sich wahrscheinlich um einen **embolischen Gefäßverschluß**. Diese Differenzierung ist wichtig, da embolische Ereignisse ein schnelles Handeln erfordern.

Der Schweregrad der AVK nach Fontaine basiert auf der Anamnese (siehe ▤ C-**5.1**).

C-5.1: Einteilung des Schweregrades der arteriellen Verschlußkrankheit nach Fontaine

Grad 1:	**Keine Beschwerden**
Grad 2:	**Claudicatio intermittens** **2A:** Wegstrecke > 100 m in der Ebene **2B:** Wegstrecke < 100 m
Grad 3:	**Ruheschmerz**
Grad 4:	**Gangrän, Nekrose (Gewebsuntergang)**

Schmerzen, die zu Beginn der Gehstrecke auftreten und sich dann im weiteren Verlauf bessern bzw. gänzlich verschwinden, sind nicht ischämisch bedingt, sondern z. B. degenerativ bei Skelett-, Gelenk- und Muskelerkrankungen (siehe dort).

5.1.5 Anamnese

Die Anamnese gibt nicht nur Aufschluß über die Art der Durchblutungsstörung, sondern auch über die Lokalisation eines Gefäßverschlusses.

◀ **Merke**

Die klassische **Claudicatio intermittens (intermittierendes Hinken)** tritt typischerweise nach einer gewissen Gehstrecke auf und zwingt den Patienten zum Stehenbleiben. Der Schmerz läßt dann in Ruhe rasch nach. Die schmerzfreie Gehstrecke wird mit zunehmender Erkrankung immer kürzer. Im späteren Stadium kommt es zum Ruheschmerz. Da der Verschluß eines Gefäßes immer eine Etage oberhalb des schmerzhaften Gebietes liegt, deuten z. B. Wadenschmerzen auf einen Verschluß im Bereich des Oberschenkels hin.

Wichtig ist die Frage nach dem **Zeitraum der Schmerzentstehung**. Eine lange Anamnese spricht für einen **arteriosklerotischen Gefäßverschluß**. Tritt die Schmerzsymptomatik sehr plötzlich auf, z. B. auch bei jungen Patienten, handelt es sich wahrscheinlich um einen **embolischen Gefäßverschluß**.

Der Schweregrad der AVK nach Fontaine basiert auf der Anamnese (s. ▤ C-**5.1**).

Kasuistik. Ein 57jähriger Patient berichtet über Schmerzen in der rechten Wade, die erstmals vor 3 Monaten bei einer längeren Wanderung auftraten. Auf genaue Befragung gibt der Patient an, daß er jetzt ca. 300 m ebenerdig im normalen Tempo schmerzfrei gehen kann. Danach treten ziehende Schmerzen in der rechten Wade auf, die beim Stehenbleiben innerhalb kurzer Zeit vollständig verschwinden, um dann erneut unter Belastung aufzutreten. Bei der klinischen Untersuchung sind die Beine äußerlich unauffällig. Die Palpation der peripheren Pulse ergibt einen normalen Tastbefund der A. femoralis in der Leiste: Die Pulse sind kräftig und seitengleich. Die rechte A. poplitea ist nicht tastbar. Die A. dorsalis pedis rechts ist im Vergleich zur linken Seite nur sehr schwach tastbar. Die A. tibialis posterior ist nicht tastbar, aber mit dem Dopplergerät ist ein schwacher Fluß hinter dem Innenknöchel nachweisbar. Die Blutdruckmessung ergibt 137/94 mmHg am rechten Oberarm, 134/95 mmHg links (keine signifikante Seitendifferenz), 132 mmHg systolisch in der linken A. dorsalis pedis und 75 mmHg in der rechten A. dorsalis pedis. Es besteht also ein deutlicher Druckabfall am rechten Fuß im Vergleich zur linken Seite und zur oberen Extremität. Ein Strömungsgeräusch über dem Adduktorenkanal (in Höhe des mittleren Oberschenkels medial) rechts kann nicht auskultiert werden.
Diagnose: Verschluß oder hochgradige Stenose im Bereich der A. femoralis rechts. pAVK Stadium 2A.

5.2 Venöse Durchblutungsstörungen

Die Untersuchung des venösen Systems ist im Vergleich zur Untersuchung des arteriellen Systems schwieriger. Daher müssen häufig zusätzliche physikalische Untersuchungen durchgeführt werden.

5.2 Venöse Durchblutungsstörungen

Die Untersuchung des venösen Systems ist im Vergleich zur Untersuchung des arteriellen Systems schwieriger und nicht so eindeutig. Daher müssen häufig zusätzliche physikalische Untersuchungen (Ultraschalldoppler und Phlebographie) zur sicheren Diagnosestellung durchgeführt werden. Insbesondere verschließen sich die tiefen Beinvenen, die 90 % des venösen Rückflusses aus der unteren Extremität befördern, einer direkten klinischen Untersuchung. Anamnese und indirekte Zeichen der venösen Insuffizienz sind daher sehr wichtig.

5.2.1 Inspektion

Wenn bereits eine fortgeschrittene Insuffizienz des Venensystems vorliegt, imponieren vor allem die Hautschäden: Atrophie, Induration, Verfärbung, Ulzeration und evtl. Ödeme.

5.2.1 Inspektion

Wenn bereits eine fortgeschrittene Insuffizienz des Venensystems mit chronischer Rückflußstörung des venösen Blutes vorliegt, ist die Diagnose per Inspektion relativ einfach zu stellen. Es imponieren vor allen Dingen die Hautschäden: Hautatrophie und z. T. extreme Verhärtung (Induration) und dunkelbraune Verfärbung (Pupura jaune d'ocre, siehe B-**48**) am Unterschenkel, Geschwürsbildung (typischerweise über dem Innenknöchel), und evtl. Ödeme.

Merke ▶

Merke. Venöse Ulzera findet man nie an den Zehen!

Definition ▶

Definition. Oberflächliche »Krampfadern« (Varizen) nennt man Venen mit unregelmäßigen, aneurysmatischen Aussackungen. Sie entstehen meist primär als Folge einer kongenitalen Venenwandschwäche, seltener sekundär als Folge einer tiefen Venenthrombose. Varizen sind ein wichtiger Hinweis auf eine allgemeine venöse Insuffizienz, sie lassen aber keine direkten Rückschlüsse auf die Beschaffenheit der tiefen Beinvenen zu.

Die Funktion der tiefen Beinvenen kann mittels klinischer Tests (s. u.) untersucht werden. Erweiterte und prall gefüllte Hautvenen können bei Verlegung tiefer Venen als Kollateralvenen auftreten.

Die Funktion der tiefen Beinvenen kann mittels klinischer Tests (s. u.) untersucht werden. Erweiterte und prall gefüllte Hautvenen können bei Verlegung tiefer Venen als Kollateralvenen auftreten, beispielsweise am Unterbauch und in der Leistengegend bei Beckenvenenverschluß, am Oberschenkel und in der Knieregion bei Verschluß der Femoralvene.
An der Innenseite des Unterschenkels findet man bei insuffizienten Vv. perforantes oder communicantes (Verbindung zwischen oberflächlichem und tiefem Venensystem) runde Venenvorwölbungen.

Eine oberflächliche Thrombophlebitis (Venenentzündung) fällt durch einen geröteten, verhärteten Venenstrang auf.

Eine oberflächliche Thrombophlebitis (Venenentzündung) fällt durch einen geröteten, verhärteten Venenstrang auf (z. B. am Oberschenkel). »Besenreiser« sind sehr kleine, oberflächliche Varizen, die funktionell ohne Bedeutung sind, aber auch als Hinweis auf eine allgemeine Venenschwäche dienen.

> **Merke.** Wichtige Zeichen einer akuten Beinvenenthrombose sind einseitige Beinschwellung und zyanotische Verfärbung des erkrankten Beines.

◄ **Merke**

5.2.2 Palpation

Die Untersuchung bei venösen Erkrankungen konzentriert sich auf Haut und Weichteile. Bei Verdacht auf eine **tiefe Beinvenenthrombose** muß die gesamte untere Extremität (im Liegen) untersucht werden. Man achte zunächst auf Umfangsdifferenzen der Beine und messe den Umfang (z. B. in Wadenhöhe oder am Oberschenkel 10 cm proximal des oberen Patellarandes) mit dem Maßband. Ist eine vermehrte Konsistenz oder eine Verhärtung im Wadenbereich oder im Oberschenkel tastbar, so ist das ein wichtiger Hinweis auf eine **Thrombose**. Der Druck auf die Fußsohle (**Payrscher Druckpunkt**) kann bei Unterschenkelthrombose schmerzhaft sein.

Druckschmerzhaft sind oberflächliche Venenstränge bei **Thrombophlebitis**. Ein sehr geringgradiges Ödem ist noch nicht sichtbar, aber bereits palpabel (s. u.)

5.2.2 Palpation

Die Untersuchung bei venösen Erkrankungen konzentriert sich auf Haut und Weichteile. Bei Verdacht auf eine **tiefe Beinvenenthrombose** muß die gesamte untere Extremität untersucht werden. Man achte auf Umfangsdifferenzen der Beine und messe den Umfang. Ist eine vermehrte Konsistenz oder eine Verhärtung im Wadenbereich oder im Oberschenkel tastbar, so ist das ein wichtiger Hinweis auf eine **Thrombose**.
Druckschmerzhaft sind oberflächliche Venenstränge bei **Thrombophlebitis**.

5.2.3 Funktionstests

Eine Insuffizienz der Venenklappen der Vv. saphena magna et parva und der Vv. communicantes mit Rückfluß des Blutes beinabwärts kann mit dem **Trendelenburg-Test** beurteilt werden (S C-**5.3**). Am angehobenen Bein des liegenden Patienten werden die Varizen nach proximal ausgestrichen und eine Stauung (Gummischlauch) in der Mitte des Oberschenkels angelegt. Der Patient steht nun auf, und nach 30 Sekunden wird die Stauung geöffnet. Bei insuffizienter Vena saphena magna tritt eine schnelle retrograde Füllung (von proximal nach distal) ein. Wird zusätzlich die V. saphena parva mit dem Daumen im Bereich der Kniekehle komprimiert und tritt bereits unter der doppelten Kompression eine Füllung der Gefäße auf, so sind die Vv. communicantes (perforantes) insuffizient.
Die Durchgängigkeit des tiefen Venensystems läßt sich mit dem **Perthes-Versuch** testen (S C-**5.3**). Am stehenden Patienten werden die Varizen beurteilt. Anschließend wird unterhalb des Knies eine Stauung mit dem Gummischlauch angelegt, die die oberflächlichen Venen komprimiert. Der Patient muß dann 5 Minuten umhergehen. Danach werden die Venen ohne Öffnung der Kompression beurteilt: Normal ist ein völliges Kollabieren der Venen; das bedeutet, daß die tiefen Venen durchgängig sind und die Klappen der Vv. communicantes funktionieren. Bei unvollständiger Entleerung der Venen ist die Klappenfunktion nicht intakt. Bei unverändert gestauten Venen liegt neben der Klappeninsuffizienz auch eine Störung des Abflusses über die tiefen Venen vor. Nimmt die Varizenfüllung sogar zu, so sind die tiefen Venen verschlossen; durch Strömungsumkehr in den Vv. communicantes werden die oberflächlichen Venen noch stärker gefüllt.

5.2.3 Funktionstests

Eine Insuffizienz der Venenklappen der Vv. saphena magna et parva und der Vv. communicantes mit Rückfluß des Blutes beinabwärts kann mit dem **Trendelenburg-Test** beurteilt werden (S C-**5.3**).

Die Durchgängigkeit des tiefen Venensystems läßt sich mit dem **Perthes-Versuch** testen (S C-**5.3**).

Synopsis C-5.3: Funktionstests zur Beurteilung des Beinvenensystems

Trendelenburg-Test

Er ermöglicht die klinische Diagnose insuffizienter Venenklappen der V. saphena magna und V. saphena parva und der Vv. perforantes

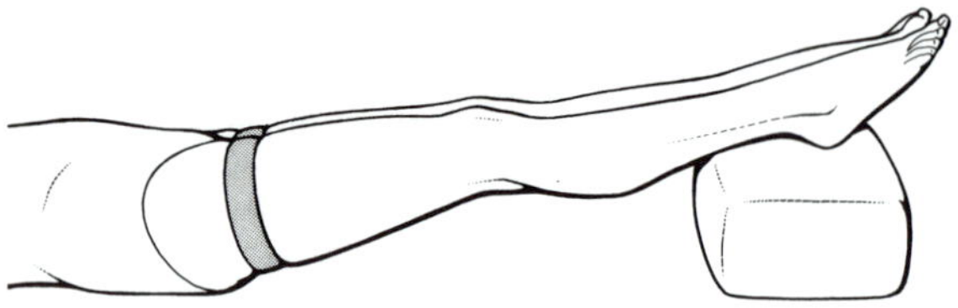

a

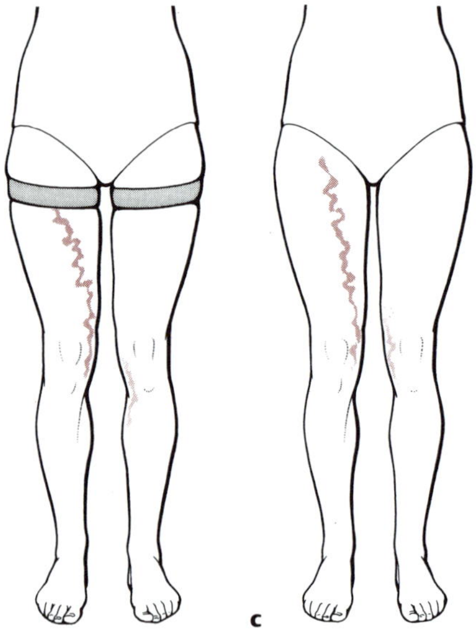

b c

Vorgehensweise:

- Am angehobenen Bein des liegenden Patienten werden die Varizen nach proximal ausgestrichen und eine Stauung in der Mitte des Oberschenkels angelegt (**a**).
- Der Patient steht nun auf, und nach 30 Sekunden wird die Stauung geöffnet (**b**).
- **Normal (linkes Bein in Abb. c)**: Langsame Wiederauffüllung der epifaszialen Stammvenen von distal nach proximal.
- **Pathologisch (rechtes Bein in Abb. c):** Die Wiederauffüllung der epifaszialen Venenstämme trotz Kompression der Mündungsklappen weist auf eine Perforansinsuffizienz hin. Eine Mündungsklappeninsuffizienz ist daran zu erkennen, daß sich die V. saphena magna bzw. die V. saphena parva nach Lösen der Kompression von proximal nach distal rasch auffüllen.

Perthes-Test

Dieser Test eignet sich zur Überprüfung der Venenklappenfunktion subfaszialer Leit- und transfaszialer Perforansvenen.

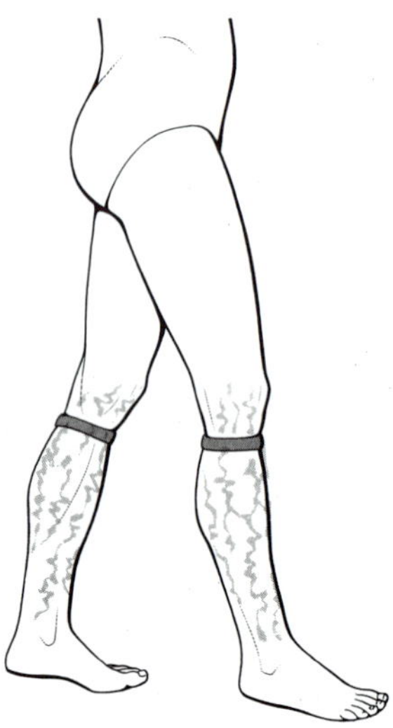

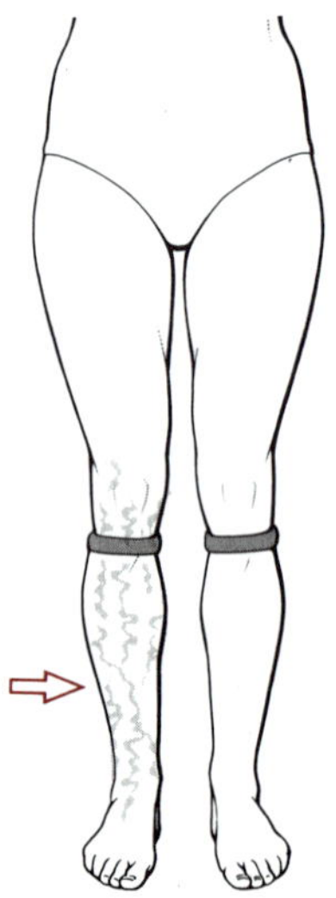

Vorgehensweise:

- Unterhalb des Knies wird eine Stauung mit dem Gummischlauch angelegt. Der Patient muß dann 5 Minuten umhergehen. Danach werden die Venen ohne Öffnung der Kompression beurteilt.
- **Normal (linkes Bein):** Entleerung der epifaszialen Unterschenkelvarizen.
- **Pathologisch (rechtes Bein):** Fehlende Entleerung der epifaszialen Unterschenkelvarizen weist auf eine Venenklappeninsuffizienz tiefer Leitvenen und Perforansvenen hin.

5.2.3 Anamnese

Patienten mit chronisch venöser Insuffizienz haben weder in Ruhe noch bei Belastung Schmerzen (keine Claudicatio!). Sie klagen über Schweregefühl und Stauungsgefühl in den Beinen, die sich beim Hochlagern bessern. Schmerzen treten meistens erst auf, wenn es zu entzündlichen Komplikationen kommt (z. B. entzündetes Ulkus) oder eine Thrombophlebitis auftritt. Die rasche Ödembildung bei einer akuten Thrombose kann zur schmerzhaften massiven Spannung des Unterschenkels, evtl. des ganzen Beines führen.
Es muß immer nach **prädisponierenden Faktoren** gefragt werden. Tiefe Beinvenenthrombosen treten z. B. nach langem Sitzen (Flugreisen oder Busfahrten) und Immobilisation (Bettruhe) auf, gelegentlich auch nach Operationen oder Sportverletzungen, insbesondere Operationen, die zu längerer Immobilisation führen (z. B. Hüftendoprothese).

Häufige **Thrombosezeichen** sind:
- »Kletterpuls« (treppenförmiges Ansteigen des Pulses)
- Subfebrile Temperaturen
- Dumpfer Druck im Lendenbereich (Beckenvenenthrombose)

Zur Differentialdiagnose zwischen akutem arteriellem Verschluß und akuter venöser Thrombose siehe ▤ C-**5.2**.

5.2.3 Anamnese

Patienten mit chronisch venöser Insuffizienz haben weder in Ruhe noch bei Belastung Schmerzen (keine Claudicatio!). Sie klagen über Schweregefühl in den Beinen. Schmerzen treten meistens erst auf, wenn es zu entzündlichen Komplikationen kommt.

Es muß immer nach **prädisponierenden Faktoren** gefragt werden.

Häufige **Thrombosezeichen** sind:
- »Kletterpuls«
- Subfebrile Temperaturen
- Dumpfer Druck im Lendenbereich

Zur Differentialdiagnose zwischen akutem arteriellem Verschluß und akuter venöser Thrombose siehe ▤ C-**5.2**.

C-5.2: Differentialdiagnose zwischen akutem arteriellem Verschluß und akuter venöser Thrombose

	Akuter Arterienverschluß	**Akute Venenthrombose**
Anamnese	Vorhofflimmern (absolute Arrhythmie), Herzerkrankungen, AVK	Immobilisation, Bus-, Flugreisen?
Schmerzen	Besserung bei Tieflagerung	Besserung bei Hochlagerung
Haut	Kalt und blaß, evtl. fleckige Zyanose	Normale bis erhöhte Hauttemperatur, evtl. gleichmäßige Zyanose
Pulse	Distal evtl. nicht tastbar	Tastbar
Venen	Leer	Gestaut
Palpation	Unauffällig	Druckschmerz (z. B. Oberschenkel, Wade), Ödem, Infiltration

Merke. Die angloamerikanische Regel zum arteriellen Verschluß (6P-Regel) umfaßt: Pain, Paleness, Pulselessness, Paralysis (Bewegungsunfähigkeit, Prostration (Schock), Paraesthesia (Mißempfindung).

◀ **Merke**

Kasuistik. Ein 35jähriger Mann geht wegen zunehmender Atemnot zum Arzt. Bei der Vorstellung fallen bereits eine Ruhedyspnoe und Tachypnoe auf. Die Anamnese ist bis auf ein Sporttrauma vor 10 Tagen unergiebig. Der Patient ist Freizeitfußballer und hatte sich eine Prellung im Bereich der linken Kniekehle und des oberen Unterschenkels zugezogen. Die körperliche Untersuchung ergibt noch eine leichte Schwellung im Bereich der linken Wade und eine geringe Druckschmerzhaftigkeit bei stärkerem Druck. Bei der passiven Dorsalflexion des linken Fußes verspürt der Patient ein Ziehen bis in die Wade. Das Röntgenbild des Thorax ist unauffällig. Das EKG zeigt eine Rechtsherzbelastung. Im Echokardiogramm ist der rechte Ventrikel vergrößert.
Diagnose: Es besteht der dringende Verdacht auf rezidivierende Lungenembolien aus einer tiefen Beinvenenthrombose (nach Trauma) mit einer schweren Rechtsherzbelastung.
Die Rechtsherzbelastung mit zunehmender Dyspnoe hat den Patienten letztlich erst zum Arzt geführt. Die Zeichen der tiefen Beinvenenthrombose waren wie so häufig nur sehr diskret und wurden vom Patienten als Folge des Traumas gesehen, aber natürlich nicht in Zusammenhang mit seiner Atemnot gebracht.
Die Ultraschalldoppleruntersuchung in der Leiste ergab einen Verschluß der Beckenvene und bestätigte damit die Verdachtsdiagnose.

5.3 Ödeme

Definition ▶

Nach langem Stehen während der Arbeit, nach langem Sitzen ohne Bewegung (Autofahren oder Flugreise) oder bei großer Hitze kann die Zunahme der interstitiellen Flüssigkeit stärker sein und die Beine anschwellen lassen. Man nennt dies ein **physiologisches Ödem**.

Eine **abnorme Zunahme der interstitiellen Flüssigkeit mit Ödembildung** kann entstehen durch:
1. einen akut gesteigerten Druck im zufließenden Schenkel des Blutkreislaufs (selten)
2. eine Behinderung des Blutabstroms über die Venen oder Lymphgefäße (häufig)
3. eine erhöhte Durchlässigkeit der Kapillaren
4. eine veränderte Konzentration des Blutplasmas

Dementsprechend variiert auch die **Zusammensetzung der Ödemflüssigkeit:** Bei den kardialen, renalen oder hepatischen Ödemen steht die Zunahme des Wassergehalts im Vordergrund: Das Ödem ist sehr weich. Bei einer schweren Schilddrüsenunterfunktion (Myxödem) enthält die Ödemflüssigkeit viel gallertartige Substanz: Das Ödem ist sehr derb.
Ödeme können bei ganz unterschiedlichen Erkrankungen gefunden werden (▤ C-**5.3**).

5.3 Ödeme

▶ ***Definition.*** Schwellungen (Ödeme) sind ein sehr häufiger Befund. Sie basieren auf einer Zunahme der Gewebeflüssigkeit im Zwischenzellraum (Interstitium), die bis zu 1 Liter betragen kann, bevor es zu einer merklichen Schwellung kommt. Tatsächlich nimmt bei jedem Menschen im Laufe des Tages das Gewebewasser geringfügig zu.

Nach langem Stehen während der Arbeit, nach langem Sitzen ohne Bewegung (Autofahren oder Flugreise) oder bei großer Hitze kann die Zunahme der interstitiellen Flüssigkeit stärker sein und die Beine anschwellen lassen. Diese Schwellungen verschwinden gewöhnlich über Nacht wieder vollständig. Man nennt dies ein **physiologisches Ödem**. Erst wenn das Ödem ein gewisses Maß überschreitet, sehr häufig auftritt oder gar nicht mehr verschwindet, muß nach einer zugrundeliegenden Krankheit gesucht werden. Die Flüssigkeitszunahme im Interstitium kann mehrere Liter – bei schwerer Herzinsuffizienz z. B. bis zu 20 Liter und mehr! – betragen. Die regelmäßige Kontrolle des Körpergewichts (evtl. morgens und abends) kann Aufschluß darüber geben, wieviele Liter Wasser zusätzlich in den Zwischengeweberaum übergetreten sind.
Eine **abnorme Zunahme der interstitiellen Flüssigkeit mit Ödembildung** kann entstehen durch:
1. einen akut gesteigerten Druck im zufließenden (arteriellen) Schenkel des Blutkreislaufs (selten), beispielsweise nach Wiedereröffnung eines Gefäßverschlusses am Oberschenkel durch eine PTA (perkutane transluminale Angioplastie)
2. eine Behinderung des Blutabstroms über die Venen oder Lymphgefäße (häufig: venöses Ödem, Lymphödem)
3. eine erhöhte Durchlässigkeit (Permeabilität) der Kapillaren für Proteine und andere Blutbestandteile (z. B. allergisches Ödem, idiopathisches Ödem)
4. eine veränderte Konzentration des Blutplasmas, z. B. eine Hypalbuminämie (erniedrigte Eiweißkonzentration)

Dementsprechend kann auch die **Zusammensetzung der Ödemflüssigkeit** sehr unterschiedlich sein. Bei den kardialen, renalen oder hepatischen Ödemen steht die Zunahme des Wassergehalts im Vordergrund: Das Ödem ist sehr weich. Bei einer schweren Schilddrüsenunterfunktion (Myxödem) enthält die Ödemflüssigkeit viel gallertartige Substanz und Eiweiß: Das Ödem ist sehr derb. Ein Lymphödem enthält eine hohe Konzentration von Lymphe als Folge des Lymphstaus.
Ödeme können bei ganz unterschiedlichen Erkrankungen gefunden werden. Sie entstehen aber auch in Abhängigkeit von bestimmten Medikamenten. Die Anamnese und das klinische Erscheinungsbild der Ödeme sind entscheidend für die Diagnosestellung. Lokalisation und Verteilung der Ödeme lassen bereits wichtige Rückschlüsse auf die zugrundeliegende Ursache zu (▤ C-**5.3**).

C-5.3: Ursachen von Ödemen

Systemische Ödeme	Mischformen	Lokal bedingte Ödeme
Kardiale Ödeme	Idiopathische Ödeme	Venöse Ödeme
Renale Ödeme		Lymphödem
Hepatische Ödeme		Lipödem
Hunger-, Eiweißmangelödeme		Allergisches Ödem
Medikamentös induzierte Ödeme		Entzündliches Ödem
		Morbus Sudeck

5.3.1 Inspektion

Bei sehr stark ausgeprägten Ödemen reicht ein Blick, um die massive Schwellung z. B. am Unterschenkel und/oder die aufgehobene Konturierung der Knöchelregion als Ödem zu diagnostizieren. **Bei kardialen, renalen und venösen Ödemen sind die Zehen nicht betroffen.** Charakteristisch für das **Lymphödem** ist die säulenförmige bis tonnenförmige Umfangsvermehrung des Unterschenkels mit Fußrückenpolster. Im Gegensatz hierzu sind die Füße beim **Lipödem** (vermehrte Fetteinlagerung) ausgespart. Lidödem und morgendliche Fingerschwellungen lassen an eine renale Ursache der Ödeme (mit Eiweißverlust) denken.

5.3.1 Inspektion

Bei sehr stark ausgeprägten Ödemen reicht ein Blick, um die massive Schwellung als Ödem zu diagnostizieren. **Bei kardialen, renalen und venösen Ödemen sind die Zehen nicht betroffen.**

5.3.2 Palpation

Das vorsichtige, langsame Wegdrücken der Ödemflüssigkeit erfolgt mit der Daumenkuppe gegen ein Widerlager (z. B. Schienbeinkante, Knöchel oder Mittelfußknochen). Der Druck kann für den Patienten sehr schmerzhaft sein; man sollte daher sehr leicht beginnen und den Druck langsam steigern.

5.3.2 Palpation

Das vorsichtige, langsame Wegdrücken der Ödemflüssigkeit erfolgt mit der Daumenkuppe gegen ein Widerlager.

> ▶ ***Merke.*** Es braucht etwas Zeit, um das Gewebewasser durch den Daumendruck zu verdrängen und so eine Delle entstehen zu lassen: Mindestens 4–5 Sekunden drücken.

◀ **Merke**

Bleibt nach dem Druck eine deutlich sichtbare oder fühlbare Eindellung zurück, so ist ein Ödem vorhanden (vgl. ◘ B-**45**). Ein Lymphödem – an der unteren Extremität typischerweise vom Fußrücken ausgehend – ist nur im Anfangsstadium wegdrückbar. Später verhärtet (induriert) sich das Ödem und kann nicht mehr weggedrückt werden. Ein sehr früher Hinweis auf ein Lymphödem ist das **Stemmersche Zeichen**. Dabei wird die Haut des Zehenrückens zwischen 2 Fingern angehoben und bewegt. Beim Lymphödem läßt sich die Zehenhaut nur schwer oder überhaupt nicht mehr abheben. Die Hautfalte ist auf jeden Fall verdickt bzw. verbreitert.

Bleibt nach dem Druck eine deutlich sichtbare oder fühlbare Eindellung zurück, so ist ein Ödem vorhanden (vgl. ◘ B-**45**).

5.3.3 Anamnese

Alter und Geschlecht spielen bei der Differenzierung systemischer Ödeme eine wichtige Rolle. Man findet kardiale Ödeme vorwiegend im höheren Lebensalter, da eine Herzinsuffizienz bei jüngeren Patienten selten ist. **Einige Ödemformen kommen nur bei Frauen vor.** Es handelt sich um die zyklusabhängigen periovulatorischen und prämenstruellen Ödeme und um das idiopathische Ödem. Bei den erstgenannten Ödemformen ist der zeitliche Zusammenhang aus der Anamnese entscheidend. Idiopathische Ödeme treten verstärkt nach langem Stehen (Orthostase) auf. Die zugrundeliegende Permeabilitätsstörung betrifft nur Frauen. Häufig finden sich Überlappungen dieser Ödemformen. Bei systemischen Ödemen muß immer auch nach **Medikamenten** gefragt werden. Hormonpräparate, insbesondere weibliche Sexualhormone (orale Kontrazeptiva) und Kortison können zur Ödembildung führen. Rheuma- bzw. Schmerzmittel wie Indometacin und Diclofenac können eine deutliche Verminderung der Wasserausscheidung über die Nieren und eine Ödembildung bewirken. Kalziumantagonisten (z. B. Nifedipin) können schmerzhafte Ödeme an den Unterschenkeln auslösen. Ursache hierfür ist eine erhöhte Kapillarpermeabilität. Abgesehen von dieser besonderen Form sind Ödeme normalerweise nicht schmerzhaft. Ein schwerer Kaliumverlust durch die Einnahme von Abführmitteln kann zu Ödemen führen. Selten kann es auch einmal durch den häufigen Genuß von Lakritze in großen Mengen zu Ödemen kommen. Lakritze enthält Glycyrrhizinsäure, die ähnlich wie das den Wasser- und Salzhaushalt regulierende Aldosteron wirkt.

5.3.3 Anamnese

Alter und Geschlecht spielen bei der Differenzierung systemischer Ödeme eine wichtige Rolle. Man findet kardiale Ödeme vorwiegend im höheren Lebensalter. **Einige Ödemformen kommen nur bei Frauen vor.** Es handelt sich um die periovulatorischen und prämenstruellen Ödeme und um das idiopathische Ödem. Bei den erstgenannten Ödemformen ist der zeitliche Zusammenhang aus der Anamnese entscheidend. Idiopathische Ödeme treten verstärkt nach langem Stehen (Orthostase) auf. Die zugrundeliegende Permeabilitätsstörung betrifft nur Frauen. Bei systemischen Ödemen muß immer auch nach **Medikamenten** gefragt werden.
Weibliche Sexualhormone (orale Kontrazeptiva) und Kortison können zur Ödembildung führen.

Es klingt zwar paradox, aber tatsächlich können **Diuretika**, die man zur Behandlung von Ödemen sehr erfolgreich einsetzt, ebensolche hervorrufen. Dabei ist aber der zeitliche Zusammenhang zwischen der Einnahme von Diuretika und dem Auftreten der Ödeme wichtig. Die Ödeme entstehen erst nach dem Absetzen der Diuretika bzw. bei nicht konstanter Einnahme. Betroffen sind fast ausschließlich Frauen, vorwiegend aus medizinischen und paramedizinischen Berufen, die die Diuretika aus kosmetischen Gründen und zum Abnehmen einnehmen.

Eine **salzreiche Ernährung** kann zur Ausbildung von Ödemen führen.

Eine **salzreiche Ernährung** kann zur Ausbildung von Ödemen führen. Dies geschieht dann besonders leicht, wenn bei üblicherweise moderatem Salzkonsum die Salzzufuhr plötzlich deutlich gesteigert wird.

Bei lokalen Schwellungen ist immer nach Verletzungen, Unfällen oder Entzündungen zu fragen.

Bei lokalen Schwellungen ist immer nach Verletzungen, Unfällen oder Entzündungen zu fragen. Eine einseitige Beinschwellung kann z. B. im Rahmen eines postthrombotischen Syndroms auftreten (Thrombose in der Anamnese?). Das **primäre Lymphödem** beginnt im Gegensatz zum venösen Ödem ganz peripher an den Zehen und dem Fußrücken. Es ist sehr viel seltener als das venöse Ödem und verschwindet im Gegensatz zu diesem nicht wieder über Nacht. Oft gehen Entzündungen (z. B. Erysipel) oder Verletzungen voraus, die zu einer kritischen Schädigung der kongenital (angeboren) verminderten Lymphbahnen führen und so die Ödementstehung verursachen. **Sekundäre Lymphödeme** entstehen nach Zerstörung der Lymphbahnen bzw. Lymphknoten durch Operation, Bestrahlung oder Tumoren. Das häufigste sekundäre Lymphödem entwickelt sich bei Frauen am Arm nach einer Brustoperation mit nachfolgender Bestrahlung der axillären Lymphknoten. Im Gegensatz zum primären Lymphödem breiten sich die sekundären von proximal nach distal aus.

6 Gelenke und Muskulatur

6 Gelenke und Muskulatur

Auf einen Fehler, der aus nicht Wissen resultiert, kommen zehn Fehler, die durch nicht Hinschauen gemacht werden.

J. A. Lindsay

I Untersuchungstechnik

Für die Diagnose von Krankheiten der Gelenke und der Muskulatur spielen Anamnese und körperliche Untersuchung eine überragende Rolle. Technische Untersuchungen und Laborbefunde dienen meist nur dazu, die bereits klinisch festgelegte Verdachtsdiagnose zu bestätigen.
Die Gelenkuntersuchung beginnt in dem Augenblick, in dem der Patient den Raum betritt, die Tür schließt, Mantel oder Jacke auszieht.
Achten Sie auf Konstitutionstyp, Muskulatur und Gewicht, die Haltung von Oberkörper und Kopf, Gang und Mimik sowie die Bewegungen bei einfachen Tätigkeiten.

I Untersuchungstechnik

Für die Diagnose von Krankheiten der Gelenke und der Muskulatur spielen Anamnese (siehe Teil II) und körperliche Untersuchung eine überragende Rolle. Technische Untersuchungen und Laborbefunde dienen meist nur dazu, die bereits klinisch festgelegte Verdachtsdiagnose zu bestätigen.
Die Untersuchung von Patienten, die mit Schmerzen oder Bewegungseinschränkungen im Bereich der Extremitäten und der Wirbelsäule den Arzt aufsuchen, beginnt in dem Augenblick, in dem der Patient den Raum betritt, die Tür schließt, Mantel oder Jacke auszieht.
Achten Sie auf Konstitutionstyp, Muskulatur und Gewicht, die Haltung von Oberkörper und Kopf, Gang und Mimik sowie die Bewegungen bei einfachen Tätigkeiten. Schmerzen und Steifheit im Bereich der Wirbelsäule sind leicht an einer gebeugten oder krummen Haltung zu erkennen, Erkrankungen des Hüft-, Knie- oder Sprunggelenks verursachen Hinken und Schonhaltung eines Beines. Bei Schmerzen im Bereich der Hände wird Sie der Patient schon bei der ersten Begrüßung vor einem kräftigen Händedruck warnen. Nützen Sie die Gelegenheit und beobachten Sie den Patienten beim Ausziehen von Mantel oder Hemd. Dabei wirken sich schmerzhafte Bewegungseinschränkungen in der Schulter oder im Ellenbogengelenk besonders gravierend aus.

Bedenken Sie, daß Patienten im Rahmen von Begutachtungen ein Interesse haben können, ihre Behinderung drastischer erscheinen zu lassen, als sie in Wirklichkeit ist.

Zu diesem Zeitpunkt fühlt sich der Patient noch nicht formell untersucht. Vor allem bei gutachterlichen Fragestellungen kann ein Vergleich der Gelenkfunktion bei dieser Gelegenheit mit der beim eigentlichen Untersuchungsgang aufschlußreich sein. Bedenken Sie, daß Patienten im Rahmen von Begutachtungen ein Interesse haben können, ihre Behinderung drastischer erscheinen zu lassen, als sie in Wirklichkeit ist.

▶ ***Merke.*** Im Fall traumatischer Gelenkkrankheiten können Sie sich auf die Untersuchung des betroffenen Gelenks und den Vergleich mit der gesunden Gegenseite beschränken. In allen anderen Fällen muß eine vollständige körperliche Untersuchung vorgenommen werden, die alle Gelenke, Haut und Schleimhäute, Augen, Lymphknoten, Herz, Lungen, Leber, Milz und Nieren mit einbezieht. Manche Patienten wundern sich, wenn sie den Arzt wegen Schmerzen in den Fingergrundgelenken aufsuchen und sich bis auf die Unterwäsche ausziehen müssen. Erklären Sie also kurz den Zusammenhang zwischen Allgemeinkrankheiten und Gelenkbeschwerden.

◀ **Merke**

6.1 Prinzipien der Gelenkuntersuchung

Die Untersuchungstechniken des Bewegungsapparates beinhalten die Inspektion von Gelenken in Ruhe und in verschiedenen Stellungen, die Palpation bzw. Perkussion im Hinblick auf Druck- und Bewegungsdolenz, Konsistenz und Temperatur, die Prüfung der groben Kraft und des Muskeltonus sowie Längen- und Winkelmessungen. Entsprechend einfach ist das Instrumentarium: Im allgemeinen genügt ein **Bandmaß, Reflexhammer und Winkelmesser (Goniometer)** sind nützlich. Für die paarigen Gelenke ist immer der Seitenvergleich erforderlich.

6.1 Prinzipien der Gelenkuntersuchung

Die Untersuchung beinhaltet die Inspektion von Gelenken in Ruhe und in verschiedenen Stellungen, die Palpation bzw. Perkussion im Hinblick auf Druck- und Bewegungsdolenz, Konsistenz und Temperatur, die Prüfung der groben Kraft und des Muskeltonus sowie Längen- und Winkelmessungen. **Bandmaß, Reflexhammer und Winkelmesser (Goniometer)** genügen im allgemeinen.

▶ ***Merke.*** Der Untersuchungsgang eines Gelenks umfaßt: Inspizieren – Palpieren – Bewegen – Messen.

◀ **Merke**

6.1.1 Beurteilung von Schwellungen

Schwellungen sind meistens sichtbar und werden vor allem durch den Seitenvergleich erkannt. Die Palpation ist jedoch zur Differenzierung der drei möglichen Arten von Schwellungen erforderlich:

1. Knöcherne Vorwölbungen
2. Durch Flüssigkeit bedingte Schwellungen (Ergüsse)
3. Weichteilschwellungen

6.1.1 Beurteilung von Schwellungen

Schwellungen sind meistens sichtbar. Die Palpation ermöglicht eine Differenzierung.

Knöcherne Vorwölbungen (**Exostosen**) sind meistens an degenerativ veränderten (arthrotischen) Gelenken zu finden, besonders deutlich erkennbar am Kniegelenk (◘ C-**6.1**) und an den Fingerendgelenken. Sie fühlen sich knochenhart an und sind in der Regel nicht druckdolent.
Ergüsse geben den Gelenken eine charakteristische Kontur (◘ C-**6.2**), sobald sie eine gewisse Menge erreichen. Am Kniegelenk müssen kleine Ergüsse durch spezielle Untersuchungsmanöver (siehe unten) in der Gelenkhöhle »gesammelt« werden, um nachweisbar zu sein. Typisch für Ergüsse ist, daß sie ab einer gewissen Menge »**fluktuieren**«, d. h., es gelingt, die Flüssigkeit von einem Gelenkkompartiment in ein anderes manuell zu verschieben.

Knöcherne Vorwölbungen (**Exostosen**) sind meistens an degenerativ veränderten (arthrotischen) Gelenken zu finden, besonders deutlich erkennbar am Kniegelenk (◘ C-**6.1**) und an den Fingerendgelenken.
Ergüsse geben den Gelenken eine charakteristische Kontur (◘ C-**6.2**). Typisch für Ergüsse ist, daß sie ab einer gewissen Menge »**fluktuieren**«, d. h., die Flüssigkeit läßt sich manuell von einem Gelenkkompartiment in ein anderes verschieben.

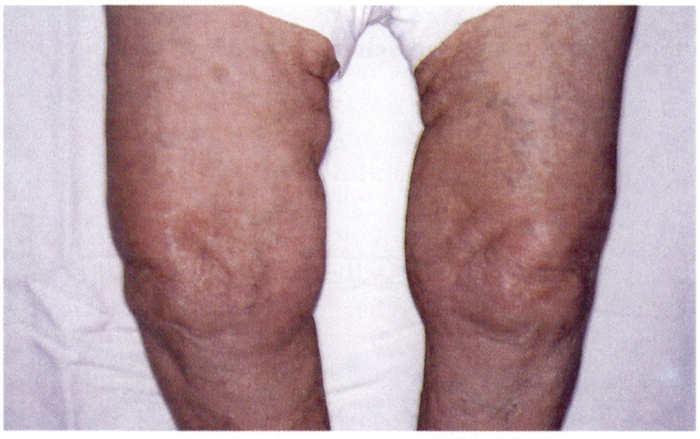

◘ C-6.1: Typischer Aspekt einer Arthrose des Kniegelenks

Weichteilschwellungen entstehen durch eine zelluläre Infiltration bzw. ein Ödem des periartikulären Gewebes. Sie fühlen sich fast so weich an wie Ergüsse, es fehlt jedoch das Zeichen der Fluktuation.

Weichteilschwellungen entstehen durch eine zelluläre Infiltration bzw. ein Ödem des periartikulären Gewebes. Sie fühlen sich fast so weich an wie Ergüsse, es fehlt jedoch das Zeichen der Fluktuation. Die Unterscheidung zwischen beiden Formen ist anhand der klinischen Untersuchung allein nicht immer möglich.

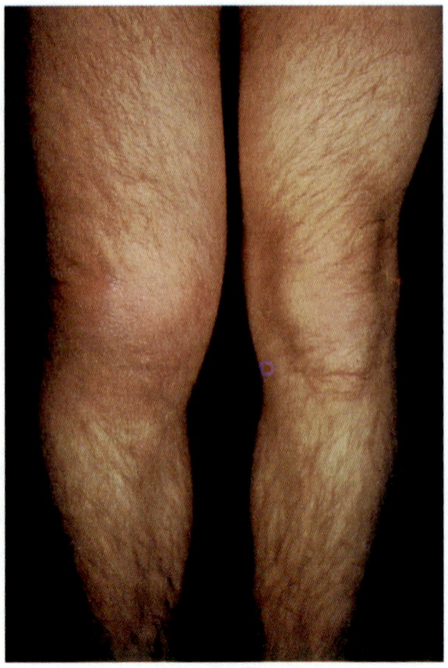

C-**6.2: Akute Kniegelenksarthritis rechts mit Erguß**

Eine vierte, seltene Form der Gelenkschwellung sind **paraartikuläre Zysten**, z. B. die **Baker-Zysten** in der Kniekehle (C-**6.3**) und **Synovialiszysten** der Fingergelenke (C-**6.4**). Ihre Konsistenz ist ähnlich der von Ergüssen. Zysten können auch mit der Gelenkhöhle kommunizieren, wodurch eine Art von Fluktuation ausgelöst werden kann.

Eine vierte, seltene Form der (mehr umschriebenen) Gelenkschwellung sind **paraartikuläre Zysten**, z. B. die **Baker-Zysten** in der Kniekehle (C-**6.3**) und die **Synovialiszysten** der Fingergelenke (C-**6.4**). Ihre Konsistenz ist ähnlich der von Ergüssen. Zysten können auch mit der Gelenkhöhle kommunizieren, wodurch eine Art von Fluktuation ausgelöst werden kann. Sie treten nicht notwendigerweise bei Gelenkerkrankungen auf und besitzen selbst nicht immer Krankheitswert, können aber differentialdiagnostische Probleme verursachen.

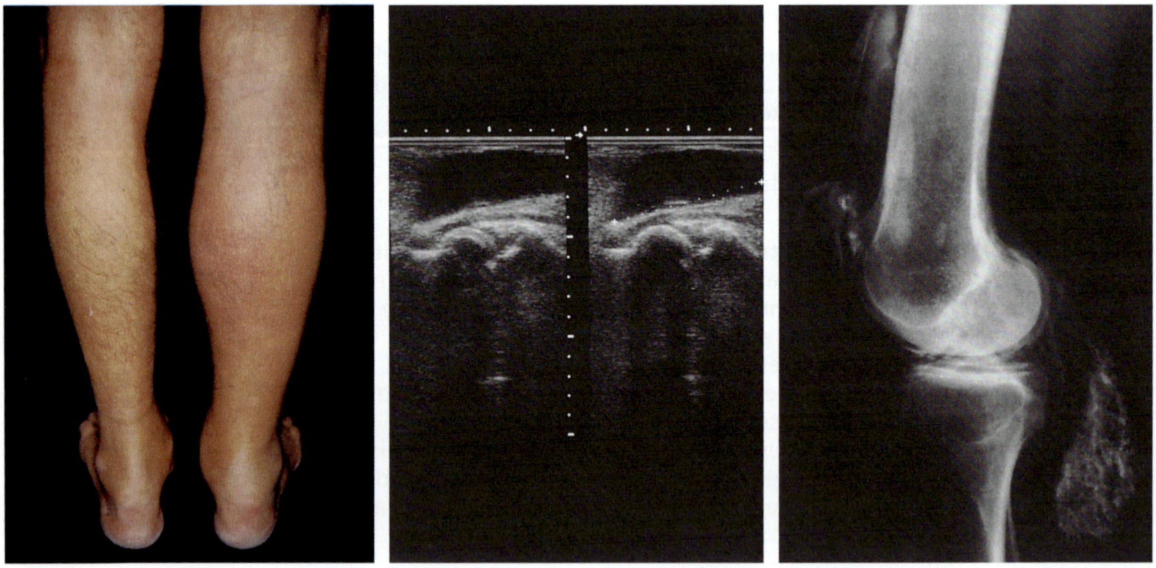

a b c

C-**6.3: Baker-Zyste bei einem Mann mit chronischer Polyarthritis:**
a klinischer Aspekt,
b sonographischer Befund,
c Arthrographie

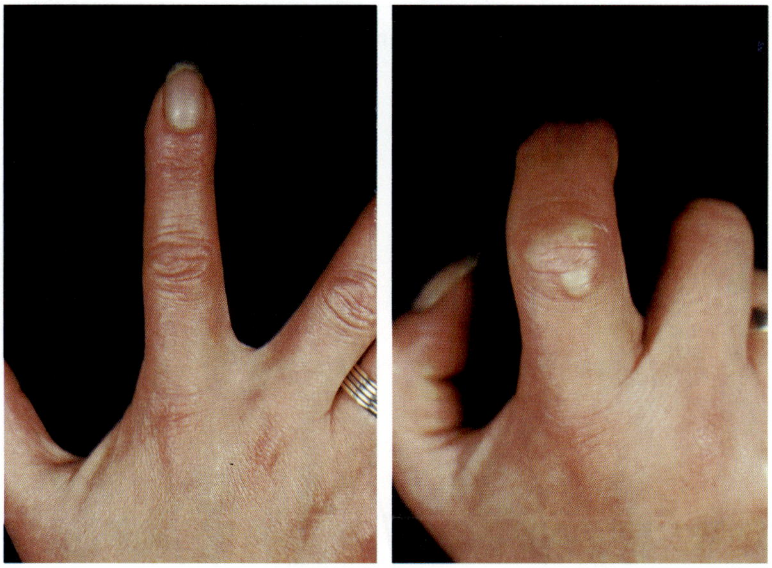

a b

C-6.4: **Synovialzyste an der Streckseite eines Fingermittelgelenkes:**
a Zustand bei gestrecktem Finger
b deutlich erkennbar nach Beugen des Fingers

Merke. Ursachen für »Gelenkschwellungen« können sein:
- Exostosen
- Ergüsse
- Weichteilschwellungen
- Zysten

◄ **Merke**

6.1.2 Beurteilung von Gelenkdeformitäten

Der Ausdruck Deformität wird für verschiedene Zustände verwendet. Meist versteht man darunter eine Verschiebung der beiden artikulierenden Gelenkflächen (**Luxation bzw. Subluxation**). Allerdings ist manchmal auch eine Achsenabweichung der beiden Knochen des Gelenks gemeint. Gemäß internationaler Übereinkunft bezeichnet man es als **Varus-Stellung**, wenn der distale Knochen zur Mittellinie hin zeigt (z. B. O-Bein, Genu varum), als **Valgus-Stellung**, wenn der distale Knochen von der Mittellinie wegzeigt (z. B. Hammerzehe, Hallux valgus) (C-**6.5**). Beschreiben Sie im ersten Fall den Grad der Luxation, indem Sie den Anteil der noch artikulierenden Gelenkflächen abschätzen. Besteht kein Kontakt mehr zwischen den Gelenkflächen, so liegt eine **Dislokation** vor. Messen Sie auch den Winkelgrad der Achsenabweichung und geben Sie die Richtung an der Achsenabweichung an. Abweichungen in der Sagittalebene werden als **Rekurvation oder Antekurvation** bezeichnet (C-**6.6**).

6.1.2 Beurteilung von Gelenkdeformitäten

Meist versteht man darunter eine Verschiebung der beiden artikulierenden Gelenkflächen (**Luxation bzw. Subluxation**), manchmal ist auch eine Achsenabweichung der beiden Knochen des Gelenks gemeint. Bei der **Varus-Stellung** zeigt der distale Knochen zur Mittellinie hin (z. B. O-Bein, Genu varum), bei der **Valgus-Stellung** zeigt der distale Knochen von der Mittellinie weg (Hammerzehe, Hallux valgus) (C-**6.5**). Besteht kein Kontakt mehr zwischen den Gelenkflächen, so liegt eine **Dislokation** vor. Abweichungen in der Sagittalebene werden als **Rekurvation oder Antekurvation** bezeichnet (C-**6.6**).

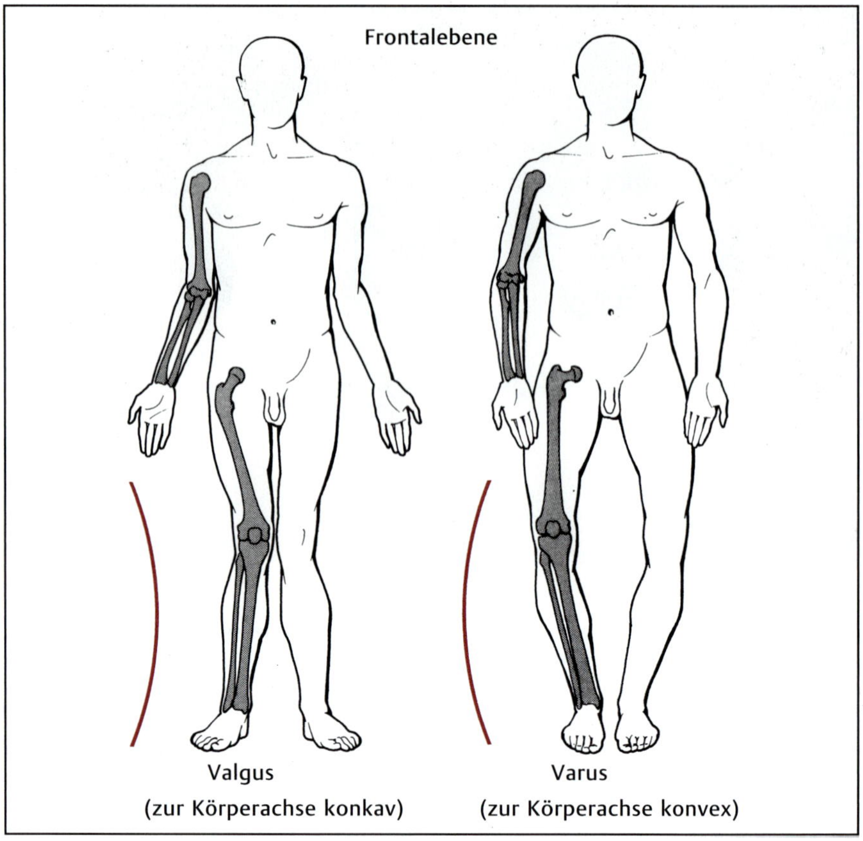

C-6.5: **Varus- und Valgus-Stellung des Kniegelenks**

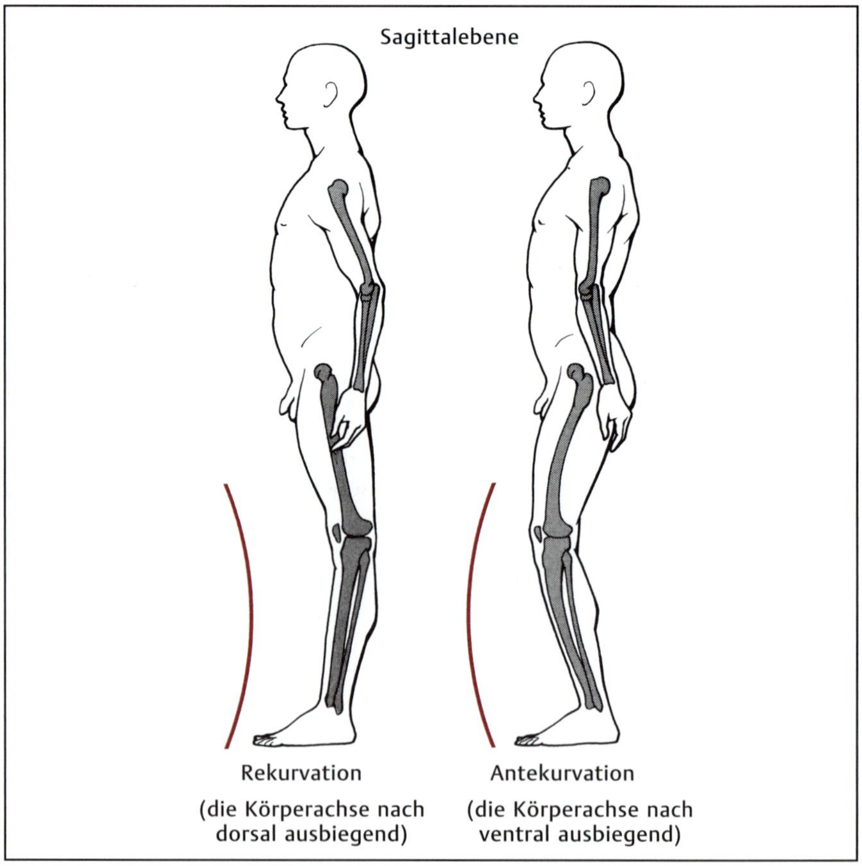

C-6.6: **Rekurvation und Antekurvation des Kniegelenks**

6.1.3 Beurteilung der Muskulatur

Gelenke und Muskulatur bilden eine funktionelle Einheit: Die Schonung einer ganzen Extremität oder die Vermeidung einer bestimmten Bewegung, z. B. wegen Gelenkschmerzen, führt rasch zur **Muskelatrophie**. Umgekehrt benötigen einige Gelenke (z. B. Schultergelenk) zur Aufrechterhaltung der **Gelenkstabilität** eine intakte kräftige Muskulatur. Beurteilen Sie daher die Muskulatur im Seitenvergleich und nehmen Sie Umfangsmessungen mit dem Bandmaß an korrespondierenden Stellen vor, z. B. am maximalen Umfang oder in bestimmten Entfernungen von Knochenvorsprüngen (z. B. Innen- oder Außenknöchel).

6.1.3 Beurteilung der Muskulatur

Gelenke und Muskulatur bilden eine funktionelle Einheit: Die Schonung einer ganzen Extremität oder die Vermeidung einer bestimmten Bewegung, z. B. wegen Gelenkschmerzen, führt rasch zur **Muskelatrophie**. Beurteilen Sie die Muskulatur im Seitenvergleich und nehmen Sie Umfangsmessungen an korrespondierenden Stellen vor.

6.1.4 Inspektion und Palpation der Haut über den Gelenken

Rötungen der Haut über schmerzhaften Gelenken sprechen für eine massive Entzündung und treten typischerweise bei einer **septischen Arthritis** oder bei einem **akuten Gichtanfall** auf. Eher die Ausnahme sind Hautrötungen bei chronischer Polyarthritis; bei Arthrosen beobachtet man sie fast nie.

6.1.4 Inspektion und Palpation der Haut über den Gelenken

Rötungen der Haut über schmerzhaften Gelenken sprechen für eine massive Entzündung und treten typischerweise bei einer **septischen Arthritis** oder bei einem **akuten Gichtanfall** auf.

> ***Merke.*** Die **Überwärmung der Haut** über einem Gelenk ist ein sehr zuverlässiger Indikator für einen entzündlichen Gelenkprozeß.

◀ **Merke**

Legen Sie die Streckseite der Finger oder den Handrücken (temperatursensibler als die Handflächen) auf den jeweiligen Gelenkabschnitt und vergleichen Sie die Temperatur mit der Gegenseite. Über massiv akut entzündeten Gelenken kann die Haut sogar etwas ödematös sein.

Die meisten Gelenkaffektionen gehen mit einer **Druckschmerzhaftigkeit** des Gelenks einher. Will man zur Dokumentation und Verlaufskontrolle eine Art von Skalierung oder Quantifizierung der Schmerzen vornehmen, so kann man sich einer groben Einteilung bedienen: Bei kräftigem Druck auf ein Gelenk (Vorsicht bei akut entzündeten Gelenken!), können die in ▤ C-**6.1** genannten Reaktionen auftreten.

Die meisten Gelenkaffektionen gehen mit einer **Druckschmerzhaftigkeit** des Gelenks einher. Bei kräftigem Druck auf ein Gelenk (Vorsicht bei akut entzündeten Gelenken!), können die in ▤ C-**6.1** genannten Reaktionen auftreten.

C-6.1: Quantifizierung der Schmerzen bei kräftiger Palpation des Gelenks

Grad I:	Der Patient gibt Schmerzen an
Grad II:	Der Patient zuckt zusätzlich zusammen
Grad III:	Der Patient zieht das Gelenk zurück
Grad IV:	Der Patient erlaubt keine Berührung des Gelenks

Symptome einer **akuten** Gelenkentzündung
- Tumor
- Functio laesa
- Rötung
- Überwärmung
- Schmerz

Sind große Gelenke entzündet, so sollte die gesamte Zirkumferenz des Gelenks schmerzhaft sein. Gilt das nur für ein umschriebenes Areal, liegt eher eine Beteiligung extraartikulärer Strukturen vor. In diesen Fällen ist das Gelenk aktiv meistens schmerzfrei beweglich. Versuchen Sie, die Stelle des maximalen Druckschmerzes einer anatomischen Struktur zuzuordnen, z. B. einem Schleimbeutel (Bursitis infrapatellaris) oder einem Kondylus (Epicondylitis lateralis = Tennisellenbogen). Kleine Gelenke werden einzeln palpiert und bewegt (◙ C-**6.7**) oder orientierend durch Drücken der ganzen Mittelhand (Gaenslenscher Handgriff, siehe ◙ C-**6.20**, S. 359) bzw. des ganzen Mittelfußes untersucht.

Sind große Gelenke entzündet, so sollte die gesamte Zirkumferenz des Gelenks schmerzhaft sein. Gilt das nur für ein umschriebenes Areal, liegt eher eine Beteiligung extraartikulärer Strukturen vor. Kleine Gelenke werden einzeln palpiert und bewegt (◙ C-**6.7**) oder orientierend durch Drücken der ganzen Mittelhand (**Gaenslenscher Handgriff**, siehe ◙ C-**6.20**, S. 359) untersucht.

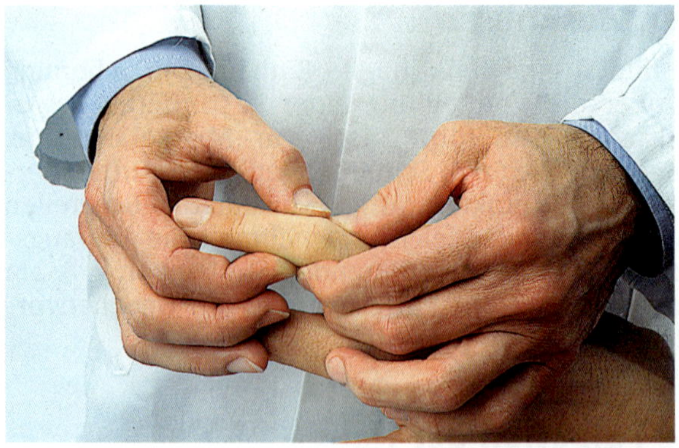

C-6.7: Palpation der proximalen Interphalangealgelenke (PIP-Gelenke)

Registrieren Sie, ob Sie beim Bewegen von Gelenken ein Reiben oder Knacken (**Krepitieren, Krepitus**) fühlen können.

Tragen Sie die beim Patienten erhobenen Gelenkbefunde in ein Schema analog C-**6.8** ein.

Registrieren Sie, ob Sie beim Bewegen von Gelenken ein Reiben oder Knacken (**Krepitieren, Krepitus**) fühlen können. Dieses Zeichen spricht für eine Rauhigkeit der Gelenkflächen und kann bei allen Gelenkerkrankungen, aber auch bei manchen Patienten ohne Beschwerden auftreten.
Tragen Sie die beim Patienten erhobenen Gelenkbefunde in ein Schema analog C-**6.8** ein. Das spart umfangreiche Beschreibungen und ist für andere Untersucher leicht verständlich. Aus der Verteilung der befallenen Gelenke (symmetrisch, im Strahl) ergeben sich bei rheumatischen Erkrankungen wichtige diagnostische Rückschlüsse (siehe Abschnitt Anamnese).

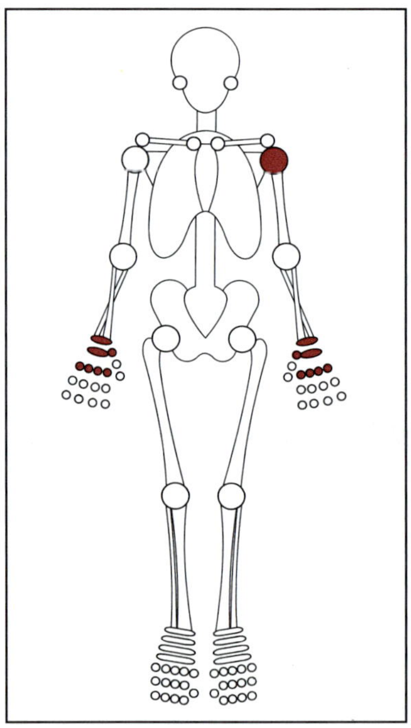

C-6.8: Skelettschema zur Dokumentation von Gelenkbefunden, hier am Beispiel eines Patienten mit chronischer Polyarthritis (●)

6.1.5 Beweglichkeitsprüfung, Winkel- und Längenmessungen

Die Beweglichkeit aller wichtigen Gelenke bzw. aller betroffenen Gelenke muß aktiv und passiv geprüft werden, wobei sich die passive Bewegung besser für die isolierte Prüfung der Gelenkbeweglichkeit eignet. Die Dokumentation der Bewegungsumfänge bezieht sich auf die drei Ebenen des Raumes (C-**6.9**).

6.1.5 Beweglichkeitsprüfung, Winkel- und Längenmessungen

Die Beweglichkeit aller wichtigen Gelenke bzw. aller betroffenen Gelenke muß aktiv und passiv geprüft werden. Bei der aktiven Beweglichkeitsprüfung bewegt der Patient selbst das Gelenk. Mit dieser Methode untersucht man zwar den natürlichen und funktionell einzig wichtigen Bewegungsablauf, sie hat aber den Nachteil, daß auch die Funktion von Muskeln, Sehnen und Nerven mit in die Untersuchung eingeht. Daher eignet sich die passive Bewegung besser für die isolierte Prüfung der Gelenkbeweglichkeit. Am besten ist es, beide Untersuchungen vorzunehmen. Die Dokumentation der Bewegungsumfänge bezieht sich auf die drei Ebenen des Raumes (C-**6.9**):

- **Sagittalebene:** Flexion – Extension
- **Frontalebene:** Abduktion – Adduktion
- **Transversalebene:** Innenrotation – Außenrotation

Bei einigen Gelenken sind spezielle Bezeichnungen üblich, z. B. Supination und Pronation im Ellenbogengelenk.

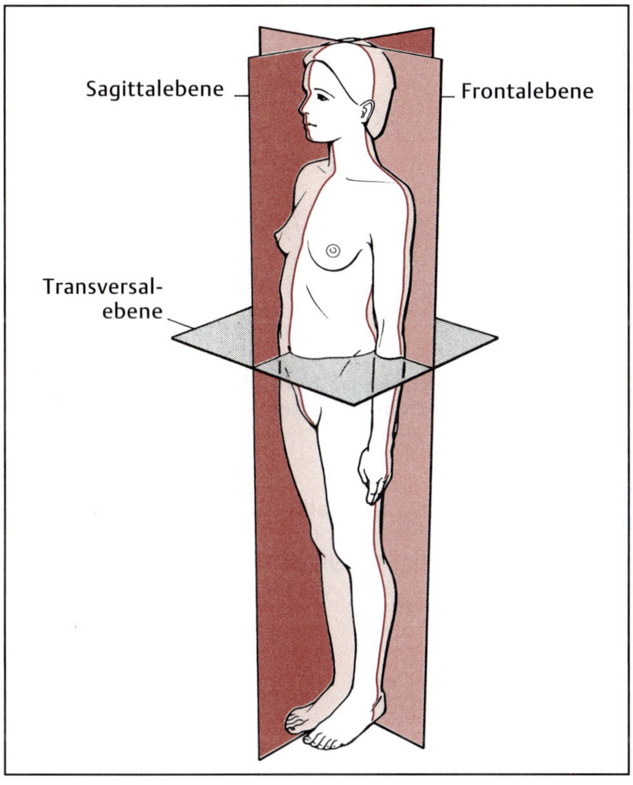

C-**6.9: Bezugsebenen des menschlichen Körpers**

Liegen Einschränkungen der Beweglichkeit von Gelenken vor, so müssen Sie diese durch Messungen exakt erfassen und in allgemein verständlicher Form dokumentieren. Dazu benutzen Sie die international festgelegte **»Neutral-0-Methode«**. Die dabei gemessenen Winkel beziehen sich auf die anatomische Normalstellung (C-**6.1**):
- stehend,
- Blick und Nase nach vorne,
- hängende Arme,
- Daumen nach vorne
- parallel geschlossene Füße

Liegen Einschränkungen der Beweglichkeit von Gelenken vor, so müssen Sie diese durch Messungen exakt erfassen und in allgemein verständlicher Form dokumentieren. Benutzen Sie die international festgelegte **»Neutral-0-Methode«**. Die dabei gemessenen Winkel beziehen sich auf die anatomische Normalstellung (C-**6.1**).

Ausgehend von der Normalstellung führt man mit den Gelenken des Patienten maximale Flexionen (Beugungen), Extensionen (Streckungen), evtl. Hyperextensionen, Innen- und Außenrotationen, Ad- und Abduktionen, Supination/Pronation, Dorso- und Plantarflexion durch (C-**6.2**) und notiert die erreichten Winkelgrade. Ausnahmen: Für die Untersuchung der Beweglichkeit im Schultergelenk und die Überprüfung von Pronation und Supination des Unterarms benutzt man Ausgangsstellungen, die nicht der Neutral-0-Methode entsprechen (siehe dort).
Technik und Normalmaße werden bei der Untersuchung der einzelnen Gelenke besprochen.

Ausgehend von der Normalstellung führt man mit den Gelenken des Patienten maximale Flexionen (Beugungen), Extensionen (Streckungen), evtl. Hyperextensionen, Innen -und Außenrotationen, Ad- und Abduktionen, Supination/Pronation, Dorso- und Plantarflexion durch (C-**6.2**) und notiert die erreichten Winkelgrade. Ausnahmen sind das Schultergelenk und die Überprüfung von Pronation und Supination des Unterarms.

◀ **Merke**

Merke. Die Winkelmessung von Flexion/Extension, Abduktion/Adduktion, Innen-/Außenrotation, Supination/Pronation, Dorso-/Plantarflexion erfolgt nach der Neutral-0-Methode.

Synopsis C-6.1: Neutral-0-Methode

Ausgangsstellung zur Gelenkmessung

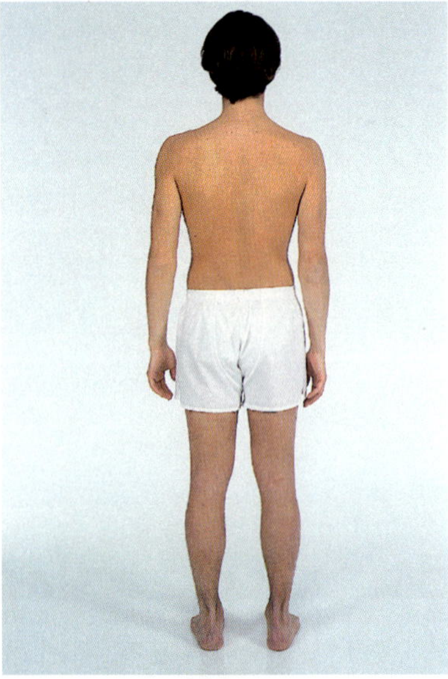

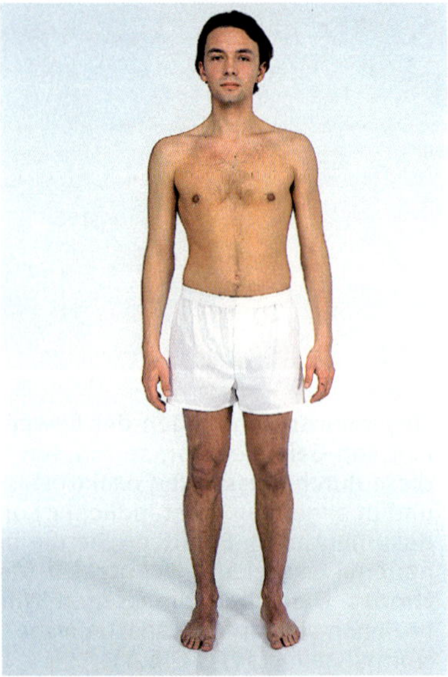

- Stehend
- Blick und Nase nach vorne
- Arme hängend
- Daumen nach vorne
- Parallel geschlossene Füße

Befunddokumentation mit der Neutral-0-Methode

Die Gelenkstellungen des aufrecht stehenden Patienten mit herabhängenden Armen entsprechen der Null-Grad-Ausgangsstellung. Jede Bewegung aus der Ausgangsstellung wird in Winkelgraden angegeben.

Jede Einschränkung der Gelenkbeweglichkeit schlägt sich als Verminderung des Bewegungsumfanges nieder.

Beispiel: Normalumfang der Sprunggelenkbeweglichkeit:

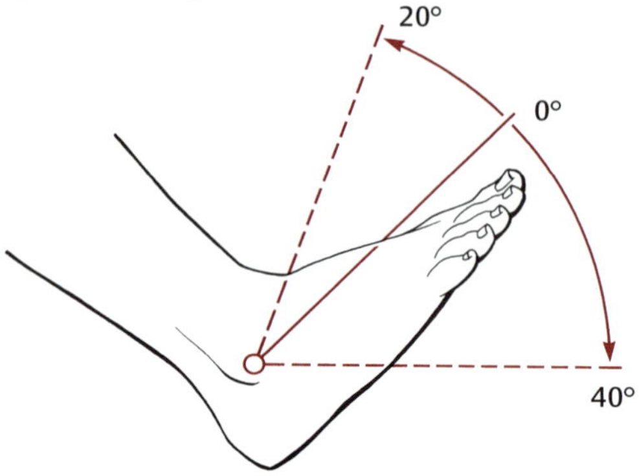

Dorsalextension/Plantarflexion (Fußheben/Fußsenken): 20/0/40

Für einen **kontrakten Spitzfuß mit Restbeugefähigkeit** ergibt sich beispielsweise folgende Bewegungsformel:

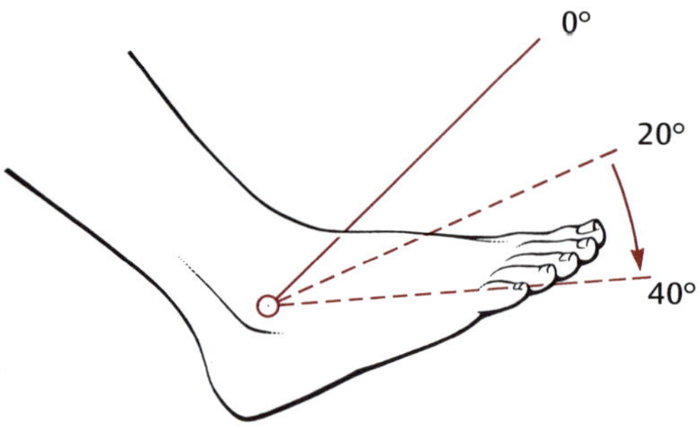

Dorsalextension/Plantarflexion 0/20/40

Die maximale Ausgangsstellung des oberen Sprunggelenkes beträgt hier 20° Plantarflexion entsprechend der Spitzfußstellung, aus der heraus wiederum nur 20° Restbeweglichkeit in Richtung Fußsenkung möglich sind.

C-6.2: Bewegungsmöglichkeiten in Gelenken

Bezeichnung	Bewegung	Beispiel
Flexion	Bewegung weg von der 0-Position	Fast alle Gelenke
Extension	Bewegung zurück zur 0-Position[1]	Fast alle Gelenke
Dorsiflexion	Bewegung in Richtung der Dorsalfläche	Finger, Handgelenk, Sprunggelenk, Zehen
Plantarflexion (Palmarflexion)	Bewegung in Richtung der Plantar-/Palmarfläche	Finger, Handgelenk, Sprunggelenk, Zehen
Abduktion	Bewegung weg von der Mittellinie	Schulter, Hüfte, MCP-, MTP-Gelenke[2]
Adduktion	Bewegung hin zur Mittellinie[3]	Schulter, Hüfte, MCP-, MTP-Gelenke
Innenrotation	Drehung der anterioren Gliedmaßenfläche nach innen	Schulter-, Hüftgelenk
Außenrotation	Drehung der anterioren Gliedmaßenfläche nach außen	Schulter-, Hüftgelenk
Supination	Rotation – palmare Handfläche nach oben[4]	Ellenbogen-, Handgelenk
Pronation	Rotation – palmare Handfläche nach unten[5]	Ellenbogen-, Handgelenk
Inversion	Plantare Fußfläche nach innen	Subtalare und Mittelfußgelenke
Eversion	Plantare Fußfläche nach außen	Subtalare und Mittelfußgelenke

[1] Geht die Bewegung über die 0-Position hinaus, so spricht man von Hyperextension (Ellenbogengelenk bei Frauen, abnorme Beweglichkeit beim Marfan-Syndrom)
[2] MCP: Metakarpophalangeal-; MTP: Metatarsophalangeal-Gelenke
[3] Bei der Hand bzw. beim Fuß wird die Mittellinie durch den Mittelfinger bzw. die mittlere Zehe gezogen
[4] Eselsbrücke: »**Suppe** essen«
[5] Eselsbrücke: »**Brot** schneiden«

Für die körperliche Untersuchung im Rahmen der Versorgung von Patienten in der Praxis des Allgemeinarztes genügt es, die Winkel abzuschätzen. Für die Befunderhebung im Rahmen von Gutachten oder die subtile Beurteilung eines Operationsergebnisses ist die exakte Winkelmessung mit dem **Goniometer** notwendig.

◀ Aufgabe

Aufgabe: Messen Sie zur Übung bei einem Kommilitonen die Bewegungsumfänge aller Gelenke nach der Neutral-0-Methode.

6.1.6 Funktionsprüfung

6.1.6 Funktionsprüfung

Abschließend sollten Sie bei jeder Gelenkuntersuchung im Fall von pathologischen Befunden oder entsprechenden anamnestischen Angaben die Fähigkeit zur Verrichtung einfacher Tätigkeiten überprüfen.

Natürlich müssen bei einer Routineuntersuchung nicht alle Gelenke in der unten beschriebenen Weise untersucht werden. Sofern sich anamnestisch kein

Abschließend sollten Sie bei jeder Gelenkuntersuchung im Fall von pathologischen Befunden oder entsprechenden anamnestischen Angaben die Fähigkeit zur Verrichtung einfacher Tätigkeiten überprüfen, bei der Hand z. B. die Griffstärke und die Feinmotorik (Schreiben, Schuhband binden), an der unteren Extremität unbedingt den Gang.

Natürlich müssen bei einer Routineuntersuchung nicht alle Gelenke in der unten beschriebenen Weise untersucht werden. Sofern sich anamnestisch kein Verdacht auf eine Gelenkerkrankung ergibt, genügt es, Gang und Haltung zu beobachten und sich durch Inspektion davon zu überzeugen, daß

Verdacht auf eine Gelenkerkrankung ergibt, genügt es, Gang und Haltung zu beobachten und sich davon zu überzeugen, daß keine Schwellungen und Deformitäten vorliegen.

keine Schwellungen und Deformitäten vorliegen. Die Beugung der Wirbelsäule und die Beweglichkeit der Hüftgelenke sollten Sie allerdings immer untersuchen, da Bewegungseinschränkungen dieser Gelenke ohne formelle Prüfung leicht übersehen werden können.

Merke ▶

> **Merke.** Eine Routineuntersuchung aller Gelenke ist nicht immer erforderlich. Zwei Ausnahmen: Beugung der Wirbelsäule und Beweglichkeit der Hüftgelenke.

6.2 Untersuchung der oberen Extremität und des Schultergürtels

6.2.1 Schultergelenk

Inspektion Betrachten Sie die Schulter- und Thoraxkontur **zunächst von hinten**, dann von vorne am sitzenden oder stehenden Patienten im Seitenvergleich bei hängenden Armen. Achten Sie auf einen ungleich hohen Stand der Schultern (**Schulterschiefstand**), Muskelatrophien, Schwellungen und Deformitäten. Eine **Bursitis subdeltoidea et subacromialis** kann Schwellungen im Schulterbereich hervorrufen. Die vordere oder hintere **Schulterluxation** läßt sich allein durch Inspektion vermuten.

6.2 Untersuchung der oberen Extremität und des Schultergürtels

6.2.1 Schultergelenk

Inspektion. Zur Inspektion des Schultergelenks und der relevanten Muskulatur muß der Oberkörper des Patienten weitgehend entkleidet sein. Betrachten Sie die Schulter- und Thoraxkontur **zunächst von hinten**, dann von vorne am sitzenden oder stehenden Patienten im Seitenvergleich bei hängenden Armen. Achten Sie auf einen ungleich hohen Stand der Schultern (**Schulterschiefstand**), Muskelatrophien (Mm. deltoideus, trapezius, infraspinatus, supraspinatus, pectoralis), Schwellungen und Deformitäten. Schwellungen am Schultergelenk werden erst in sehr ausgeprägten Stadien erkannt, da dieses Gelenk weitgehend vom M. deltoideus bedeckt ist. Eine **Bursitis subdeltoidea et subacromialis** kann Schwellungen im Schulterbereich hervorrufen. Die vordere oder hintere **Schulterluxation** läßt sich allein durch Inspektion vermuten. Schwellungen im Bereich des Sternoklavikular- und des Akromioklavikulargelenks sind wegen der oberflächlichen Lage besser zu erkennen. Beide Gelenke gehören funktionell zum Schultergelenk.

Merke ▶

> **Merke.** Das Schultergelenk besteht funktionell aus vier Gelenken: Glenohumeralgelenk, Akromioklavikulargelenk, Sternomanubrialgelenk, Verschiebeschicht zwischen Skapula und hinterer Thoraxwand.
> Ein flügelartiges Abstehen des Schulterblattes (Scapula alata) ist vor allem bei einer Schädigung des N. thoracicus longus zu beobachten.

Palpation Knöcherne Orientierungspunkte für die Untersuchung des Schultergelenks sind das **Akromion** mit dem **Akromioklavikulargelenk**, die **Klavikula** und das **Tuberculum majus humeri** (S C-**6.2**). Palpieren Sie am sitzenden Patienten gleichzeitig beide Schultern, um Schwellungen, Überwärmungen, einen lokalen Druckschmerz und Muskelverhärtungen erkennen zu können. Tasten Sie systematisch folgende Regionen ab: Akromioklavikulargelenk, Rotatorenmanschette, **subakromialen Schleimbeutel, Tuberculum majus und minus, Sulcus intertubercularis**.

Palpation. Knöcherne Orientierungspunkte für die Untersuchung des Schultergelenks sind das **Akromion** mit dem **Akromioklavikulargelenk**, die **Klavikula** und das **Tuberculum majus humeri** (S C-**6.2**). Palpieren Sie am sitzenden Patienten gleichzeitig beide Schultern, um Schwellungen, Überwärmungen, einen lokalen Druckschmerz und Muskelverhärtungen erkennen zu können. Dann konzentrieren Sie sich auf die betroffene Schulter und suchen mit den palpierenden Fingern die Stelle auf, an welcher der Patient ein Schmerzmaximum angibt. Versuchen Sie, den Schmerz einer anatomischen Struktur zuzuordnen und tasten Sie systematisch folgende Regionen ab: Akromioklavikulargelenk, Rotatorenmanschette, **subakromialen Schleimbeutel, Tuberculum majus und minus, Sulcus intertubercularis**.

Synopsis C-6.2: Anatomie des Schultergelenks

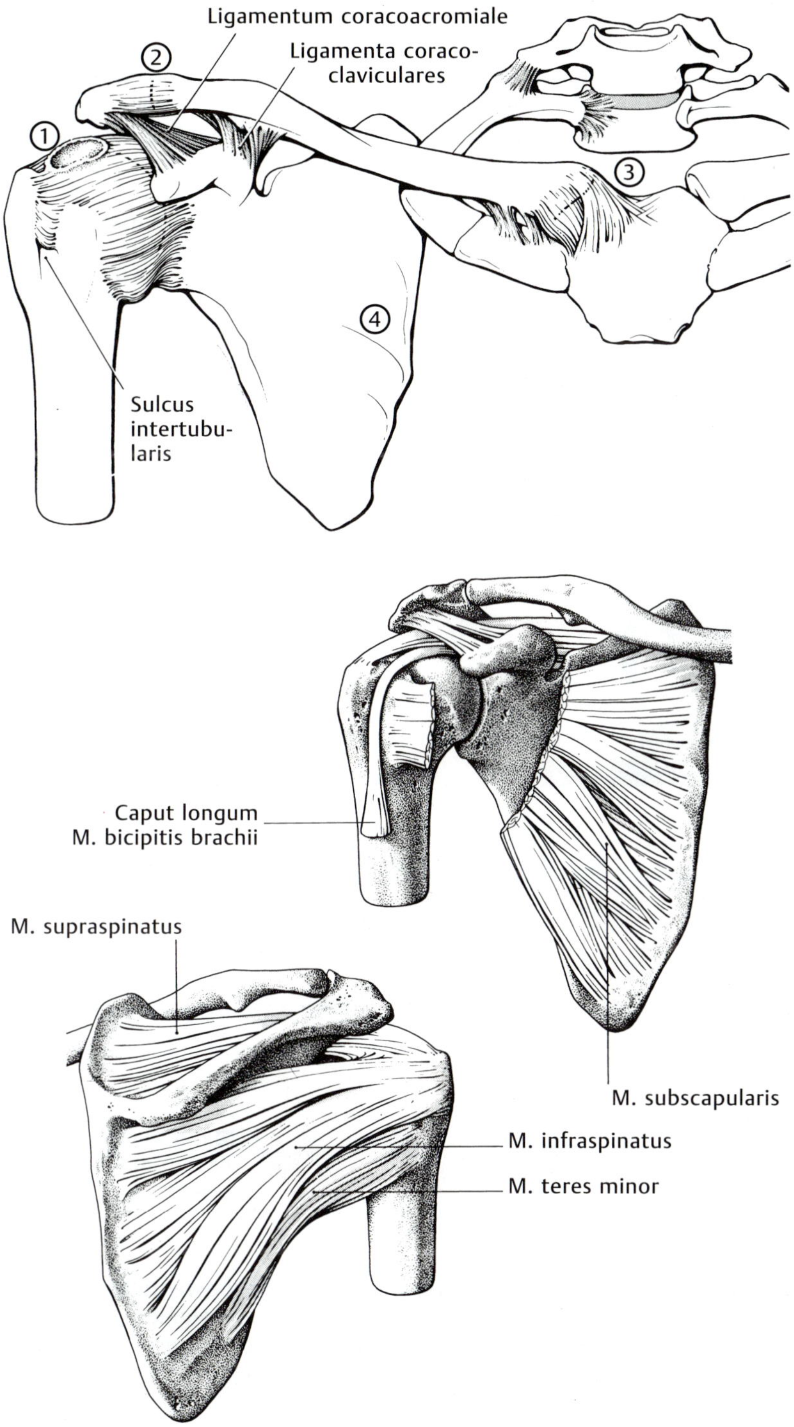

Der Schultergürtel wird gebildet von Humerus, Skapula, Klavikula, Sternum und Costae, Mobilität besteht im Glenohumeralgelenk (1), Akromioklavikulargelenk (2), Sternoklavikulargelenk (3) sowie zwischen Skapula und hinterer Thoraxwand (4). Die Rotatorenmanschette zieht unter dem Ligamentum coracoacromiale zum Tuberculum majus des Humeruskopfes. Im Sulcus intertubercularis zieht die im Bereich des Schulterdaches ansetzende lange Bizepssehne nach distal.

Anatomische Eigenheiten des Schultergelenks, die das Auftreten von Störungen begünstigen, sind:

- die relative Enge des subakromialen Gleitraumes (M. supraspinatus)
- die Vereinigung der rotatorisch wirkenden Muskeln (M. subscapularis; M. supraspinatus; M. infraspinatus; M. teres minor) zur sogenannten Rotatorenmanschette am Humeruskopf
- der maximale Bewegungsumfang (in Kombination mit Akromioklavikular- und Skapulothorakalgelenk)
- der intraartikuläre Verlauf der langen Bizepssehne
- die geringe knöcherne Führung des Glenohumeralgelenkes

Aufgabe ▶

Aufgabe: Tasten Sie bei einem Kommilitonen die knöchernen Strukturen der Schulter gemäß S C-**6.2**.

Als **Rotatorenmanschette bezeichnet man die Sehne und Schleimbeutel der Oberarmdrehmuskeln M. subscapularis, M. supra- und infraspinatus und M. teres minor, die das glenohumerale Gelenk** (Artikulation zwischen Humeruskopf und Skapula) z. T. von oben bedecken. Das **Sternoklavikular-** und das **Akromioklavikulargelenk** müssen Sie auf beiden Seiten palpieren, wenn Sie Schwellungen in diesem Bereich feststellen oder der Patient Schmerzen beim **Hochziehen der Schultern** angibt.

Als **Rotatorenmanschette** bezeichnet man die Sehne und Schleimbeutel der Oberarmdrehmuskeln M. subscapularis, M. supra- und infraspinatus und M. teres minor, die das **glenohumerale Gelenk** (Artikulation zwischen Humeruskopf und Skapula) z. T. von oben bedecken und bei Anheben des Armes durch das Tuberculum majus humeri komprimiert werden. Lassen Sie den Patienten den herabhängenden Arm rotieren, um einen möglichst großen Anteil des Humeruskopfs durch Palpation zu erfassen (C-**6.10**). Vergessen Sie nicht, das **Sternoklavikular-** und das **Akromioklavikulargelenk** (C-**6.11**) auf beiden Seiten zu palpieren, wenn Sie Schwellungen in diesem Bereich feststellen oder der Patient Schmerzen beim **Hochziehen der Schultern** angibt.

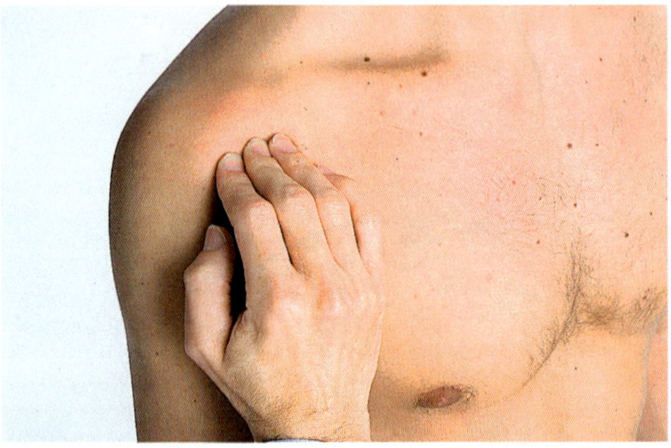

C-6.10: Palpation des Humeruskopfes bei Rotation des herabhängenden Arms

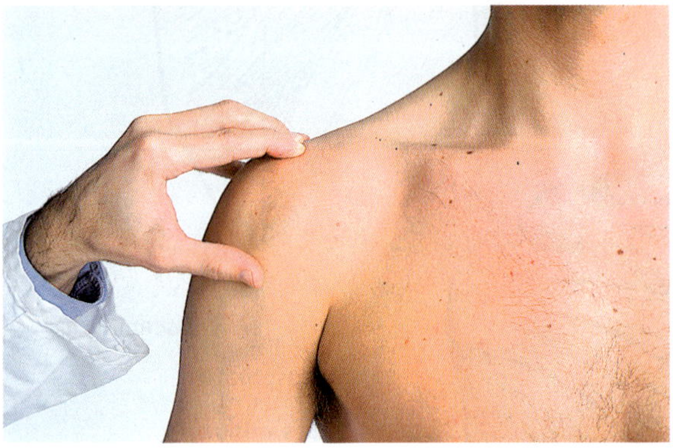

C-6.11: Palpation des Akromioklavikulargelenks

Bewegungs- und Funktionsprüfung
Zur orientierenden Untersuchung lassen Sie den Patienten zunächst drei Bewegungen ausführen:
1. Beide Arme nach oben seitlich zum Kopf
2. Beide Hände mit den Ellenbogen möglichst weit nach außen in den Nacken legen (C-**6.12a**)
3. Beide Hände in Höhe der unteren Brustwirbelsäule nach hinten zusammenführen (»Schürzengriff«, C-**6.12b**)

Bewegungs- und Funktionsprüfung. Die Schulterbeweglichkeit ist eine Kombination aus der Beweglichkeit des Glenohumeralgelenks selbst und des Schultergürtels (Skapula und Klavikula). Zur orientierenden Untersuchung lassen Sie den Patienten zunächst drei Bewegungen ausführen:
1. Beide Arme nach oben seitlich zum Kopf
2. Beide Hände mit den Ellenbogen möglichst weit nach außen in den Nacken legen (C-**6.12a**)
3. Beide Hände in Höhe der unteren Brustwirbelsäule nach hinten zusammenführen (»Schürzengriff«, C-**6.12b**)

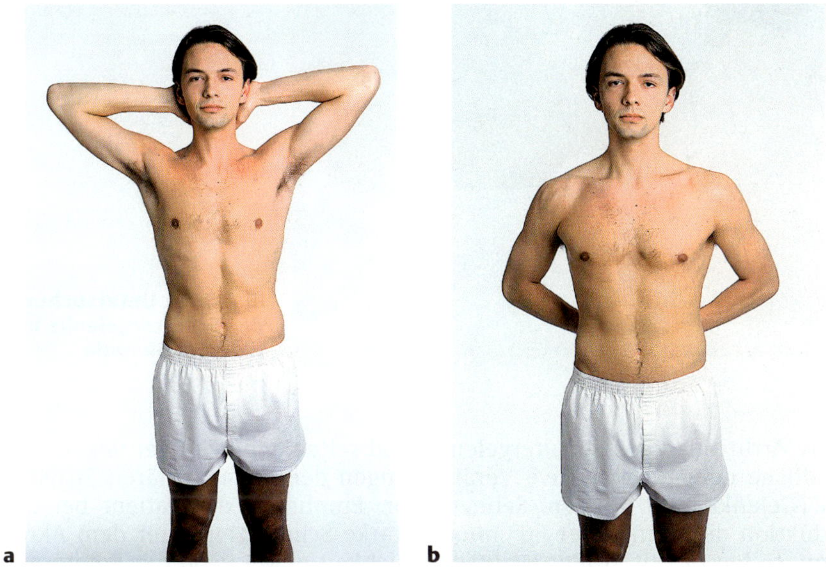

C-6.12: **Prüfung der Schulterbeweglichkeit:**
a Beide Hände bei abgespreiztem Ellenbogen in den Nacken legen
b Schürzengriff

Kann der Patient diese Bewegungen ohne Probleme ausführen, so liegt keine Einschränkung der Beweglichkeit vor. Der Bewegungsumfang im Schultergelenk nach der Neutral-0-Methode ist in S C-**6.3** dargestellt.

Der Bewegungsumfang im Schultergelenk nach der Neutral-0-Methode ist in S C-**6.3** dargestellt.

Synopsis C-**6.3: Normaler Bewegungsumfang im Schultergelenk**

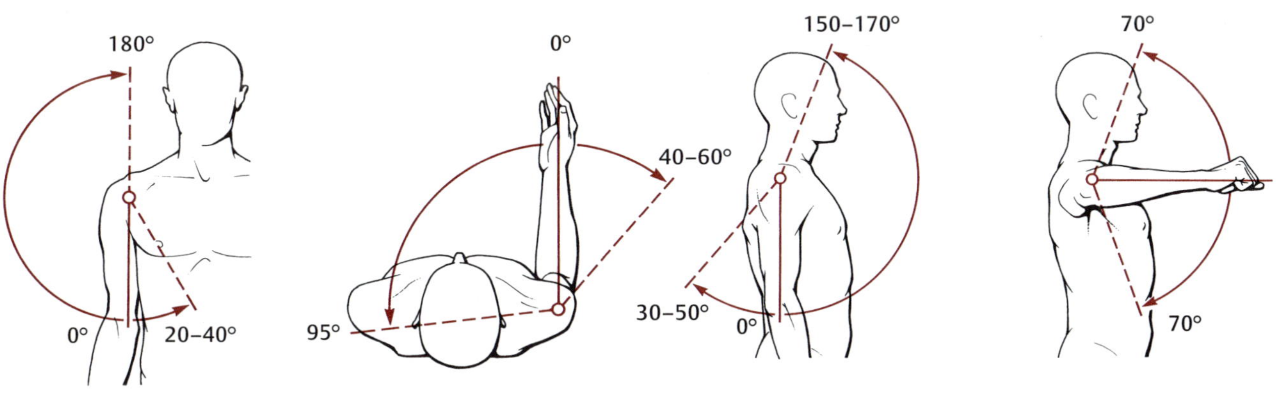

Zur Untersuchung der isolierten Beweglichkeit im Glenohumeralgelenk muß die Skapula mit der einen Hand fixiert bzw. ihre Mitbewegung kontrolliert werden, während die andere Hand den im Ellenbogengelenk gebeugten Arm des Patienten passiv anhebt (C-**6.13**). Der Bewegungsumfang beträgt bei fixierter Skapula:

- Abduktion/Adduktion 90/0/40°
- Innen-, Außenrotation
  - bei hängendem Arm 40/0/30°
  - bei 90° abduziertem Arm 70/0/70°

Zur Untersuchung der isolierten Beweglichkeit im Glenohumeralgelenk siehe C-**6.13**.

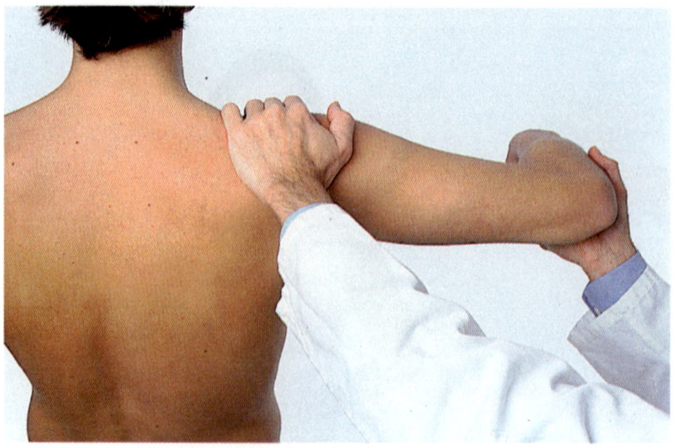

C-6.13: **Untersuchung des Schultergelenks bei fixierter Skapula**

Echte Arthritiden des Schultergelenks sind selten, viel häufiger liegen entzündliche oder degenerative Veränderungen der periartikulären Strukturen (Gelenkkapsel, Bursen, Sehnen) vor. Beim **Impingement-Syndrom** werden bei der Armelevation Anteile der Bursa subacromialis bzw. der Rotatorenmanschette zwischen Tuberculum majus und Akromion eingeklemmt (C-**6.14**).

Echte Arthritiden des Schultergelenks sind selten, viel häufiger liegen entzündliche oder degenerative Veränderungen der periartikulären Strukturen (Gelenkkapsel, Bursen, Sehnen) vor. Empfindet der Patient bei der Abduktion des Arms über 60° hinaus starke Schmerzen unter dem Akromion, so hat er mit großer Wahrscheinlichkeit eine Läsion der Rotatorenmanschette. Dabei werden Anteile der Bursa subacromialis bzw. der Rotatorenmanschette zwischen Tuberculum majus und Akromion eingeklemmt (»**Impingement-Syndrom**«, C-**6.14**).

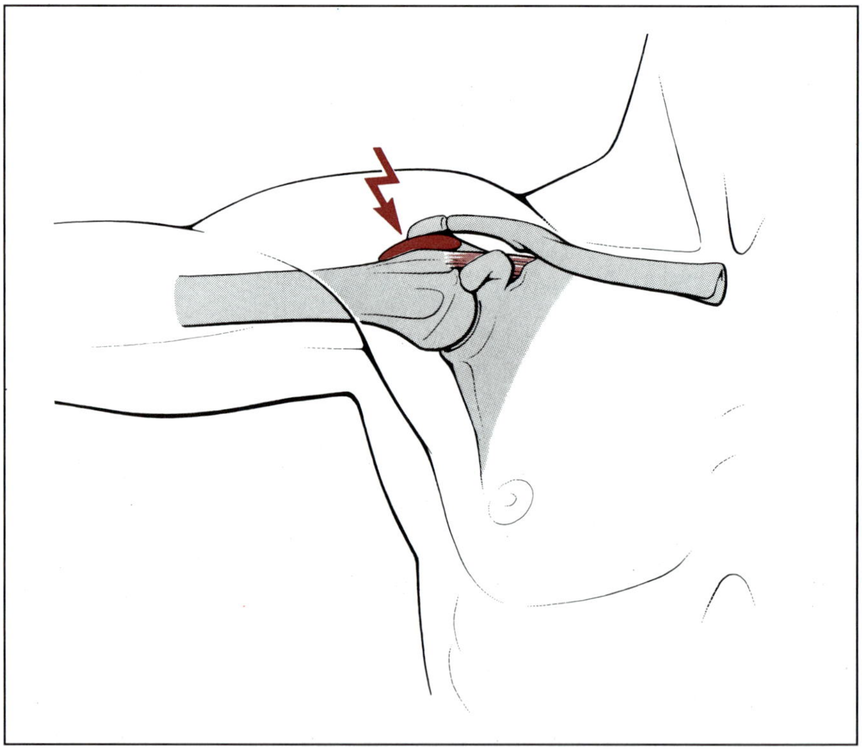

C-**6.14: Impingement-Phänomen: Kompression der Rotatorenmanschette durch das Tuberculum majus humeri bei der Armelevation**

Besonders typisch für die Tendinitis der Supraspinatussehne ist der sog. **»schmerzhafte Bogen«**. Im mittleren Bereich der Armabduktion hat der Patient Schmerzen (C-**6.15**).

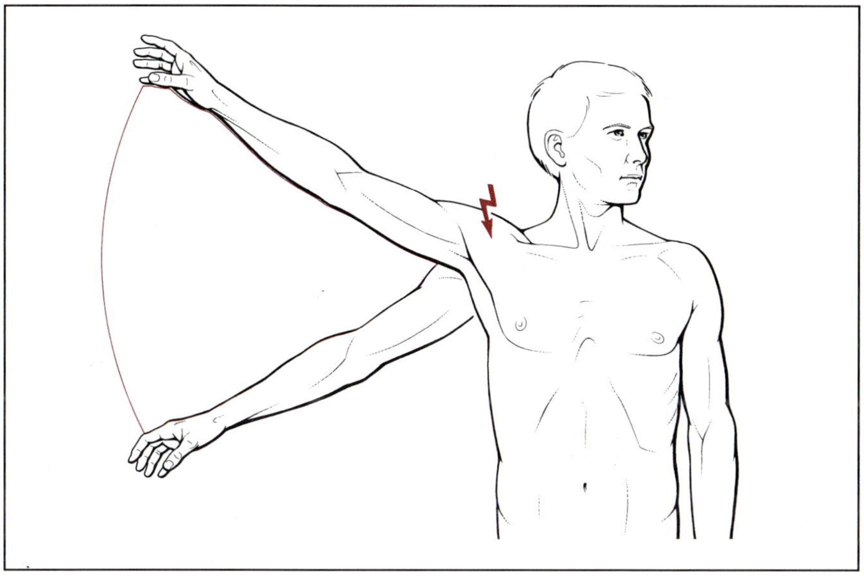

C-**6.15: »Schmerzhafter Bogen«: Die Armelevation zwischen 60 und 120° bereitet Schmerzen**

> ***Merke.*** »Schmerzhafter Bogen«: Die aktive Armelevation zwischen 60 und 120° ist schmerzhaft. Typisch für das »Impingement«-Syndrom ist die Einklemmung der Rotatorenmanschette zwischen Tuberculum majus und Akromion.

Lassen Sie den Patienten das Ellenbogengelenk gegen Widerstand beugen, so daß sich der M. biceps anspannt. Beim **Bizepssehnenriß** entsteht dabei ein deutliches wulstartiges Hervortreten des geschlupften Muskelbauches am distalen Oberarm.
Sternoklavikulargelenk und Akromioklavikulargelenk werden funktionell überprüft, indem Sie den Patienten auffordern, die Schultern hochzuziehen.
Die Längenmessung des gesamten Arms erfolgt bei hängendem Arm. Man orientiert sich an knöchernen Fixpunkten wie Akromionspitze und Processus styloideus radii. Als Länge des Oberarms mißt man die Strecke zwischen Akromionspitze und Epicondylus lateralis humeri. Haben Sie bei der Inspektion den Eindruck einer Muskelatrophie, so sollte der Umfang beider Oberarme an der dicksten Stelle gemessen werden. Zur besseren Reproduzierbarkeit können Sie die Messung auch an einer Stelle messen, die z. B. exakt 15 cm proximal des Epicondylus humeri lateralis liegt.

6.2.2 Ellenbogengelenk

Inspektion. Betrachten Sie zunächst den gestreckten Arm und achten Sie auf Achsenabweichungen (ulnare oder radiale Deviation). Zeigt Ihnen der Patient die Ellenbeuge, so stellen Sie eine Valgusstellung zwischen Ober- und Unterarm fest, bei Männern physiologisch bis 10°, bei Frauen bis 20°. Gehen Abweichungen in Valgusrichtung über dieses Maß hinaus, besteht ein **Cubitus valgus**, in Varusrichtung ein **Cubitus varus**. Lassen Sie den Patienten das Ellenbogengelenk maximal beugen und mit dem Ellenbogen auf Sie zeigen. Sie erkennen drei knöcherne Konturen, die ein Dreieck bilden: medial den Epicondylus humeri medialis (ulnaris), lateral den Epicondylus humeri lateralis (radialis), oben das Olekranon. Vergleichen Sie

Besonders typisch für die Tendinitis der Supraspinatussehne ist der sog. **»schmerzhafte Bogen«** (C-**6.15**).

◄ **Merke**

Lassen Sie den Patienten das Ellenbogengelenk gegen Widerstand beugen, so daß sich der M. biceps anspannt. Beim **Bizepssehnenriß** entsteht dabei ein deutliches wulstartiges Hervortreten des geschlupften Muskelbauches am distalen Oberarm.
Sternoklavikulargelenk und Akromioklavikulargelenk werden funktionell überprüft, indem Sie den Patienten auffordern, die Schultern hochzuziehen.

6.2.2 Ellenbogengelenk

Inspektion Betrachten Sie zunächst den gestreckten Arm und achten Sie auf Achsenabweichungen (ulnare oder radiale Deviation). Eine Valgusstellung zwischen Ober- und Unterarm ist bei Männern bis 10°, bei Frauen bis 20° physiologisch. Gehen Abweichungen in Valgusrichtung über dieses Maß hinaus, besteht ein **Cubitus valgus**, in Varusrichtung ein **Cubitus varus**. Vergleichen Sie die Gelenkkonturen beider Ellenbogen. Synoviale Schwellungen oder Ergüsse wölben die Gelenkkontur auf einer oder beiden Seiten des Olekranons vor.

die Gelenkkonturen beider Ellenbogen. Synoviale Schwellungen oder Ergüsse wölben die Gelenkkontur auf einer oder beiden Seiten des Olekranons vor.

Palpation Palpieren Sie das um 90° gebeugte Ellenbogengelenk am sitzenden Patienten. Versuchen Sie, mögliche Druckschmerzen an den Epikondylen, am Olekranon oder am Radiusköpfchen auszulösen. Neben dem lokalen Druckschmerz empfindet der Patient mit einer **Epicondylitis radialis humeri (»Tennisellenbogen«)** auch Schmerzen am lateralen Epikondylus, wenn Sie ihn das Handgelenk oder die Finger gegen Widerstand strecken lassen (S C-**6.4**). Bei der **Epicondylitis ulnaris humeri (»Golfellenbogen«)** ist der Druckschmerz am medialen Epikondylus auslösbar, und es werden Schmerzen bei der Flexion des Handgelenks empfunden. Das Radiusköpfchen läßt sich leicht bei passiver Supination und Pronation palpieren).

Palpation. Palpieren Sie das um 90° gebeugte Ellenbogengelenk am sitzenden Patienten. Zur Untersuchung des rechten Ellenbogens halten Sie den Unterarm mit der rechten Hand fest und palpieren mit Daumen und Fingern der linken Hand. Den linken Ellenbogen palpieren Sie mit der rechten Hand, während Sie mit der linken den Unterarm erfassen. Versuchen Sie, mögliche Druckschmerzen an den Epikondylen, am Olekranon oder am Radiusköpfchen auszulösen. Neben dem lokalen Druckschmerz empfindet der Patient mit einer **Epicondylitis radialis humeri (»Tennisellenbogen«)** auch Schmerzen am lateralen Epikondylus, wenn Sie ihn das Handgelenk oder die Finger gegen Widerstand strecken lassen (S C-**6.4**). Bei der (wesentlich selteneren) Epicondylitis ulnaris humeri (»Golfellenbogen«) ist der Druckschmerz am medialen Epikondylus auslösbar, und es werden Schmerzen bei der Flexion des Handgelenks empfunden. Das Radiusköpfchen finden Sie leicht, indem Sie mit dem Daumen etwa 2 cm distal des radialen Epikondylus palpieren und den Unterarm passiv supinieren und pronieren. Sie spüren dann mit dem Daumen die Drehbewegung des Radiusköpfchens durch die Haut. Achten Sie auf Krepitieren oder Schmerzen.

Aufgabe ►

Aufgabe: Tasten Sie bei sich selbst Epicondylus radialis und ulnaris.

S Synopsis C-6.4: Epicondylus radialis humeri (»Tennisellenbogen«)

Überlastungen der Streckmuskulatur der Finger und des Handgelenkes führen zu Schmerzen im Bereich ihres Ursprungs am Epicondylus radialis humeri.

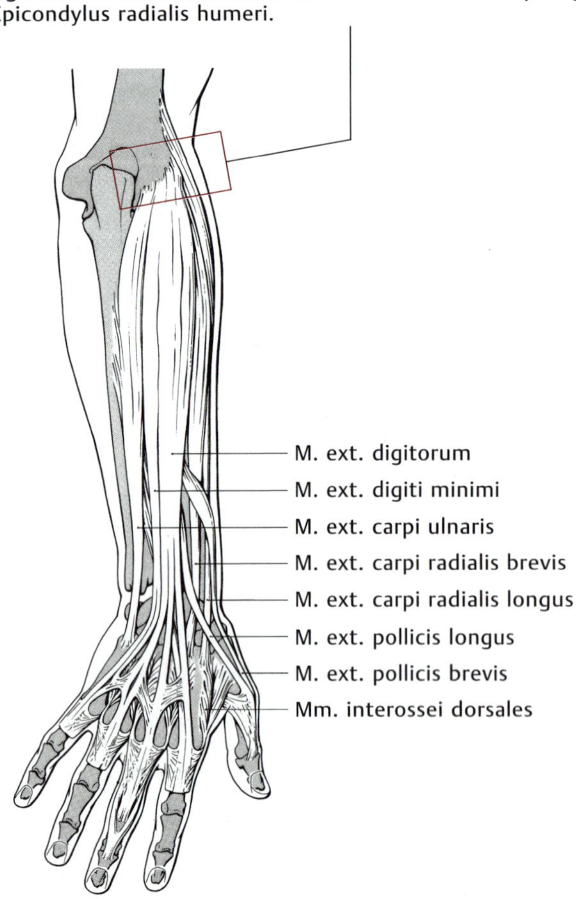

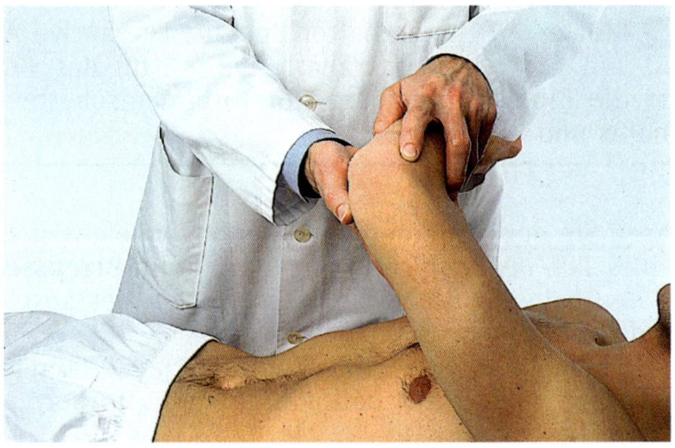

- Bei der Palpation ist der Epikondylus druck- und berührungsempfindlich.
- Widerstandstests der am Epikondylus ansetzenden Muskulatur (Strecken des Handgelenks oder der Finger gegen Widerstand) lösen den Schmerz aus.

Synoviale Schwellungen und Ergüsse lassen sich besonders gut beidseits des Olekranons und über dem **radiohumeralen Gelenk** tasten. Palpieren Sie die Bursa olecrani über dem Olekranon. Eine akute Bursitis olecrani ist sehr druckdolent. Finden sich in der Bursa dagegen schmerzlose Knoten, so könnte es sich um Rheumagranulome bei chronischer Polyarthritis oder um Gichttophi handeln. Palpieren Sie auch die gesamte Ulna. Eine häufige Lokalisation von (druckdolenten) Rheumaknoten ist der Bereich 5–10 cm distal des Olekranons. In der Tiefe zwischen Olekranon und medialem Epikondylus ist der Nervus ulnaris zu tasten, der bei Arthritiden oder Frakturen des Ellenbogengelenks in Mitleidenschaft gezogen werden kann.

Synoviale Schwellungen und Ergüsse lassen sich besonders gut beidseits des Olekranons und über dem **radiohumeralen Gelenk** tasten. Palpieren Sie die Bursa olecrani über dem Olekranon. Eine akute Bursitis olecrani ist sehr druckdolent. Finden sich in der Bursa dagegen schmerzlose Knoten, so könnte es sich um Rheumagranulome bei chronischer Polyarthritis oder um Gichttophi handeln. Palpieren Sie auch die gesamte Ulna.

Bewegungs- und Funktionsprüfung. Der Bewegungsumfang im Ellenbogengelenk beträgt 0/0/150°, wobei allerdings vor allem bei Frauen auch eine Hyperextension von 10° möglich ist. Die Umwendbarkeit des Unterarms gegenüber dem Oberarm wird bei 90° gebeugtem Ellenbogengelenk bestimmt und umfaßt normalerweise 80–90°, jeweils für Supination und Pronation (S C-**6.5**). Der abgespreizte Daumen dient als »Zeiger« für den Bewegungsumfang.

Bewegungs- und Funktionsprüfung
Hierzu siehe S C-**6.5**.

S Synopsis C-**6.5: Normaler Bewegungsumfang im Ellenbogengelenk**

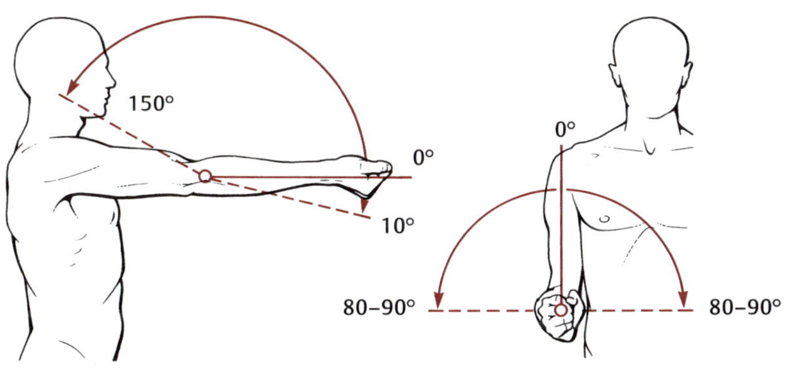

Streckung/Beugung
(Extension/Flexion)

Unterarmdrehung auswärts/einwärts
(Supination/Pronation)

6.2.3 Handgelenk

Inspektion. Achsenfehlstellungen im Handgelenk liegt meist eine frühere Radiusfraktur mit Abkippung des distalen Fragments zugrunde. In fortgeschrittenen Stadien der chronischen Polyarthritis kommt es zu einer radialen Kippung und einem ulnaren Abgleiten in Verbindung mit einer palmaren Subluxation im Handgelenk. Der Processus styloideus ulnae tritt prominent hervor. Schwellungen im Handgelenkbereich können das ganze Handgelenk diffus betreffen, wie bei der chronischen Polyarthritis, oder umschrieben lokalisiert sein. Walzenförmige Schwellungen auf dem Handrücken entsprechend dem Sehnenscheidenverlauf sprechen für eine **Tenosynovitis der Strecksehnen**. Die **Tenosynovitis der Beugesehnen** ist meist nicht gut erkennbar, da sie vom **Ligamentum carpi transversum** verdeckt wird.

6.2.3 Handgelenk

Inspektion Achsenfehlstellungen im Handgelenk liegt meist eine frühere Radiusfraktur mit Abkippung des distalen Fragments zugrunde. Walzenförmige Schwellungen auf dem Handrücken entsprechend dem Sehnenscheidenverlauf sprechen für eine **Tenosynovitis der Strecksehnen**. Die **Tenosynovitis der Beugesehnen** ist meist nicht gut erkennbar, da sie vom **Ligamentum carpi transversum** verdeckt wird.

Palpation. Setzen Sie sich dem Patienten gegenüber, nehmen Sie das Handgelenk mit beiden Händen zwischen Daumen und Zeige- bzw. Mittelfinger und palpieren Sie mit den Daumen das Handgelenk von dorsal her. Achten Sie auf die Lokalisation von Druckschmerzen, die sich manchmal einem bestimmten Handwurzelknochen (z. B. **Naviculare-Pseudarthrose, Lunatum-Malazie**) zuordnen lassen. Wenn Sie bei der Palpation der Streck- und Beugesehnen den Patienten auffordern, das Handgelenk und die Finger zu beugen und zu strecken, können Sie möglicherweise ein Rei-

Palpation Nehmen Sie das Handgelenk des Patienten mit beiden Händen zwischen Daumen und Zeige- bzw. Mittelfinger und palpieren Sie mit den Daumen das Hangelenk von dorsal her. Achten Sie auf die Lokalisation von Druckschmerzen über einem bestimmten Handwurzelknochen (z. B. **Naviculare-Pseudarthrose, Lunatum-**

Malazie). Palpatorisch auslösbare Schmerzen über dem Processus styloideus radii, die besonders verstärkt werden, wenn der Patient seinen Daumen in der Faust hält, sprechen für eine **Tendovaginitis stenosans de Quervain**.

ben der Sehnenscheiden fühlen (Tendovaginitis crepitans). Palpatorisch auslösbare Schmerzen über dem Processus styloideus radii, die besonders verstärkt werden, wenn der Patient seinen Daumen in der Faust hält, sprechen für eine **Tendovaginitis stenosans de Quervain**. An dieser Stelle laufen die Sehnen des M. extensor pollicis brevis und des M. abductor pollicis longus in einer gemeinsamen Sehnenscheide, welche sich bei chronischer Traumatisierung verengen kann.

Bewegungs- und Funktionsprüfung
Den Bewegungsumfang des Handgelenks zeigt S C-**6.6**.
Zum direkten Seitenvergleich der Beweglichkeit ohne Verwendung eines Goniometers eignet sich die in C-**6.16** dargestellte Stellung der Hände.

Bewegungs- und Funktionsprüfung. Das Handgelenk ist ein Nußgelenk mit straffer Bandführung, das Bewegungen in zwei Ebenen erlaubt. Handrückenwärts/hohlhandwärts (Dorsalextension, Palmarflexion) beträgt der Bewegungsumfang jeweils 70–80°, speichen-/ellenwärts (Radialabduktion/Ulnarabduktion) werden 25–30° bzw. 30–40° erreicht (S C-**6.6**). Zum direkten Seitenvergleich der Beweglichkeit ohne Verwendung eines Goniometers eignet sich die in C-**6.16** gezeigte Stellung der Hände.

S Synopsis C-**6.6**: **Normaler Bewegungsumfang des Handgelenks**

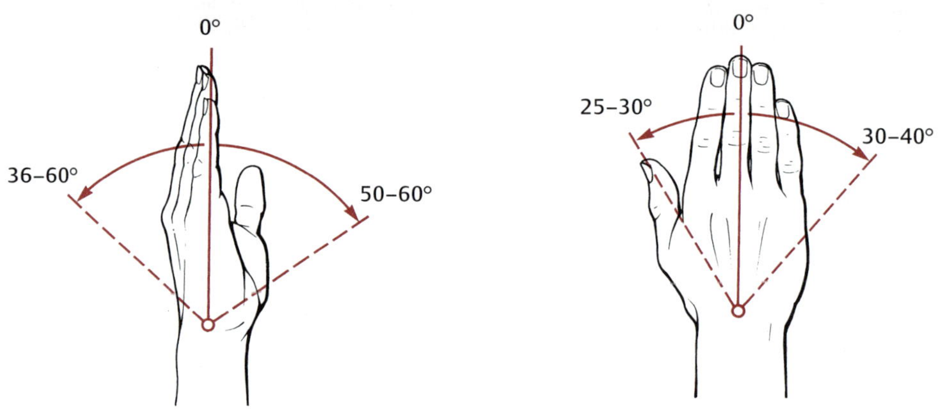

Handrückenwärts/hohlhandwärts (Extension/Flexion)

Speichenwärts/ellenwärts (Radialabduktion/Ulnarabduktion)

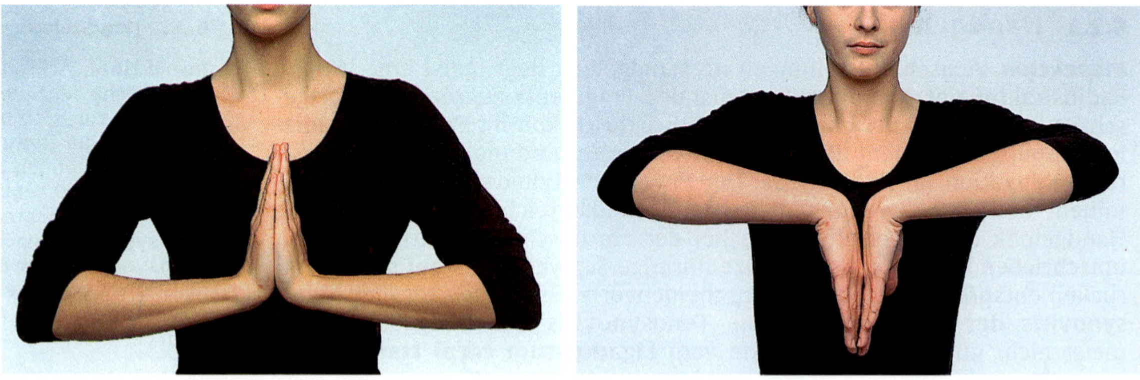

a b

C-**6.16: Maximale Dorsalextension (a) und Palmarflexion (b) des Handgelenks**

Die extreme Dorsalextension, wie in ◼ C-**6.16a** gezeigt, wird auch zur Auslösung des **Phalen-Zeichens** zur Diagnose eines **Karpaltunnelsyndroms** verwendet. Das Zeichen ist positiv, wenn nach etwa einer Minute in dieser Handstellung Taubheitsgefühl und Parästhesien an der Beugeseite der ersten drei Finger auftreten. Einfacher auszulösen ist das **Tinel-Zeichen**. Man beklopft mit dem Reflexhammer die Volarseite des plantarflektierten Handgelenks, worauf der Patient im positiven Fall einen Schmerz im Handgelenkbereich und ein Prickeln im Ausbreitungsgebiet des Nervus medianus angibt (◼ C-**6.17**). Der **Karpaltunnel** wird gebildet durch die Halbröhre der Handwurzelknochen und das straffe **Retinaculum flexorum**. In ihm laufen die Beugesehnen und der Nervus medianus, der bei raumfordernden Prozessen komprimiert und geschädigt werden kann. Beim Karpaltunnelsyndrom kommt es daher häufig zur Atrophie der Thenarmuskulatur.

Die extreme Dorsalextension (◼ C-**6.16a**), wird auch zur Auslösung des **Phalen-Zeichens** zur Diagnose eines **Karpaltunnelsyndroms** verwendet. Zum Auslösen des **Tinel-Zeichens** beklopft man mit dem Reflexhammer die Volarseite des plantarflektierten Handgelenks, worauf der Patient im positiven Fall einen Schmerz im Handgelenkbereich und ein Prickeln im Ausbreitungsgebiet des Nervus medianus angibt (◼ C-**6.17**). Beim Karpaltunnelsyndrom kommt es daher häufig zur Atrophie der Thenarmuskulatur.

▶ ***Merke.*** Das Karpaltunnelsyndrom ist die häufigste Nervenläsion der oberen Extremität. Zur Kompression des Nervus medianus kommt es durch Raumforderungen im Karpaltunnel, z. B. bei chronischer Polyarthritis, Amyloidose, Akromegalie, aber auch ohne feststellbare Ursache.

◀ **Merke**

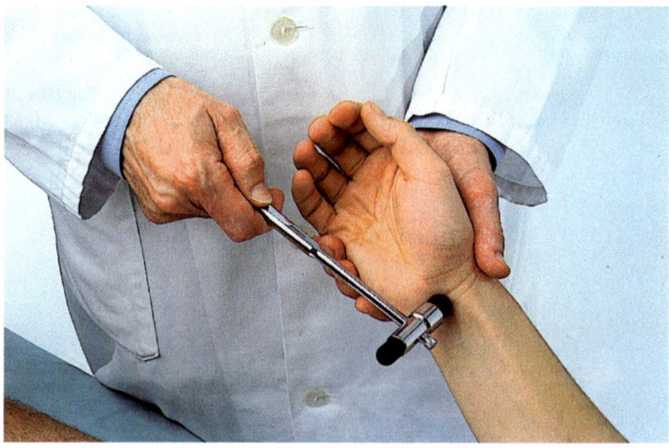

◼ C-**6.17: Auslösen des Tinel-Zeichens**

6.2.4 Fingergelenke

Inspektion. Unabhängig von der Beurteilung der Gelenke sollten Sie die Hände eines Patienten immer intensiv betrachten. Viele Allgemeinerkrankungen manifestieren sich auch in Symptomen an den Händen, zudem können Sie Hinweise über die berufliche Tätigkeit und die Lebensgewohnheiten des Patienten gewinnen (▤ C-**6.3**). Nehmen Sie dazu die Hand des Patienten in Ihre Hände und betrachten Sie vor allem die Fingernägel aus großer Nähe. Inspektion und Palpation gehen bei der Untersuchung der Hände meist gleichzeitig vor sich.

6.2.4 Fingergelenke

Inspektion Viele Allgemeinerkrankungen manifestieren sich auch in Symptomen an den Händen, zudem können Sie Hinweise über die berufliche Tätigkeit und die Lebensgewohnheiten des Patienten gewinnen (▤ C-**6.3**). Betrachten Sie vor allem die Fingernägel aus großer Nähe.

C-6.3: Mögliche Bedeutung von extraartikulären Befunden an Händen und Fingern

Befund und Lokalisation	Mögliche Ursache
Blässe	
• Subungual, Handfläche	Anämie
• Finger	Raynaud-Phänomen, Digitus mortuus
Bläulich-livide Verfärbung	
• Ganze Hand	Akrozyanose (junge Frauen), periphere Zyanose (Herzinsuffizienz), Acrodermatitis chronica atrophicans, Z. n. Erfrierung,
• Finger	»Fingerapoplexie«, Ergotismus, Hämatom
Weißflecken	Vitiligo
Palmarerythem	Leberkrankheiten, Alkohol
Braunfärbung	
• 2. und 3. Finger	Starker Raucher
• Handrücken und Finger	Hämochromatose, Porphyria cutanea tarda
Handfläche	
• Ausgeprägte Verschwielung	Handarbeiter
• Induration Beugesehnen	Dupuytrensche Kontraktur
• Glanz, verstärkte Hautlinienzeichnung	Neurodermitis
Handrücken	
• Stehende Hautfalten	Exsikkose, Altersatrophie
• »Pergamenthaut«, subkutane Blutungen	Atrophie durch Langzeit-Steroidbehandlung
• Fettpolster (»Babygrübchen«)	Adipositas
• Ödem (eindrückbar/induriert)	Axillaristhrombose, Z. n. Ablatio mammae, Pancoast-Tumor
Nägel	
• Subunguale Blutungen	Sepsis, Endokarditis
• Nagelfalzhyperkeratosen, Teleangiektasien	Kollagenose, v. a. Sklerodermie
• Uhrglasnägel Trommelschlegelfinger	Pulmonale Erkrankungen, z. B. Bronchialkarzinom, Tuberkulose
• Beau-Reilsche Furchen	Wachstumsstörungen, Allgemeinerkrankungen
• Ölflecknägel	Psoriasis
• Verdickungen	Onychomykose

Inspizieren Sie die Fingergrund-, -mittel- und -endgelenke auf das Vorliegen von Schwellungen, Deformitäten und Verfärbungen. Meist werden Abkürzungen (MCP-, PIP-, DIP-Gelenke) verwendet (C-**6.4**).

Inspizieren Sie die Fingergrund-, -mittel- und -endgelenke auf das Vorliegen von Schwellungen, Deformitäten und Verfärbungen. Wegen der Länge der fachterminologischen Bezeichnungen werden meist Abkürzungen (MCP-, PIP-, DIP-Gelenke) verwendet (C-**6.4**).

C-6.4: Abkürzungen für die Fingergelenke

Grundgelenke	Metakarpophalangealgelenke:	MCP-Gelenke
Mittelgelenke	Proximale Interphalangealgelenke:	PIP-Gelenke
Endgelenke	Distale Interphalangealgelenke:	DIP-Gelenke

An den MCP-Gelenken erkennen Sie vorhandene Schwellungen am besten in leichter Beugestellung. Das normalerweise vorhandene Berg-und-Tal-Profil ist dann weitgehend aufgehoben. Problematisch ist die Beurteilung allerdings bei sehr adipösen, meist weiblichen Patienten mit sog. Baby-Grübchen. Bedenken Sie, daß der Gelenkspalt der MCP-Gelenke nicht an der Spitze der Knöchel liegt, sondern etwa einen Zentimeter distal davon. An der Volarseite der MCP-Gelenke sind Schwellungen durch Inspektion nicht erkennbar. Ein Hinweis für Schwellungen der DIP- und PIP-Gelenke

ist gegeben, wenn die vorhandenen Hautfältchen an der Streckseite des Gelenks verstrichen sind.
Die **synovitische Schwellung** der chronischen Polyarthritis (siehe B-**51**) ist meist spindelförmig (**fusiform**) und betrifft (oft symmetrisch) die MCP- und PIP-Gelenke, spart dagegen die DIP-Gelenke immer aus.

Die **synovitische Schwellung** der chronischen Polyarthritis ist meist spindelförmig (**fusiform**) und betrifft (oft symmetrisch) die MCP- und PIP-Gelenke, spart dagegen die DIP-Gelenke immer aus.

> ***Merke.*** Ein Befall der distalen Interphalangealgelenke spricht gegen die Diagnose einer chronischen Polyarthritis.

◄ **Merke**

Beurteilen Sie auch, ob die Schwellungen nur im Gelenkbereich vorhanden sind oder auch die interartikulären Fingerabschnitte mit einbeziehen. Dieser diffuse Befall wird auch als **Daktylitis** oder **»Wurstfinger«** (C-**6.18**) bezeichnet und ist charakteristisch für den peripheren Gelenkbefall bei den seronegativen Spondylarthropathien (z. B. Morbus Reiter) oder bei Psoriasis-Arthropathie (C-**6.5**).

Beurteilen Sie auch, ob die Schwellungen nur im Gelenkbereich vorhanden sind oder auch die interartikulären Fingerabschnitte mit einbeziehen. Dieser diffuse Befall wird auch als **Daktylitis** oder **»Wurstfinger«** bezeichnet (C-**6.18**).

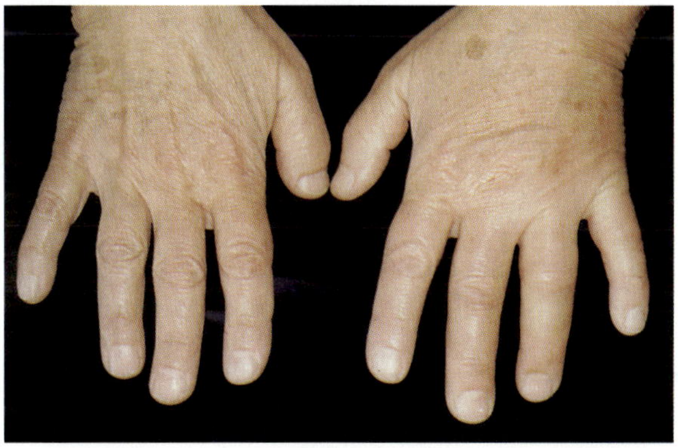

C-6.18: Daktylitis (»Wurstfinger«) des 4. Fingers links (hier bei Lyme-Borreliose)

C-6.5: Differentialdiagnose von Schwellungen im Bereich der Finger

Befund	**Wahrscheinlichste Diagnose**
Spindelförmige, symmetrische Schwellung der MCP- und PIP-Gelenke	Chronische Polyarthritis, Kollagenose (Lupus erythematodes)
Schwellung der MCP-, PIP- und DIP-Gelenke **und** interartikuläre Schwellung eines Fingers (»Befall im Strahl«, »Wurstfinger«)	Seronegative Spondylarthropathie Psoriasis-Arthropathie
Symmetrische Knötchen beidseits streckseitig lateral an den DIP-Gelenken	Heberden-Arthrose
Symmetrische Knötchen beidseits streckseitig lateral an den PIP-Gelenken	Bouchard-Arthrose
Asymmetrische Knötchen, potentiell an allen Fingergelenken	Arthritis urica (Gicht)
»Schwellungen« streckseits über (meist allen) PIP-Gelenken, schmerzlos	Fingerknöchelpölsterchen (»Knuckle pads«)
»Schwellung« streckseits über einem PIP-Gelenk, schmerzlos	Synovialiszyste

Achten Sie auf **Achsenabweichungen** der Fingerglieder, **Subluxationen** und **Luxationen**. Die chronische Polyarthritis führt im fortgeschrittenen Stadium zu einer typischen **Ulnardeviation** aller Langfinger, vor allem bei Faustschluß. Seitliche Achsenabweichungen der Endglieder treten bei der **Heberden-Arthrose** (siehe B-**18**) oder bei Psoriasis-Arthritis auf, die **Bouchard-Arthrose** kann bei destruierendem Verlauf zu einer Achsenabweichung im PIP-Gelenk führen.

Achten Sie auf **Achsenabweichungen** der Fingerglieder, **Subluxationen** und **Luxationen**.

Die chronische Polyarthritis geht mit einer Reihe von pathognomonischen Veränderungen einher (◘ C-**6.19**).

Die chronische Polyarthritis geht mit einer Reihe von pathognomonischen Veränderungen einher (◘ C-**6.19**). Bei der **Knopflochdeformität** führt die Zerstörung der Streckaponeurose, deren verbliebene Zügel nach lateral abgleiten, zu einer Beugestellung des PIP-Gelenks bei gleichzeitiger Überstreckung des DIP-Gelenks. Umgekehrt sind die Verhältnisse bei der **Schwanenhalsdeformität**: Durch Schädigung der Beugesehnen kommt es zum Überwiegen der Mm. interossei, woraus eine Überstreckung im PIP-Gelenk bei gleichzeitiger Beugung im DIP-Gelenk resultiert. Am Daumen entsteht durch den gleichen Mechanismus die sog. **90/90-Deformität:** 90°-Beugung im Grundgelenk, 90°-Streckung im Endgelenk.

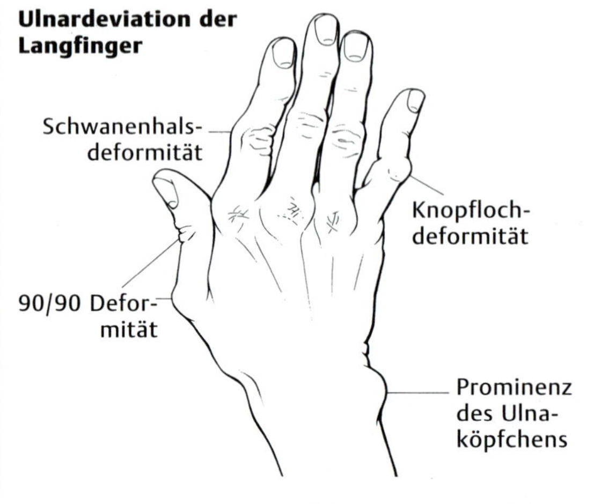

◘ C-**6.19: Typische Handveränderungen bei fortgeschrittener chronischer Polyarthritis**

Merke ▶

Merke. Zeichen der fortgeschrittenen chronischen Polyarthritis sind:
- Ulnardeviation
- Knopfloch- und Schwanenhalsdeformität
- 90/90-Deformität
- Ulnarvorschub

Verstrichene Hautfältchen in den Fingerbeugen sprechen für eine Tenosynovitis der Beugesehnen. Zu Einziehungen der Haut im Bereich der Handfläche kommt es bei der **Dupuytrenschen Kontraktur** der Palmaraponeurose (siehe ◘ B-**11**).

Betrachten Sie nun die Volarseite der Finger und die Handfläche. Verstrichene Hautfältchen in den Fingerbeugen sprechen für eine Tenosynovitis der Beugesehnen, wie sie bei der chronischen Polyarthritis auftritt. Zu Einziehungen der Haut im Bereich der Handfläche kommt es bei der **Dupuytrenschen Kontraktur** der Palmaraponeurose (Hohlhandfaszie) (siehe ◘ B-**11**).

Bei Kollagenosen (z. B. Sklerodermie) oder Durchblutungsstörungen (Ergotismus) kann es zu trophischen Störungen bis hin zu Nekrosen kommen.

Betrachten Sie sorgfältig die Fingerkuppen des Patienten. Bei Kollagenosen (z. B. Sklerodermie; siehe ◘ B-**55**) oder Durchblutungsstörungen (Ergotismus) kann es zu trophischen Störungen bis hin zu Nekrosen kommen, die nach Abheilung Narben hinterlassen.

Bei schmerzhaften Arthritiden kommt es rasch zu einer Inaktivitätsatrophie der Mm. interossei, wodurch die Strecksehnen am Handrücken sichtbar werden. Auf der Palmarseite sollten Sie den radialen und ulnaren Handballen auf eine **Thenar-** bzw. **Hypothenaratrophie** untersuchen.

Beurteilen Sie auch den muskulären Zustand der Hand. Bei schmerzhaften Arthritiden kommt es rasch zu einer Inaktivitätsatrophie der Mm. interossei, wodurch die Strecksehnen am Handrücken fast in der ganzen Zirkumferenz sichtbar werden. Auf der Palmarseite sollten Sie den radialen und ulnaren Handballen (**Thenar und Hypothenar**) beurteilen. Bei einer Medianusläsion kommt es zur Atrophie des M. abductor pollicis brevis.

Palpation Die MCP-Gelenke werden orientierend mit dem **Gaenslenschen Handgriff** palpiert (◘ C-**6.20**).

Palpation. Die MCP-Gelenke werden orientierend mit dem **Gaenslenschen Handgriff** palpiert. Dabei umgreifen Sie die Metakarpalköpfchen II–V mit Daumen und Zeige- bzw. Mittelfinger und drücken sie seitlich zusammen (◘ C-**6.20**). Seien Sie vorsichtig, wenn der Patient bereits spontan starke Schmerzen angibt oder Sie bei der Inspektion eine starke Schwellung feststellen!

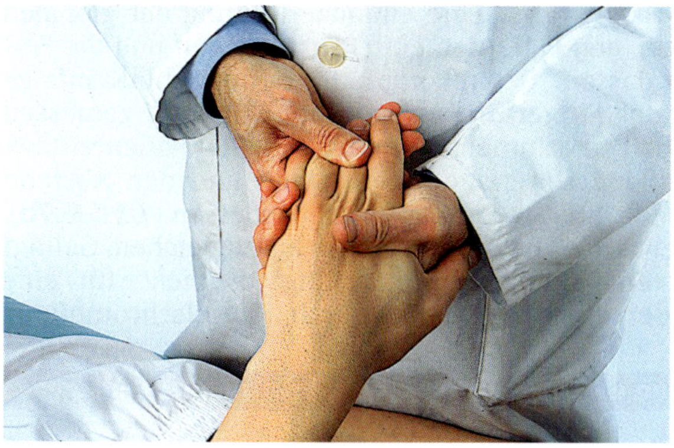

C-6.20: **Gaenslenscher Handgriff zur Untersuchung einer Synovitis der Metakarpophalangealgelenke (MCP-Gelenke)**

Die einzelnen MCP-Gelenke werden an drei Stellen palpiert: an den Köpfchen der Metakarpalia (Bergspitze), in Höhe der Gelenkspalten (1 cm distal der Spitze) und zwischen den Köpfchen bei 30° gebeugten Fingern (Talmulde). Verwenden Sie zur Palpation beide Daumen und drücken Sie das jeweilige Gelenk mit den Zeigefingern von volar her an. Sie registrieren Schmerzempfindlichkeit und Überwärmung der einzelnen Gelenke. Gelenkkapselverdickungen bei einer Synovitis fühlen sich sulzig-polstrig an.

Die einzelnen MCP-Gelenke werden an drei Stellen palpiert: an den Köpfchen der Metakarpalia, in Höhe der Gelenkspalten und zwischen den Köpfchen. Sie registrieren Schmerzempfindlichkeit, Gelenkkapselverdickungen (Synovialitis) und Überwärmung der einzelnen Gelenke.

Die PIP- und DIP-Gelenke werden von lateral und medial zwischen Daumen und Zeigefinger palpiert. Die Konsistenz bringt Hinweise auf die Art der Schwellung: Synovitische Schwellungen sind sulzig, die paarig angeordneten Heberden- und Bouchard-Knoten hart, Synovialiszysten und Knuckle pads weich.

Die PIP- und DIP-Gelenke werden von lateral und medial zwischen Daumen und Zeigefinger palpiert.

Palpieren Sie die Beugesehnen im Bereich der distalen Hohlhandfalte über den MCP-Gelenken. Lassen Sie den Patienten die Finger beugen und strekken und achten Sie auf ein Reiben oder knotige Einlagerungen in den Beugesehnen. Schlüpft die verdickte Sehne durch eine Engstelle der Sehnenscheide, so kann es zum sog. **schnellenden Finger (Tendovaginitis stenosans)** kommen. Sie spüren den Schlüpfvorgang mit dem palpierenden Finger. Im **»Pinch-Test«** versuchen Sie, die Haut über den Grundgliedern abzuheben (C-**6.21**). Im Normalfall ist das leicht möglich, bei einer Beugesehnen-Tenosynovitis dagegen nicht.

Palpieren Sie die Beugesehnen im Bereich der distalen Hohlhandfalte über den MCP-Gelenken. Achten Sie auf ein Reiben oder knotige Einlagerungen in den Beugesehnen. Schlüpft die verdickte Sehne durch eine Engstelle der Sehnenscheide, so kann es zum sog. **schnellenden Finger (Tendovaginitis stenosans)** kommen. Im **»Pinch-Test«** versuchen Sie, die Haut über den Grundgliedern abzuheben (C-**6.21**).

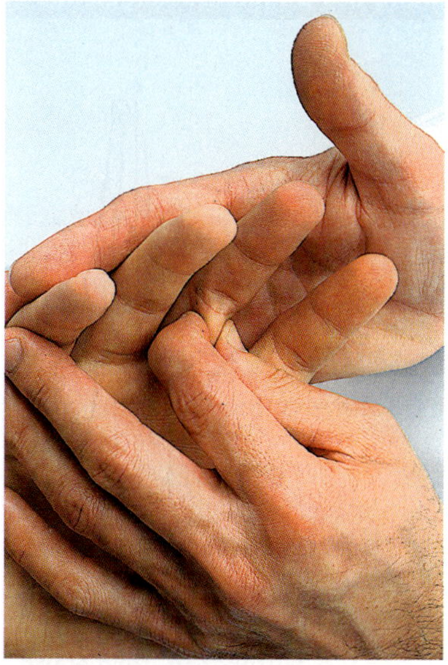

C-**6.21**: **Pinch-Test zur Feststellung einer Beugesehnen-Tenosynovitis**

Bewegungs- und Funktionsprüfung
Einfache Prüfung der globalen Handfunktion: Eine Faust machen und die Finger ganz ausstrecken lassen. Bei inkomplettem Faustschluß infolge eines Beugedefizits wird der **Fingerkuppen-Hohlhandabstand** gemessen. (S C-**6.7**). Gelingt es, Defizite bei aktiver Bewegung passiv auszugleichen, spricht das für eine Sehnenruptur, gelingt es nicht, für eine knöcherne Deformität oder eine Kontraktur durch Kapselschrumpfung.

Bewegungs- und Funktionsprüfung. Eine einfache Prüfung der globalen Handfunktion besteht darin, den Patienten eine Faust machen und die Finger ganz ausstrecken zu lassen. Bei inkomplettem Faustschluß infolge eines Beugedefizits wird der **Fingerkuppen-Hohlhandabstand** gemessen (S C-**6.7a**). Ein Streckdefizit bestimmen Sie, indem Sie den Patienten den Handrücken gegen eine plane Unterlage legen lassen und den Abstand zwischen Fingerspitzen und Unterlage in Zentimetern messen (S C-**6.7b**). Versuchen Sie, Defizite bei aktiver Bewegung passiv auszugleichen. Gelingt dies, so spricht das für eine Sehnenruptur, gelingt es nicht, für eine knöcherne Deformität oder eine Kontraktur durch Kapselschrumpfung.

S Synopsis C-**6.7: Messung eines Beuge- bzw. Streckdefizits der Finger**

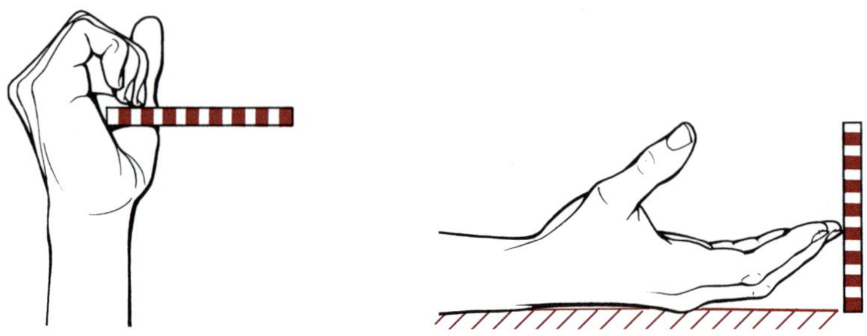

a Beugedefizit: Messen des Fingerkuppen-Hohlhandabstands

b Streckdefizit: Messen des Abstands zwischen Fingerspitzen und planer Unterlage

Zum Bewegungsumfang des Daumens siehe S C-**6.8**. Das Daumensattelgelenk wird häufig bei älteren Frauen von der sog. **Rhizarthrose** betroffen: Die Abspreizung ist schmerzhaft, der Öffnungswinkel zwischen dem 1. und 2. Strahl verkleinert, und es besteht ein Stauchungsschmerz.

Wegen seiner Bedeutung für die Greiffunktion nimmt der Daumen eine Sonderstellung ein. Prüfen Sie die Abspreizbarkeit in der Ebene der Handfläche (70–90°) und in Oppositionsstellung (50–60°) (S C-**6.8**). Das Daumensattelgelenk wird häufig bei älteren Frauen von der sog. **Rhizarthrose** betroffen. Die Abspreizung ist schmerzhaft, der Öffnungswinkel zwischen dem 1. und 2. Strahl verkleinert, und es besteht ein Stauchungsschmerz, wenn der Daumen nach proximal gegen das Sattelgelenk gedrückt wird. Fast immer liegt ein doppelseitiger Befall vor.

S Synopsis C-**6.8: Normaler Bewegungsumfang des Daumensattelgelenks**

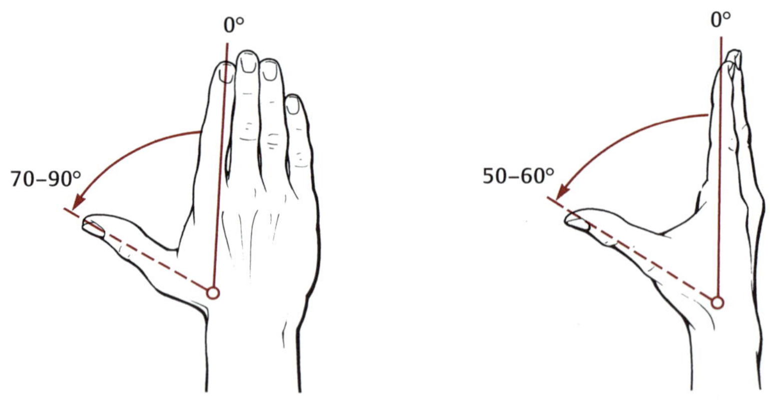

Daumenabspreizung

Daumenopposition

Prüfen Sie die grobe Kraft, indem Sie den Patienten auffordern, Ihre Hände mit seinen zu drücken, oder benutzen Sie eine auf 20 mmHg aufgeblasene Blutdruckmanschette.

Prüfen Sie die grobe Kraft, indem Sie den Patienten auffordern, Ihre Hände mit seinen zu drücken. Besser im Verlauf reproduzierbar ist die quantitative Methode: Der Patient drückt eine auf 20 mmHg aufgeblasene Blutdruckmanschette mit aller Kraft zusammen.

Zur Klassifikation des Schweregrades einer Behinderung, vor allem im Rahmen von Gutachten, ist eine Beurteilung der Handfunktion für diffizile Tätigkeiten erforderlich. Die ◘ C-**6.22a–e** zeigen eine Reihe von Griffunktionen. Besonders wichtig für die Handfunktion ist der **Spitzgriff** zwischen Daumen und Langfinger (◘ C-**6.22a**).

Zur Klassifikation des Schweregrades einer Behinderung ist eine Beurteilung der Handfunktion für diffizile Tätigkeiten erforderlich (◘ C-**6.22a–e**). Besonders wichtig für die Handfunktion ist der **Spitzgriff** zwischen Daumen und Langfinger.

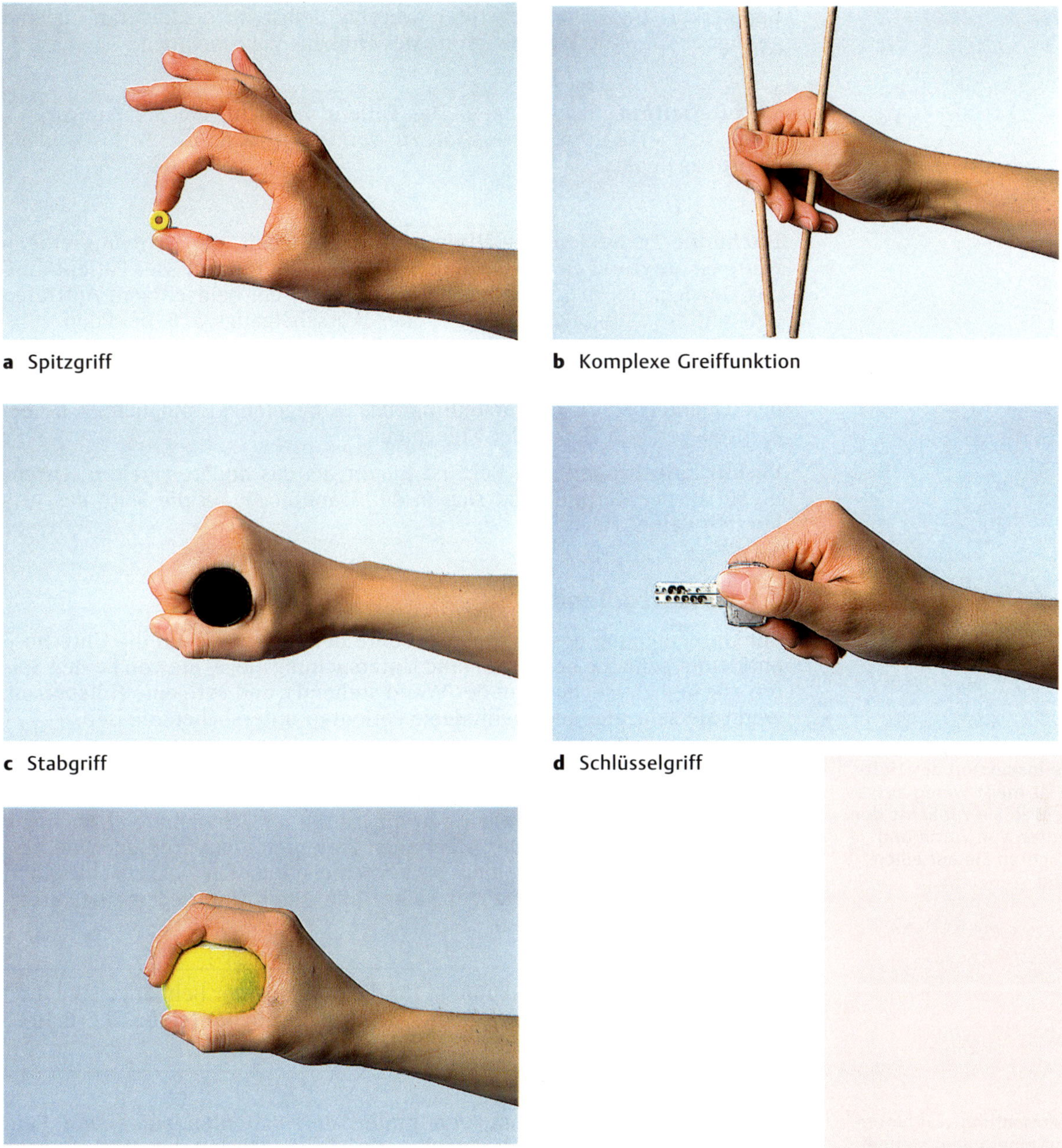

a Spitzgriff

b Komplexe Greiffunktion

c Stabgriff

d Schlüsselgriff

e Ballgriff

◘ C-**6.22: Verschiedene Griffunktionen der Hand**

Aufgabe: Führen Sie bewußt die in ◘ C-**6.22a–e** gezeigten Fingerfunktionen an typischen Beispielen aus!

◀ **Aufgabe**

6.3 Untersuchung der unteren Extremität

Kommt der Patient auf eigenen Beinen in Ihr Zimmer, nutzen Sie die Gelegenheit und beobachten Sie den Gang des Patienten, achten Sie dabei auf Hinken und Schonhaltung. Selbst im bekleideten Zustand gelingt es oft, eine Klassifizierung des Hinkens vorzunehmen.

6.3 Untersuchung der unteren Extremität

Kommt der Patient auf eigenen Beinen in Ihr Zimmer, so hat er bereits den aussagekräftigsten Funktionstest hinter sich, noch ehe Sie mit der formellen Untersuchung begonnen haben. Nutzen Sie die Gelegenheit und beobachten Sie den Gang des Patienten, achten Sie dabei auf Hinken und Schonhaltung. Ein unharmonisches Gangbild kann durch Schmerzen, Muskelinsuffizienz, Bewegungseinschränkung an der unteren Extremität oder Beinverkürzungen hervorgerufen werden. Selbst im bekleideten Zustand gelingt es oft, eine Klassifizierung des Hinkens vorzunehmen.

Definition ▶

Definition. Schonhinken: Der Patient versucht, die Belastungszeit der schmerzhaften Extremität zu verkürzen, z. B. bei Arthritis der Sprunggelenke.

Duchenne-Trendelenburg-Hinken: Das Anheben der schwungseitigen Hüfte ist aufgrund einer Muskelinsuffizienz nicht möglich, der Patient muß das Gewicht auf die Standbeinseite verlagern; bei beidseitigem Auftreten entsteht das Gangbild des Enten- oder Watschelgangs, z. B. bei Polio.

Versteifungshinken: Das Vorschwingen des Beines ist nur durch Drehung des Beckens (bei Versteifung des Hüftgelenks) bzw. durch Seitwärtsneigen des Oberkörpers (bei Versteifung des Kniegelenks) möglich, z. B. bei Arthrodesen von Hüft- oder Kniegelenk.

Verkürzungshinken: Ein Bein ist kürzer als das andere (Fraktur, Osteomyelitis), der Körper senkt sich in der Standphase auf die Seite des verkürzten Beines.

6.3.1 Hüftgelenk

6.3.1 Hüftgelenk

Zur Untersuchung des Hüftgelenks sollte der Patient bis auf die Unterhose entkleidet sein. Sie benötigen eine Untersuchungsliege, die von beiden Seiten zugänglich ist (nicht an der Wand stehend), und evtl. eine Hilfsperson, wenn Sie sehr alte oder behinderte Patienten untersuchen müssen.

Inspektion Die Inspektion des Hüftgelenks in Ruhe ist meist wenig aussagekräftig. Betrachten Sie zunächst den stehenden Patienten von vorne und von hinten und achten Sie auf einen Beckenschiefstand.

Inspektion. Die Inspektion des Hüftgelenks in Ruhe ist meist wenig aussagekräftig, da das Gelenk von einem dicken Weichteilmantel umgeben ist und sich Ergüsse oder Synovitiden nur selten als Schwellung abzeichnen. Betrachten Sie zunächst den stehenden Patienten von vorne und von hinten und achten Sie auf einen Beckenschiefstand. Ein Beckenschiefstand aufgrund unterschiedlich langer Beine kann durch Unterlegen eines Brettchens ausgeglichen werden.

Merke ▶

Merke. Knöcherne Fixpunkte für die Messung der Beinlänge sind die Spina iliaca anterior superior und der **Innenknöchel (siehe** C-**6.30**). Seitenvergleich unbedingt erforderlich!

Lassen Sie bei Betrachtung von hinten den Patienten auf einem Bein stehen. Bei Insuffizienz der pelvitrochanteren Muskulatur (M. glutaeus medius) sinkt das Becken zur Gegenseite ab (**Trendelenburg-Zeichen**, siehe C-**6.9**).

Lassen Sie bei Betrachtung von hinten den Patienten auf einem Bein stehen. Bei Insuffizienz der pelvitrochanteren Muskulatur (M. glutaeus medius minimus) sinkt das Becken zur Gegenseite ab (**Trendelenburg-Zeichen**, siehe C-**6.9**). Achten Sie auf Atrophien der Oberschenkel- und Glutäalmuskulatur im Seitenvergleich der beiden Beine.

Synopsis C-6.9: Trendelenburg-Zeichen bei Insuffizienz der pelvitrochanteren Muskulatur

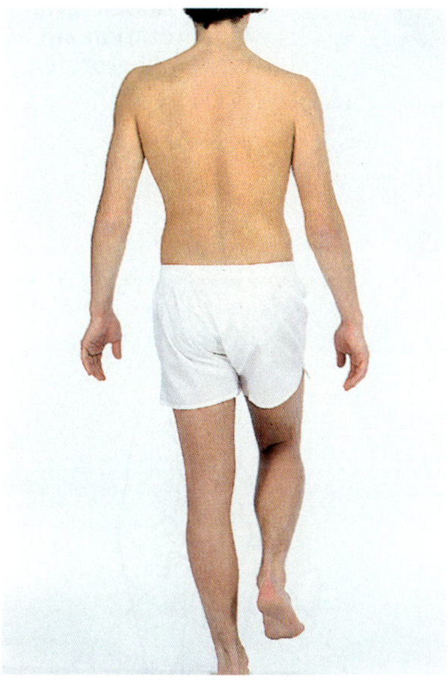

◀ Im Einbeinstand wird das Becken durch die pelvitrochantere Muskulatur (Mm. glutaei medius et minimus) stabilisiert: Das Becken wird auf der Gegenseite angehoben.

Bei Insuffizienz der ▶ pelvitrochanteren Muskulatur (Überlänge, Lähmung) sinkt das Becken zur gesunden Gegenseite ab (Trendelenburg positiv).

Merke: Trendelenburg positiv → das Becken kippt zur gesunden Seite ab.

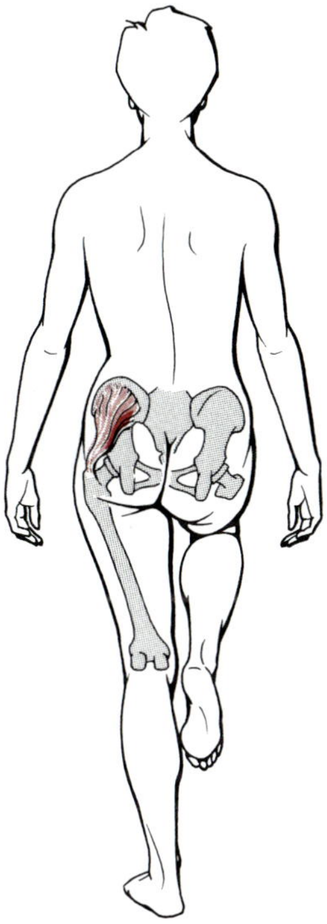

Charakteristische Ursachen für ein Trendelenburg-Zeichen sind:
- Ineffektivität der Hüftabduktoren infolge pathologischer Näherung von Ansatz und Ursprung
- Insuffizienz der **kleinen** Glutäalmuskeln
- angeborene Hüftgelenksluxation
- Coxa vara congenita

Charakteristische Ursachen für ein Trendelenburg-Zeichen sind:
- Ineffektivität der Hüftabduktoren infolge pathologischer Näherung von Ansatz und Ursprung
- Insuffizienz der **kleinen** Glutäalmuskeln
- angeborene Hüftgelenksluxation
- Coxa vara congenita

Beobachten Sie, ob der Patient das Hüftgelenk voll strecken kann. Normalerweise sollte die Kniekehle auf der Unterlage ohne weiteres aufliegen. Allerdings kann der Patient durch eine Kippung des Beckens nach vorne eine mögliche Beugekontraktur ausgleichen (siehe Funktionsprüfung).

Beobachten Sie, ob der Patient das Hüftgelenk voll strecken und die Kniekehle auf eine Unterlage ohne weiteres auflegen kann.

Merke. Bei normal beweglichem Hüftgelenk ist das Becken beim liegenden Patienten und gestrecktem Kniegelenk 12° nach ventral gekippt.

◀ **Merke**

Palpation. Gelegentlich kann ein Druckschmerz im Bereich des Trochanter major als Hinweis auf eine Bursitis trochanterica ausgelöst werden. Bei Enthesiopathien (Reizzuständen an Knochenansätzen von Sehnen) bestehen Druckschmerzen im Bereich des Trochanter major, des Os ischium und Os ilium.

Palpation Die Palpation erbringt im Bereich des Hüftgelenks nur selten relevante Befunde.

Bewegungs- und Funktionsprüfung. Der Bewegungsumfang im Hüftgelenk ist in S C-**6.10** dargestellt. Stellen Sie sich neben die Untersuchungsliege und nehmen mit einer Hand den Unterschenkel, mit der anderen das Knie des auf dem Rücken liegenden Patienten in die Hand und beugen das Knie um 90°. In dieser Stellung lassen sich Innen- und Außenrotation, Adduktion und Abduktion sowie die Beugung am besten überprüfen.

Bewegungs- und Funktionsprüfung Der Bewegungsumfang im Hüftgelenk ist in S C-**6.10** dargestellt. Bei um 90° gebeugtem Knie lassen sich Innen- und Außenrotation, Adduktion und Abduktion sowie die Beugung am besten überprüfen.

Synopsis C-6.10: Normaler Bewegungsumfang des Hüftgelenks

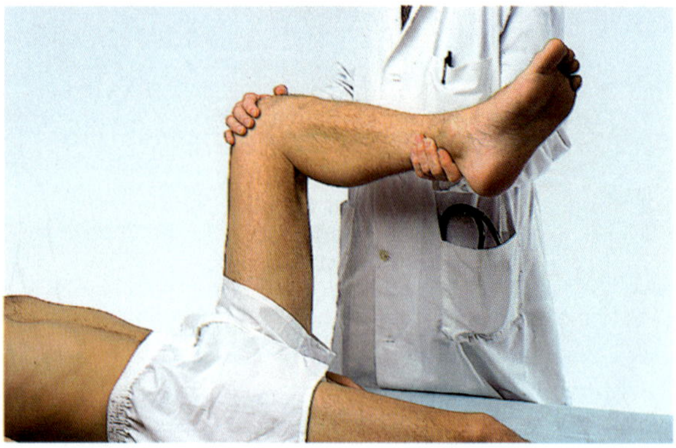

- In **Rückenlage** lassen sich Abduktion und Adduktion, sowie Außen- und Innenrotation am besten überprüfen

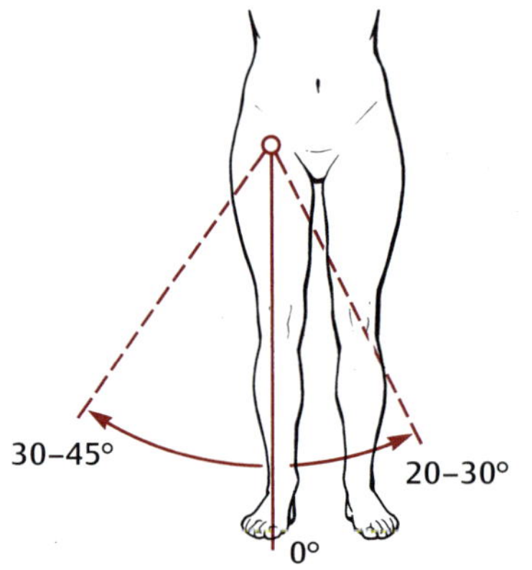

Abspreizen/Anführen (Abduktion/Adduktion)

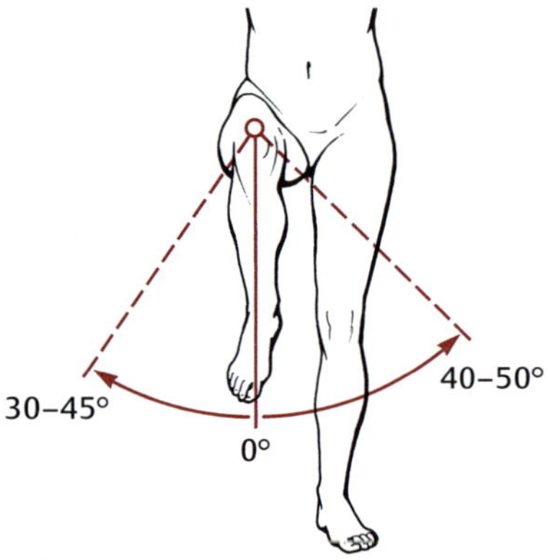

Drehung auswärts/einwärts (Außen-/Innenrotation)

- In **Seitenlage** untersuchen Sie Extension und Flexion:

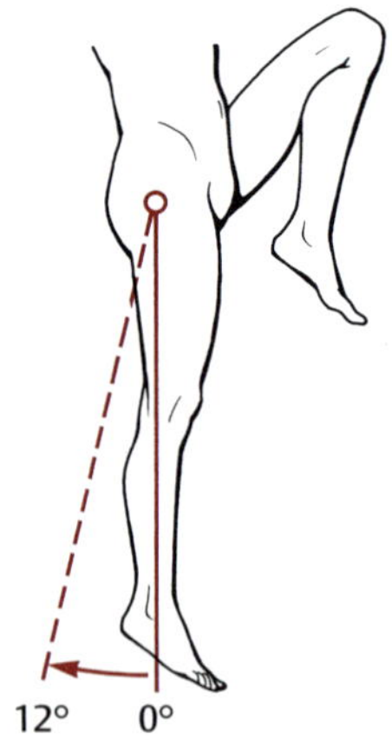

Streckung (Extension)

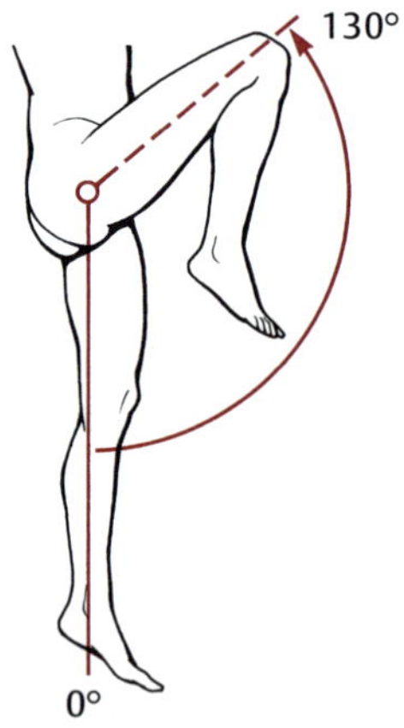

Beugung (Flexion)

Sehr einfach läßt sich die Beugefähigkeit im Hüftgelenk untersuchen, wenn Sie den Patienten auffordern, mit beiden Händen den Unterschenkel unterhalb des Knies zu umfassen und das Knie auf die Brust zu ziehen. Normalerweise gelingt das in einem Winkel von 120° zur Horizontalen. Achten Sie dabei auf die Lage des Beckens und den anderen Oberschenkel. Eine Einschränkung der Beugefähigkeit der untersuchten Hüfte liegt vor, wenn der Patient den gegenseitigen Oberschenkel anzieht bzw. das Becken nach dorsal kippt. Überprüfen Sie die vorzeitige Beckenaufrichtung bei der Beugekontraktur des Hüftgelenks mit dem **Thomasschen Handgriff**. Dazu legen Sie die flache Hand unter die lordosierte LWS (C-**6.23**). Die Extensionsfähigkeit beträgt nur ca. 12° und ist vor allem bei älteren Patienten nicht leicht zu prüfen: Lassen Sie den Patienten auf der Seite liegen, fixieren Sie mit der einen Hand das Becken und ziehen das gestreckte Bein nach dorsal. Alternativ können Sie den Patienten auch auf dem Bauch liegen lassen und den Oberschenkel nach oben ziehen. Bei großen und adipösen Patienten erfordern diese Tests einige Kraft vom Untersucher.

Überprüfen Sie die vorzeitige Beckenaufrichtung bei der Beugekontraktur des Hüftgelenks mit dem **Thomas-Handgriff**. Dazu legen Sie die flache Hand unter die lordosierte LWS (C-**6.23**). Die Extensionsfähigkeit beträgt nur ca. 12° und ist vor allem bei älteren Patienten nicht leicht zu prüfen: Lassen Sie den Patienten auf der Seite liegen, fixieren Sie mit der einen Hand das Becken und ziehen das gestreckte Bein nach dorsal.

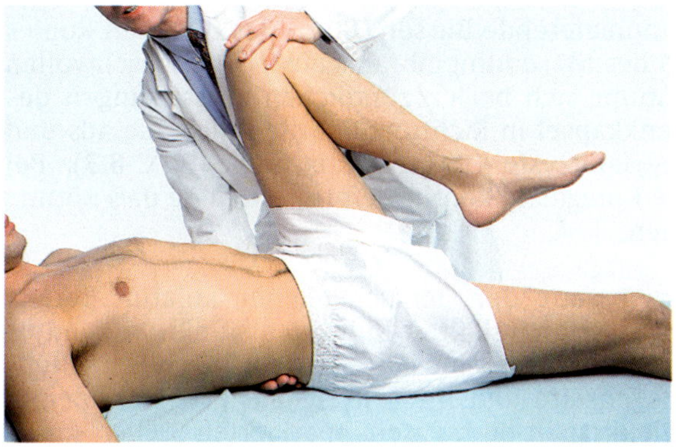

C-6.23: Thomas-Handgriff zur Feststellung einer Beugekontraktur des Hüftgelenks

Eine einfache und gut dokumentierbare Rotationsprüfung mit der Großzehe als »Zeiger« kann bei gestrecktem Kniegelenk in Rückenlage erfolgen: Drehen Sie den Fuß des Patienten einfach nach außen und innen und messen Sie den Bewegungsumfang, den die Großzehe beschreibt. Eine Einschränkung der Abduktion und der Rotation ist ein frühes Zeichen einer Arthrose des Hüftgelenks (Koxarthrose).
Bei einer Hüftgelenkentzündung (Koxitis) besteht oft eine Schonhaltung in leichter Beugung und Abduktion. Jede Bewegung aus dieser Schonstellung heraus ist schmerzhaft.
Bei der Untersuchung des Hüftgelenks sollten Sie auch gleich den **Lasègue-Test** durchführen: Dazu führen Sie das gestreckte Bein mit dem Unterarm nach oben, wodurch der Nervus ischiadicus maximal gedehnt wird (siehe S. 456). Beim Gesunden läßt sich das Bein bis in 90° Hüftbeugung hochführen, wobei ein Spannungsgefühl an der Beugeseite des Beines entsteht. Bei Irritationen des Nervus ischiadicus gibt der Patient bereits bei 20–30° einen heftigen Schmerz an (»Lasègue positiv«). Notieren Sie den Winkel, ab dem der Schmerz auftritt.

Eine einfache und gut dokumentierbare Rotationsprüfung bei gestrecktem Kniegelenk in Rückenlage: Drehen Sie den Fuß des Patienten nach außen und innen und messen Sie den Bewegungsumfang, den die Großzehe beschreibt.

Lasègue-Test: Führen Sie das gestreckte Bein mit dem Unterarm nach oben, wodurch der Nervus ischiadicus maximal gedehnt wird. Beim Gesunden läßt sich das Bein bis in 90° Hüftbeugung hochführen. Bei Irritationen des Nervus ischiadicus gibt der Patient bereits bei 20–30° einen heftigen Schmerz an (»Lasègue positiv«).

6.3.2 Kniegelenk

Inspektion. Inspizieren Sie das Kniegelenk zunächst am stehenden Patienten. In dieser Stellung können Sie Fehlstellungen in der Frontal- und Sagittalebene am besten erkennen.

6.3.2 Kniegelenk

Inspektion Inspizieren Sie das Kniegelenk zunächst am stehenden Patienten.

Merke.
- Frontalebene: O-Bein (Genu varum), X-Bein (Genu valgum)
- Sagittalebene: Genu recurvatum (nach rückwärts durchgebogenes Knie)

◀ **Merke**

Beim Genu varum weicht die Kniegelenksachse nach medial ab. Dies führt zu einer Mehrbelastung der medialen Gelenkfläche und schließlich zu einer medialen Arthrose.

Beim Genu varum weicht die Kniegelenksachse nach medial ab. Dies führt zu einer Mehrbelastung der medialen Gelenkfläche und schließlich zu einer medialen Arthrose.

Quantifizieren Sie den Grad einer Fehlstellung durch Messung des Abstands zwischen den Innenknöcheln bzw. den medialen Femurkondylen.
Kleine Ergußmengen zeichnen sich als Vorwölbung ab. Bei Schwellungen der Bursa praepatellaris sind die lateralen Patellaränder, bei einer Schwellung der infrapatellaren Bursa die Konturen der Patellarsehne verstrichen (siehe C-**6.2**). Die Haut kann überwärmt und gerötet sein.

Quantifizieren Sie den Grad der Fehlstellung durch Messung des Abstands zwischen den Innenknöcheln bzw. den medialen Femurkondylen.
Betrachten Sie nun die Gelenkkonturen, vor allem den Bereich der Patella und der Patellarsehne. Da das Kniegelenk nur von einem dünnen Weichteilmantel umgeben ist, zeichnen sich bereits kleine Ergußmengen im Gelenk als Vorwölbung ab. Bei Schwellungen der Bursa praepatellaris sind die lateralen Patellaränder, bei einer Schwellung der infrapatellaren Bursa die Konturen der Patellarsehne verstrichen (siehe C-**6.2**). Die Haut kann überwärmt und gerötet sein, da der Entzündungsort sehr nahe der Hautoberfläche liegt.

Versäumen Sie auch nicht, sich die Kniekehle anzusehen. Manchmal stülpt sich bei entzündlichen Erkrankungen des Kniegelenks auch die Gelenkkapsel in Richtung auf die Kniekehle aus und bildet eine dorsale Kniegelenkzyste (Baker-Zyste, siehe C-**6.3**). Bei schweren Arthrosen ist die Kniegelenkkontur deformiert.

Versäumen Sie auch nicht, sich die Kniekehle anzusehen. Hier gibt es zwei mit der Gelenkhöhle kommunizierende Bursen (Bursa des lateralen Kopfes des M. gastrocnemius und des M. semimembranaceus), die angeschwollen sein können. Manchmal stülpt sich bei entzündlichen Erkrankungen des Kniegelenks auch die Gelenkkapsel in Richtung auf die Kniekehle aus und bildet eine dorsale Kniegelenkzyste (Baker-Zyste, siehe C-**6.3**). Bei schweren Arthrosen ist die Kniegelenkkontur deformiert, ohne daß Rötung und Überwärmung bestehen.

Bereits nach wenigen Wochen einer schmerzhaften Kniegelenkaffektion kann es zu einer Muskelatrophie kommen. Vergleichen Sie den Oberschenkelumfang mit der gesunden Gegenseite und messen Sie ihn an einer markierten Stelle.

Achten Sie auch auf den Umfang der Oberschenkelmuskulatur. Bereits nach wenigen Wochen einer schmerzhaften Kniegelenkaffektion kann es zu einer Muskelatrophie kommen. Vergleichen Sie den Oberschenkelumfang mit der gesunden Gegenseite und messen Sie ihn evtl. an einer in festem Abstand zu Kniegelenksspalt oder Patella markierten Stelle.

Aufgabe ▶

Aufgabe: Messen Sie bei sich den Oberschenkelumfang 15 cm kranial des Kniegelenksspaltes! Tasten Sie bei sich den Kniegelenksspalt und die gesamte Zirkumferenz der Patella!

Palpation Zur Palpation des Kniegelenks soll der Patient auf dem Rücken liegen und das Kniegelenk vollständig strecken. Palpieren Sie den oberen Rezessus und die Seitenränder der Patella.

Palpation. Zur Palpation des Kniegelenks soll der Patient auf dem Rücken liegen, das Kniegelenk (soweit möglich) vollständig strecken und die Oberschenkelmuskulatur völlig entspannt haben. Palpieren Sie den oberen Rezessus von proximal nach distal, anschließend die Seitenränder der Patella. Bewegen Sie die Patella über die Femurkondylen und versuchen Sie, die Gelenkfläche zu palpieren.

Merke ▶

Merke. Während große Ergüsse auf Anhieb durch die Schwellung zu erkennen sind, werden kleine durch das Phänomen der **»tanzenden Patella«** und das **Zeichen der kontralateralen Vorwölbung** (»bulge sign«) nachgewiesen.

Liegt ein Erguß vor, so wird die Patella beim Auspressen des oberen Rezessus vom Femoropatellargelenk abgehoben. Beim Zurückdrücken der Patella spüren Sie einen federnd elastischen Widerstand (C-**6.11**).

Pressen Sie den oberen Rezessus zwischen Daumen und Zeigefinger nach kaudal zu aus. Liegt ein Erguß vor, so wird die Patella vom Femoropatellargelenk abgehoben. Mit dem Zeigefinger der anderen Hand drücken Sie die Patella zurück, wobei Sie einen federnd elastischen Widerstand spüren (C-**6.11**).

Beim Zeichen der Vorwölbung entleeren sie wieder den oberen Rezessus und halten die Patella mit dem Zeigefinger fest auf das Gelenk gedrückt. Wenn Sie nun gegen den medialen Patellarrand drücken, wölbt sich auf der Gegenseite die Haut vor.

Beim Zeichen der Vorwölbung entleeren Sie wieder den oberen Rezessus und halten die Patella mit dem Zeigefinger fest auf das Gelenk gedrückt. Wenn Sie nun gegen den medialen Patellarrand drücken, wölbt sich auf der Gegenseite die Haut vor, da sich die Flüssigkeit im Femoropatellargelenk von medial nach lateral verlagert.

Synopsis C-6.11: Nachweis einer intraartikulären Ergußbildung durch das Phänomen der »tanzenden Patella«

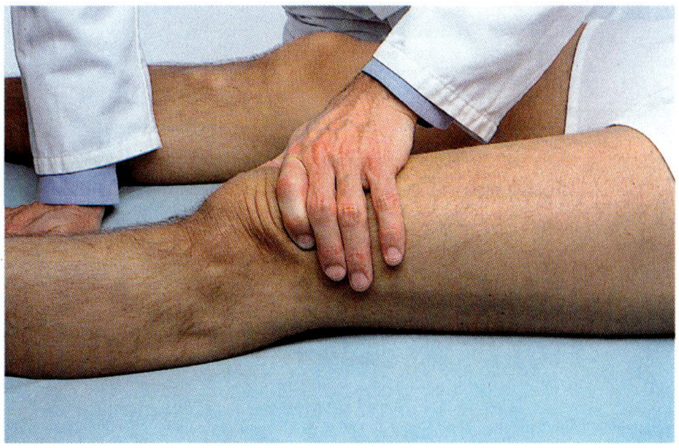

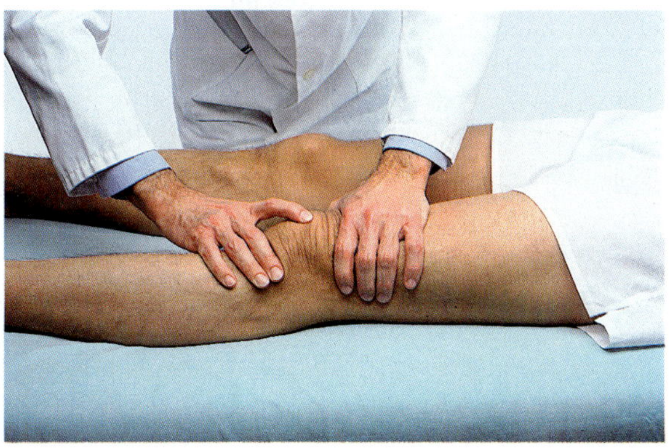

Vorgehensweise:

- Bei gestrecktem Kniegelenk pressen Sie den oberen Rezessus nach kaudal aus. Liegt ein Erguß vor, wird die Patella vom Femoropatellargelenk abgehoben.
- Mit dem Zeigefinger der anderen Hand drücken Sie die Patella zurück, wobei Sie einen federnden Widerstand spüren (»Tanzen« in ventrodorsaler Richtung).

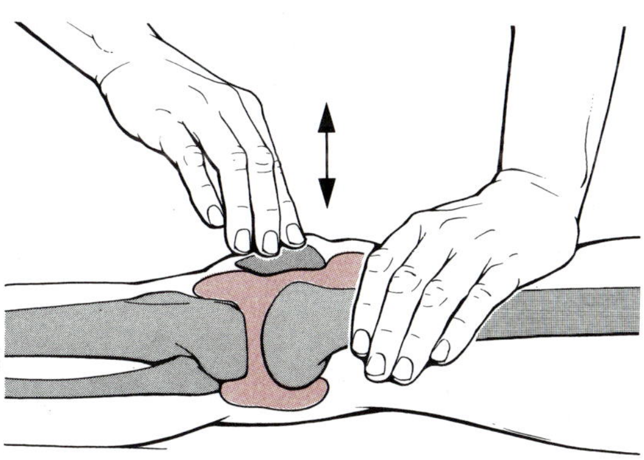

Tanzende Patella

Palpieren Sie nun den medialen und lateralen Gelenkspalt nach möglichen schmerzhaften Druckpunkten als Hinweis auf eine Schädigung des jeweiligen Meniskus. S C-**6.12** zeigt die verschiedenen Provokationsmanöver zur Auslösung von Schmerzen, die als diagnostischer Hinweis für den vorliegenden Meniskusschaden dienen (**Böhler, Steinmann I und II, Payr**). Die Seitenbänder testen Sie, indem Sie bei fast gestrecktem Knie durch Valgus- und Varusdehnung einen Zug auf diese Bänder ausüben (C-**6.24**). Da bei gestrecktem Kniegelenk die Gelenkkapsel straff ist, kann ein instabiles Seitenband unbemerkt bleiben. Deshalb muß dieser Test auch bei 10°–20° Beugung im Kniegelenk durchgeführt werden. Achten Sie dabei auch auf eine mögliche **seitliche Aufklappbarkeit** des Gelenks. Stabilität und Funktion der Kreuzbänder werden durch Auslösung des sog. **Schubladenphänomens** geprüft. Bringen Sie beim **liegenden Patienten** das Knie in 90°

Palpieren Sie nun den medialen und lateralen Gelenkspalt nach möglichen schmerzhaften Druckpunkten als Hinweis auf eine Schädigung des jeweiligen Meniskus. S C-**6.12** zeigt die verschiedenen Provokationsmanöver zur Auslösung von diagnostisch wegweisenden Schmerzen (**Böhler, Steinmann I und II, Payr**). Die Seitenbänder testen Sie, indem Sie bei fast gestrecktem Knie durch Valgus- und Varusdehnung einen Zug auf diese Bänder ausüben (C-**6.24**). Stabilität und Funktion der Kreuzbänder werden durch Auslösung des sog. **Schubladen-**

phänomens geprüft. Bringen Sie beim **liegenden Patienten** das Knie in 90° Beugung. Wird der Unterschenkel nun mit beiden Händen nach ventral und dorsal gezogen bzw. gedrückt, so sollten bei intakten Kreuzbändern keine Bewegungen möglich sein (◘ C-**6.25**).

Beugung, und setzen Sie sich halb auf den Fuß des Patienten um ihn zu fixieren. Wird der Unterschenkel nun mit beiden Händen nach ventral und dorsal gezogen bzw. gedrückt, so sollten bei intakten Kreuzbändern keine Bewegungen möglich sein (◘ C-**6.25**).

S Synopsis C-**6.12: Meniskuszeichen**

Vorgehensweise bei der Prüfung des Innenmeniskus:

Die Schmerzprovokation bei Meniskusaffektionen erfolgt durch:
- Kompression des Gelenkspaltes (Böhler, Payr, Steinmann II: Hinterhorn des Meniskus) oder
- Ausübung von Scherkräften (Steinmann I)

Böhler (Varusstreß)

Steinmann I (ruckartige Außenrotation bei 30° Knieflexion)

Steinmann II (Anbeugen)

Payr (Varusstreß im Schneidersitz, insbesondere hinweisend auf eine Hinterhornläsion)

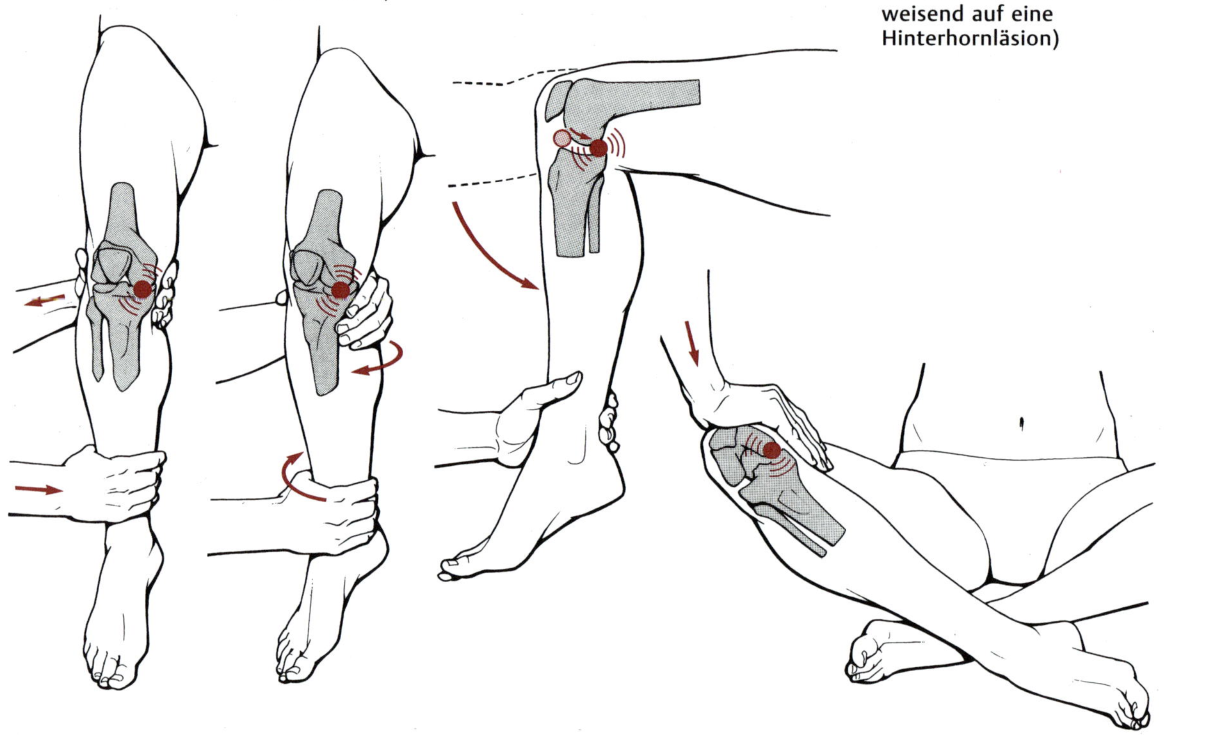

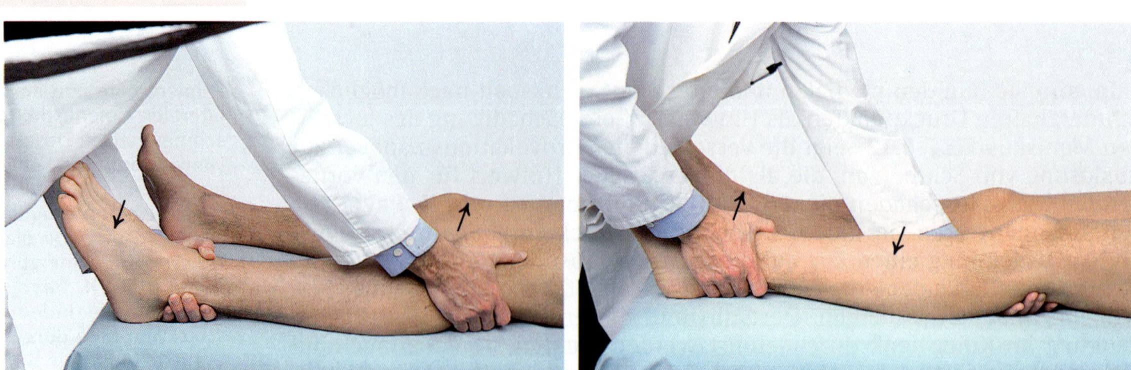

◘ C-**6.24: Überprüfung der Seitenbänder durch Valgus- (Innenband) bzw. Varusdehnung (Außenband)**

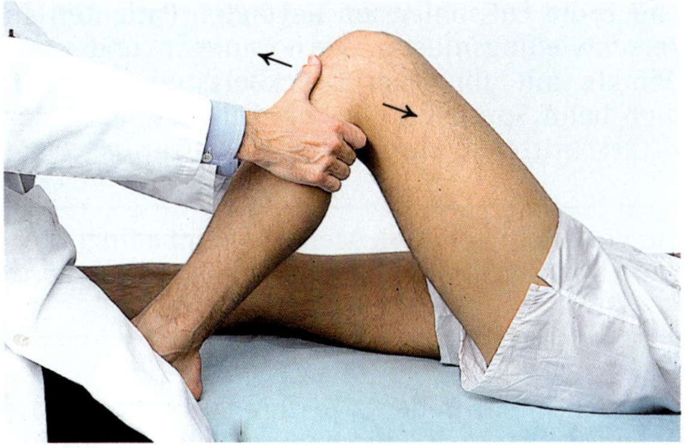

C-6.25: **Überprüfung der Kreuzbänder durch Auslösen des sog. Schubladenphänomens**

> ***Aufgabe:*** Erfassen Sie die Meniskus- und Kreuzbandzeichen bei einem Kommilitonen!

◄ **Aufgabe**

Funktions- und Beweglichkeitsprüfung. C-**6.13** zeigt den normalen Bewegungsumfang des Kniegelenks nach der Neutral-0-Methode. Bis auf eine geringe Schlußkreiselung sind nur Bewegungen in der Sagittalebene (Beugung/Streckung) von Bedeutung. Eine Extension bis zu 10° kann noch als physiologisch angesehen werden.

Funktions- und Beweglichkeitsprüfung C-**6.13** zeigt den normalen Bewegungsumfang des Kniegelenks nach der Neutral-0-Methode.

Synopsis C-**6.13: Normaler Bewegungsumfang des Kniegelenks**

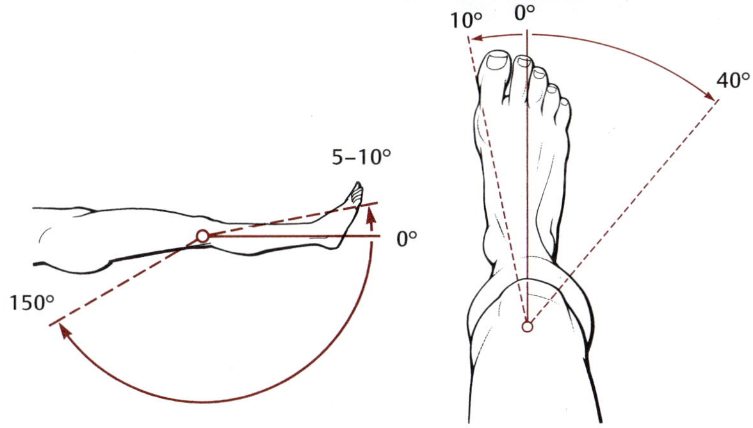

6.3.3 Fuß- und Sprunggelenke, Zehengelenke

Inspektion. Betrachten Sie die Füße am stehenden Patienten, lassen Sie den Patienten dann einige Schritte gehen. Liegen Deformitäten oder Schwellungen (im Seitenvergleich, gelenkbezogen oder an Sehnen und Bursen) vor, bemerken Sie abnorme Verhornungen, subkutane Knoten, Fehlstellungen der Zehen, Haut- und Nagelveränderungen, Ödeme oder Rötungen? Wie ist das Fußgewölbe beim stehenden Patienten ausgebildet (Platt-, Hohl-, Spreizfuß)? Betrachten Sie die Ferse des stehenden und gehenden Patienten von hinten. Dabei erkennen Sie am besten einen Knick-Senkfuß (charakteristisch ist die Valgusstellung der Ferse).

6.3.3 Fuß- und Sprunggelenke, Zehengelenke

Inspektion Betrachten Sie die Füße am stehenden Patienten, lassen Sie den Patienten dann einige Schritte gehen. Achten Sie auf:

- Deformitäten oder Schwellungen
- Abnorme Verhornung
- Subkutane Knoten
- Fehlstellungen der Zehen
- Haut- und Nagelveränderungen
- Ödeme und Rötungen

Wie ist das Fußgewölbe beim stehenden Patienten ausgebildet? Betrachten Sie die Ferse des stehenden und gehenden Patienten von hinten. Dabei erkennen Sie am besten einen Knick-Senkfuß (charakteristisch ist die Valgusstellung der Ferse). Sehen Sie sich die Fußsohlen an und beurteilen Sie das Verschwielungsmuster.

Sehen Sie sich unbedingt auch die Fußsohlen am liegenden Patienten an und beurteilen Sie das Verschwielungsmuster. Verhornungen und Klavi (»Hühneraugen«) zeigen Punkte mit abnormer Druckbelastung an, z. B. über den Metatarsalköpfchen beim Spreizfuß oder bei Fehlstellungen der Zehen im Rahmen einer fortgeschrittenen chronischen Polyarthritis.

Merke ▶

▶ ***Merke.*** Inspizieren Sie vor allem bei alten Menschen unbedingt die Fußsohlen – Sie werden oft überraschende Befunde sehen, von denen der Patient nichts weiß.

Vor allem alte Patienten sind nicht mehr in der Lage, ihre Fußsohlen selbst zu betrachten. Wenn die Sensibilität z. B. durch eine Polyneuropathie gestört ist, ahnen diese Patienten oft nichts von gravierenden Befunden, z. B. Ulzera an den Fußsohlen (C-**6.26**).

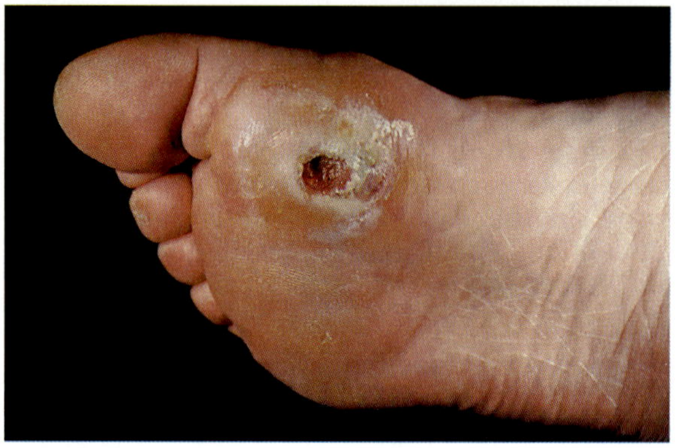

C-**6.26: Ulkus an der Fußsohle bei schwerer diabetischer Polyneuropathie**

Beurteilen Sie die Stellung der Zehen. Besonders häufig findet man einen **Hallux valgus** (C-**6.27**). Oft ist eine Krallenzehenstellung der zweiten und dritten Zehe damit verbunden, an deren Streckseite sich ausgeprägte Klavi durch den Druck der Schuhe bilden.

Beurteilen Sie die Stellung der Zehen. Besonders häufig findet man einen **Hallux valgus**, meist sekundär als Folge eines Spreizfußes (C-**6.27**). Dabei weicht die große Zehe nach lateral ab. Durch die Subluxationsstellung kommt es sekundär zur Arthrose im Großzehengrundgelenk. Oft ist eine Krallenzehenstellung der zweiten und dritten Zehe damit verbunden, an deren Streckseite sich ausgeprägte Klavi durch den Druck der Schuhe bilden.

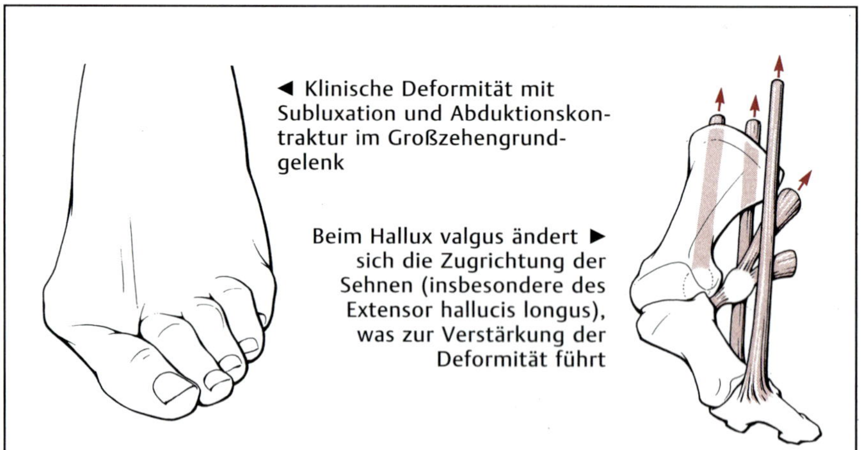

C-**6.27: Hallux valgus:** Durch Absinken der Metatarsalköpfchen verschwindet das Fußquergewölbe. Dies bedingt ein Auseinanderweichen des Mittelfußes. Die Metatarsalköpfchen II–IV werden vermehrt (unphysiologisch!) belastet

▶ ***Merke.*** Bei Veränderungen am Fußskelett sind die Schuhe des Patienten ein Spiegelbild der Befunde am Fuß und damit ein wertvolles diagnostisches Hilfsmittel. Achten Sie auf Ausbuchtungen und Abnutzungsstellen (Absatz, Sohle, Innenfutter).

◀ **Merke**

Bei der primären Arthrose des Großzehengrundgelenks (**Hallux rigidus**) ist die Gelenkkontur durch arthrotische Randwülste deformiert, es besteht eine Beugekontraktur des Gelenks.

Aufgabe: Palpieren Sie bei sich die Achillessehne und betrachten Sie bei mehreren Kommilitonen die Verschwielung der Fußsohlen!

◀ **Aufgabe**

Palpation. Stellen Sie sich an das Fußende der Untersuchungsliege und umfassen Sie mit beiden Händen Ferse und Sprunggelenk des Patienten. Palpieren Sie nun mit beiden Daumen die dorsalen Gelenkstrukturen, vor allem Strecksehnen sowie Malleolus medialis und lateralis. Palpieren Sie zwischen Daumen und Zeigefinger die Achillessehne nach Verdickungen und Knoten und den Sehnenansatz am Kalkaneus auf Druckschmerzhaftigkeit. Nach einer orientierenden lateralen Kompression des Vorfußes in Höhe der Metatarsalköpfchen (ähnlich dem Gaenslenschen Handgriff an der Hand) palpieren Sie die einzelnen Metatarsophalangealgelenke mit starkem Druck des Daumens von plantar her. Die einzelnen Interphalangealgelenke werden analog der Technik an den Fingern untersucht (siehe dort).

Bewegungs- und Funktionsprüfung. Zur Untersuchung der Beweglichkeit des Sprunggelenks muß die Achillessehne entspannt sein (Beugestellung des Kniegelenks). Die Bewegungen in den Tarsalgelenken lassen sich nur schwer isoliert untersuchen. Für die Beurteilung der Dorsalextension und Plantarflexion im oberen Sprunggelenk setzt der Patient die Ferse auf die Untersuchungsliege auf. Zur Untersuchung von Eversion und Inversion im unteren Sprunggelenk halten Sie den Unterschenkel von ventral her in Höhe der Malleolen. Die subtalare Verwringung (Pronation und Supination) beurteilen Sie, indem Sie den hinteren Anteil des Fußes (Kalkaneus und Malleolen) von dorsal her fixieren (◘ C-**6.28**). Der normale Bewegungsumfang ist in **S** C-**6.14** dargestellt. Achten Sie dabei auch auf Schmerzangaben des Patienten und Instabilitäten, z. B. bei Bandläsionen im Bereich des Malleolus lateralis oder medialis.
Beugung und Streckung in den Zehengrund-, -mittel- und -endgelenken werden für jede Zehe getrennt untersucht.

Palpation Umfassen Sie mit beiden Händen Ferse und Sprunggelenk. Palpieren Sie nun die dorsalen Gelenkstrukturen, vor allem Strecksehnen sowie Malleolus medialis und lateralis. Palpieren Sie die Achillessehne nach Verdickungen und Knoten und den Sehnenansatz am Kalkaneus auf Druckschmerzhaftigkeit. Palpieren Sie die einzelnen Metatarsophalangealgelenke mit starkem Druck des Daumens von plantar her. Die einzelnen Interphalangealgelenke werden analog der Technik an den Fingern untersucht (siehe dort).

Bewegungs- und Funktionsprüfung Zur Untersuchung der Beweglichkeit des Sprunggelenks muß die Achillessehne entspannt sein. Für die Beurteilung der Dorsalextension und Plantarflexion im oberen Sprunggelenk setzt der Patient die Ferse auf die Untersuchungsliege auf. Zur Untersuchung von Eversion und Inversion im unteren Sprunggelenk halten Sie den Unterschenkel von ventral her in Höhe der Malleolen. Die subtalare Verwringung beurteilen Sie, indem Sie den hinteren Anteil des Fußes von dorsal her fixieren (◘ C-**6.28**). Der normale Bewegungsumfang ist in **S** C-**6.14** dargestellt.

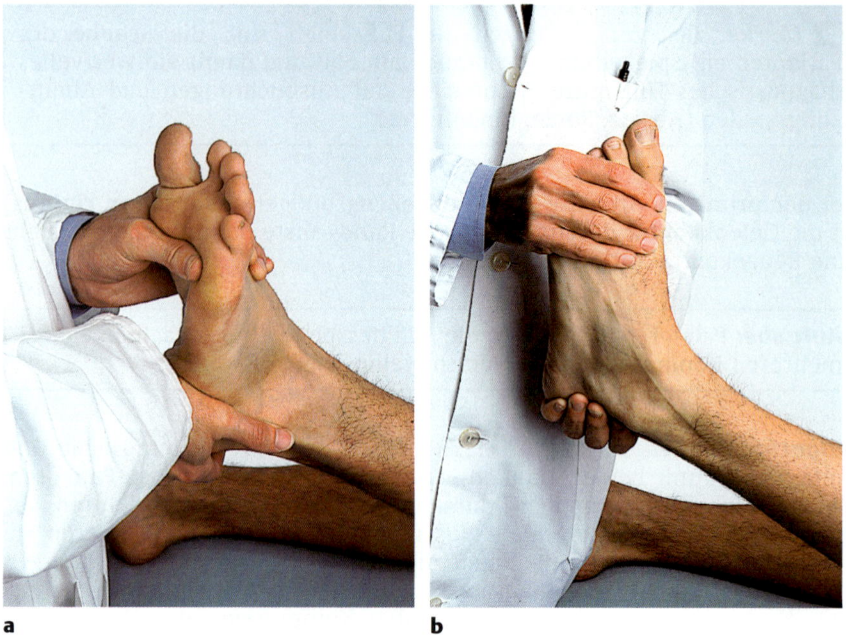

C-6.28: **Beurteilung von Pronation (a) und Supination (b)**

S Synopsis C-**6.14: Normaler Bewegungsumfang des oberen und unteren Sprunggelenks**

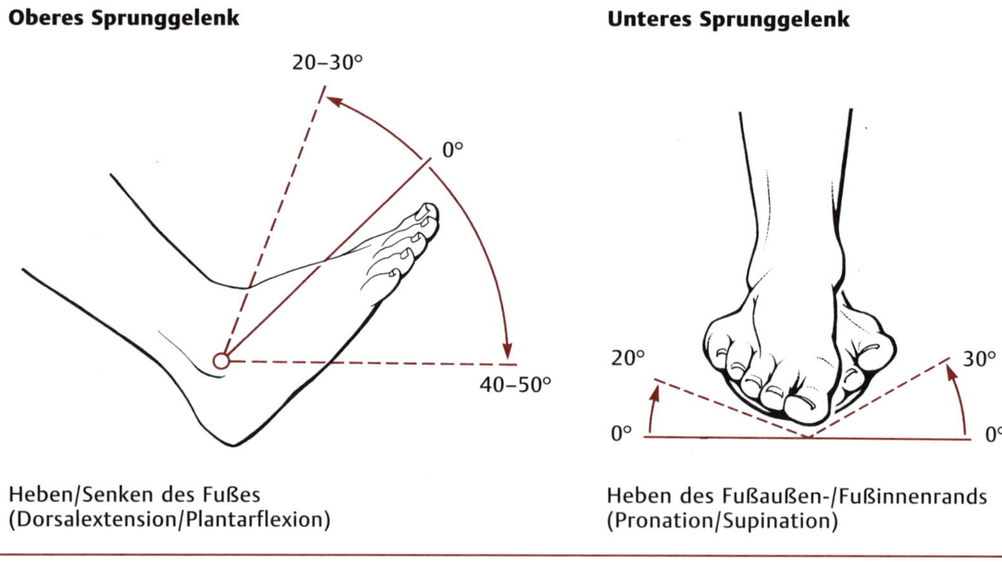

Palpieren Sie die Achillessehne, während der Patient im oberen Sprunggelenk beugt und streckt.
Im **Zehenstand-Test** lassen Sie den Patienten sich auf die Zehenspitzen des betroffenen Fußes stellen und betrachten dabei die Wadenkontur und die Kontur der Achillessehne. **Bei einer Ruptur der Achillessehne ist der Zehenstand unmöglich.**

Palpieren Sie die Achillessehne, während der Patient im oberen Sprunggelenk beugt und streckt, und achten Sie auf Krepitieren. Im **Zehenstand-Test** lassen Sie den Patienten sich auf die Zehenspitzen des betroffenen Fußes stellen und betrachten dabei die Wadenkontur und die Kontur der Achillessehne. Bei einer Enthesiopathie am Ansatz der Achillessehne empfindet der Patient Schmerzen am Kalkaneus, **bei einer Ruptur der Achillessehne ist der Zehenstand unmöglich.**

6.4 Untersuchung der Wirbelsäule

Inspektion. Zur Beurteilung der Wirbelsäule sollte der Patient vollkommen entkleidet sein. Betrachten Sie zunächst den aufrecht stehenden Patienten von hinten, von der Seite und von vorne und beurteilen Sie die Rückenform (◙ C-**6.29a**). Orientieren Sie sich an den Dornfortsätzen der Wirbelkörper, der Stellung der Schulterblätter, den paravertebralen Muskelwülsten, Beckenkämmen und Sakroiliakalgrübchen. Der Geradstand des Beckens wird durch gleichzeitige Palpation der Beckenkämme überprüft (◙ C-**6.29b**). Von hinten sind Abweichungen der Wirbelsäule aus der Sagittalebene – der Verbindungslinie zwischen Hinterkopf und Rima ani – entweder am Verlauf der Dornfortsätze und Rippen (Rippenbuckel) oder auch an Weichteilasymmetrien (Hautfalten in der Flanke) erkennbar. Man nennt diese Abweichungen **Skoliosen**. Sie können andauernd knöchern fixiert oder auch korrigierbar sein als sog. skoliotische Fehlhaltung, z. B. zum Ausgleich von Beinverkürzungen. Die Beinlängenmessung erfolgt von der Spina iliaca anterior superior zum Malleolus medialis (◙ C-**6.30**). Überprüfen Sie, ob sich der evtl. vorliegende Beckenschiefstand durch Unterlegen von Brettchen verschiedener Dicke ausgleichen läßt.

6.4 Untersuchung der Wirbelsäule

Inspektion Betrachten Sie zunächst den aufrecht stehenden Patienten von hinten, von der Seite und von vorne und beurteilen Sie die Rückenform (◙ C-**6.29a**). Orientieren Sie sich an den Dornfortsätzen der Wirbelkörper, der Stellung der Schulterblätter, den paravertebralen Muskelwülsten, Beckenkämmen und Sakroiliakalgrübchen. Der Geradstand des Beckens wird durch gleichzeitige Palpation der Beckenkämme überprüft (◙ C-**6.29b**). Abweichungen nennt man **Skoliosen**, die andauernd knöchern fixiert oder auch korrigierbar sein können. Zur Beinlängenmessung siehe ◙ C-**6.30**.

> ▶ ***Merke.*** In der Kindheit entstandene Skoliosen gehen immer mit einem Schiefwuchs von Wirbelkörpern einher, häufig begleitet von einer zusätzlichen Torsion der Wirbelkörper.

◀ **Merke**

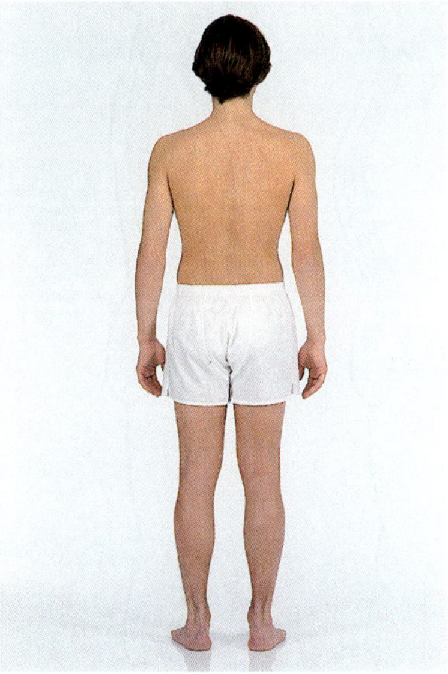

a

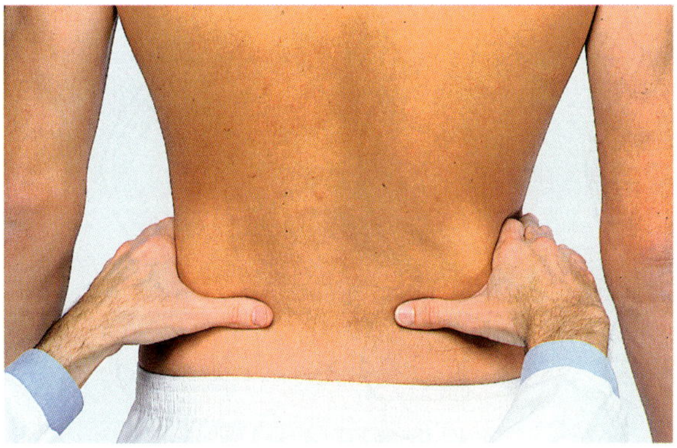

b

◙ C-**6.29: Untersuchung der Wirbelsäule:**
a Beurteilung der Rückenform am aufrecht stehenden Patienten,
b Überprüfung des Beckengeradstands durch gleich zeitige Palpation der Beckenkämme

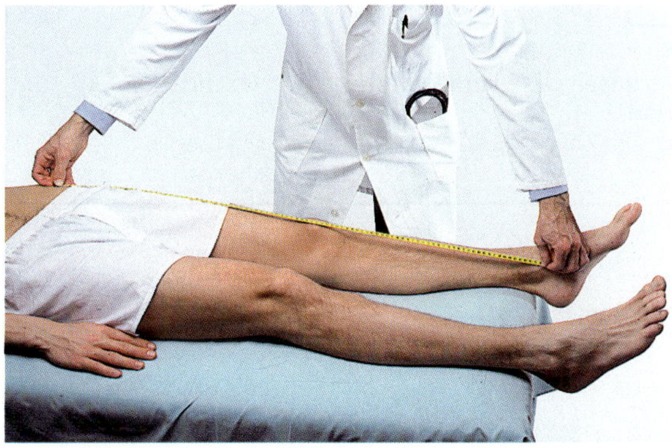

◙ C-**6.30: Beinlängenmessung von der Spina iliaca anterior superior bis zum Innenknöchel**

Merke ▶

Merke. Asymmetrie der Hautfalten am Rücken:
- Einseitig: Zeichen für Skoliose
- Beidseitig: Zeichen für Osteoporose (verkürzte Wirbelsäule, siehe B-**44**)

Bei der Inspektion von der Seite beurteilen Sie die Brustkyphose und die Lendenlordose. Ordnen Sie die Rückenform des Patienten gemäß C-**6.31** ein. Gründe für vermehrte Brustkyphosen sind:
- Scheuermann-Krankheit und
- Osteoporose.

Ist die Kyphose sehr umschrieben, so liegt meist eine Kompressionfraktur oder eine spondylitische Zerstörung einzelner Wirbelkörper vor.

Bei der Inspektion von der Seite beurteilen Sie die Ausbildung der physiologischen Doppel-S-Form, wobei nur die Brustkyphose und die Lendenlordose klinisch erkennbar sind. Ordnen Sie die Rückenform des Patienten gemäß C-**6.31** ein. Häufigste Gründe für vermehrte Brustkyphosen (Rundrücken) sind bei jungen Patienten die Scheuermann-Krankheit (Adoleszentenkyphose), bei alten Patienten eine Osteoporose (»Witwenbuckel«). Ist die Kyphose sehr umschrieben (Gibbusbildung), so liegt meist eine Kompressionfraktur oder eine spondylitische Zerstörung einzelner Wirbelkörper vor.

Merke ▶

Merke. Der Rippenbuckel bei einer Skoliose zeigt sich, besonders beim Vorbeugetest, typischerweise auf der **konvexen** Seite eines skoliotisch veränderten Wirbelsäulenabschnitts.

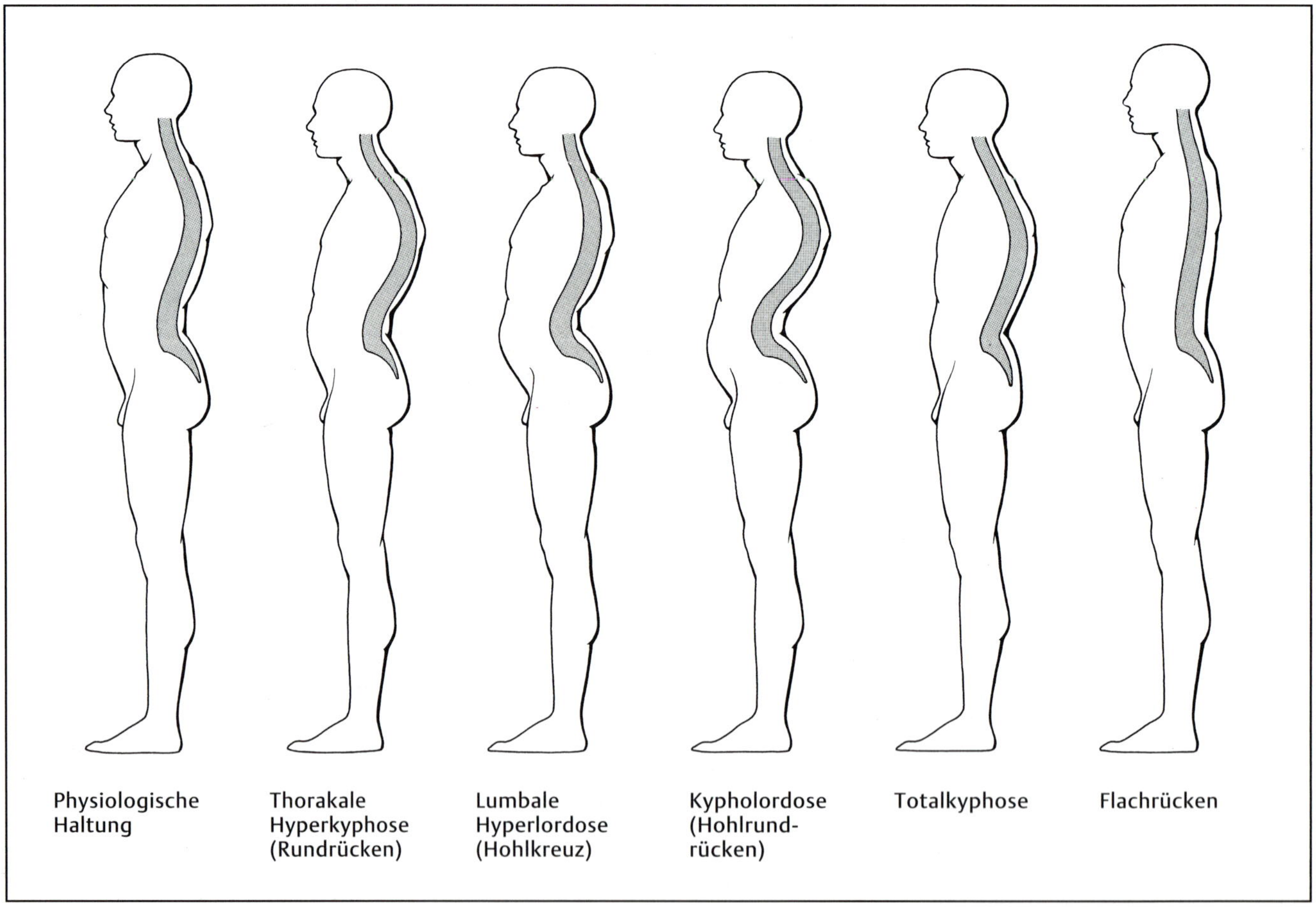

C-**6.31: Haltungstypen**

Aufgabe: Betrachten Sie Menschen im Schwimmbad und ordnen Sie deren Rückenform nach C-**6.31** ein!

◀ **Aufgabe**

Palpation und Perkussion. Palpieren Sie die einzelnen Dornfortsätze von kranial nach kaudal oder beklopfen Sie sie mit dem Reflexhammer (C-**6.32**).

Palpation und Perkussion
Palpieren Sie die einzelnen Dornfortsätze von kranial nach kaudal oder beklopfen Sie sie mit dem Reflexhammer (C-**6.32**).

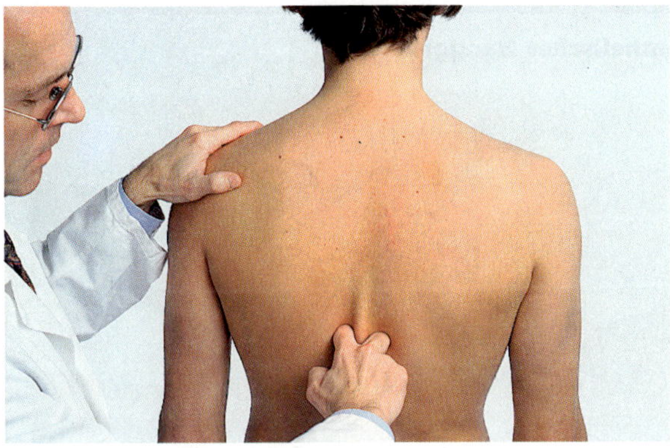

a

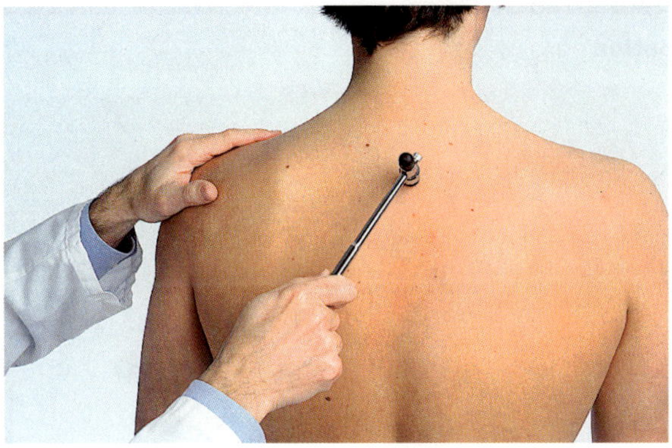

b

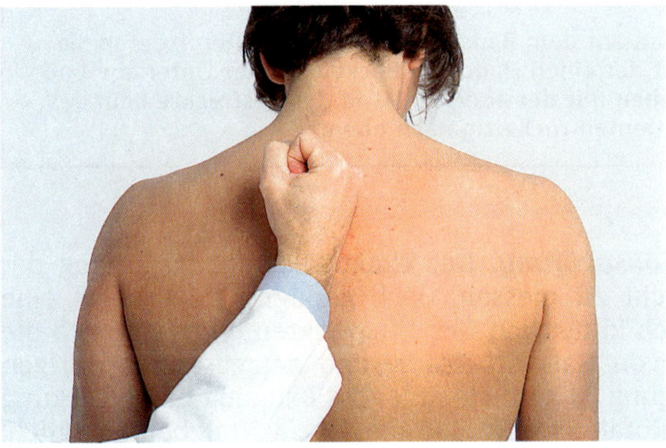

c

C-**6.32: Palpation (a) und Perkussion (b, c) der einzelnen Dornfortsätze von kranial nach kaudal**

Merke. Der erste von kranial her tastbare Wirbelkörper ist der 7. Halswirbelkörper (Vertebra prominens).

◀ **Merke**

Umschriebene Schmerzen sprechen für Frakturen, entzündliche Prozesse oder Metastasen einzelner Wirbelkörper. Bei diffuser Klopfschmerzhaftigkeit ist eher an Osteoporose oder eine diffuse Metastasierung zu denken.
Auch die paravertebrale Muskulatur sollte auf ihren Tonus hin palpiert werden. Patienten mit Rückenschmerzen haben oft Muskelverhärtungen (Myogelosen), die ihrerseits wieder Schmerzen verursachen können. Am besten tasten Sie Myogelosen beim entspannten Patienten in Bauchlage.
Provokationstests für die Auslösung von Schmerzen in den einzelnen Wirbelsäulenabschnitten sind auch Stauchungen mit folgenden Techniken:

- **HWS:** Mit der Faust von oben leicht auf den Kopf des Patienten schlagen.
- **BWS, LWS:** Plötzlicher Druck mit beiden Händen gleichzeitig auf beide Schultern.
- **Gesamte WS:** Fallenlassen vom Zehen- in den Fersenstand.

Umschriebene Schmerzen sprechen für Frakturen, entzündliche Prozesse oder Metastasen einzelner Wirbelkörper.
Bei diffuser Klopfschmerzhaftigkeit ist eher an Osteoporose oder eine diffuse Metastasierung zu denken. Patienten mit Rückenschmerzen haben oft Muskelverhärtungen der paravertebralen Muskulatur, die ihrerseits wieder Schmerzen verursachen können. Am besten tasten Sie Myogelosen beim entspannten Patienten in Bauchlage.

Die Sakroiliakalgelenke werden in Bauchlage des Patienten mit dem sog. **Mennellschen Handgriff** untersucht (S C-**6.15**).

Die Sakroiliakalgelenke werden in Bauchlage des Patienten mit dem sog. **Mennellschen Handgriff** untersucht. Drücken Sie mit der einen Hand auf das Sakrum und fixieren das Becken des Patienten auf der Unterlage, dann ziehen Sie mit der anderen Hand das gestreckte Bein des Patienten ruckartig nach oben (S C-**6.15**). Dabei kommt es zu einer Scherbewegung des Iliosakralgelenks auf der Seite des nach oben geführten Beines. Bei Entzündungen in diesem Gelenk (Sakroileitis), z. B. im Rahmen einer Spondylitis ankylosans, gibt der Patient stechende Schmerzen an.

S Synopsis C-6.15: Untersuchung der Sakroiliakalgelenke

Palpation

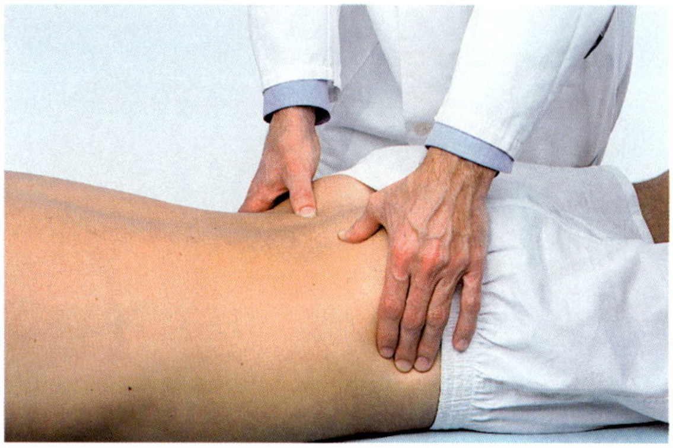

Mennellscher Handgriff

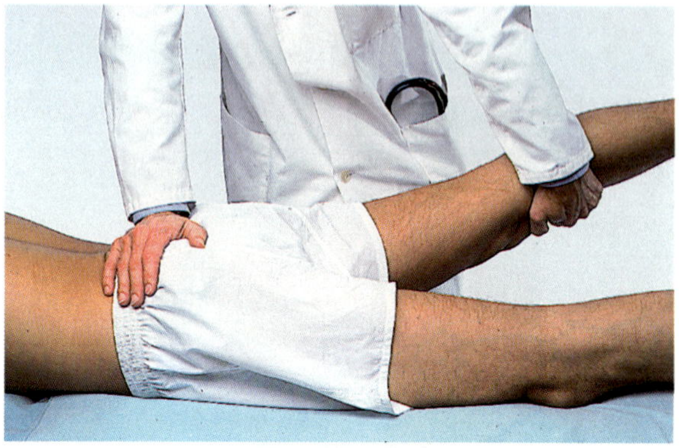

Beim auf dem Bauch liegenden Patienten fixieren Sie mit der einen Hand das Becken auf der Unterlage und ziehen mit der anderen Hand das gestreckte Bein des Patienten ruckartig nach oben.

Bewegungs- und Funktionsprüfung
Die Kopfneigung ist seitlich zu je 45°, Beugung und Streckung je zwischen 35–45°, die Rotation zu je 80° aus der Sagittalebene möglich. Normalerweise sollte ein Patient in der Lage sein, das Kinn auf dem Thorax aufliegen zu lassen. Rückwärts- und Seitwärtsneigung sowie Rotation der übrigen Wirbelsäule sind in S C-**6.16** dargestellt.

Die Beugebewegung der Brust- und Lendenwirbelsäule wird mit Hilfe zweier Tests überprüft. Man läßt den Patienten mit gestreckten Kniegelenken eine **Rumpfbeuge** machen und mißt den **Finger-Boden-Abstand.** Zur Prüfung des **Schober-** bzw. **Ott-Zeichens** siehe S C-**6.17**. Eine typische Erkrankung, die mit einer Störung der Bewegungsentfaltung der Wirbelsäule einhergeht, ist die **Spondylitis ankylosans (Morbus Bechterew)**.

Bewegungs- und Funktionsprüfung. Der exakte Bewegungsumfang der Wirbelsäule ist nicht leicht zu messen, doch genügt in der Regel eine Abschätzung. Aus praktisch klinischen Gesichtspunkten empfiehlt sich die getrennte Untersuchung von Halswirbelsäule und der gesamten übrigen Wirbelsäule. Die Kopfneigung ist seitlich zu je 45°, Beugung und Streckung je zwischen 35–45°, die Rotation zu je 80° aus der Sagittalebene möglich. Normalerweise sollte ein Patient in der Lage sein, das Kinn auf dem Thorax aufliegen zu lassen. Rückwärts- und Seitwärtsneigung sowie Rotation der übrigen Wirbelsäule sind in S C-**6.16** dargestellt.

Die funktionell sehr wichtige Beugebewegung der Brust- und Lendenwirbelsäule wird mit Hilfe zweier Tests überprüft. Man läßt den Patienten mit gestreckten Kniegelenken eine **Rumpfbeuge** machen und mißt den **Finger-Boden-Abstand**, der beim Gesunden 0 cm beträgt. Zur Prüfung des **Schober-** bzw. **Ott-Zeichens** messen Sie beim stehenden Patienten zwei Strecken ab und zeichnen mit einem Stift Punkte auf die Haut: vom Processus spinosus S1 10 cm nach kranial und vom 7. HWK 30 cm nach kaudal. Macht der Patient nun eine Rumpfbeuge, so sollen sich beide Strecken um mindestens 4 cm verlängern (S C-**6.17**). Eine typische Erkrankung, die mit einer Störung der Bewegungsentfaltung der Wirbelsäule einhergeht, ist die **Spondylitis ankylosans (Morbus Bechterew)**.

S Synopsis C-**6.16: Gesamtmobilität der Wirbelsäule**

Die Wirbelsäule ist aus insgesamt 25 Bewegungssegmenten aufgebaut. Die größte Mobilität besteht im Bereich der kranialen Halswirbelsäule und der kaudalen Lendenwirbelsäule.

Synopsis C-6.17: Klinische Untersuchung der Wirbelsäulenbeweglichkeit

a Schober-Zeichen

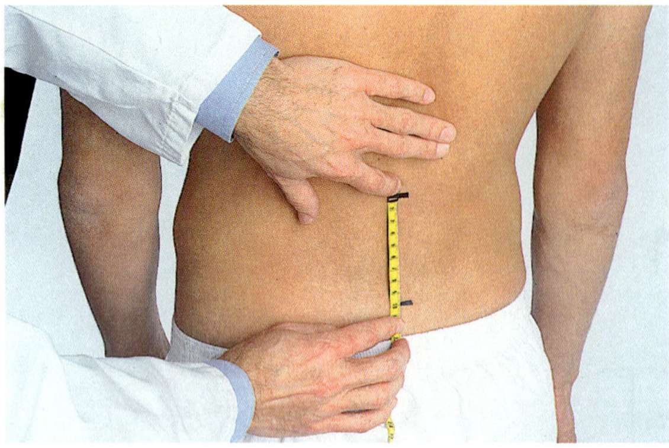

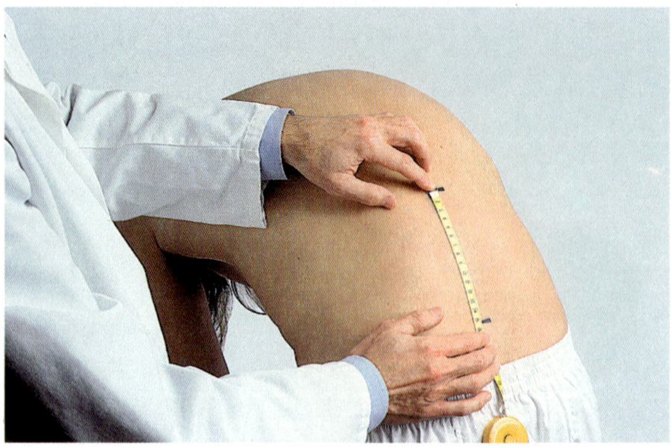

b Ott-Zeichen

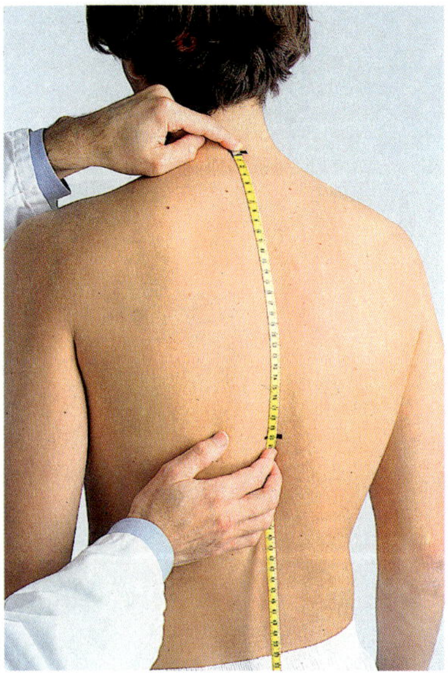

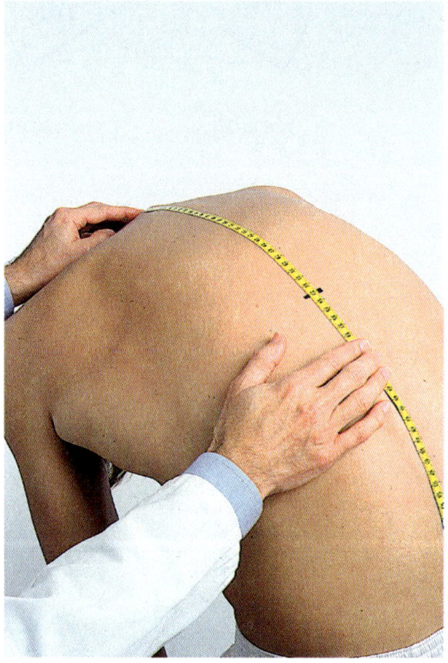

Vorgehensweise:

- Messen Sie beim stehenden Patienten zwei Strecken ab
  - Für das Schober-Zeichen 10 cm proximal von S1
  - Für das Ott-Zeichen 30 cm distal von C7
- Macht der Patient eine Rumpfbeuge, sollten sich beide Strecken um mindestens 4 cm verlängern.

Aufgabe ▶

Aufgabe: Tasten Sie bei sich selbst den 7. Halswirbelkörper! Bestimmen Sie bei Kommilitonen den Finger-Boden-Abstand und das Schober-Zeichen!

6.5 Spezielle Gelenke

6.5.1 Kiefergelenk

Legen Sie die Zeigefinger mit leichtem Palpationsdruck vor dem Tragus auf. Öffnet der Patient den Mund, fühlen Sie die Bewegung des Kiefergelenks. Eine schmerzhafte Palpation spricht für einen entzündlichen Prozeß im Kiefergelenk.

6.5 Spezielle Gelenke

6.5.1 Kiefergelenk

Legen Sie die Zeigefinger mit leichtem Palpationsdruck vor dem Tragus auf. Sie tasten einen knöchernen Widerstand. Fordern Sie nun den Patienten auf, den Mund zu öffnen. Sie fühlen die Bewegung des Kiefergelenks. Eine schmerzhafte Palpation spricht für einen entzündlichen Prozeß im Kiefergelenk, z. B. im Rahmen einer chronischen Polyarthritis.

6.5.2 Kostotransversalgelenke

Die Gelenke, über die die Rippen und die Brustwirbelkörper miteinander verbunden sind, können nicht direkt untersucht werden. Der Verdacht auf eine entzündliche Mitbeteiligung, z. B. im Rahmen eines Morbus Bechterew, ergibt sich bei der Angabe atemabhängiger Schmerzen im BWS-Bereich, besonders verstärkt beim Husten und Niesen. Bei der Untersuchung stellen Sie möglicherweise eine schmerzhaft eingeschränkte Atemexkursion fest (unter 4 cm Brustumfangunterschied zwischen In- und Exspiration). Bei der seitlichen und frontalen Thoraxkompression können Schmerzen ausgelöst werden.

6.5.2 Kostotransversalgelenke

Der Verdacht auf eine entzündliche Mitbeteiligung, z. B. im Rahmen eines Morbus Bechterew, ergibt sich bei der Angabe atemabhängiger Schmerzen im BWS-Bereich. Bei der Untersuchung stellen Sie möglicherweise eine schmerzhaft eingeschränkte Atemexkursion fest. Bei der seitlichen und frontalen Thoraxkompression können Schmerzen ausgelöst werden.

Sie kennen meine Methode. Sie basiert auf der Beobachtung von Kleinigkeiten.

Sir Arthur Conan Doyle

II Anamnese

6.6 Symptomatologie von Gelenk- und Muskelerkrankungen

Erkrankungen der Gelenke und der Muskulatur manifestieren sich im wesentlichen in Form von vier lokalen Symptomen:

- Schmerz
- Schwellung
- Steifheit
- Funktionsverlust (Functio laesa)

Bei Entzündungen kommt noch Überwärmung hinzu.

Zusätzlich kann eine Vielzahl von extraartikulären und allgemeinen Erscheinungen auftreten. Denken Sie daran, daß die Synovialis von Gelenken eine sehr empfindliche Struktur des Körpers ist, die bei fast allen Krankheiten, bei bakteriellen oder viralen Infektionskrankheiten, allergischen, autoimmunologischen und malignen Krankheiten und auch Stoffwechselstörungen unmittelbar betroffen sein oder auch nur mitreagieren kann. Nicht selten treten Arthralgien auch bei psychischen Belastungen auf.

II Anamnese

6.6 Symptomatologie von Gelenk- und Muskelerkrankungen

Erkrankungen der Gelenke und der Muskulatur manifestieren sich im wesentlichen in Form von vier lokalen Symptomen:

- Schmerz
- Schwellung
- Steifheit
- Funktionsverlust (Functio laesa)

Bei Entzündungen kommt noch Überwärmung hinzu.

Zusätzlich kann eine Vielzahl von extraartikulären und allgemeinen Erscheinungen auftreten.

C-6.6: Typisches Alter von Gelenkkrankheiten

Kindesalter:	Angeborene Skeletterkrankungen (z. B. Klumpfuß, Hüftgelenksdysplasie) Juvenile chronische Polyarthritis Rheumatisches Fieber Perthes-Hüftkopfnekrose Morbus Scheuermann
Junge Erwachsene:	Spondylitis ankylosans (vorwiegend Männer) Akute Sarkoidose Lupus erythematodes (vorwiegend Frauen) Reaktive Arthritis Morbus Reiter (vorwiegend Männer)
Mittleres Lebensalter:	Gicht (vorwiegend Männer) Chronische Polyarthritis (vorwiegend Frauen)
Höheres Lebensalter:	Arthrosen (Polyarthrose, Spondylosis deformans) Osteoporose Polymyalgia rheumatica

6.6.1 Schmerz

Während der Gelenkknorpel nicht sensibel versorgt ist, sind die Gelenkkapsel und der Bandapparat hochsensibel gegenüber entzündlichen Veränderungen und Überdehnung. Bei peripheren Gelenken gelingt meist eine Präzisierung der Schmerzlokalisation, indem Sie den Patienten selbst auf die schmerzhafte Stelle zeigen lassen. Schwieriger ist das bei Beteiligung der Hüftgelenke oder der Wirbelsäule. Hinter nicht genau lokalisierbaren Schmerzen im Bereich der Hüftgelenke, des Beckens, der LWS oder BWS kann auch eine Knochenmetastasierung oder ein primärer Knochentumor, eine entzündliche oder metabolische Knochenkrankheit stecken.

Gelenkschmerzen können alle Grade der Intensität erreichen. Die meisten Gelenkschmerzen verschlimmern sich durch Aktivität, bei der chronischen Polyarthritis können die Schmerzen aber auch am Morgen am schlimmsten sein.

Wegen der engen Lagebeziehung von Intervertebralgelenken und Nervenwurzeln ist es oft schwierig, die Wurzelläsion, z. B. bei einem Bandscheibenvorfall, von degenerativen oder entzündlichen Erkrankungen der Wirbel und Wirbelgelenke zu differenzieren. Beide Schmerztypen werden meist durch bestimmte Bewegungen der Wirbelsäule ausgelöst.

6.6.2 Schwellung

Schwellungen im Bereich der Gelenke können vier Ursachen haben:
- Exostosen
- Ergüsse
- Weichteilschwellungen
- Zysten

6.6.3 Steifheit

Steifheit oder Steifigkeit in Gelenken ist ein unscharf definiertes Symptom. Es gibt allerdings drei Formen von Steifigkeit, die so charakteristisch sind, daß sie als diagnostisches Kriterium herangezogen werden können:

6.6.1 Schmerz

Während der Gelenkknorpel nicht sensibel versorgt ist, sind die Gelenkkapsel und der Bandapparat hochsensibel gegenüber entzündlichen Veränderungen und Überdehnung. Das erste Problem bei der Anamnese besteht darin herauszufinden, ob die vom Patienten berichteten Schmerzen tatsächlich vom Gelenk ausgehen. Viele Patienten bezeichnen alle Schmerzen in den Extremitäten oder der Wirbelsäule als »Rheuma« oder »rheumatisch«. Bei peripheren Gelenken gelingt meist eine Präzisierung der Schmerzlokalisation, indem Sie den Patienten selbst auf die schmerzhafte Stelle zeigen lassen. Schwieriger ist das bei Beteiligung der Hüftgelenke oder der Wirbelsäule. Lassen Sie sich nicht vorschnell durch die Wortwahl des Patienten (»Rheuma«) beeinflussen! Hinter nicht genau lokalisierbaren Schmerzen im Bereich der Hüftgelenke, des Beckens, der LWS oder BWS kann auch eine Knochenmetastasierung oder ein primärer Knochentumor, eine entzündliche (Tuberkulose) oder metabolische Knochenkrankheit (Osteomalazie, Osteoporose, Gicht) stecken. Stutzig sollten Sie immer werden, wenn entsprechende Schmerzen bei älteren Patienten neu aufgetreten sind.

Gelenkschmerzen können alle Grade der Intensität erreichen, vom leichten Schmerz bei bestimmten Bewegungen (frühe Arthrose) bis zu den extremen Schmerzen einer septischen Arthritis, eines Gichtanfalls oder der Periarthritis humeroscapularis. Die meisten Gelenkschmerzen verschlimmern sich durch Aktivität mit einigen Ausnahmen: Die Periarthritis humeroscapularis verstärkt sich meistens nachts bei Bettruhe, bei der chronischen Polyarthritis können die Schmerzen am Morgen (nach der Nachtruhe) am schlimmsten sein.

Wegen der engen Lagebeziehung von Intervertebralgelenken und Nervenwurzeln ist es oft schwierig, die Wurzelläsion, z. B. bei einem Bandscheibenvorfall, von degenerativen oder entzündlichen Erkrankungen der Wirbel und Wirbelgelenke zu differenzen. Beide Schmerztypen werden meist durch bestimmte Bewegungen der Wirbelsäule ausgelöst oder verstärkt. Typischerweise nehmen radikuläre Schmerzen auch beim Anstieg des intraspinalen Drucks (Husten, Niesen, Pressen) zu. Auch Patienten mit neurogenen Schmerzen, z. B. bei Karpaltunnelsyndrom, diabetischer Polyneuropathie oder beginnendem Herpes zoster, stellen sich gelegentlich unter dem Verdacht einer »rheumatischen« Erkrankung vor.

6.6.2 Schwellung

Schwellungen im Bereich der Gelenke können im wesentlichen vier Ursachen haben, die nicht unbedingt im Zusammenhang mit einer Gelenkerkrankung stehen müssen:
- Exostosen
- Ergüsse
- Weichteilschwellungen
- Zysten

Zur näheren Differenzierung siehe Abschnitt 6.1.1, S. 337ff. Allerdings geben Patienten manchmal Schwellungen an, die objektiv nicht nachzuvollziehen sind. Ob es sich dabei nur um ein Gefühl der Patienten handelt oder überzogene Vorstellungen von der »Schlankheit« des Gelenks (ähnlich wie bei »Ödemen«) bestehen, muß offen bleiben.

6.6.3 Steifheit

Steifheit oder Steifigkeit in Gelenken ist ein unscharf definiertes und pathophysiologisch auch wenig geklärtes Symptom. Manche Patienten bezeichnen die schmerzhaft eingeschränkte Bewegungsfähigkeit als Steifigkeit, andere haben das Gefühl einer Rauhigkeit der Gelenkflächen, wieder andere spüren in einer bestimmten Gelenkstellung einen überwindbaren Widerstand. Es gibt allerdings drei Formen von Steifigkeit, die so charakteristisch sind, daß sie als diagnostisches Kriterium herangezogen werden können:

Morgensteifigkeit

• **Morgensteifigkeit**

Definition. Die ausgeprägte Bewegungseinschränkung betroffener Gelenke am Morgen ist typisch für die chronische Polyarthritis und andere entzündliche Gelenkkrankheiten. Im Laufe von mehreren Stunden »tauen« die Gelenke durch Bewegungsversuche auf. Wärmeapplikation, z. B. in Form warmer Handbäder, kann die Wiedergewinnung der Bewegungsfähigkeit beschleunigen.

◄ **Definition**

Diagnostisch relevant und eines der Diagnosekriterien für die chronische Polyarthritis ist die Morgensteifigkeit allerdings erst, wenn sie länger als 60 Minuten anhält. Die Wirksamkeit antiphlogistischer Medikamente kann an der Verkürzung der Morgensteifigkeit beurteilt werden. Bei degenerativen Gelenkkrankheiten tritt die Steifigkeit dagegen am Abend nach der Aktivität des Tages auf.

Eines der Diagnosekriterien für die chronische Polyarthritis ist die Morgensteifigkeit, wenn sie länger als 60 Minuten anhält.

Gelenkblockierung

• **Gelenkblockierung**

Definition. Wird die normale Gelenkbewegung in einer bestimmten Winkelstellung plötzlich behindert, spricht man von einer Gelenkblokkierung.

◄ **Definition**

Typischerweise tritt dieses Phänomen beim Meniskusschaden am Kniegelenk oder beim Vorliegen freier Gelenkkörper in anderen Gelenken im Rahmen einer Osteochondrosis dissecans auf. Meistens gelingt es mit einiger Mühe, durch bestimmte Bewegungsabläufe das Gelenk in die gewünschte Stellung zu bringen, allerdings gehen derartige Episoden oft mit einer anschließenden Ergußbildung einher.

Typischerweise tritt dieses Phänomen beim Meniskusschaden am Kniegelenk oder beim Vorliegen freier Gelenkkörper in anderen Gelenken auf.

Schnellender Finger

• **Schnellender Finger**

Definition. Das Phänomen des schnellenden Fingers tritt auf, wenn ein entzündlich verdickter Abschnitt einer Fingerstrecksehne durch eine verengte Sehnenscheide schlüpft. Die Streckbewegung des Fingers erfährt dadurch eine Unterbrechung. Wird mehr Kraft aufgewendet, so zwängt sich die Sehne durch die Engstelle und der Finger schnellt plötzlich in die volle Streckposition.

◄ **Definition**

Das Symptom kann bei einer Tenosynovitis im Rahmen einer chronischen Polyarthritis, aber auch bei sonst gesunden Patienten auftreten.

Das Symptom kann bei einer Tenosynovitis im Rahmen einer chronischen Polyarthritis, aber auch bei sonst gesunden Personen auftreten.

Kasuistik. Die 24jährige Patientin hat seit etwa 5 Monaten schmerzhafte Schwellungen einzelner Fingermittelgelenke, die im Verlauf kontinuierlich zunahmen. In den letzten Wochen spürt sie auf beiden Seiten auch Schmerzen in den Fingergrund- und Handgelenken. Besonders am Morgen sind die Gelenke wie »eingefroren«, die Patientin hat große Probleme, die Zahnbürste und den Kamm zu halten, und braucht daher lange zur Morgentoilette. Besondere Schwierigkeiten hat sie beim Öffnen von Schraubverschlüssen. Etwa 2 Stunden nach dem Aufwachen wird die Gelenkfunktion besser. Die Patientin fühlt sich allgemein immer müde und schlapp. Die BKS ist mittelgradig beschleunigt, das Serumeisen niedrig, das α_2-Globulin erhöht, der Rheumafaktor positiv. Auf dem Röntgenbild erkennt man eine gelenknahe Osteoporose. Unter der Verdachtsdiagnose einer chronischen Polyarthritis wird neben der antiphlogistischen Behandlung eine Basistherapie eingeleitet. Nach einem Jahr ist es zu Zysten und Usuren im Bereich der Fingergrundgelenke und der Handgelenke gekommen.

6.6.4 Funktionsverlust

6.6.4 Funktionsverlust

Fragen Sie nach der Beeinträchtigung des Patienten in seinen täglichen Verrichtungen durch die Gelenkerkrankung. Wichtiger als die beruflichen Notwendigkeiten, die oft nur sehr grobe Bewegungen benötigen, sind die Erfordernisse des Alltags, z. B. Knöpfen, Drehen von Schlüsseln, der

Fragen Sie nach der Beeinträchtigung des Patienten bei den Erfordernissen des Alltags, z. B. Knöpfen, Drehen von Schlüsseln, den Gebrauch des Dosen-

öffners, Festhalten von kleinen Gegenständen usw. Die funktionelle Kapazität kann (recht grob) in vier Grade eingeteilt werden:
- **Grad 1:** Vollständig unabhängig, kommt ohne Hilfe im Alltag und bei der Arbeit aus
- **Grad 2:** Unabhängig mit einigen Hilfsmitteln
- **Grad 3:** Teilweise auf Hilfspersonen angewiesen
- **Grad 4:** Bettlägerig, auf den Rollstuhl angewiesen

Gebrauch des Dosenöffners, Festhalten von kleinen Gegenständen usw. Die funktionelle Kapazität kann (recht grob) in vier Grade eingeteilt und dokumentiert werden:

- **Grad 1:** Vollständig unabhängig, kommt ohne Hilfe im Alltag und bei der Arbeit aus
- **Grad 2:** Unabhängig mit einigen Hilfsmitteln (z. B. Krücke, Stock, Schuhlöffel, Sockenanzieher)
- **Grad 3:** Teilweise auf Hilfspersonen angewiesen, z. B. beim Baden, Anziehen, Kochen etc.
- **Grad 4** Bettlägerig, auf den Rollstuhl angewiesen.

Solche Klassifikationen sollten am Ende der Anamnese im Krankenblatt vermerkt werden. Wichtig sind sie vor allem bei Einweisungen oder Verlegungen in Krankenhäuser, Rehabilitationseinrichtungen und Pflegeheime, damit man dort die nötigen Vorbereitungen treffen kann.

6.7 Prinzipien der Anamnese bei Gelenkkrankheiten

Versuchen Sie, den zeitlichen Ablauf und das Verteilungsmuster der Gelenksymptome exakt zu analysieren, die extraartikulären Begleiterscheinungen und biographischen Umstände sorgfältig zu erfragen.

6.7 Prinzipien der Anamnese bei Gelenkkrankheiten

Versuchen Sie, den zeitlichen Ablauf und das Verteilungsmuster der Gelenksymptome exakt zu analysieren, die extraartikulären Begleiterscheinungen und biographischen Umstände sorgfältig zu erfragen. In der Rheumatologie ist die Anamnese der wichtigste diagnostische Teilschritt, auf dem das weitere Vorgehen fußt. Es gibt keinen einzelnen Labor- oder Röntgenbefund, der eine Diagnose sichern könnte. Oft liegt der Schlüssel zur Diagnose in einem winzigen Detail. Fehler und Versäumnisse bei der Anamneseerhebung bahnen den Weg zu diagnostischen Irrwegen.

Merke ▶

▶ ***Merke.*** Beginnen Sie mit Fragen nach dem Lokalbefund (»presenting symptom«), weswegen Sie der Patient aufsucht, und fragen Sie nach den vier W: wo? wie? wann? warum? anhand der Beispiele in C-**6.7**.

C-6.7: Anamnestische Analyse von Gelenkschmerzen

Wo?
Gelenke und Umgebung
- Welche Gelenke monoartikulär?
- Welche Gelenke polyartikulär?
- Umschrieben lokalisiert – ausstrahlend?

Wirbelsäule
- HWS, BWS, Kreuz

Andere Regionen

Wie?
Akut beginnend – schleichend beginnend
Wandernd – springend

Wann?
Seit wann bestehen die Schmerzen?
Dauer von eventuellen Schmerzattacken
Häufigkeit und Rhythmus von Schmerzattacken
Tageszeitliche Schwankungen (morgens, abends)

Warum?
Nach oder mit:
- Traumen
- Infekten
- Allgemeinsymptomen: Fieber, Diarrhö, Algurie
- Körperhaltungen, Husten, Niesen etc.
- Hauterscheinungen
- Klimatischen Faktoren
- Medikamenten, Allergien
- Psychischen Belastungen

- ***Wo?***

Ist ein Lokalbefund sichtbar (der Arzt sieht Schwellung und/oder Rötung, der Patient spürt Schmerzen), so kommt es vor allem auf die Verteilung der betroffenen Gelenke an:

- Monoarthritis: große, kleine Gelenke
- Oligoarthritis: große, kleine Gelenke
- Polyarthritis: symmetrischer Befall; transversal, im Strahl

Die symmetrische Polyarthritis der kleinen Gelenke, z. B. MCP- und PIP-Gelenke (**Transversalbefall**) spricht für eine beginnende chronische Polyarthritis oder eine Arthritis bei Kollagenose. Typisch für die Beteiligung peripherer Gelenke der HLA-B-27-assoziierten Spondylarthritiden oder auch der Psoriasis-Arthritis ist der **Befall »im Strahl«**, d. h. die gleichzeitige Arthritis des MCP-, PIP- und DIP-Gelenks eines Fingers oder einer Zehe. Dabei entsteht das klinische Bild des »Wurstfingers«.

- **Wo?**

Ist ein Lokalbefund sichtbar, kommt es auf die Verteilung der betroffenen Gelenke an:

- Monoarthritis: große, kleine Gelenke
- Oligoarthritis: große, kleine Gelenke
- Polyarthritis: symmetrischer Befall; transversal, im Strahl

Die symmetrische Polyarthritis der kleinen Gelenke spricht für eine beginnende chronische Polyarthritis oder eine Arthritis bei Kollagenose. Typisch für die Beteiligung peripherer Gelenke der HLA-B-27-assoziierten Spondylarthritiden ist der **Befall »im Strahl«**.

Kasuistik. Ein 36jähriger Bürokaufmann stellt sich wegen einer schmerzhaften Schwellung des rechten Kniegelenks vor, die vor etwa 3 Wochen auftrat. Wenig später hatte er starke Schmerzen in der linken Ferse, am rechten Fuß kam es zu einer Schwellung von 2 Zehen. Auf gezieltes Befragen berichtet der Patient, daß er 2 Wochen vor Beginn der Gelenksymptomatik während eines Thailand-Aufenthaltes (!) gelblichen Ausfluß aus der Harnröhre bemerkt hätte. Seine Befürchtungen, eine Gonorrhö bekommen zu haben, bestätigten sich aber bei einer entsprechenden Untersuchung nicht. Der Ausfluß ging zurück, es blieb aber eine entzündliche Rötung der Glans penis. Die Kniegelenkkontur rechts ist verstrichen, die linke Ferse verdickt und druckschmerzhaft, an der Glans penis bestehen multiple punktförmige Erosionen. Die BKS ist beschleunigt, das HLA-B 27 positiv. Es wird die Diagnose eines Reiter-Syndroms gestellt. Unter Behandlung mit nichtsteroidalen Antirheumatika bessern sich die Gelenkbeschwerden erheblich, allerdings kommt es in den folgenden Jahren intermittierend zu Arthritiden sowie zu Haut- und Schleimhautläsionen.

Mindestens ebenso häufig sieht der Arzt nichts, obwohl der Patient Schmerzen in Gelenken und paraartikulären Strukturen, Knochenvorsprüngen, Wirbelsäule oder Muskulatur angibt. Vor allem bei den **HLA-B-27-assoziierten Spondylarthritiden** kann es zu sehr schmerzhaften Enthesiopathien an Sehnenansätzen (Achillessehne) kommen, die sich zu Beginn noch nicht als Schwellung manifestieren. Bei der **Epicondylitis radialis** (»Tennisarm«) oder **ulnaris** (»Golfarm«) besteht ebenfalls nur eine typische Schmerzlokalisation ohne sichtbaren Befund, allerdings ist die Anamnese entsprechend typisch. Vollends ungeklärt sind die Insertionstendomyopathien beim **Fibromyalgie-Syndrom**, bei dem kein objektiver Befund zu erheben ist. Hier helfen das typische Verteilungsmuster (Druckschmerz nahezu sämtlicher Knochenvorsprünge) und zusätzliche Befindensstörungen wie z. B. Müdigkeit und Schlafstörungen weiter. Bewegungsabhängige Schmerzen der Muskulatur sind bei Virusinfekten oft generalisiert und beziehen auch die Augenmuskeln mit ein. Echte entzündliche Muskelkrankheiten mit Muskelzelluntergang, d. h. auch Anstieg der Kreatinkinase (CK), beschränken sich meist auf einige wenige Muskelpartien. Charakteristisch für die **Polymyalgia rheumatica** ist der Schmerz in den Oberschenkeln oder im Schultergürtel. Dabei handelt es sich um eine ätiologisch ungeklärte Erkrankung überwiegend älterer Patienten, die typischerweise mit einer Sturzsenkung einhergeht. Grundsätzlich gilt: Berichtet nur der Patient über Arthralgien (der Arzt sieht nichts, der Patient spürt Schmerzen), so sind die (vielleicht schon wieder abgeklungenen) extraartikulären Erscheinungen und die allgemeinen Begleitumstände für die Diagnosefindung um so wichtiger (siehe Warum?)

Häufig sieht der Arzt nichts, obwohl der Patient Schmerzen in Gelenken oder Muskulatur angibt. Bei den **HLA-B-27-assoziierten Spondylarthritiden** kann es zu sehr schmerzhaften Enthesiopathien an Sehnenansätzen ohne Schwellungsbefund kommen. Bei der **Epicondylitis radialis** oder **ulnaris** besteht ebenfalls nur eine typische Schmerzlokalisation ohne sichtbaren Befund.

Bewegungsabhängige Schmerzen der Muskulatur sind bei Virusinfekten oft generalisiert und beziehen auch die Augenmuskeln mit ein. Charakteristisch für die **Polymyalgia rheumatica** ist der Schmerz in den Oberschenkeln oder im Schultergürtel. Dabei handelt es sich um eine ätiologisch ungeklärte Erkrankung überwiegend älterer Patienten, die typischerweise mit einer Sturzsenkung einhergeht.

- ***Wie?***

Setzen Gelenkschmerzen ohne vorausgegangenes Trauma akut ein, so sind die in ▤ C-**6.8** angeführten Diagnosen denkbar. Fragen Sie nach zusätzlich vorliegenden Begleitsymptomen und Konstellationen. Bei allmählich und schleichend einsetzenden, anfangs intermittierenden Gelenk- und Muskelschmerzen ist die Differentialdiagnose wesentlich umfangreicher (▤ C-**6.9**).

- **Wie?**

Setzen Gelenkschmerzen ohne vorausgegangenes Trauma akut ein, so sind die in ▤ C-**6.8** angeführten Diagnosen denkbar. Fragen Sie nach zusätzlich vorliegenden Begleitsymptomen und Konstellationen. Zur Differentialdiagnose allmählich einsetzender Gelenkschmerzen siehe ▤ C-**6.9**.

C-6.8: Differentialdiagnose akut einsetzender Gelenkschmerzen

Begleitsymptome und Umstände	Verdachtsdiagnose
Mann, Großzehengrundgelenk, Adipositas, Alkohol	Gicht
Knorpelverkalkungen im Röntgenbild, Kalzium-Pyrophosphat-Kristalle im Punktat	Chondrokalzinose (Pseudogicht)
Fieber, Entzündungszeichen, Abszeß; Gonorrhö (Frau)	Septische Arthritis, Go-Arthritis
Erythema marginatum, subkutane Knoten, große Gelenke	Streptokokkeninfekt, rheumatisches Fieber
Blutungsanamnese, Hämatome, Nasenbluten, Hämaturie	Hämophilie
Erythema migrans, Zeckenbiß, Lymphadenome	Lyme-Arthritis
Petechien, Urtikaria, Fieber, Hämaturie	Purpura Schoenlein-Henoch
Hämatomneigung, Petechien, Trombozytopenie	Thrombozytopenische Purpura Moschkowitz

C-6.9: Differentialdiagnose allmählich einsetzender Gelenkschmerzen

Begleitsymptome und Umstände	Verdachtsdiagnose
Tiefer Rückenschmerz, Steifheitsgefühl der gesamten Wirbelsäule	Spondylitis ankylosans
Psoriasis (auch verborgene Stellen: Rima ani, behaarte Kopfhaut, Gehörgang)	Psoriasis-Arthritis
Bauchschmerzen, blutig-schleimige Durchfälle	Colitis ulcerosa
Bauchschmerzen, Gewichtsabnahme, Entzündungszeichen	Morbus Crohn
Konjunktivitis, Urethritis, junge Männer, große Gelenke, Oligoarthritis, Enthesiopathien, Balanitis circinata, HLA B-27	Reiter-Syndrom
Iridozyklitis, Türke, Ulzera der Mundschleimhaut und Glans penis, Bauchschmerzen	Morbus Behçet
Kinder, Erythem, Fieber, Perikarditis, Hepatosplenomegalie	Morbus Still
Morgensteifigkeit, Frau, symmetrische spindelförmige Synovitis kleiner Gelenke, subkutane Knoten	Chronische Polyarthritis
Erytheme, Frau, Fieber, symmetrische spindelförmige Synovitis kleiner Gelenke, nichtdestruierender Verlauf, Pleuritis, Perikarditis	Lupus erythematodes
Raynaud-Phänomen, Schluckbeschwerden, Maskengesicht, trophische Ulzera, Nagelfalzhyperkeratose	Progressive systemische Sklerodermie
Periorbitales Ödem, Ödeme und glänzende Haut, Handrücken und Fingerstreckseiten, Muskelatrophie, Gewichtsabnahme	Dermatomyositis
Befall der MCP-Gelenke 2 und 3, braunes Hautkolorit, Diabetes, männliche Sterilität	Hämochromatose
Dunkler Urin (braune Flecken in der Unterhose), dunkel verfärbte Ohrmuscheln und Skleren, große Gelenke	Alkaptonurie
Makroglossie, Hepatosplenomegalie, Kardiomegalie, Nephrose	Amyloidose

- **Wann?**
Fragen Sie nach der Dauer der Schmerzattacken.

- **Wann?**
Fragen Sie nach der Dauer der Schmerzattacken, dem zeitlichen Ablauf und der Rezidivneigung. Vor allem die Gicht-Arthritis dauert selten länger als 3–4 Tage, kehrt aber häufig wieder (C-**6.10**).

Merke. Für tageszeitliche Schwankungen der Schmerzintensität gilt die Faustregel, daß das Schmerzmaximum bei entzündlichen Gelenkkrankheiten eher am Morgen, bei degenerativen eher am Abend liegt. Die Schmerzen bei der Iliosakralarthritis quälen den Patienten vor allem nachts.

◄ Merke

C-6.10: Kriterien für die Diagnose Gicht

Anfallsartig einsetzende Monarthritis (2/3) oder Oligoarthritis (1/3)
Rezidivierend
Sehr starke Schmerzen
Männer : Frauen = 90 : 10
Selbst limitiert, Dauer 2–3 Tage
Überwiegend betroffen: Pykniker, Adipöse, Gourmets (Fleisch, Alkohol)
Familiäre Belastung
60 % Großzehengrundgelenk, zentripetaler Befall
Uratablagerungen in Weichteilen: Haut, Subkutis, Bursen, Sehnen
Uratablagerungen in Knochen (Knochentophi)
Hyperurikämie

• ***Warum?***
Der Zusammenhang mit Traumen oder Überanstrengungen sollte evident sein, obgleich auch hier für den fragenden Arzt Vorsicht geboten ist (siehe Kasuistik). Fragen Sie nach Symptomen eines Infektes, der, auch wenn er bereits mehrere Wochen zurückliegt, durchaus für die nun vorhandenen Gelenkschmerzen verantwortlich sein kann. Wichtig sind vor allem Durchfallerkrankungen (Salmonellen, Shigellen, Yersinien, Campylobacter), sexuell übertragbare Krankheiten (Gonorrhö, Chlamydien), Augenaffektionen (Iritis, Iridozyklitis) und Urethritiden.
Typische Fälle, in denen bestimmte Körperhaltungen oder Bewegungen Gelenk- und Rückenschmerzen auslösen können, sind der Morbus Bechterew (Schmerzen in den kleinen Wirbelgelenken beim Husten und Niesen), akute Lumbago (Heben und Bücken) oder die Polymyalgia rheumatica (Heben der Arme über die Horizontale, Aufstehen aus dem Sitzen).

• Warum?
Der Zusammenhang mit Traumen oder Überanstrengungen sollte evident sein. Fragen Sie nach Symptomen eines Infektes. Wichtig sind vor allem:
- Durchfallerkrankungen
- Sexuell übertragbare Krankheiten
- Augenaffektionen
- Urethritiden

Typische Fälle, in denen bestimmte Körperhaltungen oder Bewegungen Gelenk- und Rückenschmerzen auslösen können sind:
- Morbus Bechterew
- Akute Lumbago
- Polymyalgia rheumatica

Schmerzen bei Arthrose verschlechtern sich im allgemeinen in der Kälte, für die Arthritis gilt, daß im akuten Stadium Kälte eher als angenehm empfunden wird (C-**6.11**). Viele Patienten reagieren auf psychische Belastungen mit Arthralgien, wobei in der Regel kein objektiver Befund am Gelenk zu erheben ist. Fragen Sie nach beruflichen und sozialen Faktoren wie Alter, Arbeitsplatz, Arbeitsablauf und Wohnsituation. Sind die Schmerzen im Zusammenhang mit einem Trauma (Sport, Unfall, Sturz), einer ungewohnten oder unphysiologischen langdauernden Tätigkeit (Stehen, Bükken, Gartenarbeit, Autofahren, Umzug, langes Schreiben etc.) oder spontan aufgetreten? Lassen Sie sich die Tätigkeit am Arbeitsplatz genau beschreiben und fragen Sie nach möglichen Änderungen.

Schmerzen bei Arthrose verschlechtern sich im allgemeinen in der Kälte, für die Arthritis gilt, daß im akuten Stadium Kälte eher als angenehm empfunden wird (C-**6.11**). Viele Patienten reagieren auf psychische Belastungen mit Arthralgien. Sind die Schmerzen im Zusammenhang mit einem Trauma, einer ungewohnten oder unphysiologischen langdauernden Tätigkeit oder spontan aufgetreten?

C-6.11: Anamnestische und klinische Unterschiede zwischen Arthrose und Arthritis

	Arthrose	Arthritis akut	Arthritis chronisch
Schwellung	Derb	Fluktuierend und weich	
Schmerz	Abends, belastungsabhängiger Anlaufschmerz	Spontan in Ruhe	Morgens Morgensteifigkeit
Überwärmung	–	++	+/–
Rötung	–	+	–

Kasuistik. Die 24jährige Studentin bemerkte vor 2 Wochen eine schmerzhafte Schwellung des rechten Sprunggelenkes, 2 Tage später war auch das linke Sprunggelenk befallen. Etwa gleichzeitig traten an beiden Unterschenkeln sehr schmerzhafte »rote Flecken« auf. Ansonsten fühlte sich die Patientin immer wohl, der Systemüberblick ist unauffällig. Neben überwärmten und geschwollenen Sprunggelenken beidseits finden sich an der Streckseite beider Unterschenkel mehrere rote, unscharf begrenzte, kutan bis subkutan liegende, ebenfalls überwärmte und sehr druckdolente Indurationen. Laborbefunde: BKS 53 mm/h, rotes und weißes Blutbild unauffällig, Harnsäure normal, Rheumafaktor und HLA-B-27-negativ. Der Arzt denkt an die Möglichkeit einer Sarkoidose und veranlaßt eine Röntgenaufnahme des Thorax. Es zeigt sich eine beidseitige polyzyklische Hilusvergrößerung. Die Diagnose lautet Löfgren-Syndrom (Erythema nodosum, Sprunggelenkarthritis und Sarkoidose), die Therapie erfolgt symptomatisch mit Antiphlogistika. Gelenkbeschwerden und Erythema nodosum bilden sich im Verlauf von Wochen zurück, auch der Lungenhilus ist nach einem Jahr wieder unauffällig.

Ist nur ein Gelenk oder einige wenige Gelenke betroffen, so denken Sie an die in ▤ C-**6.12** aufgeführten Verdachtsdiagnosen.

Ist nur ein Gelenk oder einige wenige Gelenke betroffen, so denken Sie an die in ▤ C-**6.12** aufgeführten Verdachtsdiagnosen. Manchmal kann der Patient den Schmerz nicht genau auf ein Gelenk, die Sehnenscheiden, tastbare Knochenprominenzen oder die Muskulatur lokalisieren. Fragen Sie in diesen Fällen nach der Behinderung bei Verrichtung bestimmter Tätigkeiten, z. B. Gehen, Aufstehen, Hinsetzen, Waschen, Kämmen, Anziehen oder Essen.

▤ C-6.12: Ursachen der Monarthritis

Rötung und Schwellung eines Gelenks – akute Monarthritis
- Septische Arthritis
  - hämatogen: Gonorrhö, Staphylokokkensepsis, tuberkulös
  - traumatisch
  - iatrogen
- Gicht – Pseudogicht
- Hämarthros
- Seronegative Spondylarthritis

Schmerzen (langsam beginnend, persistierend) eines Gelenks – chronische Monarthritis
- Arthrose (Z. n. Trauma, Fehlstellung)
- Chronische Infektion, z. B. Tuberkulose
- Seronegative Spondylarthritis
- Osteonekrosen, freier Gelenkkörper
- Neuropathische Arthropathie

Merke ▶

▶ ***Merke.*** Typisch für den Muskelschmerz aufgrund einer Durchblutungsstörung ist die Claudicatio intermittens, ein heftiger, regelmäßig nach einer gewissen Belastung (z. B. Gehstrecke) auftretender Schmerz, der nach Beendigung der Belastung (Stehenbleiben) rasch verschwindet. Der häufigste Manifestationsort sind die Unterschenkel (▤ C-**6.13**).

Können Sie keine der genannten Ursachen herausfinden und liegt kein objektiver Gelenksbefund vor, so sollten Sie an die Möglichkeit einer psychosomatischen Genese denken.

Können Sie keine der genannten Ursachen herausfinden und liegt kein objektiver Gelenksbefund vor, so sollten Sie an die Möglichkeit einer psychosomatischen Genese denken. Fragen Sie den Patienten nach möglichen Einschnitten in der biographischen Anamnese, Partner- oder Familienkonflikten und depressiven Verstimmungen. Fragen Sie den Patienten, ob er selbst einen Zusammenhang zwischen dem psychischen Befinden und seinen Gelenkbeschwerden herstellen kann.

C-6.13: Muskelschmerzen und mögliche diagnostische Bedeutung

Begleitsymptome und Umstände	Verdachtsdiagnose
Alte Patienten, Schultergürtel, Oberschenkel	Polymyalgia rheumatica, Arteriitis temporalis
Gelenkschmerzen, Schluckstörungen, Schwäche der Beine	Polymyositis
Bläulich-lila Erytheme der Lider, ödematöse Hautschwellungen	Dermatomyositis
Generalisiert, Augenmuskelbeteiligung	Virusmyositis
Muskulatur im Thoraxbereich, Interkostal-muskeln, Infekt obere Luftwege, Meningoenzephalitis	Bornholm-Krankheit (Coxsackie-Virus)
Nächtliche Handschmerzen, Thenar-Atrophie, Parästhesien	Karpaltunnelsyndrom
Claudicatio intermittens	Arterielle Verschlußkrankheit
Nächtliche Wadenkrämpfe, alte Patienten	Idiopathisch? Magnesiummangel
Ständiges Bewegen der Beine	Restless-legs-Syndrom
Krampfartige Muskelschmerzen, Schwäche, Fibrillieren, Hyperreflexie, Beinspastik	Amyotrophe Lateralsklerose

Kasuistik. Ein 17jähriges Mädchen stellt sich wegen angeblich spontan aufgetretener Schmerzen im Bereich des rechten Handrückens vor, die vor allem beim Strecken der Finger auftreten. Man erkennt eine strangförmige Schwellung und Rötung im Verlauf der Strecksehne des Mittelfingers. Unter der Verdachtsdiagnose einer Tendovaginitis stellt der Arzt die Hand ruhig und verordnet Antiphlogistika. Beim zweiten Vorstellungstermin fragt der Arzt noch einmal nach möglichen Auslösern. Erst jetzt »beichtet« das Mädchen, sie habe wegen eines anstehenden öffentlichen Klavierspiels »wie verrückt« Triller geübt.

III Anhang: Wichtige apparative und labordiagnostische Verfahren bei Gelenkkrankheiten

III Anhang: Wichtige apparative und labordiagnostische Verfahren bei Gelenkkrankheiten

Merke. Anamnese, klinischer Befund und statistisch-epidemiologisches Denken in Wahrscheinlichkeiten sind Voraussetzungen für den gezielten, sinnvollen und ökonomischen Einsatz von apparativen und Laboruntersuchungen.

◄ **Merke**

Nehmen Sie vor jeder Anordnung eines Tests dessen Ergebnis vorweg und fragen Sie sich, was Sie tun, wenn der Test positiv ausfällt, und was Sie tun, wenn er negativ ausfällt. Ist die Antwort in beiden Fällen gleich, so sollten Sie überlegen, ob Sie den Test überhaupt brauchen. Diagnostische Tests werden noch zu oft nur unter dem Aspekt gesehen, daß irgend etwas geschieht. Hüten Sie sich vor zu großer Gläubigkeit an die Aussagekraft apparativer Verfahren und von Labormethoden, die gerne als »objektive Daten« bezeichnet werden. Die von einem erfahrenen Arzt erhobene Anamnese und sein klinischer Befund sind als ebenso »objektiv« zu werten wie eine Ultraschalluntersuchung oder ein serologischer Titer. Bemühen Sie sich um Kenntnisse in der kritischen Bewertung von Tests. Bedenken

Nehmen Sie vor jeder Anordnung eines Tests dessen Ergebnis vorweg und fragen Sie sich, was Sie tun, wenn der Test positiv ausfällt, und was Sie tun, wenn er negativ ausfällt.

Sie, daß es keinen Test mit einer 100 %igen Sensitivität und Spezifität gibt. In den meisten Fällen, insbesondere in der Rheumatologie, gibt es auch keinen einzelnen, für sich allein beweisenden Test für eine Erkrankung. Vielmehr ist jeder Test als ein Mosaiksteinchen im Puzzle der Diagnose zu betrachten. Erst das richtige Zusammensetzen der Teile ergibt ein klares Gesamtbild – und manchmal ist dazu auch noch ärztliche Intuition erforderlich.

Bildgebende Verfahren

1. Standard-Röntgenuntersuchung

Bildgebende Verfahren

1. Standard-Röntgenuntersuchung

Merke ►

► ***Merke.*** Die Standard-Röntgenuntersuchung von Gelenken und Knochen in zwei Ebenen ist unverändert das wichtigste Verfahren der Skelettdiagnostik zur Diagnosestellung und Verlaufskontrolle. Röntgenuntersuchungen sind immer dann indiziert, wenn Veränderungen des Knochenaufbaus und der Knochenstruktur vermutet werden.

Mit der Röntgendiagnostik ist grundsätzlich nur eine morphologische Analyse möglich (▤ C-**6.14**). Ein Röntgenbild ist nur eine Momentaufnahme eines sich oft über viele Jahre hinziehenden Prozesses. Daher ist die Dokumentation des Datums der Aufnahme essentiell wichtig.

Allerdings ist mit der Röntgendiagnostik grundsätzlich nur eine morphologische Analyse möglich, über die zugrundeliegenden Ursachen muß meist spekuliert werden (▤ C-**6.14**). Bedenken Sie, daß ein Röntgenbild nur eine Momentaufnahme eines sich oft über viele Jahre hinziehenden Prozesses ist, wobei die Aussagekraft durch Aufnahmen im Verlauf beträchtlich erhöht werden kann. Daher ist die Dokumentation des Datums der Aufnahme essentiell wichtig.

C-6.14: Möglichkeiten und Probleme der Standard-Röntgenuntersuchung

Krankheit/Fachgebiet	Möglichkeiten	Probleme
Traumatologie	• Nachweis von Frakturen, Luxationen Bandläsionen (gehaltene Aufnahmen)	Strahlenbelastung Läsionen am Bandapparat nur indirekt erkennbar
Orthopädie	• Knochenalter bei Kindern • Winkelstellungen • Skoliose-Vermessung • Aseptische Knochennekrosen • Osteomyelitis	Vieldeutiges Bild bei Knochentumoren, Strahlenbelastung vor allem bei Kindern relevant Dokumentation bei Gutachten Operationsplanung bei Deformitäten
Rheumatologie	• Chronische Polyarthritis: gelenknahe Osteoporose, Gelenkspaltverschmälerung, Zysten, Usuren, Gelenkerguß • Verlaufskontrollen bei Chondrokalzinose: Knorpelverkalkungen, Gicht: Knochentophi	Im Frühstadium oft unauffälliges Röntgenbild
	• M. Bechterew: »buntes Bild« der ISG mit Konturunschärfen; Syndesmophyten der Wirbelkörper	Im Frühstadium nicht erkennbar
	• Psoriasis-Arthritis: nebeneinander destruierende und produktive Veränderungen (»Spiculae«) • Kollagenosen: keine Knorpel- und Knochendestruktion (»Jaccoud-Arthritis«) • Weichteilverkalkungen und akrale Osteolysen bei Sklerodermie • Sarkoidose (Löfgren-Syndrom): polyzyklische Hiluslymphknoten-Vergrößerung	DD Arthrosen

2. Funktionsaufnahmen

Funktionsaufnahmen sind indiziert bei gestörtem Bewegungsumfang, pathologischer Beweglichkeit und Haltungsanomalien; Beispiele:

- Hüftkopf-Pfannen-Verhältnis im Hüftgelenk
- Gehaltene Aufnahmen bei Bandläsionen (Knie-, Sprung-, Daumengrundgelenk)
- Wirbelsäulenstandaufnahme mit Beinlängenausgleich

2. Funktionsaufnahmen
Funktionsaufnahmen sind indiziert bei gestörtem Bewegungsumfang, pathologischer Beweglichkeit und Haltungsanomalien.

3. Tomographie (konventionell)

Die Tomographie wird auch heute noch bei speziellen Fragestellungen in der Diagnostik entzündlicher oder tumoröser Knochenerkrankungen angewendet, vor allem wenn es sich um Knochen mit großer Dicke handelt oder der Defekt im Spongiosabereich liegt. Beispiele: Iliosakralgelenk-Arthritis, Spondylitis (typhös, tuberkulös), Hüftkopfnekrose, Osteomyelitis.

3. Tomographie (konventionell)
Die Tomographie wird auch heute noch bei speziellen Fragestellungen in der Diagnostik entzündlicher oder tumoröser Knochenerkrankungen angewendet, vor allem bei Knochen mit großer Dicke oder wenn der Defekt im Spongiosabereich liegt.

4. Arthrographie

Die Arthrographie ist eine Kontrastmittelinjektion in ein Gelenk zur Darstellung von Läsionen an Knorpeln, Gelenkkapsel und kommunizierenden Bursen. Dabei besteht die Gefahr einer Gelenkinfektion, sofern nicht streng aseptisch gearbeitet wird.

4. Arthrographie
Die Arthrographie ist eine Kontrastmittelinjektion in ein Gelenk zur Darstellung von Läsionen an Knorpeln, Gelenkkapsel und kommunizierenden Bursen.

5. Computertomographie

Die Computertomographie ist für die Knochen- und Gelenkdiagnostik von untergeordneter Bedeutung. Ausnahmen: Bestimmung des Osteoporosegrades in definierten Skelettabschnitten, z. B. Wirbelkörper, Schenkelhals, Unterarm; Wirbelsäulenerkrankungen und -verletzungen unter Beteiligung des Zentralnervensystems, z. B. Bandscheibenvorfälle und Knochentumoren mit Kompression des Rückenmarks.

5. Computertomographie
Die Computertomographie ist für die Knochen- und Gelenkdiagnostik von untergeordneter Bedeutung.

6. Ultraschalldiagnostik

6. Ultraschalldiagnostik

> ***Merke.*** Hauptindikation ist die Untersuchung der Säuglingshüfte zur Früherkennung einer Hüftgelenkdysplasie. Im Unterschied zur Röntgenuntersuchung sind auch die knorpeligen Gelenkanteile darstellbar, wegen der fehlenden Strahlenbelastung sind engmaschige Verlaufsuntersuchungen möglich.

◄ **Merke**

Das Verfahren erfordert allerdings große Erfahrung und ist sehr von der Qualität des Untersuchers abhängig. Weitere Indikationen sind der Nachweis von Ergüssen in Gelenken, gelenknahe Zysten, degenerative und traumatische Veränderungen der Rotatorenmanschette, synoviale Schwellungen an Gelenken und am Sehnengleitgewebe und Achillessehnenrupturen.

Weitere Indikationen sind der Nachweis von Ergüssen in Gelenken, gelenknahe Zysten, degenerative und traumatische Veränderungen der Rotatorenmanschette, synoviale Schwellungen an Gelenken und Achillessehnenrupturen.

7. Kernspintomographie (nukleare Magnetresonanztomographie = NMR)

7. Kernspintomographie (nukleare Magnetresonanztomographie = NMR)

> ***Definition.*** Bei der NMR entsteht die Abbildung von Strukturen des Körpers durch Aufzeichnung eines elektrischen Spannungsfeldes, das nach Anregung von Atomkernen des Gewebes in einem magnetischen Feld entsteht. Wasserstoffreiche Gewebe sind signalreich, Gewebe mit geringem Wasserstoffanteil (z. B. Knochen) signalarm. Aufgrund der Bildentstehung ist nicht nur ein morphologisches Bild, sondern auch ein Einblick in Stoffwechselvorgänge im Gewebe möglich.

◄ **Definition**

Für die Sklettdiagnostik scheint die Bedeutung der Kernspintomographie nicht groß zu sein, doch sind die Möglichkeiten keineswegs ausgeschöpft und evaluiert. Besonders wertvoll hat sich das Verfahren bislang in der ZNS-Diagnostik und zunehmend als nichtinvasive Diagnostik bei Gelenkverletzungen (z. B. Kreuzbandrupturen oder Meniskusläsionen am Kniegelenk) erwiesen.

8. Szintigraphie

Definition ▶

Die Szintigraphie kann Veränderungen bereits in einem Stadium erfassen, in dem das Röntgenbild noch völlig unauffällig ist. Die lokale Szintigraphie ermöglicht in Kombination mit dem Röntgenbild die Differenzierung zwischen degenerativen und entzündlichen Knochenveränderungen. Die Leukozytenszintigraphie gibt Hinweise auf Entzündungsvorgänge.

Arthroskopie

In der Arthroskopie können die Gelenkflächen größerer Gelenke direkt mittels Endoskop inspiziert werden. Typische Indikationen sind die Meniskusläsion und der freie Gelenkkörper.

Labordiagnostische Verfahren

1. Relevante Laborparameter
Die wichtigste Basisuntersuchung zur Frage eines entzündlichen oder tumorösen Prozesses ist die Blutkörperchensenkungsgeschwindigkeit. Weitere relevante Laborparameter und deren Bedeutung sind in ▦ C-6.15 zusammengefaßt.

8. Szintigraphie

▶ ***Definition.*** Die Szintigraphie ist die bildmäßige Aufzeichnung radioaktiver Impulse, die von bestimmten Geweben nach (intravenöser) Applikation von radioaktiven Substanzen ausgehen. Gebräuchlich sind die Knochen-, die Weichteil- und die Leukozytenszintigraphie. Bei der Ganzkörperszintigraphie wird die Verteilung des Radionuklids in den Skelettabschnitten mit einer Untersuchung erfaßt; sie eignet sich vor allem als Suchverfahren, z. B. von Metastasen, die meistens anreichern, aber auch Aussparungen hervorrufen können.

Die Szintigraphie kann Veränderungen bereits in einem Stadium erfassen, in dem das Röntgenbild noch völlig unauffällig ist. Die lokale (Drei-Phasen-)Szintigraphie ermöglicht in Kombination mit dem Röntgenbild die Differenzierung zwischen degenerativen und (akut/chronisch) entzündlichen Knochenveränderungen. Die Weichteilszintigraphie weist Weichteiltumoren (z. B. Sarkome) nach, die Leukozytenszintigraphie gibt Hinweise auf akute oder subakute Entzündungsvorgänge, z. B. bei einer bakteriellen Spondylitis oder Hüftgelenk-Prothesenlockerung.

Arthroskopie

In der Arthroskopie können die Gelenkflächen größerer Gelenke (Knie-, Schulter-, Ellenbogen-, Hüftgelenk) direkt mittels Endoskop inspiziert werden. Dabei können auch kleinere operative Eingriffe, z. B. am Meniskus, durchgeführt werden. Typische Indikationen sind die Meniskusläsion und der freie Gelenkkörper.

Labordiagnostische Verfahren

1. Relevante Laborparameter

Für die rheumatologische Diagnostik kommt man mit relativ wenigen Parametern aus. Die wichtigste Basisuntersuchung zur Frage eines entzündlichen oder tumorösen Prozesses ist die Blutkörperchensenkungsgeschwindigkeit. Weitere relevante Laborparameter und deren Bedeutung sind in ▦ C-**6.15** zusammengefaßt.

C-6.15: Laboruntersuchungen und mögliche Bedeutung bei rheumatologischen Erkrankungen

Parameter	Indikation, Bedeutung
Blutbild	Leukozytose bei septischer Arthritis Anämie der chronischen Entzündung Leukozytopenie Thrombozytopenie bei SLE*
Serumeisen	Unspezifischer Entzündungsparameter Hämochromatose-Arthropathie
Elektrophorese	Unspezifisch bei chronischer Entzündung (cP**, Kollagenosen) Ausschluß Paraproteinämie (evtl. Immunelektrophorese)
Urinstatus	Kollagenosen (Nierenbeteiligung mit Proteinurie)
Harnsäure	Gicht; Hyperurikämie muß nicht Gicht bedeuten! Normale Serum-Harnsäure schließt einen akuten Gichtanfall nicht aus!
Kalzium	Hyperparathyreoidismus, Osteomalazie
Alkalische Phosphatase	Hyperparathyreoidismus, Osteomalazie
Kreatinkinase (CK)	Polymyositis, Dermatomyositis
GOT/GPT	Hepatitis
Rheumafaktoren (Latex-Agglutination, Waaler-Rose-Test)	Chronische Polyarthritis (nicht spezifisch für die Diagnose cP!)
Bakterien-Antikörper Antikörper gegen Salmonellen, Shigellen, Yersinien, Campylobacter, Chlamydien	ASL ***: rheumatisches Fieber (extrem selten) Verdacht auf reaktive Arthritis
Antinukleäre Antikörper	Suchtest bei Verdacht auf Kollagenose DNS-Antikörper bei SLE*
HLA-B 27	Spondylitis ankylosans, Reiter-Syndrom, reaktive Arthritis nach Darminfektionen

* SLE: systemischer Lupus erythematodes
** cP: chronische Polyarthritis
*** ASL: Antistreptolysin-O-Reaktion

2. Gelenkpunktion

Mit der Gelenkpunktion hat man vor allem bei den akuten Arthritiden ein wertvolles diagnostisches Mittel an der Hand, das rasch Auskünfte über die Genese der Erkrankung liefert. Zusätzlich hat die Punktion bei großen Ergüssen vor allem am Kniegelenk auch therapeutischen Wert im Sinne einer Entlastung des Bandapparates.

2. Gelenkpunktion
Die Gelenkpunktion ist vor allem bei den akuten Arthritiden ein wertvolles diagnostisches Mittel, das rasch Auskünfte über die Genese der Erkrankung liefert. Zusätzlich hat die Punktion bei großen Ergüssen auch therapeutischen Wert.

> ***Merke.*** Wegen der Gefahr einer iatrogenen Gelenkinfektion sind für die Punktion unbedingt sterile Kautelen erforderlich.

◀ **Merke**

Die Untersuchung der Punktionsflüssigkeit (Synoviaanalyse) wird nach den in C-**6.16** angegebenen Kriterien vorgenommen. Sie erfordert einige spezielle Färbe- und Mikroskopietechniken und sollte nur von einem entsprechend erfahrenen Untersucher durchgeführt werden.

Die Untersuchung der Punktionsflüssigkeit (Synoviaanalyse) wird nach den in C-**6.16** angegebenen Kriterien vorgenommen.

C-6.16: Synoviaanalyse: Normalbefund und Befund bei einigen wichtigen Gelenkkrankheiten

	Farbe	Trübung	Viskosität	Zellzahl/mm³	Zellart
Normalbefund	bernstein	keine	hoch	um 100	–
Chronische Polyarthritis	gelb-braun-grau	trüb, flockig	niedrig	5000–50 000 je nach Aktivität	Phagozyten +++
Septische Arthritis	gelb-braun-grün	flockig	niedrig	> 50 000	Leukozyten, Bakterien
Gicht	milchig	trüb	niedrig	10 000–20 000	Leukozyten, Harnsäurekristalle*
Pseudogicht	gelb bis milchig	trüb	niedrig	20 000	meist Leukozyten, Kalziumpyrophosphatkristalle
Spondylarthritis	gelb	klar oder leicht trüb	gering erniedrigt	> 2000	Phagozyten
Tuberkulose	graugelb	trüb	niedrig	20 000–50 000	Leuko-, Lymphozyten Tuberkelbakterien
Trauma	blutig, blutig-tingiert	klar bis rot	je nach Blutgehalt	> 2000	Erythrozyten

* Doppelbrechung im polarisierten Licht

7 Haut und Hautanhangsgebilde

7.1 Vorbemerkungen

Die Untersuchung der Haut erlaubt sehr häufig eine Blickdiagnose zu stellen. Die »allgemeinen« Hautkrankheiten (Dermatosen) sind aber so vielfältig, daß eine Systematik bei der Beschreibung unumgänglich ist. Die Anamnese hilft bei der Abgrenzung und bei der Klärung folgender Fragen:

- **Entzündliche Ursache?**
- **Traumatische Ursache?**
- **Degenerative Ursache?**
- **Tumoröse Ursache?**

Bei bekannter innerer Erkrankung kann die Hauterscheinung leichter als Begleitphänomen gedeutet werden. Umgekehrt läßt eine typische Hautmanifestation Rückschlüsse auf die zugrundeliegende Systemerkrankung zu.

Veränderungen der Haut, Haare, Nägel und der sichtbaren Schleimhäute sind zwar oft nur ein Symptom, sie geben aber wichtige Hinweise auf eine Allgemeinerkrankung.

7 Haut und Hautanhangsgebilde

7.1 Vorbemerkungen

Die Untersuchung der Haut erlaubt dem Erfahrenen sehr häufig, eine Blickdiagnose zu stellen. Auch für den medizinischen Laien sind Hauterkrankungen wie Akne, Schuppenflechte oder ein Herpes labialis relativ einfach zu erkennen. Die »allgemeinen« Hautkrankheiten (Dermatosen) sind aber so vielfältig, daß eine Systematik bei der Beschreibung und Charakterisierung der Hauterscheinungen (Effloreszenzen) unumgänglich ist. Die Anamnese hilft bei der Abgrenzung angeborener oder erworbener Dermatosen; und innerhalb der **erworbenen Dermatosen** bei der Klärung folgender Fragen:

- **Entzündliche Ursache** (Infektion oder Allergie)?
- **Traumatische Ursache** (physikalisch oder chemisch)?
- **Degenerative Ursache** (z. B. Stoffwechselstörung, Altershaut)?
- **Tumoröse Ursache** (benigne oder maligne Erkrankungen)?

Bei bekannter innerer Erkrankung kann die Hauterscheinung leichter als Begleitphänomen gedeutet werden (z. B. Petechien bei Thrombopenie). Umgekehrt läßt eine typische Hautmanifestation Rückschlüsse auf die zugrundeliegende Systemerkrankung zu, z. B.:

- Tophus (Knötchen) an der Ohrmuschel: **Gicht**
- Xanthelasmen (Cholesterinablagerungen an den Augenlidern): **Fettstoffwechselstörung**
- Leberhautzeichen (Palmarerythem, Spider-Nävi, Dupuytrensche Kontraktur): **Leberzirrhose**
- Vaskulitis: **Paraproteinämie**

Veränderungen der Haut, Haare, Nägel und der sichtbaren Schleimhäute sind zwar oft nur ein Symptom, sie geben aber wichtige Hinweise auf eine Allgemeinerkrankung. Die Verdachtsdiagnose bzw. korrekte Diagnose kann meist schon ohne den Einsatz weiterer Untersuchungsmethoden gestellt werden. Viele Hautreaktionen sind jedoch unspezifisch und kommen bei den unterschiedlichsten Erkrankungen vor. Ist die zugrundeliegende Organerkrankung nicht offensichtlich, muß intensiv nach ihr gesucht werden.

Viele Hautreaktionen sind jedoch unspezifisch und kommen bei den unterschiedlichsten Erkrankungen vor.

7.2 Morphologie und Physiologie der Haut

Voraussetzung für das Verständnis krankhafter Hautveränderungen ist die Kenntnis des normalen Aufbaus der Haut und ihrer physiologischen Funktionen. Die Gesamtfläche der Haut (1,5 – 2 m^2) ist von der Größe und dem Gewicht des Individuums abhängig. Als äußere Begrenzung des Menschen zu seiner Umwelt hat die Haut eine wichtige Schutz- und Austauschfunktion in Beziehung zur Außenwelt.
Neben den gröberen Bewegungsfurchen über den Gelenken und den mimischen Furchen im Gesicht wird die gesamte Haut durch polygonale Felder (Felderhaut) eingeteilt – mit Ausnahme der Handinnenfläche (Palma) und der Fußsohle (Planta), die durch eine individuelle Anordnung von Papillarleisten (Leistenhaut) gekennzeichnet sind. Hauterkrankungen sind häufig entlang der **Langer-Spaltlinien** (C-**7.1**) ausgerichtet.

7.2 Morphologie und Physiologie der Haut

Die Gesamtfläche der Haut (1,5 – 2 m^2) ist von der Größe und dem Gewicht des Individuums abhängig.

Neben den gröberen Bewegungsfurchen wird die gesamte Haut durch polygonale Felder (Felderhaut) eingeteilt – mit Ausnahme der Handinnenfläche und der Fußsohle, die durch eine individuelle Anordnung von Papillarleisten (Leistenhaut) gekennzeichnet sind. Hauterkrankungen sind häufig entlang der **Langer-Spaltlinien** (C-**7.1**) ausgerichtet.

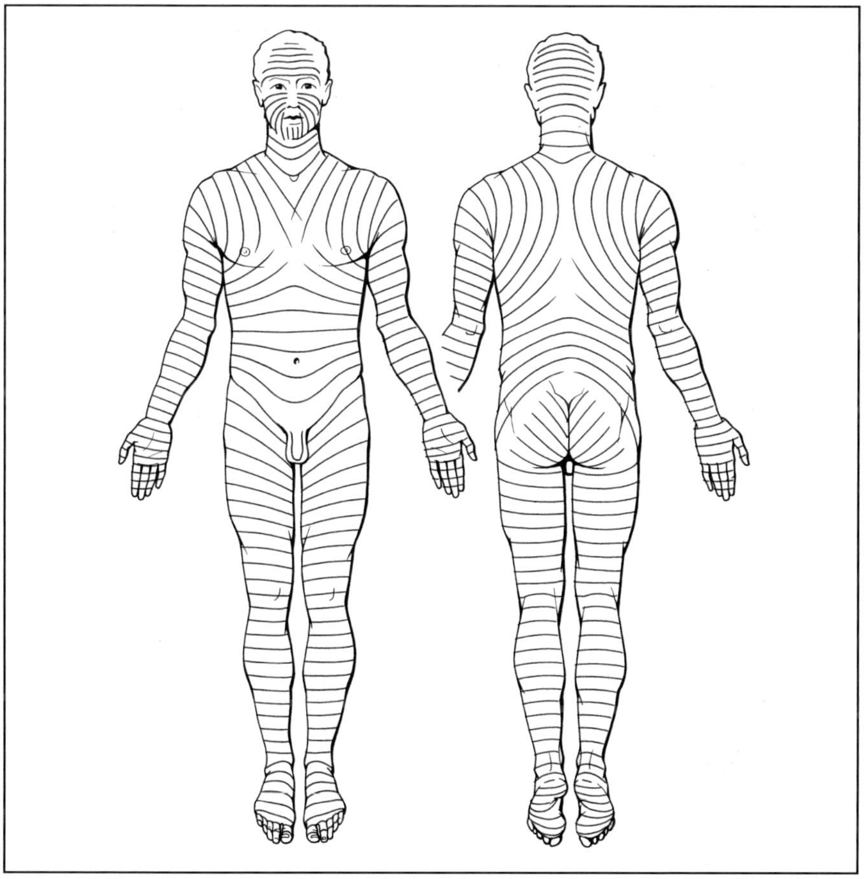

C-**7.1: Langer-Spaltlinien**

Die Haut besteht aus zwei Schichten: der aus dem embryonalen Ektoderm entstandenen Epidermis und der aus dem Mesoderm stammenden Kutis und Subkutis.

Die Haut besteht aus zwei Schichten:
- Epidermis
- Kutis und Subkutis.

Merke.
- Ektoderm: Epidermis
- Mesoderm: Kutis und Subkutis

◄ **Merke**

Die mikroskopische Struktur der Haut – von außen nach innen – zeigt C-**7.2**. Aufbau und Funktion der einzelnen Hautschichten gehen aus C-**7.1** hervor.

Die mikroskopische Struktur der Haut – von außen nach innen – zeigt C-**7.2**. Die Epidermis ist ein mehrschichtiges, verhornendes Plattenepithel, dessen Dicke in Abhängigkeit von Lokalisation, Alter und Geschlecht zwischen 0,3 und 3,0 mm variiert. Die Haupt-Zellpopulation sind die Keratinozyten. Aufbau und Funktion der einzelnen Hautschichten gehen aus C-**7.1** hervor.

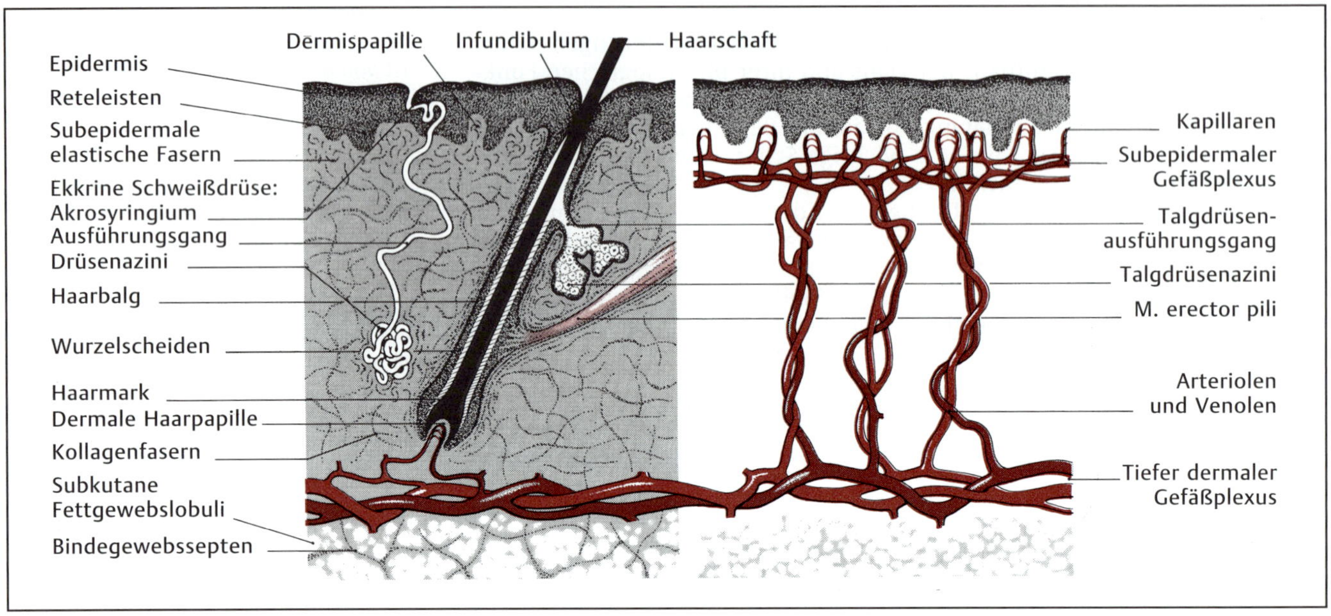

C-**7.2: Mikroskopische Struktur der Haut**

Aufgrund ihrer Zugfestigkeit, Dehnbarkeit und Elastizität bietet die Haut einen idealen Schutz vor mechanischen Einwirkungen. Der von den Talgdrüsen produzierte Fettfilm bildet mit dem Schweiß den Säureschutzmantel. Die Epidermis bewahrt uns vor Austrocknung. Sie übernimmt damit eine wesentliche Rolle bei der Regulation des Wasserhaushaltes. Diese Regulation wiederum ist eng verbunden mit der Temperaturregulation.

Aufgrund ihrer Zugfestigkeit, Dehnbarkeit und Elastizität bietet die Haut einen idealen Schutz vor mechanischen Einwirkungen. Der von den Talgdrüsen produzierte Fettfilm bildet zusammen mit dem Schweiß den Säureschutzmantel (pH 5,7), der vor chemischen Einflüssen schützt und als Puffer wirkt. Die Epidermis bewahrt uns natürlich auch vor der Austrocknung durch Verdunstung. Sie übernimmt damit eine wesentliche Rolle bei der Regulation des Wasserhaushaltes. Diese Regulation wiederum ist eng verbunden mit der Temperaturregulation. Die Wärmeabgabe an die Umgebung zur Aufrechterhaltung der Körpertemperatur ist die wichtigste Austauschfunktion der Haut. Hierbei spielen die Wärmeabgabe durch Verdunstung von Schweiß (sensible Wärmeabgabe) und Wasser (insensible Wärmeabgabe), das durch die Hautoberfläche diffundiert, die größte Rolle. Der Körper kann aber auch Wärme über die Epidermis aufnehmen, z. B. durch Sonnenbestrahlung.

Die Haut ist darüber hinaus ein Sinnesorgan, das verschiedene Reize empfinden und vermitteln kann:
- Tastsinn
- Temperatursinn
- Schmerzsinn

Die Haut ist darüber hinaus ein Sinnesorgan, das verschiedene Reize empfinden und vermitteln kann. Der Empfang erfolgt über spezifische Rezeptoren:
- Mechanorezeptoren – Tastsinn
- Thermorezeptoren – Temperatursinn
- Nozizeptoren – Schmerzsinn

Nicht zuletzt ist die Haut unser »flächenmäßig« größtes Ausdrucksorgan. Erröten, Erbleichen, Schwitzen und Mißempfindungen wie Juckreiz, Kribbeln usw. können Ausdruck verschiedenster Gefühlslagen sein.

Nicht zuletzt ist die Haut unser »flächenmäßig« größtes Ausdrucksorgan. Am offensichtlichsten wird das beim Erythema e pudore (Schamröte) als Ausdruck einer emotionalen Reaktion. Erröten, Erbleichen, Schwitzen und Mißempfindungen wie Juckreiz, Kribbeln usw. können Ausdruck verschiedenster Gefühlslagen sein. Der Zusammenhang zwischen der emotionalen Befindlichkeit und dem Hautorgan wird durch umgangssprachliche Ausdrucksweisen eindrucksvoll bebildert: »zum aus der Haut fahren«, »dünne Haut« und »dickes Fell«, »sich die Haare raufen« und »unter die Haut gehen«, »Felljucken« und »Angstschweiß«. Die Haut bildet gewissermaßen die Grenze zwischen dem persönlichen und dem öffentlichen Selbst.

C-7.1: Aufbau (von oben nach unten) und Funktionen der Haut

Schicht	Zellen	Funktion	Besonderheiten
Epidermis:	• Keratinozyten • Melanozyten • Langerhans-Zellen	• Schutz- und Austauschfunktion • Temperaturregulation – Sinnesorgan	• Mehrschichtig • Gefäßlos • Hohe Mitoserate
Stratum corneum	Homogene Schicht aus kernlosen Zellresten (keratinhaltig): stark ineinander verflochten	Mechanische und chemische Schutzbarriere	
Stratum lucidum	Heller Streifen aus kernlosen, stark abgeflachten Zellen	Umwandlung von Keratohyalin in Eleidin (lipoidähnliche, ölige Masse): Stoßdämpfer und Verschiebefunktion	Sehr stark ausgeprägt: • in Handflächen • an Fußsohlen
Stratum granulosum	Spindelförmige, abgeflachte Körnerzellen (1–2 Reihen)	Keratohyalin-Bildung (Vorstufe des Keratins)	Fehlt nur: • in der Mundschleimhaut • am Präputium
Stratum spinosum	Polygonale Stachelzellen, die über Interzellularbrücken miteinander in Kontakt (6–8 Reihen) stehen	Dient der • Stabilität • Elastizität • Lymphdrainage	
Stratum basale	Epithelleiste aus Basalzellen mit Mitoseaktivität, einige Melanozyten	• Verbindung von Epidermis und Kutis • Melaninproduktion • Gewährleistung der Regeneration	
Dermis: **Kutis/Corium** Stratum papillare	• Papillen aus Retikulum, elastischen und Kollagenfasern • Grundsubstanz mit Nerven, Kapillaren • Bindegewebe, Anhangsgebilde	• Bildung von Mukopolysacchariden, Hyaluronsäure • Sinnesorgan • Wärmeaustausch	
Subkutis Stratum reticulare	Zellarme, kollagenreiche Faserschicht	Mechanische Festigkeit	Ursprung der Haarfollikel und Schweißdrüsen
Unterhautfettgewebe			

7.3 Untersuchungstechnik

Zur Untersuchung der Haut muß sich der Patient vollständig entkleiden. Nur so können auch »verborgene« Manifestationen einer Hauterkrankung entdeckt werden. Zum Beispiel kann eine Psoriasis (Schuppenflechte) lediglich in der Rima ani (Pospalte) in Erscheinung treten und dort vom Patienten selbst unbemerkt bleiben. Die vollständige dermatologische Untersuchung beinhaltet auch die Inspektion der behaarten Kopfhaut, der Augenlider, der Achselhöhlen, des Bereichs hinter den Ohren, intertriginöser Regionen wie die Unterflächen der Brüste, des Genitale, der Mund- und Analschleimhaut, der Nägel und Haare. Die Untersuchung soll bei guter Beleuchtung – möglichst bei Tageslicht – stattfinden.

Der Untersuchungsgang beinhaltet folgende Aspekte:
1. **Hautfarbe** (z. B. Anämie, Zyanose, Ikterus)
2. **Effloreszenzen** (nach Form, Größe, Niveau, Begrenzung, Oberfläche)
3. **Palpation** der Konsistenz, Tiefenausdehnung, Oberfläche, Schmerzhaftigkeit

7.3 Untersuchungstechnik

Zur Untersuchung der Haut muß sich der Patient vollständig entkleiden. So können auch »verborgene« Manifestationen einer Hauterkrankung entdeckt werden. Die vollständige dermatologische Untersuchung beinhaltet auch die Inspektion der behaarten Kopfhaut, der Augenlider, der Achselhöhlen, des Bereichs hinter den Ohren, intertriginöser Regionen wie die Unterflächen der Brüste, des Genitale, der Mund- und Analschleimhaut, der Nägel und Haare.

Der Untersuchungsgang beinhaltet folgende Aspekte:
1. **Hautfarbe**
2. **Effloreszenzen**
3. **Palpation**

4. Lokalisation
5. Anzahl und Anordnung der Krankheitsherde (siehe ◘ C-7.9)
6. Untersuchung der Schleimhäute
7. Allgemeinsymptome
8. Anamnese

4. **Lokalisation** (z. B. Stamm, Extremitäten, nur Gesicht, Beugefalten)
5. **Anzahl und Anordnung** der Krankheitsherde (siehe ◘ C-**7.9**)
6. **Untersuchung der Schleimhäute** (Lippen, Mundhöhle, Zunge, Konjunktiven, Analschleimhaut)
7. **Allgemeinsymptome** (z. B. Lymphknotenschwellungen, Fieber, Gewichtsabnahme)
8. **Anamnese**
   - Auftreten und Dauer der Erkrankung
   - Symptome wie Juckreiz, Schmerzen usw.
   - Rezidive
   - Medikamenteneinnahme
   - Psychosoziale Aspekte
   - Familienanamnese
   - Trauma, Unfall
   - Allergien
   - Allgemeinerkrankungen

7.4 Inspektion

7.4 Inspektion

Die Inspektion der Haut ist die wichtigste Untersuchungsmethode in der Dermatologie. Die **Hautfarbe** wird durch die Durchblutung, den Gehalt an Blutfarbstoffen und Pigmenten bestimmt. So kann die Farbe Hinweise auf eine Anämie, kardiopulmonale Erkrankungen (Zyanose) oder eine Lebererkrankung (Gelbsucht) geben.

Die **Allgemeinbeschaffenheit** der Haut ist z. T. vom Alter abhängig. Akut kann sie auch durch schwere Erkrankungen beeinflußt werden: z. B. sehr trockene Haut durch Wasserverlust (Dehydratation) – beispielsweise bei schwerer Durchfallerkrankung.

Feuchte Hände haben manche Patienten als Ausdruck von Nervosität. Man spricht von vegetativen Stigmata (Zeichen).

Eine **verminderte oder fehlende Schweißbildung (Hypo- bzw. Anhidrosis)** kommt z. B. vor bei der Sklerodermie.

Der **Fettgehalt** der Haut ist abhängig vom Sekretionstyp; daraus können sich wichtige Hinweise auf Hauterkrankungen ergeben.

Eine weitere charakteristische Veränderung der Haut mit vermehrter kleiner Fältelung vorwiegend im Gesicht kennzeichnet den Raucher.

Die Inspektion der Haut ist die wichtigste Untersuchungsmethode in der Dermatologie. Die **Hautfarbe** wird – abgesehen von der Rasse – durch die Durchblutung, den Hämoglobingehalt bzw. den Gehalt anderer Blutfarbstoffe und Pigmente bestimmt. So kann die Farbe der Haut wichtige Hinweise auf eine Anämie (generalisierte Blässe), kardiopulmonale Erkrankungen (Zyanose) wie Herzinsuffizienz oder eine Lebererkrankung mit Ikterus (Gelbsucht) geben.

Die **Allgemeinbeschaffenheit** der Haut ist z. T. vom Alter abhängig (z. B. Atrophie = Verdünnung der Haut mit Falten- und Fleckenbildung). Akut kann sie auch durch schwere Erkrankungen beeinflußt werden: z. B. sehr trockene Haut und Schleimhäute bei Abnahme der Spannung (Turgor) des Hautgewebes durch Wasserverlust (Dehydratation) – beispielsweise bei schwerer Durchfallerkrankung oder mangelnder Flüssigkeitszufuhr (häufig im Alter).
Feuchte Hände haben manche Patienten als Ausdruck von Nervosität in angespannten Situationen, wie z. B. bei der ärztlichen Untersuchung. Die **vermehrte Schweißabsonderung** betrifft dabei auch die Achseln. Man spricht von vegetativen Stigmata (Zeichen). Hierzu gehören neben der vermehrten Schweißsekretion auch der Dermographismus (s. u.) und die Gesichtsrötung (Schamröte).
Eine **verminderte oder fehlende Schweißbildung (Hypo- bzw. Anhidrosis) kommt vor bei der Sklerodermie, der Erythrodermie und Ichthyosis (Fischschuppenkrankheit).**
Eine abnorm trockene Haut haben vor allen Dingen Menschen, die oft und lange duschen oder baden. Trockene Haut kommt ansonsten bei einer Schilddrüsenunterfunktion (Hypothyreose) und bei schweren Allgemeinerkrankungen vor.
Der **Fettgehalt** der Haut ist abhängig vom Sekretionstyp; daraus können sich wichtige Hinweise auf Hauterkrankungen ergeben. Patienten mit vermehrter Talgdrüsenproduktion (**Seborrhö**) neigen zu Akne, bakteriellen Hautinfektionen und seborrhoischem Ekzem. Bei verminderter Talgproduktion (**Sebostase**) haben Patienten häufiger ein atopisches Ekzem (allergische Hautentzündung).
Eine weitere charakteristische Veränderung der Haut mit vermehrter kleiner Fältelung vorwiegend im Gesicht (besonders um die Augen) und einer »papierartigen« Verdünnung kennzeichnet den Raucher.
Wenn bei der Inspektion der Haut Kratzspuren auffallen (vorwiegend an Extremitäten), ist dies ein wichtiger Hinweis auf Juckreiz (Pruritus).

7.4.1 Veränderungen der Hautfarbe

Die häufigste Verfärbung der Haut ist die **Lentigo senilis** (Altersflecken) als Vorläufer der Verruca senilis (Alterswarzen), die im Laufe des Lebens bei jedem Menschen auftreten. Bevorzugte Lokalisationen der scharf begrenzten braunen Flecken sind der Handrücken und das Gesicht.

Über die verschiedenen generalisierten bzw. lokalen Veränderungen der Hautfarbe gibt ▤ C-**7.2** Auskunft. Die Pigmente Melanin, Karotin, Oxyhämoglobin sowie reduziertes Hämoglobin und die Durchblutung der Haut sind die Komponenten, die die Farbe der Haut bestimmen. Melanin wird in den Mitochondrien der epidermalen Melanozyten gebildet und als Melanosomen an die Keratinozyten abgegeben. Es befindet sich bei der weißen Rasse im Stratum basale, bei Farbigen im gesamten Rete Malpighi (Stratum corneum bis Stratum basale, siehe ▤ C-**7.1**). Die rötliche Melaninvariante bei hellhäutigen Menschen heißt Phäomelanin, die braun-schwarze Variante bei der dunklen Rasse Eumelanin. Die Melaninproduktion kann durch verschiedene Reize stimuliert werden, z. B. UV-Strahlen, Wärme, Entzündungen (postinflammatorische Pigmentierung).

7.4.1 Veränderungen der Hautfarbe

Die häufigste Verfärbung der Haut ist die **Lentigo senilis** (Altersflecken) als Vorläufer der Verruca senilis (Alterswarzen), die im Laufe des Lebens bei jedem Menschen auftreten.

Über die verschiedenen generalisierten bzw. lokalen Veränderungen der Hautfarbe gibt ▤ C-**7.2** Auskunft. Melanin, Karotin, Oxyhämoglobin und reduziertes Hämoglobin sowie die Durchblutung der Haut sind die Komponenten, die die Farbe der Haut bestimmen. Melanin befindet sich bei der weißen Rasse im Stratum basale, bei Farbigen im gesamten Rete Malpighi (Stratum corneum bis Stratum basale, siehe ▤ C-**7.1**).

C-7.2: Veränderungen der Hautfarbe

Farbe	Entstehungsmechanismus/ Vorkommen	Ursachen/Erkrankung	Lokalisation
Blaß	1. Verminderter Melaningehalt	Angeboren: Albinismus Erworben: Vitiligo	Generalisiert: Haut, Haare, Augen Fleckförmig: an lichtexponierten Hautstellen
	2. Anämie	Verminderter Oxyhämoglobingehalt des Blutes	Am besten sichtbar an Konjunktiven, Mundschleimhaut, Fingernägeln, Gesicht
	3. Vasokonstriktion	Neurogen bei Schmerzen, Erbrechen, hypoglykämischem Koma	Gesicht, evtl. generalisiert
	4. Arterielle Durchblutungsstörungen	Einengung (Stenose) oder Verschluß einer Arterie bei arterieller Verschlußkrankheit (AVK)	Lokal im Bereich des Versorgungsgebietes: meist untere Extremitäten
Rot	1. Erweiterung und vermehrter Blutfluß der Hautgefäße	Schamröte, Fieber, lokale Entzündung, Alkohol, Medikamente (Flush), Abflußbehinderung (z. B. bei Mitralstenose: »Mitralbäckchen«), erhöhter Oxyhämoglobingehalt	Gesicht, oberer Thorax oder Ort der Entzündung
	2. Verminderter Sauerstoffverbrauch der Haut	Kälte	Exponierte Stellen (Gesicht, Ohren)
Bläulich	1. Zyanose • Periphere, venöse Zyanose	Verminderte Sauerstoffsättigung des Blutes (< 85%), Erhöhung des reduzierten Hämoglobins durch Angst, Kälte, Herz-Lungen-Erkrankungen, Nikotin	Nägel, Lippen
	• Zentrale, arterielle Zyanose	Herz-Lungen-Erkrankungen	Akrozyanose: Hände, Füße, Ohren, Nase, Zunge
	• Hämoglobinzyanose	Pathologische Hämoglobine, z. B. Methämoglobinämie, Sulfhämoglobinämie	Lippen, Mund, Nägel

► es geht noch weiter ...

Fortsetzung C-7.2: **Veränderungen der Hautfarbe**

Farbe	Entstehungsmechanismus/ Vorkommen	Ursachen/Erkrankung	Lokalisation
	• Mischzyanose	Angeborener Herzfehler mit Rechts-links-Shunt	Lippen, Mund, Nägel
	2. Pseudozyanose	Vorgetäuschte Zyanose durch Pigmenteinlagerung	Ausgeprägte Blauverfärbung des gesamten Körpers
Blau-rot	Erhöhung des Gehaltes an Gesamthämoglobin und reduziertem Hämoglobin sowie Stase im Bereich der Kapillaren	Polyzythämie	Gesicht, Konjunktiven, Mund, Hände, Füße
Braun	Ablagerung von Melanin	• Genetische Veranlagung • Sonnenlicht • Schwangerschaft	• Generalisiert • Exponierte Stellen • Gesicht (fleckförmig), Brustwarzen, Vulva, Linea alba
		• Morbus Addison (Nebenniereninsuffizienz)	• Handlinien, lichtexponierte Stellen, Narben, Genitalien
Grau-braun	Verminderte Ausscheidung und Ablagerung von Harnstoffen bei gleichzeitiger Anämie	Chronische Niereninsuffizienz	Lichtexponierte Stellen, evtl. generalisiert, betrifft *nicht* Skleren und Schleimhäute
Rot-gold	Karotinikterus oder Aurantiasis cutis (vergoldete Haut)	Übermäßiger Genuß von Karotten, Aprikosen, Mangos etc.	Palmar- und Plantarflächen
Gelb	Ikterus • »Rubinikterus« (= intrahepatischer Ikterus)	Erhöhung des Bilirubinspiegels im Serum (> 1,5 mg/dl) bei Lebererkrankungen (Hepatitis, Zirrhose, Cholestase, Medikamentennebenwirkung)	Zuerst Skleren, dann Schleimhäute und Haut (generalisiert) Gelb-rötlich
	• »Flavinikterus« (= prähepatischer Ikterus)	Hämolyse (intravasale Gerinnung)	Blaß-gelblich
	• »Verdinikterus« (= posthepatischer Ikterus)	Gallenstauung (Gallensteine, Cholangitis, Tumoren)	Grün-gelblich
Bronze	1. Ablagerung von Melanin (Eisenstoffwechselstörung)	Hämochromatose und Hämosiderin	Lichtexponierte Stellen, Genitale und Narben
	2. Ablagerung von Lipiden in der Haut (Lipidstoffwechselstörung)	Generalisierte Xanthomatose	Diffus-fleckig

Pigmentstörungen

Man unterscheidet primäre und sekundär erworbene Depigmentierungen. Primäre Depigmentierungen sind Albinismus, Poliosis und Vitiligo.

Der **Albinismus** ist ein erblicher Pigmentmangel mit auffallend hellen Haaren, weißer Haut und roten Augen.

Die Depigmentierung des Kapillitiums bezeichnet man als **Poliosis** (Ergrauen).

Die **Vitiligo** (Weißfleckenkrankheit) ist eine erworbene, progressive Depigmentierung vorwiegend am Hals, im Gesicht und an den Extremitäten (siehe B-**68**).

Pigmentstörungen

Bei den Pigmentstörungen wird zwischen primären und sekundär erworbenen Depigmentierungen unterschieden. Primäre Depigmentierungen sind Albinismus, Poliosis und Vitiligo.

Der **Albinismus** ist ein erblicher Pigmentmangel mit auffallend hellen Haaren, weißer Haut und roten Augen (aufgrund des Durchschimmerns der Uvea-Gefäße).
Die Depigmentierung des Kapillitiums (behaarte Kopfhaut) bezeichnet man als **Poliosis** (Ergrauen) bzw. **Canities** (Weißwerden).

Die **Vitiligo** (Weißfleckenkrankheit) ist eine familiär gehäuft vorkommende, erworbene, progressive Depigmentierung in landkartenartigen Herden. Sie findet sich vorwiegend am Hals, im Gesicht und an den Extremitäten (siehe B-**68**). Gelegentlich ist die Vitiligo mit internen Erkran-

kungen (Diabetes mellitus, Schilddrüsenerkrankungen und pernizöse Anämie) kombiniert.
Die sekundär erworbenen Depigmentierungen der Haut treten nach Abheilung chronisch-entzündlicher Prozesse auf. Es kommt hierbei zu einem passageren oder persistierenden Melaninverlust (z. B. Leukoderma psoriaticum oder Leukoderma syphiliticum bei Lues II). Die rundliche Aufhellung (meist am Hals) bei Lues wurde als »Halsband der Venus« bezeichnet!
Als **Melasma** oder **Chloasma uterinum** wird die großfleckige z. T. bizarre Hyperpigmentierung im Gesicht (Stirn und Schläfen) während der Schwangerschaft oder unter Einnahme oraler Kontrazeptiva (»Pille«) bezeichnet.

Die sekundär erworbenen Depigmentierungen der Haut treten nach Abheilung chronisch-entzündlicher Prozesse auf.

Als **Melasma** oder **Chloasma uterinum** wird die Hyperpigmentierung im Gesicht während der Schwangerschaft bezeichnet.

Anämie

Blässe ist das äußere Zeichen von Blutarmut; am häufigsten kommt die Eisenmangelanämie vor – meist ernährungsbedingt aufgrund unzureichender Zufuhr oder durch Eisenverlust infolge der Menstruationsblutungen oder postoperativ. Generalisierte Blässe kann auch ohne Blutverlust akut auftreten bei starker Verminderung des Herzminutenvolumens (z. B. im Kreislaufschock).

Anämie

Blässe ist das äußere Zeichen von Blutarmut; am häufigsten kommt die Eisenmangelanämie vor.

Definition. Beim Absinken des Hämoglobingehaltes auf < 12 g/100 ml Blut spricht man von einer Anämie.

◀ **Definition**

Nachweisbar ist eine Anämie am ehesten
- am Nagelbett durch leichtes Andrücken des Nagels
- an den Konjunktiven, deren natürliche »Injektion« (Gefäßfüllung) fehlt
- an der Mund- und Lippenschleimhaut sowie am Zahnfleisch.

Nachweisbar ist eine Anämie am ehesten
- am Nagelbett
- an den Konjunktiven, deren natürliche Gefäßfüllung fehlt
- an der Mund- und Lippenschleimhaut sowie am Zahnfleisch.

Merke. Selbst eine ausgeprägte Anämie (z. B. Hb 8 g/100 ml) kann bei langsamer Entwicklung, z. B. bei chronischem Blutverlust über den Magen-Darm-Kanal, ohne subjektive Symptomatik, d. h. ohne Atemnot und leichte Ermüdbarkeit, verlaufen. Das kardiovaskuläre System hat dann genügend Zeit, sich an den verminderten Hb-Gehalt zu adaptieren.

◀ **Merke**

Bei akuten schwereren Blutungen bestimmen dagegen die Herz- und Kreislaufsymptome wie Dyspnoe, Schwindel und Tachykardie das klinische Bild. Meßbare Änderungen des Hb treten erst einige Stunden nach der Blutung auf.
Eine Anämie kann das Symptom verschiedenster akuter und chronischer Erkrankungen unterschiedlicher Organsysteme sein. Häufig lenkt die Anämie erstmals das Augenmerk auf eine unerkannte Grundkrankheit oder Mangelzustände; daher sollte bei dem vieldeutigen Symptom Anämie eine systematische Ursachensuche eingeleitet werden. ▤ C-**7.3** gibt Auskunft über die verschiedenen Anämieformen und -ursachen.

Bei akuten schwereren Blutungen bestimmen die Herz- und Kreislaufsymptome das klinische Bild.

Eine Anämie kann das Symptom verschiedenster akuter und chronischer Erkrankungen unterschiedlicher Organsysteme sein. ▤ C-**7.3** gibt Auskunft über die verschiedenen Anämieformen und -ursachen.

Die systematische Anamnese zur Klärung der Blutungsquelle bei der **hypochromen Anämie** beinhaltet Fragen nach Blutverlust über Stuhl, Urin, Vagina ebenso wie nach Medikamenten. Als **Teerstuhl** definiert man einen schwarzen, breiigen Stuhl, der bei Blutungen im oberen Magen-Darm-Bereich vorkommt. Ein Blutverlust über den Stuhl wird mittels des Hämoccult-Tests verifiziert (s. S. 247 f.). Ein sichtbarer Blutverlust mit dem Urin (Makrohämaturie) kann bei verschiedenen Erkrankungen und Tumoren der Harnwege auftreten (s. S. 289 f.). Bei Frauen sollte stets auch nach Dauer, Regelmäßigkeit und Stärke der Menstruationsblutung gefragt werden. Eine Endometriose (versprengte Gebärmutterschleimhaut) ist eine weitere Ursache für einen uterinen Blutverlust.
Acetylsalicylsäure kann in doppelter Hinsicht Ursache einer Blutung sein: Infolge der medikamenteninduzierten (toxischen) Thrombozytopenie kann

Die systematische Anamnese zur Klärung der Blutungsquelle bei der **hypochromen Anämie** beinhaltet Fragen nach Blutverlust über Stuhl, Urin, Vagina, ebenso wie nach Medikamenten. Bei Frauen sollte stets auch nach Dauer, Regelmäßigkeit und Stärke der Menstruationsblutung gefragt werden.

Acetylsalicylsäure kann in doppelter Hinsicht Ursache einer Blutung sein:

C-7.3: Anämien

Typ	Definition	Ursache	Klinische Zeichen
Hypochrome Anämie • Eisenmangelanämie • Infektanämie • Tumoranämie • Thalassämie	• Hämoglobin vermindert • Erythrozytenzahl normal • Mittleres korpuskuläres Hämoglobin (MCH) vermindert • Mikrozytär	Ca. 80 % aller Anämien! • Eisenmangelanämien bei chronischen Blutungen • Postoperativ • Ernährungsbedingter Mangel • Intestinale Eisenresorptionsstörung (z.B. Anazidität des Magensaftes) • Erhöhter Eisenbedarf (Schwangerschaft, Tumoren, Infekte) • Störungen der Hämoglobinsynthese (Enzymdefekt)	• Mundwinkelrhagaden • Brüchige Fingernägel und Rillenbildung (Koilonychie) • Trockene und rissige Haut • Haarausfall • Plummer-Vinson-Syndrom: Schluckbeschwerden, atrophische Glossitis, Splenomegalie
Normochrome Anämie	• Hb und Erythrozyten vermindert • Mittleres korpuskuläres Hämoglobin (MCH) normal • Normozytär	• Akute starke Blutung (z.B. Verletzungen, Ösophagusvarizenblutung) • Hämolytische Anämie • Aplastische Anämie	Bei akuter Blutung: • Schwindel • Dyspnoe • Tachykardie • Evtl. Ohnmacht
Hyperchrome Anämie • Perniziöse Anämie • Megaloblastäre Anämie	• Hb normal oder erhöht • Erythrozyten vermindert • Mittleres korpuskuläres Hämoglobin (MCH) erhöht • Makrozytär	• Vitamin-B_{12}-Mangel (Morbus Biermer): Mangel an Intrinsic factor der Magenschleimhaut zur Resorption von Vitamin-B_{12} • Folsäuremangel	• Zungenbrennen: Hunter-Glossitis, Zungenatrophie • Symptome der funikulären Myelose (Gangstörungen, Parästhesien der Extremitäten)
Hämolytische Anämie	• Hb und Erythrozyten vermindert (normochrom) • Retikulozyten erhöht	• Hereditäre Form: Erythrozytendeformitäten (Kugelzell- oder Sichelzellanämie), Hämoglobinopathien (Thalassämie) • Erworbene Form: Toxische Autoimmunerkrankungen (mechanisch, z.B. durch künstliche Herzklappe), Transfusionszwischenfall	• Chronisch: leichter Ikterus Splenomegalie • Akut: allgemeines schweres Krankheitsgefühl, Bauchschmerzen, Übelkeit, Erbrechen
Aplastische Anämie	Hb und Erythrozyten vermindert (normochrom)	Schädigung des Knochenmarks • Medikamente • Strahlen • Leukämie	Allgemeine Anämiezeichen

Infolge der medikamenteninduzierten (toxischen) Thrombopenie kann es zur erhöhten Blutungsneigung (hämorrhagische Diathese) kommen (selten), und über eine Schädigung der Magenschleimhaut können Magenblutungen resultieren (häufiger).

Zyanose

Die diffuse bläuliche Verfärbung der Haut bei Zyanose ist am besten an Ohrläppchen, Lippen und im Nagelbett erkennbar.

es zur erhöhten Blutungsneigung (hämorrhagische Diathese) kommen (selten), und über eine Schädigung der Magenschleimhaut (durch Beeinflussung der Prostaglandinsynthese) können Magenblutungen resultieren (häufiger). Weitere Medikamente, die zu Blutungen der Magenschleimhaut führen können, sind Rheumamittel und Kortison.

Zyanose

Die diffuse bläuliche Verfärbung der Haut bei Zyanose ist am besten an Ohrläppchen, Lippen und im Nagelbett erkennbar.

Definition. Die **zentrale Zyanose** entsteht durch eine primäre Sauerstoffuntersättigung des arteriellen Blutes infolge Diffusionsstörungen in der Lunge, Umgehung von Lungenkapillaren bei intra- oder extrapulmonalen Shunt-Verbindungen oder durch Verminderung der Sauerstoffbindungskapazität des Hämoglobins (< 85 %). Sie ist Ausdruck einer schweren Lungen- und/oder Herzerkrankung.
Eine **periphere Zyanose** entsteht durch eine Verlangsamung der Blutzirkulation mit vermehrter peripherer Ausschöpfung des primär normal gesättigten Blutes. Diese lokalen Gefäßspasmen werden physiologischerweise am häufigsten durch Kälte ausgelöst, besonders an Fingern, Füßen oder Nase.

◀ **Definition**

Pathologisch ist eine übersteigerte Blauverfärbung beim **Raynaud-Phänomen**, die auf das Weißwerden der Finger nach Abklingen einer vorübergehenden Gefäßverengung (Vasospasmus) folgt. Beim Raynaud-Phänomen sind alle Finger mit Ausnahme des Daumens betroffen.

Pathologisch ist eine übersteigerte Blauverfärbung beim **Raynaud-Phänomen**, die auf das Weißwerden der Finger nach Abklingen einer vorübergehenden Gefäßverengung folgt.

Die klinische Unterscheidung zwischen zentraler und peripherer Zyanose stützt sich auf die Beurteilung des Kapillarpulses: Ein Ohrläppchen wird massiert, bis der Kapillarpuls auftritt; bleibt das Ohrläppchen blau, liegt eine zentrale Zyanose vor. Bei der zentralen Zyanose ist auch die Zunge zyanotisch, bei der peripheren Zyanose ist sie rot. Ein gemeinsames Auftreten von zentraler und peripherer Zyanose ist häufig bei schweren Herz-Lungen-Erkrankungen (z. B. Asthma bronchiale mit Rechtsherzschädigung).

Die klinische Unterscheidung zwischen zentraler und peripherer Zyanose stützt sich auf die Beurteilung des Kapillarpulses: Ein Ohrläppchen wird massiert, bis der Kapillarpuls auftritt; bleibt das Ohrläppchen blau, liegt eine zentrale Zyanose vor. Bei der zentralen Zyanose ist auch die Zunge zyanotisch, bei der peripheren Zyanose ist sie rot.

Kasuistik. Ein 46jähriger Mann hat seit 12 Jahren eine systemische Sklerodermie (Sklerose der Haut und des Bindegewebes) mit Beteiligung innerer Organe (Nieren, Herz). Seit einem halben Jahr tritt zunehmende Dyspnoe auf (zunächst Belastungsdyspnoe, jetzt auch Ruhedyspnoe). Bei der körperlichen Untersuchung fielen neben den typischen Hautveränderungen (spitze lange Nase, Mikrostomie, »Tabaksbeutelmund«, Fingerkuppennekrosen und verhärtete Haut der Finger) eine Ruhedyspnoe mit Tachypnoe (22/min) und eine ausgeprägte zentrale Zyanose auf. Die Lungenauskultation ergab ein typisches Fibroseknistern (s. S. 201). Die Röntgen-Thorax-Aufnahme bestätigte die Verdachtsdiagnose einer Lungenfibrose (bei Kollagenose).

Merke. Bei der **zentralen Zyanose** sind Ohrläppchen und Zunge blau (zyanotisch).
Bei der **peripheren Zyanose** sind das massierte Ohrläppchen und die Zunge rot.

◀ **Merke**

Ikterus

Dem Ikterus liegt stets ein Mißverhältnis zwischen Bildung und Abbau bzw. Ausscheidung von Bilirubin zugrunde: Es kommt zur Erhöhung des Serumbilirubins und zur Gelbverfärbung der Haut. Am ehesten ist der Ikterus über den Skleren erkennbar (ab 2–3 mg/dl Bilirubin im Blut). Daher wird er oft fälschlicherweise »Sklerenikterus« genannt, der Ikterus wird aber durch Einlagerungen von Bilirubin in die Konjunktiva hervorgerufen. Je nach Höhe des Bilirubins und der zugrundeliegenden Erkrankung kann die Hautverfärbung mehr grüngelb oder rotgelb erscheinen (siehe ▤ C-**7.2**).
Die häufigste und harmloseste Störung des Bilirubinstoffwechsels ist der **Morbus Meulengracht**. Er tritt im jüngeren bis mittleren Lebensalter auf und kann im Alter wieder verschwinden. Verursacht wird er durch eine Konjugationsstörung für Bilirubin (intrahepatischer Ikterus) mit nur geringer Hyperbilirubinämie und meistens nur einem Ikterus der Konjunktiven.

Ikterus

Dem Ikterus liegt stets ein Mißverhältnis zwischen Bildung und Abbau bzw. Ausscheidung von Bilirubin zugrunde: Es kommt zur Erhöhung des Serumbilirubins und zur Gelbverfärbung der Haut. Am ehesten ist der Ikterus über den Skleren erkennbar.
Je nach Höhe des Bilirubins und der zugrundeliegenden Erkrankung kann die Hautverfärbung mehr grüngelb oder rotgelb erscheinen (s. ▤ C-**7.2**).
Die häufigste und harmloseste Störung des Bilirubinstoffwechsels ist der **Morbus Meulengracht**, bedingt durch eine Konjugationsstörung für Bilirubin (intrahepatischer Ikterus).

Ikterus kann aber auch Ausdruck einer schweren Erkrankung sein, z. B. einer intravasalen Blutgerinnung (Hämolyse) mit erhöhtem Anfall von Blutfarbstoffen: **prähepatischer Ikterus** (blaß-gelblicher Ikterus). Bei Verschluß des Gallengangs resultiert ein **posthepatischer Gallenstau** (grün-gelblicher Ikterus).

Ikterus kann aber auch Ausdruck einer schweren Erkrankung sein, z. B. einer intravasalen Blutgerinnung (Hämolyse) mit erhöhtem Anfall von Blutfarbstoffen: **prähepatischer Ikterus** (blaß-gelblicher Ikterus). Bei einem Gallenblasenkonkrement mit Verschluß des Gallengangs kommt es zu einem **posthepatischen Gallenstau** (grün-gelblicher Ikterus) (siehe Kapitel C 3.19, S. 275 ff.).

Bei Neugeborenen tritt häufig ein **»Icterus neonatorum simplex«** auf. Ursache hierfür ist eine verminderte Enzymaktivität der noch unreifen Leber.

Bei Neugeborenen tritt häufig physiologischerweise ein sog. **»Icterus neonatorum simplex«** ab dem 2. Lebenstag auf. Ursache hierfür ist eine verminderte Enzymaktivität der noch unreifen Leber.
Alimentär bedingte Pigmenteinlagerungen in der Haut (z. B. Karotinoide nach übermäßigem Genuß von Karotten und Tomaten) können einen Ikterus vortäuschen und sind am häufigsten bei Säuglingen zu beobachten.

Veränderungen der Hautgefäße und Hautblutungen
Störungen der Hämorheologie und Gerinnung können sich mannigfaltig an der Haut zu erkennen geben (▤ C-**7.4** und C-**7.5**). Die Balance zwischen Blutfluß und -gerinnung wird im Zusammenspiel von Gefäßen, Thrombozyten und plasmatischen Faktoren gewährleistet. Eine überschießende Aktivierung der Hämostase kommt z. B. häufig bei der arteriellen Verschlußkrankheit vor.

Veränderungen der Hautgefäße und Hautblutungen

Störungen der Hämorheologie und Gerinnung können sich mannigfaltig an der Haut zu erkennen geben (▤ C-**7.4** und C-**7.5**). Die Balance zwischen Blutfluß und -gerinnung wird im Zusammenspiel von Gefäßen, Thrombozyten und plasmatischen Faktoren gewährleistet. Eine überschießende Aktivierung der Hämostase zur falschen Zeit am falschen Ort kommt z. B. häufig bei der arteriellen Verschlußkrankheit oder einer Embolie der großen Gefäße vor. Man erkennt dies beispielsweise an einem weißen, kalten und schmerzhaften Fuß: Der Fuß ist vital bedroht – es handelt sich um einen Notfall!

Als **Purpura** werden Hautblutungen bezeichnet, die aufgrund einer vermehrten Blutungsneigung (hämorrhagischen Diathese) auftreten bei:
- Gefäßerkrankungen
- Thrombozytenstörungen
- Plasmafaktor-Mangel

Die eigentlichen Hautgefäße sind kleineren Kalibers. Hier zeigt sich vor allen Dingen eine vermehrte Blutungsneigung (hämorrhagische Diathese).
Als **Purpura** werden Hautblutungen bezeichnet, die aufgrund einer hämorrhagischen Diathese auftreten bei:
- Gefäßerkrankungen, z. B. Vaskulitis bei rheumatischen Erkrankungen und Kollagenosen oder bei erhöhter Kapillarfragilität nach langfristiger Kortisoneinnahme
- Thrombozytenstörungen:
  - Verminderung der Thrombozytenzahl auf < 50 000 bei essentieller Thrombozytopenie (= Morbus Werlhof) oder medikamenteninduziert
  - Vermehrung (Thrombozytose) auf > 700 000 bei myeloproliferativem Syndrom
  - Gestörte Thrombozytenaggregation
- Plasmafaktor-Mangel, z. B. Hämophilie B

Hautblutungen können mit dem **Rumpel-Leede-Test** nachgewiesen werden: Nach venöser Stauung am Arm treten distal der Stauung Petechien (punktförmige, stecknadelkopfgroße Hautblutungen) auf.
Im Gegensatz zur vorübergehenden vermehrten Gefäßfüllung lassen sich die Hautverfärbungen bei hämorrhagischer Diathese (Blutaustritt!) nicht mit dem Glasspatel wegdrücken.

Hautblutungen können mit dem **Rumpel-Leede-Test** nachgewiesen werden: Nach venöser Stauung mit einer Blutdruckmanschette am Arm (ca. 10 min) treten distal der Stauung Petechien (punktförmige, stecknadelkopfgroße Hautblutungen) auf. Venöse Stauung bedeutet, daß der in der Manschette erzeugte Druck nicht den arteriellen Puls unterdrücken darf.
Im Gegensatz zur vorübergehenden vermehrten Gefäßfüllung z. B. beim Erythem (s. u.) oder bei Roseolen (zahlreiche kleine, blaßrote Flecken bei Masern, Fleckfieber, Syphilis u. a.) lassen sich die Hautverfärbungen bei hämorrhagischer Diathese (Blutaustritt!) nicht mit dem Glasspatel wegdrücken. Dies ist in unklaren Fällen ein wichtiges Unterscheidungsmerkmal.

Während die Störung der thrombozytären Komponente zu petechialen Hautblutungen führt, findet man bei plasmatischer Gerinnungsstörung großflächigere Blutungen (Ekchymosen, Sugillation, Hämatom usw., siehe ▤ C-**7.5**). Der Rumpel-Leede-Test ist hierbei negativ.

Während die Störung der thrombozytären Komponente zu petechialen Hautblutungen führt, findet man bei plasmatischer Gerinnungsstörung großflächigere Blutungen (Sugillation, Hämatom usw., siehe ▤ C-**7.5**). Der Rumpel-Leede-Test ist hierbei negativ. Eine Vaskulitis ist in ihrem Erscheinungsbild oft von einem thrombozytären Blutungsbild nicht zu unterscheiden. Der Rumpel-Leede-Test ist auch hier positiv.
Der Zusammenhang zwischen venösen Erkrankungen und Hautveränderungen wird im Kapitel C 5.2.1 (S. 330) abgehandelt.

C-7.4: Veränderung der Hautgefäße

	Angiom	Spider-(Spinnen-)Nävus	Venensterne
	Durch Gefäßsprossung entstandene geschwulstartige Neubildung/Fehlbildung von Gefäßgewebe	Synonym: Gefäßspinne, Sternnävus Leicht erhabene rote Papel mit Ausläufern	Synonym: Besenreiser
Farbe	Hell-dunkelrot	Feuerrot	Bläulich
Form	• Rund • Manchmal erhaben, evtl. von blassem Hof umgeben	• Von einem zentralen Punkt strahlende Äste • Manchmal erhaben • Umgebung gerötet	Spinnenförmig, unterschiedliche Erscheinung • Linear • Kaskadenförmig oder • Unregelmäßig
Größe	1 bis 3 mm	Bis zu 3 cm	Sehr klein bis mehrere cm
Verteilung	• Rumpf • Extremitäten	• Gesicht • Hals, Nacken • Thorax • Immer oberhalb der Taille	An den Beinen in naher Beziehung zu Venen, Thorax
Pulsation	Nein	Im zentralen Punkt unter Glasspateldruck evtl. sichtbar	Nein
Reaktion auf Druck	Häufig abblassend bei Druck mit einer Nadel	Abblassen bei Druck auf den zentralen Punkt	Kein Abblassen bei Druck auf das Zentrum
Bedeutung	• »Physiologisch« • Häufiger im Alter	Bei Zirrhose (sog. Leberhautzeichen)	Häufig mit Krampfadern vergesellschaftet

C-7.5: Hautblutungen

	Purpura/ Vaskulitis	Petechien	Ekchymosen, Sugillationen	Hämatome
Definition	Spontane (ohne Trauma) Haut- und Schleimhautblutung	Kleinste punktförmige Haut- oder Schleimhautblutung	Flächenhafte Gewebeblutung	Tiefgehende, massive, die Haut vorwölbende Blutung im Gewebe
Farbe	Frisch: rötlich Alt: rot-bräunlich	Frisch: rötlich Alt: rot-bräunlich	Zunächst purpurrot bis bläulich, später grün, gelb und braun	
Form	• Hämorrhagischer Typ • Papulo-nekrotischer Typ • Polymorph-nodulärer Typ	Punktförmig	• Rund • Oval oder • Unregelmäßig • Evtl. zentral flache Erhebung	Häufig erhaben, derb
Größe	• Kleinfleckig • Z. T. großfleckig konfluierend (hämorrhagischer Typ)	Flohstich- bis Stecknadelkopfgröße	• Flächenhaft • Unterschiedlich (Sugillation münzgroß)	Großflächig
Verteilung	• Bevorzugt an den Unterschenkelstreckseiten • Gesäß • Arme • Evtl. generalisiert	• Disseminiert (verstreut) • Vorwiegend an den Beinen	Unterschiedlich	Überall möglich
Pulsation	Nein	Nein	Nein	Evtl. schmerzhaft
Reaktion auf Druck	Nicht wegdrückbar (Extravasat: Blutaustritt)	Nicht wegdrückbar	Nein	
Bedeutung	• Vasculitis allergica • Kollagenosen • Arzneimittelexanthem	z. B. bei Thrombozytopenie	Extravasat bei Trauma oder Gerinnungsstörung	Massive Blutansammlung in der Haut und tieferen Geweben; nach Trauma

7.4.2 Effloreszenzen

Primäre Effloreszenzen

Die Hauterscheinungen (Effloreszenzen) und Herdformen werden in primäre und sekundäre Formen eingeteilt. Als primäre Effloreszenzen bezeichnet man die ersten, sichtbaren, z. T. auch tastbaren Zeichen einer Hauterkrankung.
Als **Enanthem** bezeichnet man Effloreszenzen im Bereich der sichtbaren Schleimhäute, wie sie z. B. im Verlauf bestimmter Infektionserkrankungen (Masern, Röteln) zusätzlich zu den Effloreszenzen an der übrigen Haut (Exanthem) vorkommen.

Definitionen ►

7.4.2 Effloreszenzen

Primäre Effloreszenzen

Die systematische Einteilung der Hauterkrankungen erfolgt zunächst nach ihrem Erscheinungsbild, d. h. nach morphologischen Gesichtspunkten. Die Hauterscheinungen (Effloreszenzen) und Herdformen werden in primäre und sekundäre Formen eingeteilt. Als primäre Effloreszenzen bezeichnet man die ersten sichtbaren, z. T. auch tastbaren Zeichen einer Hauterkrankung.
Als **Enanthem** bezeichnet man Effloreszenzen im Bereich der sichtbaren Schleimhäute, wie sie z. B. im Verlauf bestimmter Infektionserkrankungen (Masern, Röteln) zusätzlich zu den Effloreszenzen an der übrigen Haut (Exanthem) vorkommen.

Definitionen.

- **Im Hautniveau**

Macula (Fleck, Makel), **Erythem** (C-**7.3**): Umschriebene Farbveränderung der Haut ohne Konsistenzänderung aufgrund von Pigment- oder Gefäßveränderungen. Eine flächenhafte Rötung wird Erythem, eine Rötung der gesamten Haut Erythrodermie genannt.

- **Über dem Hautniveau**

Urtica (Quaddel, Nessel) (C-**7.4**): Flüchtige, schnell resorbierbare, unscharf begrenzte Quaddel, meistens juckend. Die Ursache sind meist Insektenstiche, Medikamente, Allergene. Die flächenhafte Ausbreitung nennt man Urtikaria. Eine urtikarielle Gesichtsschwellung mit evtl. lebensbedrohlicher Schwellung der Trachealschleimhaut wird Quincke-Ödem genannt.

Papula (Papel) (C-**7.5**): Kleine knötchenhafte umschriebene Verdikkung oder Auftreibung der Haut (< 5 mm, bis erbsgroß), z. B. Warzen. Die flächenhafte Ausbreitung der Papeln nennt man Plaques.

Nodus (Knoten), **Nodulus (Knötchen)** (C-**7.6**): Tiefliegende knotige Substanzvermehrung in oder unter der Haut (> 5 mm), z. B. Xanthome, Gichtknoten.

Vesicula (Bläschen), **Bulla** (Blase) (C-**7.7**): Kleine oder größere, mit Flüssigkeit gefüllte Hohlräume, vorgewölbt, in der Epidermis gelegen; oft gruppenförmig angeordnet (z. B. Herpes zoster).

Pustula (Pustel) (C-**7.8**): Eine mit Eiter gefüllte Blase/Bläschen.

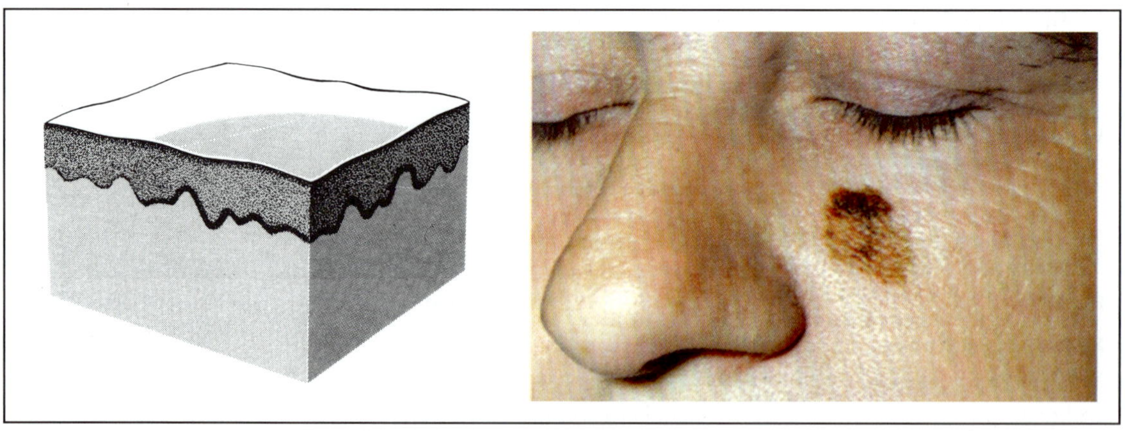

C-**7.3: Macula, Fleck:** Farbveränderung ohne Substanzunterschied

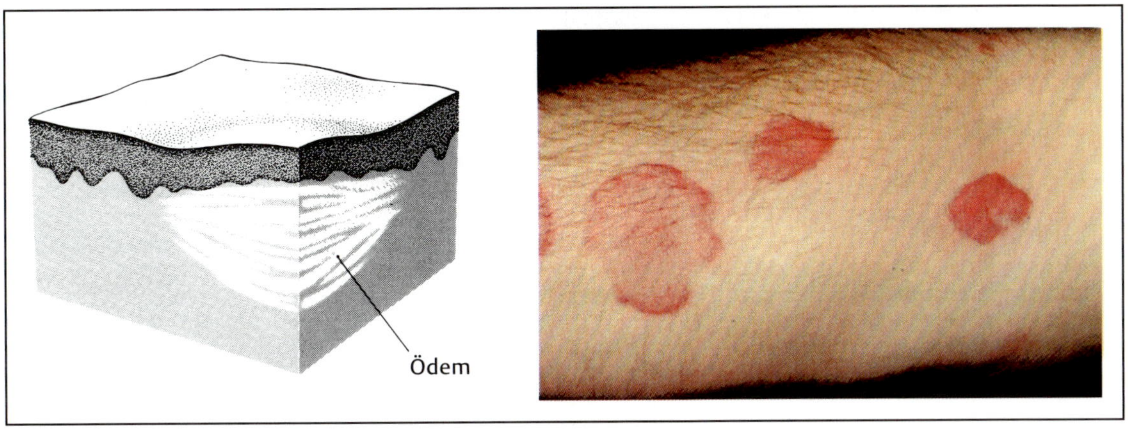

C-**7.4: Urtica, Quaddel:** Umschriebenes Ödem der oberen Dermis

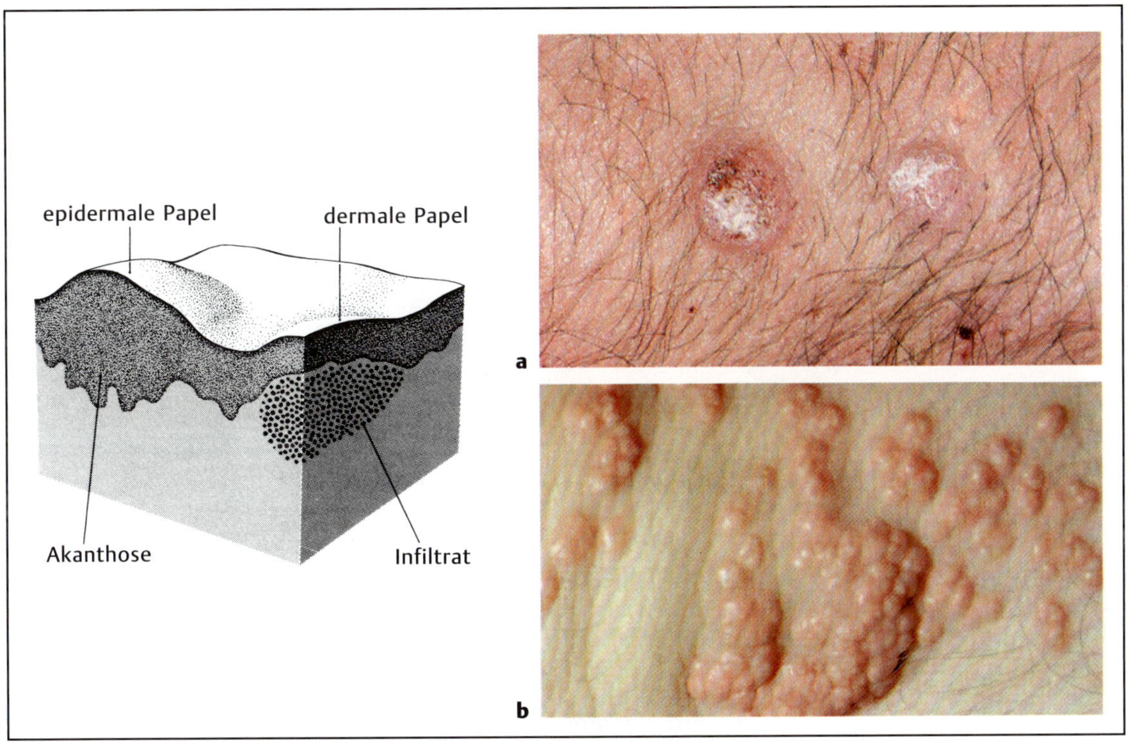

C-**7.5: Papula: a** Epidermale Papel mit Substanzvermehrung der Epidermis (Akanthose), **b** dermale Papel mit Substanzvermehrung in der oberen Dermis durch Infiltrat oder Tumor

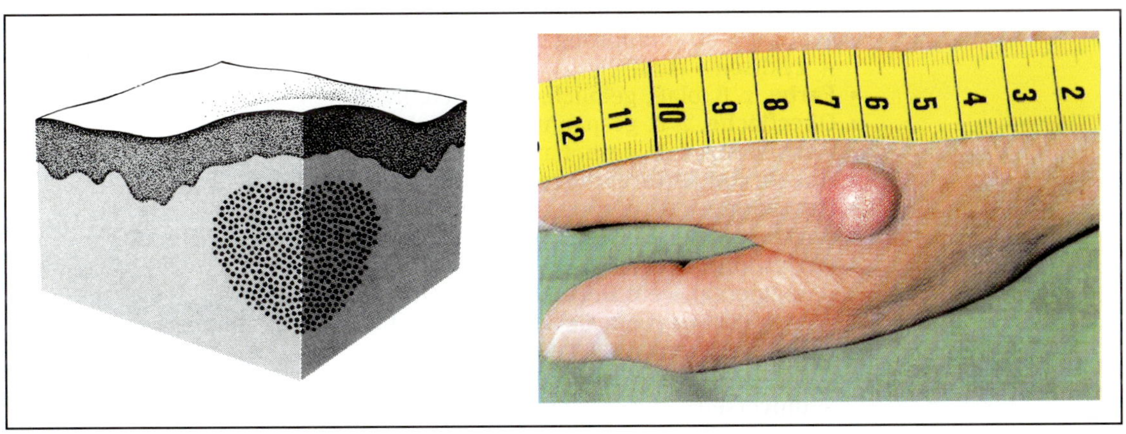

C-**7.6: Nodulus, Knoten:** Knotige Auftreibung in der unteren Dermis oder noch tiefer

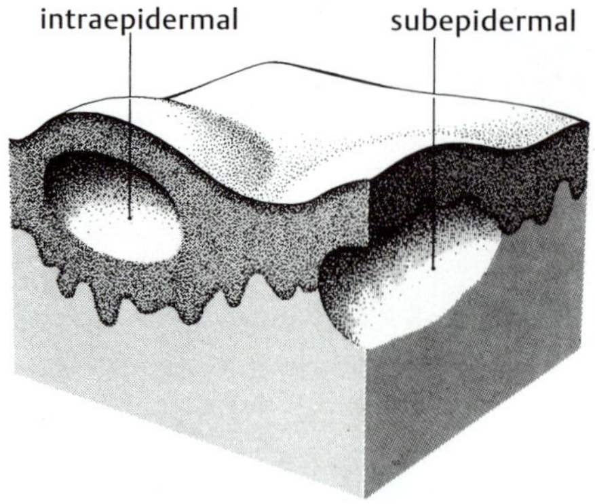

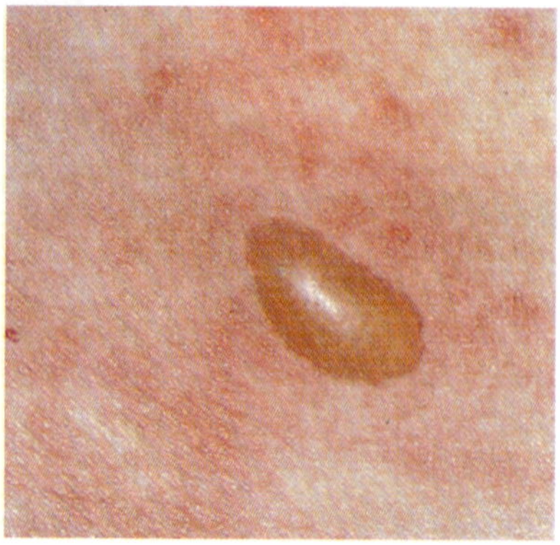

C-**7.7: Bulla, Blase:** Umschriebene Flüssigkeitsansammlung in der Epidermis (intraepidermale Blase) oder zwischen Epidermis und Dermis (subepidermale Blase)

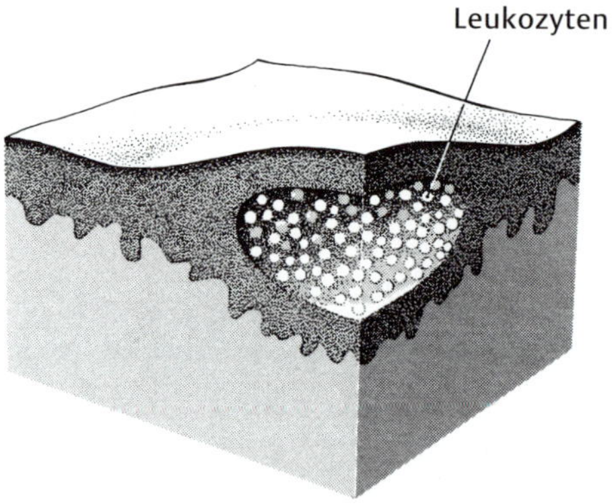

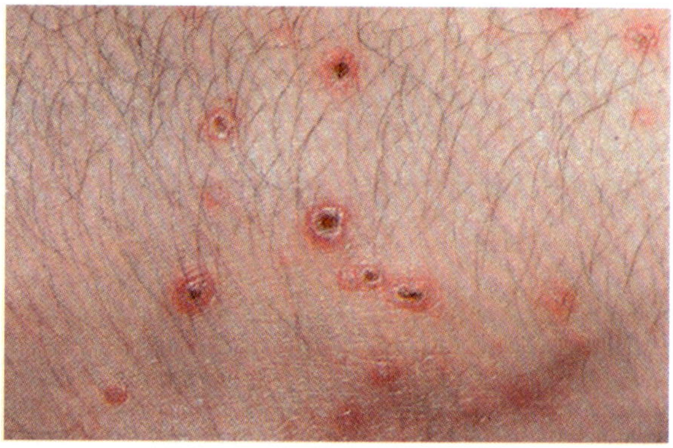

C-**7.8: Pustula:** Mit Eiter (Leukozyten und evtl. Erreger) gefüllte Blase

Die weitere **Beschreibung der Effloreszenzen** beinhaltet folgende Aspekte:
- Größe
- Form / Umriß
- Farbe
- Oberfläche
- Konsistenz
- Anzahl der Effloreszenzen
- Umgebung
- Begrenzung
- Verteilung (C-**7.9**)
- Ausbreitungsform

Die weitere **Beschreibung der Effloreszenzen** beinhaltet folgende Aspekte:
- **Größe,** z. B. erbs-, münz-, walnußgroß
- **Form / Umriß:**
  - anulär = ringförmig
  - gyriert = girlandenförmig
  - kokardenförmig = konzentrisch aus verschiedenen Effloreszenzen zusammengesetzt
  - polygonal = vieleckig
  - serpiginös = geschlängelt
  - striär = streifenförmig
  - zyklisch = rund
- **Farbe,** z. B. blaß, gelblich, bräunlich, livide
- **Oberfläche,** z. B. gespannt, glatt, rauh, schuppig
- **Konsistenz,** z. B. derb, hart, prall, weich
- **Anzahl der Effloreszenzen,** z. B. multipel, solitär
- **Umgebung,** z. B. gerötet, mit Randsaum
- **Begrenzung,** z. B. scharf / unscharf, regelmäßig / unregelmäßig
- **Verteilung** (C-**7.9**):
  - segmental = ein Dermatom betreffend
  - regionär = auf ein Gebiet beschränkt (z. B. Beugeseiten der Extremitäten)
  - unilateral = nur eine Körperhälfte betreffend
  - universell = den ganzen Körper betreffend
  - zirkumskript = umschrieben

- **Ausbreitungsform** (◘ C-7.9):
  - disseminiert = einzeln auftretende Effloreszenzen über den ganzen Körper verteilt
  - gruppiert = regelmäßige Verteilung nach einem bestimmten Muster auf ein bestimmtes Gebiet
  - herpetiform = gruppenförmige Anordnung von Bläschen
  - konfluierend = zusammenfließend
  - korymbiform = doldenförmig gruppiert, nach außen werden die Effloreszenzen kleiner und stehen weiter auseinander

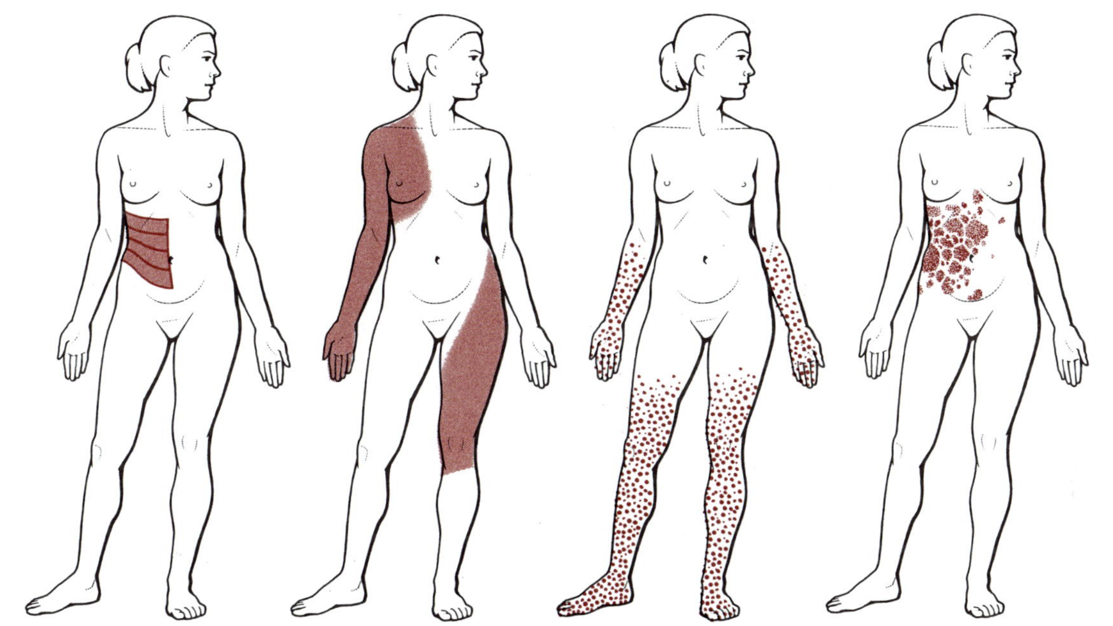

◘ C-**7.9: Verteilung und Ausbreitung von Effloreszenzen**

Beispiele:
- **Erysipel:** flächenhaftes, unregelmäßig begrenztes, leuchtend rotes Erythem, vorwiegend an den Extremitäten (siehe ◘ B-**17**)
- **Zoster:** reiskorngroße, prallgespannte, wasserklare Bläschen, gruppiert (siehe ◘ B-**73**)
- **Melanom:** unregelmäßig begrenzte, tiefbraune bis blauschwarze Tumoren, leicht verletzlich (blutend), bevorzugt im Bereich des Rückens, der Brust und der Extremitäten (siehe ◘ B-**36**)

Sekundäre Effloreszenzen

Sekundäre Effloreszenzen entstehen aus primären Effloreszenzen durch Umwandlung, Entzündung, Rückbildung oder Abheilung, aber auch **direkt** durch Verletzungen, Entzündungen etc.

Definitionen ►

Sekundäre Effloreszenzen

Sekundäre Effloreszenzen entstehen aus primären Effloreszenzen durch Umwandlung, Entzündung, Rückbildung oder Abheilung. Sie sind weniger typisch und weniger aussagekräftig. Sie entstehen auch **direkt**, z. B. durch Verletzungen, Verbrennungen und Entzündungen.

Definitionen.

- **Über dem Hautniveau:**
  Squama (Schuppe)
  Crusta (Sekretkruste, Borke)
- **Unter dem Hautniveau:**
  Erosio (oberflächliche Schürfung; nur das Epithel betreffend, nicht blutend und narbenlos ausheilend)
  Excoratio (tiefe Schürfung, Einriß)
  Rhagade, Fissur (Einriß)
  Ulcus (Geschwür, tiefer Defekt)
  Cicatrix (Narbe)
  Lichenifikation (Flechtenbildung)

Die Dermatologie zeichnet sich durch eine »blumige« Sprache und eine endlose Begriffsfülle aus. Die folgenden Begriffsdefinitionen krankhafter Hautveränderungen sind für den Anfänger nicht unbedingt wichtig.

Definitionen ►

Die Dermatologie zeichnet sich durch eine »blumige« Sprache und eine endlose Begriffsfülle aus. Die folgenden Begriffsdefinitionen krankhafter Hautveränderungen sind für den Anfänger nicht unbedingt wichtig:

Definitionen.

- **Akanthom:** Lokal begrenzte, tumorartige Proliferation
- **Akanthose:** Verbreiterung des Rete Malpighi durch Proliferation der Stachelzellschicht, z. B. bei der Papel
- **Aphthen:** Erosionen der Mund- und Genitalschleimhaut
- **Atrophie:** Degenerativer Umbau der Haut, Involution der Talg- und Schweißdrüsen, Verdünnung der Haut (alle Schichten) mit erhaltener Hautfelderung (im Gegensatz zur Narbe)
- **Dyskeratose:** Vorzeitige Verhornung von Epidermiszellen im Rete Malpighi, z. B. bei Morbus Darier
- **Hyperkeratose:** Verbreiterung der Hornschicht mit verzögerter Abschilferung der Hornlamellen bei Ichthyosis vulgaris (Fischschuppenkrankheit), Abschilferung im Verband bei Psoriasis vulgaris (Schuppenflechte)
- **Lichen:** Moosartig wachsende Papeln
- **Spongiose:** Interzelluläres Ödem im Stratum spinosum; bei Einreißen der Interzellularbrücken entsteht das spongiotische Bläschen, z. B. bei der Urtikaria oder beim Ekzem (◘ **C-7.10**)
- **Papillomatose:** Vergrößerung und Vergröberung der Bindegewebspapillen, die zu einer wellenförmigen Verdickung der Epidermis führt
- **Pyodermisation** (Synonym: Impetiginisation): Eitrige Entzündung bei sekundärer Besiedelung einer Dermatose mit Bakterien, z. B. Furunkel, Phlegmone
- **Zyste:** Mit Epithel ausgekleideter Hohlraum, der mit dickflüssigem Inhalt gefüllt ist und als prallelastisches, knotiges Gebilde in Erscheinung tritt

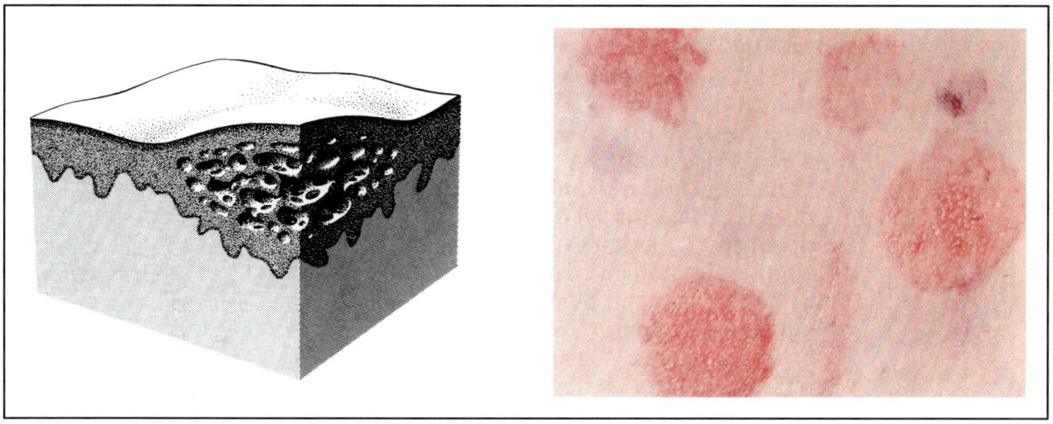

C-7.10: **Spongiotisches Bläschen:** Gekammertes Ödem in der Epidermis

Die allgemeinen klassischen **Entzündungszeichen** haben auch ihre Gültigkeit bei Hauterkrankungen. Sie dienen der Unterscheidung entzündlicher von nichtentzündlichen Effloreszenzen. Sie müssen jedoch nicht immer alle zum gleichen Zeitpunkt nachweisbar sein.

Die allgemeinen klassischen **Entzündungszeichen** haben auch ihre Gültigkeit bei Hauterkrankungen.

Definition.

Entzündungszeichen der Haut (in der Reihenfolge des Auftretens):
- **Rubor:** Rötung → Entzündung → Vasodilatation (Gefäßerweiterung)
- **Calor:** Überwärmung → vermehrter Blutfluß (Hyperämie)
- **Dolor:** Schmerz, Juckreiz → Reizung der Nozizeptoren durch Mediatoren
- **Tumor:** Schwellung → Flüssigkeitsaustritt (Exsudat) und Infiltration
- **Functio laesa:** Funktionseinbuße → Die Haut wird durchlässig

◀ **Definition**

7.4.3 Nägel

Zum Aufbau des Nagels (Onychos – griechisch, Unguis – lateinisch) siehe C-**7.11**.

7.4.3 Nägel

Zum Aufbau des Nagels siehe C-**7.11**.

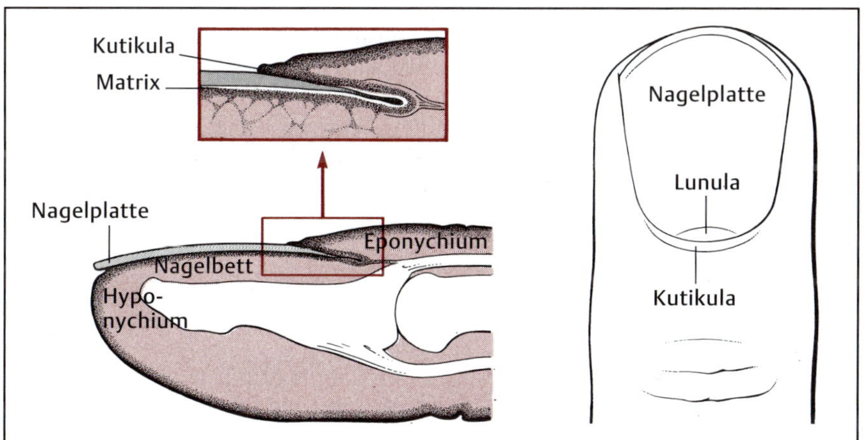

C-**7.11: Aufbau des Nagels**

Ähnlich den Verhältnissen am Haarfollikel (s. u.) können Matrixschädigungen des Nagelbettes zu Störungen des Wachstums der Nagelplatte führen. Man unterscheidet nach ihren Ursachen folgende Nagelveränderungen:
- Tüpfelnägel
- Uhrglasnägel
- Koilonychie
- Beau-Reil-Furchen
- Leukonychie
- Onycholysis
- Onychorrhexis
- Onychoschisis
- Onychogryposis
- Paronychie
- Panaritium

Ähnlich den Verhältnissen am Haarfollikel (s. u.) können Matrixschädigungen des Nagelbettes zu Störungen des Wachstums der Nagelplatte führen. Man unterscheidet nach ihren Ursachen folgende Nagelveränderungen:
- **Tüpfelnägel:** Punktuelle, trichterförmige Einziehungen der Nagelplatte bei Psoriasis (häufig).
- **Uhrglasnägel:** Stark konvex geformte Nägel häufig zusammen mit Trommelschlegelfingern bei schweren chronischen Lungenerkrankungen, wie Emphysem, Tuberkulose, Bronchialkarzinom (siehe ◘ B-**63**).
- **Koilonychie:** Konkave Hohl- oder Löffelnägel bei chronischer Eisenmangelanämie, Raynaud-Syndrom.
- **Beau-Reil-Furchen:** Querverlaufende Furchen, langsam nach außen wachsend, als Folgezustand nach Infektionen, schweren Allgemeinerkrankungen, Intoxikationen oder psychischem Trauma.
- **Leukonychie:** Weißwerden infolge von Luftansammlung im Nagel, punkt- oder streifenförmig, traumatisch bedingt, z. B. als Folge übertriebener Nagelpflege (Meessche Streifen), oder bei Anämie, Leberzirrhose.
- **Onycholysis:** Auflösung und Ablösung der Nagelplatte vom Nagelbett, ist wohl die häufigste Nagelveränderung und kommt sowohl bei Pilzerkrankungen und Psoriasis (Krümelnägel) als auch bei anderen Hauterkrankungen (z. B. Epidermolysis und Pemphigus) vor.
- **Onychorrhexis:** Starke Brüchigkeit und Aufsplitterung der Nagelplatte bei Umgang mit Wasser und/oder Chemikalien (Waschfrauennägel), Fehlernährung oder Hypothyreose.
- **Onychoschisis:** Aufsplitterung in horizontal aufeinanderliegenden Lamellen bei Vitamin- oder Eisenmangel, Fehlernährung, Stoffwechselerkrankungen.
- **Onychogryposis:** Krallenartige Verdickung und Verkrümmung, häufiger an den Fußnägeln als an den Fingernägeln, häufig im hohen Lebensalter, bei zu engem Schuhwerk etc.
- **Paronychie:** Nagelfalzentzündung.
- **Panaritium:** Entzündung am Nagelrand, häufig von einer Paronychie ausgehend.

7.4.4 Haare

Als Haarfollikel bezeichnet man das Haar selbst mit seiner Wurzel, Talgdrüse und dem Musculus erector pili.

Die menschlichen Haare wachsen im Gegensatz zum Tierhaar unsynchronisiert. Der menschliche Haarzyklus verläuft allgemein in 3 Phasen (◘ C-**7.12**):
1. Anagene Phase: aktive Wachstumsphase
2. Katagene Phase: Übergangsphase
3. Telogene Phase: Ruhephase, physiologische Ausfallphase

7.4.4 Haare

Als Haarfollikel bezeichnet man das Haar selbst mit seiner Wurzel, Talgdrüse und dem Musculus erector pili. Mit dessen Hilfe kann das einzelne Haar aufgerichtet werden (»Gänsehaut«).
Der Follikel besteht aus einer epidermalen Einstülpung, deren Matrix in Form der Haarpapille den Motor des Haarwachstums darstellt. Die menschlichen Haare wachsen im Gegensatz zum Tierhaar – zyklischer Haarausfall und schubweises Haarwachstum – unsynchronisiert, d. h., jedes Haar hat seinen eigenen Zyklus. Der menschliche Haarzyklus verläuft allgemein in 3 Phasen (◘ C-**7.12**):
1. Anagene Phase: aktive Wachstumsphase (2–6 Jahre), ca. 0,34 mm/Tag
2. Katagene Phase: Übergangsphase, ca. 14 Tage
3. Telogene Phase: Ruhephase, physiologische Ausfallphase (z. B. beim Kämmen), ca. 3 Monate (Kopfhaar)

Die normale Haarauskämmrate beträgt ca. 70–100 Haare/Tag (durchschnittlicher Haarbestand des Erwachsenen etwa 100 000 Haare; davon sind 0,07 % pro Tag am Ende der Telogenphase).
Die fetalen Lanugohaare werden nach der Geburt durch pigmentarme und marklose Vellushaare ersetzt. Das dickere und markhaltige Terminalhaar entsteht erst nach der Pubertät. Die geschlechtsspezifische Behaarung unterscheidet sich nicht nur durch das Fehlen des Barthaares und durch eine schwächere Terminalbehaarung an Rumpf und Extremitäten bei der Frau, sondern auch durch das unterschiedliche Muster der Genitalbehaarung. Bei der Frau ist sie dreiecksförmig, beim Mann verläuft sie spitzwinklig über die suprapubische Begrenzungslinie hinaus bis zum Nabel.

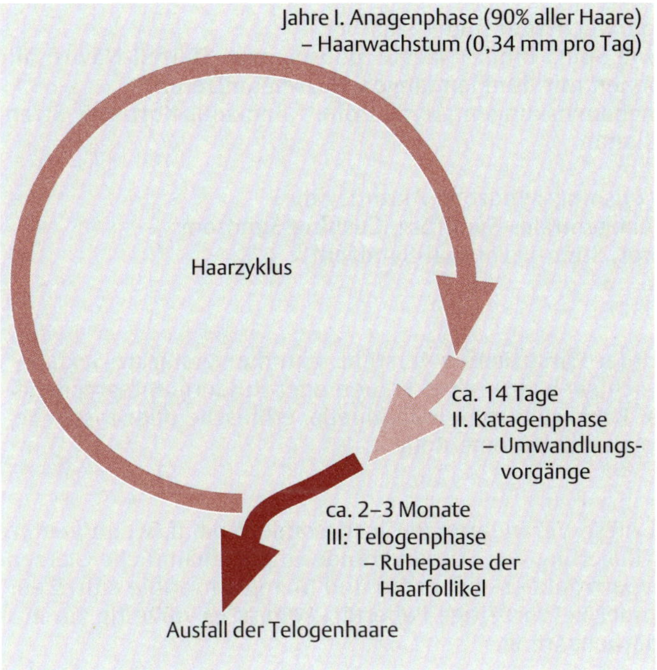

C-7.12: Haarzyklus

Haarausfall

Haarausfall

Effluvium wird der physiologische Haarausfall genannt; dagegen spricht man bei pathologischem Ausfall von **Alopezie**.
Bei Atrophie der Papille – erkennbar am Verschwinden der Follikelmündung – erfolgt kein Wiederwachstum des Haares (= permanente Alopezie). Ist der Follikel erhalten – durch Jod-Anstrich als dunkler Punkt darstellbar –, so ist ein erneutes Haarwachstum möglich (= temporäre Alopezie).

Effluvium wird der physiologische Haarausfall genannt, **Alopezie** der pathologische Ausfall.

Temporärer Haarausfall kann bedingt sein durch:
- Eisenmangel
- Chronische, schwere Erkrankungen: Kachexie, Kollagenosen, Tumoren
- Postentzündliche, postfebrile Zustände: schwere, fieberhafte Infektionskrankheiten, Sepsis
- Hormone: Schwangerschaft, Schilddrüsenfunktionsstörungen
- Infektionen: Lues, Mykosen, Pyodermie
- Medikamente: Zytostatika, Kontrazeptiva, Antikoagulanzien, Antibiotika
- Vergiftungen: Arsen, Thallium, Quecksilber

Temporärer Haarausfall kann bedingt sein durch:
- Eisenmangel
- Chronische, schwere Erkrankungen
- Postentzündliche, postfebrile Zustände
- Hormone
- Infektionen
- Medikamente
- Vergiftungen

Permanenter Haarausfall kann bedingt sein durch:
- Hormone: androgenetischer Haarausfall vom männlichen Typ (Geheimratsecken, Glatze); weiblicher Typ in der Menopause (diffuser Haarausfall mit Seborrhö und Kopfschuppen)
- Hauterkrankungen: Sklerodermie, Lichen ruber (Knötchenflechte), Alopecia areata
- Physikalische Einwirkungen, z. B. durch Zug (= Traktionsalopezie) bei straffen Frisuren oder durch Druck (Druckalopezie) beim Tragen schwerer Lasten auf dem Kopf

Permanenter Haarausfall kann bedingt sein durch:
- Hormone
- Hauterkrankungen
- Physikalische Einwirkungen

Definition.

◀ **Definition**

Hypotrichose: Schütter ausgeprägte Behaarung (angeboren)
Hypertrichose: Verstärkte Körperbehaarung ohne Beteiligung der Sexualhaare

Verstärktes Haarwachstum

Ein verstärktes Haarwachstum findet sich bei:
- Mißbildungen
- Medikamentennebenwirkungen
- Endokrinopathien

Verstärktes Haarwachstum

Ein verstärktes Haarwachstum findet sich bei:
- Mißbildungen wie Spina bifida, Naevus pilosus bzw. Tierfell-Nävus; alle Pigmentnävi können mit dunklen langen Haaren auftreten.
- Medikamentennebenwirkungen: Hydantoin, Minoxidil, Kortison, Streptomycin, Penicillamin.
- Endokrinopathien:
  - Hypophysär (Cushing-Syndrom, Akromegalie)
  - Adrenal (Adrenogenitales Syndrom, Cushing-Syndrom)
  - Ovariell (Tumor, Stein-Leventhal-Syndrom)
  - Hypothyreose

Definition ▶

Definition. Unter **Hirsutismus** versteht man die verstärkte Sexual-, Körper- und Gesichtsbehaarung bei Frauen oder Kindern entsprechend dem männlichen Behaarungstyp. Individuelle, ethnische oder rassische Dispositionen spielen dabei eine Rolle.

Bei der Pubertas praecox kommt es vorzeitig zur ausgeprägten Sekundärbehaarung.

Pathologisch sind diese Veränderungen insbesondere dann, wenn weitere Symptome der Virilisierung wie Stimmveränderungen, männliche Glatzenbildung, Klitorishypertrophie, Amenorrhö und Mammaatrophie auftreten. Bei der Pubertas praecox (vorzeitige Pubertät) kommt es vorzeitig zur ausgeprägten Sekundärbehaarung.

7.4.5 Schweißdrüsen

7.4.5 Schweißdrüsen

Definition ▶

Definition. Die Schweißdrüsen sind schlauchförmige, tubuläre Drüsen, die in Knäuelform in der Subkutis mit Ausführungsgang durch die Epidermis liegen (siehe ▣ C-**7.2**). Ihre physiologische Bedeutung besteht in der Wärmeregulation und dem Ausbilden des Säureschutzmantels der Haut.

Es werden 2 Drüsentypen unterschieden:
- **Ekkrine Drüsen** kommen vorwiegend beim Mensch vor; sie sind am ganzen Körper zu finden. Die Schweißproduktion und die nachfolgende Verdunstungskälte an der Hautoberfläche spielen eine wichtige Rolle bei der Thermoregulation. Psychische Faktoren beeinflussen die Schweißproduktion.
- **Apokrine Drüsen** (Duftdrüsen) nehmen ihre Tätigkeit erst mit der Pubertät auf. Besonders zahlreich sind sie im Achsel- und Genitalbereich, am Nabel, in der Perimamillarregion und im Gehörgang. Sie sezernieren keinen Schweiß im eigentlichen Sinne, sondern ein fettiges, geruchloses Sekret. Erst die bakterielle Zersetzung führt zum unangenehmen Schweißgeruch.

Es werden 2 Drüsentypen unterschieden:
- **Ekkrine Drüsen** kommen vorwiegend beim Mensch vor; sie sind am ganzen Körper (auch in haarlosen Regionen, besonders zahlreich an Handteller und Fußsohlen) zu finden. Die Schweißproduktion und die nachfolgende Verdunstungskälte an der Hautoberfläche spielen eine wichtige Rolle bei der Thermoregulation des Organismus. Psychische Faktoren beeinflussen die Schweißproduktion (Angstschweiß, feuchte Hände). Auch scharfe Speisen und Getränke können die Produktion fördern (gustatorisches Schwitzen).
- **Apokrine Drüsen** (Duftdrüsen) nehmen ihre Tätigkeit erst mit der Pubertät auf. Besonders zahlreich sind sie im Achsel- und Genitalbereich, des weiteren am Nabel, in der Perimamillarregion und im Gehörgang. Der Ausführungsgang mündet in das Infundibulum des Haarfollikels. Die Drüsen sezernieren keinen Schweiß im eigentlichen Sinne, sondern ein fettiges, geruchloses Sekret. Erst die bakterielle Zersetzung führt zum unangenehmen Schweißgeruch. Das Sekret bereitet ein alkalisches bis neutrales Milieu, so daß es zu einer »physiologischen Lücke« im Säureschutzmantel der Haut kommt.

Definition ▶

Definition. Als **Hyperhidrosis** wird die vermehrte Schweißsekretion bei normaler Körpertemperatur bezeichnet (Vorkommen bei Hyperthyreose, Tuberkulose, Infektionen, Diabetes mellitus, Parasympathomimetika). Eine einseitige oder asymmetrische Hyperhidrose weist auf eine nervale Störung hin.

Im Alter nimmt die Schweißproduktion physiologischerweise ab.
Häufig mit einer Hyperhidrosis verbunden ist das **dyshidrotische Ekzem**, gekennzeichnet durch juckende Bläschen an Hand- und evtl. Fußflächen. Eine verminderte oder fehlende Schweißsekretion (**Oligo- oder Anhidrosis**) findet man bei Erythrodermie, Stoffwechselerkrankungen, und angeborenem Defekt.

Im Alter nimmt die Schweißproduktion physiologischerweise ab.
Häufig mit einer Hyperhidrosis verbunden ist das **dyshidrotische Ekzem:** juckende Bläschen an Hand- und evtl. Fußflächen. Eine verminderte oder fehlende Schweißsekretion (**Oligo- oder Anhidrosis**) findet man bei Erythrodermie, Stoffwechselerkrankungen und angeborenem Defekt.

Als **Bromhidrosis** bezeichnet man den penetranten Geruch von Schweißfüßen. Der Käsegeruch entsteht tatsächlich durch ähnliche Bakterien, wie sie bei der Käsereifung auftreten (z. B. Limburger).

Als **Bromhidrosis** bezeichnet man den penetranten Geruch von Schweißfüßen.

7.4.6 Talgdrüsen

Talgdrüsen kommen am gesamten Integument vor. Besonders groß sind sie im Gesicht und am oberen Thorax (Manifestation der Akne!). Der Talg – bestehend aus Fettsäuren, Triglyzeriden und Wachsestern – dient zur Einfettung der Haut und Haare. Mit **Sebostase** wird die verminderte Talgproduktion bezeichnet; jedoch wesentlich häufiger ist die **Seborrhö**, also die vermehrte Produktion.
Typische Hauterkrankungen bei Seborrhö sind die Acne vulgaris und die Rosazea (Kupferfinne). Neurodermitis und Pityriasis simplex (Kleienflechte) sind typische Erkrankungen bei Patienten mit Sebostase. Ein **Steatom** ist eine solitäre, teigig-weiche Talgzyste bis zu Kirschgröße.

7.4.6 Talgdrüsen

Talgdrüsen kommen am gesamten Integument vor. Besonders groß sind sie im Gesicht und am oberen Thorax. Der Talg dient zur Einfettung der Haut und Haare. Mit **Sebostase** wird die verminderte Talgproduktion bezeichnet; wesentlich häufiger ist die **Seborrhö**, also die vermehrte Produktion.
Ein **Steatom** ist eine weiche Talgzyste.

7.5 Palpation

Die normale Haut fühlt sich bei der Palpation elastisch an. Die subkutane Fettschicht kann durch Faltenbildung zwischen zwei Fingern beurteilt werden (S ◘ C-**7.1**). Die Fettschicht wird mit zunehmendem Alter dünner, und die Haut wird empfindlicher für Verletzungen. Bleibt die mit den Fingern abgehobene Hautfalte länger stehen, besteht ein Turgorverlust, z. B. bei Dehydratation (Wasserverlust).

7.5 Palpation

Die normale Haut fühlt sich bei der Palpation elastisch an. Die subkutane Fettschicht kann durch Faltenbildung zwischen zwei Fingern beurteilt werden (S C-**7.1**). Bleibt die mit den Fingern abgehobene Hautfalte länger stehen, besteht ein Turgorverlust, z. B. bei Dehydratation.

S Synopsis C-**7.1: Beurteilung der subkutanen Fettschicht durch Faltenbildung zwischen zwei Fingern**

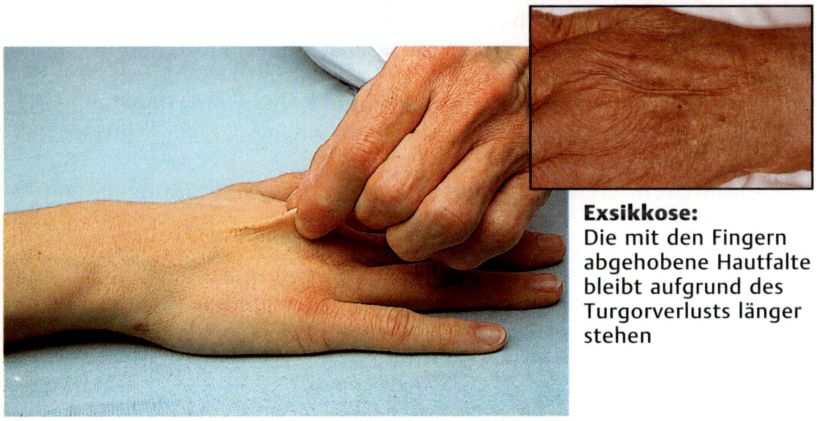

Exsikkose:
Die mit den Fingern abgehobene Hautfalte bleibt aufgrund des Turgorverlusts länger stehen

Bei vermehrter Flüssigkeitsansammlung im interstitiellen Hautgewebe (Ödem), bleibt beim Drücken eine Delle stehen. Zur Differentialdiagnose der Ödeme siehe Kapitel C 5.3, Seite 334f.

Bei vermehrter Flüssigkeitsansammlung im interstitiellen Hautgewebe (Ödem), bleibt beim Drücken eine Delle stehen.

Bei der Palpation der Haut ist auf deren Allgemeinbeschaffenheit zu achten: trocken, feucht, matt, glänzend, fettig oder faltig?

Bei der Palpation der Haut ist auf deren Allgemeinbeschaffenheit zu achten: trocken, feucht, matt, glänzend, fettig oder faltig?

Als **Dermographismus** – typisch für Atopiker – bezeichnet man eine sichtbare Hautreaktion nach mechanischem Reiz.

Die Palpation von Effloreszenzen oder Hauttumoren erfaßt die Konsistenz, Tiefenausdehnung, Beschaffenheit der Oberfläche und Schmerzhaftigkeit.

Als **Dermographismus** – typisch für Atopiker – bezeichnet man eine sichtbare Hautreaktion nach einem mechanischen Reiz (z. B. mit einem Stift, Spatel oder Fingernagel). Blaßt die Haut ab (Dermographismus albus), so besteht eine Vasokonstriktion (z. B. bei Neurodermitis). Der rote Dermographismus entsteht durch eine Vasodilatation, evtl. mit Quaddelbildung bei Urtikaria.
Die Palpation von Effloreszenzen oder Hauttumoren erfaßt die Konsistenz, Tiefenausdehnung, Beschaffenheit der Oberfläche und Schmerzhaftigkeit.

7.6 Anamnese

Die Anamnese ermöglicht die pathogenetische Einteilung der Hauterkrankungen nach angeborenen oder erworbenen Dermatosen.

Wichtige Fragen ►

7.6 Anamnese

Aufgrund der Anamnese ist eine pathogenetische Einteilung der Hauterkrankungen nach angeborenen oder erworbenen Dermatosen möglich.

Wichtige Fragen:
- *Seit wann besteht die Hautkrankheit?*
- *Gibt es Hautkrankheiten in der Familie (z. B. Neurodermitis, Psoriasis)?*
- *Sind Allergien bei Ihnen oder in der Familie bekannt (allergisches Asthma, Heuschnupfen, Milchschorf oder Neurodermitis)?*
- *Trat die Hauterscheinung plötzlich oder langsam auf?*
- *Ist die Hauterscheinung juckend oder schmerzhaft?*
- *Wo überall sind diese Hauterscheinungen?*
- *Traten Begleitsymptome auf, wie Fieber, Gelenkbeschwerden, Halsschmerzen, Gewichtsabnahme usw.?*
- *Nehmen Sie Medikamente oder haben Sie bis vor einiger Zeit Medikamente eingenommen?*
- *Waren Sie im Ausland?*
- *Sind Sie von einem Insekt gestochen worden?*
- *Gibt es eine berufliche Exposition (z. B. Chemikalien)?*
- *Hatten Sie Kontakt zu Personen mit ähnlichen Hauterscheinungen, einer Geschlechtskrankheit oder evtl. AIDS?*

7.6.1 Angeborene Dermatosen

Genodermatosen sind genetisch verankerte Hautkrankheiten mit meist dominantem, z. T. auch rezessivem Erbgang.
Häufig sind:
- Keratosen
- Epidermolysis
- Teleangiektasien
- Phakomatosen

7.6.1 Angeborene Dermatosen

Genodermatosen sind genetisch verankerte Hautkrankheiten mit meist dominantem, z. T. auch rezessivem Erbgang. Es handelt sich vorwiegend um Keratosen (Verhornungsanomalien), ferner um hereditäre Epidermolysis, Teleangiektasien und Phakomatosen.
- **Keratosen:** z.B. Ichthyosis vulgaris (Fischschuppenkrankheit)
- **Epidermolysis:** E. bullosa simplex
- **Teleangiektasien** (bleibende Erweiterung kleiner, oberflächlicher Hautgefäße): z. B. hereditäre hämorrhagische Teleangiektasie (Morbus Osler), Naevus flammeus
- **Phakomatosen:** Syndrome mit kombinierten Mißbildungen an Haut, Auge, Gehirn

Hamartome sind umschriebene Fehlbildungen mit regelwidrigem Gewebsaufbau.

Hamartome sind umschriebene Fehlbildungen mit regelwidrigem Gewebsaufbau, die sich nach den Keimblättern einteilen lassen, denen sie entstammen. Sie können lokalisiert (solitär) oder systematisiert, d. h. im Ausbreitungsgebiet von Nerven (Dermatome) oder embryonalen »Nahtstellen« auftreten.
Ektodermale Hamartome sind lokalisiert (z. B. Epidermoidzyste) oder systematisiert (z. B. Morbus Bourneville-Pringle: hirsekorngroße Knötchen im Gesicht und am Hals, tuberöse Hirnsklerose mit Epilepsie und Idiotie).

Ektodermale Hamartome sind lokalisiert (z. B. Epidermoidzyste) oder systematisiert (z. B. Morbus Bourneville-Pringle).
Neuroektodermale Hamartome: »Einfache« Nävi stellen die lokalisierte Form dar.
Systematisiert tritt der Naevus spilus (◘ C-**7.13**) bei der Neurofibromatose von Recklinghausen oder beim Peutz-Jeghers-Syndrom auf.

Bei den **neuroektodermalen Hamartomen** stellen die »einfachen« Nävi die lokalisierte Form dar, z. B. Naevus naevocellularis pigmentosus (= rundlicher Pigmentfleck, Muttermal), Naevus caeruleus (= linsen- bis kirschgroß, bläulich tiefer Sitz im Corium, Sonderform als »Mongolenfleck« im Sakralbereich) und Naevus spilus (Café-au-lait-Fleck, ◘ C-**7.13**). Systematisiert tritt der Naevus spilus bei der Neurofibromatose von Recklinghausen (multiple weiche Hautfibrome, neurologische Symptome, evtl. Phäochromozytom) oder beim Peutz-Jeghers-Syndrom (Pigmentflecken an Haut und Darmschleimhaut, Polyposis des Darms) auf.

Mesodermale Hamartome sind Nävi in Form von Gefäßmißbildungen (= Angiome). Lokalisierte Formen sind:

- »Storchenbiß«-Hämangiom, Naevus flammeus = Feuermal (◘ C-**7.14**)
- Spider-Nävus (siehe ◘ B-**60**)
- Haemangioma cavernosum = Blutschwamm (venös: ◘ C-**7.15**)
- Haemangioma racemosum = »Ranken-Angiom« (arteriell)

Systematisiert können die Angiome bei den Phakomatosen auftreten.

Mesodermale Hamartome sind Nävi in Form von Gefäßmißbildungen (= Angiome). Lokalisierte Formen:

- »Storchenbiß«-Hämangiom (◘ C-**7.14**)
- Spider-Nävus (siehe ◘ B-**60**)
- Haemangioma cavernosum (◘ C-**7.15**)
- Haemangioma racemosum

Systematisiert können die Angiome bei den Phakomatosen auftreten.

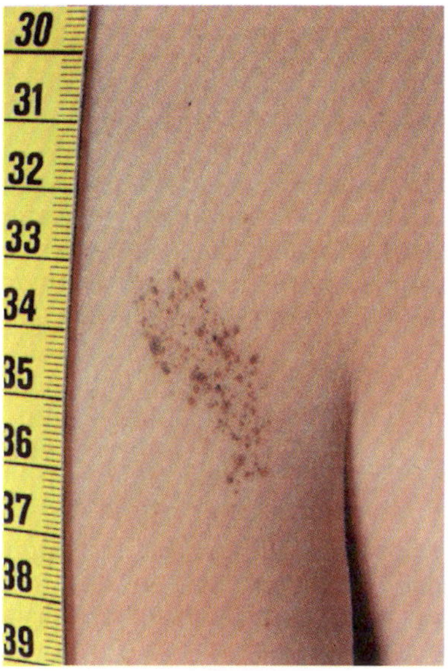

◘ C-7.13: Naevus spilus (Café-au-lait-Fleck)

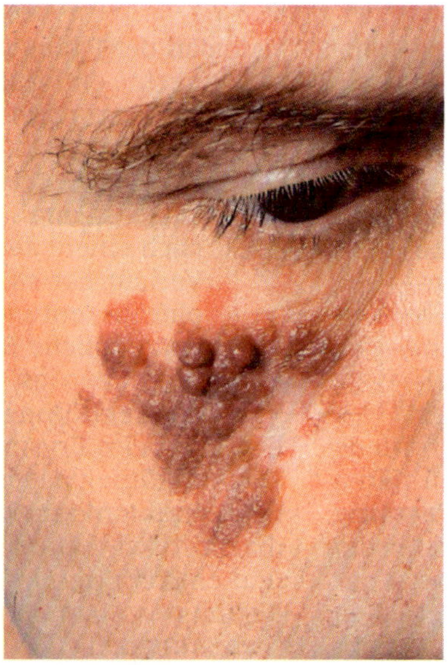

◘ C-7.14: Naevus flammeus (Storchenbiß-Hämangiom)

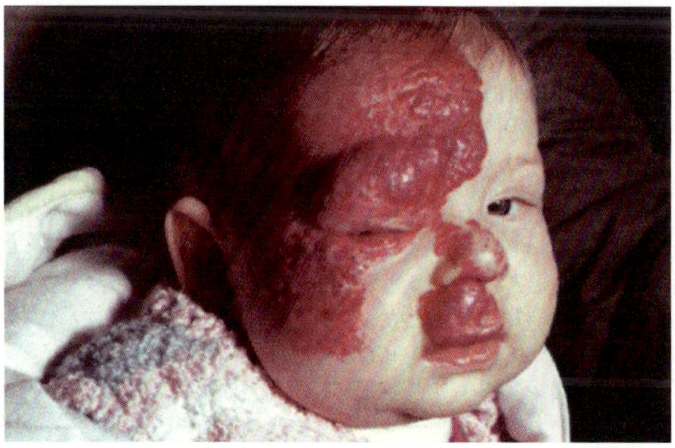

◘ C-7.15: Haemangioma cavernosum (Blutschwamm)

Dysplasien oder Anomalien sind Mißbildungen des Bindegewebes. Die **Cutis laxa** ist gekennzeichnet durch abnorme Dehnbarkeit, Verschieblichkeit und Elastizität der Haut. Sie kommt beim Ehlers-Danlos-Syndrom vor (zusätzlich Überstreckbarkeit der Gelenke, Mitralklappenprolaps).

Dysplasien oder Anomalien sind Mißbildungen des Bindegewebes. Die **Cutis laxa** ist gekennzeichnet durch abnorme Dehnbarkeit, Verschieblichkeit und Elastizität der Haut. Sie kommt beim Ehlers-Danlos-Syndrom vor.

7.6.2 Erworbene Dermatosen

Entzündlich bedingte Dermatosen (Dermatitiden)

Merke ▶

7.6.2 Erworbene Dermatosen

Entzündlich bedingte Dermatosen (Dermatitiden)

▶ ***Merke.*** Die anamnestischen Fragen zielen auf einen möglichen Kontakt mit Krankheitserregern bzw. Krankheitsträgern (Mensch oder Tier) ab. Die Frage nach dem Beruf, nach Auslandsaufenthalten, nach besonderen Lebensumständen und ungewöhnlichen Expositionen sind zwingend.

Kasuistik. Ein 45jähriger Förster bemerkt im Spätsommer am rechten Unterschenkel eine handtellergroße Rötung. Im Verlauf von einigen Tagen blaßt die Hauterscheinung deutlich ab, verschwindet aber nicht vollständig, sondern wandert weiter und umfaßt in den nächsten Wochen ca. 1/3 des Unterschenkels. Der Patient entschließt sich erst nach Monaten zum Arzt zu gehen, als er bemerkt, daß die Haut nun auch dünner und leicht verletzlich wird. Er klagt jetzt auch über Kältegefühl und Mißempfindungen im betroffenen Bereich. Abends kommt es zu Schwellungen in der Knöchelregion. Bei der klinischen Untersuchung zeigt sich bereits eine fortgeschrittene Atrophie der Haut im Bereich des gesamten mittleren Unterschenkels. Die Haut ist hier zigarettenpapierartig verdünnt und zeigt eine feine Runzelbildung. Haare sind im betroffenen Bereich nicht mehr vorhanden. Distal der Hautveränderungen findet man bis zur Knöchelregion ein deutliches Ödem. Bei der Nachanamnese ergibt sich, daß der Patient häufig Zecken an sich bemerkt und sachgerecht entfernt. An eine Zecke im betroffenen Hautbereich kurz vor Beginn des Erythems kann er sich aber nicht mehr sicher erinnern.

K

Diagnose: Es besteht der dringende Verdacht, daß es sich zunächst um ein Erythema chronicum migrans nach einem Zeckenbiß gehandelt hat. Im weiteren Verlauf hat sich daraus eine Acrodermatitis atrophicans entwickelt. Das Ödem ist einerseits als entzündliche Begleitreaktion zu deuten, andererseits kann es im Verlauf einer Erkrankung auch zur Zerstörung von Lymphbahnen kommen (ähnlich wie beim Erysipel). Die serologische Untersuchung auf Antikörper gegen Borrelia burgdorferi war positiv. Eine Antibiotikatherapie wird eingeleitet. Differentialdiagnostisch kommen vor allen Dingen Erfrierungen und eine chronisch venöse Insuffizienz in Betracht. Der Beginn der Anamnese war dagegen typisch für das Erythema migrans.

Allergische Dermatitis

Allergie bedeutet eine erworbene spezifische Antwort des Organismus gegenüber körperfremden Substanzen infolge einer immunologischen Reaktion. Erfolgsorgan einer allergischen Reaktion ist vorwiegend die Haut.

Eine Allergie entsteht in 3 Stadien:
- Sensibilisierung
- Latenzzeit
- Erfolgsreaktion

Nach Coombs und Gell werden 4 Typen der pathogenen Immunreaktion unterschieden (▤ C-**7.6**).

Eine der häufigsten Hautkrankheiten ist – bereits im Säuglingsalter (Milchschorf) – die **Neurodermitis**. Die Patienten kommen häufig aus Atopiker-Familien (atopos = sonderbar) und haben eine Diathese (Bereitschaft) für allergische Erkrankungen (Familienanamnese!).

Die Haut und die Schleimhäute sind der häufigste Schauplatz allergischer Reaktionen gegenüber Fremdstoffen.

Allergische Dermatitis

Allergie bedeutet eine erworbene spezifische Antwort des Organismus gegenüber körperfremden Substanzen (meist tierische oder pflanzliche Proteine) infolge einer immunologischen Reaktion. Erfolgsorgan einer allergischen Reaktion ist – neben den inneren Organen (z. B. Darm oder Lunge) – vorwiegend die Haut (80 %). Allergie wurde von *Pirquet* (Wiener Pädiater, 1874–1929) als »anderes Verhalten« des Organismus gegenüber einem Antigen bei **Zweitkontakt** – d. h. nach vorangegangener Sensibilisierung, welche die Bildung von Antikörpern veranlaßt hat – bezeichnet.
Eine Allergie entsteht demnach in 3 Stadien:
- Sensibilisierung: Erstkontakt mit dem Antigen
- Latenzzeit, symptomlos: Bildung der Antikörper
- Erfolgsreaktion: Zweitkontakt mit dem Antigen und Antigen-Antikörper-Reaktion. Diese kann sehr stürmisch verlaufen (z. B. anaphylaktische Reaktion), sie kann aber auch verzögert erfolgen.
  Nach *Coombs* und *Gell* werden 4 Typen der pathogenen Immunreaktion unterschieden (▤ C-**7.6**).

Eine der häufigsten Hautkrankheiten ist – bereits im Säuglingsalter (Milchschorf) – die **Neurodermitis** (in den USA als »atopic dermatitis« bezeichnet). Die Patienten kommen häufig aus Atopiker-Familien (atopos = sonderbar) und haben eine Diathese (Bereitschaft) für allergische Erkrankungen: Rhinitis allergica (Heuschnupfen), allergisches Asthma bronchiale und Neurodermitis. Die Familienanamnese ist daher in diesem Zusammenhang sehr wichtig! Etwa 50 % der erwachsenen Atopiker haben bereits als Kinder Milchschorf oder Heuschnupfen gehabt.
Die Haut und die Schleimhäute sind der häufigste Schauplatz allergischer Reaktionen. Hier findet in erster Linie die Auseinandersetzung des Organismus mit Fremdstoffen statt. Die Zunahme der allergischen Erkrankun-

C-7.6: Typen der pathogenen Immunreaktion nach Coombs und Gell

	Typ	Vermittlung durch	Erkrankung
I.	**Anaphylaktisch** (Reaktion vom Soforttyp)	IgE	• Allergisches Asthma bronchiale und Rhinitis • Nahrungsmittel- und Insektengiftallergie • Urtikaria • Quincke-Ödem • Anaphylaktischer Schock
I.	**Zytotoxisch**	IgG, IgM	• Agranulozytose • Hämolyse • Thrombopenie (medikamentös induziert) • Autoimmunkrankheiten?
III.	**Immunkomplex** (Serumkrankheit) Arthus-Reaktion	IgG, IgM	• Allergische Alveolitis • Vasculitis allergica • Serumkrankheit (Urtikaria, Fieber, Gelenk-, Muskelschmerzen, Lymphknotenschwellung, Proteinurie)
IV.	**Zellvermittelt** (Spättyp, Ekzemkrankheit)	T-Lymphozyten	• Arzneimittelexanthem • Kontaktdermatitis

gen in den westlichen Ländern ist wahrscheinlich auf den erhöhten Arzneimittelkonsum, die zunehmende Belastung der Umwelt mit Chemikalien und die Schädigung der Schleimhautbarrieren durch Luftverschmutzung und Streßfaktoren zurückzuführen.

◀ Merke

Merke. Die Suche nach dem verantwortlichen Allergen wird immer schwieriger und verlangt gelegentlich detektivische Arbeit. An erster Stelle steht aber immer die gründliche Anamnese.

Weiterführende Untersuchungen sind Allergietestungen (z. B. Hauttests und Inhalationstests).

Weiterführende Untersuchungen sind Allergietestungen (z. B. Hauttests und Inhalationstests).

Kollagenosen ist der Sammelbegriff für Systemerkrankungen mit Hauterscheinungen, denen eine »generalisierte« Autoimmunerkrankung zugrunde liegt. Hierzu zählen:
- Systemischer Lupus erythematodes (SLE)
- Sjögren-Syndrom (SS)
- Progressive systemische Sklerodermie (PSS)
- Polymyositis

Kollagenosen ist der Sammelbegriff für Systemerkrankungen mit Hauterscheinungen, denen eine »generalisierte« Autoimmunerkrankung (nicht organspezifische Autoantikörper) zugrunde liegt. Neben einer Gefäßbeteiligung (Vaskulopathie) kommt es im Gewebe zu fibrinoiden Nekrosen. Hierzu zählen:
- Systemischer Lupus erythematodes (SLE)
- Sjögren-Syndrom (SS)
- Progressive systemische Sklerodermie (PSS)
- Polymyositis (PM) bzw. Dermatomyositis (DM)

Hiervon abzugrenzen ist die Gruppe der **systemischen Vaskulitiden**:
- Panarteriitis nodosa (PAN)
- Wegenersche Granulomatose (WG)
- Polymyalgia arteriitica oder rheumatica (PMR)

Hiervon abzugrenzen ist die Gruppe der **systemischen Vaskulitiden;** dazu gehören:
- Panarteriitis nodosa (PAN)
- Wegenersche Granulomatose (WG)
- Polymyalgia arteriitica oder rheumatica (PMR)

Mit Ausnahme der PMR können alle Kollagenosen und Vaskulitiden mit mehr oder weniger stark ausgeprägten Hautmanifestationen einhergehen.

Mit Ausnahme der PMR können alle Kollagenosen und Vaskulitiden mit mehr oder weniger stark ausgeprägten Hautmanifestationen einhergehen, die sich meistens in Form einer Purpura oder Vasculitis allergica zeigen.

Dermatosen unbekannter Ursache

Zu den Hauterkrankungen mit Anzeichen für ein allergisches Geschehen

Dermatosen unbekannter Ursache

Hier sind einige Hauterkrankungen aufzuführen, bei denen sich Anzeichen für ein allergisches Geschehen mit chronisch-entzündlicher Reaktion finden, deren Ätiologie jedoch nicht eindeutig geklärt ist:

und chronisch-entzündlicher Reaktion, aber unklarer Ätiologie gehören:
- Psoriasis vulgaris (◘ C-7.16)
- Parapsoriasis-Gruppe
- Pityriasis rosea
- Erythrodermien
- Prurigo-Gruppe

- **Psoriasis vulgaris** (= Schuppenflechte, ◘ C-**7.16**): Stark schuppende, z. T. juckende Herde bei gesteigerter Proliferation der Epidermis; sehr weit verbreitete familiäre Erkrankung.
- **Parapsoriasis-Gruppe:** Unter diesem Begriff werden verschiedene Erkrankungen zusammengefaßt, die gewisse Ähnlichkeit mit der Psoriasis aufweisen: scharf begrenzte, kaum juckende, entzündliche Papeln mit geringer Parakeratose – Pityriasis lichenoides (kleieförmige Schuppung, Kleieflechte), Parapsoriasis en plaques (Brocq).
- **Pityriasis rosea** (= Schuppenröschen): Akut-entzündliche und selbstheilende Hauterkrankung mit multiplen, ovalen, erythrosquamösen Herden, vorwiegend am Stamm.
- **Erythrodermien:** Generalisierte Hautrötung und Schuppung mit fast vollständigem Befall des gesamten Integuments – als Begleitsymptom bei verschiedenen Erkrankungen (Lymphome, Dermatosen, Arzneimittelexantheme) oder iatrogen (durch den Arzt ausgelöst) infolge falscher Therapie einer chronischen Dermatose. Dies betrifft vor allen Dingen Hauterkrankungen mit isomorphem Reizeffekt (Vermehrung der gleichen Effloreszenzen durch Kratzen): Psoriasis vulgaris, Pemphigus vulgaris (blasenbildende Dermatose), Neurodermitis diffusa.
- **Prurigo-Gruppe:** Hierzu gehören zwei papulonodöse Dermatosen mit starkem Juckreiz, jedoch ungeklärter Ätiologie: Prurigo acuta (Strophulus infantum) und Prurigo simplex (Strophulus adultorum).

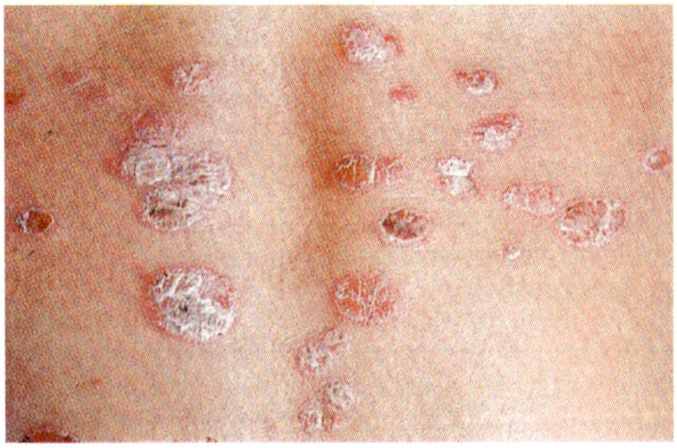

◘ C-**7.16: Psoriasis vulgaris (Schuppenflechte)**

»Degenerative« Dermatosen

Es handelt sich – abgesehen von Keratosen und Pigmentverschiebungen – um Veränderungen im Bereich von Kutis und Subkutis.

»Degenerative« Dermatosen

Es handelt sich – abgesehen von Keratosen und Pigmentverschiebungen – um Veränderungen im Bereich von Kutis und Subkutis. Die Bezeichnung »degenerativ« ist für einige hier beschriebene Erkrankungen eine nur z. T. zutreffende Erklärung.

Sklerosen und Keratosen:
- **Tyloma**
- **Acanthosis nigricans**
- **Keratoma senile**
- **Cornu cutaneum**

Sklerosen und Keratosen:
- **Tyloma** (Schwiele): Reaktive Hyperkeratose auf mechanischen Reiz.
- **Acanthosis nigricans:** Unscharf begrenzte, flächenhafte Hyperkeratose mit schmutzig pigmentiertem, verrukös/papillärem Oberflächenrelief (besonders am Hals, Nacken, Axillen, Genitale und intertriginösen Regionen). Im höheren Lebensalter häufig in Kombination mit einem Karzinom (insbesondere Magenkarzinom).
- **Keratoma senile** (= Landmanns- oder Seemannshaut): pigmentierte Hyperkeratosen auf aktinisch (UV-Licht, Röntgenstrahlen) geschädigter Altershaut
- **Cornu cutaneum:** Hauthorn (krallenartige Wucherung im Gesicht, Nase!).

Atrophien:
Atrophien des Bindegewebes:
- **Senile Hautatrophie**
- **Striae distensae**
- **Acrodermatitis chronica atrophicans**

Atrophien:
Atrophien des Bindegewebes:
- **Senile Hautatrophie:** Physiologische Altersveränderungen mit Faltenbildung und Elastizitätsverlust (besonders an Händen, Nacken, Gesicht). Witterungseinflüsse und Sonnenlicht führen zum Bild der Landmannshaut (Nacken!).

- **Striae distensae:** Blau-rötliche, später silbrig-glänzende Narbenstreifen am Abdomen, Oberschenkel, Mammae. Dabei kommt es zum Zerreißen der elastischen Fasern durch Einwirkung von Kortison, häufig in der Schwangerschaft, bei Adipositas und Morbus Cushing (siehe B-**10**).
- **Acrodermatitis chronica atrophicans:** Zunächst entzündliche Schwellung und Knotenbildung vorwiegend an den unteren Extremitäten, später starke Atrophie und Fältelung (zigarettenpapierartig) mit Teleangiektasien und flächenhafter Sklerosierung; durch Borrelien verursacht, von Zecken übertragen.

Atrophien des Fettgewebes:
- **Necrobiosis lipoidica:** atrophisch-sklerotische Herde mit Dellenbildung, Teleangiektasien und blau-rötlichem Randsaum; kommt insbesondere bei Diabetes mellitus vor (C-**7.17**).
- **Panniculitis nodularis:** Fettgewebsnekrose mit entzündlichen subkutanen und teils sehr schmerzhaften Knoten an den unteren Extremitäten, insbesondere bei Frauen.

Atrophien des Fettgewebes:
- **Necrobiosis lipoidica** (C-**7.17**)
- **Panniculitis nodularis**

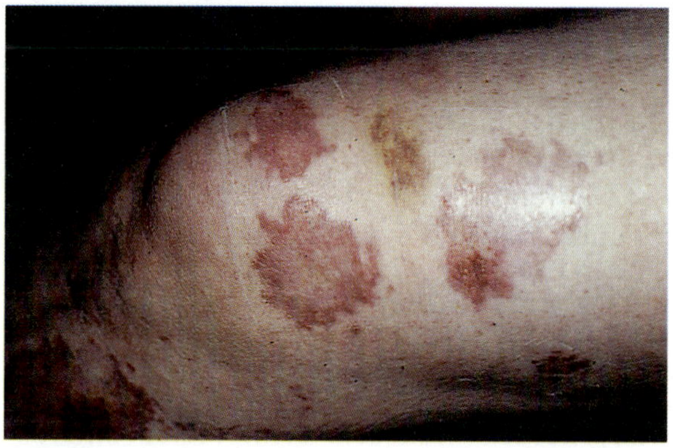

C-7.17: Necrobiosis lipoidica bei Diabetes mellitus Typ II

Stoffwechselstörungen:
Thesaurismosen sind metabolisch bedingte Speicherkrankheiten mit Einlagerung von Stoffwechselprodukten in die Haut.
Lipidablagerungen findet man bei Hyperlipoproteinämien in Form von:
- **Xanthelasmen:** gelbliche plane Einlagerungen im Lidbereich
- **Xanthomen:** gelbliche Knoten (siehe B-**71**)
- **Arcus lipoides corneae:** ringförmige weißliche Trübung der Hornhautperipherie (siehe B-**3**)

Tuberöse Xanthome sind als disseminierte Knötchen vorwiegend im Bereich der Strecksehnen an Händen und Füßen lokalisiert; plane Xanthome sind einige große und flache Knoten am Stamm und Gesäß. Diese typischen Lipidablagerungen sind pathognomonisch (für eine Krankheit kennzeichnend) für bestimmte Fettstoffwechselstörungen.
Systemische Lipidablagerungskrankheiten mit normalem Serumlipidspiegel (z. B. Morbus Fabry, Niemann-Pick oder Gaucher) können ebenfalls zu Hautmanifestationen unterschiedlicher Art führen, die aber nicht mit Xanthomen verwechselt werden können. Häufig wird über die bioptische Untersuchung eines Hautherdes und den Nachweis des eingelagerten Lipids die Diagnose der Speicherkrankheit gestellt.
Amyloid – ein pathologischer Protein-Polysaccharid-Komplex – kann im Rahmen der **Amyloidose** auch in der Haut abgelagert werden, z. B. als hautfarbene Papeln mit lichenoid-hyperkeratotischer Oberfläche und gelegentlichem mäßigem oder stärkerem Juckreiz.
Bei der sehr viel häufigeren Stoffwechselkrankheit **Gicht** (klinische Manifestation der Hyperurikämie) – bedingt durch eine hereditäre Störung des Purinstoffwechsels – kommt es zu einer Erhöhung der Harnsäure im Blut und zu einer Ausfällung von Harnsäurekristallen in Gelenken, den Nieren und der Haut (Subkutis). Der typische Gichtknoten (Tophus) ist gelblich-weiß, etwa erbsgroß und sitzt bevorzugt an der Ohrmuschel und im Bereich des Großzehengrundgelenks (C-**7.18**).

Stoffwechselstörungen:
Thesaurismosen sind metabolisch bedingte Speicherkrankheiten mit Einlagerung von Stoffwechselprodukten in die Haut.
Lipidablagerungen findet man bei Hyperlipoproteinämien in Form von:
- **Xanthelasmen**
- **Xanthomen**
- **Arcus lipoides corneae**

Tuberöse Xanthome findet man als disseminierte Knötchen im Bereich der Strecksehnen; plane Xanthome sind einige große und flache Knoten am Stamm und Gesäß.

Systemische Lipidablagerungskrankheiten mit normalem Serumlipidspiegel können ebenfalls zu Hautmanifestationen unterschiedlicher Art führen.

Amyloid – ein pathologischer Protein-Polysaccharid-Komplex – kann im Rahmen der **Amyloidose** auch in der Haut abgelagert werden.

Bei der **Gicht** kommt es zu einer Erhöhung der Harnsäure im Blut und zu einer Ausfällung von Harnsäurekristallen in Gelenken, den Nieren und der Haut (Subkutis). Der typische Gichtknoten (Tophus) ist gelblich-weiß, etwa erbsgroß und sitzt bevorzugt an Ohrmuschel und Großzehengrundgelenk (C-**7.18**).

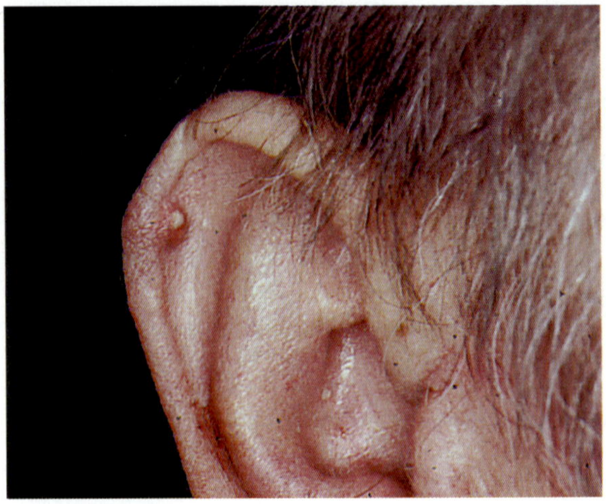

C-7.18: Gichttophus

Traumatisch bedingte Dermatosen

Exogene Hautschädigungen durch Traumen, die das Integument von außen treffen:
- **Physikalische Schäden:**
  - Mechanisch
  - Thermisch
  - Aktinisch
- **Chemische Schäden:**
  - Verätzung

Verbrennungen (Combustio):
- Grad 1: Erythem
- Grad 2: Bullae und entzündliches Ödem
- Grad 3: Nekrosen in der Subkutis

Erfrierungen:
- Grad 1: Ischämie
- Grad 2: Bullae und Hämorrhagien
- Grad 3: Nekrosen, Gangrän

Tumoröse Dermatosen

Gutartige (benigne) Geschwülste: Von den erworbenen gutartigen Hauttumoren sind die angeborenen Hamartome abzugrenzen (s. o.):
- **Verruca seborrhoica:** Häufigste gutartige Hautgeschwulst. Es handelt sich um multiple, gelblich-braun pigmentierte Tumoren bis zu Münzgröße, flach oder erhaben mit weicher Konsistenz und fettig-glänzender Oberfläche an Stamm, Extremitäten, Gesicht und Hals (s. B-**66**).
- **Fibrome:** Begrenzte Bindegewebsproliferationen.
- **Keloide** (Wulstnarbe): Knotige bis bandartige gutartige Bindegewebswucherung auf einer ursprünglichen Narbe.
- **Lipome:** Subkutane Fettgewebstumoren, die vorwiegend an Extremitäten und Stamm vorkommen.

Traumatisch bedingte Dermatosen

Zu den exogenen Hautschädigungen durch verschiedenartige Traumen, die das Integument von außen treffen, gehören:

- **Physikalische Schäden:**
  - Mechanisch: Wunden, Druckschäden
  - Thermisch: Wärme-, Kälteschäden
  - Aktinisch: Lichtdermatosen, Strahlenschäden (s. o.)
- **Chemische Schäden:**
  - Verätzung (Cauterisatio) durch Säuren oder Laugen

Verbrennungen (Combustio) werden nach dem Schweregrad differenziert:
- Grad 1: Erythem
- Grad 2: Bullae und entzündliches Ödem
- Grad 3: Nekrosen in der Subkutis

Analog sind die Schweregrade der Erfrierungen (Congelatio):
- Grad 1: Ischämie
- Grad 2: Bullae und Hämorrhagien
- Grad 3: Nekrosen, Gangrän

Tumoröse Dermatosen

Gutartige (benigne) Geschwülste:
Von den erworbenen gutartigen Hauttumoren sind die angeborenen Hamartome abzugrenzen (s. o.):
- **Verruca seborrhoica** (seborrhoische Warze, Alterswarze – trotz der Bezeichnung besteht keine Verwandtschaft zu Seborrhö oder Warzen!): Sie ist die häufigste gutartige Hautgeschwulst. Es handelt sich um multiple, gelblich-braun pigmentierte Tumoren bis zu Münzgröße, flach oder erhaben mit weicher Konsistenz und fettig-glänzender Oberfläche an Stamm, Extremitäten, Gesicht und Hals (s. B-**66**).
- **Fibrome:** Begrenzte Bindegewebsproliferationen, die als weiche erhabene oder gestielte, hautfarbene Anhängsel der Haut in Faltenregionen (Achsel, Hals) vorkommen.
- **Keloide** (Wulstnarbe): Knotige bis bandartige gutartige Bindegewebswucherung auf einer ursprünglichen Narbe (überschießende Narbenbildung mit Entzündungsreaktion und Juckreiz). Sie können die Grenzen der ursprünglichen Verletzung bzw. Operation weit überschreiten und zu dermatogenen Kontrakturen führen.
- **Lipome:** Subkutane Fettgewebstumoren, die vorwiegend an Extremitäten und Stamm vorkommen. Sie sind schmerzlos und können Hühnereigröße erreichen.

Präkanzerosen:

- Präkanzerosen sind definierte potentielle Vorstadien eines Karzinoms, die fakultativ oder obligat in einen maglinen Tumor übergehen. Hierzu zählen:
- **Aktinische Präkanzerose:** Keratotische Veränderungen auf stark lichtexponierter Haut, die in ein Spinaliom übergehen können.
- **Morbus Bowen:** Der Morbus Bowen ähnelt einer Psoriasis, tritt jedoch solitär auf und verschwindet nicht. Bevorzugte Lokalisationen sind Gesicht, Rumpf und Hände.
- **Morbut Paget:** Der Morbus Paget ist eigentlich ein echtes Karzinom der Drüsenausführungsgänge der Mamma. Jede ekzemartige Veränderung der Mamille ist verdächtig.
- **Erythroplasie:** Dem Morbus Bowen ähnliche Veränderungen im Bereich der Schleimhäute und Übergangsschleimhäute.
- **Leukoplakie:** Weißliche, nicht abstreifbare Veränderungen im Bereich der Schleimhäute und Übergangsschleimhäute, bevorzugt im Mund-, Lippen- und Genitalbereich.
- **Lentigo maligna:** Graubraune bis schwarze, unscharf und unregelmäßig begrenzte Herde im Bereich lichtexponierter Areale wie Gesicht, Stirn, Hals, Hände. Es handelt sich um eine präkanzeröse Poliferation atypischer Melanozyten, die in eine Lentigo-maligna-Melanom übergehen können.

Präkanzerosen:
Dabei handelt es sich um definierte potentielle Vorstadien eines Karzinoms, die fakultativ oder obligat in einen malignen Tumor übergehen. Hierzu gehören:

- **Aktinische Präkanzerose**
- **Morbus Bowen**
- **Morbus Paget**
- **Erythroplasie**
- **Leukoplakie**
- **Lentigo maligna**

Maligne (bösartige) Geschwülste:
Sie sind gekennzeichnet durch infiltratives, destruierendes Wachstum, lymphogene oder hämatogene Streuung (Metastasierung) und ein polymorphes (unreifes) Zellbild.

- Das **Basaliom** ist nur bedingt maligne, da es zwar lokal destruierend wächst, aber nicht metastasiert! Es sitzt meist solitär im Gesicht, seltener multipel am Rumpf.
- Das **Spinaliom** (spinozelluläres Karzinom) entsteht im Gegensatz dazu häufig auf der Grundlage chronisch-entzündlicher oder degenerativer Hautveränderungen.

Beide Tumoren treten im höheren Lebensalter auf. Sie sind wahrscheinlich Folge sich summierender aktinischer und chemischer Schädigungen der Haut. Im Bereich der Haut findet man etwa zehnmal häufiger Basaliome als Spinaliome, im Bereich der Übergangsschleimhäute (Mund, Nase, Augen, Penis, Vulva) fast nur Spinaliome und im Bereich der Schleimhäute ausschließlich Spinaliome.

Maligne (bösartige Geschwülste):
Sie sind gekennzeichnet durch infiltratives, destruierendes Wachstum, lymphogene oder hämatogene Streuung.

- Das **Basaliom** ist nur bedingt maligne, da es zwar lokal destruierend wächst, aber nicht metastasiert! Es sitzt meist solitär im Gesicht.
- Das **Spinaliom** (spinozelluläres Karzinom) entsteht auf der Grundlage degenerativer Hautveränderungen.

- Das **maligne Melanom** (C-**7.19**) ist die bösartigste Haut- und Schleimhautgeschwulst.
  Es metastasiert sehr frühzeitig. Daher muß jeder verdächtige Tumor bis zum Gegenbeweis als malignes Melanom betrachtet werden! Die Häufigkeit des malignen Melanoms hat in den letzten Jahrzehnten kontinuierlich zugenommen, wahrscheinlich bedingt durch die vermehrte UV-Exposition. Die Mehrzahl (80 %) tritt zwischen dem 30. und 70. Lebensjahr auf, vor dem 20. Lebensjahr sind diese malignen Hauttumoren sehr selten. Betroffen sind vorwiegend Menschen mit heller, lichtempfindlicher Haut. In 60 % entsteht ein malignes Melanom aus einem bereits vorhandenen Nävuszellnävus, in ca. 20 % auf klinisch gesunder Haut, und nur ca. 10 % der Melanome kommen familiär gehäuft vor.

- Das **maligne Melanom** ist die bösartigste Haut- und Schleimhautgeschwulst. Es metastasiert sehr frühzeitig. Seine Häufigkeit hat in den letzten Jahrzehnten kontinuierlich zugenommen.

Wichtige Fragen:

- *Ist der Tumor in letzter Zeit schnell gewachsen?*
- *Hat der Tumor in letzter Zeit die Farbe verändert, ist er besonders dunkler geworden?*
- *Hat der Tumor (bei Verletzung) geblutet?*

◄ **Wichtige Fragen**

- Das **Kaposi-** [sprich: Káposchi] **Sarkom** tritt im Rahmen der AIDS-Krankheit heute relativ häufig auf (bei ca. 30 %). Es handelt sich um braunrote bis bläuliche indurierte Plaques bzw. Knoten, die konfluieren und in

- **Das Kaposi-Sarkom** tritt im Rahmen der AIDS-Krankheit heute relativ häufig auf (bei ca. 30 %). Es handelt sich um braunrote bis bläuliche indurierte Plaques bzw. Knoten, die konfluieren und in großflächige Gebilde übergehen können.

großflächige Gebilde übergehen können (◘ C-**7.20**). Die Knoten sind schmerzhaft, derb und können ulzerieren. Die disseminierte Form dieses Gefäßtumors kann das gesamte Integument, die Schleimhäute und innere Organe (Lunge, Magen-Darm-Trakt) befallen. Es handelt sich um einen malignen, häufig bereits multifokal auftretenden Gefäßtumor.

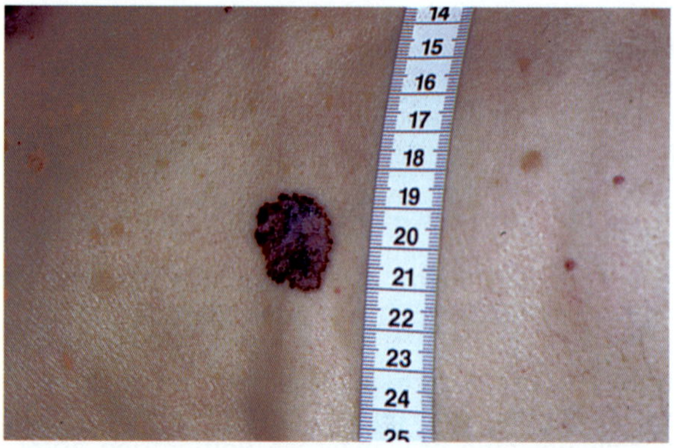

◘ C-**7.19: Malignes Melanom**

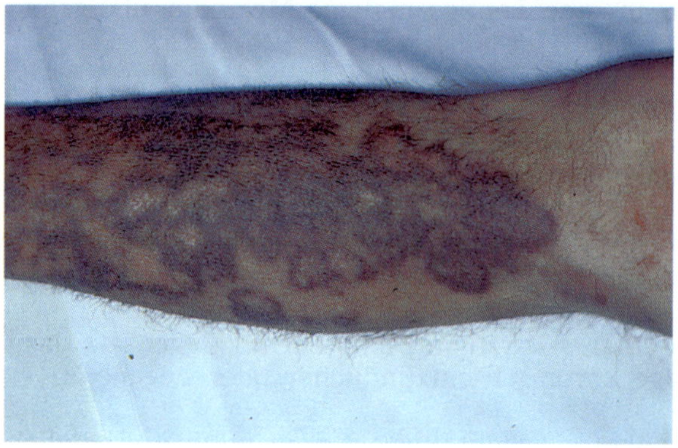

◘ C-**7.20: Kaposi-Sarkom bei einem HIV-infizierten Patienten**

7.6.3 Medikamenteninduzierte Hauterscheinungen

Medikamente sind die **häufigste Ursache** für akute Hauterscheinungen. Es ist daher unerläßlich, nach der Medikamenteneinnahme in letzter Zeit und in den zurückliegenden Monaten zu fragen.

Die wichtigsten durch Medikamente induzierten Hauterscheinungen sind:
- Angioneurotisches Ödem
- Erythema exsudativum multiforme
- Erythema nodosum
- Fixes Arzneimittel-Exanthem
- Pemphigus
- Photosensitive Reaktion
- Urtikaria

7.6.3 Medikamenteninduzierte Hauterscheinungen

Medikamente sind die **häufigste Ursache** für akute Hauterscheinungen. Es ist daher unerläßlich, nach der Medikamenteneinnahme in letzter Zeit und in den zurückliegenden Monaten zu fragen. Antibiotika verursachen oft ein Arzneimittelexanthem; wobei die Hauterscheinungen unmittelbar nach der Einnahme (Minuten bis Stunden) auftreten können; jedoch auch mit einer Verzögerung von Wochen bis Monaten, ja sogar erst nach dem Absetzen des Medikamentes (z. B. Ampicillin).

Die wichtigsten durch Medikamente induzierten Hauterscheinungen sind:
- Angioneurotisches Ödem (z. B. ACE-Hemmer)
- Erythema exsudativum multiforme (z. B. Hydantoin, Pyrazolone, Sulfonamide)
- Erythema nodosum (z. B. Barbiturate, Sulfonamide)
- Fixes Arzneimittel-Exanthem (z. B. Salicylate, Antibiotika, Pyrazolone)
- Pemphigus (z. B. Penicillin, Furosemid)
- Photosensitive Reaktion (z. B. Tetrazyklin, Sulfonamide)
- Urtikaria (z. B. Plasmaexpander, i. v. Anästhetika)

7.6.4 Juckreiz

Juckreiz ist eine Sonderform der Schmerzempfindung, die aufgrund von Reizung der Nozizeptoren durch chemische Mediatoren ausgelöst wird. Die Anamnese und Inspektion sind der Schlüssel zur differentialdiagnostischen Abklärung.

7.6.4 Juckreiz

Juckreiz ist eine Sonderform der Schmerzempfindung, die aufgrund von Reizung der Nozizeptoren durch chemische Mediatoren (Histamin, Bradykinin, Serotonin) ausgelöst wird.
Anamnese und Inspektion sind der Schlüssel zur differentialdiagnostischen Abklärung des Symptoms Juckreiz (Pruritus).

Wichtige Fragen:
- *Ist der Juckreiz umschrieben, oder betrifft er den gesamten Körper?*
- *Dauer und Intensität des Juckreizes?*
- *Ist er ständig vorhanden oder nur schubweise?*
- *Besteht ein Zusammenhang mit Temperatur, neuerer Kleidung, Waschmitteln, Nahrungsmitteln, Medikamenten?*

◄ **Wichtige Fragen**

Ist der Pruritus Ausdruck einer systemischen Erkrankung (**Pruritus sine materia**), so tritt er immer generalisiert auf. In diesem Fall ist eine intensive Abklärung zugrundeliegender internistischer Erkrankungen erforderlich.

Ist der Pruritus Ausdruck einer systemischen Erkrankung (**Pruritus sine materia**), so tritt er immer generalisiert auf.

Lokal begrenzter Juckreiz hat dagegen seine Ursache zumeist in einer Hauterkrankung. Primäre Erkrankungen der Haut lassen sich an den typischen Effloreszenzen erkennen. Ist der Juckreiz Begleiterscheinung einer Hauterkrankung, spricht man vom **Pruritus cum materia**. Bei Juckreiz in der Aftergegend (**Pruritus ani**) muß der Stuhl auf Parasiten untersucht werden.

Lokal begrenzter Juckreiz hat dagegen seine Ursache zumeist in einer Hauterkrankung. Bei Juckreiz in der Aftergegend (**Pruritus ani**) muß der Stuhl auf Parasiten untersucht werden.

Bei der Inspektion der Haut sollte auf Kratzspuren und deren Beschaffenheit (trocken, schuppig, Ekzeme?) geachtet werden.

Bei der Inspektion der Haut sollte auf Kratzspuren und deren Beschaffenheit geachtet werden.

Lokaler Juckreiz bei Hauterkrankungen:
- Trockene, schuppige Haut (Altershaut, häufiges Waschen, alkalische Seifen)
- Ekzeme, Psoriasis
- Urtikaria
- Neurodermitis, Kontaktdermatitis
- Ungeziefer: Milben, Flöhe, Läuse (Epizoonosen)
- Lokal: Pruritus ani, Pruritus vulvae

Lokaler Juckreiz bei Hauterkrankungen:
- Trockene, schuppige Haut
- Ekzeme, Psoriasis
- Urtikaria
- Neurodermitis, Kontaktdermatitis
- Ungeziefer
- Lokal

Generalisierter Juckreiz bei Allgemeinerkrankungen:
- Allergisch: Nahrungsmittel, Medikamente
- Endokrin: Diabetes mellitus, Hyperthyreose, Schwangerschaft
- Lebererkrankungen: primäre biliäre Zirrhose, Gallenstauung, Hepatitis
- Nierenerkrankungen: Urämie, Hyperurikämie
- Darmerkrankungen: Parasiten
- Tumoren, Lymphome, Leukosen
- Neurologisch: Tabes dorsalis
- Psychogen (Streß, Depression)

Generalisierter Juckreiz bei Allgemeinerkrankungen:
- Allergisch
- Endokrin
- Lebererkrankungen
- Nierenerkrankungen
- Darmerkrankungen
- Tumoren, Lymphome, Leukosen
- Neurologisch
- Psychogen

Kasuistik. Ein 52jähriger Mann mit schwerer Hypertonie und bereits leicht eingeschränkter Nierenfunktion (Kreatinin und Harnsäure leicht erhöht) bekommt neben anderen blutdrucksenkenden Medikamenten auch ein Diuretikum. Eine Woche später klagt der Patient über starken generalisierten Juckreiz. Die Laborkontrolle ergab jetzt einen ungewöhnlich drastischen Anstieg der Harnsäure (von 8,5 auf 13,2 mg/dl). Die Diuretika-induzierte Hyperurikämie wurde als Ursache des Pruritus betrachtet. Nach dem Absetzen des Diuretikums verschwand der Juckreiz langsam, aber vollständig.

8 Lymphknoten

Lymphknotenschwellungen sind sehr **häufig**. Jüngere Patienten reagieren auf entzündliche Erkrankungen leichter mit einer Lymphknotenschwellung als ältere. Vergrößerte Lymphknoten bei älteren Menschen sind daher eher verdächtig auf einen tumorösen Ursprung. Für die Anamnese sind das erstmalige Auftreten der Schwellung und deren Zusammenhang mit anderen Symptomen von Bedeutung (s. u.). Lymphknotenvergrößerungen werden durch Inspektion und Palpation festgestellt. In Abhängigkeit von der Anamnese und der zugrundeliegenden Erkrankung müssen systematisch alle **Lymphknotenregionen** untersucht werden:

- retroaurikulär
- präaurikulär
- vor und hinter dem M. sternocleidomastoideus
- im Kieferwinkel
- supraklavikulär
- axillär
- seitlich am Thorax
- am Oberarm medial oberhalb der Ellenbeuge
- inguinal

8.1 Inspektion

Die Inspektion von Lymphknotenschwellungen erlaubt schon gewisse Rückschlüsse auf die zugrundeliegende Erkrankung. Besteht eine **Lymphangitis** im Einzugsgebiet eines Lymphknotens, liegt in der Regel eine offene Wunde vor, über die Keime eingetreten sind. Die Lymphangitis ist als roter Streifen sichtbar. Die Verletzung liegt peripherwärts.

Extreme »Lymphknotenpakete« treten fast ausschließlich bei malignen Lymphomen und chronisch lymphatischer Leukämie auf.
Das klassische Beispiel für eine lokalisierte Lymphknotenschwellung ist die Vergrößerung der submandibulären Lymphknoten bei Tonsillitis.
Eiternde Lymphknoten findet man u. a. bei Tuberkulose, Anthrax (Milzbrand), Katzenkratzkrankheit und Tularämie (»Kaninchenfieber«).

8.2 Palpation

Der Patient muß sich in einer entspannten Lage befinden. Zur Palpation der Lymphknoten benutzt man die **Fingerspitzen**. Wird eine Schwellung ertastet, versucht man den Knoten zwischen Zeigefinger und Daumen zu fassen und zu bewegen. **Achten Sie auf Anzahl, Konsistenz und Schmerzhaftigkeit der Lymphknotenschwellung.**

8 Lymphknoten

Lymphknotenschwellungen sind sehr **häufig**. Jüngere Patienten reagieren auf entzündliche Erkrankungen leichter mit einer Lymphknotenschwellung als ältere. Vergrößerte Lymphknoten bei älteren Menschen sind daher eher verdächtig auf einen tumorösen Ursprung. Dies kann aber nicht als allgemeine Regel gelten, so daß bei jeder (unklaren) Lymphknotenvergrößerung eine Differenzierung zwischen entzündlicher Erkrankung und Tumorerkrankung erfolgen muß. Für die Anamnese sind neben dem Alter des Patienten das erstmalige Auftreten der Schwellung und deren Zusammenhang mit anderen Symptomen (z. B. Fieber, Allgemeinbefinden) von Bedeutung (s. u.). In seltenen Fällen kommen Lymphknotenvergrößerungen auch bei Speicherkrankheiten und Kollagenosen vor. Lymphknotenvergrößerungen werden durch Inspektion und Palpation festgestellt.
Im Bereich der klassischen Lymphknotenregionen ist die Abgrenzung gegenüber anderen Schwellungen (Weichteile, Lipome, Speicheldrüsen oder Knochen) in der Regel nicht sehr schwierig. In Abhängigkeit von der Anamnese und der zugrundeliegenden Erkrankung müssen systematisch alle **Lymphknotenregionen** untersucht werden:

- retroaurikulär (hinter dem Ohr)
- präaurikulär (vor dem Ohr)
- vor und hinter dem M. sternocleidomastoideus
- im Kieferwinkel
- supraklavikulär (zwischen M. sternocleidomastoideus und Klavikula)
- axillär (in der Achselhöhle)
- seitlich am Thorax
- am Oberarm medial oberhalb der Ellenbeuge
- inguinal (in der Leiste)

8.1 Inspektion

Die Inspektion von Lymphknotenschwellungen erlaubt schon gewisse Rückschlüsse auf die zugrundeliegende Erkrankung. Besteht eine **Lymphangitis** (Entzündung der Lymphbahnen) im Einzugsgebiet eines Lymphknotens, liegt in der Regel eine offene Wunde vor, über die Keime eingetreten sind. Die Lymphangitis ist als roter Streifen sichtbar (z. B. am Unterarm bei einer Wunde der Haut). Die Verletzung liegt peripherwärts. Auch wenn die Lymphangitis fehlt, sollte nach einer Eintrittspforte für Keime gesucht werden; so ist z. B. bei einer akuten axillären Lymphknotenschwellung der gesamte Arm zu inspizieren.
Extreme »Lymphknotenpakete« z. B. am Hals, die bereits bei der Inspektion sofort als solche erkennbar sind, treten fast ausschließlich bei malignen Lymphomen und chronisch lymphatischer Leukämie auf.

Das klassische Beispiel für eine lokalisierte Lymphknotenschwellung ist die Vergrößerung der submandibulären (im Kieferwinkel liegenden) Lymphknoten bei Tonsillitis.

Eiternde Lymphknoten findet man u. a. bei Tuberkulose, Anthrax (Milzbrand), Katzenkratzkrankheit und Tularämie (»Kaninchenfieber«), aber auch bei Streptokokken- und Staphylokokkeninfektion. Tuberkulöse Lymphknoten neigen darüber hinaus zur Fistelbildung.

8.2 Palpation

Der Patient muß sich in einer entspannten Lage befinden. Zur Palpation der Lymphknoten benutzt man die **Fingerspitzen**. Wird eine Schwellung ertastet, versucht man den Knoten zwischen Zeigefinger und Daumen zu fassen und zu bewegen. So können Größe und Verschieblichkeit gegenüber dem umgebenden Gewebe geprüft werden. Versuchen Sie, die Haut über der Schwellung zu verschieben, und **achten Sie auf Anzahl, Konsistenz und Schmerzhaftigkeit der Lymphknotenschwellung**.

> **Merke.** Jeder tastbare Lymphknoten ist vergrößert!

Merke

Das bedeutet nicht automatisch, daß eine akute Erkrankung vorliegt. Im Hals- und Kopfbereich werden am häufigsten kleine, solitäre und harte (alte) Lymphknoten getastet, die schon lange bestehen können und auf eine frühere Entzündung (postentzündlich) zurückzuführen sind.
Folgende **Beurteilungskriterien** müssen erfaßt und dokumentiert werden:
1. Lokalisation und Zahl der Lymphknoten (z. B. axillär 3–4 Lymphknoten)
2. Größe (in cm)
3. Konsistenz (weich, derb, fest, hart, holzig, fluktuierend)
4. Verschieblichkeit gegenüber der Haut, dem umgebenden Gewebe und anderen Lymphknoten
5. Druckschmerzhaftigkeit (indolent, gering, mäßig, stark)

Folgende **Beurteilungskriterien** müssen erfaßt und dokumentiert werden:
1. Lokalisation und Zahl der Lymphknoten
2. Größe
3. Konsistenz
4. Verschieblichkeit gegenüber der Haut, dem umgebenden Gewebe und anderen Lymphknoten
5. Druckschmerzhaftigkeit (indolent, gering, mäßig, stark)

Beispiele zur Differentialdiagnose der Lymphknotenschwellungen:
- Bei akut-entzündlicher Lymphknotenschwellung besteht eine deutliche Druckschmerzhaftigkeit. Die Lymphknoten sind weich bis leicht konsistent.
- Chronisch-entzündliche Lymphknoten sind derb bis eisenhart, indolent oder nur leicht druckdolent.
- Lymphknotenmetastasen beim Karzinom sind meist indolent, sie können sowohl untereinander als auch mit der Umgebung verbacken sein und tasten sich evtl. holzartig.
- Generalisierte Lymphknotenschwellungen deuten immer auf eine lymphatische Systemerkrankung hin, sei es infektiöser Art, z. B. bei der HIV-Infektion im Stadium der Lymphadenopathie, oder beim Lymphom (gleichzeitige Milz- und Lebervergrößerung?).
- Eitrige Lymphknoten können einschmelzen und einen lymphadenitischen Abszeß bilden. Diese Lymphknoten fluktuieren bei der Palpation.

Beispiele zur Differentialdiagnose der Lymphknotenschwellungen:
- Bei akut-entzündlicher Lymphknotenschwellung besteht eine deutliche Druckschmerzhaftigkeit. Die Lymphknoten sind weich bis leicht konsistent.
- Chronisch-entzündliche Lymphknoten sind derb bis eisenhart, indolent oder nur leicht druckdolent.
- Lymphknotenmetastasen beim Karzinom sind meist indolent.
- Generalisierte Lymphknotenschwellungen deuten immer auf eine lymphatische Systemerkrankung hin.
- Eitrige Lymphknoten können einschmelzen und einen Abszeß bilden. Diese Lymphknoten fluktuieren bei der Palpation.

Palpation der unterschiedlichen Lymphknotenregionen

- **Kopf und Hals**

Die Lymphdrainage aus dem Lymphsystem im Kopf- und Halsbereich erfolgt über ein oberflächliches und ein tiefes Lymphknotensystem. Diese münden in die venösen Zuflüsse der Vena jugularis, auf der linken Seite hauptsächlich in den Ductus thoracicus. Man unterscheidet **submentale** (direkt unter dem Kinn), **submandibuläre** (zwischen Kinn und Kieferwinkel), **zervikale** (Hals), **nuchale** (Nacken) und **supraklavikuläre** (s. o.) **Lymphknoten** (S C-**8.1**). Die Untersuchung findet am sitzenden Patienten statt. Palpieren Sie mit den Fingerspitzen von hinten oder von vorn systematisch alle Regionen (s. o.) durch.

Palpation der unterschiedlichen Lymphknotenregionen
- **Kopf und Hals**

Die Lymphdrainage aus dem Kopf- und Halsbereich erfolgt über ein oberflächliches und ein tiefes Lymphknotensystem, die in die venösen Zuflüsse der Vena jugularis, auf der linken Seite hauptsächlich in den Ductus thoracicus münden. Man unterscheidet **submentale, submandibuläre, zervikale, nuchale und supraklavikuläre Lymphknoten** (S C-**8.1**). Palpieren Sie mit den Fingerspitzen von hinten oder von vorn systematisch alle Regionen (s. o.) durch.

Synopsis C-**8.1: Palpation der Lymphknoten im Kopf-Hals-Bereich**

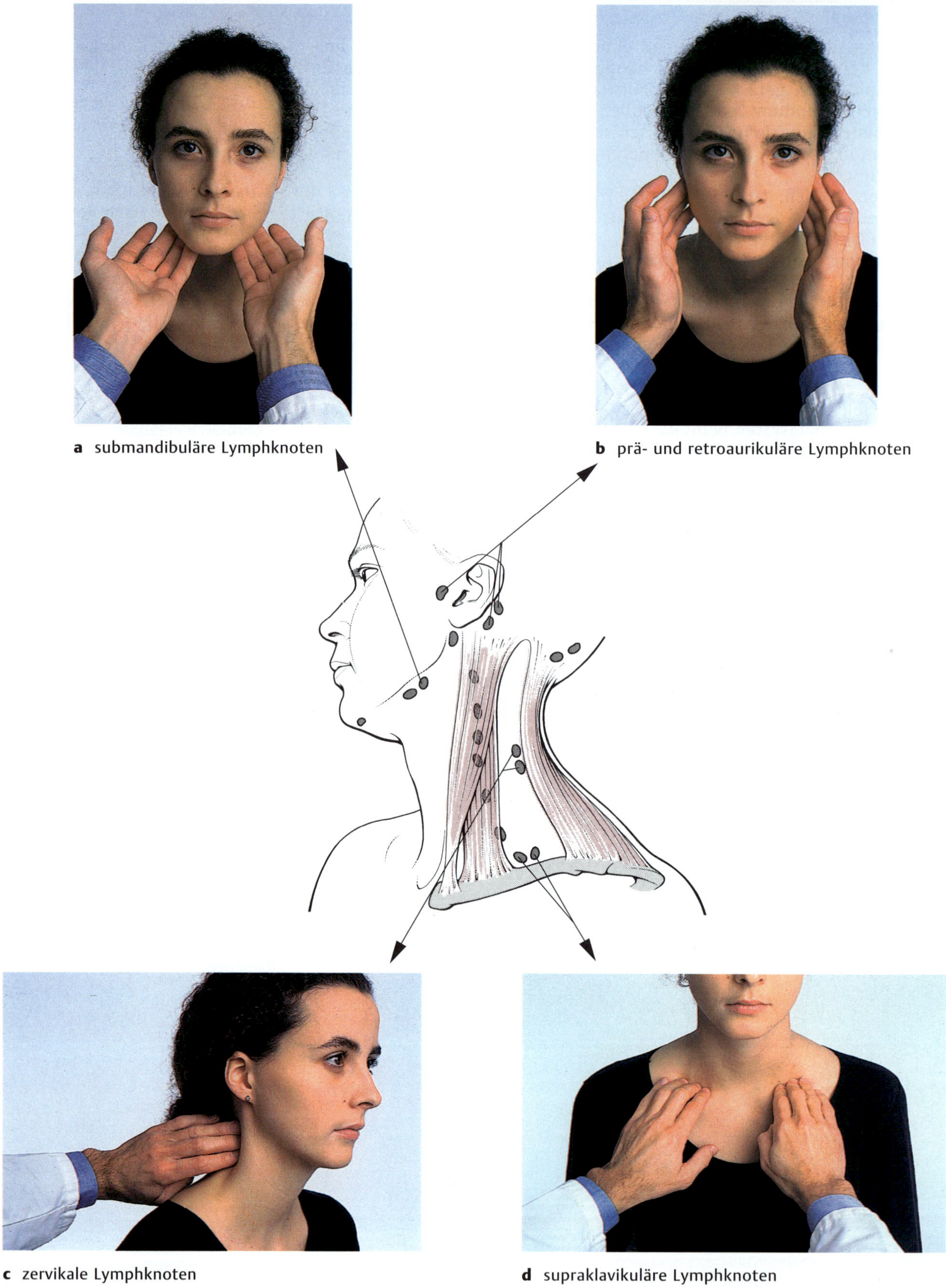

a submandibuläre Lymphknoten

b prä- und retroaurikuläre Lymphknoten

c zervikale Lymphknoten

d supraklavikuläre Lymphknoten

Kleine (linsen- bis erbsgroße), leicht bewegliche, harte, nicht schmerzhafte Lymphknoten im Kopf-Hals-Bereich findet man bei Gesunden häufig (postentzündliche Lymphknoten).
Bei unklaren und verdächtigen Lymphknotenschwellungen muß immer auch das entsprechende **Einzugsgebiet** inspiziert werden. Dort suchen Sie nach Entzündungen und Tumoren (▤ C-**8.1**).

Bei unklaren und verdächtigen Lymphknotenschwellungen muß immer auch das entsprechende **Einzugsgebiet** inspiziert werden (▤ C-**8.1**).

▤ C-8.1: Einzugsgebiet der Lymphknoten im Kopf-Hals-Bereich

Region	Einzugsgebiet	Erkrankung
Hals	Gesicht, Kopfhaut, Mund, Ohr Pharynx, Zähne	*Akut:* lokale und generalisierte Infektion *Chronisch:* Tuberkulose, Lues, Aktinomykose, Karzinome, Lymphome, Kollagenosen, Speicherkrankheiten
Retroaurikulär		Toxoplasmose, Röteln, Lues II
Präaurikulär	Hintere Mundhöhle, Rachenring(?), Umgebung der Augen, äußerer Gehörgang	Herpes ophthalmicus, Trachom, Keratokonjunktivitis
Submental	Unterlippe, Wangen	Lokale Infektionen und Tumoren
Submandibulär	Zunge, Speicheldrüsen, Mundboden, Wangen	Lokale Infektionen und Tumoren
Supraklavikulär	Arme, Kopf, Mammae, Thoraxwand	Tumoren des Ösophagus und Magens (Virchow-Drüse bei fortgeschrittenem Magenkarzinom)

- **Axilläre Region**

Bei der Untersuchung der axillären Lymphknoten ergreift der Untersucher die gleichsinnige Hand des Patienten und untersucht mit den fest zusammenliegenden Fingern der anderen Hand die Achselhöhle. Es ist wichtig, so tief wie möglich in die Achselhöhle zu greifen. Die Fingerspitzen werden dann tastend nach kaudal gezogen. Durch Abduktion und Adduktion des Patientenarmes ist das Auffinden auch weit kranial liegender Lymphknoten möglich. Diese Untersuchung ist besonders wichtig im Rahmen der Metastasensuche beim Mammakarzinom.
Man kann die axillären Lymphknoten auch beidseits gleichzeitig untersuchen: Der Patient wird aufgefordert, die Arme hochzustrecken – so daß der Untersucher tief in die Axilla fassen kann - und anschließend die Arme zu senken (◙ C-**8.1**).

- **Axilläre Region**

Bei der Untersuchung der axillären Lymphknoten ergreift der Untersucher die gleichsinnige Hand des Patienten und untersucht mit den fest zusammenliegenden Fingern der anderen Hand die Achselhöhle. Die Fingerspitzen werden dann tastend nach kaudal gezogen.

Man kann die axillären Lymphknoten auch beidseits gleichzeitig untersuchen (◙ C-**8.1**).

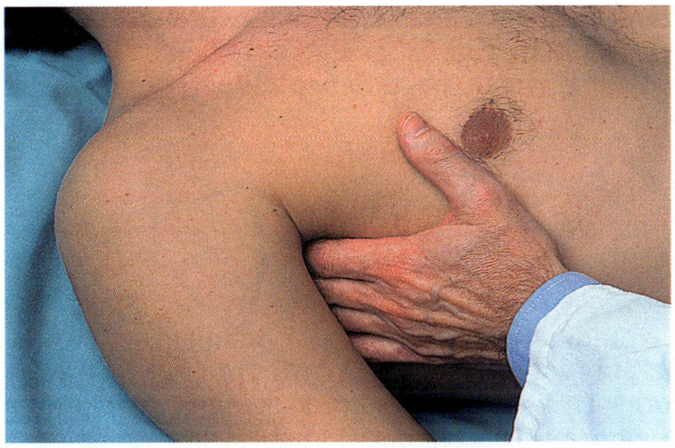

◙ C-8.1: Palpation der axillären Lymphknoten

• **Inguinale Region**

Die oberflächlichen Leistenlymphknoten liegen unterhalb des Leistenbandes auf der Faszie. **Sie verlaufen horizontal parallel zum Leistenband und drainieren die Lymphe aus der Analregion, dem äußeren Genitale und z. T. dem inneren Genitale, der Bauchhaut unterhalb des Nabels, dem Damm sowie der Haut des Hüft- und Gesäßbereichs.** Vertikal verlaufen Leistenlymphknoten parallel dem Mündungsgebiet der V. femoralis; sie nehmen den oberflächlichen Lymphstrom der unteren Extremität auf. Im Bereich des Anulus femoralis findet man regelmäßig einen vergrößerten Lymphknoten, die sog. Rosenmüller-Drüse. Die Lymphknoten sind meist derb und verlaufen strangförmig, im Verlauf des Leistenbands (C-**8.2**).

• **Inguinale Region**

Die oberflächlichen Leistenlymphknoten liegen unterhalb des Leistenbandes auf der Faszie. **Sie verlaufen horizontal parallel zum Leistenband und drainieren die Lymphe aus der Analregion, dem äußeren Genitale und z. T. dem inneren Genitale, der Bauchhaut unterhalb des Nabels, dem Damm sowie der Haut des Hüft- und Gesäßbereichs.** Vertikal verlaufen Leistenlymphknoten parallel dem Mündungsgebiet der V. femoralis; sie nehmen den oberflächlichen Lymphstrom der unteren Extremität auf. Im Bereich des Anulus femoralis findet man regelmäßig einen vergrößerten Lymphknoten, die sog. Rosenmüller-Drüse.
Die Lymphknoten werden am besten am liegenden Patienten getastet (C-**8.2**). Sie sind meist derb und verlaufen strangförmig (rosenkranzartig) im Verlauf des Leistenbandes. Es kommen natürlich auch akut geschwollene, weiche, entzündliche Lymphknoten vor (beim luetischen Primäraffekt sind die Lymphknoten mittelgroß, aber nur wenig schmerzhaft; man nennt diesen Lymphknoten »Bubo«).

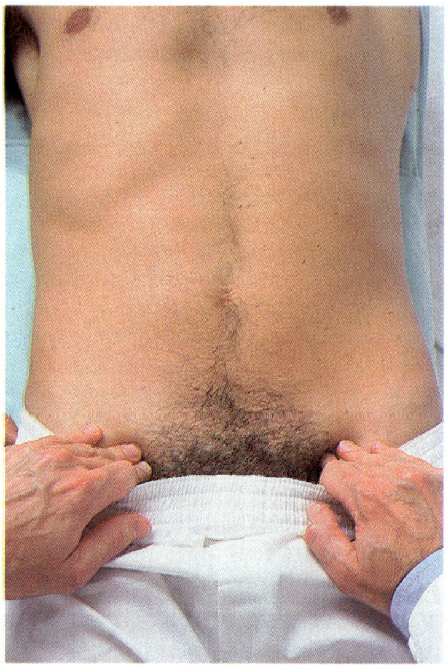

C-**8.2: Palpation der inguinalen Lymphknoten**

Kasuistik. Ein 17jähriger Jugendlicher fühlt sich krank, hat Fieber bis 38,5 °C rektal und klagt über knotige Schwellungen im Halsbereich. Bei der körperlichen Untersuchung finden sich Lymphknotenvergrößerungen auch axillär sowie eine Splenomegalie. Die Lymphknoten sind weich, bis walnußgroß und druckschmerzhaft. Das klinische Bild spricht für eine infektiöse Mononukleose (Pfeiffersches Drüsenfieber). Die Diagnose wird durch den Nachweis von Pfeiffer-Zellen (Monozyten) im Blutausstrich gesichert. Im weiteren Verlauf nehmen die Schwellungen der Halslymphknoten stark zu. Der Patient klagt über starke Halsschmerzen und Schluckbeschwerden. Bei der Inspektion der Mundhöhle fallen die massiv vergrößerten und z. T. eitrig belegten Tonsillen auf. Die starken Lymphknotenvergrößerungen im Kieferwinkel sind nur z. T. Ausdruck der Virusinfektion, z. T. sind sie regionäre Lymphknotenstationen der bakteriellen Superinfektion der Tonsillen.

8.3 Anamnese

Die Anamnese muß den **Zeitpunkt des ersten Auftretens**, die Dauer, das **Wachstum**, die **Schmerzhaftigkeit der Lymphknotenschwellung** und ihre Beziehung zu weiteren Symptomen klären.

8.3 Anamnese

Das Alter des Patienten zur groben Differenzierung bei der (unklaren) Lymphknotenschwellung wurde bereits erwähnt. Die Anamnese muß den **Zeitpunkt des ersten Auftretens**, die Dauer, das **Wachstum**, die **Schmerzhaftigkeit der Lymphknotenschwellung** und ihre Beziehung zu weiteren Symptomen klären. Bei regionalen Lymphknoten (z. B. in der Axilla oder Leiste) kommen Verletzungen, Operationen und Entzündungen z. B. im Bereich der betroffenen Extremität in Betracht und müssen erfragt werden.

Lymphknotenschwellungen im Kieferwinkel, die mit Schluckbeschwerden und Fieber einhergehen, findet man bei Tonsillitis oder Pharyngitis.
Ergibt die Anamnese keinen primär ersichtlichen Grund für die Lymphknotenschwellung, muß neben **chronischen Infektionen** auch an **Systemerkrankungen** und **Lymphknotenmetastasen** gedacht werden.

Lymphknotenschwellungen im Kieferwinkel, die mit Schluckbeschwerden und Fieber einhergehen, findet man bei Tonsillitis oder Pharyngitis.
Ergibt die Anamnese keinen primär ersichtlichen Grund für die Schwellung, muß auch an **Systemerkrankungen** gedacht werden.

Folgende Anamnesefragen sind zu stellen:
- *Wann ist die Lymphknotenschwellung erstmalig aufgetreten?*
- *Ging eine Operation, eine Verletzung, ein Unfall oder eine Entzündung voraus?*
- *Hat die Schwellung zugenommen und sind weitere Lymphknoten an anderer Stelle hinzugekommen?*
- *Erfolgte die Größenzunahme schnell (innerhalb von Tagen) oder langsam (Wochen)?*
- *War oder ist die Schwellung schmerzhaft oder druckempfindlich?*
- *Sind weitere Beschwerden aufgetreten (z. B. Fieber, Gewichtsverlust, Nachtschweiß, allgemeines Krankheitsgefühl)?*
- *Nehmen Sie Medikamente ein? (Hydantoine = Antiepileptika können bei längerer Anwendung Lymphknotenschwellungen verursachen)*
- *Haben Sie Haustiere, oder essen Sie rohes Fleisch? (z. B. Toxoplasmose: retroaurikuläre Lymphknoten).*

◀ **Wichtige Fragen**

Merke. Jeder neue, aus unklarem Grund vergrößerte oder »fragliche« Lymphknoten, der nach ca. 8 Wochen nicht wieder verschwunden ist, sollte vollständig exstirpiert und histologisch untersucht werden.

◀ **Merke**

9 Nervensystem und Psyche

Der hohe Stellenwert von Anamnese und körperlicher Untersuchung in der Diagnostik neurologischer Erkrankungen sei beispielhaft anhand der **multiplen Sklerose (MS)** beschrieben: Der Altersgipfel dieser häufigen Krankheit liegt zwischen dem 20. und 40. Lebensjahr (zwei Drittel der Fälle); Frauen sind häufiger betroffen als Männer. Frühsymptome der Erkrankung sind Sehstörungen (Verschwommensehen, Doppelsehen), Heiserkeit, Schluckstörungen, Schwäche aller oder einzelner Gliedmaßen und abgeschwächte oder aufgehobene Bauchhautreflexe (s. u.).

Neben der MS zählen die **Epilepsien** (Altersgipfel 10–20 Jahre), **Migräne** (frühes Erwachsenenalter), **Schlaganfälle** (60–80 Jahre), **Alzheimer-Krankheit** (6 % aller Menschen > 65 und 20 % > 85 Jahre), **Morbus Parkinson** (50–70 Jahre) und **Polyneuropathien** (Erkrankungen der peripheren Nerven), insbesondere Sensibilitätsstörungen beim Diabetes mellitus und der Alkoholkrankheit, zu den häufigsten neurologischen Erkrankungen in den westlichen Ländern. Die Diagnose ist bei allen aufgeführten Krankheiten allein aus der Anamnese und der körperlichen Untersuchung zu stellen.

Die neurologische Untersuchung am Krankenbett ist sicher mit das Schwierigste, was den Medizinstudenten erwartet. Es ist daher unumgänglich, sich einen **systematischen Untersuchungsgang** anzueignen, der bei jeder körperlichen Untersuchung mehr oder weniger gründlich ablaufen muß.
Psychische Störungen werden fast ausschließlich durch die Anamneseerhebung erfaßt.

9 Nervensystem und Psyche

Der hohe Stellenwert von Anamnese und körperlicher Untersuchung in der Diagnostik neurologischer Erkrankungen sei beispielhaft anhand der **multiplen Sklerose (MS)** beschrieben: Der Altersgipfel liegt zwischen dem 20. und 40. Lebensjahr. Frühsymptome sind Sehstörungen, Heiserkeit, Schluckstörungen, Schwäche aller oder einzelner Gliedmaßen und abgeschwächte oder aufgehobene Bauchhautreflexe.
Neben der MS zählen die **Epilepsien, Migräne, Schlaganfälle, Alzheimer-Krankheit, Morbus Parkinson** und **Polyneuropathien**, insbesondere Sensibilitätsstörungen beim Diabetes mellitus und der Alkoholkrankheit, zu den häufigsten neurologischen Erkrankungen. Die Diagnose ist bei allen aufgeführten Krankheiten allein aus der Anamnese und der körperlichen Untersuchung zu stellen.
Es ist unumgänglich, sich einen **systematischen Untersuchungsgang** anzueignen, der bei jeder Untersuchung gründlich ablaufen muß.

Psychische Störungen werden fast ausschließlich durch die Anamneseerhebung erfaßt.

Für die Beurteilung neurologischer und psychischer Erkrankungen sind die **allgemeine Erscheinung des Patienten**, der **erste Eindruck** und die anschließende Unterhaltung von besonderer Bedeutung.

Für die Beurteilung neurologischer und psychischer Erkrankungen sind zunächst die **allgemeine Erscheinung des Patienten**, der **erste Eindruck** und die anschließende Unterhaltung von besonderer Bedeutung. Man achte dabei auf die **Stimmung**, die **Vigilanz** (Aufmerksamkeit, Wachsamkeit), **Intelligenz** und **Merkfähigkeit** des Patienten.

9.1 Anatomie und Physiologie
Siehe S C-**9.1**.

9.1 Anatomie und Physiologie

Zur Anatomie und Physiologie des Nervensystems vgl. S C-**9.1**.

S Synopsis C-9.1: Verteilungsmuster der Sensibilität

Schema der segmentalen Innervation (rechte Körperhälfte) und peripheren Innervation (linke Körperhälfte). Die erste Nervenwurzel ist rein motorisch. Die in Klammern gesetzten Nerven bezeichnen den Nervenstamm der jeweiligen Hautäste. (Modifiziert nach Mumenthaler u. Schliack, 1993.)

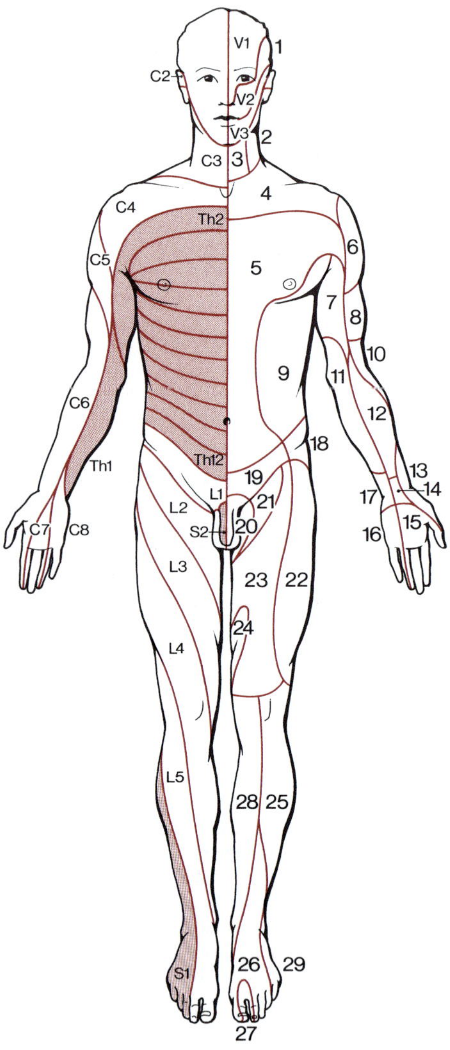

1 N. trigeminus (V1, V2, V3)
2 N. auricularis magnus
3 N. transversus colli
4 Nn. supraclaviculares
5 Rr. cutanei anteriores nn. intercostalium
6 N. cutaneus brachii lateralis superior (N. axillaris)
7 N. cutaneus brachii medialis
8 N. cutaneus brachii posterior (N. radialis)
9 Rr. mammarii laterales nn. intercostalium
10 N. cutaneus antebrachii posterior (N. radialis)
11 N. cutaneus antebrachii medialis
12 N. cutaneus antebrachii lateralis (N. musculocutaneus)
13 R. superficialis n. radialis
14 R. palmaris n. mediani
15 N. medianus
16 Nn. digitales palmares communes (N. ulnaris)
17 R. palmaris n. ulnaris
18 R. cutaneus lateralis n. iliohypogastrici
19 R. cutaneus anterior n. iliohypogastrici
20 N. ilioinguinalis
21 N. genitofemoralis
22 N. cutaneus femoris lateralis
23 Rr. cutanei anteriores n. femoralis
24 N. obturatorius
25 N. cutaneus surae lateralis (N. peronaeus communis)
26 N. peronaeus superficialis
27 N. peronaeus profundus
28 N. saphenus

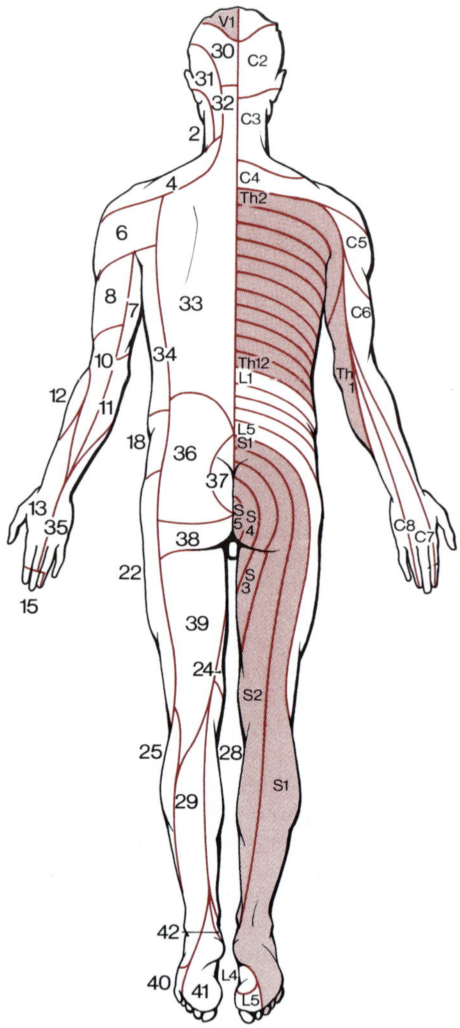

29 N. suralis
30 N. occipitalis major
31 N. occipitalis minor
32 Rr. dorsales nn. cervicalium
33 Rr. dorsales nn. spinalis
34 Rr. cutanei laterales nn. intercostalium
35 R. dorsalis n. ulnaris
36 Nn. clunium superiores
37 Nn. clunium medii
38 Nn. clunium inferiores
39 N. cutaneus femoris post.
40 N. plantaris lateralis (N. tibialis)
41 N. plantaris medialis (N. tibialis)
42 Rr. calcanei n. tibialis

9.2 Inspektion und Anamnese

Zu Beginn jeder neurologischen Untersuchung sollte der **mentale Status** erfaßt werden. Dabei werden Bewußtseinslage, Stimmung, Aufmerksamkeit (Vigilanz), Wahrnehmung, Intelligenz, Merkfähigkeit und psychischer Befund beurteilt.

Das erste Anamnesegespräch gibt die Möglichkeit, die mentale und psychische Situation zu erfassen. Es sollte auch dem Anfänger gelingen, nach einigen Gesprächsminuten zu beurteilen:
- Ob das Auftreten des Patienten und sein Verhalten für die Situation angemessen erscheinen
- Wie wach und aufmerksam er ist
- Inwieweit er die Sprache versteht, einer normalen Konversation folgen kann und sich daran beteiligt
- Ob er in der Lage ist, frühere und kurz zurückliegende Ereignisse klar zu schildern
- Ob die Gedankengänge inhaltlich und formal logisch erscheinen (realistisch, vernünftig, plausibel usw.)
- Ob sein affektives Verhalten normal ist.

Eine differenziertere und genauere Beurteilung wird im weiteren Verlauf der Anamnese möglich sein, wenn die Fragen zur augenblicklichen Erkrankung spezifiziert werden und die Krankengeschichte (frühere Erkrankungen usw.) erhoben wird.

Erste Hinweise auf eine neuropsychiatrische Störung ergeben sich bereits aus den ersten Minuten des Interviews. Man spürt, daß mit dem Patienten etwas nicht stimmt, und fühlt sich selbst eventuell etwas unangenehm. Der Patient erscheint einem vielleicht sehr abweisend, unfreundlich, überängstlich, abwesend, gelangweilt, exzentrisch, bedrohend, sehr nervös usw. Sind Stimmung oder Verhalten auffällig, sollte im weiteren Verlauf eine systematische Abklärung erfolgen.

- **Auftreten und Verhalten, Allgemeinzustand**

Untersuchungskriterien:
- Erscheint der Patient älter oder jünger als sein aktuelles Alter?
- Ist er offensichtlich krank? Allgemeiner Gesundheitszustand?
- Macht er einen gepflegten oder verwahrlosten Eindruck?
- Wie ist die Kleidung: sauber oder dreckig, auffällig oder adäquat?
- Körperhaltung: aufrecht, gebeugt, servil, bizarr?
- Gesichtsausdruck: ausdruckslos, angespannt, entspannt, freundlich, abwesend?
- Ist Augenkontakt möglich?
- Ist die Motorik normal oder anormal (nervös-unruhig, manieriert, Tic, Tremor, überschießend, verlangsamt, erstarrt)?
- Psychomotorik: still, gehemmt, lahm, ruhig oder redselig, geschwätzig, enthemmt, zudringlich, getrieben usw.?
- Auftreten: freundlich, herzlich, interessiert, abweisend, voreingenommen, unfreundlich, mißtrauisch, aggressiv?
- Verhalten: normal oder inadäquat (z. B. Selbstgespräche, Gereiztheit oder Feindseligkeit bei bestimmten Themen usw.)?

- **Bewußtseinslage und Aufmerksamkeit**

Ist der Patient wach, aufmerksam oder lethargisch, schläfrig-stuporös? Die genaue Prüfung des Bewußtseins wird in Kapitel C 12 beschrieben.

9.2 Inspektion und Anamnese

Zu Beginn jeder neurologischen Untersuchung sollte der **mentale Status** erfaßt werden. Dabei werden Bewußtseinslage, Stimmung, Aufmerksamkeit, Wahrnehmung, Intelligenz, Merkfähigkeit und psychischer Befund beurteilt. Es sollte auch dem Anfänger gelingen, nach einigen Gesprächsminuten zu beurteilen:
- Ob das Auftreten des Patienten und sein Verhalten für die Situation angemessen erscheinen
- Wie wach und aufmerksam er ist
- Inwieweit er die Sprache versteht, einer normalen Konversation folgen kann und sich daran beteiligt
- Ob er frühere und kurz zurückliegende Ereignisse klar schildern kann.
- Ob die Gedankengänge inhaltlich und formal logisch erscheinen
- Ob sein affektives Verhalten normal ist.

Eine differenziertere Beurteilung wird möglich sein, wenn die Fragen zur augenblicklichen Erkrankung spezifiziert werden und die Krankengeschichte erhoben wird.

Erste Hinweise auf eine neuropsychiatrische Störung ergeben sich bereits aus den ersten Minuten des Interviews. Man spürt, daß mit dem Patienten etwas nicht stimmt. Sind Stimmung oder Verhalten auffällig, sollte eine systematische Abklärung erfolgen.

- **Auftreten und Verhalten, Allgemeinzustand**

◄ **Untersuchungskriterien**

- **Bewußtseinslage und Aufmerksamkeit**

Ist der Patient wach, aufmerksam oder lethargisch, schläfrig-stuporös? Die genaue Prüfung des Bewußtseins wird in Kap. C 12 beschrieben.

Definition ▶

Definition. Als Aufmerksamkeit bezeichnet man die Fähigkeit, sich auf bestimmte Dinge zu konzentrieren und irrelevante Stimuli zu ignorieren.
Tests: Aufzählen und Benennen der fünf Finger, Rechnen (100 minus 7, minus 7 usw.), den eigenen Vornamen rückwärts buchstabieren.

• Sprache

Ist die Sprache flüssig und klar?
Gibt es formale Störungen wie Stottern, Lispeln, Worte verschlucken, sehr langsames oder abgehacktes Sprechen usw.?
Ist der gedankliche Inhalt kohärent und logisch?

• Sprache

Ist die Sprache flüssig und klar? Gibt es formale Störungen wie Stottern, Lispeln, Worte verschlucken, sehr langsames oder abgehacktes Sprechen usw.? Ist der gedankliche Inhalt kohärent und logisch? Zur genaueren Analyse des Sprachverständnisses, der Sprachaufnahme und des Ausdrucks bittet man den Patienten, einen Satz zu wiederholen, einen Satz zu lesen, einen Gegenstand zu benennen und einen Satz zu schreiben.

• Stimmung und Affektivität

Ist die Stimmung ausgeglichen, zufrieden, heiter, gleichgültig, gespannt, gereizt, gedrückt, depressiv, ängstlich, besorgt, verzweifelt usw.?
Ist die Affektivität unauffällig, oder ist der Patient stumpf, teilnahmslos, oberflächlich, empfindlich, ungezügelt, affektinkontinent usw.?

• Stimmung und Affektivität

Ist die Stimmung ausgeglichen, zufrieden, heiter, gleichgültig, gespannt, gereizt, gedrückt, depressiv, ängstlich, besorgt, verzweifelt usw.?
Ist die Affektivität unauffällig, oder ist der Patient stumpf, teilnahmslos, oberflächlich, flüchtig, empfindlich, ungezügelt, enthemmt, affektinkontinent usw.?

Es ist sehr hilfreich, den Patienten nach seiner Stimmung zu fragen:

Wichtige Fragen ▶

Wichtige Fragen:
- *Wie ist Ihre Stimmung?*
- *Wie fühlen Sie sich im Augenblick?*
- *Sind Sie aufgeregt?*
- *Haben Sie Angst?*
  Bezieht sich die Angst auf bestimmte Situationen, z. B. alleine auszugehen, auf überfüllten Plätzen zu sein usw.?
- *Haben Sie Angst vor der Zukunft?*
- *Macht Ihnen Ihre Gesundheit Sorgen?*
- *Fühlen Sie sich gelegentlich traurig?*
- *Müssen Sie oft weinen?*
- *Worüber sind Sie so entmutigt?*
- *Wie ist es mit Ihrer Energie?*
- *Haben Sie auch Freude und Spaß?*
- *Wie ist Ihr Appetit?*
- *Haben Sie ausreichend Schlaf?*
- *Können Sie sich gut konzentrieren?*
- *Ist Ihr Gedächtnis in Ordnung?*
- *Wie gehen Sie mit diesen Gefühlen um?*

- **Orientierung und Gedächtnis**

Es hat sich sehr bewährt, zu diesem Komplex einige **Standardfragen** zu stellen:
- *Wann wurden Sie bei uns aufgenommen?*
- *Können Sie mir bitte Ihre Anschrift und Telefonnummer sagen?*

Um die weitere Fragerei nicht lächerlich erscheinen zu lassen, sollte man dem Patienten erklären: *Ich werden Ihnen jetzt einige Routinefragen stellen, um sicherzugehen, daß Ihr Gedächtnis und Ihre Orientierung in Ordnung sind:*

Zeit
- *Wissen Sie das heutige Datum?*
- *Welcher Tag ist heute?*

Ort
- *Wo sind wir hier?*
- *Wissen Sie die Straße, die Stadt, das Land?*

Person
- *Wissen Sie meinen Namen?*
- *Welchen Beruf habe ich?*

Kurzzeitgedächtnis
- *Wie heißt die Stationsschwester?*
- *Ist Ihnen heute schon Blut abgenommen worden?*
- *Hatten Sie heute Stuhlgang?*
- *Wie lange sind Sie jetzt im Krankenhaus?*

Langzeitgedächtnis
- *Nennen Sie mir Ihr Geburtsdatum!*
- *Wie ist das Geburtsdatum Ihrer Kinder?*
- *Wie heißt der Bundespräsident, Kanzler, Papst usw.?*

- **Einsicht und Urteilsfähigkeit**

Wichtige Fragen:
- *Warum sind Sie im Krankenhaus?*
- *Was ist Ihrer Meinung nach nicht in Ordnung?*
- *Was haben die Untersuchungen ergeben?*
- *Brauchen Sie irgendeine Hilfe?*
- *Wie sind Ihre Zukunftspläne?*
- *Wann werden Sie entlassen?*
- *Können Sie sich allein versorgen?*

- **Höhere kognitive Funktionen**

Orientierende Tests und Fragen:
- *Rechnen (s. o.)*
- *Zeichnen Sie eine Uhr mit der richtigen Zeit!*
- *Kopieren Sie diese Zeichnung (z. B. ein Pentagramm)!*
- *Was bedeutet der Begriff »Ein Brett vorm Kopf«?*
- *Wofür ist Columbus berühmt geworden?*

Zur genauen Quantifizierung der Intelligenz und zur Persönlichkeitstestung stehen verschiedene Verfahren zur Verfügung, so beispielsweise der Hamburg-Wechsler-Intelligenztest für Erwachsene bzw. Kinder, das Freiburger Persönlichkeitsinventar und der Rorschach-Test.

- **Organisches Psychosyndrom**

Definition. Das **organische Psychosyndrom** umfaßt psychische Störungen, die infolge einer diffusen oder umschriebenen Störung des Gehirns auftreten. Als Ursachen kommen in Betracht: Alkohol- oder Medikamentenintoxikation, Trauma, Operationen, Hirntumor, Enzephalitis, endokrine Störungen (z. B. Hyper- oder Hypothyreose).

- **Orientierung und Gedächtnis**

◄ **Standardfragen**

- **Einsicht und Urteilsfähigkeit**

◄ **Wichtige Fragen**

- **Höhere kognitive Funktionen**

◄ **Orientierende Tests und Fragen**

Zur genauen Quantifizierung der Intelligenz und zur Persönlichkeitstestung stehen verschiedene Verfahren zur Verfügung.

- **Organisches Psychosyndrom**

◄ **Definition**

Symptomatologie:
- Antriebsstörung, Apathie
- Erhöhte Ermüdbarkeit
- Affektlabilität, Unruhe
- Gedächtnisstörung
- Retrograde Amnesie
- Störungen der Orientierung
- Halluzinationen

Symptomatologie:
- Antriebsstörung, Apathie
- Erhöhte Ermüdbarkeit
- Affektlabilität, Unruhe
- Gedächtnisstörung (die Merkfähigkeit frischer Ereignisse ist besonders gestört)
- Retrograde Amnesie (s. u.)
- Störungen der Orientierung
- Halluzinationen (insbesondere optische)

Definition ▶

Definition. **Psychose** oder psychotische Störung bezeichnet Erkrankungen bzw. Störungen des Zentralnervensystems, die häufig mit Sinnestäuschungen (Halluzination) und Wahnvorstellungen (Paranoia) einhergehen (»Geisteskrankheiten«); beispielsweise Schizophrenie, Alkoholpsychose.

Definition ▶

Definition. Eine **Neurose** ist dagegen eine psychische Störung, die nicht auf einer Erkrankung des Nervensystems beruht, z. B. Zwangsneurose oder Angstneurose.

9.2.1 Vorbereitung zur Untersuchung

Die neurologische Untersuchung beginnt bereits mit der **Beobachtung des Ganges und der Haltung des Patienten** beim Betreten des Arztzimmers.

9.2.1 Vorbereitung zur Untersuchung

Die neurologische Untersuchung beginnt bereits mit der **Beobachtung des Ganges und der Haltung des Patienten** beim Betreten des Arztzimmers. Für die nähere Inspektion und gründliche neurologische Untersuchung muß der Patient entkleidet sein. Für die neurologische Untersuchung durch den Allgemeinarzt werden benötigt: Reflexhammer, Nadel, Pinsel oder Wattebausch, Stimmgabel, evtl. Stechzirkel.

9.2.2 Hirnerven

Hirnerven (▤ C-**9.1**) sind direkte Verbindungen zwischen Gehirn und Endorgan. Sie zeichnen sich des weiteren durch die Übermittlung von Sinnesfunktionen aus.

9.2.2 Hirnerven

Hirnerven (▤ C-**9.1**) sind im Gegensatz zu peripheren Nerven direkte auf- und absteigende Verbindungen zwischen Gehirn und Endorgan, die innerhalb des Schädels aus dem zentralen Nervensystem austreten. Sie zeichnen sich des weiteren durch die Übermittlung von Sinnesfunktionen wie Hören, Riechen, Schmecken und Sehen aus.

▤ C-9.1: Hirnerven und ihre Funktionen

Hirnerven		**Funktion**
Rein sensorische Hirnerven	N. V (N. trigeminus, Radix sensoria)	Sensibilität der Kopfes
	N. VIII (N. vestibulocochlearis)	Gehör- und Gleichgewichtsapparat
Gemischte Kiemenbogennerven	1. N. V (N. trigeminus, Radix motoria)	Kaumuskulatur
	2. N. VII (N. facialis)	Mimische Muskulatur
	3. N. IX (N. glossopharyngeus)	Geschmacksapparat
	4. N. X (N. vagus)	Schlund, Brust- und Baucheingeweide
Rein motorische Hirnerven	N. XI (N. accessorius)	Nackenmuskulatur
	N. XII (N. hypoglossus)	Zungenmuskulatur
	N. VI (N. abducens) N. III (N. oculomotorius) N. IV (N. trochlearis)	Augenmuskulatur
Sensorische Hirnteile	N. II (N. opticus)	Sehapparat
	N. I (Fila olfactoria)	Riechapparat

- **I. Hirnnerv (N. olfactorius)**

Die Funktion des N. olfactorius wird mittels **Riechprüfung** getestet. Die Riechstoffe werden dem Patienten bei geschlossenen Augen seitengetrennt (jede Nasenseite) angeboten. Neben den wohlriechenden Stoffen sollten eine Leerprobe und evtl. auch eine übelriechende Probe (Asa foetida) sowie **Salmiak** getestet werden. Salmiak ist ein starker Trigeminusreizstoff, der nicht gerochen wird, aber infolge der Schleimhautreizung zu einem brennenden Gefühl und entsprechender Reaktion führt. Damit kann evtl. ein Simulationsverdacht ausgeschlossen werden.

Die häufigsten Ursachen der **Hyposmie** (Abnahme des Riechvermögens) sind Infekte der oberen Luftwege und degenerative Prozesse (altersbedingte Hyposmie). Ein vollständiger Verlust des Riechvermögens (Anosmie) ist Folge einer Schädigung des N. olfactorius bzw. des Rhinenzephalons, z. B. durch ein frontobasales Trauma oder einen Stirnhirntumor.

- **II. Hirnnerv (N. opticus)**

Visusstörungen treten – abgesehen von ophthalmologischen Erkrankungen wie Glaukom, Katarakt oder Refraktionsanomalien – häufig aufgrund von Schädigungen des Sehnervs im Rahmen neurologischer und interner Systemerkrankungen auf.
Bei jedem Patienten mit Sehstörungen muß daher auch eine **Spiegelung des Augenhintergrunds** (Funduskopie) erfolgen. Die Funduskopie ermöglicht nicht nur eine Beurteilung des Austrittspunktes des N. opticus (Papille), sondern auch der Gefäße am Augenhintergrund. Dies ist das einzige »Fenster« des Organismus, wo eine direkte Beobachtung von Venen und Arterien intra vitam möglich ist.
Die häufigsten Ursachen für eine Schädigung sowohl der Papille als auch der retinalen Gefäße sind der **Diabetes mellitus** (Papillenatrophie) und die **arterielle Hypertonie** (Stauungspapille bei schwerer Hypertonie).

Definition. Als **Amaurosis fugax** bezeichnet man eine flüchtige Erblindung bei Thromboembolie der Arteria ophthalmica. Dies ist ein wichtiges Warnsymptom, da im weiteren Verlauf häufig schwerere neurologische Komplikationen, z. B. ein Schlaganfall, folgen. Als Emboliequelle kommen die hirnversorgenden Halsgefäße (A. carotis) und das Herz in Betracht. Die Untersuchung dieser Organe mittels Doppler-/Duplexsonographie und Echokardiographie ist daher zwingend.

Zur Prüfung der Pupillenreaktion und des Gesichtsfeldes siehe Seite 130f. und 137f.

- **III. (N. oculomotorius), IV. (N. trochlearis) und VI. Hirnnerv (N. abducens)**

Diese Hirnnerven innervieren die für die Okulomotorik verantwortlichen Augenmuskeln. Der vollständige Ausfall der okulomotorischen Hirnnerven bzw. ihres Kerngebietes führt zur **Ophthalmoplegie**. Störungen des N. oculomotorius führen zur Ptosis (Herabhängen des Oberlides) bei Ophthalmoplegia externa und zur Mydriasis (Pupillenerweiterung) mit Pupillenstarre bei Ophthalmoplegia interna. Zur Untersuchung der Augenmuskeln siehe S C-**9.2**. Eine **grobe Prüfung der Augenmuskelbeweglichkeit** erfolgt dadurch, daß der Patient bei fixiertem Kopf dem Finger des Untersuchers nachzublicken hat. Treten Doppelbilder auf, ist dies ein Hinweis auf eine Störung.

- **I. Hirnnerv (N. olfactorius)**

Die Funktion des N. olfactorius wird mittels **Riechprüfung** getestet. Neben den wohlriechenden Stoffen sollte eine Leerprobe und evtl. auch eine übelriechende Probe sowie **Salmiak** angeboten werden. Salmiak ist ein starker Trigeminusreizstoff, der infolge der Schleimhautreizung zu einem brennenden Gefühl und entsprechender Reaktion führt.

Die häufigsten Ursachen der **Hyposmie** sind Infekte der oberen Luftwege und degenerative Prozesse.

- **II. Hirnnerv (N. opticus)**

Visusstörungen treten – abgesehen von ophthalmologischen Erkrankungen – häufig aufgrund von Schädigungen des Sehnervs im Rahmen neurologischer und interner Systemerkrankungen auf. Bei jedem Patienten mit Sehstörungen muß daher auch eine **Spiegelung des Augenhintergrunds** (Funduskopie) erfolgen.

Die häufigsten Ursachen für eine Schädigung sowohl der Papille als auch der retinalen Gefäße sind der **Diabetes mellitus** und die **arterielle Hypertonie**.

◀ **Definition**

Zur Prüfung der Pupillenreaktion und des Gesichtsfeldes siehe Seite 130f. und 137f.

- **III. (N. oculomotorius), IV. (N. trochlearis) und VI. Hirnnerv (N. abducens)**

Diese Hirnnerven innervieren die für die Okulomotorik verantwortlichen Augenmuskeln. Der vollständige Ausfall der okulomotorischen Hirnnerven führt zur **Ophthalmoplegie**. Zur Untersuchung der Augenmuskeln siehe S C-**9.2**. Eine **grobe Prüfung der Augenmuskelbeweglichkeit** erfolgt dadurch, daß der Patient bei fixiertem Kopf dem Finger des Untersuchers nachzublicken hat. Treten Doppelbilder auf, ist dies ein Hinweis auf eine Störung.

Synopsis C-9.2: Überprüfung der Augenmuskelbeweglichkeit

Während die horizontale Bulbusbewegung jeweils durch einen Muskel (M. rectus lateralis bzw. M. rectus medialis) erfolgt, wirken bei der Vertikalbewegung die beiden Bulbusheber (M. rectus superior und M. obliquus inferior) bzw. Bulbussenker (M. rectus inferior und M. obliquus superior) zusammen. Bei Lähmung eines Augenmuskels bleibt der Bulbus zurück, und es resultiert **Diplopie:** Mit Blickrichtung in die Bewegungsfunktion des gelähmten Muskels weichen die Doppelbilder auseinander. Der rote Apfel symbolisiert jeweils das reale Bild, der graue Apfel das Scheinbild, das nach Abdecken des paretischen Auges verschwindet.

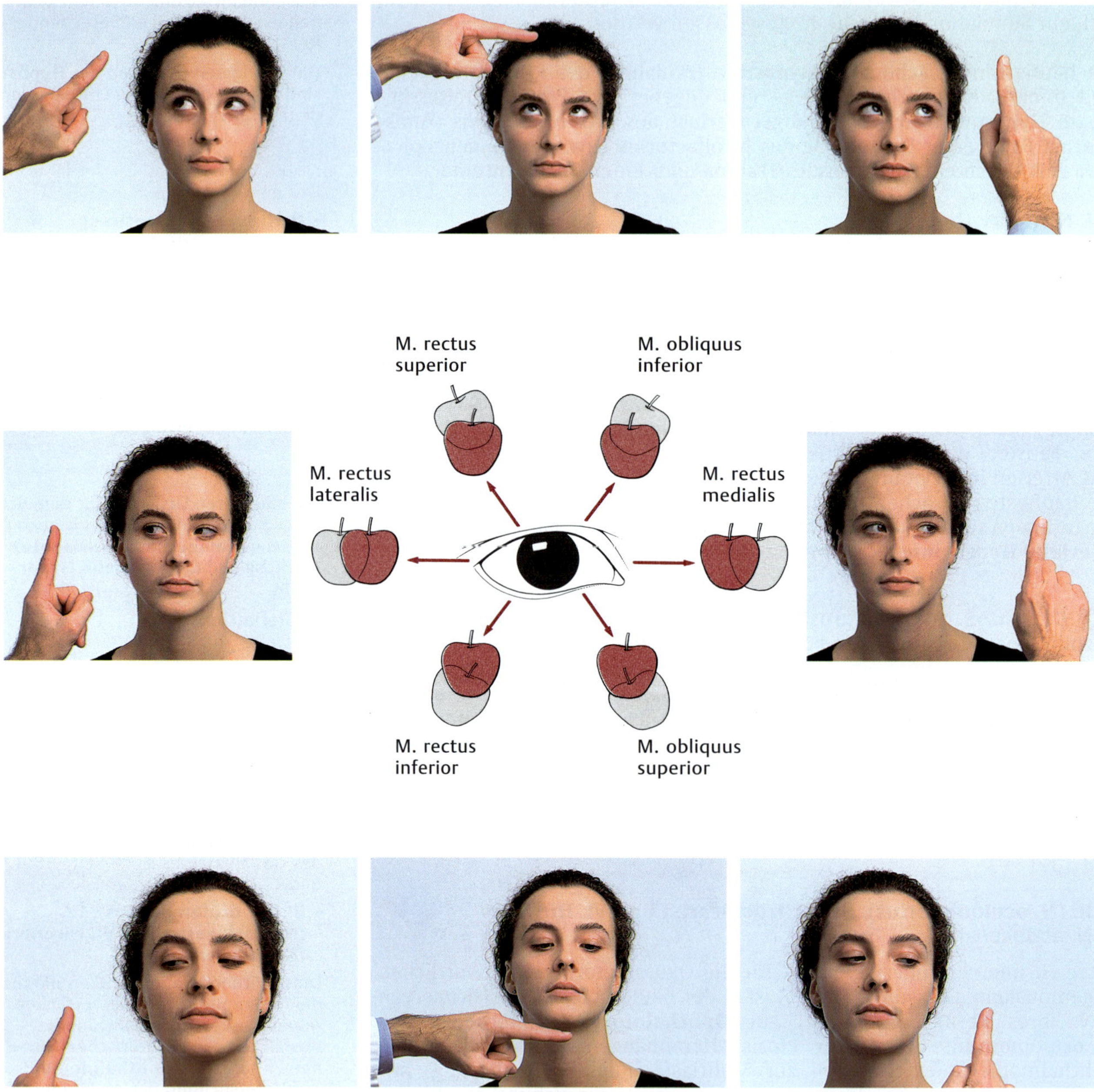

Latentes Schielen (Heterophorie) ist die leichteste und harmloseste Form der Augenmuskelstörung.
Normalerweise kann das Schielen durch Fusionszwang kompensiert werden. Durch Ermüdung, Alkoholeinfluß, Nervosität oder fieberhafte Erkrankungen kann es zum manifesten Strabismus (Schielen) kommen. Die Prüfung auf latentes Schielen erfolgt mit dem **Aufdecktest:** rasche Einstellbewegung des zuvor abgedeckten Auges.

Latentes Schielen ist die leichteste Augenmuskelstörung.
Die Prüfung erfolgt durch den **Aufdecktest**: rasche Einstellbewegung des zuvor abgedeckten Auges.

- **V. Hirnnerv (N. trigeminus)**

Der N. trigeminus besitzt einen sensiblen und einen motorischen (Kaumuskulatur) Anteil. Die Schädigung des N. trigeminus kann sowohl zu heftigsten **Schmerzen** (Trigeminusneuralgie), als auch zu **Sensibilitätsstörungen im Gesicht** (S C-**9.3**) und **Lähmungen der Kaumuskulatur** führen. Den motorischen Anteil kann man prüfen, indem man den Patienten fest zubeißen läßt und die Kaumuskulatur (M. masseter und M. temporalis) palpiert.

- **V. Hirnnerv (N. trigeminus)**

Der N. trigeminus besitzt einen sensiblen und einen motorischen Anteil. Die Schädigung des N. trigeminus kann sowohl zu heftigsten **Schmerzen**, als auch zu **Sensibilitätsstörungen im Gesicht** (S C-**9.3**) und **Lähmungen** der **Kaumuskulatur** führen. Den motorischen Anteil kann man prüfen, indem man den Patienten fest zubeißen läßt und die Kaumuskulatur palpiert.

S Synopsis C-**9.3: Versorgungsgebiete der Trigeminusäste**

Hauptäste des N. trigeminus
- N. ophthalmicus (V1)
- N. maxillaris (V2)
- N. mandibularis (V3)

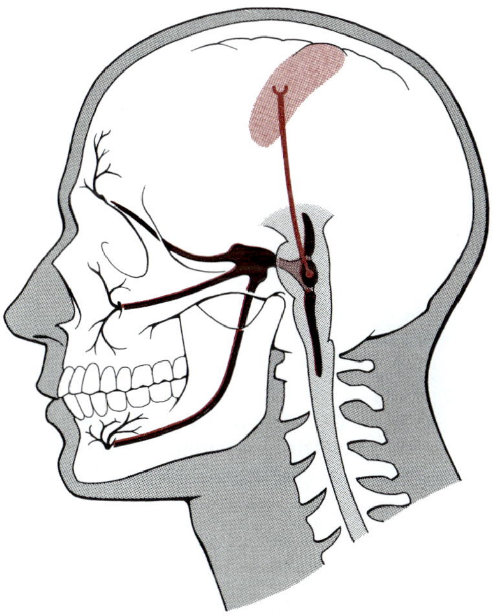

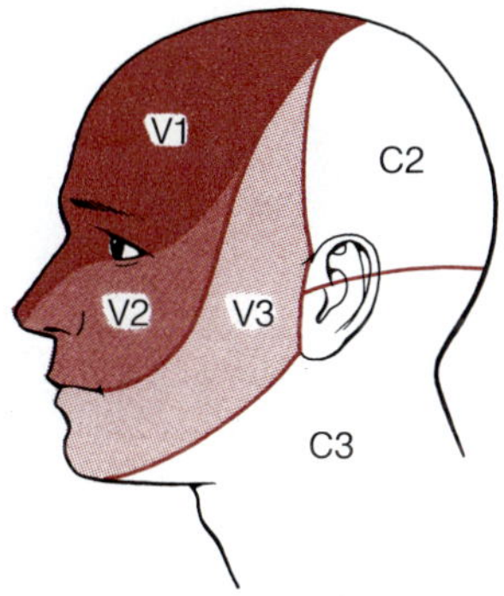

Periphere sensible Versorgung des Gesichts. Innervationsbereiche der drei Trigeminusäste und der angrenzenden Gebiete (Zervikalwurzel 2 und 3).

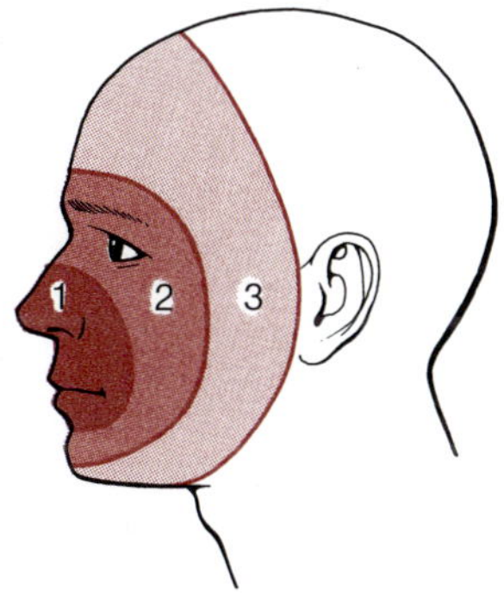

Nukleäre sensible Versorgung des Gesichts. Bei einer Läsion im Kerngebiet des V. Hirnnervs (1 kranialer, 2 mittlerer, 3 kaudaler Anteil der Kernsäule) ist die Sensibilitätsstörung »zwiebelschalenförmig« angeordnet (Sölder-Linien).

Zur **Prüfung des Kornealreflexes** werden die Konjuktiva und die Kornea mit einem Wattebausch leicht berührt. Die **Gesichtssensibilität** kann mit dem Wattebausch geprüft werden.

Zur **Prüfung des Kornealreflexes** werden mit einem sterilen Wattebausch, der zu einem feinen Stäbchen ausgezogen wird, die Konjunktiva und die Kornea leicht berührt. Die **Gesichtssensiblität** kann anschließend mit dem Wattebausch geprüft werden. Eine periphere Läsion ist im Versorgungsgebiet der einzelnen Trigeminusäste lokalisiert. Eine Läsion im Kerngebiet führt zu einer »zwiebelschalenförmigen« Ausbreitung der Sensibilitätsstörungen.

• **VII. Hirnnerv (N. facialis)**

Die **sensiblen Anteile** des N. facialis werden durch **Geschmacksprüfung** getestet: Zucker-, Kochsalz-, Zitronensäure- und Chininlösung nacheinander auf beide Zungenhälften tupfen. Wegen der möglichen Verteilung der Geschmacksstoffe darf der Patient die Zunge nicht einziehen.

Die **periphere Fazialisparese** betrifft die gesamte mimische Muskulatur einer Gesichtshälfte. Sie fällt sofort durch den herabhängenden Mundwinkel auf. Der Lidschluß ist erschwert, die Lidspalte erweitert, und die Augen werden nach oben gerollt (Bell-Phänomen, ◘ C-**9.1**). Bei der **zentralen Fazialisparese** sind Lidschluß und Stirnrunzeln wegen der doppelseitigen Versorgung noch erhalten.

• **VII. Hirnnerv (N. facialis)**

Die **sensiblen Anteile** des N. facialis werden durch **Geschmacksprüfung** getestet: 20 %ige Zuckerlösung (süß), 10 %ige Kochsalzlösung (salzig), 5 %ige Zitronensäurelösung (sauer) und 1 %ige Chininlösung (bitter) nacheinander auf beide Zungenhälften tupfen. Wegen der möglichen Verteilung der Geschmackstoffe darf der Patient während der Untersuchung die Zunge nicht einziehen, nicht sprechen und den Mund nicht schließen. Die Antwort auf die angebotene Geschmacksqualität erfolgt durch Zeigen auf das entsprechende Feld eines vorgehaltenen Kartons.
Die **periphere Fazialisparese** betrifft die gesamte mimische Muskulatur (einschließlich Stirnrunzeln) einer Gesichtshälfte. Sie fällt sofort durch den herabhängenden Mundwinkel auf. Der Lidschluß ist erschwert, die Lidspalte erweitert (Lagophthalmus), und die Augen werden nach oben gerollt (Bell-Phänomen, ◘ C-**9.1**). Auf der betroffenen Seite können Tränen- und Speichelfluß vermindert sein. Bei der **zentralen Fazialisparese** sind Lidschluß und Stirnrunzeln wegen der doppelseitigen Versorgung noch erhalten.

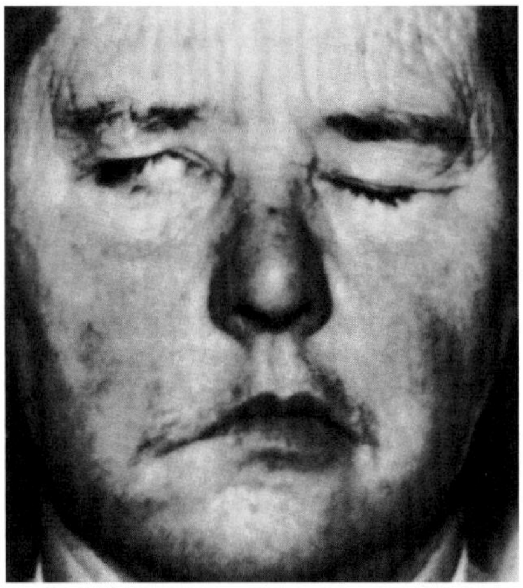

◘ C-9.1: Bell-Phänomen bei rechtsseitiger peripherer Fazialisparese

Zur Fazialis-Prüfung siehe **S** C-**9.4**.

Man bittet den Patienten, die Augenbrauen hochzuziehen (normal: symmetrische Stirnfalten beidseits), die Augen zusammenzukneifen (die gleichzeitige Öffnung beider Augen mit Daumen und Zeigefinger des Untersuchers ist normalerweise nicht möglich), anschließend die Zähne zu zeigen (beide Mundwinkel ziehen sich symmetrisch nach hinten) und die Backen aufzublasen (es darf keine Luft entweichen) bzw. zu pfeifen (bei Fazialisparese nicht möglich) (**S** C-**9.4**).

Beim **Chvostek-Zeichen** kommt es zur Kontraktion der mimischen Muskulatur nach Beklopfen des Fazialisstammes.

Beim **Chvostek-Zeichen** kommt es zur Kontraktion der mimischen Muskulatur nach Beklopfen des Fazialisstammes, z. B. bei gesteigerter Erregbarkeit im Rahmen einer Hypokalzämie, Tetanie.

S Synopsis C-**9.4: Fazialis-Prüfung**

Vorgehensweise:

Man bittet den Patienten

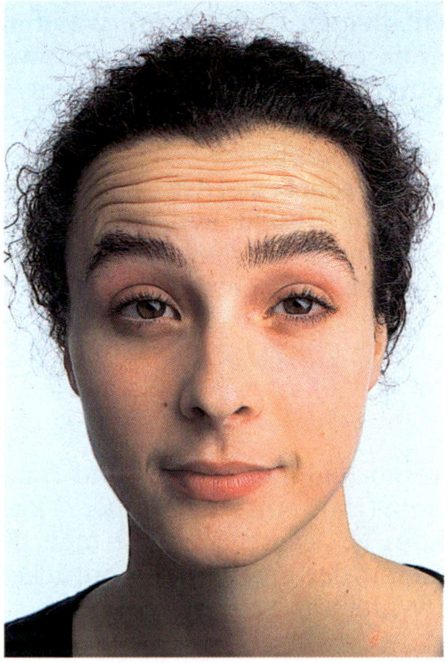

• die Augenbrauen hochzuziehen

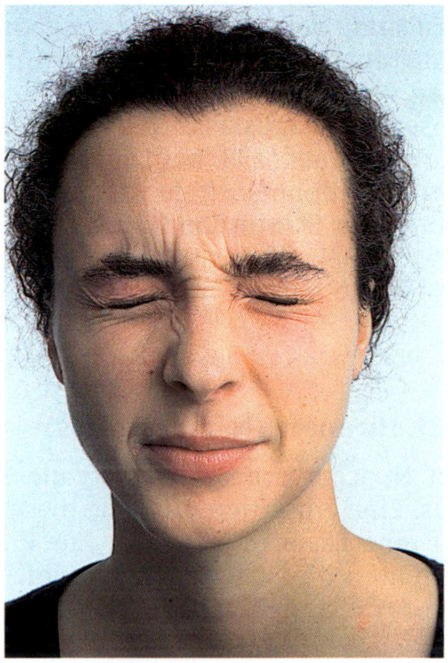

• die Augen zusammenzukneifen

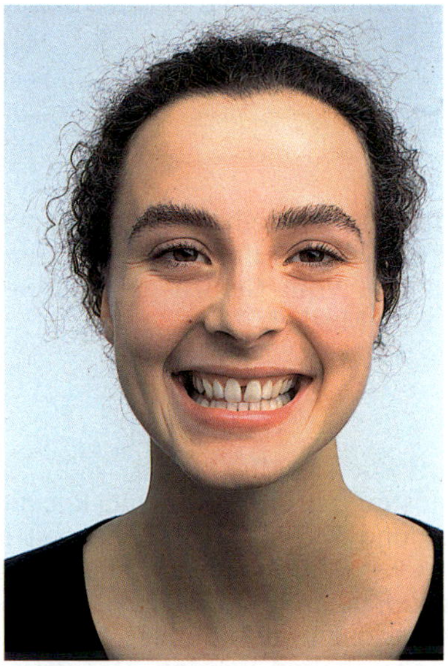

• die Zähne zu zeigen

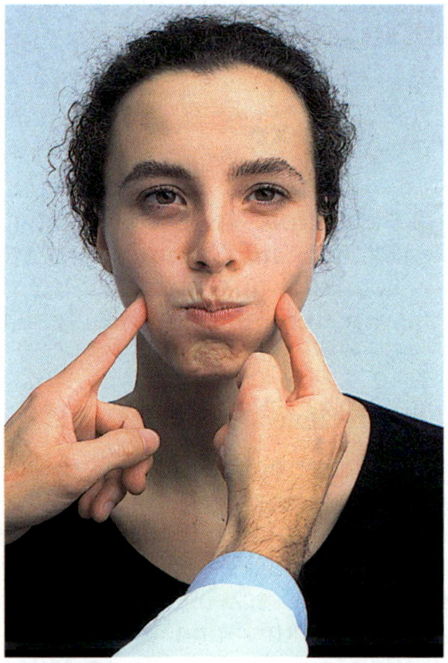

• die Backen aufzublasen

- **VIII. Hirnnerv (N. statoacusticus, Synonym N. vestibulocochlearis)**

Eine ein- oder beidseitige Hörminderung sollte nach **Schalleitungsstörung** (Mittelohrschwerhörigkeit) bzw. **Schallempfindungsstörung** (Innenohrschwerhörigkeit) unterschieden werden. Hierzu dienen die Versuche nach Weber und Rinne (s. S. 150f.).
Die **Prüfung des Gleichgewichts**, z. B. bei Schwindel, Fallneigung oder Gangstörungen, beinhaltet die Beobachtung eines spontanen oder provozierten Nystagmus. Durch die enge Verschaltung des optischen und vestibulären Systems kann bei Schädigungen des N. vestibularis ein **Nystagmus** auftreten.

- **VIII. Hirnnerv (N. statoacusticus, Synonym N. vestibulocochlearis)**

Eine ein- oder beidseitige Hörminderung sollte nach **Schalleitungsstörung** bzw. **Schallempfindungsstörung** unterschieden werden. Hierzu dienen die Versuche nach Weber und Rinne (s. S. 150f.).
Die **Prüfung des Gleichgewichts**, z. B. bei Schwindel, Fallneigung, Gangstörungen, beinhaltet die Beobachtung eines spontanen oder provozierten **Nystagmus**.

- **IX. Hirnnerv (N. glossopharyngeus) und X. Hirnnerv (N. vagus)**

Die Geschmacksempfindung des hinteren Zungendrittels wird über Fasern des N. glossopharyngeus vermittelt. Die motorische Innervation zusammen mit dem N. vagus betrifft den weichen Gaumen, den Pharynx und den Larynx. Dementsprechend wird die Motorik durch Auslösung des **Würgereflexes** geprüft. Als **»Kulissenphänomen«** bezeichnet man das Abweichen von Uvula und Rachenhinterwand bei einseitiger Vagusläsion. Bei doppelseitiger Läsion treten schwere Schluckstörungen auf. Ein- oder doppelseitige Läsionen des **Ramus recurrens** (Ast des N. vagus) führen zur **Stimmbandlähmung**.

- **IX. Hirnnerv (N. glossopharyngeus) und X. Hirnnerv (N. vagus)**

Die Geschmacksempfindung des hinteren Zungendrittels wird über Fasern des N. glossopharyngeus vermittelt. Die motorische Innervation zusammen mit dem N. vagus betrifft den weichen Gaumen, den Pharynx (Schlund) und den Larynx (Kehlkopf). Dementsprechend wird die Motorik durch Auslösung des **Würgereflexes** geprüft: Reizung der Rachenhinterwand mit dem Mundspatel. Als **»Kulissenphänomen«** bezeichnet man das Abweichen von Uvula (Zäpfchen) und Rachenhinterwand zur gesunden Seite bei einseitiger Vagusläsion. Bei doppelseitiger Läsion treten schwere Schluckstörungen auf (z. B. bei Diphtherie oder Botulismus).
Ein- oder doppelseitige Läsionen des **Ramus recurrens** (Ast des N. vagus) führen zur **Stimmbandlähmung** mit Heiserkeit, Näseln, evtl. Aphonie und Stridor. Bei einer psychogenen Aphonie kann der Patient mit normaler Lautstärke husten, nicht jedoch bei neurogener Aphonie!

- **XI. Hirnnerv (N. accessorius)**

Der N. accessorius innerviert die Mm. sternocleidomastoideus und trapezius. Zur Prüfung des N. accessorius läßt man den Patienten die Schulter gegen den Widerstand der eigenen herabdrückenden Arme anheben.

- **XI. Hirnnerv (N. accessorius)**

Der N. accessorius innerviert die Mm. sternocleidomastoideus und trapezius. Eine einseitige Atrophie dieser Muskeln (Hals einseitig dünner?) kann auf eine Läsion hinweisen. Zur Prüfung des N. accessorius läßt man den Patienten die Schulter gegen den Widerstand der eigenen herabdrückenden Arme anheben bzw. den Kopf gegen Widerstand zur Seite drehen.

- **XII. Hirnnerv (N. hypoglossus)**

Bei der peripheren Hypoglossuslähmung weicht die Zunge beim Herausstrecken zur gelähmten Seite ab. Der Zungenmuskel ist auf der betroffenen Seite atrophiert.

- **XII. Hirnnerv (N. hypoglossus)**

Bei der peripheren Hypoglossuslähmung weicht die Zunge beim Herausstrecken zur gelähmten Seite ab. Der Zungenmuskel ist auf der betroffenen Seite atrophiert.

9.2.3 Reflexe

9.2.3 Reflexe

Definition ▶

▶ ***Definition.*** Reflexe sind unwillkürliche, gleichbleibende motorische Reaktionen auf Stimuli afferenter Nervenbahnen, die die Reize zum Rückenmark und zum Gehirn weiterleiten. Vom Gehirn gelangt die Antwort über efferente Nervenbahnen zum Muskel.

- **Eigenreflexe**

Eigenreflexe haben einen **monosynaptischen Reflexbogen**, Reizauslösung am Rezeptor und Reizantwort erfolgen im selben Organ (S C-**9.5** und ▣ C-**9.2**). Der Reflex wird durch eine kurze Dehnung eines Muskels erzeugt. Hierzu dient der Reflexhammer, der aus lockerem Handgelenk kurz und federnd auf den Auslösungsort trifft. Zur Beurteilung der Reflexe muß stets ein Seitenvergleich vorgenommen werden.

- **Eigenreflexe**

Eigenreflexe haben einen **monosynaptischen Reflexbogen**, d. h., sie durchlaufen nur zwei Neurone; Reizauslösung am Rezeptor und Reizantwort erfolgen im selben Organ (S C-**9.5** und ▣ C-**9.2**). Die Reflexzeit ist von der Reizstärke unabhängig. Der Reflex wird durch eine kurze Dehnung eines Muskels erzeugt. Hierzu dient der Reflexhammer, der aus lockerem Handgelenk kurz und federnd auf den Auslösungsort (Sehne) trifft. Das betreffende Gelenk sollte in Mittelstellung gehalten werden. Der Patient liegt während der Untersuchung entspannt auf der Liege. Zur Beurteilung der Reflexe muß stets ein Seitenvergleich vorgenommen werden. Eine Ausnahme bildet der unpaare Masseterreflex, der zur Einschätzung des allgemeinen Reflexniveaus dient.

- **Fremdreflexe**

Fremdreflexe sind **polysynaptisch** (▣ C-**9.2**). Sie sind bei mehrmaliger Prüfung im Gegensatz zu den Eigenreflexen erschöpflich. Die Reflexzeit ist bei Fremdreflexen von der Reizstärke abhängig.

- **Fremdreflexe**

Fremdreflexe sind **polysynaptisch**; Reizauslösung und Reizantwort erfolgen nicht im selben Organ (z. B. Hautreiz – Muskelkontraktion ▣ C-**9.2**). Fremdreflexe sind bei mehrmaliger Prüfung im Gegensatz zu den Eigenreflexen erschöpflich, d. h., eine Reflexantwort ist erst wieder nach einer Pause zu erwarten. Die Reflexzeit ist bei Fremdreflexen von der Reizstärke abhängig.

Synopsis C-9.5a: Physiologische Eigenreflexe

Lokalisation/ Bezeichnung	**Lokalisation/ Segment**	**Auslösung/Reflex**	**Beurteilung/Antwort**
Kopf Masseterreflex	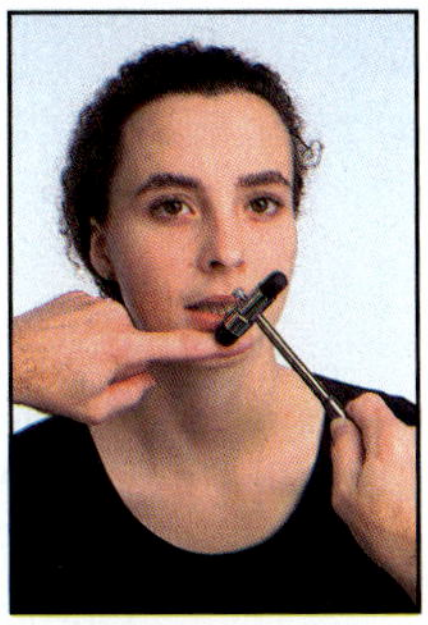 Pons	Zeigefinger auf das Kinn des Patienten legen (Mund leicht geöffnet). Bei Beklopfen des Zeigefingers mit dem Hammer erfolgt Mund- bzw. Kieferschluß	Abgeschwächt bei Hirnstammläsion (Bulbärparalyse) und Trigeminusläsion. Gesteigert bei Pseudobulbärparalyse (Hirnstamminfarkt)
Obere Extremität Bizepsreflex	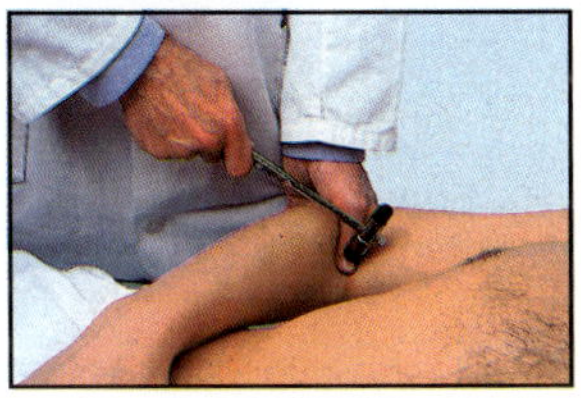 C5 – C6	Hammerschlag auf den in der Ellenbeuge des Patienten auf die Sehne gelegten Daumen	Normal ist die Beugung im Ellenbogengelenk
Radiusperiostreflex	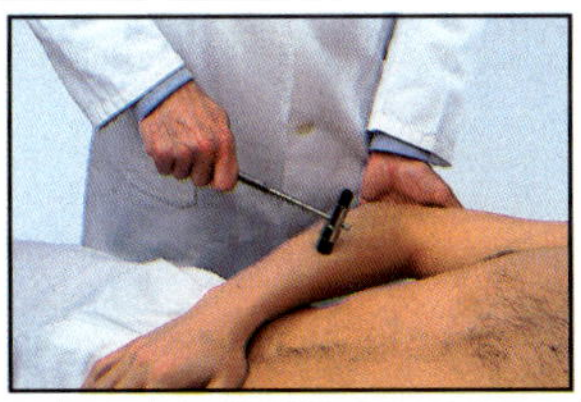 C5 – C6	Beklopfen der Radiuskante	Normal ist eine leichte Beugebewegung des Unterarms
Trizepsreflex	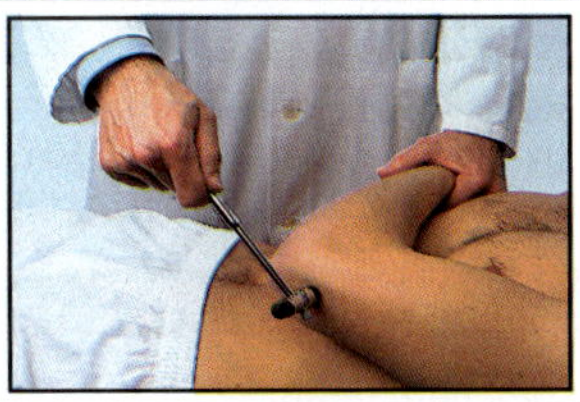 C6 – C8	Schlag auf die Trizepssehne oberhalb des abgewinkelten Ellenbogens	Normal ist eine ruckartige Streckbewegung des Unterarms
Trömner- und Knipsreflex	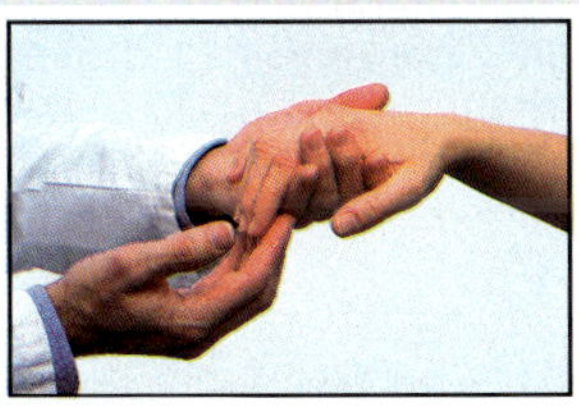 C7 – C8	Anschlagen der Fingerkuppen bzw. Knipsen der Fingernägel	Normal ist eine ganz leichte Beugebewegung der Fingerendglieder. Pathologisch ist eine stärkere Beugung, z. B. bei Pyramidenbahnläsion
Untere Extremität Adduktorenreflex	L2–L4	Schlag dicht oberhalb des Condylus medialis femoris	Normal ist eine Adduktionsbewegung des Beines

Fortsetzung nächste Seite ▶

S Fortsetzung Synopsis C-**9.5a: Physiologische Eigenreflexe**

Lokalisation/ Bezeichnung	Lokalisation/ Segment	Auslösung/Reflex	Beurteilung/Antwort
Untere Extremität reflex Patellarsehnen-	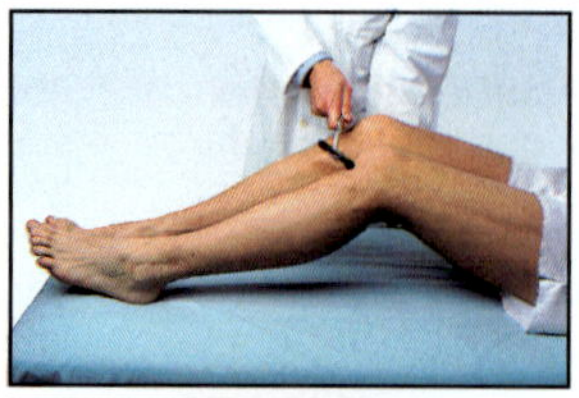 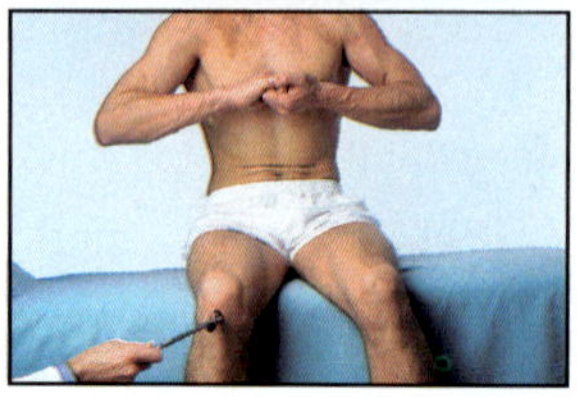 L3 – L4	Schlag auf die Sehne des M. quadriceps femoris unterhalb der Patella bei leicht gebeugten Beinen Jendrassik-Handgriff zur Reflexbahnung: Der Patient hakt die Finger ineinander und zieht die Arme aktiv auseinander	Normal ist eine ruckartige Streckung des Knies, evtl. Verbreiterung der Reflexzone bis zur Tibiakante Aus den oberen Extremitäten stammende afferente Impulse steigern die Impulsfrequenz am gammamotorischen System der Beinmuskulatur
Tibilias-posterior-Reflex	L5	Schlag gegen die Sehne des M. tibialis post. ober- oder unterhalb des Innenknöchels	Läßt sich nur bei ca. 40 % der Gesunden auslösen. Normal ist eine Inversion des Fußes
Achillessehnenreflex 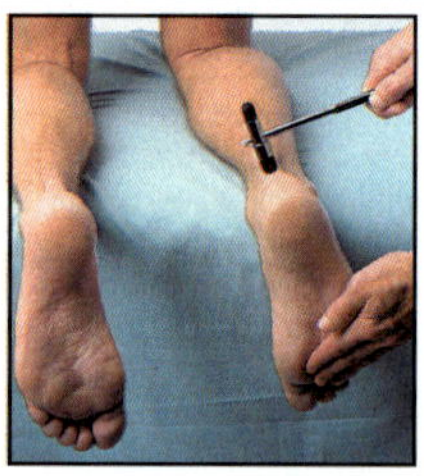	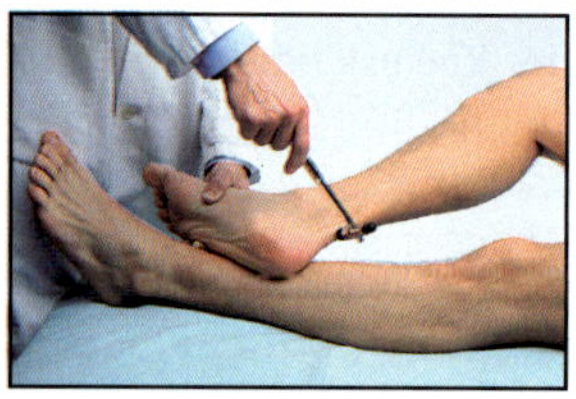 S1 – S2	Schlag auf die Achillessehne bei abduziertem und abgewinkeltem Bein	Normal sind eine Kontraktion der Wadenmuskulatur und eine leichte Plantarflexion des Fußes
Rossolimoreflex		Nach Anschlag der Zehenglieder mit den Fingerkuppen kommt es zur Plantarflexion der Zehen	Normal ist eine sehr leichte Plantarflexion der Zehen. Pathologisch ist ein übersteigerter Reflex

S Synopsis C-**9.5b: Physiologische Fremdreflexe**

Bauchhautreflex	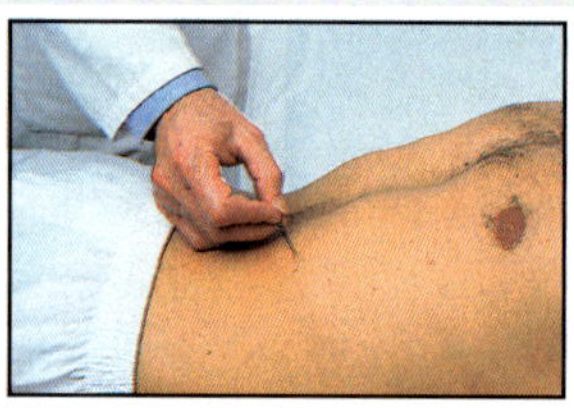 Th6 – Th12	Bestreichen der Bauchhaut (z. B. mit Fingernagel oder Streichholz) von lateral zur Medianlinie in 3 Etagen von oben nach unten	Normal ist eine Kontraktion der Bauchdeckenmuskulatur mit evtl. Verlagerung des Nabels
Kremasterreflex	L1 – L2	Abwärtsstreichen an der Innenseite des Oberschenkels	Normal ist eine gleichseitige Anhebung des Hodens
Bulbo-cavernosus-Reflex	S3 – S4	Ejakulationsreflex	Normale Ejakulation?
Analreflex	S3 – S5	Bestreichen der perianalen Haut	Normal ist eine Kontraktion des M. sphincter ani externus
Mayer-Reflex		Beugung des 2. und 5. Fingers in der Grund- und Mittelphalanx in die Handinnenfläche	Normal ist die Adduktion des Daumens im Grund- und die Flexion im Endglied

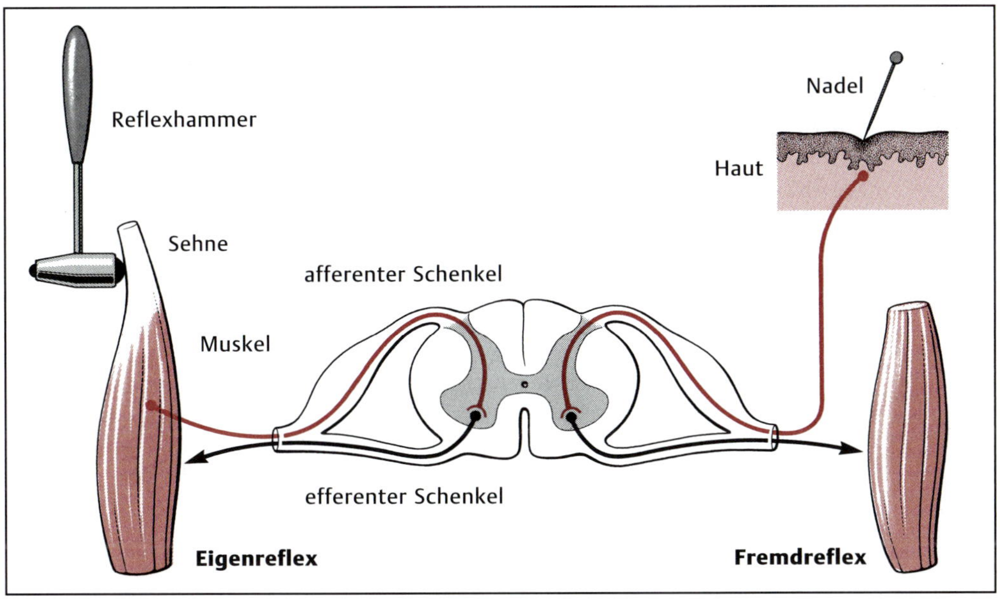

C-**9.2: Reflexbogen**

Das allgemeine Reflexniveau kann interindividuell sehr unterschiedlich sein; es wird u. a. durch psychomotorische Einflüsse, Medikamente oder auch durch Alkohol moduliert. Während Psychopharmaka und stärkerer Alkoholgenuß das Reflexniveau abschwächen können, kommt es im Rahmen eines Alkoholentzugssyndroms zur Steigerung des Reflexniveaus.

Das allgemeine Reflexniveau kann interindividuell sehr unterschiedlich sein; es wird u. a. durch psychomotorische Einflüsse, Medikamente oder auch durch Alkohol moduliert.

> ***Merke.*** Das Reflexverhalten ist pathologisch, wenn die Reflexe beim Seitenvergleich und beim Höhenvergleich unterschiedlich auslösbar sind.

◄ **Merke**

Folgende **Reflexantworten** sind möglich:
- Reflex nicht auslösbar (erloschen)
- Reflex nur mit **Bahnung** auslösbar (durch aktive Innervation des untersuchten Muskels, z. B. durch Halten gegen Schwerkraft oder mittels Jendrassik-Handgriff des Patienten, d. h. Hände während der Reflexprüfung ineinandergehakt und kräftig auseinandergezogen, siehe C-**9.5a**, Patellarsehnenreflex)
- Reflex normal (durchschnittlich)
- Reflex sehr lebhaft, Reflexzone evtl. verbreitert, evtl. **Klonus** (rhythmische Zuckungen nach einmaliger Reflexauslösung bei Eigenreflexen).
- Unerschöpflicher Klonus (Spastik) oder Überspringen des Reflexes von anderen Reflexzonen.

Folgende **Reflexantworten** sind möglich:
- Reflex nicht auslösbar
- Reflex nur mit **Bahnung** auslösbar
- Reflex normal
- Reflex sehr lebhaft, Reflexzone evtl. verbreitert, evtl. **Klonus**
- Unerschöpflicher Klonus

> ***Merke.*** Eine Verbreiterung der reflexogenen Zonen ist ein typisches Zeichen der Reflexsteigerung.

◄ **Merke**

Ein Klonus wird am einfachsten durch Dehnen der Patellarsehne ausgelöst: Die Patella wird zwischen Daumen und Zeigefinger gefaßt und ruckartig nach distal geschoben und dort festgehalten. Auf diese Weise wird die Quadrizepssehne gedehnt, und bei einem Klonus kommt es zu rhythmischen Zuckungen der Patella.

Ein Klonus wird durch Dehnen der Patellarsehne ausgelöst: Die Patella wird dazu ruckartig nach distal geschoben und dort festgehalten. Bei einem Klonus kommt es zu rhythmischen Zuckungen der Patella.

Ähnlich dem Chvostek-Zeichen (s. o.) findet man bei Tetanie und Hypokalzämie das **Trousseau-Zeichen:** durch Stauung am Oberarm provozierter Karpalspasmus (Handkrampf).

Bei Tetanie und Hypokalzämie findet man das **Trousseau-Zeichen**: durch Stauung am Oberarm provozierter Karpalspasmus.

• **Pathologische Reflexe**

Definition ►

• **Pathologische Reflexe**

▶ ***Definition.*** Pathologische Reflexe sind Fremdreflexe, die an der unteren Extremität ein identisches Reflexmuster zeigen: tonische Extension der Großzehe und Plantarflexion der Kleinzehe mit Spreizphänomen. Man nennt diese Reflexe auch Pyramidenbahnzeichen. Sie sind beim Gesunden nicht auslösbar.

Folgende Reflexe zählen zu den pathologischen Reflexen:
- **Babinski** (◘ C-**9.3a**)
- **Oppenheim** (◘ C-**9.3b**)
- **Gordon**
- **Chaddock**
- **Strümpell**

Folgende Reflexe zählen zu den pathologischen Reflexen:
- **Babinski:** Bestreichen der lateralen Fußsohle mit dem Daumennagel oder einem Stift (◘ C-**9.3a**). Bei Säuglingen ist dieser Reflex physiologisch positiv.
- **Oppenheim:** Kräftiges Herabstreichen an der Tibiafläche mit Daumen und Zeigefinger (◘ C-**9.3b**).
- **Gordon:** Kräftiges Drücken der Wadenmuskulatur.
- **Chaddock:** Bestreichen der Haut am lateralen Fußrand dorsal.
- **Strümpell:** Beugung des Kniegelenks gegen Widerstand.

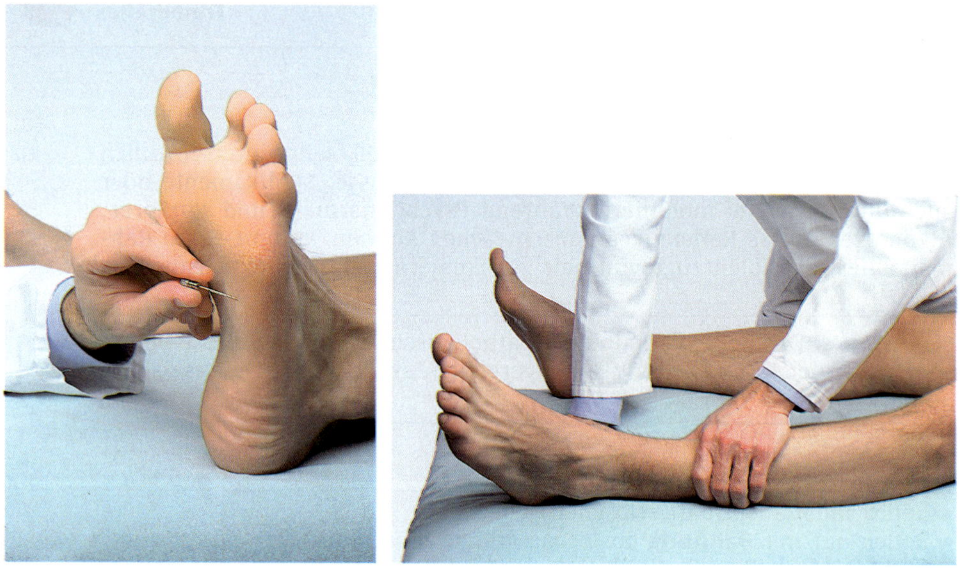

a Babinski-Reflex (normal) **b** Oppenheim-Reflex (normal)

◘ C-**9.3: Pathologische Reflexe**

Aufgabe ►

Aufgabe. Überprüfen Sie alle genannten physiologischen und pathologischen Reflexe bei einem Freund.

9.2.4 Motorik

Die Untersuchung der Motorik beinhaltet die Prüfung des Muskeltonus, die Feststellung von Lähmungen, die Beobachtung von Muskelatrophien und unwillkürlichen Bewegungen.

• **Muskeltonus und Lähmungen**

Unter **Muskeltonus** versteht man den Dehnungswiderstand der willkürlich entspannten Muskulatur. Der Tonus wird daher durch die passive Bewegung der Gelenke beurteilt. Der phy-

9.2.4 Motorik

Die Untersuchung der Motorik beinhaltet die Prüfung des Muskeltonus, die Feststellung von Lähmungen, die Beobachtung von Muskelatrophien und -faszikulationen, bzw. überschießenden, unwillkürlichen Bewegungen (Hyperkinesien).

• **Muskeltonus und Lähmungen**

Unter **Muskeltonus** versteht man den Dehnungswiderstand der willkürlich entspannten Muskulatur. Der Tonus wird daher durch die passive Bewegung der Gelenke beurteilt. Der Patient sollte hierzu entspannt liegen und weder »mitmachen« noch »dagegenhalten«. Der Muskeltonus der

Schulter- und Nackenregion soll im Sitzen geprüft werden. Der physiologische Spannungszustand der Skelettmuskulatur (Ruhetonus und kontraktiler Tonus) wird durch Schädigung zerebraler und zerebellarer Bahnen verändert (gesteigert = Hypertonus bzw. abgeschwächt = Hypotonus). Tonusveränderungen bei extrapyramidalen und zerebellaren Störungen sind nicht mit Lähmungen (**Paresen**) verbunden.

Eine gesteigerte (spastische) Tonuserhöhung ist immer auf eine Läsion des Gehirns oder Rückenmarks zurückzuführen (Ausfall des ersten Motoneurons). Als **Taschenmesserphänomen** bezeichnet man ein plötzliches Nachlassen der Spannung bei maximaler Muskeldehnung. Eine **Spastik** findet man bevorzugt an Muskeln, die der Schwerkraft entgegenwirken (hohe tonische Dauerinnervation): an der oberen Extremität vorwiegend im Bereich der Beugemuskulatur, an der unteren Extremität vorwiegend in der Streckmuskulatur. Beim passiven Strecken z. B. des gebeugten Ellenbogens zeigt sich die Spastik als zunehmender Widerstand, der schließlich unvermittelt zusammenbricht.
In Beugern und Streckern gleichermaßen ist eine besondere Form der Spastik, der **Rigor**, zu finden. Es handelt sich dabei um eine dauerhafte zähe Widerstandserhöhung, die bei der passiven Prüfung nicht gleichmäßig, sondern ruckartig nachgibt und abgehackt erscheint: sog. **Zahnradphänomen** (ein typisches Symptom beim Morbus Parkinson).
Als **Myotonie** bezeichnet man eine verzögerte Erschlaffung der Muskelfasern: Die Muskelkontraktion überdauert die Innervation.
Es gibt einige kongenitale Myotonien (sehr selten), die sich in der 1. Lebensdekade manifestieren (Myotonia congenita Thomson oder Becker). Die häufigste Form der Myotonie ist die **Myotonica dystrophica** mit einem Erkrankungsgipfel im 3.–4. Lebensjahrzehnt.
Eine **Hypotonie der Muskulatur** wird durch passives abnormes Schütteln und eine abnorme Beweglichkeit der Gliedmaßen mit Überstreckbarkeit der Gelenke diagnostiziert.
Ein Ausfall des zweiten Motoneurons führt zur **schlaffen Lähmung**. Als **Paresen** werden Störungen der Motorik einzelner Muskeln bzw. Muskelgruppen der Extremitäten oder des Rumpfes bezeichnet, die mit Lähmungen verbunden sind. Bei vollständigem Funktionsausfall spricht man von **Plegie** oder **Paralyse**. Man unterscheidet **spastische** (s. o.) und **schlaffe Lähmungen.**

Die Unterscheidung der Lähmungserscheinungen erlaubt eine ätiologische Zuordnung:

- Eine **akute Pyramidenbahnläsion** im Gehirn (z. B. beim Schlaganfall) oder Rückenmark führt zur schlaffen Parese, die im weiteren Verlauf spastisch werden kann. Weitere Zeichen einer zentralen Lähmung sind Reflexsteigerungen bzw. Kloni (s. o.) und pathologische Reflexe (ein sicheres Zeichen bei zentraler Lähmung ist das positive Babinski- und Trömnersche Zeichen).
- Ein Rigor ist bei **extrapyramidalen Erkrankungen**, z. B. im Bereich der Stammganglien, zu beobachten (z. B. M. Parkinson, s. u.). Im Gegensatz zur Spastik besteht beim Rigor die Erhöhung des Muskeltonus auch in Ruhe.
- Schlaffe Lähmungen mit Muskelatrophie findet man bei **peripheren Nervenläsionen und Vorderhornerkrankungen.**
- Bei **Kleinhirnläsionen** (zerebellare Läsion) besteht eine Hypotonie der Muskulatur.

Der **Vorhalteversuch** (mit geschlossenen Augen) dient zum Nachweis einer latenten Parese: Die Arme werden gestreckt in Supinationsstellung (Handflächen nach oben zeigend) nach vorne gehalten. Die Angabe eines Schweregefühls, Absink- und Pronationstendenz demaskieren eine einseitige zentrale Parese. Dieser Versuch kann auch als Beinhalteversuch durchgeführt werden: Die Beine werden dabei vom liegenden Patienten in der Hüfte und im Kniegelenk gebeugt und gehalten.

siologische Spannungszustand der Skelettmuskulatur wird durch Schädigung zerebraler und zerebellarer Bahnen verändert. Tonusveränderungen bei extrapyramidalen und zerebellaren Störungen sind nicht mit Lähmungen (**Paresen**) verbunden.

Eine gesteigerte Tonuserhöhung ist immer auf eine Läsion des Gehirns oder Rückenmarks zurückzuführen. Als **Taschenmesserphänomen** bezeichnet man ein plötzliches Nachlassen der Spannung bei maximaler Muskeldehnung. Eine **Spastik** findet man bevorzugt an Muskeln, die der Schwerkraft entgegenwirken.
In Beugern und Streckern gleichermaßen ist eine besondere Form der Spastik, der **Rigor**, zu finden. Es handelt sich dabei um eine dauerhafte zähe Widerstandserhöhung, die bei der passiven Prüfung nicht gleichmäßig, sondern ruckartig nachgibt: sog. **Zahnradphänomen.**

Als **Myotonie** bezeichnet man eine verzögerte Erschlaffung der Muskelfasern. Die häufigste Form ist die **Myotonica dystrophica** mit einem Erkrankungsgipfel im 3.–4. Lebensjahrzehnt.

Eine **Hypotonie der Muskulatur** wird durch passives abnormes Schütteln und eine abnorme Beweglichkeit der Gliedmaßen mit Überstreckbarkeit der Gelenke diagnostiziert.
Ein Ausfall des zweiten Motoneurons führt zur **schlaffen Lähmung.** Als **Paresen** werden Störungen der Motorik einzelner Muskeln bzw. Muskelgruppen bezeichnet. Bei vollständigem Funktionsausfall spricht man von **Plegie** oder **Paralyse.**

Die Unterscheidung der Lähmungserscheinungen erlaubt eine ätiologische Zuordnung:

- Eine **akute Pyramidenbahnläsion** im Gehirn oder Rückenmark führt zur schlaffen Parese, die im weiteren Verlauf spastisch werden kann. Weitere Zeichen einer zentralen Lähmung sind Reflexsteigerungen bzw. Kloni und pathologische Reflexe
- Ein Rigor ist bei **extrapyramidalen Erkrankungen** zu beobachten.
- Schlaffe Lähmungen findet man bei **peripheren Nervenläsionen und Vorderhornerkrankungen.**
- Bei **Kleinhirnläsionen** besteht eine Hypotonie der Muskulatur.

Der **Vorhalteversuch** dient zum Nachweis einer latenten Parese: Die Arme werden gestreckt nach vorne gehalten. Die Angabe eines Schweregefühls, Absink- und Pronationstendenz demaskieren eine einseitige zentrale Parese.

• Hyperkinesien und Dyskinesien

Als **Tremor** bezeichnet man rhythmische Zuckungen antagonistischer Muskeln. Man unterscheidet nach der Amplitude, der Dauer, Frequenz und Ursache des Tremors.

• Hyperkinesien und Dyskinesien

Als **Tremor** bezeichnet man rhythmische Zuckungen antagonistischer Muskeln. Man unterscheidet nach der Amplitude (grobschlägig, feinschlägig), der Dauer (**ständig**, **Ruhetremor** oder z. B. **Intentionstremor**), Frequenz und Ursache des Tremors.

Merke ▶

> ***Merke.*** Für den Morbus Parkinson typisch ist ein grobschlägiger Tremor (Frequenz ca. 4–7 Schläge/Sekunde), der bei gezielten Bewegungen abnimmt.
> Ein Auftreten des Tremors bzw. eine Zunahme bei intendierter Bewegung (Intentionstremor) wird bei zerebellaren Störungen gefunden. Bei älteren bzw. alten Personen besteht häufig ein feinschlägiger »altersphysiologischer« Tremor in Ruhe, der bei absichtlicher Bewegung verschwindet (Alterstremor). Einen feinschlägigen Tremor findet man auch bei der Alkoholkrankheit.

Ein weiteres Symptom der Parkinson-Krankheit ist die **Akinese** (Bewegungsstarre). Die **Hyperkinesien** werden als athetotisch, ballistisch, choreatisch oder dyston bezeichnet: Die **Athetose** ist eine langsame, geschraubte, wurmartige, bizarre, arrhythmische Bewegung mit erhöhtem Muskeltonus, z. B. als Folge perinataler Hirnschädigung. Beim **Ballismus** zeigen sich heftige, unwillkürliche Bewegungen mehrerer Gliedmaßenabschnitte, die eine gezielte Bewegung unmöglich machen. Die **Chorea** erkennt man an hyperkinetischen, schnellen und unkontrollierten Bewegungen. Bei der **Torsionsdystonie** kommt es zu einer langsamen, drehenden, unregelmäßigen Bewegung.

Ein weiteres Symptom der Parkinson-Krankheit ist die **Akinese** (Bewegungsstarre). Die **Hyperkinesien** werden als athetotisch, ballistisch, choreatisch oder dyston bezeichnet: Die **Athetose** ist gekennzeichnet durch eine langsame, geschraubte, wurmartige, bizarre, arrhythmische Bewegung (betroffen sind periphere Gliedmaßen, Kopf und Hals) und Grimassen. Der Muskeltonus ist erhöht. Man findet die Athetose als Folge perinataler Hirnschädigung (extrapyramidales Syndrom), häufig in Kombination mit spastischen Paresen und evtl. Epilepsie. Beim **Ballismus** zeigen sich heftige, unwillkürliche Bewegungen mehrerer Gliedmaßenabschnitte, die eine gezielte Bewegung unmöglich machen und zu Verletzungen führen können (der Patient wirft gleichsam seine Extremität weg). Die **Chorea** erkennt man an hyperkinetischen, schnellen und unkontrollierten Bewegungen, bevorzugt im Bereich der Gesichts- und Schultermuskulatur, sie können aber auch den ganzen Körper oder nur eine Extremität befallen. Bei der **Torsionsdystonie** kommt es zu einer langsamen, drehenden, unregelmäßigen Bewegung; z. B. Tortikollis (Schiefhals).

Als **Faszikulationen** bezeichnet man Muskelzuckungen, die spontan, unwillkürlich und unregelmäßig in Muskelfaserbündeln unter der Haut ablaufen. Sie werden als unangenehme Sensation wahrgenommen. Faszikulationen haben alleine keine pathologische Bedeutung.

Als **Faszikulationen** bezeichnet man Muskelzuckungen, die spontan, unwillkürlich und unregelmäßig in Muskelfaserbündeln unter der Haut ablaufen und nur selten zu sichtbaren Bewegungen führen. Sie werden als unangenehme Sensation wahrgenommen, z. B. als Zucken der Augenlider oder der Gesichtsmuskulatur. Faszikulationen treten häufig bei Übermüdung auf und haben alleine keine pathologische Bedeutung, sondern erst in Kombination mit Paresen und Muskelatrophien, z. B. bei motorischer Systemerkrankung.

Krampus nennt man schmerzhafte Krämpfe eines Muskels oder einer Muskelgruppe. Tonische Krämpfe (**Spasmen**) sind länger andauernd und heftig, z. B. bei Tetanie.

Krampus nennt man schmerzhafte Krämpfe eines Muskels oder einer Muskelgruppe, typisches Beispiel ist der Wadenkrampf. Tonische Krämpfe (**Spasmen**) sind länger andauernd und heftig, z. B. beim zerebralen Krampfleiden oder bei Tetanie.

Unter **Tic** versteht man gleichbleibende Zuckungen kleiner Muskelgruppen, besonders im Gesicht, die physiologische Bewegungen imitieren.

Unter **Tic** versteht man gleichbleibende Zuckungen kleiner Muskelgruppen, besonders im Gesicht, die physiologische Bewegungen imitieren (z. B. Augenkneifen, Mundwinkelzucken) und meist eine psychogene Ursache haben.

9.2.5 Koordination

Unter Koordination versteht man das geordnete Zusammenspiel der Muskeln. Die **häufigsten Koordinationsstörungen** treten bei Läsionen des Kleinhirns auf und betreffen den **Gang**. Man beobachte den Gang des Patienten und achte auf die Mitbewegung

9.2.5 Koordination

Unter Koordination versteht man das geordnete Zusammenspiel der Muskeln hinsichtlich dem Maß und der Geschwindigkeit der Bewegungen. Zu Koordinationsstörungen kommt es auch bei normaler Muskelkraft. Die **häufigsten Koordinationsstörungen** treten **bei Läsionen des Kleinhirns** auf und betreffen den **Gang**. Zur Analyse komplexer motorischer Leistungen dienen einige einfache Untersuchungen. Man beobachte den Gang des

Patienten und achte auf die Mitbewegung der Arme, taumeligen Gang oder sehr breite Schrittspur. Der Patient sollte beim Untersuchungsgang weder Schuhe noch Strümpfe tragen. Ist der normale Gang trotz entsprechender Anamnese (z. B. Schwindel, Gleichgewichtsstörungen, Fallneigung und Stand- oder Gangunsicherheit) unauffällig, so fordert man den Patienten zu erschwerten Gangproben auf: Hackengang, Zehengang, Strichgang oder Seiltänzergang, Hüpfen auf einem Bein, C-**9.4**. Als **Ataxie** bezeichnet man generell eine Störung der Koordination. Mittels des **Romberg-Versuchs** kann zwischen einer spinalen und einer zerebellaren Gangataxie unterschieden werden (S C-**9.6**): Der Patient steht bei eng zusammengestellten Füßen mit geschlossenen Augen. Während die Kleinhirnataxie (zerebellare) von der optischen Kontrolle unabhängig ist (Romberg-Zeichen negativ) nimmt bei spinaler Ataxie die Fallneigung bei geschlossenen Augen zu (Romberg-Zeichen positiv). Leichtes Schwanken ist normal und ist ebenso zu durchbrechen wie grobes, psychogen induziertes Schwanken, wenn der Patient abgelenkt wird.
Ein pathologisches Romberg-Phänomen im Stehversuch ergibt sich am wahrscheinlichsten bei einer **Schädigung der Hinterstränge des Rückenmarks**.

der Arme, taumeligen Gang oder sehr breite Schrittspur. Ist der normale Gang trotz entsprechender Anamnese (z. B. Schwindel, Gleichgewichtsstörungen, Fallneigung und Stand- oder Gangunsicherheit) unauffällig, so fordert man den Patienten zu erschwerten Gangproben auf (C-**9.4**). Als **Ataxie** bezeichnet man generell eine Störung der Koordination. Mittels des **Romberg-Versuchs** kann zwischen einer spinalen und einer zerebellaren Gangataxie unterschieden werden (S C-**9.6**).

Ein pathologisches Romberg-Phänomen im Stehversuch ergibt sich am wahrscheinlichsten bei einer **Schädigung der Hinterstränge des Rückenmarks**.

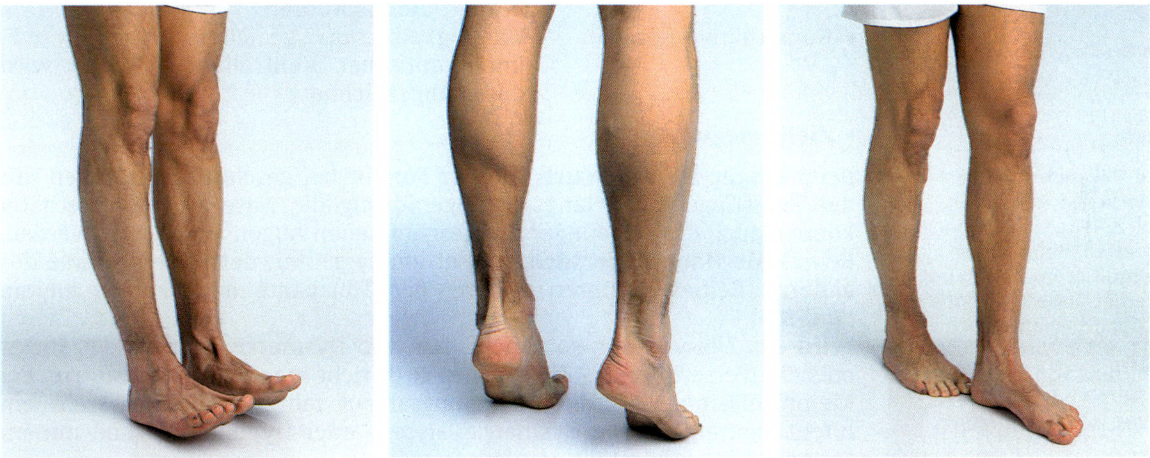

a Hackengang **b** Zehengang **c** Strichgang

C-9.4: Gangproben zur Überprüfung der Koordination

S Synopsis C-9.6: Untersuchung zur Differenzierung von Gangataxien

Romberg-Versuch

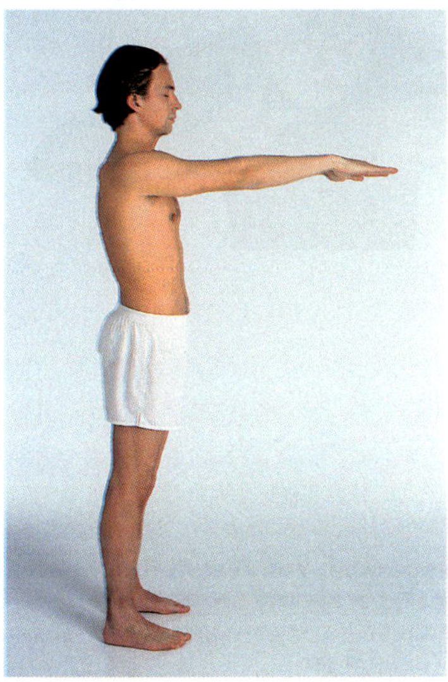

Vorgehensweise:

- Der Patient steht bei eng zusammengestellten Füßen mit geschlossenen Augen.
- Bei spinaler Ataxis nimmt die Fallneigung bei geschlossenen Augen zu (Romberg-Zeichen positiv).

Unterberger-Tretversuch ▶

Vorgehensweise:

- Der Patient tritt mit geschlossenen Augen 50× auf der Stelle.
- Eine Drehung >45° gilt als Hinweis auf eine homolaterale Kleinhirn- oder Labyrinthschädigung.

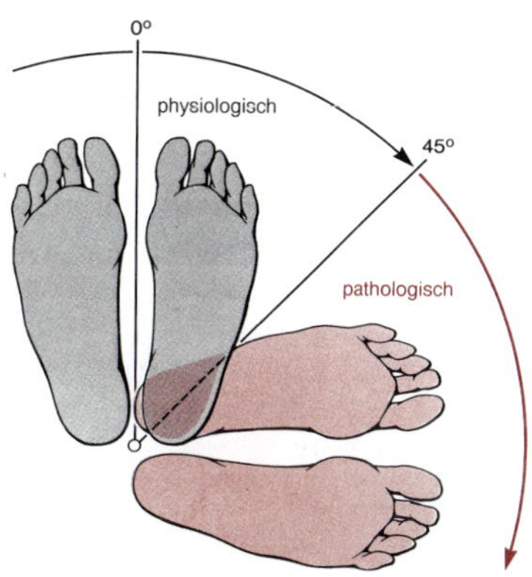

Gehen mit geschlossenen Augen (**Blindgang**) kann auch geringgradige Gleichgewichtsstörungen aufdecken. Beim Seiltänzer- oder Strichgang mit offenen und geschlossenen Augen zeigt sich eine Abnahme der Gangunsicherheit unter optischer Kontrolle bei spinaler Ataxie. Bei vestibulärer Ataxie taumelt der Patient wie betrunken, und bei zerebellarer Ataxie ist der Gang hin- und herschwankend. Im **Unterberger-Tretversuch** wird der Patient angewiesen, mit geschlossenen Augen fünfzigmal auf der Stelle zu treten. Eine Körperdrehung bis 45° ist noch physiologisch.

Sind bei erhaltener Motorik und Koordination integrierte Bewegungsabläufe und Handlungen gestört, so handelt es sich um eine **Apraxie** (zentralnervöse Störung).

Gehen mit geschlossenen Augen (**Blindgang**) kann auch geringgradige Gleichgewichtsstörungen aufdecken. Beim Seiltänzer- oder Strichgang (ein Fuß wird direkt vor den anderen gesetzt) mit offenen und geschlossenen Augen zeigt sich eine Abnahme der Gangunsicherheit unter optischer Kontrolle bei spinaler Ataxie. Bei vestibulärer Ataxie taumelt der Patient wie betrunken, wobei die Gangabweichung immer zur selben Seite erfolgt, und bei zerebellarer Ataxie ist der Gang hin- und herschwankend sowie durch ausgeprägte gegensteuernde Bewegungen charakterisiert. Im **Unterberger-Tretversuch** wird der Patient angewiesen, mit geschlossenen Augen fünfzigmal auf der Stelle zu treten. Er soll sich weder optisch noch akustisch orientieren können. Eine Körperdrehung bis 45° ist noch physiologisch. Eine darüber hinausgehende Drehung zu einer Seite läßt auf eine homolaterale Vestibularis- oder Kleinhirnläsion schließen (C-**9.6**).

Sind bei erhaltener Motorik und Koordination integrierte Bewegungsabläufe und Handlungen gestört, so handelt es sich um eine **Apraxie** (zentralnervöse Störung). Dabei unterscheidet man:

- Ideomotorische Apraxie: Unfähigkeit zu gezielten mimischen, gestischen oder anderen Bewegungen.
- Ideatorische Apraxie: Unfähigkeit, logische Handlungsfolgen korrekt durchzuführen.
- Konstruktive Apraxie: Unfähigkeit zum gezielten Handeln, z. B. unter optischer Kontrolle (ein Haus wird falsch abgezeichnet).

- **Zielbewegungen**

Beim **Finger-Nase-Versuch** soll der Patient bei geschlossenen Augen mit der Zeigefingerspitze langsam bogenförmig die Nase treffen. Beim **Knie-Hacken-Versuch** muß er im Liegen mit der Ferse das Knie des anderen Beines berühren und an der Tibiakante nach kaudal gleiten (C-**9.5**). Wird das Ziel verfehlt, so spricht man von **Dysmetrie**, schießt der Finger oder die Ferse über das Ziel hinaus, so spricht man von **Hypermetrie**.

- **Zielbewegungen**

Beim **Finger-Nase-Versuch** soll der Patient bei geschlossenen Augen mit der Zeigefingerspitze langsam bogenförmig die Nase treffen. Alternativ können auch die Zeigefinger mit geschlossenen Augen angenähert werden. Beim **Knie-Hacken-Versuch** muß er im Liegen mit der Ferse das Knie des anderen Beines berühren und an der Tibiakante nach kaudal gleiten (C-**9.5**).

Wird das Ziel verfehlt, so spricht man von **Dysmetrie**, schießt der Finger oder die Ferse über das Ziel hinaus, so spricht man von **Hypermetrie**. Bei Kleinhirnläsionen ist der Bewegungsablauf fahrig, und es besteht ein Intentionstremor. Eine Dysmetrie, Hyper- oder Hypometrie kann nur im Seitenvergleich beurteilt werden.

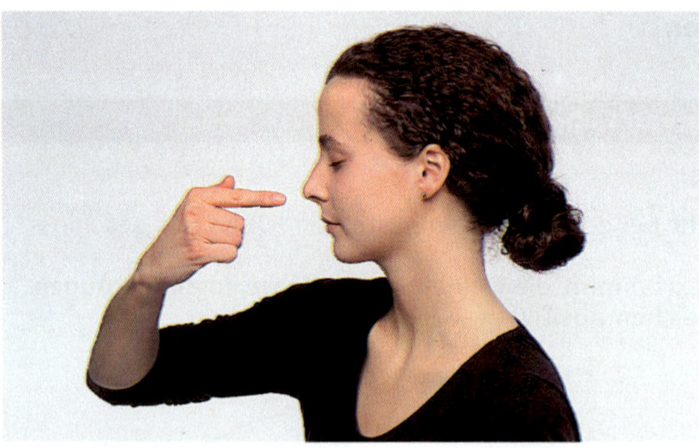

a

b

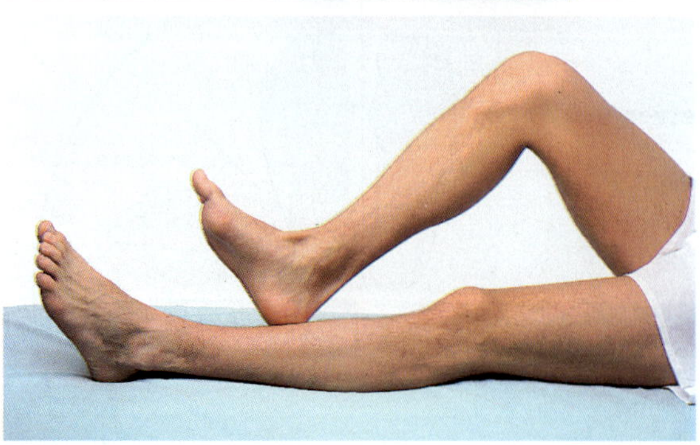

c

C-9.5: Zielbewegungen zur Feststellung einer Dys-, Hypo- oder Hypermetrie
a Finger-Nase-Versuch
b Annähern der Zeigefinger
c Knie-Hacken-Versuch

• Feinmotorik

Die Feinmotorik wird mit schnellen Wechselbewegungen (antagonistischen Bewegungen) untersucht: z. B. Schraubbewegungen von Daumen und Zeigefinger, durch abwechselnde Pronation und Supination (▣ C-**9.6**) oder rasch abwechselnd mit der Handfläche bzw. dem Handrücken in die andere Hand oder auf den Oberschenkel schlagen. Ist der Bewegungsablauf normal rhythmisch, spricht man von **Eudiadochokinese**, bei gestörtem Ablauf von **Dysdiadochokinese**. Eine verlangsamte Bewegung nennt man **Bradydiadochokinese** und einen völlig ungezielten, unrhythmischen Bewegungsablauf **Adiadochokinese**. Bei der Beurteilung der Tests muß die Händigkeit des Patienten berücksichtigt werden, da die dominante Körperhälfte geschickter ist.

• Feinmotorik

Die Feinmotorik wird mit schnellen Wechselbewegungen untersucht (▣ C-**9.6**). Ist der Bewegungsablauf normal rhythmisch, spricht man von **Eudiadochokinese**, bei gestörtem Ablauf von **Dysdiadochokinese**. Eine verlangsamte Bewegung nennt man **Bradydiadochokinese** und einen völlig ungezielten, unrhythmischen Bewegungsablauf **Adiadochokinese**.

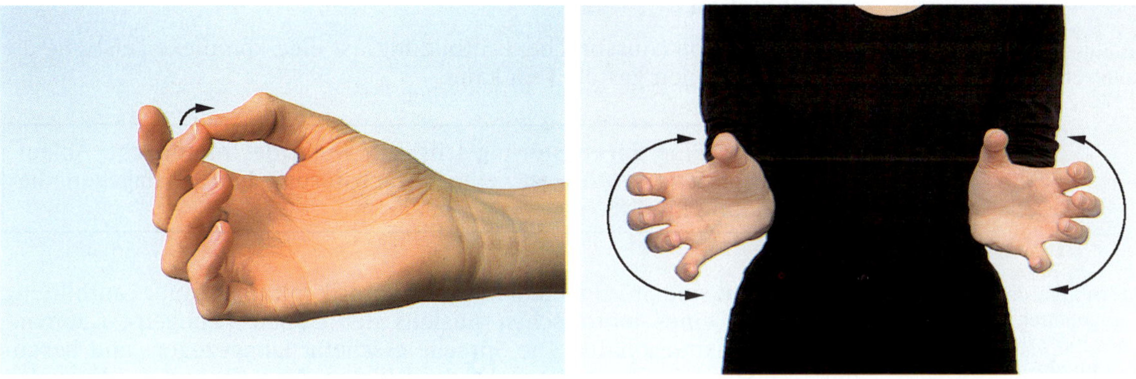

a Schraubbewegung von Daumen und Zeigefinger **b** Gegensinnige Schraubbewegung der Hände

▣ C-9.6: Untersuchung der Feinmotorik mit schnellen Wechselbewegungen

Ein pathologisches **Rebound-Phänomen** ist gegeben, wenn eine Bewegung durch ungenügende oder verspätete Innervation der Antagonisten nicht abgebremst wird. Man läßt den Patienten z. B. seinen Ellenbogen auf den Tisch aufsetzen und bittet ihn, den Arm gegen den Widerstand des Untersuchers gebeugt zu halten; läßt der Untersucher den um das Handgelenk gehaltenen Arm plötzlich los, kann die gegen seinen Kopf gerichtete Bewegung der eigenen Faust nicht rechtzeitig abgebremst werden, und der Patient schlägt sich selbst.

Ein pathologisches **Rebound-Phänomen** ist gegeben, wenn eine Bewegung durch ungenügende oder verspätete Innervation der Antagonisten nicht abgebremst wird.

• Gangprüfungen

Die Beurteilung des Ganges ist eine einfache Untersuchung zur Prüfung der Koordination und damit wesentlicher Funktionen des Zentralnervensystems. Der **Steppergang** (Storchengang) beruht auf einer Fußheberschwäche (Läsion des N. peronaeus). Diese tritt z. B. als Traumafolge (Frakturen im Bereich von Kniegelenk, Fibulaköpfchen und Sprunggelenk, Sportverletzungen oder falsche Lagerung auf dem OP-Tisch) auf. Ist der Steppergang symmetrisch und bestehen gleichzeitig eine Areflexie sowie Hypotonie der Muskulatur und evtl. Sensibilitätsstörungen (s. u.), so besteht der dringende Verdacht auf eine Polyneuropathie. Dagegen spricht der Steppergang mit kreisförmiger Außenbewegung des gelähmten Fußes (Zirkumduktion), Spitzfußstellung, Adduktionshaltung und mangelnder Mitbewegung des Armes derselben Seite für eine ältere zentrale **Hemiparese** (Halbseitenlähmung), sog. **Wernicke-Mann-Gangbild**.

Bei der spastischen **Paraplegie** (symmetrische Lähmung z. B. der Beine) beobachtet man den **Roboter-** oder **Scherengang:** Der Patient geht aus dem Hohlkreuz und drückt die Knie vollständig durch.

• Gangprüfungen

Die Beurteilung des Ganges ist eine einfache Untersuchung zur Prüfung der Koordination. Der **Steppergang** beruht auf einer Fußheberschwäche (Läsion des N. peronaeus). Diese tritt z. B. als Traumafolge auf. Ist der Steppergang symmetrisch und bestehen gleichzeitig eine Areflexie sowie Hypotonie der Muskulatur, so besteht der dringende Verdacht auf eine Polyneuropathie. Dagegen spricht der Steppergang mit kreisförmiger Außenbewegung des gelähmten Fußes (Zirkumduktion) und mangelnder Mitbewegung des Armes derselben Seite für eine ältere zentrale **Hemiparese** (Halbseitenlähmung), sog. **Wernicke-Mann-Gangbild**.

Bei der spastischen **Paraplegie** (symmetrische Lähmung z. B. der Beine) beobachtet man den **Roboter-** oder **Scherengang**.

Der **Watschelgang** ist Ausdruck einer proximalen Muskelschwäche bei Myopathie (Muskelerkrankung).

Der **ataktische** Gang bei Kleinhirnerkrankungen ist durch große Unsicherheit mit Fallneigung gekennzeichnet.

Beim **Parkinson-Gang** schlurft der Patient kleinschrittig mit mangelnder Armbewegung.

Der **Watschelgang** ist Ausdruck einer proximalen Muskelschwäche bei Myopathie (Muskelerkrankung). Die Patienten können gar nicht oder nur sehr schwer Treppensteigen. Der **ataktische Gang** bei Kleinhirnerkrankungen ist durch große Unsicherheit mit Fallneigung gekennzeichnet. Ist die Rumpfmuskulatur mitbetroffen, so kommt es auch zur Standunsicherheit. Erkrankungen des Gleichgewichtsorgans (Labyrinth) können ebenfalls zur Standunsicherheit führen. Beim **Parkinson-Gang** schlurft der Patient kleinschrittig (trippelnd) mit starrem Oberkörper und mangelnder Armbewegung.

Ein Patient mit normalem Muskelstatus (z. B. keine Atrophie), unauffälligem Muskeltonus und regelrechten Reflexen wird einen normalen Gang haben und auch die erschwerten Gangproben (s. o.) bestehen.

- **Artikulation**

Die **Artikulation** ist eine komplexe Leistung, die auf vielen Ebenen gestört sein kann.

- **Artikulation**

Die Artikulation (Aussprache, Lautbildung) ist eine komplexe Leistung, die auf vielen Ebenen gestört sein kann.

Merke ▶

> ▶ ***Merke.*** Eine **Sprech**störung tritt auf, wenn der motorische Ablauf der Lautbildung gestört ist; eine **Sprach**störung betrifft dagegen die Wortbildung im ZNS.

Dysarthrien sind Störungen der Sprechmotorik mit ungenauer Lautbildung im Gefolge eines motorischen Ausfalls der Lippen-, Zungen-, Gaumen- oder Pharynxmuskulatur. Bei der Untersuchung der Artikulation ist auf die Mundmotorik, die Qualität der Lautbildung, den Redefluß, die Phonation und die Atmung zu achten. Man sollte den Patienten auch bestimmte Sätze nachsprechen lassen. **Aphasie** (Sprachunvermögen) und **Dysphasie** (inkorrekte Wort- oder Silbenwahl) sind Störungen der Wortbildung bei Schädigung der kortikalen Sprachzentren. Die Kleinhirn-Dysarthrie ist durch eine schlecht koordinierte Sprache gekennzeichnet. Patienten mit Parkinson-Krankheit sind durch eine monotone Stimme mit Auseinanderziehen der Wörter gekennzeichnet.

Dysarthrien sind Störungen der Sprechmotorik mit ungenauer Lautbildung im Gefolge eines motorischen Ausfalls der Lippen-, Zungen-, Gaumen- oder Pharynxmuskulatur. Die Sprache erscheint langgezogen, und besonders schwierig ist die Aussprache der labialen (M, B, P) und der lingualen (T, D, L) Konsonanten. Häufig sind gleichzeitig die Sprechatmung und Stimmbildung (**Phonation**) beeinträchtigt; man spricht dann auch von Dysarthrophonie. Bei der Untersuchung der Artikulation ist auf die Mundmotorik, die Qualität der Lautbildung (Konsonanten und Vokale), den Redefluß, die Phonation und die Atmung zu achten. Man sollte den Patienten auch bestimmte Sätze nachsprechen lassen, so z. B.: »Der Mondschein scheint schon schön« oder »Blaukraut bleibt Blaukraut und Brautkleid bleibt Brautkleid«. **Aphasie** (Sprachunvermögen) und **Dysphasie** (inkorrekte Wort- oder Silbenwahl) sind Störungen der Wortbildung bei Schädigung der kortikalen Sprachzentren. Die Kleinhirn-Dysarthrie ist durch eine schlecht koordinierte unregelmäßige Sprache mit unnatürlicher Silbentrennung gekennzeichnet (skandierende Sprache). Patienten mit Parkinson-Krankheit sind durch eine monotone, langsame, schwache Stimme mit Auseinanderziehen der Wörter gekennzeichnet. Bei Gaumensegellähmung durch beidseitigen Ausfall des N. vagus kommt es zur näselnden Sprache.

Folgende Aphasien werden unterschieden:
- **Motorische Aphasie (Broca)**
- **Sensorische Aphasie (Wernicke)**
- **Globale Aphasie**
- **Amnestische Aphasie**

Folgende Aphasien können differenziert werden:
- **Motorische Aphasie (Broca):** Einschränkung bzw. vollständiger Verlust der Ausdrucksfähigkeit in Sprache, Schrift und Lesen.
- **Sensorische Aphasie (Wernicke):** Verlust des Verständnisses für Sprache und Schrift. Die Sprache ist flüssig, z. T. besteht Logorrhö (ungehemmter Sprachfluß), aber inhaltsarm.
- **Globale Aphasie:** Keine oder nur kaum Sprachproduktion, statt dessen Automatismen und Floskeln.
- **Amnestische Aphasie:** Spontansprache durch Wortfindungsstörungen gestört.

Störungen von Lautstärke, Qualität und Tonhöhe der Stimme als Folge einer Erkrankung des Kehlkopfes oder seiner Innervation sind **Aphonie** (Flüstern) oder **Dysphonie** (heisere Stimme).

Störungen von Lautstärke, Qualität und Tonhöhe der Stimme als Folge einer Erkrankung des Kehlkopfes oder seiner Innervation nennt man **Aphonie** (Flüstern) oder **Dysphonie** (kratzende, heisere Stimme).

9.2.6 Sensibilität

Man unterscheidet grob zwischen **Oberflächensensibilität** (Berührung, Schmerz, Temperatur) und **Tiefensensibilität** (Bewegungsgefühl, Lagesinn, Vibrationsempfinden). Als Sensibilität bezeichnet man die Wahrnehmung von Reizen an der Haut, den Gelenken und inneren Organen. Neben Störungen der Wahrnehmung kommen auch abnorme Reizerscheinungen vor. **Parästhesien** (Mißempfindungen) wie Kribbeln, Brennen, Ameisenlaufen, Prickeln oder elektrisierende Schmerzen sind die häufigsten Sensibilitätsstörungen, über die Patienten berichten. Anamnese und klinische Untersuchung erlauben in den meisten Fälle die Diagnosestellung. Die beiden häufigsten Erkrankungen, an die in diesem Zusammenhang zu denken ist, sind die diabetische und die alkoholische Polyneuropathie (Alkoholanamnese s. S. 43f.). Quälende Mißempfindungen werden als **Dysästhesien** bezeichnet. Als **Hyperästhesie** bezeichnet man eine gesteigerte Empfindung von Berührungsreizen, als **Hyperalgesie** eine verstärkte (inadäquate) Schmerzempfindung bei adäquatem Reiz.
Bei der Inspektion der Patienten achte man auf trophische Störungen (z. B. Muskel- oder Hautatrophie), Verletzungen und Verbrennungen. Bei Diabetikern muß z. B. auch sehr sorgfältig zwischen den Zehen und an der Fußsohle nach Verletzungen oder einem Ulkus (Wunde) gesucht werden, da diese bei gestörter Schmerzempfindung (**Hypalgesie** oder **Analgesie**) nicht gespürt werden. Eine Herabsetzung bzw. Aufhebung der Berührungsempfindlichkeit bezeichnet man als **Hypästhesie** bzw. **Anästhesie**.

Die Untersuchung der Sensibilität (S C-**9.7**) beinhaltet die Prüfung der Qualität, der Quantität und der Begrenzung der Störung. Prinzipiell sind die Prüfungen im Seitenvergleich vorzunehmen. Die Oberflächensensibilität kann z. B. orientierend durch simultanes Bestreichen beider Beine von oben nach unten mit allen Fingerkuppen geprüft werden. Der liegende Patient soll bei der Untersuchung die Augen geschlossen halten, damit die optische Kontrolle ausgeschlossen wird. Die Mitarbeit des Patienten ist sehr wichtig. Die Beurteilung der Prüfung basiert letztlich auf den subjektiven Angaben des Patienten.

Komplexe zentralnervöse Leistungen zur Verarbeitung sensibler Informationen sowohl der Oberflächen- und Tiefensensibilität nennt man **Stereognosie**. Zur Prüfung gehört z. B. das Erkennen von Gegenständen mit der Hand bei geschlossenen Augen. Dementsprechend bedeutet eine **Astereognosie** die Unfähigkeit, Gebrauchsgegenstände zu identifizieren.

Beim **sensiblen Funktionswandel** können nebeneinandergesetzte Hautreize (z. B. Zahlenschreiben) insbesondere bei wiederholter Testung an derselben Stelle nicht mehr diskriminiert werden, sondern es kommt zur Verschmelzung (Zwei-Punkte-Diskrimination: z. B. mit einem Zirkel werden 2 Berührungsreize gleichzeitig nebeneinander gesetzt).

• Verteilungsmuster

Bei der **Läsion eines peripheren Nervs** fallen alle sensiblen Qualitäten aus. Das Verteilungsmuster entspricht dabei dem Versorgungsgebiet (Segmente und Dermatome) der Nerven. Mit entsprechenden Tafeln (S C-**9.8**) kann die Zuordnung getroffen werden. Die Feststellung der Begrenzung sensibler Ausfälle hat für die topographische Diagnose entscheidende Bedeutung.

9.2.6 Sensibilität

Man unterscheidet grob zwischen **Oberflächen-** und **Tiefensensibilität.** Als Sensibilität bezeichnet man die Wahrnehmung von Reizen an der Haut, den Gelenken und inneren Organen. **Parästhesien** (Mißempfindungen) sind die häufigsten Sensibilitätsstörungen. Die wichtigsten Erkrankungen in diesem Zusammenhang sind die diabetische und die alkoholische Polyneuropathie. Quälende Mißempfindungen werden als **Dysästhesien** bezeichnet. **Hyperästhesie** meint die gesteigerte Empfindung von Berührungsreizen, **Hyperalgesie** die verstärkte Schmerzempfindung bei adäquatem Reiz.

Achten Sie auf trophische Störungen, Verletzungen und Verbrennungen, bei Diabetikern muß sehr sorgfältig zwischen den Zehen und an der Fußsohle nach Verletzungen oder Ulzera gesucht werden, da diese bei gestörter Schmerzempfindung (**Hypalgesie** oder **Analgesie**) nicht gespürt werden. Herabgesetzte bzw. aufgehobene Berührungsempfindlichkeit nennt man **Hypästhesie** bzw. **Anästhesie**.
Untersucht werden Qualität, Quantität und Begrenzung der Störung im Seitenvergleich (S C-**9.7**). Die Mitarbeit des Patienten ist sehr wichtig. Die Beurteilung der Prüfung basiert letztlich auf den subjektiven Angaben des Patienten.

Komplexe zentralnervöse Leistungen zur Verarbeitung sensibler Informationen von Oberflächen- und Tiefensensibilität nennt man **Stereognosie**. Zur Prüfung gehört z. B. das Erkennen von Gegenständen mit der Hand.

Beim **sensiblen Funktionswandel** können nebeneinandergesetzte Hautreize nicht mehr diskriminiert werden (Zwei-Punkte-Diskrimination).

• Verteilungsmuster

Bei der **Läsion eines peripheren Nervs** fallen alle sensiblen Qualitäten aus. Das Verteilungsmuster entspricht dabei dem Versorgungsgebiet der Nerven (S C-**9.8**).

Synopsis C-9.7: Untersuchung der Sensibilität

Empfindungsqualität	Untersuchung	Störung/Erkrankung
Berührung 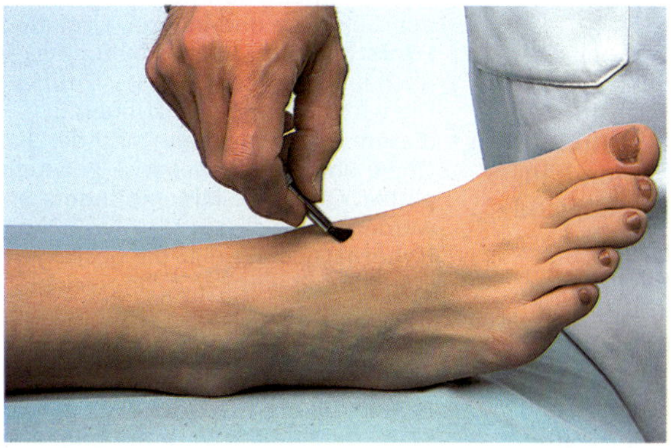	• Prüfung mit Fingerkuppen, Wattebausch oder Pinsel	Hypästhesie, Anästhesie
Lage 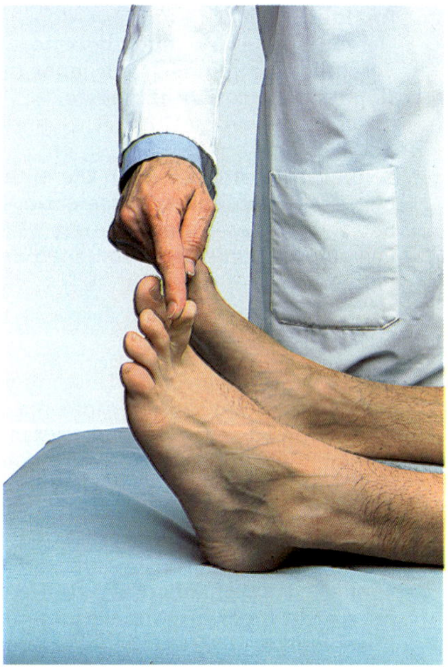	• Zehen oder Finger anfassen und auf- bzw. abbewegen • Der Patient imitiert die Stellung einer Extremität, die der Untersucher der anderen Extremität gegeben hat	Störung der Positionsrezeption

Fortsetzung Synopsis C-9.7: Untersuchung der Sensibilität

Empfindungsqualität	Untersuchung	Störung/Erkrankung
Schmerz 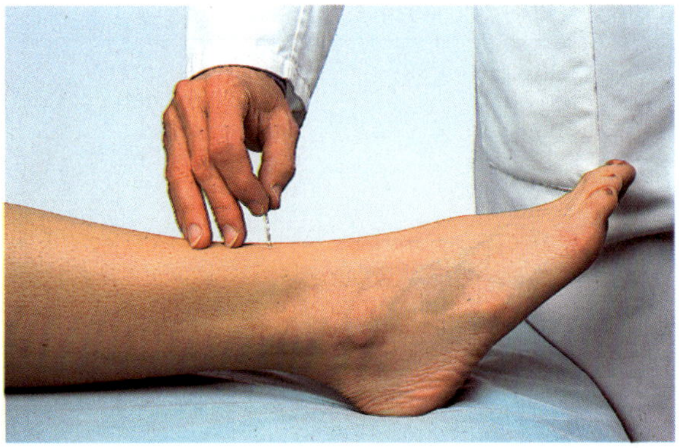	• Spitz-/stumpf-Prüfung mit der Spitze bzw. dem Kopf einer Nadel	Hypalgesie, Analgesie
Temperatur 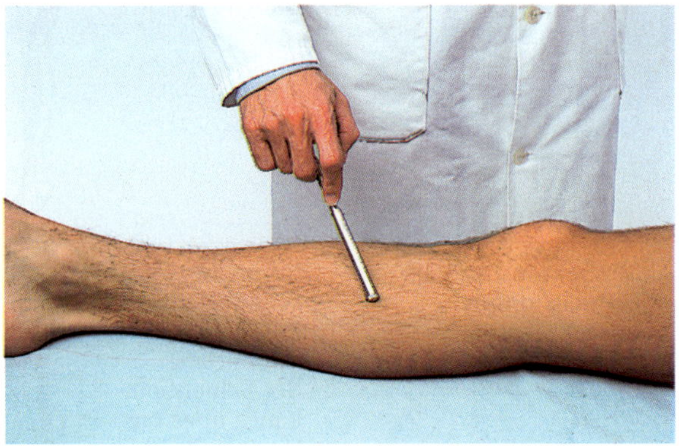	• Unterscheidung von kalt und warm (metallischer Gegenstand)	Thermanästhesie
Vibration 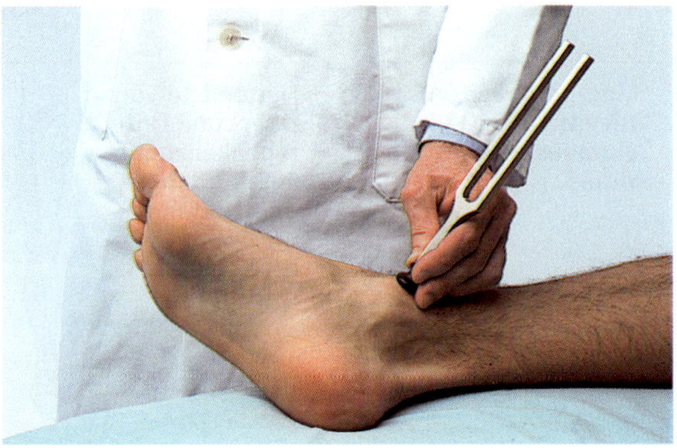	• Prüfung mit der angeschlagenen Stimmgabel auf Hand- oder Fußknochen (z. B. Außenknöchel)	Pallästhesie

Synopsis C-9.8: Radikuläre Syndrome mit Sensibilitäts-, Motilitätsstörungen und Reflexdifferenzen an den oberen (C5 – C8) und unteren Extremitäten

Syndrom	Neurologische Ausfälle: Parese	Reflexverlust*	Dermatom	Syndrom	Neurologische Ausfälle: Parese	Reflexverlust*	Dermatom
C5	Mm. deltoideus und biceps	BSR	Schulter und Oberarm lateral 	**L3**	M. quadriceps femoris, auch M. iliopsoas	PSR	Vom Trochanter major über den Oberschenkel nach medial bis zum Knie 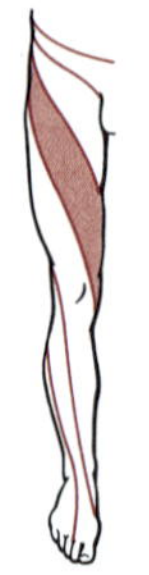
C6	Mm. biceps und brachioradialis	BSR	Oberhalb des Ellenbogens lateral, Unterarm radial, Daumen und Zeigefinger radial 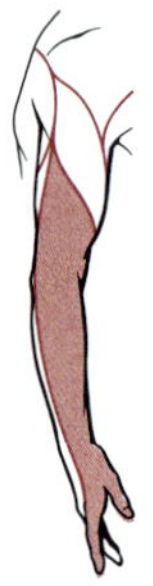	**L4**	Mm. quadriceps und tibialis anterior	PSR	Über die Hüfte und den lateralen Oberschenkel auf den medialen Knöchel zu 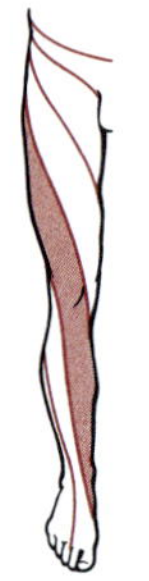
C7	Mm. triceps, pronator teres, pectoralis major	TSR	Unterarm dorsal, mittlere drei Finger 	**L5**	Mm. extensor hallucis longus und extensor digitorum brevis	TPR	Vom Oberschenkel zum Kniegelenk lateral, entlang der Schienbeinkante über die Dorsalseite des Fußes bis zur Großzehe und folgenden Zehe 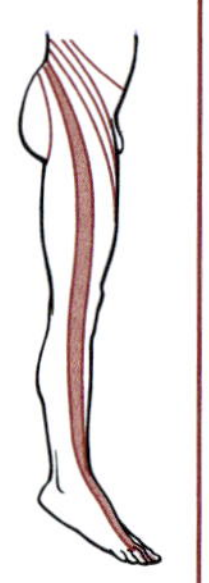
C8	Kleine Handmuskeln	Trömner TSR	Unterarm dorsal, Ring- und Kleinfinger 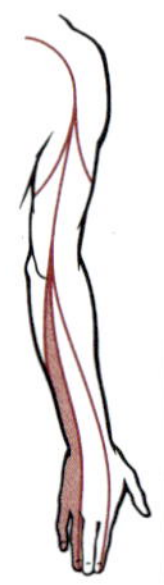	**S1**	Mm. peronaei, triceps surae, glutaeus maximus	ASR	Hinterseite von Ober- und Unterschenkel zum äußeren Knöchel und Fußrand, Kleinzehenbereich und Fußsohle lateral 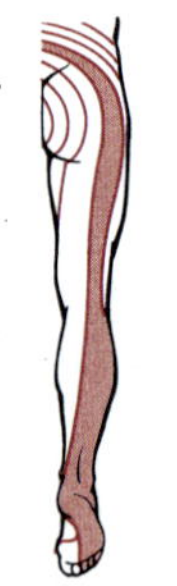

▶ * ASR = Achillessehnenreflex / BSR = Bizepssehnenreflex / PSR = Patellarsehnenreflex / TSR = Trizepssehnenreflex ◀

Bei der Polyneuropathie findet man häufig ein strumpf- oder handschuhförmiges Verteilungsmuster.

Bei der Polyneuropathie findet man häufig ein strumpf- oder handschuhförmiges Verteilungsmuster, da mehrere Nerven betroffen sind.

Merke ▶

▶ ***Merke.*** Diabetes mellitus und Alkoholkrankheit sind die häufigsten Ursachen einer Polyneuropathie.

Der Altersgipfel der alkoholischen Polyneuropathie liegt in der 5. Dekade, derjenige der diabetischen Polyneuropathie in der 6. Dekade. Beide Formen können aber auch schon in jüngeren Jahren auftreten.

Eine **Nervendurchtrennung** führt neben dem Ausfall der Sensibilität auch zu trophischen Störungen, da gleichzeitig die sympathischen Fasern (s. u.) mit betroffen sind. Die Innervationsgebiete der peripheren Nerven überlappen sich. Im Überlappungsgebiet ist die Berührungs- und Temperaturempfindung zwar herabgesetzt, die Schmerzempfindung aber noch intakt. Die Sensibilitätsausfälle bei radikulärer Läsion (Hinterwurzel) sind bandförmig oder segmental angeordnet. Oft reicht die genaue Beschreibung des Patienten, um die Lokalisation der Läsion festzulegen (▤ C-**9.2**).

Zentralnervöse Schädigungen können vom Spinalkanal, dem Hirnstamm und der Großhirnrinde ausgehen. Bei spinaler und Hirnstammläsion kommt es zur Dissoziation der Ausfälle von Schmerz- bzw. Temperatursinn, da sich die entsprechenden Bahnen kreuzen. Zentrale Sensibilitätsstörungen haben nur nach kranial eine segmentale Begrenzung. Eine Sonderform stellt die Reithosenanästhesie (Konus-Kauda-Schädigung) dar, eine Sensibilitätsstörung der unteren lumbalen und sakralen Dermatome.

Eine **Nervendurchtrennung** führt neben dem Ausfall der Sensibilität auch zu trophischen Störungen, da gleichzeitig die sympathischen Fasern mit betroffen sind. Die Sensibilitätsausfälle bei radikulärer Läsion sind bandförmig oder segmental angeordnet (▤ C-**9.2**).

Zentralnervöse Schädigungen können vom Spinalkanal, dem Hirnstamm und der Großhirnrinde ausgehen. Bei spinaler und Hirnstammläsion kommt es zur Dissoziation der Ausfälle von Schmerz- bzw. Temperatursinn. Zentrale Sensibilitätsstörungen haben nur nach kranial eine segmentale Begrenzung. Eine Sonderform stellt die Reithosenanästhesie (Konus-Kauda-Schädigung) dar.

▤ **C-9.2: Ausfallmuster bei Läsionen peripherer Nerven und zentralnervöser Schädigung**

Läsion	**Muster**	**Erkrankung**
Peripher • Isolierter Nerv	Totaler Ausfall aller Qualitäten im Versorgungsgebiet	z. B. traumatisch
• Polyneuropathisch	Summationsschädigung: handschuh- oder strumpfförmig	z. B. alkoholische oder diabetische Polyneuropathie
Hinterwurzel (Radikulopathie)	Streifenförmig, segmental mit evtl. typischer Ausstrahlung, Lasègue positiv	z. B. Bandscheibenvorfall, Ischialgie
Zentralnervös Hinterstränge	Ausfall komplexer sensibler Leistungen, spinale Ataxie, Tiefensensibilitätsausfall	z. B. funikuläre Myelose, Tabes dorsalis
Querschnitt (spinal) oder Hirnstammläsion	Ein- oder beidseitige dissoziierte Empfindungsstörung für Schmerz und Temperatur	z. B. Wallenberg-Syndrom
Subkortikale, kortikale Läsion	Ausfall komplexer sensibler Leistungen (Stereognosie)	z. B. Schlaganfall, Tumor, Abszeß

Nervendehnungsschmerzen können bei Dehnung von Nervenwurzeln, Rückenmark und Meningen auftreten; sie werden durch entsprechende Manöver provoziert (**S** C-**9.9**):

- **Lasègue-Zeichen:** Das gestreckte Bein des liegenden Patienten wird im Hüftgelenk gebeugt. Bei Schmerzen im Gesäß, Bein oder Kreuz ist eine Beugung bis 90° nicht möglich (positiv). Dokumentation mit Winkelangabe.
- **Kernig-Zeichen:** Wenn beim Lasègue-Manöver die Beugung des gestreckten Beines im Hüftgelenk automatisch zu einer schmerzreflektorischen Beugung im Kniegelenk führt, so ist dieses Zeichen positiv.
- **Brudzinski-Zeichen:** Der Kopf des liegenden Patienten wird nach vorne gebeugt. Wenn die Beine reflektorisch im Hüft- und Kniegelenk gebeugt werden, um den Zug an den lumbosakralen Nervenwurzeln zu verringern, so ist das Zeichen positiv.
- **Meningismus:** Von Nackensteife als Ausdruck einer meningealen Reizung spricht man, wenn der Patient der passiven Kopfbeugung widersteht bzw. Schmerzen angibt (z. B. bei Meningitis oder Subarachnoidalblutung).

Nervendehnungsschmerzen werden durch entsprechende Manöver provoziert (**S** C-**9.9**):

- **Lasègue-Zeichen**
- **Kernig-Zeichen**
- **Brudzinski-Zeichen**
- **Meningismus**

• **Opisthotonus**

- **Opisthotonus:** Bezeichnet die dauernde Rückwärtsstreckung des Kopfes bei Krampf der Nacken- und Rückenmuskulatur (z. B. bei Tetanie, Epilepsie).

S Synopsis C-**9.9: Provokation von Nervendehnungsschmerzen**

Lasègue-Zeichen

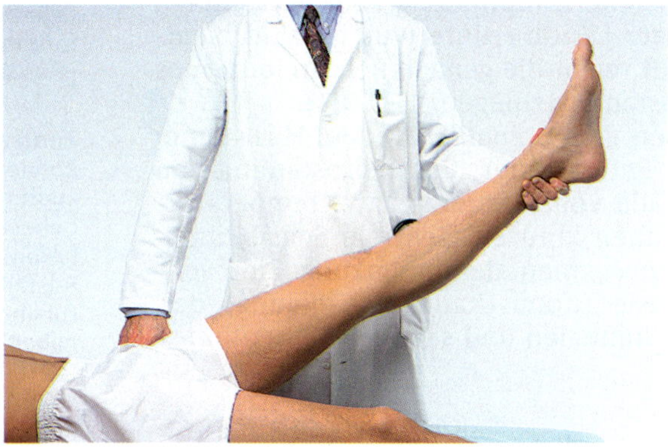

Vorgehensweise:

- Beugen des gestreckten Beines im Hüftgelenk.
- Bei Schmerzen im Gesäß, Bein oder Kreuz ist eine Beugung bis 90° nicht möglich (Lasègue positiv).

Meningismus

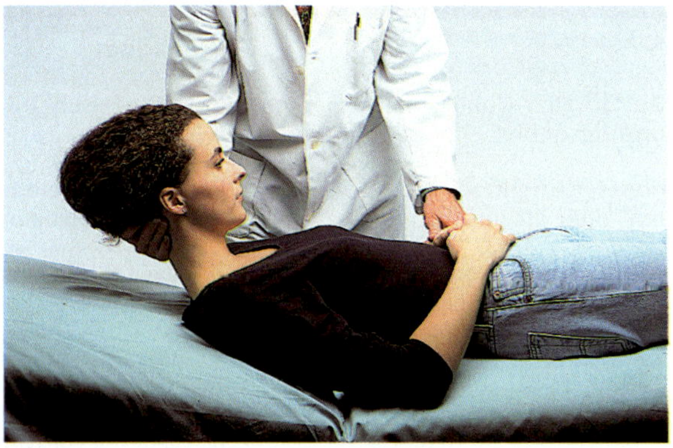

- Der Kopf des Patienten wird passiv gebeugt.
- Bei Schmerzen oder Widerstand ist auf eine Nackensteife als Ausdruck einer meningealen Reizung zu schließen.

9.2.7 Vegetative Funktionen

Die wichtigsten vegetativen Funktionen, die einer einfachen anamnestisch-klinischen Untersuchung zugänglich sind, betreffen Kreislauf, Gastrointestinaltrakt, Blase, Haut und Sexualfunktion.

Wichtige Fragen ►

9.2.7 Vegetative Funktionen

Die wichtigsten vegetativen Funktionen, die einer einfachen anamnestisch-klinischen Untersuchung zugänglich sind, betreffen Kreislauf, Gastrointestinaltrakt, Blase, Haut und Sexualfunktion.

Wichtige Fragen:
- *Haben Sie Probleme beim Wasserlassen oder beim Stuhlgang?*
- *Können Sie das Wasser, den Stuhl halten?*
- *Geht Wasser, Stuhl unwillkürlich ab?*
- *Wie ist die Sexualfunktion?*
- *Ist die Libido normal vorhanden?*
- *Kommt es zu einer ausreichenden Erektion?*

Zum Blutdruck- und Pulsverhalten sei auf Seite 169ff. verwiesen.
Die **Testung der Schweißsekretion** kann bedeutend sein zur Differenzierung einer peripheren Nervenläsion oder Plexuslähmung von einer Wurzelschädigung: Bei der Wurzelläsion findet sich keine Störung der Schweißsekretion.

Zum Blutdruck- und Pulsverhalten sei auf Seite 169ff. verwiesen.
Die **Testung der Schweißsekretion** kann bedeutend sein zur Differenzierung einer peripheren Nervenläsion oder Plexuslähmung von einer Wurzelschädigung: Bei der Wurzelläsion findet sich keine Störung der Schweißsekretion. Diese wird an Kopf, Rumpf und den proximalen Extremitäten mit der Jod-Stärke-Reaktion und an den Hand- und Fußflächen mit der Ninhydrin-Methode getestet: Hautareale ohne Schweißsekretion (**Anhidrose**) bleiben nach Einpinselung der Lösungen jeweils ungefärbt.

9.3 Anamnestisch-klinische Diagnosen ausgewählter Krankheitsbilder

9.3.1 Multiple Sklerose

Bei der multiplen Sklerose (Encephalitis disseminata) kommt es zur Zerstörung der Myelinscheiden der Nerven (Entmarkungskrankheit) von Gehirn und Rückenmark und damit zu multiplen, multifokalen Ausfällen. Die Ursache ist unbekannt. J. M. Charcot beschrieb 1868 erstmals die **Trias**: **Nystagmus**, **skandierendes Sprechen** und **Intentionstremor**. Das weitere klinische Bild wurde bereits in der Einleitung beschrieben.

Die Hälfte der Patienten klagt von Beginn an über vorübergehende und anhaltende Mißempfindungen in den Händen und Füßen und Schwäche einzelner Gliedmaßen. Etwa ein Drittel der Patienten berichtet über Sehstörungen als Frühsymptom, insbesondere Verschwommensehen, aber auch gelegentliche vorübergehende Blindheit. Vor allen Dingen jüngere Patienten berichten über Doppelsehen als erstes Symptom. Sprach- und Gleichgewichtsstörungen werden von einem Viertel der Patienten angegeben. Bemerkenswert ist, daß die Patienten im Anfangsstadium trotz schwerer neurologischer Ausfälle eher nicht depressiv verstimmt sind, sondern sogar z. T. eine euphorische Stimmungslage aufweisen.

9.3.2 Morbus Parkinson (Schüttellähmung)

J. Parkinson beschrieb die Krankheit als »shaking palsy« (1817). Sie ist eine der häufigsten neurologischen Erkrankungen (ca. 250 000 Patienten in Deutschland). M. Parkinson ist die typische »motorische« Erkrankung, deren Ursache in einer progredienten Degeneration dopaminerger Neurone in der Substantia nigra liegt, die eine hemmende Wirkung auf cholinerge Neurone des Corpus striatum ausüben. Daher überwiegen die extrapyramidalen cholinergen Reaktionen.

Anamnese und klinische Untersuchung sind deshalb so wichtig, weil es weder spezifische Labortests noch apparative Untersuchungen gibt, die eine positive Diagnosestellung erlauben. Sind die drei Kardinalsymptome (**Rigor, Tremor und Akinese**) bereits in voller Ausprägung vorhanden, so ist die Diagnosestellung relativ einfach. Dann ist aber auch die Erkrankung meist schon weit fortgeschritten. Bei dem Tremor handelt es sich um einen **feinschlägigen** (Frequenz 4–7 Sekunden) **Ruhetremor**. Zwei einfache Tests können bereits in einem frühen Krankheitsstadium den Verdacht auf die Parkinson-Krankheit lenken:

- Beim **Kopf-Fall-Test** wird der Patient aufgefordert, seinen Kopf entspannt in die Hand des Untersuchers zu legen. Wird die Untersucherhand plötzlich weggezogen, fällt beim Gesunden der Kopf auf die Liege. Der Kopf des Parkinson-Patienten bleibt – bedingt durch den Rigor – zunächst in der ursprünglichen Stellung und fällt dann ruckartig auf die Liege.
- Beim **Stoß-Test** wird ein Stoß gegen den Rücken des Patienten ausgeführt. Beim Gesunden wird der Stoß federnd aufgefangen. Der Parkinson-Patient kann – bedingt durch die verminderte muskuläre Grundspannung (Hypokinese) – die Bewegung nicht abbremsen und kommt ins Trippeln (Vorsicht: Sturzgefahr!).

Der frühe Befall der Schulter-Nackenregion kann sich auch durch ein Einengungsgefühl bzw. ein Gefühl wie gefesselt und Nackenkopfschmerzen bemerkbar machen. Die Nackenmuskulatur ist verspannt und zeigt einen ausgeprägten Rigor.

9.3 Anamnestisch-klinische Diagnosen ausgewählter Krankheitsbilder

9.3.1 Multiple Sklerose

Bei der multiplen Sklerose (Encephalitis disseminata) kommt es zur Zerstörung der Myelinscheiden der Nerven von Gehirn und Rückenmark und damit zu multiplen, multifokalen Ausfällen.
J. M. Charcot beschrieb 1868 erstmals die **Trias: Nystagmus, skandierendes Sprechen** und **Intentionstremor**.
Mißempfindungen in den Händen und Füßen und Schwäche einzelner Gliedmaßen sind typische Frühsymptome. Ferner kann es zu Sehstörungen (Verschwommen- und Doppelsehen) sowie zu Sprach- und Gleichgewichtsstörungen kommen.

9.3.2 Morbus Parkinson (Schüttellähmung)

J. Parkinson beschrieb die Krankheit als »shaking palsy« (1817). Es ist die typische »motorische« Erkrankung, deren Ursache in einer progredienten Degeneration dopaminerger Neurone in der Substantia nigra liegt. Daher überwiegen die extrapyramidalen cholinergen Reaktionen.

Sind die drei Kardinalsymptome (**Rigor, Tremor und Akinese**) bereits in voller Ausprägung vorhanden, so ist die Diagnosestellung relativ einfach. Dann ist aber auch die Erkrankung meist schon weit fortgeschritten. Bei dem Tremor handelt es sich um einen **feinschlägigen** (Frequenz 4 – 7 Sekunden) **Ruhetremor**.

Folgende Tests können den Verdacht auf die Parkinson-Krankheit lenken:
- Kopf-Fall-Test
- Stoß-Test

9.3.3 Hirnleistungsstörungen

Die häufigste Form von Hirnleistungsstörungen ist die **Alzheimer-Krankheit**. Im Vordergrund der Symptomatik stehen neuropsychologische Defekte, insbesondere **Gedächtnis- und Sprachstörungen**, wie Aphasie, Apraxie, Alexie und Agnosie.

Ein sehr verwandtes Krankheitsbild ist das **Multiinfarkt-Syndrom**. Hierbei sind vaskuläre Veränderungen die Grundlage der Demenz. Ähnlich wie beim Morbus Alzheimer kommt es zum fortschreitenden Abbau intellektueller Funktionen, zu depressiver Verstimmung, Affektlabilität und neurologischen Ausfällen.

Stadieneinteilung der Hirnleistungsstörungen nach Reisberg:
- **Stadium 1:** Weder subjektive noch objektive Beschwerden
- **Stadium 2:** Subjektive Leistungsminderung:
- **Stadium 3:** Objektive Leistungsminderung:
- **Stadium 4:** Probleme bei der Ausführung komplexer Aufgaben
- **Stadium 5:** Hilfe bei der Auswahl situationsgerechter Kleidung nötig
- **Stadium 6:** Hilfe bei manchen Alltagsaktivitäten nötig
- **Stadium 7:** Hilfe bei alltäglichen Dingen ständig nötig

9.3.3 Hirnleistungsstörungen

Die häufigste Form von Hirnleistungsstörungen ist die **Alzheimer-Krankheit**. A. Alzheimer beschrieb 1907 erstmals diese präsenile Demenz, bei der es zur progredienten Hirnatrophie unbekannter Genese kommt.
Im Vordergrund der Symptomatik stehen neuropsychologische Defekte, insbesondere **Gedächtnis- und Sprachstörungen**, wie Aphasie, Apraxie, Alexie und Agnosie.

Ein sehr verwandtes Krankheitsbild ist das **Multiinfarkt-Syndrom**. Hierbei sind vaskuläre Veränderungen die Grundlage der Demenz (arteriosklerotische Enzephalopathie oder vaskuläre Demenz). Insbesondere Patienten mit lang bestehendem – nicht oder unzureichend behandeltem – Bluthochdruck sind hiervon betroffen. Ähnlich wie beim Morbus Alzheimer kommt es zum fortschreitenden Abbau intellektueller Funktionen, zu depressiver Verstimmung, Affektlabilität und neurologischen Ausfällen.

Die **Stadieneinteilung der Hirnleistungsstörungen** nach Reisberg berücksichtigt primär klinisch-praktische Gesichtspunkte:
- **Stadium 1:** Weder subjektive noch objektive Beschwerden
- **Stadium 2:** Subjektive Leistungsminderung:
  - Verlegen von Gegenständen
  - Depressive Verstimmung
  - Leichte Persönlichkeitsveränderung
- **Stadium 3:** Objektive Leistungsminderung:
  - Orientierungsschwierigkeiten in fremder Umgebung
- **Stadium 4:** Probleme bei der Ausführung komplexer Aufgaben
- **Stadium 5:** Hilfe bei der Auswahl situationsgerechter Kleidung nötig
- **Stadium 6:** Hilfe bei manchen Alltagsaktivitäten nötig.
  - Hilfe beim Ankleiden, Baden usw.
  - Harn- und Stuhlinkontinenz
- **Stadium 7:** Hilfe bei alltäglichen Dingen ständig nötig
  - Unverständliche Sprache
  - Bettlägerigkeit

9.3.4 Zerebrale Durchblutungsstörungen

Definition ►

9.3.4 Zerebrale Durchblutungsstörungen

Definition. Ein Schlaganfall (**Apoplexie**) ist eine plötzlich (schlagartig) auftretende Durchblutungsstörung des Gehirns, die zu mindestens einen Tag lang anhaltenden Beschwerden führt. Störungen, die sich völlig zurückbilden und höchstens 24 Stunden anhalten, werden als transitorische ischämische Attacke (**TIA**) bezeichnet. Bilden sich die neurologischen Ausfälle innerhalb von maximal 3 Wochen vollständig zurück, so spricht man von **PRIND** (prolonged reversible ischaemic neurological deficit).

Die Inzidenz liegt bei ca. 200 pro 100 000 im Jahr. Die TIA als wichtigster Vorbote eines Schlaganfalls kommt ca. 50mal pro 100 000 Einwohner und Jahr vor. Der **Altersgipfel** liegt **um das 70. Lebensjahr**.

Schlaganfälle sind sehr häufig; die Inzidenz liegt bei ca. 200 pro 100 000 im Jahr in den westlichen Länder. Die TIA als wichtigster Vorbote eines Schlaganfalls kommt ca. 50mal pro 100 000 Einwohner und Jahr vor. Der **Altersgipfel** liegt **um das 70. Lebensjahr**. Jeder 4. bis 5. Schlaganfall führt innerhalb eines Monats zum Tod. Das bedeutet, daß der überwiegende Teil der betroffenen Patienten den Apoplex mit z. T. sehr schweren Behinderungen für Jahre überlebt. Daher ist es wichtig, die Risikofaktoren (insbesondere Hypertonie und Rauchen) zu beseitigen und frühe Warnhinweise zu beachten.

Merke ►

Merke. Etwa 80 % der Schlaganfälle beruhen auf Ischämien, 15 % auf Hirnblutungen und 5 % auf einer Subarachnoidalblutung.

Die Ischämien haben ihren Ursprung in arteriosklerotischen Gefäßveränderungen, Thrombosen und Embolien (z. B. aus dem Herzen). Arteriosklerotische Veränderungen der großen hirnversorgenden Gefäße (Plaques, Stenosen, Verschlüsse) können heute mittels Gefäßdoppler- und Duplexuntersuchungen relativ einfach und sicher diagnostiziert werden (◘ C-**9.7**).

Ischämien haben ihren Ursprung in arteriosklerotischen Gefäßveränderungen, Thrombosen und Embolien. Gefäßveränderungen lassen sich mittels Gefäßdoppler- und Duplexuntersuchungen sicher diagnostizieren.

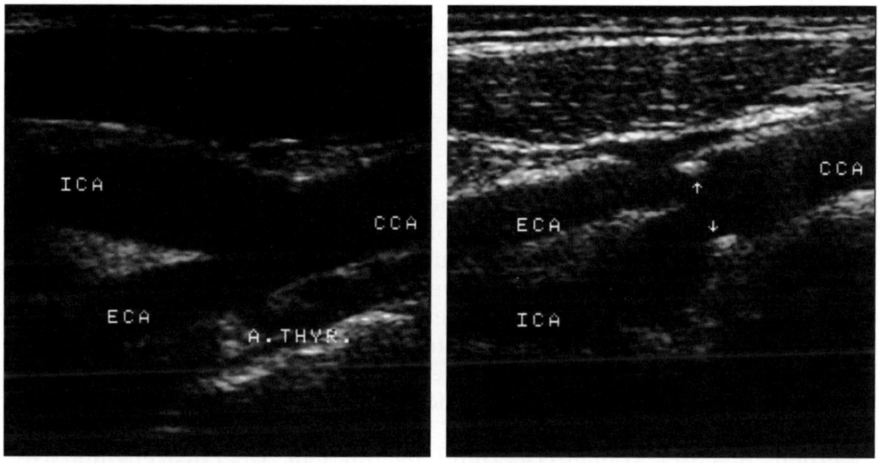

Normalbefund der A. carotis:
CCA = A. carotis communis,
ICA = A. carotis interna,
ECA = A. carotis externa

Pathologischer Befund der A. carotis:
Große Plaque in der ICA und der Karotisbifurkation

◘ C-**9.7: Duplexuntersuchung der A. carotis**

Klinische Untersuchung. Die Palpation und **Auskultation der Halsgefäße** ist die Basis der Gefäßuntersuchung. Man muß aber bedenken, daß selbst hochgradige Stenosen ohne Geräusch bleiben können. Die Auskultation des Herzens ist wichtig zur Erkennung von Vorhofflimmern und Vitien als häufigste Ursache von zerebralen Embolien. Neben der Blutdruckmessung (beidseitig) und der allgemeinen körperlichen Untersuchung ist die neurologische Untersuchung natürlich besonders wichtig. Hierbei muß auf Seitenunterschiede beim Reflexverhalten und Gefühlsempfinden geachtet werden.

Bei manifester Ischämie läßt die neurologische Symptomatik Rückschlüsse auf das betroffene Gefäßgebiet zu:
- **A. cerebri anterior:**
  - Beinbetonte (senso-)motorische Hemiparese
  - Zerebrale Blasenstörung
- **A. cerebri media:**
  - Brachiofazial betonte (senso-)motorische Hemiparese (Typ Wernicke-Mann)
  - Aphasie
- **A. cerebri posterior:**
  - Hemihypästhesie
  - Hemianopsie

Klinische Untersuchung Die Palpation und **Auskultation der Halsgefäße** ist die Basis der Gefäßuntersuchung. Allerdings können selbst hochgradige Stenosen ohne Geräusch bleiben. Die Auskultation des Herzens ist wichtig zur Erkennung von Vorhofflimmern und Vitien. Neben der Blutdruckmessung und der allgemeinen körperlichen Untersuchung ist die neurologische Untersuchung besonders wichtig.
Bei manifester Ischämie läßt die neurologische Symptomatik Rückschlüsse auf das betroffene Gefäßgebiet zu.

Anamnese. Eine **Amaurosis fugax** (vorübergehende Blindheit) und eine **TIA** sind die wichtigsten anamnestischen Hinweise auf eine zerebrale Ischämie. Die Strömungsbehinderung in der A. ophthalmica durch einen kleinen Thrombus oder eine Embolie kann zu einer kurzzeitigen Sehstörung führen, die als Rolladen oder Klappe vor dem Auge empfunden wird. Die Erscheinungen können sehr flüchtig sein, da die Strombahnbehinderung sich schnell wieder auflösen kann. Es kann aber auch zur irreversiblen Erblindung kommen (selten). Die Beschwerden des Patienten sind genau zu hinterfragen!

Anamnese Eine **Amaurosis fugax** (vorübergehende Blindheit) und eine **TIA** sind die wichtigsten anamnestischen Hinweise auf eine zerebrale Ischämie. Die Erscheinungen können sehr flüchtig sein, da die Strombahnbehinderung sich schnell wieder auflösen kann. Die Beschwerden des Patienten sind genau zu hinterfragen!

Wichtige Fragen ►

> ***Wichtige Fragen***
> - *Haben Sie Kraftlosigkeit oder Taubheit in einem Arm (Bein) verspürt?*
> - *Haben Sie eine vorübergehende (kurzzeitige) Sprachstörung bemerkt?*
> - *Haben Sie eine vorübergehende Sehstörung bemerkt?*

Ein embolischer oder hämorrhagischer Schlaganfall entwickelt sich meist sehr rasch, während der Beginn beim ischämischen Hirninfarkt meist allmählich ist.

Ein embolischer oder hämorrhagischer Schlaganfall entwickelt sich meist sehr rasch, während der Beginn beim thrombotischen bzw. ischämischen Infarkt meist allmählich ist. Ischämische Hirninfarkte treten bevorzugt in der 2. Nachthälfte und am frühen Morgen auf.

9.3.5 Anfallsleiden

Zerebrale Krampfanfälle (Epilepsie) stellen die häufigste Form dar. Ursächlich kommen exogene Faktoren und endogene Faktoren in Betracht. Insgesamt erleiden ca. 5 % aller Menschen in ihrem Leben einen epileptischen Anfall. Wichtig ist die **Unterscheidung zum synkopalen Anfall** (s. Kap. A 14.8). Im Gegensatz hierzu kommt es beim zerebralen Krampfanfall zu einer typischen Aura. Auslöser können Übermüdung, Alkohol, Überanstrengung usw. sein.

9.3.5 Anfallsleiden

Zerebrale Krampfanfälle (Epilepsie) stellen die häufigste Form dar. Ursächlich kommen exogene Faktoren (Hirnverletzungen, Operationen, Tumor, Blutung, Entzündung usw.) und endogene Faktoren (10 % erbliche Disposition und unbekannte Ätiologien) in Betracht. Insgesamt erleiden ca. 5 % aller Menschen in ihrem Leben einen epileptischen Anfall. Wichtig ist die **Unterscheidung zum synkopalen Anfall** (siehe Kapitel A 14.8). Im Gegensatz hierzu kommt es beim zerebralen Krampfanfall zu einer typischen Aura (Vorgefühl). Es handelt sich dabei um ein flüchtiges (aura lat. = Hauch) Erlebnis. Daher sollte nach entsprechenden Symptomen gefragt werden. Auslöser können Übermüdung, Alkohol, Überanstrengung usw. sein.

Wichtige Fragen ►

> ***Wichtige Fragen:***
> - *Haben Sie vorher irgend etwas Außergewöhnliches gespürt, gesehen, gehört, gerochen?*
> - *Sind Warnsymptome aufgetreten?*
> - *Waren Sie übermüdet, unausgeschlafen?*
>
> Die Fremdanamnese muß folgende Fragen klären:
> - *Begann der Anfall mit einem initialen Schrei?*
> - *Hat der Patient gekrampft?*
> - *Welche Gliedmaßen haben gekrampft (gezuckt)?*
> - *Hatte der Patient einen starren Blick?*
> - *Haben Sie eine Blauverfärbung des Gesichts, blutigen Speichel oder Zuckungen im Gesicht bemerkt?*

Da es häufig zu **Zungenbissen** kommt, ist bei der klinischen Untersuchung auf frische Verletzungen oder Narben älterer Art besonders zu achten, ebenso auf Urinabgang.
Zur Unterscheidung von **funktionellen Anfällen** ist wichtig, daß die betreffenden Patienten noch stundenlang nach dem Anfall nicht ansprechbar sind. Der Epileptiker ist nach dem Anfall sehr rasch wieder ansprechbar.

Da es im Anfall häufig zu **Zungenbissen** kommt, ist bei der klinischen Untersuchung auf frische Verletzungen oder Narben älterer Art besonders zu achten, ebenso auf Urinabgang.
Zur Unterscheidung von **funktionellen (hysterischen) Anfällen** ist die Beobachtung wichtig, daß die betreffenden Patienten im Gegensatz zur Epilepsie noch stundenlang nach dem Anfall nicht ansprechbar sind und auf die Umwelt inadäquat reagieren – so als ob sie nicht wahrgenommen würde. Der Epileptiker ist nach dem Anfall sehr rasch wieder ansprechbar, orientiert und reagiert adäquat.

9.4 Psyche

Die psychische Befunderhebung beruht auf der Anamneseerhebung, der klinischen Untersuchung und psychologischen Testverfahren.

9.4 Psyche

Die psychische Befunderhebung beruht auf der Anamneseerhebung (Interview), der klinischen Untersuchung (internistischer, neurologischer und psychischer Befund) und psychologischen Testverfahren (Intelligenztest, Freiburger Persönlichkeitsinventar, Rorschach-Test usw.).

Anamnese Wie bereits im Anamnese-Kapitel ausführlich besprochen wurde, sollte jede Anamnese **psychosoziale Aspekte** berücksichtigen. Das auf

Anamnese. Wie bereits im Anamnese-Kapitel ausführlich besprochen wurde, sollte jede Anamnese **psychosoziale Aspekte** berücksichtigen. So gelingt es, sich ein möglichst umfassendes Bild vom Patienten zu machen. Das aufmerksame und geduldige **Zuhören** bei der ersten Schilderung der

Beschwerden ist bereits sehr aufschlußreich und führt beim psychisch Kranken meist schon zur richtigen Diagnose. Im Anschluß an die unstrukturierte Initialphase der Anamnese sollten gezielte Detailfragen folgen, die die Lebensgeschichte des Patienten betreffen. Die Fragen müssen sowohl seine Biographie (Kindheit, Schulzeit, Adoleszenz, Beruf, Partner, Familie) als auch sein Umfeld berücksichtigen. Dabei wird man, ausgehend von den akuten Beschwerden, die Anamnese stufenweise in die Vergangenheit ausdehnen. Zur Klärung der Beziehungen im Umfeld des Patienten muß evtl. eine Fremdanamnese durchgeführt werden (z. B. Partner, Eltern usw.).
Während des Anamnesegesprächs achte man auf Denkprozesse (Logik, Relevanz, Struktur und Zusammenhang im Denken) und Denkinhalte, insbesondere auf Zwangsimpulse, Zwangsgedanken, Ängste, Phobien, Wahnvorstellungen, Gefühle der Irrealität und Depersonalisation.
Angstzustände, Depression, Abhängigkeiten und Sucht sind die häufigsten psychischen Krankheitsbilder. Sie können sich auch in einer Fülle von körperlichen Symptomen manifestieren, wie z. B. Herzklopfen, Schwindel und Schwächegefühl.

Sinnestäuschungen: Unter Sinnestäuschungen versteht man entweder illusionäre Verkennungen (z. B. falsche Wahrnehmung realer Objekte: Wolke als Ufo) oder Halluzinationen (Trugwahrnehmungen). Im Vergleich zur Trugwahrnehmung wird beim Wahn ein Gegenstand zwar real wahrgenommen, jedoch subjektiv umgedeutet.

Depression: Häufige Symptome sind gedrückte Stimmung, Antriebsarmut, Inaktiviät, Interesselosigkeit, Minderung des Selbstwertgefühls, Schlafstörungen, Libidoabnahme, morgendliches Stimmungstief.

Abhängigkeit: Das wesentliche Kennzeichen der Abhängigkeit ist der unwiderstehliche Zwang, die Droge weiter einzunehmen. Die wichtigsten Substanzen sind Alkohol, Barbiturate, Benzodiazepine, Kokain, Opiate, Amphetamine und Halluzinogene.
Die meisten Patienten sind sehr darum bemüht, ihre Abhängigkeit zu verbergen. Die entsprechende Anamnese bei Alkoholabusus ist auf Seite 43f. dargestellt.

Untersuchung. Die klinische Untersuchung des psychisch kranken Patienten beinhaltet die **internistische** und **neurologische Untersuchung** sowie die **Erhebung des psychischen Befundes**. Im Kapitel A 15 wurden die Aspekte Körperhaltung, Kontakt, Nähe, Gesichtsausdruck, Sprache und Prüfung kognitiver Funktionen bereits eingehend besprochen. Die Beurteilung der Bewußtseinslage ist im Kapitel C 12 abgehandelt. Bei Sucht und Abhängigkeit ist auf folgende körperliche Symptome zu achten: gerötete Augen und Haut, Miosis, Tremor der Hände, Einstichstellen, Zahnstatus.

Psychologische Testverfahren:
- Hamburg-Wechsler-Intelligenztest
- Benton-Test (Auffassung und Merkfähigkeit)
- Leistungsprüfsystem (Intelligenz, Leistungsfähigkeit, Willensstärke)
- Freiburger Persönlichkeitsinventar (Lebenszufriedenheit, Gehemmtheit, soziale Orientierung, Leistungsorientierung, Erregbarkeit, Aggressivität, Offenheit usw.).
- Minnesota Multiphasic Personality Inventory (Erfassung hervorstechender Persönlichkeitsmerkmale)
- Rorschach-Test (Denkabläufe, affektive Störungen, neurotische Konflikte usw.)
- Mini-Mental-Status-Test (▣ C-**9.8**).

merksame und geduldige **Zuhören** bei der ersten Schilderung der Beschwerden ist bereits sehr aufschlußreich und führt beim psychisch Kranken meist schon zur richtigen Diagnose. Im Anschluß an die Initialphase der Anamnese sollten gezielte Detailfragen folgen. Die Fragen müssen sowohl seine Biographie als auch sein Umfeld berücksichtigen.
Während des Anamnesegesprächs achte man auf Denkprozesse und Denkinhalte, v. a. auf Zwangsimpulse, Zwangsgedanken, Ängste, Phobien, Wahnvorstellungen, Gefühle der Irrealität und Depersonalisation.
Angstzustände, Depression, Abhängigkeiten und Sucht sind die häufigsten psychischen Krankheitsbilder.

Unter **Sinnestäuschungen** versteht man entweder illusionäre Verkennungen oder Halluzinationen.

Depression: Häufige Symptome sind gedrückte Stimmung, Antriebsarmut, Inaktivität, Interesselosigkeit, Minderung des Selbstwertgefühls, Schlafstörungen, Libidoabnahme, morgendliches Stimmungstief.

Abhängigkeit: Das wesentliche Kennzeichen der Abhängigkeit ist der unwiderstehliche Zwang, die Droge weiter einzunehmen.

Die meisten Patienten sind sehr darum bemüht, ihre Abhängigkeit zu verbergen.

Untersuchung Die klinische Untersuchung des psychisch kranken Patienten beinhaltet die **internistische und neurologische Untersuchung** sowie die **Erhebung des psychischen Befundes**. Bei Sucht und Abhängigkeit ist auf folgende körperliche Symptome zu achten:
gerötete Augen und Haut, Miosis, Tremor der Hände, Einstichstellen, Zahnstatus.

Psychologische Testverfahren:
- Hamburg-Wechsler-Intelligenztest
- Benton-Test
- Leistungsprüfsystem
- Freiburger Persönlichkeitsinventar
- Minnesota Multiphasic Personality Inventory
- Rorschach-Test
- Mini-Mental-Status-Test (▣ C-**9.8**)

Mini-Mental-Status-Test

	Richtige Antwort = 1 Punkt	Total Punkte
Orientierungsvermögen		
1. Fragen Sie nach: Jahr?	______	1
Jahreszeit?	______	1
Datum?	______	1
Tag?	______	1
Monat?	______	1
2. Fragen Sie nach: Staat (Land)?	______	1
Bundesstaat (Kanton)?	______	1
Stadt bzw. Ortschaft?	______	1
Klinik, Altersheim	______	1
Stockwerk?	______	1
Merkfähigkeit		
3. Nennen Sie 3 Gegenstände (1 Sekunde pro Objekt). Der Patient soll sie wiederholen (1 Punkt für jede korrekte Antwort). Wiederholen Sie die 3 Namen, bis der Patient alle gelernt hat.	______	3
Aufmerksamkeit und Rechnen		
4. Beginnend mit 100, jeweils 7 subtrahieren (1 Punkt für jede korrekte Antwort; Stopp nach 5 Antworten). Andere Möglichkeit: Lassen Sie ein Wort mit 5 Buchstaben rückwärts buchstabieren.	______	5
Erinnerungsfähigkeit		
5. Fragen Sie nach den Namen der unter (3) genannten Gegenstände (1 Punkt für jede korrekte Anwort).	______	3
Sprachvermögen und Verständnis		
6. Zeigen Sie einen Bleistift und eine Uhr. Der Patient soll sie beim Zeigen benennen (je 1 Punkt pro richtige Antwort).	______	2
7. Lassen Sie nachsprechen „Bitte keine Wenn und Aber."	______	1
8. Lassen Sie einen 3teiligen Befehl ausführen, z.B. „Nehmen Sie das Blatt Papier, falten Sie es in der Mitte und legen Sie es auf den Boden" (max. 3 Punkte).	______	3

	Richtige Antwort = 1 Punkt	Total Punkte
9. Der Patient soll folgende auf einem Blatt (groß) geschriebene Aufforderung lesen und sie befolgen: „Schließen Sie die Augen."	______	1
10. Lassen Sie den Patienten einen Satz eigener Wahl schreiben (mit Subjekt, Verb und Objekt; soll einen Sinn ergeben. Bei der Bewertung spielen Schreibfehler keine Rolle).	______	1
11. Vergrößern Sie die untenstehende Zeichnung auf 1–5 cm pro Seite und lassen Sie den Patienten sie nachzeichnen (1 Punkt, wenn alle Seiten und Winkel richtig sind und die Überschneidungen ein Viereck bilden).	______	1
Total Punkte		30

Bitte schließen Sie die Augen!

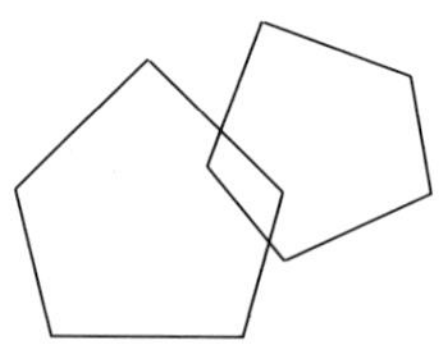

C-9.8: Mini-Mental-Status-Test, ein Screening-Instrument zur Erfassung von Demenz.
Normale ältere Personen erreichen 24 bis 30 Punkte. Bei Personen mit mindestens abgeschlossener Hauptschulausbildung deuten 23 oder weniger Punkte auf eine altersbedingte zerebrale Insuffizienz, ein Ergebnis unter 17 Punkten auf senile Demenz. Der Test ist auf sehr frühe Demenzen wenig empfindlich.

10 Stoffwechsel und Endokrinium

Erkrankungen von Endokrinium und Stoffwechsel können zumindest in frühen Stadien durch die körperliche Untersuchung oft nicht aufgedeckt werden. Wenn körperliche Befunde zutage treten, sind sie nicht selten vieldeutig und leicht zu übersehen. So kann z. B. eine Pilzerkrankung der Haut im intertriginösen Bereich auf einen Diabetes mellitus hindeuten, es gibt aber ebenso häufig Mykosen ohne Diabetes. Studieren Sie die Gesamterscheinung und Statur des Patienten: Normabweichungen von Größe, Gewicht, Ernährungszustand, Fettverteilung oder Muskelmasse können Hinweise auf eine Stoffwechselkrankheit sein. Manche Krankheiten von Endokrinium und Stoffwechsel gehen allerdings mit charakteristischen, oft sogar pathognomonischen Befunden an Haut, Schleimhäuten, Sehnen, Gelenken und Augen (▤ C-**10.1**) einher, anhand derer der Kenner eine Anhiebsdiagnose stellen kann.

Am häufigsten werden Stoffwechselkrankheiten aber beim biochemischen Screening in Form eines von der Norm abweichenden Laborbefundes entdeckt. Dabei erhebt sich allerdings die Frage, ob dieser Befund überhaupt als »Krankheit« zu werten ist; oft handelt es sich um eine Abweichung von der Norm, die (zumindest bei den meisten Menschen) mit einem erhöhten Risiko für eine Folgekrankheit einhergeht. Ein typisches Beispiel dafür ist die Hypercholesterinämie. Nachdem Befunde bei der körperlichen Untersuchung oft nicht vorhanden oder unspezifisch sind, sollen Untersuchungsbefund und Anamnese in diesem Kapitel zusammen besprochen werden.

10 Stoffwechsel und Endokrinium

Erkrankungen von Endokrinium und Stoffwechsel können zumindest in frühen Stadien durch die körperliche Untersuchung oft nicht aufgedeckt werden. Studieren Sie die Gesamterscheinung und Statur des Patienten: Normabweichungen von Größe, Gewicht, Ernährungszustand, Fettverteilung oder Muskelmasse können Hinweise auf eine Stoffwechselkrankheit sein (▤ C-**10.1**).

Am häufigsten werden Stoffwechselkrankheiten aber beim biochemischen Screening in Form eines von der Norm abweichenden Laborbefundes entdeckt. Nachdem Befunde bei der körperlichen Untersuchung oft nicht vorhanden oder unspezifisch sind, sollen Untersuchungsbefund und Anamnese in diesem Kapitel zusammen besprochen werden.

▤ C-10.1: Wegweisende körperliche Befunde bei Stoffwechselkrankheiten

Befund	Verdachtsdiagnose
Arcus lipoides	Familiäre Hypercholesterinämie
Kayser-Fleischer-Kornealring	Morbus Wilson
Exophthalmus, Chemosis der Bindehaut	Hyperthyreose
Sehnenxanthome	Familiäre Hypercholesterinämie
Eruptive Xanthome	Typ-III-Hyperlipoproteinämie, Diabetes mellitus
Arthritis im Großzehengrundgelenk, Tophi	Gicht
»Bunte« Hautläsionen an belichteten Hautarealen	Porphyria cutanea tarda
Hyperpigmentierung der Handlinien	Morbus Addison
Teigige Haut prätibial	Myxödem bei Hypothyreose
Stammfettsucht, Stiernacken, Striae, Akne	Morbus Cushing
Dicke Finger, Vergrößerung von Unterkiefer, Lippen, Nase	Akromegalie

10.1 Diabetes mellitus

Unter dem Begriff Diabetes mellitus (wörtlich: »süßes Hindurchgehenlassen«; bezieht sich auf die große Menge von süß schmeckendem Urin – Geschmacksdiagnostik der Ärzte in der Antike!) werden einige ätiologisch unterschiedliche Stoffwechselkrankheiten zusammengefaßt, deren gemeinsames Merkmal eine dauerhafte Hyperglykämie aufgrund eines absoluten oder relativen Insulinmangels ist. Übersteigt die Glukosekonzentration im Kapillarblut im Nüchternzustand 120 mg/dl oder postprandial

10.1 Diabetes mellitus

Die Bandbreite der Manifestation des Diabetes mellitus ist sehr groß und reicht von der zufällig entdeckten Glukosurie über die typische Symptomentrias **Polyurie, Polydipsie und Gewichtsverlust** bis hin zum lebensbedrohlichen Zustand des ketoazidotischen Komas (▤ C-**10.2**).

200 mg/dl, so spricht man von einem manifesten Diabetes mellitus. Die Bandbreite der Manifestation des Diabetes mellitus ist sehr groß und reicht von der zufällig entdeckten Glukosurie über die typische Symptomentrias **Polyurie, Polydipsie** und **Gewichtsverlust** bis hin zum lebensbedrohlichen Zustand des ketoazidotischen Komas. In ▤ C-**10.2** sind die möglichen Ursachen und die wesentlichen Klassifizierungsmerkmale des Diabetes mellitus aufgeführt.

C-10.2: Ursachen eines Diabetes mellitus

Glukosekonzentration im Kapillarblut:	• Nüchtern > 120 mg/dl • Postprandial > 200 mg/dl
Primärer Diabetes mellitus	
Typ I:	• Insulinabhängig, IDDM
Typ II:	• Nicht insulinabhängig, NIDDM • Normalgewicht (Typ II a) • Mit Adipositas (Typ II b) • MODY (**m**aturity-**o**nset **d**iabetes of the **y**oung)
Sekundärer Diabetes mellitus	
Pankreopriver Diabetes:	• Chronische Pankreatitis • Pankreaskarzinom • Pankreatektomie • Hämochromatose
Endokrine Ursachen:	• Phäochromozytom • Morbus Cushing • Akromegalie • Hyperthyreose • Glukagonom
Medikamente:	• Steroide • Ovulationshemmer • Diuretika • Diazoxid
Raritäten:	• Rezeptordefekte • Anomalien der Insulinstruktur • Genetische Syndrome
Schwangerschaftsdiabetes	

10.1.1 Anamnese und allgemeine Inspektion

Etwa 90 % der Patienten mit Typ-II-Diabetes sind übergewichtig, mit zunehmender Adipositas steigt die Wahrscheinlichkeit an. Patienten mit hohen Blutzuckerwerten können jedoch in den letzten Monaten stark an Gewicht abgenommen haben. Fragen Sie daher nach dem Gewichtsverlauf. Vermehrtes Durstgefühl, große Urinmenge und allgemeiner Rückgang der Leistungsfähigkeit sind verdächtig für das Vorliegen eines Diabetes. Fragen Sie nach den in ▤ C-**10.3** aufgeführten Symptomen. Auch die Familienanamnese gibt wichtige Hinweise: Kinder mit einem diabetischen Elternteil (Typ II) haben ein Risiko von 25–50 % für die Erkrankung.
Achten Sie auf Gesicht und Augen: Beim Cushing-Syndrom, bei Akromegalie oder Hyperthyreose kann ein **Diabetes als Begleiterkrankung** auftreten. Hat der Patient eine **abnorme Hautpigmentierung**?

10.1.1 Anamnese und allgemeine Inspektion

Etwa 90 % der Patienten mit Typ-II-Diabetes sind übergewichtig, mit zunehmender Adipositas steigt die Wahrscheinlichkeit an. Zur Quantifizierung der Adipositas siehe Kapitel C 10.6. Patienten mit hohen Blutzuckerwerten können jedoch in den letzten Monaten stark an Gewicht abgenommen haben. Fragen Sie daher nach dem Gewichtsverlauf, der Kleidergröße oder der Weite des Hosenbundes. Vermehrtes Durstgefühl, große Urinmenge und allgemeiner Rückgang der Leistungsfähigkeit sind verdächtig für das Vorliegen eines Diabetes. Etwa die Hälfte der Patienten mit neu entdecktem Diabetes hat keinen entsprechenden Verdacht, da entweder keine Beschwerden vorhanden waren oder die Symptomatik zu diskret war, um aufzufallen. Fragen Sie nach den in ▤ C-**10.3** aufgeführten Symptomen. Auch die Familienanamnese gibt wichtige Hinweise: Kinder mit einem diabetischen Elternteil (Typ II) haben ein Risiko von 25–50 % für die Erkrankung, je nach Alter und Übergewicht. Beim Typ-I-Diabetes liegt das Risiko nur bei 2–4 %.

Achten Sie auf Gesicht und Augen: Beim Cushing-Syndrom, bei Akromegalie oder Hyperthyreose (s. u.) kann ein **Diabetes als Begleiterkrankung** auftreten. Hat der Patient eine **abnorme Hautpigmentierung** (Hämochromatose, »Bronze-Diabetes«)?

C-10.3: Häufigkeit von Beschwerden bei manifestem Diabetes mellitus

Polydipsie	70–90 %
Abgeschlagenheit	60–80 %
Polyurie	40–70 %
Juckreiz	20–50 %
Appetitlosigkeit, Amenorrhö, Potenzverlust	20–40 %
Infektionen, besonders der Haut, schlechte Wundheilung	10–20 %

Patienten mit präkomatösen oder komatösen Zuständen aufgrund einer Hyperglykämie sind **dehydriert**: Die trockene und warme Haut kann in Falten abgehoben werden, die Zunge ist trocken und borkig, die Augäpfel weich. Diffuse Bauchschmerzen können als Ausdruck eines pseudoperitonitischen Reizzustandes vorhanden sein und an ein akutes Abdomen denken lassen, dazu kommen Übelkeit und Erbrechen.

Patienten mit präkomatösen oder komatösen Zuständen aufgrund einer Hyperglykämie sind **dehydriert**.

Mit fortschreitender **Ketoazidose** atmet der Patient sehr tief (Kußmaulsche Atmung), die Atemluft hat einen obstartigen Geruch. An Symptomen des ZNS treten zunächst Unruhe, Bewegungsdrang und Erregungszustände, später ein tiefes Koma auf. Sofern nicht mit Insulin behandelt wird, verstirbt der Patient im **hypovolämischen Schock** bzw. in der Anurie. Diese Entwicklung ist heute selten geworden, die Mehrzahl der Diabetiker leidet unter den teils spezifischen (Niere, Auge, periphere Nerven), teils unspezifischen (Herz, Gefäße) Spätfolgen des Diabetes mellitus (C-**10.4**). Darauf zielt auch die körperliche Untersuchung bei der laufenden Kontrolle eines nicht vital bedrohten Patienten mit bekanntem Diabetes mellitus ab.

Mit fortschreitender **Ketoazidose** atmet der Patient sehr tief (Kußmaulsche Atmung). Auf Unruhe und Erregungszustände folgt das tiefe Koma. Unbehandelt verstirbt der Patient im **hypovolämischen Schock** bzw. in der Anurie.

C-10.4: Wichtige Spätfolgen eines langjährig bestehenden Diabetes mellitus

Organ	Erkrankung
Herz-Kreislauf-System	Koronare Herzkrankheit Hypertonie
Gefäßsystem	Arterielle Verschlußkrankheit Gangrän
Auge	Proliferative Retinopathie Katarakt
Niere	Diabetische Nephropathie (Kimmelstiel-Wilson)
Nervensystem	Periphere Polyneuropathie Autonome Neuropathie Diabetische Amyotrophie Mononeuropathie
Haut	Mykosen Balanitis Furunkulose Lipatrophie Necrobiosis lipoidica Ulzera an den Fußsohlen Eruptive Xanthome

Inspektion Betrachten Sie sorgfältig die Haut, vor allem an den unteren Extremitäten. Besteht eine **Polyneuropathie**, so ist die Haut oft haarlos und atrophiert. Betrachten Sie die Sohlen. An den Stellen höchsten Drucks (Großzehenballen, Fersen) können tiefe Ulzera, meist infolge einer Kombination aus einer diabetischen Polyneuropathie und einer peripheren Angiopathie entstehen. Inspizieren Sie die intertriginösen Areale als Prädilektionsstellen für Pilzerkrankungen.

Inspektion. Betrachten Sie sorgfältig die Haut, vor allem an den unteren Extremitäten. Besteht eine **Polyneuropathie**, so ist die Haut oft haarlos und atrophiert. Lassen Sie den Patienten die Socken ausziehen, um die Sohlen zu betrachten. Bedenken Sie, daß alte Patienten oft selbst ihre Fußsohlen nicht mehr anschauen können. An den Stellen höchsten Drucks (Großzehenballen, Fersen) können tiefe Ulzera, meist infolge einer Kombination aus einer diabetischen Polyneuropathie und einer peripheren Angiopathie, entstehen. Inspizieren Sie die intertriginösen Areale (Leisten, Submammärregion, interdigital) als Prädilektionsstellen für Pilzerkrankungen. Untersuchen Sie die Finger- und Zehennägel nach Nagelmykosen, auch Mundhöhle (Candida) und äußerer Gehörgang können bei Diabetikern von Pilzerkrankungen befallen sein.

Die **Necrobiosis lipoidica diabeticorum** (siehe ▣ B-**13**), unregelmäßig begrenzte, eingesunkene, gelblich gefärbte Hautbezirke, entsteht meist über den Schienbeinen. Papulöse oder tuberöse gelbliche Einlagerungen in die Haut über Gelenken (Xanthome) oder an den Oberlidern (Xanthelasmen) deuten auf eine zusätzliche Entgleisung des Fettstoffwechsels hin. Falls die Muskulatur eines Oberschenkels atrophiert ist, könnte es sich um eine diabetische Neuropathie des N. femoralis handeln (**diabetische Amyotrophie**).

Die **Necrobiosis lipoidica diabeticorum** (siehe ▣ B-**13**), unregelmäßig begrenzte, eingesunkene, gelblich gefärbte Hautbezirke, entsteht meist über den Schienbeinen. Insulininjektionen in das subkutane Fettgewebe können Fettgewebsatrophien verursachen mit eingesunkenen Bezirken an Bauchhaut und Oberschenkeln, vereinzelt tritt aber auch vermehrtes Fettwachstum auf. Papulöse oder tuberöse gelbliche Einlagerungen in die Haut über Gelenken (Xanthome) oder an den Oberlidern (Xanthelasmen) deuten auf eine zusätzliche Entgleisung des Fettstoffwechsels hin, eine häufige Begleiterscheinung eines schlecht kontrollierten Diabetes mellitus. Falls die Muskulatur eines Oberschenkels atrophiert ist, könnte es sich um eine diabetische Neuropathie des N. femoralis handeln (**diabetische Amyotrophie**).

Kasuistik. Ein 77jähriger allein lebender, übergewichtiger Mann mit seit vielen Jahren bekanntem Typ-II-Diabetes mellitus sucht den Arzt auf, weil er mehrmals Blut in seinem Socken bemerkt hat. Er kann die Fußsohle nicht ansehen, es bestehen keine Schmerzen. Bei der Inspektion erkennt man ein tiefes Ulkus am Großzehenballen, der ganze Vorfuß ist gerötet. Im Ulkusgrund steckt ein Reißnagel, von dem der Mann nichts wußte. Es besteht eine völlige Anästhesie für kalt – warm, spitz – stumpf, das Vibrationsempfinden ist bis zur Mitte des Unterschenkels aufgehoben. Der Mann wird stationär eingewiesen. Trotz lokaler Antibiotikatherapie heilt das Ulkus nicht ab, es kommt zu einer feuchten Gangrän mit Fieber. Man entschließt sich zur Oberschenkelamputation. Der Patient kann das Bett nicht mehr verlassen und kommt nicht mehr zum Gehen. Fünf Wochen nach der stationären Aufnahme entwickelt sich eine Pneumonie, an der der Mann verstirbt.

10.1.2 Palpation und Auskultation

Die körperliche Untersuchung des Diabetikers sollte einen **kompletten angiologischen Status** einschließen (siehe Kap. C 5). Palpieren Sie die Pulse und auskultieren Sie die Karotiden, die Bauchaorta und die Leistenarterien. Prüfen Sie die Temperatur der Füße im Seitenvergleich. **Die arterielle Verschlußkrankheit betrifft beim Diabetiker überwiegend die peripheren Gefäße (diabetische Makroangiopathie).**

Messen Sie den Blutdruck im Sitzen und im Stehen. **Die autonome Neuropathie** des Diabetikers manifestiert sich oft als ausgeprägter Blutdruckabfall im Stehen oder als nur wenig durch körperliche Belastungen beeinflußbare Dauertachykardie. **Oft findet sich auch eine Fettleber.**

10.1.2 Palpation und Auskultation

Die körperliche Untersuchung des Diabetikers sollte einen **kompletten angiologischen Status** einschließen (siehe Kapitel C 5). Palpieren Sie die Pulse an den üblichen Stellen und auskultieren Sie die Karotiden, die Bauchaorta und die Leistenarterien. Prüfen Sie die Temperatur der Füße im Seitenvergleich. **Die arterielle Verschlußkrankheit betrifft beim Diabetiker überwiegend die peripheren Gefäße (diabetische Makroangiopathie).** Mit Hilfe eines einfachen Dopplergerätes kann der Blutdruck auch an der A. tibialis posterior bzw. A. dorsalis pedis gemessen werden. Patienten mit langjährigem Diabetes mellitus haben allerdings oft eine Mediaverkalkung der Unterschenkelarterien, die zu falsch hohen Blutdruckwerten führt.

Messen Sie den Blutdruck im Sitzen und im Stehen. **Die autonome Neuropathie** des Diabetikers manifestiert sich oft als ausgeprägter Blutdruckabfall im Stehen oder als nur wenig durch körperliche Belastungen beeinflußbare Dauertachykardie. Anamnestisch weisen rezidivierende Diarrhöen (motorische Diarrhö) oder postprandiales Völlegefühl (verzögerte Magenentleerung) auf eine Störung der autonomen Innervation des Magen-Darm-Trakts hin. Palpieren Sie die Lebergröße: **Bei Diabetes mellitus besteht häufig eine Fettleber.**

10.1.3 Untersuchung der Augen

Untersuchen Sie die Sehschärfe durch einfache Tests: Fingerzählen oder Lesen von großen Buchstaben auf einige Meter Entfernung. Sofern nicht eine eventuell vorhandene **Katarakt** (häufig bei Diabetikern) den Einblick verhindert, sollten Sie bei der Erstuntersuchung von Diabetikern eine Funduskopie durchführen. Die frühesten Stadien mit Mikroaneurysmen und flohstichartigen Blutungen (sog. nichtproliferative oder **Hintergrundretinopathie**) entgehen dem unerfahrenen Untersucher meistens. Harte (mit scharf begrenztem Rand) und weiche (Cotton-wool-) Exsudate, Gefäßproliferationen (**proliferative Retinopathie**) und Glaskörpereinblutungen sind leicht zu erkennen. Bedenken Sie, daß in unseren Breiten der Diabetes die zweithäufigste Ursache der Erblindung darstellt.

10.1.3 Untersuchung der Augen

Untersuchen Sie die Sehschärfe durch einfache Tests: Fingerzählen oder Lesen von großen Buchstaben auf einige Meter Entfernung. Die frühesten Stadien mit Mikroaneurysmen und flohstichartigen Blutungen (**Hintergrundretinopathie**) entgehen dem unerfahrenen Untersucher meistens. Harte (mit scharf begrenztem Rand) und weiche (Cotton-wool-) Exsudate, Gefäßproliferationen (**proliferative Retinopathie**) und Glaskörpereinblutungen sind leicht zu erkennen.

10.1.4 Neurologische Untersuchung

Die Patienten berichten über vor allem nachts auftretende Schmerzen in den Füßen, Kribbeln, Ameisenlaufen, verminderte Kalt-warm-Empfindung oder das Gefühl, auf Watte zu gehen. Untersuchen Sie Berührungs-, Temperatur- und Schmerzempfindung sowie den Reflexstatus. Bei der diabetischen Polyneuropathie stellen sich meist strumpf- oder sockenförmige Sensibilitätsausfälle ein. Besonders wichtig ist die Untersuchung des Vibrationsempfindens mit der »neurologischen Stimmgabel«, mit der sich der Schweregrad der Polyneuropathie auf einfache Weise semiquantitativ bestimmen läßt. Bringen Sie die Stimmgabel zum Schwingen und setzen Sie sie auf den Malleolus medialis oder lateralis. Der Patient soll mit geschlossenen Augen angeben, wie lange er die Vibration verspürt. Eventuell müssen Sie dem Patienten erst durch Aufsetzen der Stimmgabel am Handgelenk demonstrieren, was er eigentlich spüren soll.

Bei einem Patienten mit noch nicht lange bestehendem, gut kontrolliertem Diabetes mellitus können durchaus sämtliche der genannten Befunde fehlen. Entscheidend für die Qualität der Stoffwechseleinstellung sind in diesem Fall die Laborbefunde, vor allem Blutzucker, Urinzucker, Eiweiß im Urin (Proteinurie), **Hämoglobin A_1 (HbA_1)**, Triglyzeride und Cholesterin im Serum. Besonders aussagekräftig für die Güte der Diabetes-Einstellung hat sich das HbA_1 (in Prozent des Gesamthämoglobins; Normalwert 4,6–6,1 %) erwiesen.

10.1.4 Neurologische Untersuchung

Die Patienten berichten über vor allem nachts auftretende Schmerzen in den Füßen, Kribbeln, Ameisenlaufen, verminderte Kalt-warm-Empfindung oder das Gefühl, auf Watte zu gehen. Untersuchen Sie Berührungs-, Temperatur- und Schmerzempfindung sowie den Reflexstatus. Bei der diabetischen Polyneuropathie stellen sich meist strumpf- oder sockenförmige Sensibilitätsausfälle ein. Besonders wichtig ist die Untersuchung des Vibrationsempfindens mit der »neurologischen Stimmgabel«.

Entscheidend für die Qualität der Stoffwechseleinstellung sind die Laborbefunde, v. a. Blutzucker, Urinzucker, und **Hämoglobin A_1** (HbA_1; Normalwert 4,6–6,1 %).

10.2 Fettstoffwechselstörungen

Störungen im Lipid- und Lipoproteinstoffwechsel gehen meist mit einer Konzentrationserhöhung von **Cholesterin** und/oder **Triglyzeriden** im Plasma einher, nur selten spielen Verminderungen dieser Substanzen eine Rolle. Pathophysiologisch liegen Rezeptor- und Enzymdefekte oder strukturelle bzw. funktionelle Defekte der Apolipoproteine zugrunde, die zu Störungen der Synthese- oder Abbaurate von Lipoproteinen führen. Man unterscheidet primäre erbliche Hyperlipidämien von sekundären, durch Umweltfaktoren oder Begleitkrankheiten ausgelöste Formen.

In den Ländern mit westlicher Zivilisation kommt es auch bei einer scheinbar gesunden Bevölkerung mit steigendem Alter zu einem Anstieg aller Lipid- und Lipoproteinfraktionen. Anhand von epidemiologischen Studien weiß man, daß der sog. Normalwert, wie er hierzulande in der Bevölkerung gemessen wird, nicht mit einer maximalen Lebenserwartung einhergeht. Bei einem Serumcholesterin von > 220 mg/dl und Triglyzeriden von > 200 mg/dl (jeweils nüchtern bestimmt) sollten Therapiemaßnahmen erwogen werden, insbesondere wenn weitere vaskuläre Risikofaktoren vorhanden sind. Diese Therapie muß allerdings keineswegs immer medikamentös sein.

10.2 Fettstoffwechselstörungen

Störungen im Lipid- und Lipoproteinstoffwechsel gehen meist mit einer Konzentrationserhöhung von **Cholesterin** und/oder **Triglyzeriden** im Plasma einher. Man unterscheidet primäre erbliche Hyperlipidämien von sekundären, durch Umweltfaktoren oder Begleitkrankheiten ausgelösten Formen.

Bei einem Serumcholesterin > 220 mg/dl und Triglyzeriden > 200 mg/dl (nüchtern bestimmt) sollten Therapiemaßnahmen erwogen werden.

Die wichtigste und prognostisch entscheidende **klinische Manifestation** der meisten Hyperlipidämien ist die **Atherosklerose der Koronararterien, der hirnversorgenden und der peripheren Arterien**. Daneben gibt es aber auch eine Reihe von typischen, manchmal sogar pathognomonischen

Die wichtigste und prognostisch entscheidende **klinische Manifestation** der meisten Hyperlipidämien ist die **Atherosklerose der Koronararte-**

rien, der hirnversorgenden und der peripheren Arterien.

Fragen Sie nach Erkrankungen und/oder Todesursachen von Großeltern, Eltern und Geschwistern, vor allem in welchem Alter diese aufgetreten sind (plötzlicher Herztod, Myokardinfarkte oder Apoplexien vor dem 50. Lebensjahr). Die Eigenanamnese hebt auf **Angina pectoris, Herzinfarkte, Amaurosis fugax, transitorisch ischämische Attacken (TIA)** und **Claudicatio intermittens** ab. Erkundigen Sie sich nach **weiteren Risikofaktoren** für eine Arteriosklerose. C-**10.1** zeigt den Stammbaum einer Familie mit familiärer Hypercholesterinämie.

Veränderungen, die bei körperlicher Untersuchung zu erfassen sind (siehe C-**10.1**).

Fragen Sie in der Familienanamnese nach den Erkrankungen und/oder Todesursachen von Großeltern, Eltern und Geschwistern, vor allem in welchem Alter diese aufgetreten sind. Typisch für die familiäre Hypercholesterinämie sind plötzlicher Herztod, Myokardinfarkte oder Apoplexien vor dem 50. Lebensjahr. Gibt es in der Familie andere Stoffwechselstörungen, z. B. Diabetes mellitus? Die Eigenanamnese hebt auf **Angina pectoris** (siehe Kapitel C 2.2.1), **Herzinfarkte, Amaurosis fugax, transitorisch ischämische Attacken (TIA)** und **Claudicatio intermittens** ab. Erkundigen Sie sich nach **weiteren Risikofaktoren** für eine Arteriosklerose: Rauchen, Hypertonie, Diabetes, Übergewicht, Bewegungsmangel. C-**10.1** zeigt den Stammbaum einer Familie mit familiärer Hypercholesterinämie.

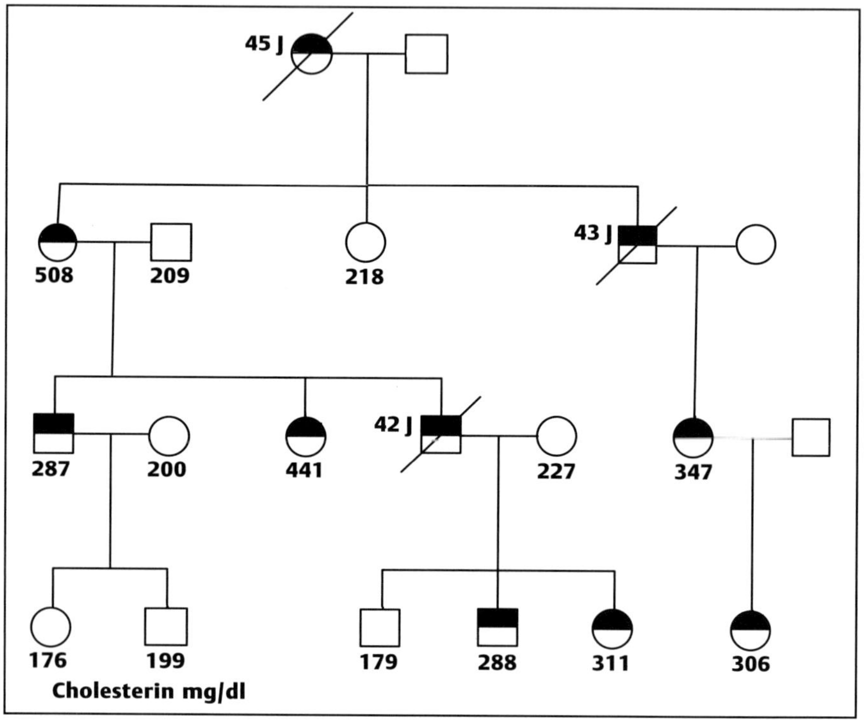

C-**10.1: Stammbaum einer Familie mit familiärer Hypercholesterinämie.**
Serumcholesterinspiegel (in mg/dl) unter dem jeweiligen Symbol; Sterbealter verstorbener Familienmitglieder (durchgestrichen) links oben am Symbol

Achten Sie bei der körperlichen Untersuchung auf einen **Arcus lipoides der Kornea** (siehe B-**3**), der allerdings nur bei Patienten unter 50 Jahren als Hinweis auf eine Hypercholesterinämie gewertet werden kann. Pathognomonisch für Hyperlipidämien sind **Haut- und Sehnenxanthome**. Aus dem Aussehen und der Verteilung der Xanthome können Rückschlüsse auf die Art der Stoffwechselstörung gezogen werden (C-**10.5**).

Achten Sie bei der körperlichen Untersuchung auf einen **Arcus lipoides der Kornea** (siehe B-**3**), der allerdings nur bei Patienten unter 50 Jahren als Hinweis auf eine Hypercholesterinämie gewertet werden kann. Pathognomonisch für Hyperlipidämien sind **Haut- und Sehnenxanthome**, d. h. Einlagerungen von Cholesterinkristallen in die Bindegewebszellen der Haut und Sehnen. Aus dem Aussehen und der Verteilung der Xanthome können Rückschlüsse auf die Art der Stoffwechselstörung gezogen werden (C-**10.5**). Inspizieren Sie die Strecksehnen über den Fingergrundgelenken, am Ellenbogengelenk, Kniegelenk (Ligamentum patellae) und die Achillessehnen. Hautxanthome können als gelblich gefärbte Papeln mit unregelmäßigem Rand (tuberöse Xanthome), als flache Xanthelasmen, vor allem an den Lidern und als disseminiert stehende, hirsekorngroße rötlichgelbe eruptive Xanthome imponieren.

C-10.5: Xanthome bei Hyperlipoproteinämien

Xanthom-Typ	Lokalisation	Hyperlipoproteinämie-Typ nach Fredrickson
Eruptiv	Stamm, Gesäß	I, III, IV, V
Tuberös	Knie, Ellenbogen	II
Tuberös/eruptiv	Knie, Ellenbogen, Gesäß	III
Tendinös	Achillessehne	II
Plan	Handlinien, Narben	III
Xanthelasmen*	Augenlider, Gesicht	III

* Nur bei jüngeren Patienten (< 50 Jahre) als Hinweis auf eine Hyperlipidämie anzusehen; häufig harmlose Veränderung.

Palpieren Sie den Puls an beiden Karotiden, den Femoralarterien, beiden Aa. popliteae und den Füßen, auskultieren Sie die Aa. subclaviae, Karotiden, Bauchaorta und Femoralarterien nach Strömungsgeräuschen.
Anamnestische Hinweise auf eine koronare Herzerkrankung und klinische Befunde, z. B. **Xanthome** oder **Xanthelasmen**, sollten Anlaß zu einer laborchemischen Bestimmung der Lipide und Lipoproteine und zum Ausschluß einer sekundären Hyperlipoproteinämie gemäß ▤ C-**10.6** geben.

Auskultieren Sie die Aa. subclaviae, Karotiden, Bauchaorta und Femoralarterien nach Strömungsgeräuschen.

Anamnestische Hinweise auf eine koronare Herzerkrankung und klinische Befunde, z. B. **Xanthome** oder **Xanthelasmen**, sollten Anlaß zu einer laborchemischen Bestimmung der Lipide und Lipoproteine und zum Ausschluß einer sekundären Hyperlipoproteinämie gemäß ▤ C-**10.6** geben.

C-10.6: Ursachen einer sekundären Hyperlipoproteinämie

Endokrin:	• Diabetes mellitus • Hypothyreose • Cushing-Syndrom
Medikamente/Noxen:	• Orale Antikontrazeptiva • Alkohol • Steroide • Diuretika • Betablocker
Nierenkrankheiten:	• Nephrotisches Syndrom • Chronische Niereninsuffizienz
Leber und Pankreas:	• Akute Hepatitis • Primär biliäre Zirrhose • Akute Pankreatitis

10.3 Purinstoffwechselstörungen

Purine sind heterozyklische Basen, die mit den Pentosen Desoxyribose und Ribose sowie Phosphorsäure die Nukleotide bilden. Lange Ketten dieser Nukleotide bilden die Erbsubstanz **Desoxyribonukleinsäure (DNS)** und **Ribonukleinsäure (RNS)**. Die in allen Zellen enthaltenen Nukleotide werden zu **Harnsäure** abgebaut, die zu zwei Dritteln über die Niere, zu einem Drittel über den Darm ausgeschieden wird.
Die häufigste Störung des Purinstoffwechsels ist die **Gicht**. Unter dem Einfluß exogener Faktoren (Ernährung, Alkohol, Medikamente) führt eine genetisch bedingte Ausscheidungsstörung der Harnsäure zur dauerhaften Erhöhung der **Serumharnsäure** über eine Konzentration von **6,5 mg/dl**. Der Einfluß der Ernährung wird erkennbar aus der Tatsache, daß die Erkrankung in den westlichen Industriestaaten während der Weltkriege fast nicht auftrat, heute dagegen relativ häufig ist (»Wohlstandskrankheit«). Mehr als 5 % der erwachsenen Männer haben eine Hyperurikämie, etwa 3 % aller Männer, die das 65. Lebensjahr erreichen, erleiden einen **Gichtanfall.** Bei Frauen ist die Erkrankung eine Rarität.

10.3 Purinstoffwechselstörungen

Die in allen Zellen enthaltenen Nukleotide werden zu **Harnsäure** abgebaut, die zu zwei Dritteln über die Niere, zu einem Drittel über den Darm ausgeschieden wird.

Die häufigste Störung des Purinstoffwechsels ist die **Gicht**. Unter dem Einfluß exogener Faktoren (Ernährung, Alkohol, Medikamente) führt eine genetisch bedingte Ausscheidungsstörung der Harnsäure zur dauerhaften Erhöhung der **Serumharnsäure** über eine Konzentration von **6,5 mg/dl**. Mehr als 5 % der erwachsenen Männer haben eine Hyperurikämie, bei Frauen ist sie eine Rarität. Etwa 3% aller Männer, die das 65. Lebensjahr errei-

chen, erleiden einen **Gichtanfall**.
Als Folge der Hyperurikämie kann es durch Übersättigung der Synovialflüssigkeit zur Auskristallisation von Harnsäure kommen. Nichtkristalline Harnsäureablagerungen in den bradytrophen Geweben (Knochen, Knorpel) führen zur **Tophusbildung**. In der Niere und den ableitenden Harnwegen kann es zur **Uratsteinbildung** oder zu einer **interstitiellen Nephritis** kommen.
Die häufigste klinische Manifestation ist eine plötzlich auftretende, **akute Monarthritis** (»Gichtanfall«).

Als Folge der Hyperurikämie kann es durch Übersättigung der Synovialflüssigkeit zur Auskristallisation von Harnsäure kommen. Granulozyten phagozytieren die Harnsäurekristalle, lösen sich auf und setzen Entzündungsmediatoren frei, welche die akute Entzündungsreaktion im Gelenk hervorrufen. Nichtkristalline Harnsäureablagerungen in den bradytrophen Geweben (Knochen, Knorpel) führen zur **Tophusbildung**. In der Niere und den ableitenden Harnwegen kann es zur **Uratsteinbildung** oder zu einer **interstitiellen Nephritis** kommen.

Die häufigste klinische Manifestation ist eine plötzlich auftretende, **akute Monarthritis** (»Gichtanfall«). Tophi sieht man im Zeitalter einer verbesserten prophylaktischen Behandlung der Hyperurikämie nur noch selten.

10.3.1 Anamnese

Die typischen anamnestischen Voraussetzungen und klinischen Befunde des akuten Gichtanfalls sind in ▤ C-**10.7** zusammengestellt. Fragen Sie auch nach Nierensteinkoliken, Diabetes, Hyperlipidämie und Hypertonie – Gichtpatienten tragen oft mehrere kardiovaskuläre Risiken.

Wegen der starken erblichen Komponente besteht häufig eine positive Familienanamnese, negative Angaben schließen aber eine Gicht nicht aus: Etwa ein Viertel der männlichen Familienangehörigen hat eine Hyperurikämie, aber nur ca. 10 % der nächsten Verwandten bekommen einen Gichtanfall. Die typischen anamnestischen Voraussetzungen und klinischen Befunde des akuten Gichtanfalls sind in ▤ C-**10.7** zusammengestellt. Fragen Sie auch nach Nierensteinkoliken, Diabetes, Hyperlipidämie und Hypertonie – Gichtpatienten tragen oft mehrere kardiovaskuläre Risiken. Unter den Medikamenten führen vor allem Diuretika zu einer Erhöhung des Harnsäurespiegels.

C-10.7: Anamnese und Klinik des akuten Gichtanfalls

Wer?	Männer 30 – 50 Jahre, Lebensgenießer, Philobaten
Wann?	Nachts, nach üppiger Mahlzeit mit viel Alkohol
Wo?	Großzehengrundgelenk (50 %), Sprung-, Knie-, Daumengrundgelenk
Wie?	Akut einsetzender sehr starker Gelenkschmerz, Rötung, Schwellung, manchmal Krankheitsgefühl, Fieber
Wie lange?	Tage, selten Wochen, selbstlimitiert; dazwischen symptomloses Intervall
Wie oft?	Von einmal im Leben bis zu mehrmals pro Jahr

10.3.2 Körperliche Untersuchung

Es ist nicht ungewöhnlich, daß die Schwellung beim akuten Gichtanfall weit über das betroffene Gelenk hinausgeht (◙ C-**10.2**) und an eine Phlegmone erinnert. Untersuchen Sie den Patienten nach Tophi.

Betrachten Sie das geschwollene Gelenk. Es ist nicht ungewöhnlich, daß die Schwellung beim akuten Gichtanfall weit über das betroffene Gelenk hinausgeht (◙ C-**10.2**) und an eine Phlegmone erinnert. Untersuchen Sie den Patienten nach Tophi. Diese kommen am häufigsten vor an den Ohrmuscheln, an den Bursen der Ellenbogengelenke, an den Fingerstrecksehnen und periartikulär an den Fingergrund- und Mittelgelenken. Prinzipiell können Sie aber an sämtlichen Hautstellen auftreten und auch nach außen exulzerieren. Es läßt sich dann eine gelbliche bröckelnde Masse ausdrücken – reines Urat. Tophi im Knochen stellen sich im Röntgenbild als scharf begrenzte (»wie ausgestanzt«) Osteolysen dar.

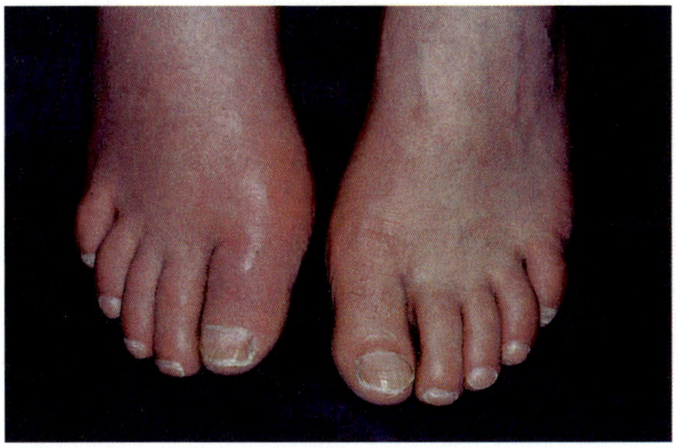

C-10.2: Schwellung der Großzehengrundgelenke beim akuten Gichtanfall (Podagra)

Kasuistik. Ein 38jähriger übergewichtiger Patient, von Beruf Maurer, betritt am Montagmorgen humpelnd das Sprechzimmer und klagt über heftigste Schmerzen im rechten Großzehengrundgelenk, die in der vergangenen Nacht gegen drei Uhr plötzlich begonnen hätten. Ähnliche Beschwerden habe er vor zwei Jahren im Urlaub in Jugoslawien schon einmal gehabt, sie seien damals nach einem Tag spontan verschwunden. Gestern Nachmittag habe man bei einer Familienfeier gut gegessen und noch besser getrunken. Das rechte Großzehengrundgelenk ist gerötet, geschwollen und extrem berührungsempfindlich. Die Körpertemperatur beträgt 38,2 °C, der Blutdruck 160/100 mmHg. Die Blutuntersuchung ergibt: Leukozyten 13200/µl, Harnsäure 9,3 mg/dl, GGT 63 U/l, Cholesterin 245 mg/dl, Triglyzeride 287 mg/dl. Sonographisch bestehen Hinweise auf eine Fettleber. Unter Behandlung mit einem nichtsteroidalen Antirheumatikum bessern sich die Schmerzen im Lauf von einigen Stunden und sind nach vier Tagen ganz verschwunden. Der Mann wird diätetisch beraten (weniger Fleisch, keine Innereien, weniger Alkohol) und über längere Zeit mit Allopurinol behandelt. Die Serumharnsäure beträgt bei einer Kontrolle nach vier Wochen noch 5,2 mg/dl. Seit acht Monaten kein Gichtanfall mehr.

10.4 Porphyrien

Das Hämoglobin besteht aus vier Untereinheiten mit je einer Peptidkette und einem **Häm** als prosthetischer Gruppe. Häme sind Porphyrin-Eisen-Komplexsalze mit zweiwertigem Eisen als Zentralatom, an deren Biosynthese eine Kaskade von Enzymen beteiligt ist. Jedes dieser Enzyme kann durch autosomal vererbte Defekte gestört sein. Bei den hepatischen Formen kommt es zur erhöhten Ausscheidung des vermehrt anfallenden Intermediärprodukts im Urin und/oder Stuhl, bei den erythropoetischen Formen zur Anhäufung im Erythrozyten. Die Basisuntersuchung bei Verdacht auf eine Porphyrie ist die **Bestimmung der Pophyrinausscheidung im 24-Stunden-Sammelurin** bzw. von Porphyrin in den Erythrozyten.

10.4 Porphyrien

Die Basisuntersuchung bei Verdacht auf eine Porphyrie ist die **Bestimmung der Pophyrinausscheidung im 24-Stunden-Sammelurin** bzw. von Porphyrin in den Erythrozyten.

10.4.1 Hepatische Formen

- **Porphyria cutanea tarda**

Betroffen sind überwiegend Männer im mittleren Lebensalter, häufig liegt ein **Alkoholabusus** vor. Durch die Porphyrine kommt es zur **Photosensibilisierung der Haut**. An lichtexponierten Hautstellen (Hände, Gesicht) treten verstärkt Pigmentierung, Blasenbildung und Erosionen auf, die unter Depigmentierung abheilen (siehe B-**49**). Der Urin des Kranken ist bräunlich.

10.4.1 Hepatische Formen

- **Porphyria cutanea tarda**

Betroffen sind überwiegend Männer im mittleren Lebensalter, häufig liegt ein **Alkoholabusus** vor. Durch die Porphyrine kommt es zur **Photosensibilisierung der Haut**. An lichtexponierten Hautstellen treten verstärkt Pigmentierung, Blasenbildung und Erosionen auf. Der Urin des Kranken ist bräunlich.

- **Akute hepatische Porphyrie**

Diese Porphyrinstoffwechselstörung betrifft meist Frauen zwischen dem 20. und 40. Lebensjahr. Die klinischen Symptome sind vielgestaltig, die meisten Patienten werden wegen **akuter Bauchschmerzen** laparotomiert. Gastrointestinale Symptome wie Erbrechen, Durchfälle, kolikartige Bauchschmerzen, neurologische Symptome wie Polyneuropathien, Neuritis nervi optici und sogar eine psychotische Symptomatik führen häufig auf diagno-

- **Akute hepatische Porphyrie**

Die klinischen Symptome sind vielgestaltig, die meisten Patienten werden wegen **akuter Bauchschmerzen** laparotomiert. Gastrointestinale Symptome wie Erbrechen, Durchfälle, kolikartige Bauchschmerzen, neurologische Symptome wie Polyneuropathien,

Neuritis nervi optici und sogar eine psychotische Symptomatik führen häufig auf diagnostisch-therapeutische Irrwege. Als Auslöser für die anfallsartig auftretenden Symptome kommen alle Arten von Streß, Alkohol und zahlreiche Medikamente in Frage.

stisch-therapeutische Irrwege. Fieber, Hypertonie, Adynamie, Oligurie, Leukozytose und Anämie lassen den Arzt an viele andere Diagnosen denken. Als Auslöser für die anfallsartig auftretenden Symptome kommen alle Arten von Streß, Alkohol, Antikonzeptiva und zahlreiche Medikamente in Frage. Das wichtigste ist, daran zu denken!

10.4.2 Erythropoetische Formen

Sehr selten vorkommende autosomal-rezessive Erbkrankheiten, die sich bereits im Kleinkindesalter manifestieren und eine ungünstige Prognose haben.

10.4.2 Erythropoetische Formen

Sehr selten vorkommende autosomal-rezessive Erbkrankheiten, die sich bereits im Kleinkindesalter manifestieren und eine ungünstige Prognose haben.

10.5 Metallstoffwechselstörungen

10.5.1 Kupferspeicherkrankheit (Morbus Wilson)

Der autosomal-rezessiv vererbte Mangel an Kupfertransportprotein (**Coeruloplasmin**) führt zu toxischen Kupferablagerungen in der Leber und in den Basalganglien des Gehirns. Im Kindesalter manifestiert sich der M. Wilson als **Leberzirrhose**, im Erwachsenenalter meist als neurologisch-psychiatrische Erkrankung.

Typisches Symptom ist eine goldbraungrüne Verfärbung des Kornealrandes (**Kayser-Fleischer-Kornealring**).

10.5 Metallstoffwechselstörungen

10.5.1 Kupferspeicherkrankheit (Morbus Wilson)

Die autosomal-rezessiv vererbte Ausscheidungsstörung von Kupfer aufgrund eines Mangels an Kupfertransportprotein (**Coeruloplasmin**) führt zu toxischen Kupferablagerungen in der Leber und in den Basalganglien des Gehirns. Die Symptome der sehr seltenen Krankheit sind vieldeutig und entwickeln sich langsam, daher wird die Diagnose zumindest bei Erwachsenen nur selten frühzeitig gestellt. Im Kindesalter manifestiert sich der M. Wilson als **Leberzirrhose**, im Erwachsenenalter meist als neurologisch-psychiatrische Erkrankung mit Rigor, Tremor, Dysarthrie sowie psychotischen Zuständen.
Bei der körperlichen Untersuchung findet sich als typisches Symptom eine goldbraun-grüne Verfärbung des Kornealrandes (**Kayser-Fleischer-Kornealring**), den man am besten mit der Spaltlampe erkennen kann.

10.5.2 Hämochromatose

Durch einen Enzymdefekt kommt es zu einer erhöhten **intestinalen Eisenresorption** und zur Ablagerung des Eisens in verschiedenen parenchymatösen Organen. Je nach Lokalisation der Siderose präsentiert sich der Patient mit einer Leberzirrhose, Kardiomyopathie mit Herzinsuffizienz, mit einem Diabetes mellitus, einer Hodenatrophie mit Infertilität oder einer Nebennierenrindeninsuffizienz. Bei der körperlichen Untersuchung fallen die Patienten durch eine **dunkle Hautpigmentierung** auf.

10.5.2 Hämochromatose

Durch einen autosomal-rezessiv vererbten, nicht näher charakterisierten Enzymdefekt kommt es zu einer erhöhten **intestinalen Eisenresorption** und zur Ablagerung des Eisens in verschiedenen parenchymatösen Organen. Männer sind zehnmal häufiger betroffen als Frauen, das Manifestationsalter liegt zwischen 40 und 60 Jahren. Je nachdem, ob sich die Siderose mehr an Leber, Pankreas, Herz, Gonaden oder Nebennieren manifestiert, präsentiert sich der Patient mit einer Leberzirrhose, Kardiomyopathie mit Herzinsuffizienz, mit einem Diabetes mellitus, einer Hodenatrophie mit Infertilität oder einer Nebennierenrindeninsuffizienz. Die Diagnose wird durch Laboruntersuchungen gestellt. Bei der körperlichen Untersuchung fallen die Patienten durch eine **dunkle Hautpigmentierung** auf, doch ist auch dieser Befund unspezifisch.

10.6 Adipositas

Eine abnorme Vermehrung des Körperfetts wird als Adipositas bezeichnet. ▤ C-**10.8** gibt die verschiedenen Methoden an, nach denen das Sollgewicht bzw. das Übergewicht bestimmt werden. Die Adipositas geht mit einer Reihe von Folgeerkrankungen (▤ C-**10.9**) einher, welche in der Summe die Lebenserwartung deutlich verringern können.

10.6 Adipositas

Eine abnorme Vermehrung des Körperfetts wird als Adipositas bezeichnet. ▤ C-**10.8** gibt die verschiedenen Methoden an, nach denen das Sollgewicht bzw. das Übergewicht bestimmt werden. Die Adipositas muß zwar für den Betroffenen keinen unmittelbaren Krankheitswert haben, doch geht sie mit einer Reihe von Folgeerkrankungen (▤ C-**10.9**) einher, welche in der Summe die Lebenserwartung deutlich verringern können. Zur Anhäufung von Körperfett kommt es, wenn die Energiezufuhr durch Nahrung die Energieabgabe durch Arbeit und Wärmebildung übersteigt. Warum Adipöse mehr Energie zuführen, als sie verbrauchen, ist unklar. Offensichtlich liegt eine multifaktorielle Ätiologie vor, bei der Umwelteinflüsse, genetische Anlagen und verhaltenspsychologische Momente eine Rolle spielen.

C-10.8: Methoden zur Erfassung und Berechnung von Übergewicht

Verfahren	**Soll- bzw. Normalwert** **Männer**	**Frauen**
1. Inspektion		
2. Broca-Index Körpergröße (cm) – 100 = Sollgewicht (kg)	je nach Körpergröße	
3. Body-Mass-Index (BMI) $\frac{\text{Körpergewicht (kg)}}{(\text{Körperlänge [m]})^2}$	bis 24,0 kg/m^2	bis 23,0 kg/m^2
4. Messung der Hautfaltendicke Hautfalte über dem M. triceps brachii und kaudal der Schulterblattspitze, Messung mit Caliper* in mm	12,5	16,5
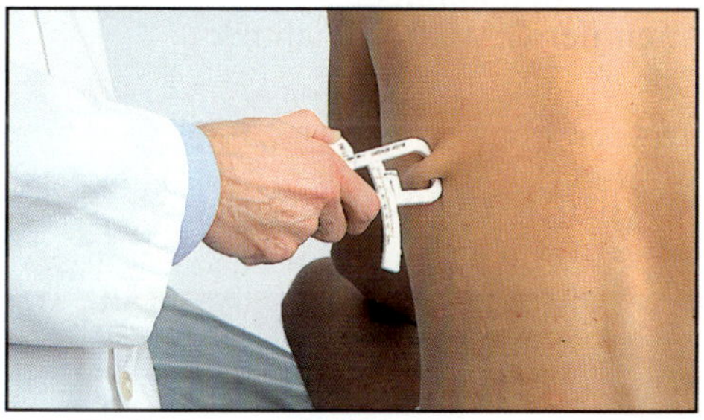		
5. Taillen-/Hüftumfang (waist-to-hip-ratio): androide Verteilung	> 0,85	> 0,85

* Eine Art von Tasterzirkel, zwischen dessen Enden eine Hautfalte gebracht wird; die Hälfte der Hautfaltendicke entspricht der Dicke des subkutanen Fettgewebes.

C-10.9: Folgekrankheiten und Risiken der Adipositas

Herz-Kreislauf-System	Hypertonie, Herzinsuffizienz, Herzinfarkt, Apoplexie, Thrombosen, Embolien
Lunge	Chronische Hypoxämie, Atemwegsobstruktion, Cor pulmonale, Pickwick-Syndrom, Schlaf-Apnoe-Syndrom
Stoffwechsel	Diabetes mellitus (Insulinresistenz), Hypercholesterinämie, Hypertriglyzeridämie, Hyperurikämie (»Syndrom X«, »metabolisches Syndrom«)
Magen-Darm-Trakt	Cholelithiasis, chronische Obstipation, Refluxösophagitis
Skelett	Arthrosen (Hüft- und Kniegelenke, Wirbelsäule)
Haut	Intertriginöse Ekzeme, Mykosen

Die **Prävalenz** der Adipositas ist hoch: In Deutschland beträgt sie etwa 37 % bei den Männern und 34 % bei den Frauen. In den USA bemühen sich zu jeder gegebenen Zeit ca. 40 % der Frauen und 25 % aller Männer, Gewicht abzunehmen, wobei aber keineswegs in allen Fällen eine Adipositas im eigentlichen Sinn vorliegt.

Für das Risiko einer vorzeitigen Atheromatose der Koronarien hat sich die Verteilung des Fettgewebes als bedeutsam erwiesen: Die **stammbetonte Adipositas** (androide, abdominale, zentrale Adipositas, Typ »Apfel«) geht mit einem gehäuften Auftreten von Herzinfarkt und Apoplex einher; für die **hüftbetonte Adipositas** (gynoide, glutäal-femorale, periphere Adipositas, Typ »Birne«) trifft das nicht zu. Neben der einfachen Messung von Größe und Gewicht und der Klassifikation durch **Broca- und Body-Mass-Index** sollten Sie versuchen, Ihren Patienten einer der beiden Kategorien zuzuordnen.

Die **Prävalenz** der Adipositas ist hoch: In Deutschland beträgt sie etwa 37 % bei den Männern und 34 % bei den Frauen.

Für das Risiko einer vorzeitigen Atheromatose der Koronarien hat sich die Verteilung des Fettgewebes als bedeutsam erwiesen: Die **stammbetonte Adipositas** (androide, abdominale, zentrale Adipositas, Typ »Apfel«) geht mit dem gehäuften Auftreten von Herzinfarkt und Apoplex einher; für die **hüftbetonte Adipositas** (gynoide, glutäal-femorale, periphere Adipositas, Typ »Birne«) trifft das nicht zu.

Mindestens so häufig wie eine tatsächliche Adipositas ist das vermeintliche Übergewicht in den Augen des Patienten. Vor allem junge Frauen haben oft falsche Vorstellungen von ihrem Normalgewicht, die Sie unter Umständen zurechtrücken müssen.

10.7 Anorexie

Wird über einen längeren Zeitraum weniger Energie in Form von Nahrung zugeführt als verbraucht, so kommt es zur Gewichtsabnahme durch Aufbrauch der Fettdepots (**negative Energiebilanz**).

Prinzipiell gibt es drei Mechanismen der Gewichtsabnahme (C-**10.10**):
- Verminderte Zufuhr
- Beschleunigter Stoffwechsel
- Erhöhte Verluste (Stuhl, Urin)

10.7 Anorexie

Wird über einen längeren Zeitraum weniger Energie in Form von Nahrung zugeführt als verbraucht, so kommt es zur Gewichtsabnahme durch Aufbrauch der Fettdepots (**negative Energiebilanz**). Zur Aufrechterhaltung des für die Funktionsfähigkeit des ZNS entscheidenden Blut-Glukosespiegels werden kurzfristig (8–10 Stunden) die Glykogenspeicher der Leber entleert, danach beginnt der Abbau von Körperfett. Dabei werden durch eine hormonabhängige Lipase Triglyzeride des Fettgewebes in langkettige Fettsäuren und Glyzerol umgewandelt. Glyzerol wird zu Ketonkörpern oxidiert, die vom Gehirn verwertet werden können.
Prinzipiell gibt es drei Mechanismen der Gewichtsabnahme:
- Verminderte Zufuhr
- Beschleunigter Stoffwechsel
- Erhöhte Verluste (Stuhl, Urin)

Beispiele für diese drei Punkte sind in C-**10.10** aufgeführt.

C-10.10: Ursachen für eine Gewichtsabnahme

Verminderte Zufuhr	Hungerzustand	
	Appetitverlust:	**Organisch** • Konsumierende Krankheiten (Tumoren) • Chronische Infektionen (Tuberkulose) • Schmerzen: Dysphagie, Odynophagie, Bauchschmerzen • Endokrin: Morbus Sheehan, Hypothyreose
		Psychisch • Verluste • Depressionen • Anorexie
	Resorptionsstörungen/ Fehlernährung:	• Sprue (Zöliakie des Erwachsenen) • Morbus Crohn • Morbus Whipple • Laktoseintoleranz • Dünndarmresektion • Syndrom der blinden Schlinge • Bakterielle und parasitäre Darminfektionen • Chronischer Alkoholismus • Extreme Vegetarier
Energieverluste		• Diabetes mellitus (Glukosurie) • Chronische Diarrhö • Karzinoide • Villöse Adenome • Colitis ulcerosa • Morbus Crohn
Erhöhter Energieumsatz		• Hyperthyreose • Fieber • Leukämien • Tumoren

10.7.1 Anamnese

10.7.1 Anamnese

> **Merke.** Aufgrund der vielfältigen Ursachen für eine (ungewollte) Gewichtsabnahme muß die Anamnese sehr umfassend sein und sollte nicht nur alle weiteren körperlichen Symptome, sondern auch die allgemeinen Lebensumstände, traumatisierende Ereignisse und die psychische Befindlichkeit umfassen.

◀ Merke

Erkundigen Sie sich, ob die **Gewichtsabnahme bei gutem Appetit**, vielleicht sogar vermehrtem Essen, **oder bei verminderter Nahrungsaufnahme** erfolgte. Falls der Patient angibt, weniger zu essen, fragen Sie nach dem Grund dafür. Hat er eine Abneigung gegen jedes Essen oder nur bestimmte Speisen, hat er Beschwerden beim Schlucken, abdominelle Symptome (Schmerzen, Blähungen, Sodbrennen, Erbrechen, Durchfall) nach dem Essen oder fehlt ihm einfach die Lust am Essen? Vor allem im letzten Fall fragen Sie nach dem zeitlichen Beginn dieser Veränderung. Versuchen Sie vorsichtig, einen möglichen zeitlichen Zusammenhang zwischen biographischen Ereignissen im Leben des Patienten und dem Beginn des Appetitverlusts herauszuarbeiten. Dazu gehören Verlust oder Wechsel des Arbeitsplatzes, Verlust eines Partners durch Tod oder Trennung, Geburt eines Kindes, Umzug usw. Wahrscheinlich werden Sie das nicht gleich bei der ersten Begegnung mit dem Patienten tun können. Zunächst gilt es, das Vertrauen des Patienten zu erwerben. Bestehen zusätzlich chronische Müdigkeit, Leistungsminderung, depressive Verstimmungen?

Erkundigen Sie sich, ob die **Gewichtsabnahme bei gutem Appetit**, vielleicht sogar vermehrtem Essen, **oder bei verminderter Nahrungsaufnahme** erfolgte. Zunächst gilt es, das Vertrauen des Patienten zu erwerben. Bestehen zusätzlich chronische Müdigkeit, Leistungsminderung, depressive Verstimmungen?

Liegen tatsächliche Gewichtsmessungen vor oder hat der Patient nur den Eindruck, er würde abnehmen? Falls sich der Patient nie gewogen hat, fragen Sie nach den Löchern im Gürtel, nach der Weite des Hosenbundes oder der Kragenweite. Schlagen Sie dem Patienten vor, ein Ernährungsprotokoll zu führen.

Liegen tatsächliche Gewichtsmessungen vor oder hat der Patient nur den Eindruck, er würde abnehmen? Falls sich der Patient nie gewogen hat, fragen Sie nach den Löchern im Gürtel, nach der Weite des Hosenbundes oder der Kragenweite. Schlagen Sie dem Patienten vor, ein Ernährungsprotokoll zu führen.

10.7.2 Körperliche Untersuchung

10.7.2 Körperliche Untersuchung

Stellen Sie zunächst **Größe und Gewicht** zuverlässig fest. Falls der Patient nicht schon beim ersten Eindruck als untergewichtig erscheint, was aufgrund der individuellen Schwankungsbreite oft schwer zu entscheiden ist, sollten Sie ihn zunächst zu einer Dokumentation seines Gewichtsverlaufs anhalten. Schätzen Sie die **Hautfaltendicke** über dem M. triceps und an der Bauchhaut ab. Besteht eine Hypotonie, eine orthostatische Dysregulation, ist der Patient exsikkiert (Hautfalten, Zunge), oder liegt eine Lymphknotenschwellung vor? Die Untersuchung läuft prinzipiell so ab, wie in den einzelnen Organkapiteln geschildert. Falls Sie zunächst nicht fündig werden, ist das kein Grund, den Angaben des Patienten nicht zu glauben. Vor allem bei älteren Patienten ist eine Gewichtsabnahme oft nicht durch eine organische Erkrankung, sondern durch eine larvierte Depression bedingt. Bei jungen Patienten, vor allem Mädchen, denke man eher an eine Anorexia nervosa, die wegen der Verdrängungs- und Verleugnungstendenz oft nur sehr schwer zu diagnostizieren ist.

Stellen Sie zunächst **Größe und Gewicht** zuverlässig fest. Schätzen Sie die **Hautfaltendicke** über dem M. triceps und an der Bauchhaut ab. Vor allem bei älteren Patienten ist eine Gewichtsabnahme oft nicht durch eine organische Erkrankung, sondern durch eine larvierte Depression bedingt. Bei jungen Patienten, vor allem Mädchen, denke man eher an eine Anorexia nervosa, die wegen der Verdrängungs- und Verleugnungstendenz oft nur sehr schwer zu diagnostizieren ist.

K

Kasuistik. Auf Drängen des Sohnes stellt sich eine 64jährige Frau in altersentsprechendem Allgemeinzustand beim Arzt vor, weil Sie in den letzten Monaten 12 kg abgenommen hat. Auf Befragen gibt sie an, sie habe keine rechte Freude mehr am Essen, würde für sich kaum mehr kochen und meistens nur schnell in einem Kaufhaus oder Stehimbiß etwas zu sich nehmen. Im Gespräch ist sie sehr wortkarg und macht einen depressiven Eindruck. Die körperliche Untersuchung ist unauffällig, die Routine-Laborparameter ergeben eine leichte BKS-Beschleunigung, Röntgen-Thorax und Oberbauch-Sonographie ergeben posttuberkulöse Veränderungen und eine Cholezystolithiasis. Bei der dritten Nachanamnese stellt sich heraus, daß der Sohn, ein 26jähriger Student, vor ca. einem halben Jahr von zu Hause ausgezogen ist, die Frau lebt seitdem allein. Sie wird mit einem Antidepressivum behandelt, worunter sich nach einigen Wochen wieder etwas mehr Appetit einstellt und das Gewicht ansteigt.

10.8 **Schilddrüsenkrankheiten**

Zur Untersuchungstechnik der Schilddrüse siehe Kap. C 1.7.1.
Im Lauf des Lebens sind 15–20 % der Bevölkerung von Krankheiten der Schilddrüse betroffen, die damit die **mit Abstand häufigsten endokrinen Störungen** darstellen. Die Jodmangel-Struma ist hierzulande endemisch.
Achten Sie auf die Größe der Schilddrüse, abgrenzbare Knoten, Konsistenz, Schluckverschieblichkeit und Schwirren. Zur Größenbeurteilung siehe ▤ C-**10.11**.

10.8 Schilddrüsenkrankheiten

Zur Untersuchungstechnik der Schilddrüse siehe Kapitel C 1.7.1.
Im Lauf des Lebens sind 15–20 % der Bevölkerung von Krankheiten der Schilddrüse betroffen, die damit die **mit Abstand häufigsten endokrinen Störungen** darstellen. Nachdem der größte Teil Deutschlands zum Jodmangelgebiet gehört, ist die Jodmangel-Struma hierzulande endemisch. Achten Sie auf die Größe der Schilddrüse, abgrenzbare Knoten, Konsistenz, Schluckverschieblichkeit und Schwirren. Die Größe einer Struma wird gemäß ▤ C-**10.11** in vier Grade eingeteilt.

C-10.11: Größeneinteilung einer Struma

Grad	Befund
0	Struma nicht tastbar
1	Struma nicht sichtbar, aber tastbar
2	Struma sichtbar und tastbar
3	Große, aus der Entfernung sichtbare Struma

Merke ►

▶ ***Merke.*** Bedenken Sie, daß die Bezeichnung Struma für jede tast- oder sichtbare Schilddrüsenvergrößerung verwendet wird und nichts über die Genese der Organvergrößerung bzw. die Funktionslage der Drüse aussagt.

Im Hinblick auf die Funktion kann eine Struma euthyreot, hyperthyreot oder hypothyreot sein.

Im Hinblick auf die Funktion kann eine Struma euthyreot, hyperthyreot oder hypothyreot sein. Diese Funktionszustände kommen aber auch ohne Struma vor.

10.8.1 **Hyperthyreose**

Charakteristische Symptome wie **Gewichtsverlust**, **Tremor**, **Tachykardie** und **Neigung zum Schwitzen**. Die Haut fühlt sich warm und feucht an, beim Spreizen der Finger bemerken Sie einen feinschlägigen Tremor. Überprüfen Sie die Herzfrequenz: Liegt eine Tachykardie vor oder ist der Puls unregelmäßig. Die Reflexe können gesteigert sein.
Wegen der Zunahme des retroorbitalen Bindegewebes kommt es bei der autoimmunologisch bedingten Hyperthyreose (**Morbus Basedow**) häufig zum **Exophthalmus**, der sich unabhängig vom Schweregrad der Hyperthyreose entwickelt und auch nach Normalisierung der Schilddrüsenhormone oft bestehen bleibt. Bei einem neu aufgetretenen, beidseitigen Exophthalmus kommt als mögliche Diagnose fast nur der Morbus Basedow in Frage. Ein einseitiger Exophthalmus kann dagegen auch durch benigne oder maligne retrobulbäre Raumforderungen bedingt sein. Weitere Augensymptome beim Morbus Basedow sind Lidretraktion, seltener Lidschlag, glänzende Augen, Chemosis der Bindehaut, Ulzerationen der Kornea und Augenmuskellähmungen.

10.8.1 Hyperthyreose

Die erhöhte Konzentration von Schilddrüsenhormonen führt zu charakteristischen Symptomen wie **Gewichtsverlust**, **Tremor**, **Tachykardie** und **Neigung zum Schwitzen**. Die Haut fühlt sich warm und feucht an, beim Spreizen der Finger bemerken Sie einen feinschlägigen Tremor. Überprüfen Sie die Herzfrequenz: Liegt eine Tachykardie vor oder ist der Puls unregelmäßig (z. B. absolute Arrhythmie bei Vorhofflimmern)? Die Reflexe können gesteigert, d. h. überschießend auslösbar sein.
Betrachten Sie genau die Augen des Patienten (siehe auch Kapitel C 1.5). Wegen der Zunahme des retroorbitalen Bindegewebes kommt es bei der autoimmunologisch bedingten Hyperthyreose (**Morbus Basedow**, siehe ◘ B-**6**) häufig zum **Exophthalmus**, der sich unabhängig vom Schweregrad der Hyperthyreose entwickelt und auch nach Normalisierung der Schilddrüsenhormone oft bestehen bleibt. Das Ausmaß des Exophthalmus ist klinisch kaum zu beurteilen, sondern muß mit dem Exophthalmometer gemessen werden. Bei einem neu aufgetretenen, beidseitigen Exophthalmus kommt als mögliche Diagnose fast nur der Morbus Basedow in Frage. Ein einseitiger Exophthalmus kann dagegen auch durch benigne oder maligne retrobulbäre Raumforderungen bedingt sein. Der starre und erschreckt wirkende Blick von Patienten mit Hyperthyreose rührt nicht vom Exophthalmus, sondern von der Lidretraktion durch den erhöhten Sympathikotonus her. Man erkennt das Weiß der Sklera zwischen der Iris und dem Rand des Oberlides. Wenn Sie den Patienten bei fixiertem Kopf Ihren langsam von oben nach unten bewegten Finger fixieren lassen, so hinkt das Oberlid beim Blick nach unten der Bulbusbewegung hinterher. Weitere Augensymptome beim Morbus Basedow sind seltener Lidschlag, glänzende Augen, Chemosis der Bindehaut, Ulzerationen der Kornea und Augenmuskellähmungen.

10.8.2 Hypothyreose

Ein Mangel an Schilddrüsenhormonen (Hypothyreose) kann durch eine primäre Schilddrüsenerkrankung (z. B. auch totale Thyreoidektomie) oder (sehr selten) sekundär durch eine Störung im Bereich der übergeordneten Steuerungszentren Hypophyse oder Hypothalamus bedingt sein. Beim **Myxödem**, der schwersten Form der Hypothyreose, fühlt sich die **Haut trocken, kühl und teigig** an, ist aber nicht so leicht eindrückbar wie beim frischen hydropischen Ödem. Der **Gesichtsausdruck** des Patienten erscheint **träge und stumpf**, an den Oberlidern können Xanthelasmen infolge einer begleitenden Hypercholesterinämie vorhanden sein. Die Zunge ist oft verdickt, die Stimme heiser, das Sprechen verlangsamt und die Reflexe allgemein verzögert oder gar nicht auslösbar. Durch Strumawachstum versucht der Körper, den Mangel an Schilddrüsenhormon zu kompensieren, doch ist eine Struma keineswegs obligat.

Anamnestisch fragen Sie bei Verdacht auf eine Schilddrüsenfunktionsstörung nach den in ▤ C-**10.12** angegebenen Symptomen. Die Symptomatik ist gerade bei älteren Patienten oft diskret und sehr vieldeutig. Auch hinter depressiven Verstimmungen, innerer Unruhe, unklarer Gewichtsab- oder -zunahme kann sich eine Hypo- oder Hyperthyreose verbergen. Daher kommt der **Labordiagnostik** besonders große Bedeutung zu: Zur Abklärung aller psychischen Veränderungen gehört zumindest die Bestimmung des in der Hypophyse gebildeten **thyreoideastimulierenden Hormons (TSH)**, evtl. in Kombination mit den Schilddrüsenhormonen **Trijodthyronin (T_3)** und **Thyroxin (T_4)**.

Bei jeder neu aufgetretenen und rasch wachsenden Struma sollte auch immer an die Möglichkeit eines Schilddrüsenkarzinoms gedacht werden.

10.8.2 Hypothyreose

Ein Mangel an Schilddrüsenhormonen kann durch eine primäre Schilddrüsenerkrankung oder (sehr selten) sekundär durch eine Störung im Bereich der übergeordneten Steuerungszentren Hypophyse oder Hypothalamus bedingt sein. Beim **Myxödem**, der schwersten Form der Hypothyreose, fühlt sich die **Haut trocken, kühl und teigig** an. Der **Gesichtsausdruck** des Patienten erscheint **träge und stumpf**. Die Zunge ist oft verdickt, die Stimme heiser, das Sprechen verlangsamt und die Reflexe allgemein verzögert oder gar nicht auslösbar.

Anamnestisch fragen Sie bei Verdacht auf eine Schilddrüsenfunktionsstörung nach den in ▤ C-**10.12** angegebenen Symptomen. Auch hinter depressiven Verstimmungen, innerer Unruhe, unklarer Gewichtsab- oder -zunahme kann sich eine Hypo- oder Hyperthyreose verbergen. Daher kommt der **Labordiagnostik** besonders große Bedeutung zu: **TSH**, evtl. in Kombination mit den Schilddrüsenhormonen **Trijodthyronin (T_3)** und **Thyroxin (T_4)**.

C-10.12: Symptome und Befunde bei Hyper- und Hypothyreose

	Hyperthyreose	Hypothyreose
Herz-Kreislauf-System	Palpitationen Tachykardie Absolute Arrhythmie Große Blutdruckamplitude	Bradykardie Hypotonie Atherosklerose
Magen-Darm-Trakt	Diarrhö	Obstipation
Atmung	Belastungsdyspnoe	
Vegetativum/Psyche	Unruhe, Agitiertheit Manie Wärmeintoleranz Müdigkeit	Allgemeine Verlangsamung Depression Kälteintoleranz Müdigkeit
Stoffwechsel	Heißhunger, dennoch Gewichtsabnahme Cholesterin eher niedrig	Appetitmangel, dennoch Gewichtszunahme Cholesterin hoch
Haut	Warme feuchte Haut Haarausfall	Kühle trockene Haut, blaß, Myxödem
Muskulatur	Muskelschwäche	Muskelschmerzen

10.9 Hypophysäre Störungen

Die Hypophyse liegt in der Sella turcica und ist das zentrale endokrine Steuerungsorgan mit spezialisierten endokrin aktiven Zellen, deren Hormone die peripheren endokrinen Organe regulieren (Prinzip des Regelkreises). Tumorartiges Wachstum bzw. Vermehrung einer Zellpopulation führt zur Überstimulation der jeweiligen endokrinen Drüsen, in bestimmten Fällen mit charakteristischer Symptomatik, z. B. dem **Morbus Cushing** aufgrund eines ACTH-bildenden Tumors. Bei Zerstörung der Hypophyse durch Raumforderungen im Bereich der Schädelbasis, Verletzungen, Entzündungen oder Durchblutungsstörungen kommt es zum Ausfall der Hormonsekretion (▤ C-**10.13**).

10.9 Hypophysäre Störungen

Die Hypophyse sezerniert Hormone, die die peripheren endokrinen Organe regulieren. Tumorartiges Wachstum bzw. Vermehrung einer Zellpopulation führt zur Überstimulation der jeweiligen endokrinen Drüsen, in bestimmten Fällen mit charakteristischer Symptomatik, z. B. dem **Morbus Cushing** aufgrund eines ACTH-bildenden Tumors. Bei Zerstörung der Hypophyse kommt es zum Ausfall der Hormonsekretion (▤ C-**10.13**).

C-10.13: Hypophysäre Hormone, Erfolgsorgane, Erkrankungen

Hormon	Erfolgsorgan	Mangel	Überschuß
• **Adenohypophyse**			
TSH	Schilddrüse	Hypothyreose	Hyperthyreose
STH (GH)	Epiphysenknorpel	Zwergwuchs	Riesenwuchs Akromegalie
LH	Frau: Ovar (Ovulation) Mann: Leydigsche Zwischenzellen (Testosteron)	Sterilität Feminisierung	Pubertas praecox Pubertas praecox
FSH	Frau: Follikelwachstum (Östrogen) Mann: Tubuli seminiferi	Sterilität Sterilität	
ACTH	Nebennierenrinde, Melanozyten der Haut	Morbus Cushing	Ähnlich wie Morbus Addison
Prolaktin	Milchgänge, Mamma	Frauen: fehlende Laktation	Frauen: Galaktorrhö, Amenorrhö Männer: Verminderung von Libido und Potenz
• **Neurohypophyse**			
ADH/Vasopressin	Nierentubuli	Diabetes insipidus	Nicht bekannt
Oxytocin	Uterus, Mamma	Schwache Wehentätigkeit?	Nicht bekannt

TSH: Thyreoideastimulierendes Hormon
STH: Somatotropes Hormon (auch GH: growth hormone)
LH: Luteinisierungshormon
FSH: Follikelstimulierendes Hormon
ACTH: Adrenokortikotropes Hormon
ADH: Antidiuretisches Hormon

Ausgeprägte Abweichungen von der normalen Körpergröße, fehlende oder verstärkte Körperbehaarung, Amenorrhö, Sterilität, Verlust der sekundären Geschlechtsmerkmale, Gewichtszu- oder -abnahme, Hypo- oder Hypertonie, Hypo- oder Hyperpigmentierung können durch eine Störung der Hypophyse bedingt sein. Wegen der räumlichen Nähe der Hypophyse zum Chiasma opticum gehört eine eingehende Untersuchung der Augen mit zur Abklärung des Verdachts auf einen Hypophysentumor.
GH-bildende eosinophile Adenome der Hypophyse führen beim Kind zum Riesenwuchs, beim Erwachsenen zur **Akromegalie** (siehe B-**2**). Die Gesichtszüge erscheinen durch mächtige Knochenwülste des kranialen Anteils der Orbita, durch große Nasen und ein vorspringendes Kinn vergröbert. Die Zunge kann vergrößert sein, Ringe passen wegen einer Verdickung der Finger nicht mehr.

Ausgeprägte Abweichungen von der normalen Körpergröße, Fehlen oder verstärkte Ausprägung der Körperbehaarung, Amenorrhö, Sterilität bei Männern und Frauen, Verlust der sekundären Geschlechtsmerkmale, Gewichtszu- oder -abnahme, Hypo- oder Hypertonie, Hypo- oder Hyperpigmentierung können durch eine Störung im Bereich der Hypophyse bedingt sein. Wegen der räumlichen Nähe der Hypophyse zum Chiasma opticum gehört eine eingehende Untersuchung der Augen mit zur Abklärung des Verdachts auf einen Hypophysentumor. Prüfen Sie das Gesichtsfeld (z. B. **bitemporale Hemianopsie**) und den Fundus (**Optikusatrophie**). Stellen Sie die Ausprägung der sekundären Geschlechtsmerkmale fest und tasten Sie die Hoden.

GH-bildende eosinophile Adenome der Hypophyse führen beim Kind zum Riesenwuchs, beim Erwachsenen zur **Akromegalie** (siehe B-**2**). Die Gesichtszüge erscheinen durch mächtige Knochenwülste des kranialen Anteils der Orbita, durch große Nasen und ein vorspringendes Kinn vergröbert. Die Zunge kann vergrößert sein, Ringe passen wegen einer Verdikkung der Finger nicht mehr. Da diese Entwicklung oft schleichend über Jahre hinweg abläuft, bemerken die Patienten die Veränderungen meist selbst nicht, sondern werden durch andere darauf hingewiesen. Erst der Vergleich mit alten Fotos führt die Änderung des Aussehens klar vor Augen. Aktive Krankheitsstadien gehen bei vielen Patienten mit schweren Kopfschmerzen einher.

Prolaktinbildende Tumoren der Hypophyse sind wichtige Ursachen für Amenorrhö und Sterilität der Frau, beim Mann können Gynäkomastie, Galaktorrhö und Impotenz auftreten.
Steht nicht genügend antidiuretisches Hormon (ADH) zur Verfügung, so kommt es zu einem **Diabetes insipidus**, bei dem der Patient täglich bis zu 12 Liter fast farblosen Urin ausscheidet. Ähnlich wie beim Diabetes mellitus stehen Durstgefühl, Polydipsie und Polyurie im Vordergrund, allerdings ist der Urin glukosefrei. Die häufigste Ursache dafür ist eine Zerstörung der Neurohypophyse durch Tumoren oder infiltrative Prozesse, aber auch das sog. Syndrom der inadäquaten ADH-Sekretion. Es tritt meist im Rahmen eines Schädel-Hirn-Traumas oder eines paraneoplastischen Syndroms beim kleinzelligen Bronchialkarzinom auf.
Die Hypophyse ist bei der körperlichen Untersuchung nicht erreichbar, lediglich die Folgen eines Tumors können z. B. am Auge erfaßt werden. Neben dem Nachweis der jeweiligen Hormone in erhöhter Konzentration eignen sich vor allem Computer- und Kernspintomographie zur Lokalisationsdiagnostik und sollten daher frühzeitig eingesetzt werden.

Prolaktinbildende Tumoren der Hypophyse sind wichtige Ursachen für Amenorrhö und Sterilität der Frau, beim Mann können Gynäkomastie, Galaktorrhö und Impotenz auftreten.
Steht nicht genügend antidiuretisches Hormon (ADH) zur Verfügung, so kommt es zu einem **Diabetes insipidus**, bei dem der Patient täglich bis zu 12 Liter fast farblosen Urin ausscheidet. Durstgefühl, Polydipsie und Polyurie stehen im Vordergrund.

10.10 Nebennierenkrankheiten

Die Nebennieren setzen sich aus zwei entwicklungsgeschichtlich, anatomisch und funktionell völlig verschiedenen Anteilen zusammen: Die Nebennierenrinde sezerniert unter Kontrolle des hypophysären ACTH Gluko- und Mineralokortikoide (**Cortisol, Aldosteron**) sowie Sexualhormone (**Androgene**), das Nebennierenmark die Katecholamine **Adrenalin** und **Noradrenalin**.

10.10 Nebennierenkrankheiten

Die Nebennierenrinde sezerniert unter Kontrolle des hypophysären ACTH Gluko- und Mineralokortikoide (**Cortisol, Aldosteron**) sowie Sexualhormone (**Androgene**), das Nebennierenmark die Katecholamine **Adrenalin** und **Noradrenalin**.

Kasuistik. Eine 32jährige Frau sucht den Arzt wegen starker Kopfschmerzen auf, die seit ca. drei Wochen bestehen. Bei sehr gutem Appetit hat sie in den letzten Monaten etwa 15 kg Gewicht zugenommen und ist nach Aussagen des Ehemannes vor allem im Gesicht völlig verändert. Bei der ersten Untersuchung fällt ein Blutdruck von 190/110 mmHg auf. Die letzte Blutdruckmessung vor ca. einem Jahr sei nach Angaben der Patientin normal ausgefallen. Bei der Untersuchung fällt das rote runde Gesicht auf, der Bauch ist im Vergleich zu den Oberschenkeln sehr dick, an den Flanken finden sich Striae. Die Patientin führt diese Veränderungen auf ihre drei Schwangerschaften zurück. Bei Kontrollmessungen an verschiedenen Tagen bestätigt sich die Hypertonie, der Hausarzt führt eine Suche nach sekundären Hypertonieformen durch. Dabei erkennt man in der Sonographie eine 3 × 2 cm große Raumforderung im Bereich der rechten Nebenniere, die sich computertomographisch als solche bestätigt. Die Serum- und Urincortisolwerte sind massiv erhöht und lassen sich durch die Gabe von Dexamethason nicht supprimieren, ACTH ist niedrig. Nach Diagnosestellung eines Cushing-Syndroms bei einem Nebennierenadenom wird die Patientin operiert. Die Hypertonie bildet sich postoperativ zurück, die Patientin nimmt Gewicht ab, erreicht aber nicht ihr ursprüngliches Gewicht. Die Striae bleiben bestehen.

10.10.1 Cushing-Syndrom

Die chronische Überproduktion von Glukokortikoiden durch die Nebennieren führt zum Cushing*-Syndrom, das durch eine Reihe von typischen körperlichen Befunden und Stoffwechselveränderungen gekennzeichnet ist (▤ C-**10.14**).

10.10.1 Cushing-Syndrom

Die chronische Überproduktion von Glukokortikoiden durch die Nebennieren führt zum Cushing-Syndrom, das durch eine Reihe von typischen körperlichen Befunden und Stoffwechselveränderungen gekennzeichnet ist (▤ C-**10.14**).

* Harvey Cushing (1869–1939), Neurochirurg, Boston

C-10.14: Symptomatik und Befunde beim Cushing-Syndrom und Morbus Addison

Cushing-Syndrom	Morbus Addison
• Stammbetonte Adipositas, Stiernacken	• Gewichtsabnahme
• Hypertonie	• Hypotonie
• Kopfschmerzen	• Orthostase-Symptomatik
• Rote Striae, Hämatomneigung	• Hyperpigmentierung (Haut und Schleimhäute)
• Symptomatik Diabetes mellitus, Osteoporose	• Hypoglykämien
• Frauen: Virilisierung (Hirsutismus)	• Frauen: Verlust der Achsel- und Schambehaarung
• Männer: Gynäkomastie	• Männer: Übelkeit, Erbrechen, Durchfälle
• Psychosen	• Depressive Verstimmung, Adynamie Müdigkeit, Muskelschwäche

Merke ▶

Merke. Während der Terminus »Cushing-Syndrom« die Folgen des Glukokortikoid-Exzesses jedweder Genese bezeichnet, steht der Ausdruck »Morbus Cushing« für die ACTH-Überproduktion durch ein Hypophysenadenom.

Untersuchung Die Adipositas ist weitgehend auf den Körperstamm beschränkt, die Beine bleiben ausgespart (**»Stammfettsucht«**). Bei der seitlichen Inspektion bemerken Sie ein Fettdepot über dem Nacken (»Stiernacken«). Der Glukokortikoidüberschuß kann zu typischen Hautbefunden (Striae distensae), Muskelatrophie, Osteoporose, Diabetes mellitus und Hypertonie führen. Bei Frauen tritt eine Virilisierung, bei Männern eine Gynäkomastie auf.

Untersuchung. Betrachten Sie den weitgehend entkleideten Patienten von allen Seiten. Die Adipositas ist weitgehend auf den Körperstamm beschränkt, die Beine bleiben ausgespart (**»Stammfettsucht«**). Bei der seitlichen Inspektion bemerken Sie ein Fettdepot über dem Nacken (»Stiernakken«). Der Glukokortikoidüberschuß kann zu typischen Hautbefunden (Striae distensae), Muskelatrophie, Osteoporose, Diabetes mellitus und Hypertonie bei beiden Geschlechtern führen. Bei Frauen tritt eine Virilisierung, bei Männern eine Gynäkomastie auf. Sogar floride Psychosen kommen im Rahmen eines Cushing-Syndroms vor.

10.10.2 Morbus Addison

Durch **Verlust der hormonproduzierenden Zellen in der Nebennierenrinde** kommt es zu **Adynamie, Müdigkeit, Gewichtsabnahme** und **Durchfällen**. Bei der körperlichen Untersuchung fällt vor allem eine Hyperpigmentierung der Haut auf, die sich besonders an den Handlinien manifestiert.

10.10.2 Morbus Addison*

Meist aufgrund einer Autoimmunerkrankung kommt es zum **Verlust der hormonproduzierenden Zellen in der Nebennierenrinde**. Die Symptome sind unspezifisch, doch sollte man die Erkrankung mit in die differentialdiagnostischen Erwägungen einbeziehen, wenn ein Patient über **Adynamie**, **Müdigkeit**, **Gewichtsabnahme** und **Durchfälle** klagt. Bei der körperlichen Untersuchung fällt vor allem eine Hyperpigmentierung der Haut auf, die sich besonders an den Handlinien manifestiert. Man nimmt an, daß der kompensatorische Überschuß an ACTH auch eine melanozytenstimulierende Wirkung hat.

10.10.3 Conn-Syndrom

Eine **übermäßige Aldosteronsekretion** führt infolge einer renalen Natriumretention und eines Kaliumverlusts zur **Hypertonie**. Typische körperliche Symptome gibt es nicht, doch sollte eine Hypertonie in Verbindung mit Hypokaliämie an diese Erkrankung denken lassen.

10.10.3 Conn**-Syndrom

Eine **übermäßige Aldosteronsekretion** führt infolge einer renalen Natriumretention und eines Kaliumverlusts zur **Hypertonie**. Meist handelt es sich um ein Adenom oder eine Hyperplasie der Zona glomerulosa. Typische körperliche Symptome gibt es nicht, doch sollte eine Hypertonie in Verbindung mit Hypokaliämie an diese Erkrankung denken lassen.

* Thomas Addison (1793–1860), Internist am Guy's Hospital London

** Jerome W. Conn (*1907), Endokrinologe, Michigan

10.10.4 Phäochromozytom

Spezifische Zellen des Nebennierenmarks sezernieren die Katecholamine Adrenalin und Noradrenalin, die eine wichtige Rolle für die sympathikotone Reaktion haben. Eine Unterfunktion bewirkt keine Erkrankung, da andere chromaffine Zellen (z. B. Grenzstrang des Sympathikus) die Funktion der Katecholaminsekretion übernehmen können. Bei endokrin aktiven Tumoren (Phäochromozytom) verursacht die **exzessive Produktion von Katecholaminen** eine **Hypertonie, paroxysmale Tachykardien, Herzpalpitationen** und **Angstgefühle**. Typischerweise sind die Patienten während dieser Attacken blaß. In der Hälfte dieser seltenen Fälle ist die Hypertonie aber nicht anfallsartig, sondern andauernd vorhanden.

10.10.4 Phäochromozytom

Spezifische Zellen des Nebennierenmarks sezernieren die Katecholamine Adrenalin und Noradrenalin, die eine wichtige Rolle für die sympathikotone Reaktion haben. Bei endokrin aktiven Tumoren verursacht die **exzessive Produktion von Katecholaminen** eine **Hypertonie, paroxysmale Tachykardien, Herzpalpitationen** und **Angstgefühle**.

10.11 Störungen des Kalziumstoffwechsels – Nebenschilddrüsendysfunktion

Die physiologische Konzentration des Serumkalziumspiegels wird im wesentlichen durch zwei Hormone aufrechterhalten: das in den Nebenschilddrüsen (Epithelkörperchen, Parathyreoideae) sezernierte **Parathormon** und das in den C-Zellen der Schilddrüse produzierte **Calcitonin**. Sobald die Kalziumkonzentration im Serum absinkt, kommt es zu einer Sekretion von Parathormon, das drei Angriffspunkte hat: Durch Aktivierung von Osteoklasten werden Kalzium und Phosphat aus dem Skelett mobilisiert, die intestinale Absorption von Nahrungskalzium gesteigert und die Kalziumausscheidung durch die Niere vermindert. Durch alle drei Mechanismen kommt es zu einem Anstieg des Serumkalziums, allerdings auf Kosten des Mineralsalzgehaltes der Knochen.
Die vier etwa bohnengroßen, dorsal der Schilddrüse gelegenen Nebenschilddrüsen sind einer direkten Untersuchung nicht zugänglich, und selbst relativ große Tumoren können in der Regel nicht palpiert werden. Allerdings rufen Veränderungen des Kalziumspiegels charakteristische neuromuskuläre Symptome hervor. Fehlt Parathormon (**Hypoparathyreoidismus**), z. B. wenn alle vier Epithelkörperchen im Rahmen einer Strumektomie vollständig entfernt wurden, so kommt es zu einem **Absinken der Kalziumkonzentration** mit der Folge einer **allgemeinen neuromuskulären Übererregbarkeit**. Motorische Symptome sind Muskelkrämpfe, Spasmen, Phonationsstörungen durch Stimmbandkrämpfe und schließlich Tetanien, bei der Untersuchung gesteigerte Reflexe mit verbreiterten Reflexzonen (siehe Kapitel C 9.2.3). Sensorisch treten Parästhesien vor allem im Mundbereich sowie an Armen und Beinen auf. Latente Tetanien können durch typische Zeichen erkannt werden:

- **Chvostek-Zeichen:** Beklopfen Sie den N. facialis vor dem Tragus leicht mit dem Reflexhammer, so kommt es zu einer Kontraktion der mimischen Muskulatur auf dieser Gesichtsseite.
- **Trousseau-Zeichen:** Stauen Sie mit der Blutdruckmanschette einen Arm drei Minuten lang mit einem Druck über dem systolischen Blutdruck. Bei latenter Hypokalzämie tritt ein typischer Karpopedalspasmus der Hand auf (»Pfötchenstellung«, »Geburtshelferhand«).

Diese Zeichen sind nicht spezifisch für einen Hypoparathyreoidismus, sondern treten auch bei hypokalzämischen Zuständen anderer Ursache (z. B. Osteomalazie, Malabsorptionssyndrom usw.) auf.

Bei einem Exzeß von Parathormon (**Hyperparathyreoidismus**), meist infolge eines Adenoms eines oder mehrerer Epithelkörperchen, kommt es zur Hyperkalzämie und Hyperkalziurie mit neuromuskulären Symptomen, Organverkalkungen und typischen Begleiterkrankungen (▤ C-**10.15**).

10.11 Störungen des Kalziumstoffwechsels – Nebenschilddrüsendysfunktion

Die physiologische Konzentration des Serumkalziumspiegels wird im wesentlichen durch zwei Hormone aufrechterhalten: das in den Nebenschilddrüsen (Epithelkörperchen, Parathyreoideae) sezernierte **Parathormon** und das in den C-Zellen der Schilddrüse produzierte **Calcitonin.**

Die Nebenschilddrüsen sind einer direkten Untersuchung nicht zugänglich. Allerdings rufen Veränderungen des Kalziumspiegels charakteristische neuromuskuläre Symptome hervor. Fehlt Parathormon (**Hypoparathyreoidismus**), so kommt es zu einem **Absinken der Kalziumkonzentration** mit der Folge einer **allgemeinen neuromuskulären Übererregbarkeit**. Typische Symptome sind Muskelkrämpfe, Spasmen, Phonationsstörungen durch Stimmbandkrämpfe, Tetanien, gesteigerte Reflexe und Parästhesien. Latente Tetanien können durch typische Zeichen erkannt werden:

◀ **Chvostek-Zeichen**

◀ **Trousseau-Zeichen**

Diese Zeichen sind nicht spezifisch für einen Hypoparathyreoidismus, sondern treten auch bei hypokalzämischen Zuständen anderen Ursache auf.

Bei einem Exzeß von Parathormon (**Hyperparathyreoidismus**), kommt es zur Hyperkalzämie und Hyperkalziurie mit neuromuskulären Symptomen, Organverkalkungen und typischen Begleiterkrankungen (▤ C-**10.15**).

C-10.15: Symptomatik und Befunde bei primärem Hyperparathyreoidismus

Ursache	Symptomatik
Hyperkalzämie/Hyperkaliurie	Muskelschwäche, Hyporeflexie, Übelkeit, Erbrechen, Obstipation, Polyurie, Polydipsie, Depression, Verwirrtheit, Koma
Organverkalkungen	Nierensteine, Koliken, Kornealverkalkungen, Mediaverkalkung
Skelettbefall	Osteomalazie / Osteoporose, Knochenschmerzen, Spontanfrakturen
Begleiterkrankung	Ulcus ventriculi/duodeni, Pankreatitis

Neben der endokrinologisch-humoralen Diagnostik erfolgt die Lokalisationsdiagnostik mit Sonographie, Computertomographie, Szintigraphie und Kernspintomographie.

Neben der endokrinologisch-humoralen Diagnostik (Bestimmung von Kalzium, Phosphor, Parathormon, Vitamin D) erfolgt die Lokalisationsdiagnostik der Epithelkörperchen mit den bildgebenden Verfahren Sonographie, Computertomographie, Szintigraphie und Kernspintomographie.

10.12 Hoch- und Minderwuchs

Liegt die Körpergröße eines Menschen oberhalb der 97. bzw. unterhalb der 3. Perzentile, so ordnet man ihn per definitionem in die Kategorie hoch- oder minderwüchsig ein. Derzeit trifft das für eine Endlänge von > **192 cm bzw. < 165 cm bei Knaben und > 180cm bzw. < 145 cm bei Mädchen** zu. Liegt ein proportionierter oder disproportionierter Riesen- bzw. Minderwuchs vor? Bei Minderwüchsigen fragen Sie nach schweren Erkrankungen während des Wachstums, metabolischen Störungen oder Schädel-Hirn-Verletzungen. Bei Hochwüchsigen erkundigen Sie sich nach Menarche bzw. erstem Samenerguß. Zu den Ursachen für Hoch- bzw. Minderwuchs siehe C-**10.16**.

10.12 Hoch- und Minderwuchs

Liegt die Körpergröße eines Menschen oberhalb der 97. bzw. unterhalb der 3. Perzentile, so ordnet man ihn per definitionem in die Kategorie hoch- oder minderwüchsig ein. Derzeit trifft das für eine Endlänge von > **192 cm bzw. < 165 cm bei Knaben und > 180 cm bzw. < 145 cm bei Mädchen** zu. Stellen Sie zunächst fest, ob ein proportionierter oder disproportionierter Riesen- bzw. Minderwuchs vorliegt. Denken Sie an den Mann mit ausgestreckten Armen im Kreis von Leonardo da Vinci: Die Spannweite der Arme entspricht normalerweise der Körpergröße. Erheben Sie die Familienanamnese bezüglich der Körpergröße von Großeltern, Eltern und Geschwistern. Bei Minderwüchsigen fragen Sie nach schweren Erkrankungen während des Wachstums, metabolischen Störungen oder Schädel-Hirn-Verletzungen. Bei Hochwüchsigen erkundigen Sie sich nach Menarche bzw. erstem Samenerguß und achten bei der Untersuchung besonders auf die primären und sekundären Geschlechtsmerkmale. Zu den Ursachen für Hoch- bzw. Minderwuchs siehe C-**10.16**.

C-10.16: Ursachen für Hochwuchs und Minderwuchs

	Hochwuchs	Minderwuchs
Konstitutionell	Familiärer Hochwuchs	Familiärer Minderwuchs
Sekundär	Überernährung	Allgemeinerkrankungen, Resorptionsstörungen
Endokrin	Eunuchoider Hochwuchs Hypophysär Hypothalamisch Hypothyreot	Adrenogenitales Syndrom, Cushing-Syndrom Hypophysär Hypothalamisch
Chromosomen-anomalie	Klinefelter-Syndrom (XXY-Zustand)	Ullrich-Turner-Syndrom (X0-Zustand) Down-Syndrom (Trisomie 21)
Stoffwechsel-störung	Marfan-Syndrom Skelettanomalien	Chondrodystrophie Osteogenesis imperfecta

11 Untersuchung von Kindern

I Körperliche Untersuchung

Die Untersuchung von Kindern wird nur insoweit dargestellt, als sie sich von der Untersuchung Erwachsener unterscheidet.

> **Merke.** Die basalen Techniken der Inspektion, Perkussion, Palpation und Auskultation werden in gleicher Weise angewandt, doch mit um so geringerem Kraftaufwand, je jünger das Kind ist.

11.1 Besonderheiten der Untersuchung von Kindern

Die meisten Patienten empfinden die Untersuchung beim Arzt als unangenehm. Im Gegensatz zu Erwachsenen kann Kleinkindern weder der Sinn ärztlicher Maßnahmen verständlich gemacht werden, noch sind ihre Reaktionen durch einen entsprechenden Überbau gehemmt, um auch lästige oder sogar schmerzhafte diagnostische Maßnahmen zu tolerieren. Sie reagieren auf den fremden Arzt, die unbekannte Umgebung und gefährlich aussehende Instrumente mit Angst, Schreien und Flucht. Alle diese Reaktionen sind für eine sorgfältige Untersuchung störend und können sie sogar unmöglich machen.

> **Merke.** Vermeiden Sie daher alles, was das Kind ängstigen könnte. Die beste Untersuchungstechnik nützt nichts, wenn es Ihnen nicht gelingt, das Vertrauen des Kindes zumindest so weit zu gewinnen, daß Sie es anfassen dürfen. Berühren Sie das Kind nicht, ehe nicht ein gewisser persönlicher Kontakt hergestellt ist! Beobachten Sie zunächst nur das Verhalten und die Bewegungen des Kindes.

Säuglinge und Schulkinder können auch ohne Anwesenheit einer dem Kind bekannten Person untersucht werden; bei Kleinkindern müssen Sie unbedingt die Mutter oder eine andere Bezugsperson mit in die Untersuchung einbeziehen, indem sie das Kind auf deren Arm oder Schoß untersuchen. Oft bewährt es sich, bestimmte Untersuchungen bei der Mutter erst »vorzuführen«, um dem Kind die Harmlosigkeit der Maßnahme zu zeigen, um vielleicht seine Neugier zu wecken und den Nachahmungstrieb auszunützen.

Sorgen Sie für eine angenehme Atmosphäre und kindgerechte Umgebung. Eile bei der Untersuchung, Lärm durch schreiende Kinder, Telefonanrufe und sonstige Störungen schaden der Entwicklung eines vertraulichen Verhältnisses. Die meisten Kinderärzte tragen bewußt keinen weißen Arztkittel, sondern »Zivilkleidung«. Beliebt sind auch bunte und lustig aussehende »Buttons«, welche die Neugier des Kindes wecken. Das Untersuchungszimmer sollte mehr einem Kinderzimmer entsprechen als einem Praxisraum der Erwachsenenmedizin oder einem Krankenzimmer: bunte Bilder an den Wänden, reichlich Spielzeug, kindgerechtes Mobiliar (C-**11.1**).

11 Untersuchung von Kindern

I Körperliche Untersuchung

◄ Merke

11.1 Besonderheiten der Untersuchung von Kindern

Im Gegensatz zu Erwachsenen kann Kleinkindern weder der Sinn ärztlicher Maßnahmen verständlich gemacht werden, noch sind ihre Reaktionen durch einen entsprechenden Überbau gehemmt, um auch lästige oder sogar schmerzhafte diagnostische Maßnahmen zu tolerieren. Sie reagieren auf den fremden Arzt, die unbekannte Umgebung und gefährlich aussehende Instrumente mit Angst, Schreien und Flucht.

◄ Merke

Bei Kleinkindern müssen Sie die Mutter oder eine andere Bezugsperson mit in die Untersuchung einbeziehen.

Sorgen Sie für eine angenehme Atmosphäre und kindgerechte Umgebung. Das Untersuchungszimmer sollte mehr einem Kinderzimmer entsprechen als einem Praxisraum (C-**11.1**).

C-11.1: Kindergerechtes Untersuchungszimmer

11.1.1 Reihenfolge der Untersuchung

Kinder wehren sich besonders gegen die Untersuchung von Mund, Rachen, Nase und Ohren. Stellen Sie diese Untersuchungen daher an das Ende. Die Untersuchungsliege, Ihre Hände und Instrumente müssen angewärmt sein.
Beurteilen Sie zunächst das Verhalten und den Allgemeinzustand des Kindes (C-**11.2**), dann Haut, Muskulatur und Lymphknoten. Wenden Sie sich dann dem Kopf, Gesicht, Hals, Thorax und den Extremitäten zu und erheben den neurologischen Status. Am Ende stehen die Inspektion von Genitale, Anus und Rachen sowie die instrumentelle Untersuchung von Ohren und Augen.

11.1.1 Reihenfolge der Untersuchung

Untersuchen Sie Kinder nicht nach der Regel »von Kopf bis Fuß«, sondern führen Sie erst Untersuchungen durch, die nach Lage der Dinge möglich sind und die das Kind am wenigsten belasten. Kinder wehren sich besonders gegen die (instrumentelle) Untersuchung von Mund, Rachen, Nase und Ohren. Stellen Sie diese Untersuchungen daher an das Ende, um sich nicht jeden weiteren Zugang zum Kind zu verbauen. Das Kleinkind sollte nur so weit wie unbedingt nötig durch die Mutter entkleidet werden. Die Untersuchungsliege, Ihre Hände und (vor allem metallische) Instrumente müssen angewärmt sein. Für die Untersuchung von Säuglingen und Kleinkindern muß der Untersuchungstisch an der Wand stehen, damit das Kind nicht herunterfallen kann. Die Untersuchung sollte ruhig durchgeführt werden. Lassen Sie sich Zeit, dehnen Sie aber auch die Dauer der Untersuchung nicht über 15 Minuten aus. Beurteilen Sie zunächst durch bloße Beobachtung das Verhalten und den Allgemeinzustand des Kindes (C-**11.2**), dann Haut, Muskulatur und Lymphknoten. In der zweiten Phase wenden Sie sich dem Kopf, Gesicht, Hals, Thorax und den Extremitäten zu und erheben den neurologischen Status. Am Ende stehen die Inspektion von Genitale, Anus und Rachen sowie die instrumentelle Untersuchung von Ohren und Augen.

C-11.2: Aufmerksamkeitsreaktion auf kindgerechte Reize

11.1.2 Einteilung der Altersklassen von Kindern

Zwischen einem einjährigen und einem vierjährigen Kind liegen Welten. Zur besseren Verständigung, um welchen kindlichen Patienten es sich handelt, wird anhand des chronologischen Alters und der Fähigkeiten folgende Einteilung getroffen:

C-11.1: Altersdefinitionen für Kinder

• **Neugeborene:**	1–28 Tage (gemäß internationaler Perinatalperioden-Klassifikation)
• **Säuglinge:**	1 Monat – 1 Jahr
• **Kleinkinder:**	1 Jahr – 3 (4) Jahre
• **Vorschulkinder:**	(4) 5 – 6 Jahre
• **Schulkinder:**	6 – 14 Jahre
• **Jugendliche:**	13 – 18 Jahre
• **Adoleszentenalter:**	ab 18 Jahre

Technik und Besonderheiten der Untersuchung hängen stark vom jeweiligen Alter ab und sollen daher für die einzelnen Altersgruppen getrennt besprochen werden. In der Bundesrepublik Deutschland besteht zur Krankheitsfrüherkennung ein System von kostenfreien Untersuchungen vom Zeitraum unmittelbar nach der Geburt bis zum 64. Lebensmonat (U1–U9). Die dafür vorgesehenen Zeitpunkte sind:

C-11.2: Kinder-Früherkennungs-Untersuchungen (U1 – U9)

U1	unmittelbar nach der Geburt
U2	3. – 10. Lebenstag
U3	4. – 6. Lebenswoche
U4	3. – 4. Lebensmonat
U5	6. – 7. Lebensmonat
U6	10. – 12. Lebensmonat
U7	21. – 24 Lebensmonat
U8	3. – 4. Lebensjahr
U9	5. Lebensjahr

Diese Untersuchungen dienen dazu, den vitalen Status, Mißbildungen, Stoffwechselstörungen, neurologische und orthopädische Krankheiten sowie geistige Behinderungen frühzeitig und möglichst unabhängig vom sozialen Status der Eltern zu erfassen. Zusätzlich sollen diese Untersuchungen Fehler in der Pflege und Ernährung aufdecken und beseitigen helfen, wie sie vor allem bei sozial ungünstigen Verhältnissen vorkommen. Während nahezu 100 % der Neugeborenen in den Genuß von U1–U3 kommen, werden U7–U9 nur noch von einer Minderheit der Eltern wahrgenommen.

> **_Merke._** Viele Mißbildungen können um so besser korrigiert werden, je früher man sie erkennt.

11.1.2 Einteilung der Altersklassen von Kindern

»Kind« ist nicht gleich »Kind«. Zur besseren Verständigung wird folgende Einteilung getroffen (C-**11.1**).

Technik und Besonderheiten der Untersuchung hängen stark vom jeweiligen Alter ab.
In der Bundesrepublik Deutschland besteht ein System von Untersuchungen vom Zeitraum unmittelbar nach der Geburt bis zum 64. Lebensmonat (U1–U9) (C-**11.2**).

Diese Untersuchungen dienen dazu, den vitalen Status, Mißbildungen, Stoffwechselstörungen, neurologische und orthopädische Krankheiten sowie geistige Behinderungen frühzeitig und möglichst unabhängig vom sozialen Status der Eltern zu erfassen. Während nahezu 100 % der Neugeborenen in den Genuß von U1–U3 kommen, werden U7–U9 nur noch von einer Minderheit der Eltern wahrgenommen.

◄ **Merke**

Bei 5–6 % der Neugeborenen ist mit Schädigungen oder Behinderungen zu rechnen.

Bei 5–6 % der Neugeborenen ist mit Schädigungen oder Behinderungen zu rechnen: 3% leiden an intellektueller Minderbegabung, 1,5 % an schwerwiegenden Mißbildungen des Skelettsystems, des Herzens, der Nieren oder der Sinnesorgane sowie Chromosomenanomalien und etwa 1 % an angeborenen Stoffwechselstörungen oder Embryopathien (z. B. Rötelnembryopathie, Alkoholembryopathie).

11.1.3 Größe, Gewicht und Kopfumfang

Größe und Gewicht sind die am aussagekräftigsten Parameter für die körperliche Entwicklung eines Kindes. Notieren Sie die gemessenen Werte und vergleichen Sie sie mit den Perzentilenkurven (siehe C-**11.20**). Die Perzentilenkurven zur Beurteilung des Kopfumfanges berücksichtigen Geschlecht und Lebensalter der Kinder.

Größe und Gewicht sind die am einfachsten zu bestimmenden und gleichzeitig aussagekräftigsten Parameter für die körperliche Entwicklung eines Kindes. Im Gegensatz zum Erwachsenen sollten Sie sich nicht auf den »grob-klinischen« Eindruck verlassen, sondern exakt messen und genau dokumentieren. Notieren Sie die gemessenen Werte und vergleichen Sie sie mit den Perzentilenkurven (siehe C-**11.20**). Die Perzentilenkurven zur Beurteilung des Kopfumfanges berücksichtigen Geschlecht und Lebensalter der Kinder.

Merke ▶

Merke. Für den Gewichtsverlauf gelten folgende Faustregeln:
- In den ersten Lebenswochen ab dem 10. Tag tägliche Zunahme um ca. 30 g
- Nach 6 Wochen Zunahme um ca. 1 kg
- 5 Monate: Geburtsgewicht verdoppelt
- 1 Jahr: Geburtsgewicht verdreifacht
- Kleinkindesalter: Normalgewicht = (Alter in Jahren + 4) × 2
- Das Körpergewicht eines Neugeborenen korreliert mit dem Gestationsalter

Bedenken Sie die große Variationsbreite in Abhängigkeit von Gewicht und Größe der Eltern sowie anderen individuellen Faktoren.

Merke ▶

Merke. Wichtiger als die absoluten Maße ist der Verlauf von Gewicht und Größe.

Meßtechnik Neugeborene und junge Säuglinge werden auf einer speziellen Waage gewogen, die Länge vom Scheitel bis zu den Fersen mit einer Meßlatte bestimmt. Versäumen Sie bei Säuglingen nicht, den frontookzipitalen Schädelumfang mit einem Maßband zu bestimmen und den Wert anhand eines Perzentilen-Diagramms einzuordnen.

Meßtechnik. Neugeborene und junge Säuglinge werden auf einer speziellen Waage gewogen, die Länge vom Scheitel bis zu den Fersen mit einer Meßlatte bestimmt. Sind Kleinkinder sehr unruhig, so bitten Sie die Mutter, sich einmal mit und einmal ohne Kind im Arm auf die Waage zu stellen; aus der Differenz ergibt sich das Gewicht des Kindes. Sobald das Kind sicher steht, kann die Körpergröße wie beim Erwachsenen gemessen werden. Versäumen Sie bei Säuglingen nicht, den frontookzipitalen Schädelumfang mit einem Maßband zu bestimmen und den Wert anhand eines Perzentilen-Diagramms einzuordnen.

11.2 Untersuchung von Neugeborenen

Unmittelbar nach der Geburt wird der vitale Status des Neugeborenen anhand des sog. **Apgar-Index** bestimmt (C-**11.3**). APGAR = **A**tmung, **P**uls, **G**rundtonus, **A**ussehen, **R**eflexe. Gesunde vitale Neugeborene haben einen Apgar-Index von 8 – 10, ein Index von 0 wird als **fetale Asphyxie** bezeichnet.

Unmittelbar nach der Geburt wird der vitale Status des Neugeborenen anhand des sog. **Apgar-Index*** bestimmt (C-**11.3**). APGAR = **A**tmung, **P**uls, **G**rundtonus, **A**ussehen, **R**eflexe. Aus den Punkten Herzfrequenz, Atemtiefe, Reflexerregbarkeit, Muskeltonus und Farbe wird ein Summen-Score gebildet. Gesunde vitale Neugeborene haben einen Apgar-Index von 8–10, ein Index von 0 wird als **fetale Asphyxie** bezeichnet.

* Virginia Apgar, amerikanische Ärztin

C-11.3: **Apgar-Index. Für jeden Parameter werden je nach Qualität eine, fünf und zehn Minuten nach der Geburt 2 – 0 Punkte vergeben und die Summe aller Punkte als Apgar-Index angegeben**

Name:	Vorname:	geb.:	Geburtszeit: Uhr
Bewertung	**2**	**1**	**0**
Herzfrequenz/min	100–400	< 100	0
Atmung	Kräftiges Schreien	Unregelmäßig, flach	Apnoe
Reflexe	Husten oder Niesen	Grimassieren	Keine Reaktion auf Nasenkatheter
Muskeltonus	Aktive Bewegung	Mäßiger Muskeltonus	Schlaff
Hautfarbe	Rosig	Rumpf rosig, Akren zyano-weiß	Tief blau oder zyanotisch
Summe			

Anschließend stellen Sie die Reifezeichen fest:

C-11.4: **Reifezeichen bei Neugeborenen**

- Länge 48 cm
- Gewicht 2500 g
- Kopfhaar grob oder seidig, »Geheimratsecken«
- Nasen- und Ohrknorpel fest
- Lanugohaar nur noch an Schultern und Oberarmen
- Schulterumfang > Kopfumfang
- Subkutane Fettpolster, guter Hautturgor
- Nägel überragen Fingerkuppen
- Mindestens 1 Testis ganz deszendiert
- Große Labien bedecken kleine

Die häufigsten Mißbildungen von Neugeborenen sind in C-**11.3** dargestellt. Lebensbedrohliche Formen, die zum Teil umgehend behandelt werden müssen, sind in C-**11.5** aufgeführt. Nach Anwendung der Saugglocke können Neugeborene ein sog. **Kephalhämatom** mit monströser Verformung des Kopfes bekommen (C-**11.4**). Diese Veränderung sieht zwar beunruhigend aus, ist aber in der Regel harmlos und bildet sich innerhalb weniger Wochen zurück.

Anschließend stellen Sie die Reifezeichen fest (C-**11.4**).

Die häufigsten Mißbildungen von Neugeborenen sind in C-**11.3** dargestellt. Lebensbedrohliche Formen, die zum Teil umgehend behandelt werden müssen, sind in C-**11.5** aufgeführt. Nach Anwendung der Saugglocke können Neugeborene ein sog. **Kephalhämatom** bekommen (C-**11.4**).

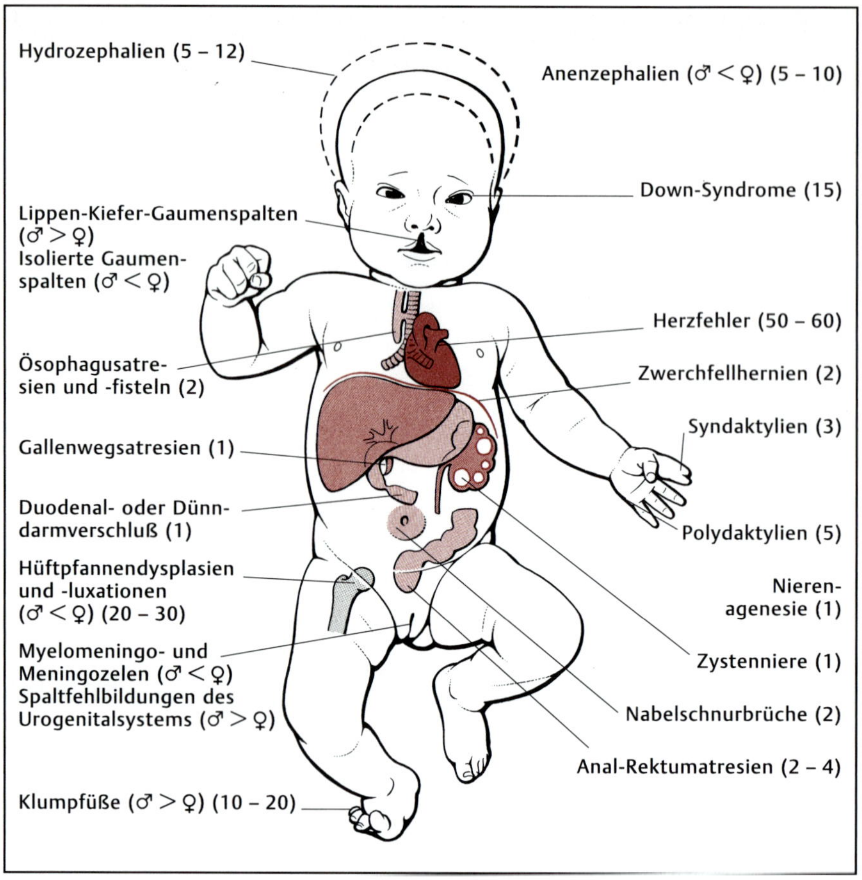

C-11.3: Die häufigsten Mißbildungen von Kindern in Mitteleuropa (die Zahlen beziehen sich auf je 10 000 Geburten)

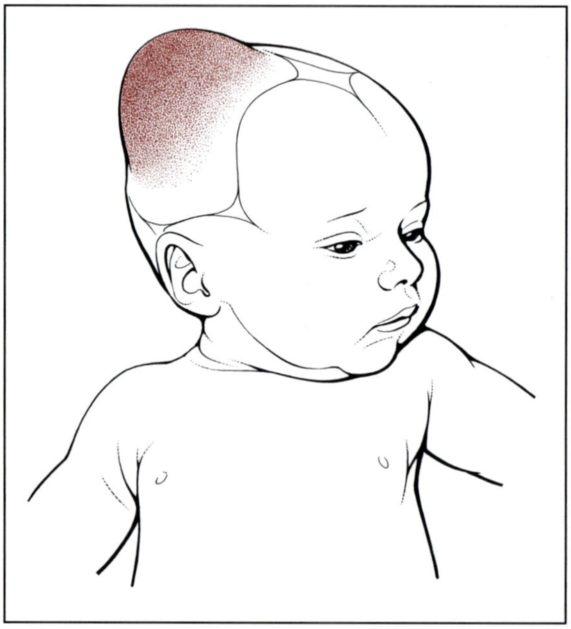

C-11.4: Kephalhämatom des rechten Os parietale

C-11.5: Wichtige Mißbildungen beim Neugeborenen; Definition und Konsequenzen

Bezeichnung	Definition/Symptomatik	Behandlungsmaßnahme
Meningomyelozele (Spina bifida)	Ausstülpung der Meningen im Lumbal-/Sakralbereich	Operation
Hydrozephalus	Obstruktion der Liquorzirkulation durch Stenosen	Ventrikeldrainage
Omphalozele	Nabelschnurbruch	Operation
Ösophagusatresie	Verschluß des Ösophagus, schaumiger Speichel	Operation
Choanalatresie	Verschluß der Choanen, Atemstörung, Nasensondierung nicht möglich	Operation
Lippen-, Kiefer-, Gaumenspalte	Spaltbildung (»Wolfsrachen«), Trinkunvermögen	Lippen-, Kieferplastik, Gaumensegelverschluß
Down-Syndrom	Trisomie 21; Epikanthus	Keine
Hypospadie, Epispadie	Spaltbildung Urogenitalsystem	Operation
Klumpfuß	Adduktion, Supination, Plantarflexion	Redression mit Gips
Hüftgelenkdysplasie	Hochstehender Trochanter, asymmetrische Hautfalten, Abduktionshemmung	Je nach Schweregrad konservativ/operativ

11.3 Untersuchung des Kindes im ersten Lebenshalbjahr (U2 – U4)

Für die Untersuchung sollte das Kind möglichst wach und zufrieden sein. Bei schlafenden Kindern gewinnen Sie nur einen ungenügenden allgemeinen Eindruck über das Verhalten des Kindes, schreiende und weinende Kinder sind schlecht zu untersuchen. Der günstigste Zeitpunkt ist meist 1 – 2 Stunden nach der letzten Mahlzeit. Lassen Sie das Kind von der Mutter oder Pflegeperson bis auf ein Hemdchen ausziehen und auf einen warmen Untersuchungstisch legen. Das Kind sollte während der Untersuchung immer Augen- und/oder körperlichen Kontakt mit der Mutter haben. Da Säuglinge nicht selten auf der Liege urinieren, sollten Sie entsprechende Vorbereitungen treffen.

11.3 Untersuchung des Kindes im ersten Lebenshalbjahr (U2 – U4)

Für die Untersuchung sollte das Kind wach und zufrieden sein. Schreiende und weinende Kinder sind schlecht zu untersuchen. Das Kind sollte während der Untersuchung immer Augen- und/oder körperlichen Kontakt mit der Mutter haben.

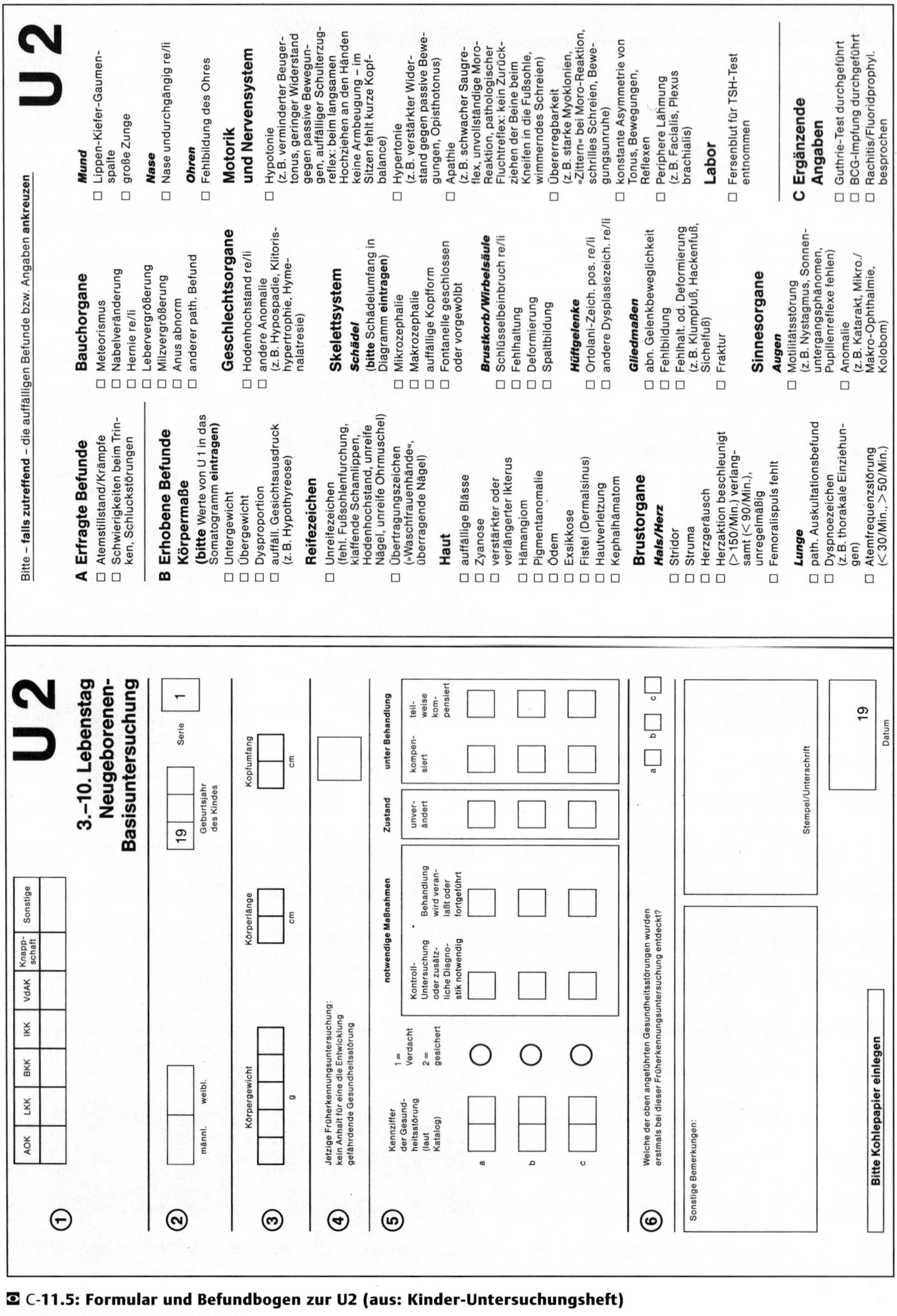

U 2

① AOK | LKK | BKK | IKK | VdAK | Knappschaft | Sonstige

3.–10. Lebenstag
Neugeborenen-Basisuntersuchung

② männl. weibl. — 19 Geburtsjahr des Kindes — Serie 1

③ Körpergewicht g — Körperlänge cm — Kopfumfang cm

④ Jetzige Früherkennungsuntersuchung: kein Anhalt für eine die Entwicklung gefährdende Gesundheitsstörung

⑤ Kennziffer der Gesundheitsstörung (laut Katalog) — 1 = Verdacht, 2 = gesichert — notwendige Maßnahmen: Kontroll-Untersuchung oder zusätzliche Diagnostik notwendig; Behandlung wird veranlaßt oder fortgeführt — Zustand: unverändert — unter Behandlung: kompensiert; teilweise kompensiert
a
b
c

⑥ Welche der oben angeführten Gesundheitsstörungen wurden erstmals bei dieser Früherkennungsuntersuchung entdeckt? a b c

Sonstige Bemerkungen:

Stempel/Unterschrift

19
Datum

Bitte Kohlepapier einlegen

U 2

Bitte – **falls zutreffend** – die auffälligen Befunde bzw. Angaben **ankreuzen**

A Erfragte Befunde
- ☐ Atemstillstand/Krämpfe
- ☐ Schwierigkeiten beim Trinken, Schluckstörungen

B Erhobene Befunde

Körpermaße
(**bitte** Werte von U 1 in das Somatogramm **eintragen**)
- ☐ Untergewicht
- ☐ Übergewicht
- ☐ Dysproportion
- ☐ auffäll. Gesichtsausdruck (z. B. Hypothyreose)

Reifezeichen
- ☐ Unreifezeichen (fehl. Fußsohlenfurchung, klaffende Schamlippen, Hodenhochstand, unreife Nägel, unreife Ohrmuschel)
- ☐ Übertragungszeichen (»Waschfrauenhände«, überragende Nägel)

Haut
- ☐ auffällige Blässe
- ☐ Zyanose
- ☐ verstärkter oder verlängerter Ikterus
- ☐ Hämangiom
- ☐ Pigmentanomalie
- ☐ Ödem
- ☐ Exsikkose
- ☐ Fistel (Dermalsinus)
- ☐ Hautverletzung
- ☐ Kephalhämatom

Brustorgane

Hals/Herz
- ☐ Stridor
- ☐ Struma
- ☐ Herzgeräusch
- ☐ Herzaktion beschleunigt (> 150/Min.) verlangsamt (< 90/Min.), unregelmäßig
- ☐ Femoralispuls fehlt

Lunge
- ☐ path. Auskultationsbefund
- ☐ Dyspnoezeichen (z. B. thorakale Einziehungen)
- ☐ Atemfrequenzstörung (< 30/Min., > 50/Min.)

Bauchorgane
- ☐ Meteorismus
- ☐ Nabelveränderung
- ☐ Hernie re/li
- ☐ Lebervergrößerung
- ☐ Milzvergrößerung
- ☐ Anus abnorm
- ☐ anderer path. Befund

Geschlechtsorgane
- ☐ Hodenhochstand re/li
- ☐ andere Anomalie (z. B. Hypospadie, Klitorishypertrophie, Hymenalatresie)

Skelettsystem

Schädel
(**bitte** Schädelumfang in Diagramm **eintragen**)
- ☐ Mikrozephalie
- ☐ Makrozephalie
- ☐ auffällige Kopfform
- ☐ Fontanelle geschlossen oder vorgewölbt

Brustkorb/Wirbelsäule
- ☐ Schlüsselbeinbruch re/li
- ☐ Fehlhaltung
- ☐ Deformierung
- ☐ Spaltbildung

Hüftgelenke
- ☐ Ortolani-Zeich. pos. re/li
- ☐ andere Dysplasiezeich. re/li

Gliedmaßen
- ☐ abn. Gelenkbeweglichkeit
- ☐ Fehlbildung
- ☐ Fehlhalt. od. Deformierung (z. B. Klumpfuß, Hackenfuß, Sichelfuß)
- ☐ Fraktur

Sinnesorgane

Augen
- ☐ Motilitätsstörung (z. B. Nystagmus, Sonnenuntergangsphänomen, Pupillenreflexe fehlen)
- ☐ Anomalie (z. B. Katarakt, Mikro./Makro-Ophthalmie, Kolobom)

Mund
- ☐ Lippen-Kiefer-Gaumenspalte
- ☐ große Zunge

Nase
- ☐ Nase undurchgängig re/li

Ohren
- ☐ Fehlbildung des Ohres

Motorik und Nervensystem
- ☐ Hypotonie (z. B. verminderter Beugertonus, geringer Widerstand gegen passive Bewegungen, auffälliger Schulterzugreflex: beim langsamen Hochziehen an den Händen keine Armbeugung – im Sitzen fehlt kurze Kopfbalance)
- ☐ Hypertonie (z. B. verstärkter Widerstand gegen passive Bewegungen, Opisthotonus)
- ☐ Apathie (z. B. schwacher Saugreflex, unvollständige Moro-Reaktion, pathologischer Fluchtreflex: kein Zurückziehen der Beine beim Kneifen in die Fußsohle, wimmerndes Schreien)
- ☐ Übererregbarkeit (z. B. starke Myoklonien, »Zittern« bei Moro-Reaktion, schrilles Schreien, Bewegungsunruhe)
- ☐ konstante Asymmetrie von Tonus, Bewegungen, Reflexen
- ☐ Periphere Lähmung (z. B. Facialis, Plexus brachialis)

Labor
- ☐ Fersenblut für TSH-Test entnommen

C Ergänzende Angaben
- ☐ Guthrie-Test durchgeführt
- ☐ BCG-Impfung durchgeführt
- ☐ Rachitis/Fluoridprophyl. besprochen

C-11.5: Formular und Befundbogen zur U2 (aus: Kinder-Untersuchungsheft)

11.3.1 Hautturgor, Muskeltonus

Beurteilen Sie zunächst Hautturgor und Muskeltonus des Kindes. Das subkutane Fettgewebe erlaubt Rückschlüsse auf den Ernährungszustand: Bei abgemagerten oder auch frühgeborenen Säuglingen nehmen die normalerweise quergestellten Adduktorenfalten am Gesäß einen diagonalen oder Längsverlauf an (»Tabaksbeutelfalten«) in extremen Fällen erscheint das Gesicht der Kinder fast greisenartig. Prüfen Sie den Hautturgor durch Anheben einer Hautfalte. Im Normalfall entsteht eine große Falte, die beim Loslassen sofort wieder veschwindet. Bei herabgesetztem Turgor, z. B. im Rahmen einer Exsikkose, entstehen zusätzlich Runzeln der Haut, die beim Loslassen zögerlich wieder verschwinden. Betrachten Sie die Spontanbewegungen des Kindes. Wird eine Extremität nicht oder vermindert bewegt, bestehen Bewegungsasymmetrien, ist der Muskeltonus normal, atonisch oder hypertonisch?

11.3.2 Schädel

Inspizieren Sie nun das Kind in Rückenlage von Kopf bis Fuß. Besteht eine Schädelverformung (Asymmetrie, Turmschädel) oder Mikrozephalie (zum Kopfumfang siehe ◘ C-**11.6**)? Nehmen Sie den Kopf des Kindes in beide Hände und tasten Sie den Hinterkopf und die Fontanellen ab (◘ C-**11.7**), die Sie an den scharfen, federnden Knochenrändern erkennen. Sind die Fontanellen eingesunken oder vorgewölbt, pulsieren sie? Harte Vorwölbungen und Pulsation der großen Fontanelle oder eine weit offene Sagittalnaht sind Hinweise auf einen erhöhten Hirndruck, z. B. bedingt durch eine Durablutung oder auch bei Meningitis, eingesunkene Fontanellen kommen bei Dehydratation vor. Tasten Sie nun die beiden Hinterhauptschuppen auf weiche Stellen ab, wie sie bei der **rachitischen Kraniotabes** vorkommen (◘ C-**11.8**).

Ein gesunder Säugling dreht den Kopf aktiv zur Seite, z. B. beim Suchen nach der mütterlichen Brust. Beim Traktionsversuch (◘ C-**11.9**) kann der junge Säugling den schweren Kopf noch nicht dem angehobenen Rumpf folgen lassen, doch spannt er bereits die Kopfbeuger an.

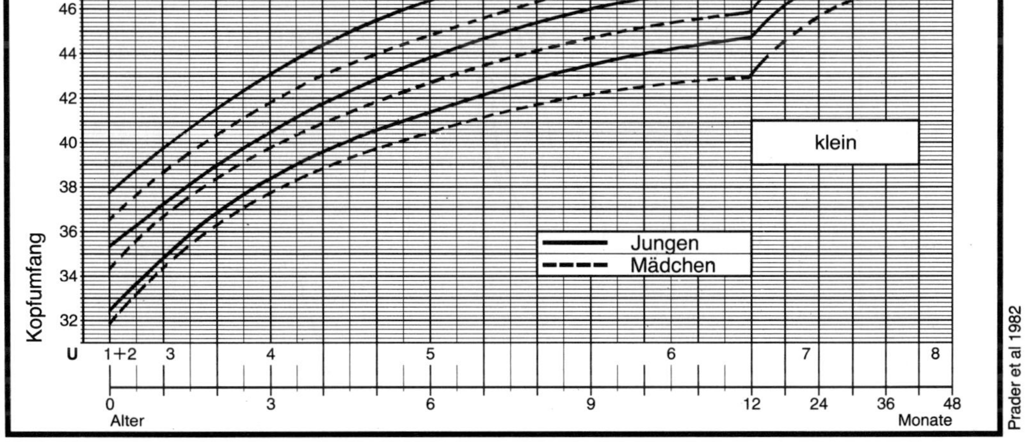

◘ C-11.6: Normwerte für den Kopfumfang

11.3.1 Hautturgor, Muskeltonus

Beurteilen Sie zunächst Hautturgor und Muskeltonus des Kindes. Das subkutane Fettgewebe erlaubt Rückschlüsse auf den Ernährungszustand: Bei abgemagerten oder auch frühgeborenen Säuglingen nehmen die Adduktorenfalten am Gesäß einen diagonalen oder Längsverlauf an. Prüfen Sie den Hautturgor durch Anheben einer Hautfalte. Betrachten Sie die Spontanbewegungen des Kindes. Wird eine Extremität nicht oder vermindert bewegt, bestehen Bewegungsasymmetrien, ist der Muskeltonus normal, atonisch oder hypertonisch?

11.3.2 Schädel

Inspizieren Sie nun das Kind in Rückenlage von Kopf bis Fuß. Besteht eine Schädelverformung oder Mikrozephalie (◘ C-**11.6**)? Nehmen Sie den Kopf des Kindes in beide Hände und tasten Sie den Hinterkopf und die Fontanellen ab (◘ C-**11.7**). Harte Vorwölbungen und Pulsation der großen Fontanelle oder eine weit offene Sagittalnaht sind Hinweise auf einen erhöhten Hirndruck, eingesunkene Fontanellen kommen bei Dehydratation vor. Tasten Sie nun die Hinterhauptschuppen auf weiche Stellen ab (◘ C-**11.8**).

Beim Traktionsversuch (◘ C-**11.9**) kann der junge Säugling den schweren Kopf noch nicht dem angehobenen Rumpf folgen lassen, doch spannt er bereits die Kopfbeuger an.

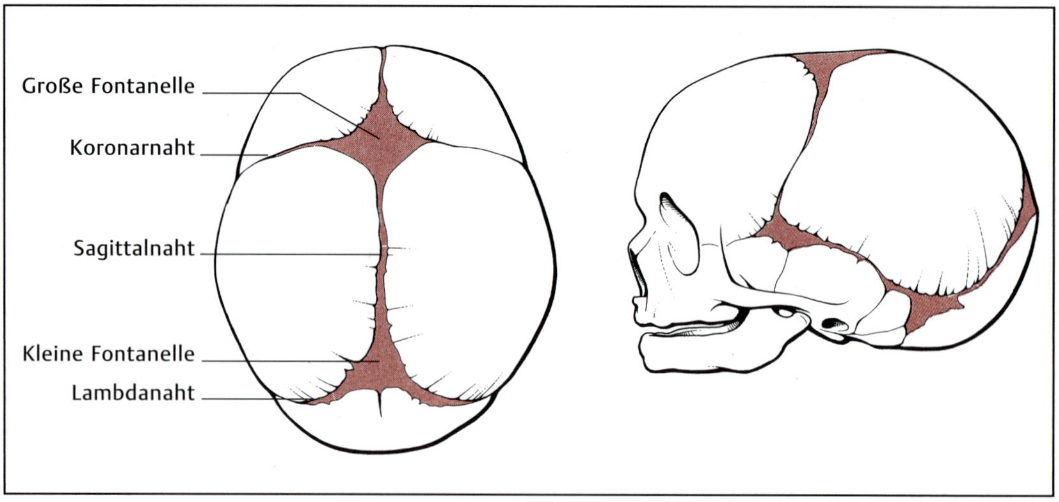

C-11.7: **Lage der Fontanellen**

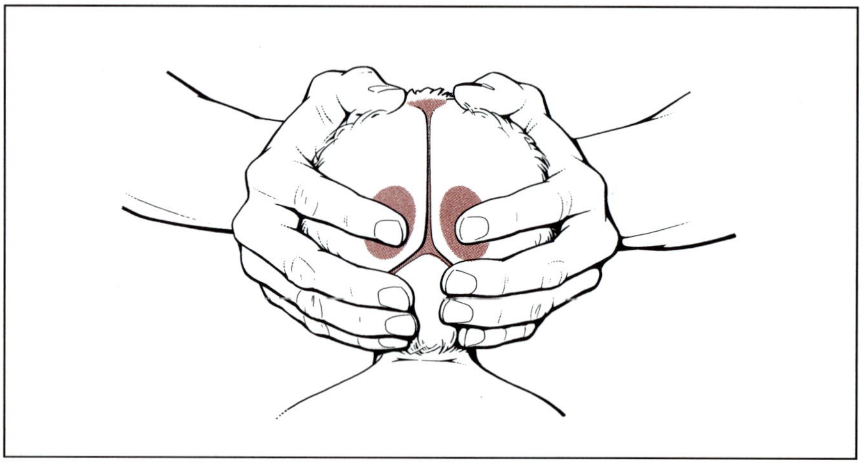

C-11.8: **Untersuchung auf Kraniotabes**

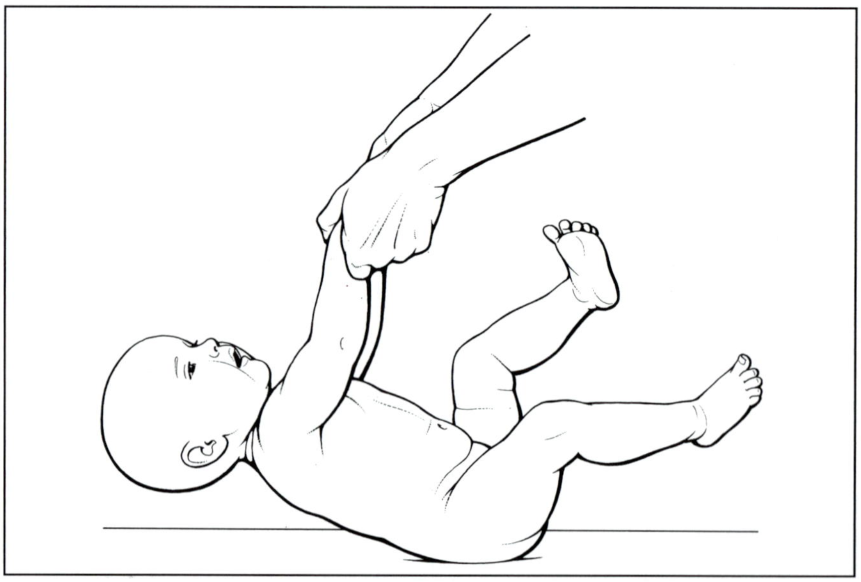

C-11.9: **Traktionsversuch bei einem 5 Wochen alten Kind. Die Kopfbeuger spannen sich bereits an, der schwere Kopf kann aber noch nicht voll gehalten werden**

11.3.3 Augen

Sind die Bulbi normal und gleich groß oder besteht ein **Mikrophthalmus** oder **Buphthalmus**? Die Pupillen müssen schwarz erscheinen und bei Beleuchtung mit der Lampe prompt mit einer Verengung reagieren. Ein grauer Schein in den Pupillen spricht für einen angeborenen grauen Star (**Katarakt**), gelbliches oder rötliches Aufleuchten der Pupille muß an ein **Retinoblastom** denken lassen. Die Lidspalten sollen streng horizontal stehen und die Bulbi ziellos hin- und herwandern. Im ersten Lebensmonat schielen Kinder oft nach auswärts oder einwärts (**Strabismus divergens, convergens**). Erst ab dem zweiten Monat können sie Gegenstände fixieren, so daß sich die Augenmuskelfunktion beurteilen läßt.

11.3.3 Augen

Sind die Bulbi normal und gleich groß oder besteht ein **Mikrophthalmus** oder **Buphthalmus**? Die Pupillen müssen schwarz erscheinen und bei Beleuchtung prompt mit einer Verengung reagieren. Die Lidspalten sollen streng horizontal stehen und die Bulbi ziellos hin- und herwandern. Im ersten Lebensmonat schielen Kinder oft nach auswärts oder einwärts (**Strabismus divergens, convergens**).

> ▶ ***Merke.*** Hinter einem konstanten Schielen können sich schwerwiegende Refraktionsfehler oder auch ein Retinoblastom verbergen!

◀ **Merke**

11.3.4 Mund, Nase, Ohren, Hals

Betrachten Sie Nase und Mund des Kindes auf der Suche nach Lippen- und Gaumenspalten, verlegter Nasenatmung oder einem verkürzten Zungenbändchen. Tasten Sie die Schilddrüse und palpieren Sie eventuelle Verdikkungen des M. sternocleidomastoideus als Ursache eines möglichen Schiefhalses. Die Hörfähigkeit des Kindes können Sie auf einfache Weise prüfen, indem Sie aus etwa 1 m Entfernung in die Hände klatschen: Ein Kind mit normalem Hörvermögen erschrickt, erkennbar an einem Moro-Phänomen (siehe **S** C-**11.2**, S. 497) und am kurzen Schließen der Lider. Im negativen Fall ist damit aber nicht bewiesen, daß das Kind nicht hört. Hörfehler müssen frühzeitig im ersten Lebensjahr erkannt werden, um eine normale Sprachentwicklung zu gewährleisten. Daher sollten bei jeder Untersuchung auch Hörtests durchgeführt werden. Bei älteren Säuglingen (ab dem 4. Lebensmonat) können Sie ein Glöckchen hinter dem Kind betätigen und seine Reaktion beobachten.

11.3.4 Mund, Nase, Ohren, Hals

Betrachten Sie Nase und Mund des Kindes. Tasten Sie die Schilddrüse und palpieren Sie evtl. Verdickungen des M. sternocleidomastoideus. Die Hörfähigkeit des Kindes können Sie prüfen, indem Sie aus etwa 1 m Entfernung in die Hände klatschen: Ein Kind mit normalem Hörvermögen erschrickt, erkennbar an einem Moro-Phänomen (siehe **S** C-**11.2**, S. 497) und am kurzen Schließen der Lider. Hörfehler müssen frühzeitig im ersten Lebensjahr erkannt werden, um eine normale Sprachentwicklung zu gewährleisten.

11.3.5 Extremitäten

Die Arme sind bei einem jungen Säugling in Ruhe gebeugt und nach oben geschlagen. Ein einseitig schlaffer Arm spricht am ehesten für eine geburtstraumatische Verletzung, z. B. eine Plexusparese, Luxation, Oberarm- oder Klavikulafraktur. Betrachten Sie die Finger und Nägel und untersuchen Sie die Handflächen. Eine quer durchlaufende »Affenfurche« ist häufig bei einer **Trisomie 21** (Down-Syndrom, Mongolismus), beweist dieses Syndrom aber nicht.

11.3.5 Extremitäten

Die Arme sind bei einem jungen Säugling in Ruhe gebeugt und nach oben geschlagen. Betrachten Sie die Finger und Nägel und untersuchen Sie die Handflächen.

Die Beine werden normalerweise seitengleich gebeugt und regellos, aber beidseits bewegt, eine Hemmung der Abduktion muß als Hinweis auf eine angeborene Hüftgelenkluxation gewertet werden. Bewegen Sie die Beine in den Hüftgelenken und achten Sie auf eine mögliche Abspreizhemmung. Der **Ortolani-Versuch** (**S** C-**11.1**) sollte wegen der möglichen Gefahr der Schädigung des Hüftkopfs, wenn überhaupt, nur von einem sehr erfahrenen Untersucher vorgenommen werden, der dann auch die weitere Behandlung festlegt. Im Zeitalter der sonographischen Hüftgelenkdiagnostik ist er nur noch selten erforderlich. Besteht ein reduzierter Muskeltonus, so liegen die Beine kraftlos nach außen rotiert.

Die Beine werden normalerweise seitengleich gebeugt und regellos, aber beidseits bewegt, eine Hemmung der Abduktion muß als Hinweis auf eine angeborene Hüftgelenkluxation gewertet werden. Achten Sie auf eine mögliche Abspreizhemmung.
Der **Ortolani-Versuch** (**S** C-**11.1**) sollte nur von einem sehr erfahrenen Untersucher vorgenommen werden. Besteht ein reduzierter Muskeltonus, so liegen die Beine kraftlos nach außen rotiert.

Synopsis C-11.1: Ortolani-Versuch

Beide Knie- und Hüftgelenke werden 90 Grad gebeugt. Die Stellung des linken Beinchens wird nicht verändert. Der Untersucher umfaßt das Kniegelenk so, daß sein Mittelfinger auf dem Trochanter major liegt. In Abduktionsstellung wird ein Dorsalschub ausgeübt. Danach wird die Hüfte abgespreizt und über den Trochanter nach ventral gehebelt. Bei subluxierenden Hüften ist ein Schnappen palpabel (Ortolanizeichen). Die Untersuchung des linken Hüftgelenkes erfolgt in analoger Weise.
Merke: Die Instabilitätsuntersuchung ist die wichtigste Hüftgelenksuntersuchung beim Säugling.

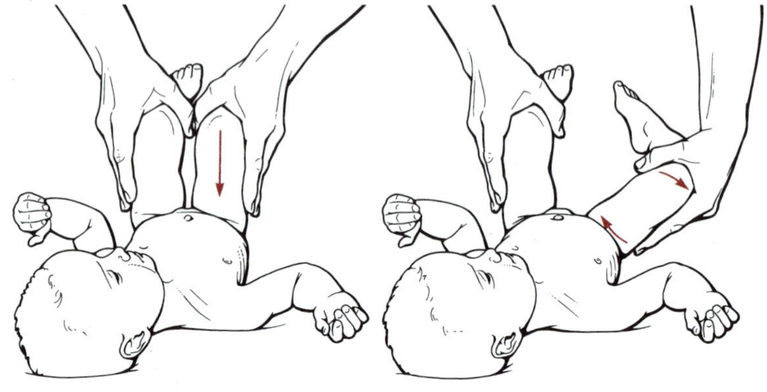

Betrachten Sie die Form und Beweglichkeit der Wirbelsäule und achten Sie auf eine eventuelle **Meningozele**. Die Hautfalten im Bereich von Gesäß und Oberschenkeln und die Abduktionsfähigkeit in beiden Hüftgelenken sollten symmetrisch, der Stand der Patellae bei gebeugtem Kniegelenk sollte gleich hoch sein (C-**11.10**).

In Bauchlage drückt der Säugling durch die gebeugten Beinchen das Gesäß nach oben, der Kopf wird auf einer harten Unterlage zur Seite gedreht, so daß ein Ersticken nicht möglich ist. Eine weiche Unterlage (Kissen) kann aber durchaus die Nasenatmung behindern. Betrachten Sie die Form und Beweglichkeit der Wirbelsäule und achten Sie auf eine eventuelle **Meningozele**. Die Hautfalten im Bereich von Gesäß und Oberschenkeln und die Abduktionsfähigkeit in beiden Hüftgelenken sollten symmetrisch, der Stand der Patellae bei gebeugtem Kniegelenk sollte gleich hoch sein (C-**11.10**), andernfalls besteht ein Hinweis auf eine Hüftgelenkdysplasie. Achten Sie auch auf eine mögliche Windeldermatitis in dieser Region.

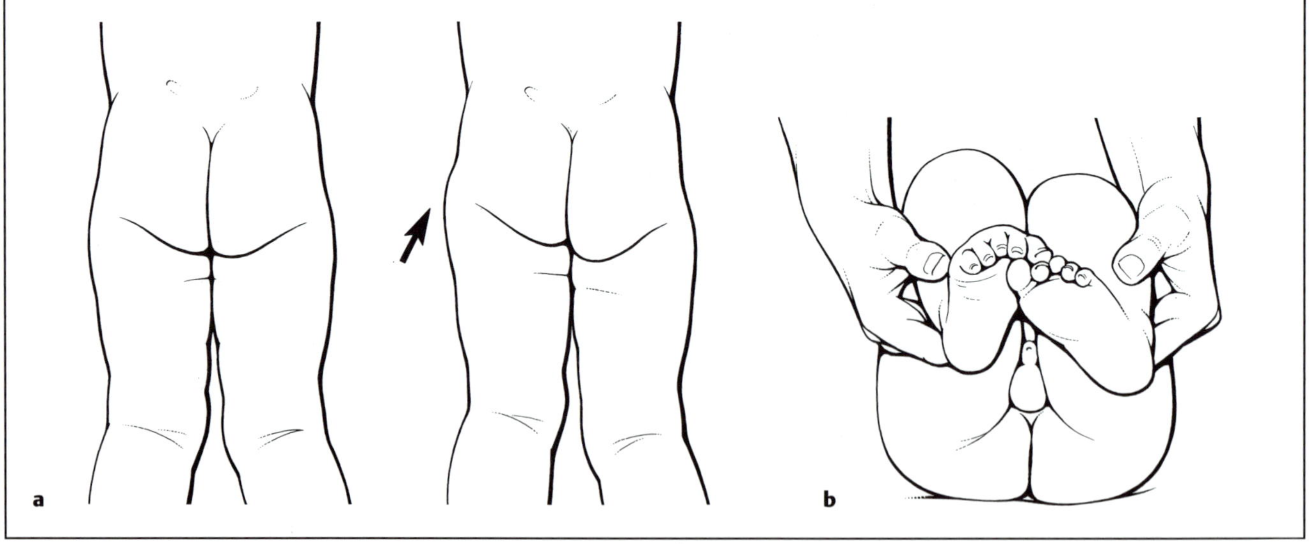

C-**11.10: Klinische Hinweise auf eine Hüftgelenksdysplasie:**
a Asymmetrie der Hautfalten im Gesäßbereich,
b unterschiedlicher Stand der Patellae

11.3.6 Thorax

Säuglinge und Kleinkinder bis zum zweiten Lebensjahr haben einen Faßthorax mit fast horizontalem Rippenverlauf. Achten Sie bei der Inspektion auf Zeichen der Dyspnoe wie Einziehungen der Thoraxwand, Einsatz der Atemhilfsmuskulatur und Nasenflügeln. Die normale Atemfrequenz des Neugeborenen liegt bei 55/min, mit 6 Monaten beträgt sie um 40/min, mit einem Jahr etwa 35/min. Die Perkussion muß beim Neugeborenen und Säugling sehr vorsichtig und leise erfolgen. Sollte das Kind schreien, so lassen Sie es von der Mutter in den Arm nehmen, auf diese Weise können Sie wenigstens von dorsal her perkutieren. Das normale Auskultationsgeräusch der Lunge beim Säugling wird **pueriles Atmen** genannt und ähnelt wegen seines vermehrten Anteils hoher Frequenzen dem Bronchialatmen.

Zur Auskultation des Herzens empfiehlt es sich, einen schmalen Schalltrichter von 2 cm Durchmesser zu verwenden. Die Auskultationspunkte entsprechen denen des Erwachsenen (C-**11.11**), allerdings kann die Orientierung schwerer fallen. Kindliche Herztöne sind lauter als beim Erwachsenen und deshalb immer gut zu hören, der zweite Pulmonalton ist physiologisch stark akzentuiert. Herzgeräusche hören Sie im allgemeinen nur, wenn das Kind ruhig ist. Konzentrieren Sie sich daher auf den Moment der Einatmung, in dieser Phase kann das Kind nicht schreien. Kinder und Jugendliche haben besonders häufig sog. akzidentelle (immer systolische) Herzgeräusche ohne pathologische Bedeutung. Diastolika sollten dagegen immer weiter abgeklärt werden.

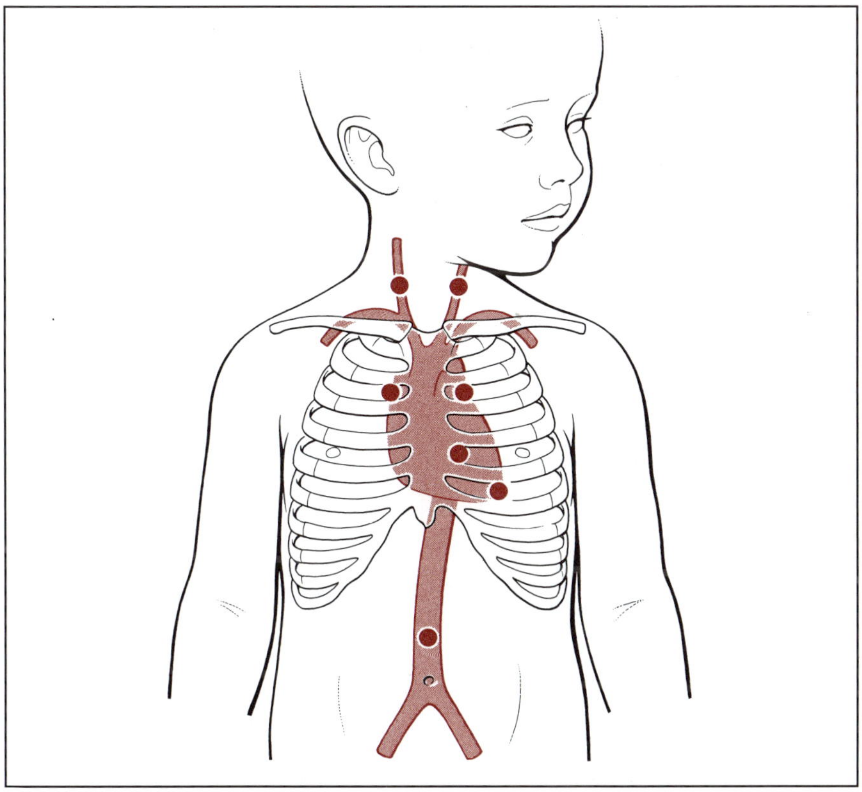

C-11.11: Auskultationspunkte beim Säugling und Kleinkind

11.3.6 Thorax

Säuglinge und Kleinkinder bis zum zweiten Lebensjahr haben einen Faßthorax. Achten Sie auf Zeichen der Dyspnoe wie Einziehungen der Thoraxwand, Einsatz der Atemhilfsmuskulatur und Nasenflügeln. Die normale Atemfrequenz des Neugeborenen liegt bei 55/min, mit 6 Monaten beträgt sie um 40/min, mit einem Jahr etwa 35/min. Die Perkussion muß sehr vorsichtig erfolgen. Das normale Auskultationsgeräusch der Lunge beim Säugling wird **pueriles Atmen** genannt.

Die Auskultationspunkte entsprechen denen des Erwachsenen (C-**11.11**). Kindliche Herztöne sind lauter als beim Erwachsenen. Herzgeräusche hören Sie nur, wenn das Kind ruhig ist. Kinder und Jugendliche haben besonders häufig sog. akzidentelle Herzgeräusche ohne pathologische Bedeutung. Diastolika sollten dagegen immer weiter abgeklärt werden.

11.3.7 Abdomen

Das Abdomen wölbt sich in diesem Alter meist deutlich über das Thoraxniveau vor. Inspizieren Sie den Nabelbereich: Besteht eine Vorwölbung um den Nabel herum (**Omphalozele**), oder ist der Nabelbereich gerötet

11.3.7 Abdomen

Das Abdomen wölbt sich in diesem Alter meist deutlich über das Thoraxniveau vor. Inspizieren Sie den Nabelbereich auf Vorwölbungen (**Omphalozele**) und Rötung (**Omphalitis**). Wegen des geblähten Abdomens sind Leber und Milz in diesem Alter trotz der physiologischen Vergrößerung oft nicht tastbar, dagegen können die Nieren meist gut palpiert werden.

(**Omphalitis**)? Leistenhernien sind als Schwellung im Inguinalbereich meist erst bei älteren Kindern zu erkennen. Achten Sie darauf, daß Ihre Hände warm sind, ehe Sie das Kind am Bauch berühren. Wegen des geblähten Abdomens sind Leber und Milz in diesem Alter trotz der physiologischen Vergrößerung oft nicht tastbar, dagegen können die Nieren meist gut palpiert werden. Sind Sie sich unsicher, ob eine Resistenz vorliegt, sollten Sie rasch eine Sonographie durchführen.

11.3.8 Genitale

Der Penis ist im ersten Lebensmonat größer als später, allerdings kann eine erhebliche Vergrößerung in Verbindung mit einem gebräunten Skrotum auf ein **adrenogenitales Syndrom** hinweisen.

Merke ▶

11.3.8 Genitale

Der Penis ist im ersten Lebensmonat wegen der nachwirkenden physiologischen Virilisierung größer als später, allerdings sollte eine erhebliche Vergrößerung in Verbindung mit einem gebräunten Skrotum den Verdacht auf ein **adrenogenitales Syndrom** aufkommen lassen.

> ***Merke.*** Ziehen Sie die Vorhaut in diesem jungen Alter des Kindes nicht zurück! Bis zum 3. Lebensjahr besteht eine physiologische Verklebung von Präputium und Glans, eine verfrühte Retraktion kann zu einer behandlungsbedürftigen **Phimose** führen.

Palpieren Sie das Skrotum, ob sich beide Hoden dort befinden. Falls nicht, sollte der nicht deszendierte Hoden bimanuell im Leistenkanal gesucht werden (C-**11.12**).

Normalerweise ist der Descensus testis 3–4 Wochen vor der Geburt abgeschlossen.

Die Untersuchung des Genitales bei weiblichen Säuglingen beschränkt sich auf ein Spreizen der großen Labien, um den Scheideneingang sichtbar zu machen. Auch die Klitoris ist physiologisch vergrößert.

Eine **Hypo-** bzw. **Epispadie** kann man auch mittels Inspektion durch eine Spaltung der Vorhaut an der Penisunter- bzw. oberseite erkennen. Palpieren Sie das Skrotum, ob sich beide Hoden dort befinden. Falls nicht, sollte der nicht deszendierte Hoden bimanuell im Leistenkanal gesucht werden (C-**11.12**).
Normalerweise ist der Descensus testis 3–4 Wochen vor der Geburt abgeschlossen. Bei 2–4 % der neugeborenen Knaben und bei 20% der Frühgeborenen besteht ein unvollständiger Deszensus, der in der Regel bis zum Ende des ersten Lebensjahres spontan erfolgt. Einseitig oder doppelseitig vergrößerte Hoden sind überwiegend durch eine **Hydrocele testis** bedingt, die in diesem Alter meist spontan reversibel ist.
Die Untersuchung des Genitales bei weiblichen Säuglingen beschränkt sich auf ein Spreizen der großen Labien, um den Scheideneingang sichtbar zu machen. Auch die Klitoris ist physiologisch vergrößert, bei massiver Größenzunahme bestehen Verdachtsmomente für ein adrenogenitales Syndrom.

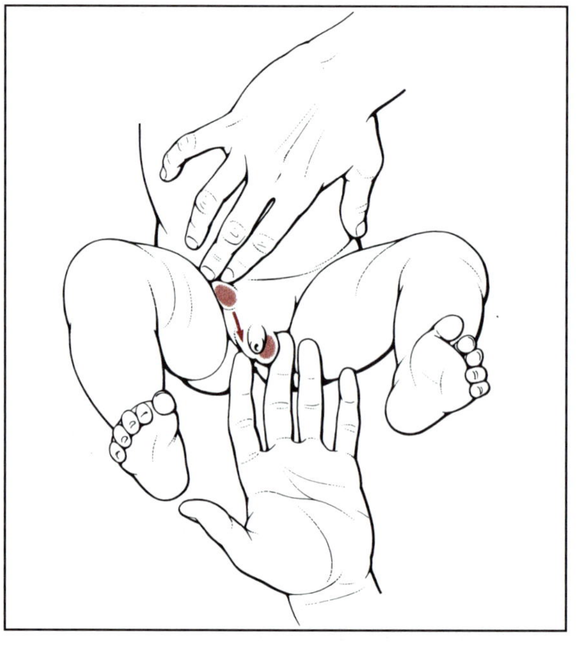

C-11.12: Aufsuchen eines nicht deszendierten Hodens im Leistenkanal

11.3.9 Neurologische Untersuchung

Prägen Sie sich die wichtigsten physiologischen Neugeborenenreflexe anhand der S C-11.2 ein. Suchreflex und Schreitphänomen sind bereits am Ende des ersten Lebensmonats nicht mehr nachweisbar, Greif-, Galant- und Moro-Reflex verlieren sich im 4.–6. Lebensmonat. Allerdings

11.3.9 Neurologische Untersuchung

Prägen Sie sich die wichtigsten physiologischen Neugeborenenreflexe anhand der S C-11.2 ein. Suchreflex und Schreitphänomen sind bereits am Ende des ersten Lebensmonats nicht mehr

S Synopsis C-**11.2: Prüfen der wichtigsten Neugeborenenreflexe**

- **Schreitphänomen**
Nach Druck der Fußsohle auf die Unterlage beugt sich das betreffende Bein, das andere wird gestreckt, berührt damit die Unterlage, wird seinerseits gestreckt, und nun wird das andere gebeugt.

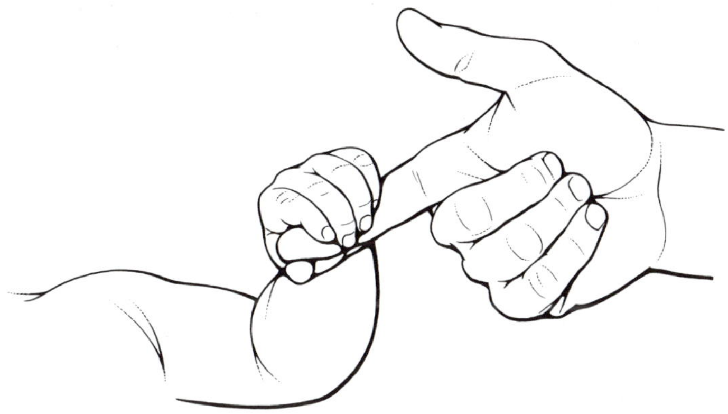

- **Palmarer Greifreflex**
Handschluß nach palmarer Reizung; man kann das Kind sogar etwas hochziehen.

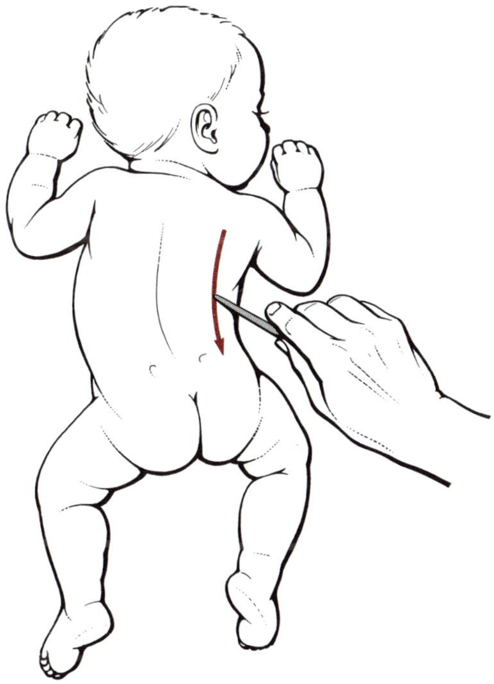

- **Galant-Reaktion**
Paravertebrale Hautreizung: konkave Bewegung der Wirbelsäule zur Richtung des Stimulus. Anheben des Beckens, Bein und Arm der entsprechenden Seite strecken sich.

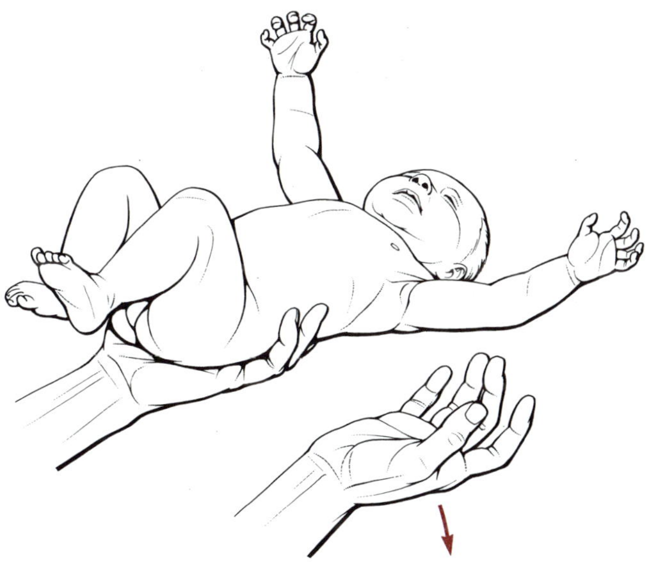

- **Moro-Reflex (Umklammerungsreflex)**
Beim plötzlichen Senken des in Rückenlage gehaltenen Kindes (oder bei Erschütterung der Unterlage) fahren die Arme auseinander, die Finger spreizen sich. Anschließend werden die Arme etwas langsamer über der Brust wieder zusammengeführt.

nachweisbar, Greif-, Galant- und Moro-Reflex verlieren sich im 4.–6. Lebensmonat. Bei der neurologischen Untersuchung gilt das Prinzip, daß ein Kind möglichst wenig berührt und passiv bewegt, sondern sorgfältig beobachtet werden soll. Der schematische Untersuchungsablauf der neurologischen Untersuchung im Säuglingsalter ist in C-**11.6** aufgeführt.

sollte die diagnostische Bedeutung dieser Primitivreflexe nicht überbewertet werden. Größere Bedeutung kommt der Beobachtung der Spontanaktivität des Säuglings zu. Insbesondere bei der neurologischen Untersuchung gilt das Prinzip, daß ein Kind möglichst wenig berührt und passiv bewegt, sondern sorgfältig beobachtet werden soll. Achten Sie vor allem auf regelmäßig vorhandene Bewegungsasymmetrien. Der schematische Untersuchungsablauf der neurologischen Untersuchung im Säuglingsalter ist in C-**11.6** aufgeführt.

C-11.6: Schematischer Ablauf der neurologischen Untersuchung im Säuglingsalter

1. Rückenlage	• Körperhaltung und Stellung der Extremitäten (Asymmetrien) • Spontanaktivität (stereotype Bewegungsmuster) • Muskeltonus • Hirnnerven (Augenbeweglichkeit, Fixieren, Hörprüfung) • Muskeleigenreflexe (PSR, ASR) • Babinski-Phänomen
2. Hochziehen an den Armen zum Sitzen	• Kopfkontrolle • Freies Sitzen • Stützreaktion nach vorne, zur Seite, nach hinten
3. Umdrehen	• Passives und aktives Drehen in/aus Rücken-/Bauchlage
4. Bauchlage	• Stellung der Extremitäten • Kopfheben und Abstützen • Haltung in schwebender Bauchlage und Annäherung an Unterlage • Kriechen und Krabbeln
5. Stehen und Gehen	
6. Greifen	• Handöffnung • Greifen in Pronation (ab 3. Monat) • Widerstand gegen Wegnehmen (ab 4. Monat) • Spiel mit den eigenen Füßen

10.4 Untersuchung von Kindern im zweiten Lebenshalbjahr (U5, U6)

Die »Untersuchung« ist gerade in diesem Alter beobachtend. Entscheidend ist der Gesamteindruck, den Sie durch Beobachtung des Spielverhaltens und der Interaktion zwischen Mutter und Kind bekommen.

11.4 Untersuchung von Kindern im zweiten Lebenshalbjahr (U5, U6)

Die »Untersuchung« ist gerade in diesem Alter sehr wenig aktiv, sondern vielmehr beobachtend. Entscheidend sind nicht einzelne Reflexe oder motorische Leistungen, sondern der Gesamteindruck, den Sie durch Beobachtung des Spielverhaltens und der Interaktion zwischen Mutter und Kind bekommen. Gerade wer keine persönliche Erfahrung mit eigenen Kindern hat, sollte sich einige wichtige Stufen der Entwicklung einprägen.

11.4.1 Motorisch-statische Entwicklung

Im 2. Lebenshalbjahr wendet sich das Kind aktiv seiner Umgebung zu, sitzt ab dem 6. Monat mit Hilfe, ab dem 7.–8. Monat frei und beginnt ab dem 9. Monat, sich an Gegenständen aufzurichten. Im 11.–12. Monat unternimmt das Kind erste Schritte mit Hilfe, die meisten Kinder können im Alter zwischen 11 und 15 Monaten frei gehen.

11.4.1 Motorisch-statische Entwicklung

Im 2. Lebenshalbjahr wendet sich das Kind aktiv seiner Umgebung zu, es macht gezielte Greifbewegungen, sitzt ab dem 6. Monat mit Hilfe, ab dem 7.–8. Monat frei und beginnt ab dem 9. Monat, sich an Gegenständen aufzurichten. Kleinste Gegenstände werden mit Daumen und Zeigefinger im Pinzettengriff festgehalten und weitergegeben. Im 11.–12. Monat unternimmt das Kind erste Schritte mit Hilfe, die meisten Kinder können im Alter zwischen 11 und 15 Monaten frei gehen.

11.4.2 Geistig-seelische Entwicklung

Ab dem 6. Monat ahmt das Kind Ausdrucksbewegungen nach und beginnt zu lallen. Im 8. Lebensmonat lernt es zwischen bekannten und unbekannten Personen zu unterscheiden, es reagiert auf Fremde mit Angst und Schreien, ein Umstand, der die ärztliche Untersuchung erheblich behindern kann. Ab dem 9. Monat gebraucht das Kind »Werkzeuge«, versteht erste Worte und spricht im 11.–12. Monat Wörter im Sinn von Einwortsätzen nach. In diesem Alter sind einfache Spiele wie »Geben – Nehmen – Wiedergeben« möglich, das Kind läßt Gegenstände zu Boden fallen, schaut ihnen nach und möchte sie vom Erwachsenen wieder bekommen.
Um die erste Jahreswende können die meisten Kinder frei laufen und erste Wörter sprechen. Viele Eltern reagieren mit Sorge, wenn ihr Kind diese beiden Meilensteine der Entwicklung nicht »termingerecht« erreicht hat. Bedenken Sie, daß die Variationsbreite gerade im Hinblick auf das Sprechen aber sehr groß ist: In Extremfällen haben Kinder bis zum zweiten Lebensjahr kein Wort gesprochen, sich aber danach normal entwickelt.

11.4.2 Geistig-seelische Entwicklung

Ab dem 6. Monat ahmt das Kind Ausdrucksbewegungen nach und beginnt zu lallen. Im 8. Lebensmonat lernt es zwischen bekannten und unbekannten Personen zu unterscheiden. Ab dem 9. Monat gebraucht das Kind »Werkzeuge«, versteht erste Worte und spricht im 11. – 12. Monat Wörter nach.

Um die erste Jahreswende können die meisten Kinder frei laufen und erste Wörter sprechen. Bedenken Sie, daß die Variationsbreite gerade im Hinblick auf das Sprechen aber sehr groß ist.

11.4.3 Zahnentwicklung

Im 6.–8. Lebensmonat werden die ersten Milchzähne des Kindes sichtbar. Schmerzen bei der Zahnung, die sich in nächtlichem Schreien des Kindes äußern, sind ein häufiges Problem, mit dem die Eltern den Kinderarzt aufsuchen. Gelegentlich geht der Zahndurchtritt auch mit leichtem Fieber einher. Die Zahnung erfolgt nach einem festen Schema, das in ◘ C-**11.13** dargestellt ist. Chronologische Abweichungen beim Zahndurchbruch können lokale Ursachen haben, die dann meist einzelne Zähne betreffen, aber auch generalisiert bei schweren Allgemeinerkrankungen und spezifischen Stoffwechselstörungen auftreten. Sie kommen insbesondere bei Hypothyreose, Hypophysenunterfunktion, Knochenerkrankungen und Down-Syndrom vor.

11.4.3 Zahnentwicklung

Im 6.–8. Lebensmonat werden die ersten Milchzähne des Kindes sichtbar. Schmerzen bei der Zahnung sind ein häufiges Problem. Gelegentlich geht der Zahndurchtritt mit leichtem Fieber einher. Die Zahnung erfolgt nach einem festen Schema, das in ◘ C-**11.13** dargestellt ist.

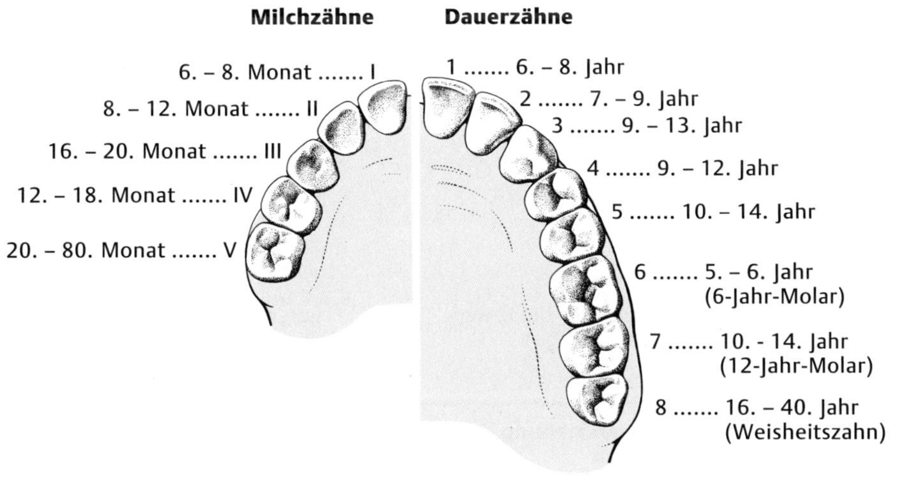

◘ C-**11.13: Zeitlicher Ablauf des Zahndurchbruchs**

▶ ***Merke.*** Der erste Molar tritt zumeist als erster Zahn des bleibenden Gebisses durch.

◀ **Merke**

11.5 Untersuchung von Kindern im 2. und 3. Lebensjahr (U7, U8)

Die Untersuchungstechnik wird der des Erwachsenen immer ähnlicher, kann aber durch die erweiterten motorischen Möglichkeiten des Kindes noch schwieriger sein. Wehrt sich das Kind heftig, so sollten Sie die Mutter intensiv in die Untersuchung mit einbeziehen (◘ C-**11.14a–c**). Steht die Mutter nicht zur Verfügung, so kann der Kopf auch wie in ◘ C-**11.15** dargestellt fixiert werden.

11.5 Untersuchung von Kindern im 2. und 3. Lebensjahr (U7, U8)

Die Untersuchungstechnik wird der des Erwachsenen immer ähnlicher, kann aber durch die erweiterten motorischen Möglichkeiten des Kindes noch schwieriger sein als im Säuglingsalter. Wehrt sich das Kind heftig, so sollten Sie die Mutter intensiv in die Untersuchung mit einbeziehen (◘ C-**11.14a–c**), vor allem bei der Inspektion von Mund und Rachen, Nase und Ohren. Steht die Mutter nicht zur Verfügung, so kann der Kopf auch, wie in ◘ C-**11.15** dargestellt, mit den nach oben geschlagenen Armen des Kindes fixiert werden. Führen Sie mit der linken Hand den Kopf und halten mit der rechten Hand den Spatel. Warten Sie den Augenblick ab, in dem das Kind den Kiefer locker läßt, und dringen Sie weiter bis zum Zungengrund vor. Sie lösen dabei den Würgereflex aus und haben nur ganz wenig Zeit, um den Rachen zu inspizieren.

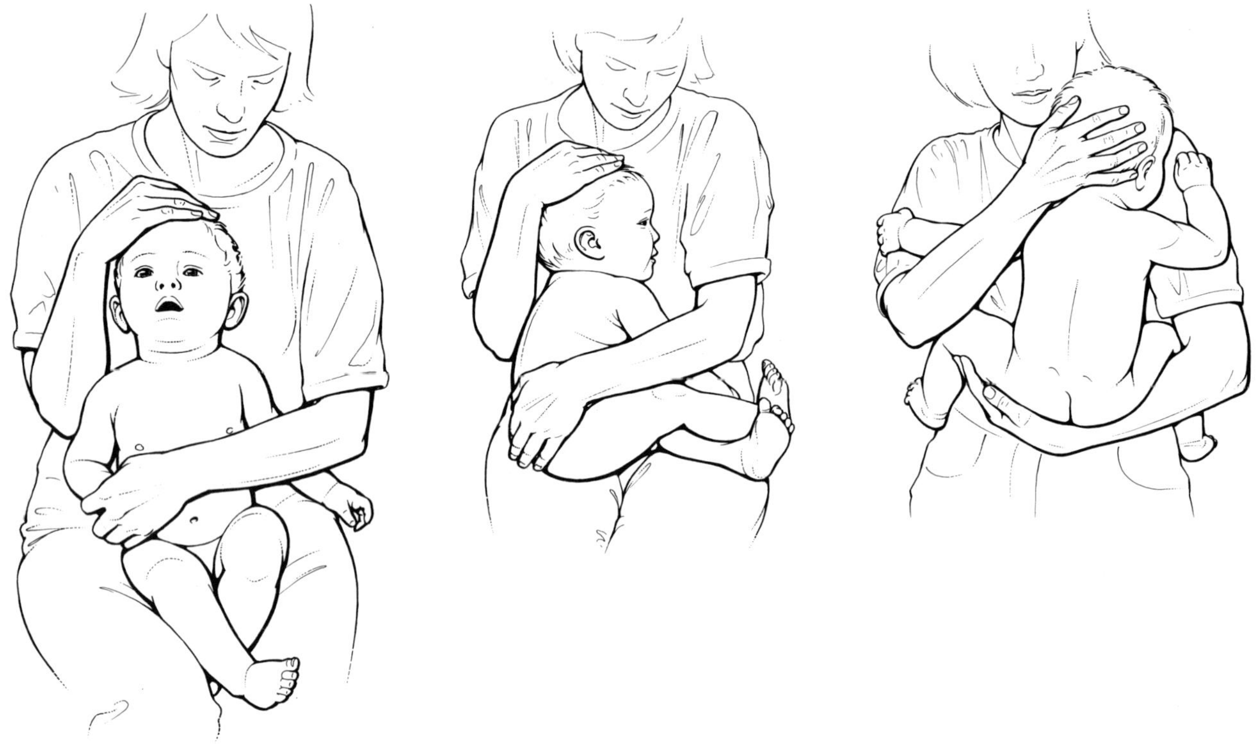

a Halten des Kindes für die Untersuchung von ventral (Augen, Nase, Mund)

b Halten des Kindes für die Untersuchung von dorsal (Lunge)

c Fixieren des Kopfes für die Untersuchung des Ohres

◘ C-11.14a–c: Einbeziehung der Mutter in die Untersuchung bei sich heftig wehrenden Kindern

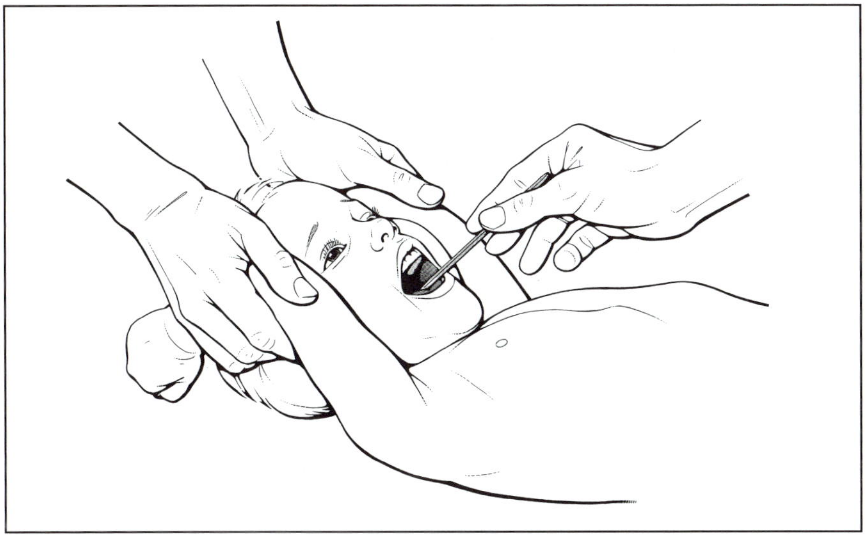

C-**11.15: Fixieren des Kopfes für die Inspektion von Mund, Rachen, Nase und Ohren**

Ehe Sie sich auf ein Lokalsymptom »stürzen«, sollten Sie sich zunächst durch bloße Beobachtung der in C-**11.7** angegebenen Punkte einen Eindruck davon verschaffen, wie sehr das Kind in seinem Allgemeinbefinden beeinträchtigt ist. Selbst mit hohem Fieber können Kinder durchaus lebhaft und munter sein, z. B. bei einem Racheninfekt.

Ehe Sie sich auf ein Lokalsymptom »stürzen«, sollten Sie sich zunächst durch bloße Beobachtung der in C-**11.7** angegebenen Punkte einen Eindruck davon verschaffen, wie sehr das Kind in seinem Allgemeinbefinden beeinträchtigt ist.

C-11.7: Kriterien für den Allgemeinzustand von Kindern

Allgemeinzustand	
Gut	**Schlecht**
Lebhaft, gut gelaunt	Ernst, weinerlich
Rosige Gesichtsfarbe	Abmagerung
Guter Hautturgor	Exsikkation
Normale Beweglichkeit, Unruhe	Bewegungslosigkeit, Mattigkeit
Normales Spielverhalten und Interesse	Teilnahmslosigkeit, allgemeine Berührungsempfindlichkeit

11.5.1 Problem Fieber

Fieber ist für die meisten Eltern ein beunruhigendes Symptom und der häufigste Anlaß, den Arzt zu rufen. Seine Bedeutung für die Schwere einer Erkrankung wird im allgemeinen überschätzt. Bis zu Temperaturen von 40 °C ist es keineswegs ein Zeichen für akute Lebensgefahr, sondern in der großen Mehrzahl der Fälle durch harmlose Virusinfekte bedingt. Fieber sollte in jedem Fall durch eine möglichst orale oder rektale Messung verifiziert werden. Die Technik der rektalen Messung bei Säuglingen und Kleinkindern ist in C-**11.16** dargestellt. Bei ansteigender Temperatur ist das Kind blaß, fühlt sich kühl an und friert. Im Fiebergipfel wird die Haut rot, beim Abfall kommt es zu Schweißausbrüchen. Fieberkrämpfe sind zwar gefürchtet, jedoch insgesamt sehr selten, ihre Erstmanifestation liegt meistens im ersten oder zweiten Lebensjahr. Nach der Häufigkeit ist bei fiebernden Kleinkindern vor allem an Rachen- und Ohreninfekte zu denken, nach der Gefährlichkeit an Meningitis und Pneumonie. Versäumen Sie nicht, Mundhöhle, Ohren und Rachen zu inspizieren, die Lungen auszukul-

11.5.1 Problem Fieber

Die Bedeutung des Fiebers für die Schwere einer Erkrankung wird im allgemeinen überschätzt. Bis zu Temperaturen von 40 °C ist es keineswegs ein Zeichen für akute Lebensgefahr, sondern in der großen Mehrzahl durch harmlose Virusinfekte bedingt. Fieber sollte in jedem Fall durch eine möglichst orale oder rektale Messung verifiziert werden. Die Technik der rektalen Messung bei Säuglingen und Kleinkindern ist in C-**11.16** dargestellt. Bei ansteigender Temperatur ist das Kind blaß, fühlt sich kühl an und friert. Im Fiebergipfel wird die Haut rot, beim Abfall kommt es zu Schweißausbrüchen. Nach der Häufigkeit ist an

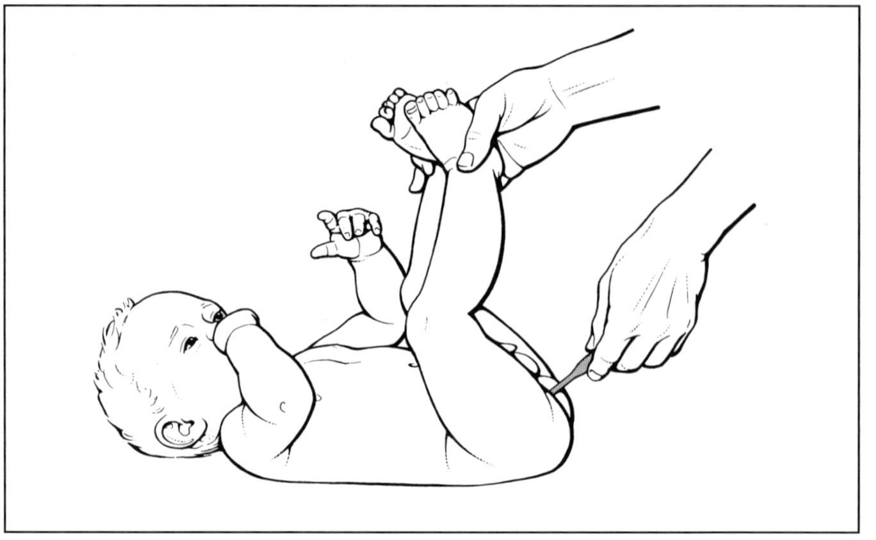

C-11.16: **Fiebermessen bei Säuglingen und Kleinkindern: Das angefeuchtete oder eingecremte Thermometer wird locker in Richtung auf das Kreuzbein eingeführt**

Rachen- und Ohreninfekte zu denken, nach der Gefährlichkeit an Meningitis und Pneumonie. Versäumen Sie nicht, Mundhöhle, Ohren und Rachen zu inspizieren, die Lungen auszukultieren und Meningismus-Zeichen auszulösen.

tieren und Meningismus-Zeichen auszulösen. Da viele spezifische Infektionen des Kindesalters (Masern, Windpocken, Scharlach, Röteln) mit typischen Exanthemen einhergehen, ist die sorgfältige Untersuchung der Haut und sichtbaren Schleimhäute unbedingt erforderlich.

11.5.2 Problem Bauchschmerzen

Bauchschmerzen sind bei Kindern ein extrem häufiges Symptom. Sie werden keineswegs nur bei primär abdominellen Krankheiten geklagt, sondern können als Begleitphänomen nahezu aller Erkrankungen auftreten. Am anderen Extrem des Spektrums können abdominelle Schmerzen durch potentiell schwere und sogar lebensbedrohliche Krankheiten wie Durchfall, Ernährungsstörungen, Appendizitis, Ileus usw. bedingt sein.

11.5.2 Problem Bauchschmerzen

Bauchschmerzen sind bei Kindern ein extrem häufiges Symptom. Sie werden keineswegs nur bei primär abdominellen Krankheiten geklagt, sondern können als Begleitphänomen nahezu aller Erkrankungen auftreten. Nicht selten manifestieren sich auch psychische Probleme als Bauchschmerzen. Am anderen Extrem des Spektrums können abdominelle Schmerzen durch potentiell schwere und sogar lebensbedrohliche Krankheiten wie Durchfall, Ernährungsstörungen, Appendizitis, Ileus usw., aber auch Pneumonien bedingt sein. Kinder tolerieren selten die Untersuchung des Abdomens ohne weiteres: Kleine Kinder beginnen zu weinen, größere sind oft sehr kitzlig.

11.5.3 Inspektion

Achten Sie auf die Gesamtform des Abdomens, auf lokale Vorwölbungen und auf eine evtl. sich abzeichnende Peristaltik, wie sie beim Ileus vorkommt. Auch der Atmungstyp gibt wichtige Hinweise: Kinder haben im Liegen eine gemischte Thorax- und Bauchatmung, reine Thoraxatmung mit eingezogenem Bauch spricht für eine peritoneale Reizung. Fordern Sie das Kind auf, sich ohne Zuhilfenahme der Arme aus der flachen Lage aufzurichten. Kinder mit peritonealem Schmerz oder Meningitis können das nicht. Die zwanghafte Beugung der Beine im Hüftgelenk ist ein Hinweis auf eine peritoneale Reizung.

11.5.3 Inspektion

Betrachten Sie das Abdomen zunächst nur mit hochgezogenem Hemd und tiefgezogener Hose. Ängstliche Kleinkinder können halbliegend auf dem Schoß der Mutter untersucht werden. Achten Sie auf die Gesamtform des Abdomens, auf lokale Vorwölbungen und auf eine evtl. sich abzeichnende Peristaltik, wie sie beim Ileus vorkommt. Kleinkinder haben normalerweise (vor allem im Stehen) einen dicken Bauch mit vermehrter Lendenlordose. Auch der Atmungstyp gibt wichtige Hinweise: Kinder haben im Liegen eine gemischte Thorax- und Bauchatmung, reine Thoraxatmung mit eingezogenem Bauch spricht für eine peritoneale Reizung. Fordern Sie das Kind auf, sich ohne Zuhilfenahme der Arme aus der flachen Lage aufzurichten. Kinder mit peritonealem Schmerz oder Meningitis können das nicht. Die zwanghafte Beugung der Beine im Hüftgelenk ist ein Hinweis auf eine peritoneale Reizung. Einseitige seitliche Vorwölbungen des Abdomens sollten Sie an eine abdominelle Raumforderung, z. B. Wilms-Tumor, Zystenniere, Hydronephrose oder Neuroblastom, denken lassen. Beidseits ausladende Flanken sprechen für Aszites oder Zöliakie, eine median im Unterbauch gelegene Vorwölbung für eine Retentionsblase.

11.5.4 Auskultation und Palpation

Anders als in der Erwachsenenmedizin sollten Sie nach der Inspektion nicht gleich palpieren, sondern erst die weniger »invasiven« Techniken wie Auskultation und Perkussion anwenden. Erfolgt die Palpation zu Beginn, so verbauen Sie sich vielleicht jeden weiteren Zugang zum Kind. Beschäftigen Sie sich scheinbar mit anderen Körperteilen, ehe Sie sich dem Bauch zuwenden. Durch Auskultation des Herzens mit dem (hautwarmen) Stethoskop können Sie die Neugier von Kindern wecken und gleichzeitig ihr Vertrauen gewinnen. »Telefonieren« Sie mit dem Bauch und achten Sie dabei auf die Darmgeräusche: Plätschern und durchspritzende Geräusche sprechen für einen Ileus, z. B. durch Invagination oder Volvulus. Beginnen Sie dann die Palpation vorsichtig mit warmen Händen, während eine Bezugsperson die Hände des Kindes hält. Fragen nach einem Schmerzmaximum an einer bestimmten Stelle des Bauches haben bei Kindern wenig Sinn, meistens wird auf den Nabel gedeutet. Achten Sie jedoch sorgfältig auf mögliche Schmerzreaktionen im Gesicht des Kindes wie Zusammenkneifen der Augen, Seufzen, Stöhnen oder Anhalten des Atems. Druckschmerz, Erschütterungsschmerz und Abwehrspannung sollten auch unter Ablenkung reproduzierbar sein. Die Palpationstechnik unterscheidet sich nicht wesentlich vom Vorgehen bei Erwachsenen (siehe Kapitel C 3.4), man sollte aber noch behutsamer sein. Schon wegen der Größenverhältnisse sollte die Leberpalpation nur mit 2 oder 3 Fingern erfolgen (◘ C-**11.17a**). Bei der Palpation des Nierenlagers hebt man das Kind an den Beinen leicht an, die dadurch auch fixiert sind (◘ C-**11.17b**). Der Loslaßschmerz nach tiefer Palpation kann so heftig sein, daß das Kind keine Verlaufskontrollen zuläßt. Begnügen Sie sich deshalb damit, einen Perkussionsschmerz oder Schmerzen beim Husten als Hinweis auf eine peritoneale Reizung auszulösen. Heftig schreiende Kinder spannen die Bauchdecken stark an; nutzen Sie die kurzen Schreipausen während der Inspiration zur Abgrenzung einer reflektorischen Abwehrspannung bei Peritonitis.

11.5.4 Auskultation und Palpation

Anders als in der Erwachsenenmedizin sollten Sie nicht gleich palpieren. Durch Auskultation des Herzens mit dem Stethoskop können Sie die Neugier von Kindern wecken. »Telefonieren« Sie mit dem Bauch und achten Sie dabei auf die Darmgeräusche. Beginnen Sie dann die Palpation vorsichtig mit warmen Händen. Achten Sie sorgfältig auf mögliche Schmerzreaktionen. Die Palpationstechnik unterscheidet sich nicht wesentlich vom Vorgehen bei Erwachsenen (siehe Kapitel C 3.4), man sollte aber noch behutsamer sein (◘ C-**11.17**). Begnügen Sie sich damit, einen Perkussionsschmerz oder Schmerzen beim Husten als Hinweis auf eine peritoneale Reizung auszulösen.

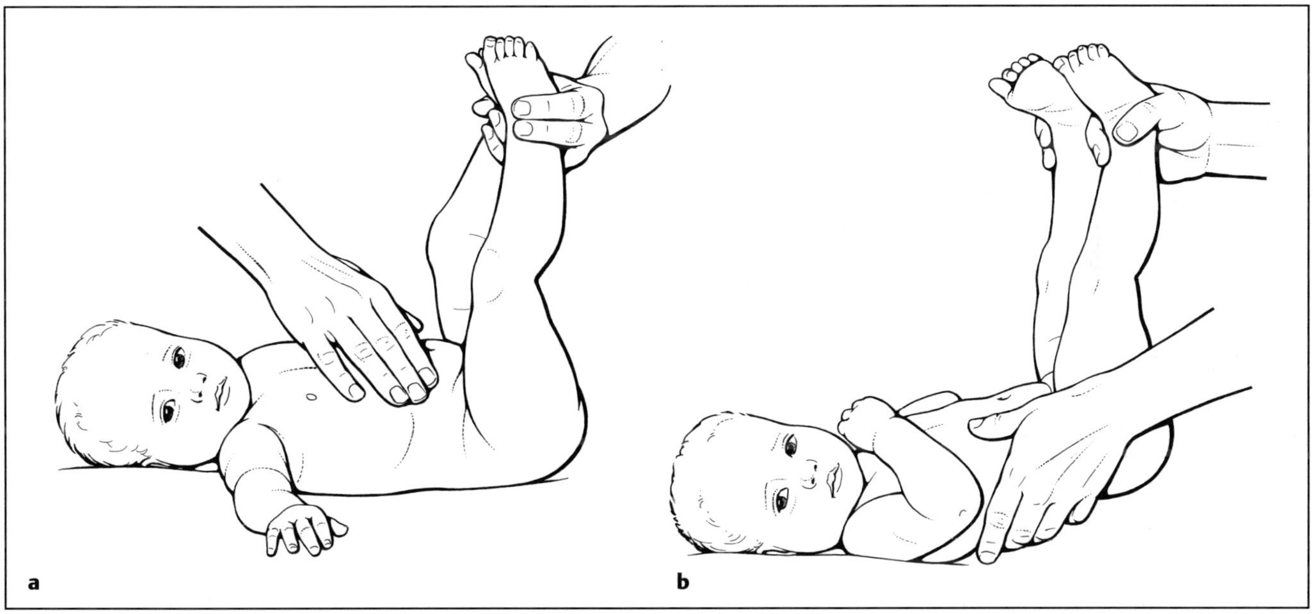

◘ C-11.17: Palpation von Leber (a) und Nierenlager (b) beim Kleinkind

11.6 Untersuchung von Kindern im 4.–10. Lebensjahr

Kinder in diesem Lebensalter sind somatisch und psychisch relativ stabil. Die häufigsten Gründe für Arztbesuche sind fieberhafte Infekte, wobei oft die Frage zu klären ist, ob es sich um unspezifische Infekte oder typische Kinderkrankheiten handelt.

11.6 Untersuchung von Kindern im 4.–10. Lebensjahr

Kinder in diesem Lebensalter sind somatisch und psychisch relativ stabil: Die Probleme der Anpassung an die Umwelt, die noch das frühe Säuglingsalter beherrschten, sind vorüber, die Turbulenzen der Pubertät noch weit entfernt. Die häufigsten Gründe für Arztbesuche sind fieberhafte Infekte, wobei oft die Frage zu klären ist, ob es sich um unspezifische Infekte oder typische Kinderkrankheiten (Masern, Windpocken, Mumps, Röteln, Keuchhusten, Scharlach, Diphtherie) handelt.

Die motorische und geistig-seelische Entwicklung geht mit großen Schritten voran. Feinmotorik und statische Sicherheit bilden sich aus. Die Sprache wird differenzierter, und das Kind verwendet ganze Sätze. Im 4. Lebensjahr können die meisten Kinder in der Gruppe spielen. Allmählich bildet sich die zeitliche und örtliche Orientierung aus. Mit 5 Jahren sind selbständiges Anziehen, Ausziehen und körperhygienische Verrichtungen möglich.

Die motorische und geistig-seelische Entwicklung geht mit großen Schritten voran. Die im 60. – 64. Lebensmonat vorgesehene U9 geht insbesondere auf diese Parameter ein. Feinmotorik und statische Sicherheit bilden sich aus: Diffizile Tätigkeiten mit Händen und Fingern, sicheres Treppensteigen abwechselnd mit beiden Beinen und Stehen auf einem Bein sind möglich. Die Sprache wird differenzierter, und das Kind verwendet ganze Sätze. Statt des eigenen Namens benutzt das Kind »ich«. Das Bewußtsein von Ich und Du ermöglicht Rollenspiele. Im 4. Lebensjahr können die meisten Kinder in der Gruppe spielen und sind damit reif für den Kindergarten. Allmählich bildet sich die zeitliche und örtliche Orientierung aus, und es entsteht Klarheit über Begriffe wie gestern, heute und morgen, die Straße und die Stadt, in der das Kind wohnt. Mit 5 Jahren sind selbständiges Anziehen, Ausziehen und körperhygienische Verrichtungen möglich.

Für die Schulreife sind abstraktes und logisches Denken sowie die Fähigkeit zum Stillsitzen, konzentrierten Zuhören und Arbeiten erforderlich.

Für die Schulreife sind abstraktes und logisches Denken sowie die Fähigkeit zum Stillsitzen, konzentrierten Zuhören und Arbeiten erforderlich. Einfache Figuren können aus dem Gedächtnis nachgezeichnet werden, es existieren basale Zahlenbegriffe. Das Kind bildet sachliche Interessen aus, schließt Freundschaften und kann sich den Regeln einer Gemeinschaft unterordnen.

11.61 Problem Mißhandlung

Man schätzt, daß etwa 2 % aller Kinder mehr oder weniger schwer körperlich mißhandelt werden, wobei die Dunkelziffer sehr hoch sein dürfte. Besonders gefährdet für schwere Verletzungen sind Säuglinge und Kleinkinder. Spuren von Mißhandlungen werden nicht selten zufällig bei der Untersuchung entdeckt.

Verdächtig sind:
- Multiple Verletzungen verschiedenen Alters gleichzeitig auf gegenüberliegenden Körperseiten und nicht vorspringenden Weichteilen
- Hämatome verschiedenen Alters, Fingereindrücke, Bißwunden, Verbrennungen, Schürfungen in unterschiedlichen Abheilungsstadien
- Multiple Frakturen, Epiphysenlösungen
- Schädelverletzungen, Kopfschwartenhämatome, Brillenhämatome, Retinablutungen, subdurale Hämatome
- Verletzungen, Rötungen, Entzündungen im Genital- und Analbereich (sexueller Mißbrauch)
- Inadäquate Erklärungen der Eltern, Diskrepanz zwischen Anamnese und Befund, spätes Aufsuchen ärztlicher Behandlung.

11.6.1 Problem Mißhandlung

Man schätzt, daß etwa 2 % aller Kinder mehr oder weniger schwer körperlich mißhandelt werden, wobei die Dunkelziffer sehr hoch sein dürfte. Kindesmißhandlungen kommen in jeder Altersgruppe und allen sozialen Schichten vor, besonders gefährdet für schwere Verletzungen sind Säuglinge und Kleinkinder. Spuren von Mißhandlungen werden nicht selten zufällig bei der Untersuchung entdeckt und dann von der Begleitperson als Unfallfolgen erklärt.

Verdächtig sind:
- Multiple Verletzungen verschiedenen Alters gleichzeitg auf gegenüberliegenden Körperseiten und nicht vorspringenden Weichteilen (Wangen, Hals, Genitalien)
- Hämatome verschiedenen Alters (an der Farbe erkennbar!), Fingereindrücke, Bißwunden, Verbrennungen, Schürfungen in unterschiedlichen Abheilungsstadien
- Multiple Frakturen, Epiphysenlösungen (ca. 25 % aller Frakturen unter 2 Jahren aufgrund von Mißhandlungen!)
- Schädelverletzungen, Kopfschwartenhämatome, Brillenhämatome, Retinablutungen, subdurale Hämatome
- Verletzungen, Rötungen, Entzündungen im Genital- und Analbereich (sexueller Mißbrauch)
- Inadäquate Erklärungen der Eltern, Diskrepanz zwischen Anamnese und Befund, spätes Aufsuchen ärztlicher Behandlung.

Auf Gedeih-, Wachstums- und Verhaltensstörungen aufgrund von psychisch-seelischer Mißhandlung und Vernachlässigung sei hingewiesen. Sie können aber in diesem Rahmen nicht behandelt werden.

11.7 Untersuchung von Kindern in der Pubertät

Um das 11. Lebensjahr ist der bislang harmonische Entwicklungsverlauf beendet. Durch vermehrte Inkretion von Sexualhormonen beginnt die stürmische Phase der Pubertät, in deren Verlauf es zu tiefgreifenden körperlichen und seelischen Veränderungen kommt. Die Sexualentwicklung folgt bei beiden Geschlechtern einer festen zeitlichen Abfolge (▤ C-**11.8**).

11.7 Untersuchung von Kindern in der Pubertät

Um das 11. Lebensjahr beginnt die stürmische Phase der Pubertät, in deren Verlauf es zu tiefgreifenden körperlichen und seelischen Veränderungen kommt. Die Sexualentwicklung folgt bei beiden Geschlechtern einer festen zeitlichen Abfolge (siehe ▤ C-**11.8**).

C-11.8: Zeitliche Abfolge der Sexualentwicklung

Gonadarche	• Entwicklung der Keimdrüsen • Wachstumsschub
Pubarche	• Entwicklung der typischen Schambehaarung
Thelarche	• Vergrößerung der Brustdrüsen • Wachstum von Hoden, Skrotum, Penis, Schamlippen, Klitoris
Menarche	• Erste Menstruationsblutung • Ovulation bzw. Ejakulation von Samen
Mutation	• Stimmbruch

Erste körperliche Merkmale des Pubertätseintritts sind die Mammaentwicklung beim Mädchen und die Penisvergrößerung beim Knaben. Der Eintritt weiterer Stationen des Pubertätsverlaufs im Lauf der Entwicklung mit den entsprechenden zeitlichen Abweichungen ist in ◙ C-**11.18** dargestellt. Aus den großen Schwankungsbreiten der Entwicklung ergeben sich Probleme: für den Arzt die Abgrenzung des noch Normalen vom schon Pathologischen, für den Jugendlichen die Gefährdung des ohnehin labilen Selbstwertgefühls. Der »normale« Zeitpunkt von **Menarche** und Penisvergrößerung liegt zwischen dem 9. und 15. Lebensjahr. Treten Pubertätsmerkmale vor dem 8. Lebensjahr auf, so spricht man von **Pubertas praecox** (z. B. bei hormonaktiven Tumoren), nach dem 16. Lebensjahr von **Pubertas tarda** bzw. primärer Amenorrhö. Wenn anhand der Ausbildung primärer und sekundärer Geschlechtsmerkmale Zweifel an einer normalen Entwicklung bestehen, so kann die Bestimmung des Knochenalters anhand von Röntgenaufnahmen der Hände hilfreich sein (◙ C-**11.19**).

Erste körperliche Merkmale des Pubertätseintritts sind die Mammaentwicklung beim Mädchen und die Penisvergrößerung beim Knaben. Der Eintritt weiterer Stationen ist in ◙ C-**11.18** dargestellt. Der »normale« Zeitpunkt von **Menarche** und Penisvergrößerung liegt zwischen dem 9. und 15. Lebensjahr. Treten Pubertätsmerkmale vor dem 8. Lebensjahr auf, so spricht man von **Pubertas praecox**, nach dem 16. Lebensjahr von **Pubertas tarda** bzw. primärer Amenorrhö. Wenn Zweifel an einer normalen Entwicklung bestehen, so kann die Bestimmung des Knochenalters anhand von Röntgenaufnahmen der Hände hilfreich sein (◙ C-**11.19**).

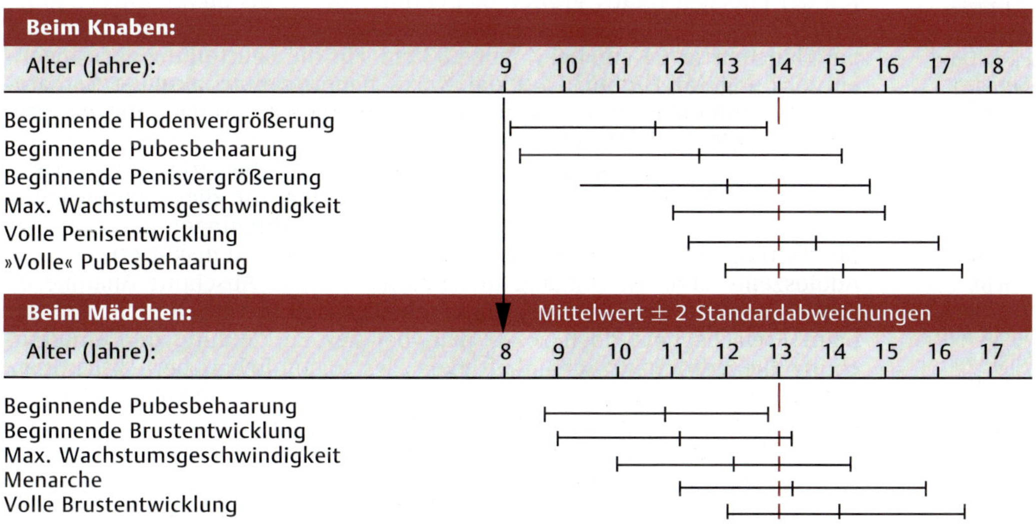

◙ C-**11.18: Mittelwert und Standardabweichung des zeitlichen Auftretens wichtiger Pubertätsmerkmale**

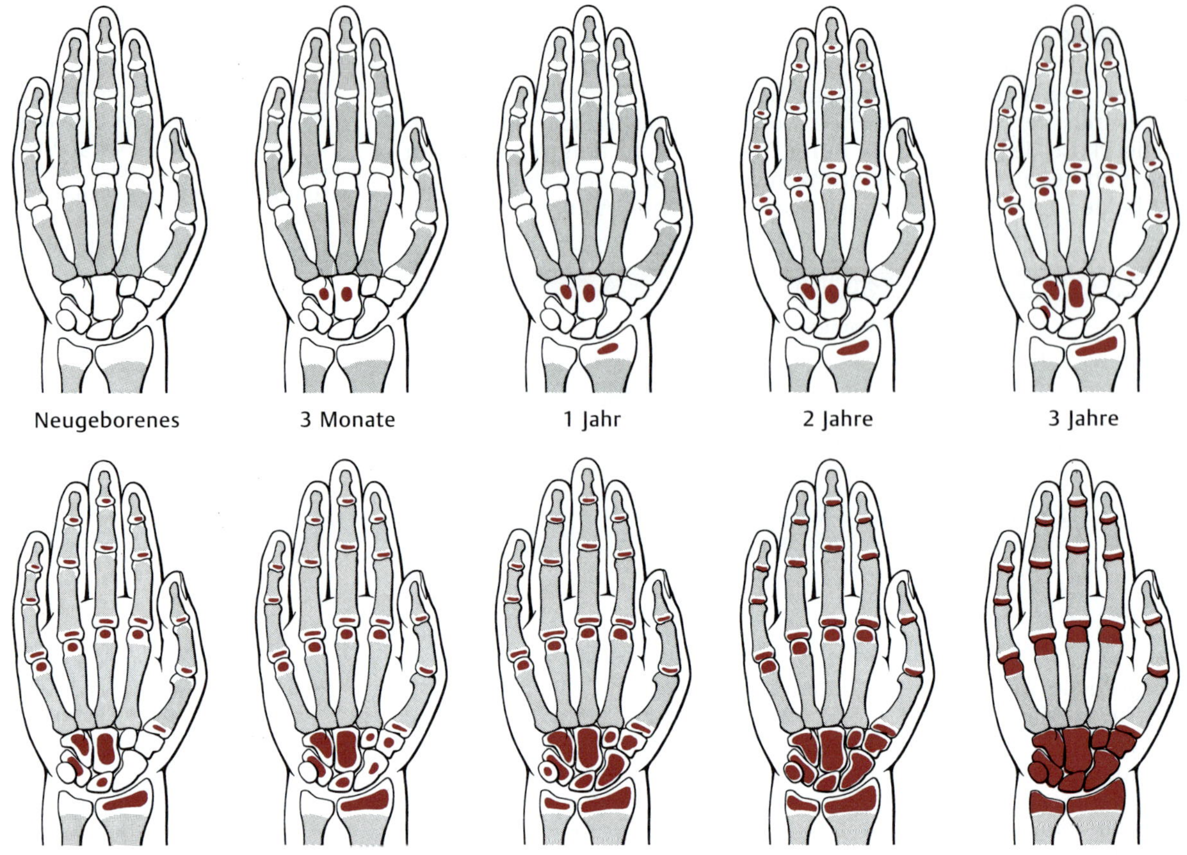

C-11.19: Bestimmung des Knochenalters anhand von Röntgenaufnahmen

Gleichzeitig mit der Entwicklung der Geschlechtsmerkmale kommt es zu einem gewaltigen Wachstumsschub. Mädchen sind in den ersten Jahren der Pubertät relativ größer, da bei ihnen dieser Schub im Mittel 2 Jahre früher einsetzt. Für die Beurteilung der Längenentwicklung im Hinblick auf die Norm benötigt man aktuelle Somatogramme, anhand derer die Perzentile des Längenwachstums ermittelt werden kann (C-**11.20a** und **b**).

Gleichzeitig mit der Entwicklung der primären und sekundären Geschlechtsmerkmale kommt es zu einem gewaltigen Wachstumsschub mit einer durchschnittlichen Wachstumsgeschwindigkeit von 8 cm/Jahr bei Mädchen und 9,6 cm/Jahr bei Knaben. Mädchen sind in den ersten Jahren der Pubertät relativ größer, da bei ihnen dieser Schub im Mittel 2 Jahre früher einsetzt. Der gesamte Längenzuwachs ab Pubertätsbeginn beträgt bei Mädchen ca. 21 cm, bei Knaben 33 cm. Für die Beurteilung der Längenentwicklung im Hinblick auf die Norm benötigt man aktuelle Somatogramme, anhand derer die Perzentile des Längenwachstums ermittelt werden kann (C-**11.20a** und **b**). Seit Jahrzehnten sind eine Zunahme des Größenwachstums und eine Vorverlagerung des Pubertätsalters zu beobachten (körperliche Akzeleration). Als Ursachen für diese Entwicklung werden unter anderem verbesserte Ernährungsbedingungen und die Reizüberflutung durch die moderne westliche Lebensweise diskutiert.

Adoleszente sind im Umgang nicht einfach. Die körperliche Untersuchung unterscheidet sich technisch nicht von der beim Erwachsenen. Um Vertrauen zu gewinnen und Brüskierungen zu vermeiden, muß jede Maßnahme wesentlich ausführlicher erklärt werden, als es bei den meisten erwachsenen Patienten erforderlich ist.

Mammaentwicklung und Schambehaarung beim Mädchen sowie Entwicklung des Genitales beim Knaben werden schematisch in 5 Stadien eingeteilt (C-**11.9** bis C-**11.11**).

Adoleszente sind im Umgang nicht einfach (siehe Abschnitt Anamnese). Die körperliche Untersuchung unterscheidet sich technisch nicht von der beim Erwachsenen, doch sollte man bei der Entkleidung und Untersuchung die besondere Schamhaftigkeit der Jugendlichen berücksichtigen. Um Vertrauen zu gewinnen und Brüskierungen zu vermeiden, muß jede Maßnahme wesentlich ausführlicher erklärt werden, als es bei den meisten erwachsenen Patienten erforderlich ist.

Mammaentwicklung und Schambehaarung beim Mädchen sowie Entwicklung des Genitales beim Knaben werden zur besseren Verständigung und vereinfachten Dokumentation schematisch in 5 Stadien eingeteilt (C-**11.9** bis C-**11.11**).

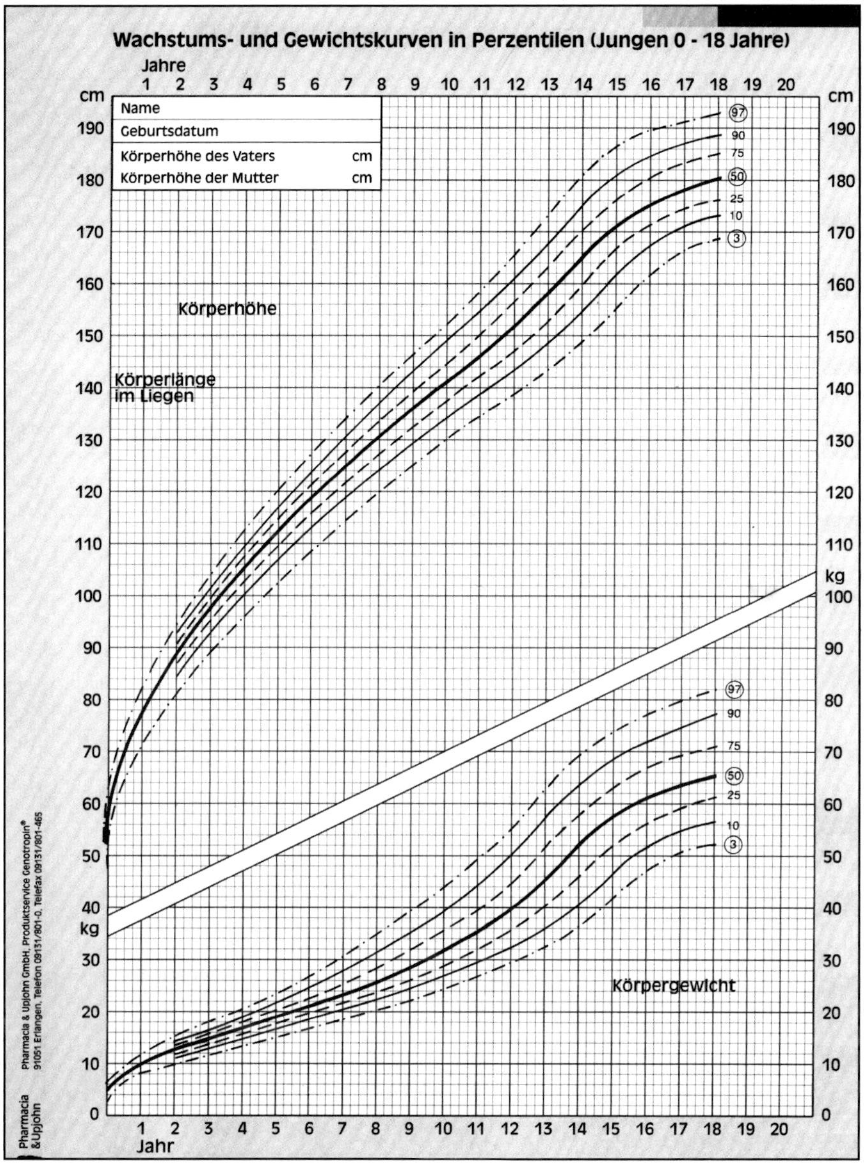

C-11.20a: **Wachstums- und Gewichtskurven in Perzentilen (Jungen 0 – 18 Jahre)**

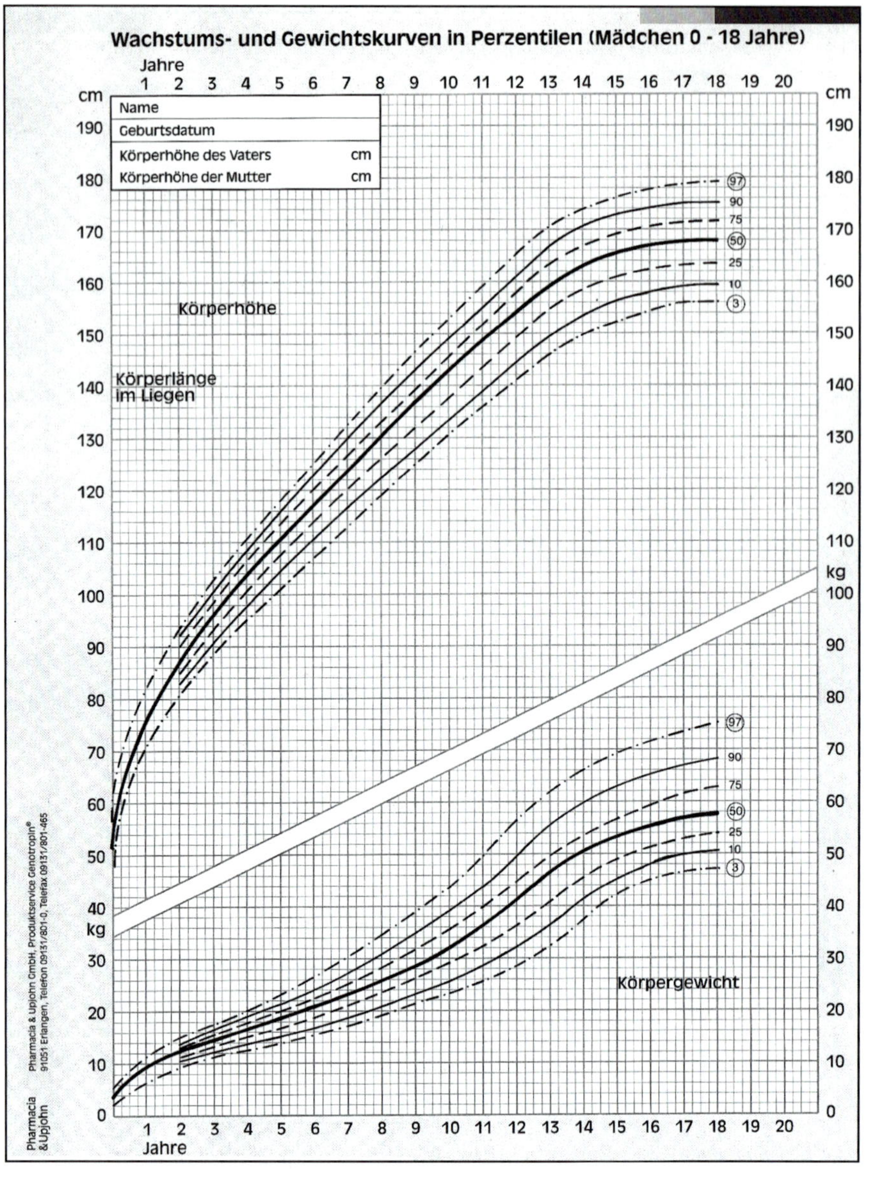

C-11.20b: Wachstums- und Gewichtskurven in Perzentilen (Mädchen 0 – 18 Jahre)

C-11.9: Stadieneinteilung der Mammaentwicklung (Tanner 1962)

Stadium 1	Vorpubertät	Nur Mamille prominent; kein Drüsengewebe tastbar
Stadium 2	Thelarche	Brust mit Mamille als kleine Erhebung (Knospenbrust), beginnende Vergrößerung des Mamillenhofes
Stadium 3		Weitere Vergrößerung und Vorwölbung
Stadium 4		Warzenhof und Mamille gesondert vorgewölbt
Stadium 5	Reife	Nur Mamille noch über dem Niveau der Mamma

C-11.10: Stadieneinteilung der Körperbehaarung beim Mädchen

Stadium	Pubes	Crines
1	Keine Schambehaarung	Keine Achselbehaarung
2	Spärliches Wachstum einzelner langer pigmentierter Haare im Bereich der Labien	Einzelne Achselhaare
3	Ausbreitung des Haarfeldes über das Schamdreieck mit Betonung der großen Labien	Spärliche Behaarung
4	Ähnlich wie bei der erwachsenen Frau, kein Übergreifen auf Oberschenkel	Deutliche Behaarung
5	Wie bei der erwachsenen Frau mit horizontaler Begrenzung; Übergreifen auf die Innenfläche der Oberschenkel	Wie bei der erwachsenen Frau

C-11.11: Stadieneinteilung des männlichen Genitales (Tanner 1962)

Stadium	Genitale
1	Testes, Skrotum und Penis wie beim Kind
2	Beginnende Vergrößerung von Testes und Skrotum; keine Penisvergrößerung
3	Verstärktes Längenwachstum des Penis; weitere Größenzunahme von Testes und Skrotum
4	Penis größer und dicker; Entwicklung der Glans; zunehmende Dunkelfärbung des Skrotums
5	Wie beim erwachsenen Mann

II Anamnese

11.8 Besonderheiten bei der Anamnese von Kindern

Die Anamnese von Kindern ist überwiegend eine Fremdanamnese, allerdings mit einer Besonderheit: Die Person, zumeist die Mutter des Kindes, die dem Arzt die wesentlichen Informationen liefert, ist zutiefst emotional am Geschehen beteiligt, ohne jedoch den persönlichen Leidensdruck eines Patienten zu spüren. Diese Konstellation hat zwei wesentliche Folgen: Zum einen ist die Schilderung der Beschwerden geprägt von subjektiven Gewichtungen und Interpretationen, die im Extremfall an der Wirklichkeit völlig vorbeigehen können; zum anderen haben Mütter von erkrankten Kindern als nicht persönlich Betroffene meistens eine kritischere Grundhaltung dem Arzt gegenüber als ein »Patient« (im Sinne von Leidender). Zusätzlich zum sachlichen Inhalt der Schilderung erfahren Sie während des Anamnesegesprächs auch wichtige Informationen über den Berichtenden und das Umfeld des Kindes. Wie intelligent ist die berichtende Person? Kann sie Symptome wahrnehmen, richtig einordnen und mitteilen? Ist sie engagiert, neigt sie zu ängstlicher Übertreibung oder ist sie eher unbeteiligt bis gleichgültig? Werden über die Symptome hinaus unaufgefordert auch gruppendynamische Prozesse in der Familie geschildert, möglicherweise mit rechtfertigendem oder anklagendem Unterton? Es gehört zur Kunst des erfahrenen Arztes, die Fakten eines Berichtes möglichst wertfrei zu sammeln, sich ein Bild von der berichtenden Person zu machen und dabei gleichzeitig das Kind unauffällig zu beobachten. Ab einem Alter von 5–6 Jahren erlaubt die Reaktion des Kindes auf Angaben der Mutter zusätzliche Informationen über das Verhältnis zwischen den beiden.

II Anamnese

11.8 Besonderheiten bei der Anamnese von Kindern

Die Anamnese von Kindern ist überwiegend eine Fremdanamnese, allerdings mit einer Besonderheit: Die Person, zumeist die Mutter des Kindes, die dem Arzt die wesentlichen Informationen liefert, ist zutiefst emotional am Geschehen beteiligt, ohne jedoch den persönlichen Leidensdruck eines Patienten zu spüren. Die Schilderung der Beschwerden ist geprägt von subjektiven Gewichtungen und Interpretationen, die im Extremfall an der Wirklichkeit völlig vorbeigehen können. Zusätzlich zum sachlichen Inhalt der Schilderung erfahren Sie während des Anamnesegesprächs auch wichtige Informationen über den Berichtenden und das Umfeld des Kindes. Es gehört zur Kunst des erfahrenen Arztes, die Fakten eines Berichtes möglichst wertfrei zu sammeln, sich ein Bild von der berichtenden Person zu machen und dabei gleichzeitig das Kind unauffällig zu beobachten.

11.8.1 Informationsquelle Mutter

Wächst das Kind in einem Familienverband mit traditioneller Arbeitsteilung auf, so erhält man in der Regel von der Mutter die zuverlässigsten Informationen über das Kind. An zweiter Stelle folgen die Großmutter, an dritter eine Pflegemutter, zuletzt der Vater. Bedenken Sie auch den moralischen Aspekt, der die Objektivität eines Krankheitsberichts der Mutter mindern kann. Jede Mutter möchte den Arzt davon überzeugen, daß sie eine »gute« Mutter ist, die sich redlich um das Wohl des Kindes bemüht, daß auch ihr Kind »gut« ist und in Verhalten und Leistungen der Norm entspricht. Mütter haben nicht selten eine schiefe Optik für ihr Kind und die familiäre Situation: Verhaltensstörungen werden heruntergespielt, unerfreuliche Ereignisse in der Familie nicht angesprochen und tatsächlich vorliegende Defekte des Kindes bagatellisiert. Umgekehrt können normale Verhaltensweisen des Kindes aufgrund falscher oder überzogener Normvorstellungen der Mutter als krankhaft interpretiert werden. Achten Sie darauf, ob und in welcher Weise die Mutter Vergleiche zwischen ihrem Kind und den Kindern von Verwandten oder Bekannten anstellt.

Gesundheitliche Störungen oder (scheinbare) Verhaltensstörungen von Säuglingen und Kleinkindern verstärken vor allem bei jungen Müttern die fast immer vorhandene Unsicherheit darüber, ob sie in Ernährung, Pflege und Zuwendung auch alles richtig gemacht haben. Viele Mütter suchen mit dem Arztbesuch eine bloße Bestätigung für ihr Handeln. Halten Sie sich mit besserwisserischen Belehrungen in diesem frühen Stadium der Dreiecksbeziehung Kind – Mutter – Arzt zurück, versuchen Sie vielmehr das Vertrauen der Mutter durch verständnisvolle Bestätigung zu gewinnen. Die Mutter bleibt im gesamten diagnostisch-therapeutischen Ablauf Ihre wichtigste Gesprächspartnerin.

Sie werden rasch erkennen, ob die Mutter eher eine zuversichtliche Grundhaltung im Hinblick auf die Gesundheitsstörung des Kindes hat (solche Mütter suchen aber eher selten den Arzt auf) oder ob sie voller Sorge ist. Gehen Sie auf diese Sorge ein, auch wenn sie Ihnen unbegründet erscheint. Akzeptieren Sie zunächst die Einstellung der Mutter gegenüber der Medizin an sich, sei sie nun medikamentengläubig, naturheilkundlich oder homöopathisch orientiert, und äußern Sie erst am Ende der Konsultation Ihre Vorschläge zum weiteren Vorgehen.

11.8.1 Informationsquelle Mutter

Wächst das Kind in einem Familienverband mit traditioneller Arbeitsteilung auf, so erhält man in der Regel von der Mutter die zuverlässigsten Informationen über das Kind. Bedenken Sie auch den moralischen Aspekt, der die Objektivität eines Krankheitsberichts der Mutter mindern kann. Mütter haben nicht selten eine schiefe Optik für ihr Kind und die familiäre Situation: Verhaltensstörungen werden heruntergespielt, unerfreuliche Ereignisse in der Familie nicht angesprochen und tatsächlich vorliegende Defekte des Kindes bagatellisiert. Umgekehrt können normale Verhaltensweisen des Kindes aufgrund falscher oder überzogener Normvorstellungen der Mutter als krankhaft interpretiert werden.

Halten Sie sich mit besserwisserischen Belehrungen in diesem frühen Stadium der Dreiecksbeziehung Kind – Mutter – Arzt zurück, versuchen Sie vielmehr das Vertrauen der Mutter durch verständnisvolle Bestätigung zu gewinnen.

Akzeptieren Sie zunächst die Einstellung der Mutter gegenüber der Medizin an sich, sei sie nun medikamentengläubig, naturheilkundlich oder homöopathisch orientiert, und äußern Sie erst am Ende der Konsultation Ihre Vorschläge zum weiteren Vorgehen.

11.8.2 Informationsquelle Kind

Bis zum Alter von etwa 4 Jahren ist eine verbale Kommunikation mit dem Kind nur sehr eingeschränkt möglich, daher sind Sie überwiegend auf nichtsprachliche Äußerungen angewiesen, die Sie durch Beobachtung erfassen müssen. Nehmen Sie aber auch Klagen des Kindes ernst, auch wenn die Angaben z. B. zur Schmerzlokalisation oft vager sind als bei Erwachsenen. Kleinkinder kennen noch nicht die exakten Bezeichnungen für Körperregionen.

Verwenden Sie in geeigneten Fällen Puppen, um sich zeigen zu lassen, wo es weh tut.

Kinder vor der Pubertät simulieren selten, eher dissimulieren sie Beschwerden aus Angst, im Bett bleiben zu müssen oder ins Krankenhaus eingewiesen zu werden. Im Pubertätsalter müssen Sie damit rechnen, daß der wahre Grund für einen Arztbesuch verschleiert wird. Mädchen berichten über unregelmäßige Blutungen oder Fluor und befürchten in Wirklichkeit eine Schwangerschaft. Jungen klagen bei Problemen im Rahmen der ersten sexuellen Beziehungen über Schmerzen im Genitalbereich und wollen vom Arzt in Wirklichkeit nur bestätigt haben, daß ihr Genitale »normal« ist.

Bei Verhaltensstörungen älterer Kinder, vor allem bei Verdacht auf Mißhandlungen, sollten Sie auch das Kind in Abwesenheit der Eltern anhören.

11.8.2 Informationsquelle Kind

Bis zum Alter von etwa 4 Jahren ist eine verbale Kommunikation mit dem Kind nur sehr eingeschränkt möglich, daher sind Sie überwiegend auf nichtsprachliche Äußerungen angewiesen, die Sie durch Beobachtung erfassen müssen.

Kinder vor der Pubertät simulieren selten, eher dissimulieren sie Beschwerden aus Angst, im Bett bleiben zu müssen oder ins Krankenhaus eingewiesen zu werden. Im Pubertätsalter müssen Sie damit rechnen, daß der wahre Grund für einen Arztbesuch verschleiert wird.

Bei Verhaltensstörungen älterer Kinder, vor allem bei Verdacht auf Mißhandlungen, sollten Sie auch das Kind in Abwesenheit der Eltern anhören.

11.8.3 Informationsquelle Vater

Väter haben nur selten Detailkenntnisse über gesundheitliche Störungen ihrer Kinder, mit Ausnahme der wenigen Fälle, in denen der Vater sich voll um die Kindererziehung kümmert. Die anamnestische Befragung des Vaters hat aber bei kindlichen Entwicklungsrückständen und Verhaltensstörungen Bedeutung, da die Ursache hierfür oft in einer Störung der Beziehung zwischen den Eltern zu suchen ist. Gelegentlich wird das Kind sogar als »Waffe« im Geschlechterkampf eingesetzt, insbesondere bei getrennt lebenden oder geschiedenen Eltern. Es empfiehlt sich, in diesen Fällen Mutter und Vater getrennt zu befragen.

11.8.3 Informationsquelle Vater

Väter haben nur selten Detailkenntnisse über gesundheitliche Störungen ihrer Kinder. Die anamnestische Befragung des Vaters hat aber bei kindlichen Entwicklungsrückständen und Verhaltensstörungen Bedeutung. Gelegentlich wird das Kind sogar als »Waffe« im Geschlechterkampf eingesetzt. Es empfiehlt sich, in diesen Fällen Mutter und Vater getrennt zu befragen.

11.9 Technik des Anamnesegesprächs

Lassen Sie das Kind scheinbar unbeachtet, wenn Mutter und Kind das Sprechzimmer betreten. Wenn Sie als Fremder einem Kleinkind die Hand hinstrecken, so wird es ängstlich reagieren und sich mit größter Wahrscheinlichkeit in den Schoß der Mutter flüchten. Wenden Sie sich in der Sprechstunde zunächst nur der Mutter, in der Klinik nur der Schwester zu. Machen Sie ein freundliches Kompliment über das Aussehen oder die Kleidung des Kindes – jede Mutter freut sich darüber, und Sie tragen zur Lösung der oft gespannten Atmosphäre bei. Beginnen Sie nicht systematisch mit Schwangerschaft, Geburt und Neonatalperiode, sondern mit der einfachen offenen Frage: Warum kommen Sie zu mir? Warum kommt das Kind zu uns? Säuglinge und Kleinkinder sollen auf dem Schoß der Mutter bleiben. Legen Sie im Verlauf des Gesprächs scheinbar zufällig ein Spielzeug in Reichweite des Kindes auf den Tisch und beobachten, wie das Kind darauf reagiert und was es damit macht. Lassen Sie die Mutter zunächst frei erzählen, wobei Sie je nach Redefluß der Mutter mehr oder weniger gezielt nachfragen, um das Gespräch zu strukturieren. Nach Schilderung der aktuellen Beschwerden und Probleme übernehmen Sie mehr und mehr die Gesprächsführung durch gezieltes und systematisches Abfragen, z. B. anhand eines Schemas, das Sie sich nach den in Kapitel 11.10 und 11.12 aufgeführten Punkten anfertigen können.

Die Ausführlichkeit der Anamnese sollte in Relation zur Schwere der Erkrankung und zur Komplexität des Problems stehen. Beides können Sie mit einiger Erfahrung bereits in den ersten Minuten des Gesprächs mit der Mutter abschätzen. Ein banaler Virusinfekt muß nicht familienanamnestisch und entwicklungsanalytisch aufgearbeitet werden, unklare Bauchschmerzen, Gedeih- und Verhaltensstörungen bedürfen dagegen einer ausführlichen Exploration.

11.9 Technik des Anamnesegesprächs

Lassen Sie das Kind scheinbar unbeachtet, wenn Mutter und Kind das Sprechzimmer betreten. Wenden Sie sich in der Sprechstunde zunächst nur der Mutter, in der Klinik nur der Schwester zu. Ein freundliches Kompliment über das Kind entspannt oft die Atmosphäre. Beginnen Sie nicht systematisch mit Schwangerschaft, Geburt und Neonatalperiode, sondern mit der einfachen offenen Frage: Warum kommen Sie zu mir? Warum kommt das Kind zu uns? Lassen Sie die Mutter zunächst frei erzählen. Nach Schilderung der aktuellen Beschwerden und Probleme übernehmen Sie mehr und mehr die Gesprächsführung durch gezieltes und systematisches Abfragen, z. B. anhand eines Schemas, das Sie sich nach den in Kap. 11.10 und 11.12 aufgeführten Punkten anfertigen können.

11.10 Familienanamnese

Erbliche Krankheiten spielen im Kindesalter eine große Rolle. Fragen Sie nach einer Häufung bestimmter Krankheiten in den einzelnen Sippen und dehnen dabei Ihre Erkundigungen bis auf den 3. Verwandtschaftsgrad aus. Klären Sie dabei auch die Fragen, ob das vorgestellte Kind auch wirklich das leibliche Kind der jeweiligen »Mutter« oder des »Vaters« ist. Besteht Blutsverwandschaft der Eltern des Kindes, woran sind die Vorfahren verstorben, traten Geisteskrankheiten, Epilepsien, Alkoholismus, Diabetes, Anämie, Fettstoffwechselstörungen, Adipositas, Geschlechtskrankheiten oder Allergien auf? Zog sich durch die Familie eine Kette von Aborten, Frühgeburten und Mißbildungen? Man kann diese Probleme auch im Rahmen eines Fragebogens bereits im Wartezimmer abfragen. Zur Klärung echter Erbkrankheiten sollte man gemeinsam mit den Eltern des betroffenen Kindes einen Stammbaum erstellen (▣ C-**11.21**).

11.10 Familienanamnese

Erbliche Krankheiten spielen im Kindesalter eine große Rolle. Fragen Sie nach einer Häufung bestimmter Krankheiten in den einzelnen Sippen. Klären Sie dabei auch die Frage, ob das vorgestellte Kind auch wirklich das leibliche Kind der jeweiligen »Mutter« oder des »Vaters« ist. Zur Klärung echter Erbkrankheiten sollte man gemeinsam mit den Eltern des betroffenen Kindes einen Stammbaum erstellen (▣ C-**11.21**).

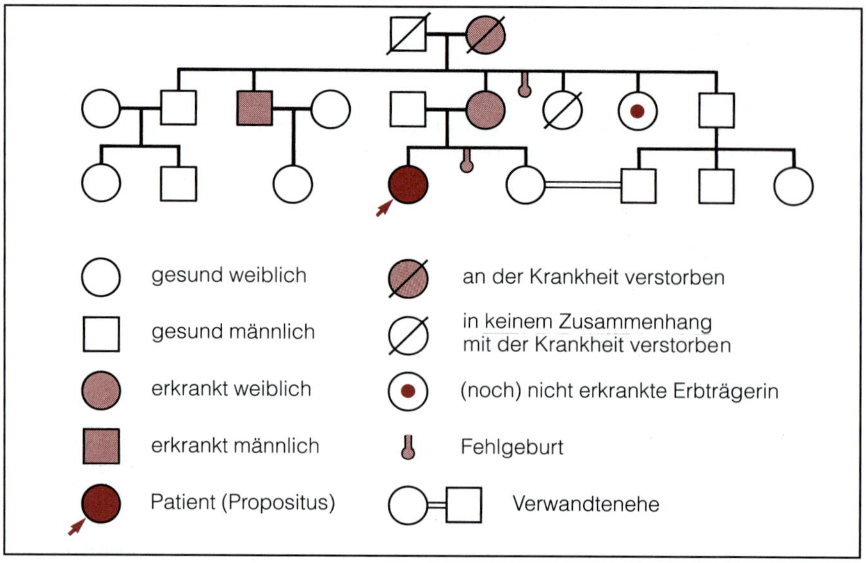

C-**11.21: Stammbaum zur Klärung von Erbkrankheiten**

11.11 Persönliche Anamnese

Zur persönlichen Anamnese gehören Fragen über:

- **Pränatalzeit**
Z. B. Alter der Mutter bei der Geburt, Alkohol, Nikotin, Drogen, Medikamente?
- **Perinatalperiode**
Z. B. Geburtsgewicht? Länge, Kopfumfang? Komplikationen, Score? Frühgeburt?
- **Neonatalperiode**
Z. B. Verletzungen bei der Geburt? Zyanose, Krämpfe, wie lange Ikterus?
- **Ernährung**
Z. B. Brustmilch oder künstliche Ernährung? Wie lange gestillt, warum abgestillt? Trinkverhalten, Erbrechen?
- **Entwicklung**
Z. B. Beobachtung und Eindruck der Mutter, Vergleich mit anderen Kindern, Geschwistern; Längen-, Gewichts- und Kopfumfangsentwicklung? Psychomotorische Entwicklung?
- **Infektionskrankheiten und Impfungen**
Typische Kinderkrankheiten, andere Krankheiten oder Unfälle? Impfungen, wann, welche (C-**11.12**)?

11.11 Persönliche Anamnese

Die Anamnese des Kindes beginnt spätestens mit dem Zeitpunkt der Konzeption, u. U. sogar schon früher. Die ersten Fragen kann nur die Mutter beantworten:

- **Pränatalzeit**
Alter der Mutter bei der Geburt? Erstes Kind? Gewünschte oder ungewünschte Schwangerschaft? Gesundheit, Alkohol, Nikotin, Drogen, Medikamente, Röntgenaufnahmen, soziale Verhältnisse während der Schwangerschaft? Besonderheiten, Dauer der Schwangerschaft? Beginn der ersten Kindsbewegungen?
- **Perinatalperiode**
Geburtsgewicht? Länge, Kopfumfang? Geburtsdauer, Komplikationen, Art der Entbindung? Narkose? Apgar-Score? Frühgeburt, Inkubator, Beatmung?
- **Neonatalperiode**
Verletzungen bei der Geburt? Zyanose, Krämpfe, wie lange Ikterus? Saugkraft? Dauer des Klinikaufenthaltes, gleichzeitige Entlassung von Mutter und Kind?
- **Ernährung**
Brustmilch oder künstliche Ernährung? Wie lange gestillt, warum abgestillt? Trinkverhalten, Erbrechen? Beikost, Vitamine, Medikamente? Zahl der Mahlzeiten, wann auf ergänzende Kost umgestellt? Stuhlbeschaffenheit?
- **Entwicklung**
Beobachtung und Eindruck der Mutter, Vergleich mit anderen Kindern, Geschwistern; Längen-, Gewichts- und Kopfumfangsentwicklung? Zahnung? Psychomotorische Entwicklung? Kindergarten- und Schulprobleme? Schulische Leistungen? Sportliche Betätigung?
- **Infektionskrankheiten und Impfungen**
Wann? Masern, Röteln, Mumps, Windpocken, Keuchhusten, Scharlach, Diphtherie? Infektionen in der Umgebung? Andere Krankheiten oder Unfälle? Impfungen, wann, welche? (C-**11.12**) Tuberkulinproben? Serumgaben?

- **Hautkrankheiten**
Ausschläge, Mykosen, Trockenheit? Erbliche Hauterkrankungen (Neurodermitis, Milchschorf, Ekzeme, Psoriasis, Ichthyosis vulgaris)?

- **Magen-Darm-Trakt**
Beschaffenheit der Stühle? Verstopfung/Durchfall? Nahrungsmittelunverträglichkeit? Bauchschmerzen, Erbrechen? Würmer? Zahnung?

- **Harnorgane**
Seit wann kontinent? Geruch und Aussehen des Urins? Enuresis? Miktionsbeschwerden? Onanie?

- **Herz-Kreislauf-System**
Herzklopfen? Zyanose? Sichtbare Herzaktion? Sportliche Leistungen, Befreiung vom Schulsport?

- **Hautkrankheiten**
Z. B. erbliche Hauterkrankungen (Neurodermitis, Milchschorf)?

- **Magen-Darm-Trakt**
Z. B. Beschaffenheit der Stühle? Verstopfung/Durchfall?

- **Harnorgane**
Seit wann kontinent?

- **Herz-Kreislauf-System**
Zyanose? Befreiung vom Schulsport?

C-11.12: Impfkalender für Kinder nach den Empfehlungen der ständigen Impfkommission des Bundesgesundheitsamtes

Lebensalter	Impfung gegen	Personenkreis
Ab 3. Lebensmonat	**Diphtherie – Pertussis – Tetanus** 3 × im Abstand von 4 Wochen	Alle Säuglinge und Kleinkinder (außer bei bestehenden hirnorganischen Störungen)
	Haemophilus influenzae Typ b 2 Impfungen im Abstand von mindestens 6 Wochen oder simultan mit der 1. und 3. DPT-Impfung (kontralaterale Injektion) oder 3 Impfungen mit kombiniertem DTP-Hib-Impfstoff im Abstand von 4 Wochen	Alle Säuglinge und Kleinkinder
	Poliomyelitis 2 × trivalente Schluckimpfung im Abstand von mindestens 6 Wochen, mit der 1. und 3. DPT-Impfung oder Teilnahme an Impfaktionen der Gesundheitsämter im folgenden Winter (November/Januar)	Alle Säuglinge und Kleinkinder (nicht bei Immundefizienz des Impflings oder enger Kontaktpersonen)
2. Lebensjahr	**Diphtherie – Pertussis – Tetanus** 4. Impfung (Abschluß der Grundimmunisierung)	Alle Kleinkinder und Kinder
	Haemophilus influenzae Typ b 3. Impfung, ggf. simultan mit der 4. DPT-Impfung oder 4. Impfung mit kombiniertem DPT-Hib-Impfstoff	
	Poliomyelitis 3. trivalente Schluckimpfung (Abschluß der Grundimmunisierung)	
(nicht vor dem 15. Lebensmonat)	**Masern, Mumps, Röteln** (Kombinationsimpfstoff) 1. Impfung	
Ab 6. Lebensjahr	**Masern, Mumps, Röteln** (Kombinationsimpfstoff) 2. Impfung	Alle Kinder
	Tetanus – Diphtherie (Auffrischimpfung), zweckmäßigerweise mit Td-Impfstoff	
Ab 10. Lebensjahr	**Poliomyelitis** (Wiederimpfung mit trivalentem Schluckimpfstoff)	Alle Kinder
	Röteln	Alle Mädchen, auch wenn im Kindesalter bereits gegen Röteln geimpft
	Tetanus – Diphtherie (Auffrischimpfung zweckmäßigerweise mit Td-Impfstoff)	Alle Kinder und Jugendlichen

- **Atemwege**
Z. B. Allergien? Asthmaanfälle?

- **Lymphknoten**
Z. B. Schwellungen

- **Gelenke und Knochen**
Z. B. Schmerzen, Schwellungen?

- **Psyche und Nervensystem**
Z. B. ruhig, hyperaktiv, aggressiv, Tics, Schlafstörungen?

- **Soziales**
Z. B. Beruf der Eltern? Erziehungsschwierigkeiten? Erziehung durch dritte Person (Oma, Pflegemutter)?

- **Atemwege**
Allergien? Asthmaanfälle (bei Anstrengung)? Husten, Krupp?

- **Lymphknoten**
Schwellungen, Schmerzen, Schluckschmerzen?

- **Gelenke und Knochen**
Schmerzen, Schwellungen? Hüftgelenke, Kniegelenke?

- **Psyche und Nervensystem**
Ruhig, hyperaktiv, aggressiv, phlegmatisch? Tics, Schlafstörungen, Müdigkeit? Kopfschmerzen, Krämpfe? Eßverhalten? Daumenlutschen, Nägelkauen, Bettnässen, Einkoten?

- **Soziales**
Beruf der Eltern? Wohnverhältnisse (Zahl der Zimmer, Bewohner, Spielmöglichkeiten im Freien)? Verhalten gegenüber Geschwistern und Schulkameraden? Spielverhalten, Lieblingsbeschäftigung, Fernsehkonsum? Einzelgänger, geselliger Typ, Freundeskreis? Erziehungsschwierigkeiten, Schulleistungen, Schulwechsel? Schon im Krankenhaus gewesen? Alleinerziehende(r) Mutter/Vater, Trennung der Eltern, Erziehung durch dritte Person (Oma, Pflegemutter)? Umzug?

11.12 Spezielle Anamnese bei häufigen Symptomen im Kindesalter

11.12.1 Bauchschmerzen

Bis zum Ende des 3. Lebensjahres steht der Bauch so sehr im Mittelpunkt der körperlichen Existenz, daß sich fast alle Krankheiten, Befindensstörungen und psychischen Probleme als nicht lokalisierbare »Bauchschmerzen« manifestieren können. Säuglinge und junge Kleinkinder mit abdominellen Schmerzen äußern typischerweise ein sog. **Schrei-Weinen**, das mit zunehmender Erschöpfung in ein leise an- und abschwellendes Wimmern, Schluchzen oder Stöhnen übergeht. Das Gesicht wirkt verzerrt. Die Beine sind angezogen, werden bei Koliken aber auch weggestoßen. Denken Sie daran, daß Bauchschmerzen auch bei vielen Infektionskrankheiten (Masern, Mumps, Scharlach, Laryngitis) geäußert werden. Fragen Sie nach Harn- oder Stuhlverhalt. Erkundigen Sie sich nach Zusammenhängen mit dem Genuß von bestimmten Nahrungsmitteln.

11.12 Spezielle Anamnese bei häufigen Symptomen im Kindesalter

11.12.1 Bauchschmerzen

Bis zum Ende des 3. Lebensjahres steht der Bauch so sehr im Mittelpunkt der körperlichen Existenz, daß sich fast alle Krankheiten, Befindensstörungen und psychischen Probleme als nicht lokalisierbare »Bauchschmerzen« manifestieren können. Dieser Umstand erschwert die Klärung der Ursache von Bauchschmerzen beträchtlich. In der präverbalen Phase bezieht sich die Anamnese ausschließlich auf Schreien und sonstige Schmerzäußerungen des Kindes. Säuglinge und junge Kleinkinder mit abdominellen Schmerzen äußern typischerweise ein sog. **Schrei-Weinen** (ein Aufschreien in hoher Tonlage), das mit zunehmender Erschöpfung in ein leise an- und abschwellendes Wimmern, Schluchzen oder Stöhnen übergeht. Die Augen sind bei Säuglingen zusammengekniffen, bei älteren Kindern dagegen weit geöffnet, das Gesicht wirkt verzerrt. Die Beine sind angezogen, werden bei Koliken aber auch weggestoßen. Kleinkinder beißen oft auf die eigenen Finger oder die Lippen und drücken die Hände auf den schmerzenden Bauch. Als eine Art von Schonhaltung werden ungewöhnliche Körperstellungen eingenommen. Denken Sie daran, daß Bauchschmerzen auch bei vielen Infektionskrankheiten (Masern, Mumps, Scharlach, Laryngitis) geäußert werden, teils als unspezifische Mitreaktion, teils als Folge einer Entzündung intestinaler Lymphknoten. Fragen Sie nach Harn- oder Stuhlverhalt, auffallender körperlicher Ruhe oder eingeschränkter Atmung. Erkundigen Sie sich nach Zusammenhängen mit dem Genuß von bestimmten Nahrungsmitteln. Bei der ethnisch bedingten »Erwachsenenform« der Laktoseintoleranz kommt es erst bei älteren Kindern nach Zufuhr von Milch und Milchprodukten zu abdominellen Schmerzen, zusätzlich aber auch zu Meteorismus und Durchfällen.

Ganz wesentlich ist das allgemeine Verhalten des Kindes. Kann es durch Hochnehmen, Zureden und andere Zuwendungen von den Bauchschmerzen abgelenkt werden, dann ist eine schwerwiegende organische Ursache bereits sehr unwahrscheinlich. Versuchen Sie herauszufinden, ob das Kind seine Beschwerden nicht einsetzt, um sich Zuwendung und Beachtung zu

Ganz wesentlich ist das allgemeine Verhalten des Kindes. Legt es sich freiwillig tagsüber ins Bett oder spielt es weiter? Ißt und schläft es normal? Kann es durch Hochnehmen, Zureden und andere Zuwendungen von den Bauchschmerzen abgelenkt werden, dann ist eine schwerwiegende organische Ursache bereits sehr unwahrscheinlich. Viele Mütter versuchen, Bauchschmerzen mit »Hausmitteln« wie Leibwickel, Wärmflaschen, Bauchreiben, aber auch Lieblingsspeisen und Süßigkeiten zu beeinflussen. Versuchen Sie herauszufinden, ob das Kind seine Beschwerden nicht einsetzt, um sich Zuwendung und Beachtung zu »erkaufen«. Das Symptom intermittierende ungeklärte Bauchschmerzen muß rasch zu Fragen nach psychischen Belastungen, Streit oder Trennung der Eltern, Wechsel des Wohnorts, Vernachlässigung oder schulischem Leistungsdruck führen. Bedenken Sie, daß Bauchschmerzen auch durch ständiges Fragen danach dem Kind suggeriert werden können.

»erkaufen«. Das Symptom intermittierende ungeklärte Bauchschmerzen muß rasch zu Fragen nach psychischen Belastungen führen.

11.12.2 Erbrechen

Rezidivierendes oder anhaltendes Erbrechen ist ein vieldeutiges Symptom, das meist auf einen abklärungsbedürftigen Krankheitszustand hinweist. Explosionsartiges Erbrechen im Schwall direkt nach dem Trinken läßt bei Neugeborenen und Säuglingen an eine hypertrophische Pylorusstenose denken. Erbrechen von Schleim spricht für eine Ösophagusatresie, von Galle auf einen Darmverschluß (z. B. Volvulus). Hinter dem Symptom Erbrechen können vor allem bei Säuglingen schwere zerebrale Erkrankungen (Meningitis, subdurales Hämatom, Tumoren) und metabolische Entgleisungen (Fruktoseintoleranz, Phenylketonurie) stecken.

11.12.2 Erbrechen

Rezidivierendes oder anhaltendes Erbrechen ist ein vieldeutiges Symptom, das meist auf einen abklärungsbedürftigen Krankheitszustand hinweist (z. B. hypertrophische Pylorusstenose, Ösophagusatresie, Darmverschluß, zerebrale Erkrankungen und metabolische Entgleisungen).

11.12.3 Fieber

Kleinkinder können in ganz kurzer Zeit sehr hohes Fieber bekommen. Fragen Sie nach der Meßtechnik und den numerischen Werten, da manche Mütter ihr Urteil nur nach der »Handprobe« auf der Stirn des Kindes gewinnen. Gibt es Schwankungen im Tagesverlauf des Fiebers? Ist das Kind im Verhalten munter, spielt es weiter oder liegt es apathisch im Bett? Bestand Schüttelfrost oder Schweißausbruch? Hat das Kind Begleitsymptome (Husten, Schnupfen, Ohrenschmerzen, Hautausschläge, Erbrechen, Durchfälle?) Von der Wahrscheinlichkeit her ist die häufigste Ursache von Fieber ein Infekt der oberen Atemwege. Fieber ohne Begleitsymptome spricht am ehesten für einen unspezifischen Virusinfekt.

11.12.3 Fieber

Kleinkinder können in ganz kurzer Zeit sehr hohes Fieber bekommen. Fragen Sie nach Begleitsymptomen (Husten, Schnupfen, Ohrenschmerzen, Hautausschläge, Erbrechen, Durchfälle?).

11.12.4 Husten

Lassen Sie sich den Husten des Kindes von der Mutter beschreiben. Trokkener Husten wird ausgelöst durch Kehlkopfreize oder eine Tracheitis, dabei bestehen häufig Schmerzen hinter dem Sternum. Bronchialer Husten beginnt meist trocken, wird aber nach kurzer Zeit feucht (produktiv). Weißes Sekret bzw. Sputum treten bei Asthma, gelbes oder grünes Sputum bei bakterieller Superinfektion auf. Anfallsweiser, krampfartiger Husten bis zum Erbrechen deutet auf Keuchhusten, Mukoviszidose oder Asthma hin, entsteht aber auch bei Kompression eines Bronchus von außen (z. B. Lymphknoten) oder Fremdkörperaspiration. Typisch für den Keuchhusten sind die »jauchzende« Inspiration nach der Hustenattacke und das gehäufte Auftreten in der Nacht.

11.12.4 Husten

Lassen Sie sich den Husten des Kindes von der Mutter beschreiben. Ist der Husten trocken (z. B. Tracheitis) oder produktiv (z. B. Bronchitis), ist er anfallsweise und krampfartig bis zum Erbrechen (z. B. Keuchhusten, Mukoviszidose, Asthma)? Weißes Sekret bzw. Sputum treten bei Asthma, gelbes oder grünes Sputum bei bakterieller Superinfektion auf.

11.12.5 Dyspnoe

Denken Sie an die beim Kind im Vergleich zum Erwachsenen wesentlich höhere Atemfrequenz: Ein Neugeborenes atmet etwa 55mal pro Minute, halbjährige Kinder 40mal, einjährige 35mal und sechsjährige 25mal. Häufigster Grund für Dyspnoe bei Früh- und Neugeborenen ist das Atemnotsyndrom (»respiratory distress syndrome«) durch Lungenunreife, bei Kleinkindern Pneumonien und Fremdkörperaspirationen. Kinder empfinden Dyspnoe oft nicht als Beschwerde. Fragen Sie nach typischen Begleitphänomenen wie Nasenflügeln, Benutzung der Atemhilfsmuskulatur, thorakalen Einziehungen und Rückwärtsbeugen des Kopfes. Bei größeren Kindern sind Giemen und Dyspnoe bei Anstrengungen als »Anstrengungsasthma« bekannt.

11.12.5 Dyspnoe

Denken Sie an die beim Kind im Vergleich zum Erwachsenen wesentlich höhere Atemfrequenz: Ein Neugeborenes atmet etwa 55mal pro Minute, halbjährige Kinder 40mal, einjährige 35mal und sechsjährige 25mal. Häufigster Grund für Dyspnoe bei Früh- und Neugeborenen ist das Atemnotsyndrom durch Lungenunreife, bei Kleinkindern Pneumonien und Fremdkörperaspirationen. Typische Begleitphänomene sind Nasenflügeln, Benutzung der Atemhilfsmuskulatur, thorakale Einziehungen und Rückwärtsbeugen des Kopfes.

11.12.6 Stridor

Stridor entsteht in den oberen Anteilen des Respirationstrakts, vor allem in Larynx und Trachea. Inspiratorischer Stridor ist typisch für eine Obstruktion im Larynxbereich. Trachealer Stridor ist während der In- und Exspiration zu hören. Bronchialer Stridor tritt nur exspiratorisch auf.

11.12.6 Stridor

Stridor entsteht in den oberen Anteilen des Respirationstrakts, vor allem in Larynx und Trachea. Inspiratorischer Stridor ist typisch für eine Obstruktion im Larynxbereich, sei sie entzündlich (»Krupp« bei Diphtherie, »Pseudokrupp« bei entzündlicher Laryngobronchitis) oder durch Fremdkörper bzw. Tumoren bedingt. Trachealer Stridor ist während der In- und Exspiration zu hören. Denken Sie dabei an eine Trachealkompression durch eine Struma oder Thymushyperplasie. Bronchialer Stridor tritt nur exspiratorisch auf, typisches Beispiel ist das Asthma bronchiale.

11.12.7 Schnupfen

Schnupfen im Sinn einer viral bedingten Rhinitis befällt wohl jedes Kind mindestens einmal pro Jahr. Tritt er öfter auf oder ist die Nasenatmung dauernd verlegt, so sollte man an eine Spetumdeviation oder Adenoide (vergrößerte Rachenmandeln) denken. Bei eitrigem oder blutigem Sekret aus nur einer Nasenöffnung sollte man auch immer an einen Fremdkörper in der Nase denken.

11.12.7 Schnupfen

Schnupfen im Sinn einer viral bedingten Rhinitis befällt wohl jedes Kind mindestens einmal pro Jahr. Tritt er öfter auf oder ist die Nasenatmung dauernd verlegt, erkennbar am ständig geöffneten Mund und an näselnder Sprache, so sollte man an eine Spetumdeviation oder Adenoide (vergrößerte Rachenmandeln) denken, welche die Nasenatmung behindern. Typischerweise schnarchen diese Kinder nachts. Entleert sich eitriges oder blutiges Sekret nur aus einer Nasenöffnung, so sollte man an eine einseitige Sinusitis maxillaris oder frontalis oder einen Fremdkörper in der Nase denken.

11.12.8 Anfälle, Krämpfe

Im Kindesalter handelt es sich überwiegend um sog. Gelegenheitskrämpfe im Rahmen akuter Krankheiten oder Stoffwechselstörungen (Fieber, Meningitis, Hirntrauma, Hypoglykämien, Elektrolytentgleisungen). Um die Ursachen von Gelegenheitskrämpfen herauszufinden und die Klassifizierung von Anfallsleiden zu ermöglichen, sollten Sie fragen nach:

- Begleitumständen
- Dauer des Anfalls
- Bewußtseinslage des Kindes
- Betroffenen Muskelgruppen
- Atemstillstand
- Unwillkürlichem Stuhl- oder Urinabgang

11.12.8 Anfälle, Krämpfe

Epileptische Anfälle sind für die Eltern des Kindes ein sehr beunruhigendes Symptom, weisen aber nicht immer auf eine Epilepsie im Sinne eines chronischen Anfalleidens hin. Im Kindesalter handelt es sich überwiegend um sog. Gelegenheitskrämpfe im Rahmen akuter Krankheiten oder Stoffwechselstörungen (Fieber, Meningitis, Hirntrauma, Hypoglykämien, Elektrolytentgleisungen). Wegen der flüchtigen Symptomatik ist man zur diagnostischen Einordnung des ersten Krampfanfalls überwiegend auf anamnestische Angaben der Eltern angewiesen. Um die Ursachen von Gelegenheitskrämpfen herauszufinden und die Klassifizierung von Anfallsleiden zu ermöglichen, sollten folgende Fragen geklärt werden:

- Bei welcher Gelegenheit trat der erste Anfall auf (Begleiterkrankung, Trauma, Fieber, Anstrengung, Wut, Schreien)?
- Wie lange hielt der Zustand an?
- War das Bewußtsein des Kindes beeinträchtigt oder nicht?
- War das Kind nur »geistig abwesend«, ohne daß Muskelkrämpfe auftraten?
- Waren nur einzelne oder alle Muskelgruppen betroffen?
- Stand die Atmung still, wurde das Kind blau oder weiß?
- Gingen unwillkürlich Stuhl und Urin ab, kam es zu Zungenbissen?

11.12.9 Rezidivierende Schmerzsyndrome

In den letzten Jahren werden bei Kindern immer häufiger wiederkehrende Schmerzzustände ohne organische Veränderungen beobachtet. Am häufigsten sind Kopfweh und Bauchweh. Die auffallend unbeteiligte Schilderung der Symptome ist charakteristisch. Man nimmt eine psychosomatische Genese des Leidens an: Verunsicherte und überforderte Kinder »benutzen« diese Symptomatik als nonverbale Kommunikationsform, wenn keine ausreichende Auseinandersetzung mit seelischen Konflikten erfolgt.
Weitere Symptome, die ihren Ursprung in psychischen Konflikten haben, sind Eßstörungen, Schlafstörungen, Enuresis (Bettnässen) und Enkopresis (Einkoten).

11.12.9 Rezidivierende Schmerzsyndrome

In den letzten Jahren werden bei Kindern immer häufiger wiederkehrende Schmerzzustände ohne organische Veränderungen beobachtet, die bei ungenügender anamnestischer Exploration meist zu vielen (nicht indizierten) apparativen Untersuchungen führen. Am häufigsten sind Kopfweh und Bauchweh, doch kommt es nicht selten zu einem Symptomenwechsel. Im Hinblick auf Lokalisation und Schmerzqualität werden eher unbestimmte und widersprüchliche Angaben gemacht. Die auffallend unbeteiligte Schilderung der Symptome ist charakteristisch, darf jedoch nicht mit einer bewußten Verstellung im Sinne einer Simulation verwechselt werden. Man nimmt eine psychosomatische Genese des Leidens an: Verunsicherte und überforderte Kinder »benutzen« diese Symptomatik als nonverbale Kommunikationsform, wenn keine ausreichende Auseinandersetzung mit seelischen Konflikten erfolgt.

Weitere Symptome, die ihren Ursprung in psychischen Konflikten haben und einer ausführlichen psychosozialen Exploration bedürfen, sind Eßstörungen, Schlafstörungen, Enuresis (Bettnässen) und Enkopresis (Einkoten).

12 Untersuchung von Bewußtlosen

Die Bewußtseinslage eines Patienten gibt den Grad seiner Wachheit und der Wahrnehmung der Umwelt an. Voraussetzung für eine ungestörte Bewußtseinslage ist die intakte Interaktion zwischen Großhirn und oberem Hirnstamm, der – allgemein gesprochen – für die stimulierenden Reaktionen verantwortlich ist.

Die zunehmende Eintrübung des Bewußtseins wird in folgende Stadien eingeteilt:
- **Somnolenz:** Abnorme Schläfrigkeit, Apathie, Benommenheit, verlangsamte Reaktion, erhöhte Reizschwelle; der Patient ist aber erweckbar und vollständig orientiert.
- **Sopor:** Es handelt sich um einen schlafähnlichen Zustand, der Patient kann nur durch starke Reize (lautes Ansprechen, Rufen, Schmerzreiz) kurzzeitig zum Bewußtsein gebracht werden, die Reflexe sind erhalten.
- **Stupor:** Reaktion nur auf kräftige Schmerzreize; der Patient ist nicht mehr erweckbar.
- **Koma:** Stärkster Grad der Bewußtseinstrübung, keine Reaktion auf Umweltreize, die Reflexe sind weitgehend erloschen (Eigen- und Fremdreflexe), die vegetativen Reflexe werden nicht mehr beherrscht (der Patient läßt unter sich), Kreislauf und Atmung sind evtl. gestört.
- **Delir** bezeichnet eine traumhafte Bewußtseinstrübung mit Desorientiertheit, Verwirrtheit, Wahnvorstellungen, Halluzinationen. Der Patient ist ansprechbar, reagiert aber inadäquat (z. B. Alkoholentzugsdelir).
- **Todeszeichen**
  Sichere Todeszeichen: Totenflecke (deutlich ausgebildet und konfluierend), Totenstarre, Fäulnis
  Unsichere Todeszeichen: Keine Atmung, keine Herztöne, Areflexie, Hautblässe, Abkühlung

Eine feinere Differenzierung und Bewertung der Bewußtseinslage erlaubt die **Glasgow-Koma-Skala** zur Quantifizierung, Überwachung und Verlaufsbeurteilung von Bewußtseinsveränderungen. Die Punktzahl kann minimal 3 und maximal 15 betragen (▤ C-**12.1 a–c**).

Koma wird nach der Glasgow-Skala mit einem Score von 8 oder weniger definiert, z. B.:
- Augen: geschlossen (1)
- Bewußtsein: unverständliche Laute (2) oder weniger
- Motorik: gezielte Schmerzabwehr (5) oder weniger

Die Ursachen des akuten Bewußtseinsverlust kann man in 3 Komplexe einteilen:
1. Primär zerebrale traumatische Schädigung (z. B. Schädelverletzung, Contusio cerebri, Hirntumor, intrakranielle Blutung). *Beispiel:* Nach der traumatischen Ruptur der A. meningea media findet sich bei ausgeprägtem epiduralem Hämatom neben einer ipsilateralen Mydriasis und einer kontralateralen Halbseitensymptomatik eine Bewußtseinsstörung.
2. Primär zerebrale nichttraumatische Schädigung (z. B. Epilepsie, Schlaganfall, Subarachnoidalblutung, Hirndrucksteigerung usw.)
3. Sekundär zerebrale Schädigung (z. B. Kreislaufstillstand, Hypoglykämie, Intoxikationen, Hypoxämie bei Anämie).

Die sekundären ZNS-Störungen sind insgesamt die häufigste Ursache.

12 Untersuchung von Bewußtlosen

Die Bewußtseinslage eines Patienten gibt den Grad seiner Wachheit und der Wahrnehmung der Umwelt an. Voraussetzung für eine ungestörte Bewußtseinslage ist die intakte Interaktion zwischen Großhirn und oberem Hirnstamm.
Die zunehmende Eintrübung des Bewußtseins wird in folgende Stadien eingeteilt:
- **Somnolenz**
- **Sopor**
- **Stupor**
- **Koma**
- **Delir**
- **Todeszeichen**

Eine feinere Differenzierung und Bewertung der Bewußtseinslage erlaubt die **Glasgow-Koma-Skala**. Die Punktzahl kann minimal 3 und maximal 15 betragen (▤ C-**12.1 a–c**).

Koma wird nach der Glasgow-Skala mit einem Score von 8 oder weniger definiert.

Die Ursachen des akuten Bewußtseinsverlusts kann man in 3 Komplexe einteilen:
1. Primär zerebrale traumatische Schädigung
2. Primär zerebrale nichttraumatische Schädigung
3. Sekundär zerebrale Schädigung

Die sekundären ZNS-Störungen sind insgesamt die häufigste Ursache.

C-12.1: Bewertung der Bewußtseinslage nach der Glasgow-Koma-Skala

a) Augen

Reiz	Reaktion	Erklärung	Punktzahl
Ansprechen des Patienten	**Spontan**	Augen bleiben nach Ansprechen offen	4
	Auf Anruf	Augen fallen nach Ansprechen immer wieder zu	3
	Auf Schmerzreiz	Augen fallen nach Schmerzreiz immer wieder zu	2
	Nicht	Keinerlei Reaktion, evtl. nur Augenkneifen (kein Augenöffnen) oder Grimassieren	1

b) Bewußtsein

Reiz	Reaktion	Erklärung	Punktzahl
• Ansprechen • Evtl. Erwecken mit Schmerzreiz • Befragen: Ort, Zeit, Tag, Monat, Jahr, Name, Geburtsdatum, Adresse, Telefonnummer?	**Orientiert**	Örtlich, zeitlich und autopsychisch orientiert	5
	Desorientiert	In einer oder mehreren Qualitäten nicht orientiert	4
	Ungezielte verbale Reaktion	Worte noch verständlich, aber ohne inneren Zusammenhang (inkohärent): Wortsalat	3
	Unverständliche Laute	Unartikulierte Laute (Fluchen, Lallen, Stöhnen)	2
	Keine Antwort	Kein Laut	1

c) Motorik

Reiz	Reaktion	Erklärung	Punktzahl
Standardbefehle	**Führt Befehle aus**	Arme/Beine heben, Zunge zeigen usw.	6
Schmerzreize	**Wehrt gezielt Schmerz ab**	Gezieltes Greifen zum Schmerzort, Abtasten	5
	Ungezielte Schmerzabwehr	Wegziehen der gereizten Extremität (Abwehrflexion), ungezielte Abwehr mit der anderen Extremität	4
	Beugt auf Schmerz (abnormale Flexion)	Pathologische Flexion der gereizten Extremität einseitig oder beidseitig, Hinweis für Störungen vom Mittelhirn an aufwärts (Dekortikation), evtl. typisches Schulterhochziehen	3
	Streckt auf Schmerz (Extension)	Pathologische Extension auf Reize, oft spontan nach Absaugen, Umlagern, Hinweis für fortgeschrittene Mittelhirnstörung, Hirnstammstörung (Dezerebration)	2
	Keine Reaktion auch auf stärksten Schmerz	Z. B. vollständige Hemiplegie bei Schlaganfall, Paraplegie, Plexuslähmungen, Medikamentenintoxikation	1

12.1 Untersuchungsgang

Beim akuten Bewußtseinsverlust sind primär immer eine Hypoglykämie und ein Kreislaufstillstand auszuschließen: Pulstasten, Blutdruckmessen und Herz auskultieren. Wegen der Häufigkeit der Hypoglykämie im Rahmen des Diabetes mellitus (unter Therapie) sollte bei Bewußtlosen schnell eine Blutzuckermessung erfolgen. Die probatorische Gabe von Glukose (als Infusion) ist auf jeden Fall indiziert. Danach sind traumatische oder atraumatische ZNS-Schädigungen zu unterscheiden.

12.1 Untersuchungsgang

Beim akuten Bewußtseinsverlust sind primär immer eine Hypoglykämie und ein Kreislaufstillstand auszuschließen. Danach sind traumatische oder atraumatische ZNS-Schädigungen zu unterscheiden.

12.2 Anamnese

Soweit bei nur bewußtseinsgetrübten Patienten noch eine Befragung möglich ist, sollte nach den Begleitumständen der Erkrankung, nach Vorerkrankungen wie Diabetes, Infarkt, Epilepsie usw. und nach Medikamenteneinnahmen gefragt werden. In jedem Fall ist die Fremdanamnese, d. h. die Befragung der Begleitpersonen nach der Vorgeschichte, dem Ablauf der Ereignisse und den Begleitumständen, erforderlich.

12.2 Anamnese

Soweit bei nur bewußtseinsgetrübten Patienten noch eine Befragung möglich ist, sollte nach den Begleitumständen der Erkrankung, nach Vorerkrankungen und nach der Medikamenteneinnahme gefragt werden. In jedem Fall ist die Fremdanamnese erforderlich.

Wichtige Fragen:
- *Seit wann besteht die Bewußtlosigkeit?*
- *Wie war das Verhalten des Patienten vor Eintritt der Bewußtlosigkeit?*
- *Wie ist die Bewußtlosigkeit eingetreten, plötzlich oder allmählich?*
- *Hat er gegessen, getrunken, Medikamente eingenommen oder sich körperlich belastet?*
- *Hat der Patient sich schlecht gefühlt?*
- *Welche Erkrankungen sind bekannt?*
- *Könnte es sich um einen Selbstmordversuch oder eine Vergiftung handeln?*
- *Wie war die psychische Verfassung des Patienten in der letzten Zeit?*
- *Haben Sie Medikamentenschachteln oder -flaschen entdeckt?*
- *Hat der Patient gekrampft?*

◄ **Wichtige Fragen**

12.3 Inspektion

Ist der Patient wach und aufmerksam? Versteht er Ihre Fragen und antwortet er angemessen und ausreichend schnell, oder verliert er den Faden, wird still und schläft ein? Bei Schläfrigkeit muß evtl. sehr laut gefragt oder sogar gerufen werden. Bedenken Sie besonders bei älteren und alten Patienten, daß eine Schwerhörigkeit vorliegen kann.

12.3 Inspektion

Ist der Patient wach und aufmerksam? Versteht er Ihre Fragen und antwortet er angemessen und ausreichend schnell? Bei Schläfrigkeit muß evtl. sehr laut gefragt oder sogar gerufen werden.

Nachdem die Bewußtseinslage klar eingeschätzt worden ist, muß eine gezielte und möglichst rasche Untersuchung der wichtigsten Organsysteme erfolgen. Eine Bewußtlosigkeit ist immer als Notfall zu betrachten – auch wenn der Patient nicht akut lebensbedroht erscheint. Sein Zustand kann sich jederzeit ohne Ankündigung dramatisch verschlechtern.
Gesamteindruck: Liegt eine Verletzung oder ein Unfall vor?

Nachdem die Bewußtseinslage klar eingeschätzt worden ist, muß eine gezielte und möglichst rache Untersuchung der wichtigsten Organsysteme erfolgen. Eine Bewußtlosigkeit ist immer als Notfall zu betrachten.

Auf den Geruch des Patienten achten! Alkoholgeruch alleine beweist noch nicht, daß die Bewußtseinsstörung auch durch Alkohol verursacht ist. Der Patient könnte z. B. zusätzlich einen Schlaganfall oder innere Verletzungen haben. Der Azidosegeruch z. B. beim hyperglykämischen Diabeteskoma ist sehr charakteristisch, ebenso der Foetor uraemicus bei terminaler Niereninsuffizienz. Der Fötor beim Leberzerfallskoma (hepatisches Koma) ist erdig-schweflig. Der Geruch bei einer E 605-Vergiftung erinnert an Knoblauch!

Auf den Geruch des Patienten achten! Alkoholgeruch alleine beweist noch nicht, daß die Bewußtseinsstörung auch durch Alkohol verursacht ist. Der Patient könnte z. B. zusätzlich einen Schlaganfall oder innere Verletzungen haben.

• **Atmung**
Achten Sie auf Atemtyp, Atemgeräusche, Atemfrequenz, Dyspnoe, Stridor, Zyanose.

• **Atmung**
Achten Sie auf Atemtyp, Atemgeräusche, Atemfrequenz, Dyspnoe, Stridor, Zyanose.

• **Herz und Kreislauf**
Achten Sie auf Pulsfrequenz und -füllung, Pulsdefizit, Arrhythmie, Blutdruck, Herzinsuffizienzzeichen, Herzgeräusche, Zyanose.

• **Herz und Kreislauf**
Achten Sie auf Pulsfrequenz und -füllung, Pulsdefizit, Arrhythmie, Blutdruck, Herzinsuffizienzzeichen, Herzgeräusche, Zyanose.

• **ZNS**
Achten Sie auf Pupillenreaktion, Muskeltonus, Paresen, Reflexe, Meningismus.

Schmerzreiz prüfen!

• **ZNS**
Achten Sie auf Pupillenreaktion, Muskeltonus, Paresen, Reflexe, Meningismus.

Schmerzreiz prüfen: In den M. pectoralis kneifen, falls keine Reaktion erfolgt, Reizung des Rachens mit dem Spatel.
Das Absaugen der oberen Luftwege bis zur Bifurkation der Trachea ist ein sehr starker Reiz. Bei intrazerebraler Blutung, Morphin und anderen Drogen sind die Pupillen eng, bei Alkoholvergiftung sind sie weit.

• **Abdomen**
Achten Sie auf Abwehrspannung, peritonitische Zeichen, Druckschmerz, Organvergrößerung.

• **Abdomen**
Achten Sie auf Abwehrspannung, peritonitische Zeichen, Druckschmerz, Organvergrößerung.
Bewußtlose Patienten müssen evtl. vollständig entkleidet werden, um den gesamten Körper inspizieren zu können.

• **Haut**
Achten Sie auf Farbe, Temperatur, Einstichstellen, Verletzungen, Arzneimittelexanthem, Urtikaria.

• **Haut**
Achten Sie auf Farbe (Anämie, Zyanose, Ikterus), Temperatur, Einstichstellen, Verletzungen, Arzneimittelexanthem, Urtikaria. Die Haut ist bei einer CO-Vergiftung kirschrot. Heiße Haut und Tachykardie sprechen für eine Infektion; kalte und blasse Haut, Tachykardie und niedriger Blutdruck sprechen für einen Kreislaufschock. Ikterus und Foetor hepaticus sprechen für ein Coma hepaticum. Die Zyanose weist auf eine kardiopulmonale Erkrankung als Ursache.

Teil D

Anhang

Anmerkungen zur Labordiagnostik

Daten im medizinischen Labor werden mit naturwissenschaftlichen Methoden erhoben und gelten daher in den Augen vieler Medizinstudenten und Ärzte, aber auch bei Laien, als besonders zuverlässig und aussagekräftig. Sie werden deshalb oft als eines der wichtigsten diagnostischen Hilfsmittel bei der Entscheidungsfindung des Arztes angesehen. Allerdings unterliegen Ärzte im Hinblick auf die Wertigkeit von Labordaten für die Entscheidungsfindung nicht selten einer Selbsttäuschung. Dies gilt vor allem für die sog. Routine- oder Screening-Untersuchungen, bei denen eine Vielzahl von Labortests (»Laborlatten«) ohne vorherige Überlegungen zur Wahrscheinlichkeit eines positiven oder negativen Ergebnisses angeordnet und durchgeführt werden. Man sollte sich daher stets vor Augen halten, daß

1. nur bei einem kleinen Teil (zwischen 2% und 10%, abhängig von der Zahl der Tests) überhaupt ein pathologisches Ergebnis gefunden werden kann;
2. nur bei einem Bruchteil der pathologischen Ergebnisse Konsequenzen gezogen werden;
3. sich nur bei einem Teil dieser Konsequenzen ein Nutzen für den Patienten ergibt, wobei noch offen bleibt, ob dieser Nutzen nicht auch zu erreichen gewesen wäre, hätte man einige wenige Labortests gezielt anhand von Anamnese und klinischer Untersuchung angefordert;
4. Abweichungen von der Norm in vielen Fällen zwar häufig nichts zur Diagnosefindung beitragen, jedoch zu an sich abklärungswürdigen Befunden werden und damit eine diagnostische Kaskade in Gang setzen.

Labortests sind für den Patienten belastend (z. B. Blutabnahmen), verursachen hohe Kosten und bergen die Gefahr eine Induktion von weiterführenden Untersuchungen in sich, die vom eigentlichen Problem wegführen. Daher sollte sich der gewissenhafte Arzt vor Anordnung einer Laboruntersuchung Gedanken darüber machen, wie hoch die Wahrschscheinlichkeit ist, daß der durchzuführende Test zur Diagnosefindung beiträgt, und welche Konsequenzen ein negativer oder ein positiver Ausfall des Tests hat. Sind die Konsequenzen für beide Fälle gleich, so gibt es keine Rechtfertigung für den Test. Viel zu häufig werden in unserem »Medizinbetrieb« Untersuchungen angeordnet, um Aktionismus vorzuspiegeln oder eine – nie erreichbare – absolute Sicherheit über den Zustand des Patienten anzustreben.

Wichtige Normalwerte der Laboratoriumsdiagnostik

Test	Normalwert
Blutbild, Gerinnung	
Blutkörperchen-Senkungsgeschwindigkeit (BKS)	m.: 3 – 8 mm (1h); 5 – 18 mm (2h) w.: 6 – 11 mm (1h); 6 – 20 mm (2h)
Hämoglobin (Hb)	m.: 14,0 – 18,0 g/dl w.: 12,0 – 16,0 g/dl
Erythrozytenzahl	m.: 4,5 – 5,9 × 10^6/µl w.: 4,0 – 5,2 × 10^6/µl
Hämatokrit (Hkt)	m.: 41 – 53 Vol.-% w.: 36 – 46 Vol.-%
Mittlerer Hämoglobingehalt der Erythrozyten (MCH)	26 – 34 pg
Mittlere Hämoglobinkonzentration des Einzelerythrozyten (MCHC)	31 – 37 g Hb/dl Erythrozyten
Mittleres Zellvolumen (MCV)	80 – 94 fl
Retikulozyten	< 4‰ = 20 – 160×10^3/µl
Leukozytenzahl	4,3 – 10,0 × 10^3/µl
Thrombozytenzahl	150 – 350 × 10^3µl
Plasmaproteine	
Gesamteiweiß im Serum	6,6 – 8,5 g/dl
Gesamteiweiß im Liquor	20 – 30 mg/dl
Elektrophorese im Serum:	
Albumine	54 – 65%
Alpha-1-Globuline	2 – 5%
Alpha-2-Globuline	7 – 10%
Betaglobuline	9 – 12%
Gammaglobuline	12 – 20%
Elektrophorese im Liquor:	
Albumine	57 – 76%
Alpha-1-Globuline	1 – 7%
Alpha-2-Globuline	3 – 12%
Betaglobuline	7 – 15%
Gammaglobuline	3 – 13%
Immunglobuline	
IgG	800 – 1 800 mg/dl
IgA	90 – 450 mg/dl
IgM	60 – 280 mg/dl
IgE	< 100 U/ml
C3-Complement	55 – 120 mg/dl
C4-Complement	20 – 50 mg/dl
C-Reaktives Protein (CRP)	< 0,5 mg/dl
Alpha-1-Antitrypsin	200 – 400 mg/dl
Coeruloplasmin	20 – 45 mg/dl
Haptoglobin	50 – 300 mg/dl
Tumormarker	
Alpha-1-Fetoprotein	< 10 ng/ml
Carcinoembryonales Antigen (CEA)	2,5 – 10 µg/l
CA 19-9	10 – 30 U/ml
Prostata-spezifisches Antigen (PSA)	< 2,5 ng/ml

Test	Normalwert
Gerinnung	
Thromboplastinzeit (Quick-Test)	70 – 130%
International normalized ratio (INR)	0,90 – 1,15
Partielle Thromboplastinzeit (PTT)	23 – 35 s
Plasmathrombinzeit (PTZ)	14 – 21 s
Fibrinogen	200 – 400 mg/dl
Endokrinologie	
Thyreotropin (TSH) und TRH-Test	Basal: 0,1 – 3,5 mU/l 30 min nach TRH-Injektion
Euthyreot	2 – 25 mU/l
Hyperthyreot	$<$ 2 mU/l
Hypothyreot	$>$ 25 mU/l
Gesamt-Thyroxin (T_4)	5 – 12 µg/dl
Freies Thyroxin (FT_4)	1,9 – 2,3 ng/dl
Gesamt-Trijodthyronin (T_3)	90 – 200 ng/dl
Freies Trijodthyronin (FT_3)	3 – 6 pg/ml
17-Hydroxy-Corticosteroide (17-OHCS)	m.: 5 – 12 mg/d w.: 3 – 10 mg/d
5-Hydroxy-Indolessigsäure (5-HIES)	2 – 9 mg/d
4 Hydroxy-3-Methoxy-Mandelsäure	0,7 – 6,8 mg/d
Freies Cortisol (Urin)	10 – 89 µg/d
Enzyme (Leber, Pankreas, Muskelzellen)	
Alkalische Phosphatase (AP)	65 – 120 U/l
Alpha-Amylase	70 – 300 U/l 100 – 2000 U/l
Angiotensin Converting Enzyme (ACE)	12,6 – 28,5 U/l
Cholinesterase (CHE)	3000 – 8000 U/l
Kreatinkinase (CK)	10 – 70 U/l
Kreatinkinase-Isoenzym MB (CK-MB)	$<$ 10 U/l, max. 6% der Gesamt-CK
Gamma-Glutamyl-Transferase (µ-GT)	$<$ 15 U/l
Glutamat-Oxalacetat-Transaminase (GOT) = Aspartat-Amino-Transferase (AST)	$<$ 10 U/l
Glutamat-Pyruvat-Transaminase (GPT) = Alanin-Amino-Transferase (ALT)	$<$ 10 U/l
Leucin-Aminopeptidase (LAP)	16 – 32 U/l
Laktat-Dehydrogenase (LDH)	140 – 290 U/l
2-Hydroxybutyrat-Dehydrogenase (HBDH)	55 – 140 U/l
Lipase	30 – 180 U/l
Saure Phosphatase	$<$ 11 U/l
Saure Prostata-Phosphatase	$<$ 4 U/l
Stoffwechsel	
Blutglukose	70 – 100 mg/dl
Orale Glukose-Belastung (75 g Glukose oral)	60 min: 200 mg/dl 120 min: 140 mg/dl
C-Peptid	1,1 – 3,6 µg/l
Glykosyliertes Hämoglobin (HbA_{1C})	$<$ 6,4% des Gesamthämoglobins
Cholesterin, gesamt	130 – 260 mg/dl
HDL-Cholesterin	35 – 55 mg/dl
LDL-Cholesterin	m.: 70 – 190 mg/dl w.: 70 – 150 mg/dl
VLDL-Cholesterin	m.: 0 – 25 mg/dl w.: 0 – 10 mg/dl
Lipide, gesamt	300 – 1100 mg/dl

Test	Normalwert
Lipid-Elektrophorese:	
HDL-Fraktion	m.: 140 – 300 mg/dl w.: 140 – 450 mg/dl
LDL-Fraktion	m.: 150 – 430 mg/dl w.: 150 – 390 mg/dl
VLDL-Fraktion	m.: 0 – 130 mg/dl w.: 0 – 60 mg/dl
Ammoniak	m.: 19 – 80 µg/dl w.: 25 – 94 µg/dl
Bilirubin, gesamt	0,2 – 1,1 mg/dl
Bilirubin, direkt	0,05 – 0,3 mg/dl
Bilirubin, indirekt	0,8 mg/dl
Harnsäure	2,6 – 6,5 mg/dl
Niere und Elektrolythaushalt (Serumwerte)	
Natrium	135 – 144 mmol/l
Chlorid	98 – 112 mmol/l
Kalium	3,5 – 5,0 mmol/l
Kalzium	2,15 – 2,75 mmol/l
Harnstoff	11 – 55 mg/dl
Harnstoff-N	4,7 – 24 mg/dl
Kreatinin	0,7 – 1,3 mg/dl
Kreatinin-Clearance	80 – 170 ml/min
Phosphor, anorganisch	2,5 – 4,8 mg/dl
Blutgase und Säure-Basen-Haushalt	
pH	7,35 – 7,45
pCO_2	35 – 45 mmHg
pO_2	65 – 100 mmHg
Basenabweichung (BA)	–3 bis +3 mmol/l
Standard-Bicarbonat	22 – 26 mmol/l
O_2-Sättigung	90 – 96%
Vitamine und Metalle	
Eisen (Fe)	m.: 80 – 150 µg/dl w.: 60 – 140 µg/dl
Eisenbindungskapazität	250 – 410 µg/dl
Ferritin	30 – 200 ng/ml
Transferrin	200 – 400 mg/dl
Kupfer im Serum	m.: 70 – 140 µg/dl w.: 85 – 155 µg/dl
Kupfer im Urin	0,4 – 70 µg/d
Vitamin A	65 – 275 U/dl
Vitamin B_1	1,6 – 4,4 µg/dl
Vitamin B_2	49 – 104 µg/l
Vitamin B_6	3,6 – 18 µg/l
Vitamin B_{12}	310 – 1100 pg/ml
Vitamin E	5 – 20 µg/ml
1,25-Dihydroxy-Vitamin-D	30 – 70 pg/ml
25-Hydroxy-Vitamin-D	Sommer: 20 – 120 ng/ml Winter: 10 – 60 ng/ml
Zink	55 – 150 µg/dl
Zink im Urin	140 – 800 µg/d

Weiterführende Literatur

Anamnesetechnik

Bellet, P. S., Maloney, M. J.: The importance of empathy as an interwiewing skill in medicine. JAMA 1991; 13: 1831–1832

Janicek, R.: Mit Patienten richtig reden. Gesprächsführung im Krankenhaus, 2. Aufl. Bibliomed Medizinische Verlagsgesellschaft, Melsungen 1990

Meerwein, F.: Das ärztliche Gespräch, 3. erw. Aufl. Huber, Bern/Stuttgart/Toronto 1986

Stunder, W. A.: Die Asymmetrie im Arzt-Patienten-Verhältnis bei der Visite. Dt. Ärztebl. 19987; 84 (53): 985–988

Zinn, W.: The empathic physician. Arch. Int. Med. 1993; 153: 306–312

Untersuchungstechnik

Bates, B., Berger, M., Mühlhauser, I.: Klinische Untersuchung des Patienten, 2. überarb. Aufl. Schattauer, Stuttgart/New York 1989

Billings, J. A., Stoeckle, J. D.: The clinical encounter. Year Book Medical Publishers, Inc., Chicago/London/Boca Raton 1989

Bouchier, I. A. D., Morris, J. S.: Clinical skills, 2nd ed. W. B. Saunders, London/Philadelphia/Toronto 1982

Munro, J., Edwards, Ch.: Macleod's clinical examination, 8th ed. Churchill Livingstone, Edinburgh/London/Melbourne/New York 1990

Talley, N., O'Connor, S.: Clinical examination. A guide to physical diagnosis. Williams & Wilkins, Syndney/Baltimore/London 1988

Innere Medizin

Souhami, R. L., Moxham, J.: Textbook of medicine. Churchill Livingstone, Edinburgh/London/Melbourne/New York 1990

Kardiologie und Thoraxschmerz

Berges, W.: Der nicht-kardiale Thoraxschmerz. Dt. Ärztebl. 1992; 89 (33): 1968–1973

Edmondstone, W. M.: Cardiac chest pain: does bodily language help the diagnosis? Brit. Med. J. 1995; 311: 1660–1661

Lam, H. G. T., Dekker, W., et al.: Acute noncardiac chest pain in a coronary care unit. Gastroenterology 1992; 102: 453–460

Pryor, D. B., Shaw, L., McCants, C. B., et al.: Value of the history and physical examination in identifying patients at increased risk for coronary artery disease. Ann. Int. Med. 1993; 118: 81–90

Angiologie

Diehm, C.: Bei Störungen der peripheren Durchblutung: Häufige Fehldiagnosen. Dt. Ärztebl. 1990; 87: B-1578–B-1582

Gastroenterologie

Berk, J. E., Haubrich, W. S.: Gastrointestinal symptoms. B. C. Decker, Philadelphia 1991

Naylor, C. D.: Physical examination of the liver. JAMA 1994; 271: 1859–1865

Wagner, J. M., McKinney, W. P., Carpenter, J. L.: Does this patient have appendicitis? JAMA 1996; 276: 1589–1594

Neurologie

Masuhr, K. F., Neumann, M.: Duale Reihe Neurologie. Hippokrates, Stuttgart 1992

Mumenthaler, M.: Neurologie ein Lehrbuch für Ärzte und Studenten. Thieme, Stuttgart/New York 1982

Hauterkrankungen

Jung, E. J.: Duale Reihe Dermatologie. Hippokrates, Stuttgart 1991

Differentialdiagnostik

Kassirer, J. P., Kopelman, R. L.: Learning clinical reasoning. Williams & Wilkins, Baltimore/Hong Kong/London/Munich/Philadelphia/San Francisco/Sydney/Tokyo 1991

Speich, R.: Der diagnostische Prozeß in der Inneren Medizin: Entscheidungsanalyse oder Intuition? Schweiz. Med. Wschr. 1997; 127: 1263–1279

Labordiagnostik

Köbberling, J., Windeler, J.: Labordiagnostik als ärztliche Entscheidungshilfe. Internist 1994; 35: 619–625

Quellenverzeichnis

Kapitel C1 Kopf- und Halsbereich

Abb. C-1.4	Jung, E.G. (Hrsg.): Duale Reihe Dermatologie, 3. Aufl. Hippokrates, Stuttgart 1995
Abb. C-1.6; Abb. C-1.12	Sachsenweger, M. (Hrsg.): Duale Reihe Augenheilkunde. Hippokrates, Stuttgart 1994
Syn. C-1.14; Syn. C-1.15 (Foto); **Syn. C-1.19** (Foto); **Syn. C-1.20** (Fotos)	Berghaus, A.; Rettinger, G.; Böhme, G.: Duale Reihe Hals-Nasen-Ohren-Heilkunde. Hippokrates, Stuttgart 1996

Kapitel C3 Abdomen

Abb. C-3.25	Winkler, R.; Otto, P.: Proktologie. Ein Leitfaden für die Praxis. Thieme, Stuttgart 1997

Kapitel C4 Urogenitaltrakt

Abb. C-4.4	Merkle, W. (Hrsg.): Duale Reihe Urologie. Hippokrates, Stuttgart 1997
Abb. C-4.7	Boehringer Mannheim
Abb. C-4.22	Merkle, W. (Hrsg.): Duale Reihe Urologie. Hippokrates, Stuttgart 1997

Kapitel C6 Gelenke und Muskulatur

Abb. C-6.5; Abb. C-6.6; Abb. C-6.9; Abb. C-6.19; Abb. C-6.27; Abb. C-6.31; Syn. C-6.2; Syn. C-6.3; Syn. C-6.4; Syn. C-6.5; Syn. C-6.6; Syn. C-6.8; Syn. C-6.10; Syn. C-6.11; Syn. C-6.12; Syn. C-6.13; Syn. C-6.14	Niethard, F. U.; Pfeil, J.: Duale Reihe Orthopädie, 3. Aufl. Hippokrates, Stuttgart 1997

Kapitel C7 Haut und Hautanhangsgebilde

Abb. C-7.1; Abb. C-7.2; Abb. C-7.3; Abb. C-7.4; Abb. C-7.5; Abb. C-7.6; Abb. C-7.7; Abb. C-7.8; Abb. C-7.9; Abb. C-7.11; Abb. C-7.13; Abb. C-7.14; Abb. C-7.15; Abb. C-7.16	Jung, E. G. (Hrsg.): Duale Reihe Dermatologie, 3. Aufl. Hippokrates, Stuttgart 1995

Kapitel C9 Nervensystem und Psyche

Abb. C-9.1; Syn. C-9.1; Syn. C-9.2; Syn. C-9.8	Masuhr, K. F.; Neumann, M.: Duale Reihe Neurologie, 3. Aufl. Hippokrates, Stuttgart 1996

Kapitel C11 Untersuchung von Kindern

Abb. C-11.5	Kinder-Untersuchungsheft
Abb. C-11.6	Kinder-Untersuchungsheft
Abb. C-11.20a, b	Pharmacia & Upjohn

Sachverzeichnis

A

Abbau, somatischer 47
Abdecktest 131, 139
Abdomen 220, 495, 520
- aufgetriebenes 224
- Auskultation 240
- Beschwerden, Anamnese 249
- Einteilung in Quadranten 220
- Gefäße, Auskultation 241
- Inspektion 223
- Palpation 225
- Perkussion 236
- Pulsation 224
- Sechseck 220
- Verfärbungen 224
- Vorwölbungen 223
Abduktion 345, 364
Abführmittel 266, 335
Abhängigkeiten 461
Abrasio 320
Abspreizhemmung 493
Abstraktionsgrad, falscher 19
Abstrichtechnik 302
Abszeß 67
- lymphadenitischer 425
- paranephritischer 282, 309, 313
Abwehrspannung 503
- unwillkürliche 228
Abweichreaktion 153
Acanthosis nigricans 418
Acarbose 265
Achalasie 260, 261
Achillessehne 371
- Enthesiopathie 372
- Ruptur 372
Achillessehnenreflex 442
Achromasie 139
Achselhöhlen, Palpation 306
Acrodermatitis atrophicans 416
- chronica atrophicans 356, 419
ACTH 478, 479
Adamsapfel 158
Adams-Stokes-Anfall 208
Adams-Stokes-Syndrom 73
Adduktion 345, 364
Adduktorenkanal 327, 330
Adduktorenreflex 441
Adenohypophyse 478
Adenoide 142, 146, 147, 516
Adenom, solitäres autonomes 109
- villöses 267
ADH 69, 216, 316, 479
ADH-Sekretion 69
- inadäquate 479
Adiadochokinese 449
Adie-Syndrom 131
Adipositas 63, 131, 205, 224, 472, 480
- hüftbetonte 473
- Prävalenz 473
- Risiken 473
- stammbetonte 473
Adnexe, linke, Palpation 302, 303
Adnexitis 310, 322
Adnextumor 224
Adoleszenten 506
Adoleszentenkyphose 374
Adrenalin 479, 481
Adrenokortikotropes Hormon 478
Aerophagie 264
Affekt 22
Affektivität 432
Affektlabilität 434
Affenfurche 493
Aggravation 16
Aggression 20, 41, 47
AIDS 50, 68, 99, 101
Akanthom 408
Akanthose 405, 408
Akinese 446, 457
Akkommodation 130
Akne 392
Akren, kalte 217
Akromegalie 79, 83, 92,116, 119, 355, 463, 478
Akromioklavikulargelenk 346, 348
Akromion 346
Akrozyanose 192, 356, 397
Aktinomykose 427
Aktivität, verminderte körperliche 64
Akzeleration, körperliche 506
Alanin-Amino-Transferase (ALT), Normalwert 523
Albinismus 397, 398
Albumine, Normalwert 522
Aldosteron 335, 479
Algurie 314
Alkalische Phosphatase (AP) 107, 391
- Normalwert 523
Alkalose 200
Alkaptonurie 125, 126, 291, 384
Alkohol 42, 83, 519
Alkoholabusus 106, 471
Alkoholentzug 61
Alkoholentzugsdelir 517
Alkoholkonsum 29, 43
Alkoholkranke 43, 69, 82, 262
Alkoholpsychose 434
Alkoholvergiftung 520
Allen-Test 328
Allgemeinbeschwerden 55
Allgemeinzustand 79
Alopecia androgenetica 120
- areata 120
Alopezie 116, 120, 411
Alpha-1-Antitrypsin, Normalwert 522
Alpha-Fetoprotein, Normalwert 522
Alpha-1-Globuline, Normalwert 522
Alpha-2-Globuline, Normalwert 522
Alpha-Amylase, Normalwert 523
Alpträume 59
Alter 63, 85
Altersdepression 47
Altersflecken 397
Altersschwerhörigkeit 150
Alterstremor 446
Alterswarzen 111, 397
Alveolitis 200
Alzheimer-Krankheit 429, 458
Amaurose 137
Amaurosis fugax 72, 435, 459
Amenorrhö 272, 478, 479
- primäre 320
- sekundäre 320
Ammoniak, Normalwert 524
Amnesie, retrograde 434
Amyloidose 216, 355, 384, 419
Amyotrophe Lateralsklerose 387
Amyotrophie, diabetische 465, 466
Anaeroid-(Feder-)manometer 175
Analekzem 246
Analerkrankungen, häufige 247
Analgesie 451
Analkarzinom 265
Analprolaps 246, 273
Analreflex 247, 442
Anämie 116, 178, 399
- aplastische 400
- hämolytische 234, 400
- hyperchrome 400
- hypochrome 399, 400
- normochrome 400
- perniziöse 222
Anamnese, Alter 47
- Anwesenheit dritter Personen 45
- Besonderheiten bei Kindern 509
- Ergänzung 84
- ophthalmologische 120
- psychosoziale 32
- Reproduzierbarkeit 15
- Struktur 32
- Strukturierung 28
- Teile 32
Anamnesegespräch bei Kindern 511
- Sitzpositionen 18
- Technik 25
anaphylaktische Reaktion 417
Anasarka 93
Anästhesie 451
Androgene 479
Aneurysma 135, 167
ANF (atrialer natriuretischer Faktor) 278
Anfälle bei Kindern 516
- hysterische 460
Anfallsleiden 460
Angina abdominalis 254
- intestinalis 256
- pectoris 75, 203, 208
- - Ausstrahlen der Schmerzen 204
- - Definition 203
- - instabile 204
- - Lokalisation 204
- - Risikofaktoren 205
- - stabile 204
- - typische Befunde 203
Angiodysplasien 273
Angiographie 64
Angiom 403, 415
Angiopathie, diabetische 323
Angiotensin Converting Enzyme (ACE), Normalwert 523
Angst 40, 461
Angstneurose 56
Angstträume 59
Angstzustände 461
Angulus costovertebralis 308
Anhidrosis 396, 413, 456
Anisokorie 92, 130
Anorexia nervosa 63, 64, 272
Anorexie 263, 270, 271, 474
Anosmie 278, 435
Anrede, formelle 18
Anstrengungsasthma 515

Antekurvation 339, 340
Anthrax 424
Antidepressiva, trizyklische 77, 99
Antidiuretisches Hormon 69, 216, 278, 279, 316
Antikoagulanzien 289
Antikörper, antinukleäre 101, 107
- antithrombozytäre 112
Anti-Streptolysin-O-Reaktion (ASL-Titer) 97, 391
Antriebsarmut 58
Antriebsstörung 434
Anus, Inspektion 245, 246
- Palpation 247
Aorta abdominalis 326
- - Kinking 235, 236
- - Palpation 235
Aortenaneurysma 224, 326
- Dissektion 75, 202, 203, 211
Aorten-Areal 180, 181
Aortendilatation 103, 188
Aorteninsuffizienz 169, 173, 176, 178, 182, 190
Aortenisthmusstenose 326
Aortenklappe 188
- bikuspidale 182
- Sklerose 185
Aortenpuls 169
Aortenpunkt 81
Aortensklerose 182
Aortenstenose 71, 173, 178, 182, 186, 189, 203
- subvalvuläre 173
- valvuläre 73
Aortenvitium 173
Apathie 104, 434, 517
Apfelform 62
Apgar-Index 486, 487
Aphakie 129, 132
Aphasie 166, 450
- amnestische 450
- globale 450
- motorische 450
- sensorische 450
Aphonie 160, 440, 450
Aphthen 81, 157, 279, 280, 408
Apolipoproteine 467
Apoplexia papillae 135, 136
Apoplexie 458
Appendizitis 224, 228, 252, 257
- akute 221
Appetit 62
Appetitverlust 271, 414
Apraxie 448
Arbeitsplatz 40
Arbeitsunfähigkeitsbescheinigung 56
Arcus lipoides 463, 468
- - corneae 92, 419
- senilis 92
Argyrose 125
Arm, Längenmessung 351
Arrhythmie 171
- absolute 171
- respiratorische 171
Arteria brachialis, Palpation 326
- carotis 118
- - Auskultation 118, 163, 164
- - Palpation 326
- centralis retinae 134
- cerebri anterior 459
- - media 459
- - posterior 459
- dorsalis pedis, Palpation 324, 325
- femoralis 242
- - Auskultation 327
- - Palpation 324
- ophthalmica 459
- poplitea 324
- - Palpation 325
- rectalis sup. 246
- subclavia, Verschluß 72
- temporalis 168
- - Palpation 117, 326
- tibialis posterior, Palpation 324, 325
- ulnaris, Palpation 326
arterielle Verschlußkrankheit, Schweregrade nach Fontaine 329
arterieller Verschluß, 6P-Regel 333
Arterien, Strömungsgeräusch 327
Arterienpuls, Palpation 325
Arterienverschluß, akuter 333
Arteriitis temporalis 135, 167, 387
Arteriosklerose 178
Arthralgien 56, 76
Arthritis 385
- reaktive 379
- septische 341, 392
- urica 98, 357
Arthrographie 389
Arthropathie, neuropathische 386
Arthrose 379, 385
- des Großzehengrundgelenks 371
- und Arthritis, Unterschiede 385
Arthroskopie 390
Arthus-Reaktion 417
Artikulation 450
Artikulationsfähigkeit 19
Arzneimittelexanthem 403, 422
- fixes 422
Arzt, Äußeres 23
- autoritäres Verhalten 15
- Freund 21
- Habitus 23
- Kleidung 23
- Sprache 19
- Vorbild 21
Arztbesuch, Grund 32
- häufiger 42
Arzt-Patienten-Verhältnis 21
Asa foetida 435
Askariden 240
ASL 391
Aspartat-Amino-Transferase (AST), Normalwert 523
Asphyxie, fetale 486
Assistenzpersonal 46
Astereognosie 451
Asthma bronchiale 53, 61, 80, 93, 200, 211, 213, 215, 263
- - allergisches 416
- cardiale 213
- exogen-allergisches 213
- intrinsic 213
Asthmaanfall 59, 202
Astigmatismus 128, 133
Aszites 91, 216, 217, 224, 239, 277
- Bauch 224
- chylöser 239, 278
- Nachweis 237
- Ursachen 239, 277, 278
Aszitesmengen, große 238
- kleine 237
Ataxie 447
- spinale 447
- zerebelläre 82
Atelektase 196, 202
Atemexkursionen 195
Atemfrequenz 169, 195, 214
- Kind 515
Atemgeräusch 200
- abgeschwächtes 200
- alveoläres 200
- fehlendes 211
- normales 200
- vesikuläres 200
Atemhilfsmuskulatur 81, 213, 515
Atemmittellage 280
Atemnot 53, 212, 213
- Definition 212
- nächtliche 59
Atemnotsyndrom 515
Atemregulationsstörungen 60
Atemrhythmus 169
Atemtiefe 169, 195
Atemwege 514
Atemwegserkrankungen, obstruktive 54
Atherome 122
Atherosklerose 467
Athetose 446
Atmung 195, 520
- puerile 495
Atopie 38
Atopiker-Familien 416
Atrophie 408
Attacke, transitorische ischämische 72
Audiometrie 149
Aufdecktest 139, 437
Aufmerksamkeit 431
Aufmerksamkeitsreaktion 484
Aufstoßen 264
- saures 262
Aufzeichnung, »codierte« 29
Augen 120, 493
- Inspektion 121
- rote 125, 140
- verklebte 126
- zukneifen 98
Augenaffektionen 385
Augenhintergrund 435
Augeninnendruck 129, 168
Augenkammer, vordere 129
Augenkontakt 31
Augenkrankheiten akute, Differentialdiagnose 140
- Anamnese 120
Augenmuskelbeweglichkeit 435, 436
Augenprothese 121
Augenspiegel 85, 121, 133
Augenuntersuchung 120
- Instrumentarium 121
Augenzittern 72
Aura 460
Aurantiasis cutis 398
Ausbruch, emotionaler 22
Ausdrücke für Sexualfunktion 307
- - Sexualorgane 307
Ausdrucksweise, abstrakte 19
Ausfälle, binasale 138
- bitemporale 138
Ausfluß 300
- urethraler 316
Auskultationspunkte beim Säugling und Kleinkind 495

ausländische Patienten, Begrüßung 24
Auslandsreisen 65
Außenrotation 345, 364
Austreibungsgeräusche 188
Austreibungstöne 184
Auswurf 218
Auswurffraktion 73
Autoantikörper 113
Autoimmunerkrankung 56
Autoimmunthyreoiditis 93
Autorität 41
AV-Block 171
- III. Grad 183
- höhergradiger 73
- totaler 208
Axillaristhrombose 356
Axillarlinie, hintere 80
Azetongeruch 83
Azidose 262
Azidosegeruch 519

B

Babinski-Reflex 444
Babinski-Zeichen 445
Baby-Grübchen 356
Backen aufblasen 98
Bagatellisieren 25, 31
Bahnung 443
Bailey-Anstoßtest 244
Baker-Zyste 338, 366
Bakteriurie, signifikante 289
Balanitis circinata 384
Balanoposthitis 293
Balkannephritis 53
Ballgriff 361
Ballismus 446
Ballprothesen 185
Bambusstab 94
Bänder, sakrouterine 303
Bandwurm 62
Barrett-Ösophagus 261
Barrieren, emotionale 18
Bartelheimsche Falten 105
Bartholin-Drüsen 300
Bartholin-Zysten 322
Basaliom 122, 421
Basaltemperatur 322
Basalzellen 395
Basenabweichung (BA), Normalwert 524
Bauchaorta, Aneurysmen 235
Bauchglatze 91, 224
Bauchhaut, Marmorierung 224
Bauchhautreflexe 429, 442
Bauchhoden 298
Bauchkontur 225
Bauchschmerzen, auslösende Faktoren 250
- Ausstrahlung 250, 252
- Charakter 250, 255
- Dauer 250
- Häufigkeit und Periodik 250, 253
- Intensität 250, 254
- intermittierender Verlauf 253
- Kinder 502, 514
- lindernde Faktoren 250
- Lokalisation 250
- nächtliche 254
- Schmerzbeginn 250
- Schmerzlokalisation 251
- verstärkende Faktoren 250
Beau-Reil-Furchen 410
Beckenboden, Deszensus 315
Beckengeradstand 373
Beckenkämme, Palpation 373
Beckenniere 309
Beckenschiefstand 362
Beckenvenenthrombose 333
Bedrohung, vitale 86
Befall »im Strahl« 383
Befindlichkeitsstörungen 40
Begrüßung 23
Behaarung 224
Behaarungstyp, männlicher 292
Behinderung 44
Behinderungen, multiple 46
Beinlänge, Messung 362, 373
Beinvenensystem, Funktionstests 332
Beinvenenthrombose 209
- tiefe 331, 333
Beipackzettel 45
Belastung, dynamische 178
- isometrische 178
- isotonische 178
- körperliche 175
- statische 178
Belastungsdyspnoe 212, 216
Beleuchtung, fokale 128
Bell-Phänomen 122, 438, 438
Benommenheit 70
Benton-Test 461
Berufsanamnese 40
Berufskrankheiten 53, 54
Besenreiser 330, 403
Bestrahlung 50
Betaglobuline, Normalwert 522
Beugesehnen-Tenosynovitis 359
Beweglichkeitsprüfung 342
Bewegungen, Koordination 81
Bewegungsablauf 81
Bewegungsarmut, mimische 83
Bewegungsmangel 63
Bewegungsumfang 342, 349
Bewußtlose, Inspektion 519
- Untersuchung 517
Bewußtlosigkeit, Begleitumstände 88
- Genese 88
- Grad 86
Bewußtsein 518
Bewußtseinslage 169, 431
- Bewertung 518
Bewußtseinsverlust 72, 519
Bezugsebenen des menschlichen Körpers 343
Bifurkation 235
Bigeminie 171, 173
Bildungshintergrund 19
Bilirubin, direkt, Normalwert 524
- gesamt, Normalwert 524
- indirekt, Normalwert 524
Bindegewebe, Atrophie 418
Bing-Horton-Syndrom 166
Bioprothesen 185
Biopsie 50
Biot-Atmung 215
Birnenform 62
Bizepsreflex 441
Bizepssehne, lange 347
Bizepssehnenriß 351
BKS 107, 111
- Normalwert 522
Bläschen 404
- spongiotische 408, 409
Blase 404, 406
Blasendach 281
Blasenoberrand 281
Blasenpunktion 287
Blasensperre, reflektorische 310
Blasenstörung 61
Blässe 82, 206
Bleikoliken 254
Blepharitis 122
Blepharospasmus 122
Blickdiagnosen 91
Blindgang 448
Blindheit 44, 45, 138
- vorübergehende 459
Blockierung 171
blue bloater 213, 214
Blutabgang, analer 272
Blutbeimengung 268
Blutbild 522
Blutdruck 169
- diastolischer 174
- normaler 175
- systolischer 174
- - palpatorische Ermittlung 326
- zirkadianer Verlauf 176
Blutdruckamplitude 176
Blutdrucklangzeitmessung 175
- ambulante 177
Blutdruckmeßgerät 85, 169
Blutdruckmessung 169, 172, 174
- im Seitenvergleich 326
- oszillometrische 174, 175
Blutdruckprofil, zirkadianes 176
Bluterbrechen 272
Blutgase 214, 524
Blutglukose, Normalwert 523
Blutschwamm 415, 415
Blutsverwandtschaft 511
Bluttransfusion 104
Blutung 88
- abnorme vaginale 319, 320, 321
- gastrointestinale 272
- intrakranielle 164
Blutungsquelle, ableitende Harnwege 291
- glomeruläre 291
Blutungsübel 289
Blutverlust 215
Blutzucker 467
Body-Mass-Index (BMI) 61, 63, 473
Bogen, schmerzhafter 351
Böhler 367, 368
Borborygmi 240
Borkenbildung 145
Bornholmer Krankheit 212, 387
Borrelia burgdorferi 96, 416
Bouchard-Arthrose 357
Bouchard-Knoten 359
Bradydiadochokinese 449
Bradykardie 73, 163, 171, 262
Bradypnoe 215
Brechzentrum 261
Brille, polarisierte 140
Broca-Index 61, 450, 473
Bromhidrosis 413
Bronchialatmen 200
Bronchialkarzinom 50, 93, 110
Bronchialkollaps 213
Bronchialobstruktion 201, 213
Bronchialsystem, hyperreaktives 213
Bronchiektasen 93, 200, 201, 211, 219

Bronchitis 200
- asthmoide 200
- bakterielle 280
- chronisch asthmoide 213
- chronische 51, 93, 212, 218
- - Definition 218
Bronchophonie 196
- Prüfung 196
Bronchopneumonie 200
Bronchospastik 201, 213
Bronchusverschluß 202
Bronze-Diabetes 464
»Brot schneiden« 345
Brucellose 66, 67
Brudzinski-Zeichen 455
Brummen 93, 201, 202
Brust, weibliche 304
Brustenge 203
Brustkyphose 374
Brustschmerzen 74, 202, 205, 211, 212
Brustwarzen, Sekretabgang 304
B-Symptomatik 56
Bubo 428
Budd-Chiari-Syndrom 239, 278
Büffelnacken 94
Bulbärparalyse 260
Bulbi, Konvergenz 130
Bulbo-cavernosus-Reflex 442
Bulbuspalpation 132
bulge sign 366
Bulimie 64, 263, 272
Bulla 404, 406
Buphthalmus 128, 493
Bursa infrapatellaris 366
- praepatellaris 366
Bursitis infrapatellaris 341
- subdeltoidea et subacromialis 346
- trochanterica 363

C

C3-Complement, Normalwert 522
C4-Complement, Normalwert 522
Café-au-lait-Fleck 414, 415
CAGE-Test 44
Calcitonin 481
Campylobacter 385
c-ANCA 113
Candida albicans 109
- Mykose 109
- Soor 157
Candida-Infektion 67, 319
Candida-Ösophagitis 257, 260
Canities 398
Caput medusae 102, 225
Carcinoembryonales Antigen (CEA), Normalwert 522
Cauda equina 265
Cavathrombose 160
Cervix uteri 248, 249
CFS 58
Chaddock-Reflex 444
Chalazion 122
Charcot-Leyden-Kristalle 219
Chemosis der Bindehaut 463
Chemotherapie 50
Cheyne-Stokes-Atmung 215
Chiasma opticum 130, 138, 478
China-Restaurant-Syndrom 167
Chlamydien 239, 317, 385
Chloasma uterinum 399
Chlorid, Normalwert 524
Choanalatresie 489
Choane 146
Cholestase 101
Cholesteatom 149
Cholesterin 467
- gesamt, Normalwert 523
Cholesterinablagerungen 392
Cholezystitis 67, 212, 252, 257
- akute 262
Cholinesterase (CHE), Normalwert 523
Chondrodystrophie 79, 482
Chondrokalzinose 384
Chorea 446
chronic fatigue syndrome (CS) 58
Chvostek-Zeichen 438, 481
Chylomikronen 291
Chylurie 291
Cicatrix 408
Cimetidin 99
Claudicatio intermittens 329, 386
Click 183
- frühsystolischer 184
- mittelsystolischer 184
Clusterkopfschmerz 165, 166
CMV-Infektion 67
Coeruloplasmin 472
- Normalwert 522
COLD 193
Colitis ulcerosa 67, 257, 273, 384
Colon descendes 235
- irritabile 254, 257, 267
Coma diabeticum 83, 215, 520
- uraemicum 215
Combustio 420
Computertomographie 389
Condylomata acuminata 294, 300, 317
Congelatio 420
Conjunctiva 125
Conn-Syndrom 480
Contusio cerebri 517
Coombs und Gell, pathogene Immunreaktion 417
Cor pulmonale 192, 193
Corium 395
Cornu cutaneum 418
Corpus cavernosum 246, 294
- spongiosum 294
Cortisol 479
Cotton-wool-Exsudate 135, 136, 467
Courvoisier-Zeichen 233
CO-Vergiftung 520
Coxa vara congenita 363
Coxsackie-B-Virusinfektion 211
Coxsackie-Viren 207, 387
C-Peptid, Normalwert 523
C-Reaktives Protein (CRP), Normalwert 522
Craurosis vulvae 300
Crescendogeräusch, präsystolisches 186
Crines 509
CRP 107
Crusta 408
Cubitus valgus 351
Curschmann-Spiralen 219
Cushing-Syndrom 79, 479
- Symptomatik 480
Cutis laxa 415

D

Dakryoadenitis 122
Dakryozystitis 122, 126, 357
Darmgeräusche 244
- Fehlen jeglicher 240
Darmverschluß 515
Daten, persönliche 17
Dauerkatheter 286
Daumensattelgelenk 360
- Bewegungsumfang 360
Decrescendogeräusch 186
- frühdiastolisches 186
- holodiastolisches 186
Defäkation, Schmerzen 312
Defibrillation 88
Defizit, reversibles ischämisches neurologisches 72
Dehydratation 396
Dekortikation 518
Dekubitus-Angina 204
Delir 517
Dellen, eindrückbare 105
Demenz, senile 80
Depression 38, 42, 56, 58, 279, 461
- endogene 59
- larvierte 475
Dermatitiden 416
Dermatitis, allergische 416
- nekrotisierende 267
Dermatomyositis 122, 384, 387, 391, 417
Dermatosen 392
- angeborene 414
- degenerative 418
- erworbene 392, 416
- tumoröse 420
Dermis 395
Dermographismus 396, 414
Dermoidzysten 122
Deszensus, unvollständiger 496
Deuteranopie 139
Dezerebration 518
Diabetes insipidus 69, 316, 479
- mellitus 62, 205, 316, 463
- - Beschwerden 465
- - Spätfolgen 465
- - Ursachen 464
- neurologische Untersuchung 467
- Untersuchung der Augen 467
Dialekt, lokaler 20
Diapedese 112
Diaphanoskopie 295
Diarrhö 265
- akute 267
- chronische 267
- Definition 265
- Fragen 266
Diastole 183
Diathese, allergische 38
- hämorrhagische 125, 143, 400, 402
Dickdarm, Palpation 235
Digitalis-Überdosierung 263
Digitus mortuus 356
Dilatation des linken Ventrikels 189
- des linken Vorhofs 189
- des rechten Vorhofs 189
- poststenotische 189
Dioptrien 134
DIP-Gelenke 356, 359
Diphtherie 110, 516
- Impfung 513

Diplokokken 317
Diplopie 436
Dipsomanie 69
Discus N. optici 134
Dislokation 339
Dissimulation 16
Distanz, körperliche 30
- zugewandte 21
Distanzgeräusche 187
Dittrich-Pfröpfe 219
Diuretika 336
Divertikulitis 224
Dokumentation 86
- der Auskultation 188
Dolmetscher 46
Doppelniere 282, 283
Doppel-S-Form 374
Doppelstrang-DNA 101
Doppeltsehen 70, 457
Doppler 164
Doppleruntersuchung 328
Dornfortsätze 373
- Palpation 375
Dorsalextension 354
Dorsiflexion 345
Douglasscher Raum 248, 303, 304
Down-Syndrom 482, 489, 493
Drehschwindel 70, 153
Drei-Tage-Fieber 66
Dressler-Syndrom 207
Drogenkonsum 29
Dromedartyp 173
Druck, intraokularer 132
Druckalopezie 411
Druckausgleich 152
Druckbelastung 216
Druckpunkte 221
Druckschmerz 221
Drug induced fever 65
Drüsen, apokrine 412
- ekkrine 412
Duchenne-Trendelenburg-Hinken 362
Ductus Botalli 186
- choledochus, Verschluß 108
- deferens 242, 295
- thoracicus 425
- - Obstruktion 239
Duftdrüsen 412
Dünndarm, Palpation 235
Dünndarmileus 224
Duplex 164
Duplexsonographie 328
Dupuytrensche Kontraktur 95, 102, 356, 358, 392
Durchblutungsstörung 323
- arterielle 323
- venöse 330
- zerebrale 72, 163, 458
Durchfallerkrankungen 385
Durchschlafstörungen 59, 61
Durst 62, 68
- abnorme Ursachen 69
Durstgefühl, ältere Menschen 68
- vermindertes 68
Dysarthrie 81, 450
Dysästhesien 451
Dysdiadochokinese 449
Dysenterie 257
Dyshidrosis 95
Dyskeratose 408
Dyskinesien 446
Dyskranie 119
Dyskrinie 219
Dysmetrie 448
Dyspareunie 309, 312
Dyspepsie 256
Dysphagie 259, 260
Dysphasie 450
Dysphonie 81, 450
Dyspnoe 206, 212
- akute 214
- bei Kindern 515
- chronische 214
- Differenzierung 214
- nächtliche 61
- paroxysmale (anfallsweise) nächtliche 213
- Test 81
Dysregulation, orthostatische 70, 74, 176
Dysurie 262, 314

E

E 605-Vergiftung 519
EBV-Infektion 67
Echokardiographie 71, 180, 187, 207
Ectropium senile 123
Effekt, antiandrogener 99
Effloreszenzen 392, 404
- anuläre 406
- Ausbreitungsform 407
- Beschreibung 406
- disseminierte 407
- gyrierte 406
- herpetiforme 407
- kokardenförmige 406
- konfluierende 407
- korymbiforme 407
- polygonale 406
- primäre 404
- sekundäre 408
- serpiginöse 406
- striäre 406
- zyklische 406
Effluvium 120, 411
Ehlers-Danlos-Syndrom 415
Eigenreflexe 440, 441
Einflußstauung, obere 162, 194, 216, 217
Einfühlungsvermögen 30, 35
Einschlafstörungen 59, 61
Einsicht 433
Einstellbewegung 139
Einströmungsgeräusche 191
Eiselsbergsches Phänomen 252
Eisen (Fe), Normalwert 524
Eisenbindungskapazität, Normalwert 524
Eisenmangel 222
Eisenmangelanämie 104, 39, 400
Eisenpräparate 268
Eisenresorption, intestinale 472
Eiweißmangelödeme 334
Ejakulation 319
Ejakulationsreflex 442
Ejektionsclick 184
Ekchymosen 403
EKG 180
ektope Testes 298
Ektopie 321, 322
Ektropionieren 124
Ektropium 123
- seniles 123
Ekzem, atopisches 120, 396
- dyshidrotisches 413
Ekzemkrankheit 417
Eleidin 395
Elektrolythaushalt (Serumwerte) 524
Elektrophorese 391
- im Liquor 522
- im Serum 522
Ellenbogengelenk 351, 352
- Bewegungsprüfung 353
- Funktionsprüfung 353
- Inspektion 351
Eltern 511
Embolie 205
- zerebrale 459
emmetrop 133
Empathie 15, 22, 30, 31, 35
Empyem 233
Enanthem 157, 404
Encephalitis disseminata 72, 457
Endokarditis 67, 234
- bakterielle 105
Endokrinium 463
Endometriose 309, 311
Endometritis 321, 322
Endschmerz 310
Endziffernpräferenz 175
Energiebilanz, negative 474
Enkopresis 516
Enophthalmus 99, 121
Entengang 362
Entenschnabelspekulum 300
- Einführen 301
Enthesiopathien 363
Entleerungen, nächtliche 268
Entmarkungskrankheit 457
Entropium 123
Entwicklung 512
- geistig-seelische 499
- motorisch-statische 498
Enuresis 516
Enzephalitis 119, 167
Enzyme 523
Epicondylitis lateralis 341
- radialis 383
- - humeri 352
- ulnaris 383
- - humeri 352
Epicondylus humeri lateralis 351
- - medialis 351
Epidemiologie 50
Epidermis 395
Epidermoidzyste 414
Epidermolysis 410, 414
- hereditäre 414
Epididymis 295
Epididymiszyste 296, 297
Epididymitis 296, 297, 309, 312, 313
Epididymo-Orchitis 296
Epigastrium 220
Epiglottis 159
Epikanthus 489
Epikondylus, Palpation 352
Epilepsie 60, 68, 429, 460, 516
Epiphora 123
Episkleritis 127
Epispadie 294, 489, 496
Epithelzellen 288
Epizoonosen 423
Eponychium 409
Epstein-Barr-Virus-Infektion 99
Erbkrankheiten 512
Erblindung 111

Erbrechen 165, 206, 257, 261, 262
- anamnestische Fragen 263
- bei Kindern 515
- induziertes 272
Erbscher Punkt 180, 181
Erektionen 319
Erfolgsreaktion 416
Erfrierung 356, 420
Ergotismus 356, 358
Ergußbildung, intraartikuläre 337, 367
Erkrankung, akute fieberhafte 65
- allergische 147
- Altersabhängigkeit 52
- Atemwege 54
- extrapyramidale 445
- frühere 32, 34
- genetisch bedingte 38
- Geschlechtsabhängigkeit 52
- Lunge 54
- maligne 56
- psychosomatische 55
- relatives Risiko 51
- saisonale Häufung 53
Ermüdbarkeit, abnorme 58, 434
Ernährung, Kinder 512
- salzreiche 336
Ernährungsgewohnheiten 62, 83
Ernährungsprotokoll 475
Ernährungszustand 79, 80
Erosio 408
Erosionen 123
Erregernachweis 66
Erschöpfung 55, 56, 57
Erschütterungsschmerz 503
Eruktation 264
Erysipel 97, 122, 336, 407
Erythem 402, 404
Erythema bullosa simplex 414
- chronicum migrans 416
- e pudore 394
- exsudativum multiforme 422
- migrans 53, 96
- nodosum 96, 386, 422
Erythrasma 292
Erythrodermie 396, 404, 418
Erythroplasie 421
Erythrozyten, dysmorphe 291
Erythrozytenzahl, Normalwert 522
Erythrozytenzylinder 291
Erziehung 40
Esophorie 139
Eßgewohnheiten 271
Eßstörung 270
- psychogene 272
Eudiadochokinese 449
Eule-Typ 58
Eumelanin 397
Eustachische Röhre 146
Eversion 345
Exanthem 66
Exanthema subitum 66
Excoriatio 101, 408
Exkavation 135
Exophorie 139
Exophthalmus 93, 116, 121, 122, 463, 476
- Ausmaß 122, 123
- idiopathischer 93
Exostosen 337
Expertenhaltung 25
Exposition 40
- berufliche 65
Exsikkose 68, 97, 222, 281, 413
Exsudat 210, 239, 409
- hartes 135
- weiches 135
Extension 345, 364
Extrasystolen, interponierte 171
- monotope 171
- polytope 171
Extrasystolie 171
Extratöne 182, 184
- diastolische 184
- systolische 183
Extrauteringravidität 309
Extremitäten 323, 493
- Inspektion 323
- Palpation 323
- Perkussion 323
- untere 362
Extremitätenschmerz 75
Exzeß-Risiko 51

F

Fachtermini, medizinische 20
Fäkalgeruch 83
Fallgefühl 70
»falscher Freund« 265
Fältelung, periorale 83
Faltenzunge 157
Familienanamnese 32, 38, 205, 511
Familienstammbaum 38
Family Doctor 22
Famuli 46
Farbenblindheit, totale 139
Farbensinn 139
Farbtafeln, Farbtüchtigkeit 121
- Ishihara 139
- Stillin-Velhagen 139
Fascia poplitea 325
Faserbündel, makulopapillares 134
Faßthorax 192, 193
Faszikulationen 446
Fazialisparese, idiopathische periphere 98
- periphere 122, 438
- zentrale 438
Fazialis-Prüfung 439
Fehlhaltung, skoliotische 373
Feinmotorik 345, 449
Felderhaut 393
Felty-Syndrom 66, 67
Fensternische 148
Fernvisustafeln 121
Ferritin, Normalwert 524
Fertilitätsprobleme 322
Fettbauch 224
Fettfilm 394
Fettgewebe, Atrophie 419
- Dicke des subkutanen 80
Fettleber 233, 466
Fettstoffwechselstörung 392, 467
Fetttropfen 266, 288
Fettverteilung 62
feuchte Nebengeräusche 200
Feuermal 415
Fever of unknown origin (FUO) 67
Fiberendoskope 249
Fibrinbeläge 110
Fibrinogen, Normalwert 523
Fibrinolyse 205
Fibrome 122, 420
Fibromyalgie-Syndrom 383
Fibroseknistern 201, 401
Fieber 56, 65, 215
- axilläre Messung 65
- bei Kindern 515
- Diagnostik 67
- Dromedarkurve 66
- durch Medikamente (Drug fever) 67
- intermittierendes 66
- kontinuierliches 66
- periodisches Auftreten 66
- rektale Messung 65
- rekurrierendes 66
- remittierendes 66
- rheumatisches 67, 379
- selbst induziertes 67
- undulierendes 66
- ungeklärter Ursache 67
- Typen 65, 66
- Ursachen 65
- vorgetäuschtes 65
Fieberkrämpfe 501
Fieberkurven 66
Fiebermessen bei Säuglingen und Kleinkindern 502
Fila olfactoria 434
Filzläuse 292
Finger, Beugedefizit 360
- Bewegungsprüfung 360
- Funktionsprüfung 360
- Luxationen 357
- schnellender 359, 381
- Schwellungen 335, 357
- - Differentialdiagnose 357
- Streckdefizit 360
- Subluxationen 357
Fingerapoplexie 356
Finger-Boden-Abstand 376
Fingergelenke 355
- Inspektion 355
- Palpation 358
Fingerglieder, Achsenabweichungen 357
Fingerknöchelpölsterchen 357
Fingerkuppen-Hohlhandabstand 360
Fingerkuppennekrose 108, 323, 401
Fingerlinge 85
Finger-Nase-Versuch 448
Fingerpolyarthrose 52, 97
Fischschuppenkrankheit 396, 408, 414
Fissuren 246, 273, 408
Fisteln 246
Fixation, zentrale 121
Flachrücken 374
Flachthorax 192, 193
Flankendämpfung 237
Flankenschmerz 289, 313
Flatulenz 257, 264, 265
Flavinikterus 276, 398
Fleck 404
- gelber 134
- kirschroter 140
Flexion 345, 364
Fliegentest, Wirth 140
Flimmern vor den Augen 70
Flimmerskotom 165
Fluchtreaktion 140
Flügelfelle 160
Fluor, blutiger 321
- vaginaler 319
Fluoreszein-Natrium-Lösung 128
Flush-Symptomatik 267
Flüstern 450

Foetor ex ore 222, 280
- uraemicus 519
Föhn 58
Folgeerscheinungen, metabolische 307
Follikelstimulierendes Hormon 478
Fontaine 329
Fontanellen 119, 491, 492
Foramen infraorbitale 117
- mentale 117
- supraorbitale 117
Form, androide 62
- gynoide 62
Fossa iliaca 235
- jugularis 258
Fötor 158, 262
Fovea centralis 134
Fragen, schwierige 29
Freiburger Persönlichkeitsinventar 433, 461
freies Cortisol, Normalwert 523
freies Gehen 498
freies Thyroxin (FT4), Normalwert 523
freies Trijodthyronin (FT3), Normalwert 523
Fremdanamnese 461, 509, 519
Fremdkörper 142
Fremdkörpergefühl 124, 160
Fremdreflexe 440, 442
Frenzel-Brille 153
Frequenz 187
Freßsucht 64
Frontalebene 343
Froschbauch 224
Frösteln 65
Frühsommer-Meningoenzephalitis (FSME-Virus) 53, 96
Fruktoseintoleranz 515
FSH 478
FSME 53, 96
Füllungsgeräusche 191
Fundoskopie 86, 435
Fundus hypertonicus 135
- - Stadieneinteilung 136
Fundusarterien, Kaliberschwankungen 135
Fundusblutungen 135
Fundusveränderungen 135
Funiculus spermaticus 242
Funktionen, höhere kognitive 433
- vegetative 456
Funktionsaufnahmen 389
Funktionswandel, sensibler 451
Fusionszentrum 138
Fuß, Dorsalextension 372
- Plantarflexion 372
- Pronation 372
- Supination 372
Fußgelenke 369
- Palpation 371
Fußheberschwäche 449
Fußpilz 110
Fußsohlen, Verschwielung 371

G

Gaenslenscher Handgriff 341, 358, 359
Galaktorrhö 320, 479
Galant-Reaktion 497
Gallenblase 234
- Palpation 233
Gallenblasenhydrops 224, 282
Gallenfarbstoffe 108
Gallenkolik 252, 256, 257
Gallenstau, posthepatischer 402
Gallenwegsdyskinesien 254
Galopp, präsystolischer 185
- protodiastolischer 184
Galopprhythmus 217
Gammaglobuline, Normalwert 522
Gamma-Glutamyl-Transferase (γ-GT), Normalwert 523
Gang 81, 85, 362
Gangataxie 447, 450
Gangprüfungen 447, 449
Gangrän 323, 329
Gastritis 44, 262
- alkoholische 263
- chronische 75
Gastroenteritis, infektiöse 262
Gastroparese, diabetische 257
Gaumensegellähmung 142, 260, 450
Gaumenspalte 142, 489
Geburtenkontrolle 29
Geburtshelferhand 481
Gedächtnis 433
Gedächtnisschwund 47
Gedächtnisstörung 434
Gefäßauskultation 327
Gefäße, Elastizitätsverlust 176
- hirnversorgende 459
- periphere 323
Gefäßverschluß, arteriosklerotischer 329
- embolischer 329
Gefühlsausbrüche 41
Gegenübertragung 22
Gehen, freies 498
Gehirn 138
Gehör, Funktionsprüfung 149
Gehörgang, äußerer 147
Gehörgangsfurunkel 147
Gehörgangshaare 148
Gehörknöchelchen 152
Gehörknöchelchenluxation 150
Geisteskrankheiten 434
Gelbsucht 275, 396
Gelegenheitskrämpfe 516
Gelenkblockierung 381
Gelenkdeformitäten 339
Gelenke 336, 514
- Befunddokumentation 342, 344
- Bewegungsmöglichkeiten 345
- Druckschmerzhaftigkeit 341
- Funktionsprüfung 345
- Funktionsverlust 381
- Schwellung 380
- Steifheit 380
Gelenkentzündung, akute, Symptome 341
Gelenkkonturen 366
Gelenkkörper, freier 381, 386
Gelenkkrankheiten, apparative Verfahren 387
- labordiagnostische Verfahren 387
- Prinzipien der Anamnese 382
- Symptomatologie 379
- typisches Alter 379
Gelenkpunktion 391
Gelenkschmerz 76, 380
- akut einsetzender 384
- allmählich einsetzender 384
Gelenksymptome, Verteilungsmuster 382
- zeitlicher Ablauf 382
Gelenkuntersuchung 336, 337
- Instrumentarium 337
Genitalbehaarung 410
Genitalbereich, Schmerzen 307
Genitale 292, 496
- Behaarung 292
- Hautläsion 316
- männliches 292
- weibliches 298
Genodermatosen 414
Gentamicin 70
Genu recurvatum 365
- valgum 365
- varum 339, 365
Geräusch, akzidentelles 188
- bandförmiges 186, 187
- crescendo 187
- decresdendo 187
- diastolisches 185, 191
- extrakardiales 187
- fortgeleitetes 118
- holosystolisches spindelförmiges 186
- Lautstärke 185
- mesosystolisches spindelförmiges 186
- spindelförmiges 189
- spritzendes 240
- systolisches 188
Geräuschphänomene über den Arterien 327
Gerinnung 522
Gerstenkorn 122
Geruchscharakter 222
Geruchssinn 85
Geruchsstörung 147, 278, 279
- Ursachen 279
Gesamteindruck 85
Gesamteiweiß im Liquor, Normalwert 522
- im Serum, Normalwert 522
Gesamt-Thyroxin (T4), Normalwert 523
Gesamt-Trijodthyronin (T3), Normalwert 523
Geschlechtsverteilung 52
Geschmacksempfindung 278, 279
Geschmacksprüfung 438
Geschmacksstörungen 278
- Ursachen 279
Geschwülste, bösartige (maligne) 421
Geschwürsbildung 330
Gesicht 82
- sensible Versorgung 437
Gesichtsausdruck 31, 115, 431
- versteinert 83
- weinerlich 83
Gesichtsbehaarung 83
Gesichtsblässe 91
Gesichtserythem 101
Gesichtsfalten, grobe 82
Gesichtsfeld 478
Gesichtsfeldausfälle 137, 138
Gesichtsfeldprüfung 137
Gesichtsneuralgien 164
Gesichtsödem 82
Gesichtsrötung 396
Gesichtszüge, vergröberte 83
Gespräch 23
- Einleitung 23
- Störungen 18
Gestik 30, 82
Gesundheitsbewußtsein 55
Gewebe, bradytrophe 98

Gewebsnekrosen 112
Gewicht 63
Gewichtsabnahme 56, 62, 63, 464, 480
- bei gutem Appetit 475
- langsame 271
- rasche 271
- Ursachen 474
Gewichtskurven, Jungen 507
- Mädchen 508
Gewichtsschwankungen 80
Gewichtsveränderungen 61, 62
- Ursachen 63
Gewichtszunahme 63, 64
Gibbus 193, 374
Gicht 52, 379, 384, 392, 419, 463, 469
- Kriterien für die Diagnose 385
Gichtanfall 85, 469, 470
- akuter 341
- - Klinik 470
Gichtarthritis, akute 98
Gichtknoten 404, 419
Gichtperlen 98
Gichttophus 98, 353, 420
Giemen 93, 201, 202, 213
Glandulae sublinguales 154
- submandibularis 154
Glans penis 293
Glasgow-Koma-Skala 517, 518
Glasspatel 85, 109
Glaukom, akutes 125
- frühkindliches 128
Glaukomanfall 131, 132, 167
- akuter 140
Glaukomtherapie 131
Gleichgewichtsprüfung 153
Gleithernie, paraösophageale 212
Gleitpalpation 229
Gleitraum, subakromialer 347
Glenohumeralgelenk 346, 348
Globus hystericus 260
Globusgefühl 260
Glocke 179
Glomerulonephritis 102, 309
Glossitis 102, 279
Glossopharyngeus-Neuralgie 167
Glukagonom 267
Glukokortikoide 111
Glukosekonzentration 464
Glukosurie 69
Glutäalmuskeln, kleine 363
Glutamat-Oxalacetat-Transaminase (GOT), Normalwert 523
Glutamat-Pyruvat-Transaminase (GPT), Normalwert 523
Glykosyliertes Hämoglobin (HbA_{1c}), Normalwert 523
Golfarm 383
Golfellenbogen 352
Gonadarche 505
Gonadotropin-Antagonisten 99
Goniometer 337, 345
Gonokokken 317
Gonorrhö 317, 385
Gordon-Reflex 444
»Grabesstille« 240
Graefe-Zeichen 93
Granuloma anulare 96
Greiffunktion, komplexe 361
Greifreflex, palmarer 497
Grenzstrangläsion 71
Grenzwerthypertonie 176
Griffstärke 345
Grünblindheit 139
Grundkrankheiten 270
Grünfilter 134
Grützbeutel 117
Guajakharz 274
Guar 265
Guillain-Barré-Syndrom 71
Gumma, syphilitische 296
Gürtelrose 113
Gürtelschmerz 262
Gynäkomastie 91, 479, 480
- pharmakogene 99

H

Haarausfall 116, 120, 411
- androgenetischer 411
- kreisrunder 120
- permanenter, Ursachen 411
- temporärer, Ursachen 411
Haarauskämmrate 410
Haare 119, 410
Haarfollikel 410
Haarleukoplakie 99, 157
- orale 99
Haarverminderung120
Haarwachstum, verstärktes 412
Haarzunge, schwarze 157
Haarzyklus 410, 411
Hackengang 447
Haemangioma cavernosum 415
- racemosum 415
Haemoccult-Test 249, 274, 399
Haemophilus influenzae Typ b, Impfung 513
Hagelkorn 122
Halbseitenkopfschmerz 77, 165
Halitosis 280
Hallux rigidus 371
- valgus 339, 370
Halluzinationen 434
Hals 115, 160, 493
- Auskultation 118
- Inspektion 116
- Palpation 117
- Untersuchungstechniken 116
Halsgefäße 162, 180
Halslymphknoten 147
Halsrippe 72
Halsumfang 162
Halsvenen, Pulsation 162
- Stauung 161, 195
Halswirbelkörper 375
Halszyste 109
Haltung 85
Haltungstypen 374
Häm 471
Hämangiome 122, 415
Hämarthros 386
Hamartome 414
- ektodermale 414
- mesodermale 415
Hämatemesis 219, 272
Hämatin 108, 274
Hämatochezie 272, 273
- Schlüsselfragen 273
- Ursachen 273
Hämatokrit, Normalwert 522
Hämatom 67, 402, 403
- perirenales 282
- subdurales 167
Hämatozele, akute 296
- chronische 296
Hämaturie 262, 289, 291
- Begleitsymptome 289
Hamburg-Wechsler-Intelligenztest 433, 461
Hammergriff 148, 149
Hammerzehe 339
Hämochromatose 356, 384, 398, 472
Hämodilution, isovolämische 136
Hämodynamik 169
Hämoglobin A_1 467
- Normalwert 522
- reduziertes 113
Hämoglobinopathien 400
Hämolyse 276, 291
Hämophilie 384, 402
Hämoptoe 219, 272
Hämoptyse 219, 272
Hämorrhoidalknoten, Prädilektionsstellen 246
Hämorrhoidalleiden, Schweregrade 247
Hämorrhoiden 246, 249, 273
Hämosiderin 106, 398
Hand, Bewegungsprüfung 360
- Funktionsprüfung 360
- Griffunktionen 361
- grobe Kraft 360
Hände, extraartikuläre Befunde 356
Handfläche 356
Handgelenk 353
- Bewegungsprüfung 354
- Bewegungsumfang 354
- Funktionsprüfung 354
- Inspektion 353
- Palpation 353
Handlinienxanthome 92
Handrücken 356
Handvenenstauung 195
Handwurzelknochen 353
Haptoglobulin, Normalwert 522
Harnblase 281
- Funktion 281
- Größenbestimmung 286
- Inspektion 282
- Palpation 281, 284
- Untersuchungstechnik 280
Harnblasenrand 284
Harnblasenwand 281
Harndrang, imperativer 314
Harnfluß, Behinderung 315
Harninkontinenz 315
Harnleiter, Inspektion 282
- Kolik 309
- Untersuchungstechnik 280
Harnmenge, Änderungen 314
Harnorgane 513
Harnröhre 294
- Ausfluß 294
- Orificium externum 286
Harnröhrenmißbildungen 282
Harnröhrenöffnung 294
Harnröhrenstriktur 290
Harnsäure 419, 469
- Normalwert 524
Harnsperre, chronische 311
Harnstauungsniere 282
Harnstoff, Normalwert 524
Harnstoff-N, Normalwert 524
Harnstottern 314, 315
Harnstrahl, gedrehter 290, 315

- Qualität 289, 290
- schwacher 314
Harnträufeln 289, 290, 314, 315
Harnverhalt 307, 309, 311, 314
- akuter 311, 314
- chronischer 314
Harnwege, Anomalie 311
- Mißbildung 311
Harnwegsinfekte 311
Harnwegssteine 262
Hausmittel 514
Haustierhaltung 65
Haut 119, 392, 520
- chemische Schäden 420
- Enzündungszeichen 409
- Faltenbildung 413
- Fettgehalt 396
- Inspektion 341, 396
- Morphologie 393
- Palpation 341, 413
- physikalische Schäden 420
- Physiologie 393
- pseudoikterische Verfärbungen 276
- Turgor 396
- Überwärmung 341
- Untersuchungstechnik 395
Hautanhangsgebilde 392
Hautatrophie 106, 330, 396
- senile 418
Hautblutungen 402, 403
Hautdefekte 323
Hautemphysem 122
Hauterscheinungen, medikamenteninduzierte 422
Hautfalten am Rücken, Asymmetrie 374
Hautfalten, stehende 97
Hautfaltendicke 473, 475
Hautfarbe 396, 397
- Veränderung 397
Hautgefäße 402
Hauthorn 418
Hautikterus 222
Hautkolorit 281
- schmutzig-braunes 83
Hautkrankheiten 54, 513
- Anamnese 414
Hautpigmentierung, dunkle 472
Hauttemperatur 323
Hauttumoren, bösartige 421
- gutartige 420
Hautturgor 281, 491
Hautverfärbung 323
- schmutzig grau-braune 281
Hautxanthome 468
HDL-Cholesterin, Normalwert 523
HDL-Fraktion, Normalwert 524
Headsche Zonen 250
Heberden-Arthrose 97, 357
Heberden-Knoten 359
Heiserkeit 81, 160
Heißhunger 62
Helfer-Syndrom 21
Hemianopsie 137, 138, 166
- bitemporale 478
- gekreuzte 138
- homonyme 138
Hemikranie 166
- chronisch paroxysmale 166
- paroxysmale 165
Hemiparese 166
Hemiplegie 81, 518
Hepatitis 44, 67, 234
- C 112
- akute alkoholische 100, 278
Hepatomegalie 62
Hernie 101, 243, 244, 294
- epigastrische 243
- indirekte 101
- Inguinalbereich 244
- Lokalisation 243
- Reponierversuche 245
Herniotomien 77
Herpes genitalis 300, 317
- labialis 392
- ophthalmicus 427
- simplex 122
- - labialis 100, 158
- zoster 211
Herpesbläschen 157
Herz 169, 520
- Anatomie 187
Herzauskultation 179, 181, 189
Herzbeschwerden, funktionelle 75
Herzbuckel 192
Herzdämpfung 179, 199
Herzerweiterung 208
Herzfehler, angeborener 192
Herzgeräusch 180, 185, 186
- abnormes 185
- Abschwächung 185
- Ausbreitung 180
- Frequenz 187
- Ausstrahlung 180, 185
- Klangcharakter 180, 187
- Lautstärke (1/6 bis 6/6) 180, 187
- normales 185
- Punctum maximum (p.m.) 180
- systolische 185
- zeitliche Zuordnung 180
- zeitlicher Verlauf 180
Herzinfarkt 53, 75, 202, 203, 205
- Auslöser 205
Herzinsuffizienz 53, 59, 62, 71, 171, 200, 201, 208, 215, 278, 334, 335
- akute 218
- auslösende Faktoren 216
- Definition 215
- dekompensierte 105
- globale 216
- klinischer Befund 217
Herzkatheteruntersuchungen 180
Herzklappenfehler, Auskultationspunkte 182
Herzklopfen 461
Herzkrankheit, hypertensive (HHK) 206, 215
- (KHK) koronare 51, 203, 215
Herz-Kreislauf-Stillstand 86
Herzmuskelenzyme 204
Herzneurose 74, 208
Herzpalpation 178
Herzphobie 208
Herzrhythmusstörungen 70, 71, 73, 172, 203
Herzschlagvolumen, erhöhtes 188
Herzschmerzen, funktionelle 208
Herzsilhouette 181
Herzspitzenstoß 178, 195
- hebend 178
- hyperkinetisch 178
- hypokinetisch 178
- Palpation 179
- systolische Einwärtsbewegung 178
Herzstillstand 163
Herzstolpern 70, 208
Herztamponade 207
Herztod, plötzlicher 53
Herztöne 180, 183, 184
- 1. 183
- 2. 183
- 3. 184
- 4. 184, 185
- akzidentelle 183
- Ausbreitung 180
- Ausstrahlung 180
- Dämpfung 183
- funktionelle 183
- Klangcharakter 180
- Lautstärke (1/6 bis 6/6) 180
- normale 182
- Punctum maximum (p.m.) 180
- Spaltung 183
- zeitliche Zuordnung 180
- zeitlicher Verlauf 180
Heterochromie 129, 138, 437
Heuschnupfen 416
HHK (hypertensive Herzkrankheit) 206, 215
Hiatushernie 257
Hilfsperson 84
Himbeerzunge 157
Hinken 362
- intermittierendes 329
Hintergrundretinopathie 467
Hinterhornläsion 368
Hinterwandinfarkt 205, 206
Hirndruck 215
- erhöhter 262
Hirnkammern 119
Hirnleistungsstörungen 458
- Stadieneinteilung 458
Hirnnerven 434
- Funktionen 434
Hirnschäden, irreversible 86
Hirnsklerose, tuberöse 414
Hirntumor 75, 135, 164
Hirsutismus 94, 100, 412, 480
Histiozytome 103
Histoplasmose 67
HIV-Infektion 234, 317
HLA-B 27 391
HLA-B 27-assoziierte Spondylarthritiden 383
Hochrotation 349
Hochtonschwerhörigkeit 150
Hochwuchs 103, 482
- Ursachen 482
HOCM 173, 178, 182
Hoden 99, 294, 295
- bimanuelle Untersuchung 295
- Deszensus 298
- Größe 294
- Konsistenz 294
- maligne Entartung 298
- Palpation 294
- retinierter, Lokalisation 298
- Schema für die Befunddokumentation 295
- Torsion 296, 309, 311, 312
- Tumor 297
Hohlfuß 369
Hohlkreuz 374
Hohlnägel 410
Hohlrundrücken 374

Holosystolikum 189
Homogentisinsäure 291
Honigwabenlunge 211
Hordeolum 122
Hören 85
Horner-Syndrom 99, 122, 131
Hornhaut 127
- Durchmesser 128
- Farbveränderungen 128
- Oberfläche 128
- Sensibilität 128, 129
- Transparenz 128
- Untersuchung 127
Hörprüfungen, klassische 150
Hörsturz 150
Hörvermögen 149
Hörweite für Umgangssprache 150
Hörweiteprüfung 149
Hufeisenniere 224, 282, 283, 309
Hüftgelenk 362
- Bewegungsprüfung 363
- Bewegungsumfang 364
- Funktionsprüfung 363
- Inspektion 362
- Palpation 363
Hüftgelenksdysplasie 379, 489, 494
Hüftgelenksluxation 363, 493
Hüftumfang 62, 473
Hühneraugen 370
Humeruskopf 348
Hungerödeme 334
Hunter-Glossitis 400
Husten 218
- bei Kindern 515
- produktiver 218
- trockener 211
- unproduktiver 218
Hustenreflex 218
Hustenreiz 218
Hustenstoß 140
Hustensynkope 72, 74
Hydratationszustand 68, 69
Hydrocele testis 496
Hydrocephalus externus 119
- internus 119
Hydronephrose 282, 283, 309
Hydrops 233
2-Hydroxybutyrat-Dehydrogenase (HBDH), Normalwert 523
17-Hydroxy-Corticosteroide (17-OHCS), Normalwert 523
5-Hydroxy-Indolessigsäure (5 HIES), Normalwert 523
4 Hydroxy-3-Methoxy-Mandelsäure, Normalwert 523
Hydroxyprolin 107
Hydrozele 297
- infantile 296
Hydrozephalus 119, 135, 489
Hygienezustand 154
Hymen 300
Hypalbuminämie 334
Hypanästhesie 451
Hyperaldosteronismus 69
Hyperalgesie 209, 451
Hyperämie 409
- reaktive 327
Hyperästhesie 451
- kutane 228
Hyperbolismus 63
Hypercholesterinämie 38, 104, 205
- familiäre 92, 463, 468
- heterozygote familiäre 113
Hyperglykämie 463
Hyperhidrosis 412
Hyperkaliurie 482
Hyperkalzämie 69, 482
Hyperkarotinämie 276
Hyperkeratose 408
Hyperkinesien 444, 446
Hyperkrinie 219
Hyperkyphose, thorakale 374
Hyperlipidämien 467
Hyperlipoproteinämie 469
- sekundäre Ursachen 469
Hyperlordose, lumbale 374
Hypermetrie 448
Hyperparathyreoidismus 69, 263, 391, 481
- Symptomatik 482
Hyperpigmentierung der Haut 480
Hyperpnoe 215
Hypersensitivitätsangiitis bei Kryoglobulinämie 112
Hypersomnien 59
Hypertension, portale 234
Hyperthyreose 62, 116, 162, 178, 263, 463, 476, 477
- Symptome 476, 477
Hypertonie 38, 51, 135, 176, 178, 203, 205, 322
- 24-Stunden-Messung 176
- Alter 176
- essentielle 176, 177
- isolierte systolische 176, 178
- leichte 176
- maligne 176
- mittelschwere 176
- primäre 176, 177
- pulmonale 183
- schwere 176
- sekundäre 176, 177
Hypertrichose 411
Hypertrophie des linken Ventrikels 189, 206, 207
Hyperurikämie 98, 385, 469, 470
Hyperventilation 213, 215
- psychogene 72
Hyperzirkulation 188
Hyphäma 129
Hypogastrium 220
Hypoglykämie 60, 519
Hypogonadismus, primärer 99
- sekundärer 99
Hypohidrosis 396
Hypokaliämie 480
Hypokalzämie 443
Hypomochlion 124
Hyponychium 409
Hypoparathyreoidismus 481
Hypophysenadenom 92, 478, 480
Hypophysenhormone 478
Hypophysentumor 478
Hypopyon 129
Hyposmie 435
Hyposomnien 59, 61
Hypospadie 294, 489, 496
Hyposphagma 125
Hypothenar 358
Hypothyreose 63, 63, 116, 396, 477
- Symptome 477
Hypotonie 176
- orthostatische 70
Hypotrichose 411

I

Ichthyosis 396
- vulgaris 408, 414
Icterus neonatorum simplex 402
IgA, Normalwert 522
IgA-Nephropathie 289
IgE 417
- Normalwert 522
IgM 417
- Normalwert 522
Ikterus 100, 102, 116, 275, 396, 398, 401
- diagnostische Abklärung 277
- familiärer hämolytischer 119
- Flußdiagramm 277
- intrahepatischer 276
- posthepatischer 276
- prähepatischer 276, 402
Ileosakralarthritis 53
Ileus 262, 503
- mechanischer 257
- paralytischer 240, 241
Ileusformen, Differentialdiagnose 240
Ileuszeichen 262
Immunglobuline 522
Immunkomplex 417
Immunkomplexvaskulitis 105
Immunreaktion, pathogene 416, 417
Impedanzaudiometrie 149
Impetiginisation 408
Impfkalender 513
Impfungen 512
Impingement-Phänomen 350
Impingement-Syndrom 350, 351
Impotentia coeundi 318
- generandi 318
Impotenz 58, 316, 318, 479
- psychogene 318
Induratio penis plastica 95, 294
Induration 330
Infarkthäufigkeit 205
Infektanämie 400
Infektionserreger 54
Infektionskrankheiten 512
Infertilität 316, 318, 319, 322
Influenzaviren 207
Informationsquellen, fremdanamnestische 47
Infrarotkoagulation 249
Inguinalfalten 110
Injektion, gemischte 125
- konjunktivale 125
- ziliare 125
Inkontinenz 61, 265, 307
Innenknöchel 362
Innenmeniskus, Prüfung 368
Innenohrschwerhörigkeit 150, 439
Innenrotation 345, 364
Innervation, periphere 430
- segmentale 430
Insertionstendomyopathien 383
Insomnien 59
Instrumentarium für die körperliche Untersuchung 85
Insuffizienz, chronische venöse 111, 333
- respiratorische 192, 215
- venöse 323
- vertebrobasiläre 70
Insulinmangel 463
Intelligenz 430
Intentionstremor 446, 457

Interkostalneuralgie 195, 212
International normalized ratio (INR), Normalwert 523
Interphalangealgelenke, distale 356
Intersectio tendinea 226
Interstitium 334
intertriginöse Areale 84, 395
Intervall, schmerzarmes »faules« 253
Intonation, monotone 81
Intoxikation 263
- chronische 58
Intrauterinpessar 322
Intrinsic factor 400
Introspektionsfähigkeit 30
Invagination 503
Inversion 345
Inzidenz 51
Iridozyklitis 384, 385
Iris 129
- Schlotterbewegungen 129, 132
Irisfarbe 129
Iritis 125, 131, 140, 385
- akute 125
Ist-Entfernung 136
Isthmus 161

J

Jaccoud-Arthropathie 388
Jendrassik-Handgriff 442, 443
Jet-lag 59
Jodmangelstruma 162, 476
Jogger-Hämaturie 289
Juckreiz 319, 396, 422
- bei Allgemeinerkrankungen 423
- bei Hauterkrankungen 423
- urämischer 281
- vaginaler 319
Jugularvenendruck, Messung 194
Jugularvenenstauung 194

K

Kachexie 62, 100, 217
Kaffeesatzerbrechen 272
Kalium, Normalwert 524
Kalziumantagonisten 335
Kalzium-Pyrophosphat-Kristalle 384, 392
Kalziumstoffwechsel, Störungen 481
Kammerfüllungstöne 184
Kammerwasser 129
Kammerwinkel 129
Kaninchenfieber 424
Kanonenschlagphänomen 183
Kapazität, funktionelle 382
Kapillarpuls 169, 401
Kaposi-Sarkom 101, 422, 421
Kardia 202, 212
Kardiomyopathie 216
- hypertrophe obstruktive 173
Karotin 397
Karotinikterus 398
Karotinoide 402
Karotis, Palpation 163
Karotispuls 169
- tasten 163
Karotissinus, hypersensitiver 163
- sensitiver 326
Karotissinus-Syndrom 71, 72
Karotisstenose 327
Karpalspasmus 443
Karpaltunnel 355
Karpaltunnelsyndrom 355, 387
Karpopedalspasmus 481
Karzinoid 267
Karzinom 56, 233, 274
- hypernephroides 283
- kolorektales 274
Karzinophobie 55
Katabolismus 63
Kataplexie 60
Katarakt 131, 467, 493
- dichte 132
- hypermature 132
Katecholamine 216, 481
Katerkopfschmerz 167
Katharsis 17
Katheter 287
Katheterinfektionen 67
Katheterurin 287
Katzenkratzkrankheit 424
Kayser-Fleischer-Kornealring 92,463,472
Kehlkopf 140
Kehlkopfspiegelung 158
Keilbeinhöhle 145
Keloide 420
Kephalhämatom 487, 488
Keratinozyten 394, 395
Keratitis 125
Keratohyalin 395
Keratokonjunktivitis 427
Keratoma senile 418
Keratosen 414, 418
Keratosis senilis 111
Kerckringsche Falten 241
Kernig-Zeichen 455
Kernspintomographie 389
Ketoazidose 465
KHK (koronare Herzkrankheit) 51, 203, 215
Kiefergelenk 378
Kieferhöhle 117
Kieferspalte 489
Kieferwinkellymphknoten 147, 157
Kimmelstiel-Wilson 465
Kinder, Allgemeinzustand 484
- Altersklassen 485
- als Informationsquelle 510
- Auskultation und Palpation 503
- Gewicht 486
- Gewichtsverlauf 486
- Größe 486
- häufige Symptome 514
- Kopfumfang 486
- körperliche Untersuchung 483
- Kriterien für den Allgemeinzustand 501
- neurologische Untersuchung 497
- persönliche Anamnese 512
- Reihenfolge der Untersuchung 484
Kinder-Früherkennungs-Untersuchungen 485
Kindergarten 504
Kinderlosigkeit 318
Kindesmißhandlung 504
Kippscheibenprothesen 185
Klappenprothesen 185
Klappenschlußtöne 182
Klavi 370
Klavikula 346
Kleidergröße 271
Kleienflechte 413
Kleinhirnataxie 447
Kleinhirnläsion 445
Kleinwuchs, hypophysärer 79
Klimaanlagen 57
Klimakterium 64
Klinefelter-Syndrom 79, 99, 116, 482
Klinikjargon 20
Klonus 443
Klopfschall, hypersonorer 193, 202
- sonorer 231
- tympanitischer 231
- verstärkter 211
Klumpfuß 489
Knick-Senkfuß 369
Knie-Ellenbogen-Lage 237, 245, 246
Kniegelenk 365
- Beweglichkeitsprüfung 369
- Funktionsprüfung 369
- Inspektion 365
- Palpation 366
- seitliche Aufklappbarkeit 367
Kniegelenksarthritis 338
Knie-Hacken-Versuch 448
Knipsreflex 441
Knisterrasseln 202
Knochen 514
Knochenalter, Bestimmung anhand von Röntgenaufnahmen 506
Knochenleitung 151
Knochentophi 385
Knochenvorsprünge, Druckschmerz 383
Knopflochdeformität 358
Knorpelverkalkungen 384
Knötchen 404
Knoten 404, 405
Knotenrose 96
Knuckle pads 357, 359
Kocherscher Kragenschnitt 104
Kohabitation, Schwierigkeiten 294
Kohlrausch-Falte 248
Koilonychie 400, 410
Koitus 42
Koliken 76, 81
Kolitis, infektiöse 273
- ischämische 273
- pseudomembranöse 273
- strahleninduzierte 273
Kollagenose 56, 62, 65, 67, 391, 403, 417, 424
Kollaps, orthostatischer 71
Kollateralvenen 330
Kolobome, angeborene 130
- postoperative 130
Kolpitis 322
Kolposkopie 302
Koma 80, 517
- hepatisches 519
Komatiefe 86
Kommunikation 18
- Form 19
- mangelhafte 31
- nonverbale 30
- patientenadaptierte 19, 20
- verbale 26, 510
Koncha 148
Kondylome 246
Konfliktsituationen 165
Konfrontationsversuch 137
Konjunktiven 124
- Farbveränderungen 125
- Inspektion 124
- Untersuchung 124

Konjunktivitis 125
Konkrement 233, 234
Konsistenz 248
Konstitution 55
Konstitutionstypen 78
Kontrastmittel 64
Kontrazeption, orale 39, 52, 335
Konus-Kauda-Schädigung 455
Konvergenzreaktion 130
Konzentrationsschwäche 216
Konzentrationsstörungen 57
Koordination 446
Kopf, fixieren 500, 501
- Perkussion 118
Kopfbereich 115
- Inspektion 116
- Palpation 117
- Untersuchungstechniken 116
Kopf-Fall-Test 457
Kopfschmerz, Klassifikation 165
- Symptom 164
- vasomotorischer 167
- vertebragener mit okzipitaler Betonung 165
- zervikogener 166
Kopfschmerzanamnese 165
Kopfschmerzen 164
- nicht klassifizierbare 165
- posttraumatische 165
Kopfumfang, Normwerte 491
Koprolithen 269
Kornea 127
- Epitheldefekte 128
Kornealreflex 438
Körnerzellen 395
Koronarangiogramm 207
Koronarinfarkt 205
Koronarinsuffizienz 215
Koronarreserve 206
Koronarspasmus 205
Korotkow-Geräusche 174
Körperbehaarung, Stadieneinteilung 509
Körperfettanteil 63
Körpergröße 63, 248
Körperhaltung 30, 81, 257, 431
Körperkontakt 30
Körperlage 257
Körperpflege 83
Körpersprache 30
Körperwahrnehmung 42
Korpuskarzinom 321, 322
Korpuspolyp 322
Korsakow-Syndrom 279
Kortison 335
Kostotransversalgelenke 379
Kotsteine 269
Koxarthrose 365
Koxitis 365
Kragenweite 271
Krampfadern 330
Krampfanfälle 44
- zerebrale 460
Krämpfe, bei Kindern 516
- tonische 446
Krampus 446
Kraniotabes 492
- rachitische 491
Krankenhaus, Gesprächsführung 48
Krankheit, Häufigkeit 50
- maligne 50
- Ursache 50
- Verteilung 50
Krankheiten bestimmter Berufsgruppen 53
- durch chemische Einwirkungen verursacht 54
- sexuell übertragbare 317, 385
Krankheitsgewinn, sekundärer 313
Krankheitshäufigkeit 51
Krankheitskarriere 42
Krankheitsverhütung 38
Kränkungen 47
Kratzauskultation 232
Kratzspuren 101
Kreatinin, Normalwert 524
Kreatinin-Clearance, Normalwert 524
Kreatinkinase (CK) 391
- Normalwert 523
Kreatinkinase-Isoenzym MB (CK-MB), Normalwert 523
Krebs 50
Kreislauf 169, 520
- enterohepatischer 275
Kreislaufschock 169
Kreislaufstillstand 519
Kremasterreflex 442
Kreuzbänder 367, 369
Kreuzungszeichen 135, 136
Kribbelparästhesien 206
Krisen, hämolytische 254
- hypertensive 176
- persönliche 40
Kristalle 288
Krümelnägel 410
Krupp 200, 263, 516
Kryptorchismus 282
Kugelprothesen 185
Kugelzellanämie 400
Kulissenphänomen 440
Kupfer im Serum, Normalwert 524
- im Urin, Normalwert 524
Kupferdrahtarterien 136
Kupferfinne 413
Kupferspeicherkrankheit 472
Kurzzeitgedächtnis 433
Kußmaulsche Atmung 215, 465
Kutikula 409
Kutis 395
Kypholordose 374
Kyphose 193
Kyphoskoliose 193

L

Labien 300
Labordaten, Wertigkeit 521
Labordiagnostik 521
Labyrinth, Durchblutungsstörung 153
Labyrintherkrankung 262
Labyrinthitis 72, 150, 153
Lackmusstreifen 126
Lackzunge 91, 102
Lagerungsprobe nach Ratschow 327
Lagophthalmus 122, 438
Lähmungen 444
- schlaffe 445
- spastische 445
Lakritze 335
Laktasemangel 265
Laktat-Dehydrogenase (LDH), Normalwert 523
Lamblien 64
Landkartenzunge 157
Landmannshaut 418
Landoltsche Ringe 137
Längenmessungen 342
Längenwachstum 506
Langerhans-Zellen 395
Langer-Spaltlinien 393
Langeweile 25
Langfinger, Ulnardeviation 358
Langlebigkeit 38
Langzeit-EKG-Registrierung 172
Langzeitgedächtnis 433
Lanugohaare 410
Lanz-Punkt 221
Lärm 54
Lärmschwerhörigkeit 150
Laryngitis, akute 160
Larynx 159, 213
Larynxkarzinom 160
Larynxödem 213
Larynxspiegel 159
Lasègue-Test 365
Lasègue-Zeichen 455
Läsion, hypothalamische 68
- Mittelhirn 131
- pontine 131
late systolic murmur 183
Latenzzeit 416
Lateralisation 151
Lateropulsion 70, 153
Latex-Handschuhe 85
Laxanzien 39, 268, 291
LDL-Cholesterin, Normalwert 523
LDL-Fraktion, Normalwert 524
Lebensbedingungen 47, 83
Lebensdauer 50
Leber, Palpation 229
- Perkussion 230
- pulsierende 233
Leberdämpfung 179, 199, 231
Leberfleck 103
Lebergrenze, Bestimmung der kranialen Grenze der Leber 231
Leberhautzeichen 392
Leberlappen, Durchmesser des rechten 232
Lebermetastasen 224, 278
Leberoberfläche 232
Leberpalpation beim Kleinkind 503
Leberrand 232
- Stoßpalpation 231
Lebervergrößerung, Ursachen 233
Leberzirrhose 99, 102, 210, 222, 225, 233, 234, 392, 472
- alkoholische 91, 106
Lederknarren 202, 210
Leishmaniose 67
Leistenband 101, 220, 242
Leistenbildung 145
Leistenhaut 393
Leistenhernie 243
- direkte 101, 244
- indirekte 244
- topographische Lage 243
- - - direkt 243
- - - femoral 243
- - - indirekt 243
- - - inguinal 243
Leistenhoden 298
Leistenregion 241
Leistungsfähigkeit 40
Leistungsminderung 58, 147, 216
Leitsymptom 32
Lendenlordose 374

Lentigo maligna 421
- senilis 397
Leptospirose 65, 67
Lerche-Typ 58
Leseprobetafel 136
Letalität 51
Leucin-Aminopeptidase (LAP), Normalwert 523
Leucoderma psoriaticum 399
- syphiliticum 399
Leukämie, chronisch lymphatische (CLL) 52, 234, 424
- - myeloische 234
Leukonychie 410
Leukoplakie 157, 300, 421
Leukozytenzahl, Normalwert 522
Leukozyturie 262
Levine-Zeichen 204
Levodopa 71
LH 478
Lichen 408
- planus 279
Lichenifikation 408
Lichtquelle 121
Lichtreaktion, konsensuelle 131
- Prüfung 130
Lichtreflex 148
Lichtscheu 124
Lidbefunde, Differentialdiagnose 122
Lidekzem 122
Lider 121
Lidödeme 102, 116, 281
Lidretraktion 476
Lidschlag 121, 123
Lidschlußreflex 128
Lidspaltenweite 121
Lidstellung 121
Liftgefühl 70
Ligamentum carpi transversum 353
- lacunare 242
Linea dentata 246
Lingua geographica 157
- glabra 157
- scrotalis 157
- villosa nigra 157
Linksherzhypertrophie 178
Linksherzinsuffizienz 216
- dekompensierte 218
Linksseitenlage 180, 245, 246
Linse 131
Linsenluxation 129
Linsenquellung 129
Linsensubluxation 103
Linsentrübungen 131
Linsenvorderfläche 129
Lipase, Normalwert 523
Lipatrophie 465
Lipidablagerungen 419
Lipide, gesamt, Normalwert 523
Lipid-Elektrophorese, Normalwert 524
Lipödem 334
Lipoidablagerungen 136
Lipome 420
Lippen 153
Lippenbremse 213
Lippenspalte 489
Liquor 119
Liquorveränderungen 262
Lobus pyramidalis 161
Locus Kiesselbachi 145
Locus-Kiesselbachi-Hypertonie 143
Löffelnägel 410
Löfgren-Syndrom 386, 388
Logorrhö 450
Lösemittel 54
Loslaßschmerz 221, 228, 503
- gekreuzter 228
low output syndrome 73
Lücke, auskultatorische 175
Lues 122, 131, 317
- Primäraffekt 322
Luftfeuchtigkeit 57
Luftfüllung des Darmes 264
Luftnot, psychogene 213
Lumbago, akute 81
Lunatum-Malazie 353
Lunge 192
- Atemexkursionen 196, 197
- Auskultation 199
- Funktionsprüfung 192, 214
- Inspektion 192
Lungenabszeß 219, 280
Lungenembolie 67, 80, 202, 209, 289
- prädisponierende Faktoren 209
Lungenemphysem 51, 113, 136, 192, 198, 202, 218, 213
- bullöses 211
Lungenerkrankung, chronisch obstruktive 193
Lungenfibrose 201, 202, 401
- zystische 211
Lungengefäßzeichnung 215
Lungengrenze 196, 197, 198
Lungeninfarkt 210
Lungenkrebs 51
Lungenödem 61, 200, 201, 202, 213, 217
Lungenschall 179, 199
Lungenstauung 201
Lungenunreife 515
Lunula 409
Lupus erythematodes 107, 210, 234, 379, 384
- - systemischer 101, 417
Lustlosigkeit 58
Luteinisierungshormon 478
Luxation 339
Lyme-Borreliose 53, 96, 384
Lymphadenopathie 425
Lymphangiosis carcinomatosa 239
Lymphangitis 424
Lymphbahnen 336
Lymphknoten 242, 336, 424, 514
- axilläre 424
- - Palpation 427
- im Kopf-Hals-Bereich, Palpation 426
- inguinale, Palpation 428
- Inspektion 424
- nuchale 425
- Palpation 424
- postentzündliche 427
- präaurikulär 424
- - Palpation 426
- retroaurikulär 424
- - Palpation 426
- submandibuläre 424, 425
- - Palpation 426
- supraklavikulär 424, 425
- - Palpation 426
- zervikale 425
- - Palpation 426
Lymphknotenmetastasen 425
Lymphknotenpakete 104, 424
Lymphknotenschwellungen 424
- Anamnese 428
- Differentialdiagnose 425
Lymphödem 334, 335
- primäres 102, 336
- sekundäres 336
Lymphogranuloma inguinale 317
Lymphom 56, 67, 160, 222, 425
- malignes 234, 424

M

Macula 404
- lutea 134
Magenausgangsstenose 224, 257
Magen-Darm-Trakt 513
Magersucht 64
Makel 404
Makroangiopathie 95
- diabetische 466
Makroglossie 384
Makrohämaturie 289, 399
Makrozephalie 119
Makula 134
Malabsorptionssyndrom 267
Malaria 65, 66, 67, 234
Malignom 143
Malleolus lateralis 371
- medialis 371
Mallory-Weiss-Syndrom 257
Mamille, eingezogene 305
- sanfte Kompression 306
Mamillensekretion 305
Mamma, Quadranten 306
Mammae, Armstellungen zur Untersuchung 305
- Inspektion 304
- Körperstellungen zur Untersuchung 305
- Palpation 306
- Selbstuntersuchung 304
- Untersuchung 304
Mammaentwicklung 505, 506
- Stadieneinteilung 508
Mammakarzinom 103, 427
- klinische Zeichen 304
Mandibula 115
männliches Genitale, Anamnese bei Erkrankungen und Funktionsstörungen 316
- - Stadieneinteilung 509
MAO-Hemmer 77
Marasmus 62
Marfan-Syndrom 79, 103, 482
Maschinengeräusch 186, 187
Masern 51, 103
- Impfung 513
Maskengesicht 116, 384
Maßband 85
Masseterreflex 440, 441
Mastoid 118, 147, 150
Mastoiditis 118
Masturbation 42
Maxilla 115
Mayer-Reflex 442
McBurney-Punkt 221, 252
MCH, Normalwert 522
MCHC, Normalwert 522
MCP-Gelenke 356
- Synovitis 359
MCV, Normalwert 522
Meatusstenose 294

Mechanorezeptoren 394
Mediaverkalkung 466
Medikamente 47, 167, 263, 270
- Erbrechen als Nebenwirkung 264
- Impotenz als Nebenwirkung 318
- ototoxische 70
- Übelkeit als Nebenwirkung 264
- Verordnung 45
Medikamentenanamnese 39, 52, 205
Medikamentenentzug 165
Medioklavikularlinie 178
Medizin, wissenschaftliche 19
Meessche Streifen 410
Megazephalus 119
Meigs-Syndrom 239
Meläna 272, 274
Melanom 122, 291, 397, 398, 407
- malignes 103, 125, 421, 422
Melanozyten 112, 395
Melasma 399
Membran 179
Menarche 505
Meningismus 168, 455, 456
Meningitis 119, 167, 215
- chronische 67
Meningomyelozele 489
Meningozele 494
Meniskus 367
Meniskusaffektionen, Schmerzprovokation 368
Meniskusschaden 367
Meniskuszeichen 368
Mennellscher Handgriff 376
Menopause 64
Menorrhagien 320
Menses 309
Menstruationsblutung 320
Menstruationszyklus 311
Merkfähigkeit 430
Merseburger Trias 93
Mesenterialarterienverschluß 224
Mesogastrium 220
Metakarpophalangealgelenke 356
Metalle 524
Metallstoffwechselstörungen 472
Metastasenleber 233
Meteorismus 237, 262, 264
Methämoglobin 291
Methämoglobinämie 397
Methylenblau 291, 317
Metronidazol 64
Metrorrhagien 321
midsystolic click 183
Migräne 38, 165, 166, 429
Migräneanfall 131
migräneartige Kopfschmerzen, Differenzierung 166
Migränekopfschmerz 75, 165
Migränetyp 164
Mikroaneurysmen, kapillare 135
Mikroembolien 105
Mikrohämaturie 289
Mikrophthalmus 128, 493
Mikrostomie 108, 401
Mikrozephalie 119, 491
Miktion 257
Miktionsstörung 307, 314
Miktionssynkope 72, 74
Miktionsverhalten 316
Milbengänge 292
Milchschorf 414, 416
Milchzähne 499
Milz, palpable 334
- Palpation 234, 235
Milzbrand 424
Milzinfarkt 235
Milzvergrößerung, Ursachen 234
Mimik 30, 82, 83
Minderperfusion 323
- zerebrale 72
Minderwuchs 482
- disproportionierter 482
- proportionierter 482
- Ursachen 482
Mini-Mental-Status-Test 462
Minnesota Multiphasic Personality Inventory 461
Miosis 99, 131
- Ursachen 131
Miotika 131
Mischzyanose 398
Mißbildungen 487, 488
- intrakranielle 119
Mißbrauch, sexueller 504
Mißempfindungen 451
Mitralbäckchen 397
Mitralinsuffizienz 178, 182, 186, 189
Mitralis-Areal 180, 181
Mitralklappenprolaps 103, 184, 192
Mitralklappenprolaps-Syndrom 55, 193
Mitralöffnungston 184
Mitralstenose 182, 190, 191
Mittelmeerfieber, familiäres 67, 254
Mittelohrschwerhörigkeit 439
Mittelschmerz 254, 312
Mittelstrahlurin 287
MKPS 55
Möbius-Zeichen 93
MODY 464
Monarthritis, akute 470
- Ursachen 386
Mongolenfleck 414
Mongolismus 493
Mononukleose 234
- infektiöse 52, 233, 428
Mons pubis 299
Morbidität 51
Morbus Addison 58, 116, 398, 463, 478, 480
- Alzheimer 279
- Basedow 93, 123, 476
- - Augensymptome 476
- Bechterew 52, 53, 81, 82, 94, 160, 376
- Behçet 384
- Biermer 400
- Bourneville-Pringle 414
- Bowen 421
- Crohn 67, 96, 224, 254, 273, 384
- Cushing 63, 116, 224, 463, 477, 478, 480
- - I 94
- - II 95
- Darier 408
- Fabry 419
- Gaucher 234, 419
- Gilbert-Meulengracht 276
- Hodgkin 100
- Horton 67, 111, 117, 167
- Ménière 70, 72, 150, 153, 263
- Meulengracht 401
- Niemann-Pick 234, 419
- Osler 104, 143, 273, 414
- Paget 79, 107, 116, 421
- Parkinson 81, 83, 279, 429, 457
- Reiter 379
- Scheuermann 379
- Still 67, 384
- Sudeck 334
- Waldenström 112
- Werlhof 112, 402
- Whipple 67, 474
- Wilson 92, 463, 472
Morgensteifigkeit 381
Morgenurin 287
- konzentrierter 287
Moro-Phänomen 493
Moro-Reflex 497
Morphinabusus 131
Mortalität 51
Motorik 444, 518
Müdigkeit 57
- abnorme 56
Müdigkeitssyndrom, chronisches 58
Mukozelen 143
Multiinfarkt-Syndrom 458
Multimorbidität 47
multiple Sklerose 315, 429, 457
Mumps 99, 147, 222
- Impfung 513
Münchhausen-Syndrom 56
Mund 153, 493
- spitzen 98
Mundatmung 142
Mundboden, bimanuelle Palpation 156
»Munddreieck« 103
Mundgeruch 154, 158, 222, 280
- übler 83
Mundhöhle 140
- Inspektion 153
- Strukturen 154
Mundhygiene 280
Mundschleimhaut 154
Mundspatel 85, 145, 154
Mundtrockenheit 158, 279
Mundwinkelrhagaden 154, 158, 400
Murphy-Zeichen 233, 262
- sonographisches 233
Muschelschwellung 145
Musculi interossei, Inaktivitätsatrophie 358
Musculus abductor pollicis brevis, Atrophie 358
- - - longus 354
- detrusor vesicae 314
- erector pili 410
- extensor pollicis brevis 354
- gastrocnemius 366
- glutaeus medius minimus 362
- obliquus internus 242
- rectus 226
- scalenus anterior 72
- - medius 72
- semimembranaceus 366
- sphincter externus 314
Muskelatrophie 94, 341, 444
Muskeldystrophie 82
Muskelerkrankungen, Symptomatologie 379
Muskelfaszikulationen 444
Muskelkater 75
Muskelkrämpfe 481
Muskelschmerzen, diagnostische Bedeutung 387
Muskeltonus 444, 491
Muskelverspannungen 164
Muskelzuckungen 446

Muskulatur 336
- pelvitrochantere 362
- Untersuchungstechnik 336
Mutation 505
Mutter 509
- als Informationsquelle 510
Muttermal 414
Muttermund, Form 302
Myalgien 56
Myasthenia gravis 160
Myasthenie 261
Mydriasis 92, 131, 435
- medikamentöse 129
- Ursachen 131
Mydriatikum 92, 131
Myelofibrose 67
Myelose, funikuläre 400, 455
Mykoplasmeninfektionen 317
Mykose 323
Myogelosen 168, 195, 212, 375
Myokardinfarkt 205, 286
Myokardinsuffizienz 215
Myokardischämie 203
Myokarditis 207, 208
Myokardnekrose 205
Myokardschädigung 216
Myom 321
- submuköses 322
Myopie 103
Myotonia congenita Thomson oder Becker 445
- dystrophica 445
Myotonie 445
Myxödem 67, 81, 83, 102, 104, 160, 239, 278, 334, 463, 477

N

Nabel 149, 220
Nabelhernie 243
Nachlast 216
Nachträufeln 307
Nachtschweiß 56, 68
Nackengriff 305
Nackenmyogelosen 165
Nadel 85
Naevus caeruleus 414
- flammeus 415
- naevocellularis pigmentosus 414
- pigmentosus 103, 125
- pilosus 412
- spilus 415
Nagel 356, 409
Nagelbett 409
Nagelfalzhyperkeratose 108, 384
Nagelmatrix 409
Nagelplatte 409
Naheinstellungsreaktion 130, 131
Nahrungsaufnahme 256
- vermehrte 64
- verminderte 271
Nahrungsbestandteile, unverdaute 266
Nahrungsmittel, blähende 265
Nahrungsmittelvergiftung 263
Nahsehschärfe 137
Nahvisustafeln 121
Narben 223
Narbenhernie 243
Narkolepsie 60
Nase 140, 493
- äußerer Aspekt 142
- rümpfen 98
- Untersuchung 142
Nasenatmung 147
Nasenboden 144, 145
Nasendach 145
Naseneingangsfurunkel 142
Nasenflügel 515
Nasengang 142
- mittlerer 145
- unterer 145
Nasenloch 142
Nasenmuschel 126
- mittlere 144, 145, 146
- obere 145, 146
- untere 144, 145
Nasennebenhöhlen 168
- Perkussion 143
Nasenpolypen 142
Nasenrücken 143
Nasenschleimhaut 145
Nasensekret 143, 168
Nasenseptum 143, 144, 145
Nasenspekulum 142, 144
Nasentropfen 145
Nasopharynx 145
Natrium, Normalwert 524
Natriumglutamat 168
Natriumretention 216
Naviculare-Pseudarthrose 353
Nebengeräusche 201
- trockene 201
Nebenhoden 294
Nebenhodenkopf 295
Nebenniereninsuffizienz 398
Nebennierenkrankheiten 479
Nebennierenmark 479
Nebennierenrinde 479
Nebennierenrinden-Adenom 95
Nebennierenrindeninsuffizienz 58, 263
Nebenschilddrüsendysfunktion 481
Nebenwirkungen 45
Necrobiosis lipoidica 96, 419, 465
- - diabeticorum 466
Nekrose 329
- ischämische 323
Neonatalperiode 512
Nephritis, interstitielle 470
Nephropathie, diabetische 465
Nervenaustrittspunkte 117, 143, 168
- Palpation 117
Nervendehnungsschmerzen 455
Nervensystem 429, 514
Nervus abducens 434, 435
- accessorius 434, 440
- facialis 434, 438
- glossopharyngeus 434, 440
- hypoglossus 434, 440
- ischiadicus 365
- mandibularis 437
- maxillaris 437
- medianus, Kompression 355
- oculomotorius 131, 434, 435
- - Kompression 92
- olfactorius 278, 435
- ophthalmicus 437
- opticus 138, 434, 435
- peronaeus 449
- recurrens 159, 160
- statoacusticus 439
- sympathicus 122
- trigeminus 147, 434, 437
- trochlearis 434, 435
- vagus 159, 434, 440
- vestibulocochlearis 434, 439
Nessel 404
Netzhaut 133
Netzhautablösung 103
Netzhautgefäße 134, 136
Netzhautödem 136, 140
Neugeborene 486, 487
- Mißbildungen 489
- Untersuchung 486
Neugeborenenreflexe 497
Neuralgien 167
- kranielle 165
Neuritis 140, 165
Neurodermitis 356, 413, 414, 416
Neurofibromatose von Recklinghausen 415
Neurofibrome 122
Neurohypophyse 478
neurologische Untersuchung, Ablauf bei Säuglingen 498
Neurolysen 77
Neuropathie 44
- autonome 466
- diabetische 75, 206
Neurose 434
Neutral-0-Methode 343, 344
Niere, dystope 282
- Inspektion 282
- malrotierte 282
- Mißbildung 282
- Palpation 283
- Perkussion 285
- Untersuchungstechnik 280
Nierenaplasie 282
Nierenarterien, Aneurysmen 286
- Stenosen 286
Nierenbeckenausgang 281
Nierendegeneration, polyzystische 282
Nierenerkrankungen, Schmerzausstrahlung 310
Nierenhypoplasie 282
Niereninfarkt 289
Niereninsuffizienz, chronische 281, 282, 307
Nierenkolik 75, 252, 289
Nierenkonturen 281
Nierenlager 280
- Klopfschmerzhaftigkeit 285
- Palpation beim Kleinkind 503
Nierenlängsdurchmesser 281
Nierenruptur 289
Nierenschmerzen 308
- Lokalisation und Ausstrahlung 308
Nierensteinkolik 80, 257
Nierentumoren 282
Nierenversagen, polyurisches 69
Nierenzellkarzinom 289
Nierenzysten 282
Niessynkope 72, 74
Ninhydrin-Methode 456
Nissen 299
- im Schamhaar 292
Nitratversuch 203
Nitroglycerin 203
NMR 389
Nodulus 404, 405
Nodus 404
Nomogramm 62, 63
Non-Hodgkin-Lymphom 104
Noradrenalin 479, 481

Normalgewicht nach Broca 80
Normalwerte 522
Notfallpatient 86
Nozizeptoren 255, 394
Nuchen rhomboidalis 82
Nüchternschmerz 256, 262
NYHA-Klassifikation 217
Nykturie 59, 216, 315, 316
Nystagmus 70, 72, 439, 457
- Prüfung 153

O

O_2-Sättigung, Normalwert 524
O-Bein 339, 365
Oberbauchsonographie 277
oberes Sprunggelenk (OSG), Plantarflexion 371
Oberflächenanästhetikum 154
Oberflächenschmerz 76
Oberflächensensibilität 451
Obstipation 104, 268
- Fragen 269
- habituelle 269
- Ursachen 270
Obstruktion 253
Obturatoriustest 228
Ochronosen 125, 147
Ödembildung 333
Ödeme 62, 93, 216, 281, 334
- allergische 334
- angioneurotische 122, 157, 422
- entzündliche 334
- hepatische 334
- hydropische 105
- idiopathische 334, 335
- kardiale 334
- medikamentös induzierte 334
- physiologische 334
- prämenstruelle 335
- renale 334
- Ursachen 334
- venöse 334
- zyklusabhängige periovulatorische 335
Ödemflüssigkeit 334
Odynophagie 257, 259
Ohrbeschwerden 147
Ohren 140, 147, 493
- Inspektion 147
- Palpation 147
- Spiegeltechnik 147, 148
Ohrensausen 70
Ohrenschmalz 149
Ohrgeräusche 147
Ohrläppchen, abstehende 147
Ohrmuschel 147
Ohrtrichter 142
Ohrtrompete 152
Okulomotoriusparese 131
- innere 92
Olekranon 351
Oligohidrosis 413
Oligurie 68, 316
Omphalitis 496
Omphalozele 489, 495
Onychodystrophien 108
Onychogryposis 410
Onycholysis 410
Onychomykose 95, 356
Onychoschisis 410
Ophthalmoplegia externa 435
- interna 131, 435
Ophthalmoskop 121
Ophthalmoskopie 132
- direkte 133
- indirekte 133
Opisthotonus 456
Oppenheim-Reflex 444
Optikomalazie 135
Optikusatrophie 478
Optotypen 137
orale Glukose-Belastung, Normalwert 523
Orangenhaut 305
Orbita 115
Orbitalphlegmone 122
Orbitatumoren 135
Orbitopathie 102
Orchitis 309
- akute 312
Orientierung 433
- sexuelle 317
- Störung 81, 434
Orificium externum urethrae 294, 317
Orthopnoe 212, 216
Orthostase 335
Orthostase-Versuch 177
Ortolani-Versuch 493, 494
Os frontale 115
- nasale 115
- occipitale 115
- parietale 115
- temporale 115
- zygomaticum 115
Osler-Knötchen 105
Ösophagus 202
Ösophagusatresie 489, 515
Ösophaguskarzinom 257
Ösophagusspasmus 212, 260, 261
Ösophagussphinkter, unterer 258
Ösophagusvarizen 102
Ösophagusvarizenblutung bei portaler Hypertension 272
Osteochondrosis dissecans 381
Osteogenesis imperfecta 125, 482
Osteoklasten 481
Osteolysen 470
Osteomalazie 193, 391
Osteomyelitis 65, 67
Osteomyelofibrose 234
Osteonekrosen 386
Osteoporose 107, 374, 379
- gelenknahe 381
- postmenopausale 105
Otitis externa 147
- media 149, 150
- - akute 147, 148
- - chronische 149
Otosklerose 150
Otoskop 85
Ott-Zeichen 376, 378
Ovarialtumor 321
Oxyhämoglobin 397
Oxytocin 478

P

Pallästhesie 453
Palma 393
Palmaraponeurose 85
Palmarerythem 91, 102, 106, 392
Palmarflexion 345, 354
Palpation der peripheren Pulse, Lokalisation 324
Panaritium 410
Panarteriitis nodosa 417
Pancoast-Tumor 356
Panikattacken 263
Pankreas, Palpation 235
Pankreasinsuffizienz 267
Pankreaskarzinom 252
Pankreaspseudozyste 282
Pankreatitis 44, 75, 235, 239, 252, 257
- akute 80
Panniculitis nodularis 419
Pannikulitis (Weber-Christian) 67
Papanicolaou 302
Papel 404
Papille 435
- unscharfe 135
Papillenatrophie 222, 435
Papillenprominenz 134
Papillenverlust 157
Papillitis 135
Papillomatose 408
Papula 404, 405
Parageusie 278
Parallelversuch 137
Paralyse 445
Parametrien 248
Paranoia 434
Paraphimose 293
Paraplegie 449, 518
Paraproteinämie 392
Parapsoriasis en plaques 418
Parapsoriasis-Gruppe 418
Parasiten 54, 299
Parasomnien 59
Paraspastiker 82
Parästhesien 451, 481
Parathormon 481
Paravent 83
Paresen 445
Parkinson-Gang 450
Paronychie 410
Parosmie 278
Parotis 147, 154
Parotisschwellung 82, 106, 147
Parotis-Vergrößerung 222
Parotitis 147, 222
- epidemica 147
Partielle Thromboplastinzeit (PTT), Normalwert 523
Patella 366
- tanzende 366, 367
Patellarsehne 366
Patellarsehnenreflex 442
Patienten, Ablenkung 227
- Anforderungen 222
- ausländische 24
- Einbeziehung in diagnostische Entscheidungen 49
- - in therapeutische Entscheidungen 49
- Einverständnis 46
- Entkleidung 83
- Geruch 83
- Gesicht 115
- Herkunft 53
- hypochondrische 42
- »informierte« 20, 49
- pulslose 86, 88
- schwierige 41

- traurige 41
Patienteninterview 26
Paukenerguß 149
Paukenhöhle 149, 152
Pause, kompensatorische 171
- postextrasystolische 171
- präautomatische 171
pAVK 323
- seitenvergleichende Palpation 324
Payr 367, 368
Payrscher Druckpunkt 331
pCO_2 213
- Normalwert 524
pelvitrochantere Muskulatur, Insuffizienz 363
Pemphigus 410, 422
- vulgaris 418
Penis 293
Penisödem 293
Penisvergrößerung 505
Perforation 253, 262
- gedeckte 211
Perfusionsszintigramm 210
Perianalthrombosen 246
Periarthritis humeroscapularis 212
Pericarditis constrictiva 163, 178, 194
Peridontopathien 280
Perihepatitis 241, 257
Perikarderguß 183, 207
Perikarderkrankungen 216
Perikarditis 67, 179, 207
- akute benigne 207
- trockene 179
Perikardreiben 179, 207
Perimetrie 137
Perinatalperiode 512
Periodenblutung, Dauer 321
Periodik, zirkadiane 254
periphere Pulse, Palpation 324
Perisplenitis 235, 241
Peristaltik 224
Peritonealkarzinose 278
Peritoneum 281
Peritonitis, akute 257
- urämische 254
Peritonitiszeichen 228, 262
Perkussion 231
- indirekte 198
- Schallqualitäten 198
Person, dritte 292, 299
Personen in der Ausbildung 46
Perthes-Hüftkopfnekrose 379
Perthes-Versuch 331, 332
Pertussis, Impfung 513
Pessardruckulkus 322
Petechien 112, 392, 402, 403
Peutz-Jeghers-Syndrom 415
Pfeifen 201, 213
Pfeiffersches Drüsenfieber 52, 428
Pfortaderthrombose 225, 278
Pfötchenstellung 215, 481
pH, Normalwert 524
Phakomatosen 414
Phalen-Zeichen 355
Phantosmie 278
Phäochromozyten 481
Phäochromozytom 415
Phäomelanin 397
Pharyngitis 158, 429
Phase, anagene 410
- katagene 410
- telogene 410
Phasenkontrastmikroskop 291
Phenothiazine 71
Phenylketonurie 515
Phimose 293, 294, 307, 496
Phlebitis 67
Phlebographie 330
Phobien 461
Phonation 450
Phonationsstellung 159
Phonationsstörungen 481
Phonokardiographie 180
Phosphor, anorganisch, Normalwert 524
Photosensibilisierung der Haut 471
Pickwick-Syndrom 60, 473
Pigmentnävi 111, 412
Pigmentstörungen 398
Pille 39, 52
Pilze 288
Pinch-Test 359
pink puffer 213, 214
Pinsel 85
PIP-Gelenke 356, 359
Pityriasis lichenoides 418
- rosea 418
- simplex 413
Planta 393
Plantarflexion 345
Plaques 404
- atherosklerotische 205
Plasmaproteine 522
Plasmathrombinzeit (PTZ), Normalwert 523
Plasmozytom 112
Plätschergeräusche, leise 240
Plattenepithel 394
Plattfuß 369
Plegie 445
Plessimeter 198
Pleuraerguß 196, 199, 200, 202, 210, 218
Pleurareiben 187, 202
Pleuraschmerz 210
Pleuraschwarte 196
Pleuritis 81, 202, 210
- sicca 210
Plexus haemorrhoidalis 273
- pampiniformis 297
Plica transversalis recti 248
- ventricularis 159
- vocalis 159
Plummer-Vinson-Syndrom 400
Pneumocystis-carinii-Pneumonie 50
Pneumonie 200, 201, 202, 215
Pneumothorax 196, 200, 202, 211
- Definition 211
- spontaner 211
pO_2, Normalwert 524
Podagra 85, 98
Poliomyelitis, Schluckimpfung 513
Poliosis 398
Politzer-Versuch 152
Pollakisurie 315
Polyarthritis, chronische 51, 67, 107, 234, 355, 357, 379, 384, 392
- 90/90-Deformität 358
- pathognomonische Veränderungen 358
- juvenile chronische 379
Polycythaemia vera 82, 234
Polydipsie 69, 464
- habituelle 69, 316
- psychogene 69
Polyglobulie 116, 136, 213
Polymyalgia arteriitica 417
- rheumatica 61, 67, 75, 111, 167, 379, 383, 387, 417
Polymyositis 387, 391, 417
Polyneuropathie 61, 370, 429, 454, 466
- alkoholische 455
- bei Diabetes mellitus I 95
- diabetische 95, 455
Polypen 143, 145, 321
Polyposis intestinalis 38
Polyurie 62, 69, 315, 464
- bei Diabetes mellitus 69
Polyzythämie 398
Pooling, venöses 71
Porphyria cutanea tarda 106, 356, 463, 471
Porphyrie 116, 291, 471
- akute hepatische 471
- - intermittierende 254
- erythropoetische Formen 471, 472
- hepatische Formen 471
Porphyrinausscheidung 471
Portioabstrich 302
Portiokarzinom 322
Portioschiebeschmerz 248, 249
Position, erste 145
- dritte 145
- zweite 145
Postmenopausenblutungen 321
Präferenz, sexuelle 43
Präinfarkt-Syndrom 204
Präkanzerose 111, 157, 421
- aktinische 421
Pränatalzeit 512
Präputialblätter 293
Präputium 293
Präsystolikum 192
Prävalenz 51
Prävention 38
Prehn-Zeichen 312, 313
Primitivreflex 498
PRIND 458
Prinzmetal-Angina 204
Probleme, aktuelle 32
- psychische 313
- psychosoziale 40
Problemtrinken 43
Processus mastoideus 115
- spinosus 376
- xiphoideus 232, 258
Prodromi 206
Progerie 116
Proktitis 247, 273
Proktoskop 249
Proktoskopie 249
Prolaktin 478
Prominentia laryngea 158
Promontorium 235
Pronation 345, 353
Proportionsveränderung 79
Prostata 248
Prostataabszeß 309
Prostataadenom 290
Prostatahyperplasie, benigne 248
Prostatakarzinom 99, 315
Prostata-spezifisches Antigen (PSA), Normalwert 522
Prostatitis 309
- chronische 312
Protanopie 139
Proteinurie 467
Prothesen-Click 185

Protrusio bulbi 123
Provokationsnystagmus 153
proximale Interphalangealgelenke (PIP) 356
Prozesse, entzündliche 164
- vaskuläre 164
- vertebragene 164
Prurigo acuta 418
- simplex 418
Prurigo-Gruppe 418
Pruritus 396, 422
- ani 423
- cum materia 423
- sine materia 423
- vulvae 423
Pseudogicht 384, 386, 392
Pseudoisochromatische Tafel 140
Pseudokrupp 200, 516
Pseudomeläna 274
Pseudoperitonitis 254
- diabetica 254
Pseudostrabismus 139
Pseudowissen 49
Pseudozyanose 398
Psittakose 65, 67
Psoas-Dehnungsschmerz 229
Psoaszeichen 228
Psoriasis 384, 395
- vulgaris 408, 418
Psoriasis-Arthritis 384
Psoriasis-Arthropathie 357
Psoriasisherde 119
Psyche 429, 460, 514
psychisch Kranke, Untersuchung 461
Psychose 434
Psychosyndrom, organisches 433
Pterygium colli 160
Ptosis 99, 435
Pubarche 505
Pubertas praecox 412, 478, 505
- tarda 505
Pubertätsalter 506
Pubertätsmerkmale 505
Pubes 509
Pulmonalisangiographie 210
Pulmonalis-Areal 180, 181
Pulmonalsklerose 188
Pulmonalstenose 186, 189
Puls, Palpation 169
- paradoxer 173
Pulsdefizit 163
- peripheres 171
Pulsfrequenz 169, 171
Pulsmessung 169
Pulspalpation 324
- A. axillaris 170
- A. brachialis 170
- A. carotis 170
- A. dorsalis pedis 170
- A. femoralis 170
- A. poplitea 170
- A. subclavia 170
- A. tibialis posterior 170
- A. ulnaris/radialis 170
- Aorta abdominalis 170
Pulsqualität 172, 173
Pulstastung 169
Pulsus alternans 173, 217
- altus 173
- anacrotus 173
- bigeminus 173
- bisferiens 173
- celer 173
- dicrotus 173
- durus 173
- mollis 173
- parvus 173
- tardus 173
- vibrans 173
Punctum maximum 75, 185, 187
Pupille 129
- enge 140
- entrundete 131
- stecknadelendige 131
- weite 140, 435
Pupillenreaktion 86, 131
- Störung 131
Pupillenreflexbahn 130, 131
Pupillenstarre 435
- absolute 131
- amaurotische 92, 131
Pupillotonie 92, 131
Purinstoffwechselstörungen 469
Purpura 402, 403
- idiopathische thrombozytopenische 112
- jaune d'ocre 106, 330
- Schoenlein-Henoch 384
Pustel 404
Pustula 404, 406
Pyelonephritis 67, 285, 309
- akute 310
Pylorusstenose 224, 262
- hypertrophische 515
- kindliche hypertrophe 262
Pyodermie 122
Pyodermisation 408
Pyramidenbahnläsion, akute 445
Pyramidenbahnzeichen 444
Pyrosis 258

Q

Quaddel 404
Quadranten 220
Quadrantenausfall 137
Quecksilbermanometer 175
Quick-Test, Normalwert 523
Quincke-Ödem 102, 122, 404

R

Rachen 140, 153
Rachenmandeln 147
Rachenwand 146
Rachitis 79, 193
Radialabduktion 354
Radialispuls 169
Radiusperiostreflex 441
Ramus recurrens 440
Ranken-Angiom 415
Rasselgeräusche, feinblasige 202
- feuchte 201
- grobblasige 202
Ratschow-Test 327
Rauchen 205
Räusperzwang 160
Raynaud-Phänomen 107, 356, 384, 401
Raynaud-Symptomatik 107
Reaktion, anaphylaktische 416
- konsensuelle 130
Rebound-Phänomen 449
Recht auf Nichtwissen 50
Rechtsherzbelastung 209, 333
Rechtsherzinsuffizienz 162, 194, 216, 233
Rechts-links-Shunt 398
Rechtsschenkelblock 183
Recoss-Scheibe 133
Reflex, vagovasaler 73
Reflexantworten 443
Reflexbogen 440, 443
Reflexe 440
- Definition 440
- pathologische 444
Reflexhammer 85, 337
Reflexsynkope, orthostatische 74
Reflux, gastroösophagealer 61, 75
Refluxgeräusche 191
Refluxkrankheit 212, 258
Refluxösophagitis 258
Regelanamnese 320, 322
Regelschmerzen 311
Regio epigastrica 220
- hypochondrica 220
- inguinalis 220
- lumbalis 220
- pubica 220
- umbilicalis 220
Regulation des Wasserhaushaltes 394
Regulationsstörung, orthostatische 71
Regurgitationsstrom 191
Reibegeräusche 241
Reiben 179
Reifezeichen 487
Reiter-Syndrom 383, 384
Reithosenanästhesie 455
Reizblase 314
Reizblasensyndrom 316
Reize, kindgerechte 484
Reizhusten 218
Reizleitungsstörungen 171
Reizung, peritoneale 502
- peritonitische 81
Rektosigmoideoskopie 249
Rektozele 300
Rektumprolaps 265
Rektusdiastase 223
Rekurrensparese 160
Rekurvation 339, 340
REM-Schlaf 59
René Laennec 180
Renin-Angiotensin-Aldosteron-System 216
Rentenbegehren 56
Resistenz 226, 229
Resorptionshemmer 265
Respirationsstellung 159
Restharn 314
Restless-legs-Syndrom 61, 387
Rete Malpighi 397, 408
Retentionsmagen 257
Retikulozyten, Normalwert 522
Retina 138
Retinaculum flexorum 355
Retinoblastom 493
Retinopathia angiospastica 135
Retinopathie, proliferate 467
Retrobulbärneuritis 140
Retrosternalstruma, Palpation 161
Rhabdomyolyse 291
Rhagade 408
Rheuma 380

Rheumafaktor 107
Rheumagranulome 353
Rheumaknoten 108
rheumatologische Diagnostik, relevante Laborparameter 390
rheumatologische Erkrankungen, Laboruntersuchungen 391
Rhinitis allergica 147, 416
Rhinolalia aperta 142
- clausa 142
Rhinophym 142
Rhinorrhö, zerebrospinale 143
Rhinoscopia anterior 143
- - Untersuchungsposition 144
- posterior 145, 146
Rhinoskop 85
Rhinoskopie 145
- hintere 145
- vordere 143
Rhizarthrose 360
Rhythmus 171
Rhythmusstörungen 216
- bradykarde 171, 208
Rhythmusstreifen 172
Riboflavin 291
Riechprüfung 435
Riechspalte 145
Riechstoffe 435
Riechvermögen 435
Riesenwuchs 478, 482
Riesenzellarteriitis 111
Rigor 445, 457
Rima ani 84, 110
RIND 72
Ringelröteln 66
Rinne-Versuch 150, 151
Rinne-negativ 150
Rinne-positiv 150
Rinnenspekulum 300
Rippenbögen 220
Rippenbuckel 373, 374
Rippenfraktur 195, 212
Risikofaktor 62
Riva-Rocci 172
Robotergang 449
Romberg-Versuch 153, 447
Röntgen-Thorax 193
Rorschach-Test 433, 461
Rosazea 413
Rosenmüller-Drüse 428
Rosenmüllersche Lymphknoten 242
Roseolen 224, 267, 402
Rossolimoreflex 442
Rotatorenmanschette 347, 348
- Läsion 350
Rotblindheit 139
Röteln, Impfung 513
Rotschwäche 139
Rovsing-Zeichen 228
Rubinikterus 276, 398
Rückenform 373, 374
Rückstromgeräusche 188
Ruhedyspnoe 212, 216, 333
Ruhe-EKG 172
Ruheschmerz 329
Ruhetremor 446
Rumpel-Leede-Test 402
Rumpfbeuge 376
Rundrücken 374

S

Säbelscheidentibia 107
SA-Block 171
- höhergradiger 73
Sagittalebene 343
Sahlische Gefäßgirlande 192
saisonale Häufung von Erkrankungen 53
Sakroileitis 376
Sakroiliakalgelenke 94, 376
Sakroiliakalgrübchen 373
Salmiak 435
Salmonellen 385
Salpingitis 321
Samenstrang 295
Sammellinse 133
Sammelurin, 24 Stunden 287
Sängerknötchen 160
Sarkoidose 67, 96, 216, 222, 234, 386
- akute 379
Sattelnase 113
Sättigung, frühe 271
Sauerstoffmangel 215
Sauerstoffsättigung 192
Saugglocke 487
Säuglinge 486
Saure Phosphatase, Normalwert 523
- Prostata-Phosphatase, Normalwert 523
Säure-Basen-Haushalt 524
Säureschutzmantel 394
Scapula alata 346
Schaben 179
Schädelform 119
Schädelgröße 119
Schädel-Hirn-Trauma 80
Schädelknochen 115
- weiche 119
Schädelnähte 119
Schädelverformung 491
Schäden, aktinische 125
- infektiöse 125
- korpuskuläre 125
Schädlingsbekämpfungsmittel 54
Schalleitungs-Schwerhörigkeit 150
Schalleitungsstörung 439
Schallempfindungsstörung 439
Schallqualität, hypersonore 198
- sonore 198
- tympanitische 198
- verkürzte 198
Schambehaarung 509
Schamröte 394
Schanker, weicher 317
Schaufensterkrankheit 329
Scheide, Dehnung 301
Scheidengewölbe, vorderes 302
Scheidenkarzinom 321
Scheidenspülungen 319
Scheitel 115
Schellong-Test 176
Schenkelhernie 243, 244
- topographische Lage 243
Schenkelschall 198, 236
Scherengang 449
Scheuermann-Krankheit 374
Schiefhals 160, 446
Schielen 138, 437
- latentes 138, 437
Schielwinkel 138
Schilddrüse 161
- Auskultation 162
- bimanuelle Palpation 161
- retrosternale Ausdehnung 161
- Schluckbeweglichkeit 161
Schilddrüsenkarzinom 109
Schilddrüsenkrankheiten 112, 476
Schilddrüsenlappen, sonographische Volumenbestimmung 162
Schilddrüsenunterfunktion 334
Schilddrüsenveränderungen, zystische 162
Schilddrüsenzyste 109
Schilderung, spontane 19
Schiller-Jodprobe 302
Schirmer-Test 126, 127, 279
Schizophrenie 279, 434
Schlaf 58
- Gesamtdauer 59
Schlafapnoesyndrom 55, 58, 61, 68, 167, 473
Schlafattacken 60
Schlafhyperhidrosis 68
Schlaflatenz 58
Schlafmittelentzug 61
Schlafprotokoll 59
Schlafstörungen 57, 58, 59, 147, 216
- Ursachen 61
Schlafstruktur, Altersabhängigkeit 59
Schlaftabletten 39
Schlafwandeln 59
Schlafzwang am Tage 60
Schlaganfall 53, 429, 458, 519
Schleimabgang 267
Schleimbeutel, subakromialer 346
Schleimhäute 222
Schleimhauteiterung 149
Schleimhautschwellung 145
Schlemmscher Kanal 129
Schluckakt 260
Schluckschmerzen 257
Schlüsselgriff 361
Schmerz 55, 74, 380, 453
- auslösende Faktoren 312
- Ausstrahlung 75, 252
- Beginn 253
- Beziehung zu körperlicher Aktivität 75
- - - - Ruhe 75
- - - Nahrungsaufnahme 75
- brennender 310
- Charakter 209, 310
- Dauer 75, 209, 253, 310
- Dokumentation 256
- Graduierung 254
- Häufigkeit 311
- Intensität 75, 310
- ischämischer 75, 76
- konversionsneurotischer 77
- lindernde Faktoren 313
- Lokalisation 75
- parietaler 22
- Periodik 254, 311
- projizierter 255
- psychogener 75
- Qualität 75
- radikulärer 75
- regelmäßiger 311
- Schilderung 76
- somatischer 76, 255
- Umstände 75
- viszeraler 76, 203, 255
- zeitliches Auftreten 75

Schmerz, Zusammenhang mit anderen Beschwerden 75
Schmerzanfälle 76
Schmerzbeeinflussung 257
Schmerzerlebnisse 255
Schmerzmittel 77
Schmerzmitteleinnahme 39
Schmerzprojektionen 250
Schmerzreaktionen 503
Schmerzreiz 520
Schmerzsymptomatik 75
Schmerzsyndrome, rezidivierende, bei Kindern 516
Schnarchen 142, 147
Schnellschnitt 50
Schnupfen 516
Schober-Zeichen 376
Schock 163, 178
Schonhaltung 81, 362, 514
Schönheitsideal 64
Schonhinken 362
Schreibtisch 18
Schreitphänomen 497
Schrei-Weinen 514
Schrittmacherfunktion 171
Schubladenphänomen 367, 369
Schuhe des Patienten 371
Schulterbeweglichkeit 348
Schultergelenk 346
- Bewegungsprüfung 348
- Bewegungsumfang 349
- Funktionsprüfung 348
- Inspektion 346
- Palpation 346
Schulterluxation 346
Schulterschiefstand 346
Schuppenflechte 392, 408, 418
Schuppenröschen 418
Schürzengriff 348, 349
Schüttelfrost 65
- »echter« 65
Schüttellähmung 457
Schüttelvertäubung 149
Schwanenhalsdeformität 358
Schwangerschaft 224
Schwankschwindel 70, 153
Schwankungen, tageszeitliche 175
Schwarzwerden 70
Schwebstäube 57
Schweigepflicht 46
Schweiß 394
Schweißabsonderung, vermehrte 396
Schweißdrüsen 412
Schweißsekretion 456
Schwellung 337
- des Skrotalinhalts 297
- fusiforme 357
- synovitische 357
Schwerhörigkeit 44, 45, 147
- Grad 150
Schwindel 70, 147, 153, 200, 216, 461
- kardiovaskulärer 70
- Kategorisierung 70
- lageabhängiger 262
- neurogener 70
- orthostatische Ursachen 71
- otologischer 70
- vaskulärer 70
Schwirren 162, 179
Schwitzen 56, 68, 206
- abnormes 68
- gustatorisches 68, 412
Sclerodermia circumscripta 96
Seborrhö 396, 413
Sebostase 396, 413
Seemannshaut 418
Sehachse 134
Sehen von Farbringen 167
- stereoskopisches 139
Sehnenxanthome 92, 463, 468
Sehnervpapille 134
- Skleralring 134
Sehnervtumoren 135
Sehprobetafel 137
Sehschärfe 137
- zentrale 136
Sehvermögen 85
Sehwinkel 136
Seiltänzergang 153, 447
Seitenbänder 367, 368
Seitendifferenzen 175
Sekretfluß 147
Selbstwertgefühl des Patienten 36
Senkniere 283, 309, 312
Sensibilisierung 416
Sensibilität 451
- Untersuchung 452
- Verteilungsmuster 430, 451
Sensibilitätsausfälle 467
Sensitivität 52
Sepsis 234
Septum, femorales 242
- rektovaginales 304
Septumanteile, obere 145
- untere 145
Septumdeviation 142, 145, 516
Serom 149
Serumharnsäure 469
Serumkalzium 481
Serumkrankheit 417
Seufzer-Atmung 215
Sexualanamnese 42
- beim Mann 319
Sexualentwicklung 505
Sexualfunktionen 29
Sexualität 42
Sexualpraktiken 317
Shigellen 385
Shuntgeräusch 123
Shunts, arteriovenöse 286
Shuntvitien 216
Shy-Drager-Syndrom 71
Sicca-Syndrom 279
Sichelzellanämie 400
Sick-building-syndrome 57
Siderophonie 201
Siebbeinzellen 145
Sigma 235
Silberdrahtarterien 136
Sinnestäuschungen 434, 461
Sinus frontalis 118
- maxillaris 118
Sinusitis 67, 118
- frontalis 143
- maxillaris 143
Sinusknoten 171
Sinusvenenthrombose 135
Sitophobie 271
Sjögren-Syndrom 126, 222, 279, 417
Skabies 292
Sklera 125, 127
- Farbveränderungen 125
Sklerenikterus 222, 275
Skleritis 127
Sklerodermie 83, 107, 157, 396, 401, 417
- progressive systemische 108, 260, 384
Sklerose 188, 418
Sklerosierung 249
Skoliose 193, 373
Skrotalinhalt 294
- Schwellung 296
Skrotum 101, 294
- Raumforderung 295
Skybala 226, 235, 267
slow virus infection 58
Smegma 293
Snellen-Prinzip 136
Sodbrennen 61, 212, 257, 285
Sölder-Linien 437
Sollentfernung 136
Sollgewicht 61
Somatogramme 506
Somatotropes Hormon 478
Somnolenz 80, 517
Sonnenuntergangsphänomen 119
Soor 109
Sopor 80, 517
Sorbit 268
Sozialstatus 40
Spaltlampe 121, 128
Spaltung, fixierte 184
- normale 184
- paradoxe 184
- pathologisch fixierte 183
- physiologische 183
- weite 184
Spannungskopfschmerz 75, 164, 165, 166
Spannungspneumothorax 211
Spasmen 446, 481
Spastik 443, 445
Spatel 85
Spättyp 417
Speichelsekretion 158
Speichelstein 222
Speicherkrankheiten 234, 424
Spekulumuntersuchung 300
Spermatozele 296, 297
Spermien 288
Spezifität 52
Sphincter ani externus 247
- pupillae 131
Sphinkterkern 131
Spiculae 388
Spider-Nävus 91, 102, 109, 392, 403, 415
Spiegel 142
Spiegeln im aufrechten Bild 133
Spiegeltechnik, HNO-ärztliche 141
Spiegelung im umgekehrten Bild 133
Spina bifida 412, 489
- iliaca anterior 362
- - - superior 242
Spinaliom 122, 421
Spinnennävus 109, 403, 415
Spironolacton 99
Spitzfuß, kontrakter 344
Spitzgriff 361
Splenomegalie 62, 224, 282
Splitterblutungen 105
Spondylarthritis 392
Spondylarthropathie, seronegative 357
Spondylitis ankylosans 52, 376, 379, 384
Spondylodiszitis 53
Spongiose 408
Spontanurin 287

Sprache 31, 80, 432
- klanglos 142
- näselnde 142
- skandierende 450
Sprachprobleme 46
Sprachstörung 72, 450
Sprachverständnis 432
Sprechen, Eigenarten 81
- skandierendes 457
Sprechrhythmus, abgehackter 81
Spreizfuß 369
Sprue 474
Sprunggelenk 369
- Bewegungsprüfung 371
- Bewegungsumfang 372
- Funktionsprüfung 371
- oberes 372
- unteres 372
Sprunggelenkarthritis 386
Sprunggelenkbeweglichkeit 344
Sputum 219, 272
Squama 408
Stabgriff 361
Stablampe 85
Stachelzellen 395
Stammbaum 38, 468, 512
Stammfettsucht 94, 480
Standard-Bicarbonat, Normalwert 524
Standard-Röntgenuntersuchung 388
Staroperation 132
Status asthmaticus 215
- mentaler 431
Stauungshyperämie 125
Stauungspapille 135, 435
Steatom 413
Steatorrhö 267
Steinmann I 367, 368
- II 367, 368
Steinschnittlage 245, 246
Stellwag-Zeichen 93, 123
Stemmersches Zeichen 335
Stenose, nichtvalvuläre 188
Steppergang 82, 449
Sterblichkeit 51
Stereognosie 451
Sterilität 479
Sternoklavikulargelenk 348
Sternomanubrialgelenk 346
Stethoskop 85, 179
STH 478
Stiernacken 480
Stigmata, vegetative 396
Still-Syndrom 66, 210
Stimmbänder 159
- Phonationsstellung 159
- Respirationsstellung 159
Stimmbandkrämpfe 481
Stimmbandlähmung 160, 440
Stimmbandpolypen 160
Stimme, belegt 160
Stimmfremitus 196
- Prüfung 196
Stimmgabel 85, 150
Stimmung 430, 432
Stirnhöhle 117
Stix 287, 288
Stoffwechselkrankheit 463
- wegweisende körperliche Befunde 463
Stokesscher Kragen 160
Stomatitis aphthosa 157
Storchenbiß-Hämangiom 415
Storchengang 449
Störungen, hormonelle 99
- hypophysäre 477
- metabolische 63, 165, 216
- trophische 358
- vaskuläre 165
Stoßpalpation 228, 230
Stoß-Test 457
Strabismus 93, 138, 437
- convergens 139, 493
- divergens 139, 493
Strahlen 54
Strahlurin 287
straight back 193
Strangulations-Ileus 240
Strangurie 314
Stratum basale 395
- corneum 395
- granulosum 395
- lucidum 395
- spinosum 395, 408
Streptokokkeninfekte 96
Streptomycin 70
Streßfaktoren 40, 205
Streßreaktion 56
Streßsituationen 209
Striae 224, 225
- distensae 419, 480
- rubrae 94
Strichgang 447
Stridor 86, 158, 161, 200, 201, 213, 440, 516
Stromunfälle 88
Strömungsgeräusche 162
- physiologische 163
Strömungsumkehr 331
Strömungsverhältnisse 187
Strophulus adultorum 418
- infantum 418
Struma 93, 109, 161
- Auskultation 162
- Grad III 116
- Größeneinteilung 476
Strumektomie, subtotale 104
Strümpell-Reflex 444
Studenten 46
Stuhl, acholischer 108
- Blut 266
- Blutnachweis 274
- breiig 267
- Farbe 266, 267, 268
- Konsistenz 265
- okkultes Blut 274
- schaumig 266
- Schleim 266
- Schwarzfärbung 274
- spritzend 267
- Volumen 267
Stuhldrang 266
Stuhlfrequenz 265
- normale 266
Stuhlgang 257
Stuhlgewicht 265
Stuhlinkontinenz 265
stumm 206
Stupor 431, 517
Sturzsenkung 383
Subarachnoidalblutung 458, 517
Subarachnoidalraum 119
Subclavian-steal-Syndrom 72
Subkutis 395
Subluxation 339
Submammärregion 110
Substantia nigra 457
Suchreflex 497
Sucht 461
Suchtmittel 167
Suggestivfragen 27
Sugillation 402, 403
Sulcus coronarius 293
- intertubercularis 346
Sulfhämoglobinämie 397
Summationsgalopp 184
Supination 345, 353
»Suppe essen« 345
Suspensorium 313
Symblepharon 122
Sympathektomie 71
Sympathikus 216
Sympathikus-Plexus, zervikaler 99
Symphyse 281
Symptom, Charakterisierung 32
- aktuelle 32
- führendes 16
- Präsentation 15
- saisonale Häufung 53
- vegetative 206
Symptomentagebuch 256, 311
Syndesmophyten 94, 388
Syndrom, adrenogenitales 482, 496
- hepatorenales 278
- myeloproliferatives 402
- nephrotisches 210, 278
- postthrombotisches 106, 111, 336
- radikuläres 454
Synkope 71, 72, 163, 172
- kardiale 73
- kardiogene 72
- orthostatische 72
- respiratorische 74
- vagovasale 72, 73
Synostose119
Synoviaanalyse 391, 392
Synovialiszyste 338, 339, 357, 359
Syringomyelie 71
Systemüberblick 16, 29, 34
Systole 183
Szintigraphie 390

T

T3 477
T4 477
Tabaksbeutelfalten 491
Tabaksbeutelmund 108, 401
Tabes dorsalis 71, 455
Tabletten-Ösophagitis 260
Tachykardie 93, 171
Tachypnoe 214, 215, 333
Taillenumfang 62, 473
Talgdrüsen 394, 413
Targesin-Test 126
Tarsalgelenke 371
Taschenmesserphänomen 445
Tastbefund, abdomineller 229
Taube 45
Taumeligkeit 70
Tbc 99
Teerstuhl 108, 143, 249, 268, 272, 274, 399
Teleangiektasien 82, 96, 414
- hereditäre hämorrhagische 104, 414

Temperatur 435
Temporomandibulargelenk 147
Tendovaginitis crepitans 354
- stenosans 359
- - de Quervain 354
Tenesmen 257, 269
Tennisarm 383
Tennisellenbogen 341, 352
Tenosynovitis 353
Terminabsprache 17
Terminalhaar 100, 410
Terminalschmerz 310, 312
Testis mobilis 298
Testtafeln, polarisierende 121
Testverfahren, psychologische 461
Tetanie 443, 446, 481
Tetanus, Impfung 513
Thalassämie 53, 234, 276, 400
Thelarche 505, 508
Thenar 358
Thermanästhesie 453
Thermoregulation 394, 412
Thermorezeptoren 394
Thesaurismosen 419
Thomasscher Handgriff 365
Thorax 192, 495
- Inspektion 192
- Palpation 195
- Perkussion 196
- Perkussionsqualitäten 199
Thoraxatmung 502
Thoraxdeformitäten 193
Thoraxinstabilitäten 195
Thoraxschmerzen 202
- chronische 212
- radikuläre 211
Thrombopenie 392
Thrombophlebitis 330, 331
Thromboplastinzeit, Normalwert 523
Thrombose, venöse 323
Thrombosezeichen 333
Thrombozytenaggregation 53, 205, 402
Thrombozytenaggregationshemmung 136
Thrombozytenzahl, Normalwert 522
Thrombozytopenie 112, 399, 402
thrombozytopenische Purpura Moschkowitz 384
Thrombozytose 402
Thyreoideastimulierendes Hormon 477, 478
Thyreoidektomie 477
Thyreoiditis 67, 109, 162
Thyreotropin (TSH), Normalwert 523
Thyroxin 477
TIA 72, 458, 459
Tibialis-posterior-Reflex 442
Tic 446
Tiefenschmerz 76
Tiefensensibilität 451
Tiefrotation 349
Tierfell-Nävus 412
Tietze-Syndrom 212
Tinea pedis 110
Tinel-Zeichen 355
Tinnitus 70
T-Lymphozyten 417
Todesangst 206
Todeszeichen 517
Tomographie, konventionelle 389
Tonometer 132
Tonsillen 147, 154, 155
- Palpation 155
Tonsillenhyperplasie 155
Tonsillenpfröpfe 157
Tonsillitis 158, 280, 424, 429
- akute 110
- chronische 157
Tophi 119, 147, 463
- im Knochen 470
Tophus 392, 419
Tophusbildung 470
Torsionsdystonie 446
Torticollis 160, 446
Totalkyphose 374
Toxoplasmose 119, 427
Toynbee-Versuch 152
Trachea 159
Trachealstenose 213
Tracheomalazie 200
Trachom 427
Tractus opticus 138
Tragus 147, 378
Trainingsmangel 217
Trainingszustand 171
Traktionsalopezie 411
Traktionsversuch 492
Tränenfluß, geringer 126
- starker 126
Tränenkanälchen 126
Tränennasengang 126
Tränenorgan 126
Tränenpünktchen 124, 126
Tränensack 126
Tränensekretion 168
Tranquilizer 71
Transferrin, Normalwert 524
Transsudat 210, 239
Transversalbefall 383
Transversalebene 343
Traumschlaf 59
Treitzsches Band 272, 274
Tremor 44, 446, 457
Trendelenburg-Test 331, 332
Trendelenburg-Zeichen 362, 363
TRH-Test 523
Trichomonaden 288, 319
Trichter 179
Trichterbrust 103, 192, 193
Trigeminie 171
Trigeminusäste, Versorgungsgebiete 437
Trigeminusneuralgie 143, 167, 437
Triglyzeride 467
Trijodthyronin 477
Trikuspidalinsuffizienz 163, 186, 189
Trikuspidalis-Areal 180, 181
Trikuspidalstenose 190, 191
Trippelgang, kleinschrittiger 82
Trisomie 21 489, 493
Trizepsreflex 441
trockene Nebengeräusche 200
Trommelbauch 240
Trommelfell 148, 149
- Inspektion 148
- Lichtreflex 149
Trommelfellperforation 149
Trommelschlegelfinger 110, 410
Trömnerreflex 441
Trömnersches Zeichen 445
Tropenaufenthalt 276
Tropenkrankheiten 54
Trousseau-Zeichen 443, 481
TSH 477, 478
TSH-Test 490
Tuba Eustachii 152
Tuben, tastbare 303
Tubendurchgängigkeit 152
Tubenfunktionsprüfungen 152
Tubenkarzinom 322
Tubenmittelohrkatarrh 149
Tubenventilationsstörung 150
Tuberculum corniculatum Santorini 159
- cuneiforme 159
- majus 346
- - humeri 346
- minus 346
- pubicum 242
Tuberkulose 56, 66, 67, 68, 93, 96, 122, 211, 234, 239, 278, 424
Tuberkulostatika 66
Tularämie 67, 424
Tumoranämie 400
Tumoren 273
- intraokuläre 125
- prolaktinbildende 479
- solide 67
Tumorfieber 67
Tumorkachexie 62
Tumormarker 522
Tunica vaginalis testis 297
Tüpfelnägel 410
Turmschädel 119, 491
Turner-Syndrom 160
Turrizephalus 119
Tyloma 418
Tympanie 179, 199, 236
Typ, asthenischer (a) 78
- athletischer (c) 78, 79
- Don Quichote 79
- leptosomer 78
- pyknischer (b) 78, 79
- Sancho Pansa 79
Typ-III-Hyperlipoproteinämie 463
Typhus 224
Typologie 79

U

Übelkeit 165, 206, 261
- anamnestische Fragen 263
Überforderung 57
Übergewicht 217
- Berechnung 473
Überlaufblase 316
Überlaufphänomen 255
Übertragung 22
Überwässerung 97
Überweisungsschein 17
Uhrglasnägel 410
Ulcus cruris 106, 111, 323
- duodeni 75, 256, 262
- ventriculi 262
Ulkus 408
Ulkusschmerz 212
Ullrich-Turner-Syndrom 482
Ulnarabduktion 354
Ulnarispuls 169
Ulnarvorschub 358
Ultraschalldoppler 330
Ultraschalluntersuchung 164, 389
Ulzerationen, gemischte 323
Umbo 149
Umfeld, soziales 22
Umgehungskreislauf 225

Umklammerungsreflex 497
Umkleidekabine 83
Undulationsphänomen 91, 239
Ungeduld 25
ungestörte Anamnese, Bedingungen 25
- Untersuchung, Bedingungen 25
Unruhe 434
Unterberger-Tretversuch 153, 448
unteres Sprunggelenk (USG), Eversion 371
- Inversion 371
Untersucher, Anforderungen 222
Untersuchung, 4.-10. Lebensjahr 504
- des weiblichen Genitales, Reihenfolge 299
- gynäkologische 292, 299
- in der Pubertät 505
- neurologische 431
- rektale 245, 246
- schematischer Ablauf 85, 116
- U2-U4 489
- U5, U6 498
- U7, U8 500
- vollständige 84, 85
Untersuchungsbogen 86, 87
Urämie 262
Urat 470
Uratkristalle 98
Uratsteinbildung 470
Ureter, Affektion 309
- Druckpunkte 284
- Engstellen 281
Ureteraffektionen, Schmerzausstrahlung 310
Ureteren 281
- Palpation 284
Ureterkolik 252, 286, 309, 311
Urethritis 309, 310, 314, 385
Urikult-Methode 289
Urin, Bilirubin 287, 288
- dunkler 384
- Erythrozyten 287, 288
- Erythrozytenmorphologie 291
- Farbveränderungen 291, 307
- geformte Zellelemente 288
- Geruch 83
- Glukose 287, 288
- Keton 287, 288
- Leukozyten 287, 288
- - pro Gesichtsfeld 288
- Nitrit 287, 277
- pH-Wert 287, 288
- Protein 287, 277
- Proteinbestimmung 288
- spezifisches Gewicht 287, 288
- Urobilinogen 287, 288
Urinabgang, unwillkürlicher 315
Uringewinnung 286, 287
- Methoden 287
Urinsediment 288
- Mikroskopie 288
Urinteststreifen 287
Urinuntersuchung 286
Urinzucker 467
Urochrome 281
Urogenitaltrakt 280
- Auskultation 286
- Schmerzen 308, 309
Urteilsfähigkeit 433
Urtica 404
Urtikaria 404, 422
Usuren 107, 381
Uterus, anteflektierter 302
- Palpation 302, 303
- retroflektierter 302
Uteruskarzinom 321
Uvula 146

V

Vagina, Hautläsionen 319
- Schleimhautläsionen 319
vaginaler Fluor, Begleitsymptome 320
Vaginoskop 300
Valgusdehnung 368
Valgus-Stellung 339, 340
Valsalvamanöver 74, 152, 180
Variant-Angina 204
Varicella-Viren 113
Varikozele 297, 309, 312
Varizen 330
Varusdehnung 368
Varus-Stellung 339, 340
Varusstreß 368
Vasculitis allergica 403
Vaskulitis 56, 113, 392, 402, 403
Vasomotoren-Aktivität 71
Vasopressin 316, 478
Vasopressorreflex 73
Vater als Informationsquelle 511
Vellushaar 100, 410
Vena cava superior 163
- - Thrombose 160
- centralis retinae 134
- femoralis 242
- jugularis 163
- - externa, gestaute 109
- saphena magna 242
Venae communicantes 330, 331
- perforantes 106, 330
- saphena magna et parva 331
Venendruck 163
- zentraler 194
Venenentzündung 330
Venenfüllung 327
Venenpulskurve 163
Venensterne 403
Venenthrombose, akute 333
Venenwandschwäche 330
Ventrikelseptumdefekt 186, 188, 190
Verblitzen 125
Verbrennungen 88, 420
Verdinikterus 276, 398
Verfärbung, zyanotische 331
Verhalten des Kindes 514
Verhaltensstörungen 147, 510
Verhältnis Arzt - Patient 21
Verkürzungshinken 362
Vernachlässigung 504
Vernichtungsschmerz 203, 205, 211
Verruca seborrhoica 411, 420
- senilis 397
Verschieblichkeit der Schleimhaut 248
Verschlucken 260
Verschlußikterus 268
Verschlußkrankheit, periphere arterielle 323
Verschmelzungsniere, unilaterale 283
- einseitige 283
Verschwielungsmuster 370
Verständigungsprobleme 46
Verstärkung 185
Versteifungshinken 362
Vertigo 70
Vertrauen 21
Vertraulichkeit 29
Verwirrtheit 72, 216
Verwringung, subtalare 371
Vesicula 404
Vesikuläratmen 200
Vestibularisschädigung 153
Vestibularistonus 153
Vestibulum nasi 143
- - Inspektion 143
Vibration 453
Vibrationsempfinden 451, 467
Vierfeldertafel 52
Vierkammerblick 187
Vigilanz 80, 85, 430
Vigilanzstörungen 81
Virchow-Drüse 427
Virilisierung 94, 224, 412
Viruserkrankung 53
Virushepatitis 233, 276
Virusmyokarditis 208
Virusmyositis 387
Visite 26, 48
Visitengespräch, persönliches 48
Visus 136
- cum correctione 136
- naturalis 136
Visusminderung 132
Visusstörungen 435
Visusverlust, akuter 140
- plötzlicher 136
Vitalfunktionen 169
Vitamine 524
- A, Normalwert 524
- B_1, Normalwert 524
- B_{12}, Normalwert 524
- B_2, Normalwert 524
- B_6, Normalwert 524
- E, Normalwert 524
- 1,25-Dihydroxy-Vitamin-D, Normalwert 524
- 25-Hydroxy-Vitamin-D, Normalwert 524
Vitamin-B_{12}-Mangel 400
Vitamin-B_{12}-Mangelanämie 112
Vitiligo 112, 356, 397, 398
VLDL-Cholesterin, Normalwert 523
VLDL-Fraktion, Normalwert 524
Völlegefühl 62
Vollmondgesicht 94
Volumenbelastung 216
Volvulus 503
Vomer 146
Vomerkante 146
Vomitus matutinus 263
Vorderhornerkrankungen 445
Vorderwandaneurysma 178
Vorhalteversuch 445
Vorhofflimmern 171
Vorhofseptumdefekt 183, 188
Vorlast 216
Vorstellung 23
Vorwölbungen, asymmetrische 224
- Differentialdiagnose 282
- im Bereich der Flanke 282
Voussure 192
Vulgärausdrücke 307
Vulva 300

W

Wachstumskurven, Jungen 507
- Mädchen 508
Wachstumsschub 506
Wadenkrämpfe 61
Wadenschmerz 329
Wahnvorstellungen 434, 461
Wallenberg-Syndrom 455
Wanderniere 283, 309, 312
Wärmeintoleranz 62
Warze, seborrhoische 103
„Waschzettel" 45
Wasserhammerpuls 173
Wasserhaushalt 62
Wasserkopf 119
Wasserretention 216
Wasserverlust 69
Watschelgang 82, 362, 450
Weber-Versuch 151, 152
Wegenersche Granulomatose 113, 143, 417
weiblicher Genitaltrakt, Blutungen 322
weibliches Genitale, Anamnese bei Erkrankungen und Funktionsstörungen 319
- - Hautläsionen 322
- - Inspektion 299
- - Palpation 299
- - Raumforderungen 322
- - retrovaginale Palpation 304
- - Schleimhautläsionen 322
- - Verteilung des Schamhaars 299
Weichteilasymmetrien 373
Weichteilschwellungen 337
Weißfleckenkrankheit 112, 398
Weißnägel 102
Wernicke 450
Wernicke-Mann-Gangbild 449
Wetterfühligkeit 58
Widerstand, peripherer 216
Winkel, kostovertebraler 285
Winkelmessungen 337, 342
Wirbelkörper 373
- Kompressionsfraktur 374
Wirbelsäule 373
- Auslösung von Schmerzen 375
- Bewegungsprüfung 376
- Einsteifung 94
- Extension 377
- Flexion 377
- Funktionsprüfung 376
- Gesamtmobilität 377
- Inspektion 373
- Rotation 377
- Seitneigung 377
Wirbelsäulenbeweglichkeit 378
Wismutpräparate 268
Witwenbuckel 374
Wolfsrachen 489
Woodlicht 106
Würgereaktion 156
Würgereflex 140, 440
Würgereiz 154
Wurmeier 288
Wurstfinger 357, 383

X

Xanthelasmen 113, 120, 122, 392, 398, 419, 469
Xanthome 113, 404, 419, 468, 469
- eruptive 463
- plane 419
- tuberöse 419
X-Bein 365
Xylocain®-Spray 146

Y

Yersinien 96, 385

Z

Zahndurchbruch, zeitlicher Ablauf 499
Zähne 154
- zeigen 98
Zahnentwicklung 499
Zahngranulom 67
Zahnprothese 154
Zahnradphänomen 445
Zahnstatus 153, 222
Zäpfchenbreite 136
Zehengang 447
Zehengelenke 369
Zehennekrosen 323
Zehenstand-Test 372
Zeichen der geschlossenen Augen 228
- der kontralateralen Vorwölbung 366
Zellen, chromaffine 481
zellvermittelte Reaktion 417
Zentralarterie 134
Zentrale Grube 134
Zentralskotom 135
Zentralvene 134
Zentralvenenthrombose 135
Zephalgie 164
Zerstörung, spondylitische 374
Zerumen 149
Zervikalkanalabstrich 302
Zervixkarzinom 302, 321, 322
Zervixpolyp 322
Zielbewegungen 448
Zielorgane 76
Ziliarkörper 129
Zink Normalwert 524
- im Urin, Normalwert 524
Zirrhose, primär biliäre 101
Zivilisationskrankheiten 38
ZNS 520
Zökumtumor 224
Zöliakie 267, 474
Zoster 113, 407
Zunge 154
- belegte 157
- glatte 157
- Palpation 156
- trockene 157
Zungenbändchen 154
Zungenbein 158
Zungenbisse 460, 516
Zungenbrennen 158, 400
Zungenpapillen 102
Zungenspatel 142
Zungenteleangiektasien 104
Zungenveränderungen 157
Zwangsgedanken 461
Zwangsimpulse 461
Zwei-Gläserprobe 287, 289, 290
Zwischenblutungen 321
Zyanose 82, 116, 192, 217, 333, 396, 397, 400
- der Akren 113
- periphere 401
- zentrale 401
Zyklitis 125
Zyklusstörungen 94
-, Befundschema 321
Zylinder 288
Zylinderzellmetaplasie 261
Zyste 107, 381, 408
-,kongenitale 211
- paraartikuläre 338
Zystennieren 38, 282
Zystitis 309, 310, 314
Zystozele 300
Zytomegalie 119
zytotoxische Reaktion 417

SORGEN SIE NICHT NUR FÜR IHRE ALTERSVORSORGE.
SORGEN SIE AUCH DAFÜR, DASS SIE ETWAS DAVON HABEN.
Hohe Rendite-Chancen, Steuerfreiheit und professionelles Fondsmanagement. Mit der MLP-Fondspolice kombinieren Sie dieVorteile einer klassischen Lebensversicherung mit denen erfolgreicher Investmentfonds. Und Sie brauchen sich um nichts zu „sorgen“. Sie wählen eine von vier Strategieklassen, alles weitere übernimmt die Vermögensverwaltung. Von der Auswahl der besten Fonds bis zur laufenden Anpassung an die Marktentwicklung. Alle weiteren erfreulichen Details erfahren Sie unter: (06221) 308-203.
MLP Lebensversicherung AG
Forum 7 · 69126 Heidelberg
MLP
LEBENSVERSICHERUNG